U0243753

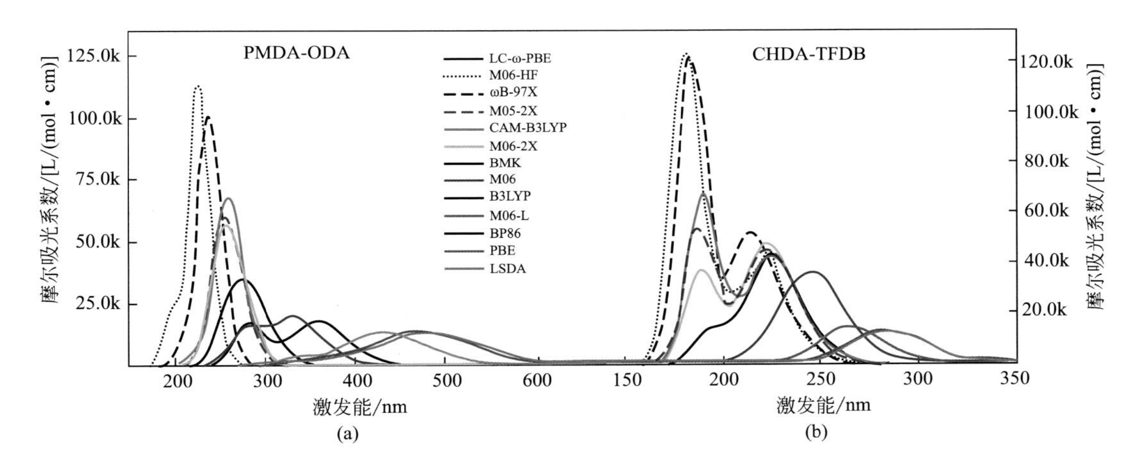

图 1-8

13 种泛函方法对 PM-OD 和 CH-TF 吸收光谱的影响

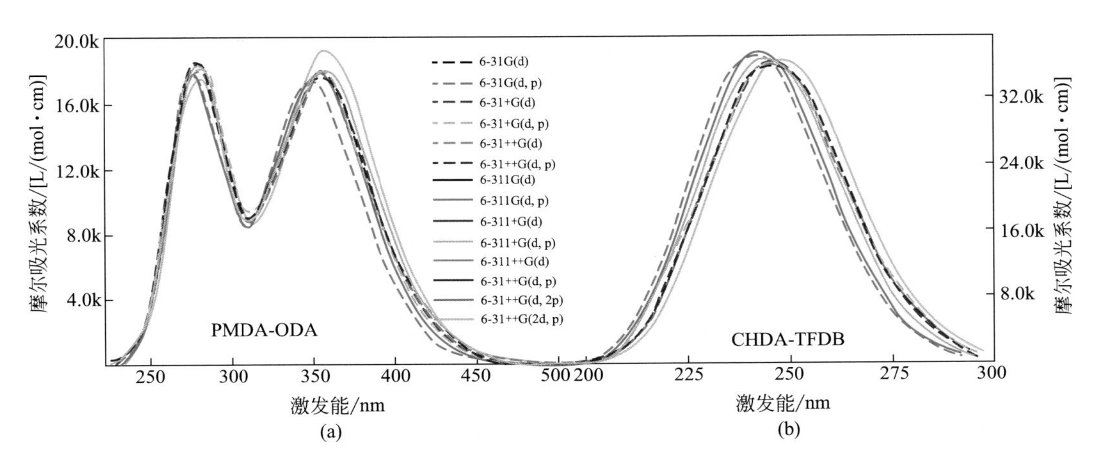

图 1-9

各种基组对 PM-OD 和 CH-TF 吸收光谱的影响

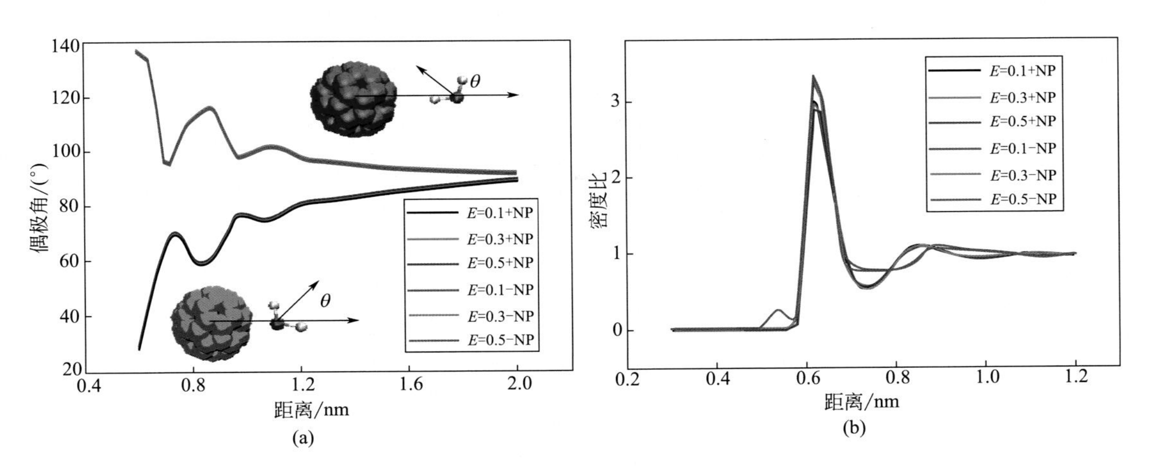

图 4-5

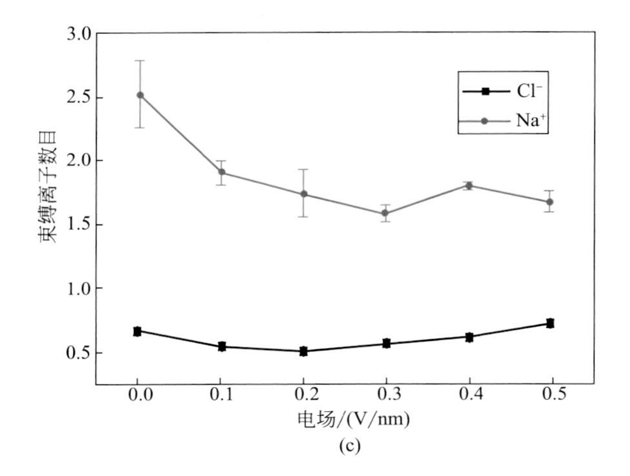

图 4-5

在无外加盐下本体水溶液中纳米粒子周围的水和反离子分布情况

(a)水分子的偶极取向角和 (b)水分子的密度比 ρ/ρ_0 分布随水分子到纳米粒子中心 ($r=0$)的距离的变化。注意：$\rho_0=1.0\mathrm{g/cm^3}$为本体水的密度。(c)纳米粒子表面吸附的平均离子数目，这里只要离子与纳米粒子表面的距离小于 1.5σ (σ 是碳离子的范德华直径)就定义为吸附离子。

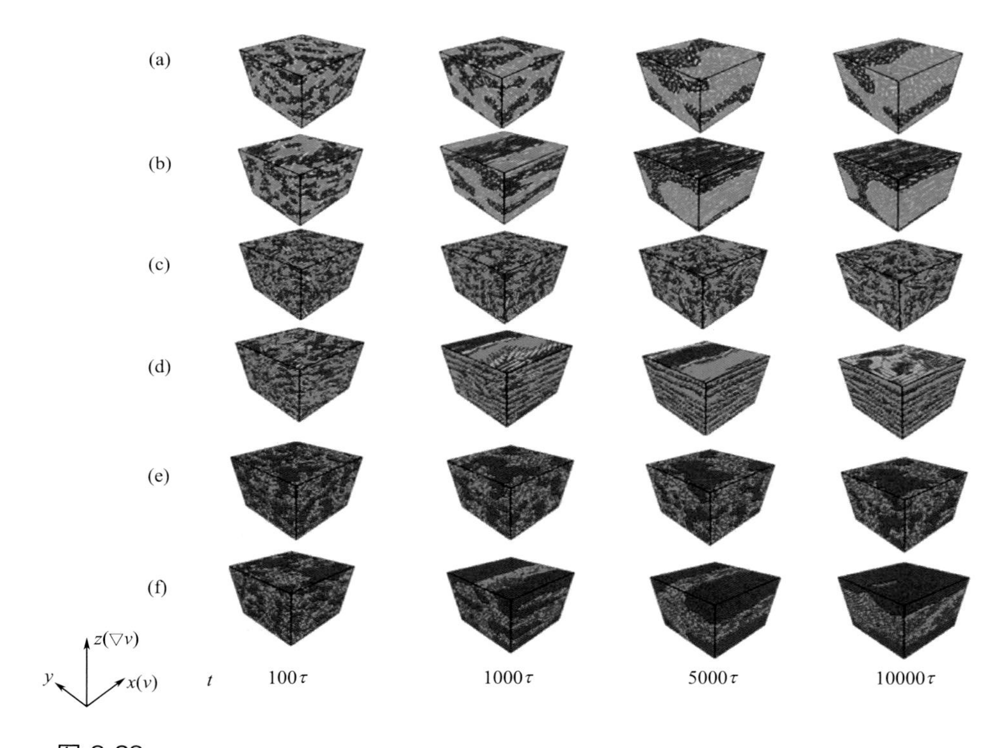

图 9-29

强焓作用下($a_{ij}=5$)典型的静态与剪切体系的实时图

(a)C2-0.00-5;(b)C2-0.03-5;(c)CJ-0.00-5;(d)CJ-0.03-5;(e)C1-0.00-5;(f)C1-0.03-5。绿色代表的是高分子 A，蓝色代表的是高分子 B，红色表示的是 C1 以及 CJ 的 p 部分，另外黄色表示 C2 以及 CJ 的 q 部分。

国家科学技术学术著作出版基金资助出版

Multi-scale Theoretical Simulation Methods and Applications for Polymeric Systems

高分子多尺度理论模拟方法及应用

郭洪霞　等著

化学工业出版社
·北京·

内容简介

《高分子多尺度理论模拟方法及应用》针对高分子材料各尺度上模拟计算方法（例如：量子化学计算、分子力学、经典分子动力学、粗粒化分子动力学、蒙特卡罗模拟方法、耗散粒子动力学和相场方法）的基本原理和最新进展进行介绍，给出了它们在当前高分子材料研究的诸多热点领域（包括功能高分子光电性质、高分子缠结动力学、迁移动力学及流变学性质、高分子材料多重相变及结构与性质的关联、共混体系相行为与界面性能、高分子/纳米粒子复合体系的组装与分相、高分子复合 Janus 纳米材料、聚电解质体系、静电纺丝加工、黏弹相分离）中的具体应用实例，并探讨了建立从微观到介观无缝衔接的多尺度模拟方案。

本书不仅能够帮助读者掌握不同尺度下的高分子模拟方法，为其今后开展高分子科学研究奠定基础，还能够加深读者对高分子材料多尺度特性的认识，开拓其处理不同尺度模型间贯通及不同尺度模型共存的思路。此外，本书这种将理论与应用紧密结合的介绍方式也非常有利于初次接触这一领域工作者的阅读理解，便于他们认识模拟计算对于揭示新现象本质、预测化学过程和材料性能以及创造新材料或新物质的重要作用，从而吸引更多的年轻读者从事模拟计算。

图书在版编目（CIP）数据

高分子多尺度理论模拟方法及应用/郭洪霞等著. —北京：化学工业出版社，2021.3（2023.8重印）
ISBN 978-7-122-38375-4

Ⅰ.①高… Ⅱ.①郭… Ⅲ.①高分子材料-研究
Ⅳ.①TB324

中国版本图书馆 CIP 数据核字（2021）第 023373 号

责任编辑：成荣霞
文字编辑：孙凤英　李　玥　昝景岩
责任校对：王　静
装帧设计：王晓宇
印　　装：北京虎彩文化传播有限公司
出版发行：化学工业出版社
（北京市东城区青年湖南街 13 号　邮政编码 100011）
开　　本：787mm×1092mm　1/16　印张 33½　彩插 1　字数 776 千字
版　　次：2022 年 1 月第 1 版
印　　次：2023 年 8 月第 4 次印刷
购书咨询：010-64518888
售后服务：010-64518899
网　　址：http://www.cip.com.cn
定　　价：198.00 元

凡购买本书，如有缺损质量问题，本社销售中心负责调换。
版权所有　违者必究

前言

PREFACE

随着高性能计算技术的进步和模拟方法的发展，数值计算的精度和规模不断提高，计算机模拟已成为发现新现象、认识科学规律、进行工程设计不可替代的方法，是与理论、实验鼎足而立的重要研究手段。高分子领域的模拟计算是根据基本的高分子物理化学理论以大量的数值运算方式来研究或预报高分子体系的结构、性质和物理机制。高分子具有多时空多尺度特性，这主要体现在高分子体系的性质和功能不仅取决于化学结构和分子性质，而且很大程度上取决于分子聚集状态，即相态结构、凝聚态结构。因此，要正确掌握高分子材料结构、性能及其相互关系，正确设计、合成、加工高分子材料，必须做到从微观到介观、宏观全尺度认识高分子材料的特征，充分认识各尺度之间的内在联系。鉴于高分子时空多尺度性的特点和模拟计算的基础性及前瞻性，计算机模拟在建立分子间相互作用与高分子材料物理状态和物性间的联系，定量描述高分子材料在不同尺度（微观到宏观）下结构与性能依赖关系，创造具有特殊性能的新材料、新物质方面发挥着越来越重要的作用。

本书针对高分子时空多尺度性的特点，介绍了当前研究高分子材料的各尺度上模拟计算方法（如：在亚原子尺度上量化计算、在微观尺度上分子动力学和蒙特卡罗模拟、介观尺度上耗散粒子动力学方法和相场方法）及其进展，并列举了笔者课题组应用这些模拟方法在高分子材料结构、性能和物理机制原创性研究中的实例。所列举的实例既有研究高分子体系催化聚合机理、缠结动力学、相变与组装、分相动力学、界面性质和流变行为等偏重基础科学问题的，也有研究功能高分子材料光电特性、静电纺丝等偏重应用的，以期帮助读者既可深入认识各种模拟方法，又较为全面地了解高分子模拟研究的动态和前沿。此外，多尺度模拟中不同尺度之间的贯通，建立不同尺度模型间的无缝衔接，关乎高分子材料多尺度“终极目标”（即建立材料微观化学结构与宏观材料性质间定量关系）的实现，亦已成为当今理论模拟界的关注焦点和研究热点。本书有关从微观模型到介观模型衔接的系统粗粒化方法的讨论，包括了这个领域的最新进展和笔者近期的原创性工作，以期不仅加深读者对高分子多尺度特性及贯通的理解，也帮助开拓相关研究人员在高分子体系多尺度贯通领域研究的思路。

本书的撰写获得笔者课题组成员陆腾、高培源、马艳平、苏加叶、黄满霞、白志强、杨科大、张遵民、胡辰辰、肖强、伍绍贵、刘晓晗、孙大川、周永祥、夏建设等以及张天柱、吉青、刘勇的大力支持，并得到了国家科学技术学术著作出版基金资助。本书以高分子多尺度理论模拟方法及应用为主线，几乎涵盖了理论与计算化学领域从微观到介观的所有模拟计算方法，共分十四章。第 1 章介绍量子化学计算方法及应用，由马艳平、郭洪霞撰写。第 2 章至第 4 章介绍了分子动力学模拟方法及相关应用，其中第

2 章由张天柱撰写，第 3 章由吉青撰写，第 4 章由苏加叶和郭洪霞撰写。第 5 章涉及非平衡分子动力学模拟方法与应用，由高培源和郭洪霞撰写。第 6 章介绍微观模型到介观模型衔接的系统粗粒化方法，由高培源、肖强、夏建设和郭洪霞撰写。第 7 章介绍蒙特卡罗方法及应用，由陆腾、孙大川和郭洪霞撰写。第 8 章至第 13 章涉及耗散粒子动力学模拟方法及相关应用，其中第 8 章由黄满霞、陆腾、杨科大和郭洪霞撰写，第 9 章由白志强、黄满霞、周永祥和郭洪霞撰写，第 10 章由陆腾、刘晓晗、伍绍贵和郭洪霞撰写，第 11 章由张遵民和郭洪霞撰写，第 12 章由胡辰辰和郭洪霞撰写，第 13 章由宋庆松、王欣、刘勇撰写。第 14 章介绍相场方法及应用，由杨科大、郭洪霞撰写。此外，在本书的撰写过程中，也得到了笔者课题组其他成员欧阳宇廷、郝亮、冯禄坤、姚普等的帮助。在此一并致以由衷的感谢！

郭洪霞

2021 年 1 月于中关村

目录

CONTENTS

第1章

量子化学计算方法原理及在高分子科学研究领域中的应用

马艳平[1,2]，郭洪霞[1,2]

1 中国科学院化学研究所

2 中国科学院大学

量子化学（quantum chemistry）是一门以量子力学的基本原理和方法来研究化学问题的基础学科。它从微观角度对分子的电子结构、成键特征和规律、各种光谱和波谱以及分子间相互作用进行研究，并借此阐明物质的反应特性以及结构与性能关系等。量子化学取得重大突破的标志是1998年诺贝尔化学奖授予了科恩和波普尔，以表彰他们在量子化学计算方法和密度泛函理论方面的杰出贡献。颁奖公告向全世界宣布“化学不再是单一的纯实验科学”“量子化学计算的巨大进展，将整个化学带入了一个新的时代”。此外，2013年诺贝尔化学奖授予卡普拉斯、莱维特和瓦谢勒三位科学家，以表彰三位科学家在开发从量子化学计算到分子动力学模拟的多尺度复杂化学系统模型所做出的卓越贡献。该奖项再次表明，随着计算方法的进一步发展和计算精度的不断提高，量子化学计算在帮助化学家从原子水平上认识化学问题的本质以及创造新物质方面发挥着越来越重要的作用。

高分子科学是以研究高分子及其分子凝聚态的结构、性质及变化规律为核心的基础与应用科学，它担负着为国民经济提供新材料的任务。由于量子化学计算的基础性和前瞻性，量子化学计算在高分子科学研究中起到越来越重要的作用，已成为发现新现象，认识结构、性能及其相互关系，进行高分子材料优化设计不可替代的手段。下面首先介绍量子化学计算方法的基本原理，然后列举其在高分子科学三个主要研究领域：高分子催化反应、功能高分子光学性质及分子间相互作用中的具体应用。

1.1 量子化学计算方法基本原理

1.1.1 量子化学计算方法简介

几十年来，随着计算机技术的发展和相关理论的不断成熟，量子化学发展非常迅速，逐渐发展成为化学研究中的重要手段。对于一些简单的原子、分子体系，量子化学的计算方法可以获得比实验更迅速、更微观的准确结果。对于复杂体系以及大分子、高分子体系，虽然无法精确求解其量子力学方程，但量子化学方法可以帮助建立理论模型并提供相关微观机理及结构性能规律。因此，只要一个科学领域有从原子或分子层次进行认知的需要，量子化学都有它的用武之地。随着量子化学理论及方法的不断完善、量子化学计算软件用户界面的不断改进以及计算机性能的提高，量子化学将不再是理论化学家的专有工具，而是广大实验科学家包括药物化学家的必备工具之一。

量子化学的理论依据是薛定谔方程。由于已经有大量的量子化学书籍介绍其基本原理，因此在本章的方法原理部分，将主要介绍各种方法之间的关联和对比。但为使读者获得较好的理解，我们先简要对基本原理进行梳理。

若要确定一个分子体系在某一状态下的电子结构，需要求解 Schrödinger 方程：

$$\hat{H}\Psi = E\Psi \tag{1-1}$$

式中，$\hat{H}$ 为 Hamilton 算符；Ψ 为描述分子体系状态的函数；E 为体系的能量。在传统量子力学方法中，有两种近似求解薛定谔方程（1-1）的方法：分子轨道法和价键法，在此只对前者进行简单介绍。在分子轨道理论中存在三种近似：非相对论近似、玻恩-奥本海默近似和单电子波函数近似。其中，玻恩-奥本海默近似是假设分子中 m 个核不动或冻结，而电子在核周围运动。这样，就可以把核的相对运动（振动和转动）和电子的运动进行分离。单电子波函数近似，即单电子近似，假定 n 个电子的运动是彼此独立的，每一个电子是在 m 个核和 $n-1$ 个电子所组成的场中独立运动，与其他电子无关，体系采用中心势场。这意味着体系中每个电子在 m 个核和 $n-1$ 个电子组成的平均势场中运动，单电子波函数就是分子轨道。在分子中电子的空间运动状态可用相应的分子轨道波函数 ψ 来描述，而分子轨道可以由分子中原子轨道波函数的线性组合（linear combination of atomic orbitals，LCAO）而得到。

$$\psi = a_1\varphi_1 + a_2\varphi_2 + \cdots + a_n\varphi_n = \sum_{k=1}^{n} a_k\varphi_k \tag{1-2}$$

也就是 n 个原子轨道进行线性组合，可得到 n 个不同的分子轨道

$$\left.\begin{aligned} \psi_1 &= a_{11}\varphi_1 + a_{21}\varphi_1 + \cdots + a_{n1}\varphi_1 \\ \psi_2 &= a_{12}\varphi_1 + a_{22}\varphi_1 + \cdots + a_{n2}\varphi_1 \\ &\cdots \\ \psi_n &= a_{1n}\varphi_1 + a_{2n}\varphi_1 + \cdots + a_{nn}\varphi_1 \end{aligned}\right\} \tag{1-3}$$

因此，只要原子轨道和组合系数确定，分子轨道就确定下来了。即得到 k 个 ψ：ψ_1，ψ_2，…，ψ_k。将 E_1，E_2，…，E_k 以及相应的 ψ_1，ψ_2，…，ψ_k 按照能量高低来排列，就形成分子的一套分子轨道。再根据 Pauli 原理每个能级最多可能填充两个电子，其自旋方向相反，把电子在分子轨道上逐一排列，从而得到整个分子状态的描述形式。

分子轨道法主要有两大类：简单分子轨道法和自洽场（SCF）分子轨道法。简单分子轨道法，包含只处理 π 电子的休克尔（Hückel）分子轨道方法（HMO）和处理全部价电子的休克尔分子轨道方法（EHMO）。这类方法的主要特点是不直接处理电子的排斥积分项，而代之以经验参数，以使计算结果尽量地解释实验事实，这也称为半经验量子化学方法。由于很多药物分子通常具有较大的分子量，而且药物分子设计中往往要对一系列的体系进行处理，因此半经验量子化学计算仍是该领域一种广泛应用的方法。此外，通常所说的半经验量子化学计算方法在处理重叠项时，主要采用零微分重叠（zero differential overlap，ZDO）近似，例如 CNDO/2、INDO、NDDO、改进的 MINDO、MNDO 以及 AM1 和 PM3 等方法。其中 AM1 和 PM3 法是目前应用最广泛的两种半经验量化计算方法。自洽场分子轨道法，则直接处理电子间的排斥作用，即它的总能量表达式和相关的算符中含有电子排斥项，也被称为从头算（*ab initio*）的分子轨道方法。而且，由于该方法是建立在较为精确的求解 Hartree-Fock（HF）方程的基础上，我们称之为基于 HF 的从头算方法。

与上述传统量子力学方法不同，在求解薛定谔方程的方法中，密度泛函理论方法另辟

蹊径，从电子密度这一基本量出发，即 $\hat{H}\rho(r)=E\rho(r)$，解系统的外势，进而得到哈密顿量，得到密度等其他物理量。因此，相比于传统的用波函数做基本变量的方法（如 HF 方法），DFT 方法大大降低了变量维度，能更加方便地处理多体体系，越来越成为普遍使用的理论方法。在 1.1.2 节将对基于 Hartree-Fock 方程的方法如 HF、多体微扰理论方法等，以及 DFT 理论方法的基本原理及发展进行具体介绍。

分子轨道理论、密度泛函理论等量化理论方法极大地推动了计算化学的发展，以及人们对于微观世界运动规律的认识。然而，理论方法应用到具体化学体系中是离不开化学软件的开发和发展，一些逐步发展成熟的计算化学软件已对化学领域各学科的发展起到了重要的推动作用。目前常用的量子化学计算软件如下：

Gaussian 程序是由 Pople 等人编写，经过几十年的发展和完善，已经成为国际上公认的计算结果具有较高可靠性的量子化学软件。它不仅几乎包括了所有从头算方法和各种高级计算方法，如常见的 HF 方法、多体微扰理论方法 MPn、组态相互作用方法 CI、多组态自洽场 MCSCF、耦合簇方法 CC 等，还包含了密度泛函理论方法和半经验方法。除了能用于基态构型分子的电子结构优化计算外，还可用于分子振动频率、热力学性质，以及紫外（红外）吸收光谱、荧光光谱、核磁共振光谱（NMR）等谱图的计算，以及用于化学反应过渡态的计算、溶剂效应的计算等。

GAMESS 程序也是一种广泛使用的通用量子化学计算软件包，尽管它包含的计算方法比 Gaussian 少，然而由于是免费开源软件，仍受到广大用户的喜爱，只是操作起来不如 Gaussian 友好。

MOLPRO 和 MOLCAS 程序，可用于多参考态高级从头算方法 CASSCF、MRCI、CASPT2 的计算，也可用于计算分子的电子激发态，是一类比较专业的计算软件。

VASP 由奥地利维也纳大学开发，采用基于平面波基组的密度泛函理论来研究固体及表面的构型及动力学过程。

Crystal 98/03 由意大利都灵大学理论化学研究所开发，采用基于原子轨道线性组合的从头算方法来研究固体及表面的电子结构。

ADF 是专门作密度泛函计算的软件。软件使用密度泛函、反应力场等方法处理化学反应相关问题，目前包含气相、液相和蛋白质环境的分子计算模块 ADF，计算材料以及表面的 BAND，使用力场模拟化学反应的 ReaxFF，快速密度泛函 DFTB（可同时处理分子与周期体系），流体热力学模块 COSMO-RS，半经验量子化学模块 MOPAC2012。

Dmol 是 Material Studio 软件模块之一，主要用于有限尺度体系电子结构的研究。

Q-Chem 是一款功能齐全的从头算量子化学程序包，除了具有 Gaussian 大部分的功能或类似功能外，还有一些特殊功能，例如，比 MP2 快一个数量级的 RI-MP2，线性标度 DFT，各种处理开壳层和激发态的耦合簇方法，支持 GPU 等。除此之外，由于很多代码是重新写的，结合了很多先进技术，因此计算速度要比 Gaussian 的同类方法快得多。然而，与 Gaussian 相比，Q-Chem 程序目前尚有一些不足之处。例如，大部分 Post-HF 方法都不能计算电子密度；ECP 基组不支持高角动量投影势函数和基函数，处理不了元素周期表中具有 5d 轨道以上的重元素；没有半经验方法；不能做周期体系能带计算。对于习惯图形界面工作的朋友来说，最大的不足莫过于 Q-Chem 没有一个类似于 Gauss-

View 那样的图形工作界面。

1.1.2 常用量子化学计算方法原理

1.1.2.1 基于 Hartree-Fock 方程的理论方法

HF 方程

20 世纪 50 年代，卢汤（Roothaan）提出将分子轨道表示为基函数的线性组合，于是对分子轨道的变分就转化成对组合系数的变分，Hartree-Fock 方程就从一组非线性的微分方程转化成矩阵方程，也即 Hartree-Fock-Roothaan（HFR）方程

$$\hat{F}\boldsymbol{C}=\varepsilon\boldsymbol{SC} \tag{1-4}$$

式中，$\boldsymbol{S}$ 为重叠矩阵；$\hat{F}$ 为 Fock 矩阵；$\boldsymbol{C}$ 为系数矩阵；ε 为算符 $\hat{F}$ 的本征值。

所谓从头算，其核心就是求解 Hartree-Fock-Roothaan 方程。当体系中所有的电子均按自旋相反的方式配对充满某些壳层（壳层指一个分子能级或能量相同的即简并的两个分子能级）时，可用单 Slater 行列式来表示多电子波函数（分子的状态）：

$$\psi=\frac{1}{\sqrt{n!}}\begin{vmatrix} \varphi_1\alpha(1) & \varphi_1\beta(1) & \varphi_2\alpha(1) & \varphi_2\beta(1) & \cdots & \varphi_{\frac{n}{2}}\alpha(1) & \varphi_{\frac{n}{2}}\beta(1) \\ \varphi_1\alpha(2) & \varphi_1\beta(2) & \varphi_2\alpha(2) & \varphi_2\beta(2) & \cdots & \varphi_{\frac{n}{2}}\alpha(2) & \varphi_{\frac{n}{2}}\beta(2) \\ \cdots & \cdots & \cdots & \cdots & \cdots & \cdots & \cdots \\ \varphi_1\alpha(n) & \varphi_1\beta(n) & \varphi_2\alpha(n) & \varphi_2\beta(n) & \cdots & \varphi_{\frac{n}{2}}\alpha(n) & \varphi_{\frac{n}{2}}\beta(n) \end{vmatrix} \tag{1-5}$$

分子体系的哈密顿（Hamilton）算符可写成：

$$\hat{H}=\hat{H}_{单}+\hat{H}_{双}=\sum_{i=1}^{n}\hat{h}(i)+\sum_{i<j}\hat{g}(i,j) \tag{1-6}$$

式中，$\hat{h}(i)$ 为单个电子的 Hamilton 量，对应于电子的动能和电子受核吸引的位能；$\hat{g}(i,j)$ 表示两个电子间的库仑作用能。

原则上讲，有了 HFR 方程就可以计算任何多原子体系的电子结构和性质。在从头算法里，分子轨道由组成体系的原子的全部原子轨道线性组合而成。原子轨道（也称基组）基函数的选择十分重要。目前常用的有两种基函数：Slater 型函数和高斯（Gauss）型函数。Slater 型函数得名于 Slater 函数 $\mathrm{e}^{-\zeta r}$，具有如下形式：

$$f=(2\zeta)^{n+\frac{1}{2}}[(2n)!]^{-\frac{1}{2}}r^{n-1}\mathrm{e}^{-\zeta r}Y_{lm}(\theta,\varphi) \tag{1-7}$$

式中，ζ 为轨道指数；$Y_{lm}(\theta,\varphi)$ 为类氢函数的角度部分；n、l、m 对应主量子数、角量子数和磁量子数；r、θ、φ 为球坐标变量。Slater 型基组就是原子轨道基组，基组由体系各个原子中的原子轨道波函数组成，是最原始的基组，函数形式有明确的物理意义，但是这一类型的函数，数学性质并不好，在计算多中心双电子积分（即两电子间的排斥能）时，计算量很大，这样就有了一些针对简化排斥积分计算的方案，称为近似计算方法。近似的 HFR 方程一般得到的结果较差，当取一些经验参量代替方程中的一些积分，

同时忽略某些积分则称为半经验近似计算方法，往往能得到一些令人满意的结果，如基于零微分重叠近似的CNDO方法。在从头算法里，常取Gauss型函数作为基函数，Gauss型函数用直角坐标表示，具有如下形式：

$$f = Nx^l y^m z^n e^{-ar^2} \tag{1-8}$$

值得注意的是，这里的l、m、n为非负整数，不同于Slater函数中的主量子数、角量子数和磁量子数；a为轨道指数。Gauss型函数用直角坐标，用若干个Gauss函数的线性组合去拟合Slater原子轨道，可以使得难以处理的多中心积分简化。例如：根据高斯函数的乘积定理将三中心和四中心的双电子积分轻易转化为二中心的双电子积分，可以在相当程度上简化计算。但是直接使用Gauss型函数构成基组会使得量子化学计算的精度下降，且Gauss型函数不像Slater型函数那样具有较明确的物理意义。

为了弥补Gauss型函数的缺点，量子化学家使用多个Gauss型函数进行线性组合，从而得到一种压缩Gauss基组，这是目前应用最多的基组。根据研究体系的不同性质，量子化学家会选择不同形式的压缩Gauss型基组进行计算。压缩Gauss基组一方面可以较好地模拟原子轨道波函数的形态，另一方面可以利用Gauss型函数的良好数学性质，简化计算。最典型的将原子轨道展开为Gauss型轨道的从头算法的标准计算机程序是由J. A. 波普尔研究集体推出的计算机程序系列：Gaussian系列。例如STO-3G基组是规模最小的压缩Gauss型基组，3G表示每个Slater型原子轨道是由三个Gauss型函数线性组合获得。进而对原子轨道进行线形组合得到分子轨道，代入HFR方程进行自洽场计算，以获得Gauss型函数的指数和组合系数。在实际计算应用中，常常需要使用更大的基组规模来得到更准确的相关性质。增大基组规模的方法常常通过增加基组中基函数的数量来实现，即使用多于一个基函数来表示一个原子轨道。常用的相关基组类型有劈裂基组、极化基组、弥散基组及赝势基组。其中劈裂基组指的是将价层电子的原子轨道用两个或两个以上基函数来表示。常见的劈裂基组有3-21G、4-31G、6-31G等。极化基组是在劈裂价键基组的基础上添加更高能级原子轨道所对应的基函数，如对氢原子上添加p轨道波函数，对第二周期的原子添加d轨道波函数，对过渡金属原子上添加f轨道波函数等。极化基组的表示方法通常直接在劈裂价键基组符号的后面添加括号，在括号内分别标注对重原子和氢原子添加的极化基函数类型。如对于C_6H_6体系采用6-31G(d，p)基组，即，6-31G**，表明对C添加d轨道，对H添加p轨道波函数。弥散基组是在劈裂价键基组的基础上添加了弥散函数的基组。此外，对于含第三、四元素周期原子的体系来说，在实际计算过程中，往往只是原子的价层电子对体系的性质影响较大，而内层电子的分布影响较小，我们常常采用赝势价轨道的基组方法。迄今，已经发展了不同的赝势基组方法，如Hay和Wadt提出的Los Alamos赝势（或称Lanl赝势）、Stuttgart/Dresden赝势（或称SDD赝势）、SBKJC赝势（也称CEP赝势）等。赝势轨道方法，既能节省计算时间，也能得到较好计算精度的结果，在过渡金属络合催化的量子化学研究方面发挥着重要作用。

上述基函数展开的方法使复杂的微分方程变成比较简单的矩阵方程，特别适合用计算机进行求解HFR方程，进而计算体系的各部分能量，包括动能、电子与电子之间的排斥能以及电子之间的交换相关能等。

我们知道，真正严格的计算才称为从头算法。在众多量子化学计算方法中，量子化学从头算法是最可靠、最严格的、最有前途的计算方法，占有主导地位。它可以获得相当高的精度，达到所谓的化学精度——每摩尔偏差数千焦，甚至超过目前实验水平所能达到的精度。因此，从头算法被誉为“特殊的实验”，不仅为理论化学家，而且也逐渐为实验化学家所重视。然而，由 HFR 方程求解得到的极限能量，往往忽略了电子相关作用，因而与非相对论薛定谔方程的严格解存在较大误差。对于某些需要考虑相关作用能的体系，需要使用更高级的量化计算方法。解决电子相关作用能问题在量子化学研究中一直占有重要地位，也是当前计算化学重要领域之一。下面介绍量子化学从头算法中在 HF 方法基础上，考虑电子相关作用的两种重要高级计算方法：组态相互作用（CI）方法和多体微扰理论（MBPT）方法。

组态相互作用（CI）方法

对于 N 电子体系，在给定基组下，HF 计算产生对应一组单电子轨道以及电子在轨道上排布的一种组态，而考虑电子相关作用则需要允许电子其他方式的排布，即多种组态方式，更精确的做法须选取多 Slater 行列式的线性组合形式的波函数，再由变分法求得这些 Slater 行列式的组合系数。这些由一个 Slater 行列式或数个 Slater 行列式按某种方式组合所描述的分子的电子结构称为组态，而这种取多 Slater 行列式波函数的方法称为组态相互作用法（简称 CI）。在所有考虑相关能的高级计算方法中，CI 方法是在概念上最简单的方法，但在计算和效果上并不理想。HF 产生的组态作为零级波函数，在其他组态方式中电子是任意激发的各种排布，完全组态相互作用（FCI）的组态波函数为：

$$\Psi = C_0\Phi_0 + \sum_{i,a} C_i^a(\Phi_0)_i^a + \sum_{i,j,a,b} C_{ij}^{ab}(\Phi_0)_{ij}^{ab} + \cdots \tag{1-9}$$

式中，Φ_0 为 HF 组态，其他组态可认为是电子从 HF 组态中的占据轨道激发到空轨道中产生的，例如 $(\Phi_0)_i^a$ 被认为是一个电子从 Φ_0 中的占据轨道 i 激发到空轨道 a 产生的单激发组态，$(\Phi_0)_{ij}^{ab}$ 是两个电子从 Φ_0 中的占据轨道 i、j 激发到空轨道 a、b 产生的双激发组态，依次类推三激发组态、四激发组态等。如果包含所有可能的激发，则叫作完全组态相互作用（FCI）。

FCI 能够得到给定基组下全部相关能，是最为精确的理论方法。但 FCI 波函数展开式项数过多，当基组较大、电子较多时，激发组态会达到百万以上，难以计算。通常需要考虑“截短”的 CI，截掉多重激发的组态，使 CI 展开式只包含 HF 组态、单激发组态 $(\Phi_0)_i^a$ 和双激发组态 $(\Phi_0)_{ij}^{ab}$，称为 SDCI。对于小分子体系，SDCI 能涵盖很大部分的相关能。由于在 SDCI 中，单激发组态不直接与 HF 作用，通过双激发组态间接起作用，对相关能的贡献很小，研究者又提出了只含 HF 组态和双激发组态的 DCI 方法。SDCI 和 DCI 都是实际中较常用的 CI 方法，由于双激发组态依然数目很大，一般在使用这两种方法时只计算一部分重要的双激发组态。然而，截短的 CI 方法也有缺陷，不满足大小一致性，与 FCI 不同。此外，由于 CI 展开式使用了 HF 自旋轨道集来构建组态，计算收敛慢、效率低。研究表明，使用自然自旋轨道集来构建组态可以加快收敛。

组态相互作用（CI）方法的变种

多组态自洽场（MCSCF）方法：MCSCF 是一种限制 CI 波函数展开式长度的方法，

是 CI 的变种，包含较少的组态。在 MCSCF 计算中，展开系数 C_i 和组态 Φ 中正交归一的轨道都要被优化。一般来讲，MCSCF 方法计算相当复杂，通常认为，它只考虑了静态相关能，而 CI 考虑的是动态相关能。

完全活性空间自洽场（CASSCF）方法：由于 MCSCF 波函数展开式中的组态不好选，研究者提出了一种通过指定轨道空间自动产生 Φ 的方法，即 CASSCF。以闭壳层 HF 为例，在计算得到的全套分子轨道按轨道能从低到高排列的序列图中，通过指定前线轨道附近若干个占据轨道和若干个未占据轨道，形成“活性空间”。由在活性空间中电子的各种可能的放置方式，确定 MCSCF 波函数展开式中的电子组态。

多参考态组态相互作用（MRCI）方法：在 CI 波函数展开式中的激发组态都是相对于 HF 组态的激发。MRCI 方法是一种使用多个参考态的组态相互作用方法，既考虑静态相关能又考虑动态相关能。

以 CASSCF 计算结果为基础进行二级微扰处理，就是 CASPT2 方法。

多体微扰理论方法

多体微扰理论（MBPT）方法也是一种考虑相关能的高级量子化学计算方法，它以 20 世纪 30 年代 Möller 和 Plesset 的理论为基础。MBPT 在理论上比 CI 复杂，在计算效果上比 CI（DCI、SDCI）有优势。在处理中等大小的分子体系的基态时，MBPT 是一种优先选择的高级量子化学计算方法。

当使用量子力学的微扰理论近似地求解定态薛定谔方程时，需分割哈密顿算子 H_{ele}。

$$H_{\text{ele}}=H_0+H' \tag{1-10}$$

式中，H'是微扰项。其表达为：

$$\begin{aligned} H' &= H_{\text{ele}}-H_0 \\ &= -\sum_i^N \frac{1}{2}\nabla_i^{\,2}-\sum_i^N\sum_s^M \frac{Z_s}{r_{is}}+\sum_i^N\sum_{j>i}^N \frac{1}{r_{ij}}-\sum_i^N f(i) \\ &= \sum_i^N h(i)+\sum_i^N\sum_{j>i}^N \frac{1}{r_{ij}}-\sum_i^N\left(h(i)+v^{\text{HF}}(i)\right) \\ &= \sum_i^N\sum_{j>i}^N \frac{1}{r_{ij}}-\sum_i^N v^{\text{HF}}(i) \end{aligned} \tag{1-11}$$

使用量子力学 Reyleigh-Schrödinger（RS）微扰理论，近似求解 H_{ele} 的基态能量本征值 ε_0

$$\varepsilon_0=E_0^{(0)}+E_0^{(1)}+E_0^{(2)}+E_0^{(3)}+\cdots \tag{1-12}$$

因而，MBPT 是一种考虑相关能的量子化学高级计算方法，如果能量只考虑二级校正，则

$$\varepsilon_0\approx E_0^{(0)}+E_0^{(1)}+E_0^{(2)} \tag{1-13}$$

称为 MP2。三级校正称为 MP3，……

MBPT 理论能给出明确的相关能表达式。它有一个重要优点就是各级的 MPn 能量计算都是大小一致的，适合于化学反应及分子间相互作用的计算研究。并且 MP2 计算所用的时间是 HF-SCF 的几倍，而 DCI 计算则是几十倍。但 CI 类方法能用于分子的电子激发

态的计算，MPn 方法则不能。

以上方法中，常用于激发态计算的方法有：SCI（单激发组态相互作用方法）、MR-CISD 和 MRPT2 等多参考态方法。除此外，还有耦合簇的方法，常用的基于耦合簇理论的激发态计算方法有三种：对称性匹配的簇组态相互作用（SAC-CI）方法、运动方程耦合簇（EOM-CC）和线性响应耦合簇方法。尽管它们的公式不同，但它们对一般的截断和非近似的耦合簇模型的计算结果是类似的。因此这里不做详细介绍了。

1.1.2.2 密度泛函理论

1964 年，Hohenberg 和 Kohn 提出了密度泛函方法的两个基本定理。第一定理表明，分子系统的确定基态能量仅是电子密度以及一定原子核位置的泛函。或者说，对于给定的原子核坐标，电子密度确定基态的能量和性质。第二定理则表明，分子基态确定的电子密度函数对应于体系能量最低。因此如果知道体系能量的密度泛函表示形式，则从它的变分条件可以求出基态密度，进而得到体系基态的所有物理性质。根据密度泛函理论，体系的能量可以表示为电子密度的泛函。任一电子体系在外势场 $V_{\text{ext}}(r)$ 作用下，体系的能量可以表示为：

$$E(\rho)=E^{\text{T}}(\rho)+E^{\text{V}}(\rho)+E^{\text{J}}(\rho)+E^{\text{XC}}(\rho) \tag{1-14}$$

式中，E^{T} 为电子动能；E^{V} 包含电子与原子核之间的吸引作用能以及原子核之间的排斥作用能；E^{J} 为电子与电子之间的排斥能。这些物理量都是基于非相互作用的假想参考态之间的作用项，真实体系（电子间有相关制约的体系）与假想参考态之间的偏差（含有电子动能、电子间交换-相关能的偏差）为 E^{XC}，称为交换-相关能。E^{V} 和 E^{J} 是可以直接计算的，因为它们代表经典的库仑相互作用；而 E^{T} 和 E^{XC} 则不能直接计算。

为了计算电子的动能，Kohn 和 Sham 借用了 HF 方法中的轨道方法，把动能展开为轨道的函数，这些轨道是如下单电子 Schrödinger 方程的解：

$$E^{\text{T}}(\rho)=\sum a_n\int \mathrm{d}x\varphi_n^*(r)\left(-\frac{h^2}{2m}\nabla^2\right)\varphi_n(n) \tag{1-15}$$

同时，体系的电子密度为

$$\rho(r)=\sum_n a_n\left|\varphi_n(r)\right|^2 \tag{1-16}$$

因此动能项 E^{T} 与电子密度 $\rho(r)$ 通过上述两式间接地联系起来。

Kohn-Sham 方程中包含着一个未知的交换-相关势部分，没有具体形式将无法开展实际计算。精确的交换-相关泛函形式直至今日还是不得而知，我们只能在理论上证明它的存在性而不能在实际上把它精确地构造出来。交换-相关泛函的精确程度决定了 Kohn-Sham 方程计算所能达到的最高精确程度，因此发展高精度的交换-相关泛函，一直是密度泛函理论研究的中心问题。

按照 Perdew 的建议，现有的交换-相关泛函可以分为以下几类：

（1）LDA：泛函只与密度分布的局域值有关。

（2）GGA：泛函所依赖的变量除局域密度外，还包括局域密度的梯度。

（3）meta-GGA：泛函所依赖的变量除局域密度、局域密度梯度外，还包含了动能密

度 τ。

（4）hybrid：将 HF 交换能与交换-相关泛函按一定比例混合。

（5）完全非局域泛函：泛函与所有占据的和非占据的轨道都有关。

局域密度近似（LDA）是 Kohn 和 Sham 提出的一种最简单的近似处理交换-相关能的方法。它把交换-相关泛函的形式写成：

$$E_{XC}^{LDA}[\rho]=E_{X}^{LDA}[\rho]+E_{C}^{LDA}[\rho]=\int\varepsilon_{X}[\rho]\rho(\bar{r})d\bar{r}+\int\varepsilon_{C}[\rho]\rho(\bar{r})d\bar{r} \tag{1-17}$$

式中，$\varepsilon_X[\rho]$ 和 $\varepsilon_C[\rho]$ 分别为交换能密度函数和相关能密度函数。上式表明空间每一点的交换能密度和相关能密度只取决于该点的电子密度，而与其他点处的电子密度无关。采用 LDA 泛函后，密度泛函理论在处理分子构象、振动频率以及单粒子性质等问题时取得了较好的效果。

LDA 是建立在理想的均匀电子气模型基础上的，而实际原子和分子体系的电子密度远非均匀的，所以通常由 LDA 计算得到的原子或分子的化学性质往往不能满足化学家的要求。为了考虑电子密度的非均匀性，克服 LDA 在描述真实体系密度梯度变化剧烈情况下的缺陷，改进原子交换能和相关能的计算结果，研究者们提出所谓的梯度展开近似（gradient expansion approximation，GEA）和一般梯度近似（general gradient approximation，GGA），即能量泛函不仅依赖于局域密度值的分布，还与密度的梯度有关。GGA 交换能泛函的一般形式写成：

$$E_{X}^{GGA}=E_{X}^{LDA}-\sum_{\sigma}F(x_{\sigma})\rho_{\sigma}^{4/3}(\bar{r})d\bar{r} \tag{1-18}$$

式中，$x_{\sigma}=|\nabla\rho_{\sigma}|\rho_{\sigma}^{-4/3}$ 称为约化梯度，是一个无量纲的量。GGA 的提出在一定程度上改善了 LDA 的计算结果。目前比较重要的 GGA 交换能泛函有 P86、B95、PW91、PBE、HCTH 等。由于在定义交换-相关泛函时包含了一部分动能的贡献，所以研究者们自然地想到，如果在交换-相关泛函中包含动能密度 τ 作为变量，则计算结果可能更合理一些。这就是所谓的 meta-GGA 泛函。自 20 世纪 80 年代末以来，比较有代表性的 meta-GGA 有 tHCTH、VSXC、TPSS 等，这些泛函在化学研究的各个领域都取得了不错的结果。

为了提高各种近似泛函计算结果的精确度，90 年代初期，Becke 基于绝热关联提出了在密度泛函中部分引入 HF 方法计算的交换能的思想，从而构造出了一系列的所谓“杂化型”（hybrid）的交换-相关泛函，目前比较常用的有 B3PW91、B3LYP、B1B95 等，而 M06 系列泛函如 M06-L、M06-2X 等是新发展的杂化泛函。为了把密度泛函理论方法应用到更广泛的体系，研究者还发展了适用于长程相关作用的 CAM-B3LYP、LC-ωPBE、ωB97XD 等方法，而近些年为了克服传统泛函在描述色散作用方面的缺陷，还发展了包含色散作用的泛函如 B97D。随着泛函理论方法的发展，其应用的体系范围将越来越广泛。

值得指出，当前得到广泛应用的密度泛函 Kohn-Sham 方法，在处理体系的基态电子结构方面取得了巨大的成功，但在处理激发态和电子光谱问题时则明显不足。因此很多人致力于发展密度泛函理论，以便能处理激发态与电子多重态问题。

1.1.2.3 含时密度泛函理论

应用于激发态研究的含时密度泛函理论的建立，可以分为两个阶段：一是推导与证明含时的 Kohn-Sham 方程；二是在含时 Kohn-Sham 方程的基础上应用线性响应理论得到计算激发能和跃迁矩的表达式。下面是对上述两个阶段的简要介绍。

传统的密度泛函理论局限于不含时体系，仅适用于基态性质的研究。如果要建立含时的密度泛函理论，必须首先证明与 Hohenberg-Kohn 第一、第二定理相对应的适用于含时体系的定理。Runge-Gross 定理可以看作是含时体系中的 HK 第一定理。该定理认为体系确定的含时电子密度 $\rho(r,t)$ 决定了体系的含时外场$V(r,t)$，进而决定了体系的含时波函数，因此波函数就是含时电子密度的泛函

$$\rho(r,t)\leftrightarrow V[\rho](r,t)+C(t)\leftrightarrow \Psi[\rho](r,t)\mathrm{e}^{-ia(t)} \tag{1-19}$$

式中，$C(t)$ 为时间函数。

Runge-Gross 定理的证明从含时 Schrödinger 方程出发

$$\hat{H}(r,t)i\frac{\partial}{\partial t}\Psi(r,t)=\hat{H}(r,t)\Psi(r,t) \tag{1-20}$$

$$\hat{H}(r,t)=\hat{T}(r)+\hat{V}_{\text{e-e}}(r)+\hat{V}_{\text{e-N}}(r)+\hat{V}(t) \tag{1-21}$$

式中，$\hat{T}(r)$、$\hat{V}_{\text{e-e}}(r)$、$\hat{V}_{\text{e-N}}(r)$分别对应动能算符、电子排斥算符和电子核吸引算符。$\hat{V}(t)$ 是一个含时的外势，可以看作是一系列单粒子势之和，即

$$\hat{V}(t)=\sum_{t=1}^{N}v(r,t) \tag{1-22}$$

式中，N 为体系电子数，且不随时间变化。体系的密度可以表示为

$$\rho(r,t)=\int|\Psi(r_1,r_2,r_3,\cdots,r_N,t)|^2\mathrm{d}r_2\mathrm{d}r_3\cdots\mathrm{d}r_N \tag{1-23}$$

要得到含时电子密度与含时外势之间的一一对应关系，只需证明两个不同的外势 $v^{\mathrm{A}}(r,t)$ 和 $v^{\mathrm{B}}(r,t)$ 分别作用于同一起始态 Ψ_0，能够得到两个不同的电子密度即可。$v^{\mathrm{A}}(r,t)$ 和 $v^{\mathrm{B}}(r,t)$ 相差不止一个纯的时间函数，且 $v^{\mathrm{A}}(r,t)\neq v^{\mathrm{A}}(r,t)+C(t)$。为此，证明过程中引入了电流密度（current density）这一物理量。电流密度 $j(r,t)$ 定义为

$$j(r,t)=\frac{1}{2i}[\Psi^*(r,t)\nabla\Psi(r,t)-\nabla\Psi^*(r,t)\Psi(r,t)] \tag{1-24}$$

根据定义，电流密度 $j(r,t)$ 与电子密度 $\rho(r,t)$ 之间所遵循的连续方程

$$\frac{\partial}{\partial t}\rho(r,t)=-\nabla j(r,t) \tag{1-25}$$

即体积内电子密度的变化等于体积表面的电流密度流量。借助于电流密度 $j(r,t)$，可以分别证明体系不同的电流密度 $j^{\mathrm{A}}(r,t)$ 和 $j^{\mathrm{B}}(r,t)$ 所对应的外势 $v^{\mathrm{A}}(r,t)$ 和 $v^{\mathrm{B}}(r,t)$ 总是不同的，且不同的电流密度需要不同的电子密度 $\rho^{\mathrm{A}}(r,t)$ 和$\rho^{\mathrm{B}}(r,t)$。从而使体系含时

密度与含时外势（乃至波函数）之间的对应关系得以建立。

在完成 Runge-Gross 定理的证明后，还需要借助变分原理得到体系确定的电子密度。我们知道，如果含时波函数 $\Psi(r,t)$ 是含时 Schrödinger 方程的解，则波函数对应于量子力学作用积分（action integral）的稳定点

$$A=\int_0^1 \mathrm{d}t \left\langle \Psi(r,t) \left| i\frac{\partial}{\partial t}-\hat{H}(r,t) \right| \Psi(r,t) \right\rangle \tag{1-26}$$

由于 $\Psi(r,t)$ 是电子密度 $\rho(r,t)$ 的泛函，因此上式可以写为

$$A[\rho]=\int_0^1 \mathrm{d}t \left\langle \Psi[\rho](r,t) \left| i\frac{\partial}{\partial t}-\hat{H}(r,t) \right| \Psi[\rho](r,t) \right\rangle \tag{1-27}$$

这样，体系确定的电子密度就可以通过 Eular 方程变分得到

$$\frac{\delta A[\rho]}{\delta\rho(r,t)}=0 \tag{1-28}$$

根据 $\hat{H}(r,t)$ 的定义，$A[\rho]$ 可以分为两个部分

$$A[\rho]=B[\rho]-\int_0^1 \mathrm{d}t \int \mathrm{d}^3 r \rho(r,t) v(r,t) \tag{1-29}$$

$$v(r,t)=\hat{V}_{\text{e-N}}(r)+\hat{V}(t) \tag{1-30}$$

$$B[\rho]=\int_0^1 \mathrm{d}t \left\langle \Psi[\rho](r,t) \left| i\frac{\partial}{\partial t}-\hat{T}(r)-\hat{V}_{\text{e-e}}(r) \right| \Psi[\rho](r,t) \right\rangle \tag{1-31}$$

$A[\rho]$ 的第一项 $B[\rho]$ 是不依赖 $v(r,t)$ 的，而第二项则依赖于 $v(r,t)$。

为了得到含时的 Kohn-Sham 方程，假设存在一个含时的非相互作用参考体系和一个外部单粒子势 $V_s(r,t)$，该体系的电子密度 $\rho_s(r,t)$ 等于真实的、相互作用体系的电子密度，这个非相互作用体系可以用一组单电子轨道 $\phi_i(r,t)$ 所组成的单 Slater 行列式 $\phi(r,t)$ 来表示，因此它的电子密度可以表示为

$$\rho(r,t)=\rho_s(r,t)=\sum_{t=1}^{N} |\phi_i(r,t)|^2 \tag{1-32}$$

由于存在单粒子势 $V_s(r,t)$，单电子轨道可以通过求解单电子 Schrödinger 方程得到

$$i\frac{\partial}{\partial t}\phi_i(r,t)=\left(-\frac{1}{2}\nabla_i^2+v_s(r,t)\right)\phi_i(r,t) \tag{1-33}$$

将作用积分作用于非相互作用体系 $[\hat{V}_{\text{e-e}}(r)=0]$，可以得到

$$A_s[\rho]=B_s[\rho]-\int_0^1 \mathrm{d}t \int \mathrm{d}^3 r \rho(r,t) v_s(r,t) \tag{1-34}$$

$$B_s[\rho]=\int_0^1 \mathrm{d}t \left\langle \Psi[\rho](r,t) \left| i\frac{\partial}{\partial t}-\hat{T}(r) \right| \Psi[\rho](r,t) \right\rangle \tag{1-35}$$

与真实体系的 $A[\rho]$ 比较可以得到

$$A[\rho]=B_s[\rho]-\int_0^1 \mathrm{d}t \int \mathrm{d}^3 r \rho(r,t) v(r,t)-\frac{1}{2}\int_0^1 \mathrm{d}t \int \mathrm{d}^3 r \int \mathrm{d}^3 r'$$

$$\frac{\rho(r,t)\rho'(r,t)}{|r-r'|} - A_{XC}[\rho] \tag{1-36}$$

式中，A_{XC} 被称为作用积分的“交换-相关”部分，它具体表示为

$$A_{XC}[\rho] = B_s[\rho] - B[\rho] - \frac{1}{2}\int_0^1 dt \int d^3r \int d^3r' \frac{\rho(r,t)\rho'(r,t)}{|r-r'|} \tag{1-37}$$

根据上述推导，作用于参考体系的单粒子势 $v_s(r,t)$ 与真实体系的 $v(r,t)$ 之间的关系可以表示为

$$v_s(r,t) = v(r,t) + \int d^3r' \frac{\rho'(r,t)}{|r-r'|} + \frac{\delta A_{XC}[\rho]}{\delta\rho(r,t)} \tag{1-38}$$

将 $v_s(r,t)$ 代入单电子 Schrödinger 方程后就得到了含时的 Kohn-Sham 方程

$$i\frac{\partial}{\partial t}\phi_i(r,t) = \left(-\frac{1}{2}\nabla_i^2 + v(r,t) + \int d^3r' \frac{\rho'(r,t)}{|r-r'|} + \frac{\delta A_{XC}[\rho]}{\delta\rho(r,t)}\right)\phi_i(r,t) \tag{1-39}$$

含时 Kohn-Sham 方程与不含时 Kohn-Sham 方程类似，依然是一个单粒子方程，体系的每一个电子都看作是在其他电子所组成的平均场中运动。所有的“交换-相关”效应都包括在$\frac{\delta A_{XC}[\rho]}{\delta\rho(r,t)}$这一项中。在含时 Kohn-Sham 方程的推导过程中，没有引入近似，因此该方程是一个形式上严格的多体理论。然而，精确的含时交换-相关泛函（XC kernel）是不知道的，必须引入对该泛函的近似。目前主要运用的是绝热局域密度近似（ALDA），该近似假设体系密度随时间的变化比较慢，因此可以使用不含时的、局域的交换-相关泛函来代替含时的、离域的交换-相关泛函。这一假设也使得在含时 Kohn-Sham 方程的理论框架下可以使用目前所研究出的各种基于基态的泛函。

在含时 Kohn-Sham 方程建立后，为了获得激发态的能量和振子强度，可以采取两种不同的途径。一是在时间中传播含时 Kohn-Sham 波函数，这种途径被称为实时 TDDFT 方法；二是分析含时 Kohn-Sham 方程的线性响应，从而得到线性响应 TDDFT 方程。当前国际上主要的计算程序均采用第二种途径进行激发能和振子强度的计算。

经过二十多年的努力，含时密度泛函理论（TDDFT）已经发展成为一个较为系统的理论，该理论在实际体系中的应用变得越来越重要。不仅能够运用 TDDFT 方法计算激发态的能量和振子强度，还可以对激发态能量的解析表达式进行一阶求导，从而获得关于激发态几何结构和偶极矩的重要信息。TDDFT 方法的研究范围也不只限于闭壳层体系，还应用于很多开壳层体系。TDDFT 方法在不同体系中的运用表明，它给出的计算结果是值得信赖的。与过去常用的组态相关（CI）方法或多组态自恰场（MCSCF）方法相比，TDDFT 方法比 MCSCF 方法计算量小，比 CIS（configuration interaction singles）方法计算精度高，因此 TDDFT 的应用得到了越来越多的关注，并成为当前研究中等分子乃至大分子激发态性质的最有效方法。当然，TDDFT 方法也还在不断的发展中，在理论方面尚有许多不足之处需要完善。比如，在当前的含时密度泛函理论中，常用的泛函形式基本来自基态密度泛函理论，人们并没有找到更理想的、专门用来处理激发态体系泛函形式。这就使得相关计算只能涉及价态的低占据激发态，而对更高的电子态 Rydberg 激发态、电荷转移激发态以及具有显著双电子激发特征的激发态等的研究则会受到极大的限制。

1.2 量子化学计算方法在高分子科学研究领域中的应用

原则上说，量子化学中研究分子电子结构的各种方法都适用于高分子体系。然而，由于高分子体系包含众多原子核和电子，有关电子结构性质的实际计算任务是极其艰巨和耗时的，因此需要采用某些模型方法和近似处理，以探寻微观本质和机理。所幸的是，高分子体系往往是由小分子结构单元聚合而成，单就电子结构引起的某些性质而言，如分子间作用、光学性质等，使用量子化学的研究方法对其进行研究还是完全可行的。

1.2.1 高分子催化反应机理研究

随着理论计算方法和计算机技术的发展，量子化学计算方法在揭示化学反应的反应机理及认识和预测催化剂的结构和性质中起到越来越重要的作用，并成为实验研究不可或缺的重要补充手段。目前已有的研究催化反应机理的量子化学计算方法主要有两种：基于分子轨道（molecular orbital，MO）理论的从头算方法和密度泛函理论（density functional theory，DFT）方法。在从头算方法中，Hartree-Fock（HF）方法没有考虑电子相关，而电子相关在精确描述化学反应的能量差时是不可忽略的；经过电子相关校正的多体微扰理论（如 MP2-4）、耦合簇［CCSD(T)］及多组态自洽场（MCSSCF）等方法由于计算量较大，只能用于小分子体系（小于 20 个原子）的精确计算。相反，DFT 方法不仅考虑了电子相关，而且计算精度与 MP2 相当，计算速度却比 MP2 快很多，因而在催化反应机理的研究中被广泛使用[1]。

近些年来，国内外理论化学家使用 DFT 方法在金属配位耦合、聚合反应机理的研究方面取得了很大的进展。如 Pápai 等人通过 DFT 方法研究了在 Mo 配合物的配位作用下 CO_2 与 C_2H_4 耦合反应生成丙烯酸酯的反应机理[2]，为实验提出的耦合反应机理提供了理论支持；Morokuma 等人通过理论［DFT(B3LYP)］和实验方法相结合研究了 Pd 的配合物催化烯烃聚合生成线型聚烯烃的反应机理[3]，揭示了实验中烯烃聚合反应中烯烃插入、链增长、链转移等微观反应机理；Marks 等人使用 DFT 方法（B3LYP）研究了双金属锆配合物在催化乙烯聚合反应中的双金属中心协作催化性质[4]，指出分子内元结效应（Agostic 相互作用）的存在有利于实验中生成高分子量的高分子产物。除了使用纯的 DFT 方法，对一些较大催化剂体系还可使用 QM/MM（quantum mechanics/molecular mechanics）方法进行研究，对反应活性中心使用 DFT 方法，对其他原子使用 MM 方法，如 Ziegler 等人使用 QM/MM 方法研究了一些金属配合物体系催化烯烃发生聚合反应的反应机理中取代基效应，指出某些位置取代基的引入有利于高分子量高分子的生成[5]。在国内，也有多个课题组使用DFT方法进行催化反应机理的研究。如清华大学刘磊教授课题组使用DFT方法（B3PW91）在研究镍配合物Ni（CPy3）催化苯基酯（ArOAc）与芳硼酸交叉耦合的反应机理时[6]发现，Ar—OAc键比ArO—Ac键更容易被活化，解释了实验中仅得到Ar—OAc键断裂产物的现象。香港科技大学林振洋教授课题组在对乙醛和CO_2分别在铜硼基配合物（NHC)Cu(boryl）的配位插入反应机理的DFT（B3LYP）研究中，预测得出铜硼基配合物是一种活化C═O键的有效催化剂[7]。本章作者团队也曾对TiO_2、VO_2团簇催化乙炔环三聚的反应机理进行了DFT研究，计算结果合理地解释了实验现象，并提出了基于金属氧键（M═O）新的配位聚合反应机理[8]。

总之，通过DFT研究，不仅能从分子水平上揭示配位聚合反应的微观反应过程，解释实验现象，还能提出一些新的聚合反应机理，建立催化剂结构和性质之间关系的规律，为实验化学家们理解和调控催化剂的催化性质提供理论基础。在本节，我们将通过模拟预测环氧乙烷（EO）、环氧丙烷（PO）分别与CO_2进行聚合反应来展示量子化学方法在研究催化反应机理方面的应用。

1.2.1.1 (tpp)AlCl催化EO与CO_2聚合反应的反应机理

目前通过量子化学计算方法对CO_2与环氧烷烃聚合反应机理的研究主要是使用密度泛函理论（DFT）方法对CO_2与环氧烷烃反应生成环状碳酸酯反应机理进行研究。如山西师范大学武海顺教授课题组对$NCCH_2Cu$催化环氧丙烷与CO_2聚合生成环状碳酸酯的反应机理进行了DFT（B3LYP）研究[9]；山东大学张冬菊教授课题组使用B3PW91泛函研究了在氯化烷基甲基咪唑催化作用下环氧丙烷与CO_2聚合生成环状碳酸酯的反应机理[10]。

在这里我们以在实验中最早使用的（tpp)AlCl催化剂来探索其催化CO_2和环氧烷烃聚合反应的反应机理。首先，我们对研究体系合理的泛函和基组进行了选择。如图1-1所示，我们选择了几个催化过程中可能出现的键解离过程，通过对比理论计算与实验数据发现，较适合Al卟啉催化CO_2与EO聚合反应体系的泛函和基组为：BPW91/6-31G(d)。

实验中发现Al卟啉体系在无助催化剂的作用下可催化PO与CO_2聚合生成线型或环状碳酸酯，而助催化剂的加入可提高反应活性，且更有利于生成环状碳酸酯产物[11]。为了揭示此聚合反应的微观本质，我们首先以Al卟啉体系（tpp)AlCl催化EO与CO_2聚合反应作为研究对象，系统地研究第一步聚合过程的微观本质。由于实验结果显示，反应的发生通常是EO等环氧烷烃先与卟啉催化剂分子，或是以环氧烷烃与卟啉生成的中间体作为催化剂体系进行反应，我们在模拟过程中考虑反应首先是EO与（tpp)AlCl分子进行反应生成中间产物（tpp）$AlOCH_2CH_2Cl$，然后CO_2再进行插入反应，进一步聚合生成$—OC(O)OCH_2CH_2—$链。图1-2中的P_I给出了反应的势能面曲线，图1-3给出了反应过程中对应中间体和过渡态的构型。研究结果显示，首先EO分子通过分子间氢键与催化剂分子进行结合生成中间体**1**，**1**进一步吸取热量，通过过渡态**1/2**，EO进行配位插入，

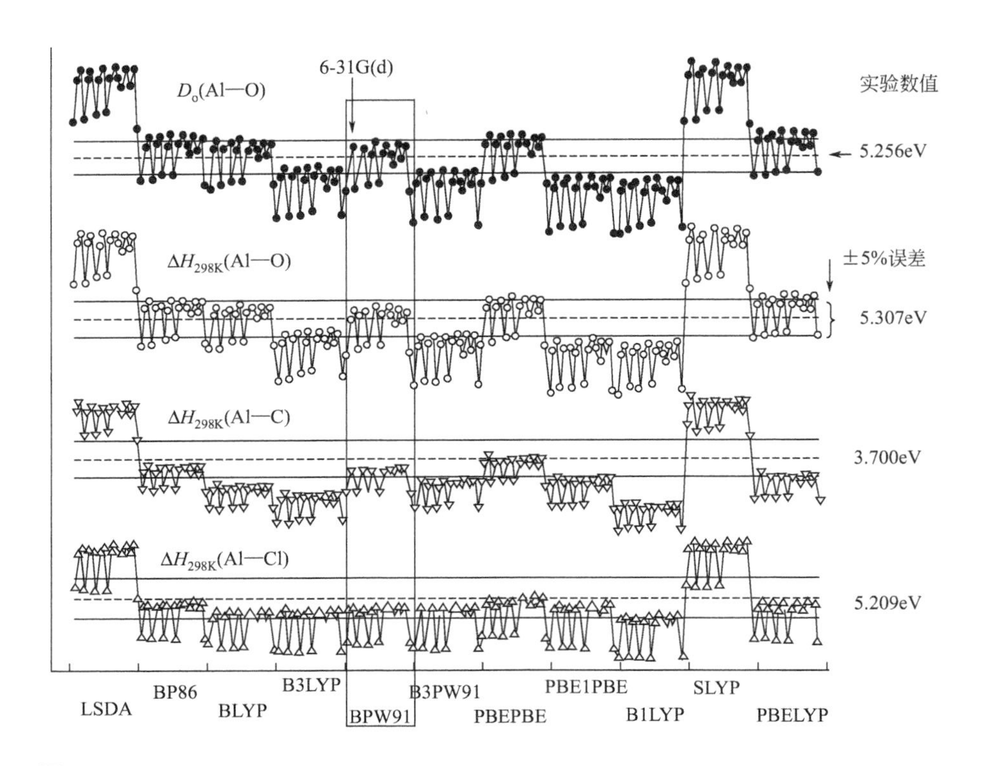

图 1-1

Al—O，Al—C，Al—Cl 键解离能（单位：eV）的实验和模拟对比

图中虚线为实验数值，上下的实心线为 ± 5%的误差线。

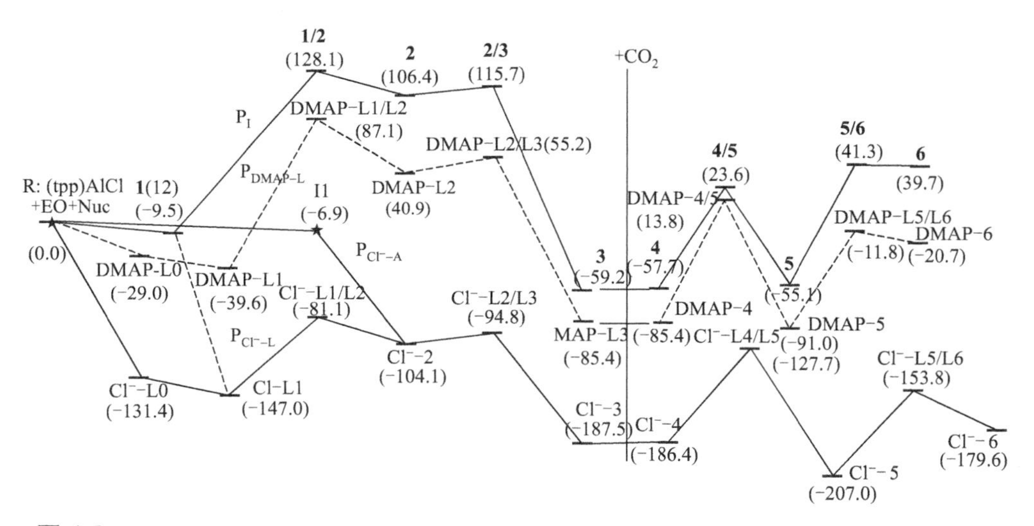

图 1-2

（tpp）AlCl(X)（X= 无，DMAP，Cl^-）催化 EO+CO_2 反应的势能面。其中 n 对应反应中间体，而 n_1/n_2对应 n_1和 n_2 之间的过渡态，括号内的能量单位是 kJ/mol，是在 0K 时相对于反应物的焓变值

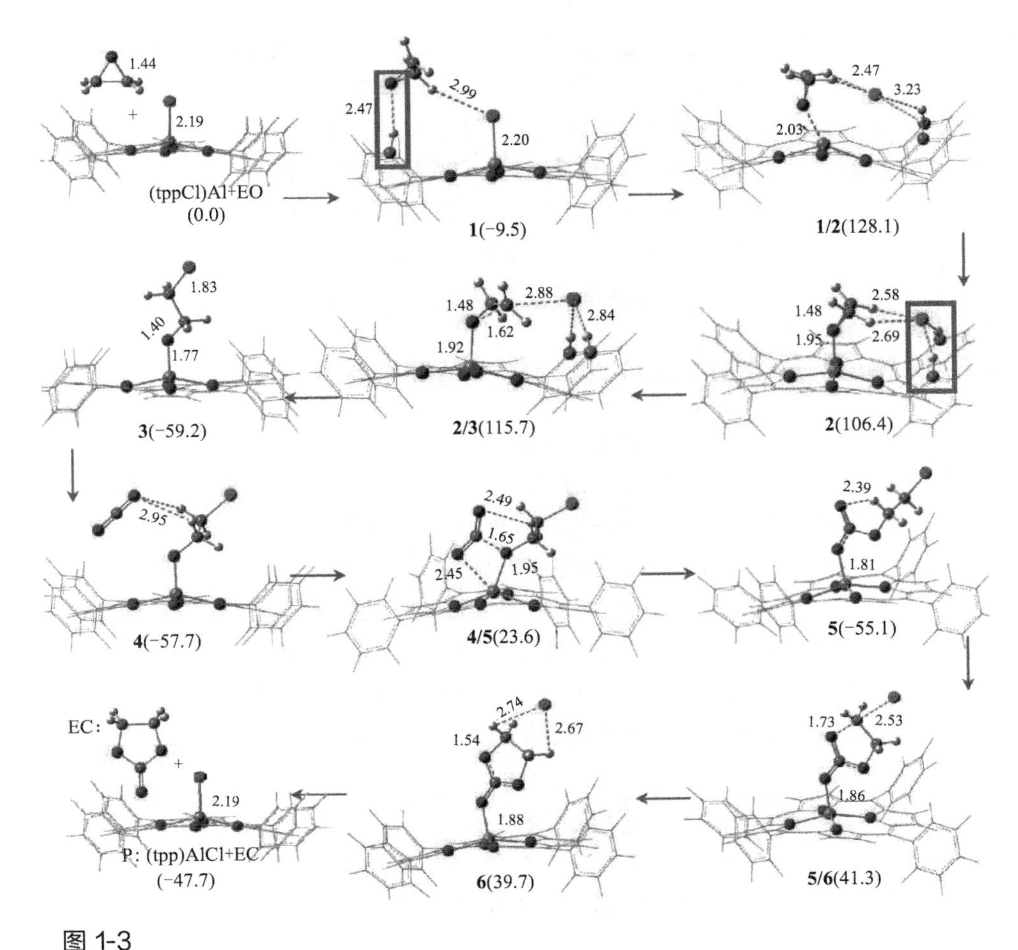

图 1-3

图 1-2 中 P_I 反应路径中中间体及过渡态的优化结构

括号中列出了相对于反应物（tpp）AlCl+ EO+ CO_2 的焓变能，单位为 kJ/mol。此外，图中还标识了相关键长，单位为 Å（1Å= 0.1nm，下同）。

Al—Cl 键断裂，生成中间体 **2**。在中间体 **2** 中，卟啉环外围的两个苯环邻位氢通过氢键稳定了由 Al—Cl 键断裂生成的 Cl^-。Cl^- 进一步通过过渡态 **2/3** 与 EO 分子中的 C 进行结合形成 C—Cl 键，EO 开环，放出热量，形成 EO 开环中间体 **3**［(tpp)$AlOCH_2CH_2Cl$］。中间体 **3** 进一步与 CO_2 进行反应，通过过渡态 **4/5**，CO_2 中的 O 与 Al 结合，(tpp)Al—OCH_2CH_2Cl 键断裂，生成 CO_2 与 EO 聚合链中间体 **5**［(tpp)Al—OC(O)OCH_2CH_2Cl］。从图 1-2 中我们可以发现，在 (tpp)AlCl 催化 EO 与 CO_2 聚合生成—OC(O)OCH_2CH_2—链的过程中，EO 的配位插入及 Al—Cl 键的断裂是反应的决速步，反应能垒较高(128kJ/mol)，合理地解释了实验中当无助催化剂存在时反应进行缓慢的现象[11]。通过以上研究，我们不仅提出了以往模拟研究[12] 中无法得到的 Al—Cl 键断裂的新的反应机理，还预测催化剂分子结构中 Al—Cl 键的强弱对催化剂反应活性的强弱及催化反应的快慢起决定性作用。

同时，我们的研究发现卟啉环外围苯环取代基上的邻位氢与电负性较强的 O 或 Cl 之间形成的氢键，对反应的进行起到了很重要的协助作用。Luinstra 等人研究了 salenAlCl 等催化 PO 与 CO_2 聚合的反应机理[12]，但由于他们简化了催化剂分子模型（只考虑了 salen 配体的中心部分，去掉了外围的取代基），没有找到 Al—Cl 键断裂的反应过程。我们的研究则表明，恰恰是这些外围取代基上的 H，例如：本反应中苯环的邻位氢，与反应中的游离分子或离子形成氢键，才使得 Al—Cl 键的断裂、EO 的插入开环成为可能。新提出的反应路径有可能为实验中所得到的以 Cl 为终端的环氧烷烃开环中间体的形成[11,13] 提出了合理的微观反应机理。并且新的反应机理有望适用于与 Al 价键方式类似的 Cr、Co 的卟啉或 salen 配合物体系催化环氧烷烃开环的反应。

1.2.1.2 亲核粒子 Nuc 对（tpp）AlCl 反应活性的影响

在实验中，聚合反应的发生往往是在助催化剂的作用下进行的[13-16]，而常用的助催化剂为 DMAP 或一些季铵盐（其中起催化作用的是盐中的阴离子）。为了研究助催化剂对催化反应作用的规律，我们首先对这些助催化剂中起催化作用的粒子与催化剂分子结合形成的稳定构型进行了研究（图 1-4）。研究结果显示，这些粒子与（tpp）AlCl 分子卟啉环上的 Al 在 Al—Cl 键的反位进行结合放出热量，形成稳定中间体，Al—Cl 键被活化。阴离子等配体的亲核性越强，它们与（tpp）AlCl 的结合能越大，对反位 Al—Cl 键的活化作用也越强。通过前面的研究可知，（tpp）AlCl 在催化 CO_2 与 EO 聚合反应的过程中，EO 的配位插入是反应的决速步，而 Al—Cl 键的强弱对催化剂反应活性的强弱及催化反应的

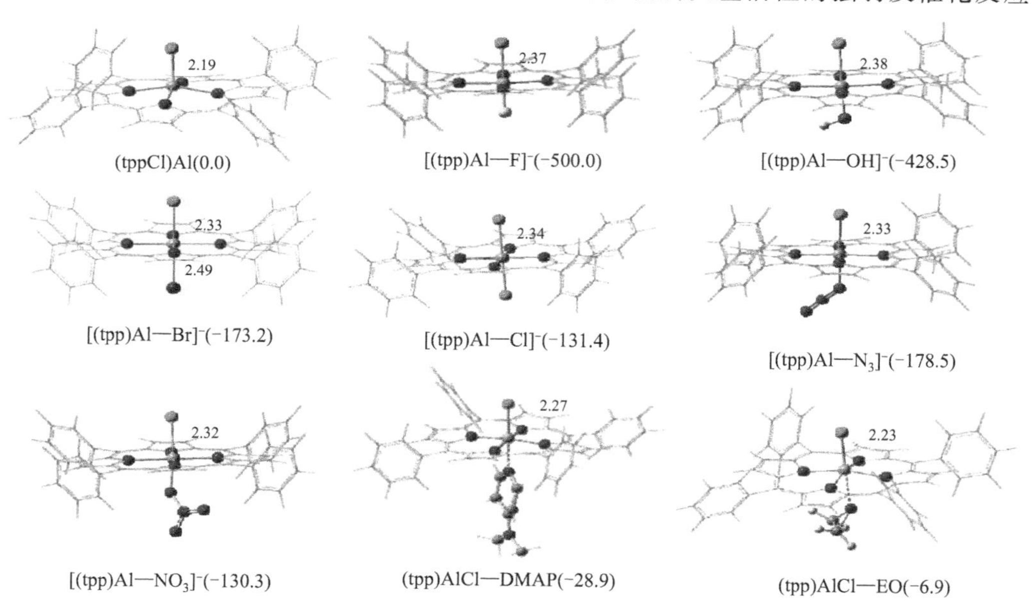

图 1-4

（tpp）AlCl—X 的优化构型

图中方括号内的 ΔE_X 为 $E_{[(tppCl)Al]}+E_{(X^-)}-E_{[(tppCl)Al—X]}$，单位 kJ/mol。图中也给出了 Al—Cl、Al—X 键的键长，单位 Å。为了更清楚地显示反应中心的结构及反应过程中键的变化，图中只有反应中心的键和原子被明显显示出来了，在本小节其他图示同理。

快慢起决定性作用。因而，我们预测阴离子等配体的亲核性越强，对（tpp）AlCl反应活性提高得越多。

为了研究这种假设的合理性，我们选取了亲核粒子Cl^-和DMAP作为研究对象，对（tpp）AlCl催化CO_2+EO聚合反应进行了研究，反应的能量势能面曲线分别见图1-2中的$P_{DMAP\text{-}L}$和$P_{Cl\text{-}L}$。如图所示，DMAP分子与（tpp）AlCl的结合使得反应能垒有所降低，而Cl^-的加入使得反应能够无势垒地进行。因而，与实验结果一致，助催化剂的加入，大大地提高了反应活性；加入含Cl^-的季铵盐助催化剂比加入DMAP具有更高的反应活性。并且发现，DMAP或Cl^-存在时，由链状中间体生成环状碳酸酯的反应能垒有所降低，合理地解释了实验中助催化剂存在时更有利于环状碳酸酯生成的现象。

1.2.1.3 实验体系中溶剂或EO浓度对反应活性的影响

在实际实验研究中，反应的进行往往是在CH_2Cl_2溶剂中进行的，并且EO的浓度较高，EO分子与催化剂分子的配比往往大于1∶1，而我们的模拟结果显示，溶剂分子或EO分子均可以与催化剂分子结合形成稳定构型（图1-5），对Al—Cl键有一定的活化作用，因此，在实际反应中，反应能垒可能比图1-2中的要低。

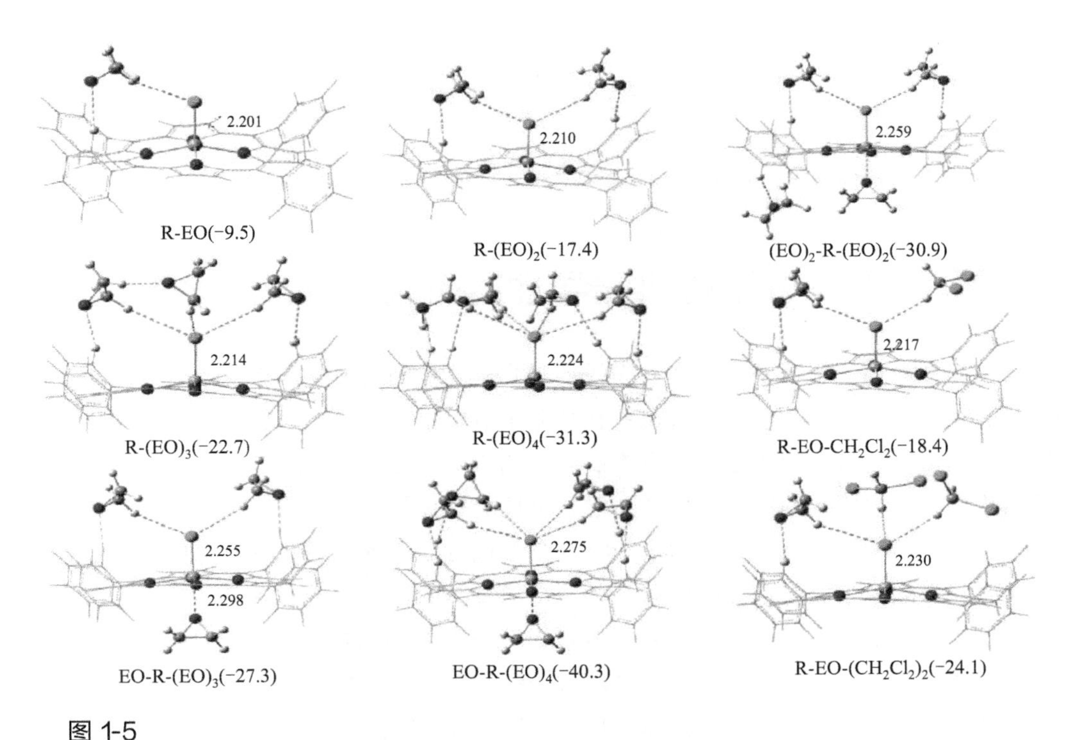

图1-5

R=(tpp)AlCl分子结合不同数目的EO和CH_2Cl_2分子的优化构型

图中括号中的结合能定义为$E_{[R]}+nE_{(X)}-E_{[R\text{-}nX]}$，单位kJ/mol。图中还给出了Al—Cl和Al—X键的键长，单位Å。

1.2.1.4 $[(tpp)AlCl_2]^-$催化 PO 与 CO_2 聚合反应的反应机理

大量的实验针对 PO 与 CO_2 的聚合反应进行了研究[14,16]，我们的研究表明 PO 的插入开环过程与 EO 相似，而 PO 的反应能垒相对较低。实验现象表明 PO 开环后可生成 (tpp) $AlOCH_2CHMeCl$ [图 1-6(a)] 和 (tpp) $AlOCHMeCH_2Cl$ [图 1-6(b)] 两种异构体，并且前者比后者多，而我们模拟计算得到的结果显示生成前者的反应能垒比后者要低，合理地解释了实验结果[14]。同时我们还发现，随着 Al—Cl 键反位亲核离子的增强，更有利于图 1-6(a) 产物的生成，表明在无助催化剂存在时，很有可能 PO 等粒子在 Al—Cl 键的反位进行了配位。

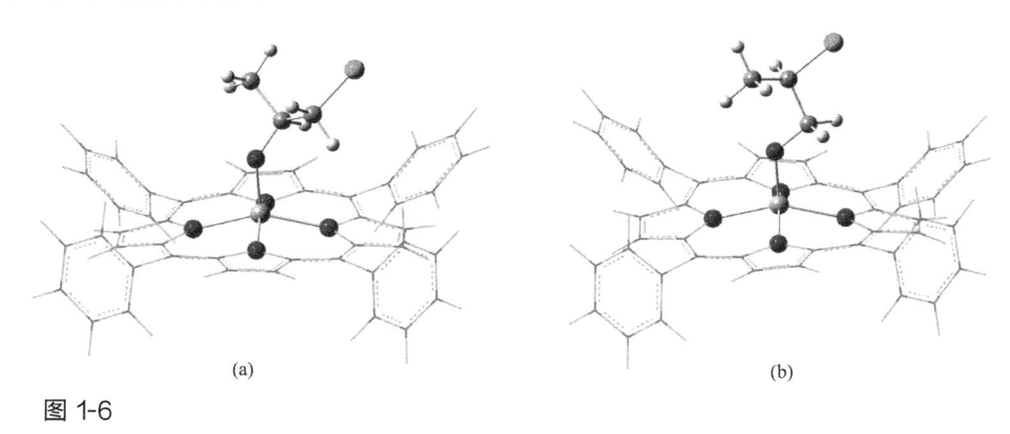

图 1-6

(tpp) $AlOCH_2CHMeCl$ (a) 和 (tpp) $AlOCHMeCH_2Cl$ (b) 的优化构型

1.2.2 功能高分子材料光学性质研究

物质的光学性质主要是指物质对光线的吸收、反射和折射时所表现的各种性质，以及由物质引起的光线干涉和散射等现象。在高分子材料中，材料的折射率、透过率、颜色的发生等性能是影响材料应用范围的重要因素。如传统的芳香族聚酰亚胺 (PI) 薄膜材料具有高耐热性能、耐溶剂性能、高力学性能、电性能等优异综合性能受到广泛关注，并在航空航天、电子电气、机械化工、微电子等众多领域得到广泛应用。然而它们大多数在可见光区具有较强的光吸收，透光率较差，并且呈现特征的棕黄色或茶褐色，这大大限制了其在液晶显示、电子书、电子标签、光电传感器等光电领域的应用。研究表明，传统 PI 材料颜色的产生主要归因于芳香族 PI 主链上存在的高共轭多芳环结构，易形成较强的主链内（二酐和二胺单元之间）及主链间 CT（电荷转移）作用。为了得到具有无色透明的 PI 材料，大量的实验研究通过在结构中引入非芳香性的脂肪环、较大取代基以及含氟基团等来阻止 CT 作用的发生。而使用量子化学的计算方法对 PI 材料分子结构中的电子跃迁机理的研究则有助于理解化学结构对材料光学的影响规律，从而有助于无色透明 PI 材料的分子设计。

不同于催化反应机理（伴随着化学键的断裂或形成、电子在原子间发生转移），物质光学性质涉及电子从基态到激发态的跃迁，这就需要使用包含时间变化的计算方法。TD-DFT 计算方法是一种较为常见的计算电子激发态的量子化学计算方法。在这里我们通过使用 TDDFT 的方法，对 PI 模型分子的激发态性质进行研究[17]。

1.2.2.1 TDDFT 方法研究激发态性质的背景介绍

通常对激发态主要研究下述几类性质。

垂直激发能：跃迁过程中结构不发生变化，电子从基态 HOMOs 跃迁到允许的 LUMOs 轨道中所需要的能量。它的计算虽比较简单，但计算量的大小和体系大小有关。对于较小的体系，一般只需要计算 10 以内的激发态数；对于较大的体系，计算的激发态数目越多，所得到的吸收谱范围涵盖越宽。此外，由于振动耦合在实际激发过程中并不重要，而计算所得到的垂直激发能数值和实验得到的最大及相关吸收峰位近似对应（虽然往往也会高估最大吸收峰位置 0.1～0.3eV），因此绝大多数激发态研究就是算垂直激发能，这对于指认光谱、预测光谱很有用。

绝热激发能：即激发过程是从初态势能面最低点结构跃迁到末态势能面最低点结构。计算绝热激发能需要做激发态优化，比较费时间，而且通常没有垂直激发能那么接近最大吸收峰。

振子强度：各个态的振子强度加上各个态的激发能，经过展宽，就能得到理论计算的光谱图。

激发态几何结构：电子激发导致体系几何结构发生了什么样的变化是化学上感兴趣的问题。有时变化很显著，如氢的转移、分子结构的大幅运动。

势能面：前面其实只是研究激发态势能面上的几个点，而很多研究则需要激发态势能面的更多信息。包括考查激发态势能面上的势垒、研究激发态的振动模式、与基态间的圆锥/避免交叉点等，这些问题对于光化学反应、无辐射跃迁（系间窜越、内转换）的研究极其关键。

激发态的电子结构性质：比如激发态的偶极矩、四极矩、极化率、原子电荷、成键方式、芳香性等。

在这些性质中，最常被研究的当属于垂直激发能、振子强度以及所得到的吸收谱图了。我们知道了要研究激发态的什么性质后，还需要确定研究所采用的泛函、基组和模型。

DFT 泛函和基组对激发能的影响

在讨论泛函对激发态能量的影响时，首先想到的是流行度和知名度很高的杂化泛函 B3LYP，它从 1994 年提出到现在已经有 20 多年了，但依然是量化计算用得最多的泛函，也是多数人默认的泛函。截至目前，尽管已经发展了几百种泛函，并且某些泛函在某些方向均有自己的优势，但是极少有哪种泛函综合性能能超过 B3LYP。尽管如此，B3LYP 仍存在两方面的计算缺陷。

(1) 范德华作用完全没法描述，但加上 DFT-D3 校正后可完全解决。这个校正也使 B3LYP 在其他方面的计算精度，如热力学数据，有少量改进。

（2）电荷转移（CT）激发、里德堡激发计算，虽然研究表明 CAM-B3LYP 可大致解决这个问题，但 CAM-B3LYP 用在其他场合却表现很差。

但是，每一类泛函都不可能是完美的，当然也不能苛求 B3LYP 尽善尽美。因而，当大多数泛函均无法精确描述一个体系的某些性质的时候，如果 B3LYP 的结果也还可用，我们就可以选用它。因为，很多时候我们关注的是不同体系之间的相对变化，而其绝对误差只要在可容忍的范围即可。基于此，对于聚酰亚胺体系垂直激发的研究，Ando 等人[18] 就直接采用了 B3LYP 的方法来进行研究，得到的吸收峰的位置基本可以与实验对应。此外，鉴于 B3LYP 在研究 CT 激发存在缺陷，Ando 等人使用了 LC-B3LYP 的方法进行研究。结果表明，对于传统体系 PMDA-ODA，理论预测的截止吸收波长为 376nm，而实验值为 468nm，误差有 0.65eV。

聚酰亚胺的结构极其丰富，不仅有全芳香型的结构，也有半芳香型的，还有含孤对电子的基团，因而既有电荷转移激发，也有价层激发，或更丰富。为了考证各种泛函在研究聚酰亚胺激发能的精度，我们选取了典型的全芳香型 PMDA-ODA 和半芳香型的 CHDA-TFDB 作为对象，采用如图 1-7 的 PM-OD 和 CH-TF 模型，对泛函进行考查，结果见图 1-8 和表 1-1。

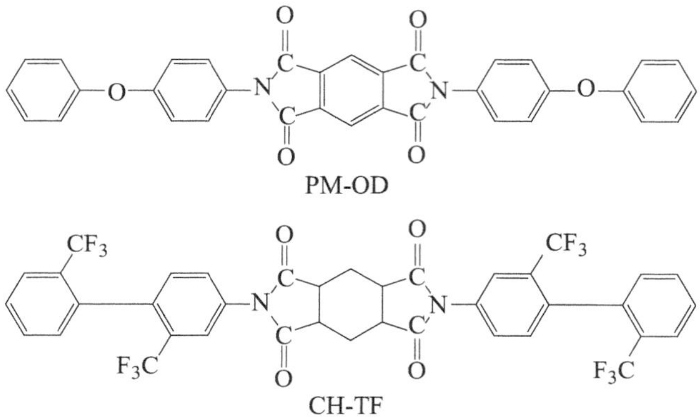

PM-OD

CH-TF

图 1-7

PMDA-ODA 和 CHDA-TFDB 模型的化学结构

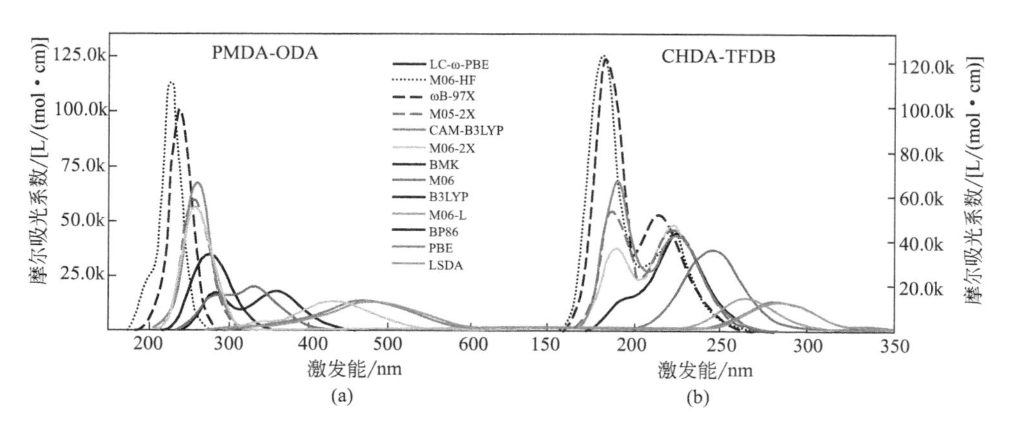

图 1-8

13 种泛函方法对 PM-OD 和 CH-TF 吸收光谱的影响（见彩插）

在讨论泛函的精度之前，我们先看看在实验中，PMDA-ODA 薄膜的吸收情况。Ishida[19] 对 100nm 的薄膜测量所得到的能量较低的几个吸收峰位为 378nm、334nm、276nm。Ando 对 800nm 的薄膜测量结果显示，360nm 以下有强吸收，之后到 520nm 有较长的拖尾，而其使用 B3LYP 计算得到的能量较低的第一个强吸收峰为 359nm，拖尾吸收部分的第一吸收波长为 524.4nm，证明模拟结果与实验结果可以较好地吻合[18]。这些实验结果表明，对于 PMDA-ODA 体系，其最强吸收峰可能出现在 340～360nm 之间，其次在 378nm 存在肩峰，而在 400nm 之后存在较长的拖尾吸收。

根据图 1-8 和表 1-1 最强吸收峰出现的位置，我们把泛函进行分组：

A：最强吸收峰大于 400nm，它们为 PBE、LSDA、BP86、M06-L 泛函。

B：最强吸收峰小于 300nm，它们为 LC-ω-PBE、M06-HF、ωB-97X、M05-2X、M06-2X、CAM-B3LYP、BMK 泛函。

C：最强吸收峰位于 300～400nm 之间的，它们是 B3LYP 和 M06 泛函。

表 1-1 PM-OD 模型分子，在 6-311G* 基组下，各个泛函计算所得第一最强吸收峰：λ_{max-1}；第二强吸收峰：λ_{max-2}；第一吸收尾峰：λ_0

分组	泛函	λ_{max-1}		λ_{max-2}		λ_0	
		激发能/nm	振子强度	激发能/nm	振子强度	激发能/nm	振子强度
A	LSDA	479.46	0.3207	371.20	0.0876	810.55	0.0005
	BP86	470.66	0.3258	366.01	0.0851	780.38	0.0006
	PBE	469.63	0.3308	364.89	0.0872	776.83	0.0006
	M06-L	431.90	0.3217	340.85	0.0696	682.93	0.0008
B	BMK	262.55	0.6079	289.99	0.5011	395.47	0.0031
	CAM-B3LYP	257.11	1.5056	275.34	0.1127	357.60	0.0034
	M06-2X	255.83	1.1496	274.35	0.3270	357.06	0.0041
	M05-2X	253.82	1.1591	271.28	0.3045	357.14	0.0035
	ωB-97X	236.77	2.3224	208.46	0.0791	314.14	0.0030
	LC-ω-PBE	231.57	2.3911	198.21	0.2846	300.33	0.0030
	M06-HF	226.82	2.5344	194.16	0.2683	327.18	0.0006
C	B3LYP	355.57	0.3861	279.72	0.3642	517.82	0.0014
	M06	333.59	0.4476	284.86	0.2601	467.92	0.0014

因而对于 PMDA-ODA 体系，我们可以总结如下：纯泛函如局域泛函 LSDA、PBE 等 A 组所得的激发能明显红移；而含 HF 成分较高的 B 组泛函如 BMK（HF 成分 42%）、M06-2X（54%）、M05-2X（56%）、M06-HF（100%）以及范围分离的泛函 CAM-B3LYP（近程 19%，远程 65%）、LC 校正 GGA（近程 0%，远程 100%）、ωB-97X（近程 15.77%，远程 100%）所得到的激发能明显高估。而常用的 B3LYP 以及 M06 泛函由于其 HF 成分相近，B3LYP（20%）、M06（27%）所得到的激发能较为接近实验。需要注意的是，我们在关注激发能的时候，并不真正关心计算的精确度到底有多高，而是想得

到横向比较结果。例如，通过对 PMDA-ODA 与其他 PI 体系激发能进行比较，期望能得到影响 PI 体系激发能高低的某些结构方面的信息。此外，既然不同 HF 成分的泛函所引起垂直激发能的变化是有规律可循的，那么在研究中如果发现自己用的泛函相对于实验值有蓝移（红移）趋势，就可通过调节 HF 成分的大小得到较为准确的数值。

基组对吸收光谱的影响

影响 TDDFT 计算垂直激发能精度的，除了泛函外，还有计算所采用的基组。但是从图 1-9 可以看出，相对于泛函来说基组的影响则要小得多。然而，对于一般的价层激发来说，6-31G(d) 是最低要求（适合较大体系）的基组，条件好点就采用 6-311G（d），如果计算量还有富余，可以选用 TZVP，若能用到更高级的 def2-TZVP，则在基组方面就已经完美了。不过计算精度的提高，对应的是计算时间的增加。

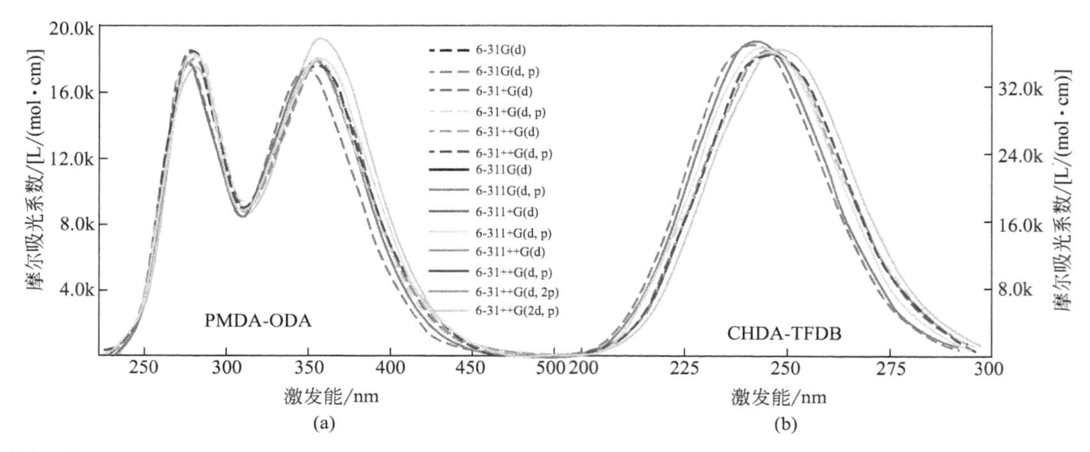

图 1-9

各种基组对 PM-OD 和 CH-TF 吸收光谱的影响（见彩插）

链长对吸收光谱的影响

在模拟计算过程中，模拟的模型分子越接近真实高分子的链长，其得到的垂直能越精确。然而，计算耗时也将是巨大的。如果计算时间比实验测试时间还要长达数倍，这就体现不出模拟研究的优势。因而，在考虑计算效率和保证适当计算精度的条件下，除了选择合适的方法和基组外，选择合适的分子模型对相关性质进行模拟也是当前模拟研究首先要解决的事情。

结合上面对泛函和基组的研究结果，我们选择了 B3LYP 泛函，6-311G（d,p）的基组，对不同链长的 PMDA-ODA 和 CHDA-TFDB 进行了考查（图 1-10、表 1-2）。

从表 1-2 中可以看出，对于 PMDA-ODA 体系来说，λ_{max-1} 值在 345～357nm 之间，随着链长的增加，有红移现象发生，红移的幅度从 1nm 到 8nm 不等，但链长对主要吸收峰的位置影响不大。并且除了 po 和 pop 体系的垂直激发能小于 350nm 外，其他模型均大于 350nm，表明以 opo 模型模拟所得的主要吸收位置更接近于长链的。此外，λ_0 在 487～518nm 之间，同样有红移的现象，幅度从 1 到 12nm 不等，表明链长对拖尾吸收影响较为明显。比较奇怪的是 opo 的垂直激发能比 opo-1 的还要低 14nm，表明 opo 模型可能更能实现较长拖尾吸收的模拟。

表 1-2 PM-OD 模型分子，在 B3LYP 泛函，6-311G（d，p）基组下，不同链长的 PMDA-ODA 模型分子的垂直激发能，第一最强吸收峰：λ_{max-1}；第二强吸收峰：λ_{max-2}；第一吸收尾峰：λ_0

模型	λ_{max-1}		λ_{max-2}		λ_0	
	激发能/nm	振子强度	激发能/nm	振子强度	激发能/nm	振子强度
po	346.78	0.1881	275.98	0.1382	500.73	0.0007
po-1	351.67	0.5558	342.73	0.1022	502.69	0.0013
po-2	353.00	0.7391	355.03	0.0054	502.24	0.0012
po-3	357.68	1.3052	355.22	0.1219	510.16	0.0011
opo	355.57	0.3861	279.72	0.3642	517.82	0.0014
opo-1	354.33	0.7683	351.67	0.0638	503.74	0.0011
opo-2	357.15	0.7769	354.16	0.4397	509.60	0.0010
pop	345.11	0.3560	338.52	0.0291	486.62	0.0001
pop-1	353.10	0.7364	341.59	0.1122	499.11	0.0014
pop-2	355.42	1.0334	497.65	0.0013	500.29	0.0012
pop-3	355.82	1.4087	353.20	0.1524	500.54	0.0013

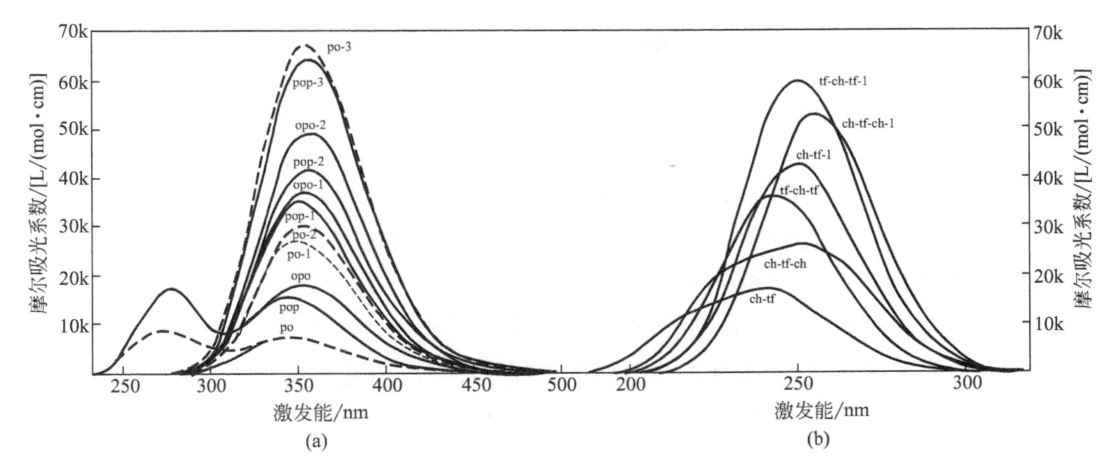

图 1-10

在 B3LYP/6-311G(d，p)水平下，PMDA-ODA、CHDA-TFDB 体系，垂直激发能随链长的变化趋势

图中 p，o 分别代表 PMDA 二酐和 ODA 二胺单元，尾端的-1 表示连接一个 po 或 op 单元，以此类推。

基团对激发能及激发类型的影响

如前所述，大多数情况下，对体系激发态的研究，往往更关注体系之间激发能及激发类型的变化。在这里我们以图 1-11 中的体系作为研究对象，讨论结构是如何影响激发能的大小以及影响激发类型变化的。模型采用的是 ADA（二胺-二酐-二胺）。如对于 PMDA-ODA 体系来说，对应的是 opo 模型，使用 B3LYP 泛函，6-311G（d，p）基组。

在实验中，为了提高 PI 材料的无色透明性质，主要通过分子设计降低主链内及主链间 CT 作用，包括[20] 在 PI 主链中引入醚键、异丙基、砜基等连接基团，引入含氟

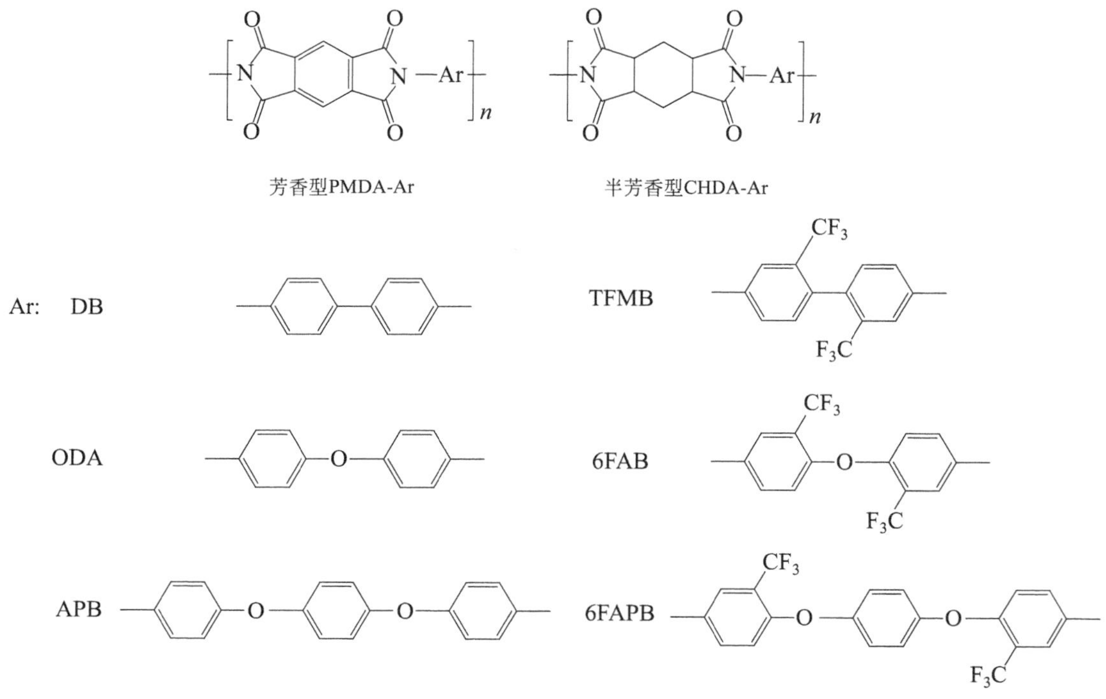

芳香型PMDA-Ar　　半芳香型CHDA-Ar

Ar: DB　TFMB　ODA　6FAB　APB　6FAPB

图 1-11

以 PMDA 为基的芳香型和以 CHDA 为基的半芳香型的 PI 化学结构

原子或含氟基团，引入脂环结构，引入大体积取代基，采取间位取代等。Ando 等人[21]分别在芳香型二酐 BPDA 和脂环族二酐 CBDA 的基础上，通过在二胺苯环邻位引入较大的氯原子取代基，破坏环间共平面以降低 CT 作用，合成得到了具有较高透明性的 PI 薄膜。中国科学院化学研究所杨士勇、范琳研究员课题组最近研究发现通过在 PI 的二酐单元引入脂肪环，在二胺单元引入含氟、含砜等吸电子基团，可以有效地降低分子内 CT 作用，合成得到的半芳香型的 PI 薄膜具有优异的无色透明性质[22]。尽管通过上述手段可以制备得到透明性优良的 PI 材料，然而人们对于这些引入基团，如脂肪环，含氟、含氯取代基团等，影响 PI 体系 CT 作用的机制知之甚少，同样对于这些基团影响吸收性质的机理和规律的认识还不是很全面。因此，在这里我们通过选取的三类基团：柔性基团—O—、—CF_3 和脂肪环 CHDA，研究它们对激发能及激发类型的影响来明晰上述问题。

前线轨道能量及分布

当一个电子从 HOMOs 轨道跃迁到 LUMOs 轨道，最容易发生跃迁的是最高的 HOMO（H）和最低的 LUMO（L）轨道。当计算激发态的计算量太大时，或者想简单预测一下跃迁能力的大小，我们可以通过计算 H 和 L 轨道的能量，以及它们之间的能量差（H－L 能差）进行简单预测。

图 1-12 中列出了图 1-11 中各个体系的 HOMOs 和 LUMOs 能量及能量差，并在图 1-13 中列出了 4 个最高和 4 个最低前线轨道的形状。从图 1-13 中可以看出，对于所有

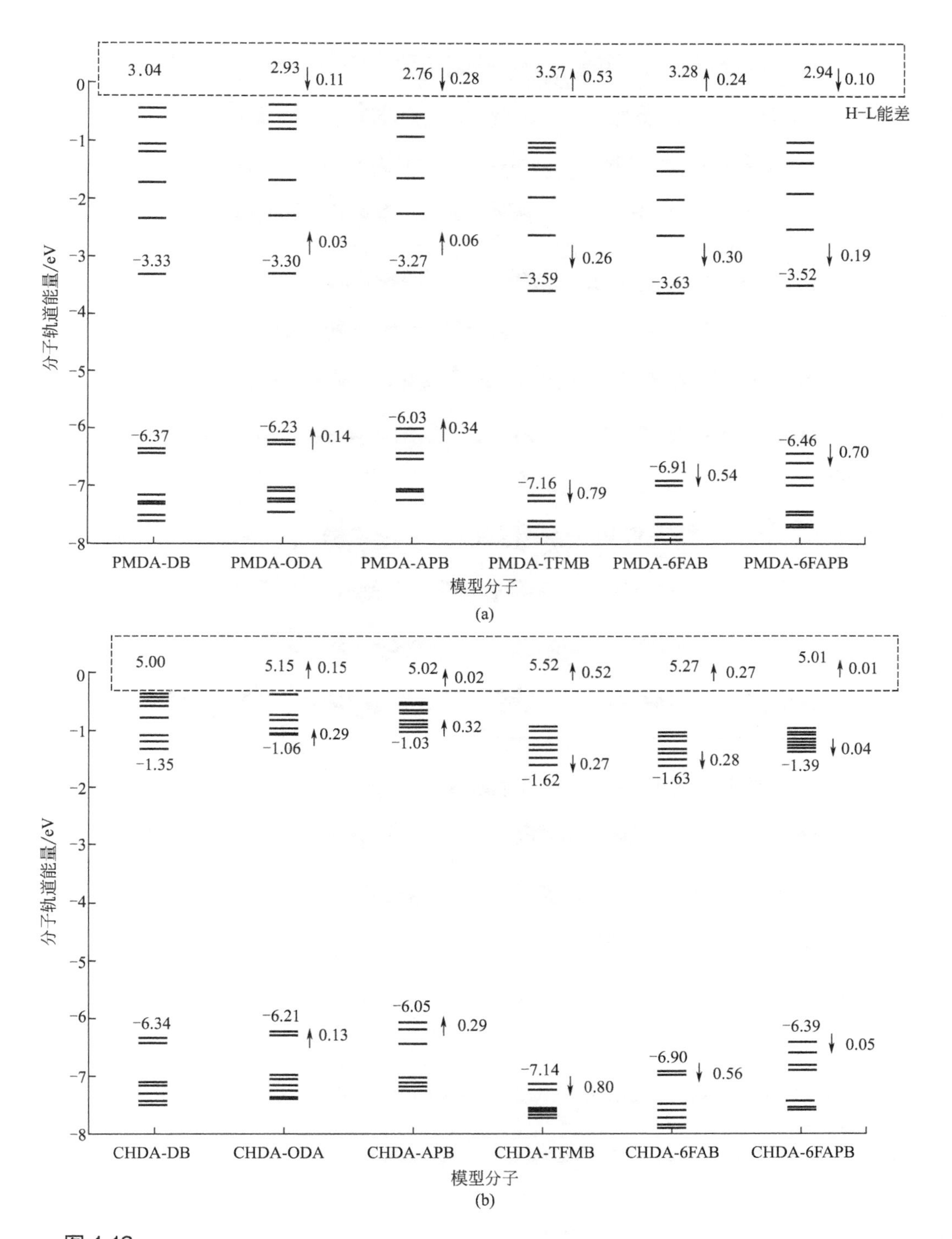

图 1-12

B3LYP/6-311G（d,p）水平下，（a）以 PMDA 二酐为基的体系；（b）以 CHDA 为基的体系的前线轨道能量及 H－L 能差（虚框内）：5 个最高 HOMOs，5 个最低 LUMOs

图中还列出了体系相对于以 DB 二胺为基体系的能量的变化。

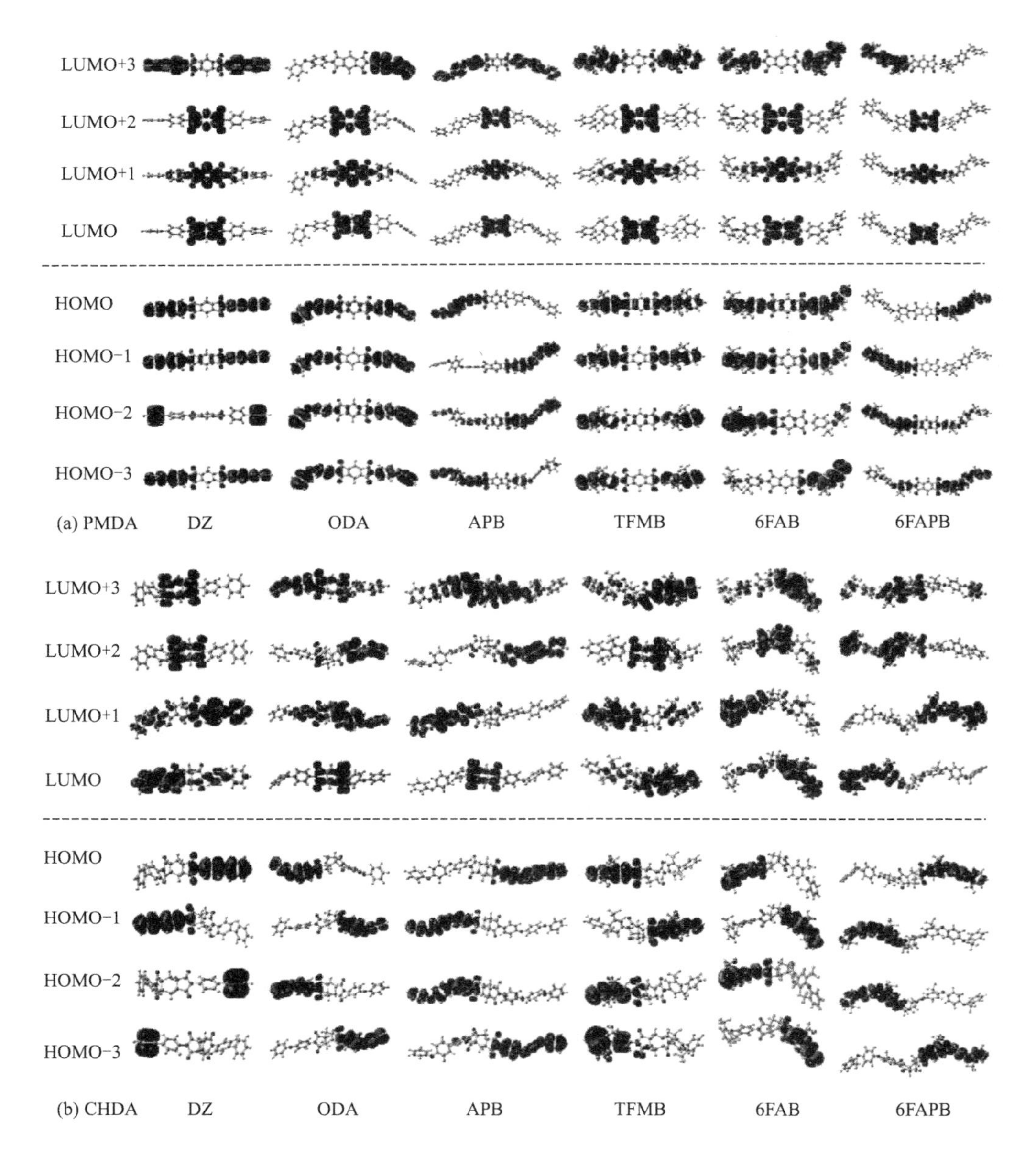

图 1-13

模型分子的前线轨道分布图：HOMO-3，HOMO-2，HOMO-1，HOMO，LUMO，LUMO+1，LUMO+2和 LUMO+3

图中 HOMO-1 是第二最高 HOMO，LUMO+ 1 是第二最低 LUMO，以此类推。

的 PMDA 和 CHDA 体系来说，HOMOs 轨道均主要分布在二胺单元，然而只在 PMDA 体系中 LUMOs 轨道全部分布在二酐单元，在 CHDA 体系中二酐和二胺均有 LUMOs 轨道分布。从图 1-12 中可以看出，CHDA 体系的 H－L 能差明显大于 PMDA 体系，含—CF_3 基团的 H－L 能差明显大于不含—CF_3 基团的体系，但—O—基团的加入使得 H－L 能差有缩小的趋势。

为了揭示脂肪环 CHDA 对前线轨道的影响，我们分别对比了 PMDA 和 CHDA 体系的能量，发现 CHDA 体系对主要分布在二胺上的 HOMO 轨道能量的影响很小，基本上在－0.02～0.07eV 范围之内；而对 LUMOs 轨道能量的影响较大，使其升高了 1.97～2.24eV，因而 CHDA 体系的 H－L 能差较大。值得注意的是，与结构变化无关，CHDA 单元的引入使得分布在二酐单元上的第一 LUMO 轨道的能量升高，并且升高的程度很接近。例如对于 CHDA-ODA 和 CHDA-APB 来说，它们的 LUMO 轨道分布在二酐单元上，而它们与 PMDA-ODA 和 PMDA-APB 之间的能差均为 2.24eV。而对于 CHDA-DB、CHDA-TFDB、CHDA-6FAB 体系来说，它们分布在二酐单元上第一个 LUMO 轨道为 LUMO＋2，而与对应 PMDA 体系的能差分别为 2.23eV、2.25eV 和 2.23eV。并且，通过分析发现，CHDA 对于分布在二胺上的 LUMO 轨道的影响相对较小。因此，我们可以说，CHDA 体系 H－L 能差主要通过提高分布在二酐上 LUMO 的能量来实现的。

同样，我们通过对比 ODA（6FAB）和 APB（6FAPB）相对于 DB（TFDB）的前线轨道能量差，来评价柔性基团—O—、—O—Ar—O—的加入对体系性质的影响。在以 PMDA 二酐为基的体系中，ODA（6FAB）和 APB（6FAPB）的 LUMO 能量相对于相应 DB（TFDB）体系均只有较小的变化，范围在－0.04～0.07eV。然而，随着—O—、—O—Ar—O—的加入，它们 HOMO 能量的变化较大，升高了 0.13～0.70eV，导致 H－L 能差缩小。也就是说，在全芳香型体系中，柔性基团的加入主要通过提高 HOMO 轨道的能量来实现 H－L 能差的缩小的。而对于 CHDA-ODA 和 CHDA-APB 体系来说，它们的 H－L 能差相对于 CHDA-DB 升高了 0.16eV、0.03eV。这是因为它们 LUMO 轨道能量产生了较大升高，分别有 0.29eV 和 0.32eV，而 HOMO 能量升高仅有 0.13eV 和 0.29eV。进一步分析轨道分布，我们发现，CHDA 基 ODA 和 APB 体系之所以 LUMO 能量升高较 PMDA 基的相应体系高，是因为它们的 LUMO 是分布在二胺上的，而不是二酐。同样，如果我们只分析同样是分布在二酐轨道上的能量的变化，CHDA 和 PMDA 为基的体系变化非常接近。如 CHDA-ODA（LUMO）、CHDA-APB（LUMO）相对于 CHDA-DB（LUMO＋2）的能量变化为 0.04eV、0.07eV，而对应 PMDA 体系的相对变化为 0.03eV、0.06eV。也就是说，随着—O—或—O—Ar—O—基团加入二胺单元上，引起局域在二酐单元 LUMO 能量的变化较小，而引起局域在二胺单元上的 HOMO 以及大部分 LUMO 轨道能量升高较大，导致 LUMO 局域在二酐上的体系如全芳香型体系 H－L 能差小。而在半芳香型的如 CHDA 为基的体系中，LUMO 轨道分布存在变数，其 H－L 能差规律也不能一概而论了。

与脂肪环和柔性基团不同，—CF_3 的加入使得 HOMO 和 LUMO 轨道的能量均有较大幅度的降低。例如，HOMO：－0.34～－0.80eV，LUMO：－0.25～－0.57eV。由于 HOMO 轨道能量降低幅度较大，导致 H－L 能差增大。并且随着柔性基团—O—、—O—Ar—O—加入二胺单元，由—CF_3 所引起的 H－L 能差增大幅度有所放缓。

激发能及激发方式

尽管从前线轨道的能量也能初步得到与跃迁能力相关的一些预测，然而真实的跃迁并不是单纯的从 HOMO 到 LUMO 的跃迁，并且能和相关实验结果进行对应的依旧是垂直激发能。

表 1-3 在 B3LYP/6-311G（d）水平下，PMDA-ODA 模型分子 opo 各个激发态的激发能、振子强度、跃迁轨道的贡献

态	激发能/nm	振子强度	轨道跃迁类型	跃迁类型	轨道跃迁贡献[①]/%
1	506.63	0.0014	HOMO→LUMO	CT	100.00
3	368.53	0.0006	HOMO－2→LUMO	CT	100.00
5	353.77	0.4353	HOMO→LUMO＋1	CT	100.00
6	350.60	0.0006	HOMO－9→LUMO＋2	LE	3.99
			HOMO－8→LUMO	LE	86.34
			HOMO－7→LUMO	CT	4.28
			HOMO－4→LUMO	CT	5.39
7	349.39	0.0041	HOMO－8→LUMO	LE	5.50
			HOMO－7→LUMO	CT	19.40
			HOMO－6→LUMO	CT	13.00
			HOMO－5→LUMO	CT	21.00
			HOMO－4→LUMO	CT	34.33
			HOMO－3→LUMO	CT	6.78
9	343.71	0.0030	HOMO－1→LUMO＋1	CT	100.00
11	329.89	0.0001	HOMO－7→LUMO	CT	61.14
			HOMO－6→LUMO	CT	2.62
			HOMO－4→LUMO	CT	36.24
12	329.40	0.0001	HOMO－7→LUMO	CT	2.72
			HOMO－6→LUMO	CT	59.10
			HOMO－5→LUMO	CT	38.19
14	298.09	0.0003	HOMO－15→LUMO＋2	LE	4.08
			HOMO－12→LUMO	LE	92.91
			HOMO－9→LUMO＋1	LE	3.01
15	297.53	0.0025	HOMO－10→LUMO	LE	2.88
			HOMO－1→LUMO＋2	CT	97.12
17	287.05	0.0185	HOMO－11→LUMO	LE	41.34
			HOMO－10→LUMO＋1	LE	5.99
			HOMO－2→LUMO＋1	CT	52.67
18	282.07	0.0040	HOMO－14→LUMO	LE	2.53
			HOMO－10→LUMO	LE	94.42
			HOMO－1→LUMO＋2	CT	3.05
19	279.37	0.0035	HOMO－3→LUMO＋1	CT	100.00
20	276.61	0.4063	HOMO－14→LUMO＋1	LE	2.66
			HOMO－11→LUMO	LE	43.07
			HOMO－10→LUMO＋1	LE	6.00
			HOMO－3→LUMO＋1	CT	2.26
			HOMO－2→LUMO＋1	CT	46.01

① 轨道贡献的计算是通过如下公式得到的：$c_i^2/\sum_i c_k^2$。

由于篇幅限制，在这里无法对所有体系的跃迁类型和方式进行详细阐述，只列出了典型体系 PMDA-ODA 的数据。从表 1-3 中可以看出，最强的吸收发生在 353.77nm 和 276.6nm，分别对应二胺到二酐的 CT 跃迁和 LE（二酐自身 π 到 π^* 的 LE 跃迁）和 CT 的混合跃迁。354nm 跃迁之后的两个跃迁对应的是体系的拖尾吸收，为 CT 跃迁。从表 1-3 中，我们可以看出，能量最低的 S0 到 S1 跃迁是 HOMO 轨道到 LUMO 轨道的 CT 跃迁。而大多数激发态的发生是在多个轨道之间的跃迁，每两个轨道之间的跃迁可称为“一个跃迁轨道对”，每一个“跃迁轨道对”对某个特定激发态的发生具有一定贡献，可以计算得到。例如对于能量较高的 S0 到 S20 激发态的发生，HOMO－11→LUMO 的 LE 跃迁贡献为 43.07%，HOMO－2→LUMO＋1 的 CT 跃迁贡献为 46.01%。如果某个轨道对的贡献占绝对主导性，比如大于 75%，那么可以通过分析这两个轨道的特征来判断激发的类型。如果没有哪个轨道对占绝对主导性，则可以通过别的方法进行考查，以便更好地对跃迁的方式进行识别。比如电子跃迁可以认为是从 hole（空穴）区域跃迁到 ele（electron，电子）区域，在卢天等人研发的 Multiwfn（http：//multiwfn. codeplex. com）分析软件中，可以给出 ele 和 hole 的分布图，如图 1-14 所示，与前线轨道分析的结果一致，354nm、369nm、507nm 波长对应的跃迁均为 CT 跃迁；而当波长小于 300nm，LE 跃迁明显增多，波长 277nm 对应的跃迁为 LE 和 CT 的混合跃迁。此外，也可以做 NTO 分析

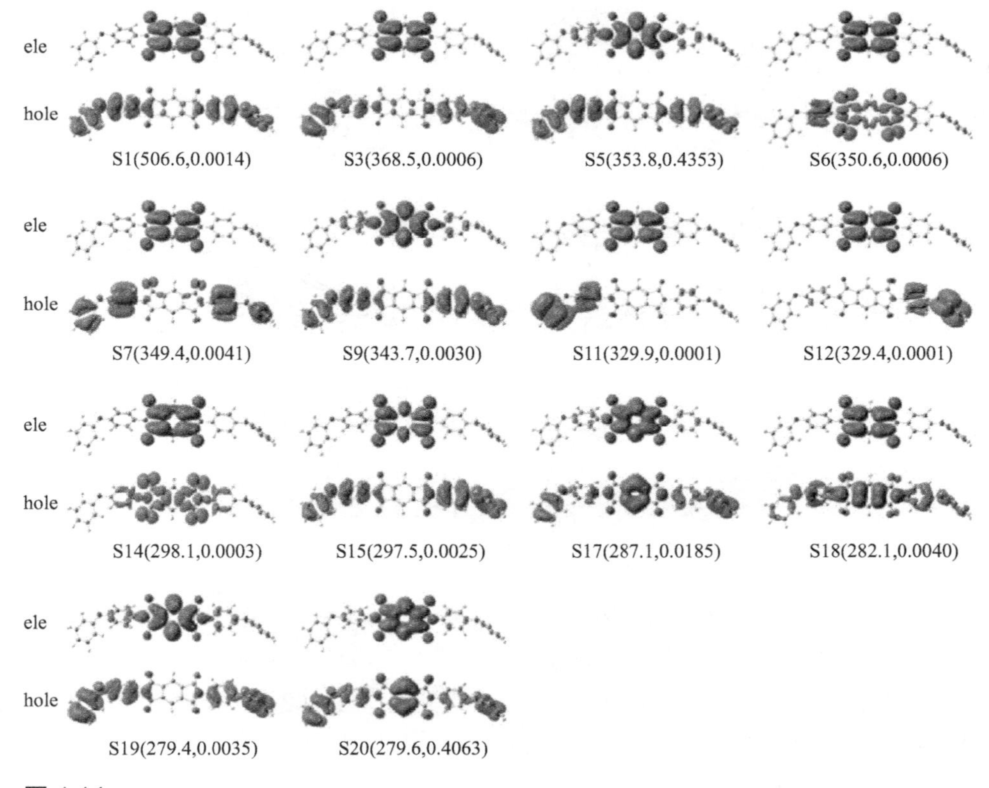

图 1-14

在 B3LYP/6-311G（d，p）水平下，PMDA-ODA 体系各个 S0→S*i* 跃迁对应的空穴（hole）和电子（ele）分布图

来分析跃迁的类型，Gaussian 自身就支持，此方法对多数情况可以将电子态跃迁近似转化为单个 NTO 对的跃迁，但由于计算量稍多，在此不再列举。

从图 1-15 中，我们可以简单对比出基团对跃迁类型及激发能的影响。相对于 PMDA 体系来说，CHDA 相对明显蓝移，前者吸收区间基本在 250～500nm 之间，而后者的吸收区间在 220～300nm。PMDA 体系主要吸收峰及拖尾吸收均为 CT 跃迁，如 PMDA-DB 的 CT-346、CT-483 跃迁，PMDA-TFDB 的 CT-309、CT-415 跃迁；而 CHDA 体系的主要吸收峰为 CT＋LE 混合跃迁类型，对应能量较高如 CHDA-DB 的 LE＋CT-268、CHDA-ODA 的 CT＋LE-259 跃迁。因而脂肪环 CHDA 的加入使得体系跃迁类型发生显著变化，激发能显著蓝移。

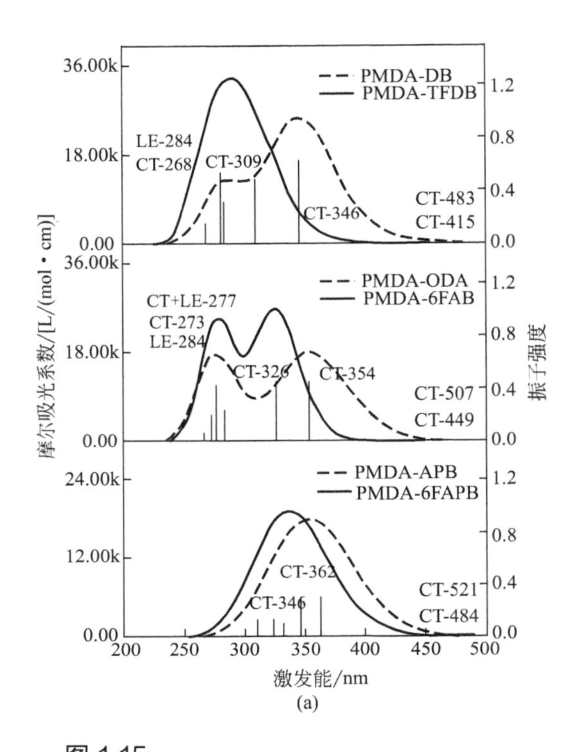

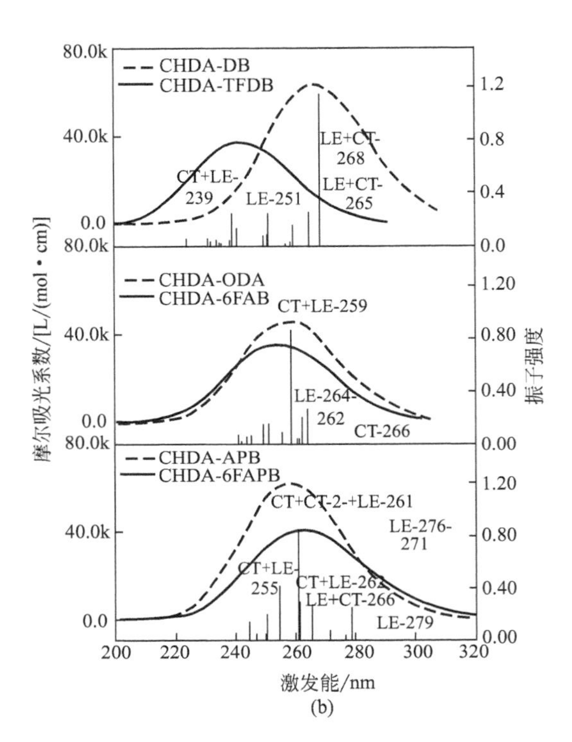

图 1-15

图 1-11 中模型分子的垂直激发能

图中还给出了一些典型激发能的数值以及跃迁类型。如 CT523 对应激发能为 523nm 的 CT 跃迁。 LE 为 Locally Excitation，即局域激发。其中 CT2 为二胺片段之间的 CT 跃迁。

我们也可以从图 1-15 中发现，柔性基团—O—使得体系主要吸收峰及拖尾吸收峰的激发能明显红移。例如：随着柔性基团的加入，对于 PMDA 体系来说，DB、ODA、APB 的主要吸收峰依次红移，分别为：CT-346、CT-354、CT-362；TFDB、6FAB、6FAPB 的主要吸收峰也同样红移：CT-309、CT-326、CT-346。这个规律与前线轨道预测的基团规律是一致的。并且对于 CHDA 来说，ODA 的主要吸收峰 CT＋LE-259 反而比 DB 体系 LE＋CT-268 有蓝移发生，这也与前线轨道预测的结果（ODA 的 H－L 能差比 DB 增大）一致。而吸电子基团使得激发能明显蓝移，如含—CF_3 基团的 PMDA-TFDB、6FAB、

6FAPB的CT-309、CT-326、CT-346明显较不含—CF_3的DB、ODA、APB的CT-346、CT-354、CT-362蓝移。因而，脂肪环CHDA及吸电子基团—CF_3明显可使得体系吸收发生蓝移，而柔性基团则影响小，并且要视情况而定。此外，当我们想预测一个较大体系的吸收跃迁能力的大小的时候，可以先对其HOMO、LUMO及H－L能差进行简单预测。

以上基团对体系吸收峰位置的影响规律可以与相关实验结果进行比对，但目前的实验还没有相应的起始吸收波长数据记录。尽管波峰位置与起始吸收波长不同，但由于结构变化而引起的起始透光波长和起始吸收波长的变化趋势是一致的：TFDB ＜ ODA ＜ 6FAPB ＜ 6FBAB。见表1-4。

表1-4　对比模拟和实验测量得到的起始波长

起始波长	模拟值/nm	实验值[22]/nm	T_{400}/%
CHDA-ODA	266	293	84
CHDA-TFDB	251	292	85
CHDA-6FAPB	279	302	88
CHDA-6FBAB	281.1	314	87
PMDA-ODA	586	444	0

注：其中实验值列出的是起始透光波长，而模拟值给出的是起始吸收波长。

1.2.2.2　量化方法计算折射率

对于光学高分子材料，其光学性质具有波长依赖性，因此我们在提及折射率时一般均需要说明其使用波长。高分子物质的折射率可用下述Lorentz-Lorentz式进行描述[23]：

$$\frac{n_\lambda^2-1}{n_\lambda^2+2}=\frac{4\pi}{3}\times\frac{\rho N_A}{M_w}\alpha_\lambda=\frac{4\pi}{3}\times\frac{\alpha_\lambda}{V_{mol}} \tag{1-40}$$

式中，n_λ是特定波长下的折射率；ρ是密度；N_A是阿伏伽德罗常数；M_w是单体单元的分子量；α_λ是单体单元分子的极化率；V_{mol}是单体单元所占分子体积。其中α_λ可通过计算耦合微扰（CPHF）方程得到，而此算法已经被嵌入到Gaussian软件包中。可见，只需要计算得到分子体积或者密度就可计算得到特定波长下的折射率。然而，由于这两个参数均与分子的堆积程度有关，并不容易估测，更何况体系的密度对温度变化十分敏感。为了寻找合适的计算折射率的方法，Slonimskii等人[24]通过对从70种高分子的密度求得的V_{mol}和单体单元的范德华体积V_{vdw}进行比较，则发现两者几乎成比例关系。

$$K_p=\frac{V_{vdw}}{V_{mol}}=\frac{\rho N_A}{M_w}V_{vdw} \tag{1-41}$$

式中，K_p是堆积系数，反映高分子的聚集状态，K_p越大分子间堆积越紧密。他们报道称非晶高分子（包含一部分半结晶高分子）的K_p为0.681，几乎为定值。一些特定分子的分子体积V_{mol}是每个分子的范德华体积V_{vdw}加上分子间隙之和。当分子间存在氢键或电荷转移作用时，分子间自由体积较小，分子堆积紧密，堆积系数 K_p 较高。

从以上公式可以推出

$$\frac{n_\lambda^2-1}{n_\lambda^2+2}=\frac{4\pi}{3}\times\frac{\alpha_\lambda}{V_{vdw}}K_p=\phi \tag{1-42}$$

$$n_\lambda=\sqrt{\frac{1+2\phi}{1-\phi}} \tag{1-43}$$

n_λ 随着 ϕ 值的增加单调增加，假定 K_p 并不明显依赖化学结构，则 n_λ 可由 α_λ/V_{vdw} 来评价，即可认为 α_λ/V_{vdw} 越大，n_λ 越高。

高分子薄膜材料通常存在各向异性，当光束入射到薄膜材料时，分解为两束沿不同方向折射的光，即发生双折射现象。双折射因子可用如下关系：

$$\Delta n=\frac{2\pi}{9}\times\frac{(\overline{n}^2+2)^2}{\overline{n}}\times\frac{\Delta\alpha}{V_{mol}}=\frac{2\pi}{9}\times\frac{(\overline{n}^2+2)^2}{\overline{n}}\times\frac{\Delta\alpha}{V_{vdw}}K_p \tag{1-44}$$

式中，$\overline{n}$ 是高分子材料本体的平均折射率；$\Delta\alpha$ 为极化率的各向异性。Ando 等人[25]通过 MNDO-PM3 分子轨道方法计算了一些聚酰亚胺材料重复单元分子的 α_λ，并通过计算优化构型的原子半径和键长计算了范德华体积 V_{vdw}，得到 $\Delta\alpha/V_{vdw}$ 与实验 Δn 较好的线性规律。为了避免光散射现象，其中相关折射率是在 1543nm 激光下测量的。其化学结构见图 1-16。

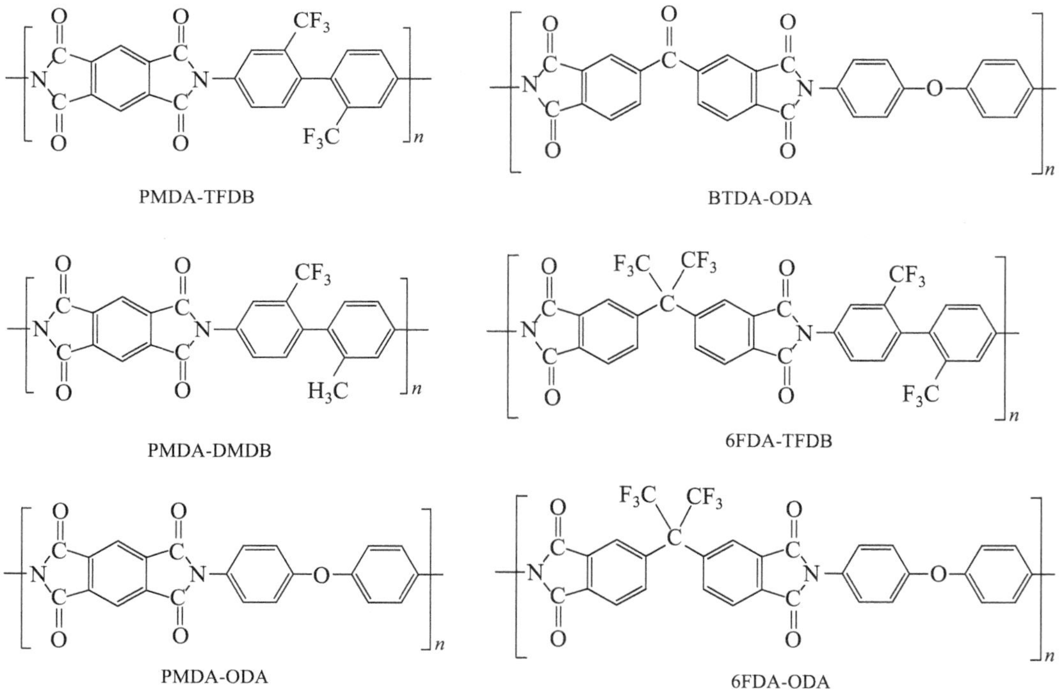

图 1-16

PMDA-TFDB、PMDA-DMDB、PMDA-ODA、BTDA-ODA、6FDA-TFDB、6FDA-ODA 的结构式

表 1-5 对比实验测得最大 Δn_{max}，模拟计算所得平均极化率、各向异性极化率与范德华体积之比 $\Delta\alpha/V_{vdw}$

模型化合物	Δn_{max}	$\overline{\alpha}/Å^3$	$\Delta\alpha/Å^3$	$V_{vdw}/Å^3$	$\overline{\alpha}/V_{vdw}$	$\Delta\alpha/V_{vdw}$
PMDA-TFDB	0.206	35.6	29.9	353.2	0.101	0.085
PMDA-DMDB	0.238	34.0	28.4	337.9	0.101	0.084
PMDA-ODA	0.153	35.4	22.9	313.6	0.113	0.073
BTDA-ODA	0.027	43.3	30.4	404.6	0.107	0.075
6FDA-TFDB	0.004	46.4	20.8	492.3	0.094	0.042
6FDA-ODA	0.002	44.5	15.1	452.6	0.098	0.033

从表 1-5 中可以看出，具有棒状结构的 PMDA-TFDB 和 PMDA-DMDB 具有最大的 $\Delta\alpha/V_{vdw}$，而结构中苯环间具有柔性链接基团—O—的 PMDA-ODA 和 BTDA-ODA 具有较小的 $\Delta\alpha/V_{vdw}$，而具有—$C(CF_3)_2$—链接基团的 6FDA-TFDB 和 6FDA-ODA 具有最小的 $\Delta\alpha/V_{vdw}$。$\overline{\alpha}/V_{vdw}$ 也具有与 $\Delta\alpha/V_{vdw}$ 类似的规律，在假定 K_p 不依赖化学结构的前提下，预示着刚性的棒状结构应具有较高的折射率，而具有柔性基团的弯曲结构具有较低的折射率。

对于大多数高分子材料而言，由化学结构变化引起的 K_p 变化通常较小，基本上都在 0.665～0.695 之间波动[24]。然而，Numata 等人[26] 通过测量 303K 下聚酰亚胺薄膜的密度，根据关系式（1-41）计算得到了一系列 K_p 值，发现一些刚性较强的高分子材料如含有 *p*-PDA、*p*-BNZD、*p*-DAFL（见图 1-17）等二胺的聚酰亚胺薄膜，由于它们链间堆积较为紧密，具有较高的 K_p 值（0.705～0.730）。并且在相同的化学结构下，含氟结构具有较小的 K_p 值。例如含氟的 *p*-PAPFP 二胺 K_p 值为 0.679，而不含氟的 *p*-DAPP，其 K_p 值为 0.672。

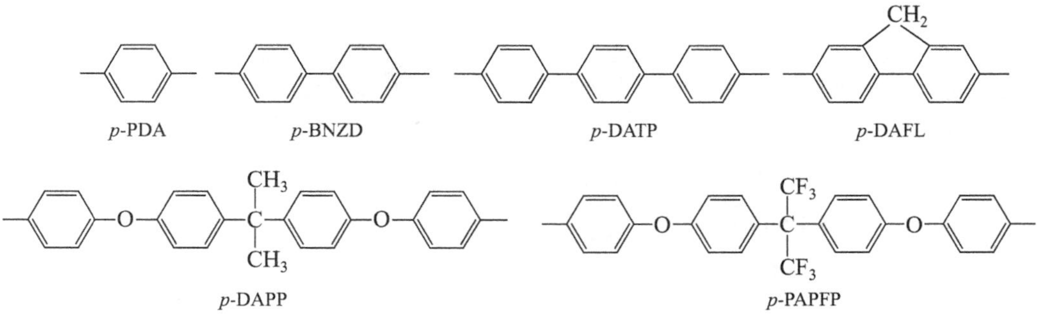

p-PDA　*p*-BNZD　*p*-DATP　*p*-DAFL

p-DAPP　*p*-PAPFP

图 1-17

p-PDA、*p*-BNZD、*p*-DATP、*p*-DAFL、*p*-DAPP、*p*-PAPFP 二胺的结构式

为了更精确地通过模拟预测折射率或者堆积系数，我们采用 Gaussian 09 软件下的 B3LYP 泛函和 6-311G（d,p）基组计算了几类典型聚酰亚胺体系（其结构式见图 1-18）的平均极化率和范德华体积，并与实验折射率数据对比，见表 1-6。

表 1-6　模拟（Cal.）所得极化率 α（λ 为 589.3nm）、范德华体积 V_{vdw}、折射率 n、介电常数 ε，Exp. 为实验数值

模型化合物	n		ε		K_p	$\alpha/\mathring{A}^3$	$V_{vdw}/\mathring{A}^3$	$\Delta\alpha/V_{vdw}$
	Cal.	Exp.[27]	Cal.	Exp.		Cal.	Cal.	
BPDA-ODA	1.759	—	3.404	3.33[28]	0.701[26]	78.10	557.71	0.140
BPDA-PDA	1.768	1.774	3.439	3.46[28]	0.726[26]	53.33	390.98	0.136
BPDA-TFDB	—	1.631	—	2.93[28]	0.635①	90.49	674.29	0.134
BPDA-CHDA	1.647	1.692	2.982	3.15	0.726	52.15	436.61	0.119
6FDA-CHDA	1.547	1.544	2.632	2.62	0.681②	57.94	520.53	0.111
6FDA-TFDB	—	1.551	—	2.65	0.632①	91.48	758.21	0.121
CBDA-TFDB	1.555	1.555	2.661	2.66	0.681②	66.28	587.96	0.113
CHDA-TFDB	1.535	—	2.590	—	0.681②	68.13	623.89	0.109

① 根据实验介电常数，反推得到的堆积系数。

② 高分子体系中较为常用的 K_p 值。

注：介电常数与折射率存在 Maxwell 关系式，$\varepsilon=1.1n^2$。

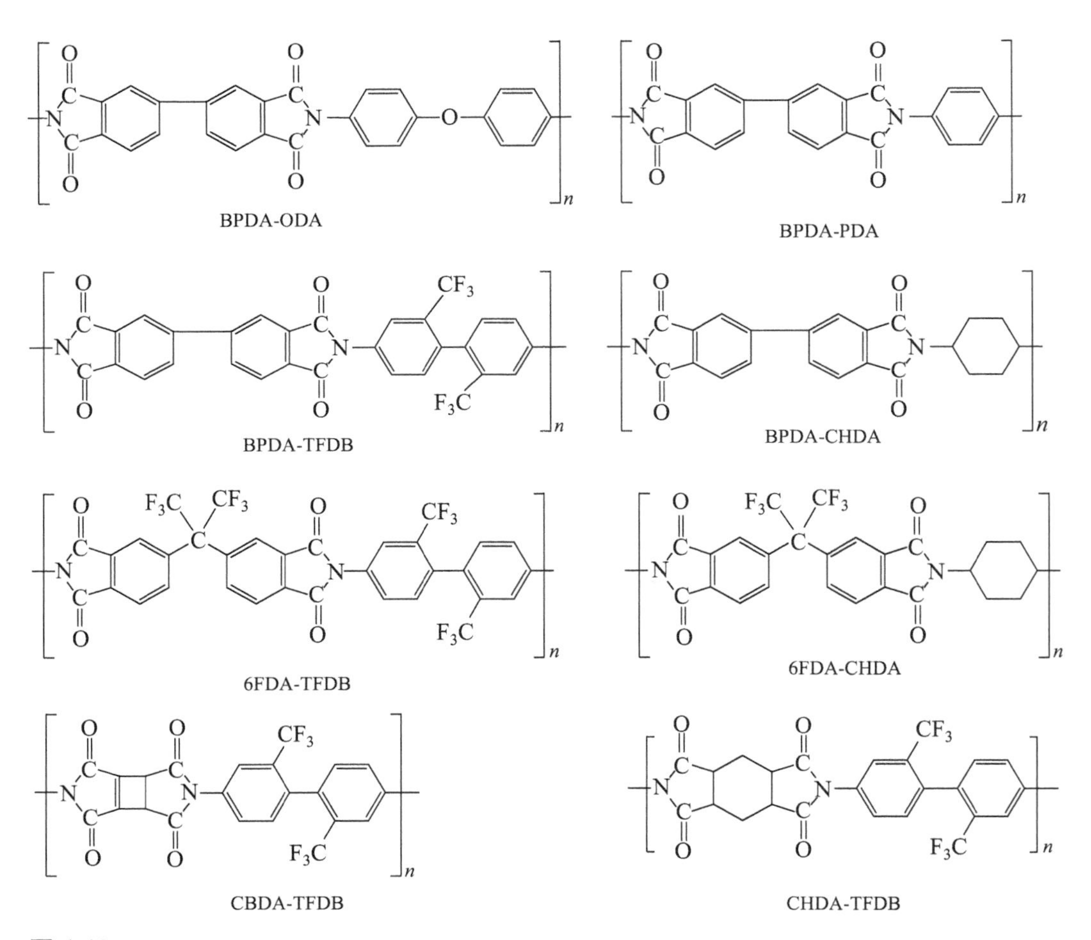

图 1-18

BPDA-ODA、BPDA-PDA、BPDA-TFDB、BPDA-CHDA、6FDA-TFDB、6FDA-CHDA、CBDA-TFDB、CHDA-TFDB 的结构式

根据文献报道 BPDA-ODA、BPDA-PDA 的 K_p 值分别为 0.701、0.726，通过关系式（1-42），我们预测得到它们的折射率分别为 1.759 和 1.768。根据介电常数与折射率的 Maxwell 关系式：$\varepsilon=1.1n^2$，我们得到 BPDA-ODA、BPDA-PDA 的介电常数分别为 3.404、3.439，与实验误差仅有 0.07、−0.03。尽管绝对值有所偏差，但由结构所引起的对折射率进而对介电常数的影响规律与实验趋势完全吻合。并且从表 1-6 中可以看出，大体上折射率与 $\Delta\alpha/V_{vdw}$ 成正比。例如：BPDA-PDA、BPDA-TFDB、6FDA-TFDB 的折射率依次下降，分别为 1.774、1.631、1.551，而它们的 $\Delta\alpha/V_{vdw}$ 同样依次下降，分别为 0.136、0.134、0.121。但分子间堆积程度也是不容忽视的，BPDA-TFDB 与 BPDA-PDA 具有相近的 $\Delta\alpha/V_{vdw}$，然而由于前者分子间堆积较松弛，具有较小的 K_p，因而其折射率相对较小。同样，BPDA-ODA 具有较大的 $\Delta\alpha/V_{vdw}$，而其介电常数并没有堆积紧密的 BPDA-PDA 大。因而，分子间堆积越紧密，越有利于折射率提高，进而介电常数越大。

此外，BPDA-CHDA 与 BPDA-PDA，6FDA-TFDB 与 BPDA-TFDB 具有相近的 K_p、相似的极化率，然而由于 CHDA 单元相对于 PDA 单元和 6FDA 相对于 BPDA 的范德华体积要大，从而导致具有较小的 $\Delta\alpha/V_{vdw}$，其折射率较小。相似地，6FDA-TFDB 与 BPDA-TFDB 的折射率小，也是源于—C $(CF_3)_2$—基团引起体系具有较大的范德华体积。

根据以上分析，我们初步可以得出，TFDB 体系折射率较小的原因主要源于分子间堆积较为松散，而半芳香型的 CHDA 体系则主要源于自身具有较大的范德华体积。我们尝试根据体系化学结构之间的对比，预测未知体系的折射率。例如根据对比试验和模拟数据，我们发现，对于 CBDA-TFDB 体系，K_p 值取中间值 0.681 能得到与实验吻合的折射率；而 CHDA-TFDB 的化学结构与 CBDA-TFDB 类似，预测其 K_p 值接近 0.681，具有较低的折射率（1.535）、较小的介电常数（2.590）。

1.2.2.3 预测折射率的光散射——Abbe 数

由于同一高分子材料往往对不同波长的光线存在折射率差异，而白光是由不同波长的各种光组成，因此透明材料在折射白光时会发生色散这一特殊现象。为了更好地衡量高分子材料物质对光的色散程度（对波长的依赖性），德国物理学家恩斯特·阿贝提出了阿贝数（Abbe 数），用于表示透明物质色散能力的反比例指数，数值越小色散现象越严重。一般使用的是中部色散，就是 F 光（486.13nm）和 C 光（656.27nm）的折射率之差。

Abbe 数可通过如下公式计算：

$$\nu=\frac{n_D-1}{n_F-n_C} \tag{1-45}$$

式中，n_D，n_F，n_C 分别为 D，F，C 光的折射率。D 光为黄光，589.3nm，是钠光谱中的 D 线；F 光为青光，486.1nm，是氢光谱中的 F 线；C 光为红光，656.3nm，是氢光谱中的 C 线。眼用光学镜片材料的 Abbe 数一般在 30～60 之间。总的来说，材料的折射率越大，色散越厉害，即 Abbe 数越低。

实验测定折射率常采用波长 589nm 和 632nm，我们模拟估测了几种聚酰亚胺分子在几类典型波长下的折射率，并列于表 1-7 中，以便计算不同波长区间的 Abbe 数。从表 1-7 中可以看出，随着吸收波长的增长，折射率呈下降趋势。根据预测，对于吸收端在可见光波长范围的BPDA-ODA，其光散射在长波区的Abbe数ν_2比中部ν_1要小，也就意味着光散射较强；相反，对于吸收端在近紫外区的其他体系，其中部Abbe数ν_1比长波ν_2要小，光散射较强。也就是说吸收端区域和容易发生光散射的区域存在正相关的关系。因此，我们在评价一个体系色散程度的时候，要先根据其吸收区域判断所使用的Abbe数类型。对于一些小分子体系，其吸收波长在波长更短的紫外区，就需要计算波长为248nm、193nm和300nm的Abbe数了，如文献报道的$C_4F_9OCH_3$等小分子体系[23]。

表1-7 模拟预测几类聚酰亚胺体系，典型吸收波长下的折射率，以及两类Abbe数值

折射率	BPDA-				CHDA-TFDB
	PDA	ODA	CHDA	TFDB	
$\lambda_0$①/nm	383.68	446.47	332.87	376.59	252.26
486nm	1.957	1.878	1.746	1.745	1.552
589nm	1.875	1.991	1.706	1.690	1.534
656nm	1.849	1.848	1.692	1.672	1.528
ν_1	8.139	33.053	13.159	9.537	22.472
633nm	1.857	1.857	1.696	1.678	1.530
1320nm	1.785	1.777	1.656	1.627	1.510
1523nm	1.781	1.773	1.654	1.624	1.508
ν_2	10.300	9.259	15.568	11.755	23.463
$\nu_1-\nu_2$	−2.161	23.794	−2.409	−2.218	−0.991

① λ_0为模拟预测的第一吸收峰位置。

1.2.3 纤维素体系分子间相互作用研究

大分子体系的理论计算一直是具有挑战性的研究领域。在大分子体系中，弱相互作用是一类普遍存在的重要作用，通过弱相互作用可以形成超分子体系（supermolecule）。所谓超分子体系是指由两个或两个以上的分子单元通过分子间作用力而非化学键结合的复合体系，如DNA的双螺旋结构、酶与底物的复合物及药物与受体的复合物等。当前，有关超分子体系的理论和实验研究已成为化学、生命科学、材料科学等学科的研究热点。

如前所述，高精度量子化学方法可以在电子结构的水平上准确地研究分子间相互作用。目前，随着理论的发展与计算机技术的提高，量子化学计算方法和计算程序已能对由几个甚至几十个原子组成的中小分子的性质进行十分精确的理论研究。特别是分子的总能量，许多计算方法（如MP*n*、DFT、QCISD等方法）的计算结果都能与精确实验结果很好地吻合。然而，到目前为止，还没有一种成熟的理论和普遍可接受的计算程序可用于对由数以千计乃至数以万计个原子组成的大分子体系（如核酸、蛋白质和固体材料等）进行量子化学计算研究。这主要是由于计算量与分子大小呈指数（电子数的3次方或更高）关系。因此，大分子体系的量子化学计算方法的研究便成为当今计算化学领域中极具挑战性的研究热点之一。从20世纪90年代以来，不少研究者对大分子体系提出了新的研究方法。例如：1994年Mezey等人基于小分子碎片电子密度的叠加提出计算显微镜方法，

1996 年 Stewart 采用定域分子轨道发展了新的半经验量子化学方法等。尽管这些研究取得了一定的进展，但运用于大分子的计算研究还不能令人满意。众所周知，涉及非键相互作用的研究，即使采用传统的从头算 Hartree-Fock 方法也难以实现，更不用说半经验量子化学方法了。

另外，通过对高分子体系较小的重复单元的量子化学研究，也将有助于理解大分子体系中分子间作用的本质。我们在前面已指出，当前量化的研究方法，主要集中于从头算 HF-SCF、微扰 MP2 和密度泛函理论这三种方法，且这三种方法的精确度比较好。其他更精确的方法，由于需要的计算机资源十分庞大，所能实现的研究体系很小。普通的 HF 方法由于没有考虑电子相关，而电子相关对弱相互作用来说是不能忽略的，再加上基组叠加误差（basis set superposition error，BSSE）和大小一致性误差（size-consistency error，SCE)，所以该方法在计算弱相互作用能时往往有较大的误差。如果进行电子相关误差、基函数叠加误差和大小一致性误差的校正，则需很大的计算机资源，因此在实际计算中特别是进行大分子计算时校正处理十分困难。此外，MP 方法考虑了电子相关作用，可以准确地计算大分子体系中的弱相互作用能。如果结合大基组，可以获得与实验结果吻合得很好的计算值。但是，MP 方法在计算时需要大量的计算空间和计算时间，若研究体系稍大，用 MP 方法来研究就显得很困难。然而，DFT 计算方法的精度与 MP2 相当，计算速度却比 MP2 快近一个数量级，特别是对于大分子，这种差别更大。因此，密度泛函理论可能是研究分子间弱相互作用，特别是大体系相互作用比较理想的理论工具。

纤维素（cellulose，简称 cell）是自然界中含量最丰富的天然高分子，它是所有高等植物如树木、棉花、麻、叶子、谷草秸秆等的主要成分[29]。纤维素可以通过光合作用由水和二氧化碳合成，又能被大自然微生物完全降解，因此它是地球上取之不尽、用之不竭、可再生和环境友好的自然资源，可以用来制备多种功能的纤维素产品及衍生物，能够部分代替石油资源，缓解能源危机及石油化工行业带来的一系列环境问题，具有广阔的应用前景。然而，纤维素分子结构中含有大量的羟基，容易形成复杂的分子间、分子内氢键网络结构（图 1-19)，致使其难以溶解于普通的溶剂中或进行熔融加工，从而限制了纤维素的发展应用。寻找纤维素的优良溶剂已经成为高分子科学家的研究热点，而通过实验和

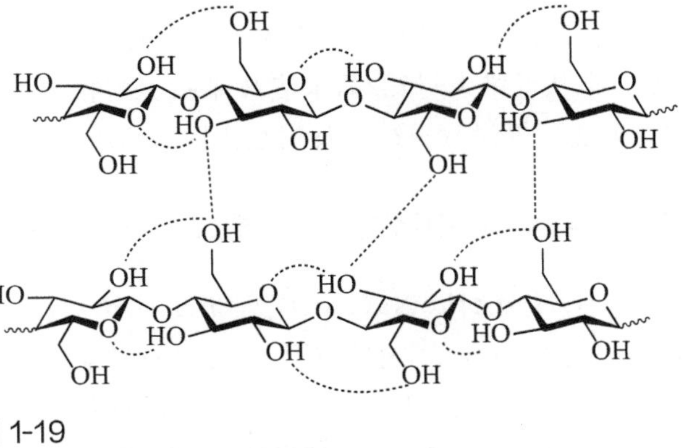

图 1-19

纤维素分子间和分子内氢键示意图

模拟相结合的方法研究纤维素自身及纤维素与溶剂分子之间的相互作用的本质特性及影响因素，将为结构设计新型溶剂体系提供理论指导和科学依据。

为了更好地利用纤维素这一廉价、丰富、绿色的生物质资源，科学家在纤维素新溶剂体系开展了大量的研究工作，并取得了一些突破性进展。在已经报道的纤维素新溶剂体系中，直接溶解的溶剂体系 *N*-甲基吗啉-*N*-氧化物一水合物（NMMO・H_2O）、离子液体[30-33] 和 DMAc/LiCl 体系及 NaOH/尿素[34]、氢氧化钠/硫脲[35] 和 LiOH/尿素[36] 的水溶液复合体系最具代表性。其中，以 NMMO・H_2O 溶剂体系制备再生纤维素纤维的 Lyocell 工艺已经实现工业化生产[37]。NaOH/尿素水复合体系及离子液体溶剂体系由于其环保无污染等优势，近些年引起了大量的关注。化学所张军研究员课题组在离子液体溶剂体系开展了一系列工作[30-32]，发现纤维素在［Amim］Cl 离子液体中溶解后不容易产生凝胶而得到透明的液体。武汉大学张俐娜院士课题组开发了一系列新型碱（NaOH、LiOH）/尿素（硫脲）水复合溶剂体系[36，37]，并进行了工业化中试，是价廉、无毒、环境友好等的纤维素溶剂体系，有望在现有黏胶纤维工艺和设备的基础上，实现工业化生产。但是人们对这类碱/尿素水复合溶剂体系中的相互作用方式的认识还很缺乏，限制了该体系进一步的工业化应用。大量的实验和模拟方法已成功用于纤维素及其他体系中相互作用的研究。Chanzy 等人用同步辐射 X 射线和中子衍射方法研究了纤维素分子内及分子间的氢键，并结合理论模拟的方法给出了纤维素各种结晶结构中的原子分布[38，39]。梁好均课题组通过分子动力学方法研究了纤维素/尿素水溶液体系中的相互作用[40]，发现纤维素分子链上的羟基作为质子给体，尿素氧原子为质子受体，形成分子间氢键。赵玉灵等人通过分子动力学模拟，发现阴离子类型对纤维素/离子液体中相互作用的影响[41]。Balasubramanian 等人通过量子化学方法，研究了纤维素及木聚糖在离子液体中的溶解机制[42]，进一步确定了氢键在溶解中的重要作用，并给出了最稳定构型的结构信息。Araújo 等人通过 NMR 与密度泛函（DFT）相结合的方法[43] 研究了尿嘧啶在离子液体中的溶解机理，确定了离子液体中离子与尿嘧啶分子之间相互作用的位点及方式。张俐娜院士课题组针对他们发现的碱/脲水溶液复合溶剂体系，通过 NMR 等方法研究了纤维素在碱/脲溶剂体系中的溶解机理，提出了尿素水合物围绕在纤维素分子链周围形成筒状复合结构，从而得到稳定的纤维素溶液[44-46]。

然而纤维素与溶剂分子之间详细微观相互作用方式及温度对相互作用的影响目前的研究仍然不够明确。本小节拟从纤维素与碱/脲水溶液体系中的相互作用出发，采用量子化学 DFT（密度泛函理论方法）探讨微观结构及相互作用的本质。

1.2.3.1 纤维素与碱/脲溶剂体系中溶剂小分子相互作用方式的预测

实验研究发现[47]，NaOH 分别以 $Na(H_2O)_n^+$ 和 $OH(H_2O)_n^-$ 水合物形式存在于水溶剂中，且当体系中加入尿素分子后，OH^- 可以与尿素的氨基形成氢键。为了进一步揭示溶剂小分子间的微观相互作用，我们设计了数种 NaOH/尿素/水合物团簇模型：$NaOH(H_2O)_5$・尿素、$NaOH(H_2O)_6$・尿素、$NaOH(H_2O)_7$・尿素、$NaOH(H_2O)_8$・尿素、$NaOH(H_2O)_9$・尿素，并对它们的构象进行了优化计算，见图 1-20。其中，在 NaOH

$(H_2O)_8$·尿素团簇中，总有一个水分子被分布在笼子外面；对 $NaOH(H_2O)_9$·尿素团簇，有两个水分子分布在笼子外面。

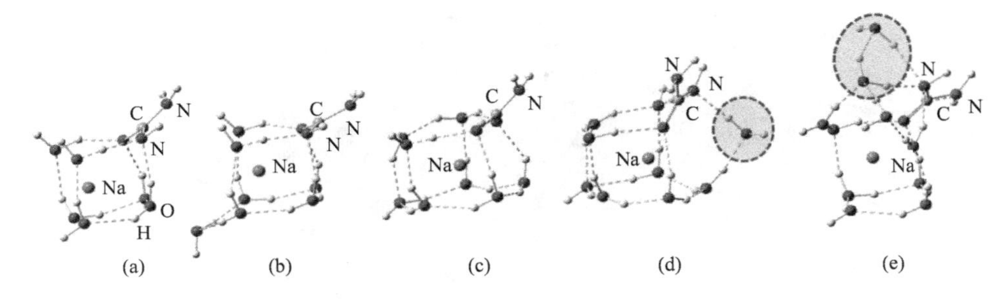

图 1-20

在 M06-2X/6-31G（d）计算水平下，得到的（a）$NaOH(H_2O)_5$·尿素，（b）$NaOH(H_2O)_6$·尿素，（c）$NaOH(H_2O)_7$·尿素，（d）$NaOH(H_2O)_8$·尿素，（e）$NaOH(H_2O)_9$·尿素团簇的最优构象

图中除标志外，其余原子均为氧原子或氢原子。

通过以下关系对每一个团簇计算其连续结合能，并列于表 1-8 中。

$$-\Delta E_n = E^{ZPE}[NaOH(H_2O)_n \cdot 尿素] - E[Na^+] - E[OH^-] - E[尿素] - nE[H_2O] \tag{1-46}$$

$$\Delta E_{n,n-1} = \Delta E_n - \Delta E_{n-1} \tag{1-47}$$

表 1-8 在 M06-2X/6-31G(d)计算水平下，$NaOH(H_2O)_n$·尿素（$n=5\sim9$）团簇结构的结合能（ΔE_n^{ZPE}）以及连续结合能（$\Delta E_{n,n-1}$）

n	$NaOH(H_2O)_n$·尿素	
	ΔE_n/(kJ/mol)	$\Delta E_{n,n-1}$/(kJ/mol)
5	794.3	—
6	843.9	49.5
7	907.9	64.0
8	949.2	41.3
9	979.3	30.1

计算结果显示，$NaOH(H_2O)_7$·尿素团簇具有最稳定的笼状结构，具有最大的连续结合能。为了进一步确认笼子的构型，我们还对其异构体进行了计算，其结构见图 1-21。其中，$NaOH(H_2O)_7$·尿素（a）、$NaOH(H_2O)_7$·尿素（b）、$NaOH(H_2O)_7$·尿素（c）的结合能分别为 907.9 kJ/mol、855.3 kJ/mol、896.9 kJ/mol。最稳定的构型是尿素的氨基氢和 OH^- 通过氢键进行作用，而尿素氧原子参与到笼子中，与其他水分子氧原子一起把 Na^+ 团团包裹的团簇构型。

1.2.3.2 纤维素与团簇相互作用方式的预测

Clark 等人报道[48]，纤维素葡萄糖环外羟基具有三种构象，对纤维素降解和晶型转变起到至关重要的作用。我们定义 χ 为二面角，则 gg、gt、tg 构象的 χ 值分别为 $-60°$、

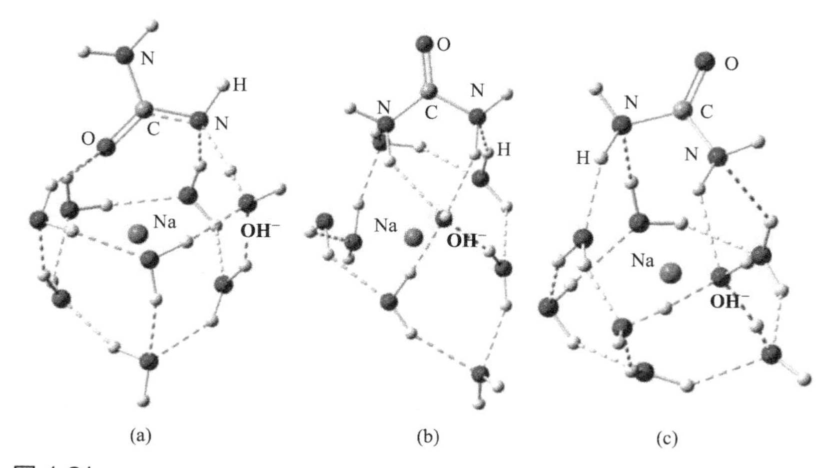

图 1-21

在 M06-2X/6-31G（d）计算水平下得到的三种 NaOH（H_2O）$_7$·尿素团簇的构型

60°、180°，其值可有±30°的浮动。我们以 Nishiyama 等人[49] 基于同步辐射源 X 射线和中子散射数据得到的纤维素Ⅰ型构象（tg）为初始构象，通过调节 χ 二面角，得到纤维素 gt 和 gg 构象，分别记为：cell-tg、cell-gt 和 cell-gg，通过优化得到了其优化构型，见图 1-22。通过对比三者的 ΔE^{ZPE} 发现，cell-gt 和 cell-gg 分别比 cell-tg 高出 16.33kJ/mol、8.23kJ/mol，cell-tg 是最稳定构象，在实际体系中，tg 构象存在的概率较大，与相关实验结果一

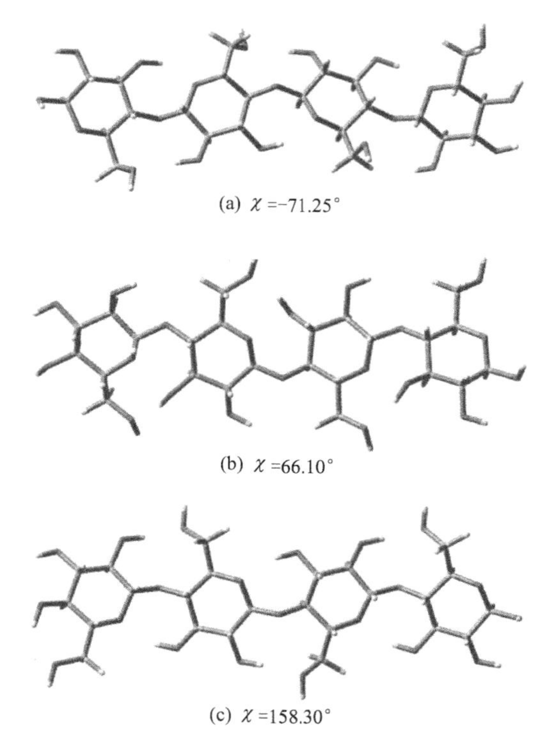

(a) χ =-71.25°

(b) χ =66.10°

(c) χ =158.30°

图 1-22

在 M06-2X/6-31G（d）计算水平下纤维素（a）gg、（b）gt 和（c）tg 三种异构体的优化构型

致[49]。因而，在接下来研究纤维素羟基与 NaOH（H_2O）$_n$ · 尿素团簇相互作用时，我们以 cell-tg 构象作为初始构象进行研究。

如果想要比较真实或有效地确定纤维素与团簇的相互作用方式，需要借助于下面几章介绍的分子动力学模拟方法进行研究。分子动力学模拟需要确定适合纤维素的力场以及与实验相关现象对应的合理的溶剂分子配比数。在这里我们继续沿用 DFT 进行研究，并假定团簇在维持团簇笼状结构的基础上与纤维素发生相互作用。由于实验研究结果表明[50]，纤维素是通过羟基与 OH^- 形成氢键与 NaOH 溶剂发生作用的，我们初步设计了两类作用方式，如图 1-23 所示。一种为纤维素 C6 位羟基取代笼状结构中的一个水分子，其构型记为 cell-团簇-O6。另一种作用方式，考虑到 C2、C3 羟基距离较近，我们设计为纤维素 C2、C3 位羟基分别取代笼状结构中的两个水分子进行作用，其构型记为 cell-团簇-O2，3。通过优化其构型，我们发现，在 cell-团簇-O6 结构中，二面角 χ（O6—C6—C5—O5）为 167.61°，纤维素羟基依然保持了其 tg 构象。此外，Na 和 C6 羟基氧的距离为 3.929 Å，远远大于 NaOH（H_2O）$_7$ · 尿素笼状结构中相应的被取代水的氧原子与 Na 的距离，说明 Na 与纤维素的作用要弱于团簇中相应水分子，这一点支持了实验 ^{23}Na NMR 谱的相关结果。同样在 cell-团簇-O2，3 中，Na-O2 和 Na-O3 的距离为 2.448Å、3.446Å，也大于相应水分子氧原子与 Na 的距离 2.378Å、3.227Å。

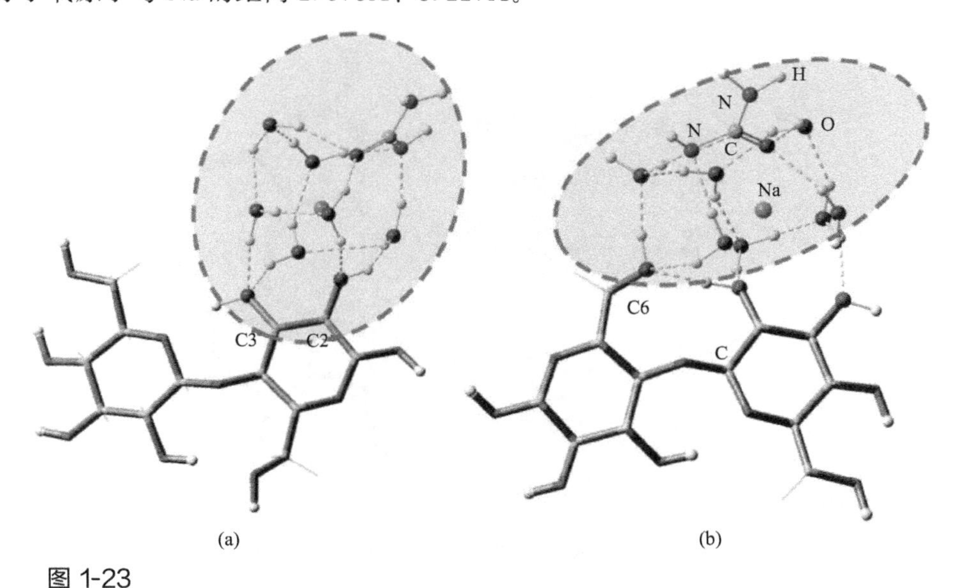

图 1-23

在 M06-2X/6-31G（d）计算水平下，（a）cell-团簇-O2，3 和（b）cell-团簇-O6 的优化构型

为了进一步对比纤维素自身的相互作用与纤维素与溶剂之间的相互作用，我们计算了纤维素简化模型的二体（图 1-24）结合能，其值为 109.2kJ/mol；而 NaOH（H_2O）$_6$ · 尿素与水结合生成 NaOH（H_2O）$_7$ · 尿素的结合能为 81.4kJ/mol，与纤维素生成 cell-团簇-O6 的结合能为 120.1kJ/mol，表明在纤维素的 NaOH 尿素溶液中，纤维素更倾向于远离相邻纤维素分子，参与到 NaOH（H_2O）$_7$ · 尿素溶剂团簇笼状结构的作用中。此外，我们通过得到的纤维素与笼状结构的作用，初步预测了纤维素溶剂包合物的结构（图 1-25），并通过优化后估测了包合物的直径为 2.8nm，与实验数值很接近[50]。

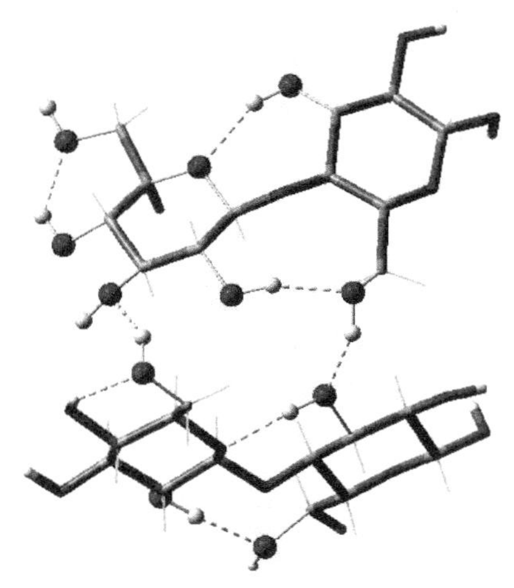

图 1-24

在 M06-2X/6-31G（d）计算水平，cell-cell 二体的优化构型

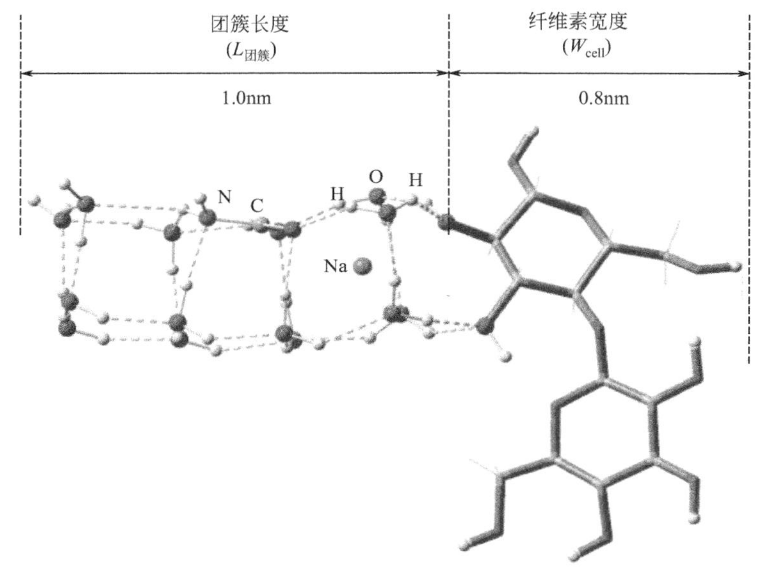

图 1-25

纤维素包合物局部结构的预测，其中直径（D）= W_{cell} + 2$L_{团簇}$ ≈ 2.8nm

1.3 总结与展望

由于高分子体系往往是由小分子单元聚合而成，小分子单元的电子结构特点直接影响

着高分子由电子结构变化而引起的相关性质，如上面讨论的聚合反应、电子跃迁、分子间相互作用等。运用量子化学的研究方法对其进行研究，可获得相关性质的微观信息和某些结构-性质关系。尽管量子化学方法存在一定的局限性，例如：体系的最大规模通常在几十个原子数目，且对所研究体系的稳定构象的确认和搜索、对所有可能发生的反应路径的探索、对涵盖更宽的激发态范围的计算等还需要更多的计算资源和更强大的量化方法，然而随着计算机技术和理论方法的不断发展，可以预期理论计算的规模和精度将不断提高。例如：B3LYP 泛函在描述色散引起的分子间作用具有局限性，为了解决这个问题，研究者结合分子力学的方法，发展了 DFT+D3 的组合计算方法。此外，近些年来研究者还发展了新的泛函如 M06、M08 系列的相关泛函，含远程作用的 CAM-B3LYP（近程 19%，远程 65%），LC 校正的 GGA（近程 0%，远程 100%），ωB97X（近程 15.77%，远程 100%）等泛函，也使得量化研究精度和范围大为提高。在研究反应路径方面，发展的量子力学和分子力学 QM/MM 组合计算方法，使得人们能够在更大规模和更加深入的水平上进行研究。在分析分子构象能量势能面的研究中，采用的分子动力学方法先行构象搜索再抽取相关构象量化分析的 MD/MC 组合研究策略，也使得对复杂分子体系的定量描述和预测成为可能。尤为一提的是，当前 GPU（graphics processing units，图形处理器）技术已运用到量子化学计算，例如：美国斯坦福大学推出的 GPU 加速量化计算程序 TeraChem（www. petachem. com）的 DFT 计算比 Gaussian 程序快 50 倍。GPU 技术不仅显著增大了所研究体系的大小，也必将极大地增强量子化学方法对复杂分子结构和反应动力学的预测能力。因此，超级计算和大规模并行计算，特别是 GPU 技术必将会对理论与计算化学带来革命性的影响。由此我们可以预见，结合分子力学或分子动力学的量子化学计算方法以及运用 GPU 计算技术，将在帮助化学家从原子、分子水平上认识化学问题的本质，以及创造新材料、新物质方面发挥越来越重要的作用。

参考文献

[1] Ziegler T，Autschbach J. Theoretical Methods of Potential Use for Studies of Inorganic Reaction Mechanisms. Chemical Reviews，2005，105（6）：2695-2722.

[2] Schubert G，Pápai I. Acrylate Formation via Metal-assisted C—C Coupling between CO_2 and C_2H_4：Reaction Mechanism as Revealed From Density Functional Calculations. Journal of the American Chemical Society，2003，125（48）：14847-14858.

[3] Noda Shusuke，Nakamura Akifumi，Kochi Takuya，Chung Lung Wa，Morokuma Keiji，Nozaki Kyoko. Mechanistic Studies on the Formation of Linear Polyethylene Chain Catalyzed by Palladium Phosphine-Sulfonate Complexes：Experiment and Theoretical Studies. Journal of the American Chemical Society，2009，131（39）：14088-14100.

[4] Motta Alessandro，Fragala Ignazio L，Marks Tobin J. Proximity and Cooperativity Effects in Binuclear d（0）Olefin Polymerization Catalysis. Theoretical Analysis of Structure and Reaction Mechanism. Journal of the American Chemical Society，2009，131（11）：3974-3984.

[5] Wondimagegn T，Wang D，Razavi A，Ziegler T. Computational Design of C（2）-Symmetric Metallocene-Based Catalysts for the Synthesis of High Molecular Weight Polymers from Ethylene/Propylene Copolymerization. Organometallics，2008，27（24）：6434-6439.

[6] Li Zhe，Zhang SongLin，Fu Yao，Guo QingXiang，Liu Lei. Mechanism of Ni-Catalyzed Selective C—O Bond Activation in Cross-Coupling of Aryl Esters. Journal of the American Chemical Society，2009，131（25）：8815-8823.

[7] Zhao Haitao，Dang Li，Marder Todd B，Lin Zhenyang. DFT Studies on the Mechanism of the Diboration of Aldehydes Catalyzed by Copper（Ⅰ）Boryl Complexes. Journal of the American Chemical Society，2008，130（16）：5586-5594.

[8] Omayu Akitoshi, Matsumoto Akikazu. Thermal Properties of *N*-Phenylmaleimide-Isobutene Alternating Copolymers Containing Polar Groups to Form Intermolecular and Intramolecular Hydrogen Bonding. Polymer Journal, 2008, 40 (8): 736-742.
[9] Guo Caihong, Wu Haishun, Zhang Xianming, Song Jiangyu, Zhang Xiang. A Comprehensive Theoretical Study on the Coupling Reaction Mechanism of Propylene Oxide with Carbon Dioxide Catalyzed by Copper (Ⅰ) Cyanomethyl. Journal of Physical Chemistry A, 2009, 113 (24): 6710-6723.
[10] Sun Hui, Zhang Dongju. Density Functional Theory Study on the Cycloaddition of Carbon Dioxide with Propylene oxide Catalyzed by Alkylmethylimidazolium Chlorine Ionic Liquids. The Journal of Physical Chemistry A, 2007, 111 (32): 8036-8043.
[11] Takeda N, Inoue S. Activation of Carbon-Dioxide by Tetraphenylporphinatoaluminum Methoxide-Reaction with Epoxide. Bulletin of the Chemical Society of Japan, 1978, 51 (12): 3564-3567.
[12] Luinstra G A, Haas G R, Molnar F, Bernhart V, Eberhardt R, Rieger B. On the Formation of Aliphatic Polycarbonates from Epoxides with Chromium (Ⅲ) and Aluminum (Ⅲ) Metal-salen Complexes. Chemistry A European Journal, 2005, 11 (21): 6298-6314.
[13] Jung J H, Ree M, Chang T. Copolymerization of Carbon Dioxide and Propylene Oxide Using an Aluminum Porphyrin System and Its Components. Journal of Polymer Science Part a-Polymer Chemistry, 1999, 37 (16): 3329-3336.
[14] Chisholm M H, Zhou Zhiping. Concerning the Mechanism of the Ring Opening of Propylene Oxide in the Copolymerization of Propylene Oxide and Carbon Dioxide to Give Poly (propylene carbonate). Journal of the American Chemical Society, 2004, 126 (35): 11030-11039.
[15] Aida T, Ishikawa M, Inoue S. Alternating Copolymerization of Carbon-Dioxide and Epoxide Catalyzed by the Aluminum Porphyrin-Quaternary Organic Salt or Triphenylphosphine System-Synthesis of Polycarbonate with Well-Controlled Molecular-Weight. Macromolecules, 1986, 19 (1): 8-13.
[16] Aida T, Inoue S. Activation of Carbon-Dioxide with Aluminum Porphyrin and Reaction with Epoxide-Studies on (Tetraphenylporphinato) Aluminum Alkoxide Having a Long Oxyalkylene Chain as the Alkoxide Group. Journal of the American Chemical Society, 1983, 105 (5): 1304-1309.
[17] Ma Yanping, Hu Chenchen, Guo Hongxia, Fan Lin, Yang Shiyong, Sun Wenhua. Structure Effect on Transition Mechanism of UV-visible Absorption Spectrum in Polyimides: A Density Functional Theory Study. Polymer, 2018, 148 (18): 356-369.
[18] Wakita Junji, Ando Shinji. Characterization of Electronic Transitions in Polyimide Films Based on Spectral Variations Induced by Hydrostatic Pressures up to 400 MPa. The Journal of Physical Chemistry B, 2009, 113 (26): 8835-8846.
[19] Ishida Hatsuo, Wellinghoff Stephen T, Baer Eric, Koenig Jack L. Spectroscopic Studies of Poly *N*,*N'*-bis (phenoxyphenyl) pyromellitimide . 1. Structures of the Polyimede and 3 Model Compounds. Macromolecules, 1980, 13 (4): 826-834.
[20] Hasegawa M, Horie K. Photophysics, Photochemistry, and Optical Properties of Polyimides. Progress in Polymer Science, 2001, 26 (2): 259-335.
[21] Ando Shinji, Terui Yoshiharu, Aiki Yasuhiro, Ishizuka Takahiro. Synthesis and Properties of Fully Aromatic Non-fluorinated Polyimides Exhibiting High Transparency and Low Thermal Expansion. Journal of Photopolymer Science and Technology, 2005, 18 (2): 333-336.
[22] Zhai Lei, Yang Shiyong, Fan Lin. Preparation and Characterization of Highly Transparent and Colorless Semi-aromatic Polyimide Films Derived from Alicyclic Dianhydride and Aromatic Diamines. Polymer, 2012, 53 (16): 3529-3539.
[23] Ando Shinji. DFT Calculations on Refractive Index Dispersion. Journal of Photopolymer Science and Technology, 2006, 19: 351-360.
[24] Askadsikk A, Slonimskii G, Kitaigorodskii A. Polym Sci USSR, 1970, 12: 556-576.
[25] Ando Shinji, Sawada Takashi, Sasaki Shigekuni. In-plane Birefringence and Elongation Behavior of Uniaxially Drawn Aromatic Polyimide Films. Polymers for Advanced Technologies, 2001, 12 (5): 319-331.
[26] Numata S, Fujisaki K, Kinjo N. Reexamination of the Relationship Between Packing Coefficient and Thermal-Expansion Coefficient for Aromatic Polyimides. Polymer, 1987, 28 (13): 2282-2288.
[27] Hasegawa M, Koyanaka M. Polyimides Containing Trans-1,4-cyclohexane Unit. Polymerizability of Their Precursors and Low-CTE, Low-*K* and High-T_g Properties. High Performance Polymers, 2003, 15 (1): 47-64.
[28] Hasegawa Masatoshi, Horii Shunichi. Low-CTE Polyimides Derived from 2,3,6,7-Naphthalenetetracarboxylic Dianhydride. Polymer Journal, 2007, 39 (6): 610-621.
[29] Kennedy J F, Philips G O, Williams P A, Piculell J L. Cellulose and Cellulose Derivatives: Physico-chemical As-

pects and Industrial Applications. Cambridge: Woodhead Publishing Limited, 1995.
[30] Song H, Niu Y, Yu J. Preparation and Morphology of Different Types of Cellulose Spherulites from Concentrated Cellulose Ionic Liquid Solutions. Soft Materials, 2013, 9 (11): 3013-3020.
[31] Zhang H, Wu J, Zhang J, He J S. 1-Allyl-3-methylimidazolium Chloride Room Temperature Ionic Liquid: a New and Powerful Nonderivatizing Solvent for Cellulose. Macromolecules, 2005, 38 (20): 8272-8277.
[32] Luo Nan, Lv Yuxia, Wang Dexiu, Zhang Jinming, Wu Jin, He Jiasong, Zhang Jun. Direct Visualization of Solution Morphology of Cellulose in Ionic Liquids by Conventional TEM at Room Temperature. Chemical Communications, 2012, 48: 6283-6285.
[33] Swatloski R P, Spear S K, Holbrey J D, Rogers R D. Dissolution of Cellose with Ionic Liquids. Journal of the American Chemical Society, 2002, 124 (18): 4974-4975.
[34] Qi Haisong, Yang Quanling, Zhang Lina, Liebert Tim, Heinze Thomas. The Dissolution of Cellulose in NaOH-based Aqueous System by Two-step Process. Cellulose, 2011, 18 (2): 237-245.
[35] Ruan D, Zhang L, Lue A, Zhou J, Chen H, Chen X, Chu B, Kondo T. A Rapid Process for Producing Cellulose Multi Filament Fibers from a NaOH/thiourea Solvent System. Macromolecular Rapid Communications, 2006, 27 (17): 1495-1500.
[36] Cai Jie, Liu Yating, Zhang Lina. Dilute Solution Properties of Cellulose in LiOH/urea Aqueous System. Journal of Polymer Science Part B: Polymer Physics, 2006, 44 (21): 3093-3101.
[37] Klemm D, Heublein B, Fink H P, Bohn A. Cellulose: Fascinating Biopolymer and Sustainable Raw Material. Angew Chem Int Ed, 2005, 44 (55): 3358-3393.
[38] Nishiyama Yoshiharu, Sugiyama Junji, Chanzy Henri, Langan Paul. Crystal Structure and Hydrogen Bonding System in Cellulose Iα from Synchrotron X-ray and Neutron Fiber Diffraction. Journal of the American Chemical Society, 2003, 125 (47): 14300-14306.
[39] Nishiyama Yoshiharu, Johnson Glenn P, French Alfred D, Forsyth V Trevor, Langan Paul. Neutron Crystallography, Molecular Dynamics, and Quantum Mechanics Studies of the Nature of Hydrogen Bonding in Cellulose I-beta. Biomacromolecules, 2008, 9 (11): 3133-3140.
[40] Cai Lu, Liu Yuan, Liang Haojun. Impact of Hydrogen Bonding on Inclusion Layer of Urea to Cellulose: Study of Molecular Dynamics Simulation. Polymer, 2012, 53 (5): 1124-1130.
[41] Zhao Yuling, Liu Xiaomin, Wang Jieji, Zhang Suojiang. Effects of Anionic Structure on the Dissolution of Cellulose in Ionic Liquids Revealed By Molecular Simulation. Carbohydrate Polymers, 2013, 94 (2): 723-730.
[42] Payal Rajdeep Singh, Bharath R, Periyasamy Ganga, Balasubramanian S. Density Functional Theory Investigations on the Structure and Dissolution Mechanisms for Cellobiose and Xylan in an Ionic Liquid: Gas Phase and Cluster Calculations. Journal of Physical Chemistry B, 2012, 116 (2): 833-840.
[43] Araújo Joao M M, Pereiro Ana B, Lopes Jose N Canongia, Rebelo Luis P N, Marrucho Isabel M. Hydrogen-Bonding and the Dissolution Mechanism of Uracil in an Acetate Ionic Liquid: New Insights from NMR Spectroscopy and Quantum Chemical Calculations. Journal of Physical Chemistry B, 2013, 117 (15): 4109-4120.
[44] Cai Jie, Zhang Lina, Chang Chunyu, Cheng Gongzhen, Chen Xuming, Chu Benjamin. Hydrogen-bond-induced Inclusion Complex in Aqueous Cellulose/LiOH/urea Solution at Low Temperature. Chem Phys Chem, 2007, 8 (10): 1572-1579.
[45] Cai Jie, Zhang Lina, Liu Shilin, Liu Yating, Xu Xiaojuan, Chen Xuming, Guo Xinglin, Xu Jian, Cheng He, Han Charles C, Kuga Shigenori. Dynamic Self-Assembly Induced Rapid Dissolution of Cellulose at Low Temperatures. Macromolecules, 2008, 41 (23): 9345-9351.
[46] Yan Lifeng, Chen Juan, Bangal Prakriti R. Dissolving Cellulose in a NaOH/thiourea Aqueous Solution: A Topochemical Investigation. Macromolecular Bioscience, 2007, 7 (9-10): 1139-1148.
[47] Rustad James R, Felmy Andrew R, Rosso Kevin M, Bylaska Eric J. Ab Initio Investigation of the Structures of NaOH Hydrates and Their Na^+ and OH^- Coordination Polyhedra. American Mineralogist, 2003, 88 (2-3): 436-449.
[48] Fan Jiajun, Bruyn Mario De, Budarin Vitaliy L, Gronnow Mark J, Shuttleworth Peter S, Breeden Simon, Macquarrie Duncan J, Clark James H. Direct Microwave-Assisted Hydrothermal Depolymerization of Cellulose. Journal of the American Chemical Society, 2013, 135 (32): 11728-11731.
[49] Nishiyama Yoshiharu, Langan Paul, Chanzy Henri. Crystal Structure and Hydrogen-Bonding System in Cellulose Iβ from Synchrotron X-ray and Neutron Fiber Diffraction. Journal of the American Chemical Society, 2002, 124 (31): 9074-9082.
[50] Jiang Zhiwei, Fang Yan, Xiang Junfeng, Ma Yanping, Lu Ang, Kang Hongliang, Huang Yong, Gou Hongxia, Liu Ruigang, Zhang Lina. Intermolecular Interactions and 3D Structure in Cellulose-NaOH-Urea Aqueous System. The Journal of Physical Chemistry B, 2014, 118 (34): 10250-10257.

第2章

分子模拟原理及在烯烃聚合催化研究中的应用

张天柱
东南大学

分子模拟（molecular modeling）是计算化学的分支之一，包括了上章提到的在亚原子尺度上的量子化学（quantum chemistry，QC）计算、原子尺度上的分子力学（molecular mechanics，MM）方法、分子动力学（molecular dynamics，MD）方法、蒙特卡罗（Monte Carlo）方法等，以及在介观尺度上的粗粒化分子动力学（coarse grained molecular dynamics，CGMD）方法、随机/布朗动力学（stochastic dynamics，SD/Brown dynamics，BD）方法、耗散粒子动力学（dissipative particle dynamics，DPD）方法等。在本章，我们首先介绍原子尺度上的分子力学和分子动力学方法的基本原理及其数值算法，然后对在分子力学或分子动力学计算中进行电荷分配和进行构象分析的常用方法，如电荷平衡法和网格搜索法进行详细阐述，在总结分析当前分子模拟方法研究烯烃聚合催化的基础上，我们将介绍一种用于研究后过渡金属聚烯烃催化剂其中心金属上的净电荷与催化烯烃聚合活性关系的分子力学方法——金属原子净电荷关联法（metal atom net charge correlation，MANCC）及应用。

2.1 分子力学方法简介

2.1.1 基本原理

分子力学方法的本质是用经典力学来描述分子的几何结构的变化，它用各种弹簧来连接分子体系中的原子。这种方法依赖于所有弹簧的性质，也就是分子力场。在玻恩-奥本海默（Born-Oppenheimer）近似的前提下，分子力学方法忽略了电子的运动，只计算与原子核位置相关的体系能量，所以它可以处理含有大量原子的体系。在一些情况下，分子力学可以提供与高水平量子力学计算同样精确的答案，而只用相当少的一部分机时。因此在一定程度上可以弥补量子力学计算的不足，但是分子力学方法不能提供分子中依赖电子分布的性质。分子力学的广泛应用建立在以下三个方面的条件下：

第一，玻恩-奥本海默近似下对势能面的经验性拟合。

由上章可知，对完整的、具有时间依赖性的薛定谔（Schrödinger）方程进行简化，非相对论及无时间依赖性的情况下得到简化形式的 Schrödinger 方程：

$$H\Psi(R,r)=E\Psi(R,r) \tag{2-1}$$

式中，H 为体系的哈密顿（Hamilton）算符；Ψ 是与原子核（R）和电子（r）位置相关的波函数。由于方程(2-1)太过复杂，对实际的分子体系很难得到精确解，所以需要基于玻恩-奥本海默近似作进一步简化。玻恩-奥本海默近似的物理图像是：原子核的质量是电子质量的 $10^3 \sim 10^5$ 倍，电子速度远远大于原子核的运动速度，每当核的分布形式发生微小变更，电子立刻调整其运动状态以适应新的核场。这意味着，在任一确定的核分布形式下，电子都有相应的运动状态；同时，核间的相对运动可视为所有电子运动的平均作用结果。所以，电子的波函数只依赖原子核的位置，而不是它们的动能。于是玻恩-奥本海默近似认为，电子的运动与原子核的运动可以分开处理，可以把方程(2-1) 分解成电子运动方程(2-2) 和核运动方程(2-3)：

$$H_e\Psi(r,R)=E(R)\Psi(r,R) \tag{2-2}$$

$$H_n\Phi(R)=E(R)\Phi(R) \tag{2-3}$$

在方程(2-2) 和方程(2-3) 中，H_e 和 H_n 分别代表电子运动和核运动方程的哈密顿算符；$\Psi(r,R)$ 和 $\Phi(R)$ 分别代表电子运动和核运动方程的波函数。方程(2-2) 中的能量 $E(R)$ 常被称为势能面，它仅仅是原子核坐标的函数。相应地，方程(2-3) 所表示的为在势能面 $E(R)$ 上的核运动方程。

由上章可知，直接求解方程(2-2)，采用的方法就是从头算。而半经验方法，则是将方程求解过程中的积分进行参数化的拟合。这样的量化计算，都是把电子的波函数和能量处理成原子核坐标的函数。由于量子化学求解电子波函数和势能面耗时巨大，常常把势能面进行经验性的拟合，成为力场，由此构成了分子力学方法的基础。

方程(2-3) 的能量是方程(2-2) 中的势能面，因而可从求解方程(2-2) 得到。由于原子核质量远远大于电子的质量，量子力学效应将无足轻重，将方程(2-3) 用牛顿（Newton）运动方程替代，势能面采用力场拟合，就构成了分子动力学的基础（见 2.2 节）。可见，正是由于玻恩-奥本海默近似，才能把能量表示成原子核坐标的函数，进而用拟合方法求解势能面，促进了分子力学的发展。

第二，分子力学使用了简单的作用模型，对体系相互作用的贡献来自诸如键伸缩、键角开合、单键旋转等的成键相互作用项和非键相互作用项。即使成键相互作用项使用类似胡克（Hooke）定律这样的简单函数，也能令力场描述良好。

第三，可移植性。正因为这种可移植性，使得已开发的仅在少量情况下通过测试的一套参数，可以用来解决更广范围内的问题。进一步讲，从简单小分子得来的数据可以用来研究更加复杂的分子[1]。

2.1.2 分子力场

由上可知，函数形式和力场参数是分子力场最重要的基本结构。分子力场的开发始于二十世纪六七十年代，根据对成键作用的数学表达形式差异可分为光谱力常数力场和经验势函数力场。当前已有一些覆盖面较大的力场，例如 CFF、MM2、MMP2、MM3、AMBER、CHARMM、DREIDING、UFF 和 COMPASS 等，下面简单介绍一些力场。

2.1.2.1 DREIDING 力场

在 1990 年，S. L. Mayo 和 W. A. Goddard 等[2] 建立了一个有历史意义的分子力场——DREIDING 力场。因为它第一次突破了分子力场仅能描述少数有限原子组成的分子这一局限性，成为能描述大量有机分子、生物大分子和所有主族无机分子的普适力场。DREIDING 力场的基本构成要素如下：

（1）分子总的势能的计算：

$$E_{总}=E_{键合}+E_{非键合} \tag{2-4}$$

$$E_{键合}=E_{键伸缩}+E_{键角弯曲}+E_{中心排斥}+E_{扭转} \tag{2-5}$$

$$E_{键伸缩}=\sum\frac{1}{2}K_r(r-r_0) \tag{2-6}$$

$$E_{键角弯曲}=\sum\frac{1}{2}K_\theta(\theta-\theta_0)^2 \tag{2-7}$$

$$E_{中心排斥}=\sum\frac{1}{2}C(\cos\alpha-\cos\alpha_0)^2 \tag{2-8}$$

$$E_{扭转}=\sum\frac{1}{2}K_\tau[1-m\cos(n\tau)] \tag{2-9}$$

$$E_{非键合}=E_{范德华}+E_{静电}+E_{氢键} \tag{2-10}$$

$$E_{范德华}=\sum D_0\left[\left(\frac{r_0}{r}\right)^{12}-2\left(\frac{r_0}{r}\right)^6\right] \tag{2-11}$$

$$E_{静电}=C_0\sum\sum\frac{q_iq_j}{r_{ij}\varepsilon} \tag{2-12}$$

$$E_{氢键}=\sum D_0\left[5\left(\frac{r_0}{r}\right)^{12}-6\left(\frac{r_0}{r}\right)^{10}\right] \tag{2-13}$$

式中，K_r，K_θ，C，K_τ，D_0 和 C_0 都是相应的力常数；n 和 m 分别为函数的周期性和相因子。键伸缩、键角弯曲、中心排斥、扭转和氢键能量项所对应的几何意义分别如图 2-1 的 A、B、C、D 和 E 所示：

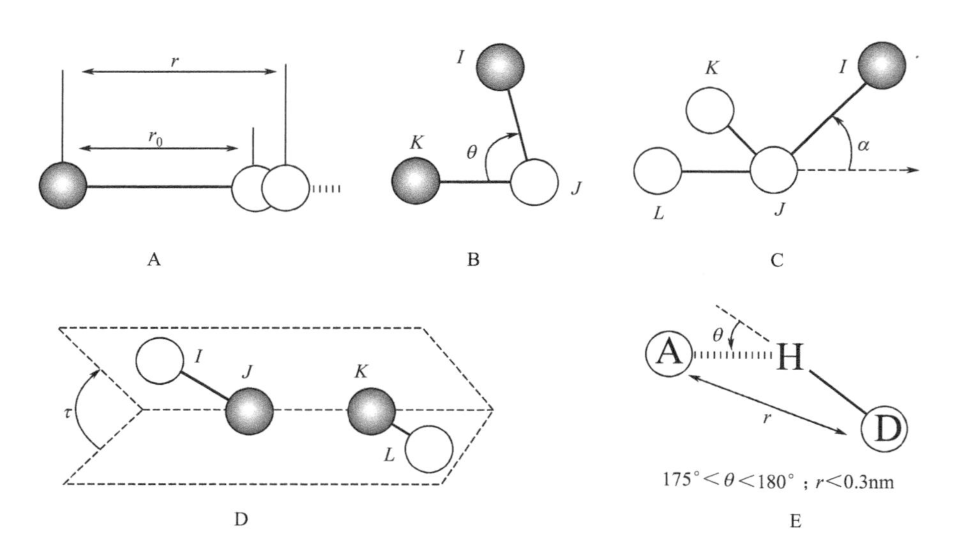

图 2-1
键伸缩、键角弯曲、中心排斥、扭转和氢键能量项所对应的几何意义

（2）原子种类。DREIDING 力场用最多 5 个字符的长度来表示不同的原子种类。前两个字符表示一种元素，第三个字符表示该原子的轨道杂化状态（例如 1 代表 sp^1 杂化，2 是 sp^2 杂化等），第四个字符表示该原子连接的氢原子数目，第五个字符用来表示一些特殊的情况。比如：C _ 1 _ H…A 表示 C 为 sp^1 杂化，并且连接一个 H 原子，可以和 A 原子形成氢键。

2.1.2.2 Universal 分子力场

Universal 力场（universal force field，UFF）是由 A. K. Rappé[3] 及其合作者在 1992 年开发完成的。与 DREIDING 力场相比较，它是一种更加优越的、具有普适用途的力场，参数遍及整个元素周期表。所有的 Universal 分子力场参数是按照一套元素、杂化、连接性的规则产生。许多结构类型证实了其合理性，这些结构类型包括：主族化合物[4]、有机化合物[5] 以及金属配合物[6]（如虚原子）。

Universal 力场是与电荷平衡（QEq）方法协同开发的。因此，电荷平衡计算方法与 Universal 力场一同使用会得到更理想的结果。Universal 力场构成的基本要素：

（1）Universal 力场中的原子类型。与 DREIDING 力场相似，UFF 也用最多 5 个字符的长度来表示原子类型或种类：前两个字符代表元素符号；第三个字符代表杂化态或构型（如 1＝线形；2＝三角形；R＝共轭键中的一个原子；3＝四面体；4＝平面四边形配位）；第四和第五个字符表示原子的氧化态等特征。例如，Rh6＋3 代表八面体的 Rh 处于＋3 价的氧化态；H _ b 指示一个乙硼烷桥联氢类型；O _ 3 _ z 代表适合于分子筛的结构氧类型；等等。

（2）Universal 力场的能量项函数。UFF 是纯粹的对角、简谐力场。其键伸缩描述为简谐振动形式，键弯曲采用三项的 Fourier 余弦函数展开式，二面角和面外弯曲采用余弦 Fourier 展开式；范德华（Van der Waals）作用采用 Lennard-Jones 函数表达，静电相互作用描述为原子点电荷并符合具有距离依赖性的 Coulomb 定律。下面分项介绍 UFF 所使用的能量项的函数形式：

① 键伸缩。键伸缩能 E_b 仅依赖于键接的两个原子间的键长 R：

$$E_b=\sum\frac{1}{2}K_b(R-R_0)^2 \tag{2-14}$$

式中，K_b 和 R_0 分别为力常数和键长，单位分别为（kcal/mol）/Å^2 和 Å。

② 键角弯曲。键角弯曲能 E_θ 表达式为傅里叶级数展开式：

$$E_\theta=K_\theta(C_0+C_1\cos\theta+C_2\cos2\theta) \tag{2-15}$$

式中，$C_0=C_2(2\cos^2\theta_0+1),C_1=-4\ C_2\cos\theta_0,C_2=1/4\sin^2\theta_0$。

③ 二面角（扭转）。如图 2-1 中 D 所示，二面角指平面 IJK 和平面 JKL 之间的夹角，正值表示由 J 到 K 顺时针旋转。$\tau=0°$ 表示顺式（*cis*）构象，$\tau=180°$ 表示反式（*trans*）构象。其能量表达式为：

$$E_\tau=\sum\frac{1}{2}K_\tau[1-\cos(n\tau)\cos(n\tau)] \tag{2-16}$$

K_τ 为旋转势垒（kcal/mol，1cal=4.18J，下同）的一半；n 为势能周期性，可取 1,2,3,

4,5 和 6。

④ 面外弯曲（中心排斥）。如图 2-1 中 C 所示，UFF 中所指的面外弯曲为 IJ 点与平面 JKL 的夹角 α，由 α 波动带来的能量变化是：

$$E_{\alpha}=\sum K_{\alpha}(C_0+C_1\cos\alpha+C_2\cos2\alpha) \tag{2-17}$$

式中，K_{α}，C_0，C_1 和 C_2 都为常数。

⑤ 范德华（Van der Waals）相互作用。UFF 的 Van der Waals 相互作用采用 Lennard-Jones 形式：

$$E_{\text{vdw}}(R)=\sum D_0[(R_0/R_{ij})^{12}-2(R_0/R_{ij})^6] \tag{2-18}$$

式中，R_0 和 D_0 为常数。

由于计算长程相互作用时涉及的原子数目庞大，为提高计算效率，引入截断函数，如样条函数（Spline）：$S(R_{ij}^2,R_{\text{on}}^2,R_{\text{off}}^2)$，$R_{ij}\geqslant R_{\text{off}}$ 时，$E=0$；$R_{\text{on}}\leqslant R_{ij}\leqslant R_{\text{off}}$ 时，E 逐渐地、平滑地下降到 0。

UFF 默认的截断距离 $R_{\text{on}}=11$ Å，$R_{\text{off}}=14$ Å。

引入截断函数后，Van der Waals 能量表达式为：

$$E_{\text{vdw}}=\sum_{R_{ij},R_{\text{cutoff}}}E_{\text{vdw}}(R_{ij})S(R_{ij}^2,R_{\text{on}}^2,R_{\text{off}}^2) \tag{2-19}$$

⑥ 静电相互作用。静电相互作用的表达式为：

$$E_{\text{静电}}=C_0\sum_{i=1}^{N}\sum_{j=i+1}^{N}\left(\frac{q_iq_j}{\varepsilon R_{ij}}\right) \tag{2-20}$$

式中，q_i 和 q_j 表示电荷，电子单位；R_{ij} 为原子间距离，Å；ε 为介电常数，真空时，$\varepsilon=1$；转换因子 $C_0=332.0637$；静电能的单位是 kcal/mol。

静电相互作用是比范德华相互作用更强的长程作用，同样在保证计算精度的前提下引入势能截断函数，以减少计算量。UFF 的静电势能截断函数与范德华的相同，因此静电相互作用的最终表达式为：

$$E_{\text{静电}}=\sum_{R_{ij},R_{\text{cutoff}}}E_{\text{静电}}(R_{ij})S(R_{ij}^2,R_{\text{on}}^2,R_{\text{off}}^2) \tag{2-21}$$

2.1.2.3 COMPASS 力场

COMPASS（condensed-phase optimized molecular potentials for atomistic simulation studies，COMPASS）是第一个由量子化学从头算、凝聚态性质及经验数据出发进行参数化并验证的从头算力场[7]。COMPASS 力场不但能够模拟孤立分子的结构、振动频率、热力学性质等，更重要的是它能模拟出更准确的凝聚态的结构和性质[8]。COMPASS 力场的主要特征：

（1）势能函数形式采用级数展开达三项的形式，如键能伸缩：

$$E_b=\sum k_2(b-b_0)^2+k_3(b-b_0)^3+k_4(b-b_0)^4 \tag{2-22}$$

（2）势能函数增加了大量的交叉的能量项，如键伸缩/键角弯曲，键角弯曲/扭转等等。

(3) 非键合能量项如范德华能采用了 Lennard-Jones 9-6 函数：

$$E_{范德华}=\sum_{i,j}\varepsilon_{ij}\left[2\left(\frac{r_{ij}^0}{r_{ij}}\right)^9-3\left(\frac{r_{ij}^0}{r_{ij}}\right)^6\right] \tag{2-23}$$

(4) 是有机分子体系和无机分子体系相统一的分子力场。

由于 COMPASS 力场的上述特点，它可以模拟小分子、高分子、金属和金属氧化物等等，所覆盖的领域大大扩大，适应了材料科学的发展方向[9]。

总体来讲，所有的分子力场都是经验性的，对分子力场而言不存在真正正确的函数形式。用于分子力场中的函数形式常常在精确度和计算效率之间妥协，最精确的函数形式是相当费时的。随着计算机性能的提高，采用更复杂精确的函数形式变得越来越可能了。最近出现的 COMPASS 力场就是很好的证明。另外，力场函数形式还应该有利于进行能量优化和分子动力学计算，即要求函数相对于原子坐标易于求一阶导数和二阶导数。分子力场的局限性在于：①不能描述电子的跃迁（包括质子的吸附）；②不能描述电子转移现象；③不能描述质子的传递（如酸碱反应）；但这不影响其优越性的发挥[10]。

2.1.3 计算势能面的能量极小点

分子力场只是给出了势能的函数形式，如何确定能量极小（或最小）时分子中各个原子的确定坐标（位置），预测分子的平衡结构才是目的。求解势能面（也称超曲面）的过程，就是求函数极值的过程，方法很多，但遵循的原则比较简单。一个具有多重独立变量的函数 $f(x_1,x_2,\cdots,x_n)$达到极小值时，应该满足的条件是该函数的一阶导数为 0，且二阶导数大于 0，即：

$$\frac{\partial f}{\partial x_i}=0;\ \frac{\partial^2 f}{\partial {x_i}^2}>0$$

这里以比较简单的共轭梯度法为例，对分子结构的优化过程如下：

(1) 选定一个分子的初始结构$[X(i),\ Y(i),\ Z(i)]$；

(2) 找出分子中的全部内坐标；

(3) 建立该分子体系的势能表达式；

(4) 计算该势能对笛卡尔坐标的一阶和二阶导数；计算出结构优化所需的笛卡尔坐标的增量；

(5) 得到新的结构，重复 (4)、(5)，达到设定的判据为止。这个判据又称评价函数，是个均方根梯度（RMS），表达为：

$$\mathrm{RMS}=\sqrt{\frac{\boldsymbol{g}^{\mathrm{T}}\boldsymbol{g}}{3N}} \tag{2-24}$$

式中，$\boldsymbol{g}$ 为势能的一阶导数矩阵；$\boldsymbol{g}^{\mathrm{T}}$ 为 $\boldsymbol{g}$ 的转置矩阵；N 为分子中的原子个数。一般来讲，原子的笛卡尔坐标用矢量表示：

$$\boldsymbol{X}=[x_1,y_1,z_1,x_2,y_2,z_2,\cdots,x_n,y_n,z_n]^{\mathrm{T}}$$

对于势能的一阶导数为：

$$\boldsymbol{g}=\begin{bmatrix}\dfrac{\partial V}{\partial X_1}\\ \dfrac{\partial V}{\partial X_2}\\ \vdots\\ \dfrac{\partial V}{\partial X_n}\end{bmatrix} \tag{2-25}$$

其二阶导数为：

$$G=\begin{bmatrix}\dfrac{\partial V^2}{\partial X_1^2} & \dfrac{\partial V^2}{\partial X_1\partial X_2} & \cdots & \dfrac{\partial V^2}{\partial X_1\partial X_n}\\ \dfrac{\partial V^2}{\partial X_2\partial X_1} & \dfrac{\partial V^2}{\partial X_2^2} & \cdots & \dfrac{\partial V^2}{\partial X_2\partial X_n}\\ \cdots & \cdots & \cdots & \cdots\\ \dfrac{\partial V^2}{\partial X_n\partial X_1} & \dfrac{\partial V^2}{\partial X_n\partial X_2} & \cdots & \dfrac{\partial V^2}{\partial X_n^2}\end{bmatrix} \tag{2-26}$$

计算到上述第（5）步时，计算结构优化所需的笛卡尔坐标的增量，即要得到

$$X_{i+1}=X_i+\Delta \tag{2-27}$$

式中，增量为Δ。为此，要从分子势函数的梯度或一阶导数$\boldsymbol{g}$算起，一阶导数也是原子受力的方向。对$\boldsymbol{g}$按 Tailor 级数展开有：

$$\boldsymbol{g}(X+\Delta)=\boldsymbol{g}(X)+\boldsymbol{G}\Delta \tag{2-28}$$

当逼近到能量优化的极小状态时，有

$$\boldsymbol{g}(X+\Delta)=0 \tag{2-29}$$

式(2-29) 代入式(2-28)，得到牛顿法的基本方程：

$$-\boldsymbol{g}=\boldsymbol{G}\Delta \tag{2-30}$$

从而得到所需的笛卡尔坐标的增量

$$\Delta=\boldsymbol{G}^{-1}\boldsymbol{g} \tag{2-31}$$

由此保证运算正常进行。

由于分子力学可计算当体系能量在极小值时各个原子的坐标位置，因此常在分子动力学模拟之前进行能量优化以使体系的势能不处于势能面上某个极大值，这样保证正常的分子动力学计算。

2.2 分子动力学方法

分子动力学方法，也称作分子动态法。由于分子力场所描述的是静态性质的势能，而

真实分子的构象除受势能影响外，还受到外部因素如温度、压力等条件的影响。在这种情况下，分子动力学的计算应当是更合实际的、符合真实状态的计算方法。

2.2.1 分子动力学方法的基本原理

在 Born-Oppenheimer 近似[11] 的范围内，考虑一个具有 N 个作用单元的体系，这个体系的 Hamilton 量可以用广义坐标的形式表述如下：

$$\boldsymbol{q}=(q_1,q_2,\cdots,q_n);\boldsymbol{p}=(p_1,p_2,\cdots,p_n)$$

$$H(q,p)=K(p)+V(q) \tag{2-32}$$

对作用单元是分子的体系来说，广义坐标 $\boldsymbol{q}$ 可以有多种形式，视应用的方便而定。它既可以是笛卡尔坐标（每个原子的或核的），也可以是分子质心的笛卡尔坐标加分子的取向变量（在需要把分子看成一个刚性体的时候）。而广义动量 $\boldsymbol{p}$ 在任何情况下都表示一组共轭动量。通常动能部分 $K(p)$ 有如下形式：

$$K(p)=\sum_{i=1}^{N}\frac{1}{2m}(p_{x_i}^2+p_{y_i}^2+p_{z_i}^2) \tag{2-33}$$

而势能部分 $V(q)$ 则包含了所有分子内/分子间相互作用的全部信息：

$$V(q)=\sum_{i}v_1(r_i)+\sum_{i}\sum_{j>i}v_2(r_i,r_j)+\sum_{i}\sum_{j>i}\sum_{k>j>i}v_3(r_i,r_j,r_k)+\cdots \tag{2-34}$$

求解方程(2-34)，可以采用量子力学方法，也可以运用分子力学方法。在解量子力学方程和确定了电子与原子核的各种可能分布的基态能量后，自然可以得到一个“Born-Oppenheimer”势能面。它描述了体系中原子的运动所要消耗的势能。然而，目前量子力学要处理一个成千上万个原子的分子体系，仍无能为力。相反，在处理大的分子聚集体系、生物大分子及高分子体系时，运用分子力学来描述体系的势能，越来越受到人们的重视。正如上节所述，分子力学通过分子力场确实能够较好地表达分子体系的势能。

体系运动方程的建立。当动能与势能都表达清楚后，就可以建立该体系的运动方程：

$$\dot{P}=-\frac{\partial H}{\partial q};\quad \dot{q}=-\frac{\partial H}{\partial p} \tag{2-35}$$

在笛卡尔空间进行数值积分求解。体系的温度与各原子的平均速度有关：

$$3KT=\sum_{i=1}^{n}m_i(\vec{v}_i\cdot\vec{v}_i)/n \tag{2-36}$$

其计算过程如图 2-2 所示。

从原子的位置、键接方式、各种势能函数和原子的速度计算出体系的总能量。然后计算各个原子在该力场中的势能梯度，根据每个原子在分子力场中所受的力，按照牛顿第二定律，就可以计算原子的运动行为。这是一个不断迭代的过程，步长约 0.001μs。足够次数的循环迭代将完成体系运动方程的积分过程，而得到一个多体问题的解，和在相空间（即原子的位置及动量坐标的空间）中的运动轨迹。这样，分子体系中每个原子的行为都可以用数据文件详细地记录下来。

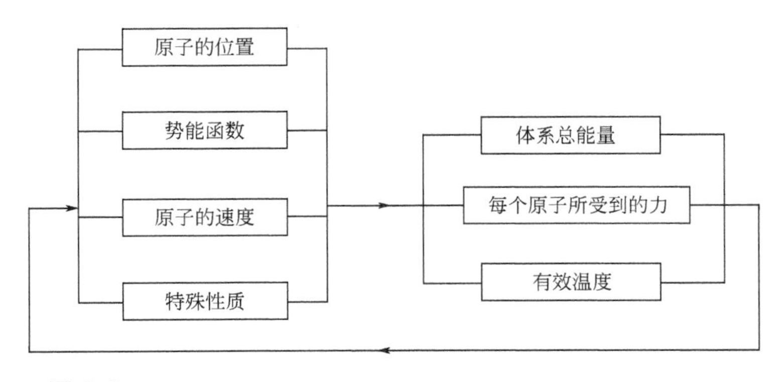

图 2-2

分子动力学基本原理流程图

2.2.2 分子动态的数值算法

描述分子运动的方程是经典的牛顿方程：

$$F_i = m_i \frac{d^2 X_i}{dt^2} (i=1,2,\cdots,n) \tag{2-37}$$

也可以表达为：

$$F = m\ddot{X} \tag{2-38}$$

加速度在时间上是连续函数。在计算中，将时间表达成分立的：

$$t_n = nh \tag{2-39}$$

式中，t_n 是到达第 n 步的时间；h 是时间增量，一般为 $0.001\times10^{-6}\mu s$ 或 1ps。

Summed Verlet 方法[12] 比一般的 Verlet 方法计算动态行为的准确度高。在数值计算中，一般是通过前一步的原子的位置、速度和目前的原子的位置、速度，来确定下一步的速度，进而确定原子的位置坐标。在 Summed Verlet 方法中，如图 2-3 所示，描述原子位置时是描述的第 $n-1$ 步、第 n 步与第 $n+1$ 步的。而描述原子速度时是描述第 $n-0.5$ 步与第 $n+0.5$ 步的。

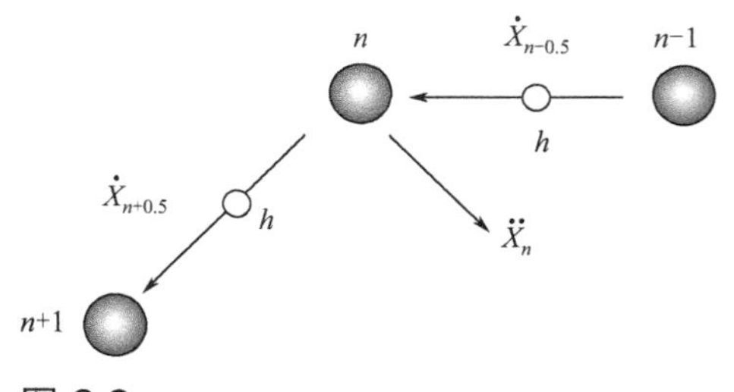

图 2-3

Summed Verlet 方法数值解示意

$$\dot{X}_{n-0.5} = \frac{X_n - X_{n-1}}{h} \tag{2-40}$$

$$\dot{X}_{n+0.5} = \frac{X_{n+1} - X_n}{h} \tag{2-41}$$

那么，第 n 步的加速度可包含在下面的表达之中：

$$\dot{X}_{n+0.5}-\dot{X}_{n-0.5}=\frac{X_{n+1}+X_{n-1}-2X_n}{h}=h\ddot{X}_n \tag{2-42}$$

进而有：

$$\dot{X}_{n+0.5}=\dot{X}_{n-0.5}+h\ddot{X}_n \tag{2-43}$$

$$\dot{X}_{n+1}=\dot{X}_n+h\ddot{X}_{n+0.5} \tag{2-44}$$

这样就得到了第 $n+1$ 步的坐标位置。然而要考查体系的温度，还需要知道每一步的速度，因此定义：

$$\dot{X}_n=\frac{\dot{X}_{n+1}-\dot{X}_n}{2} \tag{2-45}$$

2.2.3 MD的抽样统计与宏观性质计算

计算机模拟MD产生的是微观水平的信息，要把它转变成体系的宏观性质，必须借助于统计力学。为简化计算，考虑一个单组分宏观体系。体系的热力学状态由一组热力学参数来决定（比如：作用单元数 N、温度 T 和压力 p），其他的热力学性质都可以通过状态方程和热力学基本方程推出。即便是结构因子 $S(k)$、扩散系数 D、剪切黏度 η 等这些与体系的微观结构或动力学直接相关的量也都是状态函数。它们的值完全由少数几个表征体系热力学状态的量（比如 NpT）来决定，而不是由那些决定体系瞬时力学状态的原子的坐标、动量等来决定。

任何实验能观测的宏观性质 $\mathbf{A}_{\text{obs}}$ 都可看成是 $A(\Gamma)$ 的时间平均，即：

$$A_{\text{obs}}=\langle A\rangle_{\text{time}}=\langle A(\Gamma(t))\rangle_{\text{time}}=\lim_{t_{\text{ons}}\to 0}\frac{1}{t_{\text{obs}}}\int_0^{t_{\text{obs}}}A(\Gamma(t)) \tag{2-46}$$

式中，Γ 表示相空间中的一个点；t_{obs} 表示一个有限的积分时间限。转换成离散形式有：

$$A_{\text{obs}}=\langle A\rangle_{\text{time}}=\frac{1}{\tau_{\text{obs}}}\sum_{\tau=1}^{\tau_{\text{obs}}}A(\Gamma(t)) \tag{2-47}$$

$$\delta_t=t_{\text{obs}}/\tau_{\text{obs}} \tag{2-48}$$

式中，δ_t 为模拟的时间步长；τ_{obs} 表示模拟中离散积分的步数。由于大量分子的 $A(\Gamma(t))$的时间演化非常复杂，Gibbs等提出了以系综平均来代替时间平均的办法。简单地说，即把系综看成是相空间中一系列的点，这些点的分布有一个概率密度 $\rho(\Gamma)$。这个函数取决于用于描述系统的固定的宏观参数（如 NpT 和 NVT 等），其中每一个点代表一个典型的特定时刻的系统，而每一个系统都有其时间演化规律。根据Liouville定律，在时间演化过程中没有系统消失，也没有系统产生，即概率密度是 $\rho(\Gamma)$ 保守的，即：

$$\mathrm{d}\rho/\mathrm{d}t=0 \tag{2-49}$$

式中，$\mathrm{d}/\mathrm{d}t$ 是时间的全微分。对（r_i，p_i）广义坐标体系有：

$$\frac{\mathrm{d}}{\mathrm{d}t}=\frac{\partial}{\partial t}+\sum_i\dot{r}_i\cdot\nabla_i+\sum_i\dot{p}_i\cdot\nabla_p \tag{2-50}$$

或：

$$\frac{\mathrm{d}}{\mathrm{d}t}=\frac{\partial}{\partial t}+\dot{r}\cdot\nabla_i+\dot{p}\cdot\nabla_p \tag{2-51}$$

定义 Liouville 算子 L：

$$iL=\dot{r}\cdot\nabla_i+\dot{p}\cdot\nabla_p \tag{2-52}$$

所以有：

$$\frac{\mathrm{d}}{\mathrm{d}t}=\frac{\partial}{\partial t}+iL \tag{2-53}$$

由 Liouville 定律有：

$$\frac{\partial\rho_{\mathrm{ens}}(\Gamma,t)}{\partial t}=-iL\rho_{\mathrm{ens}}(\Gamma,t) \tag{2-54}$$

其解为：

$$\rho_{\mathrm{ens}}(\Gamma,t)=\exp(-iLt)\rho_{\mathrm{ens}}(\Gamma,0) \tag{2-55}$$

其中指数部分可展开为：

$$\exp(-iLt)=1-iLt-\frac{1}{2}iL^2t^2 \tag{2-56}$$

而同时任何一个不显含时间的函数 $\boldsymbol{A}(\Gamma)$ 的运动方程有如下的共轭形式：

$$\dot{A}(\Gamma(t))=iLA(\Gamma(t)) \text{ 或 } A(\Gamma(t))=\exp(iLt)A(\Gamma(0)) \tag{2-57}$$

对平衡系综来说，其时间演化很特殊。当一个体系从特定的状态 Γ（τ）变化到下一个状态 Γ（$\tau+1$）时，另一体系同时从状态 Γ（$\tau-1$）变化到 Γ（τ）来取代它。如果只有一条轨迹穿过相空间中所有概率密度不为 0 的点，那么每一个体系将最终经过所有的状态点，这样的体系称为是“各态历经性”。对多体体系来说，走完这个轨迹的时间（称为 Poincare 重入时间）非常长，这样，我们就可以用某一时刻所有系综的状态来代替单个系综走完全部轨迹所经历的状态，也就是说系综平均代替了时间平均。

$$A_{\mathrm{obs}}=\langle A\rangle_{\mathrm{ens}}=\sum_{\tau}A(\Gamma)\rho_{\mathrm{ens}}(\Gamma) \tag{2-58}$$

2.2.4 统计系综的实现

由统计力学可知，正则系综的概率密度 $\rho_{\mathrm{NVT}}(\Gamma)$ 正比于 $\exp[-\boldsymbol{H}(\Gamma)/(kT)]$。配分函数为：

$$Q_{\mathrm{NVT}}=\sum_{\Gamma}\exp(-H(\Gamma))/(k_bT) \tag{2-59}$$

或

$$Q_{\mathrm{NVT}}=\frac{1}{N!}\times\frac{1}{h^{3N}}\int\mathrm{d}r\,\mathrm{d}\exp[H(r,p)/k_t] \tag{2-60}$$

其对应的热力学函数 Helmholtz 自由能 A。在正则系综中，能量可以取所有的值，能量涨落并不为 0。由于能量是保守的，系综的时间演化发生在一系列独立的等能量面上；每一个能量面都有一个加权因子 $\exp[-H(\Gamma)/(k_BT)]$。这样，尽管 $\rho_{\mathrm{NVT}}(\Gamma)$ 是真正意义上的 Liouville 方程的静态解，但相应的运动方程就不是正则系综的令人满意的抽样方法。产生一系列状态点的抽样方法必须要能在不同等能量面间转变，以使得一条轨迹就能经过相空间中所有概率密度不为0的点，从而产生正确的权重。这在下面将予以详述。

对等焓-等压系综，概率密度正比于 $\exp[-(H+pV)/(kT)]$。值得注意的是，当求平均时，出现在指数中的量为焓 $H=\langle H\rangle+p\langle V\rangle$。也就是说体积 V 已成了构成状态点 Γ 的一个微观量（当然还包括 r、p）。其配分函数可表述如下：

$$Q_{\mathrm{NVT}}=\sum_{\Gamma}\sum_{V}\exp[-(H+pV)/(k_bT)]=\sum_{V}\exp[-pV/(kt)]Q_{\mathrm{NVT}} \tag{2-61}$$

同样对体积的求和也可写成积分的形式：

$$Q_{\mathrm{NVT}}=\frac{1}{N!}\cdot\frac{1}{h^{3N}}\cdot\frac{1}{V_0}\cdot\int\mathrm{d}V\int\mathrm{d}r\,\mathrm{d}\exp[-(H+pV)/(k_{\mathrm{B}}T)] \tag{2-62}$$

其对应的热力学函数是 Gibbs 自由能 G：

$$G/(kT)=-\ln Q_{\mathrm{NpT}} \tag{2-63}$$

Constant-NpT 系综的抽样方法必须既能反映能量的变化，也能反映样本体积的变化。同样地，也可把构型性质从动力学性质中分离开来，并设计一个 Monte Carlo 过程来遍历构型空间。显然，这个系综的构型积分可写为：

$$Z_{\mathrm{NpT}}=\int\mathrm{d}V\exp[-pV/(kT)]\int\mathrm{d}r\,\mathrm{d}\exp[-\Phi(r)/(k_bT)] \tag{2-64}$$

2.2.4.1 等温统计

等温统计已被研究了二十多年，S. Nosé 等[13] 的工作是这一方面的一个里程碑。他的工作表明，用平滑、确定、时间可逆的相空间轨迹能够产生正则分布。S. Nosé 的方法称为扩充体系方法——让体系与一个热池接触来使之保持等温，能量在体系和热池间流动。以 NVT 系综为例，考虑一个有 N 个粒子的体系采用笛卡尔坐标，体积为 V，势能为$v(r)$。增加一个自由度 s，体系和 s 间的相互作用可用下式表示为：

$$\gamma_i=s\dot{r}_i \tag{2-65}$$

式中，v_i 是粒子 i 的真实速度，它可解释为体系和热池间的热交换。假定变量 s 具有势能，其中 f 为体系的自由度，T_{eq} 为平衡温度。可以证明势能形式的选择保证了正则系综的获得。这样整个扩充体系的 Lagrangian 函数可写成：

$$L=\sum_i\frac{m_i}{2}s^2\dot{r}_i^2-\Phi(r)+\frac{Q}{2}\dot{s}^2-(f+1)kT_{\mathrm{eq}}\ln s \tag{2-66}$$

式中，$\Phi(r)$ 表示相互作用势函数。变量 Q 具有（能量·时间^2）单位，它决定了温度涨落的时间尺度。同时 $1/2\ Q\dot{s}^2$ 表示 s 的动能，由 Lagrangian 的方程

$$\frac{\mathrm{d}}{\mathrm{d}t}\left(\frac{\partial L}{\partial\dot{a}}\right)=\frac{\partial L}{\partial a} \tag{2-67}$$

（a 为上述变量中的一个）可推出体系的加速度方程为：

$$\ddot{r}_i=-\frac{1}{m_is^2}\times\frac{\partial\Phi}{\partial r_i}-2\,\frac{\dot{s}}{s}\dot{r}_i \tag{2-68}$$

s 的运动方程为：

$$Q\ddot{s}=\sum_i m_i s\dot{r}_i^2-\frac{(f+1)k_B T_{eq}}{s} \tag{2-69}$$

可以证明，上述运动方程产生了温度 T_{eq} 下正则系综的抽样方法。变量 s 的物理意义可解释为时间步长的尺度因子，也就是说真实的时间步长可由下式得到：

$$\delta t'=\delta t/s \tag{2-70}$$

$$\zeta\equiv p_s/Q=\dot{s} \tag{2-71}$$

值得一提的是，基于 Nosé 的方法，Hoover 提出了一种改进方法。他引入了一个相当于热力学摩擦系数的新变量，其方程和 S. Nosé 的方程很类似，只是不再需要尺度因子：

$$\dot{q}=p/m \tag{2-72}$$

$$\dot{p}=F(q)-\zeta\cdot p \tag{2-73}$$

$$\dot{\zeta}=\left[\sum_i p_i^2/m-fk_b T\right]/Q \tag{2-74}$$

上述两种方法有两个问题需要注意：第一，上述结果是在假定唯一的保守量是总 Hamiltonian 量（$\boldsymbol{H}$）的条件下得出的。而事实上，体系还有两个保守量：总动量和角动量。这一点造成的偏差的量级正比于 $1/N$（相对于正则系综）。对总动量保守的校正可通过把 Lagrangian 函数中的 f 替为 $f-3$ 来完成。第二个问题是参数 $\boldsymbol{Q}$ 的选择。Nosé 讨论过参数 $\boldsymbol{Q}$ 的选择。$\boldsymbol{Q}$ 值太大，会使热池和体系间的能量流动太慢。当 $\boldsymbol{Q}\rightarrow\infty$ 时，就变成了常规的 MD 了。另一方面，如果 $\boldsymbol{Q}$ 值太小，体系能量会出现长时间的、不易衰减的振荡，从而导致体系难以达到平衡。

2.2.4.2 等压统计

Nosé 关于等温统计的方法很容易推广到 Constant-NpT 系综[2,9]。具体做法是把系统和一个外变量（格子的体积）耦合在一起。这种耦合类似于真实体系中的一个“活塞”所起的作用，这个“活塞”具有“质量”$\boldsymbol{Q}$（实际单位为质量·长度$^{-4}$）。其动能为：

$$K_V=\frac{1}{2}Q\dot{V}^2 \tag{2-75}$$

对应的势能为：

$$V_v=pV \tag{2-76}$$

体系的势能、动能可用尺度因子来表示：

$$r=V^{1/3}s \quad 和 \quad v=K^{1/3}s \tag{2-77}$$

运动方程可由整个体系的 Lagrangian 函数得出。

$$v(r)=v(V^{1/3}s) \tag{2-78}$$

$$K=\frac{1}{2}m\sum_i v_i^2=\frac{1}{2}mV^{2/3}\sum_i \dot{s}_i^2 \tag{2-79}$$

类似地，参数 $\boldsymbol{Q}$（“活塞质量”）是一个可调参数。值太小会使格子的尺寸发生振荡，并且这种振荡很难被分子的随机运动所衰减。$\boldsymbol{Q}$ 值太大又会使（体积）V 空间的遍历变得太慢，无限大的 $\boldsymbol{Q}$ 会使模拟变成普通的 MD。

M. Parrinello 和 A. Rahman[14] 将这种方法加以推广，使得格子的形状也能发生变化。这一技术对研究固体来说很可用。它允许相变的发生。这种方法中尺度化坐标通过下面的方程引进 $r=\boldsymbol{U}s$，其中 $\boldsymbol{U}$ 称为矩阵，它的三列分别代表格子的三个边的矢量。格子的体积可由下式给出：

$$V=|U|=u_1 \cdot u_2 \cdot u_3 \tag{2-80}$$

当格子的形状发生变化时，$\boldsymbol{U}$ 也发生变化。这样格子的“势能”就可表述为：

$$v_\nu = pV \tag{2-81}$$

“动能”可写成：

$$K_\nu = \frac{1}{2} Q \sum_\alpha \sum_\beta \dot{U}^2 \tag{2-82}$$

运动方程同样可由 Lagrangian 方程得出：

$$m \ddot{s} = \boldsymbol{U}^{-1} F - m \boldsymbol{G}^{-1} \dot{\boldsymbol{G}} \dot{s} \tag{2-83}$$

$$Q\ddot{U} = (p - lP) V (\boldsymbol{U}^{-1})^{\mathrm{T}} \tag{2-84}$$

式中，$\boldsymbol{G}=\boldsymbol{U}^{\mathrm{T}}\boldsymbol{U}$（T 表示转置）是二阶张量；$p$ 表示模拟体系所要达到的压力；$\boldsymbol{l}$ 表示单位张量。这里的压力张量与 Nosé 方法中的压力张量 $\boldsymbol{p}$ 起着相同的作用，用尺度化后的变量来表示可写成：

$$p_{\alpha\beta} = \frac{1}{V} \left[\sum_i m (\boldsymbol{U}\dot{s}_i)_\alpha^{\mathrm{T}} (\boldsymbol{U}\dot{s}_i)_\beta + \sum_i \sum_{j>i} (\boldsymbol{U}s_{ij})_\alpha (F_{ij})_\beta \right] \tag{2-85}$$

这里的 F_{ij} 是 j 作用到 i 上的力，而 $\boldsymbol{U}^{-1}$ 的表达式可由 MD 格子的倒易晶格矢量得到。

2.3 电荷平衡法

在经典的分子力学或分子动力学的计算中，精确的电荷分配对计算静电相互作用是十分必要的。A. K. Rappé 等人[15] 在 1991 年发明的电荷平衡法（charge equilibration method，QEq）就是非常有用的分子内电荷分配工具。

QEq 是一种确定分子内部电荷分布的实验性近似，需要的数据是原子的离子化势、电子亲和势以及原子半径。因此，QEq 方法得到的电荷反映分子环境的变化。其数值可以与实验得到的偶极矩以及通过精确从头算方法的电子势能而得到的原子电荷很好地吻合。一个分子的几何构型确定后，相应的净电荷可由 QEq 方法方便地得到。QEq 方法可以广泛地适用于任何材料，如高分子、陶瓷、半导体、金属及生物材料等的电荷分配。下面我们介绍 QEq 方法分配分子内原子电荷的主要原理。

2.3.1 原子能量的电荷依赖性

孤立原子的能量随电荷而变化，选定中性参考点后，原子 A 的能量可表达为[15]：

$$E_A(Q)=E_{A0}+Q_A\left(\frac{\partial E}{\partial Q}\right)_{A0}+\frac{1}{2}Q_A^2\left(\frac{\partial^2 E}{\partial Q^2}\right)_{A0}+\cdots \tag{2-86}$$

只计算二阶导数以前的项，当 $Q=\pm1$ 时分别有：

$$E_A(+1)=E_{A0}+\left(\frac{\partial E}{\partial Q}\right)_{A0}+\frac{1}{2}\left(\frac{\partial^2 E}{\partial Q^2}\right)_{A0}+\cdots \tag{2-87}$$

$$E_A(0)=E_{A0} \tag{2-88}$$

$$E_A(-1)=E_{A0}-\left(\frac{\partial E}{\partial Q}\right)_{A0}+\frac{1}{2}\left(\frac{\partial^2 E}{\partial Q^2}\right)_{A0}+\cdots \tag{2-89}$$

将上面三个等式经过简单的加减处理，很容易得到：

$$\left(\frac{\partial E}{\partial Q}\right)_{A0}=\frac{1}{2}(\mathrm{IP}+\mathrm{EA})=\chi_A^0 \tag{2-90}$$

$$\left(\frac{\partial^2 E}{\partial Q^2}\right)_{A0}=\mathrm{IP}-\mathrm{EA} \tag{2-91}$$

式中，IP 和 EA 分别代表离子化势和电子亲和势；χ_A^0 代表电负性。

为了理解二阶导数项 $\partial^2E/\partial Q^2$ 的物理意义，可从只有一个占有轨道的中性原子来考虑。假设轨道函数为 φ_A，对阳离子来讲，轨道是空的；对阴离子来讲，轨道中含两个电子。此时体系的 IP 和 EA 之差为：

$$\mathrm{IP}-\mathrm{EA}=J_{AA}^0 \tag{2-92}$$

式中，J_{AA}^0 代表 φ_A 轨道中两个电子之间的库仑排斥作用，又称这种原子的排斥作用为等势（idempotential）。当然，轨道的最优形状随添加额外的电子而改变，对电子亲核势的精确描述需要构型相互作用，所以由方程(2-92) 导出的 J_{AA}^0 值要和用 Hartree-Fock 波函数（量化方法）计算的 J_{AA}^0 值有所差别。

将方程(2-90) ～方程(2-92) 代回到式(2-86)，并取至二阶导数项，得到如下的形式：

$$E_A(Q)=E_{A0}+\chi_A^0Q_A+1/2J_{AA}^0Q_A^2 \tag{2-93}$$

式中，χ_A^0 和 J_{AA}^0 直接从原子数据导出。不过，原子的电离能 IP 和亲核能 EA 对存在于原子中的交换作用能需要校正，而对分子则不必校正。原因在于原子中存在未配对的电子自旋，而分子中一般是自旋配对的，所以对分子来讲直接使用 χ_A 和 J_A。

J_{AA}^0 粗略地与原子的尺寸成反比，可以定义一个特征原子尺寸 R_A^0

$$J_{AA}^0=14.4/R_A^0 \quad 或 \quad R_A^0=14.4/J_{AA}^0 \tag{2-94}$$

这里的转换因子 14.4 是为了保证 R_A^0 的单位是埃（Å），J_{AA}^0 的单位是电子伏特（eV）。此方程导出了一些原子的特征尺寸，如 $R_H^0=0.84$ Å，$R_C^0=1.42$ Å，$R_N^0=1.22$ Å，$R_{Li}^0=3.01$ Å 等。这些数值与相应的同极键的距离粗略对应。

使用像方程(2-93) 的二次方关系，其适用范围有所限制。特别是，超出全空或全充满的电子价层之外的范围，χ 和 J 是无效的。一般要把如下几个原子的电荷加以限制：

$$-7<Q_{\mathrm{Li}}<+1,-4<Q_{\mathrm{C}}<+4,-2<Q_{\mathrm{O}}<+6 \tag{2-95}$$

在此范围之外，则取 $E_{\mathrm{A}}(Q)=\infty$。

2.3.2 静电平衡

为了计算最优的电荷分布，需要估计原子间的静电能

$$\sum_{\mathrm{A}<\mathrm{B}} Q_{\mathrm{A}} Q_{\mathrm{B}} J_{\mathrm{AB}}$$

式中，J_{AB} 是原子 A 和 B 的库仑相互作用能，它取决于 A 和 B 之间的距离 R_{AB}。这样可以得到全部静电能：

$$E(Q_1 \cdots Q_N)=\sum_{\mathrm{A}}(E_{\mathrm{A}0}+\chi_{\mathrm{A}}^0 Q_A+1/2 Q_{\mathrm{A}}^2 J_{\mathrm{AA}}^0)+\sum_{\mathrm{A}<\mathrm{B}} Q_{\mathrm{A}} Q_{\mathrm{B}} J_{\mathrm{AB}} \tag{2-96}$$

可以改写成

$$E(Q_1 \cdots Q_N)=\sum_{\mathrm{A}}(E_{\mathrm{A}0}+x_{\mathrm{A}}^0 Q_{\mathrm{A}})+1/2 \sum_{\mathrm{A}<\mathrm{B}} Q_{\mathrm{A}} Q_{\mathrm{B}} J_{\mathrm{AB}} \tag{2-97}$$

此时假设 $R \rightarrow 0$ 时，$J_{\mathrm{AA}}(R) \rightarrow J_{\mathrm{AA}}^0$。

将能量 E 对电荷 Q_{A} 求导，得到原子尺寸的化学势：

$$\chi_{\mathrm{A}}(Q_1 \cdots Q_N)=\frac{\partial E}{\partial Q_{\mathrm{A}}}=\chi_{\mathrm{A}}^0+\sum_{\mathrm{B}} J_{\mathrm{AB}} Q_{\mathrm{B}} \tag{2-98}$$

或

$$\chi_{\mathrm{A}}(Q_1 \cdots Q_N)=\frac{\partial E}{\partial Q_{\mathrm{A}}}=\chi_{\mathrm{A}}^0+J_{\mathrm{AA}}^0 Q_{\mathrm{A}}+\sum_{\mathrm{B} \neq \mathrm{A}} J_{\mathrm{AB}} Q_{\mathrm{B}} \tag{2-99}$$

式中，χ_{A} 是所有原子上的净电荷的函数。为了达到平衡，必须使原子的化学势相等，进而导出 $N-1$ 个条件 $\chi_1=\chi_2=\chi_3=\cdots=\chi_N$，再加上总电荷条件：

$$Q_{\mathrm{tot}}=\sum_{i=1}^N Q_i \tag{2-100}$$

共计 N 个方程用于解出给定结构的平衡自恰电荷。这些 QEq 方程可以表达成：

$$CD=-D \tag{2-101}$$

其中

$$\begin{gathered} D_1=-Q_{\mathrm{tot}} \\ D_1=\chi_i^0-\chi_1^0 \quad (i \geqslant 2) \end{gathered} \tag{2-102}$$

和

$$\begin{gathered} C_{1i}=Q_i \\ C_{ij}=J_{ij}-J_{1j} \quad (i \geqslant 2) \end{gathered} \tag{2-103}$$

不等式(2-95) 作为判据，在按式(2-101)～式(2-103) 求解原子电荷时使用。如果有原子超出范围，就将这个电荷固定为边界条件。定义非固定原子的 D 如下：

$$D_i=\chi_i^{0F}-\chi_1^{0F} \quad (i \neq 1)$$

$$D_1=-(Q_{\mathrm{tot}}-\sum_{\mathrm{B.\,fixed}} Q_{\mathrm{B}})$$

其中

$$\chi_A^{0F}=\chi_A^0+\sum_{B,\,\text{fixed}} J_{AB}Q_B \tag{2-104}$$

2.3.3 交叠校正

为了求解方程(2-101)，首先需要指定相距 R 的两个原子单位电荷的库仑作用能的形式。A 和 B 距离较远时，

$$J_{AB}(R)=14.4/R \tag{2-105}$$

如果 A、B 距离短到使 A、B 交叠在一起，方程(2-105) 将不再有效了。事实上，对方程(2-105)，

$$R\to 0 \text{ 时}, J_{AB}(R)\to\infty$$

此时 J_{AB} 将接近于与 J_{AA} 和 J_{BB} 相关的有限值。对方程(2-105) 的交叠校正 (shielding corrections) 对于键接的原子是很大的。

有许多方法可以评价两个电荷分布的交叠程度。A. K. Rappé 采用原子密度间的库仑积分来表示交叠。因为原子密度可从精确的 Hartree-Fock (HF) 或原子上的低密度计算方法中得到。如前所述，在运用 QEq 方法时，使用单个 Slater 轨道可以描述原子密度。对于一个外层价键轨道是 ns、np 或 nd 的原子，可以构建一个正交的 ns Slater 轨道函数形式：

$$\phi_{n\zeta}^{\text{slat}}=N_n r^{n-1}\mathrm{e}^{-\zeta r} \tag{2-106}$$

式中，N_n 是正交系数。由方程(2-106) 可以得到原子的平均尺寸是：

$$R_A\equiv\langle r\rangle=(2n+1)/(2\zeta_A) \tag{2-107}$$

自然地，可以选用原子 A 的价键轨道指数 ζ_A 做关联：

$$\zeta_A=\lambda(2n+1)/(2R_A) \tag{2-108}$$

式中，R_A 是原子 A 的共价半径，以原子单位表示 ($a_0=0.52917$ Å)，它们来自实验晶体结构数据。

方程(2-108) 中的可调整参数 λ 表示方程(2-107) 给出的平均原子尺寸与晶体共价半径 R_A 的差值。对整个元素周期表内的元素，λ 取同一个值。此外，包含在 Slater 函数中的双原子库仑积分 J_{AB} 也可以在不同距离时由 ζ_A 和 ζ_B 给出评价。

在明确了基本计算方法后，A. K. Rappé 利用 12 种碱金属卤化物，结合来自实验的数据，如偶极矩、键长等，拟合出方程(2-108) 中的 λ 为 0.5。而含氢化合物中氢的库仑排斥作用项 J_{HH} 与电荷的依赖关系是：

$$J_{HH}(Q_H)=(1+Q_H/\zeta_H^0)J_{HH}^0 \tag{2-109}$$

2.3.4 QEq 计算结果和实验值的比较

为了检验电荷平衡方法，选用一组既有 *ab intio* 净电荷，又有实验电荷的物质进行对比。QEq 在实验构型下计算，采用数据是电负性、等势 (idempotential) 和原子半径；另

一种从头算 Hatree-Fock（HF）方法采用拟合静电势得到理论净电荷。实验净电荷是采用实验拟合最低静电力矩得到的。通过比较由 QEq 方法、HF 方法得到的理论净电荷和实验净电荷数值表明，从不同方面得到的理论值和实验值吻合得相当好，QEq 方法的确是可行的。更为重要的是，由于 QEq 方法所采有的数据（如原子的 IP、EA 和半径）都是来自于实验，因此在任何化合物中它都可以应用 QEq。

2.4 构象分析

分子中含有可旋转的 σ 键构成了分子的柔性，分子中含有的 σ 键越多，分子的柔性越大。大多数柔性的分子可以在一系列不同的构象态之间变化，因此比较柔性分子的重要任务之一是进行构象态的分析（conformational analysis）[16]。

尽管大部分的构象态是那些具有低能量的，但并不是说只有低能量的构象态才能参加分子间的相互作用。构象态分析的关键部分是构象搜索，其目的是鉴别能量较低的分子构象。而通常这些构象决定了分子的行为，这就要求我们找出对应势能面上极小值点的构象。因此，能量优化方法在构象搜索中起着关键的作用。能量优化的重要目的是把分子的初始结构移到其附近的极值点，所以采用不同的算法来生成满足一系列极值点的初始结构是必要的。有必要区分构象搜索和分子动力学（MD）及 Monte Carlo（MC）模拟方法之间的差别：构象搜索是寻找能量极小的结构，而 MD 和 MC 则产生包含非能量极值点的结构状态的一个系综。但是，MD 和 MC 可以作为构象搜索策略的一部分。

能够鉴别出势能面上的所有极小值点是很理想的。一个分子的势能面上可能存在众多的极小值点，无法全部找到，这种情况下只能尝试发现所有可接受的极值点。分子构型的相对布居可以使用 Boltzmann 分布的统计热力学计算得到，但是统计权重包含了所有自由度的贡献，如振动、能量及溶剂效应。常假设势能函数中的最小值构象为全局能量最小构象。应该注意，按照统计权重的分配，全局最优构象可能并不具有高的布居数，因此一个分子的通常构象并不对应其势能面上的任何极小值点，而以不止一种的构象形式存在。

构象搜索方法很多，典型的方法可以分为这样几种：系统搜索算法（systematic search algorithms）、随机近似法（random approaches）、建模法（model building）、距离几何法（distance geometry）和分子动力学法（molecular dynamic）。下面对最常用的系统搜索法作一简介。

顾名思义，系统搜索法通过构象规则的、周期性的变化来搜查构象空间。最简单的形式常称作网格搜索法（grid search），其操作步骤是：首先，鉴别分子中所有的旋转键（每个旋转键对应一个二面角），计算过程中固定键长和键角，每个旋转键按固定的步长在 360°范围内旋转，对每个构象做能量最优化以得到相关的极小值构型，当所有产生构型完成和能量优化完成后，搜索停止。每两个二面角可以得到一个二维的关于能量的等势图。

网格搜索法的致命弱点是生成构象数的“组合爆炸”（combinatorial explosion），因为按照分子中存在的可旋转键数目，其生成的构象数为：

$$N_c=\prod_{i=1}^{N}\frac{360}{\theta_i} \tag{2-110}$$

式中，N_c 表示生成的构象数；θ_i 表示相对旋转键 i 的二面角的步长。

解决“组合爆炸”的有效方法是“搜索树”法（search trees）。简单讲，就是对每个二面角只取三个构象态，分别为反式（*trans*，180°）、g＋[*gauche*(＋)，＋60°] 和 g－[*gauche*(－)，－60°]，之后再组合。这样构象数大大减小，如分子中存在 3 个二面角，最后的组合构象数只有 27 个。

2.5 分子模拟方法在烯烃聚合催化研究中的应用

2.5.1 分子模拟应用综述

如前所述，分子模拟是计算机模拟的一种，是介于实验方法和理论方法之间的一种方法。它既有自己的独立性，又与实验方法和理论方法相辅相成。一方面，分子模拟只需建立相对简单的物理模型，依赖基本的物理化学定律，能够十分容易地控制体系内部和外部的各种条件，具有实验不可替代的作用；另一方面，模拟出来的结果可以很好地检验理论，最终达到指导实验的目的。随着模拟算法和计算机硬件技术的发展，分子模拟已经成为实验化学家和实验物理学家所必需的工具。随着模拟分子体系算法的发展，模拟的体系涵盖了描述简单的非真实分子体系到复杂的真实分子体系。现在不但能够用量子力学计算、热力学零度下的真空中的孤立体系，还能用分子力学模拟热力学零度下的分子体系，而且分子动力学则能描述任何温度下的分子体系的结构和性质。目前已有的模拟方法主要有：量子化学法（电子或原子水平），分子力学方法（原子水平），分子动力学方法（原子水平、分子水平、粗粒化模型），蒙特卡罗法（原子水平、分子水平、粗粒化模型）等[17]。这里主要介绍量子力学（QM）及分子力学（MM）方法在烯烃聚合催化研究中的应用。

自从单活性中心的茂金属和非茂金属烯烃催化剂的单晶结构能够比较容易地确定之后，从分子水平上对催化聚合过程进行理论研究就有了可靠的实验依据，因而基于量子力学和分子力学的研究便更加活跃。例如，C. A. Jolly 及其合作者[18] 使用 PRDDO 及电子结构从头算方法，详细地研究了 $Cp_2TiCH_3^+$ 和乙烯分子反应生成 $Cp_2TiC_3H_7^+$ 的过程。发现乙烯直接插入反应的阈能为 9.8 kcal/mol（MP2 修正），同实验值 6～12kcal/mol 很吻合。从计算上看，乙烯插入反应的过渡态金属四元环的 Cossee-Arlman 模型的形成并不绝对需要元结相互作用，因而阳离子催化活性中心的存在是合理的。H. H. Brintzinger 等[19] 使用较粗糙的扩展 Hückel 法，也研究了乙烯分子插入 $Cp_2Ti\ CH_3^+$ 生成 $Cp_2TiC_3H_7^+$ 的全过程，认为甲基的一个氢原子同 Zr 通过元结作用稳定反应过渡态，生成的产物则是通过 γ-H 元结作用使其稳定。另外，基于 Cossee 机理，R. Ahlrichs[20] 和 T. Ziegler[21] 等很多学者还采用密度泛函（DFT）对包括受限几何催化剂（CGM）在内的金属茂催化体系中电子因素的重要性进行了系统的研究。S. Sakaki[22] 和 T. Ziegler[23] 等也用 DFT 方法研究了乙烯插入活化态［$Ni(CH_3)L]^+$［L 为 N(P)^N(P) 配体中］中 Ni（Ⅱ）-CH_3 的情况。考查了不同种类的配体对插入乙烯位垒的影响。以 Ni（Ⅱ）二亚氨基单活性中心的均相催化剂为例。其结构式可表示为（ArN ═C(R)—C(R)═NAr）Ni—R′，其中的 Ar 代表苯环，R 和 R′代表烷基取代基。用于乙烯聚合时，可以生产可控支化度的高聚合度高分子。这种催化体系中大的取代基团起着关键作用，因为没有大取代基时，经 β-H 消除链终止过程占优势，只能作为低聚催化剂。正是这种大体积的取代基部分阻碍了链终止反应，使低聚变成聚合。

然而对于含有原子数较多的催化体系，利用从头算或 DFT 的量子力学方法都受到很多的限制，不得不对催化剂分子进行理论上的简化，以便完全模拟更加复杂的真实实验。用相对简单的分子力学方法（MM）来分析烯烃插入过渡态中的立体排斥作用对聚合产物立构规整性的影响也是很有效的手段。例如：A. K. Rappé 等人[24] 用分子力学针对二茂锆催化丙烯聚合体系建立了活化配合态模型，用相对简单方法探讨了烯烃聚合的立构选择性，对催化剂的设计原则具有指导意义。而 P. Carradini 等人[25] 则用分子力学来研究烯烃聚合过程中的方向选择性问题。关于非均相的 Ziegler-Natta 丙烯聚合催化体系，采用基于分子力学的构象分析方法，也能够对新型的供电子体的类型做出很好的预测[26]。

特别值得提出的是，为了克服静态分子力学和量子力学的局限，近年来组合的量子力学/分子力学（QM/MM）[27] 和从头算分子动力学（AIMD）方法作为一种可行的计算分子模拟工具正在迅速形成。这两种方法考虑到了在高水平计算中可以忽略的影响，但这种影响对所模拟的体系的真实化学过程又是至关重要的。在组合的 QM/MM 方法中，对于体系的活性部位，用量子力学处理，剩余部分再用快速的分子力学力场方法处理。以吡啶二亚胺 Co（Ⅱ）配合物为例。由于这类分子体系较大，所以单纯地应用量子力学进行模拟烯烃聚合的机理是相当困难的，而使用模型化合物进行量化研究，所得结论又显得片面。因此，将该配合物的化学活性区域用 DFT 进行模拟，因为这部分模拟得精确与否对聚合机理的合理阐述至关重要；而化学非活性部分则采用分子力学（MM）进行处理（图 2-4 所示）[28]。这样就可以花费较少的机时而又可以保证一定的计算精度。经过如此 QM/MM 方法处理，加之建立接近真实情况的单体插入、链中断和支化等过程的作用模型，已经能够比较客观地反映实验结果。近期，T. Ziegler 等[29] 应用这种 QM/MM

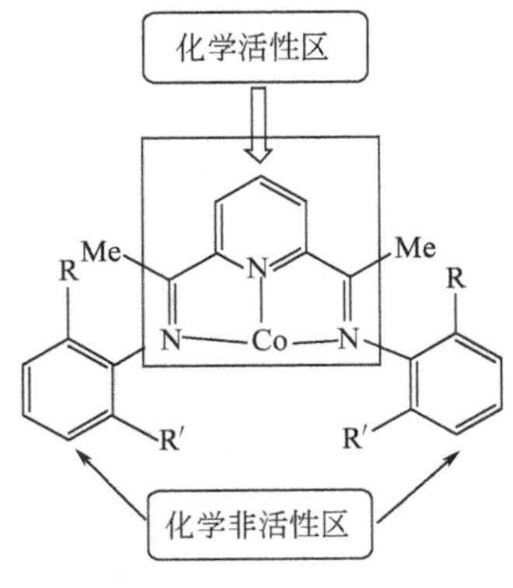

图 2-4
QM/MM 分区

方法系统地研究了 M. Brookhart 和 R. H. Grubbs 烯烃聚合催化剂的反应机理，这对于从事实验的学者而言都具有十分重要的指导意义。

根据以上所掌握的文献资料，我们挖掘了容易被人们忽视的分子力学研究催化反应的有效应用，结合电荷平衡法对催化剂性能进行了探索。我们的目的是，通过研究一些典型的催化反应体系，采用最简便的方法来揭示催化剂的结构和反应性能之间的关系，为催化剂设计提供理论上的指导。

2.5.2 基于金属原子净电荷关联法对催化活性的研究

2.5.2.1 MANCC 方法基本原理

早在 1971 年，S. Olivé 等人[30] 就对均相过渡金属催化体系中配体对催化性能的影响进行了系统的分析。就 Zigler-Natta 催化体系而言，配体对催化性能的影响表现在下列几个方面：①金属中心与烯烃的相互作用；②金属-烷基键（M—R）的稳定性；③其他配体与环上取代基的影响；④空间效应。当配体是一个电子给体时，将减少中心金属的净电荷，因此将减弱金属与其他配体的相互作用，特别是使得 M—R 键处于不稳定状态，从而增加了活性。在 1992 年，P. C. Möhring 等人[31] 从实验上考查了用于聚乙烯、聚丙烯以及烯烃共聚物的茂金属催化剂的结构与性能的关系。研究结果表明，影响烯烃聚合催化性能的主要因素是立体效应和电子效应，而电子效应的贡献是主要的，可达 80%以上。T. Ziegler 等人[32] 则研究了 Ti、V、Cr 和 Mn 配合物 $[ML_2R]^+$ （$L=NH_2^-$，NH_3）中心金属 d 轨道电子数目对烯烃聚合活性的影响。乙烯和活性中心金属的配位能随着 d 轨道电子数目的增加而降低，而乙烯的插入位阻也直接和 d 轨道的电子数目紧密相关。

目前，对于在 1995 年以后刚刚出现的后过渡金属聚烯烃催化剂，有关金属中心的净电荷与烯烃催化活性之间关系的研究论文还不多。我们希望揭示催化剂的中心金属上净电荷和催化烯烃聚合活性之间的关系，将采用结合电荷平衡法的分子力学方法——金属原子净电荷关联法（metal atom net charge correlation，MANCC）[33]。具体步骤如下：

（1）建立分子模型。所涉及的全部分子模型都在 Molecular Simulation Incorperated（MSI）的 Graphics O_2 工作站上用 Cerius^2 4.01 软件构造。分子模型的优化采用 Universal 1.02 或 Dreiding2.21 力场。能量项包括键合作用能和非键作用能。非键相互作用采用 Spline 截断函数，范围是 4～5 Å。

（2）微观构象态的获得。选择对分子构象能量有重大影响的能够自由旋转的 σ 键，采用系统网格搜索（grid scan）方法，得到全体构象的初始结构。然后按照（1）中所述的方法优化，再用 QEq 分配电荷，完毕后，继续优化，如此循环往复直到能量达到最小值，由此得到局部能量最小的构象[34]。

（3）全体构象态的玻尔兹曼（Boltzmann）统计分析。根据所有的微观构象能，利用配分函数可按下面公式得到每个构象出现的概率：

$$\Delta E_k = E_k - E_{\min}$$

$$P_k = \exp[-\Delta E_k/(RT)]/\sum \exp[-\Delta E_k/(RT)]$$

式中，E_{min} 是全局最小构象能；E_k 是第 k 个构象的能量；T 为 300K；P_k 是第 k 个构象出现的概率。

（4）中心金属所带净电荷的获得。根据每个构象出现的概率和中心金属的净电荷就可计算出最终的中心金属所带的统计电荷 Q：

$$Q = \sum P_k Q_k$$

（5）将中心金属的统计电荷和催化剂对烯烃的聚合活性相关联，以此来判断催化活性的相对顺序。

2.5.2.2 Fe（Ⅱ）系烯烃催化剂电子效应对催化活性的影响

在本节里我们将探讨吡啶二亚胺或含氟取代基的吡啶二亚胺配位的 Fe（Ⅱ）配合物以及嘧啶二亚胺配位的 Fe（Ⅱ）配合物等三类 Fe（Ⅱ）系烯烃聚合催化剂中 Fe（Ⅱ）电子效应对乙烯催化活性的影响。

由于 UFF1.02 和 Dreiding2.21 力场中都没有 5 配位 Fe（Ⅱ）的相关参数，我们对更加开放和便于改造的 Dreiding2.21 进行修改，使得改进后的 Dreiding 力场能够有效地模拟 5 配位的 Fe（Ⅱ）配合物的结构。分子模型都经过改进后的 Dreiding 力场优化。使用的和 Fe（Ⅱ）相关的 Dreiding2.21 力场参数如表 2-1 所示。

表 2-1　修饰力场所用的部分参数

键伸缩①	K_r	r_0/Å
Fe—N2	700.00	2.2200
Fe—NR	700.00	2.1099
Fe—Cl	700.00	2.2720
Fe—Br	700.00	2.4420
键角弯曲①	K_θ	θ_0/(°)
Br—Fe—Br	100.00	110.0
Cl—Fe—Cl	100.00	111.2
N2—Fe—Br	100.00	100.0
NR—Fe—Br	100.00	125.0
N2—Fe—Cl	100.00	100.0
NR—Fe—Cl	100.00	125.0
N2—Fe—N2	100.00	146.1
N2—Fe—NR	100.00	73.0

① 所用函数：$E_{键伸缩} = \frac{1}{2}K_r\ (r-r_0)^2$；$E_{键角弯曲} = \frac{1}{2}K_\theta\ (\theta-\theta_0)^2$。

第一类：吡啶二亚胺配位的 Fe（Ⅱ）配合物

吡啶二亚胺配位的 Fe（Ⅱ）配合物[35] 的结构如图 2-5 所示。

用改进的 Dreiding 力场模拟配合物 1,2,3 的结构如图 2-6 所示。

配合物	R^1	R^2	R^3	R^4	X
1	Me	Me	Me	Me	Cl
2	Me	Me	Me	Me	Br
3	Me	*i*-Pr	*i*-Pr	H	Cl
4	Me	Me	Me	H	Cl
5	Me	*t*-Bu	H	H	Cl
7	H	Me	Me	Me	Cl
6	H	*i*-Pr	*i*-Pr	H	Cl
8	H	Et	Et	H	Cl
9	H	Me	Me	Me	Cl

图 2-5

吡啶二亚胺配位 Fe（Ⅱ)的配合物 1~ 9

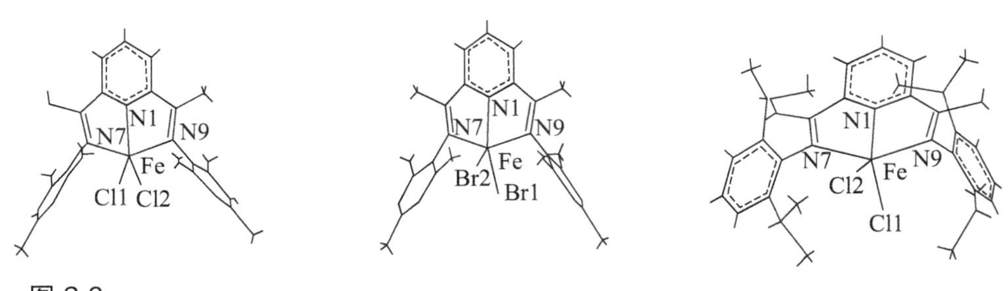

图 2-6

模拟的配合物 1， 2 和 3（从左至右)结构图

表 2-2 配合物 1,2 和 3 的键长，键角的 X 射线数据和 MM 模拟结果

键长和键角	1(X=Cl)		2(X=Br)		3(X=Cl)	
	X 射线	MM	X 射线	MM	X 射线	MM
Fe—N1	2.110	2.085	2.103	2.089	2.088	2.077
Fe—N7	2.271	2.216	2.271	2.211	2.238	2.244
Fe—N9	2.266	2.216	2.260	2.211	2.250	2.244
Fe—X1	2.312	2.259	2.452	2.438	2.311	2.261
Fe—X2	2.278	2.259	2.418	2.429	2.266	2.252
N1—Fe—N7	72.7	73.7	72.8	73.6	73.2	74.2
N1—Fe—N9	73.0	74.6	72.9	73.6	72.9	74.2
N7—Fe—N9	145.5	148.3	145.4	145.6	140.1	146.3
N1—Fe—X1	118.9	122.1	118.7	118.6	94.6	112.3
N7—Fe—X1	102.4	99.7	102.5	102.3	100.6	96.3
N9—Fe—X1	96.7	98.1	97.0	96.8	102.5	101.2
N1—Fe—X2	131.3	125.1	132.3	131.2	147.9	131.9
N7—Fe—X2	97.8	98.6	98.3	96.8	98.6	96.3
N9—Fe—X2	102.3	98.3	102.0	102.3	98.9	101.2
X1—Fe—X2	109.9	112.8	109.1	110.2	117.5	115.8

从表 2-2 中可以看到，由分子力学计算得到的 Fe 周围的主要键长和键角与文献报道的 X 射线衍射结果吻合得较好。DREIDING 力场恰当地描述了这些分子结构。在上述配

合物中，N（亚氨基）—C（苯环）这两个σ键的转动对构象能的影响显著，因此我们转动这两个σ键来获得微观态的构象，转动步长分别取45°，共计有49个构象。这些化合物的中心金属最终的统计电荷和对乙烯的催化活性比较见表2-3。

表2-3　配合物（1～9）中Fe所带的净电荷与催化乙烯聚合活性的比较

配合物	QEq电荷	活性/[g/(mmol·h·bar)]
1	0.6935	20600①
2	0.6932	17550①
4	0.6942	9340②
5	0.6683	3750②
3	0.6536	5340②
7	0.7029	560③
9	0.7023	550③
8	0.6718	340③
6	0.6635	305③

①1和2的Fe/Al摩尔比分别为0.6/1000和0.7/1000，助催化剂为三甲基铝，反应温度35℃；

② 3的Fe/Al摩尔比为0.5/1000，4和5的Fe/Al为0.6/1000，助催化剂为三异丁烷基铝，反应温度35℃；

③ 6,7,8和9的Fe/Al摩尔比为1.2/200，反应温度35℃。

注：聚合条件：溶剂为异丁烷，乙烯压力10bar（1bar=10^5Pa，下同），反应时间1h。

分析结论：根据文献我们获得了上述9个配合物的活性数据。其中配合物1和2的聚合条件相同，3、4和5相同，而6～9相同。仅在相同聚合条件下才便于比较配合物的催化活性。对于1和2，由于Cl的电负性比Br大，所以1中Fe的净电荷比2中的高，在相同的聚合条件下，1的催化活性比2高。对3和4，甲基对苯环的供电子能力小于异丙基，表现的结果是3中Fe带的正电荷小于4的，相应的催化活性也是3比4小。5应介于3和4之间，但实际上5的活性比3还低，原因可能是邻近活性中心的*t*-Bu取代基所造成的立体效应所致。

对配合物6,7,8和9，它们对乙烯的聚合活性也是随中心金属的净电荷的升高而增加。

另外六个，配合物10～14的结构如图2-7[36]。

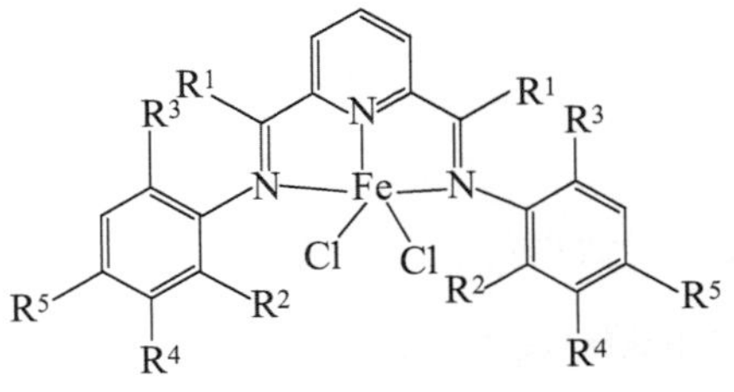

配合物	R^1	R^2	R^3	R^4	R^5
10	Me	Me	H	H	H
11	Me	Me	H	Me	H
12	Me	H	H	H	H
13	H	Me	H	H	H
14	H	1-萘基			

图2-7

吡啶二亚胺配位Fe（Ⅱ）的配合物10~14

表 2-4　配合物 10～14 中 Fe 上的净电荷和催化活性的比较

配合物	净电荷	活性/[g/(mmol·h·bar)]
14	0.7166	230
13	0.7134	480
10	0.7053	1300
12	0.7044	1040
11	0.7014	2570

注：聚合条件：乙烯压力 5bar，反应温度 50℃，反应时间 1h，助催化剂 MAO，Al/Fe 1000，溶剂异丁烷。

当连接在亚胺中氮原子上芳香环上的取代基位置不对称时，除配合物 12 外，低聚活性随铁原子净电荷的降低而增加（表 2-4）。典型的例子就是配合物 10 和 13 的比较。与配合物 13 中铁的净电荷（0.7143）相比较，在配合物 10 中，连接在亚胺中碳上面甲基的电子释放能力导致了较低的净电荷（0.7053），催化活性顺序和铁原子净电荷大小的顺序是相反的，即在同样的反应条件下，酮亚胺的铁的配合物与其类似物醛亚胺的铁的配合物相比较，其催化活性相对较高。在这部分中还可以发现相似的结果（如配合物 4 和 7）。

第二类：含氟取代基的吡啶二亚胺配位的 Fe（Ⅱ）配合物[37]

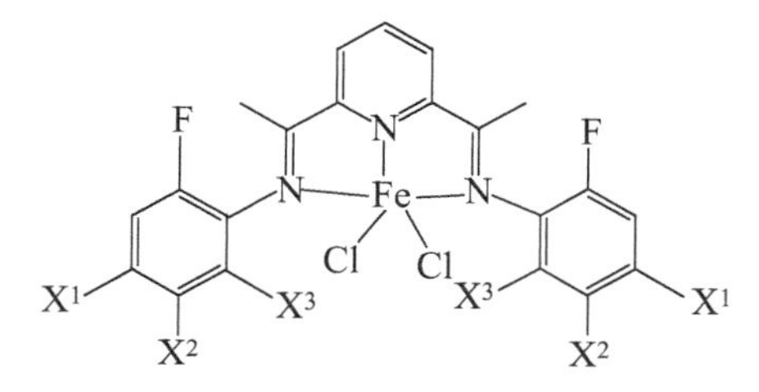

配合物	X^1	X^2	X^3
15	H	H	F
16	H	F	H
17	F	H	H

图 2-8

含氟取代基的吡啶二亚胺配位的 Fe（Ⅱ）配合物

配合物 16 的模拟结构如图 2-9。

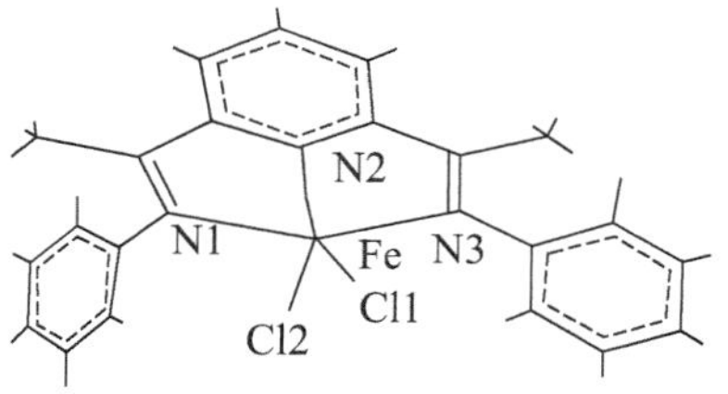

图 2-9

配合物 16 的模拟结构

配合物 16 中 Fe（Ⅱ）原子周围的几何与 X 射线数据的比较见表 2-5。

表 2-5　配合物 16 的模拟结构和 X 射线结构的主要数据比较

键长和键角	MM	X 射线
Fe—N2	2.1099	2.076
Fe—N1	2.211	2.219
Fe—N3	2.233	2.219

续表

键长和键角	MM	X射线
Fe—Cl1	2.2915	2.263
Fe—Cl2	2.2771	2.259
N2—Fe—Cl1	119.13	118.8
N2—Fe—Cl2	129.60	131.1
Cl1—Fe—Cl2	111.25	110.1
N2—Fe—N1	73.01	74.7
N2—Fe—N3	73.08	74.7
N1—Fe—N3	146.08	148.0
Cl1—Fe—N1	100.55	101.20
Cl1—Fe—N3	96.83	96.7
Cl2—Fe—N1	97.48	96.7
Cl2—Fe—N3	103.03	101.20

在上述三个含氟的吡啶二亚胺配位的 Fe（Ⅱ）配合物中，N（亚氨基）—C（苯环）这两个 σ 键的转动对构象能的影响显著，因此我们仍然转动这两个 σ 键来获得微观态的构象，转动步长分别取 45°，共计有 49 个构象。这些化合物中 Fe 的统计电荷和对乙烯的催化活性见表 2-6。

表 2-6　配合物 15～17 中 Fe 所带的净电荷和催化乙烯聚合活性的比较

配合物	QEq 电荷	活性/[g/(mmol·h·bar)]
15	0.8310	4.07×10^7
17	0.7865	11.1×10^7
16	0.7549	9.33×10^7

注：聚合条件：乙烯压力 10atm（1atm＝101325Pa，下同），Fe（Ⅱ）催化剂 0.6μmol，助催化剂 MMAO 0.6mmol，Al/Fe 摩尔比为 1000，反应温度 60℃，甲苯为溶剂，反应时间 15min。

分析结论：由于 F 的强吸电子效应，使得 Fe 所带的净电荷明显升高。配合物 17 所带的净电荷 0.7865 高于 16 所带的 0.7549，所以表现的活性也是 17 比 16 高。在配合物 17 中，F 位于对位，所以它的吸电子效应比 16 中的间位来得明显。在 15 中的邻位，吸电子效应最明显，所以 15 中 Fe 的净电荷最高，达到 0.8310。然而 15 并没有给出最高的活性，反而比 16 和 17 的活性都低。Qian 等人[37] 在他们的研究中发现，在芳环邻位的 F 很可能和增长链的 β-H 之间存在相互作用，使得低聚物的 α 值为 0.44，明显高于 16 和 17，16 和 17 的 α 值分别为 0.33 和 0.34。T. Fujita 等人[38] 在含氟的 Ti 的配合物催化乙烯聚合也发现了类似的现象。在这里我们推测，由于邻位有 4 个电负性很强的 F，它们像一个负电子云层，部分地将活性中心 Fe 笼罩起来，阻碍了乙烯前来配位，从而降低了催化活性。

第三类：嘧啶二亚胺配位的 Fe（Ⅱ）配合物[39]

在上面三个配合物（图 2-10）中，取 4 个 σ 键 [C（苯环)—C 和 N—C(苯环)]，旋转步长都取 45°，来获得微观构象。Fe 的统计电荷和乙烯聚合活性的比较列于表 2-7。

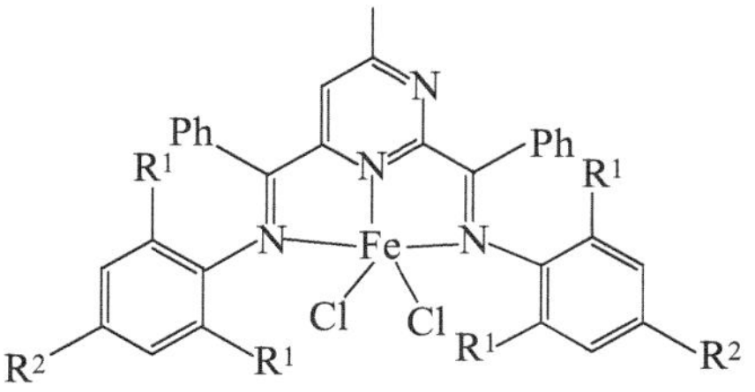

配合物	R^1	R^2
18	Me	H
19	Me	Me
20	*i*-Pr	H

图 2-10

嘧啶二亚胺配位的 Fe（Ⅱ）配合物

表 2-7 配合物（18～20）中 Fe 所带的净电荷和催化乙烯聚合活性的比较

配合物	QEq 电荷	活性/[g/(mmol・h・bar)]
18	0.6909	3550
19	0.6905	3850
20	0.6295	490

注：聚合条件：Al/Fe=0.5/1000，聚合溶剂异丁烷，反应温度 50℃。

在上面三个嘧啶二亚胺配位的 Fe（Ⅱ）配合物中，根据有机化学的知识，我们能够容易地判断出 20 中的 Fe 应该带有最低的正电荷，QEq 的计算也证实了这一点。配合物 18 和 19 中 Fe 所带的电荷很接近，它们对乙烯的聚合活性的大小也非常相似。配合物 20 中 Fe 的电荷值最小，并且比 18 和 19 约小 0.06，相应的聚合活性也低很多。

配合物 1～20 净电荷和催化活性比较都总结在图 2-11 中。

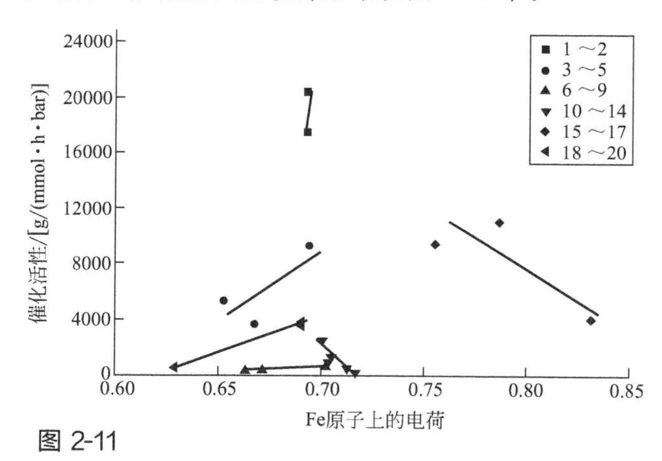

图 2-11

配合物 1～20 的净电荷和催化活性比较

2.5.2.3 Ni（Ⅱ）系烯烃催化剂电子效应对催化活性的影响

在目前的后过渡金属 Fe（Ⅱ）、Co（Ⅱ）和 Ni（Ⅱ）烯烃催化剂中，Ni（Ⅱ）系催化剂的种类要远比 Fe（Ⅱ）的催化剂种类多，不但有 N^N 型配体配位的配合物，而且还有 N^P、P^P 或 O^N 型配体配位的配合物。Ni（Ⅱ）和配位原子的配位方式也十分多样，除了最常见的 4 配位的构型外，还有 5 和 6 配位的构型。在这里我们分别考查了这些不同类型配体配位和不同配位方式的 Ni（Ⅱ）配合物烯烃聚合催化剂中心金属的净电荷和聚合活性的关系。

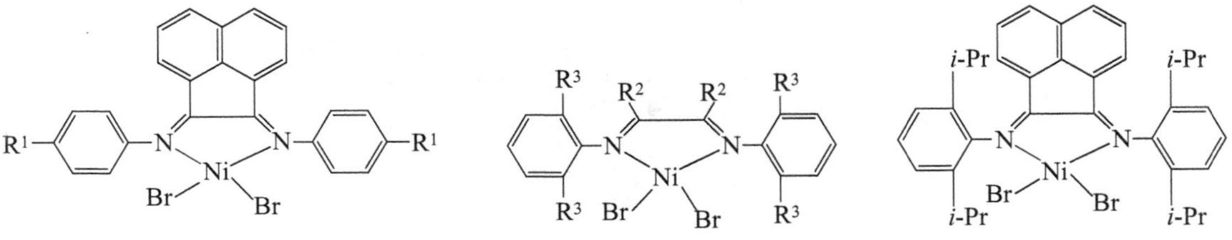

C1: R^1=4-CF_3
C2: R^1=4-H
C3: R^1=4-Me
C4: R^1=4-OMe

C5: R^2=H, R^3=*i*-Pr
C6: R^2=Me, R^3=*i*-Pr
C7: R^2=H, R^3=Me

C8

图 2-12
α-二亚胺 Ni（Ⅱ）的配合物的结构

第一类：α-二亚胺 Ni（Ⅱ）的配合物（C1～C8）（图 2-12）[40]

对于 C1～C4，为了对比 MM 优化的有效性，我们还进行 MD 优化对照[41]。MD 运行的条件是：在 Hoover 热池中应用等温体系（NVT），截断函数 Spline 的范围为 4～5Å。计算步长为 1fs，每隔 0.1ps 记录一次。每 100 步执行一次 QEq。总的模拟时间是 500ps。最后获得最可几构象的电荷分布。

由 MM 和 MD 获得的 Ni 的净电荷和对乙烯低聚和丙烯二聚的活性分别列于表 2-8。

表 2-8　MM 和 MD 获得的 C1～C4 中 Ni 的净电荷的比较

配合物	QEq 电荷		活性	
	MM	MD	乙烯①	丙烯②
C1	0.4980	0.4912	113×10^3	4410
C4	0.4461	0.4552	50×10^3	1800
C2	0.4417	0.4507	49×10^3	3730
C3	0.4409	0.4495	45×10^3	3310

① 乙烯低聚条件：Ni＝2.0×10^{-5}mol，助催化剂 MMAO，Al/Ni＝240，乙烯压力 56atm，反应温度 35℃，溶剂甲苯，反应时间 60min。活性（TON）单位为消耗的乙烯的物质的量：mol 乙烯/(mol Ni・h)。

② 丙烯二聚条件：Ni＝2.0×10^{-6}mol，助催化剂 MMAO，Al/Ni＝1300，丙烯压力 1.1atm，反应温度 0℃，溶剂甲苯，反应时间 30 min。活性（TOF）单位为丙烯的物质的量：mol 丙烯/(mol Ni・h)。

从表 2-8 能够看出，尽管 MM 和 MD 模拟的结果有所差异，经过 MM 优化后得到的电荷分布仍然非常有效地反映了聚合活性顺序。对于 C1 而言，由于 4-CF_3 的强吸电子能力，使得 C1 中 Ni 所带的净电荷最高。相应地，它对乙烯的低聚活性在四个催化剂中也是最高的。由于 4-Me 和 4-OMe 的供电子能力，导致了 C3 和 C4 中 Ni 的净电荷下降，相应的低聚活性也下降，分别为 45×10^3 mol 乙烯/(mol Ni・h) 和 50×10^3 mol 乙烯/(mol Ni・h)。不过还可以观察到，从 C1～C4，随着 Ni 上净电荷的减少，对应的低聚活性明显降低，但并非随电荷线性地降低。

对于丙烯的二聚的活性，除了 C4 反常地比 C3 低之外，总体上，对丙烯的二聚活性仍然随 Ni 上电荷的升高而增加。

对另外的四个 α-二亚胺 Ni（Ⅱ）配合物（C5～C8），它们的 Ni 的净电荷和相应的乙烯聚合活性列于表 2-9。

表 2-9　配合物（C5～C8）中 Ni 所带的净电荷与乙烯聚合活性的比较

配合物的量/mol	QEq 电荷	产率/g
C5(1.7×10^{-7})	0.3546	2.6①
C6(1.6×10^{-7})	0.3495	1.2①
C7(1.7×10^{-6})	0.4098	3.4②
C8(1.7×10^{-6})	0.3483	7.0②

① 催化剂 MAO，Al/Ni=1000，乙烯压力 1atm，反应温度 0℃，溶剂甲苯，反应时间 15min。

② 催化剂 MAO，Al/Ni=1000，乙烯压力 1atm，反应温度 0℃，溶剂甲苯，反应时间 30min。

对于 C5 和 C6，由于 C6 的亚胺双键上的 C 上多了两个甲基，导致了 C6 中 Ni 上净电荷的降低，聚合活性也下降。这与吡啶二亚胺 Fe（Ⅱ）配合物中的情况不同。在吡啶二亚胺 Fe（Ⅱ）配合物中，亚胺双键上的 C 上连接甲基，虽然电荷也下降，但是活性反而增加，我们还不清楚其中的原因。

C7 和 C8 的电荷和活性不匹配的情况可能由 C8 中四个异丙基的立体效应所造成。尽管 C8 中 Ni 上的净电荷最低，但聚合活性都是最高的。

第二类：2-(2-吡啶基）苯并咪唑配位的 Ni（Ⅱ）配合物（图 2-13）

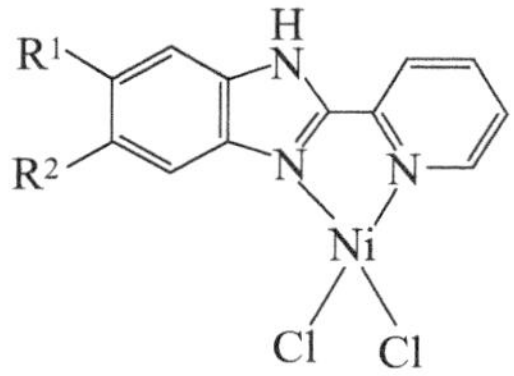

配合物	R^1	R^2
C9	Me	Me
C10	Me	H
C11	H	H

图 2-13

2-(2-吡啶基)苯并咪唑配位的 Ni(Ⅱ)配合物的结构

与 2-(2-吡啶基）苯并咪唑配位的 Co（Ⅱ）配合物类似，我们也依次减少苯环上甲基的数目看如何影响中心金属上 Ni 的电荷分布以及催化乙烯的聚合活性。中心金属 Ni 上的电荷及相应的乙烯聚合活性见表 2-10。

表 2-10　中心金属 Ni 上的电荷及相应的乙烯聚合活性比较

配合物	C9	C10	C11
QEq 电荷	0.5197	0.5222	0.5240
活性/[g/(mol・h)]	0.52×10^5	1.04×10^5	1.14×10^5

注：聚合条件：催化剂 10 μmol，助催化剂为 MAO，Al/Ni=500，乙烯压力 1atm，溶剂甲苯，反应温度 15℃，反应时间 20min。所得产物为低聚物，用 GC 检测。

与 2-(2-吡啶基）苯并咪唑配位的 Co（Ⅱ）配合物的情形类似，随着苯环上甲基数目的减少，Ni 上的净电荷逐渐升高，活性也逐渐增加。只是 Ni（Ⅱ）配合物的活性普遍比 Co（Ⅱ）的高。

第三类：水杨醛亚胺配位的 Ni（Ⅱ）配合物

在 1998 年，R. H. Grubbs 小组[42] 报道了廉价而高效的水杨醛亚胺配位的 Ni（Ⅱ）配合物能够很好地催化乙烯聚合（图 2-14）。他们从实验上探讨了在配体中取代基的立体效应和电子效应对催化剂聚合性质的影响。

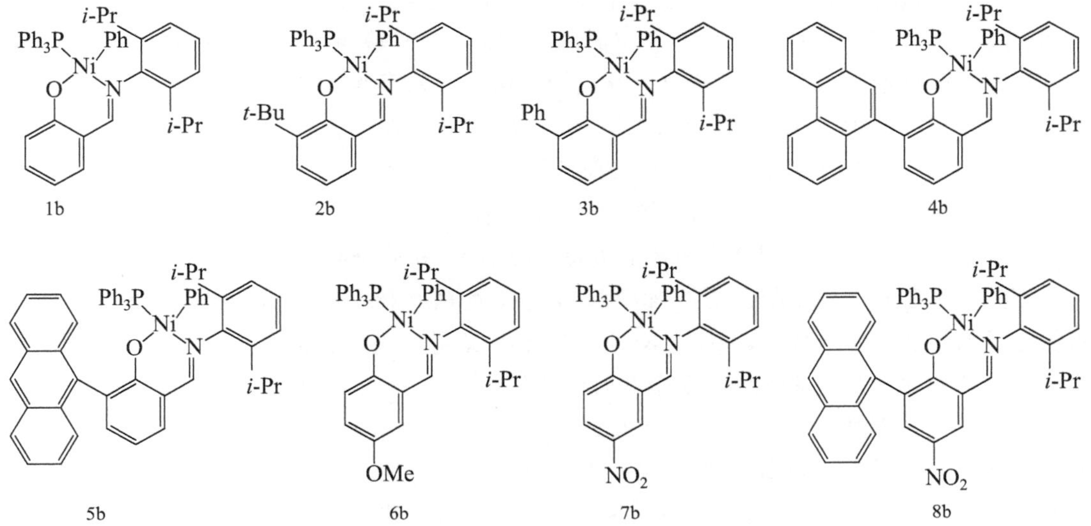

1b　2b　3b　4b

5b　6b　7b　8b

图 2-14

水杨醛亚胺配位的 Ni（Ⅱ）配合物

T. Ziegler[43] 则利用量子力学和分子力学相结合的方法（QM/MM）建立了相对简化的理论模型（图 2-15），从机理上深入地探讨了这些模型配合物中配体的立体效应和电子效应对催化剂的聚合性能所产生的影响。

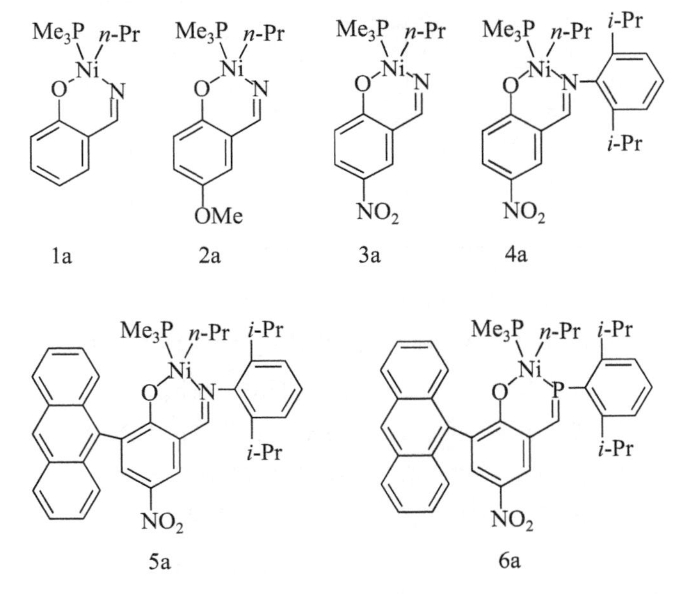

图 2-15

QM/MM 模型水杨醛亚胺配位的 Ni（Ⅱ）配合物

这里我们则利用分子力学和 QEq 相结合的方法，一方面和量子力学的结果进行了相互印证，另一方面，更重要的是，我们用 MANCC 很好地说明了电子效应对真实催化剂催化活性的影响。

（1）建立模型的方法。QEq 分配电荷应用的模型 1a～6a 的结构完全来自文献［12］中的 QM/MM 模拟结果。对于实验配合物 1b～8b 的建模采用下列方法：所有配合物中的—PPh_3、—Ph（和 Ni 相连）、—2,6-二异丙基苯基、9-菲基和 9-蒽基都用分子力学处理，在 UFF 力场下优化。而对于配合物的核包括水杨醛的苯环骨架和 Ni 配位的六元环骨架，则分别取自不同的模型化合物。1b、2b、3b、4b 和 5b 则都取自 1a，而 6b 取自 2a，7b 和 8b 都取自 3a。中心金属 Ni 的配位几何都是平面四边形的。

（2）水杨醛亚胺 Ni（Ⅱ）配合物 中 Ni 的电荷分布特征。应用 MANCC 方法，我们仔细检查了上面 6 个模型配合物和 8 个实验配合物中 Ni 的净电荷分布特点。

首先，来看 6 个模型配合物：1a 中 Ni 的净电荷是 0.2662，当水杨醛苯环上 5 位的 H 被供电子的甲氧基所取代后，2a 中 Ni 上的净电荷降到 0.2624，如果用强吸电子的硝基取代 5 位上的氢原子（在 3a 中），则净电荷增加到 0.2753。在 4a 中，由于在亚氨基上连接了 2,6-二异丙基苯基，Ni 的净电荷减低到 0.2532，在 5a 中，再引进大体积的 9-蒽基，Ni 的电荷又继续下降了 0.0028。在 6a 中，P 的电负性比 N 的低，所以 Ni 的净电荷也是最低的，为 0.2399。这里 QEq 的计算结果不但完全符合有机化学的一般规律，而且更加定量化。1a～6a 中所有 Ni 的净电荷、三甲基膦的离解焓 ΔH 和乙烯的插入位垒都列于表 2-11 中。

表 2-11　水杨醛亚胺 Ni（Ⅱ）的模型配合物的 Ni 的净电荷、三甲基膦离解焓 ΔH 和乙烯的插入位垒的比较

配合物	Ni 上的电荷	ΔH/(kcal/mol)	插入位垒/(kcal/mol)
3a	0.2753	28.2	14.1
1a	0.2662	27.3	15.3
2a	0.2624	27.5	15.5
4a	0.2532	27.9	14.0
5a	0.2504	23.7	14.0
6a	0.2399	20.9	15.6

其次，再检查 8 个实验配合物的电荷分布情况：1b～7b 中 Ni 的净电荷的分布规律如下：1b、6b 和 7b 中的情况和 1a、2a 和 3a 的非常类似，这六个电荷数据很好地线性关联（$y=-0.05535+1.15019x$，$R=0.9992$），这表明用—PPh_3、—Ph 和 2,6-异丙基苯基分别取代—PMe_3、—n-Pr 和亚氨基上的 H，在 1b、6b 和 7b 中 Ni 所带电荷的相对顺序不变，表明借助于量子力学的模型来建立真实的实验模型是可行的。相对于 1b，在 2b 中水杨醛母体苯环上 3 位上给电子的叔丁基使得 Ni 上的净电荷降为 0.2419。在 3b、4b 和 5b 中，由于 3 位上的芳环取代基的电子共轭作用，Ni 上的净电荷比 1b 都有所升高。值得注意的是，这种情况和模型配合物中的情形是完全相反的。典型的例子是 5b 和 5a。在 5b 中，9-蒽基导致 Ni 上电荷比 1b 高，而 5a 中的 9-蒽基却导致 Ni 上的电荷比 1a 低。另外

一个例子是 8b，在 8b 中 Ni 的电荷是 0.2466，比 7b 低。我们认为可能的原因是在模型配合物中 5 位上的硝基在起作用。强吸电子的硝基使得 9-蒽基在 5a 中变成了供电子的基团。因此我们观察到了不同的取代基效应。所有实验配合物（1b～7b）中 Ni 的净电荷以及相应的乙烯聚合活性都列于表 2-12。

表 2-12　实验配合物 1b～7b 中 Ni 的净电荷以及相应的乙烯聚合活性

配合物	Ni 上的电荷	活性/(kgPE/molNi)	预测的活性顺序
7b	0.2614	253.3	1
5b	0.2541	98.7	2
4b	0.2537	93.3	3
3b	0.2532	81.3	4
1b	0.2505	26.7	5
6b	0.2467	13.3	6
2b	0.2419	46.7	7

（3）模型配合物中心金属 Ni 的净电荷与乙烯插入位垒和三甲基膦的离解焓 ΔH 的关系。在这里将我们的 MANCC 的结果和量子力学的计算结果进行全面的比较（图 2-16）。

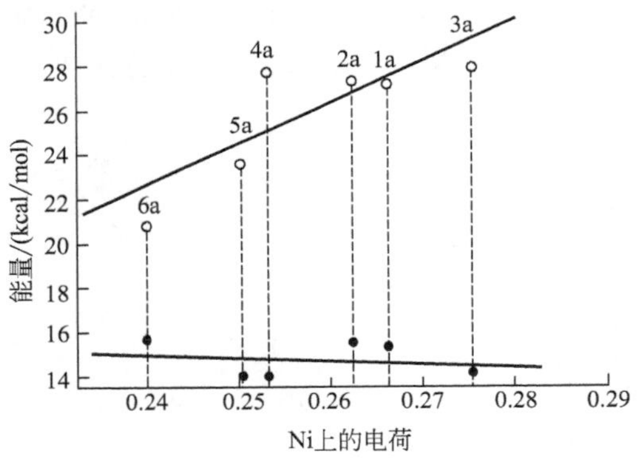

图 2-16

模型配合物 Ni 的净电荷与乙烯插入位垒和三甲基膦的离解焓 ΔH 的关系（○表示离解焓 ΔH；•表示乙烯插入位垒）。图中直线用最小二乘法拟合得到

对 1a、2a 和 3a 而言，随着水杨醛母环 5 位上的取代基由 H，经—OMe 基变化到—NO_2，取代基电子性质改变对催化活性的影响都简单地反映在 Ni 的所带的净电荷上（表 2-11）。吸电子的—NO_2 基使得 3a 中 Ni 的电荷升高到为 0.2753，而给电子的—OMe 降低了中心金属 Ni 的电荷，为 0.2624。在后过渡金属催化剂体系当中，催化活性随中心金属的净电荷的升高而增加。与量子力学的计算相比较，中心金属 Ni 的亲电性和乙烯插入能的变化趋势是一致的。乙烯的插入能随着 Ni 的净电荷升高而降低，十分明显，较低的插入能将导致较高的催化活性。

另一方面，中心金属 Ni 较强的亲电性还将增加 Ni—PMe_3 键的键能，所以 PMe_3 的离解焓也大致随电荷的升高而增加。

比较 3a、4a 和 5a 中 Ni 的净电荷和 ΔH，能够清楚地看到，ΔH 随着电荷的降低而降低，相应地，催化活性应该降低。然而，从乙烯插入位垒看，活性将轻微地增加。这似乎是与 1a、2a 和 3a 的变化趋势相互矛盾的。但是从立体效应的角度就容易理解了。和 1a、2a 和 3a 不同，大体积的取代基（2,6-二异丙基苯基和 9-蒽基）分别被加在 4a 和 5a 中水杨醛母环的 3-位上。根据实验，在不同的条件下，这个大体积的 9-蒽基既可以增加催化活性，也可以降低催化活性[11]。

对 1b 和 5b，结构上的区别是 5b 在 5 位上比 1b 多了一个大体积的 9-蒽基，非常明显，根据插入位垒，这个大基团提高了反应的活性。在另外的条件下，大体积的 9-蒽基反而降低了催化活性，当将—NO_2基分别加到 1b 和 5b 中配体的 3 位时，即 1b 和 5b 分别变成了 7b 和 8b。在这种条件下，7b 的催化活性反而比 8b 高，7b 为 670kg PE/（mol Ni・h)，8b 为 215kg PE/(mol Ni・h)，因此表明这个大体积的 9-蒽基降低了催化活性。在目前的研究中，我们的计算结果和这两种情况的实验结果都很符合。因此在 3a、4a 和 5a 中，MANCC 预测大体积的取代基将降低催化活性，尽管根据乙烯的插入位垒，催化活性有轻微的升高。离解焓也是随电荷的增加而升高。然而，4a 的 ΔH 并没有像 3a 那样随净电荷有明显的下降，可能的原因就如 QM/MM 所给的解释：—2,6-异丙基苯基和 PMe_3 处于反位，空间距离比较远，所以立体排斥作用就比较弱。

最后，由中心金属净电荷所引起的 5a 和 6a 之间的活性差别也可由量子力学的计算结果得到很好的解释。5a 中 Ni 较高的净电荷将使 5a 的活性比 6a 高。相应地，5a 的乙烯插入能也较低（14.0kcal/mol）[1]。同时，还对应着较高的离解焓。

总体而言，我们能从图 2-16 中得出结论：乙烯的插入位垒随着中心金属的净电荷的增加而下降，而离解焓随着电荷的增加而增加。这两种趋势都和净电荷合理地关联。MANCC 的结果都得到 QM/MM 的支持。

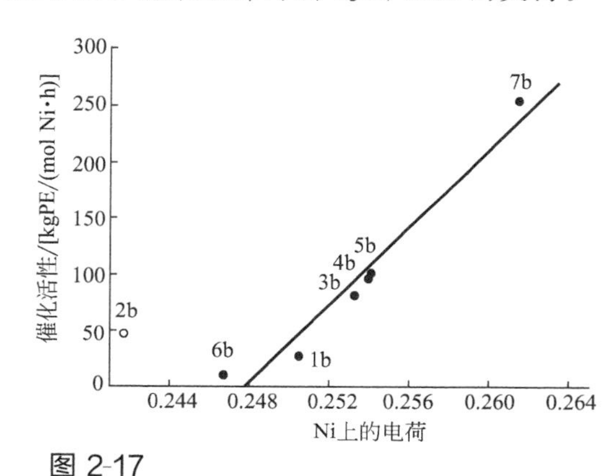

图 2-17

实验水杨醛亚胺 Ni（Ⅱ）配合物中 Ni 的净电荷和乙烯聚合活性的比较

（4）MANCC 和实验结果的比较。由上面的比较可以看到，MANCC 是一个非常省时而有效的方法。所以我们将它进一步应用到 R. H. Grubbs 的实验催化体系中。配合物中 Ni 的净电荷和实验活性的比较见图 2-17。

从图 2-17 中，我们能够清晰地看到，催化活性随着 Ni 上净电荷的升高而增加。MANCC 的预测是相当合理的。除了 2b 外，催化活性和净电荷都是近似线性相关的。这表明催化活性主要受电子效应的影响而不是立体效应的影响。

按照 *t*-Bu 基团的给电子效应，与 1b 相比，在 2b 中水杨醛苯环 3 位的 *t*-Bu 将把部分电子推向 Ni 的周围。MANCC 给出了合理的结果：2b 中 Ni 的净电荷为 0.2419，比 1b 的 0.2505 低。

尽管 2b 中 Ni 的净电荷比 6b 低，但配合物 2b 显示的活性意外地比 6b 高，这和 MANCC 的结论并不一致。我们认为最可能的原因在立体效应。随着连接到水杨醛苯环上 3 位的取代基的体积越来越大（*t*-Bu→Ph→9-菲基→9-蒽基)，立体效应在一定程度上增加了催化活性。大体积的苯基，9-菲基和 9-蒽基并没能显著地增加催化剂的活性，因为 3b，4b 和 5b 仍然服从电子效应，并没有明显地偏离最小二乘直线。但是体积相对较小的 *t*-Bu 基却明显地增加了 2b 的催化活性，十分明显，在 2b 中，来自立体效应的贡献超过了电子

[1] 1cal＝4.2J。

效应的贡献，t-Bu 基是一个很关键的因素。就我们所知，如何来衡量立体效应的大小还并不清楚。通过分析取代基到中心金属 Ni 的距离可能有助于我们更好地理解立体效应。在 t-Bu、Ph、9-菲基或 9-蒽基的 C 和 Ni 之间最近的距离分别是 4.446Å、4.701Å、4.836Å 和 5.050Å。由于构象的限制，Ph、9-菲基或 9-蒽基平面与水杨醛苯环平面的夹角分别为 61°、71°和 78°。所以实际上，大体积的 9-蒽基比 t-Bu 离 Ni 的距离远。因此较短的距离（2b 和 5b 相差大约 0.6Å）使得这个 t-Bu 基所产生的立体效应超过 9-蒽基。上面的分析结果告诉我们，立体效应的大小并不简单地取决于取代基的体积，取代基的构象也得考虑。取代基到中心金属的距离也可能对影响催化活性是有意义的。

因为诱导期是 PPh_3 从中心金属 Ni 解离的最直接的实验现象，所以还发现了离解能和净电荷的关联。实验显示，1b 的诱导期是 5～8min，而 7b 是大约 20min，这完全和净电荷的变化相一致：1b 为 0.2505，7b 为 0.2614。

除了高的净电荷能导致高的离解能和长的诱导期外，高的净电荷还可导致高的聚合度。

(5) 对水杨醛亚胺 Ni（Ⅱ）配合物的活性的预测。根据以上的分析，我们预测了两种水杨醛亚胺 Ni（Ⅱ）配合物对烯烃的聚合活性。含氟取代基的水杨醛亚胺 Ni（Ⅱ）配合物（9b 和 10b）（图 2-18）对乙烯的聚合活性和含氯或碘取代基的水杨醛亚胺 Ni（Ⅱ）配合物（图 2-19）（11b～16b）对降冰片烯的聚合活性。

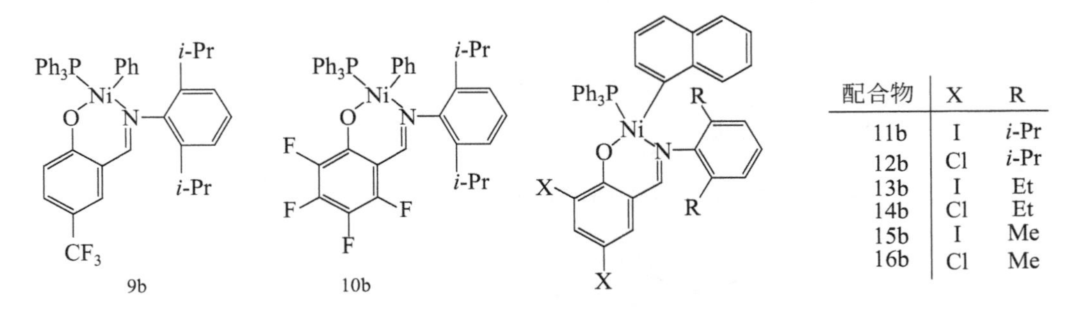

配合物	X	R
11b	I	i-Pr
12b	Cl	i-Pr
13b	I	Et
14b	Cl	Et
15b	I	Me
16b	Cl	Me

图 2-18
含氟取代基的水杨醛亚胺 Ni（Ⅱ）配合物

图 2-19
含氯和碘取代基的水杨醛亚胺 Ni（Ⅱ）配合物

所有配合物模型的建立都与 2b 同，应用 UFF 力场优化结构，最后用 QEq 分配电荷。

① 含氟取代基的水杨醛亚胺 Ni（Ⅱ）配合物（9b 和 10b）对乙烯的聚合。在 10b 中，水杨醛骨架苯环上的四个 H 全部被 F 取代。由于 F 强的电负性和与 H 相似的体积，导致了 10b 中 Ni 的净电荷为 0.2618。在 9b 中，由于—CF_3 强的吸电子能力，同样地在 9b 中 Ni 的净电荷也很高，达到 0.2552。所以按照 Ni 上净电荷的大小，9b 和 10b 对乙烯聚合的活性顺序应该是：1b＜9b＜7b＜10b。在所有 9 个催化剂当中 10b 的活性应该是最高的。

② 含氯或碘取代基的水杨醛亚胺 Ni（Ⅱ）配合物（11b～16b）对降冰片烯的聚合[44]。我们还研究了这类配合物中 Ni 的净电荷与降冰片烯聚合活性的关系。配合物 11b～16b 中 Ni 的净电荷和相应催化活性的比较见表 2-13。

表 2-13 含氯或碘取代基的水杨醛亚胺 Ni（Ⅱ）配合物（11b～16b）中 Ni 的净电荷与降冰片烯的聚合活性的比较

配合物	QEq 电荷	活性/[g/(mol·h)]
11b	0.2438	2.65×10^{8}
12b	0.2499	2.71×10^{8}
13b	0.2501	2.71×10^{8}
14b	0.2583	2.87×10^{8}
15b	0.2552	2.54×10^{8}
16b	0.2579	2.67×10^{8}

注：聚合条件：溶剂甲苯，降冰片烯浓度 C_m=5.00mol/L，催化剂 5μmol，MAO 7.2mL，Al/Ni=2000，M/Ni=20000，聚合温度 25℃，聚合时间 20s。

从表 2-13 中可以看到，对于相同的 R 基团，含 Cl 取代基的总是比含 I 取代基的活性高，这是由于 Cl 的电负性比 I 大，从而含 Cl 取代基水杨醛亚胺 Ni（Ⅱ）配合物中 Ni 的净电荷比含 I 取代基水杨醛亚胺 Ni（Ⅱ）配合物中的高，因而活性就高。

其中四个配合物，11b、12b、13b、14b 对乙烯的聚合活性，我们也进行了研究，见图 2-20。

结果和降冰片烯的活性顺序一致。

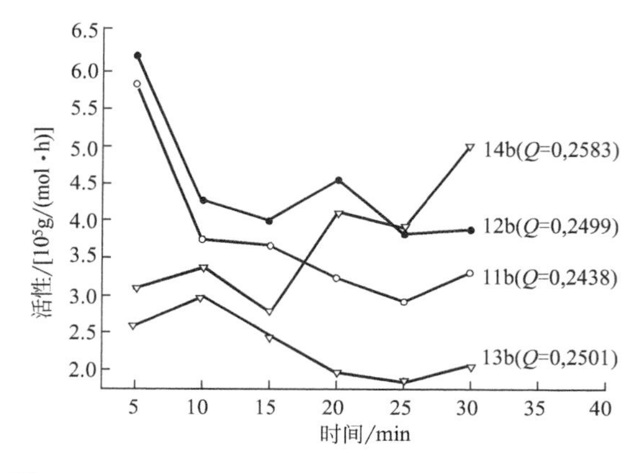

图 2-20

配合物(11b~ 14b)中心金属净电荷和催化活性的关系

聚合条件：2.4μmol 催化剂，30mL 甲苯，2.6mL MAO(1.4mol/L，甲苯)，30℃，乙烯 1atm，反应时间 30min，每 5min 监测一次活性。

C17 X=Cl, R=*i*-Pr
C18 X=Br, R=*i*-Pr

图 2-21

双核二亚胺配位的 Ni（Ⅱ）配合物

第四类：5 配位或 6 配位的双核 Ni（Ⅱ）配合物

烯烃聚合催化剂除了上面的几种单核配合物外，还有一些双核 Ni（Ⅱ）配合物对乙烯聚合也表现出良好的催化活性。

（1）5 配位的双核吡啶亚胺配位的 Ni（Ⅱ）配合物。在 1999 年 T. V. Laine[45] 报道了一类双核吡啶亚胺配位的 Ni（Ⅱ）的配合物（图 2-21）。其中的两个双核 Ni（Ⅱ）化合物都有几乎相同的晶体结构，这为我们应用 MANCC 方法提供了更加便利的条件，也有确切的证据来证明 MANCC 的有效性。

为模拟上述两个化合物的分子结构，我们仍然选择 DREIDING 力场进行改进。所用的主要参数如表 2-14。

表 2-14　5 配位的 NiI（Ⅱ）的 Dreiding 力场参数

键伸缩①	K_r	r_0
Ni1—Br1	700.00	2.5330
Ni1—Br2	700.00	2.4110
Ni1—Br3	700.00	2.4590
Ni1—Cl1	700.00	2.3965
Ni1—Cl2	700.00	2.2729
Ni1—Cl3	700.00	2.3366
Ni1—NR	700.00	2.0400
Ni1—N2	700.00	2.0950
键弯曲①	K_θ	θ_0/(°)
N2—Ni1—NR	100.00	80.0
Cl2—Ni1—X	100.00	95.0
NR—Ni1—Cl3	100.00	161.0
NR—Ni1—Cl1	100.00	91.0
N2—Ni1—Cl1	100.00	148.9
Cl1—Ni1—Cl3	100.00	85.8
Ni1—Cl1—Ni2	100.00	94.2
Ni1—Cl3—Ni2	100.00	94.2
Br2—Ni1—X	100.00	95.0
NR—Ni1—Br3	100.00	160.0
NR—Ni1—Br1	100.00	91.0
N2—Ni1—Br1	100.00	153.2
Br1—Ni1—Br3	100.00	85.8
Ni1—Br1—Ni2	100.00	94.2
Ni1—Br3—Ni2	100.00	94.2

① 所用函数形式：$E_{键伸缩}=\frac{1}{2}K_r\ (r-r_0)^2$；$E_{键角弯曲}=\frac{1}{2}K_\theta\ (\theta-\theta_0)^2$。

配合物 C17 和 C18 的模拟分子结构如图 2-22。

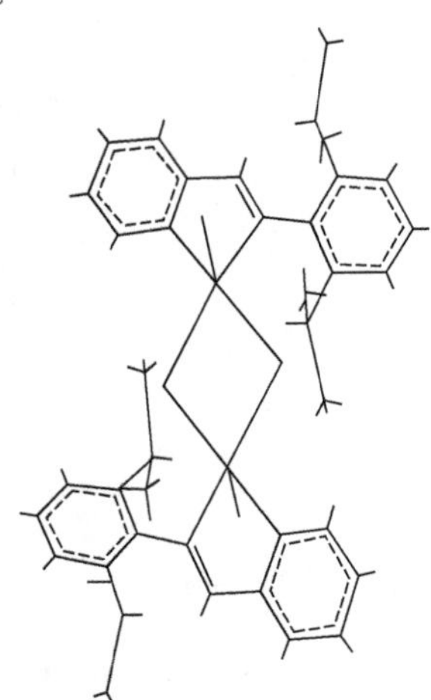

图 2-22

配合物 C17 和 C18 模拟的分子结构

C17 和 C18 模拟的分子结构数据和 X 射线测定数据的比较如表 2-15 所示。

表 2-15 配合物 C17 和 C18 的 MM 数据和 X 射线测定数据的比较

配合物	C17(X=Cl)		C18(X=Br)	
	MM	X 射线	MM	X 射线
Ni—N1	2.039	2.052	2.051	2.05
Ni—N8	2.095	2.106	2.099	2.103
Ni—Cl1	2.396	2.396	2.533	2.531
Ni—X1a	2.3366	2.3332	2.459	2.456
Ni—X2	2.273	2.270	2.411	2.408
N1—Ni—N8	79.37	76.3	79.9	77.0
N1—Ni—X1	91.08	95.6	91.5	96.2
N1—Ni—X1a	161.14	167.3	160.1	166.4
N1—Ni—X2	94.00	94.8	95.0	95.2
N8—Ni—X1a	148.86	153.4	153.2	156.1
X1—Ni—X1a	85.53	85.1	85.84	85.2
Ni—X1—Nia	94.47	94.8	94.16	94.3

从表中的数据可以看出，改进后的 Dreiding 力场也能很好地模拟双核配合物。C17 和 C18 中 Ni 的净电荷和相应的乙烯聚合活性见表 2-16。

表 2-16 配合物 C17 和 C18 中 Ni 的净电荷和乙烯聚合活性的比较

配合物	QEq 电荷	活性/[kg PE/(mol · h)]		
		40℃	20℃	0℃
C17	0.5200	6800	5300	660
C18	0.4600	6700	6700	620

可以看到，当 X=Cl 时的催化活性比 X=Br 时的高。而且在不同的温度条件下，相对活性顺序也基本不变。Cl 的电负性比 Br 大，导致了 C17 中 Ni 所带的正电荷比 C18 中的高，所以导致了 C17 比 C18 的催化活性高。

(2) 5 配位的双核酰胺配位的 Ni（Ⅱ）配合物（C19～C24)(图 2-23)。

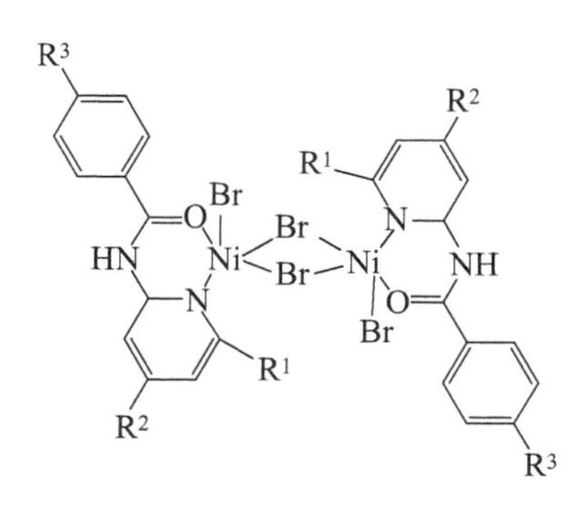

配合物	R^1	R^2	R^3
C19	Me	H	H
C20	Me	Me	H
C21	Et	H	H
C22	Me	H	NO_2
C23	Me	Me	NO_2
C24	Et	H	NO_2

图 2-23

5 配位的双核酰胺配位的 Ni（Ⅱ）配合物

图 2-24

配合物 C19 的分子力学模拟结构

和 C17 类似，C19 是 N^O 型配体配位的双核 Ni（Ⅱ）配合物，我们用改进的 Dreiding 力场来模拟 C19 的分子结构（图 2-24)。

所用的改进的部分 Dreiding 力场参数如表 2-17 所示。

表 2-17 改进的部分 Dreiding 力场参数

键伸缩[①]	K_r	r_0
Ni1—Br1	700.00	2.5874
Ni1—Br2	700.00	2.4887
Ni1—Br3	700.00	2.4708
Ni1—OR	700.00	1.9440
Ni1—NR	700.00	2.0290
键角弯曲[①]	K_θ	θ_0/(°)
OR—NiX	500.00	98.0
Br1—Ni—Br2	500.00	163.2
NR—Ni1—Br3	500.00	167.4
NR—Ni1—Br2	500.00	93.1
NR—Ni1—Br1	500.00	85.6
Br1—Ni1—Br3	500.00	84.8
Br2—Ni1—Br3	500.00	93.8
Ni1—Br1—Ni2	500.00	95.2

①所用函数形式：$E_{键伸缩}=\frac{1}{2}K_r\ (r-r_0)^2$；$E_{键角弯曲}=\frac{1}{2}K_\theta\ (\theta-\theta_0)^2$。

配合物的模拟结构数据和 X 射线测定数据的比较见表 2-18。

表 2-18 配合物的模拟结构数据和 X 射线测定数据的比较

键长和键角	MM	X 射线
Br1—Ni1	2.5849	2.5874
Br2—Ni1	2.4866	2.4887
Ni1—O1	1.9092	1.944
Ni1—N1	2.0172	2.029
Ni1—Br1A	2.4658	2.4708
Ni1A—Br1—Ni1	94.9	95.2
Br2—Ni1—Br1	164.1	163.2
N1—Ni1—Br1A	166.1	167.4
O1—Ni1—Br1A	96.5	97.7
O1—Ni1—Br1	97.9	98.7
O1—Ni1—Br2	98.0	98.1
O1—Ni1—N1	95.0	91.8
Br1A—Ni1—Br1	85.1	84.8
Br1A—Ni1—Br2	93.4	93.8
N1—Ni1—Br1	85.7	85.6
N1—Ni1—Br2	92.7	93.1

配合物 C19～C24 中 Ni 所带的净电荷如表 2-19 所示。

表 2-19 配合物 C19～C24 中 Ni 所带的净电荷

配合物	C19	C20	C21	C22	C23	C24
电荷	0.5460	0.5454	0.5435	0.5547	0.5536	0.5512

根据上面的电荷分布，可以预料带—NO_2 取代基的配合物的活性较高。又由于甲基比乙基的供电子能力低，所以带甲基的配合物应该比带乙基的配合物活性好。但乙基的体积比甲基大，所以立体效应可能会使预测的结果有所不同。

(3) 6 配位的双核苯酚二亚胺配位的 Ni（Ⅱ）配合物（C25)(图 2-25)[41]

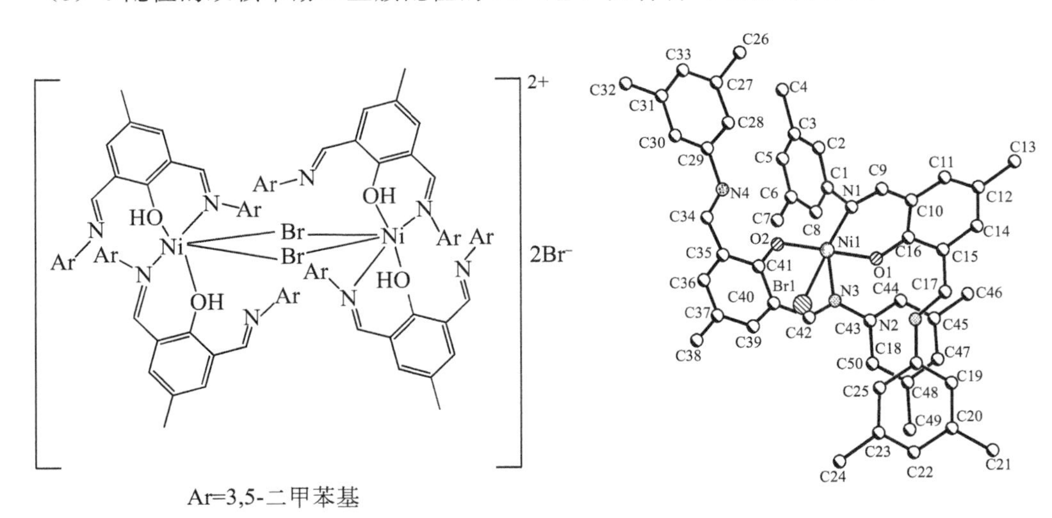

图 2-25
6 配位的双核苯酚二亚胺配位的 Ni（Ⅱ)配合物

用修改的 UFF 力场，对配合物 C25 进行模拟，所用的有关参数和模拟数据与 X 射线数据的对比如表 2-20 和表 2-21 所示。

表 2-20 修饰 UFF 力场所用的部分参数

键伸缩①	K_r	r_0
Ni6＋2—OR	700.00	2.085
Ni6＋2—NR	700.00	2.080
Ni6＋2—Br	700.00	2.620
CR—OR	700.00	1.295
键角弯曲①	K_θ	θ_0/(°)
Br—Ni6＋2—Br	100.00	90.00
Br—Ni6＋2—OR	100.00	90.00
NR—Ni6＋2—OR	100.00	90.00
NR—Ni6＋2—NR	100.00	120.0
Ni6＋2—OR—CR	100.00	120.0

① 所用函数形式：$E_{键伸缩}=\frac{1}{2}K_b\ (R-R_0)^2$；$E_{键角弯曲}=\frac{1}{2}K_\theta\left(\frac{\cos\theta-\cos\theta_0}{\sin\theta_0}\right)^2$。

表 2-21　配合物 C25 的模拟结构数据和 X 射线测定数据的比较

键长和键角	X 射线	MM
Ni1—O1	1.974	1.967
Ni1—O2	1.972	1.977
Ni1—N1	2.061	2.067
Ni1—N3	2.069	2.065
Ni1—Br1	2.581	2.593
Ni1—Br1＃1	2.608	2.604
O1—C16	1.274	1.275
O2—C41	1.289	1.288
O1—Ni1—O2	174.6	174.5
O1—Ni1—N1	89.4	90.0
O2—Ni1—N1	94.9	94.8
O1—Ni1—N3	93.1	91.7
O2—Ni1—N3	89.3	90.0
N1—Ni1—N3	98.9	98.5
O1—Ni1—Br1	82.7	87.0
O2—Ni1—Br1	92.6	87.9
N1—Ni1—Br1	170.0	173.3
N3—Ni1—Br1	87.7	87.5
O1—Ni1—Br1＃1	92.6	91.4
O2—Ni1—Br1＃1	84.7	86.4
N1—Ni1—Br1＃1	84.7	86.4
Br1—Ni1—Br1＃1	89.5	87.5
C16—O1—Ni1	130.2	134.5
C41—O2—Ni1	130.9	129.9

我们用 MD 模拟了 250～400K 之间 C25 中 Ni 所带的电荷随温度的变化情况，温度间隔为 25 K。结果发现，Ni 的净电荷在不同的温度下几乎保持不变（图 2-26）。

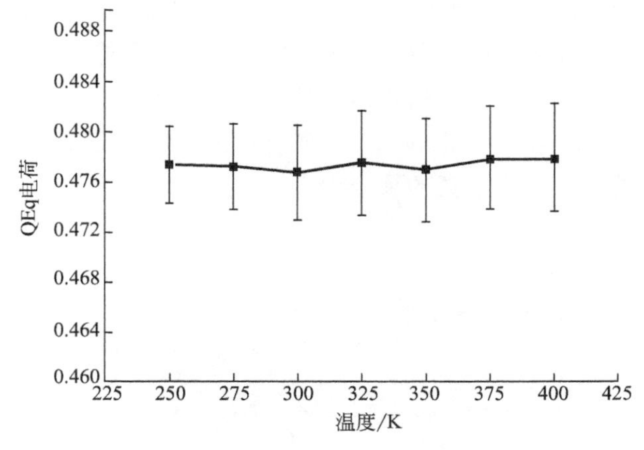

图 2-26

C25 中 Ni 的净电荷与温度变化的关系

进一步的实验证实，C25 在 275 K、300 K 和 325 K 的温度条件下，以 MAO 为助催化剂，对乙烯的低聚活性分别为 2.00×10^4 g/(mol·h)、4.40×10^4 g/(mol·h)、2.82×10^4 g/(mol·h)。在实验误差的范围内，实验结果和理论计算基本一致。

2.5.2.4 小结

通过应用 UFF 和 Dreiding 力场，有效地模拟了后过渡金属 Fe（Ⅱ）和 Ni（Ⅱ）配合物的分子结构，用电荷平衡法（QEq）结合玻尔兹曼（Boltzmann）统计系统研究了这些配合物的中心金属所带电荷 Q 和对烯烃聚合活性的关系，发现：

（1）中心金属 Fe 和 Ni（4 配位或 6 配位）所带的电荷 Q 越大，催化剂的活性就越高，但并没有发现二者间有明确的定量关系。

（2）中心金属的电荷随温度的变化并不明显，基本保持不变。

（3）对于不同的聚合体系，如乙烯聚合、丙烯二聚或降冰片烯聚合，催化剂的活性都随中心金属的净电荷增加而增加。

（4）通过对比用 MM 模拟的水杨醛亚胺 Ni（Ⅱ）配合物中心金属的电荷和用 QM/MM 模拟配合物的中心金属电荷，能够发现 MANCC 结果和 QM/MM 的结果相互佐证，因此 MANCC 是非常简单而有效的方法。

（5）影响催化活性的两个因素：立体效应和电子效应，电子效应的影响是主要的。当取代基离活性中心比较接近时，立体效应起的作用才比较明显。这通常导致中心金属的净电荷和催化活性不相匹配。

（6）后过渡金属 Fe（Ⅱ）和 Ni（Ⅱ）配合物中 Ni 所带电荷大小与对烯烃催化活性大小之间的关系与前过渡金属（Ti 或 Zr）的情况相反。可能的原因是前过渡金属和后过渡金属的 d 电子构型的差异引起的。Fe 和 Ni 是 $3d^{6\sim8}$ 构型，而 Ti 和 Zr 分别是 $3d^2$ 和 $4d^2$ 构型。所以后过渡金属相对于前过渡金属而言是富电子的。在烯烃的低聚或聚合机理中，烯烃插入 M—R 键是催化的关键步骤，它和催化活性直接相关。因此，M—R 键应该有适当的稳定性才行。在前过渡金属催化体系中，M—R 太稳定而不利于烯烃的插入。所以必须降低中心金属的净电荷。所以净电荷越低，催化活性越高。而后过渡催化体系中的 M—R 键太不稳定，所以必须增加中心金属的净电荷才有利于烯烃的插入。所以后过渡金属催化剂的中心金属的净电荷越高，催化活性越大，同时当增加中心金属的净电荷时，不但增强了 M—R 键，而且还增强了 M—X（X 来自离去基团）键（如 Ni—PPh_3）的强度，由此可以观察到相应的诱导期和较高的聚合度。

参考文献

[1] 杨小震. 分子模拟与高分子材料. 北京：科学出版社，2002：12-18.

[2] Mayo S L, Olafson B D, Goddard W A. DREIDING: A Generic Force Field for Molecular Simulations. J Phys Chem, 1990, 94: 8897.

[3] Rappé A K, Casewit C J, Colwell K S, et al. A Full Peridic Table Forces for Molecular Mechanics and Molecular Dynamics Simulation. J Am Chem Soc, 1992, 114: 10024.

[4] Casewit C J, Colwell K S, Rappé A K. Apllication of a Universal Force Field to Main Group Compounds. J Am Chem Soc, 1992, 114: 10046.

[5] Casewit C J, Colwell K S, Rappé A K. Apllication of a Universal Force Field to Organic Molecules. J Am Chem Soc, 1992, 114: 10035.

[6] Rappé A K，Colwell K S，Casewit C J. Apllication of a universal force field to metal complexes. Inorg Chem，1993，32：3438.

[7] Yang J Ren Y，Tian AM，Sun H. COMPASS Force Field for 14 Inorganic Molecules，He，Ne，Ar，Kr，Xe，H_2，O_2，N_2，NO，CO，CO_2，NO_2，CS_2，and SO_2，in Liquid Phases. J Phy Chem B，2000，104（20），4951.

[8] Sun H，COMPASS：An *ab Initio* Force-Field Optimized for Condensed-Phase Applicatioins—Overview with Details on Alkane and Benzene Compounds. J Phys Chem B，1998，102：7338.

[9] （a）Maple J R，Hwang M J，Stockfisch T P，et al. Derivation of Class Ⅱ Force Fields Ⅰ. Methodology and Quantum Force Field for the Alkyl Functional Group and Alkane Molecules. J Comput Chem，1994，15：162-182.（b）Sun H. *Ab Initio* Characterizations of Molecular Structures，Conformation Engergies，and Hydrogen-Bonding properties for Polyurethane Hard Segments. Marcomolecules，1994，26：5924.

[10] 郭大为.分子催化的计算机模拟.中国科学院，2000：18-20.

[11] Allinger N L. Molecular Mechanics//Formosinho S J，Csizmadia I G，Arnaut L G. Theoretical and Computational Methods for Organic Chemistry. Dordrecht：Kluwer Academic Publisher，1991.

[12] Swope W C，Andersen H C，Berens P H，et al. A Computer Simulation Method for the Calculation of Equilibrium Constants for the Formation of Physical Clusters of Molecules：Application to Small Water Clusters. J Chem Phys，1982，76：637.

[13] Nosé S，Klein M L. A Study of Solid and Liquid Carbon Tetrafluoride Using the Constant Pressure Molecular Dynamics Technique. J Chem Phys，1983，78（11）：6928.

[14] Parrinello M，Rahman A. Study of an F center in molten KCl. J Chem Phys，1984，80（2）：860.

[15] （a）Rappé A K，Goddard Ⅲ W A. Charge Equllibration for Molecular Dynamics Simulation. J Phys Chem，1991，95：3358.（b）Jorgenson W J，Tirado-Rives J. the OPLS Potential Functions for Proteins，Energy Minimizations for Crystals of Cyclic Peptides and Crambin. J Am Chem Soc，1988，110：1657.

[16] Leach A R. Molecular Modeling-Principles and Applications. London：Addision Wesleey Logman Limited，1996：413-422.

[17] Bunte S W，Sun H. Molecular Modeling of Energetic Materials：The Parameterization and Validation of Nitrate Esters in the COMPASS Force Field. J Phys Chem B，2000，104（11）：2477.

[18] Jolly C A，Marynick D S. The Direction Mechanism in Ziegler-Natta Polymerization：A Theoretical Study of $Cp_2TiCH_3^+ + C_2H_4 \longrightarrow Cp_2TiC_3H_7^+$. J Am Chem Soc，1989，111：7968.

[19] Prosenc M H，Janiak C，Brintzinger H H. Agostic Assistance to Olefin Insertion in Alkylizirconocene Cations：A Molecular Orbital Study by the Extended Hückel Method. Organometallics，1992，11：4036.

[20] Weiss H，Ehrig M，Ahlrichs R. Ethylene Insertio in the Homogenous Ziegler-Natta Catalysis：An *ab Initio* Investigation on Correlated Level. J Am Chem Soc，1994，116：4919.

[21] （a）Woo T K，Fan L，Ziegler T. Density Functional Study of the Insertion Step in Olefin Polymerization by Metallocene and Constrained-Geometry Catalysts. Organometallics，1994，13：432.（b）Woo T K，Fan L，Ziegler T. A Density Functional Study of Chain Growing and Chain Terminating Steps in Olefin Polymerization by Metallocene and Constrained Geometry Catalysts. Organometallics，1994，13：2252.（c）Fan L，Harrison D，Woo T K，et al. A Density Functional Study of Ethylene Insertion into M—CH_3 Bond of the Constrained Geometry Catalysts $[(SiH_2—C_5H_4—NH)\ MCH_3]^+$（M = Ti，Zr，Hf）and（$SiH_2—C_5H_4—NH$）$TiCl_3$. Organometallics，1995，14：2018.（d）Musaev D G，Froese R D J，Svensson M，Morokuma K. A Density Functional Study of the Mechanism of the Diimine-Nickel-Catalyzed Ethylene Polymerization Reaction. J Am Chem Soc，1997，119：367.

[22] Tomita T，Takahama T，Sugimoto M，Sakaki S. Why Is the Nickle(Ⅱ) Diphenyldiimine Complex the Best Catalyst for Polymerization of Ethylene in Three Kinds of Cationic Nickel(Ⅱ) Complexes，$[Ni(CH_3)L]^+$（L=Diphenyldiimine，2，2′-Bipyridine，or 1，2-Diphoisphineoethane）? A Theoretical Study. Organometallics，2002，21：4138.

[23] （a）Deng L，Margl P，Ziegler T. A Density Functional Study of Nickel(Ⅱ) Diimide Catalyzed Polymerization of Ethylene. J Am Chem Soc，1997，119：1094.（b）Strömberg S，Zetterberg K，Siegbahn P E P. Trends within a triad：Comparison between σ-alkyl Complexes of nickel，Palladium and Platinum with respect to Association of Ethylene，Migratory Insertion and β-hydride Elimination. A Theoretical Study. J Chem Soc Dalton Trans，1997，4174.（c）Musaev D G，Froese R D J，Svensson M，et al. A Density Functional Study of the Mechanism of the Diimine-Nickel-Catalyzed Ethylene. Polymerization Reaction. J Am Chem Soc，1997，119：367.（d）Musaev D G，Svensson M，Morokuma K. Density Functional Study of the Mechanism of the Palladium（Ⅱ）-Catalyzed Eth-

ylene Polymerization Reaction. Organometallics，1997，16：1933.

[24] (a) Castonguay L A，Rappé A K. Ziegler-Natta Catalysis. A Theoretical Study of the Isotactic Polymerization of Propylene. J Am Chem Soc，1992，114：5832. (b) Hart J R，Rappé A K. Predicted Structure Selectivity Trends：Propylene Polymerization with Substituted rac-[1，2-Ethylenebis (η^5-indenyl)] Zirconium (Ⅳ) Catalysts. J Am Chem Soc，1993，115：6159.

[25] Toto M，Cavallo L，Carradini P，et al. Influence of π-Ligand Substitutions on the Regiospecificity and Stereospecificity in Isospecific Zirconocenes for Propene Polymerization A Molecular Mechanics Analysis. Macromolecules，1998，31：3431.

[26] (a) Scordamaglia R，Barino L. Theorectical Preictive Evaluation of New Donor Classes in Ziegler-Natta Heterogeneous Catalysis for Propene Isospecfic Polymerization. Macromol Theory Simul，1998，7：399. (b) Barino L，Scordamaglia R. Modeling of isospecific Ti sites $MgCl_2$ supported heterogeneous Ziegler-Natta catalysts. Macromol Theory Simul，1998，7：407.

[27] (a) Field M J，Bash P A，Karplus M. A Combined Quantum Mechanical and Molecular Mechanical Potential for Molecular Dynamics Simulation. J Comp Chem，1990，11：700. (b) Froese R D J，Musaev D G，Morokuma K. Theoretical Study of Subtituent Effect in the Diimine-M(Ⅱ) Catalyzed Ethylene Polymerization Reaction Using the IMOMM Method. J Am Chem Soc，1998，120：1581. (c) Musaev D G，Froese R D J，Morokuma K. Molecular Orbital and IMOMM Studies of the Chain Transfer Mechanism of the Diimine-M(Ⅱ)-Catalyzed (M=Ni，Pd) Ethylene Polymerization Reaction. Organometallics，1998，17：1850.

[28] Margl P，Deng L，Ziegler T. Cobalt(Ⅱ) Imino Pyridine Assisted Ethylene Polymerization：A Quantum-Mechanical/Molecular-Mechanical Density Functional Theory Investigation. Organometallics，1999，18：5701.

[29] (a) Deng L，Marl P，Ziegler T. Mechanistic Aspects of Ethylene Polymerization by Iron (Ⅱ)-Bisimine Pyridine Catalysts：A Combined Density Functional Theory and Molecular Mechanics Study. J Am Chem Soc，1999，121：6479. (b) Chan M S W，Deng L，Ziegler T. Density Functional Studay of Neutral Salicylaldiminato Nickel (Ⅱ)Complexes as Olefin Polymerization Catalysts. Organometallics，2000，19：2741.

[30] Henrici-Olivé G，Olivé S. Influnece of Ligands on the Activity and Specificity of Soluble Transition Metal Catalysts. Angew Chem Internal Edit，1971，2：105.

[31] Möhring P C，Coville N J. Quantification of the Influence od Steric and Electronic Parameters on the Ethylene Polymerization Activity of $(CpR)_2ZrCl_2$/ethylaluminoxane Ziegler-Natta catalysts. J Mol Catal，1992，77：41.

[32] Schmid R，Ziegler T. Polymerization Catalysts with dn Electron (n = 1-4)：A Theoretical Study. Organometallics，2000，19：2756.

[33] Zhang Tianzhu，Sun Wenhua，Li Ting，et al. Influence of Electronic Effect on Catalytic Activity of Bis (imino) pyridyl Fe(Ⅱ) and Bis (imino) pyrimidyl Fe(Ⅱ) Complexes. J Mol Catal A-Chem，2004，218：119.

[34] Guo Dawei，Yang Xiaozhen，Liu Taining，et al. Study on the Activity of Constrained Geometry Metallocens. Macromol Theory Simul，2001，10：75.

[35] Britovsek G J P，Bruce M，Gibson V C，et al. Iron and Cobalt Ethylene Polymerization Catalysts Bearing 2，6-Bis (Imino) Pyridyl Ligands：Sythesis，Structures and Polymerization Studies. J Am Chem Soc，1999，121：8728.

[36] Britovsek G J P，Mastroianni S，Solan G A，et al. Oligomerisation of Ethylene by Bis (imino) pyridyl Iron and -Cobalt Complexes. Chem Eur J，2000，6：2221.

[37] Chen Yaofen，Qian Changtao，Sun Jie，Fluoro-Substituted 2,6-Bis (imino) pyridyl Iron and Cobalt Complexes：High-Activity Ethylene Oligomerization Catalysts. Organometallics，2003，22：1231.

[38] Mitani M，Mohri J，Yoshida Y，et al. Living Polymerization of Ethylene Catalyzed by Titanium Complexes Having Fluorine-Containing Phenoxy-Imine Chelate Ligands. J Am Chem Soc，2002，124：3327.

[39] Hoarau O D，Gibson V C. Iron and Cobalt Ethylene Polymerization Catalysts Bearing 2,6-Bis (imino) pyrimidyl Ligands：Synthesis and Polymerization Studies. Polymeric Materials：Science & Engineering，2001，84：532.

[40] (a) Johnson L K，Killian C M，Brookhart M. New Pd (Ⅱ)-and Ni (Ⅱ)-Based Catalysts for Polymerization of Ethylene and α-Olefins. J Am Chem Soc，1995，117：6416. (b) Svejda S A，Brookhart M. Ethylene Oligomerization and Propylene Dimerization Using Cationic (α-Diimine) nickel (Ⅱ) Catalysts. Organometallics，1999，18：65.

[41] Guo Dawei，Han Lingqin，Zhang Tianzhu，et al. Molecular Modeling on Temperature Dependence of Activity of A Late-Transition Metal Catalyst. Macromol Theory Simul，2002，11：1006.

[42] (a) Wang C，Friedrich S，Younkin T R，et al. Neutral Nickel (Ⅱ)-Based Catalysts for Ethylene Polymerization. Organometallics，1998，17：3149-3151. (b) Bansleben D A，Grubbs R H，Wang C，et al. MetCon'98："Polymers in Transition"

June 10-11，1998 Houston，TX USA.

[43] Chan M S W，Deng L，Ziegler T. Density Functional Studay of Neutral Salicyl-aldiminato Nickel（Ⅱ）Complexes as Olefin Polymerization Catalysts. Organometallics，2000，19：2741.

[44] Sun Wenhua，Yang Haijian，Li Zilong，et al. Vinyl Polymerization of Norbornene with Neutral Salicylaldiminato Nickel（Ⅱ）Complexes. Organometallics，2003，22：3678.

[45] Laine T V，Klinga M，Leskelä M. Synthesis and X-Ray Structure of New Mononulcear and Dinuclear Diimine Complexes of Late Transition Metals. Eur J Inorg Chem，1999，959.

第3章

分子动力学模拟方法在高分子溶剂化研究中的应用

吉青
中科曙光

在自然界中，溶液是物质存在的主要形式之一。溶剂化是一种常见的物理现象，即一种分子（溶质）均匀地分布在另一种分子（溶剂）中。从热力学上来说，溶剂化会生成相应的溶剂化结构，会影响到溶质的结构，进而影响它的化学性质和生物活性。从统计上来说，生成的这种溶剂化结构是各种各样、成千上万并且处在不断地变化之中。因此，溶剂化问题一直是多年来科学研究中的焦点与难点之一[1-8]。由于高分子本身结构就很复杂，其溶剂化问题更加缺乏研究。经典分子动力学方法，由于考虑了化学结构细节及其相互作用，为我们从微观相互作用方面开展高分子体系的溶剂化问题的深入研究提供了契机。在本章，我们首先对分子模拟中分子力场发展史及关键参数平衡时间的选择原理进行介绍，一方面补充第 2 章关于分子模拟原理简介，另一方面使得读者对分子模拟有更深入的了解。然后，在简述溶剂化研究的意义和背景后，我们给出应用分子动力学模拟方法研究溶剂化中的局部结构和动力学行为的结果。

3.1 分子力场发展史与平衡时间

3.1.1 分子力场发展史

20 世纪初，振动光谱的简正坐标分析研究充实了人们对控制分子结构与振动的分子力场的认识。1930 年 Andrews 提出了分子力场的基本思想，即由珠簧模型来描述键接原子间键长和键角变化，用范德华作用式计算非键接原子的相互作用。现在看来这些基本思想就是构筑分子力场的两个基本组成部分——键合相互作用和非键合相互作用。随后 1946 年 Hill 提出可以利用范德华相互作用下分子变形这一过程来优化体系能量从而得到合理的结构。从此依赖于分子力场的分子力学有了发展的雏形（见表 3-1）。当时的力常数都是从光谱实验中解析出来的，或称作“光谱力常数力场”，受到多余坐标、普适性差的困扰。20 世纪 60 年代 Lifson 提出了 CFF（Consistent Force Field），它属于现代的分子力场，即所谓“经验势函数力场”，是在假定的一套势函数的框架内把体系的能量描述成所有内坐标与原子对的函数。迄今为止，分子力场已经有几十个之多。力场参数的个数在 10～100 间的力场有 MM1、CFF、MM2 等，参数的个数大于 100 的力场有 MM3、CFF94、MM4 等，如图 3-1 示例。应用于生命科学的力场有 CHARMM、AMBER 等，应用于材料科学的力场有 MM4、DREIDING、UFF 等，如图 3-2。在分子力场发展的过程中，要求分子力场具有普适性（囊括所有的分子体系）和要求分子力场具有较高的准确性，这是分子力场应具有的重要品质的两个方面，同时它们又是矛盾着的双方：“求全”和“求精”。

表 3-1 分子力场发展历史

作者	年份	主要贡献
Andrews	1930	振动光谱学的基本思想
Hill	1946	引入力场中的范德华相互作用
Dostrovsky，Hughes，Ingold	1946	应用：外消旋作用
Westheimer and Mayer	1946	应用：S_N2 作用
Wilson	1955	采用 GF 数组
Westheimer	1956	提出分子力学
Hendrickson	1961	使用计算机
S. Lifson and A. Warshel	1968	CFF
Allinger	1973	MM1
Allinger	1977	MM2 & MMP2
Salvatore Profeta，Paul Weiner	1983	AMBER
M. Karplus	1983	CHARMM
Allinger	1989	MM3
W. A. Goddard	1989	DREIDING
Clark R. Landis	1990	SHAPE
W. A. Goddard	1992	UFF
Halgren	1996	MMFF
William L. Jorgensen	1996	OPLS
Allinger	1996	MM4
H. Sun	1998	COMPASS
H. Sun	2003	DFF

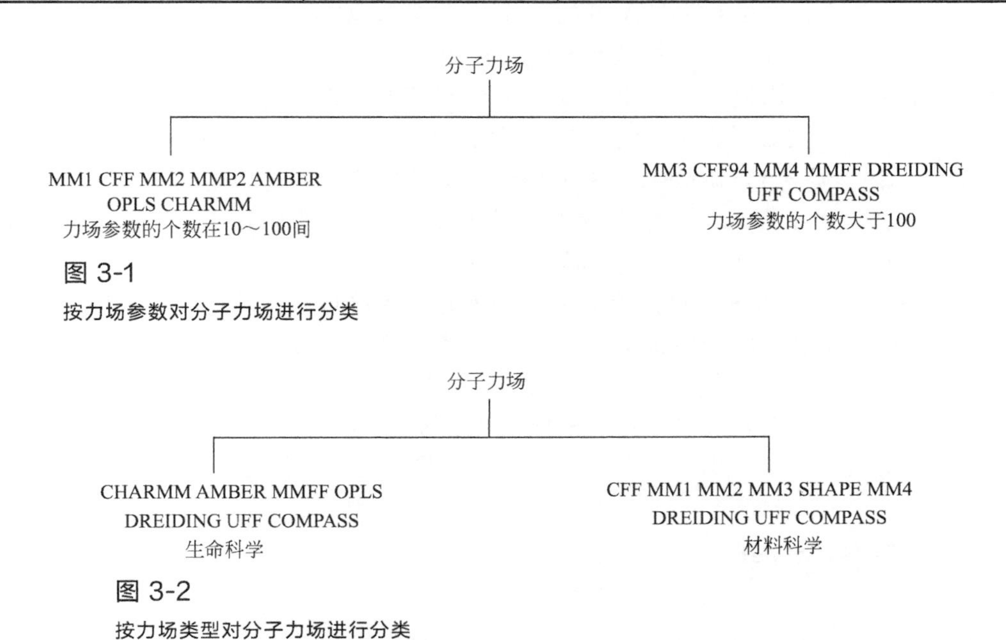

图 3-1

按力场参数对分子力场进行分类

图 3-2

按力场类型对分子力场进行分类

然而尽管大多数现有力场都是以能描述整个元素周期表里的元素为目标，但是要研究这些元素组成的各种各样的化合物仍旧是一个浩大且待完成的工作。不同的化合物对力场有着不同的要求。一个力场可能十分合理地描述某种化合物的性质，但是却完全不能描述另外一种化合物。或者一个力场可能十分合理地描述某种化合物的某种性质，但是不能正确描述这种化合物另外一种性质。力场本身不存在真正正确的形式，如果一种力场比另一种力场表现得好，那么这种力场是更加可取的。所以在正式开展模拟工作前对力场进行验证是十分必要的。

那么应该以什么样的标准来衡量力场的好坏呢？标准主要有 3 个方面：

（1）对化合物内坐标的正确描述。即合理的键长、键角和二面角值。

（2）对化合物局部动力学的合理描述。

（3）对化合物间的非键相互作用的正确描述。

这里我们应用 COMPASS 力场、GROMOS96 力场和 OPLS 力场对它们是否适合高分子模拟进行验证。验证的模型是全原子和联合原子的聚乙烯。我们对比了熔体条件下，各个力场在描述聚乙烯时得到的微观性质值。如描述整体尺寸的均方根回转半径（R_g）、末端距（R）和 特征比 C_∞。熔体是一种真实的环境，它是可以与实验值对照的，从而为力场的选择提供可靠的依据。首先我们来看看整体尺寸的对比。

表 3-2　由不同力场得到的聚乙烯 PE 分子链在熔体中的整体尺寸

力场	模型	末端距 R/Å	均方根回转半径 R_g/Å	特征比 C_∞	密度/(g/cm³)
COMPASS	联合原子	20.2	8.2	3.9	0.68
COMPASS	全原子	26.1	10.3	6.2	0.80
GROMOS	联合原子	27.1	10.2	6.1	0.72
OPLS	全原子	38.8	13.1	10.1	0.84

表 3-2 中的数据说明由 COMPASS 的联合原子模型计算得到的 PE 链的 R_g、R 和 C_∞ 相对较小。而由 OPLS 的全原子模型计算得到的 PE 链的 R_g、R 和 C_∞ 相对较大。实验上聚乙烯 PE 熔体的特征比为 7～8 之间。但是它们对应的聚乙烯链都是高分子量的，而本工作中的模型聚乙烯的分子链长度仅为 45 个主链 C，所以我们的特征比会比它们的略低。因此 COMPASS 全原子和 GROMOS96 的结果与实验值接近。它们比较适合聚乙烯的研究。模拟得到的熔体密度与实验密度对比，也可用来衡量力场的好坏。聚乙烯的密度为 0.68～0.84g/cm^3 之间。实验值为 0.9g/cm^3 左右。同样我们考虑到我们的链长较短，密度会较小一些。所以 OPLS 描述的聚乙烯的密度是最为接近实验值的。这说明，在描述高分子熔体模型时，由 COMPASS 的联合原子模型计算得到的 PE 链的 R_g、R 和 C_∞ 相对较小。而由 OPLS 的全原子模型计算得到的 PE 链的 R_g、R 和 C_∞ 相对较大。从密度、特征比的角度来看，COMPASS 全原子模型是最好的。GROMOS96 和 OPLS 在模拟聚乙烯的性能上效果比较接近。而 COMPASS 联合原子模型是不推荐的。

3.1.2　平衡时间

在常见的分子模拟中还有另外一个不可回避的问题，它就是计算体系的平衡。体系的平衡时间随着组成化合物分子量的增加会呈指数性的增加。而且不同性质到达平衡所需要的时间还不同。如一个长度为22个重复单元的聚乙烯，它的二面角的平衡时间约几皮秒(ps)，回转半径的平衡时间为几百皮秒，而末端距矢量的平衡时间至少要到1000ps以上。除了我们需要花费相当的机时让体系达到平衡外，在对平衡体系进行取样的时候同样要考虑平衡时间。如果我们的取样时间比我们所关注的性质的平衡时间还要短，那么由这些数据分析得到的性质的可信度就会降低。

既然平衡时间这么重要，它会受到哪些因素的影响呢？这些因素有：

(1) 模型的结构性质。

(2) 模型的尺寸。

(3) 模型的环境。

(4) 模型的种类。

用于衡量体系性质是否平衡（或者说平衡时间）的方法之一是自相关函数（ACF）。自相关函数反映的是由它描述的某个性质在多久以后可以“忘”了最初的值。在这里我们研究了2种自相关函数，以便验证分子动力学模拟长度。它们是二面角Φ、回转半径R_g的自相关函数。我们将使用两个自相关函数来分析全原子和联合原子的差别，温度和势垒差别所引起的平衡时间的差别。

$$C_{\phi}=\frac{\langle\cos\phi(t)\cos\phi(0)\rangle-\langle\cos\phi(0)\rangle^2}{\langle\cos\phi(0)\cos\phi(0)\rangle-\langle\cos\phi(0)\rangle^2} \tag{3-1}$$

$$\tau_{\phi}=\int_{t=0}^{t=\infty}C_{\phi}\mathrm{d}t \tag{3-2}$$

$$R_c=\frac{n_{\mathrm{jump}}}{t} \tag{3-3}$$

$$C_{R_g}(t)=\frac{\Big\langle(R_g(t)-\langle R_g\rangle)\times(R_g(0)-\langle R_g\rangle)\Big\rangle}{(R_g(0)-\langle R_g\rangle)^2} \tag{3-4}$$

$$\tau_{R_g}=\int_{t=0}^{t=\infty}C_{R_g}\mathrm{d}t \tag{3-5}$$

一般的平衡时间会大于松弛时间的3倍。

我们采用真空中的PE（C44）为模型来研究平衡时间。在上一部分的讨论中已经说明不同的力场对高分子的模拟品质有着直接的影响，所以在本节的讨论中首先讨论不同力场间的影响。

如图3-3所示。由于平衡时间大于松弛时间的3倍，所以我们要得到松弛时间的具体值。这个具体值在数学表达式上为自相关函数的积分，在图形上表现为该曲线下面积。从图3-3我们可以看到虚线所代表的COMPASS联合原子模型的自相关函数很快就达到了平衡值。而COMPASS全原子模型的自相关函数最后才达到了平衡值。这表明就二面角这个性质来说，平衡时间的相对大小依次为COMPASS全原子模型＞OPLS全原子模型＞GROMOS 96联合原子模型＞COMPASS联合原子模型。我们得出结论：联合原子模型的二面角比全原子模型的二面角更加容易达到平衡。

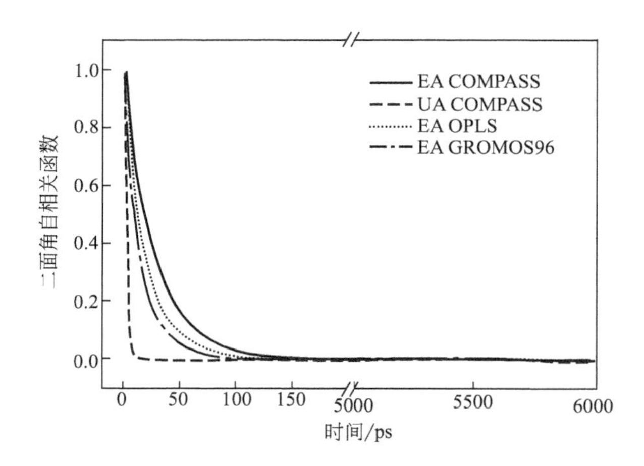

图 3-3

不同力场下聚乙烯二面角的松弛函数

EA 全原子， UA 联合原子。

接下来我们来分析回转半径自相关函数随时间的演化图。如图 3-4 所示。从图 3-4 我们可以看到长虚线所代表的 COMPASS 联合原子模型的自相关函数很快就达到了平衡值。而 COMPASS 全原子模型的自相关函数最后才达到了平衡值。这表明就回转半径这个性质来说，平衡时间的相对大小依次为 COMPASS 全原子模型＞OPLS 全原子模型＞GROMOS 96 联合原子模型＞COMPASS 联合原子模型。我们得出结论：联合原子模型的回转半径比全原子模型的回转半径更加容易达到平衡。

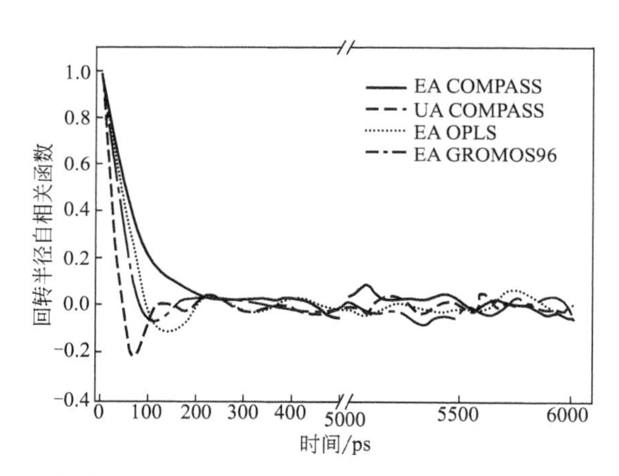

图 3-4

不同力场下聚乙烯回转半径的松弛函数

表 3-3　不同力场下聚乙烯体系的平衡对比

项目	EA COMPASS	UA COMPASS	EA OPLS	UA GROMOS 96
二面角平衡时间/ps	3.3	0.6	2.5	2.3
构象态跃迁的速度(每键每 10ps)/次	3.5	21.5	3.9	6.1

续表

项目	EA COMPASS	UA COMPASS	EA OPLS	UA GROMOS 96
回转半径 R_g/Å	7.1	7.2	7.8	7.6
回转半径平衡时间 τ_{R_g}/ps	73.5	24.2	47.3	39.2

最后我们来分析各个模型的构象态跃迁行为的差别。如表 3-3 所示。从表 3-3 我们可以看到平衡时间的具体值，构象态跃迁的速度和各个模型的回转半径平衡值。由平衡时间的数值我们可以定量地看到联合原子模型的二面角比全原子模型的二面角更加容易达到平衡。由回转半径的数值我们可以定量地看到联合原子模型的回转半径和全原子模型的回转半径相比没有明显的差别。构象态跃迁的速度是以单位时间内构象态跃迁发生的次数来表示。实质上这个值是构象态跃迁的频率。在表 3-3 我们可以看到 COMPASS 联合原子模型的跃迁速度比其他模型要大很多。GROMOS 96 联合原子模型的跃迁速度比其他全原子模型要大。而两个全原子模型的构象态跃迁速度差不多。这说明不同模型所涉及的能垒是不一样的。两个全原子模型的能垒高，跃迁次数低。联合原子的能垒低，对应的跃迁次数高。

同样的物质在不同的温度下，它的活动能力是不一样的。自然同一体系在不同温度下要达到平衡所需要的时间也不一样。如表 3-4 所示，我们给出了 400K，500K，600K 时 OPLS 全原子模型和 GROMOS 96 联合原子模型的体系不同性质平衡时间的差别。我们可以看到不管是全原子还是联合原子，二面角平衡时间随着温度从 400K 升高到 600K 它自身从 7～8ps 减少到 2～3ps。回转半径平衡时间随着温度从 400K 升高到 600K 它自身从约 200ps 减少到约 40ps。这表明温度升高，体系达到平衡所需要的时间会缩短。这种影响在二面角的平衡时间上，对于全原子和联合原子的影响类似。这种影响在回转半径的平衡时间上，对于全原子的影响比联合原子的影响要更加明显。此外，我们还可以看到随着温度的增加，构象态跃迁的速度从每 10ps1～2 次增加到 4～6 次。增加幅度为 3～4 倍。这一点对于全原子和联合原子的影响是一致的。

表 3-4 不同温度下聚乙烯体系的平衡对比

项目	400K		500K		600K	
	EA OPLS	UA GROMOS 96	EA OPLS	UA GROMOS 96	EA OPLS	UA GROMOS 96
二面角平衡时间/ps	7.7	7.0	3.4	3.1	2.5	2.3
构象态跃迁的速度(每键每 10ps)/次	1.3	2.0	2.5	3.9	3.9	6.1
回转半径平衡时间/ps	227.8	71.9	76.0	56.7	47.3	39.2

所以总的来说，联合原子模型比全原子模型更加容易达到平衡，温度升高，体系达到平衡所需要的时间会缩短，但是不同力场对应的联合原子模型和全原子模型达到平衡的时间并不一样。

3.2 溶剂化研究背景

3.2.1 溶剂化研究的重要性

在自然界中，溶液是物质的主要存在形式之一。通常我们把一种或几种以上的物质（分子、离子或原子）高度分散到另一种物质里，形成均一、稳定的混合物，叫作溶液。或者说溶液是由两种或两种以上化学性质可区别的不同物质所组成的均匀体系。根据溶液的状态，可分为固态溶液（如合金、有色玻璃等）、液态溶液（如食盐水、碘酒）和气态溶液（如空气）。通常说的溶液是液态溶液。最常见的溶液是水溶液，所以水溶液常简称为溶液。那么溶液与溶剂化有什么样的区别和联系呢？不同的科学家给了溶剂化不同的定义。它们有 4 类：

（1）以溶质与溶剂的相互作用的过程来定义溶剂化：溶剂分子与溶质分子或离子结合形成化合物的过程叫作溶剂化。

（2）以溶质与溶剂的相互作用的结构来定义溶剂化：溶解所形成的状态或者程度叫作溶剂化。

（3）以溶质与溶剂的化学反应来定义溶剂化：溶剂化是指任何一类化学反应，如形成水合硫酸铜溶液，其中溶质、溶剂分子以较弱的化学键结合。

（4）以溶质与溶剂的相互作用来定义溶剂化：溶剂和溶质间相互作用及相关实用性称为溶剂化。

总结以上这些定义，我们认为溶剂化是一种物理现象，即一种分子（溶质）均匀地分布在另一种分子（溶剂）。这种现象使得最初的溶质 A 与溶质 A 之间的相互作用变成为 A 和溶剂 B 之间的相互作用。其结果是造成了溶剂化结构。对于非极性体系（分子间的相互作用以范德华力为主），溶剂化分子的电子结构几乎仍旧保持基态。那么这种溶剂化就是一个纯物理的过程。当该溶剂化过程涉及氢键或离子键，溶质或多或少就会改变自己的电子结构。这种变化通常影响溶质分子的化学性质，从而使得这个溶剂化过程不再是纯物理的过程[9-11]。

溶剂化中相互作用构型对实际的生产生活有着重要影响。如在目前最为活跃的蛋白质研究中，仅仅测定蛋白质分子的氨基酸组成和它们的排列顺序并不能完全了解蛋白质分子的生物学活性和理化性质，这些性质主要决定于它空间结构的完整性。即多肽链并非呈线形伸展，而是折叠和盘曲构成特有的比较稳定的空间结构。又如，疯牛病致病原因。科学家们提出了多种假说，其中人们普遍认同美国加州大学 Prusiner 教授提出的朊蛋白学说。Prusiner 认为，疯牛病的致病原因是生物体内朊蛋白（PrP）发生构象畸变。此外，人类的多细胞系抗体 IgG 的构象随着 pH 值的变化而发生改变，从而提供不同的生物活性。溶剂化会直接影响这种空间结构。对溶剂化结构的进一步认识将有力地推动我们对蛋白质结构的解析。

除去生命科学领域，制药工业也需要溶剂化的知识。药物分子与蛋白质的相互作用就与微观溶剂化结构直接相关，如图 3-5 示例。药物分子总是在一定的体液环境中与蛋白质相互作用，如图 3-6 示例。它必须在体液中以某种合适的构型存在，才能结合到蛋白质的靶点上从而发生作用。这也是同一种药物在不同人群机体上发挥作用的效力不同的原因之一。现代药物设计广泛采用了计算机辅助药物设计方法。其中，如何处理溶剂化问题是计算机辅助药物分子设计中一个难题。我们使用计算机辅助药物设计方法所得到的模型往往都是真空环境下的，而我们所关心的大量生命过程都是在溶剂条件下进行的。在溶剂和真空中，分子的构象可能会存在较大的区别，所以发展快速而准确的溶剂化结构预测方法是计算机辅助药物分子设计的一个重大挑战。与药物分子设计类似，在洗涤剂的设计中，同样要面临表面活性剂与污物的相互作用也与微观溶剂化结构有关这样的问题[12,13]。

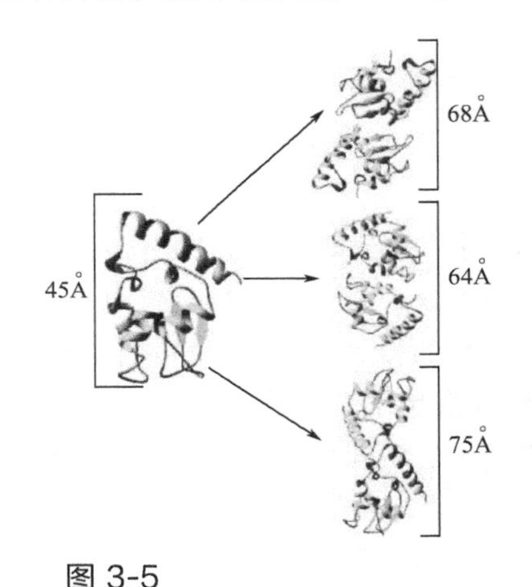

图 3-5

溶剂化对蛋白质结构的影响

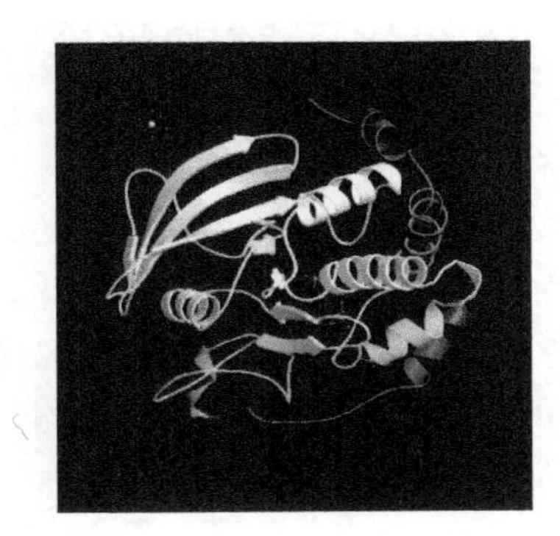

图 3-6

溶剂化中的药物分子与蛋白质的相互作用示意图

总的来说，溶剂化结构会影响到大分子溶质的结构，进而影响它的化学性质和生物活性。所以，对溶剂化结构的研究将有助于我们研究蛋白质的生物活性，设计药物分子和表面活性剂等等。

在大分子领域内，研究的重点之一在于通过大分子局部的动态行为来解析其整体表现和宏观动力学性能。这种动态行为在几个重复单位内可以表现为：

(1) 键长伸缩振动；

(2) 键角弯曲振动；

(3) 二面角活动性。

其中二面角的活动性行为有被称为构象态跃迁，它在以上 3 种动态行为中最为重要。这是因为前二者仅在平衡位置附近振动，而通过构象态跃迁，高分子的构象可以发生改变。

构象态跃迁对高分子的很多实际使用有着重要的影响。在高分子合成领域，构象态跃迁大大影响这些材料的力学性能，如应力应变行为、玻璃化转变温度等。1990 年 Karasz 采用分子力学方法，计算了在全伸直链上施加应力时，高分子链的势能变化情况。他发现施加的应力会导致高分子链二面角的构象态发生突变，同时势能也发生突变。转变点决定了有多少机械能能够储备在高分子体系中。通过这种构象态转变，损失的机械能可以得到补偿。此外，玻璃化转变温度前后，构象态跃迁行为也有明显变化。1999 年梁太宁等发现在良溶剂中的无规聚丙烯（APP）在 280K 时，构象态跃迁的速度有明显变化。同时，还有研究表明，物质在高分子材料中的扩散或者其他运动，也与该材料构象态跃迁密不可分。比如在高分子电池 PEO 中，离子就是通过 PEO 构象态跃迁所形成的瞬间自由空间来移动并传递电荷的。同样，构象态跃迁行为也发生在生物大分子如蛋白质中，这种行为涉及的蛋白质折叠和结构波动，直接影响了蛋白质的生物功能[14,15]。

通过对这种构象态跃迁的研究可以有力地帮助我们了解大分子主链存在的位置及其伴随的构象变化趋势。在生物领域内，生物大分子和一些常见的蛋白质，它们的折叠与构象波动都与构象态跃迁相关。因为折叠与构象波动又是一些生物活性的关键因素，所以构象态跃迁在生物领域的研究尤为重要[16-18]。

3.2.2 溶剂化研究的问题

对于溶剂化结构的研究已经开展多年。Flory 采用格子模型研究了高分子溶液的热力学问题。该工作解析了高分子在溶液中的分散过程。总的来说，人们在研究溶剂化结构的时候总是更加关注高分子整体尺寸的变化。然而从溶剂化的概念上来说，溶剂化结构不仅仅指的是溶质高分子的结构，更加应该是溶质与溶剂的相互作用结构，如图 3-7 和图 3-8 所示。如果我们从更为细节的角度来观测，键长、键角和二面角的变化都可以进行研究。

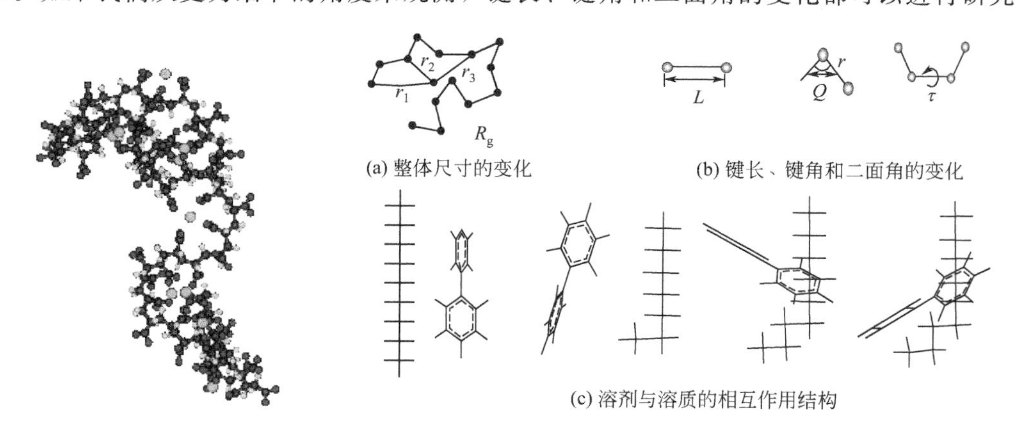

图 3-7
大分子溶剂化结构的示意图

图 3-8
微观溶剂化结构

在实验上研究这种微观结构的手段有核磁共振光谱（Nuclear Magnetic Resonance，NMR）、X 射线衍射和振动光谱等。虽然采用 NMR 可以分辨到这些细节，但是该方法在高浓度溶液和固态时，分辨率还有待提高。X 射线衍射可以用来研究晶体的构象结构和构象态分布。此外，红外和拉曼光谱也可以研究构象问题。但是由于大分子的结构通常含有长序列的 σ 键。如果我们要研究这样的特殊结构，采用这些实验办法就很难了。例如 聚酯（PET)，人们常用红外光谱来研究它。在它的主链上有七个连续的 σ 键，到目前为止，只能获得乙二醇基的构象，仍无法获得其他六个 σ 键的定量分析。

在理论上，研究溶剂化问题的主要有微扰理论、自洽场理论和标度理论。在这些理论中，溶剂或者是被处理成真空或者是被处理成一种平均场。由于没有真实的溶剂分子结构。它们把溶剂化结构的信息都忽略掉了。

很多基本理论都是研究局部动力学的。通过 Kramers 理论和它的近期发展，柔顺高分子的构象态跃迁被认为是一种势能面上的鞍点翻越过程。不久以前，又有一个新的理论以三转子为模型，把构象态跃迁解析为两个平衡态之间的动态过程。实验上检测这种局部动力学的方法主要是核磁共振和时间分辨光学光谱。核磁共振是原子核的磁矩在恒定磁场和高频磁场同时作用，且满足一定条件时所发生的共振吸收现象，它是一种利用原子核在磁场中的能量变化来获得关于核信息的技术。但是这些实验方法可辨别的时间间隔为 10^{-7}ps。它比构象态跃迁的时间间隔要大得多。构象态跃迁的时间间隔为 $10^{-12}\sim10^{-10}$ps。因此用实验方法来研究构象态跃迁问题还比较困难。但是，在 2006 年的《科学》杂志上，曾发表文章称斯坦福大学有科学家采用超快二维红外回声振动光谱可测量得到构象态跃迁的速度。

总而言之，溶剂化是广泛存在的物理化学现象，对于高分子而言溶剂化问题由于其本身复杂的结构而诚待研究。高分子的溶剂化结构会影响到大分子溶质的结构，进而影响它的化学性质和生物活性。溶剂化中的构象态跃迁性质对高分子的很多实际使用有着重要的影响。这些问题在理论和实验上都尚未得到彻底的解决，所以，我们采用了计算机模拟的方法来分析溶剂化中的局部结构和局部动力学的问题。

3.3 高分子溶剂化的相互作用结构[19]

高分子溶液是人们在生产实践和科学研究中经常遇到的对象。比如说：纤维工业中的溶液纺丝，塑料工业中的增塑，以及像家用装修用的油漆、涂料和胶黏剂的配制等都属于高分子溶液的范畴。因此研究高分子溶液的特性对人们的日常生活有着至关重要的作用。高分子溶液不同于小分子溶液，如图 3-9 与图 3-10，它有着明显的异于小分子溶液的特点：高分子溶于溶剂中也是一熵增过程，只是熵变要远远大于小分子的溶解过程。高分子的溶解过程也是一个热力学平衡过程，但由于是高分子，溶液具有胶体溶液的一些性质，有了这些独特的特点，高分子溶液就具有了独特的用处和研究价值。

高分子溶解过程就是要克服高分子间的范德华力，把一个个缠结在一起的高分子拆开

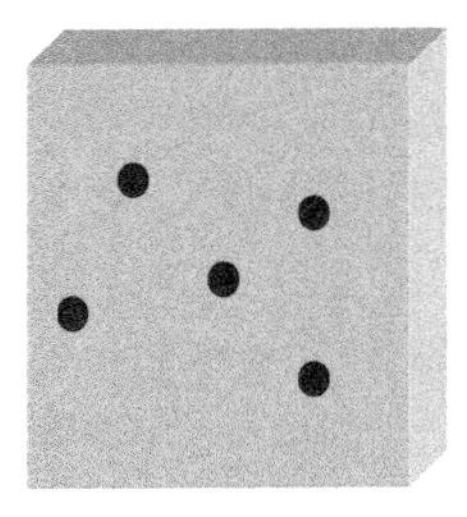
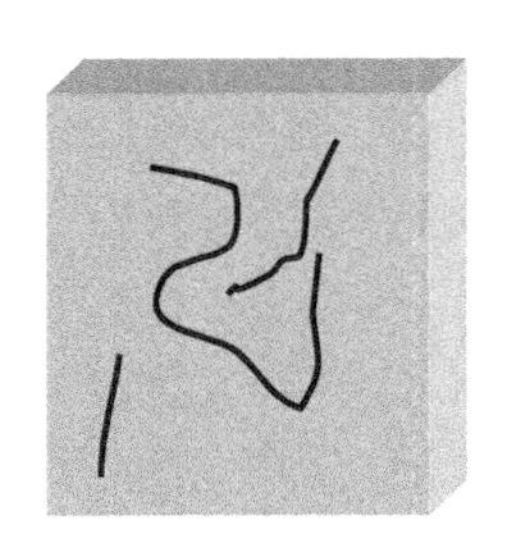

图 3-9

小分子与高分子溶液示意图

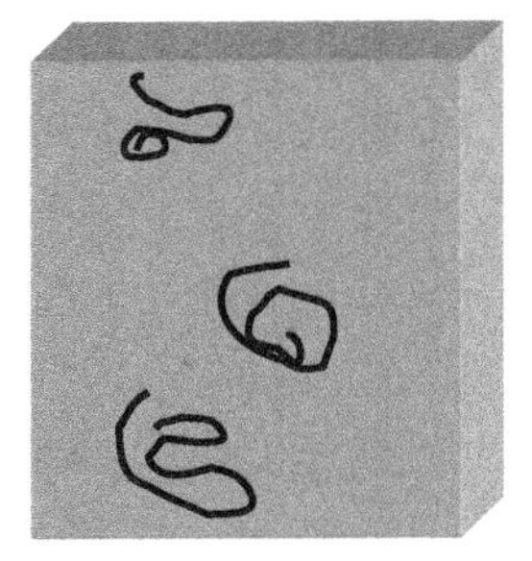
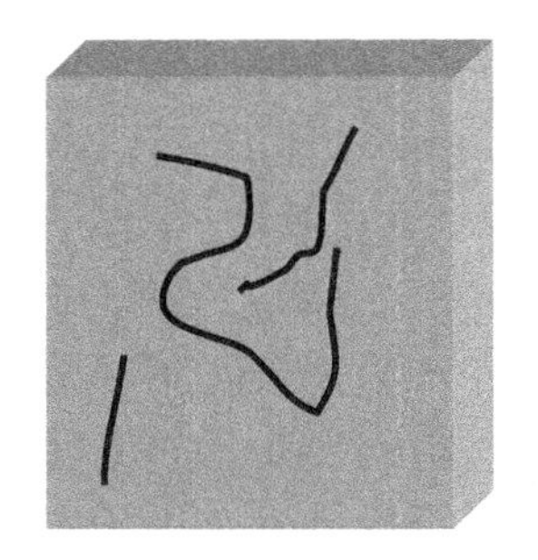

图 3-10

劣溶剂与良溶剂中高分子溶液示意图

来，变成稀溶液中一个个孤立的高分子。首先溶剂分子渗入高分子内部。溶剂分子与高分子的某些链段混合。其宏观现象是高分子体积膨胀。这就是溶胀过程。然后整个高分子均匀分散在溶剂中溶解。对于交联的高分子，它们是不会完全溶解的而只能溶胀。高聚物的溶解能力与它的结构、分子量、分子间作用力和链的柔性都有关。分子量越大，分子间作用力越大，溶解度就越小。若链的柔性较大，则其溶解就较容易，若链的柔性小或链是刚性的，则溶剂需克服的链段间的相互作用力就比较大，其溶解度必然很小甚至不溶解。例如：聚乙烯醇分子可溶于水而纤维素就不可以。主要的原因是纤维素分子与聚乙烯醇分子的链柔性不同，纤维素分子刚硬，而聚乙烯醇分子较柔软，故纤维素不溶于水而聚乙烯醇则极易溶解于水。

以上只是讨论了高聚物本身对溶解能力的影响，溶剂性能也是影响高分子溶液性质的重要因素之一，对高分子链的形态和尺寸、溶液中高分子链能否簇聚等都起着决定性的作用。在小分子溶液中我们知道有相似相溶之说，对于高聚物来说，某些程度上亦适用[20]。比如聚乙烯醇因其分子中含有大量羟基，具有较大极性，因此它易溶于像水、乙醇等极性溶剂中；而对于聚苯乙烯来说，其极性比较小，因此易溶于极性较小的苯、甲苯、汽油等溶剂中。虽然这一理论不是适用所有的高聚物，但对实际应用亦有一定的指导的意义。

3.3.1 模型与模拟方法

我们建立了两个三维周期边界模型。它们分别是聚乙烯溶液和熔体。聚乙烯溶液模型包括 1 个 $C_{45}H_{92}$ 模型分子和 400 个 $C_{12}H_{10}$（联苯）分子。聚乙烯熔体模型是由 45 个

$C_{45}H_{92}$ 分子组成的。前者的格子长度约 50Å，后者的是约 42Å。这两个原子模型都是用来进行全原子分子动力学计算的。

全原子分子动力学模拟采用的是 MS（material studio）3.2 版。我们选择的力场的参数和函数形式来自 COMPASS（condensed-phase optimized molecular potential for atomistic simulation studies）[21]。键合相互作用包括键长、键角和二面角的相互作用。非键合相互作用包括涉及范德华相互作用和静电相互作用。在非键合相互作用上我们采用的截断距离是范德华相互作用 9Å 和 静电相互作用 13Å。全原子分子动力学积分时间步长 0.001ps。全原子分子动力学模拟溶液温度定在 400K。它是聚乙烯在联苯溶液中的无扰态温度。全原子分子动力学模拟熔体温度定在 450K，该温度是根据以往的研究温度选定的。这些温度控制方法选用的是 Nosé-Hoover 方法[22]。模拟压力选用的是 Andersen 方法[23]。记录控制间隔设定为 100fs。为了获得均衡数据，我们首先进行了 0.5ns 的 NPT 模拟，然后进行了 1.5ns 的 NVT 模拟。最后再进行 3ns 的 NVT 模拟并对最后的 3ns 的数据进行分析。

3.3.2 联苯分子的溶剂化结构

我们侧重考查的联苯分子是在第一溶剂化壳层内的联苯分子。第一溶剂化壳层是指溶质与某个溶剂直接相互作用的范围。因此在第一溶剂化壳层内，溶剂与溶质的相互作用最强。第一溶剂化壳层的范围可近似看成是一个以溶质分子为球心的一个球体。由于我们研究的高分子是长链结构，它的第一溶剂化壳层的范围是以高分子主链为轴线的圆柱体结构。该圆柱体的长度与高分子末端距一致。它的半径则要通过聚乙烯主链上的碳原子到联苯分子的距离分布来考查。考查距离分布通常的办法是计算它们的对分布函数（pair correlation function，PCF）。径向分布函数给出的是距离考查原子一定距离 r 时，出现另外一种原子的概率。它的表达式为：

$$g_{AB}(r)=\left\langle \frac{V_0 N_{AB}(r)}{V_s(r) N_{AB}^t} \right\rangle_{v_0} \tag{3-6}$$

式中，$N_{AB}(r)$ 是第 r 个壳层内 AB 作用对的个数；N_{AB}^t 是整个体系内 AB 作用对的总数；$V_s(r)$ 是第 r 个壳层的体积；V_0 是体系的总体积。聚乙烯联苯溶液中，聚乙烯主链上的碳原子到所有联苯分子上碳原子的径向分布函数曲线如图 3-11 所示。

如图 3-11 中所标记的那样，显然在图 3-11 中有 3 个主要区域。3 区出现在 9Å 左右；1 区出现在 4.50Å 左右。也就是说，3 区正好出现在 1 区 2 倍距离的位置。所以 3 区是 1 区的镜像区域。那么第一溶剂化壳层应该至少包含 1 区和 2 区。这两个区域的边界为 8Å。所以，我们认为第一溶剂化壳层的半径为 8Å。

既然在第一溶剂化壳层内有 1 区和 2 区两个区域，那么它们也应该对应着 2 种不同的相互作用结构。我们在这里给出两个模型。如图 3-12 所示。

这两个模型分别表示，一种联苯分子平行于主链存在，另一种是苯分子垂直于主链存在。这两个假设在下面的讨论中将会被验证。

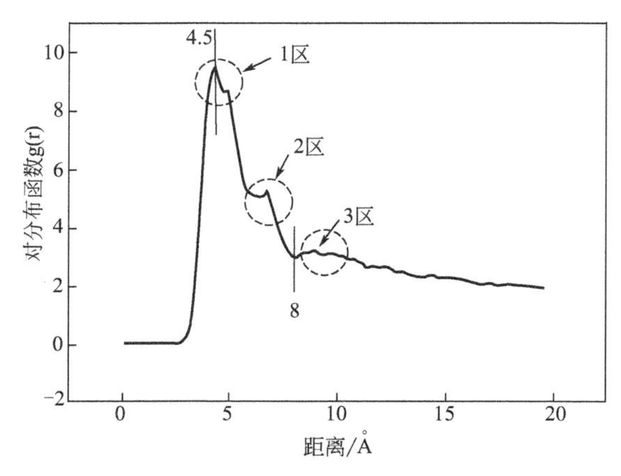

图 3-11

联苯质心与聚乙烯 PE 链上碳原子的对分布函数

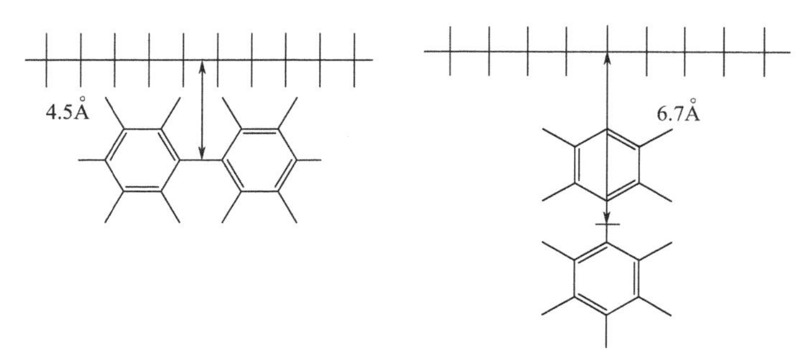

图 3-12

两种可能的溶剂化结构

为了对第一溶剂化壳层内的溶剂化结构进行更好的分析，我们把这些结构又进行了进一步的划分。它们一共被分为 3 组。划分的步骤如下：

首先，我们以聚乙烯主链碳原子为中心，如果联苯的质心与它距离小于 8Å，那么这个联苯属于第一溶剂化壳层。

其次，我们考查这些联苯分子的两个端基碳原子与其相邻 PE 主链的距离。如果这两个距离都在 4.5Å 以内，那么它是第一类。如果这一个距离在 4.5Å 以内，另外一个在 4.5Å 以外，那么它是第二类。如果这两个距离都在 4.5Å 以外，那么它是第三类。图 3-13 是对这种划分的示意图。通过统计分析，我们知道了，第一类联苯分子占第一溶剂化壳层内所有联苯分子总数的百分比为 3%。第二类联苯分子占 45%。第三类占 52%。

第一溶剂化壳层内的联苯的溶剂化结构将从两个方面来讨论。首先是联苯分子内部的结构，其次是联苯与聚乙烯的相互作用结构。对于联苯而言，它最为重要的一种分子内结构是两个苯环面之间的夹角。这正是我们要详细研究的联苯分子内部的结构。

我们统计了 3ns 数据中联苯的两个苯环面之间的夹角 Φ。见图 3-14。从该图我们可以明显地看到，第二类、第三类与纯联苯中的夹角 Φ 的分布几乎没有差别。它的最可几角

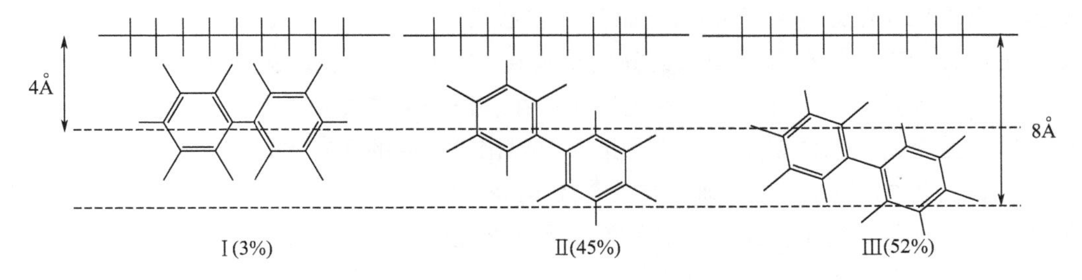

图 3-13

第一溶剂化壳层内，联苯划分的示意图

共分三组。第一组所占比例为 3%，第二组所占比例为 45%，第三组所占比例为 52%。

度出现在 32°左右。而第一类与它们则不同。第一类的夹角的最可几角度出现在 27°。这个现象表明，聚乙烯链对距离最近的第一类联苯有强烈的溶剂化作用。使得联苯的两个苯环面之间的夹角 Φ 值有 5°的减少。但是这个角度变化还不够大。比如在旋转异构态模型中，这样的角度变化可能会被忽略掉。

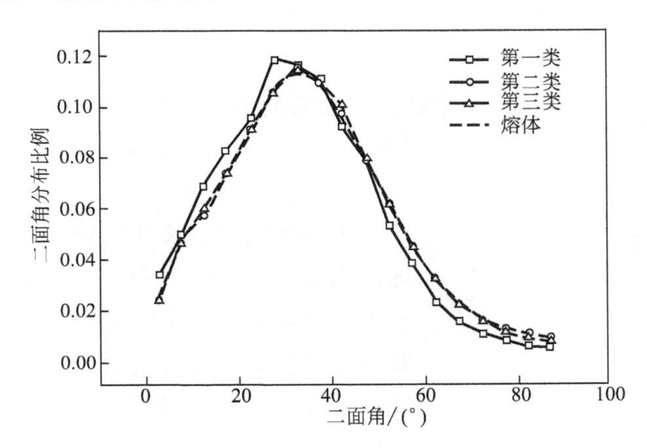

图 3-14

联苯内两个苯环间的夹角分布

接下来我们将分析聚乙烯与联苯的相互作用结构。这里我们用聚乙烯主链与联苯主轴的夹角 φ 来表征。如图 3-15 所示。

为了测量这个夹角，我们测量了键长和联苯两个端基碳原子到聚乙烯主链的距离差。

$$\delta_{m,n}=\sqrt{(d_2-d_1)^2} \tag{3-7}$$

$$\varphi=\arcsin(\delta_{m,n}/L) \tag{3-8}$$

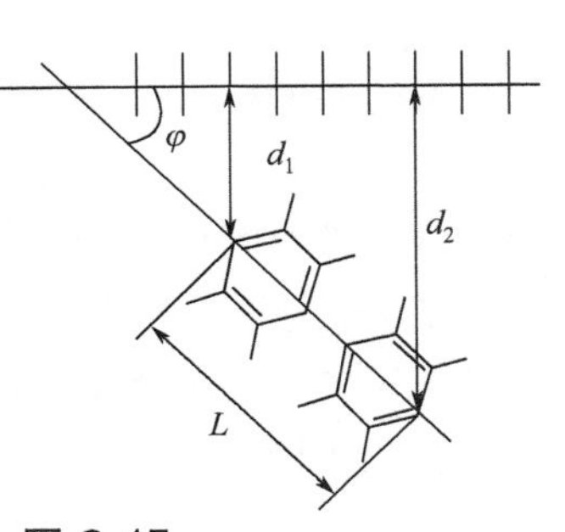

图 3-15

联苯与 PE 主链间取向角的示意图

第一溶剂化壳层内的三类联苯都有自己特有的夹角 φ 的分布。如图 3-14 所示。首先从丰度来看，第三类联苯的夹角 φ 所占有的比例最大，而第一类的比例最小。这与我们在统计 1～3 类的比例的相对大小值是一致的。除了丰度外，三类的分布情况也各不相同。对于第一类而言，它只有一个峰值，出现在0°附近。对于第三类而言，它也只有一个峰值，也出现在0°附近。但是第二类则比较特殊，它有两个峰值，分别出现在10°和60°附近。这就意味着第一类和第三类联苯分子都倾向于平行聚乙烯的主链而存在。但是第二类联苯分子则倾向于斜着与聚乙烯主链相互作用。总的来说对于所有第一溶剂化壳层内的联苯来说，它们有两个最可几的角度。它们是0°和50°左右。那么第一溶剂化壳层内，联苯与聚乙烯的相互作用结构是倾斜和平行两种主要构型。这样正好解释了为什么在第一溶剂化壳层内，聚乙烯的主链到联苯分子的径向分布函数有两个峰值。

3.3.3 高分子溶质的溶剂化结构

按照通常的构象态划分方法，聚乙烯主链上的二面角 φ 分别定义为反式、旁式（正）、旁式（负）。其中：

反式 $120° < \varphi < 240°$；

旁式（正）$0° < \varphi < 120°$；

旁式（负）$240° < \varphi < 360°$。

我们在考查了每一步，每一个主链上二面角的值。并且按照以上标准，我们把该二面角做三个旋转异构态的分类。如果在2步之间，二面角的分类发生了变化，我们就认为发生了构象态跃迁。

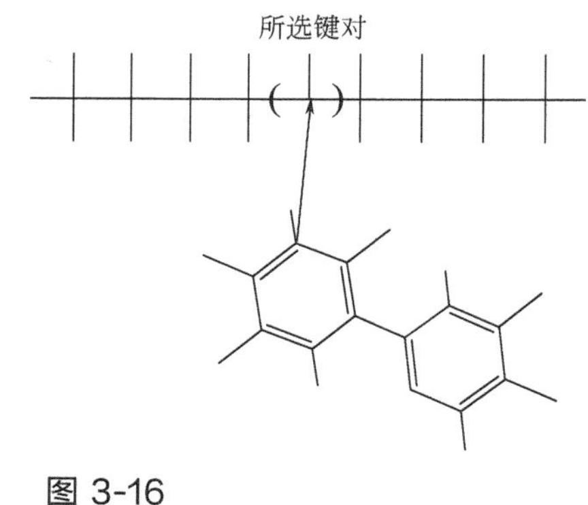

图 3-16
关注键对的示意图

由于我们当前采用的聚乙烯模型 C_{45} 的主链长度远远大于一个联苯分子的主轴长度。因此一个聚乙烯分子将和若干个联苯分子相互作用。而每一个联苯分子仅与一段聚乙烯作用。这段聚乙烯链的长度至少有一对键。同时，我们考虑到联苯可能以各种各样的取向角度与聚乙烯相互作用，且聚乙烯链也不会完全伸直。所以，我们仅考查与联苯分子最近的这样一个键对的二面角的构象变化。它所受到的联苯的影响应该是最明显的。这对键的构象变化就是我们要考查的高分子溶质的溶剂化结构。它的示意图如图3-16所示。

当我们考查与联苯分子最近的这样一个键对的二面角的构象变化时，也是根据类1、类2、类3来讨论的。它们的9个主要的构象态的比例列在表3-5中。其中行A表示溶液中，整条聚乙烯链的构象。B表示熔体中，整条聚乙烯链的构象。Ⅰ，Ⅱ 和Ⅲ表示三类溶剂化结构中的构象。

表 3-5　PE 键对的构象态比例

项目	TT	TG	TG′	GT	GG	GG′	G′T	G′G	G′G′
A	0.418	0.131	0.123	0.112	0.040	0.008	0.123	0.009	0.035
Ⅰ	0.452	0.121	0.111	0.130	0.022	0.002	0.139	0.001	0.020

续表

项目	TT	TG	TG′	GT	GG	GG′	G′T	G′G	G′G′
Ⅱ	0.398	0.142	0.129	0.134	0.036	0.008	0.120	0.006	0.028
Ⅲ	0.313	0.152	0.142	0.145	0.047	0.012	0.141	0.008	0.041
B	0.398	0.124	0.125	0.127	0.040	0.010	0.126	0.010	0.039

注：A 和 B 表示溶液与熔体状态下的全分子链；Ⅰ表示第一类；Ⅱ表示第二类；Ⅲ表示第三类。

众所周知，反式构象越多，高分子链将更加伸展；旁式构象越多，高分子链将更加塌缩。从表 3-5 中我们可以看到，溶液中反式构象的比例，P_{TT}，要大于熔体中反式构象的比例。该数据在图 3-17 中，将更为明显地表现出来。这样一来，溶液中聚乙烯比熔体中聚乙烯将更加伸展。该结论与我们实验中测定的溶液中聚乙烯的回转半径要比熔体中聚乙烯的回转半径中大完全一致。表 3-5 的中间三行，它们代表了三种不同相互作用强度下的溶剂化结构。第一类，联苯离聚乙烯距离最近，相互作用最强，它的反式构象最多。因此它的构象最伸展。第二类，联苯离聚乙烯距离较近，相互作用较强，它的反式构象较多。因此它的构象较伸展。第三类，联苯离聚乙烯距离最远，相互作用最弱，它的反式构象最少。因此它的构象最塌缩。其他的旁式构象的比例变化关系刚好相反。总的来说，相互作用越强，构象越伸展。

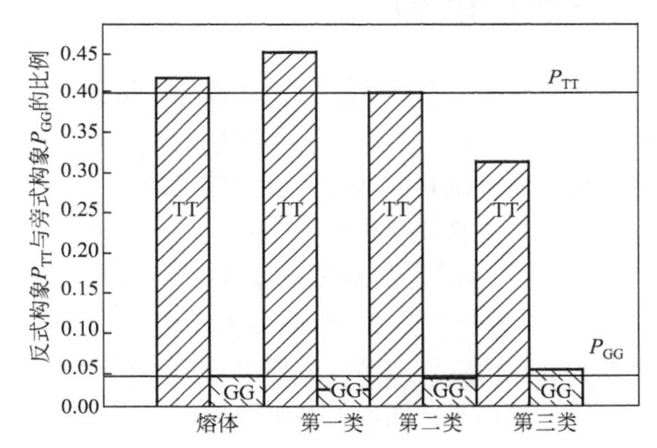

图 3-17

三组联苯所对应的聚乙烯 PE 链段的反式构象和旁式构象态比例

对于高分子而言，它还具有另外一种特殊的性质——端基效应。即高分子的链的端基与链中部的结构往往有不同的性质。例如：更快的构象态跃迁速度，更高的粒子活性，更高的电泳性能。而且端基部位还更加容易形成缺陷，成环和更加倾向于存在于表面。所以这里我们也对比了链中部与链端基的构象差别。按照以往文献分析的结果，端基指的是高分子链段的 4～5 个键。这里我们选取链两端的 4 个键为端基进行分析。如表 3-6 所示。

表 3-6　溶液与熔体中 PE 链端基与链中部的构象态分布差异

位置	构象	溶液	熔体	ΔP_T
终端	反式 T	0.639	0.634	0.005
	旁式$_{左}$ G	0.172	0.184	
	旁式$_{右}$ G′	0.189	0.183	

续表

位置	构象	溶液	熔体	ΔP_T
中部	反式 T	0.675	0.647	0.028
	旁式$_{左}$ G	0.160	0.177	
	旁式$_{右}$ G′	0.165	0.175	

我们可以看到，不管是溶液还是熔体，端基的反式构象比例都小于中部，且旁式构象比例都大于中部。这表明，链的端基倾向于塌缩，而链的中部倾向于伸展。如果我们对比溶液和熔体中，高分子链构象的差别，我们可以看出，不管是端基还是中部，熔体中聚乙烯在链中部的反式构象比例都小于溶液中的值。而旁式构象的比例则相反。熔体中聚乙烯在链中部的旁式构象比例都大于溶液中的值。表 3-6 中的最后一列是反式构象比例的增加值。我们可以看到，链中部的增加值是 0.028 而端基的增加值是 0.005。前者是后者的五倍以上。所以这种高分子从熔体溶解到溶液中的构象伸展主要是发生在链的中部而不是端基。

3.3.4 高分子溶剂化的机理

从以上分析得到的溶剂化结构来看，我们可以定性地了解到聚乙烯在溶液中的回转半径要略微大于其在熔体中的情况。这一计算结果与实验结果十分一致。但是这样一种高分子整体尺寸的变化究竟是如何通过微观的结构改变来实现的呢？正如我们在背景介绍中提到的，这一现象至少在分子水平上有 2 个机理。

（1）出现了新的构象态。或者原有的构象态缺失了。即，在熔体中 PE 的构象态为 T，G，G′三种。当它溶解到联苯中，它的构象态变化成 T，T′，G，G′或者只有 T，G′。

（2）构象态的种类没有发生改变，但是各个构象态的出现概率发生了变化。

为了确定到底是以上哪种机理真正在本体系中发挥作用。我们对聚乙烯在溶液中和熔体中的键长、键角和二面角的平均值进行了对比。

表 3-7 PE 链的键长、键角和二面角的统计平均值

项目	键长/Å	键角/(°)	反式/(°)	旁式$_{左}$/(°)	旁式$_{右}$/(°)
熔体	1.54±0.08	114±10	180±29	67±30	293±31
溶液	1.54±0.07	114±9	180±27	66±29	293±29

从表 3-7 中，我们可以看出不管是在熔体还是在溶液中，聚乙烯链的碳碳键长为 1.54Å，而碳碳键角为 114°。3 个主要的旋转异构态（反式和 2 个旁式）的最可几值出现在 180°，67°和 293°。尽管，对于旁式构象而言，它在熔体中的平均值（67°）与其在溶液中的平均值（66°），有 1°左右的差别。但是在一般情况下，这么小的差别不会引起高分子链尺寸的变化。因此，从这个表中的数据我们可以得出结论：造成聚乙烯在溶液中的回转半径要略微大于其在熔体中的情况的原因不是出现了新的构象态或者原有的构象态缺失了而是各个构象态的出现概率发生了变化。这个结论可以在构象态分布图上更加明显地反映

出来。如图 3-18 所示。

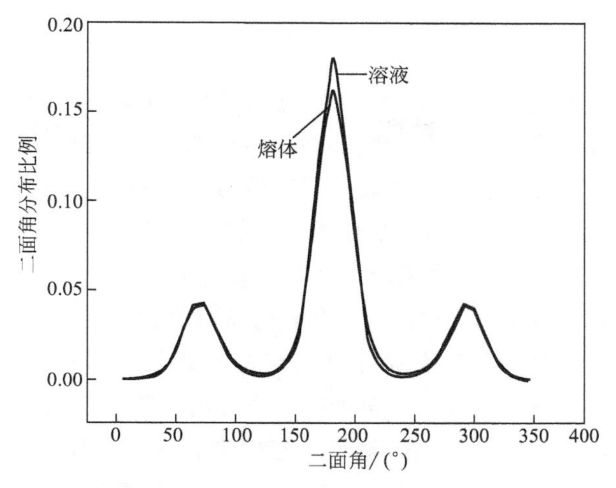

图 3-18

溶液与熔体中聚乙烯 PE 构象态分布

图 3-18 是聚乙烯在溶液和熔体中的构象态分布图。在该图中反式和 2 个旁式的出现角度和分布的峰形几乎是一模一样的。所以并没有出现新的构象态。但是在反式的峰高在熔体和溶液中是不一样的。溶液中的反式构象比例要略多于熔体中的值。我们知道反式越多，高分子越伸展，它的回转半径也随之越大。这与我们测定的聚乙烯在溶液中的回转半径大于熔体中的是一致的。此图进一步验证了我们提出的溶剂化机理。即造成聚乙烯在溶液中的回转半径要略微大于其在熔体中的情况的原因不是出现了新的构象态或者原有的构象态缺失了而是各个构象态的出现概率发生了变化。

就我们所知，这一现象与大分子在溶液与熔体中有不同构象分布十分类似。通过拉曼光谱分析，有研究表明聚环氧乙烷［PEO，Poly（Ethylene Oxide)］在溶液中和熔体中就有不同的构象分布。在溶液中 PEO 的构象以 TGT 为主。在熔体中 PEO 的构象以 TGG′为主。由光散射分析，我们可以得知聚左旋乳酸［poly(-L-lactic acid)］在溶液中的特征比为 4 而其在熔体中的特征比为 12。从统计上来说，这两种高分子的构象比例都发生了变化。因此我们推断它们的溶剂化机理很可能与我们提出来的聚乙烯的构象态机理一致。即高分子在溶液中的回转半径要略微大于其在熔体中的情况的原因不是出现了新的构象态或者原有的构象态缺失了而是各个构象态的出现概率发生了变化。

让我们回忆一下在对高分子溶质进行溶剂化结构分析中提到的，不仅溶液中聚乙烯的反式构象比例要多于其在熔体中的值，而且发生在链中部的这种增加是发生在链端基的 5 倍以上，所以高分子在溶液中的回转半径要略微大于其在熔体中的情况主要是发生在链的中部。其次，在该部分的讨论中我们还知道第 3 类溶剂化结构的聚乙烯反式构象增加少，第 1 类溶剂化结构的聚乙烯反式构象增加。综上所述，高分子在溶液中的回转半径要略微大于其在熔体中的情况，主要是由链中部与高分子较为靠近的溶剂分子引起的。

3.3.5 小结

在本部分工作中，我们采用分子动力学方法分别模拟了聚乙烯的熔体和联苯溶液体系，并以熔体为参照体系考查了高分子的溶剂化结构细节和溶剂化导致高分子尺寸变化的微观机理。我们发现，当联苯分子远离高分子溶质时，它的苯环间的二面角与其在联苯本体中的值一致，都是32°。但是，当联苯分子十分邻近聚乙烯时，它的苯环间的二面角的最可几值变为27°。在第一溶剂化壳层内，联苯主轴与聚乙烯主链的取向角有两个最可几的角度。它们分别出现在0°和61°左右。这个取向角很好地描述了高分子与溶剂的相互作用结构。本研究中发现的结构细节包括了所有可能出现的键对构象态（TT，TG，TG′，GT，GG，GG′，G′T，G′G，G′G′）。根据第一壳层内，联苯与聚乙烯相互作用的距离远近（实际上是相互作用的强弱）我们讨论了这些构象态的变化性质。我们发现距离越近，相互作用越强，反式构象比例越多，构象越伸展。通过对键长、键角和二面角的统计分析，我们提出高分子在溶液中的回转半径要略微大于其在熔体中的情况的原因不是出现了新的构象态或者原有的构象态缺失了而是各个构象态的出现概率发生了变化。这个现象主要是由链中部与高分子较为靠近的溶剂分子引起的。在后续的工作中，我们还系统考查了高分子溶剂化对构象态跃迁行为的影响，欢迎感兴趣的读者参考我们的论文[19,24]。

3.4 总结与展望

众所周知，高分子溶液是高分子物理的重要研究方向。而作为高分子溶液形成的微观基础，高分子溶剂化结构的形成及变化则是高分子溶液研究中的重要问题。然而，一方面由于高分子本身结构的复杂性，另一方面由于实验难以精确地获取并跟踪溶剂化过程中的结构变化，高分子的溶剂化问题一直是困扰研究人员的难点。全原子（联合原子）分子动力学方法，考虑了化学结构细节及其相互作用，为我们从微观相互作用和构象态跃迁行为两个方面开展高分子体系的溶剂化问题的深入研究提供了契机。因此，在本章的研究中，我们借助于这一方法详细研究了聚乙烯在联苯溶液中溶剂化带来的结构细节变化和导致高分子尺寸变化的微观机理，大大加深了我们在这一领域的认识。在今后的研究中，我们希望能将这一方法推广至对生物大分子，如蛋白质二级结构形成的研究中，以加深我们对蛋白质结构形成以及变性机理的认识。此外，还希望能扩展至生物大分子与药物分子间相互作用的研究领域，以发展计算机辅助药物设计方法，为保障人类健康贡献力量。

参考文献

[1] 朱永群. 高分子物理基本概念与问题：第1卷. 北京：科学出版社，1988：1.

[2] 何曼君等. 高分子物理：第 1 卷. 上海：复旦大学出版社，1990：230.
[3] Manning G S. Limiting Laws and Counterion Condensation in Polyelectrolyte Solutions Ⅰ. Colligative Properties. J Chem Phys，1969，51 (3)：924.
[4] Hill T L. An Introduction to Statistical Thermodynamics：Vol. 3. NY：Dover Publication Inc，1986.
[5] Marcus R A. Titration of Polyelectrolytes at Higher Ionic Strengths. J Phys Chem，1954，58 (8)：621.
[6] 金日光，华幼卿. 高分子物理：第 2 卷. 北京：化学工业出版社，1999：100.
[7] Encyclopaedia Britannica：Vol. 16. 15th ed. London：Encyclopaedia Britannica Ltd，1974.
[8] Ben-Naim A. Solvation Thermodynamics：Vol. 1. NY and London：Plenum Press，1987.
[9] Burger K. Solvation，Ionic and Complex Formation Reactions in Non-Aqueous Solvents：Experimetal Method for their Investigation：Vol. 2. Amsterdam-Oxford-NY：Elsevier Scientific Publishing Company，1993.
[10] Frisch M J，Trucks G W，Schlegel H B，et al. Gaussian 03，revision A. 6：Vol. 1. PA：Gaussian，Inc，2003.
[11] Mayo S，Olafson B，Gaddard W. DREIDING：a Generic Force Field for Molecular Simulations. J Phys Chem，1990，94：8897.
[12] 杨小震. 分子模拟与高分子材料. 北京：科学出版社，2002.
[13] 吉青. 分子模拟方法研究高分子溶剂化问题 [D]. 北京：中国科学院化学研究所，2007.
[14] Groot J D，Hollander J G，Bleijser J D. Stereochemical Configuration of Poly (maleic acid) as Studied by ^{13}C NMR. Macromolecules，1997，30 (22)：6884.
[15] Moulay S，Boukherissa M，Abdoune F，et al. Low Molecular Weight Poly (acrylic acid) as a Salt Scaling Inhibitor in Oilfield Operations. J Iran Chem Soc，2005，2 (3)：212.
[16] Bonnecaze R T，Hallworth M A，Huppert H E，et al. Axisymmetric Particle-driven Gravity Currents. J Fluid Mech，1995，294：130.
[17] Yoon D Y，Sundararajan P R，Flory P J. Conformational Characteristics of Polystyrene. Macromolecules，2002，3 (1)：776.
[18] Yeh I C，Berkowitz M L. Dielectric Constant of Water at High Electric Fields：Molecular Dynamics Study. J Chem Phys，1999，110 (16)：7935.
[19] Ji Q，Yang X. Detailed Structures and Mechanism of Polymer Solvation. J Phys Chem B，2006，110 (45)：22719.
[20] Kotin L，Nagasawa M. Chain Model for Polyelectrolytes. Ⅶ. Potentiometric Titration and Ion Binding in Solutions of Linear Polyelectrolytes. J Chem Phys，1962，36 (4)：873.
[21] (a) Sun H. COMPASS：An *ab initio* Force-field Optimized for Condensed-phase Applications Overview with Details on Alkane and Benzene Compounds. J Phys Chem B，1998，102：7338. (b) Sun H，Ren P，Fried J R. The COMPASS force field：Parameterization and Validation for Phosphazenes. Comput Theor Polym Sci，1998，8：229.
[22] Martyna G J，Klein M L，Tuckerman M. Nosé-Hoover Chains-the Canonical Ensemble Via Continuous Dynamics. J Chem Phys，1992，97 (4)：2635.
[23] Andersen H C. Molecular Dynamics Simulations at Constant Pressure and/or Temperature. J Chem Phys，1980，72：2384.
[24] Wu R，Zhang X，Ji Q，et al. Conformational Transition Behavior of Amorphous Polyethylene across the Glass Transition Temperature. The Journal of Physical Chemistry B，2009，113 (27)：9077-9083.

第4章

分子动力学模拟方法在高分子胶体粒子传输性质研究中的应用

苏加叶[1,2,3]，郭洪霞[1,2]

1 中国科学院化学研究所

2 中国科学院大学

3 南京理工大学

分子动力学（MD）作为一种重要的计算机模拟方法，其基本原理就是通过经典力学对微观体系在相空间中的运动轨迹进行预测，再借助统计力学由体系的微观状态计算出所有感兴趣的宏观物理量。得益于科学计算水平的迅速提高，分子动力学模拟在解释实验现象、揭示分子结构和性能的关系以及新型功能分子的设计等方面都取得了很大进展。在上一章我们介绍了应用分子动力学模拟方法研究高分子溶剂化中的局部结构和动力学行为，在本章我们将就其在高分子胶体粒子传输性质研究中的应用进行介绍。我们知道，胶体粒子通常是指至少有一维的尺寸在 1nm～1μm 的固体颗粒。胶体粒子可以是硬球、软球或核-壳球；其形状可为球形、棒状、片状或无定形等；其组成可以为无机粒子（如金属粒子）、有机粒子（如高分子粒子）等。此外，由于胶体粒子之间普遍存在范德华力、静电力等，因此胶体粒子表面还会接枝一些化学基团调节胶体粒子之间的相互作用，以改善胶体粒子在气/液介质里的稳定性。近年来，纳米科技的飞速发展使得我们可以在纳米尺度上制备具有光、电、磁等新颖性质的纳米粒子（NP)。由于 NP 自身的特殊性质，不仅广泛应用于多功能材料的制备，还被广泛用作传输蛋白质、药物分子等进入细胞的载体。因此，了解 NP 的传输过程及其影响因素，既对药物输运载体以及纳米医药分子的设计至关重要，也有助于我们对一些重要的生命现象（例如，细胞内吞和细胞毒性等）的深入认识。因此，在本章，我们首先概述纳米粒子输运性质的研究现状，然后说明调节纳米粒子表面电荷分布、纳米粒子与盐离子相互作用及纳米粒子表面嫁接不同高分子链对其输运性质的影响，最后我们对本章内容进行总结与展望。

4.1 纳米粒子输运性质的研究现状

如前所述，纳米粒子（NP）具有独特的性质，这些性质对于其潜在的应用具有重要的作用。特别是，纳米粒子与蛋白质、膜、细胞、DNA 和细胞器的相互作用导致蛋白质形成电晕、颗粒包装、细胞内吞和生物催化过程，这促进了各种研究生物技术[1-4] 和毒性分析[5-7] 的发展。因此，从环境、健康和安全的角度，了解纳米粒子的跨膜输运变得越来越重要。此外，除了纯粹的科学研究兴趣，通过纳米通道探测纳米粒子的运输将给纳米流体技术的病情诊断发展提供新的机遇，从而有利于设计和发展先进的医疗保健设备。

除了实验工作[1-7]，近年来计算机模拟在应用从全原子到粗粒化的不同尺度模型考查了纳米粒子的跨膜输运[8-14]，这加深了我们从分子水平上对纳米粒子跨膜输运动力学行为的认识。纳米粒子的输运受到其表面性质[8,12,13] 和形状[10,11] 的影响，而二者通常共同决定纳米粒子的溶解性能。同时，实验研究也初步证实了形状和表面性质在纳米粒子-膜相互作用及传输性能上的重要影响[15-18]。但以往的研究主要集中在以生物膜为模型的运输过程[8-11,13,14]，仅少数研究工作致力于纳米粒子穿越纳米流体通道的过程[12]，而纳米流体通道的许多条件参数却是实验可以调控的[19,20]。更为重要的是，纳米流体通道的输运与纳米孔材料的设计密切相关，而后者在蛋白质和核酸的DNA/RNA[21-24] 以及纳米颗粒[25-29] 的检测、分离和测序等方面有着重要的应用。我们知道，当一个粒子进入纳米通道，它会替换一些相当于纳米粒子体积的电解质溶液，从而导致可检测的脉冲电流产生，这又使得单个纳米粒子探测器的研制与应用成为可能[27-29]。因此，选择结构简单可控的纳米流体通道进行纳米粒子输运性质的基础研究，有极具重要的实际应用价值。

碳纳米管（CNT），作为典型的一维纳米材料具有卓越的电、机械和热性能[30]。同时，由于它的形状规则，内部光滑、摩擦小，以及疏水特性，因而成为制备纳米孔的首选材料。例如：实验[31-33] 和理论[34-36] 研究皆表明水、气和离子能快速穿越碳纳米管。特别是，近期实验报告了一种独特的CNT通道器件，通过一个单层碳纳米管相连两个水池，发生的离子运输可直接电检测到，预计该类器件将在检测DNA输运信号方面大有可为[21]。鉴于碳纳米管在物质传输方面的优势性能，CNT可以作为研究纳米粒子输运性能的重要纳米通道模型。

此外，如前所述，人们也意识到纳米粒子表面官能化（例如：纳米颗粒接枝高分子或其他配体)，不仅直接改变粒子之间的相互作用，也可以直接改变纳米颗粒-膜的相互作用，而后者将影响控制NP细胞毒性及输运行为[37]。最近的综述报道了一些无机纳米粒子在接枝高分子或磷脂分子后，细胞毒性会显著减少，甚至消失[38]。实验工作也发现，两个组成近似的纳米颗粒异构体，不同的表面覆盖方法使得二者具有完全不同的膜渗透行为[39]。同时，计算机模拟工作也表明接枝配体的纳米粒子，可以在不需任何动力的情况下成功地渗透膜[11]。如前所述，除了上述的磷脂膜，理解纳米粒子通过纳米流体通道的输运行为对于制备高效生物医用的单个纳米粒子探测器及CNT通道检测器件是极有利的。因此，系统研究纳米粒子表面官能化对其在CNT通道内输运的影响，对实际应用有较大指导作用，但这方面的研究尚不多见[12,40]。

4.2 纳米粒子表面电荷分布对其输运性质的影响

尽管水分子通过纳米孔的运输已被广泛研究[39,41]，但纳米粒子表面性质对其输运性质的影响却未被研究过。为开发纳米颗粒的新应用（例如：在纳米流体[42] 和生物技术方面[5] ）及理解在反渗透中的分离[43]，我们在此采用全原子分子动力学模拟方法并准确考虑溶剂水分子来研究纳米粒子表面特性对其溶解性、扩散及通过纳米孔的运输性质的影响。这样建模[44,45]，我们既不需要像在隐性溶剂中研究纳米粒子溶解性那样使用重整化相互作用势[46]，也不需要为描述介电非均匀性而采用影像电荷法[47]。而且，带电分子或者离子通过介电常数变化未知区域的动力学研究（例如从本体到纳米孔）只能使用显性溶剂的原子模拟来建模。这里我们通过将电荷选择性涂覆在单个纳米粒子的部分表面来实现多种特定电荷分布图案的设计［见图 4-1(a)］。为确保纳米粒子的水溶性，纳米粒子电荷密度定为 $1.06e/nm^2$，这与实验上大胶体颗粒的电荷密度十分接近[48]。我们利用电场来驱动这些带电纳米粒子通过 CNT 通道，如图 4-1(b) 所示。为计算可行，我们根据当前 RNA 传输[24] 和水分子输运[49] 的 MD 模拟文献选择了动力学模拟参数（包括 CNT 管长）。膜、通道、纳米粒子中的碳原子均描述为范德华（LJ）粒子，且采用前人使用过的碳-碳和碳-水间范德华相互作用参数[49]。此外，采用 Nose-Hoover 方法控温[50] 和 PME 方法计算静电相互作用[51]。MD 模拟采用 Gromacs 软件包[50] 和 TIP3P 水模型[52]，共约 6000 个原子，时间步长 2fs，每 0.5ps 收集一次数据，模拟时长达 210ns。

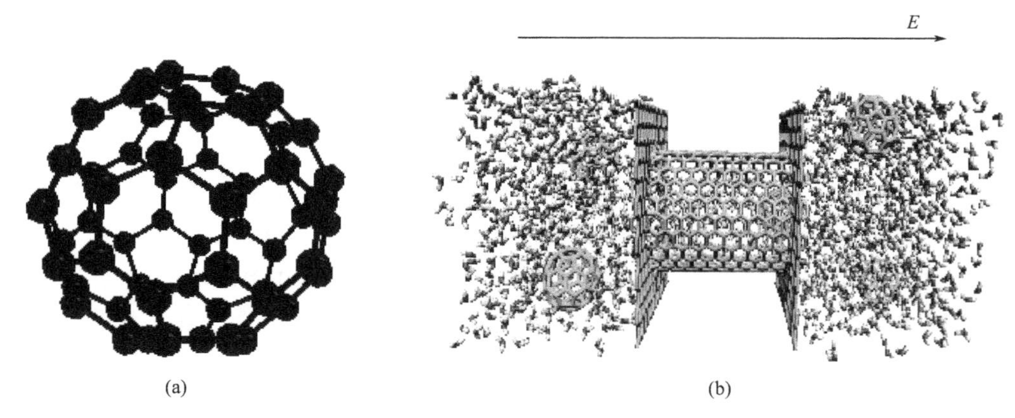

图 4-1

(a) C_{60} 纳米颗粒模型和 (b) 分子动力学模拟示意

(a) C_{60} 具有 60 个碳原子和 +6e 或 −6e 的总电荷，根据电荷分布的均匀性可分为以下几种类型：1+（每个原子 $q=+0.1e$），1−（每个原子 $q=-0.1e$），2+（30 个带电原子集中分布在半球 $q=+0.2e$），3+（50 个带电原子分散分布 $q=+0.12e$），4+（30 个带电原子分散分布 $q=+0.2e$）和 5+（15 个带电原子分散分布 $q=+0.4e$）。负电粒子 2−（$q=-0.2e$），3−（$q=-0.12e$），4−（$q=-0.2e$）和 5−（$q=-0.4e$）与正电粒子具有相同的电荷分布。(b)纳米通道长度 $L=2.564nm$，直径 $D=1.616nm$，在一个周期性的水盒子中，5 个 C_{60}（半径为 $R=0.333nm$）纳米粒子在电场 E 的驱动下穿越通道。

首先分析 ±1 类型纳米粒子在本体水溶液中的扩散。如图 4-2(a) 所示，带正电纳米粒子的扩散常数是带负电纳米粒子 2 倍之多。而在电场作用下，迁移率则呈现相反的结果（比如，在 $E=0.05V/nm$ 时，正、负电粒子的迁移率比值小于 0.9），这显然由于电场作用和自扩散的竞争效应。带负电和带正电的纳米颗粒的扩散常数差异是源于纳米颗粒和水分子之间的作用势能 P_{NW} 的大小不同，这里 P_{NW} 为水中自由纳米颗粒与水分子之间相互作用势能总和。如图 4-2(b) 所示，1+ 和 1− 类型纳米颗粒的库仑作用比对应疏水（范德华）相互作用分别强 5 倍和 10 倍，说明静电作用在决定自扩散系数差异中占主要因素；带负电纳米颗粒与水的库仑势能约是带正电的纳米颗粒的 2 倍，说明带负电的纳米颗粒更喜欢水。此外，考查纳米颗粒表面处水分子的偶极取向和密度分布也发现带负电的纳米颗粒比带正电的纳米颗粒具有更强的吸附水分子的能力，与 P_{NW} 势能的结果完全一致，支持负电纳米颗粒扩散常数低源于强水合能力。值得一提，当 $E=0V/nm$ 时我们观察了在纳米颗粒-水界面处存在水分子的耗尽层，与过去的研究结果类似[44]，这是水与憎水性界面的典型特性[45]。

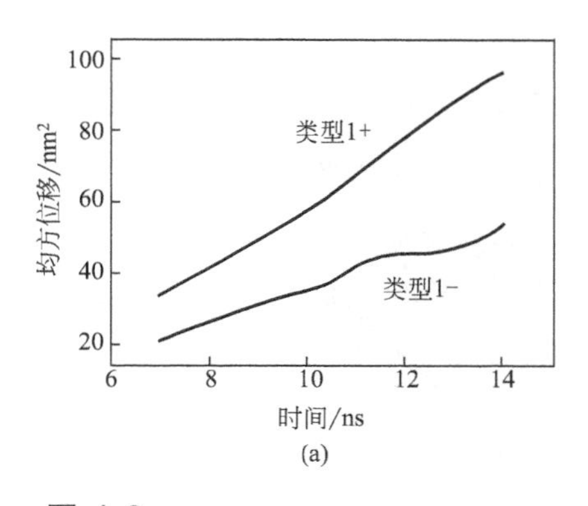

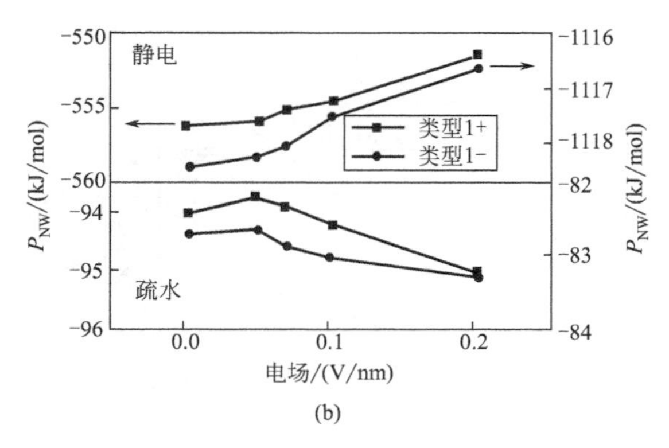

图 4-2

(a)纳米颗粒类型 1+ 和 1− 的均方位移随时间的变化（E= 0V/nm），相应的扩散系数分别为 $1.527\times10^{-5}cm^2/s$ 和 $0.732\times10^{-5}cm^2/s$。 (b)纳米颗粒与水的相互作用随电场强度的变化。如图中箭头所示类型 1+ 和 1− 分别对应左边和右边纵坐标

为了更好理解负电荷和正电荷分布对纳米颗粒动力学行为的影响，我们在维持总电荷数不变的情况下设计了不同类型纳米颗粒。如图 4-1(a) 所示，相比于 1＋和 1－类型纳米颗粒，3±、4±、5±类型纳米颗粒只是均匀地减少带电原子数，从 60 到 50、30、15，并相应增加带电原子的电量，从±0.1e 到±0.12e、±0.2e、±0.4e，以保持总电量±6e 不变；而 2±类型纳米颗粒（带电原子数＝30，带电原子的电量＝±0.2e）可以看作正电-中性或负电-中性 Janus 纳米颗粒。首先，1±类型纳米颗粒的 $P_{\rm NW}$［图 4-2(b)］与 5+类型有明显不同。因此，这些纳米颗粒应该犹如那些不同电荷分布的蛋白质一样具有不同的吸附特性。而且，当不同电荷分布图案的纳米颗粒通过纳米孔输运时，溶解度和扩散性的差异会被放大。在图 4-3(a) 中，我们给出 1＋和 1－类型纳米颗粒的平均流量；图 4-3(b) 给出了 3±、4±、5±类型纳米颗粒的流量（注意：2±Janus 纳米颗粒会黏附在膜上而不发生输运）。这里，我们定义流量为每纳秒从通道的一端进入到通道的另一端离开的纳米颗粒的个数。我们知道，当纳米颗粒从本体迁移到纳米孔，表面的水合层会发生形变。在无外驱动力下，如 E＝0V/nm 时，纳米颗粒很难进入通道。当电场强度增强时，纳米颗粒的流量会迅速增加。虽然不同电荷分布图案的纳米颗粒受相同的驱使力（所有纳米颗粒有±6e 的电荷），但流量大小很大程度上依赖纳米颗粒的类型。我们发现，通常带正电纳米颗粒的流量比带负电纳米颗粒的流量大。而且，电荷分布不同的带正电纳米颗粒的不同输运行为以及正、负电纳米颗粒间的输运不对称性都是由于纳米颗粒-水分子相互作用不同所导致的［见图 4-2(b)］。总体上，由于负电颗粒更喜欢水，因此需要克服高能量势垒才能进入通道，它们具有低的流量。由于纳米颗粒-水之间的相互作用与外部驱动力的竞争，1＋和 1－类型纳米颗粒间的流量差距随着电场强度的增加而减弱（比如，当E＝0.07V/nm 变为 E＝0.2V/nm，类型 1＋和类型 1－的流量比率从 4.5 减为 2.7）。在弱电场下，纳米颗粒-水之间的相互作用占主导并且阻止运输，造成正、负电颗粒的流量差距最大。当场强增大时，电场力 Eq 变为主导因素，纳米颗粒水合层很容易被打破，因此正、负电颗粒流量都迅速变大且流量差距减小。有趣的是，一些最近的实验报道了正、负

电纳米颗粒的性质差异。比如：带正电颗粒更有细胞毒性，更容易降低红细胞溶解、血小板凝固[45]。

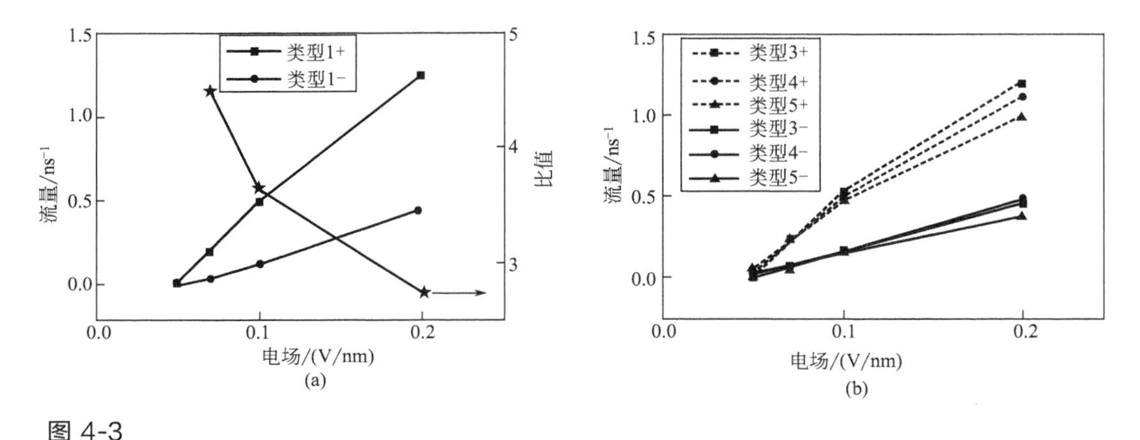

图 4-3

(a)纳米颗粒类型 1± 和 (b)类型 3±、4±、5±的跨膜流量随电场 E 的变化

3±、4±、5±类型纳米颗粒的流量行为与1±类型的相似，即带正电颗粒比对应带负电类型流动得快。事实上，随着带电原子数目的减小，纳米颗粒变得更具憎水性。并且，由于带正电颗粒的溶解性差于带负电的，它在膜上的吸附概率也相应增加。因此，我们看到随着电场强度的增加，相比于负电颗粒，带正电纳米颗粒的流量会随带电原子数的减少而显著减小。总的来说，正电颗粒与水的相互作用比负电颗粒与水的弱，因而所受到的摩擦会小一些。而且，带正电纳米颗粒的输运动力学比起带负电的颗粒更易受它电荷分布的影响。

不同电荷分布的纳米颗粒具有不同的流量，我们可以采用类似于 DNA 的分析方法[54]，通过毛细血管或电泳实现纳米颗粒的分离或表征[53]。虽然我们模拟参数的选择以在有限模拟时间内实现有效分析不同电荷分布的纳米颗粒的动力学行为为目的，但这些模拟结果在真实实验条件下（比如采用更长、更宽的纳米孔以及考虑富勒烯添加极性基团后部分晶格产生畸变[55]）应该也能重复出来。而且模拟计算的纳米颗粒-水相互作用表明带负电颗粒比带正电的亲水性更强，这种亲水性差异不仅与我们观察到的正负电纳米颗粒的输运特性差异有关，也与实验观测到的生物纳米相互作用相关[44]，而且 DNA 分子在凝胶电泳中发生的构象动力学变化也与之有关[54]。

在之前 Na^+ 和 Cl^- 的扩散性质研究中[56]，发现 Na^+ 的扩散系数小于 Cl^-，这与我们纳米颗粒的情况相反。为了探究起因，我们模拟研究了 Na^+ 和 Cl^- 通过长为 2.56nm 的两种不同直径 CNT 纳米管的运输行为。对于直径为 1.21nm 的 CNT，我们发现它们的流量几乎一样；对于直径为 1.35nm 的 CNT，在 $E=0.5$V/nm 的电场下 Cl^- 与 Na^+ 的流量比达到最大，仅为 1.22。相反，带电纳米颗粒却始终表现为正负电纳米颗粒（1±类型）的流量比值总是大于 2.0，甚至最高达到 4.5。因此，无论是在本体水溶液中的扩散，还是跨膜过程中的输运，带电纳米颗粒与离子都具有不同的行为，并且相比于纳米颗粒水分子更易于与小离子结合。

简而言之，利用原子尺度的分子动力学模拟我们研究了电荷分布及其正负性对纳米粒子在本体水溶液中的溶解性及跨膜的输运特性的影响。相比于之前有关均匀带电纳米粒子静态溶解性质的研究[57,58]，我们的结果表明即使纳米粒子具有相同的大小和总电量，正负电纳米粒子在界面上具有不同的吸附能力[57] 以及在本体溶液中具有不同的溶解度[58]。而且，即使表面电量分布是相同的，带正电纳米粒子和带负电纳米粒子的扩散性和平均流量也明显不同。带负电的纳米粒子更喜欢待在水溶液中，因而相比于带正电的纳米粒子呈现出小扩散系数、低流量，并且流量对表面电荷分布的影响不灵敏。更有趣的是，在实验上人们也观察到了阴阳带电纳米粒子的不同生物特性[45]。这项工作加深了我们对于纳米粒子表面电荷分布在溶解、扩散、跨膜输运方面的重要影响作用。

4.3
纳米粒子与离子相互作用对其输运性质的影响

在上一节研究中，由于纳米粒子的电荷密度低，我们没有考虑反离子作用。在本节，我们考虑更贴近真实体系的模型，研究在不同的离子条件下水溶性阳离子和阴离子纳米粒子的跨膜输运，并专注于纳米粒子和离子的相互作用对其输运性质的影响。类似上节，我们仍采用全原子分子动力学（MD）模拟方法，研究带电纳米粒子通过一个流体纳米管道的跨膜输运过程。在通道模型搭建中，我们将单壁碳纳米管连接两个蓄水池，类似于实验上 CNT 通道器件装置[21]。总之，我们所考虑的模型体系是非常接近最近有关离子、带电分子、DNA、RNA 和纳米粒子通过纳米通道的实验研究[19-23,25-29,59-61]。我们的 MD 结果表明了无论在无盐还是在含盐条件下，正、负电纳米粒子的跨膜输运动力学都是不对称的，这使得在很宽离子条件范围内实现带电纳米粒子的分离或过滤成为可能。同时，纳米粒子的输运性质极其依赖于盐浓度。此外，我们也发现仅用离子与纳米粒子之间纯粹的竞争无法解释相关机制。为此，我们基于朗之万和泊松-能斯特-普朗克（PNP）方程，进一步讨论纳米粒子和离子的输运动力学，并探索了一些新的物理机制。

图 4-4 是本节研究中的一个典型模拟体系的示意图。其中一个直径 2.02nm 和长度 2.56nm 的（15,15）型单壁碳纳米管嵌入两个石墨烯片膜，形成一个纳米流体通道，该碳纳米管道和两个石墨膜皆为电中性，并将周期性水盒子分为两个相等的部分。如 4.1 节所述，如此小巧的纳米流体器件已被制造出来[21]，可以用作研究跨膜输运基本规律的可控可调的简单实验装置。除了流体通道外，我们的模型体系还包含水、离子和一个带电的球形纳米粒子（±NP）。±NP 带电量为 1.06 e/nm^2，与实验所用的大胶体粒子的电荷密度接近[62]，也对应于我们 4.2 节中的 1±类型纳米粒子[12]。为简化，该±NP 以富勒烯 C_{60} 的原子模型为模板，并将每个碳原子分配上±0.1e 电荷。同样，我们没有考虑 C_{60} 添加极性基团后所产生的部分晶格畸变，±NP 拓扑直径为 0.66nm。实际上，由于碳-碳范德华直径为 0.34nm，±NP 纳米粒子的有效直径应该为 1.34nm 左右。此外，我们沿 $+z$

方向施加电场来驱动±NP 纳米粒子通过碳纳米管。

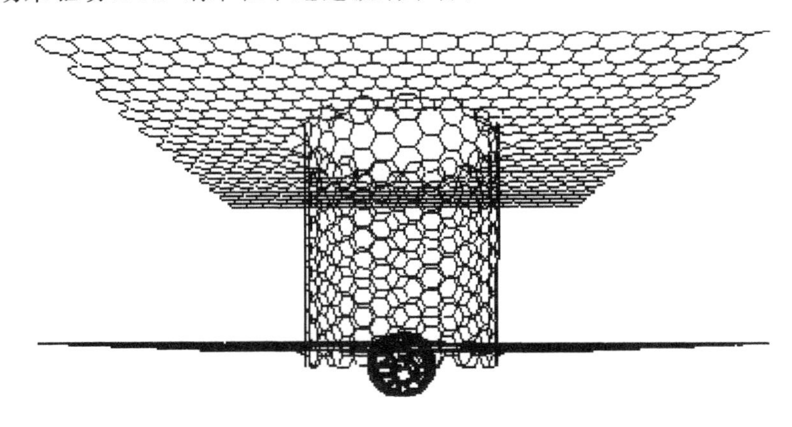

图 4-4

模拟体系示意

(15，15)类型的碳纳米管和两片石墨烯膜处在周期性水盒子中间，一个带正电的纳米粒子在电场的驱动下穿越碳管通道。体系包含 3136 个水分子（未显示）和一定的 NaCl（未显示），体系大小为 5.08nm×5.08nm×6.21nm。研究中 NaCl 盐的数目为变量。

所有分子动力学模拟都采用 Gromacs 3.3.1 模拟软件包[50] 在 NVT 系综下进行，用 Nose-Hoover 方法控制温度在 300K。其中，水使用了 TIP3P 模型[52]，碳-碳和碳-水 LJ 相互作用参数以及 Na^+ 和 Cl^- 的力参数采用已有的文献参数[49,56]，远程静电相互作用采用 PME 方法来处理[51]。模拟的时间步长为 2fs，每 0.5ps 收集一次数据。整个模拟系统包含 1 个带电纳米粒子、6 个反离子（Na^+ 或 Cl^-）、3136 个水分子和各种盐（氯化钠）。模拟盒子尺寸为 5.08nm×5.08nm×6.21nm，我们在所有方向上施加周期边界条件，而碳纳米管和两个石墨片在模拟过程中被固定。对于纳米粒子的输运，对每个盐浓度我们进行 130ns 的分子动力学模拟，而最后 120ns 的轨迹用于数据分析。为了计算离子的平均束缚数量，我们固定了处于纳米通道内部或外部的纳米粒子，并进行 12ns 的分子动力学模拟，取最后 10ns 用来数据分析。为了获得纳米粒子在本体水溶液中的动力学行为，我们对包含 1 个+NP 或－NP 纳米粒子、1728 个水分子和 6 个反离子的体系在每个电场强度下进行 25ns 分子动力学模拟。

我们首先计算不同电场强度下水偶极子的取向及密度分布和纳米粒子的平均束缚离子数量，这些观察量能很好描述带电纳米粒子附近的水和离子的分布。如图 4-5(a) 里的插图所示，我们用角度 θ 表示水偶极子的取向，θ 定义为水偶极矩方向与纳米粒子中心到氧原子间连线的夹角。由图 4-5(a) 可见，水偶极子的取向依赖于电荷种类和与纳米粒子中心的距离。在纳米粒子表面附近，对于+NP 和－NP，$\langle\theta\rangle$ 分别接近 30°和 140°。随着水分子与纳米粒子之间距离的增加，$\langle\theta\rangle$ 因纳米粒子-水和水-水的相互作用的竞争呈现出波状变化。当水分子与纳米粒子之间距离足够大，纳米粒子-水的相互作用变得极其微弱，水偶极子可以随机 0°和 180°之间取向并且 $\langle\theta\rangle$ 的平均值接近 90°。但是，由于反离子的作用，正、负电纳米粒子的偶极取向并不在 $\langle\theta\rangle$ =90°对称，而且－NP 的 $\langle\theta\rangle$ 波动较为激烈。

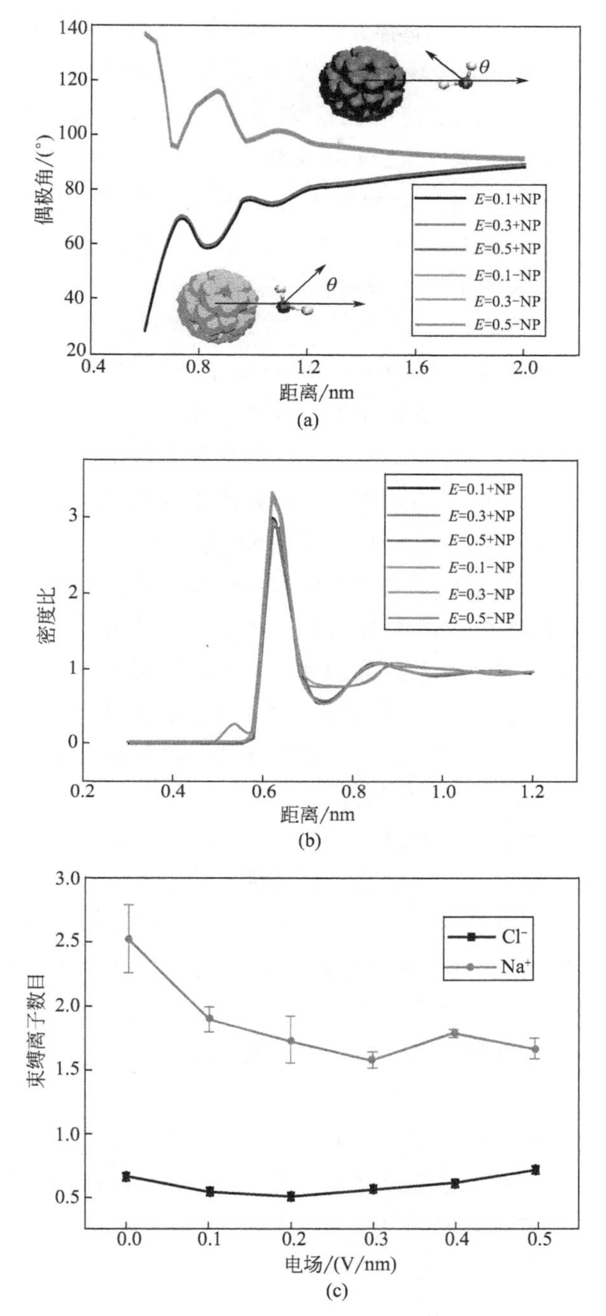

图 4-5

在无外加盐下本体水溶液中纳米粒子周围的水和反离子分布情况（见彩插）

（a）水分子的偶极取向角和（b）水分子的密度比 ρ/ρ_0 分布随水分子到纳米粒子中心（$r=0$）的距离的变化。注意：$\rho_0=1.0g/cm^3$ 为本体水的密度。（c）纳米粒子表面吸附的平均离子数目，这里只要离子与纳米粒子表面的距离小于 1.5σ（σ 是碳离子的范德华直径）就定义为吸附离子。

图 4-5(b) 给出了不同电场强度下正、负电纳米粒子周围水的密度分布。我们看到在 $r=0.62$nm 的主峰处，+NP 和−NP 体系对应的峰值分别为 2.9 和 3.3，而且在−NP 附近$r=0.54$nm 处还有个额外的小高峰。这些结果表明阴离子纳米颗粒比阳离子颗粒具有较大的吸附水分子的能力，这与之前的无反离子的 MD 模拟结果类似[46]。而且，根据图 4-5(a) 中插图所示的水偶极取向也可以推断出相比于+NP 更多的水分子可以靠近−NP 表面，因为在+NP 颗粒附近的相邻水分子中氢原子间的静电排斥作用会更明显。此外，根据图 4-5(c) 给出的被纳米颗粒吸附的反离子平均数目与电场强度的关系，我们看出即使±NP 具有相同的表面电荷，吸附在−NP 周围的 Na^+ 数目明显大于吸附在+NP 周围的 Cl^- 数目。这也可以解释图 4-5(a) 中不对称的水分子偶极取向 $\langle\theta\rangle$ 曲线以及−NP 处的 $\langle\theta\rangle$ 波动大。阴阳纳米粒子的不同反离子吸附能力是与不同反离子其直径不同有关。例如：相比于 Cl^-、Na^+ 有较小的尺寸和质量，一旦它被吸附到−NP 表面，就比 Cl^- 更难以被解附。事实上，这种不同的阴阳纳米粒子与反离子间的结合能力，将导致阴阳纳米粒子在本体水溶液和纳米通道中表现出截然不同的运输动力学性质，我们将在下面讨论。值得指出的是，以往的实验仅报道了±NP 纳米粒子具有不同的生物毒性，例如相比于负电纳米粒子，正电纳米粒子更具有细胞毒性和更可能诱发溶血和血小板聚集[45]。

为了比较±NP 纳米粒子在本体水和纳米通道中的动力学性质，我们先考查了+NP 在不同电场强度下的运动与时间关系，如图 4-6 所示。可以看出，在本体水中+NP 纳米粒子的运动是呈线性的；而在纳米通道里该运动变为非线性模式。我们大致将非线性运动分成三个阶段，即，进入通道入口、通道内移动和离开纳米通道的出口处，分别对应于如图 4-6(b) 中插图所示的从下到上三张快照。在第一阶段，由于 NP 不喜欢纳米通道内部，而且必须脱掉一些壳层水才能进入通道，因而 NP-水相互作用减慢了 NP 进入通道。在第二阶段，纳米颗粒移动变快了，这是因为入口处的水分子对在管道里纳米颗粒的影响已经比较弱了。而且，如在图 4-6(b) 中相同的线条所示，在第二阶段 NP 运动也与时间呈线性关系。在第三阶段，NP 离开通道出口时移动得更快了，这主要借助于靠近出口的外部水分子的吸引作用。同时，我们也应该注意到，移动相同的距离，在纳米通道内所花时间要比在本体水中多几倍，这也可由图 4-7(a) 的结果进一步证实，该图给出了平均传输时间随场强的变化。

严格比较纳米颗粒在本体水和纳米通道内的输运差异，要求在计算本体水中 NP 平均传输时间时所用的距离应与纳米通道长度是相同的。在本体水和纳米通道中，±NP 平均传输时间 τ 和电场强度 E 都存在幂指数关系 τ-E^{ν}。在本体水中，在恒定外力 F 作用下纳米粒子的运动应服从一维朗之万方程

$$m\frac{\mathrm{d}^2x}{\mathrm{d}t^2}=F-m\zeta\frac{\mathrm{d}x}{\mathrm{d}t}+R(t) \tag{4-1}$$

式中，m 是 NP 质量；$F=Eq$(q 是 NP 电荷数) 是电场力；$\zeta=(6\pi\eta a)/m$(其中：η 为溶剂的黏度和 a 为 NP 半径) 是反映耗散力的摩擦系数；$R(t)$ 是由溶剂分子碰撞所施加的随机力，且其均值为$\langle R(t)\rangle=0$。在稳态，平均加速度应接近于零，这可以通过图 4-6(a) 中 z-t 的线性关系证实。因此，由稳态下驱动力和摩擦力数值相等，也即 Eq-$m\zeta$ $(\mathrm{d}x/\mathrm{d}t)$，可以得到在有效电荷为一固定常数的条件下平均传输时间 τ 和电场强度 E 的幂

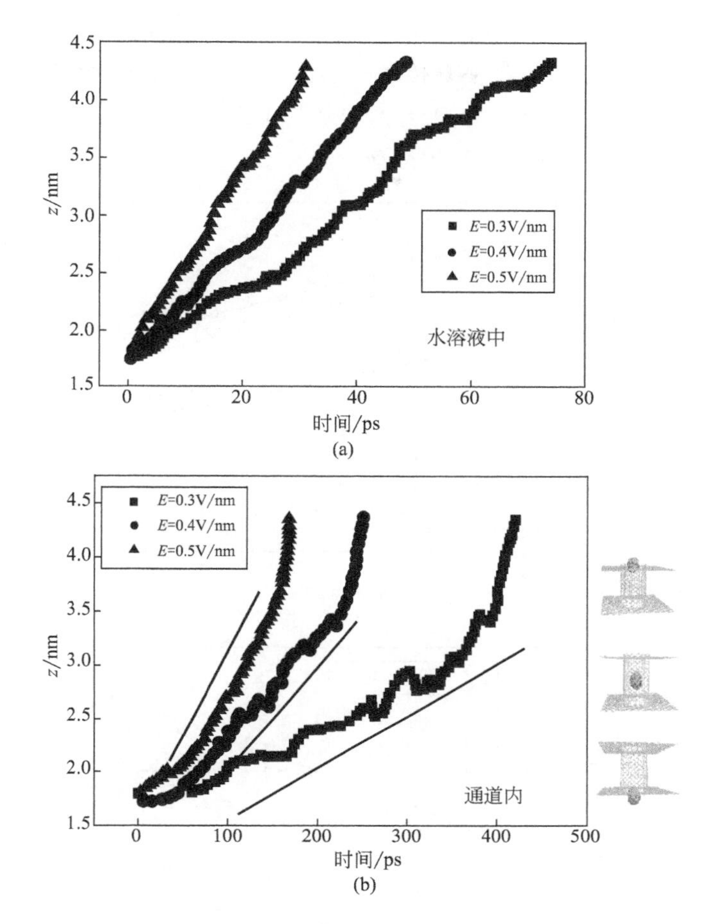

图 4-6

无盐条件下+ NP 纳米颗粒在 (a) 本体水和 (b) 纳米通道内的位移随时间的变化

在本体水中+ NP 位移与时间呈线性变化；在通道内+ NP 位移变化可以分为三个阶段，即进入通道、在通道内输运和离开通道，分别对应于右边的三个示意插图。注意：在 (b) 中的线条用来表明在第二阶段+ NP 位移与时间是线性关系。

律关系为τ-E^{-1}。我们从图 4-7(a) 看到，对于本体水中的±NP 纳米颗粒，我们 MD 模拟得到的标度指数分别达到 $\nu=-0.96$ 和-0.95，与朗之万方程的分析相吻合。但是，对于在纳米通道里±NP，我们 MD 结果与朗之万方程的分析结果不符。例如，对于我们模拟采用的碳纳米管通道，我们可以拟合得到的标度指数分别是 $\nu=-1.27$ 和-1.22。这表明在通道内 ζ 或 NP 的有效电荷 q 是电场强度 E 的一个复杂函数，同时 NP 的有效电荷可能还依赖碳纳米管半径及长度。

值得注意的是，±NP 在纳米管道中的平均传输时间大约是在本体水中的3～6 倍。这是因为在纳米管道内纳米粒子移动时必须向前推动水分子，而不能把水分子向周围排开，因此纳米粒子在管道内应当经受更大摩擦，从而导致较大的传输时间。我们还注意到，当输运环境从本体水转移到纳米通道内时，正负电纳米粒子之间的传输时间差异变大了。例如：传输时间比值（+NP/－NP）从本体水中的 0.67～0.7 下降到纳米通道中的 0.59～0.67。显然，这种传输时间长短差异的增强在更长的纳米通道内会更加鲜明。因此，纳米通道通过减慢纳米粒子的运动，以帮助放大＋NP和－NP之间的动力学差异，将有助于实现分子的分离。其实，＋NP和－NP传输时间的差异主要源于吸附反离子数目的不同。如上所讨论的，由于 Na^+ 吸附到－NP上的趋势比 Cl^- 吸附到＋NP的更为强烈，因此 Na^+ 的反向运动可以大幅度减慢－NP的运动。

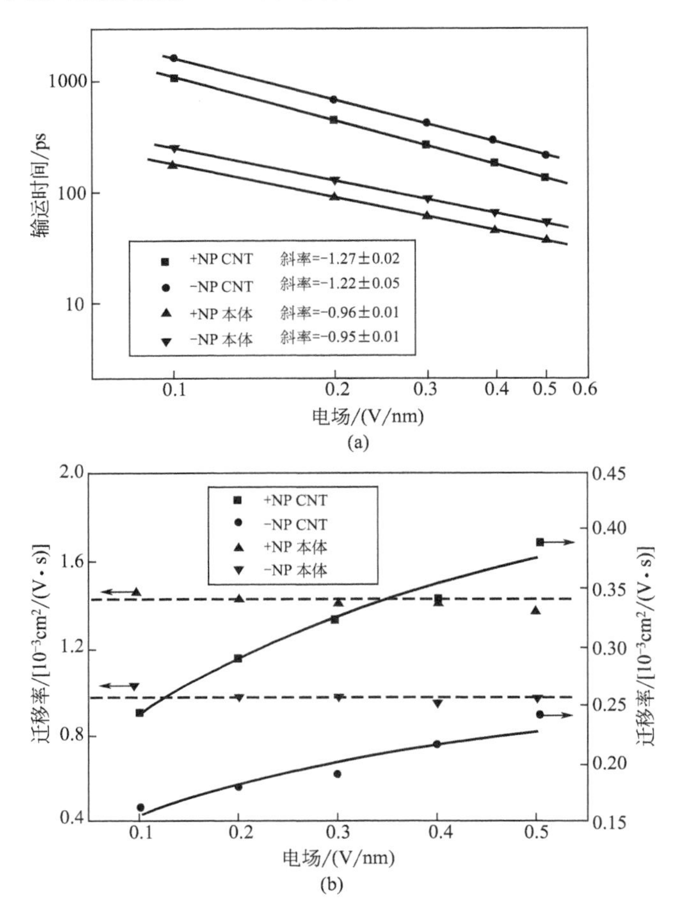

图 4-7

在无盐条件下，±NP纳米颗粒的（a）传输时间和（b）迁移率随电场强度的变化

这里±NP在本体水中的传输距离和纳米管长度一样为2.56nm。注意：（a）中的线为数据点的线性拟合，而（b）中的实线为数据点指数拟合，虚线为数据点的平均值。

除考查平动距离外，我们也计算了在电场下纳米粒子的迁移率。迁移率可以定义为 $\mu=\nu/E\approx L/(\tau E)$，其中 $L=2.56$nm是传输距离。在图4-7(b)中，我们给出了±NP的迁移率与电场强度 E 的关系。在本体水中，±NP的迁移率不依赖于场强，这可以从上述的 τ-E^{-1} 的关系直接看出。此外，如虚线所指的，±NP的平均迁移率分别是 $1.41\times10^{-3}cm^2/(V\cdot s)$ 和 $0.97\times10^{-3}cm^2/(V\cdot s)$。同样，－NP的小迁移率也源于 Na^+ 与－NP的强吸引作用。我们MD模拟得到的迁移率数值接近实验结果。例如：对于无限稀释溶液中的一价离子，迁移率是 $0.4\sim0.8\times10^{-3}cm^2/(V\cdot s)$，并强烈依赖于离子的大小[63]。在纳米通道的内部，我们发现纳米粒子的迁移率随 E 增加，类似于实验发现的碳纳米管道内部的离子迁移率变化规律，但在同样的外场 E 范围内实验得到的离子迁移率值为 $0.4 \sim 1.2 \times 10^{-3}\ \mathrm{cm^2/(V \cdot s)}$[64]，比 MD 模拟得到的±NP 的迁移率大［参见图 4-7(b)］。采用指数拟合，我们得到 μ-E^{ν}，其中对于±NP 纳米粒子 $\nu=0.28$ 和 0.24。考虑到存在 τ-$E^{-1.27}$ 和 τ-$E^{-1.22}$ 的关系，μ-$E^{0.28}$ 和 μ-$E^{0.24}$ 是合理的。我们也注意到，±NP 迁移率从在本体水中到在纳米通道中会减小，相应的比率约为 3～6。由于存在 $\mu=Q/\zeta$[63]，所以上述随环境变化迁移率变小的原因很可能是源于纳米通道内大的摩擦 ζ，假设有效电荷 Q 基本不改变。同样，也如我们在前面所提到的，纳米通道里面的水分子只能向前推而无法排挤到周围，这也意味着更大摩擦环境。值得一提的是，虽然纳米通道里的迁移率降低，但+NP 和－NP 之间的迁移率差异却较在本体水中的略有增大。例如，在本体水和纳米通道内的正负纳米颗粒迁移率的比值分别为 1.4～1.5 和 1.5～1.7。

尽管如此，我们还不能完全理解为什么纳米粒子迁移率在本体水中不依赖于电场而在纳米通道中依赖电场。实际上，要更完整考虑电场下纳米粒子迁移，除了考虑在 Langevin 方程里由介质黏度所产生的摩擦，还应考虑介电质摩擦，$\zeta^{D}=3q^{2}(\varepsilon_0-\varepsilon_\infty)\tau_D/(4a^3\varepsilon_0^2)$，其中 ε_0 和 ε_∞ 是溶剂的静态和高频介电常数，而 τ_D 是弛豫时间，用以表征溶剂的动力学性质[63]。可以看出，电场下纳米粒子所经受的摩擦力应该是有关上述溶剂性质的复杂函数，而且在纳米通道中上述溶剂性质对电场变化更敏感，因而此时的水偶极子受场强的影响更明显。所以，纳米通道内，所述摩擦可能是一个电场的复杂函数，一方面导致纳米粒子迁移率依赖于电场强度，另一方面也解释了上述所得的传输时间偏离朗之万结果。总之，这些迁移率结果再次表明，电场可以很好控制纳米粒子通过流体纳米通道，因而有可能实现电泳 NP 检测或分离[27-29]。

我们已经讨论了无盐条件下±NP 在本体水和纳米通道中的传输动力学。然而，实验中已发现盐浓度对各类带电分子（包括离子[21,60,61]、纳米颗粒[25] 和 DNA[21,60]）的跨膜输运也有重要的影响，但其中的机制却知之甚少[19]。为此，我们也进行了一系列的 MD 模拟来研究盐浓度对 NP 传输的影响。图 4-8 中我们给出了在 $E=0.5\mathrm{V/nm}$ 下，纳米粒子和离子的跨膜流量（从纳米通道的一端进入到另一端出去）随盐浓度（c）的变化。可以看出，随着盐浓度的增加，±NP 的流量下降。其中，－NP 通（或流）量对盐浓度更敏感，并在约 $c=0.9\mathrm{mol/L}$ 处迅速减小到接近零；而+NP 通量则缓慢减小，在饱和浓度 $c=5.3\mathrm{mol/L}$ 下降到为 $0.18\ \mathrm{ns^{-1}}$。与此相反，离子通量与盐浓度呈非线性增加，类似于实验的结果[21]。而且，在含±NP 的体系中离子流量并没有表现出明显差异。值得指出的是，近期实验工作[25] 也观察到了在高盐浓度下较少的 NP 输运事件，因此他们选择了相对低的盐浓度以达到一个较高的 NP 通量来进行研究工作。

这些结果表明，±NP 传输强烈受盐浓度影响，且纳米粒子和离子间存在明显的竞争。但是，此竞争不应是±NP 不对称输运的唯一决定因素，前面多次提到的 Na^+ 和 Cl^- 的非对称吸附也需要纳入考虑。由于 Cl^- 吸附在+NP 上的数目较少，因此+NP 传输主要受离子通量的影响。也就是说，对于+NP，纳米粒子和离子间的竞争是占主导地位。相反，Na^+ 更容易吸附到－NP 上，Na^+ 的反向运动更加影响－NP 的运动。在高盐浓度条件下，－NP 有较少机会到达通道入口，反向离子流形成了第二屏障阻止其跨膜传输。通过上述分析我们可以初步理解为什么－NP 通量对盐浓度更敏感，且在高浓度下通量突

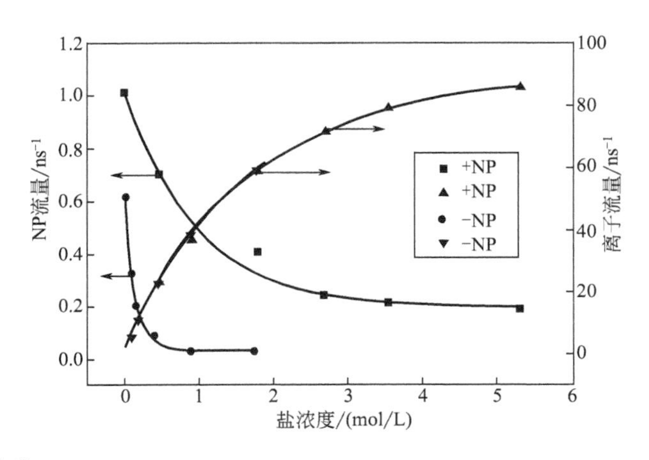

图 4-8

在 $E=0.5\text{V/nm}$ 下，±NP 纳米颗粒和离子的流量随盐浓度(c)的变化

实线为对数据点按函数 $f(c)=A_0\exp(-c/c_0)+f_0$ 进行拟合，其中 A_0, c_0, f_0 是拟合常数。

注意在室温下盐饱和浓度约为 5mol/L。

然下降到零。

有趣的是，±NP 通量的非线性下降及其在高盐浓度时的饱和趋势可以用一个指数衰减公式 $f(c)=A_0\exp(-c/c_0)+f_0$ 来拟合，其中 A_0，c_0，f_0 是拟合常数，且对±NPs 它们分别等于 0.81ns^{-1}，0.96mol/L，0.19ns^{-1}，和 0.59ns^{-1}，0.14mol/L，0.03ns^{-1}。事实上，渐近值 f_0 表示高盐浓度时纳米粒子通量，因此对－NP 它应该是接近零的。c_0 是衰减速度，由拟合公式可知盐浓度 c 每增加一个单位，－NP 通量的降低速率是比＋NP 的快约 $\exp(7)/\exp(1)\approx 403$。但是，我们仍然难以获知±NP 通量为何随盐浓度改变而表现出如此指数衰减。热力学上，一个 NP 粒子从本体溶液到纳米通道的自由能变化是 $\Delta F=\Delta U-T\Delta S$。对于单个离子，熵的贡献则可写为 $\Delta S=k_B\ln(V_0c)$，其中 V_0 是通道体积；k_B 是玻尔兹曼常数[65]。如果我们将 NP 粒子简化为一个大离子，就可将上述关系式应用到当前的±NP 粒子。因此，在纳米通道中找到一个纳米粒子的概率是 $Q\text{-}\exp[-\Delta F/(k_BT)]$，而 NP 通量则应正比于 Q，也即 $f\text{-}\exp[-\Delta F/(k_BT)]$。虽然自由能变和盐浓度之间的关系不是简单的线性关系，但如果我们只考虑线性贡献部分（例如它的泰勒表达式），我们可以得到 $f\text{-}\exp(-c/c_0)$。上述分析尽管存在瑕疵，却在一定程度上帮助我们理解 NP 传输动力学特性—NP 通量与盐浓度的指数衰减关系。

不同于 NP 通量与盐浓度的指数衰减关系，离子流量随盐浓度呈指数增加。因此我们也可以用相同拟合函数进行数据拟合，只不过此时 A_0 值为负，如图 4-8 所示。此外，我们知道离子在纳米通道中的运输也可通过 PNP（泊松-能斯特-普朗克）方程描述[59]。首先通过泊松方程，建立局域电势与电荷密度的关系

$$\nabla^2\phi=\frac{\rho}{\varepsilon_0\varepsilon_r} \tag{4-2}$$

式中，ϕ 是局域电势；ρ 是体积电荷密度；ε_0 和 ε_r 分别对应真空和相对介电常数。然后通过能斯特-普朗克方程，得到纳米通道中单位截面积上 i 离子的总通量，

$$\vec{J}_i = -D_i \nabla c_i - \frac{q_i F_0}{RT} D_i c_i \nabla \phi + c_i u \tag{4-3}$$

式中，D_i，c_i 和 q_i 分别为 i 离子的扩散系数，浓度和价态；F_0，R 和 T 分别为法拉第常数、气体常数和温度；u 是流体的速度。式(4-3) 右边的三项实际上对应三部分通量贡献，即扩散通量、分子在电场中的迁移量和对流流量。由于获得该方程在三维空间中的解析式十分困难，因此通常在一些合理的假设下得到一维近似解[64]

$$J_i = -q_i c_i \mu_i E N_A \exp\left(\frac{-\Delta F_i}{k_B T}\right) \tag{4-4}$$

式中，$\mu = q_i D_i/(k_B T)$ 是离子迁移率；E 是外部场强；N_A 是阿伏伽德罗常数；ΔF_i 是单个离子在本体水溶液和通道内的自由能差。当通道直径大于 1.4nm 时，自由能差值 ΔF_i 接近于零[65]，因此离子通量和浓度之间存在线性关系：J_i-c_i。其实，其他的近似处理也得到了类似的线性关系，而且通道尺寸被精确考虑在内[60,66]。但是，在一些实验[21,60,61] 和理论研究[64,66] 中非线性行为总是被观察到，而离子通量和浓度之间的关系用幂函数描述[21,64]。我们要强调在这些研究中盐浓度总是低于 2mol/L，因此观察不到高浓度下流量饱和趋势。也因此，如果用此幂函数拟合我们的模拟数据，在高浓度下会存在一个明显的分歧。但是，如果我们忽略了最后两个模拟数据，平均±NP 数据后则可以得到很好的幂函数规律 f-c^{ν}，其中 $\nu=0.67$。这个值非常接近此前模拟结果[64]，但比实验结果 $\nu=0.39$ 大[21]。偏离实验结果并不令人惊讶，因为实验用的 CNT 通道足有 2μm 长，约比我们模拟通道大三个数量级。综上所述，幂律定律在盐浓度低于约 2mol/L 时可以有效描述离子通量和浓度间关系，而这个指数公式在所有浓度范围皆适用。

最后，为了进一步阐明±NP 不对称输运的根源，我们计算了在无电场条件下纳米通道内外处的纳米粒子表面吸附离子的平均数量，如表 4-1 所列。为方便起见，我们冻结了处在纳米通道内外+NP 和－NP 并进行 12ns 的 MD 运行。除了无盐情况下，我们也考虑一种典型盐浓度 $c=1.77$mol/L。如表 4-1 所示，对于处在纳米通道外部的纳米粒子，在无盐的情况下－NP 吸附离子的数量是+NP 的三倍多，这与图 4-5 中的结果类似。而当纳米粒子进入纳米通道，却有更多离子与它结合，+NP 和－NP 吸附离子的数量分别增加了 4 和 2 倍。实际上，在纳米通道内±NP 附近的水分子减少，并且一旦离子被吸附到±NP 表面，溶解这些离子将变得更加困难。也就是说，在受限的条件下，±NP 吸附离子的能力大大增强了。此外，由于 Na^+ 与－NP 吸附更加强烈，通道外－NP 吸附的 Na^+ 数量相比+NP 吸附的 Cl^- 数量应该更接近饱和。因此，当－NP 移动到通道内时，吸附的 Na^+ 数量的增加量相比于对应物（+NP 吸附的 Cl^- 数量）的是变少了。

表 4-1　在无电场情况下纳米粒子表面吸附离子的数目

NP 类型	无盐(本体)	无盐(通道)	有盐(本体)	有盐(通道)
+NP	0.71	2.86	5.99	4.35
－NP	2.28	4.68	8.68	6.77

上述结果在有外加盐的情况下变得非常不同。例如，当±NPs 在纳米通道内时所吸附离子的数量反而减少了。在盐溶液中±NP 处于在通道外部，吸附离子的数量应该接近

饱和。当±NP进入通道内，尽管受限作用提高了吸附能力，但（与离子或水）的接触表面积减少导致了吸附离子数量的减少。此外，类似无盐的情况的是，不管在纳米通道内部还是外部，－NP相比于＋NP拥有更多的吸附离子。因此，所表4-1所示的，－NP纳米粒子在通道外所吸附的离子数量为8.68，超过了电荷平衡数6。虽然在外电场作用下－NP吸附的离子数可以降低，但是钠离子的强吸附作用以及存在的与纳米粒子相反运动，却可以显著阻碍－NP运动。因此，－NP将很少有机会到达通道的入口，图4-8中－NP流量随盐浓度增加而迅速下降。总之，这些结果表明了离子在±NP传输中的重要作用，而且±NP与离子之间存在复杂的竞争关系。

4.4 纳米粒子表面嫁接不同高分子链时的输运性质

这节我们将继续应用全原子的分子动力学模拟方法来研究表面嫁接不同高分子链的纳米粒子在纳米通道中的输运行为。碳纳米管（CNT）已被证明是优异的水通道，也是优异的微纳流体通道模型[49,67]。为此，我们选用CNT为通道模型。我们主要考查了纳米粒子表面接枝高分子的长度、高分子数量（接枝密度）以及电荷量和电荷位置对输运的影响。我们发现，NP通量与这些参数间存在复杂的关系，在一定接枝密度或电荷量的情况下可实现最大值。由于反离子与NP动力学间存在强耦合而且NP-离子间又存在吸附，因此我们也考查上述因素对反离子输运的影响。同时，我们也考查了NP和离子输运对电场的依赖性。这些结果将对高效纳米载体的设计具有较大的参考作用。

图4-9(a)给出了模拟体系的示意图。其中，一个（20，20）型单壁碳纳米管（直径2.69nm，长度2.56nm）嵌入在两个石墨膜中，将周期水盒子划分成两个相等部分，即代表一个纳米流体通道。如4.1节所述，如此小巧的纳米流体器件已被制造出来，可以用作研究跨膜输运基本规律的可控可调的简单实验装置了[21,68]。我们模型物包含一个有各种接枝方案的带电高分子纳米粒子、4000个水分子和特定数目的反离子（钠或氯）以中和整个系统。CNT通道和两个石墨膜呈电中性。NP是由C_{60}接枝多个高分子链组成的，其中一些示于图4-9(b)中。高分子的键长固定为0.1nm，模拟体系组分间的相互作用包含成键和非键范德华势能，高分子链上的碳原子力场参数同C_{60}中的C。因此，该高分子可以被视为一般的LJ均聚物。每个高分子链含有一个带电原子以便其能溶于水，并可由电场驱动通过通道。当考虑链长影响时，我们固定链的接枝数目为30（相当于在C_{60}表面均匀接枝），链长由$N=1$变化到$N=7$，其中只有链末端原子带有$0.5e$的电荷。当改变高分子数量时（20～60），链长度也被固定为$N=5$且终端电荷也固定为$0.5e$。我们选取长度为$N=5$和接枝数目为30的NP来研究改变电荷量（终端电荷变化）和电荷位置（固定$0.5e$电荷）对输运的影响。首先，NP粒子被随机放在通道外的本体水中。对于这

些不同接枝高分子的长度、数目、电荷量和电荷位置的模拟体系，均沿$+z$方向施加恒定的外部电场$E=0.2$V/nm来驱动NP输运通过CNT。最后，我们选取接枝链长固定为$N=5$、链数目为30、终端电荷为$0.5e$的NP粒子体系来进一步考虑电场强度（0.1～0.5V/nm）间的影响。我们可以看出，模拟中模型参数“自如可调”使我们能够在具有宽阔的参数空间下进行系统深入研究，从而获得实验现象背后的物理本质和影响因素的作用规律。

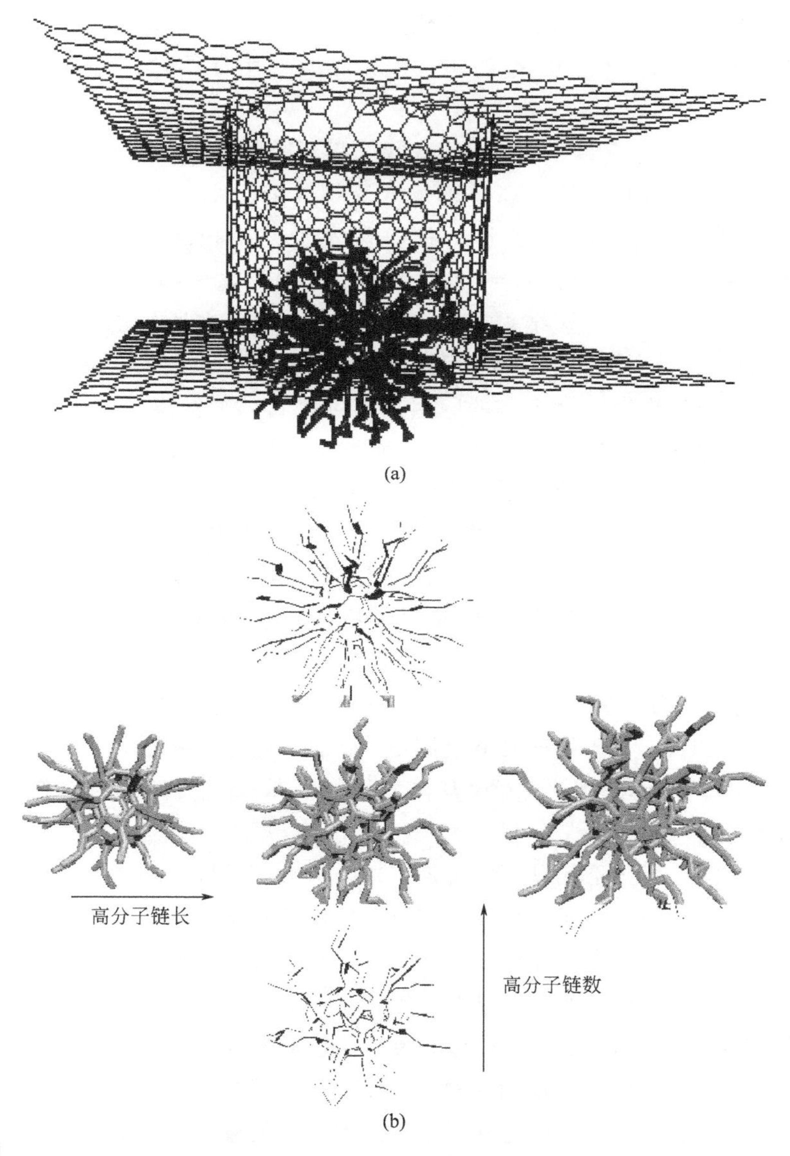

图 4-9

(a) 模拟体系示意图及 (b) 接枝了不同高分子链长度及其数目的纳米粒子

(a)(20, 20) 类型碳纳米管与两石墨片组成纳米水通道，高分子接枝的纳米粒子在电场驱动下穿过通道。(b) 接枝高分子链的末端原子带电。

所有MD模拟均在恒定的体积和温度（300K）下进行，使用Nose-Hoover方法控温，采用Gromacs 3.3.1模拟软件包[50]。在模拟中碳纳米管和两个石墨片被固定，模拟盒子的典型尺寸为 5.08nm×5.08nm×6.95nm。力场参数如下：水模型为 TIP3P[52]，碳-碳和碳-水相互作用参数和离子参数分别取自文献［49］和［56］。采用 PME 方法计算远程静电相互作用[51] 并在各个方向应用周期边界条件。时间步长为 2fs，每 0.5ps 采集一次数据。模拟时长为 130ns，对最后 125ns 的轨迹进行数据分析。完成本节研究内容的总模拟时间达 34×130=4.42μs，这对当前全原子系统（约 15000 原子）来说是相当费时的。为了统计出 NP 的离子结合数量和 NP 有效直径，我们又对每个接枝图案的 NP 在 4000 个水分子的模型体系进行了额外 12ns 的 MD 运行。注意，只有当离子和纳米粒子（C_{60} 上任何原子）之间的距离小于两倍的范德华（LJ）相互作用直径时，我们才定义其为结合离子。

图 4-10 中给出了 NP 流量、离子结合数目、NP 净电荷量（总电荷数与结合离子电荷数之差）和 NP 有效直径与接枝高分子长度及其数量的变化关系。这里的 NP 流量也定义为每纳秒通过该通道的 NP 数目。我们首先研究接枝高分子长度的影响。如图 4-10(a) 所示，除了接枝链长度 $N=1$ 的－NP，±NP 流量都随 N 的增加而减小。$N=7$ 时，两者的流量都降为零。该结果显然与在图 4-10(b) 中所示的 NP 直径变化有关，我们看到随接枝链长度的增加 NP 直径几乎呈线性，而通道直径却是固定为 2.69nm。而对于 $N=1$ 时－NP 流量完全为零的原因，则可以归结于钠离子的强结合能力。如图 4-10(c) 中所给出的 $N=1$ 时，－NP 粒子表面结合的钠离子数目非常接近最大（饱和）值 15。在电场作用下，钠离子的反方向运动大大阻碍了－NP 输运，这与实验得到－NP 在高盐浓度下的运动受阻情况类似[40]。此外，我们分析图 4-10(c) 中曲线变化也可以从中得出如下结论，即只有尺寸较小且表面电荷密度高的纳米粒子才可导致－NP-Na^{+} 间的强结合，反之则是 Na^{+}-氯离子结合的数目更大。随着接枝链长度 N 的增加，反离子结合数量减少，特别是 Na^{+}。相应地，如图 4-10(d) 所表明的，NP 净电荷量随接枝链长度 N 的增加而增加。我们知道，在恒定电场下 NP 净电荷量应该正比于它的电驱动力。因此，NP 有效大小应该是 NP 流量随接枝链长度而下降的主导因素，尽管作用在 NP 上的电驱动力会随着由其尺寸增加而带来的反离子吸附量小和 NP 静电荷量加大而增大。

下面我们研究接枝高分子数目（接枝密度）的影响。可以从图 4-10(a) 中看出，±NP 流量随接枝高分子数目的增加而出现极大值行为。由于每条接枝高分子链的末端原子带电 $0.5e$，高分子数目的增加将直接导致 NP 上总电荷量的增加，因而 NP 上结合的反离子数量也随之增加，如图 4-10(c) 所示。显然，增加接枝高分子数目，NP 的电驱动力和结合离子的反向阻力都同时增加。这种 NP 总电荷和结合离子电荷之间的竞争还导致了 NP 净电荷也随着接枝高分子数目的增加而呈现极大值行为，如图 4-10(d) 所示。同样，类似接枝高分子长度的影响，随着接枝高分子数目的增加，接枝链变得更伸展，导致 NP 有效尺寸的增加，如图 4-10(b) 所示。伴随接枝密度加大接枝链伸展是源于接枝链末端之间的静电排斥作用以及链间体积排斥效应。因此，±NP 流量随接枝密度出现的最大值行为应当是由 NP 有效尺寸和净电荷量共同确定的。此外，我们还看到，对于接枝链数目处在所研究的两个边界值即 20 和 60 时的±NP 粒子，其未能实现穿越纳米通道的机制是完全不同的。接枝链数为 20 时，该纳米粒子不能很好溶于水，并由于强疏水作用而直接吸附

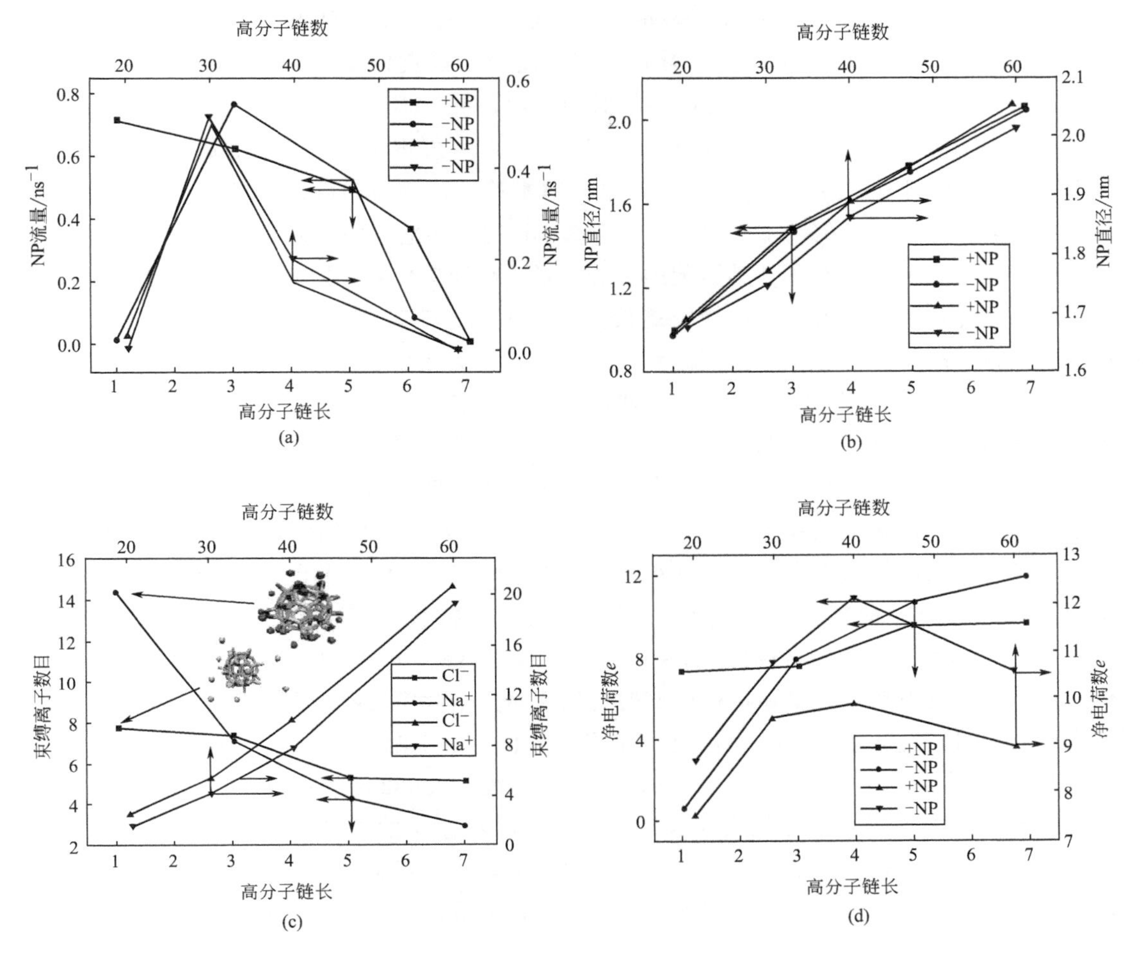

图 4-10

（a）纳米颗粒的流量，（b）纳米颗粒的直径，（c）离子吸附的数目，（d）纳米颗粒带的净电量与接枝高分子长度和数目的关系

插图显示了正负电纳米颗粒与离子组成的团簇结构。

在石墨膜上。因此，它几乎没有机会到达通道入口。然而，一旦它受热涨落有机会到达通道入口，便可成功穿越纳米通道。例如−NP粒子在接枝数为20时具有0.032 ns^{-1}的非零流量。相反，接枝链数为60时，±NP可以很好地溶在水中，它可以相对容易地到达通道入口。但是，由于通道直径的限制和结合离子的反向运动，±NP却无法进入通道内。

实验通常根据脉冲信号[19,21,27,29]确定纳米粒子或DNA的输运，而离子对带电纳米粒子的输运有重要作用[40]。为了阐明离子对纳米粒子输运影响，我们研究离子动力学，在图4-11中给出了离子流量与接枝高分子链长度及其数量的关系。在对统计离子流量时，我们发现，离子不仅可以由外电场驱动而通过该通道，还可以由所吸附的纳米粒子的拖动而发生输运。因此，我们对沿±z方向的离子流量进行独立计数，即±流量。注意，在我们的研究中电场始终沿$+z$方向。因此，对于Cl^-，+流量是由+NP拖动造成的，而-流量则是由电场引起的。对Na^+，也反之亦然。同样，我们首先研究接枝高分子长度的影响。从图4-11(a)中我们可以看到，随着高分子长度的增加，Cl^-的+流量减小到零，与图4-10(a)所示的+NP流量的降低相对应；同样地，Na^+的-流量也与-NP流量变化相耦合。特别是，比对图4-10(a)和图4-11(a)发现纳米粒子的输运失败导致了沿NP粒子移动方向上的离子流量也为零，这为纳米粒子检测器的设计提供了新思路。值得注意的是，如果离子始终与NP相结合，那么NP的成功输运将导致有效的离子传输。依此，我们也可以对纳米粒子拖动引起的离子流量进行简单估算，即离子流量等于NP流量与NP上结合的离子数乘积。在接枝链长分别为1、3、5和7时，估算的Cl^-/Na^+流量（对应于Cl^-的+流量/Na^+的-流量）分别是5.42/0、4.59/5.43、2.67/2.21和0/0。虽然由于电场效应，图4-11(a)对应的实际Cl^-的+流量/Na^+的-流量偏离于上述估算值，但是这些流量变化的趋势非常相似。此外，电场诱导的流量，也即Cl^-的-流量和Na^+的+流量，如图4-11(a)所示，会随接枝高分子长度的增加而增加。我们知道，对于给定的外电场，所驱动的离子流量应该随溶剂中离子数量的增加而增大。我们模拟体系中，除了一些反离子吸附在NP表面外，其他的则游离在水中。因此，水中的自由离子数量应该对电场诱导的离子流量有重大贡献。同样在接枝链长分别为1、3、5和7时，Cl^-/Na^+的自由离子数目分别为7.3/0.56、7.65/7.93、9.63/10.76和9.74/11.99。我们可以看出，自由离子数量随接枝链长的变化规律完全对应于电场诱导的Cl^-的-流量和Na^+的+流量的变化规律。特别是地，在接枝链长$N=1$时，由于Na^+的强吸附［参见图4-10(c)］自由Na^+较少，Na^+的+流量几乎为零（$0.032ns^{-1}$）。我们还注意到，Cl^-的-流量总是比Na^+的+流量大，这与Cl^-和Na^+在水中的不同水合结构及扩散能力有关。虽然Cl^-具有较大的水合数，但它的扩散系数较大，因此它可以轻易地由电场驱动。同样，近期模拟也发现阳离子和阴离子在碳纳米管中输运时也存在类似的非对称流量[64]。

下面我们研究离子流量与接枝高分子数目（接枝密度）的关系，图4-11(b)给出了模拟得到的相应离子流量数据。同上，对纳米粒子拖动引起的离子流量，也即Cl^-的+流量/Na^+的-流量，可以简单估算为NP流量与NP上结合的离子数乘积。在接枝高分子数目分别20、30、40和60时，估算的Cl^-的+流量/Na^+的-流量分别为0.08/0、2.67/2.21、1.54/1.57和0/0。比对图4-11(b)，可以看出估算值随接枝高分子数目的变化规律（包括流量最大值的峰位）都与模拟结果一致。在接枝高分子数目适中时，Na^+的-流量是Cl^-的+流量的几倍，这类似于图4-11(a)中所示的中等接枝高分子长度下的结果。高的Na^+-流量可能是因为在Na^+通过管道时-NP流量稍大或-NP与Na^+结合的数目较多。场致的离子流量，即Cl^--流量和Na^+的+流量，如图4-11(b)所示，先随接枝高分子数目的增加而稍微增加，然后减少。按照前面的分析，接枝高分子数目分别为20、30、40和60时，Cl^-/Na^+的自由离子数目分别为7.53/8.65、9.62/10.76、9.88/12.14和8.99/10.56，也如场致离子流量存在最大值行为。此外，前面分析已知随着接枝高分子数目的增加，NP粒子尺寸增大，这可以更加阻碍离子运输。为了进一步理解NP粒子的接枝长度及接枝密度对离子输运的影响，我们对含有最长接枝链长（$N=7$）但接枝链数为30的体系和含有最多接枝链数（即60个）但接枝链长$N=5$的体系进行比

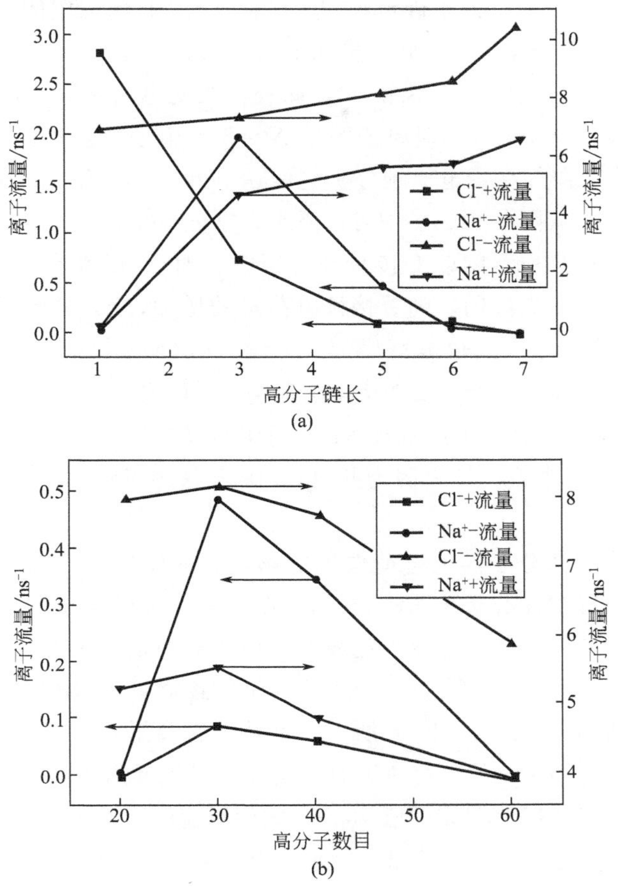

图 4-11

离子流量与 (a) 接枝高分子长度及 (b) 接枝高分子数目的关系

较分析。此时，对于分别含有－NP 和＋NP 的前一体系，自由离子数目分别为 9.74 个 Cl^- 和 12 个 Na^+；而对于分别含有－NP 和＋NP 的后一体系，自由离子数目分别为 8.99 个 Cl^- 和 10.56 个 Na^+。由于这两个体系的±NP 粒子尺寸都过大，所以±NP 穿越通道的输运皆失败，而且它们总是阻塞在通道入口。虽然两个体系的自由 Cl^- 和 Na^+ 数量非常接近，±NP 的直径几乎相同 [参见图 4-10(b)]，但我们发现前一体系，即±NP 的接枝链长最长，场致的离子流量，即 Cl^- 的－流量和 Na^+ 的＋流量 [图 4-11(a) 对应值为 $10.43ns^{-1}$ 和 $6.51ns^{-1}$] 显然大于后一体系（即±NP 的接枝链数最多）的场致的离子流量 [图 4-11(b) 对应值为 Cl^- －流量 $5.88ns^{-1}$ 和 Na^+ ＋流量 $3.93ns^{-1}$]。上述结果初步表明高接枝密度的纳米粒子可以更加阻碍场致离子运输，因为此时高分子链之间的自由空间非常有限，使得自由离子难以滑过。而对于接枝高分子长度高但接枝密度低的纳米粒子，虽然 NP 的有效尺寸足够大并阻塞在通道入口，但由于高分子链间有较大自由空间，故自由离子仍可滑过。由此可见，接枝高分子对自由离子运输具有显著影响。

接枝高分子不但影响纳米粒子的输运，而且在离子输运中也发挥重要作用。近期实验表明，功能化纳米粒子的表面电荷对生物膜的破裂有重要影响[28]，而其生物毒性也与NP表面的电荷种类有关[45]。为了进一步阐明电荷在±NP输运中的作用，我们在图4-12(a)中给出该±NP流量与±NP上电荷量和电荷位置的关系。需要注意的是，这里的接枝高分子长度及数目分别被固定为5和30。此外，改变电荷量时，电荷位置固定在每条链的末端原子上［见图4-9(b)］，即原子序号$N=5$；当改变电荷位置时，电荷量固定为$0.5e$，我们从NP中心向外将带电原子分别定位在$N=2,3,4$和5。我们首先研究接枝高分子链带电量的影响。从图4-12(a)中可以看出，在$q=0.5e$处±NP流量呈现出最大值行为，类似于图4-10(a)所示的改变接枝高分子数目时±NP流量的最大值行为。其实，二者的基本物理原因也是类似的。随着接枝电荷量的增加，±NP粒子的有效直径也增加［参见图4-12(b)］，离子结合数也显著增加［见图4-12(c)］。因此，作为±NP上的接枝电荷和吸附离子电荷的竞争结果，±NP净电荷与±NP流量在相同位置出现最大值。因此，最大±NP流量由±NP净电荷和±NP尺寸共同决定。特别是，在接枝电荷量低时，如$q=0.3e$，−NP输运失败。这是因为此时−NP不易溶于水，且−NP与膜的相互作用将−NP吸附到石墨膜上。

下面我们研究接枝高分子链上电荷位置的影响。图4-12(a)表明随着电荷位置的降低，也即接枝电荷位置越发靠近±NP，±NP流量越小直至减小到零。这是因为，当带电原子的位置靠近±NP，±NP会变得更疏水。由于此时的±NP不易溶于水，强NP-膜的疏水作用将±NP吸附在石墨膜上。此外，电荷位置靠近±NP内部，会导致NP上离子结合数目的急剧增加，如图4-12(c)所示，这些结合离子的反向运动趋势又阻碍了NP的运动。例如，但处在$N=2$的电荷位置时，由插图可见反离子可以渗透到接枝高分子链内部，离子结合数目多并接近饱和度值15。与此相对应的，±NP净电荷随当带电原子位置靠近±NP而不断降低，如图4-12(d)所示。但是，±NP粒子的有效直径却随接枝链带电位置靠近±NP而出现最小值行为，如图4-12(b)所示，显然接枝高分子链在合适的接枝电荷位置发生了弯曲。总的来说，控制±NP流量行为的主要因素应该是±NP上的净电荷和NP-膜的吸附作用，而不是±NP的尺寸。

同样，我们也考查离子流量与±NP上接枝高分子链所带电荷量的关系。如上面已讨论的，由纳米粒子拖动引起的离子流量，即Cl^-的+流量/Na^+的−流量，应当由NP流量和NP-离子结合数共同确定。从图4-13(a)看出，伴随NP上接枝电荷量的增加，Cl^-的+流量单调增加，而Na^+的−流量出现最大值行为。以类似的方式估算，当NP上电荷量$q=0.3e$、$0.5e$、$0.7e$和$1.0e$时，由±NP流量和离子结合数的乘积得到Cl^-的+流量/Na^+的−流量估算值分别为0.33/0、2.67/2.21、4.24/3.52和3.03/1.04。我们发现，Cl^-的+流量和Na^+的−流量的估计值都表现出最大值行为，显然只有Na^+的−流量的结果符合实际结果。但是，估算Cl^-的+流量的最大值行为并不很明显，如果考虑到外电场作用和热涨落影响，估计值随NP上电荷量的变化规律还是比较符合实际Cl^-的+流量变化。比如，在$q=0.3e$时，Cl^-的+流量和Na^+的−流量的实际值［见图4-13(a)］都为零。但是，我们前面已测量了此时+NP流量是非零的，所以Cl^-的+流量等于零这一事实有些令人惊讶。其原因很可能是在$q=0.3e$时NP上的电荷量少以至于靠静电作用NP无法有效结合Cl^-，吸附在+NP上的Cl^-在电场作用下发生了解吸附。此外，场致离子

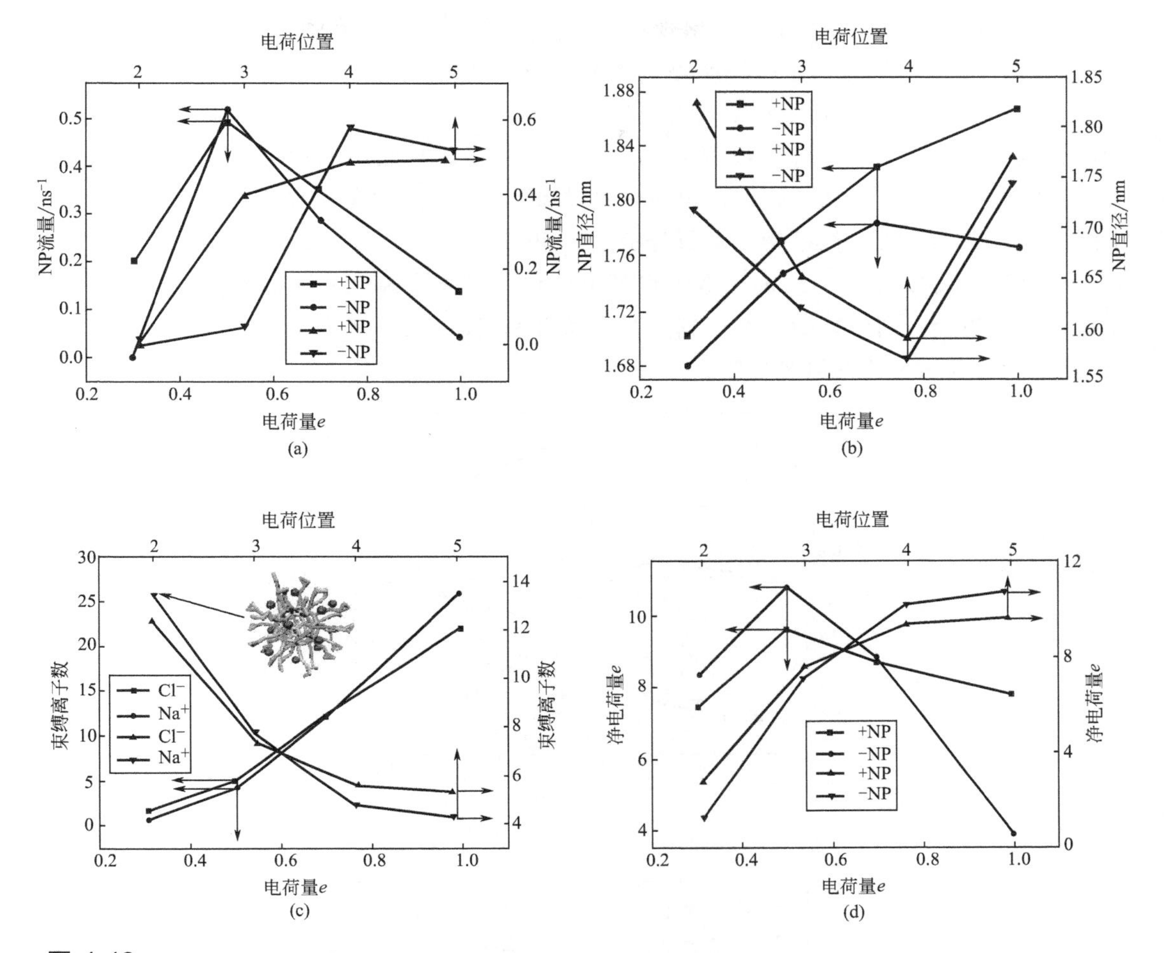

图 4-12

(a)纳米粒子流量、(b)纳米粒子直径、(c)离子吸附的数目和(d)纳米颗粒带的净电荷与每条接枝高分子链上带的电量及电荷位置的关系

插图显示了±NP 粒子与离子组成的团簇结构。

流量，即 Cl^- 的－流量和 Na^+ 的＋流量，也可以从图 4-13(a) 读出。可以看到，随着 NP 上电荷量的增加，二者都先稍微增加，然后下降，这与图 4-11(b) 所示的场致离子流量随 NP 上接枝链数的变化情况相似。由前可知，该流量应与溶剂中自由离子相关，当 NP 上电荷量 $q=0.3e$、$0.5e$、$0.7e$ 和 $1.0e$ 时，自由 Cl^-/Na^+ 的数目分别是 7.37/8.28、9.63/10.76、8.66/8.77 和 7.74/3.88。同样，自由离子数量也出现相似的最大值行为且峰值位置也在 $q=0.5e$。此后，相比于自由 Cl^-，自由 Na^+ 数量迅速减少，导致了 Na^+ 的＋流量相对快速下降。

我们也考查离子流量与±NP 上接枝高分子链的带电位置的关系。图 4-13(b) 给出了由纳米粒子拖动引起的离子流量，即 Cl^- 的＋流量和 Na^+ 的－流量，随电荷位置的变化。可以看出，随接枝链上电荷位置远离±NP，Cl^- 的＋流量和 Na^+ 的－流量都表现出最大值行为。同样，在电荷位置分别为 $N=2$、3、4 和 5 时，由±NP 流量与±NP 上离子结合数的乘积得到的估算 Cl^- 的＋流量/Na^+ 的－流量值分别是 0/0、2.96/0.37、2.72/2.76 和 2.67/2.21。上述估算值也出现最大值行为，但不如实际 Cl^- 的＋流量和 Na^+ 的－流量所展示的最大值行为那样明显！当电荷位置越发远离±NP，离子结合数量减少［见图 4-12(c)］，有效表面电荷数增大［见图 4-12(d)］，因而电场对 NP-离子的结合更有影响，这导致了 Cl^- 的＋流量和 Na^+ 的－流量的减少。与此不同的是，场致离子流量，即 Cl^- 的－流量和 Na^+ 的＋流量随电荷位置增加至饱和。当电荷位置分别处于 N＝2、3、4 和 5 时，自由的 Cl^-/Na^+ 离子数目分别是 2.69/1.3、7.61/7.19、9.43/10.21 和 9.63/10.76。值得注意的是，自由离子数量也随电荷位置远离±NP 而增加至饱和，与场致离子流量完全吻合。同时，Cl^- 的＋流量显然大于和 Na^+ 的－流量，与场致离子流量随±NP 上带电荷量变化的情况类似。

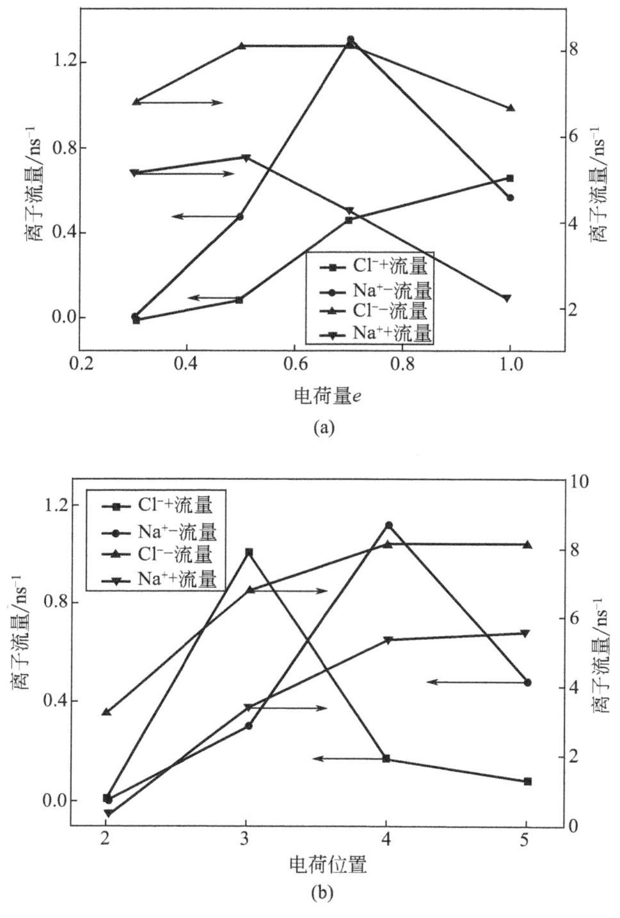

图 4-13

离子流量与 (a) ±NP 上接枝高分子链的带电量及 (b) 其带电位置的关系

最后，我们研究了电场强度的影响。注意，此时研究纳米粒子其接枝链长为 5、接枝链数为 30 且每条接枝链仅终端带电荷量 0.5e。图 4-14 给出了 NP 流量、离子结合数目和离子流量与电场的关系。值得注意的是，随着场强的增加，NP 流量几乎沿线性模式增加，类似于以前无接枝高分子的结果[12]。这个结果可以理解为电驱动力是 NP 流量的主导原因。对于氯离子，当施加电场时，结合数目减少，但不随 E 的进一步增加而有过多变化，与以前的研究类似[40]。更出人意料的是，钠离子的结合数目随 E 增加，这有点违反直觉。随着场强的增加，NP-离子趋于不结合，然而，NP 和相对离子在有限的周期框内会更频繁地相遇，导致结合的机会增加。因此，在电场中，离子结合数目应该与模拟箱的大小相关，特别是在沿电场的方向。假定一个巨大的箱子，一旦 NP-离子的结合被电场破坏，它们将朝相反方向移动，从中我们只可能计数低离子结合数目。如图 4-14(b) 中，钠离子的一流量随场强几乎呈线性增加，与 NP 流量相对应。而氯离子的＋流量在相对较低的水平，并减少到零，这应该是因为通道内的＋纳米粒子-氯离子没有结合。场致离子流量随 E 显著增加，与以前的结果类似[64]。

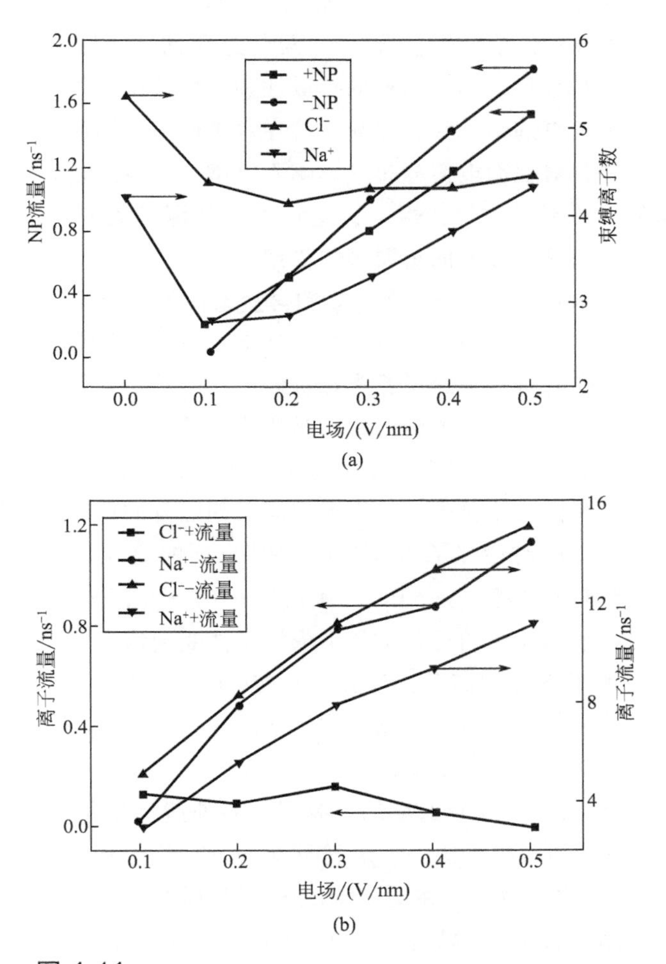

图 4-14

(a)纳米颗粒的流量及离子的吸附数目和 (b)离子流量与电场的关系

4.5 总结与展望

本章介绍了经典分子动力学模拟在纳米颗粒跨膜输运方面的应用，首先讨论了电荷分布及其正负性对纳米粒子在本体水溶液中的溶解性和跨膜输运特性的影响。结果远远超出了之前均匀带电纳米颗粒的静态溶解性质的差异[57,58]，显示了正负电纳米颗粒在界面上不同的吸附能力[57] 以及本体溶液性差异[58]，虽然这里的纳米颗粒具有相同的大小和总电量。带正电纳米颗粒和带负电纳米颗粒的扩散性和平均流量明显不同，即使它们的表面电量分布是相同的。带负电的纳米颗粒更喜欢待在水溶液中，因而比带正电的纳米粒子扩散常数小、流量小，并且对表面电荷分布的影响不灵敏。有趣的是，在实验上人们也观察到了阴阳带电纳米粒子的不同生物特性[5]。这项工作加深了人们对于纳米颗粒表面电荷分布在溶解、扩散、跨膜输运方面的重要影响作用。

其次介绍了带电纳米粒子（NPs）在无盐和含盐条件下穿越流体纳米通道的过程。在本体水中阳离子（Na^+）更容易吸附到负电的 NP（－NP)，这导致非对称的水偶极子的取向，并进一步给 NP 输运动力学带来了重要的影响。在无盐情况下，相比于本体水溶液中的纳米粒子的线性运动，纳米通道内的运动是非线性的。特别地，在本体水纳米粒子的传输时间与电场遵循 τ-E^{ν}，并与朗之万动力学的预测一致。在纳米通道内，虽然存在类似的幂函数关系，由于摩擦力依赖电场，指数偏离了朗之万的预测。此外，纳米通道减慢 NP 运动为 1/6～1/3，并同时增强了＋NP 和－NP 之间的差异，例如，从本体水到纳米通道内，纳米粒子传输时间比率（＋NP/－NP）从 0.67～0.7 减少至 0.59～0.67。另外，从本体水到纳米通道，纳米粒子的迁移率从不依赖场强变到依赖场强，因为摩擦可能会变为场强的复杂函数。由于不对称离子的吸附，＋NP 比－NP 有更大的迁移率。同样地，纳米通道减小了 NP 迁移率，并同时略微提高＋NP 与－NP 之间的差异。因此，这些结果表明可以用电场控制纳米粒子的传输。

更有趣的是，随着盐浓度（c）的增加，离子流量非线性增加，这与最近的实验观察结果相一致，而 NP 流量却减少。这一结果表明离子和纳米粒子之间的传输存在竞争。然而，－NP 流量对盐浓度更敏感，并在约 $c=0.9$mol/L 时减少为零，而＋NP 流量，即使在 $c=5.3$mol/L 的饱和浓度，仍然具有不可以忽略的值 0.18ns^{-1}。这种不对称的 NP 流量源于不对称离子的±纳米粒子吸附离子的能力。此外，f-$\exp(-c/c_0)$ 的指数关系可用于描述 NP 流量作为盐浓度的函数。我们还讨论了基于 PNP 方程的离子传输行为，并与最近的实验进行了比较。我们发现在低的盐浓度的时候，离子流量可以用幂函数来描述。然而，当浓度达到饱和，这样的幂函数定律不再适用，而类似的指数关系运作良好。最后，在零场下我们比较了纳米通道里外的 ±NP 吸附离子的数目。在通道内，在无盐条件下离子可以更好地与 NP 吸附；然而，在盐存在的情况下，由于接触面积变小了，离子的数目减少了。其结果是，±NPs 不对称的输运是通过离子运输的竞争和不对称的离子吸附共同决定。

总之，当系统中含有盐时，纳米粒子输运动力学变得更加复杂。当前的计算结果表明阳离子和阴离子纳米颗粒在无盐和盐条件下都表现出了不对称的跨膜输运。我们的模拟研究和实验之间的联系变得不言而喻，因为一个类似的装置已成功制作[21]，并且通过使用传感器脉冲的形式，实现了多种高效的单个 NP 检测[19,25,27-29]。

此外，这些结果也可能对纳米颗粒的过滤膜设计有一定的指导意义。传统过滤只使用膜中分析物相对孔径大小的差异[69]。随着实验技术的发展，各种过滤膜已经被制造用于特殊用途[70]。实际上，实现超越尺寸的选择性的一个关键步骤是膜孔的功能化。例如，当孔带电时，可以变成反离子选择性[59,71]；用高分子修饰的膜孔可以分离的基于大小、电荷、疏水性的分子[72]，修饰了 DNAs 分子，甚至可以显示单碱基错配的输运选择性[73]。通道是否带电或被特殊的残基修改，分子-通道和分子-残基的相互作用应该是分子选择性的主要原因。然而，由于存在不对称的纳米颗粒-离子作用，即使在通道较大的情况下，离子或其他小带电粒子可用于过滤器和分离大的纳米粒子。

最后介绍了高分子接枝的纳米颗粒（NP）通过通道的跨膜输运。我们专注于接枝高分子的作用。随着高分子长度的增加，NP 流量随 NP 尺寸的增加而减小，最后它阻塞通道入口使输运失败。然而，链长度为 1 时，－NP 流量为 0，这是由钠离子几乎饱和的结合造成的。有趣的是，随着高分子数目的增加，NP 流量显示最大值，这由增加的 NP 尺寸和 NP 净电荷共同确定。

此外，随着电量的增加 NP 流量也显示出最大值，类似于改变高分子数的机制。实际上，随着高分子数或电荷量的增加，NP 的电荷和离子结合数目都将增加，导致 NP 净电荷有类似最大值行为。高分子链的电荷位置对 NP 的输运也有重要的影响。NP 流量随着电荷位置的下降而减少。这是因为 NP 表面变得更疏水，它更容易吸附到石墨膜上。同时，增加的离子结合数目直接导致 NP 净电荷的减少，更多地阻碍了 NP 的运动。对于一个给定的 NP 类型，NP 流量与场强几乎呈线性关系，与以前未接枝高分子的结果类似[12]。我们还讨论了反离子的传输，这取决于 NP-离子结合和纳米颗粒的动力学行为。特别是，离子流量不仅可以被电场诱发，而且还可以被纳米颗粒的拖动诱发。前者离子流量显然依赖于水溶剂中自由离子的数量，而后者则与 NP 流量和 NP-离子的结合相关。结果，接枝高分子甚至可以很大地影响离子传输。总之，纳米粒子和离子的动力学彼此相关联，且比以前没有接枝高分子的工作更复杂[40]。我们的研究结果揭示了接枝高分子的重要作用，它对高效纳米粒子容器的设计具有重要影响。

参考文献

[1] Auffan M, Rose J, Bottero J Y, et al. Towards a Definition of Inorganic Nanoparticles from an Environmental, Health and Safety Perspective. Nat Nanotechnol, 2009, 4 (10): 634.

[2] Nel A E, Madler L, Velegol D, et al. Understanding Biophysicochemical Interactions at the Nano-bio inter-

face. Nat Mater，2009，8（7）：543.
[3] Ruiz-Hernández E，Baeza A，Vallet-Regí M. Smart Drug Delivery Through DNA/Magnetic Nanoparticle Gates. ACS Nano，2011，5（2）：1259.
[4] Ojea-Jiménez I，García-Fernández L，Lorenzo J，Puntes V F. Facile Preparation of Cationic Gold Nanoparticle-Bioconjugates for Cell Penetration and Nuclear Targeting. ACS Nano，2012，6（9）：7692.
[5] Murata K，Mitsuoka K，Hirai T，et al. Structural Determinants of Water Permeation through Aquaporin-1. Nature，2000，407（6804）：599.
[6] Yu Tian，Malugin A，Ghandehari H. Impact of Silica Nanoparticle Design on Cellular Toxicity and Hemolytic Activity. ACS Nano，2011，5（7）：5717.
[7] Albanese A，Chan W C W. Effect of Gold Nanoparticle Aggregation on Cell Uptake and Toxicity. ACS Nano，2011，5（7）：5478.
[8] Qiao Rui，Roberts A P，Mount A S，et al. Translocation of C_{60} and Its Derivatives Across a Lipid Bilayer. Nano Lett，2007，7（3）：614.
[9] Wong-Ekkabut J，Baoukina S，Triampo W，et al. Computer Simulation Study of Fullerene Translocation Through Lipid Membranes. Nat Nanotechnol，2008，3（6）：363.
[10] Yang Kai，Ma Yuqiang. Computer Simulation of the Translocation of Nanoparticles with Different Shapes Across a Lipid Bilayer. Nat Nanotechnol，2010，5（8）：579.
[11] Ding Hongming，Tian Wende，Ma Yuqiang. Designing Nanoparticle Translocation Through Membranes by Computer Simulations. ACS Nano，2012，6（2）：1230.
[12] Su Jiaye，de la Cruz M O，Guo Hongxia. Solubility and Transport of Cationic and Anionic Patterned Nanoparticles. Phys Rev E，2012，85（1）：011504.
[13] Kraszewski S，Tarek M，Ramseyer C. Uptake and Translocation Mechanisms of Cationic Amino Derivatives Functionalized on Pristine C_{60} by Lipid Membranes：A Molecular Dynamics Simulation Study. ACS Nano，2011，5（11）：8571.
[14] Pogodin S. Baulin V A. Can a Carbon Nanotube Pierce Through a Phospholipid Bilayer? ACS Nano，2010，4（9）：5293.
[15] Verma A，Stellacci F. Effect of Surface Properties on Nanoparticle-Cell Interactions. Small，2010，6（1）：12.
[16] Champion J A，Mitragotri S. Role of Target Geometry in Phagocytosis. Proc Natl Acad Sci USA，2006，103（13）：4930.
[17] Zhang S L，Li J，Lykotrafitis G，et al. Size-Dependent Endocytosis of Nanoparticles. Adv Mater，2009，21（4）：419.
[18] Herd H，Daum N，Jones A T，et al. Nanoparticle Geometry and Surface Orientation Influence Mode of Cellular Uptake. ACS Nano，2013，7（3）：1961.
[19] Kozaka D，Andersona W，Vogelb R，Traua M. Advances in Resistive Pulse Sensors：Devices Bridging the Void between Molecular and Microscopic Detection. Nano Today，2011，6（5）：531.
[20] Murray R W. Nanoelectrochemistry：Metal Nanoparticles，Nanoelectrodes，and Nanopores. Chem Rev，2008，108（7）：2688.
[21] Liu Haitao，He Jin，Tang Jinyao，et al. Translocation of Single-Stranded DNA Through Single-Walled Carbon Nanotubes. Science，2010，327（5961）：64.
[22] Wei Ruoshan，Gatterdam V，Wieneke，R，et al. Stochastic Sensing of Proteins with Receptor-Modified Solid-State Nanopores. Nat Nanotechnol，2012，7（4）：257.
[23] Xie Ping，Xiong Qihua，Fang Ying，et al. Local Electrical Potential Detection of DNA by Nanowire-Nanopore Sensors. Nat Nanotechnol，2012，7（2）：119.
[24] Yeh I，Hummer G. Nucleic Acid Transport through Carbon Nanotube Membranes. Proc Natl Acad Sci USA，2004，101（33）：12177.

[25] Lan Wenjie, Holden D A, Zhang Bo, et al. Nanoparticle Transport in Conical-Shaped Nanopores. Anal Chem, 2011, 83 (10): 3840.

[26] Vlassiouk I, Apel P Y, Dmitriev S N, et al. Versatile Ultrathin Nanoporous Silicon Nitride Membranes. Proc Natl Acad Sci USA, 2009, 106 (50): 21039.

[27] Tsutsui M, Hongo S, He Yuhui, et al. Single-Nanoparticle Detection Using a Low-Aspect-Ratio Pore. ACS Nano, 2012, 6 (4): 3499.

[28] Lan Wenjie, White H S. Diffusional Motion of a Particle Translocating Through a Nanopore. ACS Nano, 2012, 6 (2): 1757.

[29] Davenport M, Healy K, Pevarnik M, et al. The Role of Pore Geometry in Single Nanoparticle Detection. ACS Nano, 2012, 6 (9): 8366.

[30] Shim B S, Zhu Jian, Jan E, et al. Multiparameter Structural Optimization of Single-Walled Carbon Nanotube Composites: Toward Record Strength, Stiffness, and Toughness. ACS Nano, 2009, 3 (7): 1711.

[31] Majumder M, Chopra N, Andrews R, Hinds B. Nanoscale Hydrodynamics: Enhanced Flow in Carbon Nanotubes. Nature, 2005, 438 (7064): 44.

[32] Holt J K, Park H G, Wang Y, et al. Fast Mass Transport Through Sub-2-Nanometer Carbon Nanotubes. Science, 2006, 312 (5776): 1034.

[33] Hinds B J, Chopra N, Rantell T, et al. Aligned Multiwalled Carbon Nanotube Membranes. Science, 2004, 303 (5654): 62.

[34] Hummer G, Rasaiah J C, Noworyta J P. Water Conduction through the Hydrophobic Channel of a Carbon Nanotube. Nature, 2001, 414 (6860): 188.

[35] Rasaiah J C, Garde S, Hummer G. Water in Nonpolar Confinement: From Nanotubes to Proteins and Beyond. Annu Rev Phys Chem, 2008, 59: 713.

[36] Su Jiaye, Guo Hongxia. Effect of Nanochannel Dimension on the Transport of Water Molecules. J Phys Chem B, 2012, 116 (20): 5925.

[37] Mout R, Moyano D F, Rana S, Rotello V M. Surface Functionalization of Nanoparticles for Nanomedicine. Chem Soc Rev, 2012, 41 (7): 2539.

[38] Richards D, Ivanisevic A. Inorganic Material Coatings and their Effect on Cytotoxicity. Chem Soc Rev, 2012, 41 (6): 2052.

[39] Verma A, Uzun O, Hu Yuhua, et al. Surface-Structure-Regulated Cell-Membrane Penetration by Monolayer-Protected Nanoparticles. Nat Mater, 2008, 7 (7): 588.

[40] Su Jiaye, Guo Hongxia. Translocation of a Charged Nanoparticle Through a Fluidic Nanochannel: The Interplay of Nanoparticle and Ions. J Phys Chem B, 2013, 117 (39): 11772.

[41] Lundqvist M, Stigler J, Elia G, et al. Nanoparticle Size and Surface Properties Determine the Protein Corona with Possible Implications for Biological Impacts. Proc Natl Acad Sci USA, 2008, 105 (38): 14265.

[42] Mitragotri S, Lahann J. Physical Approaches to Biomaterial Design. Nat Mater, 2008, 8 (1): 15.

[43] Xiao Lehui, Qiao Yanxia, He Yan, et al. Imaging Translational and Rotational Diffusion of Single Anisotropic Nanoparticles with Planar Illumination Microscopy. J Am Chem Soc, 2011, 133 (27): 10638.

[44] Meng Huan, Xia Tian, George S, et al. A Predictive Toxicological Paradigm for the Safety Assessment of Nanomaterials. ACS Nano, 2009, 3 (7): 1620.

[45] Goodman C M, McCusker C D, Yilmaz T, et al. Toxicity of Gold Nanoparticles Functionalized with Cationic and Anionic Side Chains. Bioconjugate Chem, 2004, 15 (4): 897.

[46] Yang A H J, Moore S D, Schmidt B S, et al. Optical Manipulation of Nanoparticles and Biomolecules in Sub-Wavelength Slot Waveguides. Nature, 2009, 457 (7225): 71.

[47] Joseph S, Aluru N R. Why Are Carbon Nanotubes Fast Transporters of Water? Nano Lett, 2008, 8 (2): 452.

[48] Messina R. Image Charges in Spherical Geometry：Application to Colloidal Systems. J Chem Phys，2002，117（24）：11062.

[49] Su Jiaye，Guo Hongxia. Effect of Nanotube-length on the Transport Properties of Single-file Water molecules：Transition from Bidirectional to Unidirectional. J Chem Phys，2011，134（24）：244513.

[50] Lindahl E，Hess B，van der Spoel D. GROMACS 3.0：A Package for Molecular Simulation and Trajectory Analysis. J Mol Model，2001，7（8）：306.

[51] Essmann U，Perera L，Berkowitz M L，et al. A Smooth Particle Mesh Ewald Method. J Chem Phys，1995，103（19）：8577.

[52] Jorgensen W L，Chandrasekhar J，Madura J D，et al. Comparison of Simple Potential Functions for Simulating Liquid Water. J Chem Phys，1983，79（2）：926.

[53] Steinmetz N F，Hong V，Spoerke E D，et al. Buckyballs Meet Viral Nanoparticles：Candidates for Biomedicine. J Am Chem Soc，2009，131（47）：17093.

[54] Schwartz D C，Koval M. Conformational Dynamics of Individual DNA Molecules During Gel Electrophoresis. Nature，1989，338（6215）：520.

[55] Zhang Dongsheng，Gonzalez-Mozuleos P，de la Cruz M O. Cluster Formation by Charged Nanoparticles on a Surface in Aqueous Solution. J Phys Chem C，2010，114（9）：3754.

[56] Chowdhuri S，Chandra A. Hydration Structure and Diffusion of Ions in Supercooled Water：Ion Size Effects. J Chem Phys，2003，118（21）：9719.

[57] Kung W，Solis F J，de la Cruz M O. Thermodynamics of Ternary Electrolytes：Enhanced Adsorption of Macroions as Minority Component to Liquid Interfaces. J Chem Phys，2009，130（4）：044502.

[58] dos Santos A P，Levin Y. Ion Specificity and the Theory of Stability of Colloidal Suspensions. Phys Rev Lett，2011，106（16）：167801.

[59] Schoch R B，Han J，Renaud P. Transport Phenomena in Nanofluidics. Rev Mod Phys，2008，80（3）：839.

[60] Smeets R M M，Keyser U F，Krapf D，et al. Salt Dependence of Ion Transport and DNA Translocation Through Solid-State Nanopores. Nano Lett，2006，6（1）：89.

[61] Stein D，Kruithof M，Dekker C. Surface-Charge-Governed Ion Transport in Nanofluidic Channels. Phys Rev Lett，2004，93（3）：035901.

[62] Chen Q，Whitmer J K，Jiang S，et al. Supracolloidal Reaction Kinetics of Janus Spheres. Science，2011，311（6014）：199.

[63] Koneshan S，Rasaiah J C，Lynden-Bell R M，Lee S H. Solvent Structure，Dynamics，and Ion Mobility in Aqueous Solutions at 25℃. J Phys Chem B，1998，102（21）：4193.

[64] Beu T A. Molecular Dynamics Simulations of Ion Transport Through Carbon Nanotubes. Ⅲ. Influence of the Nanotube Radius，Solute Concentration，and Applied Electric Fields on the Transport Properties. J Chem Phys，2011，135（4）：044516.

[65] Zwolak M，Lagerqvist J，Ventra M D. Quantized Ionic Conductance in Nanopores. Phys Rev Lett，2009，103（12）：128102.

[66] Vlassiouk I，Smirnov S，Siwy Z S. Ionic Selectivity of Single Nanochannels. Nano Lett，2008，8（7）：1978.

[67] Li Jingyuan，Gong Xiaojing，Lu Hangjun，et al. Electrostatic Gating of a Nanometer Water Channel. Proc Natl Acad Sci USA，2007，104（10）：3687.

[68] Siria A，Poncharal P，Biance A L，et al. Giant Osmotic Energy Conversion Measured in a Single Transmembrane Boron Nitride Nanotube. Nature，2013，494（7438）：455.

[69] Jirage K B，Hulteen J C，Martin C R. Nanotubule-Based Molecular-Filtration Membranes. Science，1997，278（5338）：655.

[70] Warkiani M E，Bhagat A A S，Khoo B L，et al. Isoporous Micro/Nanoengineered Membranes. ACS Nano，

2013, 7 (3): 1882.
[71] Hao Liang, Su Jiaye, Guo Hongxia. Water Permeation Through a Charged Channel. J Phys Chem B, 2013, 117 (25): 7685.
[72] Savariar E N, Krishnamoorthy K, Thayumanavan S. Molecular Discrimination inside Polymer Nanotubules. Nat Nanothenol, 2008, 3 (2): 112.
[73] Kohli P, Harrell C C, Cao Z H, et al. DNA-functionalized Nanotube Membranes with Single-base Mismatch Selectivity. Science, 2004, 305 (5686): 984.

第5章

非平衡分子动力学模拟方法原理及在高分子材料缠结动力学和流变性质研究中的应用

高培源[1,2]，郭洪霞[1,2]

1 中国科学院化学研究所
2 中国科学院大学

高分子材料在诸多领域都具有广泛的应用前景，从而引起人们的极大关注。高分子链的运动具有典型的多空间、多时间尺度特征[1-4]，如分子键长和键角的振动、链段的运动、分子整链的扩散和晶型变化等，其中每种运动都有其特征的松弛时间，构成了跨越范围极广的松弛时间谱。通过采用不同的实验方法，人们可以探测到不同尺度上结构单元的运动，从而得到材料的多重特性。例如在短时间尺度上的测量，可以得到高分子材料的弹性行为，微观运动单元主要为键长、键角这些小尺度的结构单元；而在长时间尺度上的测量，主要得到材料的黏性行为，运动单元为高分子整链等这样的大尺度结构单元。但是，在实际测量中，总是运动单元的特征时间与测量方法或使用环境的特征时间相当的那种运动方式的贡献首先被检测到并产生响应，这就限制了我们对高分子材料性质的认识和改进，而认识高分子材料在多时间尺度上的动力学行为对于正确地使用和改造材料至关重要。

高分子结构的研究以及高分子结构与材料性质和功能之间的关系研究是高分子物理的主要研究方向。在传统的结构研究基础上，开展高分子材料的动力学研究，如：分子链的多级松弛以及动态性质、高分子流体的非线性黏弹性响应等等，近年来成为学术界、工业界研究的热点。当前，高分子动力学本构方程理论可以对单一组分的高分子液体的复杂流变性质进行描述，使得我们对高分子新型材料进行定量设计成为可能，这对于高分子科学的发展和解决高分子工程中的重要技术问题都具有十分重要的意义。在高分子动力学本构方程理论中，除唯象理论外，另一种主要的理论是从分子链出发，根据高分子的链属性进行理论分析，且在分子理论这一层面上非缠结高分子体系和缠结高分子体系分别有不同的模型。一般认为 Rouse 模型[5] 可以较好地对未缠结的短链高分子体系动力学行为进行描述和性质预测，但研究者[6] 逐渐发现 Rouse 模型只在平衡态条件下有效，而对于流场中短链高分子体系的性质，如稳态剪切黏度和剪切变稀现象以及启动剪切下剪切应力和第一法向应力差响应等则不能准确预测。管道模型（或称爬行模型）[7,8] 建立于 Rouse 模型的基础上，通常用来描述缠结高分子体系的动力学行为。这一模型是将复杂的多元问题简化为单根分子链的平均场理论，虽然可以很好地预测一些缠结高分子流体的平衡态和近平衡态性质，但一些非线性流变学现象却不能基于管道模型来解释。例如，McLeish[9] 发现在经典爬行模型上引入轮廓长度涨落和约束释放效应后，该模型可以很好描述聚苯乙烯熔体的动态模量谱，却无法很好描述聚丁二烯的线性流变性能。再如，目前最完善的管道模型 GLaMM（考虑了蠕动、轮廓长度涨落、约束释放、对流约束释放、链拉伸和链回缩等多种松弛模式）[10] 可以定量预测小幅振荡剪切下的储能、损耗模量，然而阐述非线性流变学行为却并非其所长。因此，当前急需一方面在现有模型的框架下通过多种松弛模式相互结合或者修正改造的方式发展高分子动力学理论，另一方面脱离目前所有理论模型的约束重新构建高分子非线性流变学的分子理论。

近二十年来，随着量子力学、统计力学和计算机技术的迅速发展，分子模拟成为一种重要的科学研究工具。分子模拟方法可以得到通常实验中难以得到的微观结构和动力学信息，不仅为从微观结构到预测材料宏观性质提供了新途径，也在高分子动力学研究中有着天然优势。高分子动力学研究可以粗略划分为两大类，即平衡态动力学和非平衡态动力学。平衡态动力学的研究可采用前面几章介绍的平衡态分子动力学模拟方法进行。非平衡态动力学，又称流变学，对其研究的最方便准确的方法是非平衡分子动力学（nonequilibrium molecular dynamics，NEMD）模拟方法。在本章，我们将首先介绍非平衡分子动力学的原理，然后对高分子动力学理论进行简要陈述，最后将对高分子缠结动力学及流变学性质的研究方法和研究现状进行详细介绍。

5.1 经典非平衡分子动力学模拟原理

1956 年美国劳伦斯利弗莫尔国家实验室的 B. J. Alder 和 T. E. Wainwright 首次提出了分子动力学（molecular dynamics，MD）模拟的概念[11]。在分子动力学模拟中，粒子的运动遵守牛顿第二定律，由粒子间的相互作用力所决定。通过时间演化对具体体系进行模拟，从统计力学理论我们可知，对于处于平衡状态的体系，在取样足够大的情况下，体系某一性质的系综平均与时间平均等价。这样，在 MD 模拟中我们可以通过对一段时间内体系的某一种物理量的取样进行平均来得到该物理量的统计值。MD 相对于将在后面第 7 章介绍的蒙特卡罗（Monte Carlo）方法的优势在于其考虑了时间的概念，可以沿时间轴跟踪体系运动，因此这种方法可用于计算时间相关函数（time correlation function，TCF）。而根据 Green-Kubo 方程，液体的输运性质可由时间相关函数的积分求得。但是，在实际模拟研究中受模拟体系的影响，TCF 的涨落非常巨大，以至于很难得到稳定可靠的结果。解决该问题的一种方法是给体系有针对性地加入扰动，提高相应统计物理量响应值的信噪比，由此产生了非平衡分子动力学模拟方法。

5.1.1 非平衡分子动力学模拟理论基础

NEMD 的理论基础主要基于非平衡态统计力学，其本质是统计热力学中的力（force）与流（flow）[12-17]。在非平衡态模拟中，体系应力张量的计算十分重要。由于原子体系中应力张量的计算与分子体系中应力张量的计算不尽相同，下面将分别进行介绍。

在非平衡热力学理论中，热力学流与对应的热力学力可由分析熵产生的双线性得出。对于简单的黏性流，描述熵产生的相应项可表示为

$$\sigma_{\mathrm{visc}}=-\frac{1}{T}(\boldsymbol{P}-p_0 1):\nabla_V \tag{5-1}$$

式中，$\boldsymbol{P}$ 为压强张量；p_0 为平衡态各向同性的压强。由于应力可表示为压强张量非平衡部分的负值$-(\boldsymbol{P}-p_0 1)$，因此在黏性流的 NEMD 模拟中速度梯度张量（即热力学力）通常是自变量而应力（即热力学流）为因变量。也即，速度梯度张量作为运动方程中的一个输入参数，而应力则需要由体系内粒子的位置和动量计算得到。所以，我们需要一个应力的微

观定义以便于计算。假定每个原子或相互作用位点可视为质点，我们可以得到单粒子体系的应力定义。在单粒子体系的应力定义中，其质量、动量、内能密度的表达式如下：

$$\rho(\boldsymbol{r},t)=\sum_{i=1}^{N}m_i\delta(\boldsymbol{r}-\boldsymbol{r}_i)$$

$$J(\boldsymbol{r},t)=\rho v(\boldsymbol{r},t)=\sum_{i=1}^{N}m_i v_i\delta(\boldsymbol{r}-\boldsymbol{r}_i)$$

$$\rho u(\boldsymbol{r},t)=\sum_{i=1}^{N}u_i\delta(\boldsymbol{r}-\boldsymbol{r}_i) \tag{5-2}$$

式中，m_i、v_i 和 u_i 分别为粒子 i 的质量、速度和内能。质量密度 ρ、动量密度 J 和内能密度 ρu 是局部的瞬时的物理量，与体系的初态有关。把平衡态体系中的上述这些参数系综平均化，我们就可以得到非平衡热力学中所谓的流体力学密度。微观流体力学密度、动量和内能可分别由类似的平衡方程表示，即

$$\frac{\partial\rho}{\partial t}=-\nabla\cdot\boldsymbol{J}=-\nabla\cdot(\rho\boldsymbol{v})$$

$$\frac{\partial(\rho\boldsymbol{v})}{\partial t}=-\nabla\cdot\boldsymbol{P}-\nabla\cdot(\rho\boldsymbol{v}\boldsymbol{v})+\rho F^{\text{ext}}$$

$$\frac{\partial(\rho u)}{\partial t}=-\nabla\cdot J_q-\nabla\cdot(\rho u\boldsymbol{v})-\boldsymbol{P}^{\text{T}}:\nabla_{\boldsymbol{v}} \tag{5-3}$$

式中，ρF^{ext} 为由外力造成的局部本体力密度，其微观表达形式为

$$\rho\boldsymbol{F}^{\text{ext}}(\boldsymbol{r},t)=\sum_{i=1}^{N}\boldsymbol{F}_i^{\text{ext}}\delta(\boldsymbol{r}-\boldsymbol{r}_i) \tag{5-4}$$

压强张量和热通量向量分别代表了动量和内能的扩散通量，将微观密度代入平衡方程，我们可以得到这些通量的微观表达式。这里，我们只给出压强张量的表达式，热通量向量与压强张量的表达式类似。由于在倒空间中其表达式比较简单，所以这里我们首先对动量密度平衡方程进行傅里叶变换，得到

$$\frac{\partial[\widetilde{\rho\boldsymbol{v}}(\boldsymbol{k},t)]}{\partial t}=i\boldsymbol{k}\cdot\widetilde{\boldsymbol{P}}(\boldsymbol{k},t)+i\boldsymbol{k}\cdot[\widetilde{\rho\boldsymbol{v}\boldsymbol{v}}(\boldsymbol{k},t)]+\widetilde{\rho\boldsymbol{F}^{\text{ext}}}(\boldsymbol{k},t)$$

$$\frac{\partial[\widetilde{\rho\boldsymbol{v}}(\boldsymbol{k},t)]}{\partial t}=\frac{\partial}{\partial t}\sum_{i=1}^{N}m_i\boldsymbol{v}_i\mathrm{e}^{i\boldsymbol{k}\cdot\boldsymbol{r}_i}=\sum_{i=1}^{N}m_i(\dot{\boldsymbol{v}}_i+i\boldsymbol{k}\cdot\boldsymbol{v}_i\boldsymbol{v}_i)\mathrm{e}^{i\boldsymbol{k}\cdot\boldsymbol{r}_i} \tag{5-5}$$

而牛顿运动方程的通常表达形式为

$$\boldsymbol{F}_i=m_i\dot{\boldsymbol{v}}_i \tag{5-6}$$

式中，F_i 是第 i 个原子所受的合力，包括分子间作用力、约束力以及方程中的外加力等等。在 NEMD 模拟中，牛顿方程的一般形式为：

$$\boldsymbol{F}_i=\boldsymbol{F}_i^{\phi}+\boldsymbol{F}_i^{\text{C}}+\boldsymbol{F}_i^{\text{ext}} \tag{5-7}$$

式中，第一项是原子间作用力，包括键长项、键角项、二面角项以及非键项等；第二项是内部约束力，包括键长约束、键角约束等；第三项为外加力。

上述方程可以写为合力形式：

$$\sum_{i=1}^{N}\boldsymbol{F}_i\mathrm{e}^{i\boldsymbol{k}\cdot\boldsymbol{r}_i}=\sum_{i=1}^{N}(\boldsymbol{F}_i^{\phi}+\boldsymbol{F}_i^{\text{C}}+\boldsymbol{F}_i^{\text{ext}})\mathrm{e}^{i\boldsymbol{k}\cdot\boldsymbol{r}_i} \tag{5-8}$$

式中，由于体系内部合力为零，式(5-8) 中等号右边第一项写成：

$$\sum_{i=1}^{N}\boldsymbol{F}_i^{\phi}\mathrm{e}^{i\boldsymbol{k}\cdot\boldsymbol{r}_i}=\sum_{i=1}^{N}\boldsymbol{F}_i^{\phi}\left(1+i\boldsymbol{k}\cdot\boldsymbol{r}_i+\frac{1}{2}(i\boldsymbol{k}\cdot\boldsymbol{r}_i)^2+\cdots\right)$$

$$=i\boldsymbol{k}\cdot\sum_{i=1}^{N}\boldsymbol{r}_i\left(1+\frac{1}{2}i\boldsymbol{k}\cdot\boldsymbol{r}_i+\cdots\right)\boldsymbol{F}_i^{\phi}$$

$$=i\boldsymbol{k}\cdot\sum_{i=1}^{N}\boldsymbol{r}_i\boldsymbol{F}_i^{\phi}+O(k^2) \tag{5-9}$$

第二项内部约束力也可以类似写为：

$$\sum_{i=1}^{N}\boldsymbol{F}_i^{\mathrm{C}}\mathrm{e}^{i\boldsymbol{k}\cdot\boldsymbol{r}_i}=i\boldsymbol{k}\sum_{i=1}^{N}r_i\boldsymbol{F}_i^{\mathrm{C}}+O(k^2) \tag{5-10}$$

我们知道，本动速度（peculiar velocity）一般表示为：

$$\boldsymbol{c}_i=\boldsymbol{v}_i-\boldsymbol{v}(\boldsymbol{r}_i) \tag{5-11}$$

式中，$\boldsymbol{v}_{\mathrm{i}}$ 是第 i 个粒子相对于实验室坐标系（laboratory frame）的速度；$\boldsymbol{v}$（$\boldsymbol{r}_i$）是粒子 i 所在位置的流速度，代入动量对应力的贡献项得到

$$\sum_{i=1}^{N}m_i v_i v_i\mathrm{e}^{i\boldsymbol{k}\cdot\boldsymbol{r}_i}=\sum_{i=1}^{N}m_i[\boldsymbol{c}_i+\boldsymbol{v}(\boldsymbol{r}_i)][\boldsymbol{c}_i+\boldsymbol{v}(\boldsymbol{r}_i)]\times\mathrm{e}^{i\boldsymbol{k}\cdot\boldsymbol{r}_i} \tag{5-12}$$

假定流速度为粒子位置和时间的函数，将动量密度的微观表达式代入动量平衡方程的对流项，可得

$$\widetilde{\rho v}\boldsymbol{v}(\boldsymbol{k},t)=\boldsymbol{F}\{(\rho\boldsymbol{v})\boldsymbol{v}\}=\boldsymbol{F}\left\{\left[\sum_{i=1}^{N}m_i\boldsymbol{v}_i\delta(\boldsymbol{r}-\boldsymbol{r}_i)\right]\boldsymbol{v}(\boldsymbol{r},t)\right\}=\sum_{i=1}^{N}m_i\boldsymbol{v}_i\boldsymbol{v}(\boldsymbol{r}_i,t)\mathrm{e}^{i\boldsymbol{k}\cdot\boldsymbol{r}_i}$$

$$=\sum_{i=1}^{N}m_i\,[\boldsymbol{c}_i+\boldsymbol{v}(\boldsymbol{r}_i,t)]\,\boldsymbol{v}(\boldsymbol{r}_i,t)\,\mathrm{e}^{i\boldsymbol{k}\cdot\boldsymbol{r}_i}$$

$$=\sum_{i=1}^{N}m_i\,[\boldsymbol{c}_i\boldsymbol{v}(\boldsymbol{r}_i,t)+\boldsymbol{v}(\boldsymbol{r}_i,t)\boldsymbol{v}(\boldsymbol{r}_i,t)]\,\mathrm{e}^{i\boldsymbol{k}\cdot\boldsymbol{r}_i} \tag{5-13}$$

同样

$$\rho\widetilde{v\boldsymbol{v}}(\boldsymbol{k},t)=\boldsymbol{F}\{\boldsymbol{v}(\rho\boldsymbol{v})\}=\sum_{i=1}^{N}m_i\,[\boldsymbol{v}(\boldsymbol{r}_i,t)\boldsymbol{c}_i+\boldsymbol{v}(\boldsymbol{r}_i,t)\boldsymbol{v}(\boldsymbol{r}_i,t)]\,\mathrm{e}^{i\boldsymbol{k}\cdot\boldsymbol{r}_i}$$

$$\rho\widetilde{v\boldsymbol{v}}(\boldsymbol{k},t)=\boldsymbol{F}\{(\rho\boldsymbol{v}\boldsymbol{v})\}=\sum_{i=1}^{N}m_i\boldsymbol{v}(\boldsymbol{r}_i,t)\boldsymbol{v}(\boldsymbol{r}_i,t)\,\mathrm{e}^{i\boldsymbol{k}\cdot\boldsymbol{r}_i} \tag{5-14}$$

可得

$$\sum_{i=1}^{N}m_i\boldsymbol{v}(\boldsymbol{r}_i,t)\boldsymbol{c}_i\mathrm{e}^{i\boldsymbol{k}\cdot\boldsymbol{r}_i}=\sum_{i=1}^{N}m_i\boldsymbol{c}_i\boldsymbol{v}(\boldsymbol{r}_i,t)\,\mathrm{e}^{i\boldsymbol{k}\cdot\boldsymbol{r}_i}=0 \tag{5-15}$$

综合上述结果代入式(5-14) 并将其以波矢量的最低次项作指数展开，可得

$$\sum_{i=1}^{N}m_i\boldsymbol{v}_i\boldsymbol{v}_i\mathrm{e}^{i\boldsymbol{k}\cdot\boldsymbol{r}_i}=i\boldsymbol{k}\cdot\sum_{i=1}^{N}m_i\boldsymbol{v}_i\boldsymbol{v}_i+O(k^2)$$

$$=i\boldsymbol{k}\cdot\sum_{i=1}^{N}m_i\,[\boldsymbol{c}_i\boldsymbol{c}_i+\boldsymbol{v}(\boldsymbol{r}_i)\boldsymbol{v}(\boldsymbol{r}_i)]+O(k^2) \tag{5-16}$$

代入动量平衡方程并将其表示为波矢量的一次项则得到

$$i\boldsymbol{k}\cdot\widetilde{P}(\boldsymbol{k},t)=\frac{\partial}{\partial t}[\widetilde{\rho v}(\boldsymbol{k},t)]-i\boldsymbol{k}\cdot[\widetilde{\rho v}\boldsymbol{v}(\boldsymbol{k},t)]-\rho\,\widetilde{\boldsymbol{F}^{\mathrm{ext}}}(\boldsymbol{k},t)$$

$$=i\boldsymbol{k}\cdot\left(\sum_{i=1}^{N}m_i\boldsymbol{c}_i\boldsymbol{c}_i+\sum_{i=1}^{N}\boldsymbol{r}_i\boldsymbol{F}_i^{\phi}+\sum_{i=1}^{N}\boldsymbol{r}_i\boldsymbol{F}_i^{c}\right)+O(k^2) \tag{5-17}$$

在实空间中,上述方程将局部的瞬时压强张量的发散与微观量的发散联系起来。对于任意不发散的量,如零波矢量压强张量,有

$$\widetilde{\boldsymbol{P}}(\boldsymbol{k}=0,t)=V\boldsymbol{P}(t)=\sum_{i=1}^{N}m_i\boldsymbol{c}_i\boldsymbol{c}_i+\sum_{i=1}^{N}\boldsymbol{r}_i\boldsymbol{F}_i^{\phi}+\sum_{i=1}^{N}\boldsymbol{r}_i\boldsymbol{F}_i^{\mathrm{C}} \tag{5-18}$$

式中,V 是体系体积。

上述任意收敛量通常被选为零,这使得压强张量与热力学中的压强张量一致。收敛量的选择对压强张量的影响类似于电动力学中规范的选择。对于只存在二体的作用势,如没有内部约束力的简单原子流体,其力的表达形式可写为

$$\boldsymbol{F}_i^{\phi}=\sum_j F_{ij}^{\phi}=-\sum_j\frac{\partial\phi(r_{ij})}{\partial\boldsymbol{r}_i}=\sum_j\frac{\partial\phi(r_{ij})}{\partial r_{ij}}\frac{\boldsymbol{r}_{ij}}{r_{ij}} \tag{5-19}$$

式中,$\boldsymbol{r}_{ij}=\boldsymbol{r}_i-\boldsymbol{r}_j$。由于 $\boldsymbol{F}_{ij}=-\boldsymbol{F}_{ji}$,那么简单原子流体的体积平均瞬时压强张量可表示为

$$V\boldsymbol{P}(t)=\sum_{i=1}^{N}m_i\boldsymbol{c}_i\boldsymbol{c}_i-\frac{1}{2}\sum_{j\neq i}^{N}\sum_{i=1}^{N}\boldsymbol{r}_{ij}\boldsymbol{F}_{ij}^{\phi} \tag{5-20}$$

如果求导过程中没有进行小波矢量近似,那么对于简单原子流体所存在的波矢量依赖的压强张量表达式为

$$\boldsymbol{P}(\boldsymbol{k},t)=\sum_{i=1}^{N}m_i\boldsymbol{c}_i\boldsymbol{c}_i\mathrm{e}^{i\boldsymbol{k}\cdot\boldsymbol{r}_i}-\frac{1}{2}\sum_{j\neq i}^{N}\sum_{i=1}^{N}\boldsymbol{r}_{ij}\boldsymbol{F}_{ij}\left(\frac{\mathrm{e}^{i\boldsymbol{k}\cdot\boldsymbol{r}_{ij}}-1}{i\boldsymbol{k}\cdot\boldsymbol{r}_{ij}}\right)\mathrm{e}^{i\boldsymbol{k}\cdot\boldsymbol{r}_i} \tag{5-21}$$

此式仅当压强张量存在非零成分的波矢量时适用,如计算存在波矢量依赖的黏度时。

对于分子流体,其压强张量的表述略有不同。对于分子流体的质量密度和动量密度的原子表述可写作

$$\rho(\boldsymbol{r},t)=\sum_{i=1}^{N_{\mathrm{m}}}\sum_{\alpha=1}^{N_{\mathrm{s}}}m_{i\alpha}\delta(r-r_{i\alpha})$$

$$\boldsymbol{J}(\boldsymbol{r},t)=\rho\boldsymbol{v}(\boldsymbol{r},t)=\sum_{i=1}^{N_{\mathrm{m}}}\sum_{\alpha=1}^{N_{\mathrm{s}}}m_{i\alpha}v_{i\alpha}\delta(\boldsymbol{r}-\boldsymbol{r}_{i\alpha}) \tag{5-22}$$

式中,内部加和为分子内的 N_{s} 个原子,外部加和为体系中的 N_{m} 个分子,质量密度和动量密度的傅里叶变换形式为

$$\tilde{\rho}(\boldsymbol{k},t)=\sum_{i=1}^{N_{\mathrm{m}}}\sum_{\alpha=1}^{N_{\mathrm{s}}}m_{i\alpha}\mathrm{e}^{i\boldsymbol{k}\cdot\boldsymbol{r}_{i\alpha}}$$

$$\widetilde{\boldsymbol{J}}(\boldsymbol{k},t)=\sum_{i=1}^{N_{\mathrm{m}}}\sum_{\alpha=1}^{N_{\mathrm{s}}}m_{i\alpha}\boldsymbol{v}_{i\alpha}\mathrm{e}^{i\boldsymbol{k}\cdot\boldsymbol{r}_{i\alpha}} \tag{5-23}$$

由 $\boldsymbol{R}_{i\alpha}=\boldsymbol{r}_{i\alpha}-\boldsymbol{r}_i$ 可以方便地由分子 i 的质心得到分子 i 的位置 α。其中分子 i 的质心由下式计算

$$\boldsymbol{r}_i=\frac{\sum_{\alpha=1}^{N_{\mathrm{s}}}m_{i\alpha}\boldsymbol{r}_{i\alpha}}{m_i}$$

$$m_i=\sum_{\alpha=1}^{N_{\mathrm{s}}}m_{i\alpha} \tag{5-24}$$

原子的质量密度的傅里叶变换形式为：

$$
\begin{aligned}
\tilde{\rho}(\boldsymbol{k},t) &= \sum_{i=1}^{N_{\mathrm{m}}}\sum_{\alpha=1}^{N_{\mathrm{s}}} m_{i\alpha}\mathrm{e}^{i\boldsymbol{k}\cdot(\boldsymbol{r}_i+\boldsymbol{R}_{i\alpha})} \\
&= \sum_{i=1}^{N_{\mathrm{m}}}\sum_{\alpha=1}^{N_{\mathrm{s}}} m_{i\alpha}\mathrm{e}^{i\boldsymbol{k}\cdot\boldsymbol{r}_i}\mathrm{e}^{i\boldsymbol{k}\cdot\boldsymbol{R}_{i\alpha}} \\
&= \sum_{i=1}^{N_{\mathrm{m}}}\sum_{\alpha=1}^{N_{\mathrm{s}}}\left(1+i\boldsymbol{k}\cdot\boldsymbol{R}_{i\alpha}+\frac{1}{2}[i\boldsymbol{k}\cdot\boldsymbol{R}_{i\alpha}]^2+\cdots\right) m_{i\alpha}\mathrm{e}^{i\boldsymbol{k}\cdot\boldsymbol{r}_i} \\
&= \tilde{\rho}^{(\mathrm{M})}(\boldsymbol{k},t)+i\boldsymbol{k}\sum_{i=1}^{N_{\mathrm{m}}}\sum_{\alpha=1}^{N_{\mathrm{s}}} m_{i\alpha}\boldsymbol{R}_{i\alpha}\mathrm{e}^{i\boldsymbol{k}\cdot\boldsymbol{r}_i}+\frac{1}{2}i\boldsymbol{k}i\boldsymbol{k} \\
&\quad \sum_{i=1}^{N_{\mathrm{m}}}\sum_{\alpha=1}^{N_{\mathrm{s}}} m_{i\alpha}\boldsymbol{R}_{i\alpha}\boldsymbol{R}_{i\alpha}\mathrm{e}^{i\boldsymbol{k}\cdot\boldsymbol{r}_i}+\cdots
\end{aligned}
\tag{5-25}
$$

分子的质量密度的傅里叶变换形式为：

$$
\tilde{\rho}^{(\mathrm{M})}(\boldsymbol{k},t)=\sum_{i=1}^{N_{\mathrm{m}}} m_i\mathrm{e}^{i\boldsymbol{k}\cdot\boldsymbol{r}_i} \tag{5-26}
$$

其中实空间中局部质量密度可表示为：

$$
\rho^{(\mathrm{M})}(\boldsymbol{r},t)=\sum_{i=1}^{N_{\mathrm{m}}} m_i\delta(\boldsymbol{r}-\boldsymbol{r}_i) \tag{5-27}
$$

上式也表明整个分子的质量是放在质心上的。

我们再看式(5-25)，由于 $\sum_{\alpha=1}^{N_{\mathrm{s}}} m_{i\alpha}\boldsymbol{R}_{i\alpha}=0$，第二项通常为零。第三项有时被称为质量色散张量，与惯性密度的局部矩有关，一般写作

$$
\begin{aligned}
\sum_{\alpha=1}^{N_{\mathrm{s}}} m_{i\alpha}\boldsymbol{R}_{i\alpha}\boldsymbol{R}_{i\alpha} &= \sum_{\alpha=1}^{N_{\mathrm{s}}} m_{i\alpha}\boldsymbol{R}_{i\alpha}^2\mathbf{1}-\left[\sum_{\alpha=1}^{N_{\mathrm{s}}} m_{i\alpha}\boldsymbol{R}_{i\alpha}^2\mathbf{1}-m_{i\alpha}\boldsymbol{R}_{i\alpha}\boldsymbol{R}_{i\alpha}\right] \\
&= \sum_{\alpha=1}^{N_{\mathrm{s}}} m_{i\alpha}\boldsymbol{R}_{i\alpha}^2\mathbf{1}-\boldsymbol{I}_j = m_{i\alpha}\boldsymbol{R}_{g,i}^2\mathbf{1}-\boldsymbol{I}_j
\end{aligned}
\tag{5-28}
$$

式中，$\mathbf{1}$ 是单位张量；$\boldsymbol{I}_i$ 为分子 i 的惯性张量的瞬时矩；$\boldsymbol{R}_{g,i}^2$ 是分子 i 的瞬时均方回转半径。

将原子质量密度概念扩展到分子，可得

$$
\begin{aligned}
\tilde{\boldsymbol{J}}(\boldsymbol{k},t) &= \sum_{i=1}^{N_{\mathrm{m}}}\sum_{\alpha=1}^{N_{\mathrm{s}}} m_{i\alpha}\boldsymbol{v}_{i\alpha}(1+\mathrm{i}\boldsymbol{k}\cdot\boldsymbol{R}_{i\alpha}+\cdots)\mathrm{e}^{i\boldsymbol{k}\cdot\boldsymbol{r}_{i\alpha}} \\
&= \sum_{i=1}^{N_{\mathrm{m}}} m_i\boldsymbol{v}_i\mathrm{e}^{i\boldsymbol{k}\cdot\boldsymbol{r}_i}+i\boldsymbol{k}\cdot\sum_{i=1}^{N_{\mathrm{m}}}\sum_{\alpha=1}^{N_{\mathrm{s}}} m_{i\alpha}\boldsymbol{R}_{i\alpha}\boldsymbol{v}_{i\alpha}\mathrm{e}^{i\boldsymbol{k}\cdot\boldsymbol{r}_i}+\cdots \\
&= \tilde{\boldsymbol{J}}(\boldsymbol{k},t)^{(\boldsymbol{M})}+i\boldsymbol{k}\cdot\sum_{i=1}^{N_{\mathrm{m}}}\sum_{\alpha=1}^{N_{\mathrm{s}}} m_{i\alpha}\boldsymbol{R}_{i\alpha}\boldsymbol{v}_{i\alpha}\mathrm{e}^{i\boldsymbol{k}\cdot\boldsymbol{r}_i}+\cdots
\end{aligned}
\tag{5-29}
$$

式中，$\sum_{\alpha=1}^{N_{\mathrm{s}}} m_{i\alpha}\boldsymbol{v}_{i\alpha}=m_i\boldsymbol{v}_i$ 为分子 i 的质心动量；$\tilde{\boldsymbol{J}}(\boldsymbol{k},t)^{(\boldsymbol{M})}$ 是动量密度的分子表述的傅里叶变换形式。由于 $V_{i\alpha}=v_{i\alpha}-v_i$，$\sum_{\alpha=1}^{N_{\mathrm{s}}} m_{i\alpha}\boldsymbol{R}_{i\alpha}=0$。上式可简化为

$$
\tilde{\boldsymbol{J}}(\boldsymbol{k},t)=\tilde{\boldsymbol{J}}(\boldsymbol{k},t)^{(\boldsymbol{M})}+i\boldsymbol{k}\cdot\sum_{i=1}^{N_{\mathrm{m}}}\sum_{\alpha=1}^{N_{\mathrm{s}}} m_{i\alpha}\boldsymbol{R}_{i\alpha}\boldsymbol{v}_{i\alpha}\mathrm{e}^{i\boldsymbol{k}\cdot\boldsymbol{r}_i}+\cdots \tag{5-30}
$$

取 $i\boldsymbol{k}\cdot\boldsymbol{R}_{i\alpha}$ 的一阶展开，并将最后一项分成对称和不对称部分，即

$$\begin{aligned}\boldsymbol{R}_{i\alpha}\boldsymbol{v}_{i\alpha} &= \frac{1}{2}(\boldsymbol{R}_{i\alpha}\boldsymbol{v}_{i\alpha}+\boldsymbol{v}_{i\alpha}\boldsymbol{R}_{i\alpha})+\frac{1}{2}(\boldsymbol{R}_{i\alpha}\boldsymbol{v}_{i\alpha}-\boldsymbol{v}_{i\alpha}\boldsymbol{R}_{i\alpha}) \\ &= (\boldsymbol{R}_{i\alpha}\boldsymbol{v}_{i\alpha})^{\mathrm{s}}+(\boldsymbol{R}_{i\alpha}\boldsymbol{v}_{i\alpha})^{\mathrm{a}}\end{aligned} \tag{5-31}$$

对称部分可由质量色散张量对时间的导数得出（也称为质量权重取向有序参数），质量色散张量的傅里叶变换形式表示为：

$$\widetilde{\boldsymbol{M}}(\boldsymbol{k},t)=\sum_{i=1}^{N_{\mathrm{m}}}\sum_{\alpha=1}^{N_{\mathrm{s}}}m_{i\alpha}\boldsymbol{R}_{i\alpha}\boldsymbol{R}_{i\alpha}\mathrm{e}^{i\boldsymbol{k}\cdot\boldsymbol{r}_i} \tag{5-32}$$

这与惯性密度的局部矩有关，质量色散张量对时间求导为：

$$\widetilde{\boldsymbol{M}}(k,t)=\sum_{i=1}^{N_{\mathrm{m}}}\sum_{\alpha=1}^{N_{\mathrm{s}}}m_{i\alpha}(\boldsymbol{R}_{i\alpha}\boldsymbol{v}_{i\alpha}+\boldsymbol{v}_{i\alpha}\boldsymbol{R}_{i\alpha})\mathrm{e}^{i\boldsymbol{k}\cdot\boldsymbol{r}_i}+i\boldsymbol{k}\cdot\sum_{i=1}^{N_{\mathrm{m}}}\sum_{\alpha=1}^{N_{\mathrm{s}}}m_{i\alpha}\boldsymbol{v}_{i\alpha}\boldsymbol{R}_{i\alpha}\boldsymbol{R}_{i\alpha}\mathrm{e}^{i\boldsymbol{k}\cdot\boldsymbol{r}_i} \tag{5-33}$$

上式第二项代表质量色散张量流，可忽略。

二阶张量的反对称部分 $A^{\mathrm{a}}=1/2(A-A^{\mathrm{T}})$ 与其伪矢量 A^{d} 有关，即 $A^{\mathrm{a}}=\varepsilon\cdot A^{\mathrm{d}}$，其中 ε 为完全反对称的各向异性的三阶张量。就各向异性的三阶张量而言，其两项叉乘为 $a\times b=-\varepsilon:ab$。如果张量 A 为并向量，$A=ab$，A^{d} 也可写作 $A^{\mathrm{d}}=1/2(a\times b)$。由此可得

$$\begin{aligned}i\boldsymbol{k}\cdot(\boldsymbol{R}_{i\alpha}\boldsymbol{v}_{i\alpha})^{\mathrm{a}} &= i\boldsymbol{k}\cdot[\varepsilon\cdot(\boldsymbol{R}_{i\alpha}\boldsymbol{v}_{i\alpha})^{\mathrm{d}}] \\ &= -i\boldsymbol{k}\times[(\boldsymbol{R}_{i\alpha}\boldsymbol{v}_{i\alpha})^{\mathrm{d}}] \\ &= -\frac{1}{2}i\boldsymbol{k}\times(\boldsymbol{R}_{i\alpha}\times\boldsymbol{v}_{i\alpha})\end{aligned} \tag{5-34}$$

代入前式得

$$\widetilde{\boldsymbol{J}}(\boldsymbol{k},t)=\widetilde{\boldsymbol{J}}(\boldsymbol{k},t)^{(M)}+\frac{1}{2}i\boldsymbol{k}\cdot\widetilde{\boldsymbol{M}}(\boldsymbol{k},t)-\frac{1}{2}i\boldsymbol{k}\times\widetilde{\boldsymbol{S}}(\boldsymbol{k},t) \tag{5-35}$$

式中，$\widetilde{\boldsymbol{S}}(\boldsymbol{k},t)=\sum_{i=1}^{N_{\mathrm{m}}}\sum_{\alpha=1}^{N_{\mathrm{s}}}m_{i\alpha}\boldsymbol{R}_{i\alpha}\times\boldsymbol{V}_{i\alpha}\mathrm{e}^{i\boldsymbol{k}\cdot\boldsymbol{r}_i}$ 是自旋角动量的局域密度的傅里叶变换形式。上述各式表明，总动量密度由三部分组成，第一部分是分子质量动量中心流，第二部分是质量色散张量变化导致的动量流，第三部分是分子质心旋转导致的动量流。

对于只包含二体作用的粒子体系，其空间平均瞬时压强张量可由零波矢量限制方程给出，将其原子表述替换为分子质心表述，可得

$$\begin{aligned}\mathrm{V}\boldsymbol{P}(t) &= \sum_{i=1}^{N_{\mathrm{m}}}\sum_{\alpha=1}^{N_{\mathrm{s}}}m_{i\alpha}\boldsymbol{c}_{i\alpha}\boldsymbol{c}_{i\alpha}-\frac{1}{2}\sum_{i=1}^{N_{\mathrm{m}}}\sum_{\alpha=1}^{N_{\mathrm{s}}}\sum_{j=1}^{N_{\mathrm{m}}}\sum_{\beta=1}^{N_{\mathrm{s}}}\boldsymbol{r}_{i\alpha j\beta}\boldsymbol{F}_{i\alpha j\beta} \\ &= \sum_{i=1}^{N_{\mathrm{m}}}\sum_{\alpha=1}^{N_{\mathrm{s}}}m_{i\alpha}(\boldsymbol{c}_i+\boldsymbol{c}_{i\alpha})(\boldsymbol{c}_i+\boldsymbol{c}_{i\alpha})-\frac{1}{2}\sum_{i=1}^{N_{\mathrm{m}}}\sum_{\alpha=1}^{N_{\mathrm{s}}}\sum_{j=1}^{N_{\mathrm{m}}}\sum_{\beta=1}^{N_{\mathrm{s}}}(\boldsymbol{r}_{ij}+\boldsymbol{R}_{j\beta}-\boldsymbol{R}_{i\alpha})\boldsymbol{F}_{i\alpha j\beta} \\ &= V\boldsymbol{P}^{(M)}(t)+\sum_{i=1}^{N_{\mathrm{m}}}\sum_{\alpha=1}^{N_{\mathrm{s}}}m_{i\alpha}\boldsymbol{c}_{i\alpha}\boldsymbol{c}_{i\alpha}+\sum_{i=1}^{N_{\mathrm{m}}}\sum_{\alpha=1}^{N_{\mathrm{s}}}m_{i\alpha}\boldsymbol{R}_{i\alpha}\boldsymbol{F}_{i\alpha}\end{aligned} \tag{5-36}$$

定义 $\boldsymbol{C}_{i\alpha}=\boldsymbol{c}_{i\alpha}-\boldsymbol{c}_i$，$\boldsymbol{c}_{i\alpha}=\boldsymbol{v}_{i\alpha}-\boldsymbol{v}(\boldsymbol{r}_{i\alpha})$，$\boldsymbol{c}_i=\boldsymbol{v}_i-\boldsymbol{v}(\boldsymbol{r}_i)$，并假定 $i\alpha=j\beta$，零波矢量压强张量的分子表述为

$$V\boldsymbol{P}^{(M)}(t)=\sum_{i=1}^{N_{\mathrm{m}}}m_i\boldsymbol{c}_i\boldsymbol{c}_i-\frac{1}{2}\sum_{i=1}^{N_{\mathrm{m}}}\sum_{j=1}^{N_{\mathrm{m}}}\boldsymbol{r}_{ij}\boldsymbol{F}_{ij} \tag{5-37}$$

由式(5—36)可以看出，压强张量的原子表述和分子表述区别在于：

$$
\begin{aligned}
V\boldsymbol{P}(t)-V\boldsymbol{P}^{(M)}(t) &= \sum_{i=1}^{N_m}\sum_{\alpha=1}^{N_s} m_{i\alpha}\boldsymbol{c}_{i\alpha}\boldsymbol{c}_{i\alpha} + \sum_{i=1}^{N_m}\sum_{\alpha=1}^{N_s}\boldsymbol{R}_{i\alpha}\boldsymbol{F}_{i\alpha} \\
&= \sum_{i=1}^{N_m}\sum_{\alpha=1}^{N_s} m_{i\alpha}\boldsymbol{c}_{i\alpha}\boldsymbol{c}_{i\alpha} + \sum_{i=1}^{N_m}\sum_{\alpha=1}^{N_s}(\boldsymbol{R}_{i\alpha}\boldsymbol{F}_{i\alpha})^{\mathbf{s}} + \sum_{i=1}^{N_m}\sum_{\alpha=1}^{N_s}(\boldsymbol{R}_{i\alpha}\boldsymbol{F}_{i\alpha})^{\mathbf{a}} \\
&= \frac{1}{2}V\ddot{M}(t) - V\boldsymbol{P}^{(M)\mathrm{a}}(t)
\end{aligned} \tag{5-38}
$$

式中

$$
\frac{1}{2}V\ddot{M}(t) = \sum_{i=1}^{N_m}\sum_{\alpha=1}^{N_s} m_{i\alpha}c_{i\alpha}c_{i\alpha} + \sum_{i=1}^{N_m}\sum_{\alpha=1}^{N_s}(R_{i\alpha}F_{i\alpha})^{\mathrm{s}}
$$

$$
V\boldsymbol{P}^{(M)}(t) = \sum_{i=1}^{N_m}\sum_{\alpha=1}^{N_s}(\boldsymbol{R}_{i\alpha}\boldsymbol{F}_{i\alpha})^{\mathbf{a}} = \frac{1}{2}\sum_{i=1}^{N_m}(\boldsymbol{r}_i\boldsymbol{F}_i - \boldsymbol{F}_i\boldsymbol{r}_i) \tag{5-39}
$$

某些研究指出，压强张量的分子表述中反对称部分的时间平均值在稳态剪切中为零，这意味着分子压强张量如同原子压强张量都可以从中准确得到稳态剪切的各项材料函数。然而，压强张量的分子表述相对于原子表述一个最为重要的改进在于分子应力张量随时间变化较原子应力张量慢，这在高频键长振动存在时尤为明显。这也意味着使用分子应力张量通过应力自相关函数计算黏度变化要更为容易。另外一个重要的改进是分子应力张量的不对称部分可以用来确定体系内是否存在扭矩或热浴控温不正确。

5.1.2 非平衡分子动力学模拟技术

非平衡分子动力学模拟方法是在平衡分子动力学模拟方法的基础上添加了各种类型的外加场。外力的引入对某些因素，例如分子力场参数等，影响不大；但对某些因素如周期性边界条件，平衡分子动力学模拟方法中牛顿方程的求解过程等则需要做相应的修改。此外，我们注意到前面的第 2 和第 3 章已对分子力场（以下简称力场）和模拟时间选择进行了详细的介绍，这里我们则主要介绍与非平衡分子动力学模拟密切相关的周期性边界条件、积分算法、热浴和常用软件，以便读者对非平衡分子动力学模拟方法有全面的认识。

5.1.2.1 周期性边界条件

在上面理论部分的介绍中我们假定体系中的粒子数目和体积都是有限的，这种情况下压强张量的势能部分是否使用下式计算已变得无关紧要，

$$
P^{\phi}(t) = -\frac{1}{2V}\sum_{j\neq i}^{N}\sum_{i=1}^{N}\boldsymbol{r}_{ij}F_{ij}^{\phi} \tag{5-40}
$$

然而在使用周期性边界条件时，体系大小是无限的。如果我们严格地对一个盒子里面的粒子进行加和，则其体积就是有限的。这样，我们需要使用最小镜像分隔原理才能保证上式的正确性。在均相体系的分子模拟中，我们经常使用周期性边界条件来消除表面效应。由此我们计算出的一个盒子内粒子的位置和动量，那么其他镜像盒子内相应粒子的位置和动

量也可以相应确定。对于三维空间中周期为 L 且包含 N 个粒子的体系，其中处于点 r 粒子的动量密度为

$$J(\boldsymbol{r},t)=\rho v(\boldsymbol{r},t)=\sum_{\nu=-\infty}^{\infty}\sum_{i=1}^{N}m_i\boldsymbol{v}_{iv}\delta(\boldsymbol{r}-\boldsymbol{r}_{iv}) \tag{5-41}$$

式中，积分矢量 v 代表三维求和。如果将动量密度进行傅里叶变换，代入动量密度连续方程，可得到

$$\boldsymbol{P}(\boldsymbol{k},t)=\sum_{\nu=-\infty}^{\infty}\sum_{i=1}^{N}m_i\boldsymbol{c}_i\boldsymbol{c}_i\mathrm{e}^{i\boldsymbol{k}\cdot\boldsymbol{r}_{iv}}-\frac{1}{2}\sum_{\nu=-\infty}^{\infty}\sum_{i=1}^{N}\sum_{\mu=-\infty}^{\infty}\sum_{j=1}^{N}\boldsymbol{r}_{ivj\mu}\boldsymbol{F}_{ivj\mu}\times\left(\frac{\mathrm{e}^{i\boldsymbol{k}\cdot\boldsymbol{r}_{iv}}-1}{i\boldsymbol{k}\cdot\boldsymbol{r}_{ivj\mu}}\right)\mathrm{e}^{i\boldsymbol{k}\cdot\boldsymbol{r}_{iv}} \tag{5-42}$$

式中，$\boldsymbol{F}_{iv}$ 是第 i 个粒子的第 v 个镜像所受到的合力；$\boldsymbol{F}_{ivj\mu}$ 是第 j 个粒子的第 μ 个镜像对第 i 个粒子的第 v 个镜像的力。

由上式可见，压强张量的势能部分包含每对粒子周期镜像的四重加和。但是如果是短程力，我们可以使用最小镜像法则将其简化为二重加和。当两个粒子距离大于或等于盒子的一半时力为零。这是因为对于给定粒子 i 的镜像，只有唯一的粒子 j 镜像可以与其存在相互作用。换句话说，对任意值 v 和给定值 μ，相应粒子 i 和 j 的镜像间的力均不等于零，所以 $\boldsymbol{F}_{ivj\mu}=\boldsymbol{F}_{ij}$，$\boldsymbol{\mu}-\boldsymbol{v}=\boldsymbol{m}_{ij}$，否则 $\boldsymbol{F}_{ivj\mu}=0$。粒子 i 和 j 间的距离称为最小镜像距离，定义为

$$\boldsymbol{r}_{ivj\mu}=\boldsymbol{r}_j+\nu L-\boldsymbol{r}_i-\boldsymbol{\mu}L=\boldsymbol{r}_{ij}+\boldsymbol{m}_{ij}L=\boldsymbol{d}_{ij} \tag{5-43}$$

因此，对于每个 v，μ 的和可缩减成一项，压强张量的表达式变为

$$\boldsymbol{P}(\boldsymbol{k},t)=\sum_{\nu=-\infty}^{\infty}\left[\sum_{i=1}^{N}m_i\boldsymbol{c}_i\boldsymbol{c}_i\mathrm{e}^{i\boldsymbol{k}\cdot\boldsymbol{r}_{iv}}-\frac{1}{2}\sum_{i=1}^{N}\sum_{j\neq i}^{N}\boldsymbol{d}_{ij}\boldsymbol{F}_{ij}g(i\boldsymbol{k}\cdot\boldsymbol{d}_{ij})\mathrm{e}^{i\boldsymbol{k}\cdot\boldsymbol{r}_{iv}}\right] \tag{5-44}$$

式中，$g(i\boldsymbol{k}\cdot\boldsymbol{d}_{ij})=\dfrac{\mathrm{e}^{i\boldsymbol{k}\cdot\boldsymbol{d}_{ij}}-1}{i\boldsymbol{k}\cdot\boldsymbol{d}_{ij}}$。

由于 $\boldsymbol{r}_{iv}=\boldsymbol{r}_i+\boldsymbol{\nu}L$，故

$$\sum_{\nu=-\infty}^{\infty}\mathrm{e}^{i\boldsymbol{k}\cdot\nu L}=\frac{2\pi}{L^3}\sum_{n=-\infty}^{\infty}\delta(\boldsymbol{k}-\boldsymbol{k}_n) \tag{5-45}$$

式中，$\boldsymbol{k}_n=2\pi\boldsymbol{n}/L$，$n$ 为整数，由此可以看出周期性的粒子坐标可以表示为一系列离散的波矢量，因此波矢量的压强张量可表示为

$$\boldsymbol{P}(\boldsymbol{k},t)=\frac{2\pi}{\boldsymbol{L}^3}\sum_{n=-\infty}^{\infty}\left[\sum_{i=1}^{N}m_i\boldsymbol{c}_i\boldsymbol{c}_i\mathrm{e}^{i\boldsymbol{k}\cdot\boldsymbol{r}_i}-\frac{1}{2}\sum_{i=1}^{N}\sum_{j\neq i}^{N}\boldsymbol{d}_{ij}\boldsymbol{F}_{ij}g(i\boldsymbol{k}\cdot\boldsymbol{d}_{ij})\mathrm{e}^{i\boldsymbol{k}\cdot\boldsymbol{r}_i}\right]\delta(\boldsymbol{k}-\boldsymbol{k}_n) \tag{5-46}$$

我们知道，周期函数的傅里叶级数展开形式为

$$\boldsymbol{A}(\boldsymbol{r},t)=\sum_{\nu=-\infty}^{\infty}\sum_{i=1}^{N}A_i\delta(\boldsymbol{r}-\boldsymbol{r}_{i\nu})=\sum_{n=-\infty}^{\infty}A_n\mathrm{e}^{-i\boldsymbol{k}_n\cdot\boldsymbol{r}} \tag{5-47}$$

其傅里叶变换形式为

$$\boldsymbol{A}(\boldsymbol{k},t)=F\left\{\sum_{n=-\infty}^{\infty}A_n\mathrm{e}^{-i\boldsymbol{k}_n\cdot\boldsymbol{r}}\right\}=2\pi\sum_{n=-\infty}^{\infty}A_n\delta(\boldsymbol{k}-\boldsymbol{k}_n) \tag{5-48}$$

其中的傅里叶级数的系数为

$$A_n=\frac{1}{L^3}\sum_i A_i\mathrm{e}^{i\boldsymbol{k}_n\cdot\boldsymbol{r}_j} \tag{5-49}$$

由此，压强张量的第 n 个傅里叶级数的系数可以写成

$$P_n=\frac{1}{L^3}\left[\sum_{i=1}^{N}m_i\boldsymbol{c}_i\boldsymbol{c}_i\mathrm{e}^{i\boldsymbol{k}_n\cdot r_j}-\frac{1}{2}\sum_{i=1}^{N}\sum_{j\neq i}^{N}d_{ij}F_{ij}g(i\boldsymbol{k}_n\cdot\boldsymbol{d}_{ij})\mathrm{e}^{i\boldsymbol{k}_n\cdot r_j}\right] \tag{5-50}$$

可见，包含周期性边界条件的均相体系分子动力学模拟中计算的压强实际上是傅里叶级数展开式中的第零项系数

$$P(t)=P_0(t)=\frac{1}{L^3}\left[\sum_{i=1}^{N}m_i\boldsymbol{c}_i\boldsymbol{c}_i-\frac{1}{2}\sum_{i=1}^{N}\sum_{j\neq i}^{N}\boldsymbol{d}_{ij}\boldsymbol{F}_{ij}\right] \tag{5-51}$$

模拟真实体系中由边界驱动的均相流，其关键科学问题是如何在微观模拟中准确地表示出由边界墙所带来的密度不均一性。对于纳米尺度的受限流，空间不均一性很容易通过使用实体粒子墙来实现。但是，如果所关心的是本体性质，比如受表面效应影响不大的黏度或者热通量，这种情况下使用实体粒子墙的边界会导致强烈的不均匀性而导致本体性质无法准确获得。因此，人们将硬的实体墙边界的驱动流替换为适宜的周期性边界驱动流。其中对于平面剪切流而言应用最广泛的是 Lees-Edwards 边界条件[16]，如图 5-1 所示。这种情况下，模拟盒子单元具有周期性，原子间作用力由牛顿第二定律描述，运动方程不包含额外的力。与平衡分子动力学模拟不同，模拟中镜像盒子会被平移 $L_y\dot{\gamma}t$，其中 L_y 是 y 方向盒子的长度，$\dot{\gamma}$ 是剪切速率，t 是模拟时间。原子从上至下地移动使得体系在低雷诺数时形成线性的速度梯度场。在模拟盒子中，剪切速率张量可写为：

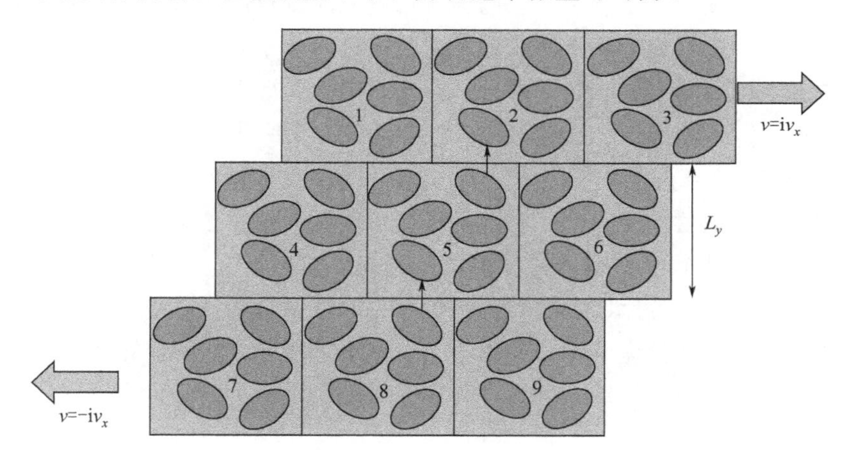

图 5-1

Lees-Edwards 边界条件示意图[17]

$$\nabla v=\begin{pmatrix}\dfrac{\partial v_x}{\partial x} & \dfrac{\partial v_y}{\partial x} & \dfrac{\partial v_z}{\partial x}\\ \dfrac{\partial v_x}{\partial y} & \dfrac{\partial v_y}{\partial y} & \dfrac{\partial v_z}{\partial y}\\ \dfrac{\partial v_x}{\partial z} & \dfrac{\partial v_y}{\partial z} & \dfrac{\partial v_z}{\partial z}\end{pmatrix} \tag{5-52}$$

SLLOD 方程（详见下节）中粒子速度为：

$$\dot{\boldsymbol{r}}_i=\frac{\boldsymbol{P}_i}{m_i}+\boldsymbol{r}_i\cdot\nabla v \tag{5-53}$$

由方程（5-53）可看出，总的实验室坐标速度（不是热速度）是流场速度 $\boldsymbol{r}_i\cdot\nabla v$ 和与流场速度相关的热速度 $\boldsymbol{P}_i/m_i$ 之和。边界的演化受同一个方程控制（注意边界对热速度没有贡献），即

$$\boldsymbol{L}_{\mathrm{k}}'(t)=\boldsymbol{L}_{\mathrm{k}}(t)\cdot\nabla v \tag{5-54}$$

式中，$\boldsymbol{L}_{\mathrm{k}}(t)=(\boldsymbol{L}_{\mathrm{k}x}(t),L_{\mathrm{k}y}(t),L_{\mathrm{k}z}(t))$ 为起始的盒子矢量，边界的空间演化由上述方程确定。进一步，对于流场方向为 x 方向，速度梯度方向为 y 方向的剪切流，方程（5-54）简化为

$$\begin{gathered}\mathrm{d}L_{\mathrm{k}x}(t)=L_{\mathrm{k}y}(t)\dot{\gamma}\,\mathrm{d}t\\ \mathrm{d}L_{\mathrm{k}y}(t)=0\\ \mathrm{d}L_{\mathrm{k}z}(t)=0\end{gathered} \tag{5-55}$$

上述方程（5-55）中第二行和第三行表明盒子矢量在 y 和 z 方向不随动力学演化发生变化。而对于一个模拟时长为 t_{s} 的模拟，模拟盒子 x 方向的边界与时间的关系为：

$$L_{\mathrm{k}x}(t_{\mathrm{s}})=L_{\mathrm{k}y}\dot{\gamma}t_{\mathrm{s}} \tag{5-56}$$

我们进一步假设 L_1 和 L_2 是两个互相垂直的矢量，初始的方盒子在 x 方向发生变形，如果原子从左侧或右侧离开了盒子，它们会从右侧或左侧再次进入盒子。如果原子从上面或下面离开了盒子，它们也会从下面或者上面再次进入盒子，但是在 x 方向会有 $L_{2y}\dot{\gamma}\Delta t$ 的修正（其中 Δt 为模拟时间步长）。如果 $\Delta t=0$ 时 L_1 平行于 x 轴，那么 L_1 不随动力学演化而变化；而 L_2 垂直于 L_1，这意味着 L_2 会随动力学演化而变化。定义 θ 为 L_1 和 L_2 间的成角，可知 $\theta(t_{\mathrm{s}})=\arctan[1/(\dot{\gamma}t_{\mathrm{s}})]$。当 $t\to\infty$ 时，因为 $\theta(t)\to 0$，$|L_2|\to\infty$，计算机计算在处理大数时效率很低。有两种方法可以用来解决这个问题：第一个方法是让盒子变形，直到达到某个角 $\theta(t)$。这种情况下若将 $\theta(t)$ 限制在 $\pi/4$ 到 $-\pi/4$ 之间变化，盒子 x 方向的值也不会变得太大。第二个等价的方法是使用 Lees-Edwards 滑移边界条件，这种方法将上下的镜像盒子均分别移动 $L_{2y}\dot{\gamma}\Delta t$。两种方法的计算效率都很高，而前者更适用于并行计算。

5.1.2.2 积分方法

纯的边界驱动流产生外场的方法存在两个问题：第一，与响应理论及统计力学中的输运，如剪切黏度的 Green-kubo 方程没有联系；第二，原子穿越边界时由于平动会需要额外的计算通信时间，这意味着线性流线不可能瞬间形成，而需要一定的演化时间。因此，此种边界驱动方法不能用于研究与时间有关的输运性质。

鉴于上述缺点，对于原子流体，Hoover 等人发展了新的基于 DOLLS 哈密顿量的非平衡分子动力学模拟算法。在这种方法中，边界驱动被一个虚构的外场所取代，且这个场保证了体系内所需要存在的速度梯度并保持其稳定存在。DOLLS 的哈密顿量写作

$$H_{\mathrm{dolls}}(\boldsymbol{r}^N,\boldsymbol{P}^N,t)=\phi(\boldsymbol{r}^N)+\sum_i\frac{\boldsymbol{P}_i^2}{2m_i}+\sum_i\boldsymbol{r}_i\cdot\nabla v\cdot\boldsymbol{P}_i\Theta(t) \tag{5-57}$$

式中，$\phi(\boldsymbol{r}^N)$是体系势能；r_i 和 p_i 分别为实验室坐标系中粒子 i 的位置和本动动量；∇v 是速度梯度并且假定流场在 $t=0$ 时刻产生；$\Theta(t)$是 Heaviside 阶跃函数，本动动量是与流体速度动量相关的热动量，由此 Hamilton 得到体系的 DOLLS 运动方程为：

$$\dot{\boldsymbol{r}}_i=\frac{\boldsymbol{P}_i}{m_i}+\boldsymbol{r}_i\cdot\nabla v$$

$$\dot{\boldsymbol{P}}_i=F_i^{\phi}-\nabla v\cdot\boldsymbol{P}_i \tag{5-58}$$

式中，F_i^{ϕ} 是原子 i 所受的原子间作用力的合力。在 DOLLS 方程提出不久之后，Evans 和 Morriss 指出，DOLLS 方程只适合模拟线性响应流而不能模拟高剪切情况下真实的物理剪切流（如存在剪切过程中的非均匀流动），在计算流变性质时误差随剪切速率的四次方增长，尤其是在计算法向应力差时误差显著。随后，Evans 和 Morriss 及 Ladd 分别指出，DOLLS 方程的正确形式应该修正为

$$\dot{\boldsymbol{r}}_i=\frac{\boldsymbol{P}_i}{m_i}+\boldsymbol{r}_i\cdot\nabla v$$

$$\dot{\boldsymbol{P}}_i=F_i^{\phi}-\boldsymbol{P}_i\cdot\nabla v \tag{5-59}$$

可见，此公式与式(5-58) 的 DOLLS 方程的唯一区别是最后一项的两个参变量变换了位置。变换之后的方程称为 SLLOD 方程，也即为 DOLLS 方程的变换。

SLLOD 方程不是由边界驱动产生流场，虽然动量守恒可以保证体系内产生正确的速度梯度，但为了保证粒子在穿越边界时具有正确的位置，SLLOD 方程需要和合适的边界条件联用。对于平面剪切流，Lees-Edwards 边界条件是适用的，SLLOD 方程和 Lees-Edwards 边界条件联用可以保证体系在低雷诺数时产生所需要的速度梯度。SLLOD 方程与边界条件是否合适的判断标准是边界条件是否会对体系造成干扰。SLLOD 算法成功地将边界驱动流转变为虚拟外场驱动流。SLLOD 方法可以产生正确的剪切流中的非线性响应，且等价于起始的局部平衡态分布体系加上一个线性的速度梯度流线，然后遵循牛顿方程进行演化。

SLLOD 运动方程可以保持总的本动动量守恒。对于剪切流，动量方程可写为

$$\dot{p}_{ix}=F_{ix}^{\phi}-\dot{\gamma}p_{iy}$$

$$\dot{p}_{iy}=F_{iy}^{\phi}$$

$$\dot{p}_{iz}=F_{iz}^{\phi} \tag{5-60}$$

由于 $P_\alpha\equiv\sum_i P_{\alpha i}$，$\alpha=x$，$y$，$z$，且再根据牛顿第三定律 $\sum_i F_{\alpha i}^{\phi}=0$，可得

$$\dot{p}_x(t)=-\dot{\gamma}p_y(t)$$

$$\dot{p}_y(t)=0$$

$$\dot{p}_z(t)=0 \tag{5-61}$$

因为 SLLOD 方程将起始的本动动量设置为 0，上述方程的第二行和第三行可得 $P_y(t)=P_y(0)=0$ 和 $P_z(t)=P_z(0)=0$。因此存在 $P_x(t)=P_x(0)=0$。对于 SLLOD 方程而言从理论角度考虑这些结果都是正确的，但是计算机的数值精度有限，实际计算中 $P_\alpha(0)$并不等于 0，而是一个很小的数（取决于计算机的浮点数精度）。因此，假定初始 P_α

(0)存在一个很小的值，则有

$$\dot{p}_x(t)=p_x(0)-\dot{\gamma}p_y(0)t \tag{5-62}$$

可以看出，x 方向的总动量其数值偏差随时间呈线性增长。由于 $P_\alpha(0)$ 很小，虽然动量随时间呈线性关系增长，但实际上上述问题并未对平面剪切流的 NEMD 模拟产生太大影响，仅在兆次时间步长的模拟中才会体现出此类问题。注意，此问题不是由于 SLLOD 方程本身造成。而且，真实的 NEMD 模拟通常会耦合热浴以便耗散掉多余的能量，例如额外一项 $-\alpha p_i$（α 为热浴耦合因子）加入方程右边，因此一般的 NEMD 模拟是可靠的。

用于原子流体的 SLLOD 方程可以直接应用于分子流体，即

$$\dot{\boldsymbol{r}}_{i\alpha}=\frac{\boldsymbol{P}_{i\alpha}}{m_{i\alpha}}+\boldsymbol{r}_{i\alpha}\cdot\nabla v$$

$$\dot{\boldsymbol{P}}_{i\alpha}=F_{i\alpha}-\boldsymbol{P}_{i\alpha}\cdot\nabla v \tag{5-63}$$

上式中流速度项对应于将原子 SLLOD 方程中流速度写成分子中的每个原子。显然，分子 SLLOD 方程中流速度的计算方法绝不同与此，分子 SLLOD 方程为

$$\dot{\boldsymbol{r}}_{i\alpha}=\frac{\boldsymbol{P}_{i\alpha}}{m_{i\alpha}}+\boldsymbol{r}_{i}\cdot\nabla v$$

$$\dot{\boldsymbol{P}}_{i\alpha}=F_{i\alpha}-\left(\frac{m_{i\alpha}}{m_i}\right)\boldsymbol{P}_{i}\cdot\nabla v \tag{5-64}$$

式中，$F_{i\alpha}$ 为 i 所受的所有分子间力的合力。SLLOD 的分子版本最早由 Ladd 提出，但是 Edberg，Morriss 和 Evans 指出尽管体系对于分子和原子 SLLOD 运动方程的瞬时响应不同，只要应用的热浴正确，在稳态段它们的结果是一致的。

5.1.2.3 热浴

对于等温分子动力学模拟，体系需要一个外加过程来控制体系内粒子的速度使其满足统计力学意义上的某一分布。而对于 NEMD 模拟来说，体系施加的应力会有一部分转化为热，因此体系的温度会上升。为保持体系稳定的热力学状态，多余的热必须被耗散掉。虽然在 EMD 模拟中存在很多热浴，但在 NEMD 模拟中主要使用两类热浴，即 Gaussian 热浴和 Nosé-Hoover 热浴。此外，所谓的构象热浴近年来也有了很大发展，但 Gaussian 热浴和 Nosé-Hoover 热浴在模拟中都能给出稳定可靠的材料性质且具有等价的非线性响应。另一方面，原子流体的热浴和分子流体的热浴并不完全一致。

通常来说，热力学约束本质上是不完全的且不可积的，本动动能约束是一种可用于体系控温的不完全约束。对于存在外场作用并由 Gaussian 热浴控温的体系，运动方程可写为

$$\dot{\boldsymbol{r}}_i=\frac{\boldsymbol{P}_i}{m_i}+\boldsymbol{C}_i\cdot\boldsymbol{F}^{\text{ext}}(t)$$

$$\dot{\boldsymbol{P}}_i=F_i^{\phi}-\boldsymbol{D}_i\cdot\boldsymbol{F}^{\text{ext}}(t)-\alpha p_i \tag{5-65}$$

式中，$\boldsymbol{C}_i$ 和 $\boldsymbol{D}_i$ 是外场与体系耦合的矢量项变量；$\boldsymbol{F}^{\text{ext}}(t)$ 是外场张量化的力；α 是热浴因子。α 可直接由最小约束的 Gaussian 定律推出，假设 $\boldsymbol{P}_i$ 是与流场速度有关的量，本

动动量之和应该为 0。总内能可由总本动动能和原子间势能给出，则热浴因子 α 等于

$$\alpha=\frac{1}{\left(\sum_i \frac{p_i^2}{m_i}\right)}\left[\sum_i \frac{\boldsymbol{P}_i}{m_i}\cdot \boldsymbol{F}_i^{\phi}+\sum_i \frac{\boldsymbol{P}_i}{m_i}\cdot \boldsymbol{D}_i \cdot \boldsymbol{F}^{\mathrm{ext}}(t)\right] \tag{5-66}$$

在剪切速率不存在时间依赖性的情况下，运动方程可简化为

$$\dot{\boldsymbol{r}}_i=\frac{\boldsymbol{P}_i}{m_i}+\boldsymbol{r}_i\cdot\nabla \boldsymbol{v}$$

$$\dot{\boldsymbol{P}}_i=F_i^{\phi}-\boldsymbol{P}_i\cdot\nabla \boldsymbol{v}-\alpha p_i$$

$$\alpha=\frac{\sum_i \frac{\boldsymbol{p}_i}{m_i}\cdot(\boldsymbol{F}_i^{\phi}-\boldsymbol{p}_i\cdot\nabla \boldsymbol{v})}{\left(\sum_i \frac{p_i^2}{m_i}\right)} \tag{5-67}$$

总的本动动能可表示为

$$T_{\mathrm{k}}(t)\equiv\frac{1}{(\mathrm{d}N-N_{\mathrm{c}})k_{\mathrm{B}}}\sum_i \frac{\boldsymbol{p}_i^2}{m_i} \tag{5-68}$$

式中，d 为体系的维度；N 是粒子数；N_{c} 是体系内约束数；k_{B} 是 Boltzman 常数。

我们知道，Gaussian 热浴存在一个问题，即当 $t\rightarrow\infty$ 时温度可能会渐渐偏离目标值。而且，平衡态或非平衡态模拟中均存在此类问题。解决方法是在力方程中增加一个成比例的反馈项，将热浴因子修正为

$$\alpha\rightarrow\alpha+\alpha'\left[\frac{\sum_i \frac{\boldsymbol{p}_i^2}{m_i}-(\mathrm{d}N-N_{\mathrm{c}})k_{\mathrm{B}}T}{(\mathrm{d}N-N_{\mathrm{c}})k_{\mathrm{B}}T}\right] \tag{5-69}$$

式中，α 为权重项，且需要足够大才能纠正数值偏移，但又不能太大而使得运动方程变得刚性，一般取值范围在 0.1～10。式(5-69) 中括号项代表实际动能温度与目标温度间的比例偏差：如果体系温度与目标温度相同，则方程中的第二项即为 0，那么就没有修正；如果不同，则按比例进行修正。

Gaussian 热浴产生的是所谓等动力系综，平衡态中这个系综可由分布函数 $f_T(\boldsymbol{\Gamma})$ 表征，即

$$f_T(\boldsymbol{\Gamma})=\frac{\exp[-\beta\phi(\boldsymbol{\Gamma})]\delta(K(\boldsymbol{\Gamma})-K(\boldsymbol{\Gamma}_0))}{\int \mathrm{d}\boldsymbol{\Gamma}\exp[-\beta\phi(\boldsymbol{\Gamma})]\delta(K(\boldsymbol{\Gamma})-K(\boldsymbol{\Gamma}_0))} \tag{5-70}$$

式中，$\beta=1/(k_{\mathrm{B}}T)$；$\boldsymbol{\Gamma}$ 是相空间变量（$\boldsymbol{\Gamma}=(\boldsymbol{r}_1, \boldsymbol{r}_2, \cdots, \boldsymbol{r}_N; \boldsymbol{P}_1, \boldsymbol{P}_2, \cdots, \boldsymbol{P}_N)$）；$K$ 为动能。相空间点的流场运动由非零的 $\mathrm{d}f_T/\mathrm{d}t$ 表示，且与相空间压缩相关联。通常，在热力学限制下使用 Gaussian 热浴的平衡态模拟会保持正则分布。但是，Bright 等指出对于一个体系控温的方法是有限的。当约束体系内的动量和上升到某个值，如 $\sum_i |p_i|^{\mu+1}=c$，他们发现 μ 只有取一个独特的值，即 $\mu=1$，可以使相空间最小化压缩。$\mu=1$ 这个值符合传统的 Gaussian 等动力热浴，同样也只有这个值使得共轭对法则有效。

1984 年 Nosé 提出了著名的积分可逆的热浴和相应的耦合运动方程。Nosé 热浴可以保持任何体系在任何时间都维持起始的正则分布。这个方法后来被 Hoover 应用于模拟

中，即著名的 Nosé-Hoover 热浴，耦合的运动方程形式与 Gaussian 热浴的耦合方程类似，只是热浴因子不再是简单的位置和动量的函数，而是需要求解一个额外的运动方程来演化。对于存在外场的体系，Nosé-Hoover 耦合的运动方程可写为

$$\dot{\boldsymbol{r}}_i=\frac{\boldsymbol{P}_i}{m_i}+\boldsymbol{C}_i\cdot\boldsymbol{F}^{\mathrm{ext}}(t)$$

$$\dot{\boldsymbol{P}}_i=F_i^{\phi}-\boldsymbol{D}_i\cdot\boldsymbol{F}^{\mathrm{ext}}(t)-\zeta p_i$$

$$\dot{\zeta}=\frac{1}{Q}\left[\sum_i\frac{\boldsymbol{P}_i^2}{m_i}-N_{\mathrm{f}}k_{\mathrm{B}}T\right] \tag{5-71}$$

式中，ζ 是 Nosé-Hoover 热浴因子。目标温度与目标动能 K_0 有关，$T=2K_0/(N_{\mathrm{f}}k_{\mathrm{B}})$，$N_{\mathrm{f}}$ 是体系的自由度。Q 是与外热浴耦合的或与一个额外自由度有关的参数，与体系的平均动能及其振荡有关。额外的自由度 ζ 是用来将体系的粒子速度标度到所需的温度。对于 SLLOD 方程，$\boldsymbol{C}_i=\boldsymbol{r}_i$，$\boldsymbol{D}_i=\boldsymbol{p}_i$，$\boldsymbol{F}^{\mathrm{ext}}=\nabla v$。无外场的 Nosé-Hoover 方程在扩展的相空间产生平衡的正则分布

$$f_{\mathrm{c}}(\boldsymbol{\Gamma},\zeta)=\frac{\exp\left[-\beta(U+1/2Q\zeta^2)\right]}{\int\mathrm{d}\boldsymbol{\Gamma}\mathrm{d}\zeta\exp\left[-\beta(U+1/2Q\zeta^2)\right]} \tag{5-72}$$

如果体系很小或具有刚性，则 Nosé-Hoover 热浴并不能保证体系的各态历经性。为此，人们提出了很多方法对其加以改善，其中最简单且最可行的方法是由 Martyna 等提出，即 Nosé-Hoover 链式热浴（NHC）。这种热浴是将一个热浴变量替换为一系列热浴变量，同时保留了“热浴的热浴”这种控温手段，扩展的相空间在某种程度上增大了接近可能的 $\boldsymbol{\Gamma}$ 相空间的概率。这种方法被成功应用于蛋白质动力学以及第一性原理动力学（CPMD）中的研究。然而，Holian 等提出当体系远离平衡时，Nosé-Hoover 链式热浴并不能准确控制体系的温度。Branka 稍微修正了 NHC 运动方程的 M 个热浴因子，使得温度得以控制，并且相空间变量值的计算结果与传统的 Nosé-Hoover 热浴和 Gaussian 热浴的结果吻合很好，但这种方法缺乏严格的统计力学理论证明。此外，Branka 还发展了通用的 Nosé-Hoover 热浴（generalized Nosé-Hoover），与原始方程不同的是将热浴因子 ζ 替换为 ζ^{2n-1}（其中 n 为整数，相当于扩展的系统哈密顿中热浴的动能项的额外的 $1/n$ 因子）。通用的 Nosé-Hoover 热浴对小体系或刚性体系的各态历经性有所改善，并能保持体系的正则分布及维持目标温度，但是向系统 Hamilton 量中引入 $1/n$ 项来标度热浴的动能难免有些随意。

Gaussian 热浴和 Nosé-Hoover 热浴都是典型的通过标度热动量来控制体系温度的动能热浴。在 NEMD 模拟中，最常见的应用是假设速度梯度曲线是直线。在低剪切速率和低雷诺数情况下这个假设是正确的，对于高剪切速率下这个假设则不再可靠。通常，假设体系内存在固定不变的速度梯度曲线的热浴，称为轮廓有偏热浴（profile biased thermostats，PBT），这是应用最广泛的热浴处理方法。然而，对于不能假设速度梯度曲线固定不变的体系时，此类热浴则不再适用。这种情况下需要使用轮廓无偏热浴（profile unbiased thermostats，PUT），Gaussian 热浴和 Nosé-Hoover 热浴均可以实现 PBT 或 PUT。

对于 PUT，SLLOD 方程需要修改。针对原子流体

$$\dot{\boldsymbol{r}}_i=\boldsymbol{v}_i, m_i\dot{\boldsymbol{v}}_i=\boldsymbol{F}_i-\alpha m_i(\boldsymbol{v}_i-\boldsymbol{v}(\boldsymbol{r}_i,t)) \tag{5-73}$$

式中，$\boldsymbol{F}_i$ 是第 i 个粒子所受的合力，即 $\boldsymbol{F}_i=\boldsymbol{F}_i^{\phi}+\boldsymbol{F}_i^{\text{ext}}$，每一时间步流场速度都要重新计算，这可根据动量密度得到，由

$$\boldsymbol{J}(\boldsymbol{r},t)\equiv\rho(\boldsymbol{r},t)\boldsymbol{v}(\boldsymbol{r},t) \tag{5-74}$$

可得

$$\boldsymbol{v}(\boldsymbol{r},t)=\frac{\boldsymbol{J}(\boldsymbol{r},t)}{\rho(\boldsymbol{r},t)} \tag{5-75}$$

动量密度的微观定义为

$$\rho(\boldsymbol{r},t)\boldsymbol{v}(\boldsymbol{r},t)=\boldsymbol{v}(\boldsymbol{r},t)\sum_i m_i\delta(\boldsymbol{r}_i-\boldsymbol{r}) \tag{5-76}$$

式中，$\rho(\boldsymbol{r},t)$为质量密度，上述方程等价于

$$\rho(\boldsymbol{r},t)\boldsymbol{v}(\boldsymbol{r},t)=\sum_i m_i v_i\delta(\boldsymbol{r}_i-\boldsymbol{r}) \tag{5-77}$$

动量密度代入得

$$v(r,t)=\frac{\left\langle\sum_i m_i v_i\delta(r_i-r)\right\rangle}{\left\langle\sum_i m_i\delta(r_i-r)\right\rangle} \tag{5-78}$$

实际计算中不需要考虑 delta 函数，而是建立 n 个有限体积元，上述方程转化为

$$v(\boldsymbol{r}_{\text{bin}},t)=\frac{\left\langle\sum_{i\in\text{bin}}m_i\boldsymbol{v}_i\right\rangle}{\left\langle\sum_{i\in\text{bin}}m_i\right\rangle} \tag{5-79}$$

式中，$\boldsymbol{r}_{\text{bin}}$ 是处于 $\boldsymbol{r}_{\text{bin},0}$ 的粗粒化位点中心，其体积为 ΔV。无论流速度是否可以各方向振荡，均可得到一个部分有偏的热浴。一旦得到了每个有限体积元中的流场速度，那么任意位置 $\boldsymbol{r}_i$ 的速度就可由最小二乘法拟合得到。注意，这里进行最小二乘拟合需要指定流场速度的拟合函数形式。例如，在高雷诺数的平面剪切流情况下，S 形速度梯度曲线可由 n 阶奇次多项式拟合。拟合结果可直接与上述方程的计算结果对比。

在实验室坐标系中 SLLOD 方程的一般形式为

$$\begin{gathered}\dot{\boldsymbol{r}}_i=\boldsymbol{v}_i\\ m_i\dot{\boldsymbol{v}}_i=\boldsymbol{F}_i^{\phi}+m_ir_i\cdot\nabla v\delta(t)+m_ir_i\cdot\nabla v(\boldsymbol{r},t)\cdot\nabla v(\boldsymbol{r},t)\Theta(t)-\\ \alpha m_i(\boldsymbol{v}_i-\boldsymbol{v}(\boldsymbol{r}_i,t))\end{gathered} \tag{5-80}$$

对于平面剪切流，上式中 $m_ir_i\cdot\nabla v(\boldsymbol{r},t)\cdot\nabla v(\boldsymbol{r},t)$为零，所以方程简化为

$$\begin{gathered}\dot{\boldsymbol{r}}_i=\boldsymbol{v}_i\\ m_i\dot{\boldsymbol{v}}_i=\boldsymbol{F}_i^{\phi}+m_ir_i\cdot\nabla v\delta(t)-\alpha m_i(\boldsymbol{v}_i-\boldsymbol{v}(\boldsymbol{r}_i,t))\end{gathered} \tag{5-81}$$

在雷诺数较低情况下，PBT 是可行的，方程可表示为

$$\begin{gathered}\dot{\boldsymbol{r}}_i=\boldsymbol{v}_i\\ m_i\dot{\boldsymbol{v}}_i=\boldsymbol{F}_i^{\phi}-\alpha m_i(\boldsymbol{v}_i-\boldsymbol{i}\dot{\boldsymbol{\gamma}}\boldsymbol{y}_i)\end{gathered} \tag{5-82}$$

均分定理（equipartition theorem）保证了所有自由度的温度在平衡态时相等。但对于远离平衡态的体系则不适用，尤其对于简单原子流体。举例来说，对剪切流中的简单原

子流体，由本动动量的 x、y、z 各分量部分的计算温度在高剪切速率下会存在较大差异。热力学均分定理对于强流场下的原子流体不适用。对于远偏离平衡态体系，热力学对于温度的解释也存在问题。因为基于均分定理，理想气体状态方程和动力学理论的动能温度定义为

$$\langle K \rangle = \left\langle \sum_i \frac{1}{2} m_i c_i^2 \right\rangle = \frac{N_f k_B T}{2} \tag{5-83}$$

式中，N_f 为体系内对本动动能有贡献的独立自由度的数目。对于所有动量均独立的体系，$N_f=3N$；对于没有约束的分子动力学模拟，$N_f=3N-3$。如果使用 Gaussian 热浴控温，$N_f=3N-4$。另外一种测量温度的方法，是计算分子质心自由度的动能温度，这种情况下是通过调整每个分子质心的本动动能来控温的。

所有的动能温度的计算均假设相应的本动速度已经被正确计算了，但从原子 SLLOD 方程或分子 SLLOD 方程得到的本动速度存在差异。Travis 等研究过此类问题并证明两种方法得到的本动速度差异很大。对于分子流体的温度，很容易检测出热浴给出的分子质心的动能温度是通过分子 SLLOD 方程或是原子 SLLOD 方程计算得到。对于原子 SLLOD 方程，分子质心的本动动量由分子内各点的加和给出。

$$m_i \boldsymbol{c}_i = \sum_\alpha m_{i\alpha} \dot{\boldsymbol{r}}_{i\alpha} - \sum_\alpha m_{i\alpha} \dot{\boldsymbol{r}}_{i\alpha} \cdot \nabla v = m_i \dot{\boldsymbol{r}}_i - m_i \dot{\boldsymbol{r}}_i \cdot \nabla v \tag{5-84}$$

类似的，对于分子 SLLOD 方程

$$m_i \boldsymbol{c}_i = \sum_\alpha m_{i\alpha} \dot{\boldsymbol{r}}_{i\alpha} - \sum_\alpha m_{i\alpha} \boldsymbol{r}_i \cdot \nabla v = m_i \dot{\boldsymbol{r}}_i - m_i \boldsymbol{r}_i \cdot \nabla v \tag{5-85}$$

因此，使用分子热浴控温的原子 SLLOD 方程（ASMT）等价于使用分子热浴的分子 SLLOD 方程（MSMT），但使用原子热浴控温的原子 SLLOD 方程在模拟中会出现人为偏差。

对于远偏离平衡态的体系，能够保持温度的热浴需要准确计算出任意分子上的原子的流速度。正确处理其差别，可以消除取向有序参数升高和稳态剪切中分子压强张量存在非零的反对称部分等人为误差。Travis 等指出，对于使用均一热浴的分子流体模拟有两个问题需要声明，第一是瞬时速度梯度场的正确形式，如在高剪切速率条件下稳定均一的速度梯度曲线存在问题，这种条件下流速度需要重新计算，之后热浴才能正常控温。第二个问题是分子内原子的非零平均角速度与分子平动速度部分叠加会产生转动，而在热浴存在时这部分速度会被计入流速度。Travis 等对此的解决方法如下，首先假定分子 i 的位点 α 的流速度可以写作

$$\boldsymbol{u}(\boldsymbol{r}_{i\alpha}) = \boldsymbol{u}_T(\boldsymbol{r}_{i\alpha}) + \boldsymbol{u}_R(\theta_i, \phi_i) = \boldsymbol{u}_T(\boldsymbol{r}_{i\alpha}) + \boldsymbol{\omega}(\theta_i, \phi_i) \times \boldsymbol{R}_{i\alpha} \tag{5-86}$$

式中，$\boldsymbol{u}_T(\boldsymbol{r}_i)$ 代表分子 i 质心的平动流速度；$\boldsymbol{u}_R(\theta_i, \phi_i)$ 代表解出的平均转动流速度，这里假定和位置无关。在此模拟中，平均流速度需要随分子的取向进行相应调整，以消除人为的取向有序参数升高，$\boldsymbol{u}_T(\boldsymbol{r}_i)$ 的偏差角速度的平均流速度部分定义如下

$$\boldsymbol{S} = \boldsymbol{\Theta} \cdot \boldsymbol{\omega} \tag{5-87}$$

式中，S 是体系总自旋角动量；Θ 是体系内所有分子的总惯性张量矩。需要指出，体系内所有分子的数均角速度矢量不同于上述方程解出的平均角速度，也不能视为 ω 的宏观解释。Travis 等指出静态下数均角速度是流角速度的三分之二。考虑流角速度的取向

依赖性，角速度可以视为球形谐振扩展，其每模拟时间步的系数由最小二乘法决定。原子流速度的值由下列运动积分方程决定

$$\dot{\boldsymbol{r}}_{i\alpha}=\frac{\boldsymbol{P}_{i\alpha}}{m_{i\alpha}}+\boldsymbol{r}_i\cdot\nabla v$$

$$\dot{\boldsymbol{P}}_{i\alpha}=F_{i\alpha}-\left(\frac{m_{i\alpha}}{m_i}\right)\boldsymbol{P}_i\cdot\nabla v-\alpha^{(\mathrm{T})}\left[\boldsymbol{v}_i-\boldsymbol{v}(\boldsymbol{r}_i,t)\right]-\alpha^{(\mathrm{R})}\left[\boldsymbol{\omega}_i-\boldsymbol{\omega}(\theta_i,\phi_i)\right]$$

$$\dot{\alpha}^{(\mathrm{T})}=\xi\left[\boldsymbol{T}(t)-T\right]$$

$$\dot{\alpha}^{(\mathrm{R})}=\xi\left[\boldsymbol{T}(t)-T\right] \tag{5-88}$$

最简单的转动无偏原子热浴（rotationally unbiased atomic thermostat，RUAT）仍假定平动流速度是严格线性的，但考虑了分子流速度的因素，即使这样的热浴在模拟中仍然可以极大程度地减小分子压强张量的反对称部分，同时也意味着可以消除由热浴带来的分子扭矩。

当我们考虑热浴时，分子 SLLOD 方程则较原子 SLLOD 方程复杂，上述方程的第一个方程定义了分子 i 的位点 α 的本动动量，而本动动量被用来计算压力、温度及其他量。分子压强张量和温度的计算结果是正确的。但是如上述方程所示，由于分子旋转和拉伸，局域的原子动量密度和分子动量密度不同。换句话说，通过 $\boldsymbol{v}(\boldsymbol{r}_{i\alpha})=\boldsymbol{r}_{i\alpha}\cdot\nabla v$ 将速度应用于分子的每个原子并不能够在分子流体体系中形成线性流线，而且分子在流场下会发生旋转和拉伸。而将流速度应用于分子质心则不存在这个问题。分子 SLLOD 方程为我们提供了分子的质量本动动量中心的解释。但分子热浴仍然存在一些问题，如对于较小的长链高分子体系，在高剪切速率条件下会出现严重的能量分区不平衡现象。这种情况下构象热浴的表现更好。

从最简单的 Gaussian 热浴出发，原子 SLLOD 方程将热浴处理为内部力，这样做的好处是它对体系质心的加速度没有贡献。然而，这与原子间的约束力如键长或键角项不同，这些需要包含在原子压强张量中。所以，对热浴施加一个额外的力，宏观表示为

$$\frac{\partial(\rho v)}{\partial t}=-\nabla\cdot p-\nabla\cdot(\rho \boldsymbol{v}\boldsymbol{v})+\rho\boldsymbol{F}^{\mathrm{ext}}+\rho\boldsymbol{T} \tag{5-89}$$

式中，$\rho T=\rho(\boldsymbol{r},t)T(\boldsymbol{r},t)$，为运动方程热浴项的局域力密度。

其傅里叶变换的形式为

$$\frac{\partial(\widetilde{\rho v})}{\partial t}=\frac{\partial}{\partial t}\sum_i m_i v_i \mathrm{e}^{ik\cdot r_i}=\sum_i m_i\dot{v}_i\mathrm{e}^{ik\cdot r_i}+ik\cdot\sum_i m_i v_i v_i\mathrm{e}^{ik\cdot r_i}$$

$$=i\boldsymbol{k}\cdot\widetilde{\boldsymbol{P}}(\boldsymbol{k},t)+i\boldsymbol{k}\cdot\left[\widetilde{\boldsymbol{\rho v v}}(\boldsymbol{k},t)\right]+\widetilde{\boldsymbol{\rho F}^{\mathrm{ext}}}(\boldsymbol{k},t)-\alpha\sum_i m_i c_i\mathrm{e}^{ik\cdot r_i}$$

$$\rho(\boldsymbol{r},t)T(\boldsymbol{r},t)=-\alpha\sum_i m_i c_i\delta(\boldsymbol{r}-\boldsymbol{r}_i) \tag{5-90}$$

这个量对整个体积积分等于零，因为本动速度是由本动动量之和等于零定义的。如果本动速度计算正确，在周期性体系中，由热浴引入的力的傅里叶变换展开式的第零项的系数为零。

热浴对内能的影响体现在内能平衡方程中增加一项

$$\frac{\partial(\rho u)}{\partial t}=-\nabla\cdot J_{\mathrm{q}}-\nabla\cdot(\rho u\boldsymbol{v})+\boldsymbol{P}^{\mathrm{T}}:\nabla v+R \tag{5-91}$$

式中，R 代表由运动方程中的均相热浴带来的内能增加速率密度，将傅里叶变换式代入运动方程，可得 R 的傅里叶变换形式为

$$\widetilde{R}=-\alpha \sum_{i} m_{i} c_{i}^{2} \mathrm{e}^{i k \cdot r_{i}} \tag{5-92}$$

对于周期性体系，傅里叶展开式的第零项的系数给出了原始盒子内由热浴造成的总内能变化速率，对于空间均相体系，可由下式保持内能恒定

$$\frac{\mathrm{d} U}{\mathrm{d} t}=\int \frac{\partial(\rho u)}{\partial t} \mathrm{d} \boldsymbol{r}=-V \boldsymbol{P}^{\mathrm{T}}: \nabla v+V R=0 \tag{5-93}$$

代入上式，可得

$$\alpha=-\frac{V \boldsymbol{P}^{\mathrm{T}}: \nabla v}{\sum_{i} m_{i} \boldsymbol{c}_{i}^{2}} \tag{5-94}$$

5.1.2.4 常见的 NEMD 软件

目前常见的 MD 软件都能进行 NEMD 模拟，但其侧重点不同。由荷兰格罗宁根大学 Berendsen 教授组开发的格罗宁根化学模拟器[18]（GROningen MAchine for Chemical Simulations，GROMACS）是目前在单机及小规模集群上运行速度最快的 MD 软件，它同时也可以进行 MM、BD 和 SD 模拟。起初 GROMACS 被主要用于生物体系如蛋白质、磷脂和核酸的模拟，后来逐渐扩展到整个生命科学和材料科学领域，GROMACS 在 NEMD 模拟中主要被应用于单个蛋白质或核酸分子在外场中的动力学研究。

简要介绍一下 GROMACS 的编译过程，这里以 GROMACS 4.0.7 版本为例。GROMACS 4 以上版本仅可在 Linux 操作系统或虚拟的 Linux 操作系统中编译，编译同时需要傅里叶变换库（用于静电力计算，一般选择开源的 fftw）和 MPI。这里以 fftw 3.1.2 和 LAM MPI 为例，编译时可以选择单精度或双精度，一般模拟中使用单精度模拟已足可以满足需要。

编译 MPI

```
./configure--prefix=/path
./make
./make install
```

编译 fftw

```
./configure--enable-mpi--prefix=/PATH
./make
./make install
```

编译 GROMACS

```
export CPPFLAGS=-I/PATH/fftw/include
export LDFLAGS=-L/PATH/fftw/lib
./configure --prefix=/PATH--enable-mpi--with-fft=fftw3
```

最后在.bashrc 文件加入 GROMACS 所在路径即可。具体问题可以参考 http://www.gromacs.org/。

大尺度原子/分子大规模并行模拟器（Large-scale Atomic/Molecular Massively Parallel Simulator，LAMMPS）最初由美国 Sandia 国家实验室的 Steve Plimpton 开发，后来被全世界多个国家和地区的科研人员所扩展，使其成为可以进行多种模拟的多功能软件。在材料科学领域有着广泛应用。由于考虑平台的扩展性和兼容性，LAMMPS 的计算效率不是很高，但其在并行计算效率方面优化很好。LAMMPS 在 NEMD 模拟方面应用非常广泛。

LAMMPS 的编译较 GROMACS 略复杂，首先我们需要根据操作系统和计算机硬件条件选择所需要的 make 文件，然后修改相应的 make 文件以满足个人需要。这里以 LAMMPS 2011 版本为例来介绍它的编译，编译 LAMMPS 同样需要傅里叶变换库和 MPI，这里选择 fftw 2.1.5 和 openmpi 1.6.3。

编译 openmpi

```
./configure--prefix=/path
./make
./make install
```

编译 fftw

```
./configure--enable-mpi--prefix=/PATH
./make
./make install
```

编译 LAMMPS（之前需要修改相应 make 文件中的 fftw 部分）

选择所需要的安装包，对于一般的 MD 模拟，安装以下包即可以满足要求

```
make yes-kspace
make yes-manybody
make yes-molecule
make openmpi
```

编译完成后，与 GROMACS 不同，LAMMPS 得到的是一个单独的可执行文件，将这个文件的所在路径加入到操作系统的环境变量中，即可运行。LAMMPS 的更新频率较快，具体问题可以参考 http://lammps.sandia.gov/。

5.2 高分子动力学理论

5.2.1 Rouse 模型

Rouse 最早给出了源于单链弛豫模式的经典高分子动力学图像，此图像基于以下基本假设[19]：

(1) 理想链：链段 n 所受的力来自于邻接链段的局域熵弹力。在连续相模型中，这等价于链上每个链段所受的热力学力，即：$-\frac{\partial}{\partial n}\left(\kappa \frac{\partial R}{\partial n}\right)=-\kappa \frac{\partial^2 R}{\partial n^2}$，其中 R 为链段矢量；κ 为熵弹系数且 $\kappa=\frac{3k_B T}{b^2}$；$k_B$ 为 Boltzmann 常数；T 为热力学温度；b 为高分子链段长度。

(2) 局部摩擦力：在不考虑取向致流（backflow）的长程流体动力学效应的情况下，链段上的拖曳力来自于背景的摩擦力，力的大小为 $\zeta \partial R/\partial t$，其中 ζ 是每个链段的摩擦系数。

(3) 布朗运动：每个链段上都存在一个随机力 $\boldsymbol{f}(n,t)$，且其相关时间短于高分子链上任何局域松弛的特征时间。

实际上，这些假设的物理真实性取决于研究体系的屏蔽效应[20]。我们知道，在浓溶液中，屏蔽效应在长程上是有效的，而在小于热团（thermal blob）的距离内却是无效的[21]。因此，在浓溶液或熔体中，分子的运动通常被认为符合 Rouse 模型描述。Rouse 模型[5] 是第一个成功描述高分子动力学的模型。在 Rouse 模型中，高分子链被描述为由均方根末端距为 b 的弹簧所相连的 N 个珠子，珠子之间不存在排除体积效应且仅通过相连接的弹簧发生相互作用，每个珠子的摩擦系数 ζ 相同，所受的摩擦力是相互独立的，且不计珠子间的流体力学相互作用。对于一个相距为 N 个步进长度（step length）的链段，其两个端点珠子为 $\boldsymbol{R}_1$ 和 $\boldsymbol{R}_2$，假定某一瞬间摩擦力仅限于此两点，则其合力方程可写为

$$\zeta \frac{\partial \boldsymbol{R}_1}{\partial t}=\kappa(\boldsymbol{R}_2-\boldsymbol{R}_1)+\boldsymbol{f}_1$$

$$\zeta \frac{\partial \boldsymbol{R}_2}{\partial t}=\kappa(\boldsymbol{R}_1-\boldsymbol{R}_2)+\boldsymbol{f}_2 \tag{5-95}$$

式中，κ 的定义同上且 $\kappa=\frac{3k_B T}{b^2}$，$\zeta$ 为珠子的摩擦系数。这里随机力的时间相关函数的时间尺度正好是高分子链松弛时间尺度的 delta 函数，也即

$$\langle \boldsymbol{f}_1(t)\boldsymbol{f}_1(t')\rangle_t=\eta_1 \boldsymbol{I}\delta(t-t') \tag{5-96}$$

式中，噪声项 η_1 为常数。

由式(5-95) 可得到分子链的质心运动和摩擦点间距的空间分布演化方程，其中质心和摩擦点间距通过对下列公式进行对角化求得。

$$\boldsymbol{R}_{cm}=\frac{1}{2}(\boldsymbol{R}_1+\boldsymbol{R}_2)$$

$$\boldsymbol{r}=\boldsymbol{R}_1-\boldsymbol{R}_2 \tag{5-97}$$

它们的运动方程可写为：

$$\zeta_{cm}\frac{\partial \boldsymbol{R}_{cm}(t)}{\partial t}=\boldsymbol{f}_{cm}(t)$$

$$\zeta \frac{\partial r(t)}{\partial t}=-2\kappa r(t)+\boldsymbol{f}_r(t) \tag{5-98}$$

同样，新的随机力及相关摩擦系数的定义式变为

$$\boldsymbol{f}_{cm}(t)=\boldsymbol{f}_1(t)+\boldsymbol{f}_2(t)$$

$$\boldsymbol{f}_r(t)=\boldsymbol{f}_1(t)-\boldsymbol{f}_2(t)$$

$$\zeta_{cm}=2\zeta \tag{5-99}$$

在随机力作用下珠子会产生随机位移，显然上述公式（5-99）中第一项的最终质心坐标是这一系列随机变量之和，且这一系列位移满足高斯分布，因此均方位移可由运动方程的直接积分获得，也即：

$$\begin{aligned}\langle R_{cm}^2(t)\rangle &=\frac{1}{\zeta_{cm}^2}\int_0^t dt'\int_0^t dt''\langle \boldsymbol{f}_{cm}(t')\boldsymbol{f}_{cm}(t'')\rangle \\ &=\frac{1}{\zeta_{cm}^2}\int_0^t \eta_{cm}Tr(\boldsymbol{I})\,dt'=6D_{cm}t\end{aligned} \tag{5-100}$$

式中，$D_{cm}=\eta_{cm}/(2\zeta_{cm}^2)$，由一维爱因斯坦方程 $D=kT/\zeta$ 可得到质心运动中噪声项为$\eta_{cm}=2kT\zeta_{cm}$。

此外，式（5-97）中的第二项是链两端的实际距离，可用一个过阻尼的 Hookean 弹簧加上一个随机力进行描述，由 Green 函数计算得出

$$\begin{aligned}\boldsymbol{r}(t)&=\boldsymbol{r}(0)\exp(-t/\tau)+\int_0^t G(t,t')\boldsymbol{f}_r(t')\,dt' \\ &=\boldsymbol{r}(0)\exp(-t/\tau)+\frac{1}{\zeta}\int_0^t \exp[-(t-t')/\tau]\boldsymbol{f}_r(t')\,dt'\end{aligned} \tag{5-101}$$

式中，$\tau=\zeta/(2\kappa)$。$r(t)$ 二次矩的计算需要进行二重积分。

$$\begin{aligned}\langle \boldsymbol{r}(t)^2\rangle &=r^2(0)\exp(-2t/\tau)+\frac{1}{\zeta^2}\int_0^t\int_0^t dt'dt''\exp[-(2t-t'-t'')/\tau]\langle \boldsymbol{f}_r(t')\boldsymbol{f}_r(t'')\rangle \\ &=r^2(0)\exp(-2t/\tau)+\frac{1}{\zeta^2}\int_0^t \exp[-2(t-t')/\tau]\eta_r Tr(\boldsymbol{I})\,dt' \\ &=r^2(0)\exp(-2t/\tau)+\frac{3\eta_r}{4\zeta\kappa}[1-\exp(-2t/\tau)]\end{aligned} \tag{5-102}$$

由上述方程可知，对于起始分开的摩擦点，在经历特征时间 $\tau=\zeta Nb^2/(6k_BT)$ 后会被“遗忘”。当时间趋于无穷大时，它们将恢复链端距离的平均值，由均分定理可得：

$$\frac{\kappa}{2}\langle r(\infty)^2\rangle=\frac{\kappa}{2}\times\frac{3\eta_r}{4\zeta\kappa}=\frac{3k_BT}{2} \tag{5-103}$$

故摩擦点运动中的噪声振荡项为 $\eta_r=4k_BT\zeta$。

在 Rouse 模型中，总的摩擦力 ζ 是每个珠子的摩擦力之和，这里设每个珠子的有效摩擦系数为 ζ_0，则熵弹力、摩擦力和随机力的合力构成了 Rouse 方程，其表达式为：

$$\zeta_0\frac{\partial \boldsymbol{R}}{\partial t}=\frac{3k_BT}{b^2}\frac{\partial^2\boldsymbol{R}}{\partial n^2}+\boldsymbol{f}(n,t) \tag{5-104}$$

其中，随机力与每个次级链段上的摩擦力有关，可由爱因斯坦方程决定

$$\langle \boldsymbol{f}(n,t)\boldsymbol{f}(m,t')\rangle=2\zeta_0k_BT\boldsymbol{I}\delta(n-m)\delta(t-t') \tag{5-105}$$

为了求解方程（5-104），需引入简正坐标进行解耦合处理［即对方程（5-104）进行下列 Fourier 余弦变换］。

$$\begin{aligned}\boldsymbol{R}(n,t)&=\boldsymbol{X}_0(t)+2\sum_{p=1}^{\infty}\boldsymbol{X}_p(t)\cos\left(\frac{p\pi n}{N}\right) \\ X_p(t)&=\frac{1}{N}\int_0^N\boldsymbol{R}(n,t)\cos\left(\frac{p\pi n}{N}\right)dn\end{aligned} \tag{5-106}$$

其中 p 被称为简正模式，即：Rouse 模式（Rouse modes）。$\boldsymbol{X}_p(t)$是与时间有关的振幅，是链路径 $R(n,t)$ 的 Fourier 变换形式，与弧长坐标 n 有关；也是所有链段真实坐标的线性组合函数，即代表了 p 模式在倒空间中的坐标。由于链端没有摩擦力或熵拉伸力源，不发生弹性拉伸，因此可以使用有效边界条件$\partial R/\partial n=0$ 在 $n=$（0，N）处选择余弦模式，将 $\boldsymbol{R}(n,t)$用 Rouse 模式展开代入。Rouse 运动方程的形式发生变化，算符$\partial^2/\partial n^2$变为$(p\pi/N)^2$。使用积分算符 $\frac{2}{N}\int_0^N \mathrm{d}m\cos\left(\frac{p\pi m}{N}\right)$，得到

$$\frac{2}{N}\int_0^N \cos\left(\frac{p\pi m}{N}\right)\cos\left(\frac{p'\pi m}{N}\right)\mathrm{d}m=\delta_{pp'}(1+\delta_{p0}) \tag{5-107}$$

这样，每个振幅模式都可以用去耦的朗之万运动方程描述：

$$\zeta_p\frac{\partial \boldsymbol{X}_p}{\partial t}=-k_p\boldsymbol{X}_p+\boldsymbol{f}_p(t) \tag{5-108}$$

式中，$k_p=\dfrac{6k_BTp^2\pi^2}{Nb^2}$，$\zeta_p=2N\zeta_0$。式(5-108) 是一阶常微分方程，可以严格解析求解。

而去耦合的质心模式（$p=0$）满足

$$\zeta_{cm}\frac{\partial X_0}{\partial t}=\boldsymbol{f}_0(t)$$

$$\zeta_{cm}=\boldsymbol{N}\zeta_0 \tag{5-109}$$

在简单扩散运动中，每个内部模式的行为与哑铃（dumbbell）分子的内部模式行为一致。噪声项可由空间噪声项 $\boldsymbol{f}(n,t)$ 的傅里叶变换或观察其强度必须足以保持每个模式具有 $\boldsymbol{k}_BT/2$ 的能量均分来确定，其结果为

$$\langle \boldsymbol{f}_p\boldsymbol{f}_q\rangle=2\zeta_pk_BTI\delta_{pq}\delta(t-t') \tag{5-110}$$

我们知道，在关于 Rouse 模式的 Rouse 运动方程中，其核心是模式振幅或其简正坐标的时间自相关函数，即

$$\langle \boldsymbol{X}_p(t)\boldsymbol{X}_q(t')\rangle=\boldsymbol{I}\frac{k_BT}{k_p}\delta_{pq}\exp(-|t-t'|/\tau_p) \tag{5-111}$$

这里，每个模式都有自己的松弛时间，即 p 模式的松弛时间$\tau_p=\zeta/k_p$，τ_p 随 p 的增加快速下降，其中最长的松弛时间为 $p=1$ 时

$$\tau_1=\frac{\zeta N^2b^2}{3\pi^2k_BT} \tag{5-112}$$

注意，τ_1 即通常所称的 Rouse 时间，也写作 τ_R。它是分子链发生整链松弛所需要的时间，也是正则模式振幅中只有一个节点 $\cos\left(\frac{\pi}{N}\right)$的松弛时间。同时，它还是高斯 Rouse 链扩散出自身的均方旋转半径所需的时间。该时间也为高分子链在发生形变后，恢复到平衡尺寸所需要的时间。

实验上人们使用如中子自旋回声光谱（Neutron Spin Echo spectroscopy，NSE）和场梯度核磁共振谱（Field Gradient NMR，FGNMR）等光谱方法对未缠结高分子动力学进行了广泛的研究。而 Rouse 模型可以描述未缠结的高分子体系，那么它对短时的未缠结高分子链的局部动力学行为自然也可以描述。为此，我们首先需要计算自相关函数

$\phi_n(t)$，也即均方位移

$$\phi_n(t)=\langle[\boldsymbol{R}(n,t)-\boldsymbol{R}(n,0)]^2\rangle \tag{5-113}$$

第一步是将其用 Rouse 模式展开

$$\begin{aligned}\langle[\boldsymbol{R}(n,t)-\boldsymbol{R}(n,0)]^2\rangle &= \left\langle\left(\boldsymbol{X}_0(t)+2\sum\nolimits_{p=1}^{\infty}\boldsymbol{X}_p(t)\cos\left(\frac{p\pi m}{N}\right)-\boldsymbol{X}_0(0)-2\sum\nolimits_{p=1}^{\infty}\right.\right.\\ &\left.\left.\boldsymbol{X}_p(0)\cos\left(\frac{p\pi m}{N}\right)\right)^2\right\rangle \\ &=\langle(\boldsymbol{X}_0(t)-\boldsymbol{X}_0(0))^2\rangle+\left\langle 4\sum\nolimits_{pq}(\boldsymbol{X}_p(t)\boldsymbol{X}_q(t)+\boldsymbol{X}_p(0)\right.\\ &\left.\boldsymbol{X}_q(0)-2\boldsymbol{X}_p(t)\boldsymbol{X}_q(0))\cos\left(\frac{p\pi n}{N}\right)\cos\left(\frac{q\pi n}{N}\right)\right\rangle\end{aligned} \tag{5-114}$$

我们很容易看出式(5-114) 中第二个方程的第一项是高分子链质心的均方位移，由于所有的相关函数只有 $p=q$ 时才是非零的，所以均方位移 $\Phi_n(t)$ 的表达式可简化为

$$\phi_n(t)=6D_{\rm cm}t+\frac{4k_{\rm B}T}{k_1}\sum_{p=1}^{\infty}\frac{1}{p^2}\cos^2\left(\frac{p\pi n}{N}\right)[1-\exp(-p^2t/\tau_{\rm R})] \tag{5-115}$$

上式中第一项是整链质心的扩散（扩散系数 $D_{\rm cm}=k_{\rm B}T/\zeta_{\rm cm}$），第二项是内模式的贡献。在时间 t 远远小于 Rouse 时间时，各模式振幅随 p 的衰减很慢，所以可以使用积分来代替求和，同时我们也将余弦平方函数平均到每个单体上，那么方程（5-115）可近似为

$$\begin{aligned}\phi_n(t)&=6D_{\rm cm}t+\frac{2k_{\rm B}T}{k_1}\sum_{p=1}^{\infty}\frac{1}{p^2}\left[1-\exp\left(-\frac{p^2t}{\tau_{\rm R}}\right)\right]{\rm d}p\\ &=6D_{\rm cm}t+\frac{Nb^2}{3\pi^2}\left(\frac{t}{\tau_{\rm R}}\right)^{0.5}\alpha\end{aligned} \tag{5-116}$$

式中，$\alpha=0.5\int_0^{\infty}z^{-1.5}[1-\exp(-z)]{\rm d}z\approx 1.77$。上述结果表明，每个单体的扩散是次级 Fick 扩散，所以它的均方位移的标度为 0.5 而不是通常扩散中的 1.0。这种行为一直持续到时间 t 超过 Rouse 时间，在 Rouse 时间之后单体扩散与链质心的扩散行为变为一致。

我们也注意到，在某些方面 Rouse 模式的结构具有误导性。比如：尽管对线性响应我们进行了一个完美的正确的动力学对角化，但沿链方向上的长程相关仍然存在，而次级 Fick 扩散缺乏这种相关。由链间的连接性可知，对于扩散距离 ΔR_n，第 n 个单体只需将它的运动与距离为 ΔR_n 的$(\Delta R_n)^2/b^2$ 个其他单体相关联。所有其他的单体的运动与它无关，所以不能归因于摩擦力。因此从正常扩散和爱因斯坦关系，我们可以得到在时间 t 小于 Rouse 时间时的均方位移。

$$\phi_n(t)=\langle(\Delta R_n)^2\rangle\cong D_{\rm eff}t\cong\frac{k_{\rm B}Tb^2}{\zeta_0\langle\Delta R_n^2\rangle}$$

$$\phi_n(t)\cong\left(\frac{k_{\rm B}Tb^2}{\zeta_0}\right)^{0.5}t \tag{5-117}$$

在链扩散出其均方旋转半径的距离之后需要加上额外的摩擦效应，即在 Rouse 时间之后，所有的摩擦力来自于整链，所有的单体运动与正常扩散相关。

在 Rouse 模式的计算公式中，当距离超过运动产生的相关摩擦值时，模式波长与距离相关，此时对每个模式的去关联是在实空间中进行的。

在 Rouse 模型中，应力的计算公式如下

$$\sigma_{ij}=\frac{3k_{\mathrm{B}}}{b^2}C\left\langle\frac{\partial R_i}{\partial n}\frac{\partial R_j}{\partial n}\right\rangle \tag{5-118}$$

代入 Rouse 模式，上述方程可表示为

$$\sigma_{ij}=\frac{C}{N}\langle k_p X_{pi}(t)X_{pj}(t)\rangle \tag{5-119}$$

其中对于 X_{pi}，p 表示模式的索引，i 表示笛卡尔坐标索引。为得到松弛模量，我们考虑对其进行一步应变测量。在施加应变后，所有的 X_p 矢量模式振幅都发生了仿射形变。这意味着在无限快的剪切场中，链坐标跟随着本体形变。因此，在应变施加后，振幅或简正坐标 $X_{px}(0^+)=X_{px}(0^-)+\gamma X_{py}(0^-)$。剪切应力成分变为

$$\sigma_{xy}(0^+)=\gamma\frac{C}{N}\sum_p\left\langle k_p X_{py}(0^+)X_{py}(0^+)\right\rangle=\gamma\frac{C}{N}\sum_p kT \tag{5-120}$$

然后，每个模式衰减回平衡时的各向异性。对总的松弛模量，其各自的时间常数贡献为

$$G(t)=\frac{Ck_{\mathrm{B}}T}{N}\sum_p\exp(-2p^2t/\tau_{\mathrm{R}}) \tag{5-121}$$

对于时间 t 远远小于 Rouse 时间时，这些模式是连续的，其和可以用积分来描述

$$\int \mathrm{d}p\ \exp(-2p^2t/\tau_1)\approx\left(\frac{t}{\tau_1}\right)^{-0.5} \tag{5-122}$$

我们可以发现，当时间超过 Rouse 时间时，指数松弛模式发生转折，Rouse 模型预测松弛模量与时间成-0.5次方的标度。使用类似的方法我们也可以理解单体扩散的标度，此类行为可以类比于软物质弹性模量的数量级通常与 $k_{\mathrm{B}}T$ 有关。这种情况下，在时间 t 后，我们分配 $k_{\mathrm{B}}T$ 给每个未松弛的次级链段，这样的链包含 $n(t)$ 个单体，其中 $n(t)$-$(\Delta\boldsymbol{R}(t))^2/b^2$-$t^{0.5}$。这样的次级链段的数目随 t 的 0.5 次方标度衰减，使得松弛模量也随着 t 的 0.5 次方标度衰减，直到达到 Rouse 时间次级 Fick 区域停止。这种情况下不会剩下更大的未去关联的次级链段，所以在最后的指数松弛存在转折。需要指出的是最长的松弛时间与分子量 N 成平方关系增长，但是黏度的标度为 $Ck_{\mathrm{B}}TN$。这是因为在达到最长的松弛时间时，应力只由最低的 Rouse 模式决定，这些模式的密度对于每根链只是 1 或 C/N。总之，在小于单体的松弛时间的时间尺度上进行测定时，高分子基本不运动，表现弹性响应；在大于 Rouse 时间的时间尺度上进行测定时，高分子以扩散方式运动，表现为简单的液体响应；在中等时间尺度即单体的松弛时间和 Rouse 时间之间进行测定时，高分子表现出黏弹性。

5.2.2 Reptation 模型

Green 和 Tobolsky 提出的模型捕捉到了高分子链缠结空间的概念，但是没有给出链松弛与分子量 $\lambda_1 \sim M^{3.4}$ 关系的具体解释。1971 年 de Gennes 简化了高分子单链在交联橡胶网络中的运动问题。由于橡胶网络之间存在化学交联，高分子链不能横越过橡胶分子链进行运动，因此其侧向运动受到了抑制，de Gennes 称这种运动为蠕动。周围分子网络对高分子链形成的约束类似于一个管道，高分子链从一个管道滑入滑出，其构象发生一次完全松弛；而当高分子链扩散出管道时，管道即被“忘却”，且当分子反向运动时其所受的约束与之前的正向运动不再相同。随着高分子链不断运动，它不断“忘记”原始管道而从链端产生新构象。由于这是一个扩散过程，高分子链从原始管道扩散出来的时间与管道轮廓长度（即管道两端的距离）的平方除以蛇行运动所得的商成正比，而管道轮廓长度的平方与分子量的平方成正比，蛇行运动中链所受的摩擦力与分子量成正比，即蛇行运动的速率与分子量成反比。因此，蠕动时间（reptation time，即分子链扩散出管道的时间）即与分子量的三次方成正比。这也是取向构象松弛所需要的最长松弛时间 λ_1。

实验熔体中最长松弛时间 λ_1 与分子链分子量的 3.4 次方成正比。尽管这一结果与理论标度值有所偏差，但其他的实验如单分子链在橡胶网络中的扩散实验等的数据与 de Gennes 的预测结果很相近。因此，单分子链在高分子网络中的蠕动运动机理也逐渐被人们所接受。在熔体中分子链被周围分子所形成的“管道”约束，使其不易向侧面发生运动。管道直径 a 与缠结分子量 M_e 有关，也就是说，一部分分子量为 M_e 的高分子进一步随机行走的距离即为 a。随机行走的路径称为原始路径（primitive path），原始路径的轮廓长度定义为 aM/M_e，比链的轮廓长度要短很多，而管道直径 a 足够容纳沿原始路径弯折的链长。

de Gennes 指出，原始管道分数（即链尚未扩散出的管道长度/总管道长度）与时间的关系为：

$$P(t)=\sum_{\mathrm{i\ odd}}\frac{8}{\pi^2 i^2}\exp\left[\frac{-i^2 t}{\lambda^2}\right] \tag{5-123}$$

松弛模量为原始管道分数与平台区模量 G_N^0 的积，即

$$G(t)=\sum_{\mathrm{i\ odd}}G_i\exp\left[\frac{-t}{\lambda_i}\right] \tag{5-124}$$

式中，$G_i=\dfrac{8G_N^0}{\pi^2 i^2}$，$\lambda_i=\dfrac{\lambda_1}{i^2}$。

由松弛模量 $G(t)$ 可得储能模量 G' 和损耗模量 G''。

此外，将本构方程应用于稳态剪切流场，得到材料稳态剪切黏度为：

$$\eta(\dot{\gamma})=\frac{3nkTL}{a(\dot{\gamma})}\int_0^{\infty}Q_{xy}(\dot{\gamma}t)\mu(t)\,\mathrm{d}t \tag{5-125}$$

由此可以得出，在较高剪切速率条件下，$\eta(\dot{\gamma})\propto\dot{\gamma}^{-1.5}$，说明材料存在剪切变稀行为；而当剪切速率趋向于零时，其零剪切黏度为

$$\eta_0=\frac{3nkTL}{5a}\int_0^{\infty}\mu(t)t\,\mathrm{d}t=\frac{\pi^2}{60}\times\frac{3nkTL}{a}\times\tau_{\mathrm{d}} \tag{5-126}$$

可见零剪切黏度与最大松弛时间 τ_{d} 有关。

当剪切速率趋向于零时，法向应力差系数为

$$\Psi_{1(\dot{\gamma}\to 0)}=\frac{1}{300}\times\frac{3nkTL}{a}\times\tau_{\mathrm{d}}^2 \tag{5-127}$$

$$\Psi_{2(\dot{\gamma}\to 0)}=-\frac{2}{7}\Psi_{1(\dot{\gamma}\to 0)} \tag{5-128}$$

当剪切速率增大时，有

$$\Psi_1(\dot{\gamma})\propto\dot{\gamma}^{-2} \tag{5-129}$$

$$\Psi_2(\dot{\gamma})\propto\dot{\gamma}^{-2.5} \tag{5-130}$$

预测高分子浓溶液或熔体的线性松弛谱一直是理论研究的重要目标。然而，为建立完整的本构方程，对非线性响应同样需要进行研究。Osaki 等人针对聚苯乙烯浓溶液的一步剪切实验指出[22-24]，高分子链沿轮廓蛇行运动，对于不同的应变，其松弛模量 $G(t,\gamma)$ 与时间有关。剪切后在时间长度大于特征时间 λ_{k} 时，松弛模量 $G(t,\gamma)$ 是时间与应变的函数，即

$$G(t,\gamma)=G(t)h(\gamma) \tag{5-131}$$

式中，振荡函数 $h(\gamma)$ 随应变增加而减小。

管道模型对于 $h(\gamma)$ 的剪切变稀现象给出了解释。假设熔体快速变形，管道和其中的分子链被仿射拉伸。在瞬态网络模型中，在分子扩散出缠结点前分子簇会保持拉伸。而在管道模型中，管道的存在阻碍了分子的侧向运动，同时也阻止了分子的快速变形，但是却没有妨碍分子链沿管道轮廓方向的回缩，因为链回缩运动并不违反管道约束的假设。而且，相对于蠕动，链回缩发生得更为频繁，短时的非可分解的松弛可视为链回缩的证明。在时间长于特征时间 λ_{k} 时，链回缩基本完全，此时链松弛只能依靠蠕动完成。链回缩过程使得应力下降，导致 $h(\gamma)$ 的剪切稀化。

Doi 和 Edwards 提出了链回缩的机理以及完整的基于管道和链蠕动运动的本构方程（DE 模型）[25]，对由链回缩引起的剪切稀化给出了定量解释：链回缩足以使得其原始路径的轮廓长度回到其平衡态值 aM/M_{e}。由于链回缩的存在，当高分子体系发生变形时，高分子链的一部分不能与同样比例的管道保持协同运动，而通常我们假定变形是发生在管道上而不是作用于分子链上。由于链的一部分依靠链回缩从管道的一部分运动到另一部分，这一部分的取向不是由其原始占据的管道部分控制，而是它移入的那部分管道的取向控制。因此，对于任意给定的分子链的一部分的取向是很难确定的。为解决这个问题，Doi 和 Edwards 对此进行了简化假设，即每一部分的变形是独立的，这被称为独立取向近似（independent alignment approximation，IAA）[25]。由于回缩过程的存在，可以保证总的原始路径长度不变，分子链在蛇形运动长度 a 后也要回缩长度 a。因此，变形对分子链的效应是使其部分或整体发生取向，而不是拉伸它们。而刚体在有外场作用存在时，其响应同样不是拉伸而是旋转，因此熔体的 DE 模型与刚体分子理论类似，部分分子链运动是非仿射的。

对于大剪切流中的管道变形，需要对管道理论添加额外的假设，最简单也是最原始的假设为管道轮廓仿射变形和管道直径不变。

很多橡胶弹性网络模型的模拟证实至少拓扑约束发生的是仿射变形，而在大应变下局部分子构象与平衡态并无大差别，这样的观察结果支持了管道直径不变的假设。在这些假设的基础上，管道模型提出了另外一个链松弛机理。当一根无规行走的高分子链被包裹在不可压缩的介质中，起始时分子链和管道的轮廓长度都会随着应变的增加而增加。大部分链段起始被压缩，然后发生沿拉伸方向取向，使分子链在应变方向被拉伸。当应变停止时，拉伸的链中心所受的曲线张力较链端大（周围缠结网络的熵变引起）。所以分子链会沿着变形的管道回缩，直至其曲线张力恢复平衡值，即其长度恢复平衡态的轮廓长度。由于这一过程不需要分子链质心发生扩散运动，因此其较蠕动过程要快得多。这一过程为曲线 Rouse 运动，因此轮廓长度松弛遵循－0.5 的标度。

DE 模型作为简化计算，进行了很多简化假设，但这些假设也使得 DE 模型存在很多缺点，如链的连接性被忽略（即变为单链段理论），管道是静止的，只能通过末端松弛（即忽略了约束释放效应），链的轮廓长度在流场中不会伸长（即无链段拉伸），在流场中缠结点间的链段长度不会发生改变（独立取向所致），链长不会发生振荡变化（无轮廓长度振荡）等。

针对 DE 模型的这些缺点，很多相关研究工作对其进行了修改，使其预测值能够更好地符合实验结果。Jongschapp 和 Geurts 详细研究了链与约束管道的相互作用对其预测结构的影响，他们认为张力增加是由于链和管道的摩擦力变化所致[26]。Öttinger 对此模型进行了更严密的数学描述[27]。在 DE 模型的基础上 Pearson 等考虑了链拉伸效应，在他们的计算结果中可以看到第一法向应力差的应力过冲现象，这与实验所观察的现象相一致。然而，他们所使用的模型仍然是一个单链段模型，在求导过程中仍然需要进行去耦近似，这使得方程求解变得困难。

此外，实验发现在两步应变实验中 DE 模型不能准确预测第二步时的应力，Doi 也曾发现在描述反向流场时需要保证链段连接性（两步应变实验中第二步时流场反向）[28]。这可解释为，在第一步应变实验时，分子链末端的链段受蠕动和链回缩影响首先松弛，而这时内部的链段还没有感受到应变。如果第二步实验与第一步实验的应变幅度一致但符号相反，分子链内部的链段就会回到它们的原始构象，因此它们对应力的贡献又变为各向同性。然而，在第一步应变中外部的链段已经松弛到一个各向同性的状态，这时对第二步应变的应力重新又有了贡献。基于这些想法 Doi 修改了 DE 模型，使其可以预测实验中的剪切应力和第一法向应力差，然而这个模型仅适用于两步应变实验，且不能正确描述第二法向应力差。另外，如果第二步应变发生在链回缩之前，那么预测结果也不能很好地符合实验结果。由此可见，链拉伸效应在快速应变中具有重要影响。在之前的包含链连接性的模拟中，在高速流场下链的缠结数明显降低[29]。Doi 的基本思路是正确的，但是在他的模型中分子链在流场中既不能伸长也不能振荡变化。

5.2.3 高分子动力学理论的最新进展

基于上述描述实验中真实情况时所遇到的种种问题，人们对高分子的蠕动行为理论描述进行了改进，提出了一些新的运动模式[96]，主要有轮廓长度振荡（contour length fluctuation，CLF）、约束释放（constraint release，CR）和对流约束释放（convective constraint release，CCR）等，以下分别介绍。

众所周知，原始的DE模型给出的分子量与最长松弛时间的标度关系与实验不符。Doi首先认识到这可能与链长振荡（或"链呼吸"，chain length breathing）有关。当时间尺度小于分子链的Rouse时间时，管道两端单元的位移互不相关，这种非相干的曲线位移产生了管长的涨落，即轮廓长度振荡，

$$\left\langle [L(t)-L(0)]^2 \right\rangle \approx b^2\left(\frac{t}{\tau_0}\right)^{0.5} \approx a^2\left(\frac{t}{\tau_e}\right)^{0.5} \quad \tau_e<t<\tau_R \tag{5-132}$$

Doi指出，这些涨落所引起的管长减小会产生部分应力松弛，这使得应力松弛模量$G(t)$不完全为常数而是随时间略有降低。这种降低与分子链涨落所产生的管道空化速率有关，沿管道轮廓方向的次级Rouse扩散

$$\left\langle [r_j(t)-r_j(0)]^2 \right\rangle \approx b^2\left(\frac{t}{\tau_0}\right)^{0.5} \quad \tau_0<t<\tau_R \tag{5-133}$$

表明管道空化速率对时间存在0.25次幂的特征标度，即

$$G(t)\approx G_e\frac{L(t)}{\langle L\rangle}\approx G_e\frac{\langle L\rangle-\sqrt{\langle [L(t)-L(0)]^2\rangle}}{\langle L\rangle}\approx G_e\left[1-\frac{b}{\langle L\rangle}\left(\frac{t}{\tau_0}\right)^{0.25}\right] \tag{5-134}$$

又 $\langle L\rangle\approx a\dfrac{N}{N_e}\approx\dfrac{bN}{\sqrt{N_e}}$，$\tau_e\approx\tau_0 N_e^2$

$$G(t)\approx G_e\left[1-\frac{N_e}{N}\left(\frac{t}{\tau_e}\right)^{0.25}\right] \quad \tau_e<t<\tau_R \tag{5-135}$$

管道涨落不断增加，应力松弛模量不断下降，这种情况一直持续到分子链的Rouse时间。分子链在Rouse时间的应力松弛模量为

$$G(\tau_R)\approx G_e\left[1-\frac{N_e}{N}\left(\frac{\tau_R}{\tau_e}\right)^{0.25}\right] \tag{5-136}$$

由$\dfrac{\tau_R}{\tau_e}\approx\left(\dfrac{N}{N_e}\right)^2$得

$$G(\tau_R)\approx G_e\left[1-\mu\sqrt{\frac{N_e}{N}}\right] \tag{5-137}$$

式中，μ为系数。

在分子链的Rouse时间，有$\sqrt{N_e/N}$的管被管长涨落空化，即被松弛，分子链处在松弛时间下的模量也被降低一个相同的因子

$$G(\tau_d)\approx G_e\left[1-\mu\sqrt{\frac{N_e}{N}}\right] \tag{5-138}$$

管长的涨落会使得分子链沿管的扩散距离缩短，故分子链的松弛时间短于原始的 DE 模型所计算的松弛时间。Ketzmerick 和 Öttinger 对 Doi 的方程进行了准确的数值求解[30]，发现加入 CLF 后的方程可以很好地符合实验的预测结果。Fetters 等推出当高分子的分子量大到一定数值之后[31]，CLF 效应会消失，而标度指数会重新回归到 3，但目前还缺乏更多的实验数据验证。

管道模型只考虑一根高分子链在周围高分子链所形成管道约束中的运动，但从本质上来看管道在其中高分子链运动的同时它也是在运动的。虽然 DE 模型忽略了这种运动，而这种松弛机理在某些高分子体系（如多分散体系）中是尤为重要的。为此，人们提出了约束释放效应，约束释放（CR）是指高分子链除了在管道方向蠕动外，由于构成管道的周围链的运动，高分子链在管道侧向上也可以发生局部跳跃，所有的这种局部跳跃构成了高分子链整体的约束释放运动。

Graessley[32] 对线性高分子体系预测了其发生 CR 的平均等待时间 t_w，t_w 定义为

$$t_w = \Lambda\tau_{rep}(N_1) \tag{5-139}$$

式中，$\Lambda=(\pi^2/12)^z/z$，$\tau_{rep}(N_1)$为包含 N_1 个缠结链段的周围链的解缠结时间，z 是每个缠结链段的平均缠结数。因此，t_w 可视为缠结点的生存时间。

Graessley 假设当局部约束被移除时局部跃迁马上发生，在此跃迁过程中探针链（probe chain）的轮廓长度保持不变。基于这些假设，探针链的 CR 运动可由一个自由连接刚棒模型的局域键翻转描述，这个模型中每个刚棒的键长为 a，整链被生存时间为 t_w 的滑移约束点约束。如果不考虑键翻转随机性等细节，这个模型的慢动力学性质与 Rouse 模型一致。

因此，对于包含 N_2 个缠结链段的线性探针链，Graessley 的模型中最长的黏弹性松弛时间 $\tau_{CR,G}$ 和质心扩散系数 D_{CR} 可由下式计算得到

$$\tau_{CR,G}=\frac{2t_w}{\pi^2}N_2^2=\frac{2\zeta\Lambda a^2}{\pi^4 k_B T}N_1^3 N_2^2 \propto \zeta_0 m_1^3 m_2^2 m_e^{-3} \tag{5-140}$$

$$D_{CR}=\frac{a^2}{12N_2 t_w}=\frac{\pi^2 k_B T}{12\Lambda\zeta}N_1^{-3}N_2^{-1}\propto \zeta_0^{-1} m_1^{-3} m_2^{-1} m_e^3 \tag{5-141}$$

式中，m_1 和 m_2 分别是周围链和探针链的单体质量；ζ_0 是单体的摩擦系数。若将摩擦系数替换为管道链段的有效摩擦系数［$\zeta_{tube}\propto t_w\sim\tau_{rep}(N_1)$］，则其他的动力学性质可由 Rouse 模型描述（在 Graessley 模型中 $\zeta_{tube}=12k_B T\Lambda\tau_{rep}(N_1)/a^2$）。除系数 Λ 外，Klein 等[97] 和 Daoud 等[98] 的模型也得到了类似的结果。

Ianniruberto 和 Marrucci 基于两步应变实验中 DE 模型不能准确预测第二步时的应力提出了 CCR 机理[33]，认为是 CCR 导致了缠结度下降。他们使用一个包含了 CCR 效应的单链段模型在幂律区进行了模拟研究，发现包含了 CCR 效应的模型相对于原始的 DE 模型的预测结果有所改善。但这个模型中同样既不包含链拉伸也不包含链长振荡，因此 CCR 效应在这里只是近似表达。另外，由于模型中不包含链信息，其对两步应变实验中的结果预测效果欠佳。

5.3 高分子缠结动力学研究

5.3.1 普适粗粒化模型

计算机运算能力的不断提高使得大分子体系的计算机模拟成为可能，1988 年 Kremer 等在 Cray X MP 大型计算机上首次实现了高分子熔体的大规模分子动力学模拟[34,35]。通过系统分析不同链长的高分子链的动力学行为，他们观察到了随分子链增长高分子的动力学行为从 Rouse 动力学到 Reptation 动力学的转变。在 Kremer 等使用的粗粒化模型中，将高分子链简化成由弹簧连接的珠子，即珠簧模型（bead-spring model）。珠簧模型中每个珠子代表与高分子链 Kuhn 链段长度相当的长度，通过在珠子间施加短程的排斥相互作用来描述高分子链段间的排除体积效应，其形式为向上平移的 Lennard-Jones 12-6 势，如下式所示

$$U=\begin{cases}4\varepsilon\left[\left(\dfrac{\sigma}{r}\right)^{12}-\left(\dfrac{\sigma}{r}\right)^{6}+\dfrac{1}{4}\right] & r<r_c\\ 0 & r>r_c\end{cases} \tag{5-142}$$

式中，ε 和 σ 分别为能量单位和长度单位，截断距离 $r_c=2^{1/6}\sigma$。

对于分子链的连接性，在珠簧模型中则使用有限扩展非线性弹簧势（finitely extensible nonlinear elastic potential，FENE potential）描述，其具体形式如下

$$U=\begin{cases}-\dfrac{1}{2}kR_0^2\ln\left[1-\left(\dfrac{r}{R_0}\right)^2\right] & r\leqslant R_0\\ 0 & r>R_0\end{cases} \tag{5-143}$$

式中，k 为弹簧系数；R_0 为最大可伸长量。

在 Kremer 的珠簧模型中，$R_0=1.5\sigma$，这保证了分子链之间不会发生非物理的键穿插现象；而 $k=30\varepsilon/\sigma^2$，则使得模拟的分子链刚性比较适合于熔体体系。目前此模型已被广泛用于不同拓扑结构（如线形、星形和超支化）的高分子体系以及多元高分子共混体系的研究[36-50]。

目前使用分子动力学模拟研究高分子缠结动力学仍存在很大的局限性。对于完全缠结体系（分子链长度大约在 10 个缠结长度及以上），使用现代的超级计算机仍然需要数月时间进行模拟，其模拟时间才能达到分子链的松弛时间。因此，目前的分子动力学研究方法在高分子缠结动力学方面的研究仍然主要集中在微缠结体系或者完全缠结体系中分子链的短时动力学行为[51,52]。分子动力学模拟方法在缠结动力学研究方面的主要优势在于可以

为分子链的运动提供准确的物理图景，这对于在微观尺度上解释清楚高分子链缠结的本质具有重要意义。早在1988年，Kremer等人[34]就通过珠簧模型的分子动力学模拟观察到了对于缠结高分子体系随时间演化分子链由三维的Rouse扩散（珠子的均方位移随时间变化呈1/2次方特征标度）到一维的Rouse扩散运动（珠子的均方位移随时间变化呈1/4次方特征标度），这证实了管道模型的预测结果。而近年来Everaers等提出的原始路径分析方法[53]，则是高分子缠结网络研究中的一大重要突破。由于原始路径是所有基于管道模型的高分子动力学理论的核心部分，在分子链尺度能够提出一种对原始路径进行分析的方法在此领域尤为重要。Everaers等通过一种自洽的“降温”过程来直接表征管道的原始路径。他们瞬间将所有的链拉紧而使其不交叠，这样可以产生一个原始路径网络。通过此方法他们还可以从平均原始路径长度上估计出缠结长度，即两个缠结点间珠子或者Kuhn链段的数目。他们发现这样得到的结果和使用管道模型从平台区模量估算出的值一致，这进一步验证了这种方法的正确性。然而，在预测平均原始路径长度时，Everaers等人提出的方法得到的原始路径分布较理论上的Doi-Kuzuu分布要窄。Zhou和Larson进一步指出，Everaers的降温方法和对体系使用谐振势进行能量优化实现的效果一致。而在降温过程中将相互作用势切换为线性势，即对总的原始路径长度进行最小化优化，这样的操作则会使分布变宽，可以得到和Doi-Kuzuu分布一致的结果。另外，这种方法所估算出的缠结长度和Doi的方法基本一致。因此，这种慢速降温逐渐最小化原始路径长度而得到原始路径的方法，验证了管道模型中原始路径势的假设。

然而，尽管这种方法在概念上提出了突破，但在实际操作中仍然存在一些问题。首先，原始路径存在一定的使缠结网络变形的张力。其次，Tzoumanekas和Theodorou提出原始路径具有一定的宽度，这会在原始路径互相发生“包裹”时高估原始路径的长度。另外，逐步降温的方法计算非常费时。而Kröger提出的基于纯几何分析的最短路径方法解决了这一问题。尤其是将其与高分子熔体快速平衡方法——双桥蒙特卡罗（double-bridging Monte Carlo）方法联用时，较其他方法可以研究更大的体系及得到更为可靠的统计数据。他们发现原始路径长度的实际分布宽度具有链长依赖性，即链长越长，其原始路径长度的分布越宽，这种依赖性与Scheieber的理论预测非常接近。

综上所述，关于管道模型所提出的理想条件下原始路径的解释仍然没有确定，原始路径分析方法的准确性和可操作性在未来的研究中仍是缠结动力学研究中的热点问题。

5.3.2 原子模型

真实体系的化学模型的力场形式较普适的珠簧粗粒化模型甚为复杂[76]。在Larson等人的模拟中我们可以看出[53]，对于聚苯乙烯体系，如果去掉力场中的二面角项和键角项，其松弛速度可以加快两个数量级。由此，对于真实高分子体系如何在分子动力学模拟中能够达到其松弛时间，是分子动力学模拟乃至整个计算模拟领域中一个非常具有挑战性的问题，这对于分子量很大的体系尤为如此。对于这样的问题，目前主要的处理方法是忽略部分化学细节，使其自由度降低。即，在全原子模型的基础上发展粗粒化模型，利用粗粒化模型进行分子动力学模拟使其在较短的时间内达到平衡，然后再对粗粒化模型进行细粒化将其还原为全原子模型。此类方法在本书的第6章中进行详细介绍，这里仅谈下此类方法的一些应用实例。Kremer等对聚苯乙烯的动力学行为进行了系统的研究，他们使用一个联合原子模型（即在力场参数化时所有的氢原子均被忽略，其排除体积效应归入相应的碳原子，这样的模型由于减少了模拟时体系的原子数目，可以大大加快模拟运行速度）来描述聚苯乙烯体系。其中，分子内原子间的伸缩项使用SHAKE算法进行处理，键弯曲项和键扭转项使用谐振势和标准扭矩势进行描述，原子间的非键相互作用则使用标准的Lennard-Jones 12-6势，其力场的具体形式可以参见相应文献[54]。他们使用这样的力场研究了不同的无规聚苯乙烯体系，其摩尔质量从1 g/mol到10000 g/mol不等，全原子模拟均使用粗粒化模拟后再细粒化的体系作为初态。由于在粗粒化尺度上粗粒化珠子间的相互作用势能面非常复杂且涨落剧烈，因此，得到准确的时间标度因子进而得到相应体系的准确的动力学参数，还需要将粗粒化模拟结果与全原子模拟或实验结果比对后才能实现[55-58]。另外需要指出的是，为在粗粒化模拟中能够更好地符合原子模拟的数据，在发展粗粒化模型时需要使用到原子模拟中分子链的结构信息。在Kremer等人的研究中[54]，粗粒化模型大多是使用分子链上的原子或分子链的质心进行映射得到的，采用直接对比全原子模拟和粗粒化模拟中相应粒子或质心的均方位移（mean square displacements，MSD）的策略对粗粒化模拟的空间尺度和时间尺度均进行估计。他们分别对比了聚苯乙烯的全原子模拟、联合原子模拟和粗粒化模拟的模拟结果，发现在联合原子模拟中也存在类似于粗粒化模型中所遇到的问题，同样需要将其动力学行为进行映射。通过计算动力学映射因子可以对高分子链的长时动力学行为进行标度，进而计算长链高分子的扩散系数。他们的研究还指出从MSD得到的动力学映射因子和用其他动力学量（如取向相关函数等）得到的是一致的[58]。

当从分子动力学模拟中得到高分子链质心运动的MSD后，我们可以通过爱因斯坦方程计算相应高分子体系的扩散系数。对于高分子体系，其扩散系数与分子量有关。在Kremer等人的模拟中，他们发现将他们的粗粒化模拟数据通过动力学映射因子处理后，所得到的扩散系数能够与实验数据很好地吻合（此处实验数据和模拟数据均需对链端自由体积进行校正）。对于不同链长的体系进行模拟，他们还观察到了分子链的动力学行为从Rouse到类似Reptation运动的转变过程。另外，使用拓扑分析方法对高分子的粗粒化模拟轨迹可以进一步分析其缠结网络情况，这可以将原始路径的概念和真实高分子体系联系起来。Kremer等人在摩尔质量为50000g/mol的聚苯乙烯熔体的模拟中观察到了原始路径网络，借助原始路径分析方法和管道模型，可以得到体系的缠结动力学参数如缠结长度、管道直径等[57,58]，有兴趣的读者可以进一步参阅他们的文章。笔者也曾研究过一系列不同链长的聚乙烯熔体的动力学行为，模拟链长从120个碳原子到1200个碳原子不等。通过大体系长时间的分子动力学模拟，发现缠结动力学理论所预测的分子链在扩散过程中出现的不同标度的变化，需要在完全缠结体系中才能明显观察到，如图5-2所示。

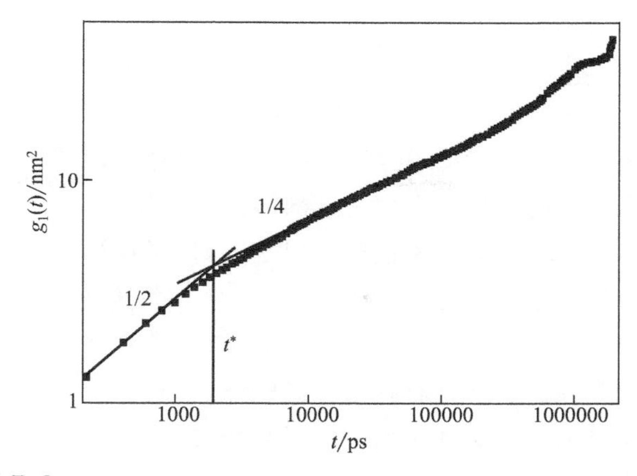

图 5-2

链长包含 1200 个碳原子的聚乙烯熔体体系的 MSD (g_1) 曲线

5.4 高分子流变学性质研究

5.4.1 普适粗粒化模型

1993 年，在 Kremer 等人发现使用珠簧模型可以准确捕捉高分子熔体动力学的物理本质之后[34]。Kröger 等人详细考查了珠簧模型链在剪切流场中的分子结构变化与动力学行为，他们发现珠簧模型链除可以半定量地表现出剪切变稀等非牛顿流体性质之外，其预测的分子结构与散射实验也符合较好[43,44,59]。之后，他们又将研究体系的链长进一步扩大，首次在模拟中观察到了理论模型所预测的黏度标度指数由 1 向 3.4 过渡的现象[61]。Doi 等模拟了更长的珠簧模型链体系（链长约 400 个珠子），发现此时的模拟结果已可以和 DE 模型的部分理论预测结果直接对比[95]。Todd 等之前曾将珠簧模型应用于不同拓扑结构的高分子体系[45-58,62-67]，得到了与实验定性一致的结果。最近，他们还将珠簧模型应用于高分子共混体系中[68,69]，分别研究了线形-树枝状高分子共混体系在剪切和拉伸流中的结构、相容性和流变学行为。他们发现在线形高分子中加入树枝状高分子会降低共混体系的黏度，所得到的体系黏度介于两种纯高分子体系之间，而下降的程度与体系添加树枝状高分子的形状和添加量有关。添加大量支化程度较低的树枝状高分子会使共混体系黏度显著降低，这是由于支化程度较低的树枝状高分子所产生的大量自由体积所致。在拉伸流中他们还观察到了第一拉伸黏度随拉伸速率增加出现了拉伸变稠，这与强流场下的分子高度取向有关。

5.4.2 原子模型

早期的研究多使用普适模型（如珠簧模型等）从物理上探求高分子体系的动力学本质，而近年来随着计算能力的增加，人们也逐渐转向于使用真实模型和非平衡分子动力学模拟方法预测具体高分子体系的流变学性质。但是，目前使用原子模型进行非平衡分子动力学模拟的最大高分子长度也仅在数个缠结长度[70-75]，即便使用包含部分化学细节的系统粗粒化模型最大链长也只能达到二十个缠结长度左右[38,39,60,66]，较真实应用中的高分子材料的数百乃至数千个缠结长度还有相当大的距离。因此，目前的具体化学模型模拟往往对短链体系实现完全模拟，而对真实缠结体系只能进行定性或者半定量的研究。在众多高分子中，聚乙烯是模拟中研究最多的高分子。在 20 世纪 90 年代时，一般模拟长度还在数十个碳原子[77-93]；而在 2000 年左右时，针对聚乙烯的非平衡分子动力学模拟长度即可以达到 100 多个碳原子[72,73]；进一步到 2010 年时，对于聚乙烯的模拟已经可以达到 400 个碳原子[70]，即超过了聚乙烯的缠结长度。笔者也曾对分子链较短的聚丁二烯（PB）熔体的流变学性质进行过模拟，图 5-3 中给出了不同摩尔质量的聚乙烯和聚丁二烯的零剪切黏度随摩尔质量的变化情况。可以看出，无论是对聚乙烯还是对聚丁二烯，分子动力学模拟均可以得到接近实验结果的零剪切黏度，且模拟所得的标度关系与实验基本一致。以上结果证明分子动力学模拟是高分子流变学领域中的一种有效的研究方法。

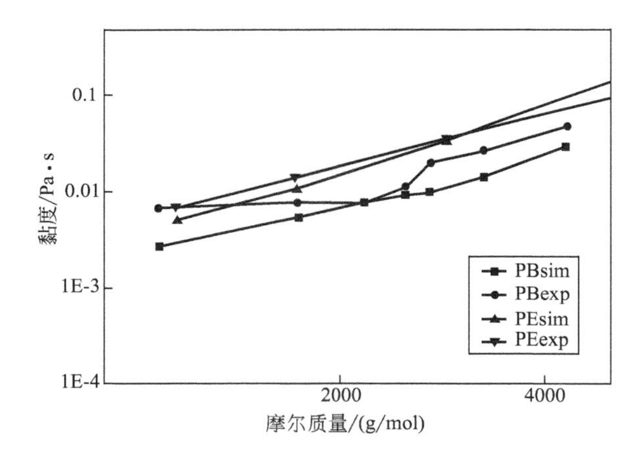

图 5-3

不同摩尔质量的聚乙烯（PE）和聚丁二烯（PB）熔体的摩尔质量与零剪切黏度关系图

其中的聚乙烯的模拟和实验结果来自文献［38］，聚丁二烯的实验结果来自 Macromolecules 1987, 20: 2226。

而对于其他化学结构相对复杂的高分子体系，即使借助系统粗粒化模型欲使模拟链长达到缠结长度也很困难。Harmandaris[94] 指出，将平衡态模拟中建立的粗粒化模型应用于非平衡条件下时，存在三个问题：一是粗粒化模型势函数的参数化过程建立在粗粒化模型的相互作用势与结构性质间存在直接联系这一前提上，这在平衡态条件或近平衡态条件下可以成立，但在远离平衡态条件下很有可能不成立；二是粗粒化过程包括内在的熵变，而在非平衡态条件下其变化的机制并不清楚；三是由于整个模拟偏离平衡态，需要在非平衡态模拟中找到正确的粗粒化模拟和全原子模拟间的动力学映射因子。这些都是在粗粒化模型应用于非平衡条件下所亟待解决的重要问题。

Baig 和 Harmandaris 使用聚苯乙烯的粗粒化模型模拟了短链聚苯乙烯熔体在剪切流中的性质和行为[94]，发现对于构象张量，粗粒化模拟在低剪切速率条件下与联合原子模拟的结果吻合较好，而在高剪切速率条件下对于速度梯度方向的张量分量和涡流方向的张量分量两类模拟结果仍吻合较好，但在流场方向的张量分量和流场与速度梯度方向的复合分量则存在较大的差异。对于动力学性质（如流场中分子链的平动和取向运动），通过对比不同剪切速率条件下的末端距自相关函数的特征松弛时间，他们发现在低剪切速率条件下联合原子模拟和粗粒化模拟得到类似的松弛时间随剪切速率增加的变化规律，但在高剪切速率条件下两类模拟结果发生偏离，在粗粒化模拟中会高估链的松弛时间。对于扩散系数的变化，也是如此。

对于上述第三个问题，实际上是动力学映射因子是否与流场强度有关的问题。在 Baig 和 Harmandaris 的模拟中，他们分别由末端距自相关函数的特征时间和扩散系数计算了从粗粒化模型到联合原子模型的动力学映射因子，发现与之前得到的规律相同：低剪切速率条件下两种方法得到的结果均与平衡态条件下一致，且剪切速率变化基本没有影响；但在高剪切速率条件下，却发生偏离。在高速流场中，由扩散系数得到的动力学映射因子较由松弛时间得到的动力学映射因子随剪切速率增加而降低的速度略快，这可能是由于链平动较链转动对粗粒化珠子间摩擦力变化更为敏感所致。换句话说，在强流场条件下，粗粒化珠子间的有效摩擦力呈增大趋势。这与分子链在强流场下的刚性增加有关，即在相同的流场强度下，粗粒化模型分子链所表现出的形变较联合原子模型的形变大，这是由于粗粒化粒子间的相互作用势较软所致。对于这个问题，笔者使用粗粒化的 PB 模型也进行了研究，具体结果在第 6 章中有详细阐述。

参考文献

[1] Read D J. From Reactor to Rheology in Industrial Polymers. J Polym Sci Part B：Polym Phys，2015，53 (2)：125.

[2] Larson R G，Desai P S. Modeling the Rheology of Polymer Melts and Solutions. Annual Review of Fluid Mechanics，2015，47：47.

[3] Masubuchi Y. Simulating the Flow of Entangled Polymers. Annual Review of Chemical and Biomolecular Engineering，2014，5 (1)：11.

[4] Theodorou D N. Hierarchical Modelling of Polymeric Materials. Chem Eng Sci，2007，62 (1)：5697.

[5] Rouse Jr P E. A Theory of the Linear Viscoelastic Properties of Dilute Solutions of Coiling Polymers. The Journal of Chemical Physics，1953，21 (7)：1272-1280.

[6] Boris D C，Colby R H. Rheology of Sulfonated Polystyrene Solutions. Macromolecules，1998，31 (17)：5746-5755.

[7] de Gennes P G. Concept de Reptation Pour une Chaîne Polymérique. J Chem Phys，1971，55：572-579.

[8] Doi M，Edwards S F. The Theory of Polymer Dynamics. Oxford：Oxford University Press，1988.

[9] Likhtman A E，McLeish T C B. Quantitative Theory for Linear Dynamics of Linear Entangled Polymers. Macromolecules，2002，35 (16)：6332-6343.

[10] Mead D W，Larson R G，Doi M. A Molecular Theory for Fast Flows of Entangled Polymers. Macromolecules，1998，31 (22)：7895-7914.

[11] Alder B J，Wainwright T E. Studies in Molecular Dynamics. I. General Method. J Chem Phys，1959，31 (2)：459.

[12] Todd B D，Daivis P J. Homogeneous Non-equilibrium Molecular Dynamics Simulations of Viscous Flow：Techniques and Applications. Mol Simul，2007，33 (3)：189.

[13] Hess S, Aust C, Bennett L, et al. Rheology: From Simple and to Complex Fluids. Physica A, 1997, 240 (1-2): 126.

[14] Cummings P T, Evans D J. Nonequilibrium Molecular Dynamics Approaches to Transport Properties and Non-Newtonian Fluid Rheology. Ind Eng Chem Res, 1992, 31 (5): 1237.

[15] Hess S. Rheological Properties via Nonequilibrium Molecular Dynamics: From Simple towards Polymeric Liquids. J Non-Newton Fluid, 1987, 23 (1): 305.

[16] Lees A W, Edwards S F. The Computer Study of Transport Processes under Extreme Conditions. Journal of Physics C: Solid State Physics, 1972, 5: 1921.

[17] Todd B D, Daivis P J. Homogeneous Non-Equilibrium Molecular Dynamics Simulations of Viscous Flow: Techniques and Applications. Mol Simul, 2007, 33: 189-229.

[18] Hess B, Kutzner C, van der Spoel D, Lindahl E. Gromacs 4: Algorithms for Highly Efficient, Load-Balanced, and Scalable Molecular Simulation. J Chem Theory Comput, 2008, 4: 435-447.

[19] Rouse P E. A Theory of the Linear Viscoelastic Properties of Dilute Solutions of Coiling Polymers. J Chem Phys, 1953, 21: 1272-1280.

[20] McLeish, T C B. Tube Theory of Entangled Polymer Dynamics. Adv Phys, 2002, 51: 1379-1527.

[21] Zimm B H. Dynamics of Polymer Molecules in Dilute Solution: Viscoelasticity, Flow Birefringence and Dielectric Loss. J Chem Phys, 1956, 24: 269-278.

[22] Osaki K, Inoue T, Uematsu T. Stress Overshoot of Polymer Solutions at High Rates of Shear: Semidilute Polystyrene Solutions with and without Chain Entanglement. J Polym Sci Part B: Polym Phys, 2000, 38 (24): 3271-3276.

[23] Osaki K, Inoue T, Isomura, T. Stress Overshoot of Polymer Solutions at High Rates of Shear; Polystyrene with Bimodal Molecular Weight Distribution. J Polym Sci Part B: Polym Phys, 2000, 38 (15): 2043-2050.

[24] Osaki K, Inoue T, Isomura T. Stress Overshoot of Polymer Solutions at High Rates of Shear. J Polym Sci Part B: Polym Phys, 2000, 38 (14): 1917-1925.

[25] Graham R S, Likhtman A E, McLeish T C B, Milner S T. Microscopic Theory of Linear, Entangled Polymer Chains under Rapid Deformation Including Chain Stretch and Convective Constraint Release. J Rheol 2003, 47 (5): 1171-1200.

[26] Geurts B J, Jongschaap R J J. A New Reptation Model for the Rheological Properties of Concentrated Polymer Solutions and Melts. J Rheol, 1988, 32: 353-365.

[27] Öttinger H C. Stochastic Processes in Polymeric Fluids. Berlin Heidelberg: Springer-Verlag, 1996.

[28] Doi M. Explanation for the 3. 4-Power Law for Viscosity of Polymeric Liquids on the Basis of the Tube Model. J Polym Sci Part B: Polym Phys, 1983, 21: 667-684.

[29] Hua C, Schieber, J, Andrews N. A Constant-Contour-Length Reptation Model without Independent Alignment or Consistent Averaging Approximations for Chain Retraction. Rheol Acta, 1997, 36: 544-554.

[30] Ketzmerick R, Öttinger H C. Simulation of a Non-Markovian Process Modelling Contour Length Fluctuation in the Doi-Edwards Model. Continuum Mech Thermodyn, 1989, 1: 113-124.

[31] Fetters L J, Lohse D J, Milner S T, Graessley W W. Packing Length Influence in Linear Polymer Melts on the Entanglement, Critical, and Reptation Molecular Weights. Macromolecules, 1999, 32: 6847-6851.

[32] Graessley W. Entangled Linear, Branched and Network Polymer Systems — Molecular Theories Synthesis and Degradation Rheology and Extrusion. Berlin/Heidelberg: Springer, 1982: 67-117.

[33] Marrucci G, Greco F, Ianniruberto G. Rheology of Polymer Melts and Concentrated Solutions. Curr Opin Colloid Interface Sci, 1999, 4 (4): 283-287.

[34] Kremer K, Grest G S, Carmesin I. Crossover from Rouse to Reptation Dynamics: A Molecular-Dynamics Simulation. Phys Rev Lett, 1988, 61 (5): 566.

[35] Kremer K, Grest G S. Dynamics of Entangled Linear Polymer Melts-a molecular-dynamics Simulation. J Chem Phys, 1990, 92 (8): 5057.

[36] Cifre J G H, Hess S, Kroger M. Linear Viscoelastic Behavior of Unentangled Polymer Melts via Non-Equilibrium Molecular Dynamics. Macromol Theory Simul, 2004, 13 (9): 748.

[37] Vladkov M, Barrat J L. Linear and Nonlinear Viscoelasticity of a Model Unentangled Polymer Melt: Molecular Dynamics and Rouse Modes Analysis. Macromol Theory Simul, 2006, 15 (3): 252.

[38] Padding J T, Briels W J. Time and Length Scales of Polymer Melts Studied by Coarse-grained Molecular Dynamics Simulations. J Chem Phys, 2002, 117 (2): 925.

[39] Padding J, van Ruymbeke E, Vlassopoulos D, Briels W. Computer Simulation of the Rheology of Concentrated

Star Polymer Suspensions. Rheol Acta，2010，49 (5)：475.
[40] Padding J T，Briels W J. Coarse-grained Molecular Dynamics Simulations of Polymer Melts in Transient and Steady shear flow. J Chem Phys，2003，118 (22)：10276.
[41] Padding J T，Briels W J. Zero-shear Stress Relaxation and Long Time Dynamics of a Linear Polyethylene Melt：A Test of Rouse theory. J Chem Phys，2001，114 (19)：8685.
[42] Padding J T，Briels W J. Uncrossability Constraints in Mesoscopic Polymer Melt Simulations：Non-Rouse Behavior of $C_{120}H_{242}$. J Chem Phys，2001，115 (6)：2846.
[43] Kroger M. Simple Models for Complex Nonequilibrium Fluids. Physics Reports，2004，390 (6)：455.
[44] Kroger M. Nonequilibrium Dynamics Simulations of Simple and Polymeric Fluids. Curr Opin Colloid Interface Sci，1998，3 (6)：614.
[45] Bosko J T，Todd B D，Sadus R J. Internal Structure of Dendrimers in the Melt under Shear：A Molecular Dynamics Study. J Chem Phys，2004，121 (2)：1091.
[46] Bosko J T，Todd B D，Sadus R J. Viscoelastic Properties of Dendrimers in the Melt from Nonequlibrium Molecular Dynamics. J Chem Phys，2004，121 (23)：12050.
[47] Le T C，Todd B D，Daivis P J，et al. Structural Properties of Hyperbranched Polymers in the Melt under Shear via Nonequilibrium Molecular Dynamics Simulation. J Chem Phys，2009，130 (7)：125201.
[48] Le T C，Todd B D，Daivis P J，Uhlherr A. Rheology of Hyperbranched Polymer melts Undergoing Planar Couette Flow. J Chem Phys，2009，131 (4)：044902.
[49] Halverson J D，Grest G S，Grosberg A Y，et al. Rheology of Ring Polymer Melts：From Linear Contaminants to Ring-Linear Blends. Phys Rev Lett，2012，108 (3)：038301.
[50] Larson R G，Zhou Q，Shanbhag S，et al. Advances in Modeling of Polymer Melt Rheology. AlChE J，2007，53 (3)：542.
[51] Larson R G. Looking inside the Entanglement "tube" Using Molecular Dynamics Simulations. J Polym Sci Part B：Polym Phys，2007，45 (24)：3240.
[52] Everaers R，Sukumaran S K，Grest G S，et al. Rheology and Microscopic Topology of Entangled Polymeric Liquids. Science，2004，303 (5659)：825.
[53] Saha Dalal I，Larson R G. Explaining the Absence of High-Frequency Viscoelastic Relaxation Modes of Polymers in Dilute Solutions. Macromolecules，2013，46 (5)：1981.
[54] Harmandaris V A，Adhikari N P，van der Vegt N F A，et al. Hierarchical Modeling of Polystyrene：From Atomistic to Coarse-Grained Simulations. Macromolecules，2006，39 (19)：6708.
[55] Fritz D，Koschke K，Harmandaris V A，et al. Multiscale Modeling of Soft Matter：Scaling of Dynamics. Phys Chem Chem Phys，2011，13 (22)：10412.
[56] Harmandaris V A，Floudas G，Kremer K. Temperature and Pressure Dependence of Polystyrene Dynamics through Molecular Dynamics Simulations and Experiments. Macromolecules，2010，44 (2)：395.
[57] Harmandaris V A，Kremer K. Predicting Polymer Dynamics at Multiple Length and Time Scales. Soft Matter，2009，5 (20)：3920.
[58] Harmandaris V A，Kremer K. Dynamics of Polystyrene Melts through Hierarchical Multiscale Simulations. Macromolecules，2009，42 (3)：791.
[59] Kroger M，Loose W，Hess S. Rheology and Structural-changes of Polymer Melts via Nonequilibrium Moleculardynamics. J Rheol，1993，37 (6)：1057.
[60] Sarman S S，Evans D J，Cummings P T. Recent Developments in Non-Newtonian Molecular Dynamics. Physics Reports，1998，305 (1-2)：1.
[61] Kroger M，Hess S. Rheological Evidence for a Dynamical Crossover in Polymer Melts via Nonequilibrium Molecular dynamics. Phys Rev Lett，2000，85 (5)：1128.
[62] Hartkamp R，Bernardi S，Todd B D. Transient-time Correlation Function Applied to Mixed Shear and Elongational Flows. J Chem Phys，2012，136 (6)：125754.
[63] Hunt T A，Todd B D. Diffusion of Linear Polymer Melts in Shear and Extensional Flows. J Chem Phys，2009，131 (5)：054904.
[64] Hunt T A，Todd B D. A comparison of Model Linear Chain Molecules with Constrained and Flexible Bond Lengths under Planar Couette and Extensional Flows. Mol Simul，2009，35 (14)：1155.
[65] Daivis P J，Matin M L，Todd B D. Nonlinear Shear and Elongational Rheology of Model Polymer Melts at Low Strain Rates. J Non-Newton Fluid，2007，147 (1-2)：35.

[66] Bosko J T, Todd B D, Sadus R J. Molecular Simulation of Dendrimers and Their Mixtures under Shear: Comparison of Isothermal-isobaric (*NpT*) and Isothermal-isochoric (*NVT*) Ensemble Systems. J Chem Phys, 2005, 123 (3): 034905.
[67] Daivis P J, Matin M L, Todd B D. Nonlinear Shear and Elongational Rheology of Model Polymer Melts by Non-equilibrium Molecular Dynamics. J Non-Newton Fluid, 2003, 111 (1): 1.
[68] Hajizadeh E, Todd B D, Daivis P J. Shear Rheology and Structural Properties of Chemically Identical Dendrimer-linear Polymer Blends through Molecular Dynamics Simulations. J Chem Phys, 2014, 141 (19): 15.
[69] Hajizadeh E, Todd B D, Daivis P J. A Molecular Dynamics Investigation of the Planar Elongational Rheology of Chemically Identical Dendrimer-linear Polymer Blends. J Chem Phys, 2015, 142 (17): 15.
[70] Baig C, Mavrantzas V G, Kroger M. Flow Effects on Melt Structure and Entanglement Network of Linear Polymers: Results from a Nonequilibrium Molecular Dynamics Simulation Study of a Polyethylene Melt in Steady Shear. Macromolecules, 2010, 43 (16): 6886.
[71] Baig C, Mavrantzas V G. Tension Thickening, Molecular Shape, and Flow Birefringence of an H-shaped Polymer Melt in Steady Shear and Planar Extension. J Chem Phys, 2010, 132 (1): 014904.
[72] Moore J D, Cui S T, Cochran H D, et al. A Molecular Dynamics Study of a Short-chain Polyethylene Melt: Ⅱ. Transient Response upon Onset of Shear. J Non-Newton Fluid, 2000, 93 (1): 101.
[73] Moore J D, Cui S T, Cochran H D, et al. A Molecular Dynamics Study of a Short-chain Polyethylene Melt: Ⅰ. Steady-state Shear. J Non-Newton Fluid, 2000, 93 (1): 85.
[74] Kim J M, Edwards B J, Keffer D J, et al. Single-chain Dynamics of Linear Polyethylene Liquids under Shear Flow. Phys Lett A, 2009, 373 (7): 769.
[75] Kim J M, Keffer D J, Kroger M, et al. Rheological and Entanglement Characteristics of Linear-chain Polyethylene Liquids in Planar Couette and Planar Elongational Flows. J Non-Newton Fluid, 2008, 152 (1-3): 168.
[76] Padding J T, Briels W J. Systematic Coarse-graining of the Dynamics of Entangled Polymer Melts: the Road From Chemistry to Rheology. J Phys: Condens Matter, 2011, 23 (23): 233101.
[77] Cui S T, Cummings P T, Cochran H D. The Calculation of Viscosity of Liquid *n*-decane and *n*-hexadecane by the Green-Kubo Method. Mol Phys, 1998, 93 (1): 117.
[78] Cui S T, Cummings P T, Cochran H D, et al. Nonequilibrium Molecular Dynamics Simulation of the Rheology of Linear and Branched Alkanes. Int J Thermophys, 1998, 19 (2): 449.
[79] Moore J D, Cui S T, Cummings P T, et al. Lubricant Characterization by Molecular Simulation. AIChE J, 1997, 43 (12): 3260.
[80] Travis K P, Evans D J. On the Rheology of *n*-Eicosane. Mol Simul, 1996, 17 (3): 157.
[81] Mundy C J, Klein M L, Siepmann J I. Determination of the Pressure? Viscosity Coefficient of Decane by Molecular Simulation. J Phys Chem, 1996, 100 (42): 16779.
[82] Cui S T, Gupta S A, Cummings P T, et al. Molecular Dynamics Simulations of the Rheology of Normal Decane, Hexadecane, and Tetracosane. J Chem Phys, 1996, 105 (3): 1214.
[83] Cui S T, Cummings P T, Cochran H D. Multiple Time Step Nonequilibrium Molecular Dynamics Simulation of the Rheological Properties of Liquid *n*-decane. J Chem Phys, 1996, 104 (1): 255.
[84] Mundy C J, Siepmann J I, Klein M L. Decane under Shear: A Molecular Dynamics Study using reversible *NVT*-SLLOD and *NPT*-SLLOD Algorithms. J Chem Phys, 1995, 103 (23): 10192.
[85] Mondello M, Grest G S. Molecular Dynamics of Linear and Branched Alkanes. J Chem Phys, 1995, 103 (16): 7156.
[86] Chynoweth S, Coy R C, Michopoulos Y. Simulated Non-Newtonian Lubricant Behaviour under Extreme Conditions. P I Mech Eng J-J Eng, 1995, 209 (4): 245.
[87] Daivis P J, Evans D J. Comparison of Constant Pressure and Constant Volume Nonequilibrium Simulations of Sheared Model Decane. J Chem Phys, 1994, 100 (1): 541.
[88] Chynoweth S, Michopoulos Y. An Improved Potential Model for *n*-hexadecane Molecular Dynamics Simulations under Extreme Conditions. Mol Phys, 1994, 81 (1): 135.
[89] Padilla P, Toxvaerd S. Fluid *n*-decane Undergoing Planar Couette Flow. J Chem Phys, 1992, 97 (10): 7687.
[90] Daivis P J, Evans D J, Morriss G P. Computer Simulation Study of the Comparative Rheology of Branched and Linear Alkanes. J Chem Phys, 1992, 97 (1): 616.
[91] Berker A, Chynoweth S, Klomp U C, et al. Non-equilibrium Molecular Dynamics (NEMD) Simulations and the Rheological Properties of Liquid *n*-hexadecane. J Chem Soc Faraday Trans, 1992, 88 (13): 1719.
[92] Morriss G P, Daivis P J, Evans D J. The Rheology of *n*-alkanes: Decane and Eicosane. J Chem Phys, 1991, 94

(11): 7420.

[93] Chynoweth S, Klomp U C, Michopoulos Y. Comment on: Rheology of n-alkanes by Nonequilibrium Molecular Dynamics. J Chem Phys, 1991, 95 (4): 3024.

[94] Baig C, Harmandaris V A. Quantitative Analysis on the Validity of a Coarse-Grained Model for Nonequilibrium Polymeric Liquids under Flow. Macromolecules, 2010, 43 (7): 3156.

[95] Aoyagi T, Doi M. Molecular Dynamics Simulation of Entangled Polymers in Shear Flow. Comput Theor Polym Sci, 2000, 10: 317-321.

[96] Rubinstein M, Colby R H, Polymer Physics. Oxford: Oxford University Press, 2003.

[97] Klein J. The Onset of Entangled Behavior in Semidilute and Concentrated Polymer Solutions. Macromolecules, 1978, 11 (5): 852.

[98] Daoud M, De Gennes P G. Some Remarks on the Dynamics of Polymer Melts. J Polym Sci, Part B: Polym Phys, 1979, 17 (11): 1971.

第6章

系统粗粒化方法的原理、进展及在高分子体系结构性质研究中的应用

高培源[1,2]，肖强[1,2]，夏建设[1,2]，郭洪霞[1,2]

1 中国科学院化学研究所

2 中国科学院大学

在前面的五章我们着重介绍了在量子尺度和原子尺度上的模拟方法及其应用。其中，基于量子力学的量子化学模拟方法主要用于研究原子和分子的电子结构、偶极作用等；而基于经典牛顿力学的分子力学模拟和分子动力学模拟方法主要通过相互作用势函数（分子力场）来描述体系中原子间的相互作用，从而模拟体系的相关性质和行为。对于高分子体系而言，材料性能可以通过其结构和动力学性质来表征，通常会涉及较大的时间和空间尺度。原子水平上的分子动力学模拟，受计算能力的制约，局限于小体系模拟且模拟时间也局限在纳秒量级。因此，采用忽略与研究性质相关性不大的自由度的系统粗粒化分子模型在近些年开始盛行。一方面，由于作用位点的减少大大地提升了分子模拟的时空尺度和效率，使得模拟研究大规模、多组分等复杂高分子体系或长时动力学行为如玻璃化、缠结动力学等成为可能；另一方面，它保持了一定的化学结构信息，从而可以研究体系特有的细节性质。由此可见，系统粗粒化模型是对实际体系的一种约化且真实描述，可以用来定量研究化学结构对材料结构和性质的影响，是建立微观分子结构与宏观性能联系以及实现从单分子设计到材料加工的桥梁。下面，我们首先概述系统粗粒化方法的原理和研究现状。然后，具体介绍我们发展的结构基与热力学基混合系统粗粒化方法应用于典型高分子体系如聚丁二烯和聚苯乙烯等的研究结果，揭示提高系统粗粒化模型的迁移性、代表性和动力学一致性的途径，指明其在研究高分子真实体系的相变机制以及高分子加工过程中的物性预测和结构-性质关系研究等方面的广阔前景。最后，我们对本章内容进行总结与展望。

6.1 系统粗粒化方法的原理

随着高性能计算机和科学计算技术的发展，分子模拟技术已经成为不可或缺的研究手段，在辅助分析实验数据、解释实验现象、预测材料的物理化学性质、揭示分子结构和性能的关系以及设计新型功能分子等方面发挥着重要作用。尽管近五十年来计算机计算能力的发展速度十分惊人，但对于模拟包含庞大数目分子或原子的实际材料来说仍显得捉襟见肘。因此，我们直接在原子水平上模拟实际材料的性质或其变化机理还有所受限，而且这种原子模型与计算能力的矛盾在高分子体系尤为突出。系统粗粒化模型（systematic coarse-grained model）由于其将几个原子或原子团粗粒化为一个粗粒化粒子（coarse-grained bead），在大大降低模拟体系自由度的同时粗粒化力场（coarse-grained force field）还保留了原化学基团间的相互作用，因而既极大提高了计算效率，又可重复出原子水平模拟的相应性质，从而使得对各种实际材料体系进行大规模长时模拟研究成为可能。近年来，这种粗粒化尺度的分子模拟技术迅速发展，并被用于高分子材料、生物分子和液晶体系的研究工作中[1,2]。

一般来说，系统粗粒化模型的构建包括两方面工作：①选择从原子尺度化学模型到粗粒化模型的映射方案；②根据在粗粒化模拟中要重现的原子模拟体系或实验体系的性质来建立粗粒化力场（也即粗粒化粒子间相互作用势）。虽然前者直接影响了粗粒化模型的计算效率及预报能力，但目前尚无法则指导确定映射方案中哪些几个原子或化学基团可以粗粒化为一个粗粒化粒子及粗粒化粒子的空间位置。此外，如何得到准确且高效的粗粒化力场也是粗粒化模拟中的一个重要问题。依照粗粒化模拟所要重复的目标性质获得方式不同，粗粒化力场的构建方式可以分为以下两种：一种是自底向上法（bottom-up approach)，粗粒化力场要反映的宏观材料性质是从微观水平上的原子模拟获得，也即要根据原子模拟结果构建粗粒化力场；一种是自顶向下法（top-down approach)，即由宏观材料的实验性质直接拟合得到粗粒化力场。在自底向上法中，又可依据粗粒化模型所要重复的目标性质不同，将粗粒化方法细分为以重复原子模拟体系结构性质（径向分布函数RDF等）为目标的结构基粗粒化方法[3,4]、以重复原子模拟体系的相互作用力为目标的力匹配粗粒化方法[5,6]和以重复原子模拟体系热力学性质（密度、焓或界面张力等）为目标的热力学基粗粒化方法[2,7-10]。此外，近期也发展了一些基于原子模型体系的模拟结果构建粗粒化作用势的数值计算方法，如迭代玻尔兹曼变换[3]（Iterative Boltzmann Inversion，IBI)、逆蒙特卡罗[11]（Reverse Monte Carlo，RMC)、多尺度粗粒化[12]（Multiscale Coarse-Graining，MS-CG)、相对熵[13]（relative entropy)、牛顿变换[14]（Newton inversion)、条件可逆变换[15]（Conditional Reversible Work，CRW）等。以下简要介绍几种较为常用的构建粗粒化势的数值方法。

IBI方法属于结构基粗粒化方法，它在传统的通过玻尔兹曼变换获得粗粒化势的方法基础上施加了一个迭代过程。例如，当我们要重现体系的某一结构性质，可以首先针对此目标分布函数 $g_0(r)$ 使用玻尔兹曼变换得到一个初始势：

$$U^0=-k_B T\ln(g_0(r)) \tag{6-1}$$

然后使用这个初始势进行粗粒化模拟，得到一个相应的分布函数 $g_1(r)$，之后针对 $g_0(r)$ 和 $g_1(r)$ 的偏差进行迭代修正：

$$U^{i+1}=U^i-k_B T\ln\left(\frac{g_i(r)}{g_0(r)}\right) \tag{6-2}$$

直至偏差值在允许的范围内，偏差值由下式计算：

$$f=\int dr(g_0(r)-g_i(r))^2\exp\left(-\frac{r}{\delta}\right) \tag{6-3}$$

这样就可以获得相应的粗粒化势函数。IBI方法多应用于获得分子间相互作用势，但也有人用于分子内相互作用势[16]。

Izvekov和Voth在力匹配方法的基础上发展了MS-CG方法[6,17-22]，这个方法首先是从原子模拟得到每对原子之间的作用力，然后根据粗粒化位点的选择来计算粗粒化粒子的相互作用力，之后改变粗粒化粒子间的距离，计算一系列不同距离下粗粒化粒子间的力，由此求得同种或异种粗粒化粒子间的相互作用力表。最后，设定一个作用力函数形式，根据需要重现的性质决定评价函数，并采用最小二乘法将原子得到的力表进行拟合，之后即可以用得到的势函数进行粗粒化模拟。

Klein等人采用基于热力学性质（密度、界面张力等）的粗粒化方法建立了一系列表面活性剂的粗粒化力场[2,7-10,22]。这些力场主要用于研究表面活性剂体系的自组装行为，力场形式与我们通常所见的原子力场形式类似，包括键长、键角和非键作用。其中，键长项、键角项由玻尔兹曼变换后采用谐振势拟合获得，非键项则根据相互作用强弱采用不同的 Lennard-Jones（LJ）势如 LJ 12-6 势、12-4 势等描述，通过调节粗粒化参数，所得到的力场能够较好地重现实验体系的自组装结构和界面张力等性质。

6.2 系统粗粒化方法的进展

无论采用以上哪种粗粒化方法，在粗粒化过程中我们都是具体针对在某个特定条件下的某一种性质进行粗粒化力场的构建（或称粗粒化力场参数化）。虽然这样得到的粗粒化力场可以完全重现在那个特定条件下（或称参数化条件下）的目标性质，它在其他条件（即不同于参数化条件）下的表现或对其他性质（即不同于目标性质）的预测效果如何则不得而知[23]。对于在某个特定条件下构建的粗粒化力场，其在其他条件下的表现我们一般称之为粗粒化力场的迁移性（trans ferability），这里的条件范围不仅包括物理条件（如温度、压力、外场等），也包括化学条件（如应用于具有类似化学结构的分子或其与其他分子组成的混合物）[24]。而采用某种性质作为重现的目标性质所得到的粗粒化力场，在同样物理化学条件下预测其他性质的能力，我们一般称为粗粒化力场的代表性（representability）。发展具有良好迁移性和代表性的粗粒化力场，不仅是计算科学中实现多尺度模拟无缝衔接的关键一步，也是实现通过分子模拟阐明和预报高分子体系的多重相行为与相变温度及结构-性能关系的必要前提，但在此方面的研究其实甚少。

我们知道，构建粗粒化力场的目的是为研究体系提供一个简化的分子间相互作用描述以实现模拟计算效率的提高，并期望这个简化的分子间相互作用可以和原子水平的模拟或实验一样，用来如实研究材料性质或行为[3,5,11-15,25-32]。但不幸的是，人们发现上述传统粗粒化方法所得到的粗粒化力场虽可实现目标性质的精确重现，却不能对某些其他性质进行有效预测，即粗粒化力场不具备代表性[24,33-35]。例如：Louis[36] 发现能够准确预测体系结构的粗粒化势并不能正确反映体系的能量。Rossi 等[37] 近期报道了以热力学基粗粒化方法所发展的 MARTINI 粗粒化力场不能正确预报高分子尺寸，尽管这个力场之前已经成功预报了软物质体系的密度、蒸发焓和界面张力。另一方面，如前所述，实现材料多尺度模拟的无缝衔接，需要所构建的粗粒化模型可以准确反映多重材料性质，特别是结构和热力学性质与原子模型一致。

目前，在电子尺度和原子尺度上，量子化学和原子力场模拟的计算结果已经基本可以实现准确地反映材料的多种性质；而在介观尺度上，大部分粗粒化模型只能定量重复出原子尺度模型的某种特定性质。至今为止，人们仍在不断探寻能够重现多种性质的粗粒化方法，以求由此建立相应的粗粒化力场，但其实这对于粗粒化力场的设计者是非常困难的。我们知道，很多宏观的材料性质实验上是在不同的热力学条件下测定的，如测定杨氏模量一般样品处于固态，而测定扩散系数则为液态或气态。所以，对于一个能够重现多种材料性质的粗粒化力场，必然涉及粗粒化势函数在不同热力学条件下如温度、压力、界面张力等的良好迁移性。在预测材料的力学和热学性质方面，粗粒化模型相对于原子模型自由度减小，一方面导致动力学性质发生改变，另一方面分子间相互作用对减少会使体系自由能发生变化，如何对这些由于粗粒化带来的损失进行补偿，从而能够使得粗粒化模型准确模拟这些性质，也是一个问题。此外，粗粒化模型在具体应用体系中还可能在不同于原建模体系的化学环境中使用，而涉及粗粒化力场化学迁移性的问题。所有这些皆使得建立能够重现多种材料性质的粗粒化力场变得极为复杂。在当前常用的粗粒化方法中，基于重现分子间作用力的粗粒化方法可以将体系所有粒子间的平均力势进行对势分解，由此可以更好地描述体系内粒子间的多体相互作用，因此其在重复多性质方面具有一定的优势。而在诸多的重现分子间作用力的粗粒化方法中，MS-CG 方法从有效相互作用自由能获得相互作用势，因此可以重复出体系内粒子的密度相关性及热力学性质。举例来说，如 Rosch 等[38] 采用杂化 MS-CG 方法发展了聚苯乙烯（PS）的粗粒化模型，该模型不仅能够重复出原子模拟的结构和热力学性质，通过优化参数还可以重复出单轴拉伸过程中的应力-应变曲线。Izvekov 等人[39] 在 MS-CG 方法基础上发展了基于局部密度的粗粒化势获取方法，并将其应用于小分子环三亚甲基三硝胺（RDX）体系，得到的粗粒化势可以准确地描述 α-RDX 分子的晶体结构、弹性模量和振动光谱。

上述结果表明，在重现材料多性质方面，基于重现分子间作用力的粗粒化方法天然具有一定的优势。但是，由于其相互作用势函数的复杂性，这种方法得到的分子间有效作用力不易于迁移到其他热力学条件或化学环境中。基于此，Wang 等人[40,41] 提出了有效力粗粒化方法（effective force coarse-graining，EF-CG）。在这种方法中，类似于原子力场，相互作用势被细分为范德华（van der Waals，VDW）力和静电力相互作用，这样有助于在不同环境中进行相应调节。他们将这种方法应用于咪唑啉型硝酸根离子液体，这种方法得到的粗粒化势函数可以准确预测体系的局部结构、相态和热力学性质，并且展现出很好的温度可迁移性。

重现分子间相互作用力的粗粒化方法为构建重现材料多性质的粗粒化模型提供了可能性，但是在其复杂的相互作用势函数形式背后，这些相互作用势的物理意义尚不明确。然而，对于基于重现分子结构的粗粒化方法来说，其分子间相互作用势主要使用径向分布函数的玻尔兹曼变换或使用 LJ m-n 势拟合得到（通常使用 LJ 9-6 或 LJ 7-4 或 LJ 12-6 势），而这些在统计物理上是很容易被理解的。对于此种粗粒化方法在特定热力学条件下重现分子的结构是很容易的，而对于重现某些性质如玻璃化转变温度（需要粗粒化力场具有一定温度迁移性）或剪切黏度（需要粗粒化力场具有非平衡态模拟的可迁移性）等则不一定能够实现。如 Chen 等人[42] 发现在平衡态可以重现分子结构的聚苯乙烯模型不能够在非平衡态模拟中重复出准确的零剪切黏度。而 Qian 等人[43] 的粗粒化聚苯乙烯模型可以很好地重现原子模拟的分子结构和密度，但是其预测的玻璃化转变温度则相比原子模拟和实验值相差较大。从上述文献中我们可以发现对于基于重现单一性质的粗粒化方法来说，尚没有一种通用的操作方法可以用来建立预测材料多种性质的粗粒化模型[44-47]。如果我们想要建立能够重现材料多种性质如结构、热力学、动力学及其他性质的粗粒化模型，我们就需要在粗粒化过程中加入相应的目标性质[48]或改进我们的粗粒化方法。如 van der Vegt 等发展了 Kirkwood-Buff IBI (KB-IBI) 方法，这种方法在参数化时不仅要求粗粒化模型可以重现出体系的径向分布函数，还要求粗粒化模型可以重复出径向分布函数的积分面积。他们将这种方法应用于尿素溶液体系，发现得到的粗粒化模型不仅可以重现出体系的偏摩尔体积，而且还可以重复出相应的活度系数[49,50]。而近来，我们研究组[51-53]发展了一种能够重现原子模拟体系结构和热力学性质的混合粗粒化方法，这种方法被应用于 5CB 体系，发现在 300K 和 1atm 条件下得到的粗粒化模型不仅可以很好地在参数化条件下重复出分子的结构和热力学性质外，还具有很好的迁移性和代表性。比如我们的粗粒化模型除可以在不同温度条件下重复出液晶体系的实验密度、原子的局部堆积、邻近分子的反平行排列外，在和 5CB 具有类似化学结构的分子(如 6CB 和 8CB 等) 中也具有很好的迁移性。这些结果证明我们的粗粒化方法在建立能够重现液晶体系多种性质的粗粒化模型方面是非常有效的。另外，需要指出的是我们的粗粒化模型能够很好地重复出相应原子模拟体系的密度和局部结构，这不仅意味着我们的粗粒化粒子能够较好地代表相应原子模拟中的原子基团的排除体积，也表明我们的粗粒化模型能够较好地重复出相应原子模拟中的分子构象和排除体积形状，这使得我们的粗粒化模型在重复原子模拟的其他性质如力学或线性流变学方面也具有潜能。

到目前为止，发展能够重现体系的结构、热力学或力学性质方面的粗粒化模型已经取得了一定的进步。但是，由于在粗粒化过程中体系自由度在一定程度上的丢失和粗粒化力场中软势的使用，使得相对于原子模拟粗粒化粒子动力学加速现象成为粗粒化模拟中的一个常见问题[45-47]。但是，在高分子的流变学性质预测如剪切黏度和法向应力差等方面，则要求粗粒化模型能够准确地反映其原子模拟中相应的动力学行为和性质。因此，如何准确重复原子模拟中的高分子的动力学行为和性质也逐渐受到人们的关注[54,55]。高分子的动力学性质主要受其分子链间的摩擦力控制，而链间的摩擦力又与分子的局部构象及分子链间的堆积构象有关。在分子模拟中，分子的局部构象主要受力场中成键项的二面角项控制，因此二面角项对于高分子的动力学性质具有重要影响。近年来，Paul 等人[48]在聚丁二烯 (PB) 的模拟中发现在低温条件下 (低于体系的玻璃化转变温度) PB 分子链的均方位移 (MSD) 曲线出现从短时振动到平台区；而将体系的二面角项移除后，PB 分子链的 MSD 曲线从短时振动直接过渡到类似 Rouse 运动的曲线，未表现出玻璃化高分子的性质。这说明了二面角项对体系的链段摩擦系数具有重要影响。而在高分子粗粒化模拟中，为追求模拟效率，很多高分子粗粒化模型中没有包含二面角项[56,57]。二面角项对于高分子动力学性质的具体影响尚鲜见报道。而另一方面，人们为能将粗粒化模拟中的高分子动力学与原子模拟相定量比较，也发展了一些方法。其中，一种很常用的方法是从扩散系数或黏度计算高分子粗粒化体系与原子模拟体系间的时间映射因子[27,28]，而这在体系结构发生变化时 (如在流场中时) 也会碰到一些其他的问题[58,59]。直到最近，人们才提出了在粗粒化模拟中引入额外摩擦力以补偿体系由于粗粒化造成的自由度缺失的影响的方法[60,61]，如 Izvekov 和 Voth 提出可以通过在运动方程中引入广义朗之万方程 (generalized Langevin equation) 来使粗粒化模型实现真实的运动行为[46,55,57,62]。近来 Qian 等人也提出在结构基粗粒化模型中可以采用耗散粒子动力学 (dissipative particle dynamics, DPD) 或 Lowe-Andersen (LA) 运动方程来描述粗粒化粒子的运动[54]。我们知道，在

DPD 运动方程中，热浴可以提供额外的摩擦力且可以保证局部动量守恒，这样的热浴为结构基粗粒化模型除在重复出体系的动力学性质的基础上还可以重现出分子的结构提供了保障。Qian 等[34] 在粗粒化的聚苯乙烯（PS）体系的模拟中引入了 DPD 热浴，发现通过调整 DPD 热浴的噪声强度，可以实现粗粒化模拟和原子模拟在动力学上的一致。此外，还需要指出的是，在 DPD 热浴中其局域动量和全局动量均守恒，因此其具有伽利略不变性，不屏蔽体系中的流体动力学作用，且在非平衡动力学模拟中不会人为影响流速度曲线[63,64]。实际上在非平衡分子动力学模拟中 DPD 热浴已经得到了广泛的使用[65-67]。而在最近的一项工作中，Fu 等利用粗粒化 LJ 粒子体系测试了朗之万热浴和 DPD 热浴的减速效果，他们发现只有 DPD 热浴可以在对应一个粗粒化度、一个摩擦因子值的情况下同时重复出黏度和扩散系数[68]。尽管在小分子领域应用 DPD 热浴实现粗粒化模型和原子模型的动力学一致性已有研究，但此类应用在高分子粗粒化模型中尤其是在非平衡条件下尚鲜见报道[69]。由于高分子属非牛顿流体，在流场（如剪切流）中分子会发生取向和拉伸，这会影响到分子链的构象和空间堆积，也会影响到高分子的局域摩擦系数。因此，在高分子体系中能否采用同样的耗散因子统一重现原子模拟体系的平衡态与非平衡态动力学性质还不得而知。而笔者首次系统研究了 DPD 热浴加入系统粗粒化高分子模型中对体系动力学性质的影响，具体内容将在下一节中详细介绍。

6.3 系统粗粒化方法在研究聚丁二烯（PB）体系中的应用[70,71]

作为一种重要的高分子材料，聚丁二烯除被广泛应用于橡胶和汽车工业外，同时也是一种实验室中常见的流变学样本材料[72-74]。依聚合反应条件不同，PB 可存在 1，4 和 1，2 加成两种不同聚合反应方式，存在三种不同的结构单元。众所皆知，预测高分子熔体的加工性质在高分子材料工程领域具有重要意义。然而，即便对于目前计算机的计算水平，采用原子尺度模型直接模拟实验中的高分子材料尚不太可能。对于模拟预报某种特定高分子的物化性质，我们需要使用包含化学结构的粗粒化模型，这势必要求发展能够重现多种材料性质的粗粒化力场。对于 PB 来说，之前已有一些粗粒化模拟的研究，但这些粗粒化模型主要集中在顺式的 PB 方面[75-82]，如 Li 等的顺式 PB 粗粒化模型重复结构和动力学性质都很好，但是在热力学性质和计算效率方面则表现较差。还有一些 PB 粗粒化模型建立在大的空间尺度之上，因此其基本不包含分子链局部的结构细节，这样的模型则比较适合于缠结动力学或相分离动力学研究。对于能够定量预测高分子体系的宏观性质（如弹性模量、剪切黏度等）的粗粒化模型则报道较少。此外，之前所建立的 PB 粗粒化力场基本只考虑体系在建模时的相应性质重现，而对于粗粒化力场的迁移性和在其他性质预测方面（也即代表性）则较少涉及。另外需要指出的是，在实验中除高顺式 PB 外，反式 PB（反式-1,4-PB）在 PB 的主要商品中也是重要成分之一[83,84]。但如上所述，之前的粗粒化模型大多集中在顺式 PB，对于反式 PB 基本没有报道。在本项研究中，我们采用一种结构基与热力学基混合粗粒化方法建立了一个新的反式 PB 的粗粒化力场。如前文所述这种方法已成功地被应用于液晶体系的粗粒化研究，在本文中我们将这种方法扩展到高分子体系。我们系统研究了所得到的力场的热力学迁移性和多性质重现性，并且测试了粗粒化力场在非平衡态条件下（如各向同性压缩和振荡剪切流中）的表现，此外，我们还在粗粒化粒子运动方程中引入了 DPD 热浴，通过调节 DPD 热浴的耗散因子使粗粒化模拟与原子模拟实现了动力学一致。

6.3.1 PB 粗粒化模型构建及模拟细节

PB 的原子模拟力场我们采用已在高分子模拟中被广泛应用的 TRAPPE 力场[85]，我们的主要目的是建立一个可以重现原子模拟中材料的多种性质尤其是非平衡态条件下性质的粗粒化力场，因此从模型角度来说我们需要保留较多的化学细节。基于此，我们的反式-1,4-PB 模型的粗粒化度无需很高，我们将一个 PB 重复单元粗粒化成一个粗粒化珠子。我们注意到，之前的二烯烃粗粒化模型中也有一些类似的粗粒化映射方法[3,78,86]。而之前的二烯烃粗粒化模拟中，粗粒化珠子质心位置的选择也多种多样，如：放置在重复单元的双键中心上、某个碳原子上或相邻重复单元的中心处。从之前的模拟结果可知，如果将粗粒化粒子的中心放在相邻重复单元的中心上，对于键长分布可以得到一个对称分布的峰形，但对于键角分布则会呈现出多峰分布[86]。另外，Qian 等曾提出不同热力学条件下体系的密度差异与粗粒化映射方法及粗粒化位点位置的选择有关。对于 Qian 等的 PS 粗粒化模型[38] 和 Karimi-Varzaneh 等的离子液粗粒化模型[87]，他们都将粗粒化位点的位置放在分子的质心上，而这样得到的粗粒化模型也都可以在很大的温度范围内重现出体系的密度。对于反式-1,4-PB 来说，其结构单元是中心对称的，所以其双键的中心也就是其质心，将粗粒化位点放在双键中心也许会改善我们的粗粒化模型的温度迁移性。此外，由于反式-1,4-PB 的结构单元是严格中心对称的，这样我们用一个球体能够较好地描述一个重复单元的排除体积。PB 分子的单体是一个对称分子，如果将粗粒化粒子的位置放置在某个碳原子上，这种做法无法正确反映出 PB 分子单体的中心对称性。因此，在本粗粒化模型中我们选择将粗粒化粒子的中心放置在 PB 分子单体的双键的几何中心上，示意图参见图 6-1。

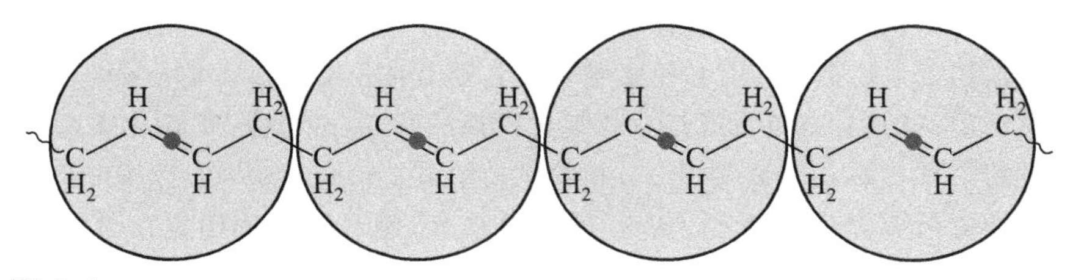

图 6-1
反式-1,4-PB 分子粗粒化映射模型示意图

对于粗粒化力场来说，其形式一般与原子力场的形式类似。其相互作用势函数 U^{CG} 可以分为两部分，即分子内相互作用势（也称为成键势）$U^{\mathrm{CG}}_{\text{成键}}$ 和分子间相互作用势（也

称为非键势）$U_{非键}^{CG}$，即

$$U^{CG}=\sum U_{成键}^{CG}+\sum U_{非键}^{CG} \tag{6-4}$$

其中，分子内相互作用势一般包括以下几个部分：键伸缩项（键长项），键弯曲项（键角项）和键扭转项（二面角项）。如上所述，为系统研究键扭转项在粗粒化力场重现原子模拟性质方面的作用，我们设计了两个粗粒化力场，分别包含键扭转项和不含键扭转项，具体细节我们将在下文中详述。

我们采用结构基与热力学基混合粗粒化方法获得粗粒化力场的分子内相互作用势和分子间相互作用势。其中，分子内相互作用势来自于原子模拟的分子局部构象的概率密度分布函数的玻尔兹曼变换。这里的原子模拟数据可以是对单根链在真空中的模拟结果或是高分子本体的模拟结果[88,89]。尽管真空中的单链模拟相对于本体模拟来说比较省时，但 Peter 等指出对于真空中的构象采样结果需要保证其不会出现本体中非物理构象时才可使用[90]。在本文中，我们使用本体中的模拟数据来获得分子内相互作用势，其具体形式如下。

$$U_{成键}^{CG}(r,T)=-k_BT\ln(P^{CG}(r,T)/r^2)+C_r \tag{6-5}$$

$$U_{成键}^{CG}(\theta,T)=-k_BT\ln(P^{CG}(\theta,T)/\sin\theta)+C_\theta \tag{6-6}$$

$$U_{成键}^{CG}(\varphi,T)=-k_BT\ln(P^{CG}(\varphi,T))+C_\varphi \tag{6-7}$$

式中，C_r，C_θ 和 C_φ 是为将势函数的最低点调整为零所添加的常数。

之后，我们将势函数进行迭代玻尔兹曼变换，以使其能够更好地重复出原子模拟的结构细节。

$$U_{键长(n+1)}^{CG}(r,T)=U_{键长(n)}^{CG}+k_BT\ln(P^{CG}(r,T)/P^{CG}(r,T)_{目标})+C_r \tag{6-8}$$

$$U_{键角(n+1)}^{CG}(\theta,T)=U_{键角(n)}^{CG}(\theta,T)+k_BT\ln(P^{CG}(\theta,T)/P^{CG}(\theta,T)_{目标})+C_\theta \tag{6-9}$$

$$U_{二面角(n+1)}^{CG}(\varphi,T)=U_{二面角(n)}^{CG}(\varphi,T)+k_BT\ln(P^{CG}(\varphi,T)/P^{CG}(\varphi,T)_{目标})+C_\varphi \tag{6-10}$$

由一步玻尔兹曼变换所得到的势函数的具体图像如图 6-2 所示。

由于我们的键长、键角势为不规则函数，我们无法使用类似于原子力场中谐振势函数形式对其进行拟合，因此在粗粒化力场中键长和键角项使用列表势。

对于二面角项我们使用如下形式进行拟合

$$U_{二面角}^{CG}=\sum_{n=0}^{5}(-1)^n k_n(\cos\varphi)^n \tag{6-11}$$

式中，k_n 是力常数。

对于分子间势函数，一般来说常见的有两类，一是由 IBI 方法等得到的列表势，一是如 LJ 势、Morse 势等的分析势。分析势相对于列表势来说其形式比较简单，而且其物理意义也较明确。虽然表面上看来使用分析势描述非键作用较列表势容易，但拟合得到的分析势其实较难在粗粒化尺度上准确重复出体系的结构[62,88]，尤其是在恒压模拟中。在 Kremer 等人的粗粒化模拟中他们经常采用纯排斥的 LJ 势，且这些粗粒化模拟经常使用 NVT 系综进行模拟，这样其实是巧妙地回避了恒压模拟这个问题。而在本文中，由于粗粒化粒子较软，我们采用 LJ 9-6 势来描述 PB 粗粒化粒子间的非键相互作用：

$$U_{非键}^{CG}=4\varepsilon\left[\left(\frac{\sigma}{r}\right)^9-\left(\frac{\sigma}{r}\right)^6\right] \tag{6-12}$$

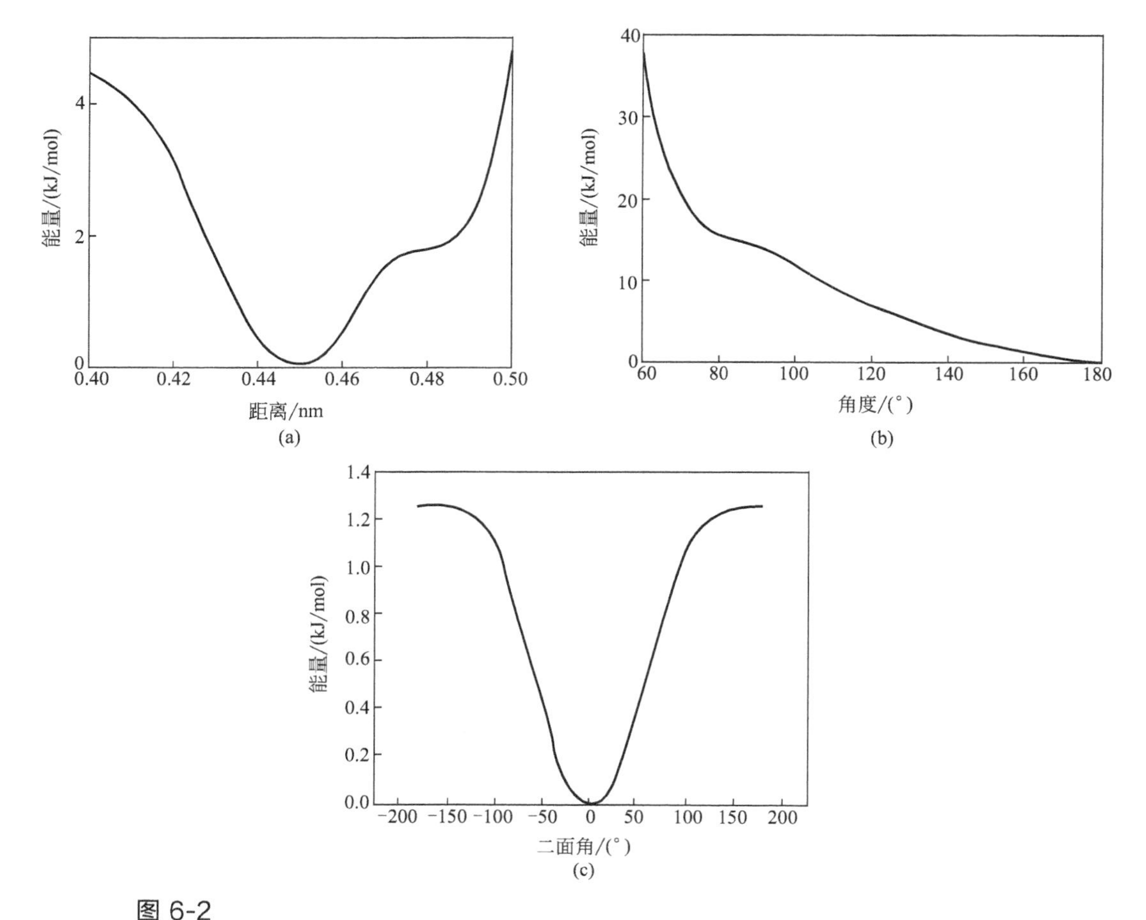

图 6-2

由 PB 原子模拟结果经迭代玻尔兹曼变换所得到的粗粒化成键势，(a)，(b)，(c) 分别为键长、键角和二面角项势函数

式中，ε 是阱深；σ 是珠子大小。

在拟合上式中 ε 和 σ 的值时，我们采用了一种结构和热力学基混合的粗粒化方法，我们采用密度和 RDF 作为粗粒化模拟重复原子模拟中的目标量。首先我们调整 ε 和 σ 的值使粗粒化体系密度与原子模拟相吻合，之后继续调整两参数值使体系的 RDF 相吻合，RDF 的收敛标准见下式[52]

$$\Delta g(r)=\sum_{1}^{N} \mathrm{e}^{-r_i}\left[g_{\mathrm{CG}}(r_i)-g_{\text{目标}}(r_i)\right]^2 \Delta r \tag{6-13}$$

式中，$g_{\text{目标}}(r_i)$ 是按粗粒化位点分析原子模拟轨迹所得到的 RDF；$g_{\mathrm{CG}}(r_i)$ 是粗粒化模拟得到的 RDF。如果其差值处在 10^{-2} 量级，我们即认为其收敛。

如上所述，为系统研究二面角项在粗粒化力场中对于重复原子模拟性质的具体影响，我们针对反式-1,4-PB 体系分别建立了包含二面角势和不包含二面角势的粗粒化力场。

在粗粒化模拟中，我们使用原子模拟的最后一帧作为粗粒化模拟的初态。即体系包含 100 条链，每条链包含 32 个粗粒化珠子。在之后的模拟中，我们依计算性质需求对体系进行了扩大，扩大程度从 10 倍至 30 倍不等。粗粒化体系首先在 413K 和 1atm 条件下进行初平衡，采用 Nose-Hoover 热浴和压浴进行控温和控压。另外有一点需要指出的是，在部分剪切模拟中，为实现动力学一致性我们采用了 DPD 热浴和 NVT 系综。体系的范德华力截断半径取 1.0nm，体系的步长为 10fs（剪切模拟中取 1fs），模拟时间依模拟性质不同从 50ns 到 4000ns 不等。为测试模型的热力学迁移性，我们分别进行了不同温度和压力条件下的粗粒化模拟。另外，为验证粗粒化模拟对原子模拟的力学和流变学结果的重现性，我们还进行了振荡剪切和稳态剪切条件下的模拟，具体使用了本体模量、动态力学模量、位点序参数等物理量对体系的多种性质的重现性和温度迁移性进行了表征。

图 6-3 中给出了 413K 和 1atm 条件下应用两个不同的反式-1,4-PB 粗粒化力场（即包含二面角项和不包含二面角项的粗粒化力场）进行模拟得到的键长项、键角项和二面角项的概率密度分布函数结果。从图中可以看出，对于键长和键角项粗粒化模拟与原子模拟数据吻合良好。同时我们也发现，对于包含了二面角项和未包含二面角项的粗粒化力场，其键长和键角分布的重复性类似。对于二面角分布，包含二面角项的粗粒化力场能够准确地重复出原子模拟的峰位和峰值，而未包含二面角项的粗粒化力场则呈现出随机分布。对于 RDF 曲线，粗粒化模型可以准确重复出原子模拟的 RDF 第一个峰的位置，且能够较准确地重复出第二个峰的高度。但是，由于粗粒化模型的势函数较软，RDF 曲线的第一个峰的峰值较原子模拟的峰值大。总的来说，粗粒化模型能够较准确地在 413K、1atm 条件下重复出相应原子模拟的结构性质。

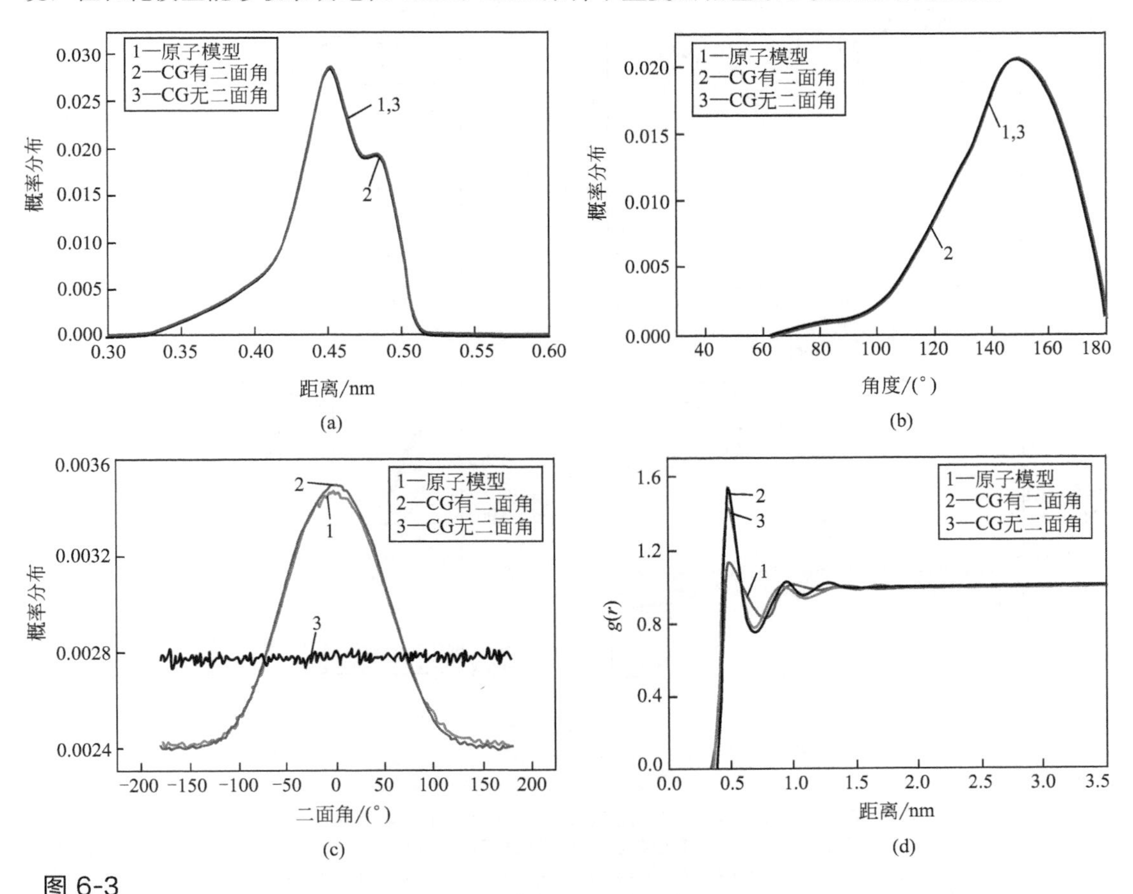

图 6-3

413K，1atm 条件下反式-1,4-PB 的原子模拟与两个不同粗粒化力场模拟所得到的键长项、键角项、二面角项的概率密度分布函数和 RDF 曲线

6.3.2 粗粒化模型的温度迁移性和代表性

6.3.2.1 温度迁移性

我们的粗粒化力场的成键项部分是在 413K 和 1atm 条件下采用该热力学条件下原子

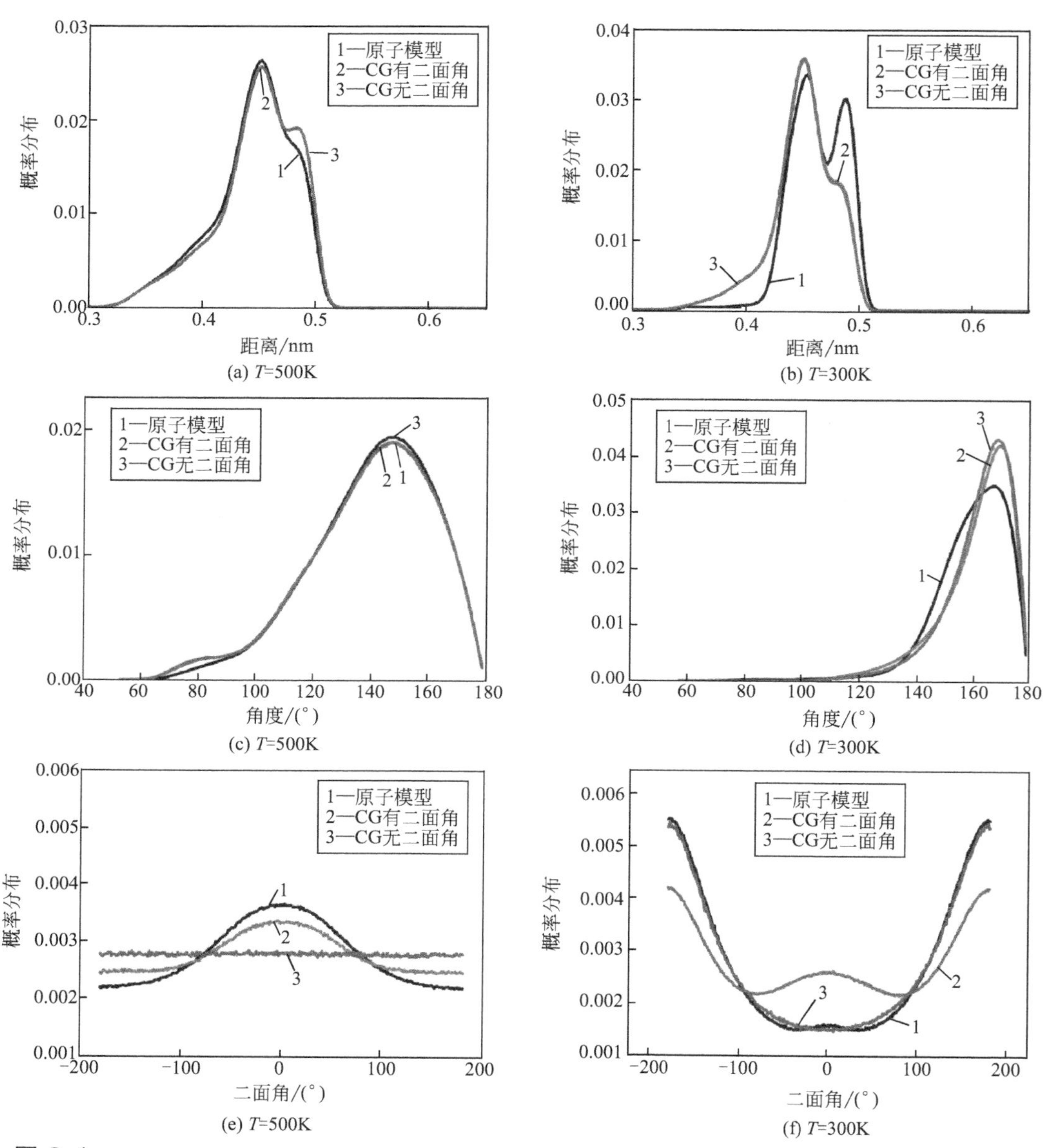

图 6-4

反式-1,4-PB 采用原子力场和两个不同粗粒化力场在温度为 300K 和 500K 条件下进行模拟后，以粗粒化位点分析得到的键长、键角和二面角的概率密度分布函数。具体各图分别为（a）温度为 500K 时原子和粗粒化模拟的键长项分布。（b）温度为 300K 时原子和粗粒化模拟的键长项分布。（c）温度为 500K 时原子和粗粒化模拟的键角项分布。（d）温度为 300K 时原子和粗粒化模拟的键角项分布。（e）温度为 500K 时原子和粗粒化模拟的二面角项分布。（f）温度为 300K 时原子和粗粒化模拟的二面角项分布。

模拟数据的相应概率密度分布函数经过迭代玻尔兹曼变换得到的，这意味着使用这种方法所得到的势函数具有温度依赖性。因此，若将此粗粒化力场应用于其他温度，我们有必要对在 413K 和 1atm 热力学条件下所得到的粗粒化势函数在其他温度下的表现进行测试。图 6-4 中给出了相应结果。

从图 6-4(a) 和图 6-4(b) 中可以看出，尽管我们是在温度为 413K 的条件下建立粗粒化模型，我们的粗粒化模型在其他温度（如 300K 和 500K）条件下仍然可以成功地重复出相应的主峰（约 0.448nm）。对于另外一个峰（约 0.482nm 处），由图 6-5～图 6-7 可知，这个峰与 0.448nm 处的主峰，分别对应在原子尺度上结构单元间不同的构象。从图 6-6 和图 6-7 中可以看出，在原子模拟中，二面角 C1—C1—C2—C2 的优势分布峰处于 0°和±120°，而二面角 C2—C1—C1—C2 的优势峰处于±60°和±180°。粗粒化模拟中键长分布的那两个峰值实际上是上述二面角的组合结果。图 6-7 中显示对于二面角 C2—C1—C1—C2 无论是在 500K 还是在 300K 条件下，±180°处的峰值均占优势，即二面角主要呈现反式构象。当二面角 C2—C1—C1—C2 处于 180°且二面角 C1—C1—C2—C2 处于±120°时，原子模拟中相邻的两个结构单元双键间的距离为 0.482nm，这对应图 6-3(a) 中的肩峰值；当二面角 C2—C1—C1—C2 处于 180°且二面角 C1—C1—C2—C2 处于 0°时，原子模拟中相邻的两个结构单元双键间的距离为 0.448nm，这对应图 6-3(a) 中的主峰。在高温条件下（即 500K 时），我们得到的分布情况与原子模拟符合较好；在低温条件下，原子模拟中的肩峰逐渐变得尖锐，而在我们的粗粒化模拟中则没有出现此种情况。这与在粗粒化模拟和原子模拟中分子构象随温度变化在小尺度上呈现不同趋势有关。原子模拟中在 300K 条件下体系发生由熔体向晶体转变（对于分子量为 $5.6\times10^{3}\sim8\times10^{5}$ 的反式-1,4-PB 其实验结晶温度为 360～400K[91]，考虑到我们模拟的分子链较实验的分子链更短，其结晶温度应该更低）。在结晶状态下分子链较熔体中的分子链更加伸展，这从键长分布图也可以看出（从 500K 到 300K，体系的平衡键长从 0.448nm 增加到 0.452nm）。实际上，当温度从 500K 降至 300K 时，二面角 C2—C1—C1—C2 在 180°处的峰大幅上升，60°处的峰近乎消失，证明了分子链的空间构象在由旁式向反式构象转变。与此同时，二面角 C1—C1—C2—C2 在 120°处的峰值上升，其与二面角 C2—C1—C1—C2 在 180°处的峰上升的协同效应导致了 300K 下粗粒化模拟的键长分布中 0.482nm 处的峰值上升。另外，我们也可以从图 6-6 中看到，从 500K 到 300K C1—C1—C2—C2 其 0°的峰值也有上升，因此在粗粒化模拟的键长分布中其位于 0.448nm 处的峰值也应增加，这与图 6-4(a) 和图 6-4(b) 中所表现出的结果一致。此外，图 6-6 中显示出在 180°处 C1—C1—C2—C2 二面角的分布随温度降低也有所降低。当二面角 C2—C1—C1—C2 和二面角 C1—C1—C2—C2 均处于 180°时，分子呈全反式构象，此时相邻结构单元的双键中心间的距离也为 0.482nm。因此，从 500K 到 300K，二面角 C1—C1—C2—C2 在 180°处分布概率的降低在一定程度上也会使 0.482nm 处的峰值下降。所以从粗粒化键长分布角度来看，0.482nm 处的峰值变化是两种因素共同影响的结果。而对于我们的粗粒化模型，在 300K

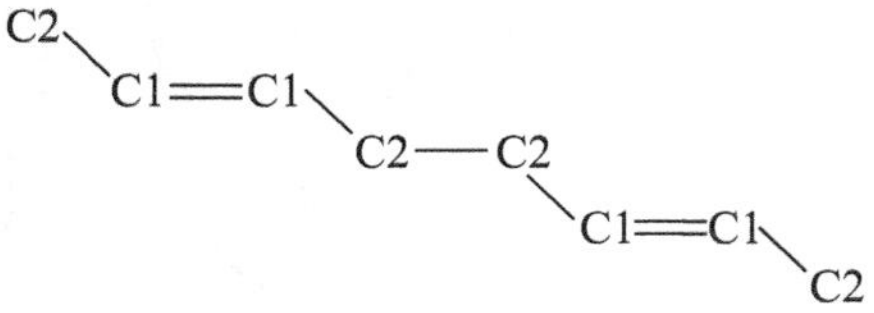

图 6-5

反式-1,4-丁二烯的联合原子模型示意图

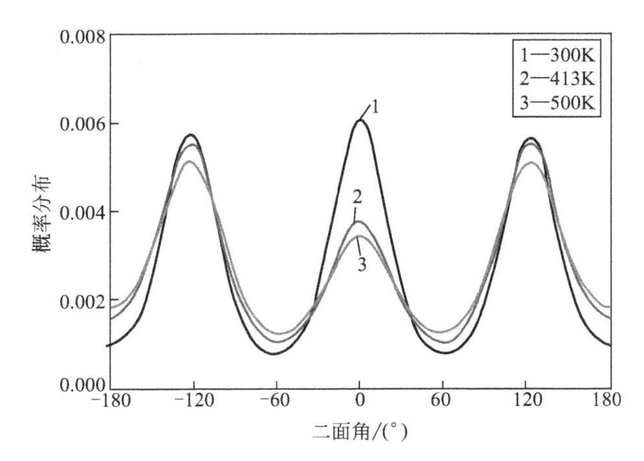

图 6-6

原子模拟中不同温度下二面角 C1—C1—C2—C2 的概率密度分布函数

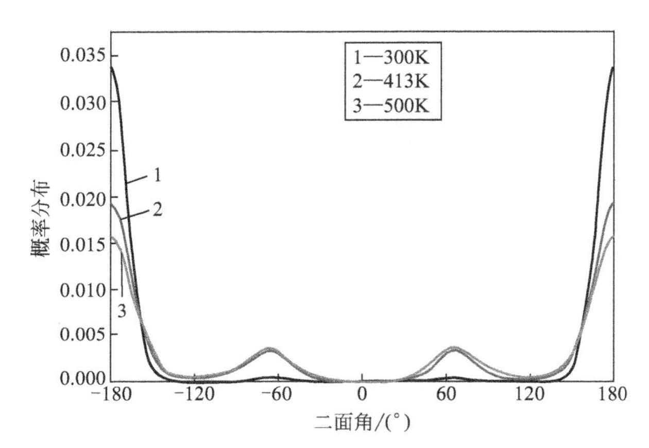

图 6-7

原子模拟中不同温度下二面角 C2—C1—C1—C2 的概率密度分布函数

条件下虽然不能重现出原子模拟中的肩峰，但我们从实时图中［图 6-8(b) 和图 6-8(c)］观察到粗粒化的高分子链也倾向于形成层状结构。我们知道，结晶的高分子链处于高度伸展和紧密堆积状态。对比图 6-8(b) 和图 6-8(c) 也可以发现，不包含二面角的粗粒化模型要比包含二面角的粗粒化模型堆积得更为整齐，且更容易呈现伸展的构象。因此，对于不包含二面角的粗粒化模型，其分子链更为伸展，其平衡键长更大。另外需要指出的是，尽管我们对原子模拟和粗粒化模拟体系均观察到了结晶现象，但无论是不包含二面角项的粗粒化模型，还是包含二面角项的粗粒化模型，其平衡键长均小于相应的原子模拟结果，这提醒我们在将粗粒化力场应用于完全不同于建模条件的情况下（如将熔体条件下建立的粗粒化力场应用于结晶条件下），我们需要格外谨慎。

对比图 6-4(c) 和图 6-4(d)，我们发现在原子模拟中其角度分布在 300K 和 500K 时存在差别。我们的粗粒化力场在 500K 时不仅能够很好地重复出平衡键角的峰位，而且基本上还能够重复出整个分布曲线的形状，只是在峰高和角度较小时有微小差别。温度为 300K 时，我们的粗粒化力场仍然能够大体上重复出角度分布曲线的形状，但同时我们也

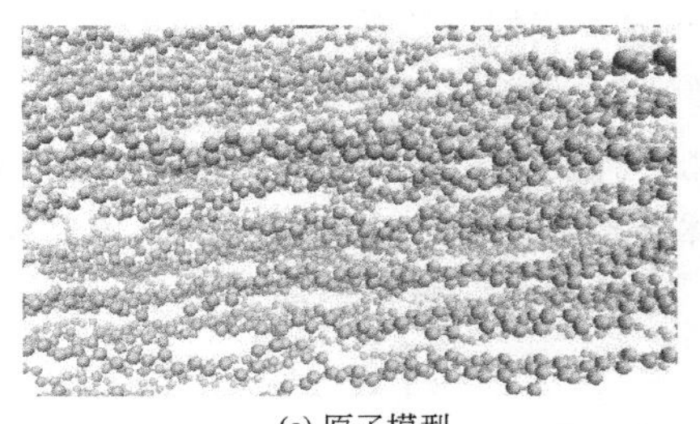

(a) 原子模型

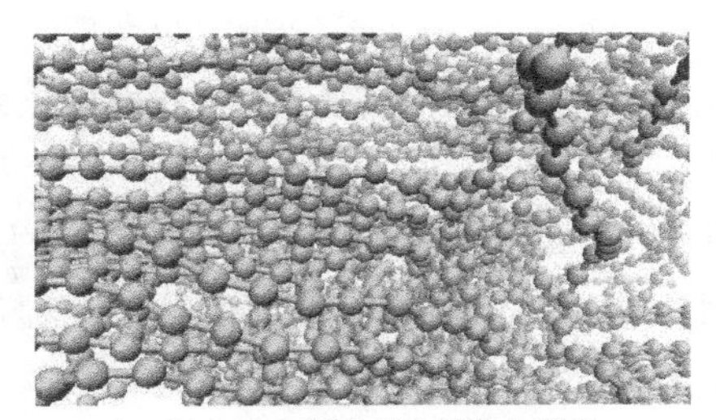

(b) 包含二面角项的粗粒化模型

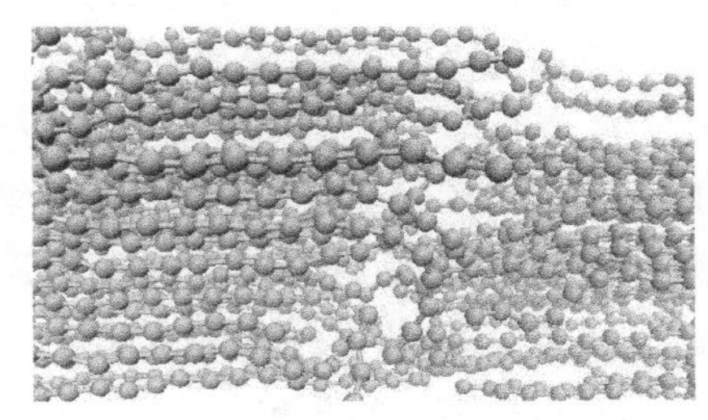

(c) 不包含二面角项的粗粒化模型

图 6-8

反式-1,4-PB 体系在 300K 和 1atm 条件下分子动力学模拟中最后一帧的实时截图

可以明显地看出其平衡键角发生了右移。这进一步表明了在原子模拟和粗粒化模拟中分子在低温条件下存在某些小尺度构象不同，即我们的粗粒化模型在向低温迁移时呈现的分子构象与原子模拟中的略不同。在粗粒化模拟中其优势键角分布更加偏向于 180°，即体系中分子的构象更趋向于直线形，这进一步验证了我们对于体系 300K 下结晶的推测，与如图 6-8 所示的实时图像相符，高分子链发生伸展，堆积成层状结构，且分子链中会出现更多的反式构象。类似于之前的粗粒化键长分布，在粗粒化键角分布中我们也发现二面角势的引入与否不会对分布函数造成影响。由于列表势的使用，粗粒化模型在高温下对于体系的键角分布具有很好的重复性，而且低温条件下粗粒化模型也能重复出其分布主峰的右移。例如：在原子模拟中，其键角分布主峰从 500K 时的 148°右移至 300K 时的 168°；而对于相应的粗粒化模拟，其键角分布的主峰同样从 150°移至 170°，两者的迁移情况类似。然而，从图 6-4(d) 中可以看出粗粒化模拟所得到的键角分布较窄，其峰高较高。这表明在熔体条件下建立的粗粒化模型对低温条件下体系结构的描述仍然存在一定局限性。尤其对于不包含二面角的粗粒化模型，由于其分子内没有长程构象限制项约束，其分子在结晶相更容易以伸展构象存在。因此，我们看到在 300K 时其键角分布峰较包含二面角项的粗粒化模型得到的峰值略高，如图 6-4(d) 所示。

如前文中所述，为了比较二面角势在粗粒化力场中的作用，我们分别建立两个不同的粗粒化力场。对于结构性质而言，由原子力场我们可知二面角项相比于键长和键角项可以在更大范围内保持分子的真实构象。如图 6-4(e) 所示，在 PB 的原子模拟中我们发现在温度为 500K 时其二面角分布存在一个较弱的峰，引入二面角项的粗粒化力场能够较好地重现出这一结构特征，而不包含二面角项的粗粒化力场其二面角分布则呈现出随机分布。二面角项对于体系的局部构象乃至全局构象均有影响，而局部构象会影响分子链间的摩擦系数，进而可能影响体系的动力学性质。由此可推测，我们的粗粒化模型能够较好地重复体系在高温状态下的构象，那么其也应该能够较好地重复出体系分子的尺寸乃至动力学性质。从图 6-4(e) 我们还可以看出，虽然我们的粗粒化模型构建于 413K、1atm 条件下，但是其在 500K 条件下仍然能够较准确地捕捉到体系的特征长程构象（注意粗粒化模拟中的二面角项相对于原子模型已经属于长程作用）。以上结果证明了二面角项在粗粒化模拟中对于重现原子模拟的特征构象是有益的。

当温度处于 300K 时，原子模拟和粗粒化模拟所得到的二面角分布则出现了较大的差别，如图 6-4(f) 所示。相比于 500K 下的二面角分布，在 300K 时原子的模拟体系除存在 0°的峰外，在±180°处也出现了峰值，即分子表现出锯齿形构象。图 6-9(a) 进一步给出了在 300K、1atm 条件下不同时刻的采用粗粒化位点分析原子轨迹所得到的粗粒化的二面角分布结果。可以看出，随时间演化二面角分布的中心峰位其峰值下降，而在±180°处的峰位其峰高反而上升。这说明体系逐渐发生结晶，在 500ns 后顺式/反式的构象比为 0.28，即体系内大部分的分子构象已转为反式构象。

尽管在结构重现方面我们观察到了熔体条件下建立的粗粒化力场应用于低温条件的一些局限性，但在结晶过程中的构象转变上，我们的粗粒化模型在一定程度上反映出相应的原子模型体系的变化。如图 6-4(e)（f）所示，同样在粗粒化模拟中观察到随温度下降顺式构象下降、反式构象上升的现象。然而，从动力学角度来说，粗粒化模型的构象转变速率极为缓慢，且受构象能垒限制和动能较低的共同影响，较多构象停留在顺式-反式转变过程中的某个阶段。因此，从图 6-9(b) 可以看出，当模拟时间达 3500ns 时，体系的顺式与反式构象的比例仍然在 0.91 左右。即体系在此种状态下虽已达到反式为主，但中间态构象的数量仍然较大，故整体分子构象中呈现出全反式的比例并不高，其结晶程度也较低，分子的平均伸展程度也略低，仍然保留相当程度的卷曲构象，如图 6-8(b)（e）所示。

尽管如图 6-4(e) 所示不包含二面角的粗粒化模型在高温条件下不能完全重现体系的分子构象，但在低温条件下，如图 6-4(f) 所示却能够更好地重现分子的构象。如上所述，分子内的二面角项和分子间的链堆积情况会影响分子的局域构象。随温度降低，在 300K 下分子间发生紧密堆积，分子链也逐渐采取伸展构象而使其排除体积缩小，因此我们从键角分布图中也可看出其平衡键角在 300K 时已达 170°，而 180°则意味着分子完全呈反式排列。对于没有包含二面角的粗粒化模型，进一步从图 6-4(f) 可以看出除存在 180°优势分布外，在 0°并没有像包含二面角的粗粒化模型那样存在小峰。而从动力学角度，不包含二面角的粗粒化模型体系在 700ns 左右时顺式与反式构象的比例趋于稳定，此时体系内反式构象的绝对比例达到 0.5%，而包含二面角的粗粒化模型体系的反式构象绝对比例约为 0.34%，二者差异为二面角势垒所致。因此，在不包含二面角的粗粒化模型体系中其分子链可以采取更为伸展的构象而使得分子间堆积更为紧密。而且，由于粗粒化模拟中非键间软势的使用，其分子间堆积密度较原子模型的还是要高。但由于分子间作用力仍然较低，其反式构象的比例较原子模型的低，高温条件下这样的模型不能完全重现体系的特征结构。因此，我们建议，将从熔体中得到的粗粒化势函数应用于不同相态时，若要研究该热力学条件下体系相应的构象变化，其二面

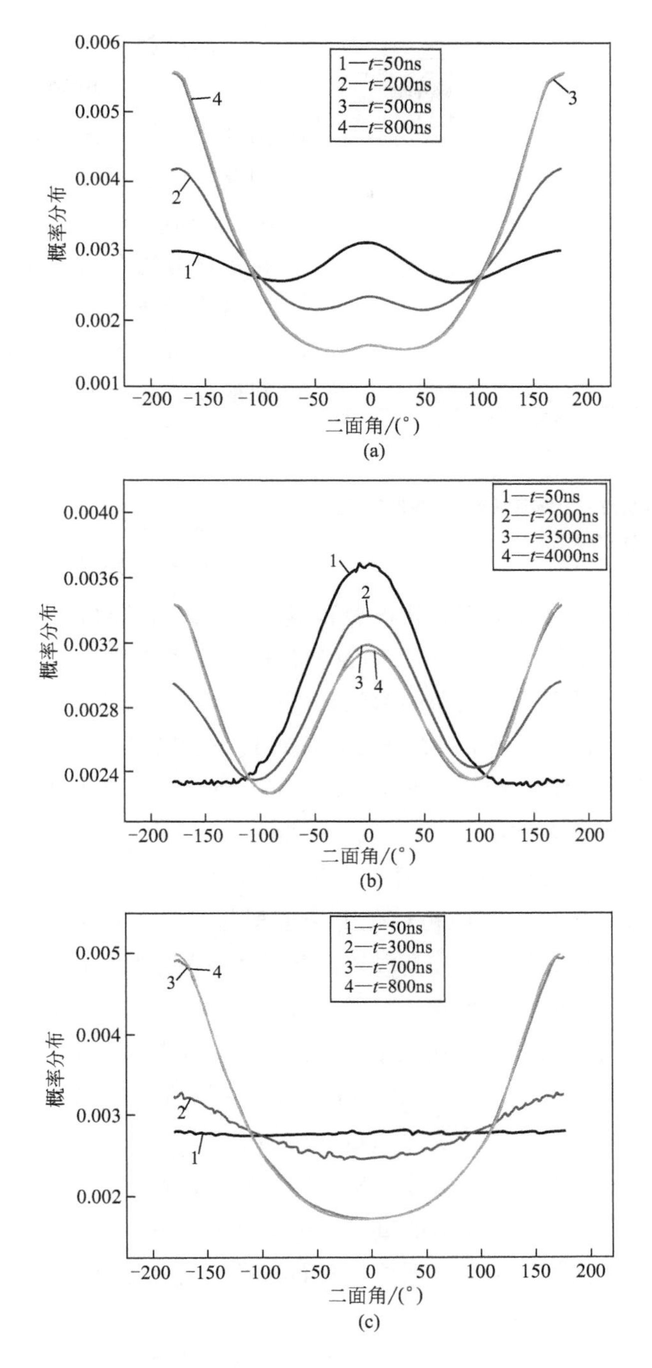

图 6-9

不同模型在 300K、1atm 条件下模拟中不同时刻的二面角概率密度分布函数

（a）采用粗粒化位点分析原子轨迹结果；（b）包含二面角的粗粒化模型模拟结果；（c）不包含二面角的粗粒化模型模拟结果

角势需要根据具体条件再进行相应优化，这种处理方法在 Vettorel 和 Meyer 应用他们的聚乙烯粗粒化模型模拟研究结晶时有所提及[92]。

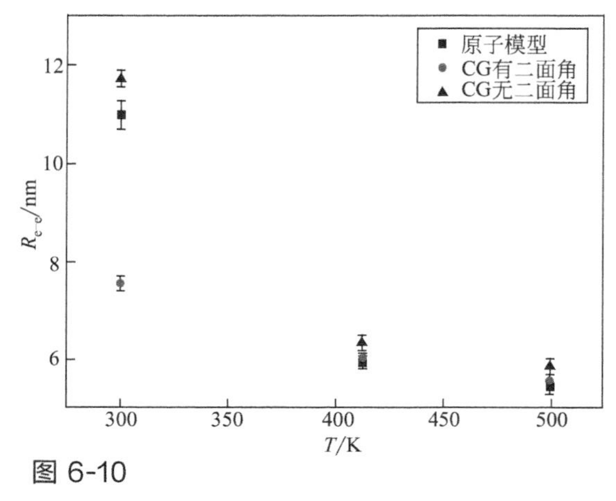

图 6-10

不同温度条件下两种粗粒化力场模拟与原子模拟的反式1,4-PB体系中分子根均方末端距

链局部构象的变化会影响链尺寸，为进一步考查我们粗粒化力场在链尺寸温度迁移性方面的表现，我们计算了不同温度下反式1,4-PB的根均方末端距R_{e-e}。如图6-10所示，包含二面角势的粗粒化力场在建模温度和熔体条件下均可以较好地重复出分子尺寸的原子模拟结果，而不包含二面角势的粗粒化力场则重复的准确度略差。例如：其在建模温度413K和500K条件下分别高估了分子尺寸至1.05倍和1.07倍。但在低温300K时，即便包含二面角势的粗粒化力场也不能很好地重现出原子模拟结果，例如：原子模型、包含二面角的粗粒化模型和不包含二面角的粗粒化模型的模拟结果分别为10.983nm，7.534nm和11.717nm。当粗粒化模型中不包含二面角时，其分子构象可以更为伸展，因此对于不包含二面角的粗粒化模型，其根均方末端距的预测值比原子模拟的结果要大6%左右。而当二面角势存在时，尽管其势垒绝对值较小，但在影响分子尺寸方面却较为明显。我们看到，由于二面角势的存在，包含二面角势的粗粒化模型体系，其尺寸较原子模型的要小约30%。

除上述分子内的结构性质外，我们还考查了不同温度条件下分子间结构的变化，图6-11中给出了两种温度条件下不同粗粒化力场模拟与原子模拟的反式1,4-PB体系RDF曲线。从图6-11(a)中可以看出，在高温条件下，体系不存在任何的长程有序，为典型的液体RDF曲线。由于RDF曲线包含了分子内和分子间排列的贡献，RDF第一个峰的位置处于0.454nm，与分子内键长平衡值是一致的。但是，粗粒化模拟中RDF第一峰的峰值较原子模拟中的要高，如在原子模拟中RDF第一峰峰值为2.01，而包含二面角的和不包含二面角的粗粒化模型体系则分别为2.50和2.75。这一方面，粗粒化过程中采用较大的粗粒化粒子代替了部分原子，其排除体积发生了变化；另一方面，在粗粒化模拟中采用了较软的分子间作用势，导致分子间的重叠程度增加。因此，粗粒化模型其RDF峰高会略增大。总的来说，除其第一个谷略低外，我们的粗粒化力场较准确地重现出原子模拟体系RDF曲线的形状，根据前面讨论二面角势的引入有助于保持分子构象，而分子构象同时也会影响到分子间的堆积。因此，从图中看出包含二面角势的粗粒化力场在重现RDF曲线的峰高方面要更为准确。同时也可以看出我们的粗粒化力场在重现分子间结构方面具有很好的高温迁移性。而当温度降到300K时，如图6-11(b)所示，RDF曲线出现了多个峰，且其高度呈现依次降低，表明在反式1,4-PB体系中出现了一维有序结构，这与图6-8中所观察一致。尤其需要指出的是，这些峰间的平均间距约为0.44nm，与实验上所测得的六角反式1,4-PB晶体中分子间距离0.454nm非常接近，这进一步证明了在我们的模拟中反式1,4-PB分子链平行排列形成有了序的层状结构。在图6-11(b)中，由于我们同时考虑了分子内和分子间排列对 RDF 的贡献，在原子模拟中 RDF 曲线的第一个峰分裂为两个峰，其峰值分别为 0.454nm 和 0.488nm。0.454nm 这个峰如上文所述，为分子平衡键长值；0.488nm 处的峰值则是分子内相互作用势和分子间相互作用势竞争所致结果。更有趣的是，我们的粗粒化模拟中，对于包含二面角的粗粒化模型我们也观察到其 RDF 的第一个峰分裂成两个峰，其中第一个峰的峰位与平衡键长一致，而第二个峰位相较原子模拟结果略大，为 0.502nm，这源于在粗粒化模拟中分子间相互作用势的强度相对较弱。然而，考虑到粗粒化模型是对原子模型一定程度的近似处理，不可能完全准确地重复出原子的模拟结果，所以这样的偏差在粗粒化模拟中是可以接受的。此外，由于粗粒化模型中采用了较软的 LJ 9-6 势。我们粗粒化模拟得到的 RDF 峰高均较原子模拟的结果要略高。对于包含二面角的粗粒化模型，在 300K 条件下我们发现其峰高较不包含二面角的粗粒化模型要低，这是由于二面角势在低温条件下阻碍了分子链的完全伸展，而导致其不能完全地平行排列。相对于不包含二面角的粗粒化模型，其堆积密度降低，故其 RDF 的峰高也相应降低。但总的来说，我们的粗粒化模型还是能够比较准确地重复出原子模型体系的 RDF 曲线，即便在 300K 时，采用式（6-13）估算的粗粒化模拟与原子模拟间的 RDF 的偏差值仍小于 0.13%。可见结构基与热力学基杂化粗粒化方法所建立的粗粒化模型具有良好的温度迁移性。

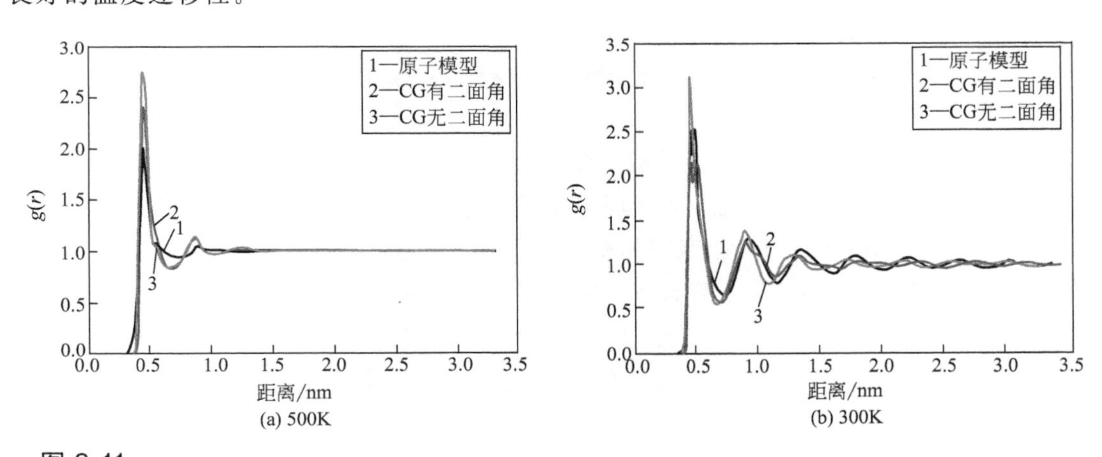

图 6-11

不同温度条件下两个粗粒化力场模拟与原子模拟的反式 1,4-PB 的 RDF 曲线

尽管不同温度下二面角分布曲线形状差异较大，但从数值角度来看实际上其数值未有较大幅度变化，二面角主要影响分子链内的构象，对于分子间结构的影响则分子内的要弱很多，而热力学性质（如：密度）却主要和分子间结构有关。图 6-12 给出了不同温度条件下原子模拟和不同粗粒化力场模拟的 1,4-PB 体系密度值。由于我们在建模温度对两个力场都进行了优化，所以在建模温度条件下两个力场都可以很好地重复出原子模拟的密度值。而且，随温度变化两个力场均呈现出温度迁移性，但其偏差程度却不同。如前所述不同于 RDF 和其他结构性质，密度主要受分子的排除体积而不是局部构象影响。密度模拟结果表明：在我们的粗粒化模型中，粗粒化珠子的大小能够很好地重现 PB 重复单元的排除体积。在所模拟的温度范围内，包含

二面角势的粗粒化模型其迁移性更好。例如：其在 500K 时相对于原子模拟的密度偏差值小于 1%，而不包含二面角的粗粒化模型的密度偏差值则达到了 4%。在低温条件下，包含二面角的粗粒化模型体系的密度值相对于原子模拟结果低估了 4%，而不包含二面角的粗粒化模型由于其可以实现非常紧密的分子链堆积，其密度模拟结果则偏大 6%。

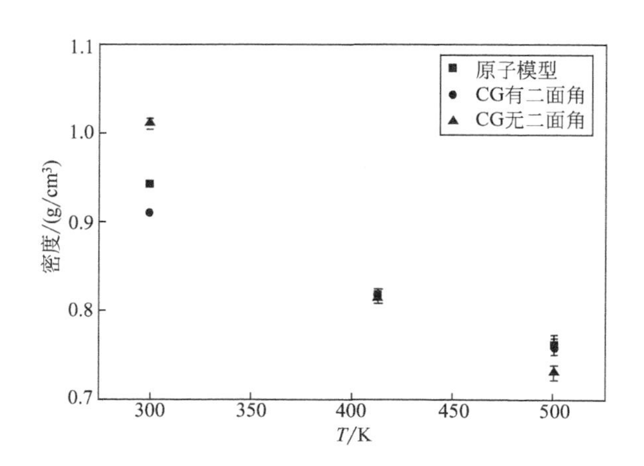

图 6-12

不同温度条件下两个粗粒化力场模拟与原子模拟的反式 1,4-PB 的密度

上述结果表明采用结构与热力学基混合方法所得到的粗粒化力场不仅能够重现出原子模型体系的相应结构和热力学性质，还具有良好的温度可迁移性。虽然我们的粗粒化力场构建于 413K 和 1atm 条件下，但我们的粗粒化力场在一定温度范围内，如 500K 时，都能较好重现真实体系的局域构象、链尺寸、分子间堆垛、密度等性质。而当将我们的粗粒化力场应用于不同相态下的热力学条件如：300K 和 1atm 时，除包含二面角的粗粒化模型会对分子尺寸有所低估外，粗粒化模型能够基本重复出真实体系的上述性质。因此，我们的粗粒化模型可以应用于很宽的温度范围。另外需要指出的是，粗粒化力场中的二面角势具有双重作用：在熔体条件下，在粗粒化力场中加入二面角势对重现体系的各种性质有改善作用；而在结晶态下在熔体条件下得到的二面角势会在结晶过程中阻碍链的构象变化，使其不能完全伸展，进而影响分子间的紧密堆积，这对重现低温条件下真实体系的性质是不利的。

6.3.2.2 代表性

鉴于该粗粒化力场在重现原子模型体系结构和热力学性质的优异表现，我们进一步研究了该粗粒化力场对其他性质的重现效果，以考查其代表性。首先，我们采用准静态模拟方法计算了反式 1,4-PB 在力场参数化条件 413K 下的应力-应变曲线 [图 6-13(a)] 并得到了相应的本体模量（表 6-1）。

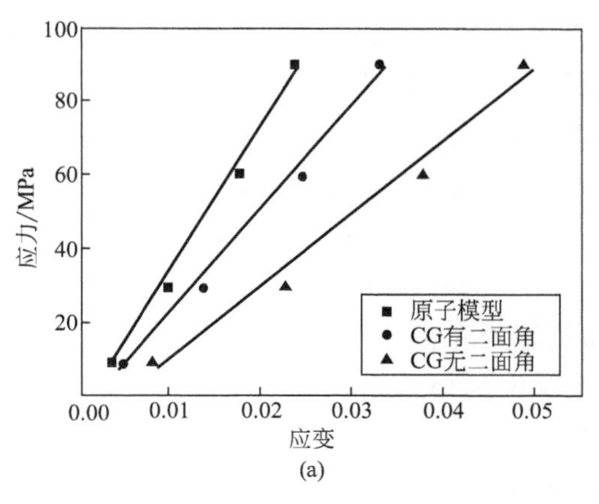

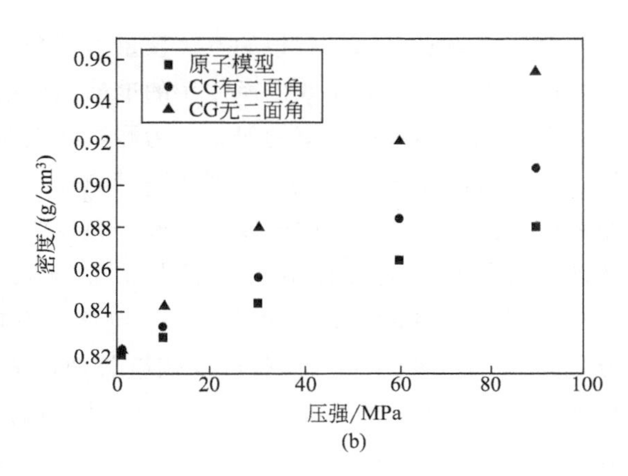

图 6-13

温度为413K时（a）反式1,4-PB原子和粗粒化模型中体系各向同性压缩下应力-应变曲线；
（b）不同压力条件下在原子模拟和粗粒化模拟中反式1,4-PB体系的密度

表 6-1 不同温度条件下反式 1,4-PB 的本体模量 单位：10^3 MPa

项目	联合原子模型	粗粒化模型(有二面角势)	粗粒化模型(无二面角势)
T=500K	1.04	0.77	0.51
T=413K	1.33	0.96	0.66

如图 6-13(a) 所示，在 x、y、z 各方向上施加相同应力条件下，模拟体系的应变值按原子模型、包含二面角的粗粒化模型、不包含二面角的粗粒化模型的顺序依次上升。由于在粗粒化模型中采用了（如：LJ 9-6 势）软势，其压缩率要较一般采用 LJ 12-6 势的原子模拟体系增加很多。因此，尽管在粗粒化模型中引入二面角势会增加链刚性，但仍只能部分补偿体系在粗粒化过程中所损失的自由能。而对于不包含二面角的粗粒化模型，其压缩率更大，因此在相同应力条件下其应变值也最大，且这种变大趋势会随体系外应力增大而变得更为明显。由此可推出，在同等应变条件下，各模拟体系的应力值排列顺序应为：σ(原子模型)$>\sigma$(包含二面角的粗粒化模型)$>\sigma$(不包含二面角的粗粒化模型)。尽管如此，各个体系的应变值仍然处于同一数量级，而同时粗粒化模型体系本体模量值也与原子模型的非常接近（表 6-1）。另外，即便是在 500K 的高温条件下，原子模型所得到的模量值与我们粗粒化模型体系的模量值依然非常接近。我们注意到之前的模拟研究很少涉及粗粒化模型的应力-应变行为。在最近的一项工作中，Rahimi 等[93] 对采用结构基粗粒化方法得到的聚苯乙烯粗粒化模型的杨氏模量进行了研究，所得到的结果远低于原子模拟的数据。Majumder 等[94] 利用力匹配方法建立了类似的聚苯乙烯粗粒化模型，但他们的模型不能准确地反映体系的应力，因此也无法计算相应的力学性质。Rosch 等[38] 同样使用力匹配方法建立了聚苯乙烯的粗粒化模型，为增大粗粒化模型中分子链间的摩擦系数、减慢粗粒化粒子的运动速度，他们在粗粒化模拟过程中引入了 DPD 热浴。他们发现这样得到的粗粒化模型在杨氏模量预测方面有了很大的提高，得到的结果仅为原子模拟的两倍左右。通常来说，粗粒化模拟的本体模量结果要比相应的原子模拟结果小一到两个数量级[93-95]。所以相比而言，我们的粗粒化模拟得到了与原子模拟处于同一数量级的结果，足以证明该粗粒化模型在重现力学性质方面也具有很好的代表。

为准确重复出原子模拟的本体模量值，粗粒化模型需要在相同的应力条件下也能得到相应的应变效果。对于我们所使用的准静态压缩模拟，我们则可以将此力学性质研究转化为恒压模拟中体系压缩率的研究。为测试我们粗粒化模型的压力迁移性，我们计算了不同压强下体系的密度，并与原子模拟进行对比。如图 6-13(b) 所示，在同等压强条件下，粗粒化模型会高估体系的密度。例如，在压强为 10MPa 时，包含二面角的和不包含二面角的粗粒化模型的模拟结果分别为 0.833g/cm^3 和 0.843g/cm^3，而原子模拟的结果为 0.827g/cm^3，此时包含二面角的和不包含二面角的粗粒化模型对原子模拟体系的偏差值分别为 0.24%和 0.36%。与应变响应类似，体系密度的偏差同样随着压强增大而增大。例如，在压强为 90MPa 时，对于包含二面角的和不包含二面角的粗粒化模型，其偏差值分别达到了 3.1%和 7.8%。如上所述，由于粗粒化模拟中软势的使用会导致粗粒化粒子间重叠程度的增加，因此其平均密度会上升。类似于应力响应变化，不包含二面角的粗粒化模型表现得更软，其分子链可以堆积得更为紧密。但总的来看，两种粗粒化模型的偏差值不算太大。尤其是对于包含二面角的粗粒化模型，在 90MPa 压强条件下其偏差值仍然小于 5%，这意味着我们的粗粒化模型可以迁移到其他压强条件下使用。由上述数据我们还可以计算出体系的热压缩系数，对于包含二面角和不包含二面角的粗粒化模型，热压缩系数分别为 $9.7\times10^{-4}MPa^{-1}$ 和 $14.8\times10^{-4}MPa^{-1}$，略大于原子模型的模拟结果 $6.8\times10^{-4}MPa^{-1}$。此外，我们的粗粒化模型，尤其是包含二面角的粗粒化模型，高温下（如：500K）的热压缩系数模拟结果为 $11.8\times10^{-4}MPa^{-1}$，仅略大于原子模拟的结果 $8.4\times10^{-4}MPa^{-1}$。而我们知道，通常的结构基粗粒化方法只能较好地重复出原子模型体系的结构，而不能重复出正确的压力。即使采用额外的压力校正方法，也很难保证粗粒化模型能够重现出原子模型体系的热压缩系数。Carbone 等[96] 发现在非键势中引入 ramp 校正(源于迭代玻尔兹曼变换方法)，尼龙 66 的粗粒化模型在 400K 条件下基本可以重现出相应的原子模拟结果（$7.9\times10^{-7}kPa^{-1}$ 和 $2.1\times10^{-7}kPa^{-1}$）。而对于聚苯乙烯的粗粒化模型，粗粒化模拟结果却较原子模拟结果要高两个数量级。另外，近期关于水的粗粒化模型研究发现，对体系进行压力校正会导致计算的热压缩系数更为不准确[97]。因此，对于纯的结构基粗粒化模型来说，同时重复出原子模型体系的压力和热压缩系数是很困难的。而粗粒化模型如需同时重现原子模型体系的压力和热压缩系数，通常在粗粒化过程中将体系的热压缩系数作为一项目标性质来进行力场参数化，例如：van der Vegt 最近提出 Kirkwood-Buff IBI 方法，即粗粒化模型需要能够重复出原子模型体系径向分布函数的面积分(KBIs)。而热压缩系数与径向分布函数的面积分有关，如再对此模型进行压力校正，最终所得到的粗粒化模型即可同时重现出原子模型体系的 RDF、热压缩系数和压力。而在我们的结构与热力学基杂化粗粒化方法中，我们所得到的粗粒化模型，尤其是对于包含二面角的粗粒化模型，虽然力场建立于 413K 和 1atm 条件下，但在我们所研究的压力范围内基本不需要对体系进行进一步的压力校正即可重现原子模型体系结果，这进一步验证了我们的结构与热力学基杂化粗粒化方法的优势。

图 6-14 中给出了反式 1,4-PB 在力场参数化（如 413K）条件下振荡剪切流中的相位角变化图。为减小计算中的热噪声，我们这里将原子模拟和粗粒化模拟体系分别扩大至 600 和 3200 根链，并对 10000 个振荡周期的模拟结果进行平均以获得光滑的应力和应变

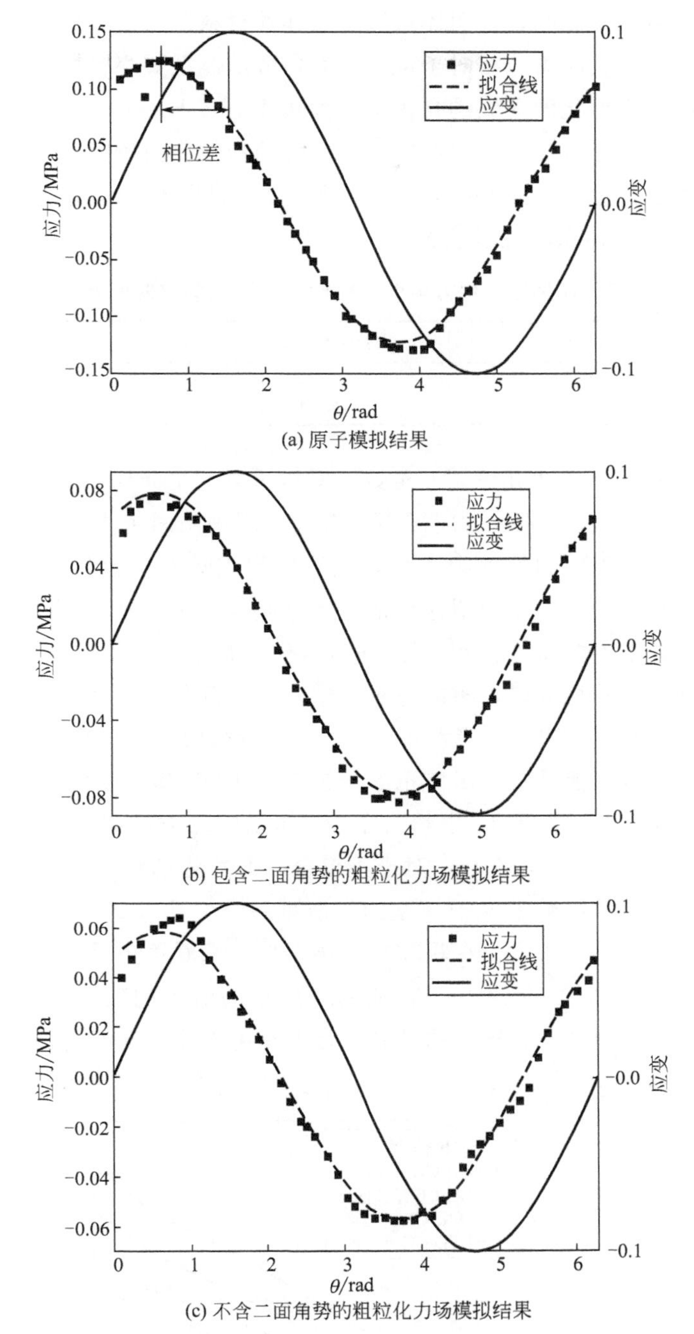

图 6-14

413K 条件下反式 1,4-PB 体系在振荡剪切流中的相位角及应力、应变变化图

曲线。模拟所采用的频率为 6.28×10^{11} rad/s，应变为 0.1。对比原子模拟和两个粗粒化力场的模拟结果可以看出，由于在小幅振荡剪切场中材料仍处于线性区，即引入的外场不会影响其分子构象，因此无论是包含二面角势的还是没有包含二面角势的粗粒化模型，都可以较准确地重复出原子模拟中的相位角，其值分别为 1.01rad，1.12rad 和 1.21rad。所有的相位角均处于 0 至 $\pi/2$ 之间，证明体系属于黏弹性材料。另一方面，对于不包含二面角势的粗粒化模型体系，其应力值相对于包含二面角势的体系要小。这是由于二面角势的加入可以部分补偿由于粗粒化而损失的自由能，而由 Irving-Kirkwood 方程可知，这部分自由能对应力的维里项具有贡献，因此包含二面角势的粗粒化力场能够更好地重复出原子模拟中体系的动态力学模量，如表 6-2 所示。从表 6-2 中可以看出，对于所有的体系均存在 $G''>G'$，这证明所有的体系均处于液态。

表 6-2　原子与不同粗粒化力场模拟的反式 1,4-PB 的储能模量与损耗模量

项目	联合原子模型	粗粒化模型(有二面角势)	粗粒化模型(无二面角势)
G'/MPa	0.957	0.839	0.501
G''/MPa	1.523	1.649	1.327

如 Henderson 指出，两个相差某一常数的对势可以产生同样的 RDF[98]。而在其他的粗粒化方法，（如 IBI 方法）的实际应用中，有人发现采用两个不同的势也可以产生非常类似的 RDF 曲线[50]。虽然到目前为止只有在采用列表势的粗粒化模拟中发现了这一现象，但对于使用分析势的粗粒化模拟这种情况应该是类似的。所以对于 LJ 势来说，我们可以在一定范围内调节参数 σ（排斥距离）和 ε（作用强度）而不改变体系的 RDF。而对于高分子体系的动力学性质来说，扩散与每个结构单元间的摩擦力有关，而在 LJ 势中这也与其参数 σ 和 ε 有关。很明显，当参数 σ 越小、ε 越大时体系的摩擦力越强，扩散速度越慢。这样我们就可以在能够重复出体系原子模拟的 RDF 和密度的基础上，在一定程度上调节体系的动力学性质。图 6-15 中给出了 PB 体系的均方位移（MSD）曲线。由于我们 PB 粗粒化模型的粗粒化度并不高，对于不包含二面角势的粗粒化力场，其动力学加速比（即粗粒化模拟的扩散系数上原子模型的扩散系数）之比仅为 2.18，这在现今诸多报道的粗粒化模拟中的确不算很大。在粗粒化力场中加入二面角势后，体系的扩散系数确有下降，动力学加速比由 2.18 变为 1.57，证明二面角的引入的确增加了分子链间的摩擦力。对于一般的粗粒化模拟研究这样的结果实际上是可以接受，但这仍然达到实现粗粒化模拟与原子模拟的动力学一致性。因此，依照上文所述[68,99-101]，我们将 DPD 热浴引入

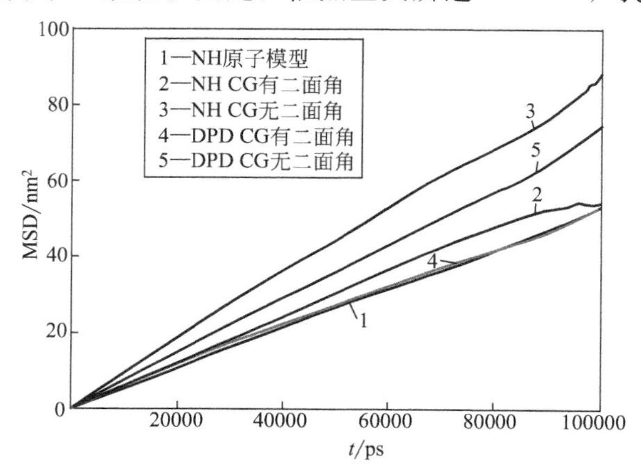

图 6-15

反式 1,4-PB 体系原子与粗粒化模拟的 MSD 曲线

MD 积分方程。通过调节 DPD 热浴中的耗散因子 γ，我们可以有效地减小分子的扩散速率。当调整 γ 值至 0.056×10^{-13} N·s/m 时，包含二面角势的粗粒化模型动力学可以实现与原子模型的动力学相一致。同时我们也发现，对于不包含二面角势的粗粒化力场，将上述 γ 值调大 6 倍，仍无法实现粗粒化动力学与原子动力学相一致。而在 MD 模拟中，如果 DPD 热浴的耗散因子过大，则需要减小模拟步长，这样会降低模拟效率。而且，在 DPD 热浴中，若耗散力和随机力过大，粒子的物理运动过程会变得不真实。因此，尽管通过调节 DPD 热浴可以实现原子模拟和粗粒化模拟的动力学一致性，但为避免采用过大的 DPD 耗散因子，我们建议使用 DPD 热浴时相应的粗粒化力场中应包含二面角势项。

上述结果表明，如果不对粗粒化模型进行其他的校正方案，其动力学加速现象并不能被主动消除。由此我们可以推测，这样的粗粒化模型其预测的流变学性质也可能是不准确的。图 6-16 和图 6-17 中给出了不同剪切速率条件下原子模型体系和粗粒化模型体系在 Nose-Hoover 热浴中的材料函数。由于使用的剪切速率比较大，从图 6-16 中可以看出，

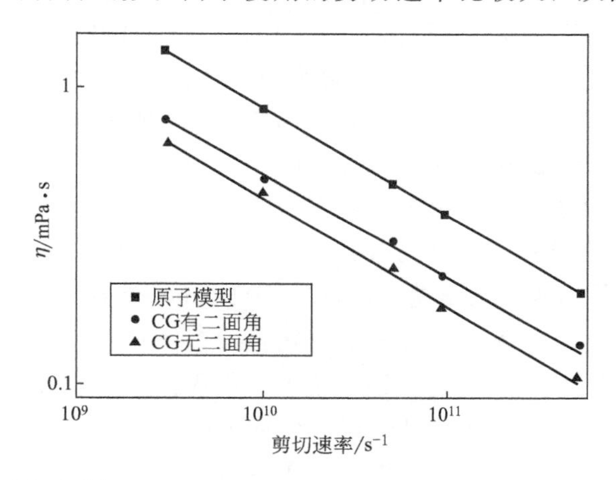

图 6-16

反式 1,4-PB 体系原子与粗粒化模拟的在不同剪切速率条件下的剪切黏度值

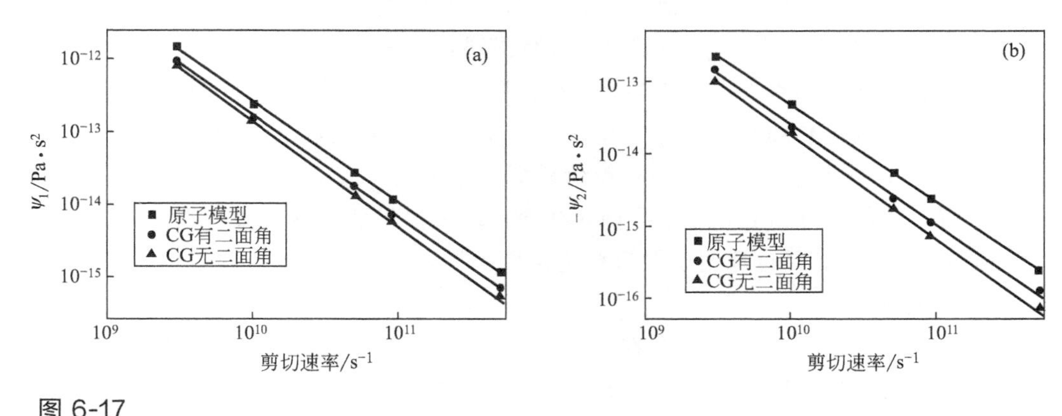

图 6-17

反式 1,4-PB 体系原子与粗粒化模拟的第一法向应力差系数和第二法向应力差系数随剪切速率变化曲线

（a）为第一法向应力差系数随剪切速率变化曲线；（b）为第二法向应力差系数随剪切速率变化曲线。

模拟体系中均出现了剪切变稀现象。然而，如同在平衡态模拟中体系存在约 1.5 倍的动力学加速现象，在剪切变稀区我们也观察到粗粒化模拟的剪切黏度较原子要小，而是对于不包含二面角势的粗粒化力场则更为明显。对于包含二面角的粗粒化模型，原子与粗粒化模型在同一剪切速率下的黏度比 η_{UA}/η_{CG} 在 1.51～1.73 之间；而对于不包含二面角的粗粒化模型，其比值为 1.91～2.13。这些值与其相应的扩散系数比 1.57 和 2.18 是非常接近的。这是由于相比于原子，粗粒化过程中损失的自由度以及较软的粗粒化势减弱了邻近粒子间的相互作用，因此粗粒化粒子更容易从周围的粒子的束缚中逃脱出来，所以其黏度较原子模拟会降低。但是，由于我们的粗粒化度较低，所以原子和粗粒化模拟间的黏度数值差值并不是很大[42,102]，这较之前的聚苯乙烯粗粒化模拟中黏度较原子模拟的约 250 倍的差距已经改差不少[103]。另外，从图 6-17 中也可以看出，对于第一法向应力差系数 Ψ_1，其同样随剪切速率增大表现出剪切变稀现象，而第二法向应力差系数 Ψ_2 为负值，且其值远小于 Ψ_1（$-\Psi_2/\Psi_1=0.1\sim0.3$）。对于 Ψ_1 和 Ψ_2，原子和粗粒化模拟在相同剪切速率条件下的比值分别为 0.52～0.64 和 0.87～1.31（包含二面角的粗粒化模型）及 0.68～1.11 和 1.30～2.15（不包含二面角的粗粒化模型）。

流变学中研究经常使用幂律函数描述黏度与剪切速率的关系，即 $\eta\propto\dot{\gamma}^{-n}$，其中 n 为标度指数。在原子模拟中我们拟合得到 n 值为 0.36，这处于大都高分子模拟结果的范围 0.20～0.74 之内[104] 对于包含二面角势和不包含二面角势的粗粒化力场，其拟合得到的 n 值分别为 0.38 和 0.57，这表明在高速流场中不含二面角势的粗粒化力场所预测的黏度将与原子模拟结果出现较大偏差。Baig 和 Harmandaris 在之前的研究中发现，由于粗粒化相互作用势较软，在高速流场中从旋转弛豫时间中得到的原子和粗粒化模型间的时间映射因子（主要从分子内构象松弛得到）和从扩散系数得到的原子和粗粒化模型间的时间映射因子（主要从分子间得到）会不一致[105]。而从我们的模拟结果来看，尽管加入二面角势有助于在中速流场中定量重现原子模型的流变学性质，但我们仍然建议在高速流场中采用粗粒化模型定量预测材料性质时需要谨慎。图 6-17 中给出了不同剪切速率条件下原子模拟和粗粒化模拟的第一和第二法向应力差系数结果。与黏度变化曲线类似，粗粒化模拟得到的数值较原子模拟的数值略低，对第一和第二法向应力差系数结果也可以用幂律 $\Psi_1\propto\dot{\gamma}^{\alpha}$ 和 $-\Psi_2\propto\dot{\gamma}^{\beta}$ 进行描述，其中未包含二面角的粗粒化力场和包含二面角的粗粒化力场所表现出的差异与在黏度曲线中的差异类似。对于包含二面角的粗粒化模型。其标度值 α 和 β 分别为 -1.38 和 -1.34，非常接近于原子模拟中所得到的 -1.36 和 -1.36；而不包含二面角的粗粒化模型的结果为 -1.42 和 -1.38，偏差相对增大。总的来说，这些标度指数仍处于之前短链聚乙烯模拟得到的标度值范围之内[106]。同样，Ψ_1 和 Ψ_2 的标度结果也证明了在粗粒化模型中加入二面角有助于提高粗粒化模型的流变学性质重现能力。

我们在上文已讨论了，DPD 热浴在平衡态模拟动力学一致性方面的效能下面我们将系统研究其在流场中的相应作用。我们知道，当一个体系处于剪切流中，其控温方法或者说热浴算法与平衡态模拟中是不同的。在非平衡态模拟中，最普遍使用的热浴算法是假定剪切流中存在不变的速度流曲线，这也被称为速度有偏热浴（Profile-Biased Thermostat，PBT）。然而，在某些情况（如：存在次级流或非均匀体系）下这种假设是不合适的，需要使用速度无偏热浴（Profile-Unbiased Thermostat，PUT）。在 PUT 热浴中，DPD 热浴可以保持体系的整体和局域动量守恒，同时也保持了体系的伽利略不变性。在之前的模拟中，有人已证明对于牛顿流体可以采用相同的 DPD 耗散因子来同时实现原子和粗粒化模拟在扩散系数和黏度值方面的一致性。但高分子体系为非牛顿流体，因此有必要对 DPD 热浴的效能进行测试。在材料函数中，我们发现在低剪切速率条件下粗粒化模型能够重复出真实体系的剪切黏度。然而，如图 6-18 所示，使用平衡态条件下得到的 DPD 热浴的耗散因子 $\gamma=0.056\times10^{-13}\mathrm{N\cdot s/m}$，我们只能在低剪切速率条件（如 $3\times10^{9}\mathrm{s}^{-1}$）下重现出体系的黏度并控制住体系的温度。当剪切速率较大时，粗粒化模型体系的温度就开始偏离体系的预设温度（413K）；当剪切速率大于 $1\times10^{10}\mathrm{s}^{-1}$ 时，体系的温度偏差更为明显。因此，我们只能在剪切速率不太大时才可使用相同的耗散因子来实现原子和粗粒化模拟的动力学一致。图 6-19 给出了当剪切速率为 $1\times10^{10}\mathrm{s}^{-1}$ 时耗散因子变化对体系温度和黏度的影响，可以看出体系的黏度随耗散因子增大而增大。如果想控制体系的温度在目标温度 413K 时，耗散因子需要大于 $0.2\times10^{-13}\mathrm{N\cdot s/m}$。如果想要在粗粒化模拟中获得与原子模拟相应的黏度且保持体系的温度，那么其耗散因子需要大于 $0.3\times10^{-13}\mathrm{N\cdot s/m}$。由于在流场中分子链会取向和拉伸，单分子链的周围环境不断发生改变，因此其摩擦系数也会发生改变。在更大的剪切速率条件下，我们需要更大的耗散因子。另外需要指出的是，当剪切速率很大［如大于 $5\times10^{11}\mathrm{s}^{-1}$ 时（$W_i=1592.4$）］，如同其他随机热浴（如：朗之万热浴）一样，体系的温度在高剪切速率条件下也会失控。这时，即便我们将耗散因子调至 $30000\times10^{-13}\mathrm{N\cdot s/m}$，我们也无法控制体系的温度。因此，我们建议如果想利用 DPD 热浴来实现粗粒化模拟与原子模拟的动力学一致性，那么 CG NEMD 模拟中剪切速率范围最好控制在较低速率范围内。而近来一些关于 DPD 热浴的研究发现，在垂直于粒子速度方向施加耗散力和随机力，即垂直方向的 DPD 热浴，可以有效地提升体系的黏度和温度控制性[38,107,108]。但此类研究目前只针对小分子体系（如：简单 LJ 流体和水分子）做了研究，而对于高分子体系尚且没有报道，在我们未来的工作中将对此进行详细研究。

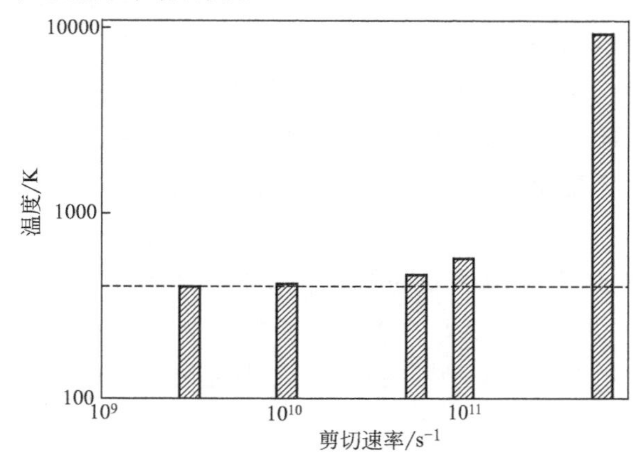

图 6-18

采用 DPD 热浴的包含二面角的粗粒化反式 1,4-PB 体系模型模拟中体系温度随剪切速率变化曲线

图中虚线为目标温度 413K。体系的耗散因子 $\gamma=0.056\times10^{-13}\mathrm{N\cdot s/m}$

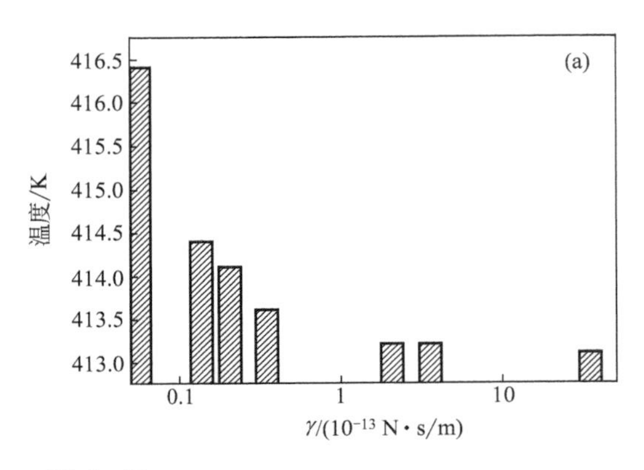

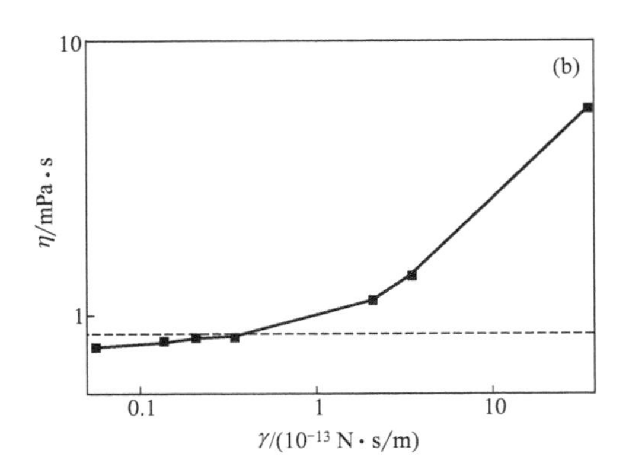

图 6-19

当剪切速率为 $1\times10^{10}s^{-1}$ 时耗散因子变化对体系温度和黏度的影响

（a）反式 1,4-PB 体系剪切速率为 $1\times10^{10}s^{-1}$ 时 DPD 热浴模拟包含二面角的粗粒化模型体系温度随耗散因子变化图。

（b）反式 1,4-PB 体系剪切速率为 $1\times10^{10}s^{-1}$ 时包含二面角的粗粒化模型体系的剪切黏度随 DPD 热浴的耗散因子变化图。

6.3.3 小结

我们采用一种结构基与热力学基联用的粗粒化方法，建立了反式 1,4-PB 的粗粒化力场。其中分子内势函数，使用相应高分子熔体中键长、键角和二面角的概率密度分布函数的迭代玻尔兹曼变换获得；而分子间势函数，则以密度和 RDF 为目标量，并使用 LJ 9-6 势拟合。

我们发现在粗粒化力场中二面角势对于粗粒化模型体系在分子结构和密度的温度迁移性方面均有影响。对于包含二面角的粗粒化力场，其在高温条件下均能较准确地重复出原子模拟相应的局部构象、链尺寸、链间堆积和密度值。而在低温条件下，我们的粗粒化模型仍然能够较好地重复出上述性质，只是分子尺寸低估了 30%。即二面角势对于粗粒化模型的温度迁移性具有双重作用：在高温条件下二面角势有利于保持分子的相应构象，而有助于重现分子的局域结构和链性质；在低温条件下，由于反式 1,4-PB 在 300K 时发生结晶，而将从熔体条件下得到的粗粒化力场应用于结晶体系研究中时，尽管二面角势垒仅为 $0.3k_BT$，但如此低的二面角势垒却足以使得粗粒化模型在低温条件下表现出的构象变化趋势与原子模拟不尽完全相同。但考虑到粗粒化模型在粗粒化过程中一般都会弱化其成键相互作用，这样的偏差还是处于可接受的范围之内。总之，研究结果表明我们发展的结构与热力学基混合粗粒化方法所建立的粗粒化模型具有良好的温度迁移性，可以用于（半）定量地研究相应体系的相行为。此外，我们的粗粒化力场也同时展示出具有良好的压强迁移性，证明我们的粗粒化模型除能够较准确地描述体系的排除体积作用外，还能够较准确地描述其随压力的变化。

在对原子模型体系多重性质的重现方面，除了结构和热力学性质之外，我们还测试了粗粒化力场在力学性质、动力学性质和流变学性质方面的重现性。我们的粗粒化力场在重现原子模拟的平衡态或准平衡态模拟性质方面表现较好。特别是，在粗粒化力场中引入二面角势可以补偿部分由于体系粗粒化而损失的自由能，因此包含二面角势的粗粒化力场在重现原子模型体系的多重性质方面表现更佳。如包含二面角的粗粒化模型其本体模量的结果与原子模拟的结果偏差小于50%，其动态力学模量的结果与原子模拟处于同一数量级。另外二面角势有助于维持体系在流场中的构象，因此包含二面角势的粗粒化力场在一定强度的流场中能够更好地重现原子模拟体系黏度和第一、第二法向应力差系数随剪切速率变化的标度关系。同时，由于在高分子粗粒化模型中引入二面角可以较好地重现出原子模拟中分子的构象，因此相对于没有包含二面角的粗粒化模型则可以更好地重复原子模拟体系的分子间摩擦力，例如，粗粒化和原子模型体系的相应扩散系数的比值由2.18降至1.57。但是，仅通过引入二面角这种方式仍不足以弥补由于粗粒化带来的相互作用能损失。所以，我们在粗粒化模拟中又引入了DPD热浴，通过调节DPD热浴的耗散因子值可以在平衡态粗粒化模拟中重现原子模型的链间摩擦力，进而实现粗粒化模拟和原子模拟的动力学一致性。然而，我们发现使用从平衡态模拟得到的耗散因子值并不能在非平衡态条件下重现出原子模型体系的剪切黏度。换句话说，我们不能像对牛顿流体那样，使用平衡态下的同一个耗散因子值同时重复出原子模拟中的扩散系数和剪切黏度。对于高分子体系，由于分子链在流场中会发生取向和拉伸，分子链的周围环境发生改变，因此其链间的摩擦力也会发生改变。所以对于不同的剪切速率，如果希望粗粒化模型重复出其原子模拟中的剪切黏度，需要对耗散因子做相应的调整。另外，在高剪切速率条件下，DPD热浴会出现无法控制温度的情况。所以，我们建议在非平衡态下粗粒化模拟中使用DPD热浴时，所应用的剪切速率不可太高。

6.4 Lennard-Jones非键作用势对聚苯乙烯粗粒化力场迁移性的影响[109]

值得再次强调，粗粒化力场良好的热力学或温度迁移性对研究高分子体系相行为，如结晶或者玻璃化转变，极其重要。我们知道，由于原子模拟时空尺度的有限性，很难通过原子尺度的模拟得到稳定的结晶或玻璃态，因而高分子体系不易于在结晶态或者玻璃态下构建粗粒化力场，粗粒化力场一般只能在高温熔体下优化得到。而模拟研究真实高分子体系的结晶行为或者玻璃化转变，势必要求在高温熔体下构建的粗粒化力场具备良好的热力学迁移性，即该力场在较宽的温度范围内，如从高温熔体区直至低温结晶温度或玻璃化温度下，都能够重复原子模拟体系或实验体系的目标性质。现有的系统粗粒化方法基本都是通过重复原子模拟体系或实验体系在某一特定的热力学状态点下的单一性质来构建粗粒化力场的，因而得到的力场通常具有一定的热力学状态依赖性。理论上来说，在单一热力学状态下构建的粗粒化力场，由于粗粒化过程中去除的原子自由度在不同热力学状态点下的权重会有所差异，因此并不能应用于其他热力学状态点。但是在实际的运用过程中，粗粒化力场的热力学迁移性并非如上那么受限。一方面，Louis指出在构建粗粒化模型时如果考虑体系局域密度的依赖性将有助于提高粗粒化力场的热力学状态迁移性[110]；另一方面，Stillinger 等论证了建立热力学可移植粗粒化力场的统计力学基础[111]。而且，近期有关结构基粗粒化方法的研究[62] 也表明，虽然由于其力场构建仅依赖于力场参数化条件下的结构分布而被认为只可适用于参数化热力学状态点，但得到的粗粒化力场仍具有一定的热力学状态迁移性，并且受到诸多因素影响，如粗粒化粒子的有效尺寸、所重复的 RDF 曲线形状、粗粒化模型所保留的化学细节以及构建力场时的化学环境。例如，Qian 等人报道了对聚苯乙烯（PS）熔体进行结构基粗粒化得到的粗粒化势在参数化温度附近 100K 的范围内是不依赖于温度的[34]，因而具有一定的迁移性；而对结构类似的乙基苯小分子则需要在粗粒化势函数中添加 $f(T)=(T/T_0)^{1/2}$ 温度校正项，才能保证其在参数化温度附近具有约 140K 范围的温度迁移性。相反，Ghosh 和 Faller 则发现对于邻三联苯体系进行结构基粗粒化得到的粗粒化势却具有严重的温度依赖性[112]，因而该粗粒化力场几乎不具备温度迁移性。

为了提高粗粒化力场的热力学或温度迁移性，研究人员提出了一些新策略。例如，Fukunaga 等人[35] 发现在不同温度下分别进行粗粒化力场参数化，构建具有温度依赖性的粗粒化力场可以提高力场的温度迁移性。类似地，Müller-Plathe 等人[33] 在传统结构基粗粒化方法的基础上直接引入温度依赖的校正项或采用两状态点插值的方法构建了正烷烃体系的温度可迁移粗粒化力场；而 Krishna 等人[113] 则在传统力匹配粗粒化方法的基础上引入热校正技术，对简单的 Lennard-Jones 粒子体系和水体系实现了粗粒化力场的温度可迁移性。同样，McCabe 等人[114] 提出了多状态 IBI 方法，即在粗粒化力场参数化过程中引入不同热力学状态下的目标性质并调节不同状态间的相对权重。多状态 IBI 方法所得到的粗粒化力场，其热力学状态依赖性较小，因而适用于在较宽热力学状态范围下对体系进行模拟。令人欣慰的是，近期科研人员还发现基于重现原子或实验体系多重性质的混合或联合粗粒化方法所构建的粗粒化力场则具备一定的热力学迁移性。例如，运用混合的结构基和热力学基的粗粒化方法构建的粗粒化力场进行模拟，所得到的聚苯乙烯熔体中不同温度下小分子（如已烷、甲苯等）的密度（也即热膨胀系数）及小分子添加剂（如乙苯、甲烷和季戊烷）的超额化学势都与原子模型体系的模拟结果吻合[15]，而采用以纯结构基粗粒化方法构建的粗粒化力场进行模拟所得到的已烷和甲苯的热膨胀系数却严重偏低[115]。又如，基于 MARTINI 力场框架[32]，新发展的热力学基-结构基联合粗粒化方法[37] 以密度和链回转半径为力场参数化的目标性质，构建的聚苯乙烯粗粒化力场在 350～600K 的温度范围内具有良好的迁移性，并且得到了与原子模型相近的热膨胀系数。此外，我们发展了以密度和分布函数作为目标量来优化粗粒化力场参数的结构基-热力学基联合粗粒化方法，在单一热力学状态点（如 300K 和 1atm）下建立了 5CB 液晶分子体系的粗粒化力场，该力场表现出很好的热力学状态迁移性及分子片段迁移性，并成功用于模拟 5CB 及其同系物 6CB 和 8CB 体系的无序-向列相和向列相-近晶相的相转变[51-53]。

因此，我们对采用这种结构基-热力学基联合的粗粒化方法在高分子体系中建立能够同时应用于高温熔体和低温结晶态或玻璃态的热力学可迁移的粗粒化力场的潜力充满了兴趣。从上述现有的粗粒化模拟在 PS 体系中的应用可以看出，现有的 CG 模型的温度迁移性仍然局限在熔体范围。而 PS 作为一种常用的塑料，其应用温度在 T_g 以下，现有的模型显然不能满足实际应用研究的需求。因而，我们期望能拓宽 PS 粗粒化模型的温度迁移范围，使其能应用到 T_g 以下。

正如我们前面提到的，在构建系统粗粒化模型时，除粗粒化程度及粗粒化粒子位点的选取外，粗粒化力场的获取方法和势函数的形式对模型的代表性和迁移性也至关重要。粗粒化力场包括成键项和非键项两部分，由于非键作用不但直接控制体系的堆积行为，又极大地影响体系的热力学和动力学性质，因而如何获取准确、可靠、高计算效率的粗粒化非键作用势及其参数成为近些年的研究热点。前面指出，Lennard-Jones（LJ）势形式的粗粒化非键作用势由于计算高效且物理意义明确，已被成功地用于生物分子和高分子体系的粗粒化模拟[62,88,116]。其中，硬势 LJ 12-6 和软势 LJ 9-6 应用最为广泛。例如，Marrink 等在 MARTINI 力场中引入 LJ 12-6 势来描述粗粒化粒子的非键相互作用[1,31,32]，并通过自上而下的方法调节非键参数使其能够准确匹配实验数据，所得到的力场成功地重复出了生物分子和碳水化合物体系的主要结构和热力学性质：水和烷烃的密度、热压缩系数、扩散速率等本体性质，盐溶液中溶质粒子的对分布函数 RDF 等结构性质，水/油界面体系的互溶性，以及磷脂、多肽和蛋白质等生物体系的结构形貌和相行为。Klein 等采用更软的 LJ 9-6 势来描述磷脂、表面活性剂和嵌段共聚物等其他软物质体系的非键相互作用[7,23,89]，模拟得到相应体系的均方旋转半径、特征比、RDF 等结构性质和密度分布、表面张力、热膨胀系数等热力学性质，以及组分的自组装行为都与全原子模型结果相近。值得注意的是对于水分子之间的非键作用，Klein 采用的是较硬的 LJ 12-4 势[89] 而不是软势 LJ 9-6 势，主要原因是软势近程的排除作用过软使得体系的热压缩系数过高而具有较强排斥作用的硬势能有效地改善其压力响应。

从 LJ 势在粗粒化模拟的应用中可以看出，参数 σ（排斥距离）和 ε（作用强度）的妥善选取，对保持 CG 模型和全原子模型结构和热力学性质的一致性至关重要。在合理的 σ 和 ε 下，硬势 LJ 12-6 和软势 LJ 9-6 似乎都能够合理地描述各自体系的排体积作用，从而重复出相应体系的结构和热力学性质。但是，对于同一个体系的不同 LJ 势模拟质量或优劣的比较仍然较少。通常来说，LJ 势在小于 σ 内的距离内的排斥作用反映体系的排体积作用而大于 σ 处的长程吸引作用与体系的维里项和热力学性质相关。然而，在水分子和烷烃体系的模拟结果表明，虽然近程排斥作用更强的硬势能更好地重复体系的压力响应行为，其过硬的排斥作用带来的诸如粗粒化粒子在局域过于集中堆积等副作用，从而使得其熔体状态的温度区间比原子模型更窄[35,114]。因此，研究 LJ 势函数形式和软硬的选取对 CG 模型模拟结果的影响是很有必要的。

综上，本节的主要工作是将我们之前发展的结构基-热力学基联合粗粒化方法在应用到无规 PS 高分子体系，并探讨如何通过优化非键势的选取，来提高 PS 粗粒化力场的温度迁移范围。为此，我们选择一系列具有不同软硬程度的 LJ 势，考查其对 CG 模型在较宽温度范围（50～650K）内重现目标性质的影响，从而考查非键 LJ 势的软硬对模型迁移性的影响。

6.4.1 聚苯乙烯（PS）粗粒化模型的构建及模拟细节

粗粒化分子模型在重复体系一定性质的前提之下，通过减少自由度和简化作用位点，极大地提高了计算效率，从而使得对高分子体系长时动力学行为的模拟研究成为可能。例如，对高分子材料体系的玻璃化转变或结晶行为的模拟研究。聚苯乙烯（PS）是一种常见的高分子材料，在工业和生活中被广泛运用于制作塑料制品，因此玻璃化转变温度对它的使用至关重要，本节将介绍系统粗粒化方法在研究无规 PS 体系的结构、热力学以及玻璃化转变等性质中的应用。

为了构建粗粒化模型，首先需要对 PS 体系进行原子模拟。采用 TraPPE-UA[117] 联合原子力场进行原子模拟，该力场包括成键项和非键项两部分。为了提高模拟效率，键长采用 SHAKE 算法[118] 约束在平衡键长处。采用谐振势来描述键角伸展运动，其中 k_θ 和 θ_0 分别是力常数和平衡键角；采用傅里叶函数来描述二面角弯转运动，其中傅里叶函数的系数 c_0，c_1，c_2，c_3 是力常数，在二面角势中反式构象

$$V(\theta)=\frac{1}{2}k_\theta(\theta-\theta_0)^2 \tag{6-14}$$

$$V(\phi)=c_0+c_1[1+\cos(\phi)]+c_2[1-\cos(2\phi)]+c_3[1+\cos(3\phi)] \tag{6-15}$$

对应的角度值为 180°。此外，TraPPE-UA 力场还采用谐振的非常规二面角势来保持苯环的共面构象和与苯环相连的主链次甲基碳原子的 sp^3 四面体构象

$$V(\xi)=\frac{1}{2}k_\xi(\xi-\xi_0)^2 \tag{6-16}$$

值得一提的是，在这个力场中，并没有加二面角来约束苯环侧基的旋转和取向运动，因此侧基可以自由地旋转、也可以沿主链任意取向。PS 的 TraPPE-UA 力场中共包含 5 种联合原子，它们之间的非键相互作用采用 Lennard-Jones(LJ)12-6 势函数来描述，异种原子之间的参数 ε 和 σ 采用 Lorentz-Berthelot 混合规则来得到，具体的参数见表 6-3。

$$V(r)=4\varepsilon\left[\left(\frac{\sigma}{r}\right)^{12}-\left(\frac{\sigma}{r}\right)^{6}\right] \tag{6-17}$$

表 6-3　无规聚苯乙烯的 TraPPE-UA 力场参数表

非键参数	ε/(kJ/mol)	σ/Å
$CH_3(sp^3)$	0.8159	3.75
$CH_2(sp^3)$	0.3828	3.95
$CH(sp^3)$	0.0831	4.65
CH_{aro}(芳香族)	0.4197	3.695
C_{aro}(芳香族)	0.2494	3.70

键长类型	平衡键长/Å
$CH_3—CH$	1.54
$CH_2—CH$	1.54
$CH_2—CH_2$	1.54
$CH—C_{aro}$	1.51
$CH_{aro}—C_{aro}$	1.40
$CH_{aro}—CH_{aro}$	1.40

续表

键角类型	系数/[kJ/(mol·rad²)]		平衡键角/(°)	
$CH_3—CH—CH_2$	520		112	
$CH_2—CH—CH_2$	520		112	
$CH—CH_2—CH$	520		114	
$CH_2—CH—C_{aro}$	520		112	
$CH—C_{aro}—CH_{aro}$	1000		120	
$C_{aro}—CH_{aro}—CH_{aro}$	1000		120	
$CH_{aro}—C_{aro}—CH_{aro}$	1000		120	
$CH_{aro}—CH_{aro}—CH_{aro}$	1000		120	
二面角类型	系数/(kJ/mol)	系数/(kJ/mol)	系数/(kJ/mol)	系数/(kJ/mol)
$CH_x—CH—CH_2—CH$	0.0	2.952	−0.567	6.579
非正常二面角类型	系数/[kJ/(mol·rad²)]		平衡值/(°)	
$CH—CH_x—CH_y—C_{aro}$	334.8		35.26	
$C_{aro}—CH_{aro}—CH_{aro}—CH$	167.4		0	
$CH_{aro}—CH_{aro}—CH_{aro}—CH_{aro}$	167.4		0	

采用 Gromacs[119] 分子动力学软件来进行原子模拟，体系为 125 条、聚合度为 10 的无规 PS 短链（标记为 PS10)。模拟的系综为 *NPT* 系综，温度为 463K，压力为 1atm。采用 Nose-Hoover 热浴和 Parrinello-Rahman 压浴来控制体系的温度与压力。原子模拟的步长是 2fs，非键相互作用的截断半径设定在 1.0nm，并且对能量和压力施加范德华长程校正[120]。

原子模拟得到 463K 下 PS10 体系的密度值为 0.946g/cm³，与实验值[114] 0.974g/cm³ 非常接近，偏差来自于模拟体系较短的链长；模拟得到 PS10 体系的玻璃化转变温度（T_g）值为 305K，与 Flory-Fox 公式外推到等链长体系的（PS10）337K 基本吻合[121]。此外，463K 时对于聚合度为 100 的长链体系 PS100 的原子模拟得到的密度和 T_g 值分别为 0.986g/cm³ 和 360K，与实验值密度 0.974g/cm³ 和 T_g 理论值（PS100）357K 吻合较好。这些结果都证明了 TraPPE-UA 力场适用于模拟研究无规 PS 体系。

在原子模拟的基础上，建立 PS 粗粒化（CG）模型，采用 1∶1 的粗粒化映射方案：一个苯乙烯重复单元粗粒化成一个粒子，CG 粒子位于重复单元的质心，如图 6-20 所示。

粗粒化力场包括成键项和非键项两部分，采用粗粒化自由度描述全原子轨迹，分析得到键长、键角和二面角等成键项的构象概率分布函数，进行一步 Boltzmann 得到 CG 力场的成键相互作用势函数。采用分析势 LJ 势来描述 CG 力场的非键相互作用势，并且通过结构基和热力学基混合的粗粒化方法，通过同时重复体系的密度和径向分布函数（RDF）来得到非键势的参数值 σ 和 ε。

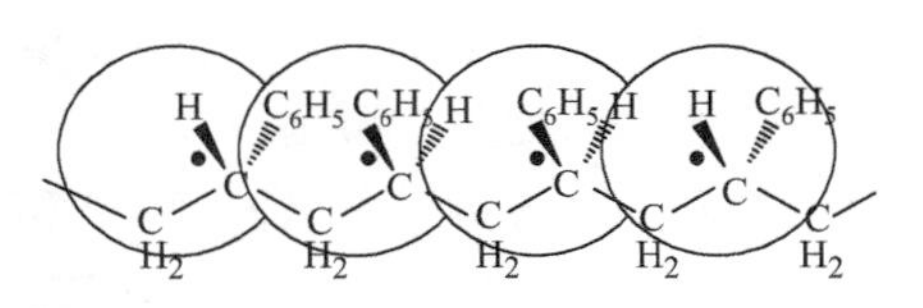

图 6-20

无规聚苯乙烯粗粒化模型映射方案

$$U^{CG}(r,T)=-k_B T\ln(P^{CG}(r,T)/r^2)+C_r \tag{6-18}$$

$$U^{CG}(\theta,T)=-k_B T\ln(P^{CG}(\theta,T)/\sin(\theta))+C_\theta \tag{6-19}$$

$$U^{CG}(\phi,T)=-k_B T\ln P^{CG}(\phi,T)+C_\phi \tag{6-20}$$

$$U^{CG}(r)=4\varepsilon\left[\left(\frac{\sigma}{r}\right)^m-\left(\frac{\sigma}{r}\right)^n\right] \tag{6-21}$$

为了探讨非键相互作用势对CG模型的玻璃化转变和迁移性的影响，本工作选取了一系列具有不同排斥强度的LJ势来构建CG力场，包括3组LJ 9-6势和3组LJ 12-6势。所得到粗粒化力场各项函数如图6-21(d)所示，从左往右，LJ势函数排斥强度逐渐增加。

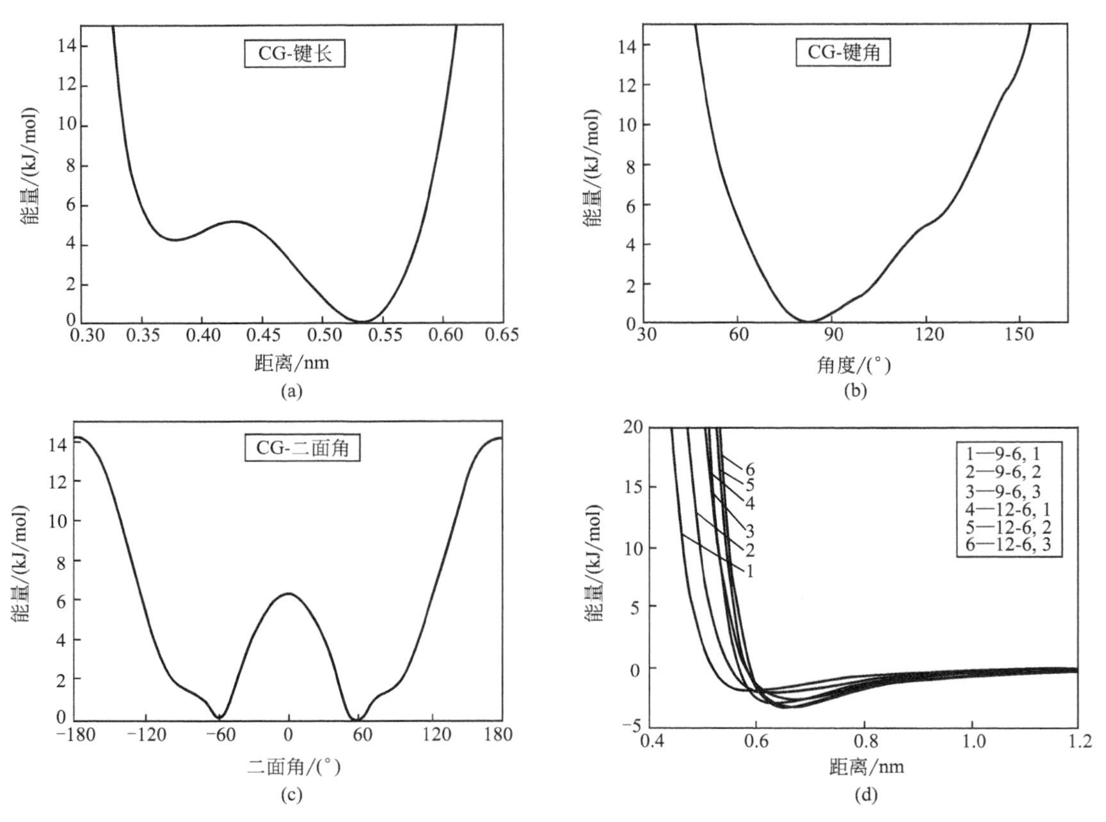

图 6-21

粗粒化力场的成键势（键长势、键角势、二面角势）和非键LJ势函数

为了考查CG力场的准确性，我们比较了在463K下CG和UA力场模拟PS10体系的密度和构象分布函数、RDF等结构性质，结果如图6-22和表6-4所示。

可以看出，在463K时各CG模型模拟得到的密度值均与UA模拟值0.946g/cm^{3}非常接近，成键的构象分布函数和非键RDF与UA模拟结果的偏差皆在合理范围之内。仔细比较各CG力场结果可以发现，3组LJ 9-6软势模拟得到的结构性质优于3组LJ 12-6硬势；而相反地，LJ 12-6硬势的密度值稍优于LJ 9-6软势。整体而言，6组LJ势函数都较好地重复出了PS10体系的热力学和结构性质。

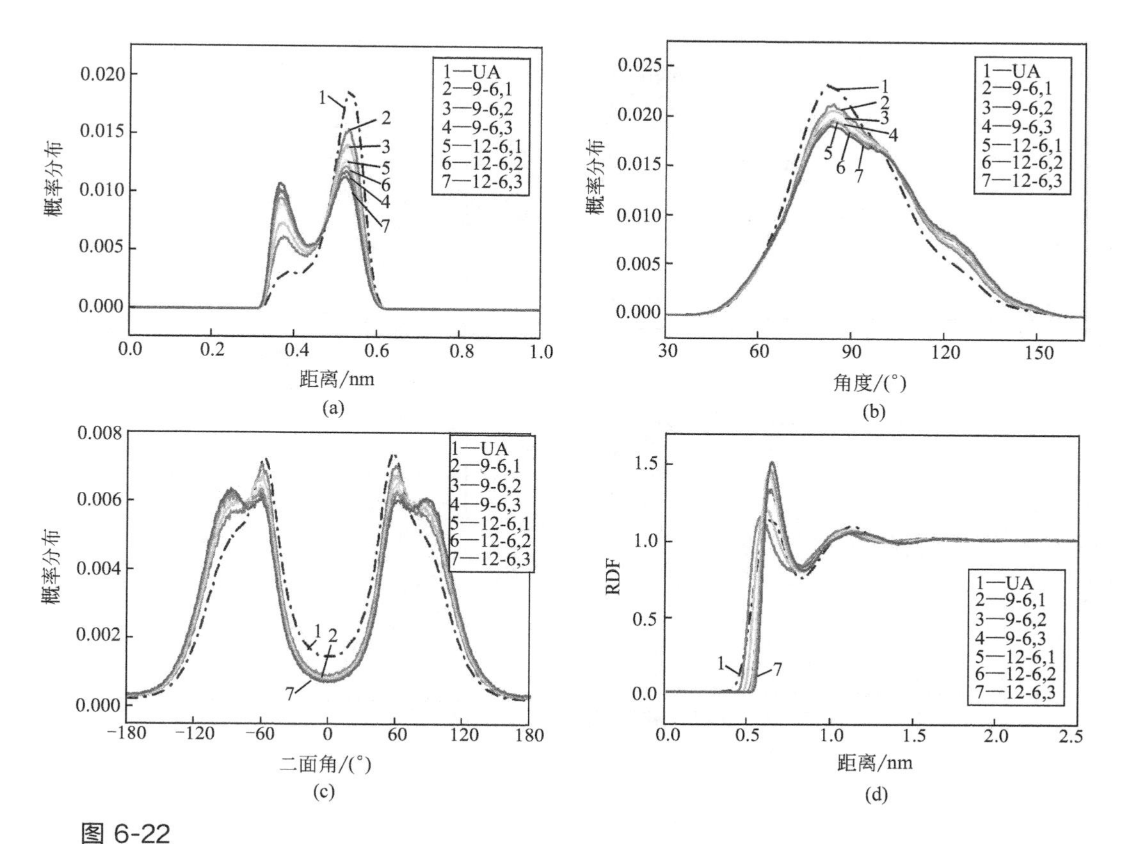

图 6-22

463K 下粗粒化和原子模拟 PS10 体系的构象分布函数和非键 RDF 对比图

表 6-4　各 LJ 势函数的非键参数 σ、ε 和在 463K 时模拟所得密度、RDF 偏差

LJ	9-6,1	9-6,2	9-6,3	12-6,1	12-6,2	12-6,3
σ/nm	0.52	0.55	0.58	0.57	0.58	0.59
ε/(kJ/mol)	3.2	3.6	4.4	3.0	3.1	3.3
ρ(PS10)/(g/cm^3)	0.966±0.016	0.943±0.012	0.945±0.011	0.948±0.013	0.932±0.009	0.932±0.008
$\Delta g(r)$(PS10)	0.32%	0.23%	0.80%	0.90%	0.96%	0.99%
ρ(PS100)/(g/cm^3)	1.027±0.005	0.999±0.004	1.004±0.003	1.002±0.003	0.986±0.003	0.989±0.005
$\Delta g(r)$(PS100)	0.31%	0.20%	0.73%	0.81%	0.92%	0.95%

为了验证 CG 力场的链长迁移性，我们还考查了 463K 时 CG 模型对 PS100 体系性质的重复性。与短链体系类似，各 CG 模型模拟得到的密度值均与相应体系 UA 模拟值 0.988g/cm^3 相近；结构性质也与 UA 结果相吻合，图 6-23 给出了 LJ 12-6,1 势和 UA 模拟 PS100 体系的结构性质对比图。结果表明，所得到的 CG 力场具有较好的链长迁移性。因此，我们采用 PS100 体系来系统考查不同排斥强度的非键 LJ 势对 CG 模型玻璃化转变和迁移性的影响。

粗粒化模拟采用 Gromacs 软件，所有体系的非键作用的截断半径均为 1.6nm，模拟的时

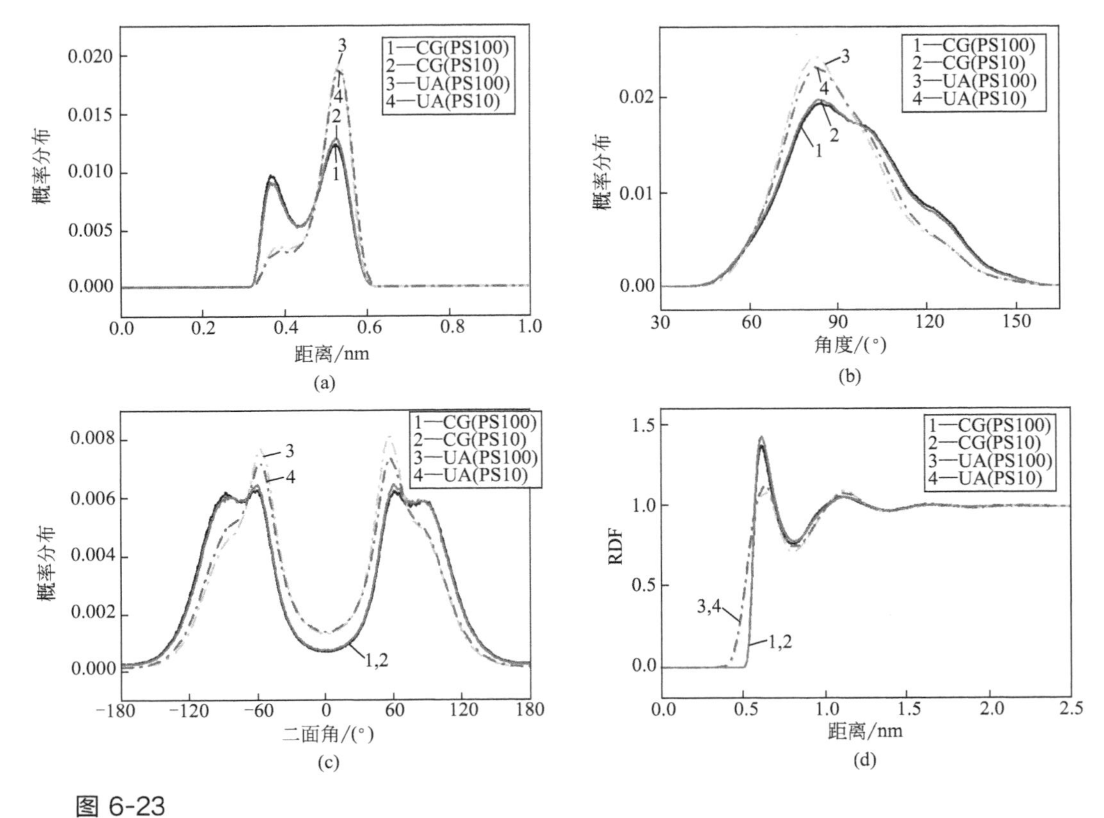

图 6-23

463K 下 LJ 12-6,1 势和 UA 模拟 PS100 体系所得构象分布函数和非键 RDF

间步长为 5fs，运用 Nose-Hoover 热浴和 Parrinello-Rahman 压浴来控制体系的温度与压力。为了得到 CG 模型的 T_g，我们首先在 *NPT* 系综进行模拟，模拟的温度范围为 600～20K。初态为 600K 下平衡的体系，间隔 10K 进行逐步降温，在每个新的温度模拟 500ns 后再降温到下一温度，对应的降温速率为 2×10^{-5}K/ps。分析各个温度下模拟所得轨迹文件的后 100ns 的密度来确定 T_g。与此同时，对每个温度的终态进行 *NVT* 系综模拟 4～15μs 来分析相应体系的动力学等其他性质。需要注意的是，在熔体温度范围内，各体系 *NVT* 模拟的时间均超过了 PS100 的整链松弛时间，因此体系可以达到完全松弛。

6.4.2 Lennard-Jones 势对粗粒化力场迁移性的影响

6.4.2.1 热力学性质的迁移性

首先，我们考查了不同温度下各 CG 模型模拟得到的 PS100 体系密度。从图 6-24 可以看出，最软的 LJ 9-6,1 势在 400～600K 的温度范围内和其他 5 组 LJ 势在 300～600K 的温度范围内都能较好地重复出相应温度下的 UA 密度值，即 CG 模型在该温度范围内具有较好的温度迁移性，且硬势的温度迁移性稍优于软势。需要注意的是，在低温下 CG 模拟得到的密度值整体比 UA 结果偏高约 25%，说明 CG 粒子在低温下堆积更加紧密。造成这种偏差的原因有两点：一是CG模型中苯环侧基被隐含，CG分子链变成线性分子，失去了空间位阻从而更容易紧密堆积；二是CG粒子排除体积形状是球形的，而相应的UA重复单元排除体积是非球形的，这就使得CG粒子堆积的配位数高于UA堆积，这也会带来密度的偏高。这两种效应都会随着温度的降低逐渐增强，从而使得低温下CG模型的密度值大幅偏高。

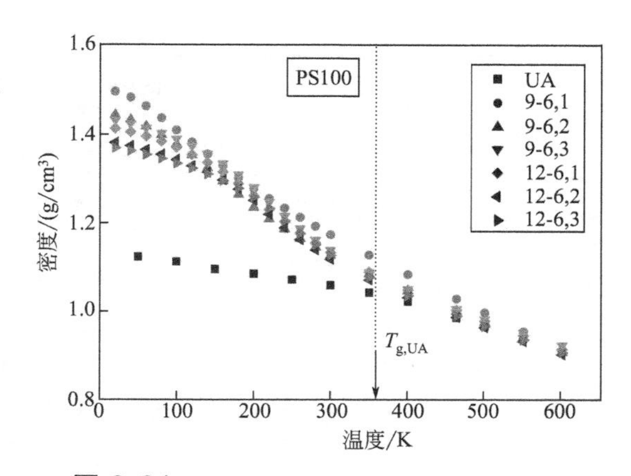

图 6-24

不同温度下粗粒化和原子模拟 PS100 体系的密度图

随后，通过外推高温和低温下密度的温度依赖关系，可以在拐点处得到 T_g 值，而熔体和玻璃态的热膨胀系数 α 可以分别通过线性拟合的斜率得到。

$$\alpha=-\frac{1}{\rho}\left(\frac{\partial\rho}{\partial T}\right)_P \tag{6-22}$$

表 6-5 列出了 6 组 CG 和 UA 模拟得到的 T_g 和热膨胀系数值。我们发现，CG 模型的 T_g 值整体比 UA 结果偏低、热膨胀系数与 UA 值在同一数量级之内略偏高；并且，随着 LJ 势排斥作用逐渐增强（从 9-6，1 依次到 12-6，3），CG 模拟得到的 T_g 值逐渐增加（从 55K 增加至 165K），而热膨胀系数逐渐降低、与 UA 值逐渐接近。可以看出，3 组硬势的结果明显优于 3 组软势，最硬的 LJ 12-6，3 势表现最好而最软的 LJ 9-6，1 势表现最差。

表 6-5　粗粒化和原子模拟 PS100 体系的热膨胀系数和 T_g

项目	Exp.	UA	9-6,1	9-6,2	9-6,3	12-6,1	12-6,2	12-6,3
$\alpha_m/10^{-4}K^{-1}$	5.8①	5.8±0.1	8.3±0.1	7.5±0.1	7.2±0.1	7.1±0.1	6.8±0.1	6.7±0.1
$\alpha_g/10^{-4}K^{-1}$	2.9①	2.7±0.1	7.0±0.1	6.3±0.1	5.0±0.1	4.8±0.1	4.6±0.1	4.5±0.1
T_g/K	357②	360±4	55±4	84±3	127±2	132±3	144±2	165±2

① 引自参考文献［122］。

② 引自参考文献［130］。

此外，我们还比较了 LJ 9-6,1 和 LJ 12-6,1 势在 500K 时的压力迁移性。如图 6-25 所示，通过线性拟合不同压力下体系的密度，可以得到 LJ 9-6,1 和 LJ 12-6,1 势的等温压缩系数分别为 $(23.6\pm0.1)\times10^{-4}MPa^{-1}$ 和 $(17.9\pm0.1)\times10^{-4}MPa^{-1}$，这比实验值 $9.4\times10^{-4}MPa^{-1}$ 偏高约 2～1 倍[122]。偏差的原因主要是模拟链长比实验更短，以及 CG 模型中自由度下降使得体系在高压下更易于紧密堆积。需要指出的是，Carbone 等采用 IBI 粗粒化方法建立的 1∶1 模型所得到的 $1.6\times10^{-2}MPa^{-1}$ 比实验值偏高 2 个多数量级[123]。总体而言，我们的模型有相当较好的压力迁移性，尤其是 LJ 12-6 硬势。

$$\kappa_T=\frac{1}{\rho}\left(\frac{\partial\rho}{\partial p}\right)_T \tag{6-23}$$

从热力学性质的角度来看，非键 LJ 势对 CG 模型的温度和压力响应有较大的影响，

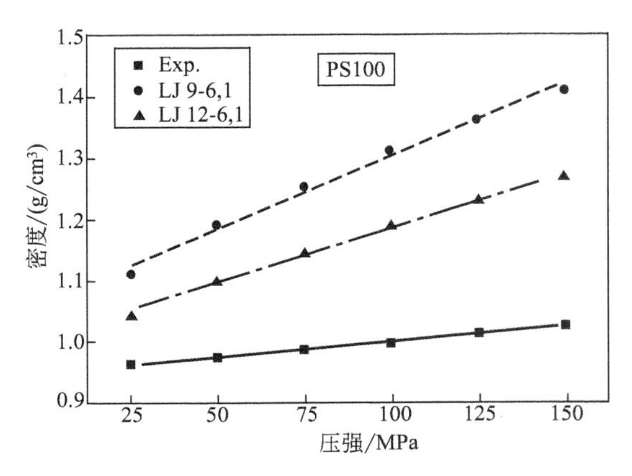

图 6-25

不同压强下 LJ 9-6，1 和 LJ 12-6，1 势粗粒化模拟 PS100 体系的密度图

进而影响对其热力学迁移性。通过上述结果的比较，我们得出结论：非键 LJ 势越硬或者其排斥作用越强，相应 CG 模型的温度和压力迁移性越好，并且模拟所得到 T_g 值越高。

6.4.2.2 结构性质的迁移性

通过分析不同温度下各 CG 模型模拟得到的构象（键长、键角、二面角）分布函数和非键 RDF，考查体系的结构性质。在 UA 模型中，随着温度的降低，构象分布函数和非键 RDF 分布逐渐变窄，优势构象的概率逐渐增加。通过比较发现，6 组 CG 模型都能够重复出这一趋势，并且在 300～600K 温度范围内均能较好地重复出体系相应的结构性质。图 6-26 详细给出了温度为 600K 和 300K 时各 LJ 势和 UA 模拟得到的结果对比。可以看出，当温度一定时，随着 LJ 势函数逐渐变硬，CG 模型与 UA 模型模拟所得各分布函数的差别逐渐增加，即结构性质偏差逐渐偏大。因此，非键 LJ 势越软，对体系的结构性质重复更好。

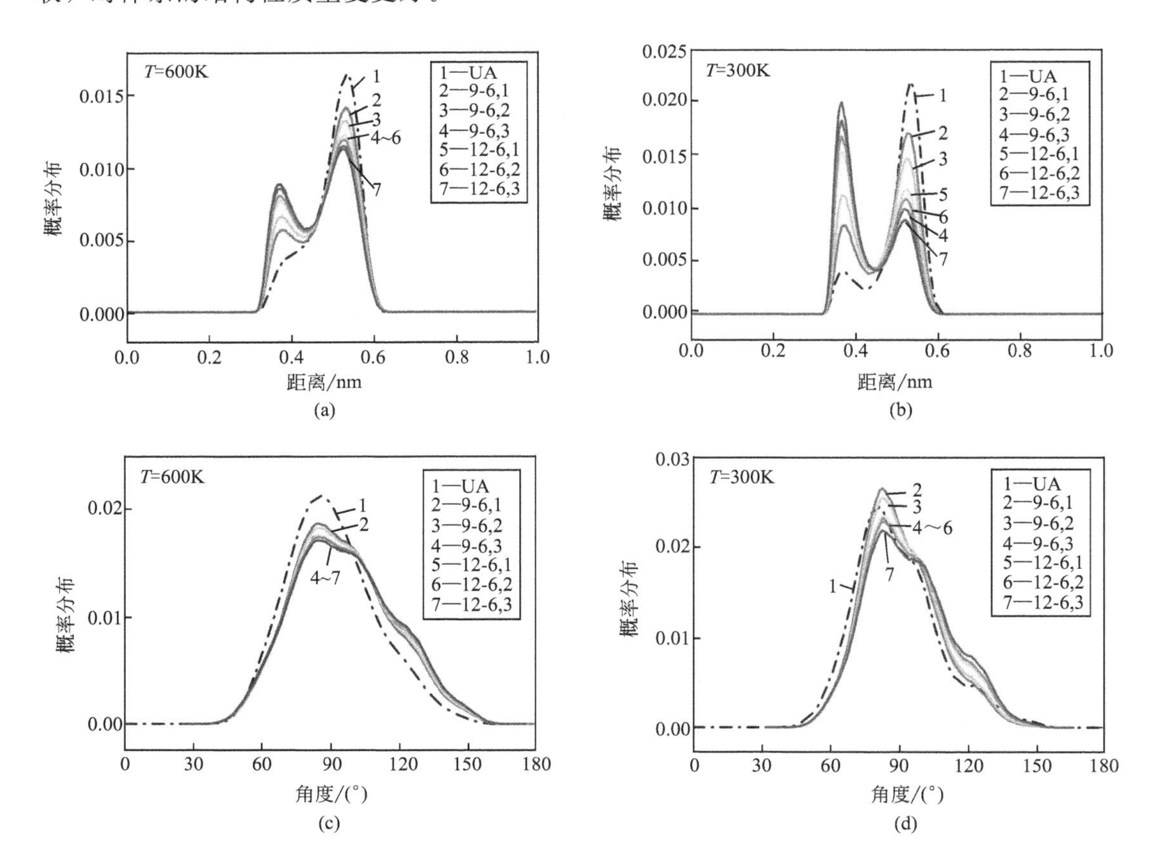

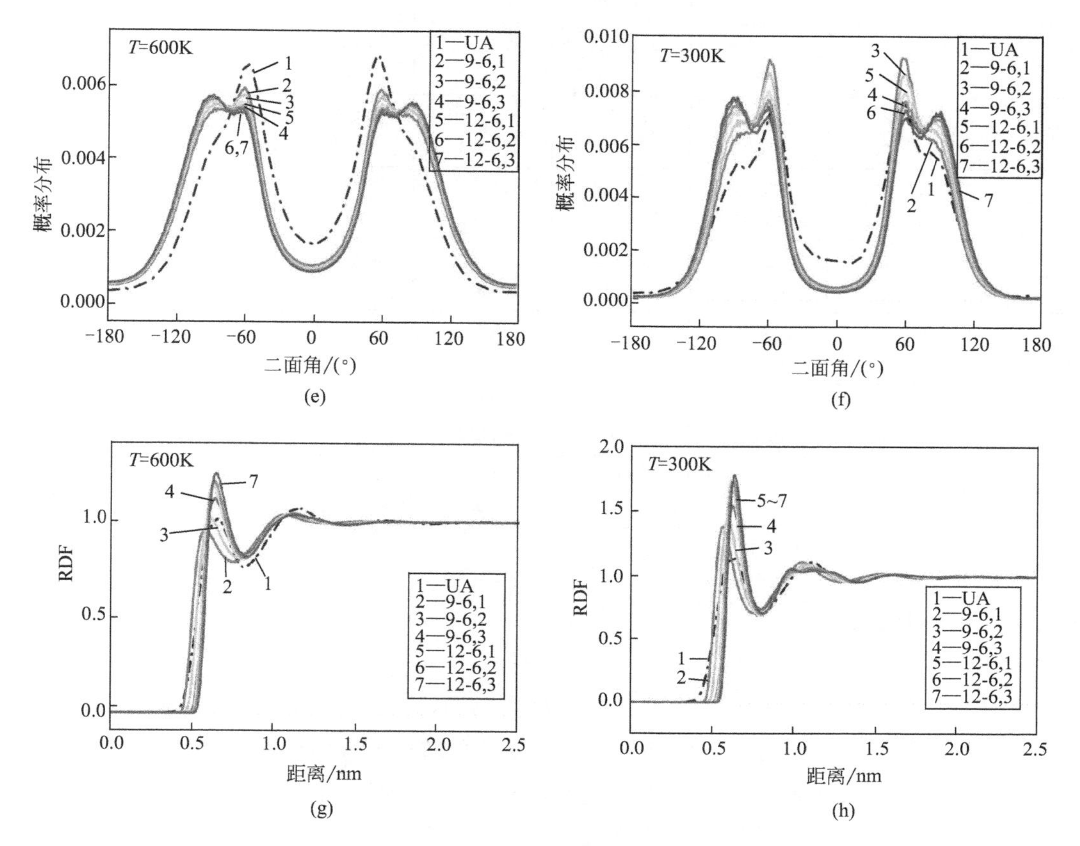

图 6-26

粗粒化模型和 UA 模型在 600K 和 300K 时模拟得到的结构性质对比图

为了比较不同软硬程度的 LJ 势对无规 PS 体系玻璃态结构的影响，我们考查了 6 组 LJ 势在温度为 50K（$<T_g$）时的模拟结果。首先，采用均方回转半径 R_g、非球因子 b、非球因子 c 和各向异性因子 κ^2 来表征分子链的尺寸和形状，各参数的具体结果如表 6-6 所示。从表中可以看出，CG 模型所得结果与 UA 一致，且 LJ 12-6，1 硬势的数值更接近 UA 结果值。R_g 张量的 3 个本征值相差不大，κ^2 也都接近于零，说明分子链并没有各向异性和取向，仍然表现为无规线团形态。

$$b=R_{11}^2-\frac{1}{2}(R_{22}^2+R_{33}^2) \tag{6-24}$$

$$c=R_{22}^2-R_{33}^2 \tag{6-25}$$

$$\kappa^2=\frac{b^2+\frac{3}{4}c^2}{R_g^4} \tag{6-26}$$

表 6-6　CG 和 UA 模型在 50K 模拟所得 PS100 分子链均方回转半径 R_g 和 b、c、κ^2 等参数

项目	R_g/nm	R_{11}/nm	R_{22}/nm	R_{33}/nm	b	c	κ^2
UA	2.198±0.001	1.457±0.001	1.281±0.001	1.035±0.001	0.766±0.002	0.569±0.002	0.036±0.001
9-6,1	1.973±0.001	1.204±0.001	1.117±0.001	1.093±0.001	0.229±0.002	0.054±0.002	0.004±0.001
9-6,2	2.255±0.001	1.343±0.001	1.311±0.001	1.250±0.001	0.164±0.002	0.156±0.002	0.002±0.001
9-6,3	2.135±0.001	1.275±0.001	1.254±0.001	1.166±0.001	0.159±0.001	0.213±0.002	0.003±0.001
12-6,1	2.136±0.001	1.336±0.001	1.198±0.001	1.159±0.001	0.395±0.001	0.093±0.001	0.008±0.001
12-6,2	2.142±0.001	1.326±0.001	1.207±0.001	1.171±0.001	0.345±0.001	0.086±0.001	0.006±0.001
12-6,3	2.161±0.001	1.363±0.001	1.310±0.001	1.046±0.001	0.452±0.001	0.621±0.001	0.023±0.001

6.4.3　小结

我们在 463K 下构建了 PS 体系 1∶1 粗粒化模型，并采用热力学基-结构基混合粗粒化方法得到粗粒化力场，通过一步 Boltzmann 变换局域构象分布函数（键长、键角、二面角）得到 CG 力场的成键势、通过同时重复体系的本体密度和非键 RDF 来得到非键参数。为了提高模型的迁移性同时保证计算高效，采用 LJ 势来描述 CG 粒子之间的非键作用。通过比较不同温度下对目标性质（密度、构象分布函数、RDF）的重复能力，来考查 CG 模型的迁移性；通过分析对热膨胀系数、T_g 等热力学性质和 R_g、形状因子等结构性质的重复性，来考查模型的应用潜力。同时，为了考查非键势函数软硬选取对 CG 模型迁移性的影响，我们还构建了一系列具有不同近程排斥强度的非键 LJ 势，并对比分析了它们的模拟结果。

正如我们所预期，我们采用热力学基-结构基混合粗粒化方法在单一热力学状态点（463K、1atm）构建的 6 组 CG 模型均具有较高的模拟效率且在 300～600K 的较宽温度范围内具有良好的温度迁移性：它们不仅能够重现体系的目标性质，得到与 UA 模型吻合一致的密度、局域构象分布和非键 RDF；还能够准确地预测出体系的热膨胀系数和分子链尺寸以及形状因子等其他性质。与前人的模型相比，不仅拓宽了温度可迁移的范围，还具备优异的压力迁移性（能够得到与 UA 体系相当的等温压缩系数）。

更重要的是，通过对比分析不同软硬程度非键 LJ 势的结果，我们发现 CG 模型的非键势对模型的密度随温度变化的响应和热力学性质有较大的影响，它们进一步影响了模型的迁移性。总体来说，随着势函数逐渐变硬或随着 LJ 势近程排斥作用逐渐增强，其对密度的温度响应行为重复性更好，所得到的热膨胀系数逐渐降低、T_g 值逐渐增高。这表明硬势能更好地体现 PS 体系在熔体和近玻璃态下的分子链排体积作用和形状。而对于结构

性质，研究结果表明在300～600K温度范围内软势对局域构象分布及其温度依赖关系具有更好的重复性。例如，势函数软硬对成键构象分布和RDF的各可几峰的峰位几乎没有影响，而主要影响峰的概率，并且这种影响程度随着温度降低而增强。具体来看，非键势软硬对键长、键角和二面角具有不同的作用路径：随着势函数逐渐变硬，键长分布中苯环位于同侧构象的概率增加使得分子链更为紧凑，而键角和二面角分布则位于大角度峰的概率增加使得分子链构象更为伸展，两种作用相互叠加，使CG模型中分子链的整体构象和尺寸在300～600K范围内受非键势影响不大。

值得强调的是，我们的CG模型不仅可以表征出体系的玻璃化转变，而且所得的T_g值随着非键势变硬而增高这一重要结果，可以为我们指出一条如何利用CG模型准确重复体系玻璃化转变温度的有效途径。在下一节CG模型的应用当中，我们将探讨如何进一步优化CG力场，来得到与UA模型完全一致的T_g。

6.5 构建热力学与结构自洽的聚苯乙烯粗粒化模型[124]

从上一节的研究结果可以看出，尽管我们采用热力学基-结构基混合方法所建立的PS粗粒化模型在熔体的300～600K范围内具有良好的迁移性，但在$T<300$K或更低的温度条件下，模型的适用性较差，难以用其来定量重现体系的本体密度和局域构象分布等性质。例如，在50K（$T \ll T_g$），CG模拟所得的密度值与相应的UA体系结果偏差超过30%；同时，局域构象分布函数也存在较大的偏差，其积分误差也远远超过1‰的接受标准。图6-27给出了上一节构建的几组LJ势在50K下对成键分布函数和RDF的模拟结果，可以看出分布函数中各峰的峰高都已经严重偏离了UA模拟的结果，尤其是对于键长分布，主峰和次峰的顺序已经颠倒并且各峰的概率数倍高于UA结果。这表明，在低温玻璃态下这几组CG模型已经不适用于描述体系的相关性质，具有较差的迁移性和代表性。

不难看出，成键构象分布函数在低温下的严重偏差与我们建模方法中仅采用一步Boltzmann变换得到成键势有关。为了改善CG模型在低温下对体系性质的重复性、提高其温度迁移范围，进而可以用于研究PS体系的玻璃化转变，本节将重点探讨如何优化CG模型的成键作用势来进一步提高其迁移性，以拓宽其在PS体系中的应用范围，以期能够准确重复出无规PS体系的T_g。

除了准确重复PS体系的T_g外，我们还期望能够同时重现其特征结构。例如，中子散射和广角X射线衍射实验观察到PS体系的静态结构因子（static structure factor，S_q）中一个很有趣的现象：除了常规的非晶高分子体系中共有的$q=1.4\text{Å}^{-1}$处的无序峰（amorphous peak）之外，还在小波矢$q=0.75\text{Å}^{-1}$处出现一个非常规的聚合峰（polymeri-

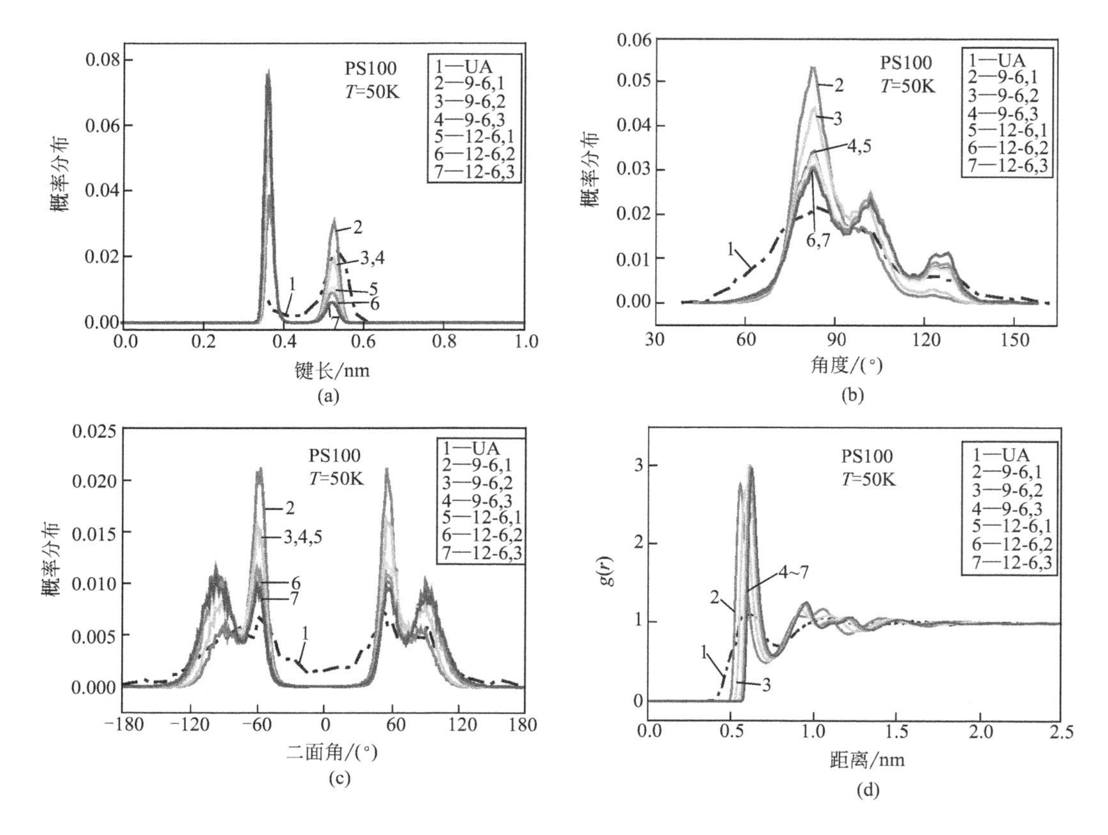

图 6-27

各 CG 模型在低温 50K 下的构象分布函数和 RDF

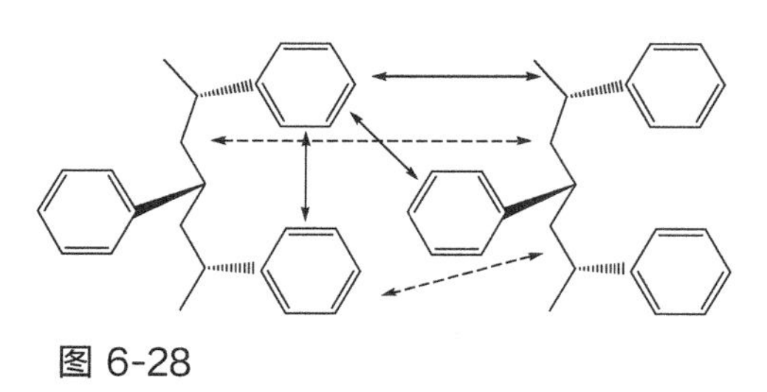

图 6-28

PS 静态结构因子中聚合峰与无序峰的主要贡献示意图，箭头粗细对应贡献大小

zation peak)[125,126]。而在大部分的高分子晶体、橡胶和熔体等体系，甚至是苯乙烯、苯等液体体系中，均没有观察到这一现象。根据实验和原子模拟的结果[127]，$q=0.75\text{Å}^{-1}$ 的聚合峰的主要贡献来自分子间的主链-主链相关（图 6-28），且其峰高随温度的增加而增加。而 $q=1.4\text{Å}^{-1}$ 的无序峰的主要贡献来自分子间和分子内的苯环-苯环相关（图 6-28），其峰高随温度的变化不明显。因此，我们将探讨经过优化后的 CG 模型能否重现 PS 体系的这一特征结构。

在结构基系统粗粒化模型的构建中，通常采用 IBI 方法来得到 CG 模型的非键势[128-130]。研究结果表明，IBI 方法能逐步消除模拟结果与目标性质之间的偏差，并通过一定的迭代过程使得目标结构性质被完全重复。因此，我们将其引入来优化 CG 模型的成键作用势，以进一步优化其对体系局域构象性质的重复性，并从热力学和结构性质两个角度考查所优化的新模型对 T_g 和 S_q 等性质的重复性。

6.5.1 粗粒化力场优化与模拟细节

原子模拟部分，我们仍然采用上一节的原子模拟方法和结果来作为参照，而无需进行新的 UAMD 模拟。而对于粗粒化力场，采用 LJ 12-6 势来描述非键相互作用，并通过 IBI 方法来优化成键相互作用，构建了新的 CG 模型。

首先，在上一节所得到的 CG 力场的基础上，继续在 463K 下采用 IBI 方法迭代优化成键相互作用，直到成键构象分布与 UA 模拟目标值完全一致。我们选择硬势 LJ 12-6，1 对应的 CG 模型作为初始势，来迭代其成键势：

$$U_{i+1}(x)=U_i(x)-k_B T\ln\left(\frac{g_i(x)}{g_0(x)}\right) \tag{6-27}$$

式中，$x=\{r,\theta,\varphi\}$；$g_0(x)$ 为 x 的概率分布函数；$U(x)$ 为 x 相应的势函数。如图 6-29 所示，对于短链 PS10 体系在经过 3 次迭代以后 CG 模拟所得的成键分布已经可以和 UA 目标分布函数几乎完全吻合。

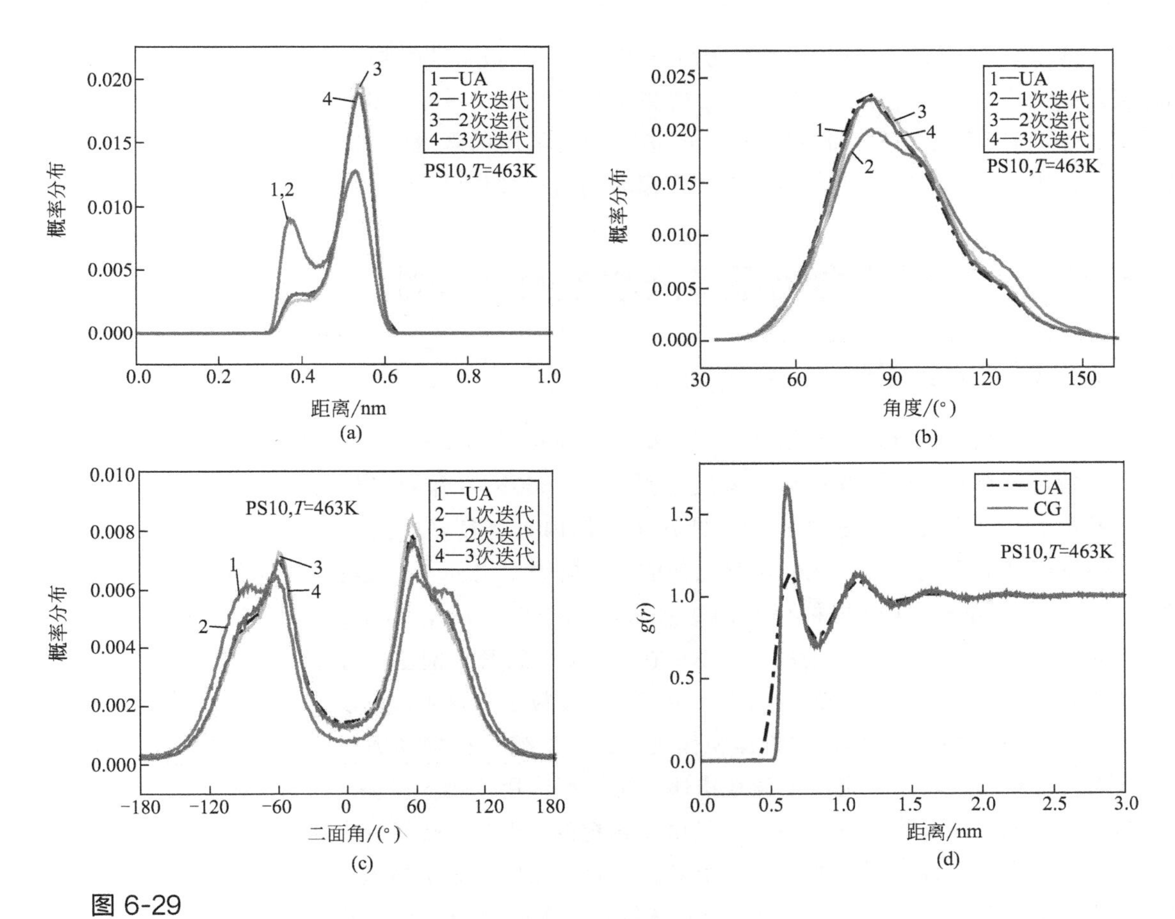

图 6-29

IBI 迭代过程中 CG 模型的构象分布函数和径向分布函数与 UA 结果对比

在优化好了成键势以后，我们再对初始选择的非键势 LJ 12-6（初始的参数为 $\sigma=0.57\text{nm}$，$\varepsilon=3.0\text{kJ/mol}$）重新进行调整，使得通过 CG 模拟得到的体系密度和 RDF 在要求的误差范围之内。经过优化，我们最终得到的非键 LJ 12-6 势的参数为 $\sigma=0.57\text{nm}$，$\varepsilon=3.8\text{kJ/mol}$。

$$U^{\mathrm{CG}}(r)=4\varepsilon\left[\left(\frac{\sigma}{r}\right)^{12}-\left(\frac{\sigma}{r}\right)^{6}\right] \tag{6-28}$$

由此，我们便得到了经过 IBI 迭代成键势后优化的 CG 新模型。

本节采用长链 PS100 体系来考查新构建的 CG 模型的温度迁移范围及其应用到玻璃态体系重复体系性质的潜力，CG 模拟体系为 100 条链，UA 参照体系为 20 条链。如上所述，我们将重点考查 CG 模型是否能够重复出 PS 体系的 T_g 和实验中观察到的静态结构因子 S_q 中表现出的特征结构。S_q 的定义如下：

$$S(\vec{q})=\frac{1}{N_{\mathrm{m}}}\left\langle\left|\sum_{j=1}^{N_{\mathrm{m}}}\exp(i\vec{q}\cdot\vec{r}_j)\right|^2\right\rangle \tag{6-29}$$

$$S(q)=\sum_{|q|}S(\vec{q})/\sum_{|q|}1 \tag{6-30}$$

式中，q 为波矢，式（6-30）为对三维的 $S(\vec{q})$ 进行球平均得到一维的 S_q，以便于和实验结果进行直观比较。密度和 T_g 的测定采用 NPT 系综模拟结果得到，而 S_q 的测量则通过 NVT 系综模拟来得到，模拟的细节和所采用的降温方法与上节一样。CG 模拟的温度范围为 100～600K，各温度下的模拟时间均在微秒以上。

6.5.2 粗粒化力场温度迁移性及代表性

6.5.2.1 热力学性质

首先，我们考查了不同温度下 CG 新模型模拟得到 PS100 体系的密度。如图 6-25 所示，新模型在我们所研究的整个温度范围 100～600K 内都能重复出与 UA 体系相吻合的体系密度（最大偏差不超过 2%），即在该区间内具有良好的温度迁移性。尤其是对低温下体系密度的重复性，与我们优化之前的 CG 模型相比有了极大的改善。例如，即便是在 100K 的低温下时，CG 模拟得到的体系密度 1.097g/cm^3，与 UA 模拟结果 1.111g/cm^3 的偏差仅为 1.26%；而之前的 CG 模型在 100K 下的密度偏差超过 20%。这表明，经过对成键势进行多次玻尔兹曼迭代（IBI）以后，CG 粒子不仅可以反映 UA 模型在建模点熔体下 PS 分子链中苯乙烯单体的排体积作用，还能准确地捕捉其随温度变化的规律，从而在远离建模点的玻璃态下也能准确地描述其排体积作用。当温度高于 500K 时，粗粒化模型的密度略大于原子模拟的结果，这是由于粗糙的 PS 单体被表示成球形珠子以及我们采用的是一个光滑且各向同性的非键作用势。因此，相比于原子模型，粗粒化珠子可以更为有效地密排。而对于温度低于 500K 的密度偏差，主要源于两个方面的因素。一方面，随着温度的降低，原子模型 PS 体系的苯环旋转受到抑制，单体的排除体积逐渐减小。尽管在低温下存在苯环的“互锁效应”，但是从图 6-26（d）可知，原子 PS 单体仍然可以在小于粗粒化珠子的尺度上进行紧密排列。另一方面，由于CG模型采用的是一个较硬的LJ势，粗粒化单体只能在大于CG珠子的尺度上进行排列。因此，在低于500K时，无规PS粗粒化模型的密度比UA模型的密度小。此外，我们之前曾经指出[109]，在低温玻璃态下，苯乙烯单体的排体积作用很大程度上受苯环堆积的影响。而随着温度降低到无规PS的过冷区时，CG模型的密度非常接近原子模拟值。这就说明了苯环的排体积效应被隐含在CG粒子（位于单体质心）的相互作用中，正如图6-30所表明。这进一步验证了优化后的CGFF在描述PS玻璃态体系细节作用的可靠性。

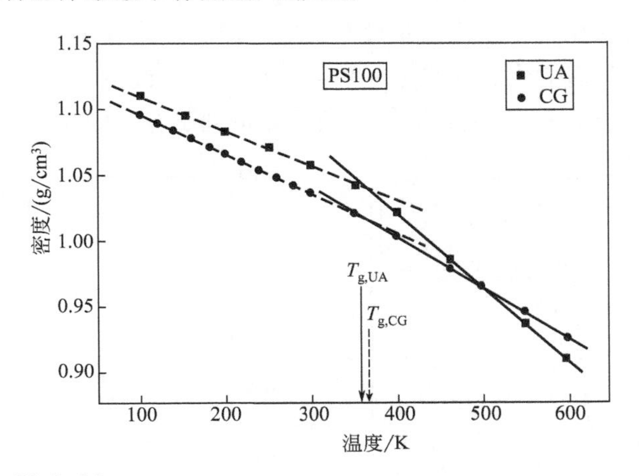

图 6-30

不同温度下CG和UA模拟所得PS100体系的密度图

随后，我们分别对高温和低温下的密度-温度依赖关系进行线性拟合并外推，通过拐点处的温度得到了CG模型的T_g。结果表明，CG模拟所得PS100体系的T_g为382K，与实验值[130] 363K较为接近，与UA参考体系的模拟结果360K的误差（6.11%）也在可接受范围之内。由此可以看出，正如我们所预期，通过IBI优化成键相互作用并合理地选择非键势而构建的CG模型，可以准确地重复出PS体系的T_g。需要强调的是，这是首次采用在单个状态点下构建系统粗粒化模型，且没有引入任何校正参数，而准确重复出无规PS体系的实验T_g。本文的混合系统粗粒化方法及所进行的成键优化处理，也可为后人采用CGMD重现其他高分子体系的T_g提供参考。

此外，通过熔体和玻璃态区密度随温度依赖关系线性拟合的斜率，可以得到相应区域的热膨胀系数α_m和α_g。CG模拟得到的熔体下的热膨胀系数α_m为$(4.7\pm0.1)\times10^{-4}K^{-1}$，比UA模拟值$(6.0\pm0.1)\times10^{-4}K^{-1}$和实验值[131] $5.8\times10^{-4}K^{-1}$略有偏小；而玻璃态下的热膨胀系数α_g为$(3.1\pm0.1)\times10^{-4}K^{-1}$，与UA模拟值$(2.7\pm0.1)\times10^{-4}K^{-1}$和实验值[37] $2.9\times10^{-4}K^{-1}$吻合较好。这说明CG模型可以比较准确地重复低温下体系密度随温度变化的响应行为，相比我们上节中构建的CG模型有较大的提高。

6.5.2.2 局域结构性质

由于我们的系统粗粒化力场是在熔融态下所构建，CG模型可以重复出高温下原子体系的局域结构性质[37,109]。因此，我们主要研究了粗粒化体系在100～300K下的构象分布函数和非键RDF，并与UA参照体系的模拟结果进行了系统的比较。我们发现在100～300K温度的范围内，除了主峰概率存在一定的温度依赖性之外，所得到的成键概率分布函数和非键RDF基本上与联合原子模拟的结果是一致的。而且，我们所计算的积分误差[109] 都在可接受范围之内。图6-31中列举比较了T_g以下的两个温度300K，200K的模拟结果。相比于上一节的粗粒化无规PS模型，新模型在重复体系结构性质方面有着极大的改善，特别是在T_g以下的低温区其对成键构象分布的重复性也相对较好。例如，在键长分布函数中，主峰和次峰的位置并没有发生颠倒。这就表明了分子内苯环的空间位阻效应更多地被包含在我们优化后的CGFF中。总体而言，经过对成键势采用IBI方法优化后，CG模型在低温玻璃态下重复目标性质的偏差得到了有效的改善。

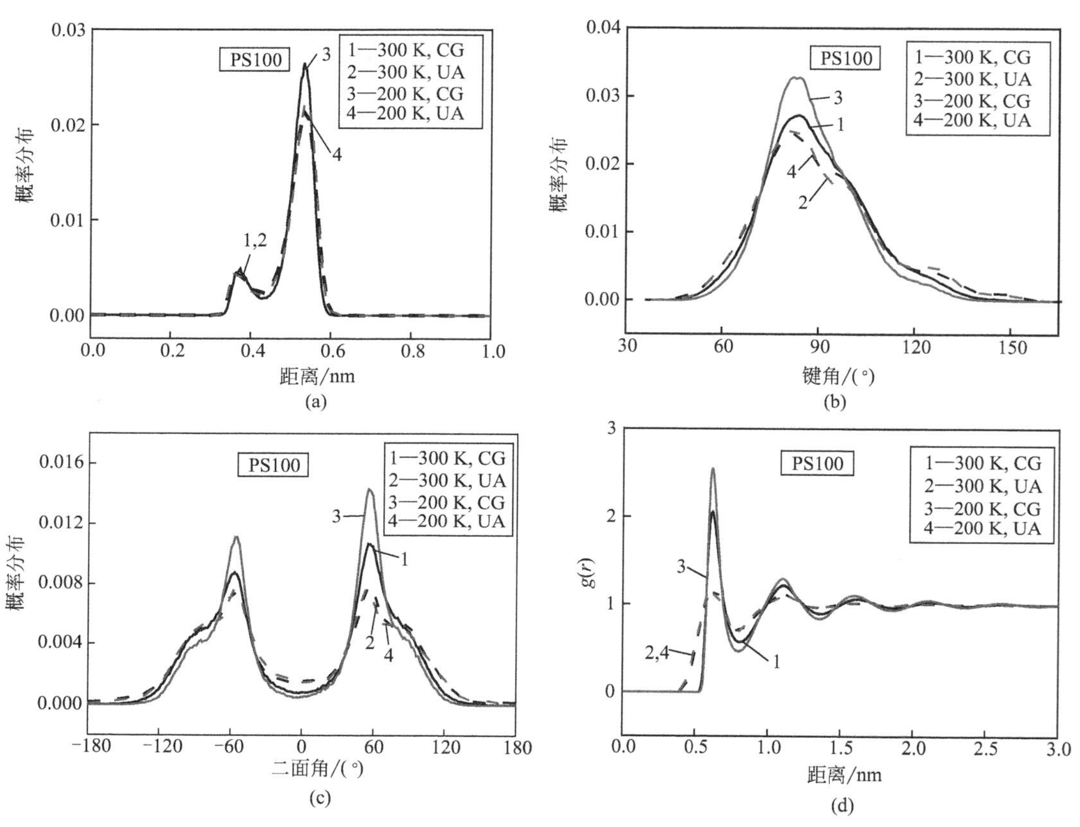

图 6-31

CG模型在低温下对成键构象分布函数和RDF的重复性

6.5.2.3 静态结构因子

鉴于以上结果，我们想知道优化后的CG模型是否能够重复实验观察到的PS体系静态结构因子S_q的特征，特别是其特有的$q=0.75Å^{-1}$处的聚合峰以及该峰强度随温度升高而增加的变化规律。

由于散射实验中所涉及的尺度为原子，而CG模型中最小作用粒子对应的是苯乙烯单体，它们的尺度不同。为了能够有效地对比CG模拟和实验结果，我们首先对UA模拟结果按原子尺度进行分析［如图6-32(a)所示］并与实验结果对照，再按CG尺度进行分析［如图6-32(b)所示］以对照CG模拟结果。从图6-32(a)可以看出，UA模拟的S_q观察到了与实验结果一致的双峰结构，即小波矢处$q=6.80\text{nm}^{-1}$的弱峰和大波矢处$q=12.70\text{nm}^{-1}$的强峰，与实验结果7.50nm^{-1}和14.0nm^{-1}基本吻合。此外，通过对比不同温度下的结果，我们发现在UA模拟中，小波矢处的峰高随着温度升高而增加，即其在高温下具有更高的强度，而大波矢处的峰高则几乎不依赖于温度（随着温度升高，峰位有些极轻微的左移而峰高几乎不变）。这些结果都与实验现象相吻合，因此在图6-32(a)中的两个峰分别对应于实验所测得S_q中的聚合峰和无序峰。由此可以证明，我们采用的TraPPE-UA力场可以准确地反映出实验中PS体系的特征结构（静态结构因子S_q）。

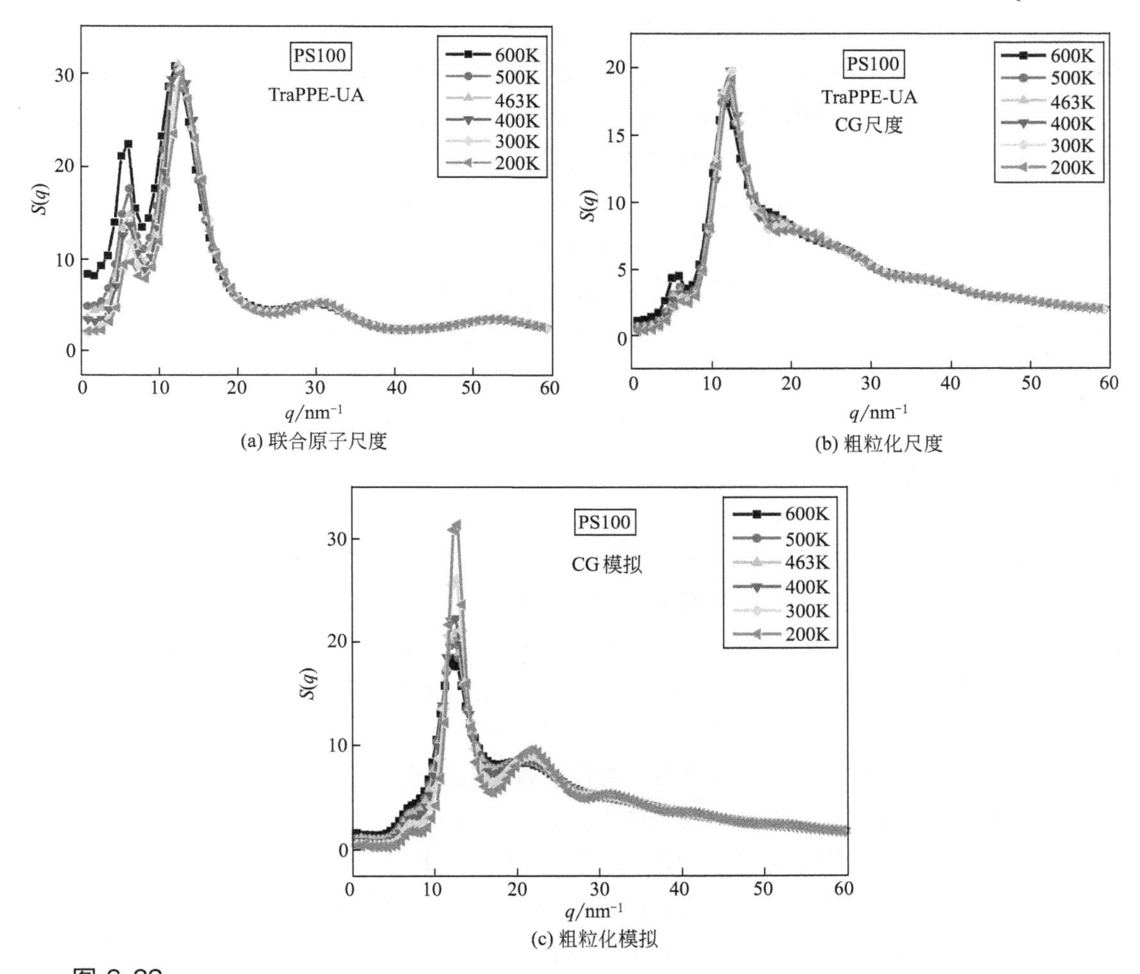

(a) 联合原子尺度

(b) 粗粒化尺度

(c) 粗粒化模拟

图 6-32

S_q随温度变化图

图6-32(b)给出了按粗粒化尺度分析的UA模拟的静态结构因子。我们可以看出，按单体尺度（粗粒化粒子）分析的S_q依然呈双峰结构，小波矢峰和大波矢峰的峰位分别为$q=6.50\text{nm}^{-1}$和$q=12.50\text{nm}^{-1}$，大波矢峰几乎不依赖于温度，这些与按原子尺度分

析的结果相类似。所不同的是，由于在粗粒化尺度上体系自由度减少，两个峰的峰高（或强度）都有所下降，且小波矢处的峰高随着温度升高而增加的幅度远远降低。例如，当温度从 200K 升高至 600K 时，按原子尺度得到的聚合峰的强度从 10.0 增至 22.5，而按 CG 尺度得到的小波矢峰的强度只从 2.8 增加至 4.6。下面我们将考查 CG 模拟的 S_q 是否能重复出图 6-32(b) 的结果。

图 6-32(c) 给出了不同温度下 CG 模拟所得到的 S_q。我们发现 CG 模型不仅重复出了双峰结构，其所得到的峰位（小波矢峰 6.90nm^{-1} 和大波矢峰 12.80nm^{-1}）都与 UA 模拟的结果一致。并且，UA 在粗粒化水平上分析所得到的小波矢处的峰高值及其随温度变化而增加的幅度，在 CG 模拟中得到了很好的重复。这说明 CG 模型较好地重现了 UA 模型中分子链间的相互作用及其随温度变化行为。根据这些结果可以看出，我们所构建的 CG 模型对 PS 体系静态结构因子和聚合峰的重复性较好。而 CG 模拟中大波矢处的峰高随着温度降低而增加，这与 UA 中不依赖于温度的结果有所偏差。我们知道大波矢处的峰主要对应实验中观察到的无序峰，其主要贡献来自分子内和分子间的苯环-苯环相关。尽管苯环的空间位阻效应被包含在我们的粗粒化力场中，但是由于我们采用的是光滑且各向同性的 LJ 势，且用一个球形的珠子表示一个 PS 单体，从而将一条无规 PS 链简化成一条线性链。这就使得粗粒化珠子随温度的降低而容易发生密排，如图 6-32(d) 所示。这些密排会增加非键单体之间的空间关联，因此隐含在 CG 模拟中的分子间苯环-苯环之间的相互作用将随温度的降低而增加。由此，在 CG 模型中，我们可以看到在大波矢处的无序峰的峰高随温度的降低而增加。

6.5.3 小结

根据上一节非键势对 CG 模型迁移性影响的结果，我们采用硬势 LJ 12-6 来描述非键作用，并且非键势的参数仍然采用结构基-热力学基混合方法来得到。进一步，我们采用 IBI 迭代的方法来优化成键作用势，由此构建了无规 PS 体系的 CG 新模型。我们重点考查了新模型是否能够提高 CGFF 的温度迁移范围以应用到玻璃态体系，以及是否能够重复出 PS100 体系的 T_g 及相应的特征结构。

结果表明，经过优化的 CG 新模型，对体系目标性质的重复性和温度可迁移范围有了很大的改善，尤其是能够在低温下得到和 UA 模拟结果吻合一致的密度和局域构象分布。从而，在我们所考查的整个温度范围内 100～650K 都具有较好的迁移性，可以应用到玻璃态下研究体系性质。更为重要的是，CG 模拟得到 PS100 体系的 T_g 值为 382K，与实验值 373K 非常接近，也与 UA 模拟结果 360K 吻合较好。这是首次采用系统粗粒化模型准确重复出无规 PS 体系的实验 T_g，可以看出我们的 CG 方法得到的模型在温度迁移性方面和重复 T_g 方面远远地超越了以往所有的 PS 粗粒化模型。

此外，CG 新模型还重复出了实验中观察到的 PS 体系特有的静态结构因子 S_q 中的聚合峰、无序峰的双峰特征，不仅具有与 UA 模型一致的峰位和峰高，并且重现了与 UA 结果一致的聚合峰随温度变化的规律。通过对 RDF 进行分析，我们给出了 S_q 中两个峰的来源：在按CG尺度分析的S_q中小波矢的主要贡献来自分子间和分子间内的非键作用，而大波矢峰的主要贡献来自键长分布主峰（相邻苯环异侧的构象）和分子间非键主峰（链间的苯环-苯环相关），即与苯环相互作用有关；并且CG模型得到和UA模型一致的结果。由此表明，我们所优化的CG新模型对无规PS体系在熔体和玻璃态下的热力学和结构性质都具有较好的代表性，可用于体系玻璃化转变的研究工作。

6.6 总结与展望

从基于场的粗粒化模型到基于粒子的粗粒化模型，从格子模型到连续模型，粗粒化模型经历了不同的发展阶段。而在获得粗粒化模型的方法方面，从早期粗粒化模型仅可以重现原子模型的结构，如今已经可以根据研究需要重现体系的相应部分或若干种性质。采用粗粒化模型进行介观模拟研究，一方面由于忽略了体系的不必要的细节结构而使计算时间缩短，另一方面由于采用一个适宜尺度的模型来进行模拟，减少了体系动力学演化所需要的时间（即动力学加速）。在高分子的粗粒化模型中，一个粗粒化粒子可以代表几个原子、一个结构单元，甚至许多个结构单元。在粗粒化模拟中原体系的原子间相互作用由新的粗粒化粒子间的相互作用代替，使得体系内需要计算的相互作用对数目大大降低。例如在高分子熔体中采用10∶1进行约化，即10个真实原子被一个粗粒化粒子取代，高分子熔体中相互作用对数目就可以降低两个数量级。此外由于粗粒化粒子间的势函数也比原子的“软”，因而可以采用较大的时间步长，通常粗粒化模拟的时间步长可较原子大10～100倍，因此，粗粒化模拟的计算效率至少要提高3～4个数量级。

对于不同的粗粒化方法，从表面上看，虽然系统粗粒化方法和MARTINI力场法都是根据体系性质的一个方面（前者通常是根据体系结构，后者是能量即热力学性质）来优化得到力场参数，但系统粗粒化方法中通过IBI或RMC方法得到的势表没有明确的物理意义。而MARTINI力场法中采用常见的函数形式来描述粒子间的相互作用，其形式的物理意义从直观上较容易理解。系统粗粒化方法由于是针对具体明确的体系，因而准确性高。而MARTINI力场的参数的适用范围要宽得多。同样，系统粗粒化方法中的力匹配及MS-CG法有明确的针对性，得到的力场参数准确性高，但其参数的物理意义不明确且求算方法复杂。粗粒化模型的可靠运用强烈依赖于模型的迁移性（对体系参数化目标性质在不同热力学条件下的重复性）和代表性（对体系的非参数化目标性质的重复性），我们发展的从微观尺度到介观尺度衔接的结构基与热力学基混合系统粗粒化方法为提高模型的迁移性和代表性提供了可能性。基于密度和分布函数与体系中分子的堆垛方式和链构象分布密切相关，一致的密度和分布函数是粗粒化模型和原子模型具有一致结构和热力学性质的前提，因此我们发展的粗粒化方法主要采用密度和分布函数作为目标量来优化粗粒化力场参数。此外，由于该粗粒化方法能重现真实体系的局部堆积效应和分子构象特性，粗粒化力场还可以重现力学和线性区流变学性质。

当前粗粒化方法仍在发展中，如何在保证体系的计算精度和效率条件下安全忽略哪些相互作用？如何通过原子模型或实验数据标度粗粒化模型参数使其具有更宽广的适用性？粗粒化模型在力场参数的准确性和可移植性之间如何选择？都是粗粒化方法未来发展所要面临的问题。

参考文献

[1] Marrink S J，Tieleman D P. Perspective on the MARTINI Model. Chem Soc Rev，2013，42（16）：6801.

[2] Shinoda W，DeVane R，Klein M L. Computer Simulation Studies of Self-assembling Macromolecules. Curr Opin Struc Biol，2012，22（2）：175.

[3] Reith D，Pütz M，Müller-Plathe F. Deriving Effective Mesoscale Potentials from Atomistic Simulations. J Comp Chem，2003，24（13）：1624.

[4] Maerzke K A，Siepmann J I. Trans ferable Potentials for Phase Equilibria-Coarse-Grain Description for Linear Alkanes. J Phys Chem B，2011，115（13）：3452.

[5] Ercolessi F，Adams J B. Interatomic Potentials from First-Principles Calculations：The Force-Matching Method. Europhys Lett，1994，26（8）：583.

[6] Dama J F，Sinitskiy A V，McCullagh M，et al. The Theory of Ultra-Coarse-Graining. 1. General Principles. J Chem Theory Comput，2013，9（5）：2466.

[7] LeBard D N，Levine B G，Mertmann P，et al. Self-assembly of Coarse-grained Ionic Surfactants Accelerated by Graphics Processing Units. Soft Matter，2012，8（8）：2385.

[8] Levine B G，LeBard D N，DeVane R，et al. Micellization Studied by GPU-Accelerated Coarse-Grained Molecular Dynamics. J Chem Theory Comput，2011，7（12）：4135.

[9] Percec V，Wilson D A，Leowanawat P，et al. Self-Assembly of Janus Dendrimers into Uniform Dendrimersomes and Other Complex Architectures. Science，2010，328（5981）：1009.

[10] Klein M L，Shinoda W. Large-Scale Molecular Dynamics Simulations of Self-Assembling Systems. Science，2008，321（5890）：798.

[11] Lyubartsev A P，Laaksonen A. Calculation of Effective Interaction Potentials from Radial Distribution Functions：A Reverse Monte Carlo Approach. Phys Rev E，1995，52（4）：3730.

[12] Izvekov S，Voth G A. A Multiscale Coarse-Graining Method for Biomolecular Systems. J Phys Chem B，2005，109（7）：2469.

[13] Shell M S. The Relative Entropy is Fundamental to Multiscale and Inverse Thermodynamic Problems. J Chem Phys，2008，129（14）：144108.

[14] Lyubartsev A，Mirzoev A，Chen L J，et al. Systematic Coarse-graining of Molecular Models by the Newton Inversion Method. Faraday Discuss，2010，144：43.

[15] Brini E，Marcon V，van der Vegt N F A. Conditional Reversible Work Method for Molecular Coarse Graining Applications. Phys Chem Chem Phys，2011，13（22）：10468.

[16] Eggimann B L，Sunnarborg A J，Stern H D，Bliss A P，Siepmann J I. An Online Parameter and Property Database for the Trappe Force Field. Mol Simul，2014，40：101-105.

[17] Das A，Andersen H C. The Multiscale Coarse-graining Method. Ⅷ. Multiresolution Hierarchical Basis Functions and Basis Function Selection in the Construction of Coarse-grained Force fields. J Chem Phys，2012，136（19）：15.

[18] Izvekov S，Chung P W，Rice B M. The Multiscale Coarse-graining Method：Assessing Its Accuracy and Introducing Density Dependent Coarse-grain Potentials. J Chem Phys，2010，133（6）：064109.

[19] Das A，Andersen H C. The Multiscale Coarse-graining Method. Ⅴ. Isothermal-isobaric ensemble. J Chem Phys，2010，132（16）：164106.

[20] Das A，Andersen H C. The Multiscale Coarse-graining Method. Ⅲ. A Test of Pairwise Additivity of the Coarse-grained Potential and of New Basis Functions for the Variational Calculation. J Chem Phys，2009，131（3）：034102.

[21] Noid W G，Chu J W，Ayton G S，et al. The Multiscale Coarse-graining Method. Ⅰ. A Rigorous Bridge Between Atomistic and Coarse-grained Models. J Chem Phys，2008，128（24）：244114.

[22] Noid W G, Liu P, Wang Y, et al. The Multiscale Coarse-graining Method. Ⅱ. Numerical Implementation for Coarse-grained Molecular Models. J Chem Phys, 2008, 128 (24): 244115.
[23] (a) Shinoda W, DeVane R, Klein M L. Multi-property Fitting and Parameterization of a Coarse Grained Model for Aqueous Surfactants. Mol Simul, 2007, 33 (1-2): 27. (b) Müller-Plathe F. Coarse-Graining in Polymer Simulation: From the Atomistic to the Mesoscopic Scale and Back. Chem Phys Chem, 2002, 3 (9): 754.
[24] Johnson M E, Head-Gordon T, Louis A A. Representability Problems for Coarse-grained Water Potentials. J Chem Phys, 2007, 126 (14): 144509.
[25] Noid W G. Perspective: Coarse-grained Models for Biomolecular Systems. J Chem Phys, 2013, 139 (9): 090901.
[26] Brini E, Algaer E A, Ganguly P, Li C, et al. Systematic Coarse-graining Methods for Soft Matter Simulations - a review. Soft Matter, 2013, 9 (7): 2108.
[27] Peter C, Kremer K. Multiscale Simulation of Soft Matter Systems. Faraday Discuss, 2010, 144: 9.
[28] Karimi-Varzaneh H, Müller-Plathe F. Coarse-Grained Modeling for Macromolecular Chemistry: Multiscale Molecular Methods in Applied Chemistry//Kirchner B, Vrabec J. Berlin/Heidelberg: Springer, 2012: 295.
[29] Fritz D, Koschke K, Harmandaris V A, et al. Multiscale Modeling of Soft Matter: Scaling of Dynamics. Phys Chem Chem Phys, 2011, 13 (22): 10412.
[30] Yesylevskyy S O, Schafer L V, Sengupta D, et al. Polarizable Water Model for the Coarse-Grained MARTINI Force Field. PLoS Comput Biol, 2010, 6 (6): e1000810.
[31] Monticelli L, Kandasamy S K, Periole X, et al. The MARTINI Coarse-grained Force Field: Extension to proteins. J Chem Theory Comput, 2008, 4 (5): 819.
[32] Marrink S J, Risselada H J, Yefimov S, et al. The MARTINI Force Field: Coarse Grained Model for Biomolecular Simulations. J Phys Chem B, 2007, 111 (27): 7812.
[33] Farah K, Fogarty A C, Bohm M C, et al. Temperature Dependence of Coarse-grained Potentials for Liquid Hexane. Phys Chem Chem Phys, 2011, 13 (7): 2894.
[34] Qian Hujun, Carbone P, Chen Xiaoyu, et al. Temperature-trans ferable Coarse-Grained Potentials for Ethylbenzene, Polystyrene, and Their Mixtures. Macromolecules, 2008, 41 (24): 9919.
[35] Fukunaga H, Takimoto J, Doi M. A Coarse-graining Procedure for Flexible Polymer Chains with Bonded and Nonbonded Interactions. J Chem Phys, 2002, 116 (18): 8183.
[36] Louis A A. Beware of Density Dependent Pair Potentials. J Phys: Condens Matter, 2002, 14 (40): 9187.
[37] Rossi G, Monticelli L, Puisto S R, et al. Coarse-graining Polymers with the MARTINI Force-field: Polystyrene as a Benchmark Case. Soft Matter, 2011, 7 (2): 698.
[38] Rosch T W, Brennan J K, Izvekov S, et al. Exploring the Ability of a Multiscale Coarse-grained Potential to Describe the Stress-strain Response of Glassy Polystyrene. Phys Rev E, 2013, 87 (4): 042606.
[39] Izvekov S, Chung P W, Rice B M. Particle-based Multiscale Coarse Graining with Density-dependent Potentials: Application to Molecular Crystals (Hexahydro-1, 3,5-trinitro-s-triazine). J Chem Phys, 2011, 135 (4): 044112.
[40] Wang Y, Feng S, Voth G A. Trans ferable Coarse-Grained Models for Ionic Liquids. Journal of Chemical Theory & Computation, 2009, 5 (4): 1091.
[41] Wang Y, Noid W G, Liu P, et al. Effective Force Coarse-graining. Physical Chemistry Chemical Physics, 2009, 11 (12): 2002-2015.
[42] Chen X, Carbone P, Cavalcanti W L, et al. Viscosity and Structural Alteration of a Coarse-Grained Model of Polystyrene under Steady Shear Flow Studied by Reverse Nonequilibrium Molecular Dynamics. Macromolecules, 2007, 40 (22): 8087.
[43] Li Shujia, Qian Hujun, Lu Zhongyuan. Translational and Rotational Dynamics of an Ultra-thin Nanorod Probe Particle in Linear Polymer Melts. Physical Chemistry Chemical Physics, 2018, 20: 20996-21007.
[44] Armstrong J A, Chakravarty C, Ballone P. Statistical Mechanics of Coarse Graining: Estimating Dynamical Speedups from Excess Entropies. J Chem Phys, 2012, 136 (12): 124503.
[45] Karimi-Varzaneh H A, Carbone P, Mueller-Plathe F. Fast Dynamics in Coarse-grained Polymer Models: The Effect of the Hydrogen Bonds. J Chem Phys, 2008, 129 (15): 154904.
[46] Izvekov S. Microscopic Derivation of Particle-based Coarse-grained Dynamics. J Chem Phys, 2013, 138 (13): 134106.
[47] Depa P K, Maranas J K. Speed up of Dynamic Observables in Coarse-grained Molecular-dynamics Simulations of Unentangled Polymers. J Chem Phys, 2005, 123 (9): 094901.
[48] Paul W, Smith G D. Structure and Dynamics of Amorphous Polymers: Computer Simulations Compared to Experiment and Theory. Rep Prog Phys, 2004, 67 (7): 1117.

[49] Ganguly P, Mukherji D, Junghans C, et al. Kirkwood—Buff Coarse-Grained Force Fields for Aqueous Solutions. J Chem Theory Comput, 2012, 8 (5): 1802.

[50] Ganguly P, van der Vegt N F A. Representability and Trans ferability of Kirkwood-Buff Iterative Boltzmann Inversion Models for Multicomponent Aqueous Systems. J Chem Theory Comput, 2013, 9 (12): 5247.

[51] Zhang Jianguo, Guo Hongxia. Trans ferability of Coarse-Grained Force Field for *n*CB Liquid Crystal Systems. J Phys Chem B, 2014, 118 (17): 4647.

[52] Zhang Jianguo, Su Jiaye, MaYanping, et al. Coarse-Grained Molecular Dynamics Simulations of the Phase Behavior of the 4-Cyano-4′-pentylbiphenyl Liquid Crystal System. J Phys Chem B, 2012, 116 (7): 2075.

[53] Zhang Jianguo, Su Jiaye, Guo Hongxia. An Atomistic Simulation for 4-Cyano-4′-pentylbiphenyl and Its Homologue with a Reoptimized Force Field. J Phys Chem B, 2011, 115 (10): 2214.

[54] Qian Hujun, Liew C C, Muller-Plathe F. Effective Control of the Trans port Coefficients of a Coarse-grained Liquid and Polymer Models Using the Dissipative Particle Dynamics and Lowe-Andersen Equations of Motion. Phys Chem Chem Phys, 2009, 11 (12): 1962.

[55] Izvekov S, Voth G A. Modeling Real Dynamics in the Coarse-grained Representation of Condensed Phase Systems. J Chem Phys, 2006, 125 (15): 151101.

[56] Milano G, Müller-Plathe F. Mapping Atomistic Simulations to Mesoscopic Models: A Systematic Coarse-Graining Procedure for Vinyl Polymer Chains. J Phys Chem B, 2005, 109 (39): 18609.

[57] Sun Qi, Faller R. Crossover from Unentangled to Entangled Dynamics in a Systematically Coarse-Grained Polystyrene Melt. Macromolecule, 2006, 39 (2): 812.

[58] Accary J B, Teboul V. Time Versus Temperature Rescaling for Coarse Grain Molecular Dynamics Simulations. J Chem Phys, 2012, 136 (9): 094502.

[59] Baig C, Mavrantzas V G, Krooger M. Flow Effects on Melt Structure and Entanglement Network of Linear Polymers: Results from a Nonequilibrium Molecular Dynamics Simulation Study of a Polyethylene Melt in Steady Shear. Macromolecules, 2010, 43 (16): 6886.

[60] Harmandaris V A, Kremer K. Predicting Polymer Dynamics at Multiple Length and Time Scales. Soft Matter, 2009, 5 (20): 3920.

[61] Ayton G S, Voth G A. Hybrid Coarse-Graining Approach for Lipid Bilayers at Large Length and Time Scales. J Phys Chem B, 2009, 113 (13): 4413.

[62] Harmandaris V A, Reith D, van der Vegt N F A, et al. Comparison Between Coarse-Graining Models for Polymer Systems: Two Mapping Schemes for Polystyrene. Macromol Chem Phys, 2007, 208 (19-20): 2109.

[63] Ouyang Yuting, Hao Liang, Ma Yanping, et al. Dissipative Particle Dynamics thermostat: A Novel Thermostat for Molecular Dynamics Simulation of Liquid Crystals with Gay-Berne Potential. Sci China Chem, 2015, 58 (4): 694.

[64] Soddemann T, Dunweg B, Kremer K. Dissipative Particle Dynamics: A Useful Thermostat for Equilibrium and Nonequilibrium Molecular Dynamics Simulations. Phys Rev E, 2003, 68 (4): 046702.

[65] Guo Hongxia, Kremer K. Kinetics of the Shear-induced Isotropic-to-lamellar Tran sition of an Amphiphilic Model System: A Nonequilibrium Molecular Dynamics Simulation Study. J Chem Phys, 2007, 127 (5): 054902.

[66] Guo Hongxia. Shear-induced Parallel-to-perpendicular Orientation Transition in the Amphiphilic Lamellar Phase: A Nonequilibrium Molecular-dynamics Simulation Study. J Chem Phys, 2006, 124 (5): 054902.

[67] Guo Hongxia. Nonequilibrium Molecular Dynamics Simulation Study on the Orientation Transition in the Amphiphilic Lamellar Phase under Shear Flow. J Chem Phys, 2006, 125 (21): 214902.

[68] Fu C C, Kulkarni P M, Shell M S, et al. A Test of Systematic Coarse-graining of Molecular Dynamics Simulations: Transport Properties. J Chem Phys, 2013, 139 (9): 094107.

[69] Pastorino C, Kreer T, Müller M, et al. Comparison of Dissipative Particle Dynamics and Langevin Thermostats for out-of-equilibrium Simulations of Polymeric Systems. Phys Rev E, 2007, 76 (2): 026706.

[70] Gao P, Guo H. Developing Coarse-grained Potentials for the Prediction of Multi-properties of Trans-1,4-polybutadiene melt. Polymer, 2015, 69 (1): 25-38.

[71] Gao P, Guo H. Trans ferability of the Coarse-grained Potentials for Trans-1,4-polybutadiene. Physical Chemistry Chemical Physics Pccp, 2015, 17 (47): 31693.

[72] Hayes K A, Buckley M R, Qi H B, et al. Constitutive Curve and Velocity Profile in Entangled Polymers during Start-Up of Steady Shear Flow. Macromolecules, 2010, 43 (9): 4412.

[73] Zou F, Dong X, Liu W, et al. Shear Induced Phase Boundary Shift in the Critical and Off-Critical Regions for a

Polybutadiene/Polyisoprene Blend. Macromolecules, 2012, 45 (3): 1692.
[74] Wang Y, Wang S Q. Exploring Stress Overshoot Phenomenon upon Startup Deformation of Entangled Linear Polymeric Liquids. J Rheol, 2009, 53 (6): 1389.
[75] Paul W, Bedrov D, Smith G D. Glass Transition in 1,4-polybutadiene: Mode-coupling Theory Analysis of Molecular Dynamics Simulations Using a Chemically Realistic Model. Phys Rev E, 2006, 74 (2): 021501.
[76] Tsolou G, Mavrantzas V G, Theodorou D N. Detailed Atomistic Molecular Dynamics Simulation of *Cis*-1,4-poly (butadiene). Macromolecules, 2005, 38 (4): 1478.
[77] Smith G D, Paul W, Monkenbusch M, et al. Molecular Dynamics of a 1,4-Polybutadiene Melt. Comparison of Experiment and Simulation. Macromolecules, 1999, 32 (26): 8857.
[78] Li X, Ma X, Huang L, et al. Developing Coarse-grained Force Fields for *Cis*-poly (1,4-butadiene) from the Atomistic Simulation. Polymer, 2005, 46 (17): 6507.
[79] Maurel G, Schnell B, Goujon F, et al. Multiscale Modeling Approach toward the Prediction of Viscoelastic Properties of Polymers. J Chem Theory Comput, 2012, 8 (11): 4570.
[80] Guerrault X, Rousseau B, Farago J. Dissipative Particle Dynamics Simulations of Polymer Melts. Ⅰ. Building Potential of Mean Force for Polyethylene and *Cis*-polybutadiene. J Chem Phys, 2004, 121 (13): 6538.
[81] Lyubimov I Y, Guenza M G. Theoretical Reconstruction of Realistic Dynamics of Highly Coarse-grained *Cis*-1,4-polybutadiene Melts. J Chem Phys, 2013, 138 (12): 12A546.
[82] Strauch T, Yelash L, Paul W. A Coarse-graining Procedure for Polymer Melts Applied to 1,4-polybutadiene. Phys Chem Chem Phys, 2009, 11 (12): 1942.
[83] Benvenuta-Tapia J J, Tenorio-López J A, Herrera-Nájera R, et al. Synthesis and Distribution of Structural Units-Thermal Property Relationship of Random and Block Butadiene-styrene Copolymers with High Trans 1,4 Units Content Produced Using an Initiator Composed of Alkyl aluminum, *n*-Butyl lithium, and Barium Alkoxide. J Appl Polym Sci, 2010, 116 (5): 3103.
[84] Benvenuta-Tapia J J, Tenorio-López J A, Herrera-Nájera R, Ríos-Guerrero L. Microstructure-thermal Property Relationship of High Trans-1,4-poly (butadiene) Produced by Anionic Polymerization of 1,3-butadiene Using an Initiator Composed of Alkyl Aluminum, *n*-Butyl lithium, and Barium Alkoxide. Polym Eng Sci, 2009, 49 (1): 1.
[85] Wick C D, Martin M G, Siepmann J I. Transferable Potentials for Phase Equilibria. 4. United-Atom Description of Linear and Branched Alkenes and Alkylbenzenes. J Phys Chem B, 2000, 104 (33): 8008.
[86] Li Y, Kröger M, Liu W K. Primitive Chain Network Study on Uncrosslinked and Crosslinked *cis*-Polyisoprene Polymers. Polymer, 2011, 52 (25): 5867.
[87] Karimi-Varzaneh H A, Muller-Plathe F, Balasubramanian S, et al. Studying Long-time Dynamics of Imidazolium-based Ionic Liquids with a Systematically Coarse-grained Model. Phys Chem Chem Phys, 2010, 12 (18): 4714.
[88] Harmandaris V A, Adhikari N P, van der Vegt N F A, et al. Hierarchical Modeling of Polystyrene: From Atomistic to Coarse-Grained Simulations. Macromolecules, 2006, 39 (19): 6708.
[89] Shelley J C, Shelley M Y, Reeder R C, et al. Simulations of Phospholipids Using a Coarse Grain Model. J Phys Chem B, 2001, 105 (40): 9785.
[90] Peter C, Kremer K. Multiscale Simulation of Soft Matter Systems -from the Atomistic to the Coarse-grained Level and Back. Soft Matter, 2009, 5 (22): 4357.
[91] Yang X N, Cai J L, Kong X H, et al. Crystal-to-crystal Transition of Trans-1,4-polybutadiene (TPBD). Macromol Chem Phys, 2001, 202 (7): 1166.
[92] Vettorel T, Meyer H. Coarse Graining of Short Polythylene Chains for Studying Polymer Crystallization. J Chem Theory Comput, 2006 2 (3): 616.
[93] Rahimi M, Iriarte-Carretero I, Ghanbari A, Bohm M C, Muller-Plathe F. Mechanical Behavior and Interphase Structure in a Silica-Polystyrene Nanocomposite under Uniaxial Deformation. Nanotechnology, 2012, 23: 9.
[94] Majumder M K, Ramkumar S, Mahajan D K, Basu S. Coarse-Graining Scheme for Simulating Uniaxial Stress-Strain Response of Glassy Polymers through Molecular Dynamics. Phys Rev E, 2010, 81: 011803.
[95] Zanjani M B, Lukes J R. Size Dependent Elastic Moduli of Case Nanocrystal Superlattices Predicted from Atomistic and Coarse-Grained Models. J Chem Phys, 2013, 139: 144702.
[96] Carbone P, Varzaneh H A K, Chen X, Muller-Plathe F. Transferability of Coarse-Grained Force Fields: The Polymer Case. J Chem Phys, 2008, 128: 064904.
[97] Wang H, Junghans C, Kremer K. Comparative Atomistic and Coarse-Grained Study of Water: What Do We Lose

by Coarse-Graining? Eur Phys J E，2009，28：221.

[98] Henderson R L. A Uniqueness Theorem for Fluid Pair Correlation Functions. Phys Lett A，1974，49：197.

[99] Matysiak S，Clementi C，Praprotnik M，Kremer K，Delle Site L. Modeling Diffusive Dynamics in Adaptive Resolution Simulation of Liquid Water. J Chem Phys，2008，128：024503.

[100] Junghans C，Praprotnik M，Kremer K. Transport Properties Controlled by a Thermostat：An Extended Dissipative Particle Dynamics Thermostat. Soft Matter，2008，4：156-161.

[101] Lyubimov I，Guenza M G. First-Principle Approach to Rescale the Dynamics of Simulated Coarse-Grained Macromolecular Liquids. Phys Rev E，2011，84：031801.

[102] Phillies G D J. Self-Consistency of Hydrodynamic Models for the Zero-Shear Viscosity and the Self-Diffusion Coefficient. Macromolecules，2002，35：7414.

[103] Siggia E D. Late Stages of Spinodal Decomposition in Binary-Mixtures. Phys Rev A，1979，20：595.

[104] Harmandaris V A，Mavrantzas V G，Theodorou D N，Kroger M，Ramirez J，Ottinger H C，Vlassopoulos D. Crossover from the Rouse to the Entangled Polymer Melt Regime：Signals from Long Detailed Atomistic Molecular Dynamics Simulations Supported by Rheological Experiments. Macromolecules，2003，36：1376.

[105] Baig C，Harmandaris V A. Quantitative Analysis on the Validity of a Coarse-Grained Model for Nonequilibrium Polymeric Liquids under Flow. Macromolecules，2010，43：3156.

[106] Khare R，de Pablo J，Yethiraj A. Rheological，Thermodynamic，and Structural Studies of Linear and Branched Alkanes under Shear. J Chem Phys，1997，107：6956.

[107] Junghans C，Perez D，Vogel T. Molecular Dynamics in the Multicanonical Ensemble：Equivalence of Wang-Landau Sampling，Statistical Temperature Molecular Dynamics，and Metadynamics. J Chem Theo Comp，2014，10：1843.

[108] Trément S，Schnell B，Petitjean L，Couty M，Rousseau B. Conservative and Dissipative Force Field for Simulation of Coarse-Grained Alkane Molecules：A Bottom-up Approach. J Chem Phys，2014，140：134113.

[109] Xiao Q，Guo H. Transferability of a Coarse-grained Atactic Polystyrene model：the Non-bonded Potential Effect. Phys Chem Chem Phys，2016，18：29808.

[110] Roth R，Evans R，Louis A A. Theory of Asymmetric Nonadditive Binary Hard-Sphere Mixtures. Phys Rev E，2001，64：051202.

[111] Stillinger F H. A Topographic View of Supercooled Liquids and Glass Formation. Science，1995，267：1935-1939.

[112] Ghosh J，Faller R. State Point Dependence of Systematically Coarse-grained Potentials. Mol Simul，2007，33：759-767.

[113] Krishna V，Noid W G，Voth G A. The Multiscale Coarse-graining Method. Ⅳ. Transferring Coarse-grained Potentials between Temperatures. The Journal of Chemical Physics，2009，131：646.

[114] Moore T C，Iacovella C R，McCabe C. Derivation of Coarse-grained Potentials via Multistate Iterative Boltzmann Inversion. The Journal of Chemical Physics，2014，140：224104.

[115] Mashayak S Y，Aluru N R. Thermodynamic State-dependent Structure-based Coarse-Graining of Confined Water. J Chem Phys，2012，137：214707.

[116] Kremer K. Simulation Studies of Soft Matter：Generic Statistical Properties and Chemical Details. The European Physical Journal B，2008，64：525-529.

[117] Maerzke K A，Schultz N E，Ross R B，Siepmann J I. Trappe-Ua Force Field for Acrylates and Monte Carlo Simulations for Their Mixtures with Alkanes and Alcohols. J Phys Chem B，2009，113：6415-6425.

[118] Ryckaert J P，Ciccotti G，Berendsen H J C. Numerical Integration of the Cartesian Equations of Motion of a System with Constraints：Molecular Dynamics of *n*-Alkanes. Journal of Computational Physics，1977，23(3)：327.

[119] Berendsen H J C，van der Spoel D，van Drunen R. GROMACS：A Message-Passing Parallel Molecular Dynamics Implementation. Computer Physics Communications，1995，91 (1-3)：43.

[120] Wood W W，Parker F R. Monte Carlo Equation of State of Molecules Interacting with the Lennard-Jones Potential. Ⅰ. A Supercritical Isotherm at about Twice the Critical Temperature. J Chem Phys，1957，27 (3)：720.

[121] Hocker H，Blake G J，Flory P J. Equation-of-State Parameters for Polystyrene. Trans actions of the Faraday Society，1971，67 (584)：2251.

[122] Orwoll R. Physical Properties of Polymers Handbook：Densities，Coefficients of Thermal Expansion，and Compressibilities of Amorphous Polymers//Mark J. New York：Springer，2007：93.

[123] Zaki A M, Carbone P. Amphiphilic Copolymers Change the Nature of the Ordered-to-disordered Phase Transition of Lipid Membranes from Discontinuous to Continuous. Physical Chemistry Chemical Physics, 2019, 21 (25): 13746-13757.

[124] Xia J, Xiao Q, Guo H. Transferability of a Coarse-grained Atactic Polystyrene Model: Thermodynamics and Structure. Polymer, 2018, 148: 284.

[125] Ayyagari C, Bedrov D, Smith G D. Structure of Atactic Polystyrene: A Molecular Dynamics Simulation Study. Macromolecules, 2000, 33 (16): 6194.

[126] Iradi I, Alvarez F, Colmenero J, et al. Structure Factors in Polystyrene: a Neutron Scattering and MD-simulation Study. Physica B Condensed Matter, 2004, 350 (1): E881.

[127] Reith D, Pütz M, Müllerplathe F. Deriving Effective Mesoscale Potentials from Atomistic Simulations. Journal of Computational Chemistry, 2010, 24 (13): 1624.

[128] Karimi-Varzaneh H A, Vegt N F A V D, Müller-Plathe F, et al. How Good Are Coarse-Grained Polymer Models? A Comparison for Atactic Polystyrene. Chem Phys Chem, 2012, 13 (15): 3428.

[129] Girard S, Muller-Plathe F//Karttunen M, Vattulainen I Lukkarinen A, Berlin: Springer-Verlag Berlin, 2004: 327-356.

[130] Fox T G, Flory P J. The Glass Temperature and Related Properties of Polystyrene. Influence of Molecular Weight. J Polym Sci, 1954, 14 (75): 315-319.

[131] Zoller P, Hoehn H H. Pressure-volume-temperature Properties of Blends of Poly (2,6-dimethyl-1,4-Phenylene ether) with Polystyrene. Journal of Polymer Science Part B Polymer Physics, 1982, 20 (8): 1385.

第7章

蒙特卡罗（Monte Carlo）方法的原理、进展及在高分子共混体系相变与界面性质研究中的应用

陆腾[1,2,3]，孙大川[1,2,4]，郭洪霞[1,2]

1 中国科学院化学研究所
2 中国科学院大学
3 中国科学院计算机网络信息中心
4 山东建筑大学

与量子化学计算、分子动力学等确定性方法不同，蒙特卡罗（Monte Carlo，MC）方法[1] 是一种借助随机抽样并应用数理统计来获取事件的相应概率与数学期望的随机模拟方法，其突出特点是通过实验而非计算求解。Monte Carlo 原为地中海沿岸著名的赌场城市，从这一命名可以推知该方法的随机抽样特征，但蒙特卡罗方法的应用并不局限于解决随机性问题，也可适用于那些可以通过构造随机模型加以描述的确定性问题。随机抽样方法十分古老，但直到电子计算机问世后才逐渐被应用于解决实际问题，这是由于蒙特卡罗方法的使用中所需的大量随机数需要借助计算机的处理能力来产生。第二次世界大战期间，美国洛斯阿拉莫斯核物理实验中心需要解决大量极其复杂的理论和技术上的问题，描述这些问题需要相当复杂的微分或积分微分的耦合方程组，以至于科学家不得不借助于计算机解决这些问题。科学家们对中子扩散进行模拟，即在电子计算机上对中子行为进行随机抽样模拟，通过对大量中子行为的观察推断出所要求算的参数，并把这种随机抽样方法命名为蒙特卡罗方法。学术界一般将 Metropolis 和 Ulam 在 1949 年发表的论文作为蒙特卡罗方法诞生的标志[2]。目前，蒙特卡罗模拟已经作为了解自然规律的重要方法受到了各学科科学家的重视。本章将主要介绍蒙特卡罗方法的基本原理、主要算法以及在高分子共混体系研究中的几个典型应用。

7.1 高分子链构象的蒙特卡罗抽样方法原理与进展

聚合反应本身的随机性特点导致高分子链具有分子量分布、序列分布等随机特性，这使得蒙特卡罗模拟在高分子科学中具有非常广泛的应用[3]。此外，蒙特卡罗方法对于高分子物理问题的研究也有着重要的意义。例如：高分子链具有很大的自由度，其链节单元因热运动而产生的内旋转使其链构象千变万化，并强烈地依赖于溶剂性质、温度等环境因素，使高分子链构象统计研究具有相当程度的复杂性[4]。此外，由高分子单体排除体积（excluded volume）所带来的自避行走问题（self-avoiding walks，如图 7-1 所示）也是困扰高分子科学家多年的难题，直到重整化群理论（renormalization group theory）方法的引入才得到了较为圆满的解决[5]。由此可知，高分子单链的结构和性质问题就已如此复杂，而对于高分子浓溶液，乃至高分子熔体等多链体系则将具有更复杂、更深刻的统计内涵，这使高分子体系的统计理论研究极其困难，却也为蒙特卡

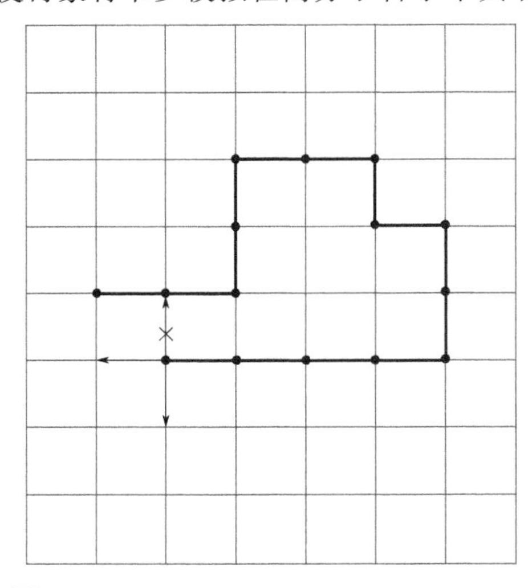

图 7-1

高分子链的自避行走问题

罗方法提供了很好的研究对象。

有鉴于此，20 世纪 50 年代 Wall 就将蒙特卡罗模拟用于高分子链的排斥体积问题的研究[6]。此后，蒙特卡罗方法在高分子科学研究领域的应用取得了飞速的发展，在高分子化学和物理的各个领域均取得了丰硕的成果，如表面与界面[7]、表面活性剂溶液的相转变[8]、交联高分子体系、高分子单体的聚合[9]、高分子玻璃化转变、液晶和柔性高分子体系、嵌段共聚物聚集相态[10]、高分子熔体动力学等。蒙特卡罗方法一般是建立在较简单的准则之上的，如能量最低原理等，只是通过随机抽样来实现目标，而并不对实现过程进行严格的模拟，即只考虑状态，不介意过程。

蒙特卡罗研究已经从对单组分、单链物理性质的研究深入到对序列单链、多组分多链体系的研究，近年来广泛应用在受限体系和链缠结、多嵌段共聚物的相分离和形态以及高分子的结晶态和液晶态等研究热点。关于高分子蒙特卡罗模拟算法的研究也是一类重要问题，随着所研究的高分子体系的复杂性的增加，对算法本身也提出了越来越高的要求。

7.1.1 蒙特卡罗方法的基本思想及统计理论基础

蒙特卡罗方法在数学上称为随机模拟（random simulation）方法、随机抽样（random sampling）技术或统计实验（statistical testing）方法[11]。它的最基本思想是：为了求解数学、物理、几何、化学等问题，建立一个概率模型或随机过程，使它的参数等于问题的解；当所解的问题本身属随机性问题时，则可采用直接模拟法，即根据实际物理情况的概率法来构造蒙特卡罗模型；然后通过对模型，或过程的观察，或抽样实验来计算所求参数的统计特征，最后给出所求解的近似值。在高分子科学中的蒙特卡罗模拟主要采用直接模拟方法。

设所要求的量 x 是随机变量 ξ 的数学期望 $E(\xi)$，那么用蒙特卡罗方法来近似确定 x 的方法是对 ξ 进行 N 次重复抽样，产生相互独立的 ξ 值的序列 ξ_1，ξ_2，ξ_3，…，ξ_N，并计算其算术平均值：

$$\overline{\xi_N}=\frac{1}{N}\sum_{n=1}^{N}\xi_n \tag{7-1}$$

根据 Kolmogorov 的大数定律则有：$P(\lim_{N\to\infty}\overline{\xi_N}=x)=1$。即当 N 充分大时，$\overline{\xi_N}\approx E(\xi)=x$ 成立的概率等于 1，亦即可以用 $\overline{\xi_N}$ 作为所求量 x 的估算值。蒙特卡罗方法的精度可用估计值的标准误差表示。由大数定理可知样本的方差为

$$\sigma^2(\overline{\xi_N})=\sigma^2(\xi)/N=E\{[\overline{\xi_N}-E(\xi)]^2\} \tag{7-2}$$

当 $N\to\infty$ 时，方差 σ^2 趋于 0。因此蒙特卡罗计算的精度取决于样本的容量 N。

7.1.2 高分子物理中的链松弛算法

在高分子物理问题中，高分子的链式结构是高分子的最基本特征。从普适性的观点出发，当我们使用适当的放大倍数忽略小于一定微观尺度的分子细节，可以把高分子看作成一个连续链。这样，对于很大的放大倍数观察到的局域特性，将依赖于具体的分子基团和

结构；而对于较小的放大倍数观察到的全局或介观与宏观的特性，将依赖于几个基本作用参数。而这种描述具有简单普适的特性，它保留了一大类高分子所共有的本质的特征。这种粗粒化思想和方法是高分子物理的基本观点[12]。一个简单的理想的方法就是把高分子链看作许多链段的连接，可用一串相连的空间格子来表示（格子模型），在溶液中就是Flory-Huggins高分子格子模型理论[13]（如图7-2所示）。

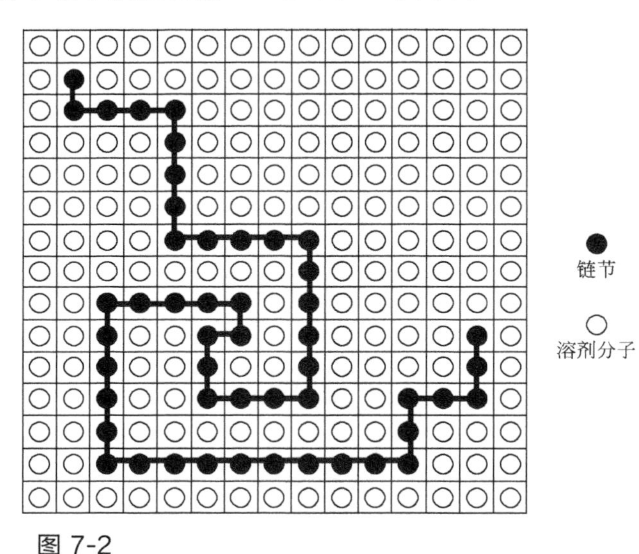

图 7-2

Flory-Huggins 高分子格子模型

在蒙特卡罗模拟中，对高分子链构象进行抽样来计算各种物理性质，链构象的演化抽样通过松弛算法来进行。根据研究的对象和问题的不同及操作的有效性和可行性，人们对不同体系采用不同的松弛算法，如，蛇行算法，键涨落算法，曲柄运动法，空格扩散等[14]。对研究高分子熔体或者高分子浓溶液时，通常采用蛇行运动算法或空格扩散算法；而对研究高分子稀溶液用键涨落算法比较适合。下面，我们就将简述常见的链松弛算法。

7.1.2.1 蛇行法

蛇行法是在1975年由Wall和Mandel[15] 提出的，设想从任一构象出发，将“链头”随机地朝其可达的邻位移动一步，而其余链节均沿原始路径向前顺延一步，这样原来链尾所占有的格点则成为空格。蛇行法的基本步骤可归结为：

（1）选任一构象作为初始链构象；

（2）随机地选取链的一端作为“头”；

（3）随机地选取一个允许的邻位。若所选的邻位已被占有，即蛇行将形成闭环，则原构象再统计一次，并保持原构象不变，然后回到步骤（2）。若选到的邻位为空格，则将“蛇头”向该部位蛇行一步，链的其余部分顺延一步，新构象被接受，并且该构象参加统计。然后回到步骤（2），上述过程重复进行，直至达到平衡和所需的统计精度。

该方法的最大特点是完全没有“样本损耗”，因此对多链体系特别有效；但它的缺点是不能推广到支化链和环形链。

7.1.2.2 键长涨落法

键长涨落法是由 Carmesin 和 Kremer[16] 首先提出的。在正方格点上，每个链单元占有四个格点，键长最小值为格点常数（作为长度单位）的两倍，而其最大键长可取 13，其间可取 5，8，3 和 10，因此在该模型中邻接键单元的可达位置有 36 个。在简立方格点上，每个链单元占有 8 个格点，键长可取 2，5，6，3 和 10，这时邻接键单元可达位置有 108 个。每次运动是让链节在可允许的键长范围内移动一个格点常数。

该方法的优点是能模拟二维体系的动力学和含支化点的高分子链的动力学问题，但缺点是模拟所需的计算机内存空间很大。

7.1.2.3 曲柄运动法

曲柄运动法由 Stokely 和 Gurler 等[17] 提出。在简立方格点上，曲拐运动的具体算法如下：首先从一任意构象出发，按下列步骤进行：

（1） 随机地选择一个链节。

（2） 若所选到的链节是链端点，则该链节发生如图 7-3(a) 所示的 90°运动，运动所达到的具体位置以等概率随机选择，若所达到的全部邻位已被占有，则运动不发生，回到（1），重新选择一个链节。

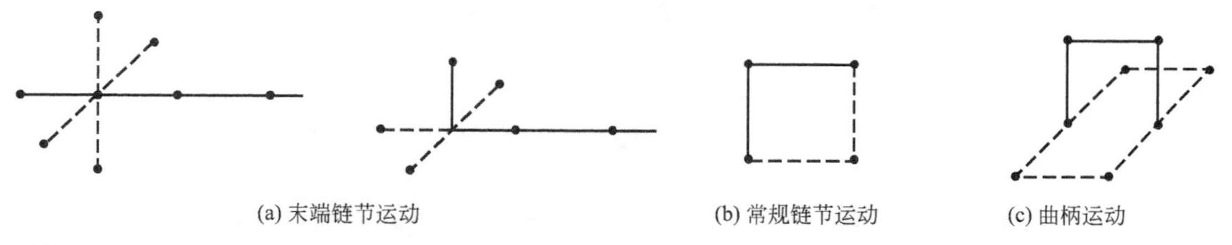

图 7-3

曲柄运动方式示意图

（3） 若所选到的链节不是链端点，则必须根据局部链构象来决定运动方式：

① 当选择到的链节与其相邻链节成共线构象时，则不能发生任何运动。回到（1），重新选择链节。

② 当选择到的链节的局部构象不是共线构象时，则可有两种情况；若局部构象为弯曲构象时，则按图 7-3(b) 所示的方式发生运动，然后回到步骤（1）；而当其局部构象为如图 7-3(c) 所示的曲柄构象时，则考虑其是否可以发生 90°的曲柄运动。运动方向随机确定，然后回到（1）。

该方法的优点是运动方式简单明了，程序占用空间少；缺点是不能用于二维系统。

7.1.2.4 部分蛇行法

部分蛇行法（partial-reptation algorithm）由 Hu 和 Carver 等人[18] 提出，采用链节之间协同运动的方式使运动效率大为提高，非常适用于模拟链节的运动。一般采用立方格点模型，键长一般取 1 和 2，这时邻接键单元可达位置有 18 个。基本步骤为：

（1）随机地选择一个链节。

（2）假设采用立方格点模型，则尝试着使该链节与周围最近邻与次近邻的 18 个格点交换，如果被交换的邻位格点恰好为空格，则该交换被允许，然后进行后续的判断；否则回到（1）。

（3）这个交换也许会导致键发生断裂，要根据断裂情况来决定接下来的运动方式：

① 如果这个交换没有导致键的断裂，则允许该运动［见图 7-4(a)］。

② 如果这个交换导致该链节两边的键都发生了断裂，该运动不发生，回到（1）［见图 7-4(b)］。

③ 如果这个交换仅导致该链节某一边的键发生断裂，则与该链节交换过的空格沿着键断裂的方向顺着分子链与剩余的链节依次进行交换，直到两边的键重新被连接起来［见图 7-4(c)］。这就是链节之间的协同运动。

（4）此外，无论何时，运动后新生成的键不能与原有的键发生交叉，否则不被允许，回到（1）。

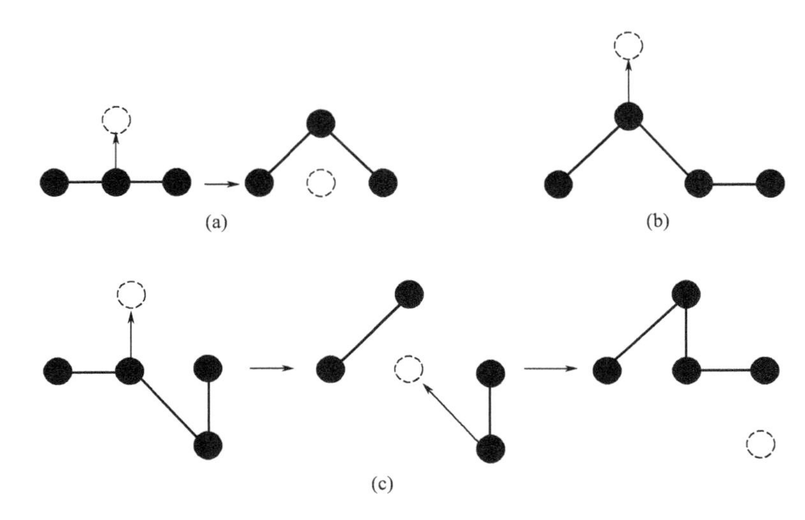

图 7-4

部分蛇行运动方式示意图

（a）链节的运动没有导致周围键的断裂，允许；（b）链节的运动导致两边的键都发生断裂，禁止；（c）链节的运动使一边的键断裂，链节之间协同运动直到两边的键再次被连接起来。

该方法的优点是：引入了链节之间的协同运动使运动效率大为提高，且对二维和三维的体系同样适用；缺点是目前只能模拟线形分子链，不能模拟含支化点的高分子链的动力学问题。

7.1.3 高分子链的抽样方法

在蒙特卡罗模拟中最重要的两种抽样方法是简单抽样法（simple sampling method）和重要性抽样法（metropolis sampling method）[19]。前者不考虑样本的能量差别，等概率地从样本空间中抽样；而后者则考虑样本的能量差别，设法从样本空间中抽取低能量的链样本。

7.1.3.1 简单抽样法

简单抽样在全区域完全随机地进行抽样，每次抽样是独立的，与被积函数无关，因此其抽样是均匀分布的，可以通过随机数（伪随机数）及其线性变换获得。对于较为平坦的被积函数积分来说，这种简单抽样方法具有较高的精度和效率。

平衡统计力学中可观测量 A 的平均值为

$$\langle A(x)\rangle=\frac{1}{Z}\int A(x)\exp[-\mathrm{H}(x)/(kT)]\mathrm{d}x$$

$$Z=\int\exp[-\mathrm{H}(x)/(kT)]\mathrm{d}x \tag{7-3}$$

式中，$\mathrm{H}(x)$ 为体系的 Hamilton 量，对于高分子链则 $\mathrm{H}(x)$ 为链的势能。

$$\mathrm{H}(x)=\sum_{j=1}^{n}u_j(x_j)+w(x) \tag{7-4}$$

式中，n 为链长；u_j 表示第 $j-1$ 个链段和第 j 个链段相连接；w 代表除此之外的所有相互作用。

在蒙特卡罗方法中，式（7-3）的求和近似为

$$\langle A(x)\rangle\approx\overline{A(x)}=\frac{\sum\limits_{l=1}^{M}A(x)\exp[-\mathrm{H}(x)/(kT)]}{\sum\limits_{l=1}^{M}\exp[-\mathrm{H}(x)/(kT)]} \tag{7-5}$$

当 $M\to\infty$ 时，式（7-3）和式（7-5）完全等价。这样通过伪随机数来随机地确定 $\{r\}$ 计算出观测量 A，然后用公式得出 $\overline{A(x)}$。这种方法称为简单抽样法。

7.1.3.2 重要性抽样法（Metropolis 抽样法）

直接抽样简单直观，对于计算无热高分子链的构象性质是非常有效的。但当我们考虑了链节之间的包括排斥体积在内的其他相互作用后，特别是当构象之间的能量差别很大时，抽样效率明显降低。这是因为，直接抽样得到的样本分布对应于构象的分布，但与构象的能量无关，即相当于温度无穷大的情况，此时构象数越多的样本，则被抽取得也越多；而在有限温度时，样本的权重因子却会随能量的降低而增大。这样，直接抽样法相当于在温度无穷大时抽取样本来计算有限温度时系统的性质，导致样本的抽取并不与权重因子成正比，因此极大地降低了抽样效率和计算精度。

为了有效地产生样本，我们常利用重要性抽样。重要性抽样法是在产生新的构象时，不同的构象态并非完全相互独立，而是通过一个 Markov 过程来进行，即让状态 x' 从前一个状态 x 通过一定的概率 $W(x,x')$ 来构造。当样本数足够多时，状态的分布函数 $P(x)$ 趋向所需的平衡分布 $P_{\mathrm{eq}}(x)$。

$$P_{\mathrm{eq}}(\mathrm{H}(x))=\frac{1}{Z}\int\exp[-\mathrm{H}(x)/(kT)]\mathrm{d}x$$

$$Z=\int \exp[-\mathrm{H}(x)/(kT)]\mathrm{d}x \tag{7-6}$$

这里，转移概率定义如下：

$$W(x,x')=\begin{cases}\omega_{xx'}\exp[-\Delta H/(kT)], \Delta H>0\\ \omega_{xx'}, \Delta H\leqslant 0\end{cases} \tag{7-7}$$

式中，ΔH 是 Markov 过程中前后两个构象的能量差，$\Delta H=H(x')-H(x)$；$W(x,x')$ 表示每单位时间的跃迁概率；ω 决定了时间标尺，模拟中设定 $\omega_{xx'}=\omega_{x'x}=1$。这样选择跃迁概率可以驱动系统趋向能量最小的状态，长时间样本的分布满足式（7-5）。系统各状态出现的概率取决于系统的温度和哈密顿量，这是重要性抽样方法的核心。而 Markov 链的重要性质是：无论初始状态如何，最终状态（足够多的时间、步长、次数）会遵从某一个唯一的分布，该分布叫作极限分布。这样算法可以表示如下：

（1）生成一个初始构象 x；

（2）从初始构象出发演化出一个新构象 x'；

（3）计算能量变化 ΔH（假定因子 k_BT 已隐含）；

（4）若 $\Delta H\leqslant 0$，接受新构象并回到第（2）步；

（5）若 $\Delta H>0$，计算 $\exp(-\Delta H)$；

（6）产生一个［0，1］均匀分布的随机数 r；

（7）若 $r<\exp(-\Delta H)$，接受新构象并回到第（2）步；否则，保留老构象作为新构象并回到第（2）步。

重要性抽样方法已被研究得比较详细，在高分子物理、化学研究中获得了巨大的成功。另外，它也适用于几乎所有与统计问题有关的问题，应用非常广泛。理论上，简单抽样法和重要性抽样法当样本数无穷大时是等价的。实际上样本数不可能达到无穷大，因此采用重要性抽样法使抽样概率空间与能量概率分布相一致，这种抽样方法所得的热平均更具有代表性。

7.2 共聚物的梯度组成对三元对称型高分子共混体系相转变的影响[20]

7.2.1 三元高分子共混体系的研究背景

将几种不同性质的材料混合形成高分子合金是制作新材料的经济和方便的方法之一。但是，不同材料之间的混合性一般很差，相互之间容易发生分相。这会使界面的焊合能力变差并导致材料力学性能的降低。为此，经常加入嵌段共聚物来稳定不相容两相的界面。这些加入的共聚物可以分散到两相界面处并且能够通过屏蔽不相容均聚物之间的接触而显著降低界面张力[21]。此外，文献中也报道了，加入的共聚物可以渗透到均聚物本体并与界面两侧的均聚物分子链相互缠结，从而提高高分子合金的力学性能[22]。对于包含一种双嵌段共聚物（以 DB 表示）和两种不相容均聚物（分别以 A 和 B 表示）的三元体系来说，它们的相转变行为受一系列因素的影响，比如：均聚物的浓度，均聚物的链长，共聚物的链长，共聚物的组分对称性和体系的相分离强度等等。对于最简单的三元共混体系，即包含对称的 AB 嵌段共聚物和浓度相等的 A、B 均聚物形成的对称三元共混体系，经常用作研究相转变行为的模板。由于其均聚物含量、均聚物的链长及共聚物的组分比均对称，通常可以只对相分离强度和共聚物的含量绘制相图。在低分离强度下，共混体系处于无序相态（以 D 来表示）。当分离强度 χ_N 足够大时，出现宏相分离（以 2P 来表示）和层状相（以 L 来表示）。2P 和 L 相可以分别在“富均聚物相区”和“富共聚物相区”出现。在 2P 和 L 相之间，双连续微乳相（以 BUE 来表示，文献中也有 BμE 等别名）可以在适当条件下形成。双连续微乳相被认为是一个热力学稳定的相态，其特征尺寸为 10～100nm。由于两种均聚物是在整个体系中连通的并相互交织，这个特殊形貌可以用来制备两相相互穿插的高弹体，孔径可以调节的多孔膜[23] 或者作为纳米多孔材料的模板[24]。此外，刚才提到的丰富的相行为还受到均聚物和共聚物分子链长的比率值 α 的影响[25]。

Bates 等[26] 在该领域进行了一系列的先驱性工作。他们所研究的三元共混体系多数集中在 $\alpha=0.20$ 的情况，并且发现 BUE 可以在对称三元共混体系中出现。此外，Müller 等[27] 观察到 BUE 相也可以在 A/B/DB 共混体系中当 α 值为 1.0 时出现。他们采用 MC 模拟方法并提出热涨落导致 BUE 相的出现。另一方面，Chun 等[28] 的实验工作表明，当 $\alpha=2.00$ 时，共聚物可以在均聚物的相界面附近形成一个独立的层状相，于是体系形成了 A+B+L 三相共存的结构。除了双嵌段共聚物外，其他共聚物也可以作为有效的分散剂或表面活性剂使用。近年来，梯度共聚物作为一种新兴的、有很大应用前景的共聚物而得到广泛的关注[29]。其单体组成沿梯度共聚物分子主链，以一定的变化规律（通常为连续线性变化）出现。当梯度共聚物（以 G 来表示）被加入均聚物 A 和 B 中去，所形成的三元共混体系称为 A/B/G 体系。根据 Kim 的实验结果[30]，梯度共聚物在一系列方面较之双嵌段共聚物和无规共聚物更加有效，比如：具有更好的稳定两互不相容均聚物之间的界面的能力，可以更加有效地降低分散相的相区尺寸，能够更好地阻止静态凝聚的过程。与双嵌段共聚物相比，当采用梯度共聚物作为分散剂的时候，其界面厚度更宽。界面厚度的提高通常对应着界面机械强度的提高。目前的聚合技术已经可以做到使单体在共聚物中的梯度组成以任意形式变化，因此，如果梯度共聚物也能够用来促进 BUE 相态的形成的话，BUE 相的形成条件可以更加灵活和宽泛。尽管梯度共聚物的本体和界面性质在近年来受到很多的研究和关注，但是鲜有实验研究来探讨 BUE 相能否在 A/B/G 体系中形成的问题。采用 SCFT 方法，Wang 等[31] 研究了梯度组成（以 λ 来表示）对 A/B/G 体系的 χ_N-φ 相图的影响。随 λ 值的增加，A/B/G 体系的相图也越来越接近于 A/B/DB 体系。但在 α 值为 0.50 的时候，在他们的计算结果中没有观察到 BUE 相，这可能是由于对涨落作用忽视的结果。因此，我们采用了包含涨落效应的蒙特卡罗模拟来检验共聚物的分子序列分布处于两种极限的情况：一种是单体浓度沿分子链线性渐变的（G）；另一种是单体浓度在分子主链上是陡然突变的（DB）。对这两种极限梯度情况的研究可以形成一个很好的参考系，可以将我们的结果扩展到相关的三元共混体系包含梯度变化介于两者之间的共聚物的情况（这种共聚物也被称为双曲正切梯度共聚物）。并且，通过对比这两种极限梯度情况带来的三元共混体系性质的变化，可以分析梯度组成对相行为的影响。初步的模拟结果显示了，在 A/B/G 中形成 BUE 相还是 A+B+L 或 A+B+D 相，在很大程度上取决于 α 值，这一点和 A/B/DB 体系类似。但是，在 A/B/G 中所能形成 BUE 相的 α 值要低。对于 BUE 相的出现，似乎存在一个临界分子链长比（α_U），低于该值的时候，SCFT 所预测的 A+B+L 相由于涨落的作用而被 BUE 相所替代。确定 α_U 值的最可靠的方法也许就是制作一系列的 χ_N-φ 相图，其 α 值依次增加，这样可以准确地确定 BUE 恰好完全消失的临界 α 值大小，也是 BUE 所能形成的最大 α 值，即 α_U 值。但是，这样需要的计算资源太多。在本工作中，为了给 α_U 值一个预先的估计，我们采用一个相对简单（但是粗糙）的方法来确定 α_U 值，并比较其在 A/B/G 和 A/B/DB 体系中的不同。由于 DB 和 G 共聚物的“有序-无序转变点”时的分离强度［以 $(\chi_N)_{ODT}$ 表示］在数值上有很大差异，因此对 α_U 值的确定是在同一个相对分离强度下和相同的共聚物的体积分数下进行的。我们通过固定共聚物的分子链长而改变均聚物的分子链长来获得不同的 α 值。在本文中，通过仔细比较 A/B/DB 和 A/B/G 体系的相同和不同的部分，包括相图、相的形态和性质等来展现梯度共聚物分子的特殊的性质。所有这些研究可以帮助我们设计满足实际要求的共聚物分子序列和为满足材料的特定应用而决定最佳分子链长比。

7.2.2 模型与方法

我们的蒙特卡罗模拟在一个 $L_xL_yL_z \equiv 40\times40\times40$ 的立方盒子中进行，并沿三个方向施加了周期性边界条件，为了加速分子链的松弛，体系中含有 7%浓度的空位（以 V 表示），这些空位可以被认为是中性溶剂或者高分子材料中的自由体积。考查的对象是对称的三元共混体系，均聚物和共聚物分别以下标 A、B 和 C 表示，有 $\varphi_A=\varphi_B=\frac{1}{2}\varphi_C=93\%-\varphi_C$。高分子链采用线形连接的链节表示，一个包含 N 个链节的高分子链由 $N-1$ 个键连接，每个键的长度可以取 $1\sim\sqrt{3}$（单位为格点长度）。每个链节占据一个格点并且一个格点不能被两个高分子链节同时占据（遵循排斥体积效应），并禁止键交叉地出现。本文的重点是对称的 AB 共聚物包含两种不同的梯度组成。其中的一种是普通的双嵌段共聚物（以 DB 表示之），特点是一段为纯 A 链段而另一段为纯 B 链段。图 7-5 显示了这两种共聚物中 A 和 B 链段沿主链的序列分布。如前所述，这种分子序列实际相当于组分梯度的变化非常陡峭的梯度共聚物。我们研究的另一种分子序列是线形梯度共聚物。它含有对称的 A 和 B 组分并且 A 链段和 B 链段的局部密度是沿主链呈现线性改变的。如图 7-5 所示，梯度共聚物 G12 包含三段小的（嵌段）共聚物，每段都包含 4 个链节，但是每段的组成分布沿分子主链成线性改变。

为简单起见，我们只考虑 A 和 B 链节之间的最近邻相互作用 ε_{AB}。正值表示排斥相互作用而负值代表吸引相互作用。因此，有 $\varepsilon_{AB}>0$ 和 $\varepsilon_{AA}=\varepsilon_{BB}=\varepsilon_{VV}=\varepsilon_{AV}=\varepsilon_{BV}=0$。采用

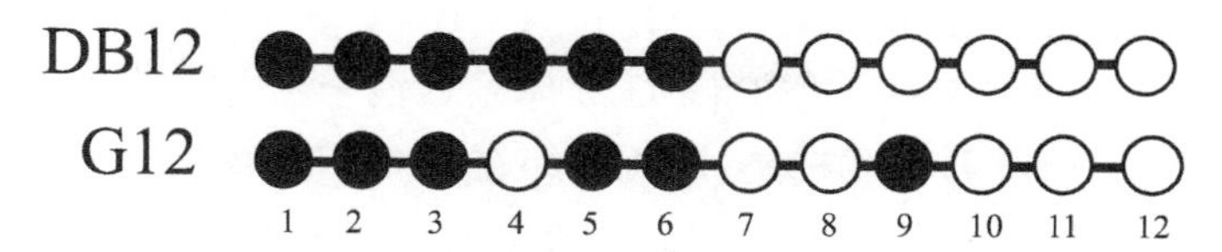

图 7-5

嵌段共聚物和梯度共聚物的序列分布

黑、白珠子分别表示链节 A 和 B。

这种方式选择相互作用能，使体系只包含一个可调相互作用参数 ε_{AB}。我们选择了四个体系来研究相态和相转变对共聚物序列分布的依赖关系（见表 7-1）。所有的模拟都从无热状态，即 $\varepsilon_{AB}=0$ 开始运行，然后淬冷到指定温度下继续松弛。分子链构象的松弛采用空格扩散算法，即先选择空格再尝试与邻近的高分子链节交换，同时采用“部分蛇行算法”和“属性交换算法”两种运动方式加速松弛过程。“部分蛇行算法”用来松弛所有高分子的构象，而“属性交换算法”用来加快均聚物的相分离过程。平均每个链节被有效移动一次的时间被定义为一个蒙特卡罗步长。此外，每执行一个蒙特卡罗步长的“部分蛇行算法”后，我们尝试执行一次“属性交换算法”。实际上，使用不同的频率执行“属性交换算法”并不对结果产生明显的影响。当结构性质（包括：回转半径、均方末端距和结构因子）不随模拟时间而改变时，我们认为体系达到了平衡。从完全无序开始，至少需要 10^7 蒙特卡罗步来使体系松弛达到平衡，并再进行 10^7 蒙特卡罗步用于物理量和结果的统计。

表 7-1　研究所涉及四个体系的组成

项目	组成	α 值
混合物 1	A12＋B12＋DB12	1
混合物 2	A3＋B3＋G12	0.25
混合物 3	A12＋B12＋DB4	3
混合物 4	A12＋B12＋G12	1

7.2.3　共聚物的梯度组成对高分子共混体系相行为的影响

对于 $\alpha=1$ 的 A/B/DB 体系，Müller 等人[27] 认为在 2P 和 L 相之间应该存在微乳相，而 SCFT 的结果[31] 表明在该处存在 A＋B＋L 相。为了澄清这一点，我们采用蒙特卡罗模拟进行研究并得到了支持 Müller[27] 观点的结果。此外，我们也对 A/B/G 体系在 $\alpha=1$ 的情况进行了研究，并与 A/B/DB 体系进行了对比，这一工作有助于解释共聚物主链的组分梯度对于对称三元高分子共混体系的相行为的影响。对于 $\alpha=1$ 的 A/B/G 体系，并未观察到微乳相。此外，与对应的双嵌段共聚物相比，由梯度共聚物形成的层状相的结构具有更小的相区尺寸。均聚物处在其中会比其处在大相区尺寸的层状相时会损失更多的构象熵，因此更容易与共聚物发生相分离。所以，对于 $\alpha=1$ 的 A/B/G 体系，A＋B＋L 和 A＋B＋D 相更容易形成。随均聚物的链长的降低，α 值也降低，均聚物更容易分布到层状相的层与层之间，对层进行溶胀，这样可以使混合熵最大，而对应的构象熵的损失也小。由此推论，在极低的 α 值下，A+B+L 和 A+B+D 相应该可以被 BUE 相所替代。这也是我们选择一个 $\alpha=0.25$ 的 A3+B3+G12 体系（混合物 2）的原因。混合物 2 的相图证实 A+B+L 和 A+B+D 相的确是被 BUE 相在 $\alpha<\alpha_U$ 时替代了。与之相反的是，均聚物的构象熵的损失随其链长的增加而增大，或者说随 α 的增加而增大。所以，BUE 相也会在足够高的 α 值下，被 A+B+L 和 A+B+D 相所替代。为了检验这个想法，并与 Blendl 的相图结果对比，我们制作了一个在 $\alpha=3.0$ 的 A12+B12+DB4 体系的相图。该相图证实了，在足够高的 α 值下，BUE 相可以被 A+B+L 和 A+B+D 相完全取代。正如前面指出的那样，对于 A/B/DB 体系和 A/B/G 体系的 BUE 相存在的上临界 α 值（α_U）可以用一个简便的方法给出一个估计值。进一步地对比混合物 1 和混合物 3 的相图，以及对混合物 2 和混合物 4 的相图的对比工作证实了 BUE 相和 A+B+L 相分别存在于 α 值低于 α_U 值和高于 α_U 值时。

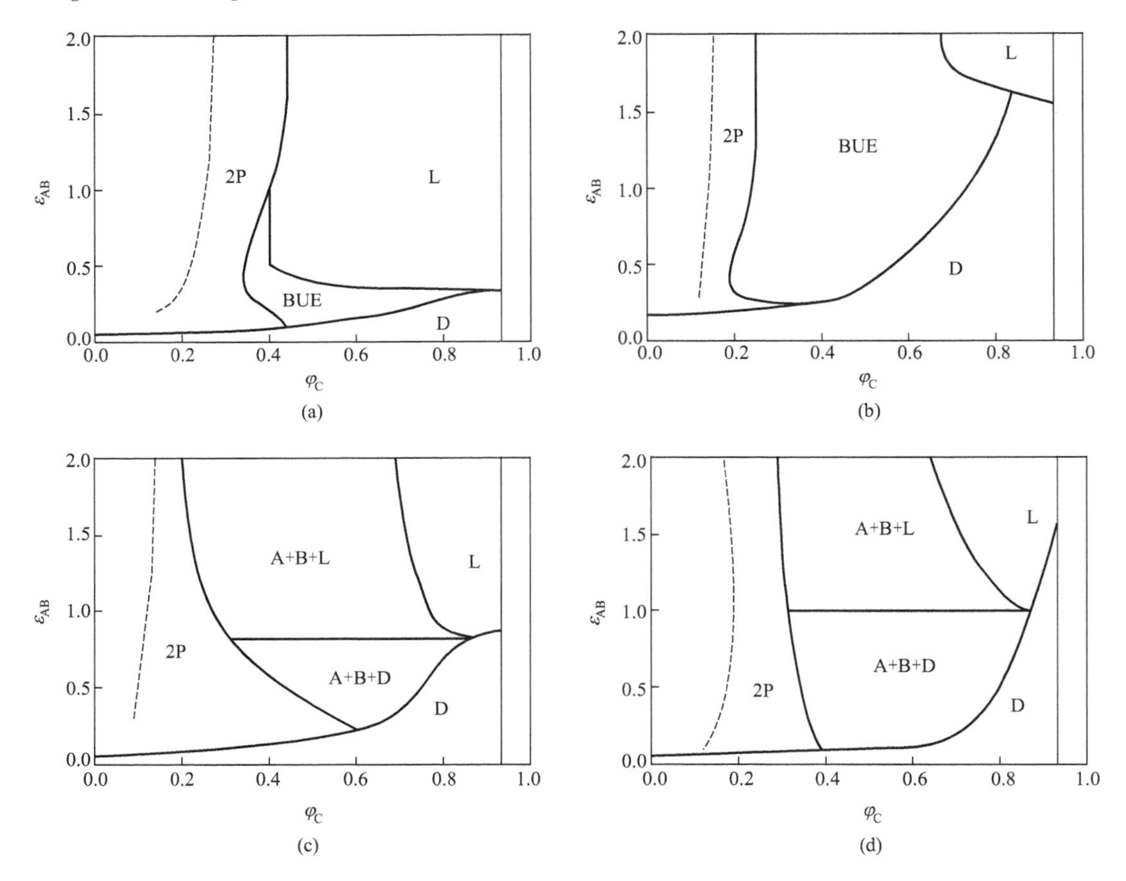

图 7-6

χ_N-φ 相图

（a）混合物 1，A12+B12+DB12，$\alpha=1.00$；（b）混合物 2，A3+B3+G12，$\alpha=0.25$；（c）混合物 3，A12+B12+DB4，$\alpha=3.00$；（d）混合物 4，A12+B12+G12，$\alpha=1.00$。图中虚线表示饱和浓度线，实线为相区的边界线。

我们的模拟结果表明，A/B/G 体系中可以形成 BUE 相。根据我们有限的模拟结果，A/B/G 体系的临界 α_U 值比 A/B/DB 体系的要低。因此，与 A/B/G 体系相比，BUE 相

可以在高 α 时在 A/B/DB 共混体系中出现。根据梯度共聚物中不同的单体倾向于相互分离以减少异类单体之间的相互接触，我们提出了一个“回缩效应”。“回缩效应”增强了分散在层状相中的均聚物的构象熵损失，因此 A/B/G 体系需要短的均聚物分子链来形成 BUE 相。导致 A/B/G 体系的临界 α_U 值比 A/B/DB 体系的要低。同样由于“回缩效应”，A/B/G 体系当与相应的 A/B/DB 体系比较的时候需要一个低的共聚物用量就能达到零界面张力并形成足够柔软的单层膜。此外，由于“回缩效应”，梯度共聚物的层状相在高分离强度下形成，并且具有低的周期长度和低的取向度，它在 A/B/G 体系的相图上占据一个小的相区。以上研究针对对称的 A/B/AB 体系，包含两种不同的组分梯度和有限的几个 α 值。为了更好地调控“均聚物-共聚物”共混体系的相形态和相分离，需要更多的模拟、理论和实验研究来继续研究 α 值的影响，共聚物的序列分布和非对称分布，以及当共聚物的合成单元与均聚物不同时，共聚物和均聚物之间的相互作用的影响。

与 A/B/DB 体系类似的是，BUE 相也可以在 A/B/G 体系中在低 α 值时形成，尽管我们的初步的研究结果表明其 α_U 值比 A/B/DB 体系的要低很多。这与 Wang 等人[31] 报道的 A/B/G 和 A/B/DB 体系的明显不同。根据他们的结果，应该是 A+B+L 和 A+B+D 相取代 BUE 相的位置。他们认为，A/B/DB 体系在 $\alpha=0.5$ 时没有出现 BUE 的原因，是由于 SCFT 方法对涨落的忽视。对于在高 α 值时的相图，如图 7-6(c) 和图 7-6(d) 所示，出现三相共存区（包括两个均聚物相和一个共聚物相，即 A+B+L 和 A+B+D 相）。此外，A+B+L 和 A+B+D 相区之间的边界不随共聚物浓度 φ_C 而改变，Wang 等人[31] 也得到了相同的结论。由于 A+B+L 相中的层状相结构已经被均聚物分子饱和，而且 A+B+L 和 A+B+D 相之间的转变只涉及对层状相周期结构的破坏使共聚物富集区形成无序的结构，因此这个转变的 ε_{AB} 值不随共聚物浓度而改变。更细节地对比混合物 1 和混合物 4 表明，尽管在相同的 $\alpha=1.0$，BUE 相可以在 A/B/DB 体系的 2P 和 L 相之间形成而在 A/B/G 体系中形成的却是 A+B+L 相。在 A/B/G 体系中，L 相在高共聚物浓度 φ_C 下才形成。并且 L 相区的 φ_C 范围比 A/B/DB 体系的要窄，如图 7-6(a) 和图 7-6(d) 所示。这也和 Wang 等[31] 的 SCFT 的结果一致。他们报道说，当共聚物的序列分布中梯度部分增多时，需要更多的共聚物才能形成层状相[31]。

特别的，同样是 A/B/DB 体系在 $\alpha=1.00$，混合物 1 的相图与 Müller 等人[27] 的 MC 模拟的结果比较符合。如图 7-6(a) 所示，与他们的结果相似的是，我们也发现在 $\alpha=1.00$ 时可以形成 BUE 相而且该相在中等分离强度下可以稳定存在。更重要的是，他们的结果和我们的模拟都表明，当加入足够多的共聚物时，界面张力降为 0，在涨落作用的推动下，共混体系发生从 2P 到 BUE 的相变，尽管此时的共聚物单层膜之间也许还存在一定的吸引作用。Müller 等[27] 认为，这个转变是一级相变，在 2P 和 BUE 之间有一个 A+B+BUE 的三相区。但是，我们的图 7-6(a) 显示，该部分的转变都是连续转变，这个区别目前仍在进一步研究中。此外，在 A12+B12+DB12 体系中的 2P 和 L 相之间观察到 BUE 相是与 Bates 等的实验结果符合的。我们发现，随着 ε_{AB} 的增加，BUE 相区先是在低分离强度下变宽然后是在高分离强度下变窄。最终，在 A12+B12+DB12 体系中，当分离强度进一步增加到 $\varepsilon_{AB}\approx1.0$ 时，BUE 相消失。而对于图 7-6(b) 的 A3+B3+G12 体系，BUE 相区在高于 $\varepsilon_{AB}=2.0$ 时仍然在缩小。Bates 等人[26] 也发现，BUE 区在高温度下占据一个宽的浓度区而在低温度下该区域收缩。按照这个趋势，他们预测 BUE 相在足够低温下最终将消失。由于热涨落决定了微乳的形成并且弯曲模量在低温下增大，所以 BUE 相区在高 ε_{AB} 值下收缩和足够高的 ε_{AB} 时消失是可以理解的。

Thompson 和 Matsen[32] 采用 SCFT 预测了让共聚物单层膜之间无吸引作用的条件。根据他们的计算，单层膜之间需要在 $\alpha<0.8$ 条件下，才保持排斥作用，并促进稳定的 BUE 相的形成。但是，当采用 $\varphi_C=0.5$ 和 $\frac{\varepsilon_{AB}}{\varepsilon_{ODT}}=1.035$ 时，图 7-6(a) 部分的结果表明 BUE 相可以在对称 A/B/DB 体系的 $\alpha<1.75$ 的条件下形成。这个明显差异的原因是，SCFT 忽视了形成 BUE 相的一个重要因素：涨落。此外，我们的研究体系中的单层膜是由短链共聚物构成的。因此有很好的柔性和更易受热涨落的影响。这个涨落的作用可以阻止单层膜在 $0.8<\alpha<1.75$ 时黏附在一起。这再一次强调了涨落作用的重要性，它可以促进 BUE 相的形成，即使此 α 值下的单层膜之间可能还有一定的吸引作用。

A/B/G 体系的 L 相结构取向度低和形貌上带有很多缺陷。即使在 A+B+L 相里，梯度共聚物形成的层状相结构周期有序性也比对应的 A/B/DB 体系更低。这些 A/B/G 体系的特殊性质可能是梯度共聚物的不同类别的链节倾向于相互分离，进入各自的微相区以减少（引起焓值上升的）接触。这种回缩作用可以部分破坏整个分子链的有序排列和部分抵消整个分子的伸展程度。对取向有序的抵消使形成层状相结构更加困难，所以梯度共聚物需要更高的分离强度来引发相分离。比如，在纯的共聚物熔体中，G12 的 ε_{ODT} 值大约是对应 DB12 的 5 倍之多。在它们各自的 ε_{ODT} 值下，梯度共聚物和嵌段共聚物分别形成 6 层和 4 层的周期结构。对伸展程度的抵消导致 lamellae 相的周期厚度降低、层的数目增多，无论是在本体还是三元共混体系中，这也与 Jouenne 等人[33] 的实验和 Lefebvre 等人[34] 的理论结果符合。此外，回缩作用使 lamellae 相的层内界面宽化。A 链节（B 链节同理）中与至少一个 B 链节发生近邻接触的被定义为“界面链节”。我们从 DB12 和 G12 纯的本体中，提取一层的这些界面链节做三维分布图，如图 7-7(a) 和图 7-7(b) 所示，

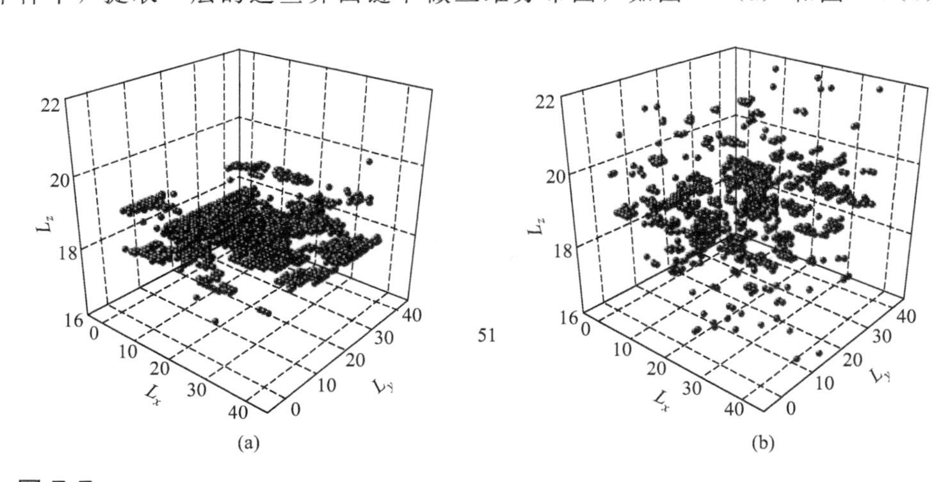

图 7-7

对本体（a）DB12 和（b）G12 体系的一个周期层中的界面链节的三维密度分布界面沿垂直 z 轴方向铺展

能量参数为 $\varepsilon_{AB}=2.0$

发现对于 DB12，几乎所有的（A 和 B 链节间的）接触都集中在一个狭窄的二维平面上。说明层状相的内部界面的分布是薄而尖锐的。而对于相同分离强度下的 G12 分子，界面链节并非集中在一个薄层内，而是几乎分布在整个周期层的各处，这导致一个非常宽的内部界面。当与 DB12 比较时，G12 的宽的内部界面也与前面提到的弱的伸展和低的取向度等性质一致。

正如刚才提到的，由于回缩作用，梯度共聚物的投影面积值更高，因此更少的梯度共聚物的用量就能实现界面张力降低为零的效果。此外，弯曲模量也预计是降低的，因为回缩作用降低了梯度共聚物的伸展和提高了它的柔性。因此，对于梯度共聚物来说，BUE 相是更加容易形成的。梯度共聚物可以在很大的组分范围内稳定 BUE 相，这个性质可以为微乳的实际应用提供帮助。此外，在相同的相对 α 值，层状相在 A3＋B3＋G13 的相图上占据一个比在 A12＋B12＋DB12 的相图上更小的区域。回缩作用不仅使层状相的形成向高临界分离强度方向改变，也同时在 A3＋B3＋G13 体系中产生一个小的周期长度。由于对分子链伸展的抑制，导致分布在层间的均聚物的构象熵损失增加。梯度共聚物的层状相对均聚物的容纳能力就降低，因此其层状相区只在很低的均聚物浓度区出现。同样道理，尽管在相同 α 值 1.0，A/B/G 体系的层状相比对应的 A/B/DB 的要小，如图 7-6(a) 和图 7-6(d) 所示。

7.2.4 小结

我们对于均聚物 A/B/梯度共聚物三元对称高分子共混体系进行了模拟研究，结果表明双连续微乳相可以稳定存在，并具有比均聚物 A/B/两嵌段共聚物体系更低的临界 α_U 值。根据梯度共聚物中不同的单体倾向于相互分离以减少异类单体之间的相互接触，我们提出了一个“回缩效应”，该效应增强了分散在层状相中的均聚物的构象熵损失，因此 A/B/G 体系需要短的均聚物分子链来形成 BUE 相，并导致 A/B/G 体系的临界 α_U 值比 A/B/DB 体系的要低；由于同样的原因，A/B/G 体系只需较低的共聚物用量就能达到零界面张力并形成足够柔软的单层膜。此外，由于“回缩效应”，梯度共聚物会在高分离强度下形成具有低的周期长度和低的取向度的层状相。

7.3 三元对称型共混体系的界面性质和分子构象[35]

如前所述，相比于合成新的高分子材料，由共混形成高分子合金是制备新材料更为简便、经济的方法，并可以通过改变各组分的体积分数或改变其化学组成而调节高分子合金的性质。我们知道，除了微观相态的形貌和相区尺寸的大小外，界面性质，尤其是界面张

力 γ 和界面厚度 d 等也对共混体系的性质有重要影响，并将决定高分子合金的应用。但遗憾的是多数情况下，均聚物较差的混合性会损害界面和整个高分子合金的机械性质。为了解决这个问题，可以在高分子共混体系中加入共聚物等高分子表面活性剂来降低界面张力，提高界面附近的均聚物之间的焊合强度，此外还可以调节分散相在剪切作用下的破裂行为。低的界面张力可以稳定界面形成尺寸更小的分散相而宽的界面厚度可以使高分子合金有更高的界面机械强度。由于共聚物相对较为昂贵，所以我们希望使用尽可能少的共聚物来达到低界面张力的目的，这也要求共聚物分子尽可能地分散在界面而避免以胶束形式分散在均聚物本体中。

本节所用的模型与模拟方法与上一节所用的基本一致，区别主要体现在共聚物的序列分布上。研究中使用的四种共聚物如图 7-8 所示。

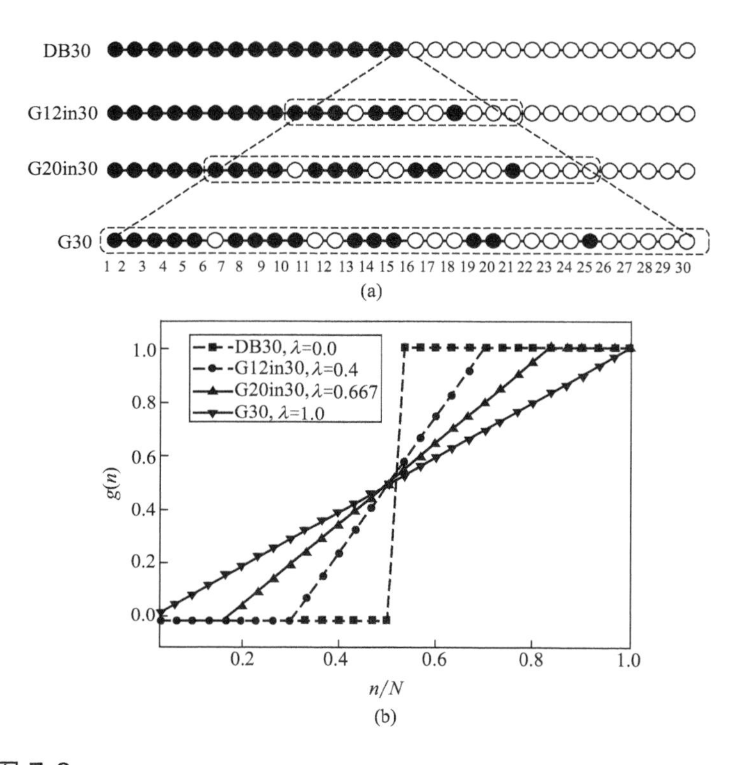

图 7-8

线性梯度共聚物的序列分布、名称及其不同的梯度组成

（a）从上到下，梯度宽度增加，λ 值分别为 0，0.4，0.667 和 1，白色和黑色的珠子分别代表 A 和 B 嵌段。（b）显示不同的梯度组成，对于长度为 N 的线形梯度共聚物，第 n 个链节的密度分布。

此外，本节的研究中除去 A/B/AB 还包括 C/D/AB 体系，因此需考虑的能量参数就增加了 ε_{AC}、ε_{AD}、ε_{BC}、ε_{BD}、ε_{CC}、ε_{DD}，依前文所述，我们将做如下简化的设定：$\varepsilon_{AD}=\varepsilon_{BC}=\varepsilon_{CC}=\varepsilon_{DD}=0$，$\varepsilon_{AC}=\varepsilon_{BD}$ 为可调参数。

7.3.1 共聚物组成梯度的影响

我们对包括界面张力和界面厚度等界面性质在不同共聚物梯度宽度下的变化进行了研究。对于$\lambda=1$的两嵌段共聚物，界面张力随共聚物浓度（体积分数）的增加而下降，如图 7-9(a) 所示，这也与前面的理论和实验结果相一致。图 7-9(a) 进一步表明了，在相同的共聚物浓度下，界面张力γ随梯度组成λ的增加而下降，这与 Lefebvre 等人[34] 的理论预测一致。当界面张力降低为 0 的时候，我们可以得到饱和浓度φ_S。与双嵌段共聚物比较，$\lambda>0$的梯度共聚物可以占据更多的界面面积并且屏蔽界面两边的不同种均聚物之间的接触，因此可以降低界面张力。

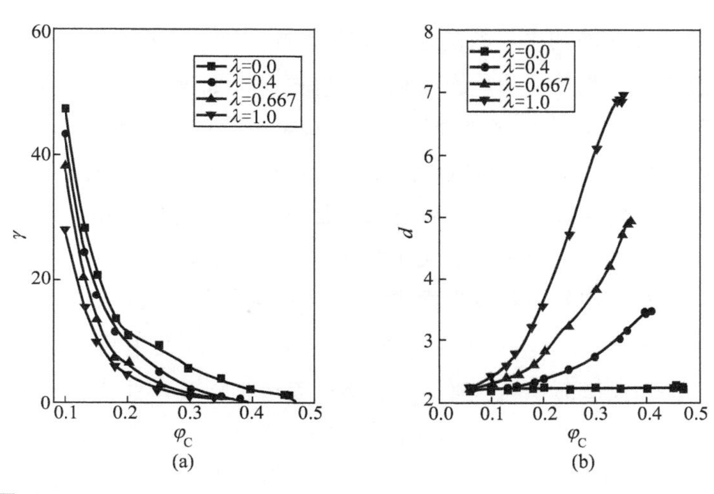

图 7-9

分子链长比 $\alpha=1.0$ 和相分离强度 $\varepsilon_{AB}=1.0$ 的 A/B/AB 体系，(a) 界面张力 γ，(b) 界面厚度 d 随共聚物体系分数 φ_C 的变化曲线

在图 7-9(b) 中，我们将界面厚度d随共聚物浓度φ_C作图，一直到界面被共聚物所饱和（$\varphi_C=\varphi_S$）。所研究的 A/B/AB 共混物在分子量比$\alpha=1.0$和分离强度$\varepsilon_{AB}=1.0$，其中的共聚物具有不同梯度组成λ。随梯度组成λ的增加，界面厚度d增加，如图 7-9(b) 所示。这个现象也可以在其他参数条件下观察到，比如在$\alpha=0.2$和$\varepsilon_{AB}=0.5$的时候。注意 A30+B30 二元共混体系的临界相分离参数为$\varepsilon_C=0.02$，所以我们的三元体系在能量参数（分离强度与该值成正比）$\varepsilon_{AB}=1.0$的时候应该处在强相分离区。对双嵌段共聚物，Müller 和 Schick[27] 的结果表明界面厚度在低和中等分离强度下，是随共聚物浓度的增加而上升的；但是界面厚度的上升趋势在高分离强度下却并不明显。与他们的结果一致的是，图 7-9(a) 显示 A/B/AB 体系在$\lambda=0$时的界面厚度d值不随共聚物浓度的增加而上升。与嵌段共聚物相反的是，当共聚物的序列分布中包含明显的梯度组成（$\lambda>0$）的时候，界面厚度d值仍然保持明显的上升趋势。

对于界面厚度d值随梯度组成λ的增加而上升的原因，可能归结为共聚物中的单体的序列分布不同。我们注意到，沿共聚物分子主链，有很多链节的属性与其相邻的链节不相同，我们将这些链节称为“连接链段”。如图 7-8 所示，连接链段在分子链上的数目随梯度组成 λ 的增加而增多。在 $\lambda=0$ 时（即传统的双嵌段共聚物）这些连接链段只集中于分子链的中心。随着梯度组成 λ 的增加，这些连接点也逐渐分布到整个分子链上。对于传统的双嵌段共聚物，这些连接点的密度分布几乎不随共聚物的浓度的增加而改变。这与其界面厚度在高分离强度下的不随共聚物的浓度的增加而改变存在一定的联系。随梯度组成 λ 和共聚物的浓度 φ_C 的增加，连接链段的宽分布会导致在均聚物相界面处的界面链节浓度的转变区变宽。

7.3.2 均聚物与共聚物分子的链长度比值 α 的影响

与 Noolandi 和 Hong 的结果一致的是，我们发现，在使用短链均聚物时，界面在低共聚物浓度下就达到饱和，因此其饱和投影面积 A_S 也更高。如图 7-10(a) 所示，饱和投影面积 A_S 随均聚物分子链长度 N_H（或者是均聚物与共聚物分子的链长度的比值 α，因为此时的共聚物分子链长度始终维持在 30）的降低而增大。与长的均聚物链相比，短的均聚物链在界面单层膜中损失更少的构象熵，也更能够溶胀界面处的共聚物分子刷。这个溶胀作用扩大了相邻近的共聚物链之间的平均距离，扩大了共聚物占据的界面面积。当共聚物单层膜被短链均聚物溶胀时，共聚物链构象沿垂直界面方向的伸展程度也增加，如图 7-10(b) 的 S_z^2 值所示。由于回缩作用的影响，S_z^2 值对于具有更多梯度组成 λ 的共聚物分子来说变得更小。尽管共聚物的单分子饱和投影面积 A_S 随 α 值的降低而增加，其弯曲模量却并不显示出一个明显的下降趋势。似乎弯曲模量 κ_S 随 α 无明显的变化趋势，如图 7-10(c) 所示。此外，图 7-10(c) 表明弯曲模量 κ_S 在高 λ 值下总是小于低 λ 值下的相应值。对于具有高 λ 值的共聚物，缓和的梯度序列分布产生一个低的弯曲模量并允许单层膜更大的位置涨落。

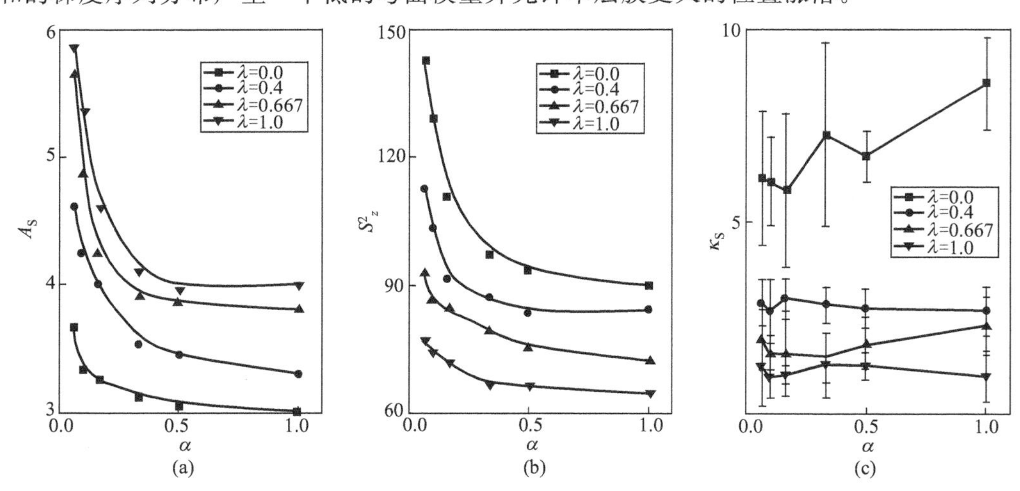

图 7-10

均聚物与共聚物分子的链长度比值 α 的影响

(a) 对于 A/B/AB 体系在 $\varepsilon_{AB}=1.0$ 时，不同梯度组成 λ 下的饱和投影面积 A_S 随分子链长比 α 的变化关系。(b) 和 (c) 是均方末端距沿垂直界面方向的分量 S_z^2 和弯曲模量 κ_S 在不同梯度组成 λ 下随分子链长比 α 的变化关系。所有的样本点都是对应着界面张力为 0 的情况，相当于研究微乳中的界面张力为 0 的一小片饱和界面。

对于弯曲模量不随均聚物与共聚物分子的链长度的比值明显变化的解释，可以从两个方面考虑。一方面，如图 7-10(a) 所示，共聚物的单分子饱和投影面积 A_S 随 α 值的降低而增加，这意味着在相同界面面积下的共聚物分子数更少，以及对界面单层膜的弯曲模量产生贡献的共聚物分子数也更少。因此，高的共聚物的单分子饱和投影面积 A_S 倾向于使弯曲模量下降。另一方面，共聚物分子的伸展程度 S_z^2 也在使用短链均聚物时得到提高，这意味着包含这些分子的界面单层膜的弯曲难度增加。所以，随 α 值的改变，A_S 和 S_z^2 分别倾向于使弯曲模量下降和上升。由于 A_S 和 S_z^2 的作用相互抵消，使弯曲模量随 α 的变化趋势变得不明显。这也就是图 7-10(c) 所反映出的结果。

7.3.3 分离强度的影响

如图 7-11(a) 所示，在固定分子链长比 α 和梯度组成 λ 时，单分子饱和投影面积 A_S 随分离强度 ε_{AB} 的增加而下降。值得注意的是，二元均聚物共混体系 A3+B3 的相分离临界相互作用参数值为 $\varepsilon_C=0.17$，随分离强度 ε_{AB} 在 $\varepsilon_{AB}>\varepsilon_C$ 时的增加，共聚物分子倾向于将它们的嵌段伸展到对应的均聚物相中去，并在界面处排列得更加致密。因此需要更多的共聚物分子来饱和相同的界面面积，这导致饱和投影面积 A_S 随分离强度 ε_{AB} 的增加而下降。三元共混高分子体系中的这个规律与 Rosen 等人[36] 的理论结果非常相似。他们发现随温度的增加，表面活性剂的最小占有面积呈增加的趋势，而 MC 模拟中能量参数 ε_{AB} 与温度 T 成反比，所以我们的结果与 Rosen 等人的理论预测一致。

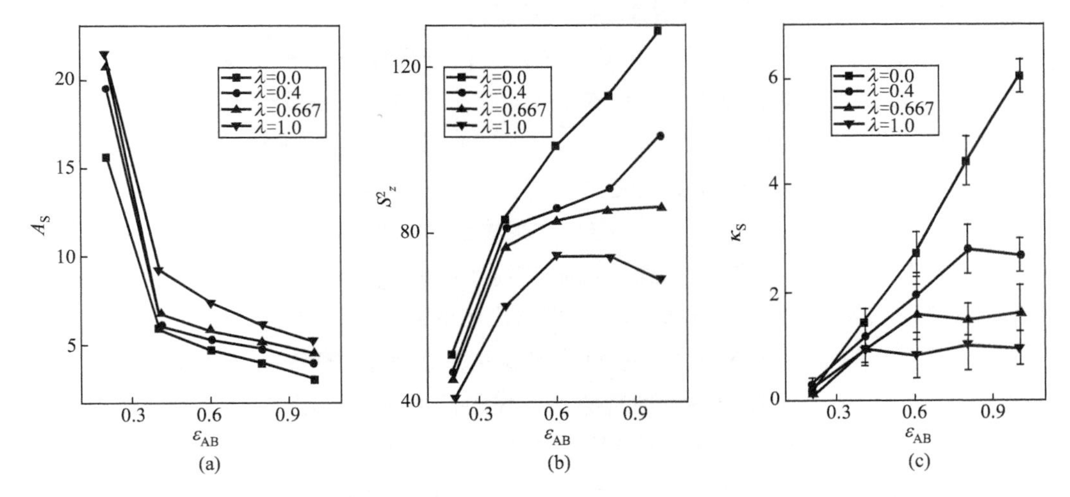

图 7-11

A/B/AB 体系在分子链长比 $\alpha=0.1$ 时的（a）饱和投影面积 A_S；（b）均方末端距沿垂直界面方向的分量 S_z^2 和（c）弯曲模量 κ_S 随分离强度 ε_{AB} 的变化关系

所有的样本点都是对应着界面张力为 0 时的情况，相当于研究微乳中的界面张力为 0 的一小片饱和界面。

随分离强度 ε_{AB} 的增加，共聚物不仅在界面上排列得更加致密以屏蔽不同种类的均聚物之间的相互接触，它们也倾向于把嵌段沿垂直界面方向伸展，以尽可能地减少不同种类的共聚物嵌段之间的相互接触。如图 7-11(b) 所示，共聚物的伸展程度随能量参数 ε_{AB} 的增加而增加。但是对于高梯度组成的共聚物，其伸展程度的增加幅度逐渐变小。这可能是由于“回缩作用”在高分离强度 ε_{AB} 下的增强所导致的。“回缩作用”使得共聚物在沿垂直界面方向伸展程度降低。共聚物分子链上的“异类链节”更倾向于聚集到与它们同类的区域中去，以降低局部焓值。随分离强度 ε_{AB} 的增加，这种倾向比在低分离强度时更加显著。此外，我们以前的研究表明，由于梯度共聚物的回缩作用，层状相也具有比对应的双嵌段共聚物更小的周期长度。Matsen 提出[32]，在 A/B/AB 体系中，弯曲模量随分离强度的增加而增大。在图 7-11(c) 中，A/B/AB 体系的弯曲模量也的确随分离强度的增加而增加。而对 A/B/G 体系，弯曲模量先增加后随分离强度 ε_{AB} 而略微下降。共聚物的伸展程度随分离强度 ε_{AB} 的增加而增大，这意味着界面共聚物分子的刚性提高。单分子饱和投影面积 A_S 的下降也意味着在相同的界面面积下和更高的分离强度下，更多的共聚物分子紧密排列在界面上。因此，末端距的分量 S_z^2 和饱和投影面积 A_S 都给出弯曲模量随分离强度 ε_{AB} 增加而增大的趋势。对于含有更多梯度组成（λ 更大）的共聚物分子，弯曲模量随分离强度 ε_{AB} 增加而存在略微下降的现象可以通过其回缩效应解释之。回缩效应在高分离强度下也得到增强。这个效应导致对共聚物分子伸展的更多的干扰，并允许界面分子的更大的位置涨落，从而带来一个低的弯曲模量值。

7.3.4 均聚物与共聚物链节间相互作用的影响

在 C/D/AB 体系中，我们设置 B 和 D 链节以及 A 和 C 链节之间的相互作用相等 $\varepsilon_{BD}=\varepsilon_{AC}$，并将 A 和 B 链节以及 C 和 D 链节之间的排斥作用设置为 $1\varepsilon_{AB}=\varepsilon_{CD}=1.0$。这样，体系中只有一个可调节的相互作用参数 ε_{BD}。图 7-12(a) 显示，饱和投影面积 A_S 在 $\varepsilon_{BD}<0$ 时随 $|\varepsilon_{BD}|$ 的增加而增加并在 $\varepsilon_{BD}>0$ 时随 $|\varepsilon_{BD}|$ 的增加而降低。此外，高 ε_{BD} 值下的饱和投影面积随 ε_{BD} 的改变而变化平缓。与图 7-10(a) 相比，图 7-12(a) 表明，提高饱和投影面积 A_S 可以通过引入均聚物与共聚物链节间的相互吸引作用而不用牺牲（降低）均聚物的分子链长度。进一步地增加 ε_{BD} 排斥作用到 $\varepsilon_{BD}>0.35$ 会引起 C3+D3+G30 体系中的均聚物与共聚物之间的宏相分离。均聚物之间的部分界面甚至没有共聚物分子覆盖，这与 Chun 等[28] 的实验结果符合。他们的实验结果表明在 PMMA/PP 界面上没有共聚物 MSPI-23 覆盖。另一个需要注意的现象是，在很低的相互作用下（$\varepsilon_{BD}<-0.4$），更多的共聚物分子溶解到均聚物相中去。这可能是由于共聚物分子的溶解度在很低的 ε_{BD} 相互作用下得到提高，以及共聚物分子从均聚物本体相扩散到均聚物两相界面的黏度提高。因此，我们在图 7-12 中集中研究 ε_{BD} 能量参数在 $-0.3<\varepsilon_{BD}<0.2$ 范围内的情况。如图 7-12(b) 所示，均聚物与对应共聚物链节的吸引作用增强了界面共聚物分子构象的伸展，而两者之间的排斥作用则抑制了界面共聚物分子构象的伸展。在 $\varepsilon_{BD}<0$ 时，饱和投影面积 A_S 的增加逐渐趋于平缓而 S_z^2 却仍然随 $|\varepsilon_{BD}|$ 增加而显著增大。这意味着共聚物分子的刚性提高，以及变得更难弯曲。所以，在 $\varepsilon_{BD}<0$ 时，弯曲模量 κ_S 随 $|\varepsilon_{BD}|$ 的增加而增大的。在 $\varepsilon_{BD}>0$ 时，界面上分布更多的共聚物分子，图 7-12(a) 也显示共聚物的单分子

饱和投影面积 A_S 随 ε_{BD} 的增加而下降。此外，为了尽可能地降低异类接触对的数量（包括 BD 和 AC 接触对），共聚物分子构象在沿垂直界面方向上被压缩，如图 7-12(b) 的低的 S_z^2 值所示。既然共聚物分子被压缩在界面的一个很窄的区域内，其分子链中点的位置涨落只能有一个很小的波动幅度，因此在 $\varepsilon_{BD}>0$ 时弯曲模量 κ_S 预计将随 $|\varepsilon_{BD}|$ 的增加而增大。对于梯度共聚物，其弯曲模量随 $|\varepsilon_{BD}|$ 的变化幅度不如像双嵌段共聚物那样明显。回缩作用对界面单层膜的伸展和排布带来很多扰动，因此预计会降低弯曲模量 κ_S。因此，在高梯度组分下的 κ_S 随 $|\varepsilon_{BD}|$ 的变化幅度减少，如图 7-12(c) 所示。

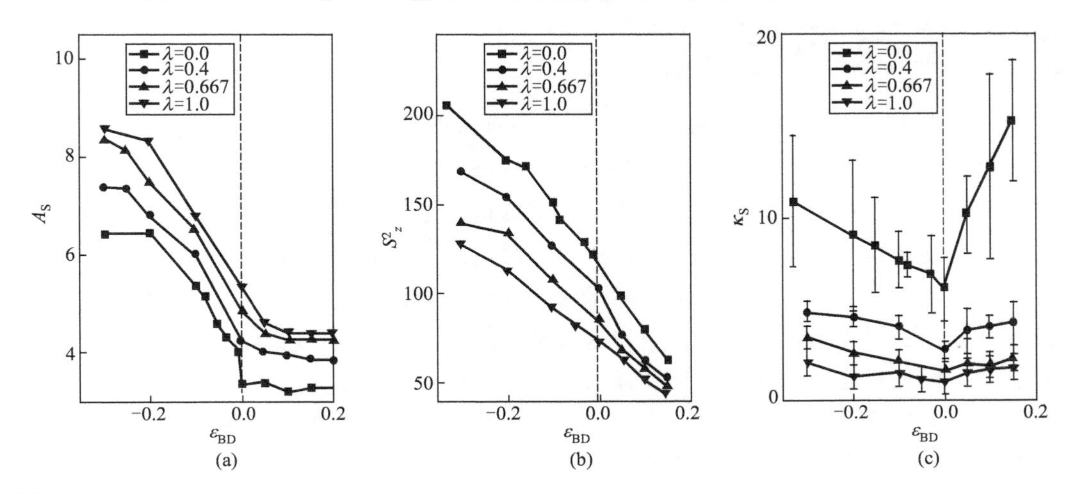

图 7-12

对 C/D/AB 体系在分子链长比 $a=0.1$ 和分离强度 $\varepsilon_{BD}=1.0$ 时的饱和投影面积 A_S（a），均方末端距沿垂直界面方向的分量 S_z^2（b）和弯曲模量 κ_S（c）随均聚物与共聚物链节间的相互作用 ε_{BD} 的变化关系

所有的样本点都是对应着界面张力为 0 的情况，相当于研究微乳中的界面张力为 0 的一小片饱和界面。

7.3.5 小结

在共聚物分子浓度小于饱和浓度 $\varphi_C<\varphi_S$ 时，随共聚物分子浓度 φ_C 的增加或者随共聚物梯度组成 λ 的增加，界面厚度增加，同时界面张力降低。在共聚物分子浓度等于饱和浓度时，随共聚物梯度组成 λ 的增加，饱和投影面积 A_S 增加，同时弯曲模量 κ_S 降低。因此，由梯度组成比较大的共聚物形成的单层膜更加柔软，并需要更少量的共聚物达到饱和状态，这对形成微乳相是比较有利的。饱和投影面积 A_S 是随均聚物分子链长度 N_H、分离强度 ε_{AB} 和“均聚物-共聚物”之间排斥作用 ε_{BD} 的增加而降低，并随梯度组成 λ 的增加而增加。为了用少量的共聚物就达到稳定界面、减小分散相尺寸的目的，我们可以选择分子链短的均聚物，使体系处在低的分离强度下，或者采用梯度组成高的共聚物，增强“均聚物-共聚物”之间的吸引作用。弯曲模量 κ_S 随梯度组成 λ 的增加而降低，但是几乎不随均聚物分子链长度 N_H 而显著变化。对于双嵌段共聚物，弯曲模量 κ_S 随分离强度 ε_{BD} 的增加而增加，随“均聚物-共聚物”作用的绝对值 $|\varepsilon_{BD}|$ 的增加而增加；而对于梯度共聚物，弯曲模量随分离强度 ε_{BD} 的增加先增加后略微下降。为提高单层膜的柔软度，

我们建议采用分子主链包含更多梯度组成的共聚物、弱分离强度的共混体系，并减少“均聚物-共聚物”之间的相互作用。

7.4 界面共聚物链长和梯度组成的多分散性对界面性质的影响[37]

前面已提到，共聚物经常被作为高分子表面活性剂而加入不相容的高分子共混体系中，用来降低界面张力，增加界面的黏合力和机械强度。但是，工业上制备的共聚物大多具有链长或梯度组成的多分散性。研究共聚物的这种链长或梯度组成的多分散性对界面性质的影响有助于指导共聚物的设计与合成，从而达到理想的界面效果。为了找到多分散性对界面性质的影响的深层的机理，需要研究共聚物分子在界面上的排布、分子构象的变化以及各种嵌段在界面附近的位置分布。这些量一般用实验手段比较难观测到，而理论和模拟方法却可以相对容易地为这些问题提供非常细节和丰富的信息。我们使用了蒙特卡罗方法来研究界面性质，详细描述共聚物分子的长度和序列分布的梯度宽度对界面性质（如单分子共聚物的界面占有面积、分子构象的改变以及单层膜的弯曲模量等）的影响，并尝试从分子的构象和分子在界面上的排布的角度来解释出现这些界面行为的深层机理。

本节模拟所用的模型与方法与前文所述基本一致，并针对链长多分散性和梯度组成多分散性两个研究目标进行了改进：首先引入了不同长度的共聚物链（链长分别为 N_{L} 和 N_{S}），占共聚物的体积比为 V_{L} 和 V_{S}，则有 $V_{\mathrm{L}}+V_{\mathrm{S}}=1$；由此可得，数均分子量 $\overline{N_{c,n}}=1/(V_{\mathrm{S}}/N_{\mathrm{S}}+V_{\mathrm{L}}/N_{\mathrm{L}})$，这一体系中均聚物的链长固定为 4，而共聚物链长可以从 4 变化到 30。其次，通过混合两种链长相同而梯度宽度不同的梯度共聚物来形成双分散梯度共聚物，我们定义其中梯度组成相对较宽和较窄的梯度共聚物的体积分数（在这里与摩尔分数等价）分别为 V_{W} 和 V_{N}，相对应的梯度宽度定义为 λ_{W} 和 λ_{N}，并定义平均梯度宽度 $\bar{\lambda}=V_{\mathrm{W}}\lambda_{\mathrm{W}}+V_{\mathrm{N}}\lambda_{\mathrm{N}}$，本体系中均聚物的链长固定为 10，而共聚物链长从 12 变化到 30。

7.4.1 界面上单分子饱和投影面积

与均聚物的合成相比，共聚物合成的工艺更为复杂，因此我们希望用最小量的共聚物来达到饱和界面和降低界面张力的效果。从这一点考虑，在饱和界面上单分子占据的投影面积较大的共聚物更适合作为乳化剂。如图 7-13(a) 所示，在链长双分散的双嵌段共聚物 DB12+DB30 或者 DB4+DB30 中，随着短链的相对含量的增加，A_{S} 先下降后在 $V_{\mathrm{S}}>0.5$ 时基本持平。此外，对于链长双分散的双嵌段共聚物，其平均 A_{S} 值（假定长短链都具有同一个平均 A_{S} 值）比相同数均分子量 $\overline{N_{c,n}}$ 下的单分散双嵌段共聚物的 A_{S} 值要小。比如，对于双分散的双嵌段共聚物 DB12+DB30，在 $V_{\mathrm{S}}=0.3$ 时，A_{S} 值为 2.87，而 $\overline{N_{c,n}}$

值为 20。同样的单分散 DB20 共聚物的 A_S 值为 3.12，如图 7-13(a) 所示。双嵌段共聚物 DB12+DB30 在 V_S=0.18 时，A_S 值为 3.10 而 $\overline{N_{c,n}}$ 值为 24。同样的单分散 DB24 嵌段共聚物的 A_S 值为 3.33，如图 7-13(a) 所示。因此，与单分散的双嵌段共聚物相比，双分散的双嵌段共聚物需要更多量的共聚物才能饱和相同的界面。对于相同 λ 值下的双分散的梯度共聚物 G12+G30，具有和双分散的双嵌段共聚物相类似的趋势。如图 7-13(a) 所示，A_S 值随 V_S 的增加而先下降后基本持平。当双分散的梯度共聚物 G12+G30 在 V_S= 0.3 时，A_S 值为 3.97 而 $\overline{N_{c,n}}$ 值为 20。对应的单分散梯度共聚物 G20 的 A_S 值为 4.16，如图 7-13(a) 所示。

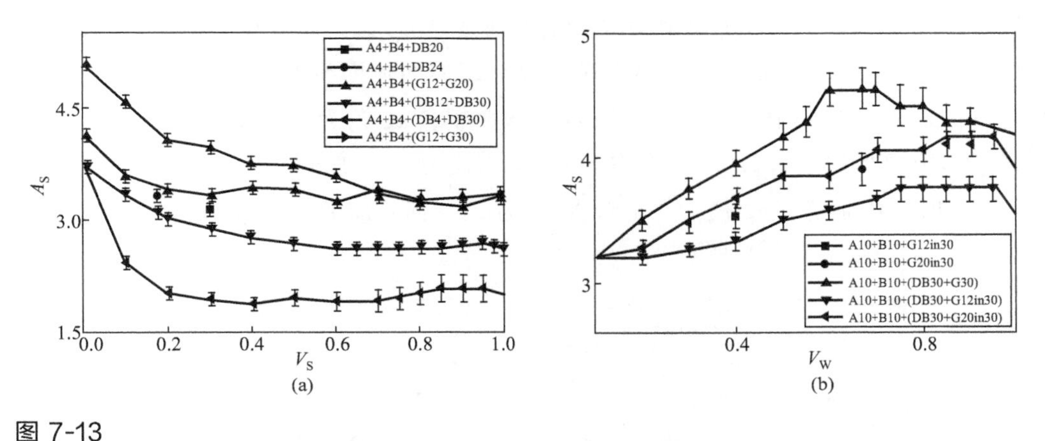

图 7-13

(a) 含有不同分子链长度双分散共聚物和 (b) 含有不同梯度宽度的双分散共聚物在分离强度 ε_{AB}= 1.0 和界面张力为零 (γ= 0) 时的单分子平均饱和投影面积 A_S 随共聚物相对含量的变化情况

V_S，V_W 分别为短链共聚物及宽梯度共聚物的体积分数。

研究了混合不同分子链长度的双分散梯度共聚物后，我们进而对相同分子链长度而梯度宽度不同的双分散梯度共聚物进行研究。如前面提到的，相对梯度宽度 λ 较大的梯度共聚物在双分散的梯度共聚物中的体积分数定义为 V_W。如图 7-13(b) 所示，对于含双分散梯度宽度的梯度共聚物，单分子饱和投影面积 A_S 先随 V_W 增加直到一个峰值，然后随 V_W 而下降。以共混 G30 和 DB30 形成的双分散梯度共聚物为例，在 V_W 从 0.5 到 1.0 范围内，其 A_S 值比单一组分（即，纯 G30 或者 DB30）的 A_S 值要高。进一步将 DB30+G30 体系与 DB30+G12in30 和 DB30+G20in30 对比，发现梯度宽度的分散度（λ 值的差别）的降低可以使 A_S 的峰位向高 V_W 方向移动，如图 7-13(b) 所示。因此，向一个含有低 λ 值的梯度共聚物中添加含有高 λ 值的梯度共聚物，可以在更少量的共聚物下将界面饱和。同样，向一个含有高 λ 值的梯度共聚物中添加适量的含有低 λ 值的梯度共聚物，也可用更少量的共聚物来饱和界面。此外，我们发现双分散梯度宽度的梯度共聚物的 A_S 值比具有相同平均梯度宽度 ($\bar{\lambda}$) 的单分散梯度共聚物的 A_S 值要高。如图 7-13(b) 所示，当 DB30+G30 在 V_W=0.4 时，A_S 值为 3.94 而 λ 值为 0.4。对于单分散梯度共聚物 G12in30 在同样的 $\bar{\lambda}$=0.4 时，A_S 值仅为 3.53，如图 7-13(b) 所示。当 DB30+G30 在 V_W=0.67 时，A_S 值为 4.54 而 $\bar{\lambda}$ 值为 0.67。而对于单分散梯度共聚物 G20in30 在同样的

$\lambda=0.67$ 时，A_S 值仅为 3.89，如图 7-13(b) 所示。

7.4.2 饱和界面单层膜的弯曲模量

图 7-14 显示了多分散共聚物体系的弯曲模量随不同长度的多分散共聚物中的较短链的体积分数（V_S）或者在不同梯度宽度的多分散共聚物中的拥有较宽梯度组成的共聚物分子的体积分数（V_W）的变化情况。对于图 7-14(a) 中不同分子链长度的双分散嵌段共聚物 DB12＋DB30 和 DB4＋DB30，弯曲模量 κ_S 先在低 V_S 值的时候下降后在高 V_S 值的时候基本持平。此外，双分散嵌段共聚物的弯曲模量 κ_S 比相应的相同数均分子长度的单分散的嵌段共聚物的 κ_S 值要小，这个结果也与前面的理论和模拟所报道的趋势相一致。比如，当 DB12＋DB30 体系在 $V_S=0.3$ 时，弯曲模量 κ_S 值为 5.8 而 $\overline{N_{c,n}}$ 为 20。而对应的单分散 DB20 嵌段共聚物的 κ_S 值为 6.7，如图 7-14(a) 所示。当 DB12＋DB30 体系在 $V_S=0.18$ 时，弯曲模量 κ_S 值为 6.1 而 $\overline{N_{c,n}}$ 为 24。而对应的单分散 DB24 嵌段共聚物的 κ_S 值为 7.2，如图 7-14(a) 所示。

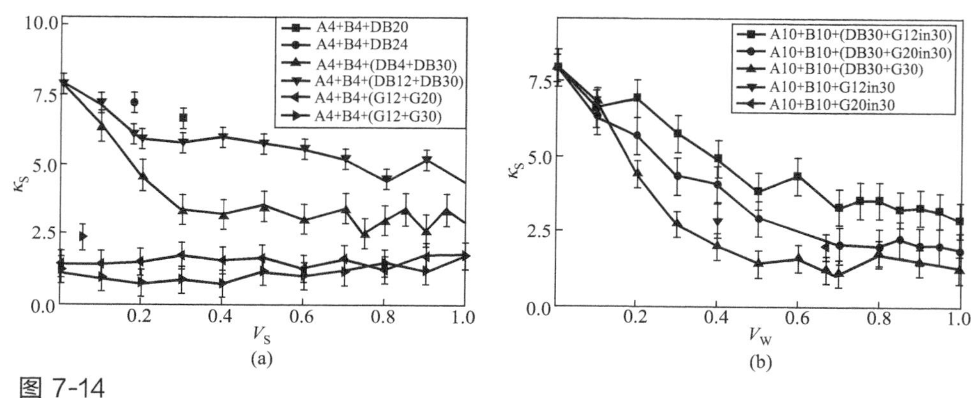

图 7-14

在双分散共聚物中弯曲模量的变化情况

(a) 不同分子链长的混合；(b) 不同梯度宽度的混合。几个单分散样本的存在是为了和双分散体系 G30+ DB30 和 DB12+ DB30 体系对比

图 7-14(a) 中的 G12＋G30 体系，长链的 G30 的弯曲模量 κ_S 值（$\kappa_S=1.1$）竟比短链 G12 的（$\kappa_S=1.8$）略低一些。尽管两者都有 $\lambda=1$，但是 G30 的饱和投影面积 A_S 比 G12 的大很多（分别为 5.08 和 3.33），这可能是 G30 具有更小的弯曲模量 κ_S 值的原因。

总体上看，对于含有不同梯度宽度的双分散梯度共聚物，弯曲模量随 V_W 的增加是先下降后基本持平的，这与图 7-14(b) 的趋势基本相反。此外，多分散体系的弯曲模量仍然比相同平均梯度宽度 $\overline{\lambda}$ 时的单分散体系的 κ_S 值要小。图 7-14(b) 中 DB30＋G30 体系在 $V_W=0.4$ 时，$\overline{\lambda}=0.4$ 并且弯曲模量 κ_S 值为 1.8，这比在相同平均梯度宽度 $\overline{\lambda}$ 下的单分散 G12in30 的 κ_S 值（$\kappa_S=2.9$）要低。当 $V_W=0.67$ 时，$\overline{\lambda}=0.67$ 并且弯曲模量 κ_S 值为 1.2，这也比在相同平均梯度宽度 $\overline{\lambda}$ 下的单分散 G20in30 的 κ_S 值（$\kappa_S=1.9$）要低。与单分散的梯度共聚物相比，图 7-14(b) 显示的更低的弯曲模量以及图 7-14(b) 显示的更高的界面饱和占有面积，表明了双分散梯度共聚物可以以更少的量来饱和界面，而形成的界面单层膜的弯曲模量也比较低。这些结果表明，与单分散的梯度共聚物相比，相同分子链长而不同梯度宽度混合形成的双分散梯度共聚物可以作为更好的乳化剂。

7.4.3 双分散链长所产生更小的共聚物界面平均占有面积的原因分析

关于分子链长对界面单层膜的弯曲模量的影响的机理，前人已经有过探讨。普遍认为，在混入部分短链分子后，长链的双嵌段共聚物（DB）可以获得更多的构象自由度，从而使单层膜的弯曲模量降低。下面我们集中于对混合长的和短的双分散嵌段共聚物所带来的饱和投影面积 A_S 的原因进行探讨。

如前所述，双分散嵌段共聚物的饱和投影面积 A_S 值比对应的相同数均长度下的单分散嵌段共聚物的要小。为了发现这个现象与分子构象的可能关系，我们在图 7-15(a) 和图 7-15(b) 中将 DB12＋DB30 体系的回转半径（R_g）和它沿垂直界面方向的分量（$R_{g,z}$）对短链的相对含量（V_S）做图。由于 DB4＋DB30 体系与 DB12＋DB30 体系的数据有相同

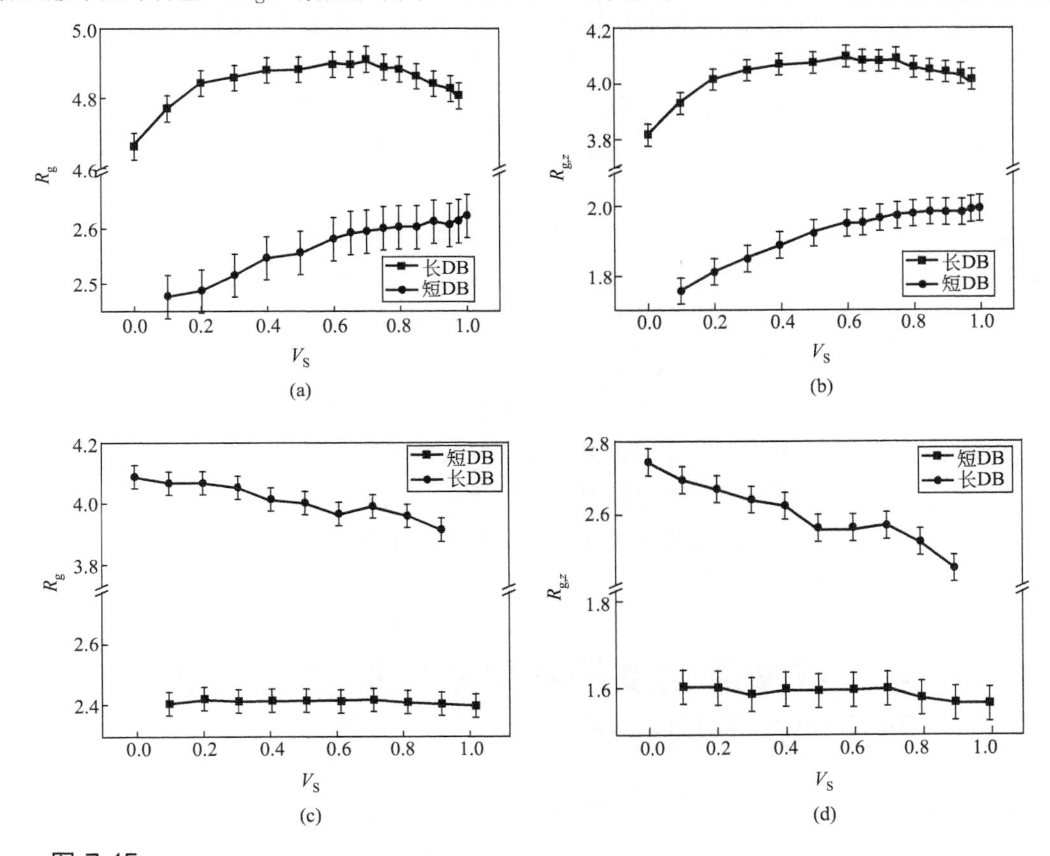

图 7-15

（a）回转半径 R_g 和（b）回转半径沿垂直界面方向的分量 $R_{g,z}$ 在双分散 DB12+ DB30 体系中随短链的相对含量（V_S）的变化情况。（c）和（d）是双分散 G12+ G30 体系中的变化情况

的趋势，因此这里没有展示出它们的数据。图7-15(c) 和图7-15(d) 是双分散梯度共聚物G12+G30的数据。无论是双分散嵌段共聚物DB12+DB30还是双分散梯度共聚物G12+G30，回转半径在平行于界面方向的分量（$R_{g,xy}$）都不随短链的相对含量（V_S）而明显改变，所以此处也没显示它们的数据。对于双分散嵌段共聚物，长链的回转半径（R_g）和它在垂直界面方向的分量（$R_{g,z}$）在混合后（$V_S>0$ 时的数据）比混合前（$V_S=0$ 时的数据）的对应值要高。与之相反，短链的回转半径（R_g）和它在垂直界面方向的分量（$R_{g,z}$）在混合后（$V_S<1$ 时的数据）比混合前（$V_S=1$ 时的数据）的对应值要低。这表明在混合后，短链的构象被抑制而长链的构象得到伸展，这也与前面的发现一致。但是，对于双分散梯度共聚物，一个与双分散嵌段共聚物明显的不同是，短链的回转半径（R_g）和它在垂直界面方向的分量（$R_{g,z}$）在混合前后的变化不大，而长链的构象在混合后发生明显收缩。

图7-13(a) 显示，与双分散嵌段共聚物类似的是，双分散梯度共聚物G12+G30的单分子平均饱和投影面积 A_S 值也比对应的单分散体系的要小。但是，双分散梯度共聚物的构象变化却与双分散嵌段共聚物的趋势有很大不同。尤其是对于长链分子，其变化趋势几乎相反。因此，双分散的共聚物长度所导致的较小的 A_S 值的原因应该与共聚物的构象的“改变”关联不大。而是与长短链分子在界面上的“排列”有很大关联。由于长链的回转半径（R_g）值比短链的要高很多（几近两倍），所以一个可能的方式是，短链在靠近界面附近排布，而长链占据远离界面的空间。如此形成的长短链分子的“交叉排列”的结构可以更有效地利用界面附近的空间，所以这种排布方式可能是导致较小的 A_S 值的重要原因。

前面发现的双分散的共聚物长度所导致的较小的 A_S 值，以及双分散嵌段共聚物中的构象伸展（尤其是回转半径在垂直界面方向的分量 $R_{g,z}$），可以用来解释共聚物本体和高分子共混体系的一些性质。前面对共聚物本体的研究表明，共聚物长度的多分散性可以导致微观相态的相区尺寸的增加。A_S 的降低和 $R_{g,z}$ 的增加都可以用于解释该现象。此外，对于含有均聚物的三元高分子共混体系，微观相态的相区尺寸也随共聚物长度的多分散性的增加而增大。并且，采用双分散嵌段共聚物后，发现双连续微乳相与宏相分离区的相边界向高共聚物浓度方向移动。原因可能是，长短不一的共聚物在界面上的协同排列导致单分子的平均占有面积更小，因此需要更多量的共聚物才能饱和界面，所以宏相分离区的相边界也往高共聚物浓度的方向移动。

7.4.4 双分散梯度宽度的共聚物所拥有的较高界面占有面积值的原因分析

与单分散的梯度共聚物相比，混合两种不同梯度宽度所导致的较高的 A_S 值原因可能来源于界面单层膜上相邻共聚物分子之间交叠程度的改变。在平行界面方向上，相邻的共聚物分子的构象会有明显的交叠。不同梯度宽度的共聚物分子的交叠程度要低，也许是双分散梯度共聚物具有高的平均饱和占有面积 A_S 以及低的饱和浓度 φ_S 的原因。当两个

DB30 共聚物分子在界面单层膜上相遇的时候，它们的分子线团可以出现一定程度的交叠，尤其当界面接近饱和的时候，界面分子的数量多而且排列致密。由于排斥体积作用和两个 DB30 共聚物分子的构象熵的改变，这些会限制相邻共聚物分子在界面单层膜上的交叠程度。最后达到平衡时，平均每个 DB30 共聚物分子占据的界面面积就是 A_S 值。对于纯粹的（单分散的）G30 分子，情况类似。随共聚物分子的梯度宽度 λ 的增加，共聚物序列分布中的“异类嵌段”的数量也增多。在混合不同梯度宽度的共聚物所形成的双分散梯度共聚物（以 G30＋DB30 体系为例）中，当 $0<V_N<1$ 时，当一个 DB30 分子的分子线团与一个 G30 的构象区发生交叠的时候，它会接触到很多“异类嵌段”而使“焓”值增加。因此，从“焓”的角度考虑，一个 DB30 分子与一个 G30 分子的交叠是不利的。所以，DB30 分子会尽量避免与界面单层膜上的 G30 分子相接触。这就导致了 G30 与 DB30 分子之间的交叠程度比纯的（相同梯度宽度）的交叠程度要低。由于这种低的交叠程度，使得 DB30 分子在共混的双分散共聚物中的实际界面占有面积比在单分散的 DB30 形成的界面单层膜的占有面积要高。

图 7-16 的接触对的数据为上面的分析提供了一个证据。图 7-16(a) 显示了 DB30 分子（$\lambda=0$）与一系列不同梯度宽度的共聚物分子之间的接触对。由于这些接触对的数量与两类共聚物分子之间的交叠程度呈正比，所以此接触对的多少反映了交叠程度的大小。在混合的共聚物（$0<V_W>1$）中，随双分散梯度共聚物的梯度宽度（λ 值）的差别的增大，接触对的数量也下降。因此，随梯度宽度的多分散度的增加，不同 λ 值的共聚物之间的交叠程度也下降，这也许是图 7-13(b) 中出现较高 A_S 值的主要原因之一。

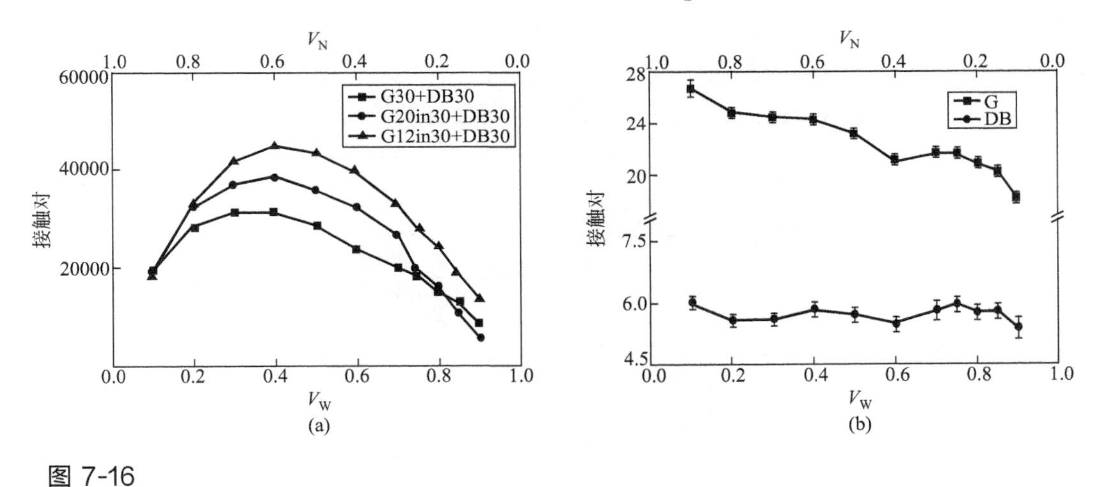

图 7-16

（a）不同梯度宽度的共聚物分子之间的总接触对数（不分同类还是异类嵌段）；（b）在双分散梯度共聚物 G30+ DB30 中，单共聚物分子与周围分子的平均异类接触对（引起焓增的接触对）的变化情况

V_N 和 V_W 分别表示共聚物 DB30 和 G30 分子的相对含量。

此外，在图 7-13(b) 中，A_S 值随 V_W 的增加先上升后下降。其原因可能如下。当加入 DB30 到 G30 形成的界面单层膜后，DB30 与 G30 之间的接触概率增大，两个 G30 分子之间的接触会被 DB30 与 G30 之间的接触所取代，因此 A_S 值增加。随着 V_W 的降低，DB30 的量继续增加，两个相同的 DB30 分子之间的接触概率也增大。这个接触（DB30-

DB30 之间）可能会逐步取代 G30-DB30 之间的接触而导致 A_S 值的降低。与之对应的是，在图 7-16(a) 中随 V_W 的降低，G30-DB30 之间的接触对先增加后降低。其主要原因是由于双分散共聚物的相对组成的改变所导致的。

此外，我们发现，DB30 在单层膜上的分布并未呈现理想混合的状态。特别在 DB30 的相对含量低的时候，这一点表现得尤为显著。在图 7-16(b) 中显示了单分子与周围分子的“异类接触对”（能引起焓增加的不同种类嵌段之间的接触对）的变化情况。随 V_W 的降低，对于 G30 分子，异类接触对的数值显著增加；而 DB30 却并未表现出明显的变化情况。这个差别反映了界面单层膜上的共聚物的不同的分布情况。当其相对含量都比较低的时候，与一个 DB30 分子相比，一个 G30 分子与周围的共聚物分子接触时可以导致更多的焓增加，如图 7-16(b) 所示。为了研究 DB30 的非理想混合的情况以及共聚物分子在界面单层膜上的侧向分布的情况，我们在图 7-17 中绘制了二维径向分布函数 $g_{2D}(r)$。r 是相同单层膜上的两个共聚物分子之间的质心的距离。当相对含量比较低的时候，G30 分子倾向于在界面单层膜上均匀分布。与此相反，DB30 分子在低 V_N 值下却倾向于聚集。如图 7-17(a) 所示，径向分布函数的峰位（用 r_p 表示）随 V_W 的增加而降低，这是由于 G30 分子在高相对含量下排列更加紧密造成的。在 $V_W=0.1$ 时，r_p 远大于零，表明相邻的 G30 分子之间的平均距离在低含量时被拉大。在图 7-17(b) 中，当 V_W 从 0.5 变化到 0.9 的时候，峰的位置略微降低，而峰强度显著增加，表明 DB30 分子在相对低含量时倾向于聚集分布。这有助于避免 G30 与 DB30 分子之间接触（避免焓增）。在界面单层膜上的 DB30 分子的此种侧向聚集可能是导致图 7-16(b) 中平均单分子 DB30 的异类接触对近乎不变的原因之一。从图 7-16(b) 和图 7-17 我们可以推测两个不同梯度宽度（λ）的共聚物在界面上接触所导致焓增的顺序：最大的应该是一个 G30 分子和一个 DB30 分子之间的接触；中等大小的是两个相同的 G30 分子之间；而最低的是两个 DB30 分子之间。

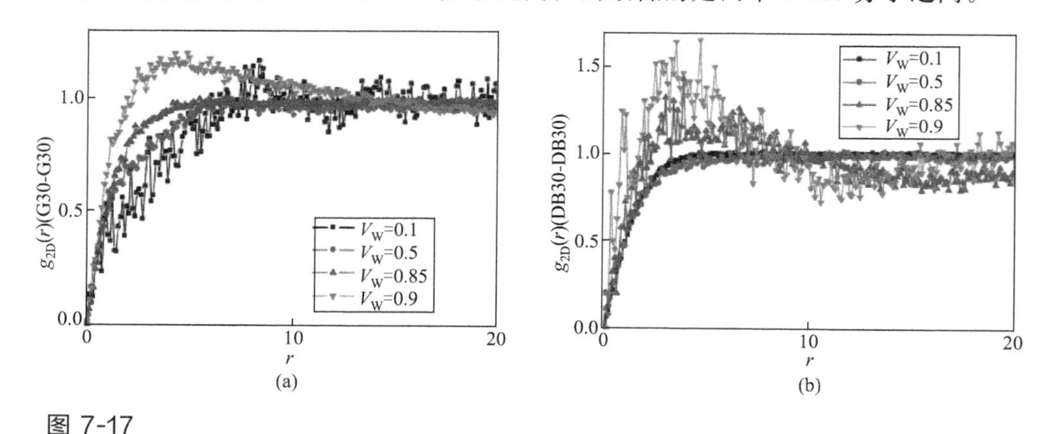

图 7-17

对于双分散梯度共聚物 G30+ DB30 的共聚物质心的二维径向分布函数 $g_{2D}(r)$

(a) 共聚物 G30-G30 之间，(b) DB30-DB30 之间在不同 G30 分子的相对含量 V_W 的变化情况。

我们发现通过提高梯度组成的多分散性，即混合不同梯度宽度的共聚物，可以以更少的用量来饱和界面，这意味着共聚物的平均单分子饱和投影面积的增加。其机理也许是由于不同梯度组成的界面上邻近的共聚物分子的交叠程度降低导致。但增加链长的多分散性，会降低单分子的平均界面占据面积，因此饱和界面需要更多量的共聚物分子。由于在垂直界面方向上，长的和短的共聚物分子会协同排列，所以造成单分子的平均饱和投影面积的降低。与含有单分散共聚物的高分子共混体系相比，在多分散体系中的弯曲模量随链长或者梯度组分的多分散程度的增加而降低。

7.4.5 小结

序列分布相同而分子链长双分散的共聚物单分子其平均占据界面面积小于单分散时的体系，因此需要更多的共聚物分子才能饱和相同的界面面积。其原因可能源于长短链分子在垂直界面方向的协同交叉排列。长链的伸展构象和较低的 A_S 值有助于解释多分散嵌段共聚物的大的相区尺寸和三元共混高分子体系中的相区边界的移动。虽然多分散两嵌段共聚物需要更多的添加量来饱和界面，但其相对廉价的合成成本仍使其具有较高的经济效益。与单分散的情况相比，混合不同梯度宽度的两种梯度共聚物可以获得更高的单分子投影面积，这会节约饱和界面时所需的共聚物的用量。增加梯度宽度的多分散性也使界面单层膜的弯曲模量下降。由此可知，梯度宽度的多分散性可以作为调控其界面性质的一个手段，究其具有更高界面占有面积的机理可能是由于不同梯度宽度的共聚物之间的低的交叠程度所导致。而这种低的交叠程度则可能是由于界面上两个相邻排列的不同梯度宽度的共聚物的分子线团中异类单体的空间分布的密度差别所导致。

7.5 总结与展望

在实际加工过程中，作为一类重要增容剂——共聚物常添加到不相容高分子体系中。目前已发现对称共混体系能够形成一种连续网络相——双连续微乳，其不仅具有优越的力学性能，还在光学、传导和微孔膜材料等领域有重要应用。但是，我们对于共混体系中共聚物的组成、相互作用、序列分布等因素对双连续微乳相形成条件的影响还缺乏认识，对这些问题的研究却能够对控制多组分体系的相态、调控和优化材料性能提供重要的理论指导。因此，在本章里我们介绍了蒙特卡罗方法在三元对称型高分子共混体系相变与界面性质研究的应用。模拟结果不仅揭示共聚物序列分布对三元共混体系相行为和相结构的作用规律及导致双连续微乳相形成并稳定存在的关键因素，而且揭示了从宏相分离或从介观有序层状相到双连续微乳的相转变与界面性质的改变存在着直接关系。因此深入研究共混体系的界面性质和界面行为，阐述界面性质与相转变之间的关系和共聚物分子特性的影响，对我们优化增容剂共聚物组成、调控高分子材料的性质和制备纳米结构化高分子功能材料具有重要指导意义。进一步，通过系统研究共聚物的长度和梯度宽度的多分散性对界面特性的影响，我们建立界面性质和界面结构与序列分布的关系，揭示出梯度共聚物有效降低界面张力和弯曲模量的分子机理，并首次发现梯度宽度的多分散性可以作为改善其界面性质的一个有效手段。基于上述研究，可以预见不同序列分布和分子量分布的共聚物为调控共混体系相结构和相界面提供了优化途径。

同时，我们研究也证明了蒙特卡罗方法的精确性和有效性。作为一种随机模拟方法，蒙特卡罗方法具有很强的适应性，可以依研究内容而灵活构建相应的随机模型。而且，由于其复杂度主要依赖于所构建随机模型的复杂度，因此其研究体系的复杂度与其收敛速度关联性较小，可以快捷高效地解决一些确定性方法难以解决的问题。近年来随着机器学习和人工神经网络算法的飞速发展，以蒙特卡罗方法为代表的随机性方法又迎来新的发展机遇，将在高分子物理研究领域取得广泛而成功的应用。

参考文献

[1] Binder K. Topics in Current Physics: Vol 136, Applications of the Monte Carlo method in statistical physics. Berlin: Springer-Verlag, 1987.

[2] Nicholas Metropolis, Ulam S. The Monte Carlo Method. Journal of the American Statistical Association, 1949, 44 (247): 335-341.

[3] 杨玉良，张红东. 高分子科学中的 Monte Carlo 方法. 上海：复旦大学出版社，1993.

[4] Yamakawa H. Modern Theory of Polymer Solutions. New York: Harper & Row, 1971.

[5] Freed K F. Renormalization Group Theory of Macromolecules. New York: John Wiley & Sons, 1987.

[6] Wall F T. Mean Dimensions of Rubber-Like Polymer Molecules. J Chem Phys, 1953, 21 (11): 1914; Wall F T, Hiller Jr L A, Wheeler D J. Statistical Computation of Mean Dimensions of Macromolecules. J Chem Phys, 1954, 22 (6): 1036.

[7] Ding Jiandong, Carver T J, Windle A H. Self-assembled Structures of Block Copolymers in Selective Solvents Reproduced by Lattice Monte Carlo Simulation. Comput Theor Polym Sci, 2001, 11 (6): 483; Ji Shichen, Ding Jiandong. Spontaneous Formation of Vesicles from Mixed Amphiphiles with Dispersed Molecular Weight: Monte Carlo Simulation. Langmuir, 2006, 22 (2): 553.

[8] Yeh Y Q, Chen B C, Lin H P, et al. Synthesis of Hollow Silica Spheres with Mesostructured Shell using Cationic-anionic-neutral Block Copolymer Ternary Surfactants. Langmuir, 2006, 22 (1): 6.

[9] Hotz J, Meier W. Vesicle-templated Polymer Hollow Spheres. Langmuir, 1998, 14 (5): 1031.

[10] Chen Peng, Liang Haojun. Monte Carlo Simulations of Cylinder-forming ABC Triblock Terpolymer Thin Films. J Phys Chem B, 2006, 110 (110): 18212; Dong Hui, Marko J F, Witten T A. Phase Separation of Grafted Copolymers. Macromolecules, 2002, 27 (22): 6428.

[11] Shreider Y. Method of Statistical Testing. Monte Carlo method. Metrologia, 1964, 35 (4): 465.

[12] Grosberg A Y, Khokhlov A R. Statistical Physics of Macromolecules. New York: AIP Press, 1994.

[13] Flory P J. Statistical Mechanics of Chain Molecules. New York: John Wiley & Sons, 1969.

[14] Binder K. Topics in Applied Physics: Vol 71, Monte Carlo Method in Condensed Matter Physics. Berlin: Springer, 1992; Larson R G, Scriven L E, Davis H T. Monte Carlo Simulation of Model Amphiphile-oil- water Systems. J Chem Phys, 1985, 83 (5): 2411; 陆建明，杨玉良. 高浓度多链体系链动力学的 Monte Carlo 模拟：键长涨落. 中国科学：A 辑，1991 (11): 1226.

[15] Wall F T, Mandel F. Macromolecular Dimensions Obtained by an Efficient Monte Carlo Method without Sample Attrition. J Chem Phys, 1975, 63 (11): 4592.

[16] Carmesin I, Kremer K. The Bond Fluctuation Method: a New Effective Algorithm for the Dynamics of Polymers in all Spatial Dimensions. Macromolecules, 1988, 21 (9): 2819; Carmesin I, Kremer K. Static and Dynamic Properties of Two-dimensional Polymer Melts. J Phys, 1990, 51 (10): 915.

[17] Stokely C, Crabb C C, Kovac J. Role of the Crankshaft Motion in the Dynamics of Cubic Lattice Models of Polymer Chains. Macromolecules, 1986, 19 (3): 860; Gurler M T, Crabb C C, Dahlin D M, et al. Effect of Bead Movement Rules on the Relaxation of Cubic Lattice Models of Polymer Chains. Macromolecules, 1983, 16 (3): 398.

[18] Hu Wenbing. Structural Transformation in the Collapse Transition of the Single Flexible Homopolymer Model. J Chem Phys, 1998, 109 (9): 3686; Ding Jiandong, Carver T J, Windle A H. Self-assembled Structures of Block Copolymers in Selective Solvents Reproduced by Lattice Monte Carlo Simulation. Comput Theor Polym Sci, 2001, 11 (6): 483; Haire K R, Carver T J, Windle A H. A Monte Carlo Lattice Model for Chain Diffusion in Dense Polymer Systems and its Interlocking with Molecular Dynamics Simulation. Comput Theor Polym Sci, 2001, 11 (1): 17.

[19] Metropolis N, Rosenbluth A W, Rosenbluth M N, et al. Equation of State Calculations by Fast Computing Machines. J Chem Phys, 1953, 21 (6): 1087.

[20] Sun Dachuan, Guo Hongxia. Influence of Compositional Gradient on the Phase Behavior of Ternary Symmetric Homopolymer-copolymer Blends: A Monte Carlo study. Polymer, 2011, 52 (25): 5922.

[21] Chang K, Macosko C W, Morse D C. Ultralow Interfacial Tensions of Polymer/Polymer Interfaces with Diblock Copolymer Surfactants. Macromolecules, 2007, 40 (10): 3819.

[22] Brown H R. Effect of a Diblock Copolymer on the Adhesion between Incompatible Polymers. Macromolecules, 1989, 22 (6): 2859; Brown H R, Char K, Deline V R, et al. Effects of a Diblock Copolymer on Adhesion between Immiscible Polymers. 1. Polystyrene (PS) -PMMA Copolymer between PS and PMMA. Macromolecules, 1993, 26 (16): 4155.

[23] Zhou Ning, Bates F S, Lodge T P. Mesoporous Membrane Templated by a Polymeric Bicontinuous Microemulsion. Nano Lett, 2006, 6 (10): 2354.

[24] Jones B H, Lodge T P. High-temperature Nanoporous Ceramic Monolith Prepared from a Polymeric Bicontinuous Microemulsion Template. J the Am Chem Soc, 2009, 131 (5): 1676; Jones B H, Lodge T P. Nanoporous Materials Derived from Polymeric Bicontinuous Microemulsions. Chem Mater, 2010, 22 (4): 1279.

[25] Liu Guoliang, Stoykovich M P, Ji Shengjiang, et al. Phase Behavior and Dimensional Scaling of Symmetric Block Copolymer-Homopolymer Ternary Blends in Thin Films. Macromolecules, 2009, 42 (8): 3063.

[26] Bates F S, Maurer W W, Lipic P M, et al. Polymeric Bicontinuous Microemulsions. Phys Rev Lett, 1997, 79 (5): 849.

[27] Müller M, Schick M. Bulk and Interfacial Thermodynamics of a Symmetric, Ternary Homopolymer-copolymer Mixture: A Monte Carlo study. J Chem Phys, 1996, 105 (19): 8885.

[28] Chun S B, Han C D. Morphology of Model A/B/ (C-block-D) Ternary Blends and Compatibilization of Two Immiscible Homopolymers A and B with a A/B/ (C-block-D) Copolymer. Macromolecules, 2000, 33 (9): 3409.

[29] Mok M M, Kim J, Torkelson J M. Gradient Copolymers with Broad glass Transition Temperature Regions: Design of Purely Interphase Compositions for Damping Applications. J Polym Sci Part B Polym Phys, 2008, 46 (1): 48.

[30] Kim J, Sandoval R W, Dettmer C M, et al. Compatibilized Polymer Blends with Nanoscale or Sub-micron Dispersed Phases Achieved by Hydrogen-bonding Effects: Block Copolymer vs Blocky Gradient Copolymer Addition. Polymer, 2008, 49 (11): 2686; Kim J, Gray M K, Zhou H, et al. Polymer Blend Compatibilization by Gradient Copolymer Addition during Melt Processing: Stabilization of Dispersed Phase to Static Coarsening. Macromolecules, 2005, 38 (4): 1037.

[31] Wang Rui, Li Weihua, Luo Yingwu, et al. Phase Behavior of Ternary Homopolymer/Gradient Copolymer Blends. Macromolecules, 2009, 42 (6): 2275.

[32] Thompson R B, Matsen M W. Effective Interaction Between Monolayers of Block Copolymer Compatiblizer in a Polymer Blend. J Chem Phys, 2000, 112 (15): 6863.

[33] Jouenne S, Gonzalez-Leon J A, Ruzette A V, et al. Styrene/butadiene Gradient Block Copolymers: Molecular and Mesoscopic Structures. Macromolecules, 2007, 40 (7): 2432.

[34] Lefebvre M D, Olvera de la Cruz M, Shull K R. Phase Segregation in Gradient Copolymer Melts. Macromolecules, 2004, 37 (3): 1118-1123.

[35] Sun Dachuan, Guo Hongxia. Monte Carlo Studies on the Interfacial Properties and Interfacial Structures of Ternary Symmetric Blends with Gradient Copolymers. J Phys Chem B, 2012, 116 (31): 9512.

[36] Rosen M J, Cohen A W, Dahanayake M, et al. Relationship of Structure to Properties in Surfactants. Part 10. Surface and Thermodynamic Properties of 2-dodecyloxypoly (ethenoxyethanol) s, $C_{12}H_{25}(OC_2H_4)_xOH$, in Aqueous solution. J Phys Chem, 1982, 86 (4): 541.

[37] Sun Dachuan, Guo Hongxia. Monte Carlo Simulations on Interfacial Properties of Bidisperse Gradient Copolymers. Polymer, 2015, 63: 82.

第8章

耗散粒子动力学（DPD）模拟方法的原理与进展

黄满霞[1,2,3]，陆腾[1,2]，杨科大[1,2]，郭洪霞[1,2]

1 中国科学院化学研究所

2 中国科学院大学

3 北京市东城区教师研修中心

随着科学计算水平的迅速提高和理论方法的进一步发展，计算机模拟在帮助研究人员从原子、分子水平上认识相关实验现象的本质，以及创造具有特殊性能的新材料、新物质方面发挥着越来越重要的作用。前面几章我们已介绍了分子动力学模拟方法原理与应用。作为微观尺度的模拟方法，由于考虑研究体系的原子细节而导致的计算量大增限制了分子动力学模拟的时空尺度。然而，高分子体系中许多有趣的热力学或动力学现象，如：在嵌段共聚物熔体或高分子共混物中的组装或分相，往往发生在介观时空尺度下，发展适宜的介观尺度模拟技术已成为模拟计算领域的近期热点。最近，一种新的介观尺度模拟方法——耗散粒子动力学（dissipative particle dynamics，DPD），由于采用了相对于分子动力学模拟更进一步的粗粒模型和更软的粒子间相互作用势以及动量守恒的热浴形式，已逐渐成为高分子体系介观尺度组装或相变行为的重要研究手段。因此，本章首先用两节的篇幅着重介绍 DPD 的起源、发展过程及原理，然后介绍 DPD 方法与长程静电相互作用的耦合算法以实现带电高分子体系结构和性质的模拟研究。此后，我们对 DPD 方法的优缺点进行评述，并介绍该方法的新进展——DPD 热浴在非球形模型模拟中的应用。此外，我们注意到即使是 DPD 方法，对于高分子复杂体系（如存在慢松弛长波长涨落的多元多相体系相变过程）以及软凝聚态物理学中许多需要进行长时间和大尺度（超过 100μs 或 100nm）的模拟，也显得力不从心。图形处理器（GPU）由于架构高度并行，其计算速度可以比 CPU 快 50～100 倍，因此在本章的最后一节我们将介绍耗散粒子动力学模拟的 GPU 加速算法。

8.1 耗散粒子动力学模拟方法简介

8.1.1 耗散粒子动力学模拟方法的提出

对复杂流体的研究不可避免地涉及多个时间和空间尺度，而我们所关心的很多过程如前所述通常是发生在分子动力学模拟所能描述的尺度之外，这就要求我们应用一些介观（mesoscopic）尺度的模拟方法来进行研究。“介观”一词是由 Van Kampen 于 1981 年提出的，用以定义宏观和微观之间的尺度：空间尺度处于纳米与毫米之间，而时间尺度处于纳秒到毫秒之间[1]。因此，介观模拟可以看作是连接微观模拟和宏观模拟的桥梁。

作为最早提出的介观模拟方法，格子气自动机（LGA）是[2,3] 在流体力学和分子动力学（molecular dynamics，MD）的基础上发展起来的，通过在均匀分布的网格上一些有质量而无体积的粒子按照给定的碰撞规则相互碰撞、扩散实现对液体流动的模拟。体系平衡以后，进行空间和时间统计平均，即可得出宏观流体动力学性质。LGA 模型在极限情况下可以收敛到 Navier-Stokes（N-S）方程，因此能以足够精度再现一些常见的流动现象。而且，由于对单个粒子的计算次数较少，可以采用较大的时间积分步长。然而，由于网格的引入，LGA 方法破坏了体系的伽利略不变性和各向同性。

耗散粒子动力学是一门新兴的介观尺度数值模拟技术，于 1992 年由 Hoogerbrugge 和 Koelman[4] 首先建立，用于解决 LGA 中的格子问题和 MD 所无法描述介观时空尺度上的流体问题。即，DPD 方法综合了 LGA 和 MD 的长处：避免了 LGA 中的空间非连续性，保留了 LGA 中的运动单元为粗粒化粒子的特性。因此，DPD 中的运动单元（或 DPD 粒子）并不对应简单流体里的一个原子或一个分子，而是代表一簇原子或分子。每个 DPD 粒子在一定范围内与周围的其他粒子发生相互作用，粒子间的碰撞规则和运动规律遵循牛顿定律，因而 DPD 方法可以满足伽利略不变性和各向同性，同时 DPD 的模拟步长较 MD 大很多。简而言之，DPD 是一种基于粒子的粗粒化的有效的介观模拟方法。

8.1.2 耗散粒子动力学模拟方法的发展概述

DPD 模拟的发展主要沿两条线：一个是理论基础和算法的发展；一个是 DPD 模拟应用的拓展。

如前所述，1992 年 Hoogerbrugge 和 Koelman[4] 首先建立了基于球形粒子软势碰撞模型的 DPD 介观模拟方法。其中，基本运动单元是粗粒化的粒子基团，忽略了液体粒子的内部自由度，只考虑质心的运动，因此只需较少的计算量就可以模拟大体系的流体力学行为，因而非常适合在介观尺度上对复杂流体进行研究。

1995 年 Espanol 和 Warren[5] 进一步用随机差分方程（stochastic differential equations）改进了 DPD 算法，推导了体系的 Fokker-Planck 方程。在他们的模型中，所有粒子之间的相互作用包括保守力、耗散力和随机力，并且满足伽利略不变性和各向同性。同时，他们指出耗散力与随机力中的摩擦因子和噪声系数与温度之间的关系以及这两个力中的两个权重函数之间的关系必须符合涨落-耗散定理（fluctuation-dissipation theorem），以使 DPD 模拟体系的平衡分布满足吉布斯-玻尔兹曼分布，从而奠定了 DPD 在统计力学方面的理论基础。

1997 年 Groot 和 Warren[6]系统总结了 DPD 模拟方法中各参数的选择依据。基于水的不可压缩系数和 DPD 模拟体系的状态方程，建立了同组分 DPD 粒子之间的保守力排斥参数（a_{ii}）与体系温度和数密度的关系式。进一步依据 DPD 模拟体系的状态方程，可以发现 DPD 体系的自由能形式类比于 Flory-Huggins 平均场理论的自由能的表达形式，因而建立了异种组分 DPD 粒子之间的保守力排斥参数（a_{ij}）与 Flory-Huggins 相互作用参数之间的映射关系。Groot 和 Warren 的工作不仅为 DPD 方法模拟实际体系奠定了基础，也使得 DPD 模拟成为连接原子模拟和介观模拟的一座桥梁，从而极大地推动了 DPD 方法在复杂流体尤其是高分子体系中的研究应用。

为了扩展 DPD 方法的应用领域，研究人员在此后的工作中对其算法进行了大量的改进。1997 年，Avalos 和 Mackie 提出了将能量守恒耦合进粒子间相互作用的想法[7]，并在后续的工作中通过改进算法实现了每一步的能量守恒[8]，进而应用此方法研究了微正则系综即能量守恒体系的扩散性质，提出了一个基于局部平衡近似的扩散性质的解析传递方程[9]。1999 年，Coveney 和 Flekkøy[10] 用大小和质量都可变的 Voronoi 格子代替了传统 DPD 方法中固定大小和质量的 DPD 粒子，以用于多尺度问题的研究。Evans[11] 研究了 DPD 体系的动力学性质，如自扩散系数和剪切黏度。

在传统的 DPD 模拟中，为了计算方便，保守力通常选择为作用在粒子对质心间连线方向上的软排斥作用势，与相互作用粒子对的间距呈一次单调递减函数。由于采用软作用力，DPD 模拟体系的状态方程不存在密度的三次函数，体系不出现气-液共存，而且模拟体系在保守力截断半径内也存在一定结构，这些现象都与真实流体是不相符合的。为了模拟流体气-液共存或气-液相平衡，2001 年，Pagonabarraga 和 Frenkel[12,13] 发展了一种多体耗散粒子动力学方法。忽略流体粒子之间的相关性，通过给定的自由能解析表达式推导出依赖于体系瞬时局部粒子密度的保守力形式，并用于非理想流体和流体混合物的模拟。此后，Trofimov 等人[14] 采用修正的局部密度近似和自洽迭代的方法进一步改进了多体 DPD 方法，由于引入了正确的粒子相关性可以很好描述非理想流体行为，扩展了 DPD 的应用领域。2003 年，Groot[15] 首次在 DPD 方法中引入了长程静电相互作用，从而使其应用范围扩展到生物物理和聚电解质研究领域。2004 年，Goujon 等人[16] 拓展 DPD 方法用于巨正则系综的研究。Maiti 和 McGrother[17] 重新审视了 Groot 和 Warren 理论，再次研究了 DPD 粒子保守力排斥参数与粒子大小的关系，提出了一个通过表面张力来获得排斥参数的方法，这也提供了 DPD 模型与真实体系映射的新方案。

在 DPD 模拟中，耗散力与粒子间相对速度的依赖关系给体系运动方程的数值积分方法选择带来了极大的困难，因为较差的积分算法不仅会导致体系温度偏移预设温度，还会产生一些非物理的假象。因此，寻找一种形式简单且结果稳定可靠的算法一直都是 DPD 模拟研究的热点[18-26]。Groot 和 Warren[6] 在 V-V 算法的基础上提出了一种改进的 GW-VV 形式用以 DPD 模拟，允许体系在较大的时间步长下获得稳定的温度控制。Gibson 等人[19] 在 Groot 和 Warren 方法的基础上，通过二次更新耗散力，进一步改善了体系的温度控制。Pagonabarraga 等[20] 和 Besold 等人[21] 分别发展了基于 leap-frog 和 Velocity-Verlet 方法的自洽 DPD 积分算法。Lowe[22] 提出了一个结合分子动力学 Andersen 恒温方法[27] 的 DPD 算法，并满足细致平衡条件。den Otter 和 Clarke[23] 通过对含有保守力的随机动力学系统近似求解发展了一种 leap-frog 积分算法，可有效控制体系温度的偏离。2002 年至 2003 年期间，Vattulainen 等人[24,25] 详细对比了上述几种积分方法，研究发现，由于不含耗散力和随机力，Lowe-Anderson 方法避免了传统 DPD 模拟的缺陷，易于处理，能更真实地反映体系的介观性质和行为；而对于其他几种积分算法，虽然能够有效地控制体系的温度，但一些非物理结构和现象的出现则是不可避免的，尤其是在耗散力和随机力占主导的系统中。

DPD 方法的发展和进化促进了它在软物质科学领域的应用（软物质是一种形态介于理想流体和固体之间的物质，其涵盖范围非常之广：常见的高分子、生物膜、表面活性剂分子、液晶分子、胶体粒子等都属于软物质。由于软物质自身的特点导致体系演化进程慢、松弛时间长，基于粗粒化的 DPD 方法则更能够反映软物质的介观性质）。目前，DPD 模拟已经成功地用于高分子、胶体、磷脂、液体、晶体、蛋白质等各种复杂体系的研究，并取得了一些令人瞩目的成果。Groot 和 Madden[28,29] 利用 DPD 模拟方法研究嵌段共聚物的微观相分离，得到的结果与实验和平均场理论在定性上都符合得很好。Huang 和 Guo[30,31] 利用DPD模拟方法研究了Janus纳米粒子含量、几何形状、尺寸以及表面化学性质对高分子共混体系相分离及相行为的影响。Groot 和 Rabone[32] 以 DPPC 分子为模板，探究细菌处在非离子型表面活性剂环境中，细胞膜死亡的原因。Zhang 和 Guo[33,55] 在 AlSunaidi 等人[34] 工作的基础上研究了棒状分子的柔性对液晶行为的影响。Yue 等人[35] 利用可变粒子数的耗散粒子动力学方法（*N*-varied DPD）来研究生物膜曲率与锚定蛋白质聚集之间的相互关系，并提出一种新的生物膜曲率产生机理。Hong、Qiu 和 Yang 等人[36] 也利用了同样的 *N*-varied DPD 方法模拟了多组分膜的出芽过程，并发现了三种不同的出芽模式。Liu 和 Lu 等人[37] 模拟了具有刚性主链的梳状共聚物自发组装成囊泡并融合的过程。Wang 和 Lu[38] 利用 DPD 方法结合非均匀傅里叶变换 Ewald 加和计算静电相互作用模拟研究了树枝状高分子与磷脂双层膜结合形成的复合体，并发现了许多新奇的结构。Cai、Chen 和 Lin 等人采用 DPD 模拟与实验相结合的方法研究了共聚物与纳米颗粒[39] 或均聚物[40] 的溶液组装结构。Ding 和 Ma[41] 研究了表面接枝聚电解质的纳米粒子/DNA 复合体与双层膜的作用，发现表面接枝聚电解质的纳米粒子可以容纳一定量的 DNA，并影响其包覆效果。He 和 Zhang 等人一方面研究了两嵌段共聚物与纳米棒共混体系的相行为[42,43]，另一方面还比较了在选择性溶剂中高分子链与纳米棒三种不同连接方式时的组装行为[44]。Li 和 Liang 等人则采用 DPD 方法在两嵌段共聚物微相分离[45]、高分子囊泡的形成[46] 及融合分裂[47]、高分子链在纳米孔道内的输运[48,49] 以及通道表面修饰对流场的影响[50] 等领域开展了广泛的研究。

综上所述，耗散粒子动力学模拟方法独特的优越性赋予了它强劲的生命力。可以相信，随着 DPD 模拟方法的优化、模拟体系的扩展和模拟内容的深化，耗散粒子动力学必然会在化工、生物、医疗等领域有广泛而重要的应用。

8.2 耗散粒子动力学模拟方法的基本原理

8.2.1 耗散粒子动力学模拟方法中的耗散-涨落定理推导

某种程度上，DPD 可以被认为是一个有动量守恒性质的热浴耦合的粗粒化 MD 方法。但是，通过对体系进行一定程度的粗粒化，DPD 较 MD 能描述更大尺度上的体系。虽然在粗粒化的过程中，体系丢失了局部细节上的原子信息，但在粗粒化的这种较大时空尺度上，体系并没有失真。这是因为我们此时所关注的物理特性往往只有在这种粗粒化的尺度上才能研究得更好，而且我们并不需要去关注在原子尺度上的体系细节。

DPD 模拟技术基于“软球”之间的相互作用，通过在此方法中引入“珠-簧”模型

(bead-spring model)，也可以对高分子体系进行模拟研究。

在基于软球碰撞模型的DPD方法中，1997年Groot和Warren[4] 系统总结了DPD模拟方法中各参数的选择依据。正则系综 NVT 体系中的DPD粒子通过相互碰撞更新位置和动量（速度）。所以在求解粒子的运动方程时，在每一个积分步长内，粒子的位置和速度都需要重新标度：

$$\vec{p}'_i=\vec{p}_i+\sum_j \Omega_{ij}\vec{e}_{ij} \tag{8-1}$$

式中，$\vec{e}_{ij}=(\vec{r}_i-\vec{r}_j)/|\vec{r}_i-\vec{r}_j|$ 是方向为 $\vec{r}_{ij}$ 的单位向量；Ω_{ij} 表示从 j 粒子转移到 i 粒子的动量。一个积分步长后，粒子的新位置为：

$$\vec{r}'_i=\vec{r}_i+\frac{\delta t}{m_i}\vec{p}'_i \tag{8-2}$$

为了保证动量守恒，Ω_{ij} 必须满足对称性要求：$\Omega_{ij}=\Omega_{ji}$。也就是说 j 粒子转移给 i 粒子的动量与 i 粒子转移给 j 粒子的动量相同，这保证了伽利略不变性。在整个模拟过程中，我们设定所有粒子的质量为1，所以式（8-1）和式（8-2）就等价于下式：

$$\vec{v}'_i=\vec{v}_i+\sum_j \Omega_{ij}\vec{e}_{ij} \tag{8-3}$$

$$\vec{r}'_i=\vec{r}_i+\delta t\vec{v}'_i \tag{8-4}$$

式（8-3）里的 Ω_{ij} 代表 j 粒子转移给 i 粒子的速度。进一步，将式（8-3）对时间求导后得到如下的方程：

$$\vec{F}'_i=\vec{F}_i+f_{ij}\vec{e}_{ij} \tag{8-5}$$

方程（8-5）说明，作用在 i 粒子上的力发生了变化，这一部分的变化主要源于粒子间碰撞产生的。

1992年，Hoogerbrugge和Koelman[4] 给出了 Ω_{ij} 的形式如下：

$$\Omega_{ij}=\left(\frac{3\left(1-\frac{r_{ij}}{r_c}\right)}{\pi r_c^3 n}\right)\{\Pi_{ij}-\omega(\vec{P}_i-\vec{P}_j)\cdot\vec{e}_{ij}\}\quad r_{ij}<r_c \tag{8-6}$$

$$\Omega_{ij}=0\quad r_{ij}\geqslant r_c \tag{8-7}$$

式中，r_c 为截断半径；r_{ij} 为粒子 i 和 j 之间的距离；n 为粒子的平均密度；Π_{ij} 是平均分布的随机数，并满足 $\Pi_{ij}=\Pi_{ji}$，表示粒子随机碰撞时对体系的影响；大括号的第二项表示由于粒子间相对速度而引起的黏滞摩擦对体系的影响。值得注意的是，这两项结合起来实则起到一个恒温调节作用，即热池（thermostat）：第一项使得粒子速度增加，体系温度升高；第二项引起粒子速度的减小，降低体系的温度。

Hoogerbrugge和Koelman[4] 给出的DPD模型中所有的力都遵守作用与反作用定律，所以能够保持总的动量守恒，从而保证了伽利略不变性，在宏观上不仅仅可以观察到扩散行为，还可以观察到流体动力学行为。但是，值得注意的是，这种DPD模型却不能够满足能量守恒，并且没有能量的转移方程（transport equation）。基于此，在1995年，Espanol和Warren[5] 写出了DPD积分算法中的随机差分方程（stochastic differential equations，SDE）。

首先Espanol和Warren将Hoogerbrugge-Koelman DPD模型中粒子 i 所受的力进行

了改写，即：

$$\dot{\vec{P}}_i=\sum_{j\neq i}\vec{F}_{ij}^{\mathrm{C}}+\sum_{j\neq i}\vec{F}_{ij}^{\mathrm{R}}+\sum_{j\neq i}\vec{F}_{ij}^{\mathrm{D}} \tag{8-8}$$

式中，$\vec{F}_{ij}^{\mathrm{C}}$ 是由粒子 i 和 j 之间的势能而产生的保守力；$\vec{F}_{ij}^{\mathrm{R}}$ 是随机力；$\vec{F}_{ij}^{\mathrm{D}}$ 是耗散力。体系的伽利略不变性和各向同性要求 $\vec{F}_{ij}^{\mathrm{D}}$ 与动量成正比，$\vec{F}_{ij}^{\mathrm{R}}$ 与动量无关。满足这一要求的耗散力和随即力的一种形式便为：

$$\begin{cases}\vec{F}_{ij}^{\mathrm{D}}=-\gamma\omega_{\mathrm{D}}(r_{ij})(\vec{e}_{ij}\cdot\vec{v}_{ij})\vec{e}_{ij}\\ \vec{F}_{ij}^{\mathrm{R}}=-\sigma\omega_{\mathrm{R}}(r_{ij})\vec{e}_{ij}\zeta_{ij}\end{cases} \tag{8-9}$$

式中，ζ_{ij} 是高斯白噪声，满足：

$$\begin{cases}\langle\zeta_{ij}(t)\rangle=0\\ \langle\zeta_{ij}(t)\zeta_{i'j'}(t')\rangle=(\delta_{ii'}\delta_{jj'}+\delta_{ij'}\delta_{ji'})\delta(t-t')\end{cases} \tag{8-10}$$

为了保证体系总动量守恒 $\mathrm{d}\left(\sum_i\vec{P}_i\right)/\mathrm{d}t=0$，则 $\zeta_{ij}=\zeta_{ji}$。γ 和 σ 是摩擦系数和噪声振幅。

基于式（8-9），DPD 体系粒子随机差分方程为：

$$\begin{cases}\mathrm{d}\vec{r}_i=\dfrac{\vec{p}_i}{m_i}\mathrm{d}t\\ \mathrm{d}\vec{p}_i=\left[\sum_{j\neq i}\vec{F}_{ij}^{\mathrm{C}}(\vec{r}_{ij})+\sum_{j\neq i}-\gamma\omega_{\mathrm{D}}(r_{ij})\cdot(\vec{e}_{ij}\cdot\vec{v}_{ij})\vec{e}_{ij}\right]\mathrm{d}t+\sum_{j\neq i}\sigma\omega_{\mathrm{R}}(r_{ij})\vec{e}_{ij}\mathrm{d}W_{ij}\end{cases} \tag{8-11}$$

式中，$\mathrm{d}W_{ij}=\zeta_{ij}\cdot\mathrm{d}t$。$\mathrm{d}W_{ij}=\mathrm{d}W_{ji}$（因为 $\zeta_{ij}=\zeta_{ji}$）是维纳过程（Wiener process，布朗运动的另一种说法）中互不依赖的增量。它满足下述关系：

$$\mathrm{d}W_{ij}\mathrm{d}W_{i'j'}=(\delta_{ii'}\delta_{jj'}+\delta_{ij'}\delta_{ji'})\mathrm{d}t \tag{8-12}$$

也就是说 $\mathrm{d}W_{ij}$ 是一个积分时间步长 $\mathrm{d}t$ 的 1/2 次幂的无限小量。所以随机力形式又变为：

$$\vec{F}_{ij}^{\mathrm{R}}=\sigma\omega_{\mathrm{R}}(r_{ij})\zeta_{ij}\Delta t^{-1/2}\hat{r}_{ij} \tag{8-13}$$

从上面的 SDE 方程可以继而推导得到体系分布函数 $\rho(r,p;t)$ 的 Flokker-Plank 方程：

$$\frac{\partial\rho(r,p;t)}{\partial t}=L_{\mathrm{C}}\rho(r,p;t)+L_{\mathrm{D}}\rho(r,p;t) \tag{8-14}$$

算符 L_{C} 是和保守力相作用的哈密顿系统刘维算符，算符 L_{D} 含有二阶导数并且考虑了耗散力和随机力的影响。考虑到保守力和随机力必须只能是 r_{ij} 和 v_{ij} 的函数（伽利略不变性的要求）以及体系中的力能够作为矢量进行旋转变换（各向同性的要求），L_{C} 和 L_{D} 的算符定义为：

$$\begin{cases}L_{\mathrm{C}}\rho(r,p;t)\equiv-\left[\sum_i\dfrac{\vec{p}_i}{m}\dfrac{\partial}{\partial\vec{r}_i}+\sum_{i,j\neq i}\vec{F}_{ij}^{\mathrm{C}}\dfrac{\partial}{\partial\vec{p}_i}\right]\rho(r,p;t)\\ L_{\mathrm{D}}\rho(r,p;t)\equiv\sum_{i,j\neq i}\vec{e}_{ij}\dfrac{\partial}{\partial\vec{p}_i}\left[\gamma\omega_{\mathrm{D}}(r_{ij})(\vec{e}_{ij}\cdot\vec{v}_{ij})+\dfrac{\sigma^2}{2}\omega_{\mathrm{R}}^2(r_{ij})\vec{e}_{ij}\left(\dfrac{\partial}{\partial\vec{p}_i}-\dfrac{\partial}{\partial\vec{p}_j}\right)\right]\rho(r,p;t)\end{cases} \tag{8-15}$$

如果 DPD 体系中耗散力和随机力为 0，则体系成为哈密顿体系。在正则系统中，刘维方程为：

$$\frac{\partial \rho^{eq}}{\partial t}=L_C\rho^{eq}=0 \tag{8-16}$$

它的一个解为 Gibbs-Boltzman 分布：

$$\rho^{eq}(\vec{r}_i,\vec{p}_i)=\exp\left(-\sum_i \frac{\vec{p}_i}{2mk_BT}-\frac{U}{k_BT}\right) \tag{8-17}$$

如果在此基础上加入耗散力和随机力，为了使体系的平衡分布不偏离 Gibbs-Boltzmann 分布太远，则必须要求 $L_D\rho^{eq}=0$。从而得到下述关系式：

$$\begin{cases}\omega_R(r)=\omega_D^{1/2}(r)\\ \sigma=(2k_BT\gamma)^{1/2}\end{cases} \tag{8-18}$$

这就是涨落-耗散定理（fluctuation-dissipation theorem）。式（8-18）保证了体系的平衡分布是 Gibbs-Boltzman 分布，这使得我们可以用标准的热力学关系来进行研究 DPD 体系。如果 γ 和 σ 不满足涨落-耗散定理，DPD 模拟体系将会偏离 Gibbs-Boltzman 分布。此时 DPD 模拟体系在某种情况下可能会达到一个平衡态，但它可能是我们没有清楚认识的热力学分布，甚至是一个目前为止我们还无法研究的哈密顿体系[6]。

8.2.2 耗散粒子动力学（DPD）粒子运动方程及各种力的表达

Espanol 和 Warren 对 DPD 方法的理论分析，奠定了 DPD 的统计力学基础。随后，Groot 和 Warren [6] 进一步将涨落-耗散定理与动力学方法相结合，确定了各参数的选择标准，这是目前应用广泛的耗散粒子动力学模型。详细来说耗散粒子动力学作为一种粗粒化方法，DPD 系统中的每一个粒子（bead）都代表着一簇原子或分子的一个链段，粒子在连续的空间和离散的时间下运动，并严格遵守牛顿运动方程：

$$\frac{d\boldsymbol{r}_i}{dt}=\boldsymbol{v}_i,\qquad m_i\frac{d\boldsymbol{v}_i}{dt}=\boldsymbol{f}_i \tag{8-19}$$

式中，$\boldsymbol{r}_i$、$\boldsymbol{v}_i$ 和 $\boldsymbol{f}_i$ 分别为第 i 个粒子的位置、速度和所受合力的矢量。为了简化计算，体系中粒子的质量都设为 1，因此每个粒子所受的总作用力等于其加速度。在 DPD 模拟系统中，粒子所受的合力由三种成对相互作用力组成，包括保守力 $\boldsymbol{F}_{ij}^C$（conservative force）、耗散力 $\boldsymbol{F}_{ij}^D$（dissipative force）和随机力 $\boldsymbol{F}_{ij}^R$（random force）：

$$\boldsymbol{f}_i=\sum_{j\neq i}(\boldsymbol{F}_{ij}^C+\boldsymbol{F}_{ij}^D+\boldsymbol{F}_{ij}^R) \tag{8-20}$$

所有这些力的作用范围在一个确定的截断半径 r_c 内。鉴于 r_c 是系统中唯一的长度尺度标准，我们通常以 r_c 为单位长度，并约化为 $r_c=1.0$。

保守力是一个作用在两个粒子质心连线上的软排斥相互作用（soft repulsion）。它的引入只是为了定性地模拟体系的热力学状态，因而，其具体的表达形式也无需通过严格的分子力学推导。在已知的 DPD 研究中，绝大多数的模拟都采用了一种极端软短程的排斥相互作用，其具体的表达形式如下：

$$\boldsymbol{F}_{ij}^{\mathrm{C}}=\begin{cases}a_{ij}\left(1-\dfrac{r_{ij}}{r_{\mathrm{c}}}\right)\hat{\boldsymbol{r}}_{ij}\,(r_{ij}<r_{\mathrm{c}})\\ 0\qquad\qquad(r_{ij}\geqslant r_{\mathrm{c}}),\end{cases}\tag{8-21}$$

式中，a_{ij} 为保守力参数，代表了粒子 i 与 j 之间最大的排斥力；$\boldsymbol{r}_{ij}=\boldsymbol{r}_i-\boldsymbol{r}_j$，$r_{ij}=|\boldsymbol{r}_{ij}|$，$\hat{\boldsymbol{r}}_{ij}=\boldsymbol{r}_{ij}/|\boldsymbol{r}_{ij}|$是连接粒子 i 与 j 的单位矢量。

耗散力和随机力的作用形式分别为：

$$\boldsymbol{F}_{ij}^{\mathrm{D}}=-\gamma\omega_{\mathrm{D}}(r_{ij})(\hat{\boldsymbol{r}}_{ij}\cdot\boldsymbol{v}_{ij})\hat{\boldsymbol{r}}_{ij}\tag{8-22}$$

$$\boldsymbol{F}_{ij}^{\mathrm{R}}=\sigma\omega_{\mathrm{R}}(r_{ij})\zeta_{ij}\hat{\boldsymbol{r}}_{ij}\tag{8-23}$$

式中，$\boldsymbol{v}_{ij}=\boldsymbol{v}_i-\boldsymbol{v}_j$ 为粒子间的相对速度；ω_{D} 和 ω_{R} 是与粒子间距离 r_{ij} 相关的权重函数，当 $r_{ij}>r_{\mathrm{c}}$ 时，二者均等于0；γ 和 σ 分别为摩擦因子和噪声系数，γ 前面负号表明耗散力的作用方向总是与相对速度 v_{ij} 相反的；ζ_{ij} 是一个满足高斯分布的随机数：对 $i\neq j$，$k\neq l$，$\langle\zeta_{ij}(t)\rangle=0$，$\langle\zeta_{ij}(t)\zeta_{kl}(t')\rangle=(\delta_{ik}\delta_{jl}+\delta_{il}\delta_{jk})\delta(t-t')$。在实际的模拟过程中，任意相互作用粒子对在任意时刻的 ζ_{ij} 都是独立选取的。在 DPD 模拟中，耗散力和随机力的组合起到了热浴的作用，其中，耗散力代表了体系内的摩擦相互作用，它能减弱粒子间的相互运动速度，消耗体系的能量；而随机力使得粒子的无规热运动加剧，为体系提供能量。此外，这样的热浴组合具有特殊的优越性，由于体系中所有的相互作用力都是沿着粒子质心作用的，体系的线动量和角动量都能保持守恒，从而能正确地描述体系的流体动力学行为。

为了满足涨落-耗散定理，使体系获得正确的吉布斯-玻尔兹曼分布，权重函数 $\omega_{\mathrm{D}}(r_{ij})$ 和 $\omega_{\mathrm{R}}(r_{ij})$ 以及摩擦因子 γ 和噪声系数 σ 需满足：

$$\omega_{\mathrm{D}}(r)=[\omega_{\mathrm{R}}(r)]^2\qquad\sigma^2=2\gamma k_{\mathrm{B}}T\tag{8-24}$$

式中，$k_{\mathrm{B}}T$ 为系统的 Boltzman 温度。

Espanol 和 Warren[5] 曾指出两种权重函数的具体形式可以是任意的。通常，我们采用一种简单的形式，如下：

$$\omega_{\mathrm{D}}(r)=[\omega_{\mathrm{R}}(r)]^2=\begin{cases}(1-r/r_{\mathrm{c}})^2 & (r<r_{\mathrm{c}})\\ 0 & (r\geqslant r_{\mathrm{c}})\end{cases}\tag{8-25}$$

在 DPD 方法中，为了简化计算，模拟通常采用无量纲参数。一般来说，m、r_{c} 和 $k_{\mathrm{B}}T$ 分别被视为系统的单位质量、单位长度和单位能量，因此 $\tau=[mr_{\mathrm{c}}/(k_{\mathrm{B}}T)]^{1/2}$ 是系统的单位时间。

如上所述，耗散粒子动力学（DPD）方法充分考虑了系统流体中的流体力学，因此非常适合用于研究高分子这种软物质的行为。为了模拟柔性高分子链，除了上述的保守力、耗散力和随机力，还需要添加一个额外的弹簧力将 DPD 珠子链接成高分子链，常见的弹簧力可以分为线性弹簧力和非线性弹簧力：

- 线性弹簧力 $\boldsymbol{F}_{ij}^{\mathrm{S}}=C\,\boldsymbol{r}_{ij}$[6]，其中 C 为弹性系数，一般取值-4。
- 线性弹簧力 $\boldsymbol{F}_{ij}^{\mathrm{S}}=k_{\mathrm{S}}\cdot(r_{ij}-r_0)\,\hat{\boldsymbol{r}}_{ij}$[29]，其中 k_{S} 为弹性系数，r_0 为平衡键长。
- 有限伸展非线性弹性 FENE 势产生的弹簧力

$$F_{ij}^{\mathrm{FENE}}=\begin{cases}k_{\mathrm{FENE}}\dfrac{r_{ij}}{1-\left(\dfrac{r_{ij}}{R_0}\right)^2}(r_{ij}<R_0)\\ \infty(r_{ij}\geqslant R_0)\end{cases}$$

k_{FENE} 是弹性系数；R_0 是 FENE 势能所允许的相邻珠子间最大的距离[51,52]。

➢ 对于 DNA 这种类似于蠕虫链的高分子，链上珠子间的弹簧力可以用下式来表达：

$$F_{ij}^{\mathrm{S}}=-\frac{k_{\mathrm{B}}T}{4\lambda_{\mathrm{p}}^{\mathrm{eff}}}\left[\left(1-\frac{r_{ij}}{l}\right)^{-2}+\frac{4r_{ij}}{l}-1\right]\hat{r}_{ij}$$

l 是链段的最大长度；$\lambda_{\mathrm{p}}^{\mathrm{eff}}$ 是分子链的有效持久长度。如果分子链总长度为 L，分子链中的珠子个数为 N_{b}，则 $l=L/(N_{\mathrm{b}}-1)$[53]。

此外，为了控制高分子链的刚柔性，需要添加额外的控制键角的力：

$F_{ijk}^{\theta}=-\nabla V_{\mathrm{bend}}$，键角的势能形式也有很多种[54-56]，常见的有：

$V_{弯曲}=\frac{1}{2}k_{\theta}\ (\theta-\theta_0)^2$，$V_{弯曲}=k_{\theta}\ [1-\cos\ (\theta-\theta_0)\ ]$ 及 $V_{弯曲}\ (\boldsymbol{r}_{ij},\ \boldsymbol{r}_{jk})\ =k_{弯曲}$ $(1-\hat{\boldsymbol{r}}_{ij}\cdot\hat{\boldsymbol{r}}_{jk})$ 等，这里 k_{θ}，$k_{弯曲}$ 和 θ_0 分别表示弯曲谐振能量常数和平衡键角。

8.2.3 数值积分算法

一旦体系初始条件确定，基于粒子的模拟方法就涉及一系列微分方程的求解问题，我们需要采用有限元方法。有限元方法选用的条件是快速、稳定、容易实现并且不占用太大内存。通常在大多数情况下，力的计算占用了绝大部分的 CPU 时间，好的算法要求能够在给定精度条件下，用最小的计算量完成。

同时，选用算法时还应该注意的问题是，所选用的算法应该能够确保体系时间可逆、能量守恒和各态历经。通常认为，一个算法是时间可逆的，并不是说这个算法能够在一个非保守力体系下，修正或弥补使得体系能够精确地实现时间可逆。同样，对于各态历经而言，一个能够实现各态历经的算法是指如果这个算法应用于一个各态历经的体系，可以使得计算得到的体系仍然能够遍历整个构象空间。

分子动力学模拟中数值积分算法已经趋于成熟与完善[57]。而在 DPD 模拟方法中这个问题却比较棘手，问题在于：

（1）随机力的存在使得体系的时间可逆性行为不再存在；

（2）耗散力与作用粒子对之间的相对速度成正比，这种作用力和粒子速度的相关，在积分方法上引入了困难，并且导致在模拟中得到的一些物理量会产生一些人为的错误或者偏差。

针对以上问题，相关的研究已经发展了一系列的算法。2002 年至 2003 年期间，Vattulainen 等人[24,25] 详细分析了不同积分算法应用于在耗散粒子动力学中的优缺点。这里，我们将简单地介绍 DPD 积分算法在发展过程中用到过的几种形式。

8.2.3.1 Euler 算法

粒子在 $t+\Delta t$ 时刻的位置 $\boldsymbol{r}_i(t+\Delta t)$ 和速度 $\boldsymbol{v}_i(t+\Delta t)$ 由 t 时刻的位置 $\boldsymbol{r}_i(t)$ 和速度 $\boldsymbol{v}_i(t)$ 决定。

$$
\begin{aligned}
\boldsymbol{r}_i(t+\Delta t) &= \boldsymbol{r}_i(t)+\Delta t\boldsymbol{v}_i(t) \\
\boldsymbol{v}_i(t+\Delta t) &= \boldsymbol{v}_i(t)+\Delta t\boldsymbol{f}_i(t) \\
\boldsymbol{f}_i(t+\Delta t) &= \boldsymbol{f}_i(\boldsymbol{r}(t+\Delta t),\boldsymbol{v}(t+\Delta t))
\end{aligned}
\tag{8-26}
$$

在欧拉算法中，粒子从位置 $\boldsymbol{r}_i(t)$ 到 $\boldsymbol{r}_i(t+\Delta t)$ 的概率由粒子在 $\boldsymbol{r}_i(t)$ 所受的力决定。粒子从位置 $\boldsymbol{r}_i(t+\Delta t)$ 到 $\boldsymbol{r}_i(t)$ 的概率由粒子在 $\boldsymbol{r}_i(t+\Delta t)$ 所受的力决定。这两种力一般来说不相等的。因此 Euler 算法不具有时间反演对称性。由它计算得到的平衡态性质如，体系的温度、粒子的径向分布函数等会偏离理论预测值，并且所得到的性质与模拟过程中采用的时间步长有关。所以 Euler 算法不适合随机可逆的 DPD 模拟。

8.2.3.2 MD-VV 算法

MD-VV 算法是标准的 Velocity-Verlet 算法，是一个时间可逆的、辛（symplectic）对称的二阶积分算法。它常用于 MD 模拟，形式简单，在大时间步长下也具有较好的精度。在 DPD 模拟中，MD-VV 算法也基本能满足要求，Groot 和 Warren[6] 早期的 DPD 研究就使用这种算法，$\Delta t=0.04$ 可保证系统平衡温度无明显偏离。

$$
\begin{aligned}
&\boldsymbol{v}_i \leftarrow \boldsymbol{v}_i+\frac{1}{2}\frac{1}{m}(\boldsymbol{F}_i^{\mathrm{C}}\Delta t+\boldsymbol{F}_i^{\mathrm{D}}\Delta t+\boldsymbol{F}_i^{\mathrm{R}}\sqrt{\Delta t}) \\
&\boldsymbol{r}_i \leftarrow \boldsymbol{r}_i+\boldsymbol{v}_i\Delta t \\
&\text{计算 } \boldsymbol{F}_i^{\mathrm{C}}\{\boldsymbol{r}_i\},\boldsymbol{F}_i^{\mathrm{D}}\{\boldsymbol{r}_i,\boldsymbol{v}_i\},\boldsymbol{F}_i^{\mathrm{C}}\{\boldsymbol{r}_i\} \\
&\boldsymbol{v}_i \leftarrow \boldsymbol{v}_i+\frac{1}{2}\frac{1}{m}(\boldsymbol{F}_i^{\mathrm{C}}\Delta t+\boldsymbol{F}_i^{\mathrm{D}}\Delta t+\boldsymbol{F}_i^{\mathrm{R}}\sqrt{\Delta t})
\end{aligned}
\tag{8-27}
$$

8.2.3.3 GW-VV 算法（也叫作改进的 VV 算法）

1997 年，Groot 和 Warren[6] 对 MD-VV 算法进行了改进，在积分过程中引入一个可调参数 λ。用此参数 λ 先去预测粒子的新速度 $\boldsymbol{v}_i^0$，然后用这个速度去求算力的大小，然后再对速度进行校正。

$$
\begin{aligned}
&\boldsymbol{v}_i \leftarrow \boldsymbol{v}_i+\frac{1}{2}\frac{1}{m}(\boldsymbol{F}_i^{\mathrm{C}}\Delta t+\boldsymbol{F}_i^{\mathrm{D}}\Delta t+\boldsymbol{F}_i^{\mathrm{R}}\sqrt{\Delta t}) \\
&\boldsymbol{r}_i \leftarrow \boldsymbol{r}_i+\boldsymbol{v}_i\Delta t \\
&\boldsymbol{v}_i^0 \leftarrow \boldsymbol{v}_i+\lambda\frac{1}{m}(\boldsymbol{F}_i^{\mathrm{C}}\Delta t+\boldsymbol{F}_i^{\mathrm{D}}\Delta t+\boldsymbol{F}_i^{\mathrm{R}}\sqrt{\Delta t}) \\
&\text{计算 } \boldsymbol{F}_i^{\mathrm{C}}\{\boldsymbol{r}_i\},\boldsymbol{F}_i^{\mathrm{D}}\{\boldsymbol{r}_i,\boldsymbol{v}_i^0\},\boldsymbol{F}_i^{\mathrm{C}}\{\boldsymbol{r}_i\} \\
&\boldsymbol{v}_i \leftarrow \boldsymbol{v}_i+\frac{1}{2}\frac{1}{m}(\boldsymbol{F}_i^{\mathrm{C}}\Delta t+\boldsymbol{F}_i^{\mathrm{D}}\Delta t+\boldsymbol{F}_i^{\mathrm{R}}\sqrt{\Delta t})
\end{aligned}
\tag{8-28}
$$

在这种算法中，每个时间步内仍只做一次相互作用力的更新，但是耗散力的计算却是依赖于一个通过唯象参数 λ 调节的“预测速度”。当 $\lambda=0.5$，GW-VV 算法就是普通的 Velocity-Verlet 算法。Groot 和 Warren[6] 发现，$\lambda=0.65$ 时系统的温度控制要明显优于 $\lambda=0.5$ 的 MD-VV 算法。

然而作为一个唯象参数，λ 的意义无从理解，并且 λ 的优化选择与系统模型的性质密切相关，只能通过经验调节获得，这也是 GW-VV 算法的一个最大缺陷。2000 年，den Otter 和 Clarke 对于该方法中 λ 值与温度的关系进行了系统的研究[58]。

8.2.3.4 G-VV 算法

G-VV 算法是 Gibson 等人[59] 对 GW-VV 算法的一种修正，其算法结构基本与 GW-VV 算法一致，只是在每个时间步后重新计算粒子间的耗散力。这一额外的更新几乎不占多少计算时间，但却能有效地提高算法的精度。如同 GW-VV 算法，唯象的 λ 参数也是 G-VV 算法的一个缺点。在 Gibson 等人[59] 的研究中，$\lambda=0.5\sim1$ 似乎要优于较小的 λ 的值。

$$
\begin{aligned}
&\boldsymbol{v}_i \leftarrow \boldsymbol{v}_i + \frac{1}{2}\frac{1}{m}(\boldsymbol{F}_i^{\mathrm{C}}\Delta t + \boldsymbol{F}_i^{\mathrm{D}}\Delta t + \boldsymbol{F}_i^{\mathrm{R}}\sqrt{\Delta t}) \\
&\boldsymbol{r}_i \leftarrow \boldsymbol{r}_i + \boldsymbol{v}_i \Delta t \\
&\boldsymbol{v}_i^0 \leftarrow \boldsymbol{v}_i + \lambda \frac{1}{m}(\boldsymbol{F}_i^{\mathrm{C}}\Delta t + \boldsymbol{F}_i^{\mathrm{D}}\Delta t + \boldsymbol{F}_i^{\mathrm{R}}\sqrt{\Delta t}) \\
&\text{计算 } \boldsymbol{F}_i^{\mathrm{C}}\{\boldsymbol{r}_i\}, \boldsymbol{F}_i^{\mathrm{D}}\{\boldsymbol{r}_i, \boldsymbol{v}_i^0\}, \boldsymbol{F}_i^{\mathrm{C}}\{\boldsymbol{r}_i\} \\
&\boldsymbol{v}_i \leftarrow \boldsymbol{v}_i + \frac{1}{2}\frac{1}{m}(\boldsymbol{F}_i^{\mathrm{C}}\Delta t + \boldsymbol{F}_i^{\mathrm{D}}\Delta t + \boldsymbol{F}_i^{\mathrm{R}}\sqrt{\Delta t}) \\
&\text{计算 } \boldsymbol{F}_i^{\mathrm{D}}\{\boldsymbol{r}_i, \boldsymbol{v}_i\}
\end{aligned}
\tag{8-29}
$$

8.2.3.5 SC-VV 算法

SC-VV 算法是 Besold 等人[21] 发展的一种自洽的 Velocity-Verlet 算法。在这种算法中，耗散力和粒子速度通过多次的迭代循环自洽地更新演化，以保证体系的温度偏差在每一个时间步都处于可控的误差范围内。

$$
\begin{aligned}
&\boldsymbol{v}_i \leftarrow \boldsymbol{v}_i + \frac{1}{2}\frac{1}{m}(\boldsymbol{F}_i^{\mathrm{C}}\Delta t + \boldsymbol{F}_i^{\mathrm{D}}\Delta t + \boldsymbol{F}_i^{\mathrm{R}}\sqrt{\Delta t}) \\
&\boldsymbol{r}_i \leftarrow \boldsymbol{r}_i + \boldsymbol{v}_i \Delta t \\
&\boldsymbol{v}_i^0 \leftarrow \boldsymbol{v}_i + \frac{1}{2}\frac{1}{m}(\boldsymbol{F}_i^{\mathrm{C}}\Delta t + \boldsymbol{F}_i^{\mathrm{R}}\sqrt{\Delta t}) \\
&\text{计算 } \boldsymbol{F}_i^{\mathrm{C}}\{\boldsymbol{r}_i\}, \boldsymbol{F}_i^{\mathrm{D}}\{\boldsymbol{r}_i, \boldsymbol{v}_i^0\}, \boldsymbol{F}_i^{\mathrm{C}}\{\boldsymbol{r}_i\} \\
&\boldsymbol{v}_i \leftarrow \boldsymbol{v}_i^0 + \frac{1}{2}\frac{1}{m}\boldsymbol{F}_i^{\mathrm{D}}\Delta t \xrightleftharpoons[k_{\mathrm{B}}T\text{ 满足要求}]{\text{迭代循环，直到}} \text{计算 } \boldsymbol{F}_i^{\mathrm{D}}\{\boldsymbol{r}_i, \boldsymbol{v}_i\} \\
&\text{计算 } k_{\mathrm{B}}T = \frac{m}{3N-3}\sum_{i=1}^{N}\boldsymbol{v}_i^2, \cdots
\end{aligned}
\tag{8-30}
$$

Besold 等人[21] 研究发现，SC-VV 算法虽然也不可避免地产生一些非物理结构和性质，但是相比于其他 VV 算法来说，这种趋势被有效地减缓了。尽管如此，自洽的迭代循环大大增加了模拟的计算量，约是普通 VV 算法的 1.5～3 倍。

8.2.3.6 Lowe-Anderson 方法

Lowe-Anderson 方法[22] 可以看成是对 DPD 热浴的一种替换。在 Lowe-Anderson 方法中，耗散力和随机力组合成的热浴被 Anderson 热浴替代。Lowe-Anderson 方法的积分原理如下所示：

$$
\begin{aligned}
&\boldsymbol{v}_i \leftarrow \boldsymbol{v}_i + \frac{1}{2}\frac{1}{m}\boldsymbol{F}_i^{\mathrm{C}}\Delta t \\
&\boldsymbol{r}_i \leftarrow \boldsymbol{r}_i + \boldsymbol{v}_i \Delta t \\
&\text{计算 } \boldsymbol{F}_i^{\mathrm{C}}\{\boldsymbol{r}_i\} \\
&\boldsymbol{v}_{\mathrm{c}} \leftarrow \boldsymbol{v}_i + \frac{1}{2}\ \frac{1}{m}\boldsymbol{F}_i^{\mathrm{C}}\Delta t \\
&\text{对于所有满足 } r_{ij} \leqslant r_{\mathrm{c}} \text{ 的粒子对} \\
&\text{由 Maxwell-Boltzmann 分布 } \zeta_{ij}\sqrt{2k_{\mathrm{B}}T^{*}/m} \text{ 推导 } \boldsymbol{v}_{ij}^{0}\boldsymbol{r}_{ij} \\
&2\Delta_{ij} = \boldsymbol{r}_{ij}(\boldsymbol{v}_{ij}^{0} - \boldsymbol{v}_{ij}) \cdot \boldsymbol{r}_{ij} \\
&\boldsymbol{v}_i \leftarrow \boldsymbol{v}_i + \Delta_{ij} \\
&\boldsymbol{v}_j \leftarrow \boldsymbol{v}_j + \Delta_{ij} \\
&\text{概率为 } \Gamma\Delta t
\end{aligned}
\tag{8-31}
$$

在 Lowe-Anderson 方法中，每个粒子先按照牛顿运动方程进行积分演化，然后对处在 $r_{ij} \leqslant r_{\mathrm{c}}$ 的所有粒子对，以 $\Gamma\Delta t$ 为概率，根据 Maxwell-Boltzmann 分布来更新粒子对的相对速度。对于需要更新速度的粒子对，首先按高斯分布 $\xi_{ij}\sqrt{2k_{\mathrm{B}}T^{*}/m}$ 产生一个相对速度 $v_{ij}^{0}r_{ij}$，然后用此相对速度对该粒子对质心连线方向的速度进行更新。ξ_{ij} 是一个均值为 0、方差为 1 的高斯随机数。

Lowe-Anderson 方法的优点很明显，由于不存在耗散力和随机力，这使得 DPD 方法中难以积分计算的难题迎刃而解，另外在力的计算过程中，不需要计算随机力和耗散力，只需要更新速度，因此积分速度快；并且传统 DPD 方法中低 Schmidt 数的缺点也能够被克服[60]。然而，DPD 方法的精髓就是耗散力和随机力，保守力的形式是可以变的。采用 Lowe-Anderson 方法，不管保守力的形式是否进行了修改，严格意义上讲都失去了 DPD 方法的传统意义；Lowe-Anderson 方法另一个缺点是计算新速度时不能完全对相空间进行取样。

8.2.3.7 den Otter-Clarke（OC）算法

2001 年，den Otter 和 Clarke 利用 leap-frog 算法中预定义的两个参数 α 和 β 提出了 OC 积分算法[23]。它的初衷是为了把耗散力与粒子相对速度的依赖关系降低到最小。当体系的动力学温度和构型温度都与预设一致时，可以估算 α 和 β 的数值：

$$\alpha=\frac{1}{G\Delta t}(1-e^{-G\Delta t}),\text{其中 } G=-\langle \boldsymbol{F}_i^{\mathrm{D}}\cdot \boldsymbol{v}_i\rangle/\langle \boldsymbol{v}_i\cdot \boldsymbol{v}_i\rangle,$$

$$\beta^2=\frac{-2m\alpha\langle \boldsymbol{F}_i^{\mathrm{D}}\cdot \boldsymbol{v}_i\rangle-\alpha^2\Delta t\langle \boldsymbol{F}_i^{\mathrm{D}}\cdot \boldsymbol{F}_i^{\mathrm{D}}\rangle}{\langle \boldsymbol{F}_i^{\mathrm{R}}\cdot \boldsymbol{F}_i^{\mathrm{R}}\rangle}$$

OC 积分算法具如下：

$$\begin{aligned}&\boldsymbol{v}_i\leftarrow \boldsymbol{v}_i+\alpha\frac{1}{m}(\boldsymbol{F}_i^{\mathrm{C}}\Delta t+\boldsymbol{F}_i^{\mathrm{D}}\Delta t)+\beta\frac{1}{m}\boldsymbol{F}_i^{\mathrm{R}}\sqrt{\Delta t}\\&\boldsymbol{r}_i\leftarrow \boldsymbol{r}_i+\boldsymbol{v}_i\Delta t\\&\text{计算 } \boldsymbol{F}_i^{\mathrm{C}}\{\boldsymbol{r}_i\},\ \boldsymbol{F}_i^{\mathrm{D}}\{\boldsymbol{r}_i,\boldsymbol{v}_i\},\boldsymbol{F}_i^{\mathrm{C}}\{\boldsymbol{r}_i\}\end{aligned}\tag{8-32}$$

结果表明，OC 积分方法在模拟理想气体和 DPD 普通流体时均能得到很好的结果。而在描述高分子复杂流体时，由于该积分算法需要预先对高分子构象采集足够多的样本才可以正确估算 α 和 β 的数值，因此在高分子体系中的应用受限[22]。

8.2.4 耗散粒子动力学模拟体系中参数的选择

8.2.4.1 时间步长

时间步长的选择是模拟速度与体系平衡性质之间相互竞争妥协的结果，一般与分子间相互作用力的类型和积分算法的精度有关。通常，为保证体系平衡态性质不存在较大的波动，分子间相互作用越软，积分算法精度越高，模拟可采用的时间步长也就越大。在 DPD 模拟中，传统的软排斥保守力允许模拟采用较大的积分时间步长，其大小的选择依赖于积分算法对体系温度的控制能力。例如，在普通的 Velocity-Verlet 算法中，$\Delta t=0.04$ 导致体系平衡温度偏高 2%，0.05 则导致 3%的偏差，因此，$\Delta t=0.04$ 是一个安全选择，0.05 则是可接受误差的上限。但是，在欧拉算法中，$\Delta t\approx 0.001$ 才能使体系获得相同的温度控制精度。此外，Groot 和 Warren[6] 在 GW-VV 算法中，将 λ 设置为 0.65，积分步长 Δt 增加至 0.06，系统仍然具有良好的温度稳定性。

8.2.4.2 摩擦因子和噪声系数

根据涨落-耗散定理，摩擦因子 γ 和噪声系数 σ 需满足方程（8-24），才能使体系获得正确的吉布斯-玻尔兹曼分布，因此，在 DPD 模拟中，一般只确定其中一个参数，然后根据体系温度 T 和方程（8-24）确定另一个参数的数值。Groot 和 Warren[6] 在研究中发现，摩擦因子 γ 和噪声系数 σ 的选择决定了系统对温度变化的反应速度。例如，在一个采用 Velocity-Verlet 算法的 DPD 模拟中，在噪声系数 $\sigma=3$，密度 $\rho=3$ 和 $\Delta t=0.04$ 的参数下，当系统温度从 $k_{\mathrm{B}}T=10$ 以指数弛豫至 $k_{\mathrm{B}}T=1$，弛豫时间约为 $10\Delta t$；然而，当噪声系数降至 $\sigma=1$ 时，弛豫时间增大至 $90\Delta t$。这是由于体系的摩擦因子降低为 119，从而降低了系统对温度变化的响应。此外，Groot 和 Warren[6] 特别指出，噪声系数 σ 的增长会缓慢增大体系的平衡温度，其值不得超过 $\sigma\approx 8$，否则体系的温度会快速增长，模拟体系也将变得不稳定。

8.2.4.3 数密度的选择

在 DPD 方法中，粒子间的排斥相互作用参数是决定 DPD 粒子模型性质的唯一参量，因此也是与真实体系性质相关联的唯一桥梁。Groot 和 Warren[6] 认为，如果这样的软球模型体系能够真实地描述某一种流体的热力学状态，那么它首先要正确地反映这一流体的扰动性质，也就是模拟体系要具有正确的压缩系数：

$$\kappa^{-1}=\frac{1}{nk_{\mathrm{B}}T\kappa_T}=\frac{1}{k_{\mathrm{B}}T}\left(\frac{\partial p}{\partial n}\right)_T \tag{8-33}$$

式中，参数 n 是分子的数密度；κ_T 是体系的等温压缩系数。

为了获得 DPD 系统的压缩系数，Groot 和 Warren[6] 系统研究了排斥参数分别为 $a=15$、$a=25$ 和 $a=30$ 的体系在密度 $\rho=1\sim8$ 下的状态方程，其状态方程采用如下形式：

$$\begin{aligned}p&=\rho k_{\mathrm{B}}T+\frac{1}{3V}\left\langle\sum_{j>i}(\boldsymbol{r}_i-\boldsymbol{r}_j)\cdot\boldsymbol{f}_i\right\rangle\\&=\rho k_{\mathrm{B}}T+\frac{1}{3V}\left\langle\sum_{j>i}(\boldsymbol{r}_i-\boldsymbol{r}_j)\cdot\boldsymbol{F}_{ij}^{\mathrm{C}}\right\rangle\\&=\rho k_{\mathrm{B}}T+\frac{2\pi}{3}\rho^2\int_0^1 rf(r)g(r)r^2\mathrm{d}r\end{aligned} \tag{8-34}$$

式中，$g(r)$ 是径向分布函数；$\boldsymbol{f}_i$ 和 $\boldsymbol{F}_{ij}^{\mathrm{C}}$ 分别是 i 粒子所受的合力和保守力。在模拟中，由于系统遵守涨落-耗散定理，具有正确的吉布斯-玻尔兹曼分布，第一种和第二种表达形式是一致的，通常采用第二种形式。Groot 和 Warren[6] 的研究发现，体系的压力、排斥参数和数密度的依赖关系如图 8-1 所示。从中可以看出，当 $\rho>2$ 时，系统的所有数据点都在一个曲线上，具有一个简单的标度关系：

$$p=\rho k_{\mathrm{B}}T+\alpha a\rho^2(\alpha=0.101\pm0.001) \tag{8-35}$$

原则上，体系的密度可以自由选择，但是，过大的密度往往会大幅增加粒子间相互作用对的数目，从而增加模拟的计算量，因此，DPD 模拟通常选择符合上述标度关系的临界密度 $\rho=3$。

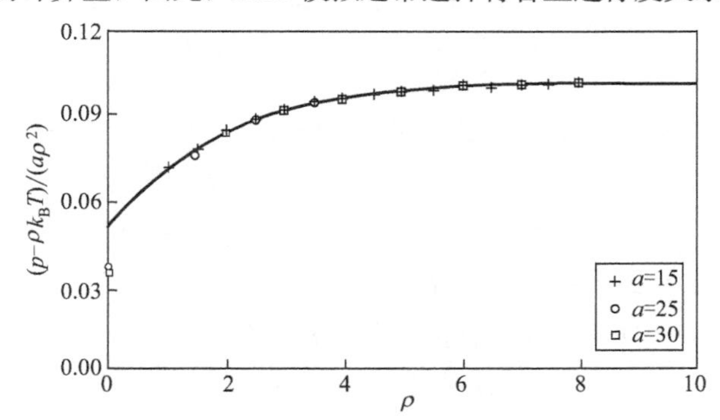

图 8-1

三个不同排斥参数下的超额压力，该图摘自参考文献 [4]

8.2.4.4 保守力排斥参数的选择

在传统DPD方法中，粒子间的排斥力相互作用参数是决定DPD粒子模型性质的唯一参量，从而也是与真实体系性质相关联的唯一桥梁。因此正确选择排斥参数显得尤为重要。DPD模型中排斥参数主要分类两大类：相同粒子之间的作用参数 a_{AA} 和不同粒子之间相互作用参数 a_{AB}。

对于相同粒子之间的作用参数，一般通过压缩系数计算得到。对于基于水分子进行粗化的体系[6]，根据模拟水的等温压缩系数和实验上水的真实压缩系数之间的关系：$\frac{1}{k_B T}\left(\frac{\partial p}{\partial \rho}\right)_{sim}=\frac{N_m}{k_B T}\left(\frac{\partial p}{\partial n}\right)_{exp}$，其中 N_m 为映射因子，即一个DPD粒子中含有的水分子数目，结合式（8-33）和式（8-35）我们发现，$N_m\kappa^{-1}=1+2\alpha a_{ii}\rho$，则有 $a_{AA}=\frac{N_m\kappa^{-1}-1}{2\alpha\rho}$，实验上水的真实压缩系数 $\kappa^{-1}=16$，因此有：$a_{AA}=\frac{16N_m-1}{2\alpha\rho}$。

除了通过模拟水的等温压缩系数，也有人采用模拟真实研究体系的等温压缩系数，如：Ju等人[61] 研究了组分链长与体积分数对聚乙烯（PE）和聚乳酸（PLLA）共混体系微观结构的影响时，为了确定同种DPD粒子间排斥参数，他们先利用MD模拟计算出纯高分子体系的无量纲压缩系数 κ_{MD}^{-1}，然后通过 $\kappa_{DPD}^{-1}=N_m\kappa_{MD}^{-1}$ 计算出 κ_{DPD}^{-1}，最后根据 $a_{AA}=\frac{N_m\kappa_{DPD}^{-1}-1}{2\alpha\rho}$ 计算出 a_{ii}。

对于不同粒子间的相互作用参数 a_{AB}，1997年Groot和Warren[6] 通过从高分子系统的Flory-Huggins理论得到的自由能与从DPD流体得到的自由能进行比较发现：排斥参数和Flory-Huggins参数之间存在一种一一对应的关系，为DPD模型与实际体系之间提供了一种映射关系。在Flory-Huggins平均场理论中，利用格子模型，将不同的分子分配到不同的格点上，体系的能量被描述为对理想均匀混合状态的微扰。对于双组分A/B体系，Flory-Huggins理论认为，系统中的每个格子不是由A占据就是由B占据，因此，每个格点的自由能具有如下形式：

$$\frac{F}{k_B T}=\frac{\phi_A}{N_A}\ln\phi_A+\frac{\phi_B}{N_B}\ln\phi_B+\chi\phi_A\phi_B \tag{8-36}$$

式中，N_A，N_B 分别代表A，B分子的链段数；ϕ_A 和 ϕ_B 分别代表A和B组分的体积分数，且 $\phi_A+\phi_B=1.0$；χ 是Flory-Huggins相互作用参数。当A、B组分相互排斥时，χ 值为正，并且在 χ 值足够大时，A、B组分发生宏观相分离形成各自的富集相区。反之，当A、B组分相互吸引时，χ 值为负，两组分互容。

如前文所述，单组分DPD流体具有相当程度的不可压缩性，并且系统的超额压力是密度的二次函数，这些性质使得DPD软势模型在本质上与Flory-Huggins格子模型十分类似。因此，二者的关联有助于DPD方法扩展应用于高分子系统的研究。根据单组分DPD流体的状态方程（8-35），我们可求得系统的Helmholtz自由能密度函数：

$$\frac{f_V}{k_B T}=\rho\ln\rho-\rho+\frac{\alpha a\rho^2}{k_B T} \tag{8-37}$$

因此，推广到二元体系我们可得：

$$\frac{f_V}{k_B T}=\frac{\rho_A}{N_A}\ln\rho_A+\frac{\rho_B}{N_B}\ln\rho_B-\frac{\rho_A}{N_A}-\frac{\rho_B}{N_B}+\frac{\alpha(a_{AA}\rho_A^2+2a_{AB}\rho_A\rho_B+a_{BB}\rho_B^2)}{k_B T} \tag{8-38}$$

假设 $a_{AA}=a_{BB}$，并且 $\rho_A+\rho_B$ 近似为常数，则式（8-38）可转换为：

$$\frac{f_V}{(\rho_A+\rho_B)k_B T}\approx\frac{x}{N_A}\ln x+\frac{1-x}{N_B}\ln(1-x)+\chi x(1-x)+\text{常数} \tag{8-39}$$

式中，$x=\rho_A/(\rho_A+\rho_B)$，对比方程（8-36）与方程（8-39），DPD 二元体系与 Flory-Huggins 理论具有非常相似的自由能密度形式，通过映射，我们可得 $f_V/(\rho_A+\rho_B)=F$（Flory-Huggins），并且参数 χ 满足关系式（8-40）：

$$\chi=\frac{2\alpha(a_{AB}-a_{AA})(\rho_A+\rho_B)}{k_B T} \tag{8-40}$$

Groot 和 Warren[6] 发现，对于小分子，不同密度下 Flory-Huggins 相互作用参数 χ 与排斥参数 a_{AA}、a_{AB} 存在如下关系：

$$\begin{aligned} a_{AB}&\approx a_{AA}+3.50\chi_{AB} \quad (\rho=3)\\ a_{AB}&\approx a_{AA}+1.45\chi_{AB} \quad (\rho=5) \end{aligned} \tag{8-41}$$

Groot 和 Madden[62] 发现，对于高分子，由于存在链内的成键相互作用，χ 与 a_{AA} 和 a_{AB} 的关系为：

$$\begin{aligned} a_{AB}&\approx a_{AA}+3.27\chi_{AB} \quad (\rho=3)\\ a_{AB}&\approx a_{AA}+1.45\chi_{AB} \quad (\rho=5) \end{aligned} \tag{8-42}$$

虽然式（8-41）和式（8-42）是由二元共混体系拟合得到的，但在其他的高分子体系[63,64] 中也都常常被采用。例如 Dai 等人[64] 采用 DPD 方法研究桔梗皂苷 D 在水中的自组装行为时，为了得到不同粒子之间的相互作用参数，他们首先通过 MD 得到各种不同粒子之间的溶度参数 δ 后，再通过 $\chi_{AB}=\dfrac{V(\delta_A-\delta_B)^2}{RT}$（其中 V 是 A，B 两种粒子摩尔体积的算数平均数）计算出 Flory-Huggins 参数，再根据式（8-41）得到 a_{AB}。Efrain 等人[65] 通过模拟得到的结构参数来研究阳离子聚电解质和阴离子聚电解质之间的作用机制，在 DPD 模拟过程中不同粒子之间的相互作用参数是用式（8-42）得到的。

所以，只要知道系统的 Flory-Huggins 参数 χ 和相同粒子之间的排斥参数 a_{AA}，就可获得 DPD 模拟中不同粒子之间的排斥参数 a_{AB}。对于一个具体的系统，可以有很多方法获得 Flory-Huggins 参数 χ，如吉布斯自由能[66]、内聚能密度（cohesiveenergy density)[67] 及溶度参数[68]、界面张力[28] 等；也可以通过匹配模拟得到的界面张力和实验测得的界面张力而得到不同粒子之间的排斥参数[69]。

由于传统的DPD保守力所采用的软相互作用势，使得我们可以在更大的空间尺度上研究复杂流体体系，但是如上所述该函数形式并不是绝对的，针对具体研究体系，势函数也可以是多样的。因此也可以借助其他方法，如逆蒙特卡罗（Reverse Monte Carlo，RMC）[70]、平均场理论（Mean Field Theory，MFT）[71] 及迭代玻尔兹曼变换（Iterative Boltzmann Inversion，IBI）[72] 等方法从体系微观信息得到粗粒化体系的势能表达式，并将该粗粒化势函数作为DPD中的保守力相互作用势，对真实体系进行模拟。

然而，对于部分DPD模拟而言，通常采用定性的相互作用参数来描述体系的疏水性和亲水性。如Li等人[73] 以两亲性ABA三嵌段高分子作为模拟对象，通过DPD模拟方法研究囊泡融合与分裂过程中，亲水粒子和疏水粒子之间的作用参数设置为200.0来定性描述两者之间强排斥作用；Huang等人[30,31] 研究Janus纳米粒子增容不相容高分子共混体系相分离动力学时，Janus纳米粒子的p/q两部分与高分子组分A/B之间的相互作用分为设置为 $a_{\mathrm{Ap}}=a_{\mathrm{Bq}}=10$ 和 $a_{\mathrm{Aq}}=a_{\mathrm{Bp}}=100$ 来定性描述Janus纳米粒子的双亲性。

8.2.5 DPD模型模拟高分子体系的粗粒化与映射

在耗散粒子动力学模拟中，DPD粒子的粗粒化程度对模拟结果的影响非常大，既要保证研究对象的微观信息不失真，又要扩大模拟的时间及空间尺度。然而，对于采用DPD方法研究的体系中，体系粗粒化方法和粗粒化程度大体还是得依靠经验。Soto-Figueroa等人[74] 利用耗散粒子动力学模拟方法研究了聚苯乙烯-聚异戊二烯（PS-PI）嵌段共聚物/聚苯乙烯均聚物（HPS）二元共混体系。在他们粗粒化过程中，PS-PI和HPS高分子都是用珠簧模型来代替。其中每一个珠子代表嵌段共聚物或均聚物上的一个统计链段。一般而言，珠簧模型中的DPD珠子数可由真实高分子的结构和构象参数，如分子量、持久长度、特征比、均方末端距、统计库恩长度等来决定[75,76]。例如Soto-Figueroa等人[74] 采用为高分子分子链的特征比 C_n 作为粗粒化标准来研究PS-PMMA嵌段共聚物的自组装行为。具体来说：已知PS和PMMA分子链的特征比分别为 10.49 ± 0.49 和 9.03 ± 0.37，在粗粒化时作者就把10个重复单元当作一个DPD粒子进行处理。

除此之外，更常见的是基于水的粗粒化方法。具体来说是将一个DPD珠子粗粒化成 N_{m} 个水分子（N_{m} 一般为3或5）。设每个DPD珠子代表 N_{m} 个水分子，则 r_{c}^3 体积内包含 ρN_{m} 个水分子，ρ 为体系的数密度。每个水分子体积约为 30Å^3，因此有 $r_{\mathrm{c}}^3=30\rho N_{\mathrm{m}}\text{Å}^3$，进而约化长度单位的实际长度为：$r_{\mathrm{c}}=3.107(\rho N_{\mathrm{m}})^{1/3}\text{Å}$。通过与水的扩散系数的实验值进行对比，DPD的时间单位则为：$\tau=(N_{\mathrm{m}}D_{\mathrm{sim}}r_{\mathrm{c}}^2)/D_{水}=14.1\pm0.1N_{\mathrm{m}}^{5/3}$ (ps)，其中 D_{sim} 和 $D_{水}$ 分别为模拟和实验上水的扩散系数[32]。

8.3 耗散粒子动力学模拟与静电相互作用的耦合方法

如前文所述，传统的耗散粒子动力学模拟方法是基于软球碰撞模型发展而来，粒子间既不存在近程强排斥作用，也不包含长程相互作用，使其无法胜任生命系统和聚电解质溶液等带电体系的研究。为了将静电相互作用与耗散粒子动力学耦合，必须解决下列问题：首先是 DPD 粒子间不存在类似 Lennard-Jones 粒子间的近程强排斥作用，从而允许粒子相互重叠，这将导致相反电荷相互紧密结合而湮没；其次由于长程相互作用的特点，我们不能参考近程相互作用的处理方式，对静电相互作用进行空间截断的近似处理，这就导致了对静电相互作用的计算非常耗时；最后，由于我们的研究主要面对多相多组分体系，因此需要解决体系所具有的电荷分布以及介电常数空间不均匀性。为了克服上述困难，我们采用场论的思路解决这一问题，首先通过求解泊松方程得到整个空间内静电场的离散描述，然后再将带电粒子在静电场内的作用与耗散粒子动力学作用相耦合。此外，由于介电常数为空间位置的函数，因此我们避免采用基于傅里叶变换的 PPPM、PME 等加速方法，转而引入带电粒子的电荷分布模型，通过迭代方法来极值化静电体系的能量泛函，进而得到体系的静电场分布以及带电粒子之间的相互作用，并将此方法耦合到介观尺度模拟方法中，以求提高模拟精度和尺度。

在采用这一方法描述离子、聚电解质以及其他带电粒子体系的性质之前，我们需要讨论其有效性。因此我们首先比较该方法和将实空间中所有的粒子之间的两两相互作用相加（对于周期体系，还需对所有周期求和），这两种方法是否等价。对于实空间内相互作用求和的方法，我们可以给出体系的静电作用能：

$$U=\sum_{i<j}\frac{e_ie_j}{4\pi\varepsilon_0\varepsilon_r|r_i-r_j|}=\frac{1}{2}\iint\frac{\rho_e(r)\rho_e(r')}{4\pi\varepsilon_0\varepsilon_r|r_i-r_j|}\mathrm{d}^3r\mathrm{d}^3r' \tag{8-43}$$

将电荷分布密度函数 $\rho_e(r)=\sum_i e_i\delta(r-r_i)$ 代入上式，取代对所有带电粒子静电作用的求和。值得注意的是，这一变换需要在得到的能量表达式中刨除自身相互作用能。鉴于我们将要用粒子在静电场中所受到的作用来取代其与所有其他粒子作用的加和，如何求解正确的静电场就变得尤为重要。为此我们对静电作用势 $1/(4\pi\varepsilon_0\varepsilon_r|r_i-r_j|)$ 进行傅里叶变换，得到 $1/(\varepsilon_0\varepsilon_rk^2)$ 并代入前式，体系的静电作用能就化为：

$$U=\frac{1}{2}\iint\frac{\rho_e(k)\rho_e(-k)}{\varepsilon_0\varepsilon_rk^2}\mathrm{d}^3k \tag{8-44}$$

式中，ε_0、ε_r 分别为真空和 r 处的介电常数。

我们还可以通过静电场能量的变分，进一步得到正确的静电场分布：

$$\Omega=\max_{\phi}\int\left[\frac{1}{2}\varepsilon_0\varepsilon_r\phi(r)\Delta\phi(r)+\phi(r)\rho_e(r)\right]\mathrm{d}^3r$$

$$=\max_{\phi}\int\left[-\frac{1}{2}\varepsilon_0\varepsilon_r\phi(k)\phi(-k)+\frac{1}{2}\phi(k)\rho_e(-k)+\frac{1}{2}\phi(-k)\rho_e(k)\right]\mathrm{d}^3k$$

$$=\frac{1}{2}\int[\rho_e(k)\rho_e(-k)/(\varepsilon_0\varepsilon_rk^2)]\,\mathrm{d}^3k \tag{8-45}$$

这一泛函取极值的条件为

$$k^2\phi(k)=\rho_e(k)/(\varepsilon_0\varepsilon_r)\text{或}\Delta\phi(r)=-\rho_e(r)/(\varepsilon_0\varepsilon_r) \tag{8-46}$$

这也就是泊松方程 $E=-\nabla\phi$，至此我们就将基于粒子间相互作用的表达式与基于场论思想的表达式联系起来。对于大多数实际问题，尤其是对于多相体系，空间中的介电常数并不均匀。因此，麦克斯韦引入了介电位移量 D，将其定义为 $D=\varepsilon_rE$，并可满足方程

$$\Delta\cdot D(r)=\rho_e(r)/\varepsilon_0 \tag{8-47}$$

这样就可以得到介电常数非均匀体系的泊松方程

$$\nabla\cdot(\varepsilon_r\nabla\phi(r))=\rho_e(r)/\varepsilon_0 \tag{8-48}$$

而通过引入无量纲的静电场势 $\psi=\beta e\phi$，我们将泊松方程改写为

$$\nabla\cdot(\varepsilon\nabla\phi)=-\beta e^2\rho \tag{8-49}$$

类似前文中的说明，为了简化计算，DPD 模拟通常采用无量纲参数。一般来说，m、r_c 和 $k_\mathrm{B}T$ 分别被视为是体系的单位质量、单位长度和单位能量，因此系统的单位时间则是 $\tau=[mr_\mathrm{c}/(k_\mathrm{B}T)]^{1/2}$。而同样的，我们也需要选取一个单位介电常数，$\varepsilon=\varepsilon_0\varepsilon_rp(r)$。我们将 25℃下纯水的介电常数视为体系的单位约化介电常数 $p(r)=1$，而对于烃类化合物 $p(r)\approx0.025$。这样我们就得到了适合耗散粒子动力学模拟的无量纲静电泊松方程

$$r_\mathrm{c}^2\nabla\cdot(p(r)\nabla\psi)=-\frac{e^2\rho r_\mathrm{c}^3}{k_\mathrm{B}T\varepsilon_0\varepsilon_rr_\mathrm{c}}\Rightarrow\nabla^*\cdot(p(r)\nabla^*\psi)=\Gamma\rho^* \tag{8-50}$$

式中，ρ^* 是单位体积内(r_c^3)的离子浓度；∇^* 是以 DPD 长度为单位的梯度；$p(r)$则是局部的约化介电常数，$p(r)=\langle p_i\rangle_{i\in\mathrm{cell}}$，即以 r 为中心的单位盒子内所有粒子介电常数的平均，耦合常数 $\Gamma=\dfrac{e^2}{k_\mathrm{B}T\varepsilon_0\varepsilon_rr_\mathrm{c}}$。

为了正确求解上述泊松方程，首先需要给出与带电粒子相对应的电荷密度分布模。由于 DPD 粒子间的软排斥相互作用允许粒子重叠，所以必须避免带相反电荷的带电粒子相互吸引导致的塌缩湮灭。所以，我们将采用合适的分布函数将点电荷分散到空间的格点上，其分布函数如下：

$$f(r)=\frac{3}{\pi r_\mathrm{e}^3}(1-r/r_\mathrm{e}),r<r_\mathrm{e} \tag{8-51}$$

式中，r_e 是点电荷分布的截断半径，当 $r\geqslant r_\mathrm{e}$ 时，$f(r)=0$。我们在模拟中选择 $r_\mathrm{e}=1.6$，这可以保证两个分散点电荷的相互作用在长程处能与库仑点电荷相互作用较好吻合。在实际的应用过程中，我们分为两个步骤实现点电荷的分散处理：首先，将点电荷的电量按 $f(r)=1-r/r_\mathrm{e}$ 的比例划分给各格点，所以位于 r 的点电荷分配给位于 r_i 的格点 i 的电量比例为

$$f_i(r)=\frac{1-|r_i-r_c|/r_e}{\sum_j 1-|r_j-r_c|/r_e} \tag{8-52}$$

然后，我们需要对电荷分布进行校正，以保证电荷中心与质心重合。为此，我们引入了偶极矩和四极矩，校订函数形如

$$\delta f_i=f_i\cdot[1+\lambda_x(x_i-x)+\mu_x(x_i-x)^2+\lambda_y(y_i-y)+\mu_y(y_i-y)^2+\lambda_z(z_i-z)+\mu_z(z_i-z)^2]$$

式中，x，y，z 和 x_i，y_i，z_i 分别代表点电荷和格点 i 的坐标。校正后的电荷分布满足如下关系

$$\sum_i(x_i-x)(f_i+\delta f_i)=0,\sum_i\delta f_i=0 \tag{8-53}$$

上式对 y，z 同时成立，其解为

$$\lambda_x=-S_1^xS_2^x/[(S_2^x)^2-S_1^xS_3^x],\mu_x=(S_1^x)^2/[(S_2^x)^2-S_1^xS_3^x] \tag{8-54}$$

式中，S_n^x 为其 x 方向的极矩

$$S_n^x=\sum_i(x_i-x)^n\delta f_i \tag{8-55}$$

对上述三式进行迭代可得到校正后的电荷分配函数。

由上述步骤就可以得到适合耗散粒子动力学模拟的电荷离散化分布模型，下面我们将在 DPD 模拟中耦合这一模型对泊松方程进行求解。首先，体系的静电能可以重新表示为

$$U=\iint\psi(r)f(r-r')\rho_e(r')\,\mathrm{d}^3r\mathrm{d}^3r'=\int\psi(r)\bar{\rho}_e(r)\,\mathrm{d}^3r \tag{8-56}$$

式中，$\bar{\rho}_e(r)$是经过电荷密度分布函数处理得到的局部电荷密度

$$\bar{\rho}_e(r)=\int f(r-r')\rho_e(r')\mathrm{d}^3r \tag{8-57}$$

而未经离散处理的局部电荷密度则为 $\rho_e(r)=\sum_i q_i\delta(r-r_i)$ 。这里对 i 的加和代表对体系内所有电荷的遍历，而 q_i 则代表点电荷 i 所带的电量。由于在静电场的求解中已经隐含了耦合常数 Γ，因此并未包含在重新改写后的静电能方程中。这样，一个带电粒子 i 在静电场中所受的力可以表示为

$$F_i^{\mathrm{el}}(r)=-q_i\int f(r-r')\nabla\psi(r')\,\mathrm{d}^3r' \tag{8-58}$$

通过求下式的极大值可以求解静电场方程

$$\Omega=\int-p(r)\frac{(\nabla^*\psi(r))^2}{2\Gamma}+\psi\bar{\rho}\mathrm{d}^3r \tag{8-59}$$

考虑到这里的介电常数为空间位置 r 的函数，采用基于傅里叶变换的求解方法并不明智，因此我们运用了迭代的方法去逼近泛函的极值，通过下式对静电场进行迭代修正：

$$\frac{\mathrm{d}\psi}{\mathrm{d}t}=\zeta\frac{D\Omega}{\delta\psi}=\zeta\left[\frac{\delta\Omega}{\delta\psi}-\nabla\cdot\frac{\delta\Omega}{\delta\nabla\psi}\right]=\zeta[\Gamma\bar{\rho}_e+\nabla\cdot(p\nabla\psi)] \tag{8-60}$$

其演化类似一个耗散体系的平衡过程，$-\Omega$ 为体系的能量，ζ 为体系的摩擦系数。在实际的模拟中，我们从一个假设的初始静电场出发，并通过下式更新

$$\psi^{\mathrm{new}}=\psi^{\mathrm{old}}+\frac{\mathrm{d}\psi}{\mathrm{d}t} \tag{8-61}$$

由于需要平衡迭代的收敛性和效率，这里的 ζ 需要根据体系的实际确定。静电场的收敛判据为式（8-60）的右侧趋于零，我们以相对误差作为实际操作的标准：

$$\mathrm{err}=\sqrt{\frac{\sum_{元胞}\left[\Gamma\bar{\rho}_e+\nabla\cdot(p\nabla\psi)\right]^2}{\sum_{元胞}\left[\nabla\cdot(p\nabla\psi)\right]^2}} \tag{8-62}$$

我们在实际模拟中使用的算法流程如图 8-2 所示。

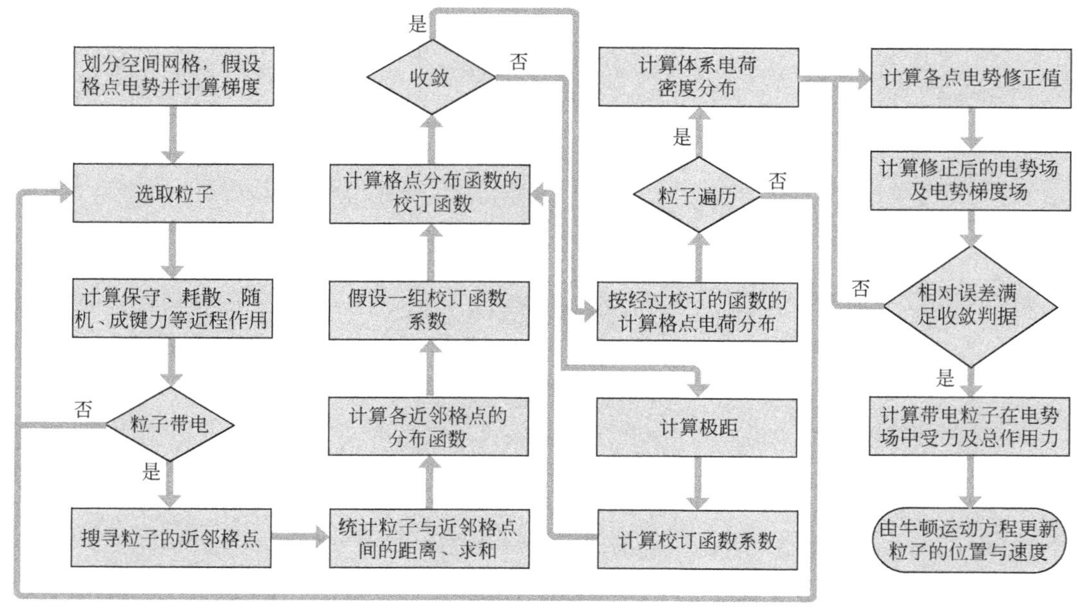

图 8-2

耦合静电相互作用的 DPD 算法流程图

8.4 耗散粒子动力学模拟方法应用的优、缺点分析

综上所述，耗散粒子动力学模拟方法作为一种介观模拟方法，其特色在于：①引入了非常“软”的粒子间相互作用势，从而使得选用较大的时间步长成为可能。但是，过大的时间步长，容易引起较大的离散化误差。因此，在保证模拟稳定性的前提下，谨慎地选择时间步长。②引入了一个具有 Galilei 不变性的热浴，减小粒子之间的相对速度，并且在每一对粒子之间加入随机力补偿能量。由于随机力是作用于一对粒子之间的，因此满足牛顿第三定律，从而整个体系的动量是守恒的。引入的这个热浴，在满足涨落-耗散定理关系的条件下，使 DPD 方法可以正确地表述动量传递，而这一点对于复杂流体的动力学是

非常重要的。③耗散力和随机力耦合形成的热浴是可以单独存在的，在分子模拟中可以只使用 DPD 热浴来控制模拟体系的动量守恒。

另外，传统耗散粒子动力学中短程软排斥势在给 DPD 模拟方法带来相应优点的同时，也给 DPD 带来了一些缺点：

由于传统 DPD 方法中不存在吸引势，所以基于传统 DPD 方法推导得到的状态方程中不包含密度的三次方项，因此传统的 DPD 方法无法研究气-液界面或者带有自由面流体的流动的问题[6]。对于这个问题，可以通过改变保守力的形式而加以解决[77]，修正的保守力函数存在短程排斥项和长程吸引项。

虽然传统 DPD 方法能描述短链的动力学行为（rouse mode），但是却无法描述长链的动力学行为（reptation mode）。这是因为传统 DPD 方法软排斥势在模拟缠结体系时会产生非物理键穿插现象[78]，从而无法描述高分子分子链的缠结行为，进而导致体系产生不正确的动力学性质和流变学性质。因此，在保留 DPD 方法优势的基础上对其进行改进有着重要的意义。例如，Padding 和 Briels[79,80] 为了阻止键穿插，将链内的共价键认为是可以缠结的弹性带，研究结果表明这样的分子链能够捕捉 Reptation 动力学。Pan 和 Manke[81] 在邻近的两条链间最近的接触点处引入链段排斥力来减少键穿插的频率，模拟结果表明这种模型也能够正确捕捉高分子链的动力学行为。

同时，由于 DPD 方法中的软排斥势能和剪切耗散（shearing dissipation）的缺失，导致 DPD 流体的斯密特数（Schmidt number，Sc）偏低[82]。对于一个典型流体，动量能够快速传递，而质量传递的则相对较慢，因此 Sc 是一个很大的无量纲的数。例如水，其 Sc 处于 10^3 数量级，在高分子浓溶液体系 Sc 会达到 10^6。而对于 DPD 流体，Sc 则约等于 1，这与气体相当，意味着 DPD 模拟方法中流体的动力学响应慢。为什么在 DPD 中会产生如此大的差异呢？对于典型流体，由于存在较强的笼效应（cage effect），动量能够快速传递，而质量则相对传递较慢；在传统的 DPD 模型中由于采用软排斥势，允许粒子之间相互穿透，因此加快了质量的输运而减慢了动量的输运，从而动量的输运速率和质量的输运速率大约在同一个数量级，所描述的体系可以认为是粒子之间无关联作用的“气体”流体。低斯密特数对 DPD 模拟的流体体系的平衡性质影响不大，但对于非平衡性质的影响目前存在比较大的争议。Peters[83] 和 Jiang 等人[84] 相继发现对于 DPD 体系，捕捉正确的流体动力学相互作用并不一定需要 Sc 达到 10^3。但是到目前为止，仍有不少人为提高斯密特数而努力：2006 年，Fan 等人[82] 通过引入参数 s 来修改耗散力与随机力的权重函数以及增大截断半径来提高 Sc，如当 $s=1/2$、$r_c=1.881$ 时，Sc 能够达到 1003。但是，值得我们思考的是：作为一种粗粒化的模拟方法，DPD 方法中每一个 DPD 珠子代表的是一团分子或原子，DPD 珠子的自扩散系数能不能对应于单个溶剂分子的自扩散系数？因此，正如 Peters 所言，在粗粒化方法中斯密特数这个物理量是否具有实际意义[85]？

另外，由于 DPD 粒子间的软势作用，施加无滑移固体壁面边界条件十分困难；此外，处于壁面附近的流体粒子力场不平衡，造成近壁面处流体密度波动，进一步增加了施加固体壁面固定边界的方法困难。许多学者据此也提出了不同施加固体壁面边界的方法[86,87]。

8.5 耗散粒子动力学热浴在非球形模型中的扩展[88]

正如我们在前文中所述，DPD 方法所采用的由耗散力和随机力耦合形成的热浴既可保证全局及局部的动量守恒，又不会屏蔽体系原有的流体动力学性质。此外，DPD 热浴的热扰动只与粒子与周围粒子的相对运动有关，所以具有 Galilei 不变性。最后，DPD 热浴可以独立于 DPD 模拟存在，可以将其直接引入 NEMD 模拟，不但避免了处理热速度与流速度分离的问题，无需引入流速度线性分布假设，而且不需要对运动方程做修改。目前 DPD 热浴已在球形模型体系的 NEMD 研究中得到了成功应用[89,90]，我们希望 DPD 上述优势在包含各向异性粒子的体系中也能保持。因此，在本节中我们将首先分平动和转动两部分讨论 DPD 热浴与非球形粒子体系（如 Gay-Berne 液晶粒子体系）的 MD 模拟结合的处理方式，然后将 DPD 热浴应用于 Gay-Berne 液晶粒子体系的 NEMD 研究并与经典热浴的结果进行比较。其中 Gay-Berne（简称 GB）模型是液晶模拟中常见的一种简化的软粒子模型，对其的详细介绍读者可参考我们已发表的文章[88]。

8.5.1 DPD 平动热浴（T-DPD 热浴）

由于 GB 粒子在平动运动和转动运动中存在一定的能量交换，所以在其中一个方向（平动或转动）上添加 DPD 热浴将足以保证对体系温度的控制效果。添加 DPD 热浴后体系的平动运动方程为：

$$m_i \ddot{\boldsymbol{r}}_i = \boldsymbol{f}_i^{\mathrm{GB}} + \boldsymbol{f}_i^{\mathrm{D}} + \boldsymbol{f}_i^{\mathrm{R}} \tag{8-63}$$

式中，$\boldsymbol{f}_i^{\mathrm{GB}}$ 是施加在粒子 i 上的保守力；$\boldsymbol{f}_i^{\mathrm{D}}$ 和 $\boldsymbol{f}_i^{\mathrm{R}}$ 分别为施加在粒子 i 上的耗散力和随机力，$\boldsymbol{f}_i^{\mathrm{D}}$ 和 $\boldsymbol{f}_i^{\mathrm{R}}$ 是基于粒子对的，可通过以下几个公式来得到：

$$\boldsymbol{f}_i^{\mathrm{D}} = \sum_{i \neq j} \boldsymbol{f}_{ij}^{\mathrm{D}}, \quad \boldsymbol{f}_i^{\mathrm{R}} = \sum_{i \neq j} \boldsymbol{f}_{ij}^{\mathrm{R}} \tag{8-64}$$

$$\boldsymbol{f}_{ij}^{\mathrm{D}} = -\zeta_{\mathrm{t}} w_{\mathrm{t}}^{\mathrm{D}}(r_{ij})(\dot{\boldsymbol{r}}_{ij} \cdot \hat{\boldsymbol{r}}_{ij})\hat{\boldsymbol{r}}_{ij} \tag{8-65}$$

$$\boldsymbol{f}_{ij}^{\mathrm{R}} = \sigma_{\mathrm{t}} w_{\mathrm{t}}^{\mathrm{R}}(r_{ij})\theta_{ij}\hat{\boldsymbol{r}}_{ij} \tag{8-66}$$

式中，ζ_{t} 是平动摩擦系数，σ_{t} 是平动噪声强度，它们需要满足涨落耗散关系 $\sigma_{\mathrm{t}}^2 = 2k_{\mathrm{B}}T\zeta_{\mathrm{t}}$。$\theta_{ij}$ 是均值为零的正态分布随机数，其满足方程 $\langle \theta_{ij}(t)\theta'_{kl}(t') \rangle = (\delta_{ik}\delta_{jl} + \delta_{il}\delta_{jk})\delta(t-t')$。$w_{\mathrm{t}}^{\mathrm{D}}(r_{ij})$ 和 $w_{\mathrm{t}}^{\mathrm{R}}(r_{ij})$ 是两个权重函数，它们满足以下方程：$w_{\mathrm{t}}^{\mathrm{D}}(r_{ij}) = [w_{\mathrm{t}}^{\mathrm{R}}(r_{ij})]^2$。为了提高热浴的效率，两者的值被选为常数[91]：

$$w_{\mathrm{t}}^{\mathrm{D}}(r_{ij}) = [w_{\mathrm{t}}^{\mathrm{R}}(r_{ij})]^2 = \begin{cases} 1 & r \leqslant r_{\mathrm{c}} \\ 0 & r > r_{\mathrm{c}} \end{cases} \tag{8-67}$$

由于在DPD热浴中，耗散力与随机力总是同时作用，因而热浴作用于粒子上的总作用力为零，因此体系的线性动量是守恒的。为了验证角动量的守恒，我们需要核对粒子 i 上相对坐标原点的转矩 τ_{ij}，对于 Gay-Berne 体系，满足以下关系：

$$\tau_{ij}=m_i r_i\times f_{ij}+I_i u_i\times g_{ij} \tag{8-68}$$

其中，保守力转矩 $\boldsymbol{\tau}_{ij}^{\mathrm{GB}}$ 表达式为：$\boldsymbol{\tau}_{ij}^{\mathrm{GB}}=m_i\boldsymbol{r}_i\times\boldsymbol{f}_{ij}^{\mathrm{GB}}+\boldsymbol{I}_i\boldsymbol{u}_i\times\boldsymbol{g}_{ij}^{\mathrm{GB}}$，且 $\boldsymbol{\tau}_{ij}^{\mathrm{GB}}+\boldsymbol{\tau}_{ji}^{\mathrm{GB}}=0$。当添加 T-DPD 热浴时，总的转矩 τ_{ij} 具有以下表达式：$\boldsymbol{\tau}_{ij}=\boldsymbol{\tau}_{ij}^{\mathrm{GB}}+m_i\boldsymbol{r}_i\times(\boldsymbol{f}_{ij}^{\mathrm{R}}+\boldsymbol{f}_{ij}^{\mathrm{D}})$，$\boldsymbol{\tau}_{ji}=\boldsymbol{\tau}_{ji}^{\mathrm{GB}}+m_j\boldsymbol{r}_j\times(\boldsymbol{f}_{ji}^{\mathrm{R}}+\boldsymbol{f}_{ji}^{\mathrm{D}})$，并且满足 $\boldsymbol{\tau}_{ij}+\boldsymbol{\tau}_{ji}=0$。因此当在 Gay-Berne 体系中添加 T-DPD 热浴时，线性动量和角动量都能保持守恒，这是 DPD 热浴的主要优势，也是能重复出流体动力学行为的关键。

8.5.2 DPD 转动热浴（R-DPD 热浴）

类似于 T-DPD 热浴的实现过程，当我们把 DPD 热浴中的耗散和随机扭矩而不是力添加到 Gay-Berne 体系中时，我们就可以得到 DPD 转动（R-DPD）热浴，其中耗散扭矩为：

$$\boldsymbol{g}_{ij}^{\mathrm{D}}=-\zeta_{\mathrm{r}}w_{\mathrm{r}}^{\mathrm{D}}(r_{ij})(\hat{\boldsymbol{u}}_{ij}\cdot\dot{\boldsymbol{u}}_{ij})\hat{\boldsymbol{u}}_{ij} \tag{8-69}$$

随机扭矩为：

$$\boldsymbol{g}_{ij}^{\mathrm{R}}=\sigma_{\mathrm{r}}w_{\mathrm{r}}^{\mathrm{R}}(r_{ij})\theta_{ij}\hat{\boldsymbol{u}}_{ij} \tag{8-70}$$

结合保守扭矩 $\boldsymbol{g}_{ij}^{\mathrm{GB}}$，我们就可以得到一个新的总扭矩，$\boldsymbol{g}_{ij}=\boldsymbol{g}_{ij}^{\mathrm{GB}}+\boldsymbol{g}_{ij}^{\mathrm{D}}+\boldsymbol{g}_{ij}^{\mathrm{R}}$，在此，$\boldsymbol{u}_{ij}=\boldsymbol{u}_i-\boldsymbol{u}_j$，$\hat{\boldsymbol{u}}_{ij}$ 是沿着 $\boldsymbol{u}_{ij}$ 的单位向量，其他参数的说明类似于 T-DPD。

相应地，对于 R-DPD 来说，转矩 $\boldsymbol{\tau}_{ij}$ 为 $\boldsymbol{\tau}_{ij}=\boldsymbol{\tau}_{ij}^{\mathrm{GB}}+\boldsymbol{I}_i\boldsymbol{u}_i\times(\boldsymbol{g}_{ij}^{\mathrm{D}}+\boldsymbol{g}_{ij}^{\mathrm{R}})$，$\boldsymbol{\tau}_{ji}=\boldsymbol{\tau}_{ji}^{\mathrm{GB}}+\boldsymbol{I}_j\boldsymbol{u}_j\times(\boldsymbol{g}_{ji}^{\mathrm{D}}+\boldsymbol{g}_{ji}^{\mathrm{R}})$，同样由于 $\boldsymbol{g}_{ij}^{\mathrm{D}}$ 和 $\boldsymbol{g}_{ij}^{\mathrm{R}}$ 是沿着 $\boldsymbol{u}_{ij}$ 方向，满足 $\boldsymbol{\tau}_{ij}+\boldsymbol{\tau}_{ji}=0$，因此，体系的角动量守恒。此外，在 R-DPD 中，我们对平动运动采用 $\ddot{\boldsymbol{r}}_i=\dfrac{\boldsymbol{f}_i}{m_i}$ 的运动方程，因此线性角动量也是守恒的。

8.5.3 DPD 热浴在 GB 体系平衡态模拟中的应用

由于DPD热浴具有诸多优点，如 Galilei 不变性、速度分布无偏性及不屏蔽流体动力学作用等，我们将把DPD热浴应用到GB体系中。鉴于其实施的原理细节我们已经在8.5.1节和8.5.2节进行了详细介绍，我们在这里将直接讨论其结果。由于使用热浴的初衷应是保持体系的温度稳定，因此我们首先对DPD热浴在GB体系中的温度控制能力进行鉴定，并与广为使用的 Nosé-Hoover（NH）热浴进行比较。然后，为进一步验证DPD热浴的有效性，我们从相行为和相动力学两个视角比对由DPD热浴和NH热浴稳定的GB体系。

8.5.3.1 控温能力

表8-1给出了不同热浴下，具有数密度 $\rho=0.30$、0.32、0.34、0.36 的 GB 体系所得到的动力学温度与目标温度的标准偏差。我们可以看出，在使用 T-DPD 和 R-DPD 热浴

时，模拟所得动力学温度与目标温度的相对误差和标准偏差始终小于 2.0%，表明 T-DPD，R-DPD 热浴具有良好的控温能力，即使当模拟时间步长提高到 NH 热浴的 6 倍时，仍能保持体系温度的稳定。

表 8-1 NH、T-DPD、R-DPD 热浴下，具有不同数密度的 GB 体系的动力学温度与目标温度 $T=0.95$ 的标准偏差

项目	$\Delta t=0.002$	$\Delta t=0.006$		$\Delta t=0.012$	
ρ	NH	T-DPD	R-DPD	T-DPD	R-DPD
0.30	0.949±0.012	0.946±0.019	0.948±0.019	0.935±0.019	0.946±0.019
0.32	0.949±0.013	0.946±0.017	0.948±0.018	0.937±0.018	0.950±0.020
0.34	0.949±0.017	0.949±0.019	0.954±0.019	0.940±0.018	0.930±0.019
0.36	0.949±0.018	0.949±0.019	0.948±0.019	0.945±0.019	0.942±0.020

注：Δt 为模拟时间步长。

8.5.3.2 相行为

为了验证 DPD 热浴的有效性，我们对 GB 体系的相行为进行了研究，并与使用传统的 NH 热浴的模拟结果进行对比。图 8-3 给出了典型的 $GB^{(3,5,2,1)}$ 体系中取向有序参数 S_2 和位置有序参数 τ_1 随着数密度 ρ 的变化曲线。对于传统的 NH 热浴而言，我们采取的模拟时间步长为 $\Delta t=0.002$，而对于 T-DPD 和 R-DPD 热浴来说，则同时采用了两种模拟时间步长 $\Delta t=0.006$ 和 $\Delta t=0.012$。需要指出的是，在这两种模拟时间步长下，我们均可以实现对动

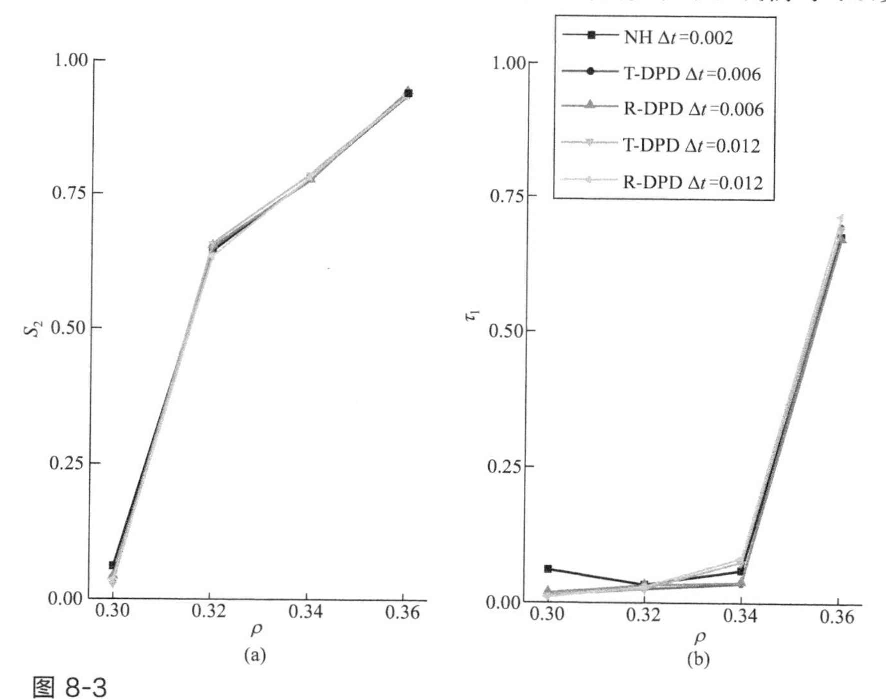

图 8-3

在典型的 $GB^{(3,5,2,1)}$ 体系中（a）取向有序参数 S_2；（b）位置有序参数 τ_1 随着数密度 ρ 的变化曲线

传统 NH 热浴采用的模拟时间步长为 $\Delta t=0.002$，T-DPD 和 R-DPD 热浴采用两种不同的模拟时间步长：$\Delta t=0.006$ 和 $\Delta t=0.012$。

力学温度的有效控制。如图 8-3 所示，不管使用何种热浴方法，均得到了一致的取向有序参数 S_2 及位置有序参数 τ_1。同时，我们可以发现，在数密度$\rho=0.30$ 时，体系的取向排列和位置排列均是无序的，表明在此时体系处于无序相（isotropic）；当数密度为 0.32 和 0.34 时，体系取向有序但位置无序，表明体系在此时形成了向列相（nematic）；当数密度达到 0.36 时，体系形成了取向及位置均有序的近晶相（smectic）。

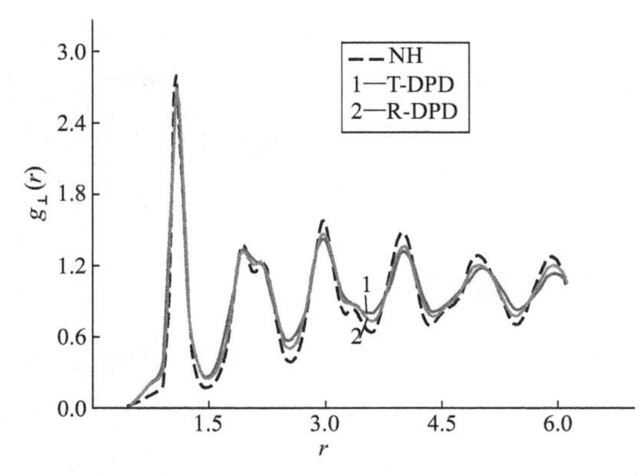

图 8-4

添加了传统 Nosé-Hoover 热浴，T-DPD 和 R-DPD 热浴的处于平衡态的 GB 体系，当数密度 $\rho=0.36$ 时，体系的横向对分布函数 $g_{\perp}(r)$ 曲线

为了进一步准确表征近晶相的有序性，我们还计算了数密度为 0.36 时体系的横向（垂直于体系指向矢）对分布函数 $g_{\perp}$（r）（见图 8-4）。可以看出，在此数密度下，体系的横向对分布函数 $g_{\perp}$（r）呈周期性变化，表明在体系层内形成很明显的周期性结构，说明此时体系形成的近晶相是一个近晶 B 相。因而，我们可以预测无序相-向列相转变发生在数密度为 0.30～0.32 之间；向列相-近晶 B 相转变发生在数密度为 0.34～0.36 之间，与 Brown 等人的结果一致[92]。

8.5.3.3 动力学行为

接下来我们将对 GB 体系的扩散系数进行研究，以验证 DPD 热浴在研究动力学性质上的有效性。图 8-5 分别给出了不同热浴下体系的扩散系数［图 8-5(a)］及扩散系数平行

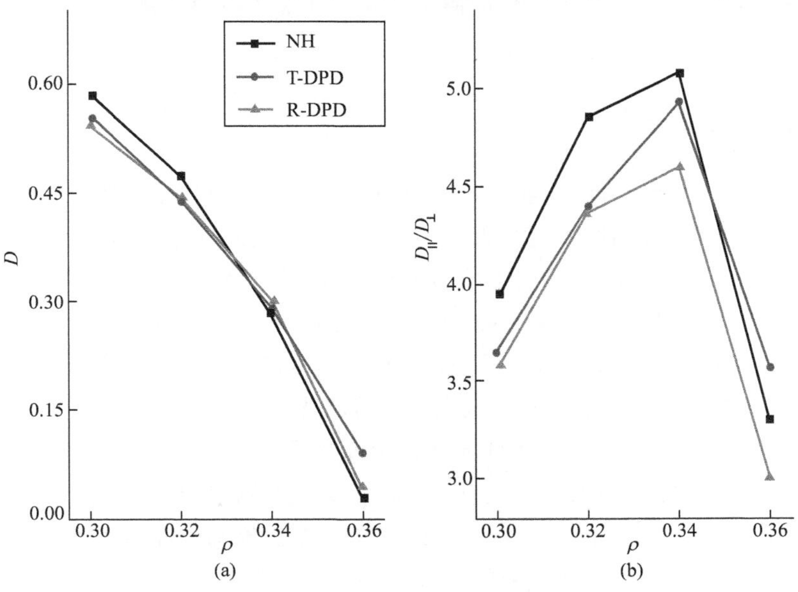

图 8-5

添加了传统 Nosé-Hoover 热浴，T-DPD 和 R-DPD 热浴的 Gay-Berne 体系，（a）扩散系数；（b）扩散系数平行垂直比率 $D_{\parallel}/D_{\perp}$ 随着数密度的变化曲线

垂直比率 $D_{//}/D_{\perp}$ ［图 8-5（b）］随着数密度的变化曲线。我们发现 GB 体系的扩散系数与所使用的热浴方法无关。同时，我们通过分析图 8-5（b）发现，扩散系数平行垂直比率 $D_{//}/D_{\perp}$ 在无序相-向列相转变后开始升高，而在向列相-近晶 B 相转变后开始降低，这与真实液晶体系所得到结果是一致的[93,94]。

8.5.3.4 结论

通过以上的分析，我们证明了 DPD 热浴对 GB 体系不仅具有良好的控温能力，还可以确保 GB 体系其相行为及扩散行为的准确性，得到与实验研究以及使用传统 NH 热浴模拟一致的结果。因此，我们认为无论是 T-DPD 还是 R-DPD 热浴均可以胜任 GB 体系的（NE）MD 模拟研究。此外，考虑到实际计算效率，我们在后续的研究中将以处理相对简单的 T-DPD 热浴作为 DPD 热浴的代表进行讨论。

8.5.4 不同热浴在 GB 体系非平衡态模拟中的比较

我们从第 5 章的介绍可知，在 NEMD 模拟中使用速度无偏热浴（即不采用流速度线性分布假设，而通过体系的动量流和质量分布来求解流速度）以及正确保守体系的流体力学相互作用对于重现体系真实的动力学行为是非常关键的。因此，我们将依此判据在本小节内讨论不同热浴在 NEMD 模拟中的优劣。

我们选取的二元 GB 混合体系由两种不相容的 GB 粒子构成，两者体积相同但质量相差十倍。我们以产生宏相分离的二元混合体系作为剪切的初始状态，施加平行相界面的剪切直至体系达到稳定状态。由于篇幅的原因，我们在此不再赘述模拟体系的具体细节，对此关心的读者可以参考我们发表的文章[88]。

8.5.4.1 速度分布

我们首先将考查的热浴分成两组，并分别比较二元 GB 混合体系在平板剪切流下的速度分布，第一组为随机热浴，包括平衡朗之万热浴（LanEq）、有偏朗之万热浴（LanPBT）、二维朗之万热浴（Lan2D）以及平动耗散粒子动力学热浴（T-DPD），第二组则是由有偏高斯热浴（GusPBT）、有偏 Nosé-Hoover 热浴（NosPBT）和无偏 Nosé-Hoover 热浴（NosPUT）组成的确定性热浴。由图 8-6(a) 可以看出采用 LanEq 热浴的体系中本体流速接近零，这是由于其将热扰动直接施加于单个粒子的合速度，很大程度地弱化了流场，使其只存在于靠近边界的范围。LanPBT 热浴体系由于采用了线性流速度分布的假设，其速度场分布明显为线性。而 Lan2D 和 T-DPD 热浴体系的速度分布则有所不同，显示出符合预期的折线形状。

如图 8-6(b) 所示，GusPBT、NosPBT 和 NosPUT 等确定性热浴表现出与 T-DPD 近乎一致的速度分布曲线。确定性热浴的约束直接施加于单个粒子的热运动速度，因此其速度分布曲线能够更接近实际情况。但值得指出的是，GusPBT 和 NosPBT 两种有偏热浴在实际使用中都进行了线性流速度分布的假设，这与其表现出的速度分布相矛盾，因此我们认为这两种热浴给出的结果不可信。与此相反，NosPUT 与 T-DPD 热浴则在不包含线性

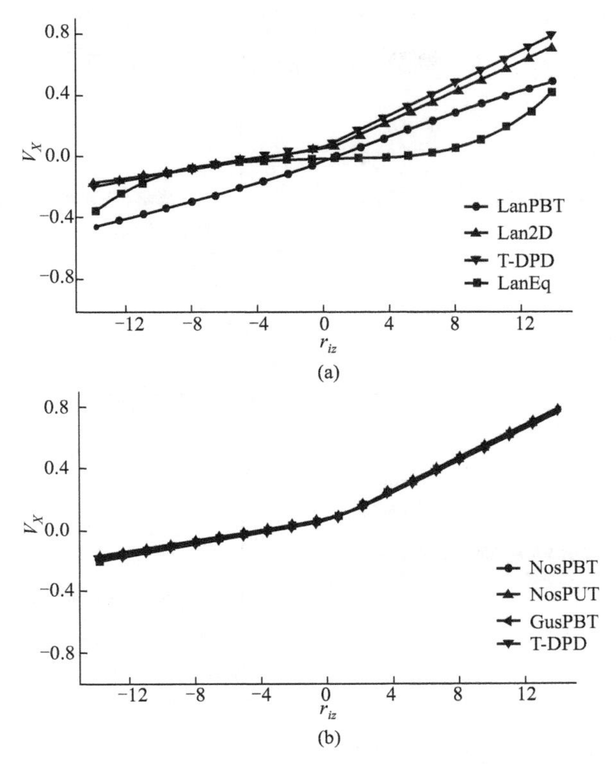

图 8-6

不同热浴下具有十倍质量反差的二元 GB 相分离体系在 $\dot{\gamma}=0.02$ 剪切速率时的速度场分布，(a) 随机热浴，(b) 确定性热浴

V_x 为流场速度沿剪切方向的分量，r_{iz} 为沿速度梯度方向的位置。

流速度分布假设的情况下得到了正确的速度分布。

由此，我们可以对上述热浴比较进行总结：LanEq 和 LanPBT 热浴由其自身固有的缺陷而无法正确重现体系的速度分布；GusPBT 和 NosPBT 则得到了与预设条件相左的速度分布，因而也不可信；NosPUT 热浴虽然可以得到正确的速度分布，但其处理中需通过体系的动量流和质量分布来求解流速度，因此处理困难，计算效率低；只有 Lan2D 与 T-DPD 热浴能够得到正确的速度分布同时保证计算效率。

8.5.4.2 分相过程中的相区尺寸演化

由前文我们确定了 Lan2D 与 T-DPD 在所考查热浴中具有最佳的效率及精度。因此在这部分工作中，我们将通过考查分相过程中的相区增长来进一步比较二者对流体力学相互作用的保守。

由图 8-7(a) 和图 8-7(b) 可知，当体系处于静态或弱剪切作用（$\dot{\gamma}<0.06$）下两种热浴表现出类似的分相动力学行为，只是 T-DPD 体系略早达到稳态相区尺寸。但受到较强的剪切作用（$\dot{\gamma}\geqslant 0.06$）时，T-DPD 热浴下的稳态相区尺寸明显较大，显示其分相更为完全［见图 8-7(c) 和图 8-7(d)］。我们还观察到两种热浴下体系的相区演化过程也有明显区别［见图 8-7(e) 和图 8-7(f)］，分析其原因可能是由于 Lan2D 热浴只施加在速度梯度和涡流方向上，

因而对大剪切体系不再有效。此外，Lan2D 热浴忽略流体动力学作用也可能带来相区尺寸的偏差。这一现象在 Pastorino 等人对高分子体系的研究中也有体现[90]。

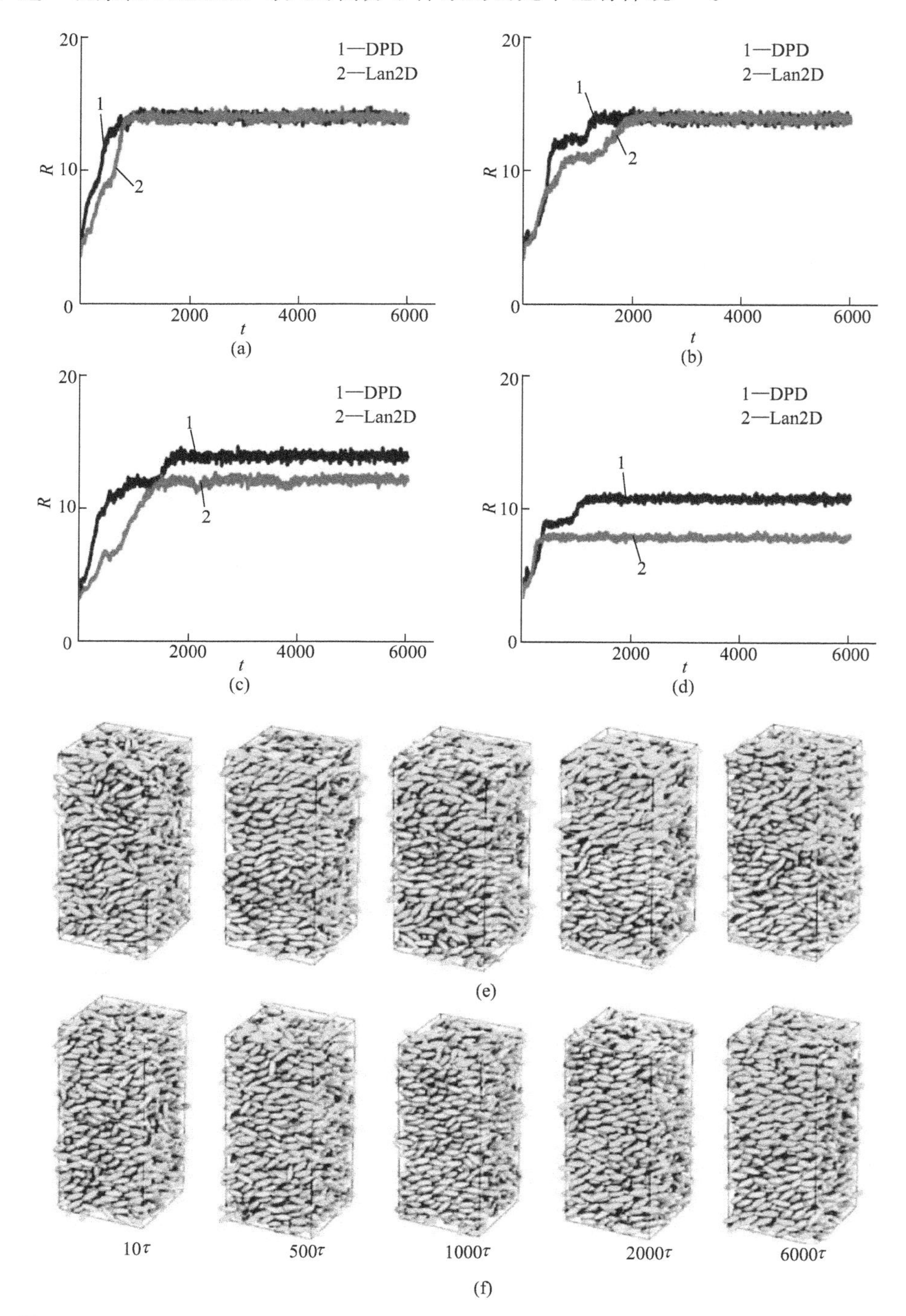

图 8-7

T-DPD 与 Lan2D 热浴下的二元 GB 相分离体系在不同剪切速率时的相区增长

（a）$\dot{\gamma}$= 0. 00，（b）$\dot{\gamma}$= 0. 03，（c）$\dot{\gamma}$= 0. 06，（d）$\dot{\gamma}$= 0. 07；以及在 $\dot{\gamma}$= 0. 06 时（e）T-DPD 和（f）Lan2D 热浴体系的相区演化实时图。

8.5.4.3 结论

通过上述比较，我们可以看出 DPD 热浴应用于 NEMD 模拟相对于传统热浴确有明显优势：首先，由于其只考虑邻近粒子间的相对运动，因此具有伽利略不变性，在 NEMD 的模拟研究中无需对流速度进行假设处理；其次，DPD 热浴的添加不会屏蔽体系的流体动力学相互作用；此外，DPD 作为随机热浴的一种，还具有较高的计算效率。由此，我们认为 DPD 热浴可以独立应用于具有各向异性作用的非球形模型体系模拟研究，将为我们对液晶等体系的研究带来极大的便利。

8.6 耗散粒子动力学模拟 GPU 化[95]

如前所述，对于生物、化学、材料科学以及软凝聚态物理学中许多发生在介观尺度上的现象，即使采用 DPD 方法，依靠当下的 CPU 计算机仍然无法进行研究。目前，GPU 已经发展成为可用于大规模计算的强大并行处理器，为 DPD 模拟研究这些长时和大尺度（长度尺度大于 100nm，时间尺度超过 100μs）的有趣现象提供了途径。

一个典型的 DPD 模拟在 GPU 设备上实现的流程包括以下步骤：(a) 建立模拟初态。初始化过程包括产生 DPD 粒子位置和速度的初始值，建立键表和邻近表，作用在每一个珠子上的合力 $\boldsymbol{f}_i$。(b) 在单个时间步 δt 内进行第一步数值积分，即更新粒子位置及其中间“预测”速度 $v_i(t+\delta t)$。(c) 更新邻近表。(d) 第二步数值积分。首先，统计 DPD 粒子对间的新的非键相互作用力（需要注意的是，耗散力的计算基于中间速度），之后统计新的成键相互作用，例如成键力和键角力。本书的工作并没有考虑其他的相互作用例如静电力，但在当下的 GPU 算法中是可以实现的，这部分内容留待后续工作。最后，更新粒子的速度。(e) 循环步骤 (b) 到 (d) 直至体系达到平衡态或者模拟时间足够长以研究非平衡现象（例如，剪切）。上述步骤的基本流程如图 8-8 所示。在现有的流程框架内，步骤 (a) 在 CPU 上完成，之后将模拟的初始数据从内存复制到显存上。其他步骤从 (b) 到 (d) 在 GPU 上实现，因为这些步骤需要很大的计算能力并且耗费超过 90%的模拟时间。上述设计能够有效避免数据在内存和显存间传输造成的时间浪费[96]。在需要很大计算能力的 (b) 到 (d) 步骤中，三个主要的步骤包括建立邻近表、计算非键力和成键力在每一个积分步中都有涉及，它们的实施将在后续章节中给出。除此之外，与 Anderson 等人[97] 的工作相同，我们采用纹理显存来提高设备内存中对粒子位置和速度的访问速度。另外，如前所述，很多有趣的现象发生在介观尺度上，因此将 DPD 模拟扩展至大体系来模拟这些现象具有重要意义。因而，我们发展了一种新颖的分布式 (distributed) 算法（具体细节见 8.6.4 小节），使得基于单 GPU 卡的 DPD 模拟能够处理包含上千万个粒子的体系。

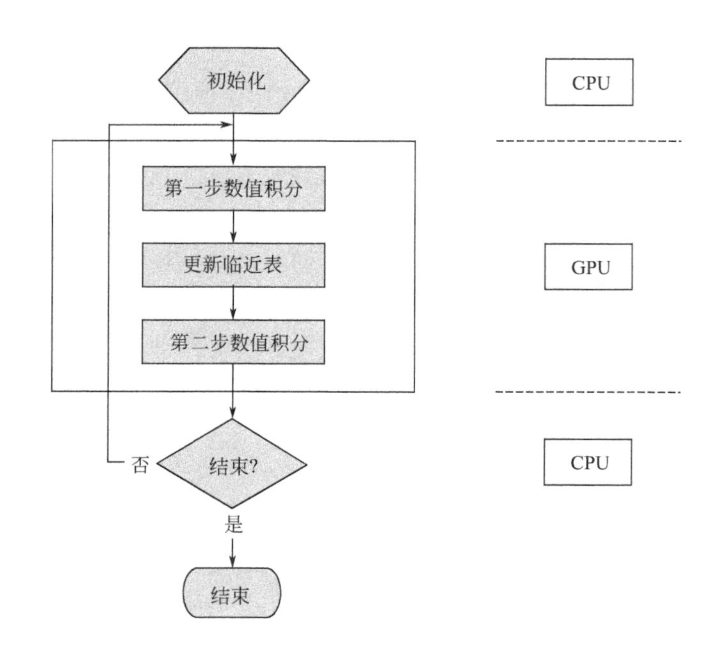

图 8-8

GPU 化 DPD 方法的流程示意图

8.6.1 邻近表建立

邻近表（neighbor list）的建立是用来存储用于非键力计算的粒子对编号。这些粒子对间的距离均在一定的截断距离之内。一般来说，DPD 模拟中邻近表建立的算法与基于 GPU 的 MD 模拟中邻近表的建立算法[97-99] 相同。这种算法首先将模拟盒子划分为宽度为 r_c 的单元，并将所有粒子划分进其所属的单元。之后，对于所有粒子 i，建立邻近表时仅考虑与其在相同的单元和最邻近的 26 个单元内的粒子 j。当粒子对 ij 间的距离小于截断距离 r_c 时，将粒子 j 的编号以及与粒子 i 间的距离在 r_c 内的粒子 j 的数目（也就是邻居粒子数）存入邻近表。在本工作中，上述步骤完全在 GPU 设备上执行，包括单元表和邻近表的建立。值得注意的是，在最近的一个工作中[99]，单元表的建立是在 CPU 上完成的，之后将其传输至 GPU 内存。由于在 GPU 设备上建立单元表和邻近表避免了内存和显存之间相对低速的数据传输，所以我们的方法与之相比效率更高。

此外，为了进一步提高我们基于 GPU 的 DPD 模拟的性能，我们进行了一些优化，并充分合理地考虑了 DPD 的特性：

(1) 首先，建立邻近表时不采用邻近层（surrounding shell），并且每一积分步都更新邻近表。由于 DPD 是采用软排斥势的粗粒化方法，与 MD 方法中常规的邻近层厚度 $0.3r_c$ 相比，DPD 粒子每一积分步的最大位移要大很多。因此，如果我们在 DPD 模拟中将邻近层厚度设为常规值，设置邻近层这种 MD 模拟中常用来降低邻近表更新频率的方法将起不到任何作用，邻近表还是每一积分步都会更新。从另一方面来说，如果增大邻近层的厚度，例如 $2r_c$，建立邻近表将会更加耗时，由此带来 DPD 代码的执行效率急剧降低。综上所述，尽管设置邻近层能够提高 MD 模拟的效率[97,99]，在 GPU 加速的 DPD 模拟中我们取消了邻近层设置，每一个积分步都更新邻近表。

(2) 其次，为了提高步骤 (c) 中建立邻近表时显存的访问效率，我们引入了一种修正的粒子重排 (reordering) 技术。这种重排技术将邻近粒子的位置和速度存储在内存中的邻近单元中[97]。众所周知，为了获得最佳性能，重排技术是必需的。在一个最近基于 GPU 的 MD 模拟工作[97] 中，作者采用空间填充曲线堆积 (Space-Filling Curve pack，SFCPACK) 算法重排粒子，并使用了 Hilbert 曲线。由于 CUDA 不支持递归 (recursive) 算法，这种类分型 (fractal) 曲线在 GPU 上的实现并不容易。在本书中，我们采用一种修正的简单步骤来重排内存中的粒子。不同单元内的粒子按照其单元编号升序排列，同一单元内的粒子按照其在单元表内编号排序。基本流程如下：(a) 将粒子划分入相对应的单元内；(b) 根据单元编号顺序循环单元，产生顺序排列的粒子列表；(c) 在列表上重排粒子的位置和速度。很明显，上述重排流程在 GPU 设备上很容易实现。并且，通过测试我们发现上述流程的性能与 SFCPACK 算法基本相当。

(3) 为了进一步提高整体性能，在邻近表建立过程中我们直接对所有粒子进行循环，而不是首先循环单元，并且不采用共享内存[97,100]。这么做是因为当下的 GPU 架构，也就是费米核心，为有效读取全局内存采用了缓存 (cache) 机理。这种机理使得共享内存没有了任何优势[83]。另一个原因是在之前的算法中，即使大多数单元的占有数目很小，每一个区块 (block) 所需要的线程 (thread) 数目还是要取决于单元占有数目的最大值。这样会导致大量的线程被浪费，由此限制了计算性能和可量测性[99]。综上所述，与之前工作[97,100] 中所报道的算法向比，我们的算法能够获得相对好的计算性能。

8.6.2 非键力计算

非键力包含三个短程成对力：保守力 $\boldsymbol{F}_{ij}^{\mathrm{C}}$，随机力 $\boldsymbol{F}_{ij}^{\mathrm{R}}$ 和耗散力 $\boldsymbol{F}_{ij}^{\mathrm{D}}$。$\boldsymbol{F}_{ij}^{\mathrm{C}}$ 和 $\boldsymbol{F}_{ij}^{\mathrm{D}}$ 可分别依据式 (8-21) 和式 (8-22) 直接计算。而 $\boldsymbol{F}_{ij}^{\mathrm{R}}$ 的计算则涉及均值为零、方差为 1 的随机数的产生，并且不同时间和不同相互作用离子对的随机数是各自独立的。为保证动量守恒，$\boldsymbol{F}_{ij}^{\mathrm{R}}=-\boldsymbol{F}_{ji}^{\mathrm{R}}$，执行 ij 和 ji 粒子对随机力计算的两个线程需要使用相同的随机数。如果我们选用流 (streaming) 随机数发生器，例如 CURAND 库提供的 curand _ normal ()，两个线程间加载相同随机数带来的通信会显著增加执行时间。在最近的研究中，Anderson 等人[101] 采用了一种新颖的基于哈希算法的伪随机数发生器 (或者称为 saru)，这种发生器对于相同的输入参数能够产生同样的随机数而不需要线程间进行通信。然而，saru 只能产生均一分布的随机数。由于随机噪声类似于热涨落，正态分布的随机数将会具有越来越多的实际应用。在本书的工作中，我们采用 Box-Muller 方法将 saru 产生的均一分布随机数转化为正态分布。采用上述方法，既保证了粒子对 ij 和 ji 相同的随机力，并减少了通信时间，从而提高了计算效率。

8.6.3 键接力计算

DPD 方法中的键接力包含谐振式成键力和弯曲键角力。在进行数值积分的第一个步骤之前，在 CPU 平台上我们建立了成键表和键角表。成键表包含了分子链上所有与粒子 i 成键的粒子的编号。键角表的结构则稍微复杂一些，记录了分子链上相邻键矢量间的角度。成键表和键角表建立完成之后，将其从 CPU 复制到 GPU 设备内存。谐振式成键力和弯曲键角力的计算根据 $\boldsymbol{F}_{ij}^{\mathrm{S}}=\boldsymbol{C}\boldsymbol{r}_{ij}$ 和 $\boldsymbol{F}_{ijk}^{\theta}=-k_{\theta}(\theta-\theta_0)$ 在 GPU 上执行。

8.6.4 大尺度模拟算法

一般来说，模拟体系的尺寸由 GPU 硬件的物理内存大小决定。在常规基于 GPU 的动力学模拟中[97,99,100]，非键力的计算采用了具有固定长度的邻近表矩阵，如图 8-9(a) 所示。显然，矩阵宽度取决于体系中包含的粒子数 N。然而，为了保证每一个粒子的邻居粒子都能存储进邻近表，矩阵的长度 Ln 则不能小于每一个积分步中每一个粒子的邻居粒子数的最大值 $\mathrm{Ngb}_{\max}$($\mathrm{Ln}\geqslant\mathrm{Ngb}_{\max}$)。因此，存储邻近表的内存大小为 $N\cdot\mathrm{Ln}\cdot S$，其中 S 为数据类型（float 或者 int）的大小，等于 4 字节。同时，模拟中用于其他数据存储的内存大小大约为 $N\cdot\mathrm{Lc}\cdot S/(\rho r_{\mathrm{c}}^3)+37NS$，包括单元表［单元表矩阵的宽度为单元的数目 $N/(\rho r_{\mathrm{c}}^3)$，式中 ρ 为体系数密度，r_{c}^3 为每一个单元的体积。单元表矩阵的长度 Lc 的定义与 Ln 类似，Lc 不能小于每一个积分步单元中粒子数的最大值 $\mathrm{Ncl}_{\max}$。因此，用于存储单元表矩阵的内存大小大约为 $N\cdot\mathrm{Lc}\cdot S/(\rho r_{\mathrm{c}}^3)$。对于典型的 DPD 模拟体系，$\rho=3$，$r_{\mathrm{c}}^3=1$，因此上述内存大小为 $3N\cdot\mathrm{Lc}\cdot S$］，键表［$bNS$，其中 b 为依赖于分子拓扑结构的常数。对于线性的高分子柔性链（不计算键角力），$b=3$］，用于粒子重排的暂时存储

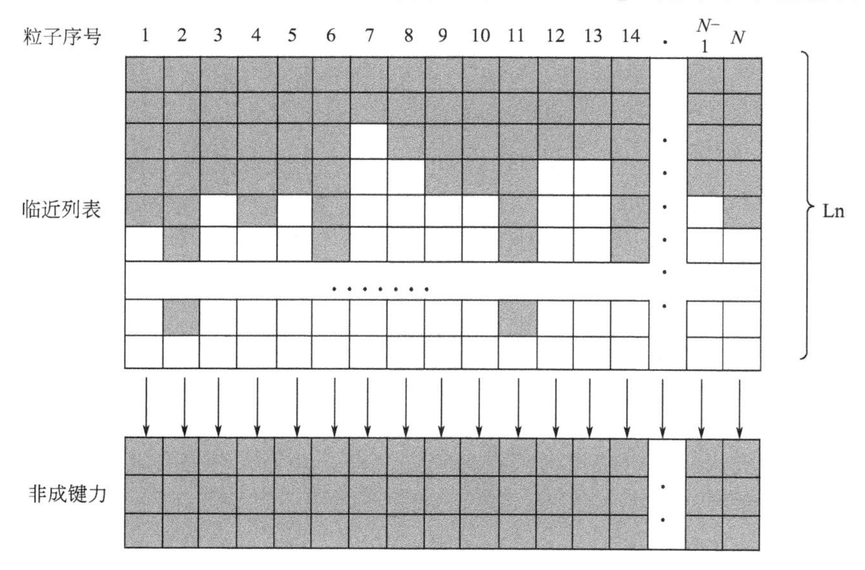

(a) 非键力计算常规存储方式

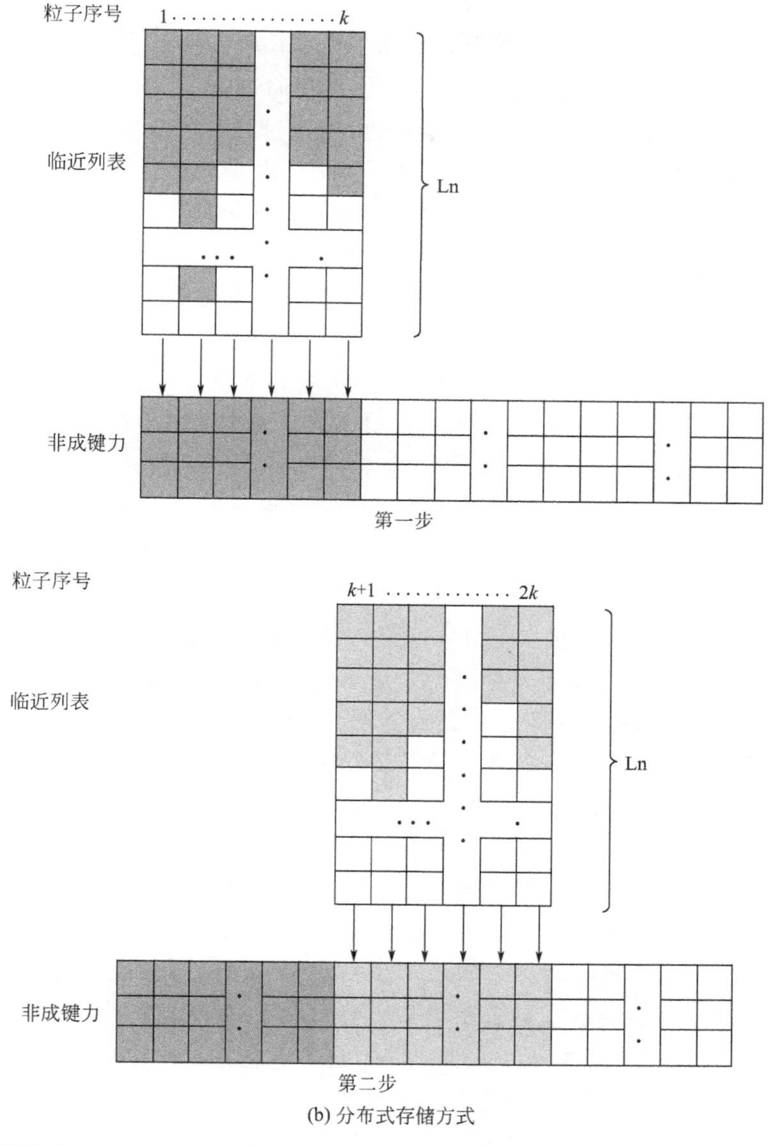

图 8-9

大尺度模拟算法存储示意图

空间（大约为 18NS）以及其他（大约为 7NS）。一般情况下，我们需要更多的内存来存储邻近表矩阵，特别是对于粒子数密度较大的体系。这里，我们选择一个经典的测试体系作为例子进行说明各部分所需内存大小。这个体系为对称双嵌段共聚物熔体，粒子数$N=3\times10^6$。正如所预料的，邻近表和元胞列表（cell list）具有不同的长度。我们发现在自组装过程起始阶段，$\mathrm{Ngb}_{max}\approx50$，$\mathrm{Ncl}_{max}\approx20$；而当熔体最终演化至其热力学平衡态（层状相）时，$\mathrm{Ngb}_{max}\approx25$，$\mathrm{Ncl}_{max}\approx10$。因此，为同时保证 $\mathrm{Ln}>\mathrm{Ngb}_{max}$、$\mathrm{Lc}>\mathrm{Ncl}_{max}$ 以及不遗漏列表（list）中的任何粒子，我们设定邻近表和元胞列表（cell list）矩阵的长度分别为 $\mathrm{Ln}=55$ 和 $\mathrm{Lc}=25$。在上述情况下，用于存储邻近表的内存占据了超过 50%的总内存。尽管对于不同的模拟体系 Ngb_{max} 和 Ncl_{max} 会明显不同，并且这两个参数的值还显著依赖于模拟体系的尺寸，但是我们认为对于基于 GPU 的 DPD 模拟，需要很大的内存空间来存储邻近表矩阵是一个普遍现象。此外，如果我们设定 Ln＝55 和 Lc＝25 并假设相同的模拟条件，上述测试能够模拟的最大粒子数可通过设备内存粗略统计为 $N_{max} \approx M/[(Ln+Lc/3+37)S] \approx M/400$，其中 M 为硬件的物理内存大小。因此，对于当下最新的 GPU 硬件，具有 3GB 设备内存的 Tesla C2050 GPU，能够加载的最大体系可包含 7.5×10^6 个粒子。然而，如前言所述，为研究发生在大空间尺度上的介观现象，粒子数需要超过 10^7。因此，通过 GPU 设备增大模拟体系的尺度具有重要意义，同时对我们来说也是亟待解决的问题。

这里，我们设计了一种新颖的分布式算法来实现大尺度（体系中粒子数超过 10^7）模拟，如图 8-9(b) 所示。在这种算法中为节省用于邻近表存储的内存空间，我们建立具有固定宽度 $k(k<N)$ 的邻近表矩阵，而不是建立完整的宽度为 N 的邻近表矩阵。由于小矩阵仅保存 k 个粒子的邻近表，我们必须首先计算这 k 个粒子的非键相互作用。之后更新列表用于存储下 k 个粒子的邻近表，再计算这 k 个粒子的非键相互作用。如此循环直至计算完体系中所有粒子 N 的非键力。换句话说，我们把完整的邻近表分成 N/k 份，逐份地建立邻近表并计算其非键相互作用，以此来缩减存储邻近表的内存大小，从而达到增大模拟体系的作用。当 N 不能被 k 整除时，最后一个邻近表矩阵中会存在一些空闲空间，针对这些空间的线程会直接返回不进行任何操作。上述算法的实施细节如下：(a) 初始化大小为 $k\cdot$Ln 的邻近表矩阵；(b) 建立粒子编号从 $(i-1)(k-1)$ 到 ik 的 k 个粒子的邻近表，其中 i 为循环计数器；(c) 计算粒子编号从 $(i-1)(k-1)$ 到 ik 的 k 个粒子的对应的非键相互作用；(d) 重复步骤 (a) 到 (c) 直至 $ik\geqslant N$。如果我们依旧设定 Ln＝55、Lc＝25 以及相同的模拟条件，上述测试能够模拟的最大粒子数可粗略统计为 $N_{max}\approx(M-k\cdot Ln\cdot S)/[(Lc/3+37)S]\approx(M-220k)/180$。理论上，$k$ 越小则 N_{max} 越大。然而，与建立完整的邻近表矩阵相比，如果 k 值相对较小，这种新颖的分布式算法会带来更频繁的邻近表重建或者更新。如此将会降低计算效率而不能充分发挥 GPU 的计算优势。因此，k 既不能太大也不能太小。如果将上述测试体系扩展至粒子数 $N>7.5\times10^6$，我们发现当 $k=1024000$ 时可以获得最好的计算效率。综合考虑到足够大的模拟尺度以及优异的计算效率，$k=1024000$ 是最优的选择。因此，通过慎重选择上述新颖分布式算法中的 k 值，在 C2050 设备上我们可以把上述模拟体系的尺寸扩展至 $N=7.5\times10^6$。据我们所知，这是距今为止报道的在 GPU 设备上采用 DPD 方法模拟的最大体系。这里，我们的主要目标是发展一种方法使我们能够实施体系包含上千万粒子的大尺度 DPD 模拟。然而我们要慎重考虑 k 值的选择。换句话说，新型分布式算法中小邻近表矩阵长度的选择是一个最优化问题。在实际操作中，我们需要综合考虑体系尺寸以及模拟效率，进行大量测试以得到最优的 k 值。

8.6.5 小结

我们介绍了高效和大尺度的DPD 模拟在 GPU 上的实现。基于 DPD 模拟技术的本质，我们进行了设计和优化，充分发挥了当今 GPU 设备的计算能力。同时，我们引入了一种新颖的分布式算法，通过削减模拟中所需要的内存，使得我们可以实施大尺度（上千万个粒子）的 DPD 模拟。由于篇幅所限，相关基于 GPU 的 DPD 模拟的总体性能评估，如精度、效率以及应用的测试，我们没有一一给出，请有兴趣的读者参考我们已发表的文章[95]。我们测试结果表明，基于 GPU 的 DPD 方法不仅能够得到正确的结果，而且相对于单 CPU 的 LAMMPS 能够实现大约 60 倍的加速。将其应用于大尺度（11059200 个粒子）三元层状相的热涨落分析，我们观测到了大波长尺度内的标度规律 $s_0 \sim q_{\perp}{}^{-2}$，而这个规律在小模拟体系中是无法观测到的。因此，基于 GPU 的 DPD 模拟非常适于研究通常发生在介观长度和大时间尺度上的许多有趣现象，而这些现象用传统的 CPU 方法是无法研究的。

8.7 总结与展望

经过近三十年不断地发展，耗散粒子动力学方法已经成为重要的介观模拟手段，并已广泛应用于高分子共混体系、高分子/纳米粒子共混体系、双亲分子及嵌段共聚物的溶液和本体自组装、生物膜体系、聚电解质体系、质子交换膜以及液晶体系等诸多领域的研究。我们希望能够通过本章的介绍，帮助感兴趣的读者深入了解这一有力工具，并在今后的研究中加以应用。因此，我们详细介绍了耗散粒子动力学方法的起源和发展历程，具体讲解了其基本原理，包括了作用力的表达、运动方程的形式、数值积分算法以及相关参数的获取和选择。此外，我们给出了 DPD 方法近年来取得的两个有价值的扩展：与长程静电作用耦合以及 DPD 热浴在非球形模型模拟中的应用。并且，我们根据个人在 DPD 方法使用中获得的经验，总结了其优、缺点，以期帮助读者更好地进行选择并在今后的工作中加以注意。最后，针对介观模拟所面临的更大空间尺度和更长时间跨度的实际需求与 CPU 计算能力不足间的矛盾，我们给出了借助新型 GPU 协处理器进行加速的解决途径，并详细说明了其实现算法以帮助读者理解并使用。根据我们的实际测试，在保证精度的条件下，基于 GPU 的 DPD 方法不仅实现了计算速度的大幅提高（如相比单 CPU 核运行 LAMMPS 速度提高了约 60 倍），而且首次实现了千万个粒子的大规模模拟，为研究存在慢松弛长波长涨落的多元多相体系相变过程提供了必要条件。综上所述，我们可以知道，作为一种高效、灵活、便捷的介观模拟方法，耗散粒子动力学方法有其独特的优势，可以很好地应用于多种研究领域，并可以借助改进的算法扩展其应用范围。在后面几章里，我们还将分别介绍 DPD 方法在高分子共混体系、双亲分子组装、生物膜、液晶高分子以及质子交换膜等多个领域的实际应用，以帮助读者更好地学习、认识这一方法。

参考文献

[1] Frisch U, Hasslacher B, Pomeau Y. Lattice-Gas Aautomata for the Navier-Stokes Equation. Phys Rev Let, 1986, 56 (14): 1505.

[2] Hardy J, Pomeau Y, Thermodynamics and Hydrodynamics for A Modeled Fluid. J Math Phys, 1972, 13 (7): 1042.

[3] Hardy J, de Pazzis O, Pomeau Y. Molecular Dynamics of A Classical Lattice Gas: Transport Properties and Time Correlation Functions. Phys Rev A, 1976, 13 (5): 1949.

[4] Hoogerbrugge P J, Koelman J M V A. Simulation Microscopic Hydrodynamic Phenomena with Dissipative Particle Dynamics. Europhys Lett, 1992, 19 (3): 155.

[5] Espanol P, Warren P. Statistical-Mechanics of Dissipative Particle Dynamics. Europhys Lett, 1995, 30 (4): 191.

[6] Groot R D, Warren P B. Dissipative Particle Dynamics: Bridging the Gap Between Atomistic and Mesoscopic Simulation. J Chem Phys, 1997, 107 (11): 4423.

[7] Avalos J B, Mackie A D. Dissipative Particle Dynamics with Energy Conservation. Europhys Lett, 1997, 40 (2): 141.

[8] Mackie A D, Avalos J B, Navas V. Dissipative Particle Dynamics with Energy Conservation: Modelling of Heat Flow. Phys Chem Chem Phys, 1999, 1 (9): 2039.

[9] Avalos J B, Mackie A D. Dynamic and Transport Properties of Dissipative Particle Dynamics with Energy Conservation. J Chem Phys, 1999, 111 (11): 5267.

[10] Flekkøy E G, Coveney P V. From Molecular Dynamics to Dissipative Particle Dynamics. Phys Rev Lett, 1999, 83 (9): 1775.

[11] Evans G T. Dissipative Particle Dynamics: Transport Coefficients. J Chem Phys, 1999, 110 (3): 1338.

[12] Pagonabarraga I, Frenkel D. Dissipative Particle Dynamics for Interacting Systems. J Chem Phys, 2001, 115 (11): 5015.

[13] Pagonabarraga I, Frenkel D. Non-Ideal DPD Fluids. Mol Simul, 2000, 25 (3-4): 167.

[14] Trofimov S Y, Nies E L F, Michels M A J. Thermodynamic Consistency in Dissipative Particle Dynamics Simulations of Strongly Nonideal Liquids and Liquid Mixtures. J Chem Phys, 2002, 117 (20): 9383.

[15] Groot R D. Electrostatic Interactions in Dissipative Particle Dynamics-Simulation of Polyelectrolytes and Anionic Surfactants. J Chem Phys, 2003, 118 (24): 11265.

[16] Goujon F, Malfreyt P, Tildesley D J. Dissipative Particle Dynamics Simulations in the Grand Canonical Ensemble: Applications to Polymer Brushes. Chem Phys Chem, 2004, 5 (4): 457.

[17] Maiti A, McGrother S. Bead-Bead Interaction Parameters in Dissipative Particle Dynamics: Relation to Bead-Size, Solubility Parameter, and Surface Tension. J Chem Phys, 2004, 120 (3): 1594.

[18] Novik K E, Coveney P V. Finite-Difference Methods for Simulation Models Incorporating Nonconservative Forces. J Chem Phys, 1998, 109 (18): 7667.

[19] Gibson J B, Zhang K, Chen K, et al. Simulation of Colloid-Polymer Systems Using Dissipative Particle Dynamics. Mol Simul, 1999, 23: 1.

[20] Pagonabarraga I, Hagen M H J, Frenkel D. Self-Consistent Dissipative Particle Dynamics Algorithm. Europhys Lett, 1998, 42: 377.

[21] Besold G, Vattulainen I, Karttunen M, et al. Towards Better Integrators for Dissipative Particle Dynamics Simulations. Phys Rev E, 2000, 62 (6): R7611.

[22] Lowe C P. An Alternative Approach to Dissipative Particle Dynamics. Europhys Lett, 1999, 47 (2): 145.

[23] den Otter W K, Clarke J H R. A New Algorithm for Dissipative Particle Dynamics. Europhys Lett, 2001, 53 (4): 426.

[24] Nikunen P, Karttunen M, Vattulainen I. How Would You Integrate the Equations of Motion in Dissipative Particle Dynamics Simulations? Comput Phys Comm, 2003, 153 (4): 407.

[25] Vattulainen I, Karttunen M, Besold G, Polson J M. Integration Schemes for Dissipative Particle Dynamics Simulations: From Softly Interacting Systems towards Hybrid Models. J Chem Phys, 2002, 116 (10): 3967.

[26] Shardlow T. Splitting for Dissipative Particle Dynamics. Siam J Sci Comput, 2003, 24 (4): 1267.

[27] Andersen H C. Molecular-Dynamics Simulations at Constant Pressure and-or Temperature. J Chem Phys, 1980, 72 (4): 2384.

[28] Groot R D, Madden T J. Dissipative Particle Dynamics Simulation of Diblock Copolymer Microphase Separation// 4th Meeting of the Royal-Society-Unilever-Indo-UK Forum in Materials Science and Engineering. Pune, India: 1999: 288.

[29] Groot R D, Madden T J, Tildesley D J. On the Role of Hydrodynamic Interactions in Block Copolymer Microphase Separation. J Chem Phys, 1999, 110 (19): 9739.

[30] Huang Manxia, Li Ziqi, Guo Hongxia. The Effect of Janus Nanospheres on the Phase Separation of Immiscible Polymer Blends via Dissipative Particle Dynamics Simulations. Soft Matter, 2012, 8 (25) 6834.

[31] Huang Manxia, Guo Hongxia. The Intriguing Phase Behavior and Dynamics of Ternary Systems of Immiscible Polymer Blends and Janus Particles with Various Architectures. Soft Matter, 2013, 9 (30): 7356.

[32] Groot R D, Rabone K L. Mesoscopic Simulation of Cell Membrane Damage, Morphology Change and Rupture by Nonionic Surfactants. Biophys J, 2001, 81 (2): 725.

[33] Zhang Zunming, Guo Hongxia. The Phase Behavior, Structure, and Dynamics of Rodlike Mesogens with Various Flexibility using Dissipative Partivle Dynamics Simulation. J Chem Phys, 2010, 133 (14): 144191.

[34] AlSunaidi A, den Otter W K, Clarke J H R. Liquid-crystalline Ordering in rod-coil Diblock Copolymers Studied by Mesoscale Simulations. Philos Trans R Soc Lond Ser A-Math Phys Eng Sci, 2004, 362 (1821): 1773.

[35] Yue Tongtao, Li Shuangyang, Zhang Xianren, et al. The Relationship between Membrane Curvature Generation and Clustering of Anchored Proteins: a Computer Simulation Study. Soft Matter, 2010, 6 (24): 6109.

[36] Hong Bingbing, Qiu Feng, Zhang Hongdong, et al. Budding Dynamics of Individual Domains in Multicomponent Membranes Simulated by N-Varied Dissipative Particle Dynamics. J Phys Chem B, 2007, 111 (21): 5837.

[37] Liu Yingtao, Zhao Ying, Liu Hong, et al. Spontaneous Fusion between the Vesicles Formed by $A2_n(B2)_n$ Type Comb-Like Block Copolymers with a Semiflexible Hydrophobic Backbone. J Phys Chem B, 2009, 113 (46): 15256.

[38] Wang Yonglei, Lu Zhongyuan, Laaksonen A. Specific Binding Structures of Dendrimers on Lipid Bilayer Membranes. Phys Chem Chem Phys, 2012, 14 (23): 8348.

[39] Cai Chunhua, Wang Liquan, Lin Jiaping, et al. Morphology Transformation of Hybrid Micelles Self-Assembled from Rod-Coil Block Copolymer and Nanoparticles. Langmuir, 2012, 28 (26): 4515.

[40] Chen Lili, Jiang Tao, Lin J P, et al. Toroid Formation through Self-Assembly of Graft Copolymer and Homopolymer Mixtures: Experimental Studies and Dissipative Particle Dynamics Simulations. Langmuir, 2013, 29 (26): 8417.

[41] Ding Hongming, Ma Yuqiang. Design Maps for Cellular Uptake of Gene Nanovectors by Computersimulation. Biomaterials, 2013, 34 (33): 8401.

[42] He Linli, Zhang Linxi, Liang Haojun. The Effects of Nanoparticles on the Lamellar Phase Separation of Diblock Copolymers. J Phys Chem B, 2008, 112 (14): 4194.

[43] He Linli, Zhang Linxi, Ye Yisheng, et al. The Phase Behaviors of Cylindrical Diblock Copolymers and Rigid Nanorods' Mixtures. Polymer, 2009, 50 (14): 3403.

[44] He Linli, Zhang Linxi, Ye Yisheng, et al. Solvent-Induced Self-Assembly of Polymer-Tethered Nanorods. J Phys Chem B, 2010, 114 (21): 7189.

[45] Li Xuejin, Guo Jiayi, Liu Yuan, et al. Microphase Separation of Diblock Copolymer Poly (styrene-b-isoprene): A Dissipative Particle Dynamics Simulation Study. J Chem Phys, 2009, 130 (7): 074908.

[46] Li Xuejin. Shape Transformations of Bilayer Vesicles from Amphiphilic Block Copolymers: A Dissipative Particle Dynamics Simulation Study. Soft Matter, 2013, 9 (48): 11663.

[47] Li Xuejin, Pivkin I V, Liang H J, et al. Shape Transformations of Membrane Vesicles from Amphiphilic Triblock Copolymers: A Dissipative Particle Dynamics Simulation Study. Macromolecules, 2009, 42 (8): 3195.

[48] Guo Jiayi, Li Xuejin, Liu Yuan, et al. Flow-induced Translocation of Polymers through a Fluidic Channel: A Dissipative Particle Dynamics Simulation Study. J Chem Phys, 2011, 134 (13): 134906.

[49] Li Xuejin, Li Xiaolong, Deng Mingge, et al. Effects of Electrostatic Interactions on the Translocation of Polymers through a Narrow Pore under Different Solvent Conditions: A Dissipative Particle Dynamics Simulation Study. Macromol Theory Simul, 2012, 21 (2): 120.

[50] Deng Mingge, Li Xuejin, Liang Haojun, et al. Simulation and Modelling of Slip Flow over Surfaces Grafted with Polymer Brushes and Glycocalyx Fibres. J Fluid Mech, 2012, 711: 192.

[51] Kindt P, Briels W J. The Role of Entanglements on the Stability of Microphase Separated Diblock Copolymers in Shear Flow. J Chem Phys, 2008, 128 (12): 124901.

[52] Fan Xijun, Phan-Thien N, Ng T Y, et al. Microchannel Flow of a Macromolecular Suspension. Phys Fluids, 2003, 15 (1): 1070.

[53] Fan Xijun, Phan-Thien N, Chen S, et al. Simulating Flow of DNA Suspension using Dissipative Particle Dynamics. Phys Fluids, 2006, 18 (6): 063102.

[54] Qian Hujun, Chen Lijun, Lu Zhongyuan, et al. The Dependence of Nanostructures on the Molecule Rigidity of A2(B4) 2-type Miktoarm Block Copolymer. J Chem Phys, 2006, 124 (1): 014903.

[55] Zhang Zunmin, Guo Hongxia. A Computer Simulation Study of the Anchoring Transitions Driven by Rod-coil Amphiphiles at Aqueous-liquid Crystal Interfaces. Soft Matter, 2012, 8 (19): 5618.

[56] Allen M P. Configurational Temperature in Membrane Simulations Using Dissipative Particle Dynamics. J Phys Chem B, 2006, 110 (8): 3823.

[57] Tuckerman M E, Martyna G J. Understanding Modern Molecular Dynamics: Techniques and Applications. J Phys Chem B, 2000, 104 (2): 159.

[58] den Otter W K, Clarke J H R. The Temperature in Dissipative Particle Dynamics. J Mod Phys C, 2000, 11 (6): 1179.

[59] Gibson J B, Chen K. The Equilibrium of a Velocity-Verlet Type Algorithm for DPD With Finite Time Steps. Int J Mod Phys C, 1999, 10 (1): 241.

[60] Khani S, Yamanoi M, Maia J. The Lowe-Andersen Thermostat as an Alternative to the Dissipative Particle Dynamics in the Mesoscopic Simulation of Entangled Polymers. J Chem Phys, 2013, 138 (17): 174903.

[61] Lee W J, Ju S P, Wang Y C, et al. Modeling of Polyethylene and Poly (L-lactide) Polymer Blends and Diblock Copolymer: Chain Length and Volume Fraction Effects on Structural Arrangement. J Chem Phys, 2007, 127 (6): 064902.

[62] Groot R, Madden T. Dynamic Simulation of Diblock Copolymer Microphase Separation. J Chem Phys, 1998, 108 (20): 8713.

[63] Chakraborty S, Roy S. Structure of Nanorod Assembly in the Gyroid Phase of Diblock? Copolymer. J Phys Chem B, 2015, 119 (22): 6803.

[64] Dai Xingxing, Ding Hailou, Yin Qianqian, et al. Dissipative Particle Dynamics Study on Self-assembled Platycodin Structures: The Potential Biocarriers for Drug Delivery. J Molec Graph Mode, 2015, 57: 20.

[65] Meneses-Juárez E, Márquez-Beltrán C, Rivas-Silva J F, et al. The Structure and Interaction Mechanism of a Polyelectrolyte Complex: A Dissipative Particle Dynamics Study. Soft Matter, 2015, 11 (29): 5889.

[66] Akkermans R L C. Mesoscale Model Parameters from Molecular Cluster Calculations. J Chem Phys, 2008, 128 (24): 244904.

[67] Travis K P, Bankhead M, Good K, et al. New Parametrization Method for Dissipative Particle Dynamics. J Chem Phys, 2007, 127 (1): 014109.

[68] Özen A S, Sen U, Atilgan C. Complete Mapping of the Morphologies of some Linear and Graft Fluorinated Cooligomers in an Aprotic Solvent by Dissipative Particle Dynamics. J Chem Phys, 2006, 124 (6): 064905.

[69] Ortiz V, Nielsen S O, Discher D E. Dissipative Particle Dynamics Simulations of Polymersomes. J Phys Chem B, 2005, 109: 17708.

[70] Lyubartsev A P, Karttunen M, Vattulainen I, Laaksonen A. On Coarse-graining by the Inverse Monte Carlo method: Dissipative Particle Dynamics Simulations Made to a Precise Tool in Soft Matter Modeling. Soft Mater, 2002, 1 (1): 121.

[71] Guerrault X, Rousseau B, Farago J. Dissipative Particle Dynamics Simulations of Polymer Melts. Ⅰ. Building Potential of Mean Force for Polyethylene and *cis*-polybutadiene. J Chem Phys, 2004, 121 (13): 6538.

[72] Qian Hujun, Liew C C, Müller-Plathe F. Effective Control of the Transport Coefficients of a Coarse-grained Liquid and Polymer Models Using the Dissipative Particle Dynamics and Lowe-Andersen Equations of Motion. Phys Chem Chem Phys, 2009, 11 (12): 1962.

[73] Li Xuejin, Liu Yuan, Wang Lei, et al. Fusion and Fission Pathways of Vesicles from Amphiphilic Triblock Copolymers: A Dissipative Particle Dynamics Simulation Study. Phys Chem Chem Phys, 2009, 11 (20): 4051.

[74] Soto-Figueroa C, Vicente L, Maetinez-Magadan J M, et al. Mesoscopic Simulation of Asymmetric-Copolymer/Homopolymer Blends: Microphase Morphological Modification by Homopolymer Chains Solubilization. Polymer, 2007, 48 (13): 3902.

[75] Soto-Figueroa C, Rodriguez-Hidalgo M D R, Martinez-Magadan J M, et al. Dissipative Particle Dynamics Study of Order-order Phase Transition of BCC, HPC, OBDD, and LAM Structures of the Poly (styrene)-poly (iso-

prene) diblock Copolymer. Macromolecules, 2008, 41 (9): 3297.
[76] Soto-Figueroa C, Vicente L, Martinez-Magadan J M, et al. Self-organization Process of Ordered Structures in Linear and Star Poly (styrene)-poly (isoprene) Block Copolymers: Gaussian Models and Mesoscopic Parameters of Polymeric Systems. J Phys Chem B, 2007, 111 (40): 11756.
[77] Liu Moubin, Meakin P, Huang Hai. Dissipative Particle Dynamics with Attractive and Repulsive Particle-particle Interactions. Phys Fluids, 2006, 18 (1): 017101.
[78] Nikunen P, Vattulainen I, Karttunen M. Reptational Dynamics in Dissipative Particle Dynamics Simulations of Polymer Melts. Phys Rev E, 2007, 75 (3): 036713.
[79] Padding J T, Briels W J. Time and Length Scales of Polymer Melts Studied by Coarse-grained Molecular Dynamics Simulations. J Chem Phys, 2002, 117 (2): 925.
[80] Padding J T, Briels W J. Coarse-grained Molecular Dynamics Simulations of Polymer Melts in Transient and Steady Shear Flow. J Chem Phys, 2003, 118 (22): 10276.
[81] Pan G, Manke C W. Developments Toward Simulation of Entangled Polymer Melts by Dissipative Particle Dynamics (DPD). Int J Mod Phys B, 2003, 17 (1-2): 231.
[82] Krafnick R C, Garcia A E. Efficient Schmidt Number Scaling in Dissipative Particle Dynamics. J Chem Phys, 2015, 143 (24): 243106.
[83] Peters E A J F. Detailed Fluctuation Theorem for Mesoscopic Modeling. Phys Rev E, 2004, 70: 066114.
[84] Jiang Wenhua, Huang Jianhua, Wang Yongmei, et al. Hydrodynamic Interaction in Polymer Solutions Simulated with Dissipative Particle Dynamics. J Chem Phys, 2007, 126 (4): 044901.
[85] Peters E A J F. Elimination of Time Step Effects in DPD. Europhys Lett, 2004, 66 (3): 311.
[86] Visser D C, Hoefsloot H C J, Iedema P D. Comprehensive Boundary Methods for Solid Walls in Dissipative Particle Dynamics. J Comp Phys, 2005, 205 (2): 626.
[87] Mehboudi A, Saidi M S. A Systematic Method for the Complex Walls No-slip Boundary Condition Modeling in Dissipative Particle Dynamics. Scientia Iranica, 2011, 18 (6): 1253.
[88] Ouyang Yuting, Hao Liang, Ma Yanping, Guo Hongxia. Dissipative Particle Dynamics Thermostat: A Novel Thermostat for Molecular Dynamics Simulation of Liquid Crystals with Gay-Berne Potential. Science China Chemistry, 2015, 58 (4): 1.
[89] Soddemann T, Dünweg B, Kremer K. Dissipative Particle Dynamics: A Useful Thermostat for Equilibrium and Nonequilibrium Molecular Dynamics Simulations. Phys Rev E, 2003, 68: 046702.
[90] Pastorino C, Kreer T, Müller M, Binder K. Comparison of Dissipative Particle Dynamics and Langevin Thermostats for Out-of-equilibrium Simulations of Polymeric Systems. Phys Rev E, 2007, 76: 026706.
[91] Wilson M R. Atomistic Simulations of Liquid Crystals//Michael D, Mingos P. Liquid Crystals I. Structure and Bonding, vol 94. Berlin, Heidelberg: Springer-Verlag, 1999.
[92] Brown J T, Allen M P, del Rio E M, et al. Effects of Elongation on the Phase Behavior of the Gay-Berne Fluid. Physical Review E, 1998, 57 (6): 6685.
[93] Dvinskikh S V, Furo I. Anisotropic Self-diffusion in the Nematic Phase of a Thermotropic Liquid Crystal by ^{1}H-spin-echo Nuclear Magnetic Resonance. J Chem Phys, 2001, 115 (4): 1946.
[94] Dvinskikh S V, et al. Anisotropic Self-diffusion in Thermotropic Liquid Crystals Studied by ^{1}H and ^{2}H Pulse-field-gradient Spin-echo NMR. Phys Rev E, 2002, 65 (6): 061701.
[95] Yang Keda, Bai Zhiqiang, Su Jiaye, Guo Hongxia. Efficient and Large-Scale Dissipative Particle Dynamics Simulations on GPU. Soft Mater, 2014, 12 (2): 12.
[96] NVIDIA CUDA® Toolkit [CP/OL]. [2019. 11. 20]. http: //developer. nvidia. com/cuda-zone.
[97] Anderson J A, Lorenz C D, Travesset A. General Purpose Molecular Dynamics Simulations Fully Implemented on Graphics Processing Units. J Comp Phys, 2008, 227 (10): 5342.
[98] Eastman P, Pande V S. Efficient Nonbonded Interactions for Molecular Dynamics on a Graphics Processing Unit. J Comp Chem, 2010, 31 (6): 1268.
[99] Rapaport D C. Enhanced Molecular Dynamics Performance with a Programmable Graphics Processor. Compu Phys Comm, 2011, 182 (4): 926.
[100] Xu Ji, Ren Ying, Ge Wei, et al. Molecular Dynamics Simulation of Macromolecules Using Graphics Processing Unit. Mol Simul, 2010, 36 (14): 10.
[101] Nguyen T D, Phillips C L, Anderson J A, et al. Rigid Body Constraints Realized in Massively-parallel Molecular Dynamics on Graphics Processing Units. Compu Phys Comm, 2011, 182 (11): 2307.

第9章

耗散粒子动力学模拟研究多组分高分子材料相结构和相动力学

白志强[1,2,3]，黄满霞[1,2]，周永祥[1,2]，郭洪霞[1,2]

1 中国科学院化学研究所

2 中国科学院大学

3 北京市顺义牛栏山第一中学

高分子共混是制备新型多功能高分子复合材料的重要手段[1]。但是，高分子共混物的混合熵通常很小，易导致宏观相分离，降低材料性能。在实际加工过程中，作为一类重要增容剂——共聚物常添加到不相容高分子体系中，抑制体系宏观相分离，稳定不相容共混物相间的界面。在共混体系形成的诸相中，双连续微乳（BμE）相，不仅具有优异的力学性能，还在光学、传导和微孔膜材料等领域有重要应用。虽然实验研究已揭示出三元共混体系相行为的普遍规律[2-13]，但人们对高分子双连续微乳相的形成条件却知之甚少，并且缺乏对层状相（LAM）到 BμE 相转变物理本质的认识。由于高分子多组分体系中存在着大量的界面，可将其看作界面的集合体。因此，研究高分子多组分体系相行为及其与内部界面性质间的联系，不仅能深化我们对高分子多组分体系相行为的认识，还能从界面性质变化这一角度来阐述高分子多组分体系相转变的物理机制，进而有效调控高分子材料的性质。此外，作为一种新兴的增容剂，填充纳米粒子[14-16] 由于同时具有增容不相容共混体系，增强体系力学性能以及引入纳米粒子的电、磁、光学性能等多重作用，也受到了研究人员的广泛关注。为此，在本章我们将对耗散粒子动力学模拟方法（DPD）在共聚物和纳米粒子增容的高分子共混体系的研究进展进行介绍，第一部分侧重共聚物增容高分子共混体系的相行为及相转变与其内部界面性质间的联系，第二部分侧重纳米粒子增容高分子共混体系的相行为和相分离动力学。其中，第二部分，我们将讨论：①纳米球表面性质对不相容高分子共混体系相分离动力学的影响；②Janus 纳米粒子形状及分界面设计对高分子共混体相行为和相分离动力学的影响；③纳米棒表面性质对静态及剪切场下高分子共混体系增容行为和相结构的影响。这些研究不仅为新型多元多组分体系的设计提供了理论指导，也证明了 DPD 是有效研究介尺度协同行为的可靠工具。

9.1 高分子三元共混体系相行为及相转变与界面性质

9.1.1 高分子共混体系的相行为[33]

高分子共混是制备高性能高分子材料的重要途径[1]。然而，由于不同高分子之间的混合熵较低，大多数的高分子之间是不相容的，容易发生宏观相分离，从而导致共混材料的相间黏附弱、界面张力大、力学性能下降、加工过程出现聚结或断裂。一般来说，通过向共混体系中添加共聚物（例如无规共聚物、嵌段共聚物或者梯度共聚物）作为相容剂可以提高组分间的相容性和材料性能[18-20]。即加入适量共聚物，通过共聚物在不相容均聚物间相界面上的分离形成共聚物单层，降低界面张力，进而减弱宏观相分离的驱动力，改善高分子共混体系的相容性和界面力学强度。此外，共聚物的添加还可诱导共混体系形成新的相结构，如：在弹性体、光学、传导和孔膜材料等领域有重要应用的双连续微乳相及在纳米结构化复合材料制备上有实际应用价值的介观有序层状相[21-27]。因此，开展高分子共混体系的相行为研究对于控制多组分体系的相态、调控和优化材料性能有重要指导作用。

高分子共混体系相行为的影响因素很多，包括各组分的分子量（MW）及含量、嵌段共聚物的分子对称性、温度、压力等[3]。通常，采用简单的对称三元体系进行深入系统研究以阐明相结构形成的物理本质及关键调控因素。这样的对称三元共混体系包含对称的双嵌段共聚物 A-B（即，嵌段组成比 $f_A=f_B=0.5$）以及分子链长相等（$N_A=N_B$）和体积分数相等（$\Phi_A=\Phi_B=\Phi_H/2$，Φ_H 为均聚物的总体积分数）的均聚物 A 和 B。实验发现，以温度和 Φ_H 为变量的对称三元共混体系的相图可分为四个相区[3,13,28-32]：高温下的无序相区（disordered phase，DIS）、低温度下随 Φ_H增加依次出现的层状相区（lamellar phase，LAM）、双连续微乳区（bicontinuous micro-emulsion，BμE）和宏相分离区（macro-phase separation，2P）。其中，BμE 作为一种热力学稳定的宏观无序的微观相分离相[32]，如图 9-1 所示[3]，由于均聚物在 BμE 相中形成双连续和无规缠结的网络，因而如前所述 BμE 广泛用于制备增强机械和传递性能的复合材料，并受到越来越多的关注。近期实验工作[3,29,32] 表明对称三元共混体系 A/B/A-B 的相行为是普适的，与组分的 MW 无关。然而，平均场理论（mean-field theory，MFT）在实验温度范围内预测的相图中却只存在三个热力学稳定的相区[2]：高温的 DIS 区、低温高 Φ_H 的 2P 区以及低温低 Φ_H 的 LAM 区。上述三个相区相交于一个全同 Lifshitz 多临界点（isotropic lifshitz multi-critical point，LP），而在 2P 和 LAM 相区间没有 BμE 形成。后来，一些理论工作[5,6,8,10] 研究表明，热涨落是导致 BμE 相形成的关键因素。由于 MFT 中没有包含涨落（fluctuation）效应，而热涨落广泛存在于实验体系中，因此会导致 MFT 理论得不到 BμE 相。例如，Düchs 及其合作者[5,6] 将热涨落效应引入场论中，他们预测在 MFT 的 LP 附近可有 BμE 相形成。然而，有关 BμE 相的形成机理依旧存在争论。Komura 等人[9-11] 采用不考虑涨落效应的格子自洽场理论（lattice self-consistent field theory，SCFT）研究了对称三元共混体系的相结构，他们同样观察到了 BμE 相的形成，并认为 BμE 相的形成并不是由热涨落导致的，BμE 相只是微观相分离的亚稳态。因此，为了对 BμE 相的形成条件和机理有一个全面的认识，我们有必要对三元共混体系的相行为进行系统研究，以期能为多组分高分子材料的设计和制备提供理论指导。

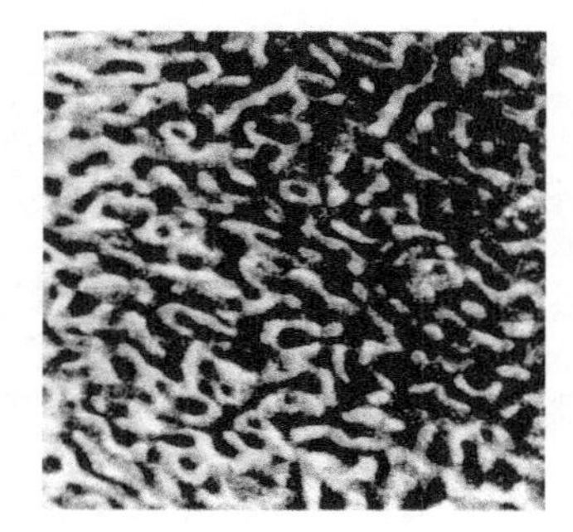

图 9-1
双连续微乳（BμE）的电镜照片：PE/PEP/PE-PEP，Φ_H= 90%[3]

在本小节的研究中，基于 Bates 等人[29] 的低分子量实验体系 PE/PEO/PE-PEO，我们建立了粗粒化对称三元共混模型 A2/B2/A4B4，如图 9-2 所示。模型建立的相关描述请参看文献［17，33，34］。采用耗散粒子动力学（DPD）方法，我们研究了上述三元共混体系的相行为。在模拟中，体系密度设定为 3，因此同种 DPD 珠子间的排斥参数依据文献设定为 $a_{AA}=a_{BB}=25$[35]。为诱导相分离及研究相行为的温度依赖性，我们定性选择异种 DPD 珠子间的排斥参数 $25 \leqslant a_{AB} \leqslant 75$。需要注意的是，$a_{ij}$ 与 Flory-Huggins 参数 χ 成正比[35]，而 χ 与温度成反比[29]，因而 a_{ij} 与温度成反比。因此，通过调控 a_{ij} 我们可以定性研究相行为的温度依赖性。此外，截断距离、DPD 珠子质量和温度设定为约化单位，$r_c = m = K_B T = 1$，因此约化时间单位可定义为 $\tau = [m r_c^2/(K_B T)]^{1/2}$。我们采用 Velocity-Verlet 算法积分运动方程，步长 $\Delta t = 0.04\tau$，噪声强度 $\sigma = 3$。所有的模拟均在 NVT 系综中进行，并采用周期边界条件。除了保守力、耗散力和随机力外，我们引入弹簧力 $F_{ij}^S = -C\boldsymbol{r}_{ij}$ 将高分子主链上的相邻 DPD 珠子连接起来[35]。C 为弹簧常数，本小节工作中将其设为 4.0。所有的模拟均在边长为 $L = 30r_c$ 的立方盒子中进行，有限尺寸效应分析请参看文献［34］。在模拟的初始阶段所有体系均平衡至无热状态（$a_{ij} = 25$），之后淬火至目标 a_{ij} 并重新平衡。体系最终达到平衡的判据是体系总能量、界面张力、分子链和分子聚集体的整体性质以及组分密度分布曲线不随模拟时间改变。

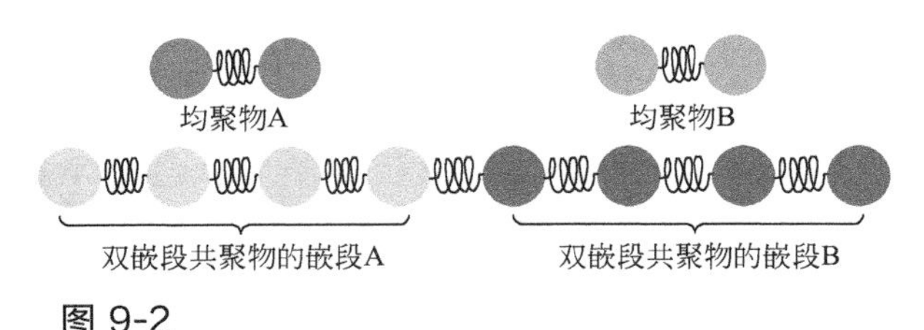

图 9-2

粗粒化模型 A2/B2/A4B4 的示意图

9.1.1.1 三元共混体系 A2/B2/A4B4 相图

通过模拟，我们得到了以均聚物总体积分数 Φ_H 和排斥参数 a_{ij} 为变量的对称三元共混体系 A2/B2/A4B4 的相图。如图 9-3 所示，相图可分为四个区域：高温（低－a_{ij}）的 DIS 区，低温（高－a_{ij}）随 Φ_H 增加依次出现 LAM 区到 BμE 区再到 2P 区。而且，在相图中以嵌段共聚物为主要成分的一侧，随 a_{ij} 减小（温度升高）我们观察到从 LAM 相到 DIS 的有序-无序相转变（ODT）；而在以均聚物占主要成分的一侧，Scott 线[7] 将 DIS 区与 2P 区分隔开。最值得一提的是，在 LAM 区和 2P 区之间我们还观察到了 BμE 通道。上述结果（如：相区数目、相转变序列以及相区位置）与许多理论[5-8] 和实验[3,13,29-32,36,37] 结果定性吻合。此外，文献［3，7，29］报道指出对于高分子量的共混体系，BμE 通道的位置应与 MFT 预测的 Lifshitz 点 $\Phi_{LP} = 1/(1 + 2\xi^2)$[7] 一致（$\xi$ 为均聚物与嵌段共聚物的分子量之比）；而对于低分子量共混

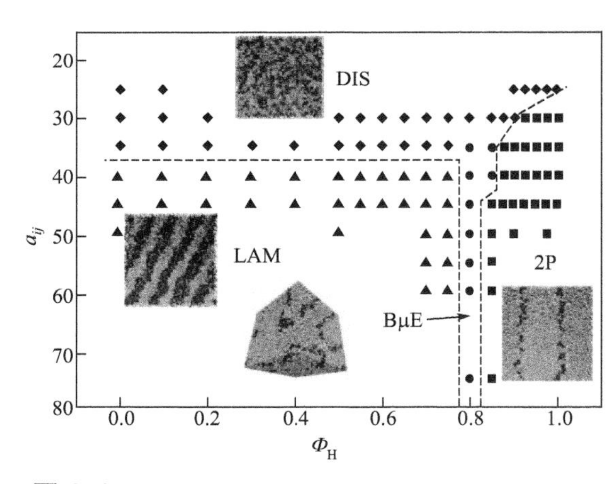

图 9-3

以均聚物总体积分数 Φ_H 和排斥参数 a_{ij} 为变量的对称三元共混体系 A2/B2/A4B4 的相图

虚线表示相边界，LAM（▲）表示层状相，2P（■）表示宏观相分离，DIS（◆）表示无序相，BμE（●）表示双连续微乳。

体系，与 Φ_{LP} 相比其 BμE 通道在相图上的位置向均聚物浓度较低的方向偏移。对于我们的模型，$\xi=0.25$，$\Phi_{LP}\approx0.89$。从图 9-3 可以看出，我们模拟得到的 $\Phi_{B\mu E}\approx0.8$，与理论预测相差了大约 0.09。同样地，Bates 等人[3] 报道低分子量的 PE/PEO/PE-PEO 体系，这一差值约等于 0.11[29]。产生差别的原因是 MFT 考虑的是分子量较大的体系且忽略涨落效应，而我们以及 Bates 实验中的分子均为低分子量的高分子，其涨落效应要远远强于分子量较大的体系。此外，我们还观察到了 BμE 通道的温度依赖性（通道随着温度降低而变窄），这样的规律在 Bates 等人的实验体系 PE/PEO/PE-PEO[29] 中也同样能够观察到。

需要注意的是在 PE/PEO/PE-PEO 体系实验相图[29] 中的低温区、LAM 相区和 BμE 通道间还存在六角相区，而我们的模拟中却没有得到这种结构。这是因为我们使用的双嵌段共聚物模型是绝对对称的（$f_A=0.5$），而实验中的 PE-EPO 并不是绝对对称的（$f_A=0.45$）。此外，由于 PE 嵌段和 PEO 嵌段之间的链刚性和相互作用不对称性（PEO 具有极性而 PE 没有）导致它们的构型也是不对称的。上述原因导致我们的模拟相图与实验相图存在差别。另一点需要注意的是我们在模拟中没有观察到 ODT 的组分依赖性，Bates 等人的 PE/PEO/PE-PEO 体系也是如此[29]，但很多实验三元体系均表现出了 ODT 的组分依赖性[3,29,32]。对于一个普适的对称三元共混体系模型 A2/B2/A4B4，这一行为与我们最初的预期相悖。这可能是因为模拟中我们采用了短链粗粒化模型和较大的排斥参数间隔（Δa_{ij}）。然而无论如何，我们相信我们已经建立起了有关对称三元共混体系相行为的实验和模拟间的定性吻合关系。

9.1.1.2 相结构表征

为了进一步区分上述四个相区中的各种相结构，我们对其进行了定量表征，如图 9-4 所示。

文献报道指出向嵌段共聚物熔体中添加均聚物能够溶胀之前的有序构象并形成新的微观结构，或者会发生宏观相分离，这依赖于共混体系的组成及其组分分子的相对长度[31,37-39]。本小节研究中，嵌段共聚物分子是绝对对称的且与双嵌段共聚物相比均聚物较短，当双嵌段共聚物为主要组分时，共混体系形成溶胀的 LAM 相。如图 9-3 所示，嵌段共聚物形成周期的长程有序的层，均聚物分布在对应的层中。位置相关结构因子 $S_P(q)$ 是表征 LAM 相的有效手段，用于描述嵌段共聚物分子间的位置相关性[40]：

$$S_P(q)=\frac{1}{N_m}\left\langle\left|\sum_{i=1}^{N_m}\exp\left(-i\boldsymbol{q}\cdot\boldsymbol{r}_i\right)\right|^2\right\rangle \tag{9-1}$$

式中，$\boldsymbol{r}_i$ 为第 i 个分子质心的位置矢量；N_m 为三元共混体系中双嵌段共聚物分子的总数。如图 9-4(a) 和 (b) 所示为 $a_{ij}=45$ 时体系 $\Phi_H=10\%$ 和 40% 的 $S_P(q)$ 曲线。两条曲线都可以明显看到三个散射峰，其峰位位置比为 1∶2∶3，明确预示着周期性的 LAM 结构。通过 q^*（第一个峰的峰位），我们可以计算得到对应于上述两个体系的层间距 $2\pi/q^*$（A 层或者 B 层的厚度，体系完全对称），分别为 $3.06r_c$ 和 $4.01r_c$。通常情况下，LAM 相的层间距定义为双层（A 层+B 层）的厚度，因此上述两个体系的层间距应

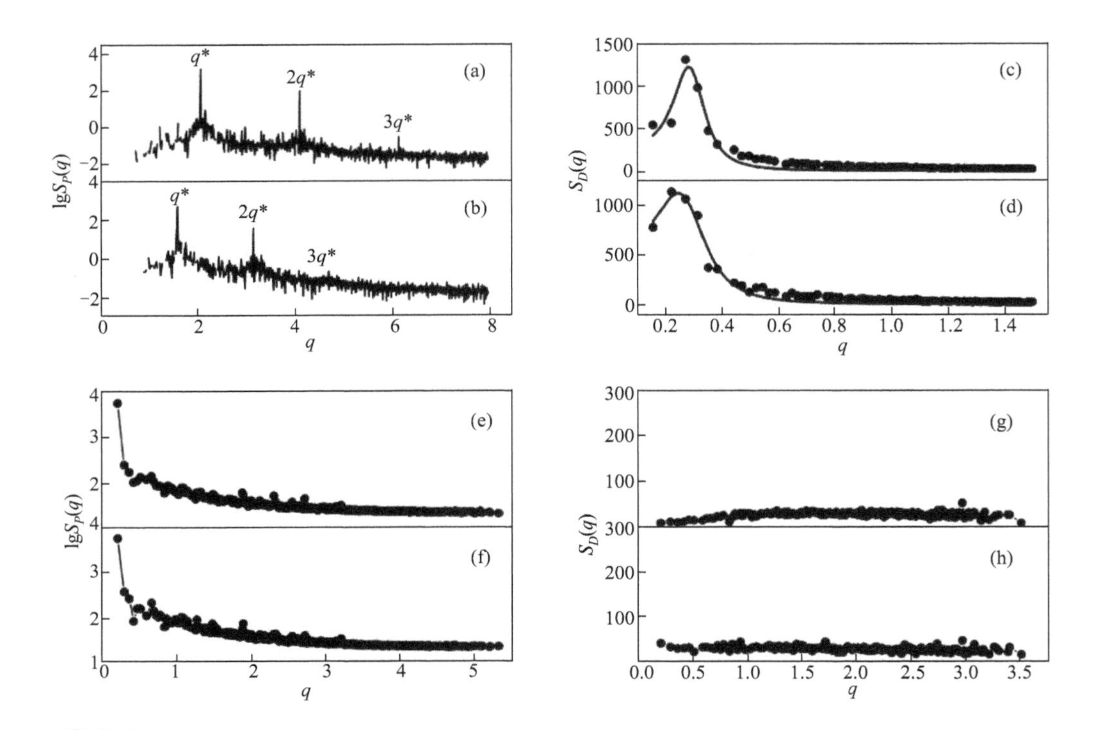

图 9-4

四种相态的结构因子表征

LAM：$a_{ij}=45$，(a) $\Phi_H=10\%$，(b) $\Phi_H=40\%$；BμE：$\Phi_H=80\%$，(c) $a_{ij}=40$，(d) $a_{ij}=45$，实线代表与 T-S 模型的拟合；2P：$a_{ij}=45$，(e) $\Phi_H=100\%$，(f) $\Phi_H=90\%$；DIS：$a_{ij}=25$，(g) $\Phi_H=0\%$，(h) $\Phi_H=90\%$。其中，LAM 相为 $S_P(q)$ 曲线，其他则为 $S_D(q)$ 曲线。

分别为 $6.12r_c$ 和 $8.02r_c$。

BμE 相的平衡结构如图 9-5 所示，以体系 $\Phi_H=80\%/a_{ij}=40$、$\Phi_H=80\%/a_{ij}=45$ 为例。明显与 LAM 相或者 2P 相内部的平界面不同，BμE 相的内部界面是完全扭曲、无规取向且没有任何的长程有序度。为了定量表征 BμE 的结构，我们计算了密度相关结构因子 $S_D(q)$，定义为[41]：

$$S_D(q)=\sum_{\boldsymbol{q}}\left\langle\frac{1}{L^3}\left\langle\left[\sum_{\boldsymbol{r}_j}\exp(i\boldsymbol{q}\cdot\boldsymbol{r}_j)f(\varphi_j)\right]^2\right\rangle\right\rangle\Big/\sum_{\boldsymbol{q}}1 \tag{9-2}$$

式中，L 为模拟盒子的长度。$f(\varphi_j)$ 为 A、B 两组分浓度差的涨落函数，定义为 $f(\varphi_j(r))=\varphi_B{}^j-\varphi_A{}^j-\langle\varphi_B{}^j-\varphi_A{}^j\rangle$，$\langle\ \rangle$ 表示热力学平均。基于唯相 Landau 理论，Teubner 和 Strey 推导出 BμE 结构的 $S_D(q)$，通常称之为 T-S 模型[42]：

$$S_D(q)\approx\frac{1}{a_2+c_1q^2+c_2q^4} \tag{9-3}$$

所有系数均依赖于体系组成并满足 $a_2>0$，$c_1<0$，$c_2>0$，$4a_2c_2-c_1{}^2>0$，$-1<f_a=c_1/(4a_2c_2)^{1/2}<0$。上述模型能很好地描述 BμE 相小角中子散射谱中的宽峰和大 q 范围内的 q^{-4} 衰减行为。如图 9-4(c) 和 (d) 所示为图 9-5 中两个 BμE 结构的 S_D (q) 曲线，

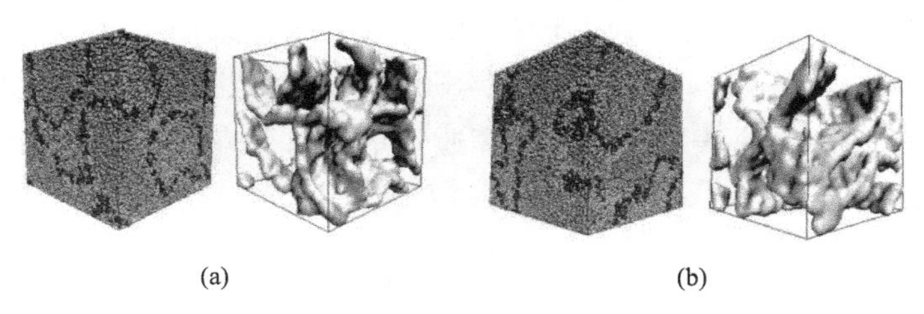

图 9-5

BμE 相的平衡结构

Φ_H = 80%，(a) a_{ij} = 40，(b) a_{ij} = 45。右侧图显示的是共聚物形成的界面形貌。

其中实线是模拟数据与公式（9-3）的拟合曲线。我们发现图 9-4(c) 和 (d) 中的结构因子曲线能被 T-S 方程[42] 很好地拟合。以体系 $\boldsymbol{\Phi}_H=80\%/a_{ij}=40$ 为例，拟合参数 $a_2=0.00412>0$、$c_1=-0.08232<0$、$c_2=0.51243>0$ 以及 $4a_2c_2-c_1{}^2=0.001668>0$，完全满足 T-S 模型的预测。

高分子共混体系宏观相分离的根本原因是组分之间非常低的混合熵，因此在共混体系中常常存在着尖锐的界面[1]。若向均聚物 A/B 的二元共混体系中添加双嵌段共聚物 A-B，则嵌段共聚物倾向于吸附在界面上，A 嵌段向均聚物 A 形成的相区伸展，而 B 嵌段则向均聚物 B 形成的相区伸展。由于 DPD 模拟中采用了周期边界条件，嵌段共聚物在均聚物富集相间的界面上形成两个离散的单层膜[43]，如图 9-3 所示。为了进一步定量表征 2P 结构，我们计算了 2P 体系的密度相关结构因子 $S_D(q)$，以体系 $\boldsymbol{\Phi}_H=100\%/a_{ij}=45$、$\boldsymbol{\Phi}_H=90\%/a_{ij}=45$ 为例，如图 9-4(e) 和 (f) 所示。结构因子为 Ornstein-Zernike 形式[29,36]，并且主峰位置为其最小值，也就是 $q^*=2\pi/L$，L 为模拟盒子长度。理论上来说，2P 相 $S_D(q)$ 曲线主峰位置 q^* 应为零，表明 2P 相的特征相区尺寸为无穷大。模拟中 q^* 为有限值是因为盒子尺寸为有限值造成的。

当相分离驱动力较小时（高温条件），三元共混体系中的均聚物和嵌段共聚物能够均匀混合形成 DIS 相。DIS 相与液晶无序相（isotropic）相似，体系均一且没有全局的周期有序度（图 9-3）。我们以体系 $\boldsymbol{\Phi}_H=0/a_{ij}=25$ 和 $\boldsymbol{\Phi}_H=90\%/a_{ij}=25$ 为例来表征 DIS 相的结构，对应的 $S_D(q)$ 曲线分别如图 9-4(g) 和 (h) 所示。与 2P 相对比，DIS 相 $S_D(q)$ 曲线强度很弱，表明共混体系中 A 组分与 B 组分的对比差别不明显。此外，$S_D(q)$ 曲线无明显主峰，预示 q^* 为无穷大，即 DIS 相的相区尺寸为无穷小。

9.1.1.3 相边界的表征

在实验中，散射技术常用来表征嵌段共聚物熔体的有序-无序相转变（ODT）。散射强度、散射峰形状以及峰位的改变均可作为 ODT 的标志[37]：当 LAM 相向 DIS 相转变时，结构因子峰高连续变小且峰形突然变宽。我们分别计算了不同 a_{ij} 时纯嵌段共聚物体系（$\boldsymbol{\Phi}_H=0\%$）和溶胀 LAM 相（$\boldsymbol{\Phi}_H=50\%$）的 $S_D(q)$ 曲线来解释 ODT，如图 9-6(a) 和 (b) 所示。当 $a_{ij}<40$ 时，纯嵌段共聚物熔体和溶胀 LAM 体系的 $S_D(q)$ 主峰的峰高突然降低且变宽，证明两个体系的 ODT 发生在 $35<a_{ij}<40$。此外，随 a_{ij} 的增大（温度

降低），峰位 q^* 向波矢 q 减小的方向迁移，暗示着两个体系的层间距随 a_{ij} 的增大而增大。此外，共混体系中双嵌段共聚物的微观分子有序度也能用来在分子尺度上揭示 ODT，此有序度用向列有序参数 S 表示。S 的计算通常基于向列有序张量 Q 的对角化，其值等于 Q 的最大本征值[44]：

$$\hat{Q}_{\alpha,\beta}=\frac{1}{2N}\sum_{i=1}^{N}(3\boldsymbol{u}_{i\alpha}\boldsymbol{u}_{i\beta}-\delta_{\alpha\beta}) \tag{9-4}$$

式中，α 和 β 为笛卡尔坐标；δ 为克罗内克符号；$\boldsymbol{u}_i$ 是沿分子主轴方向的单位矢量，定义为沿嵌段共聚物分子主轴方向上 A 嵌段质心与 B 嵌段质心间连线的单位矢量。相关的本征值定义为指向矢，描述分子的平均指向。从理论上说，对于无序态，$S=0$；而对于完美的分子单向排列结构，$S=1$。在 LAM 相中，双嵌段共聚物分子沿 LAM 相的法向有序堆垛，因此具有较高的取向有序度。而在 DIS 相中，双嵌段共聚物与均聚物均匀混合，说明当共混体系处于 DIS 状态时是各向同性的，双嵌段共聚物分子的取向有序度较低。我们计算了上述体系在不同 a_{ij} 时的向列有序参数 S，如图 9-6(c) 所示。从图中可以明显看出对于纯嵌段共聚物体系和溶胀 LAM 体系，S 随 a_{ij} 的增大而增大，且当 $a_{ij}=35\sim40$ 时发生跳跃。这表明当 ODT 发生时，嵌段共聚物分子发生从无序取向到有序取向的转变。此外，当 $a_{ij}\geqslant40$ 时，对于固定的 a_{ij}，纯嵌段共聚体系的 S 大于溶胀 LAM 体系，表明均聚物的添加会降低 LAM 相中嵌段共聚物分子的取向有序度。

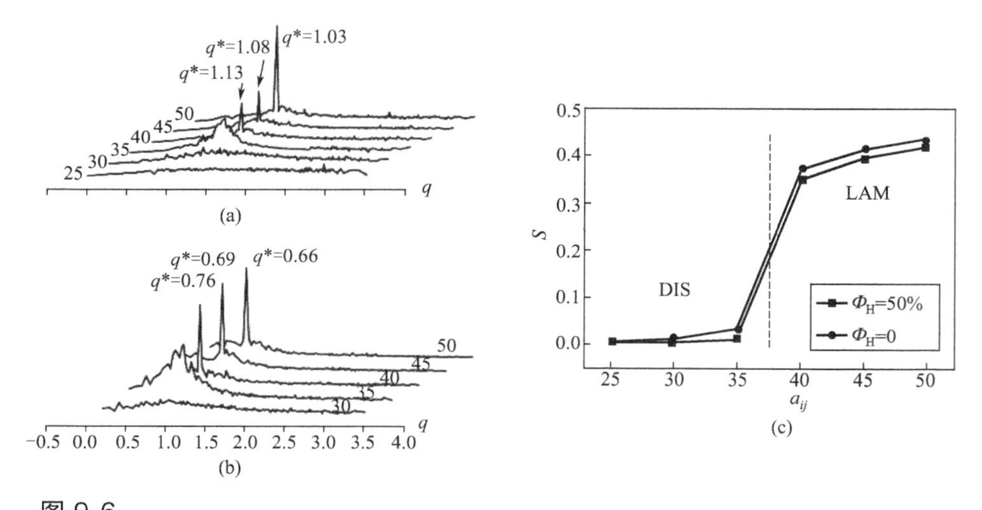

图 9-6

纯嵌段共聚物体系（a）和溶胀 LAM（$\Phi_H=50\%$）体系（b）的密度相关结构因子 S_D（q）的 a_{ij} 依赖性；（c）上述两个体系向列有序参数 S 的 a_{ij} 依赖性

与表征 ODT 相同，我们也采用密度相关结构因子和向列有序参数来描述 DIS 相与 2P 相之间的转变，如图 9-7(a)、(b) 所示，以体系 $\boldsymbol{\Phi}_H=97.5\%$ 和 $\boldsymbol{\Phi}_H=90\%$ 为例。对于两个体系，从图 9-7(a) 和 (b) 中我们可以明显看出，当 a_{ij} 较大时 $S_D(q)$ 曲线表现出 Ornstein-Zernike 形式，而当 a_{ij} 减小时 $S_D(q)$ 曲线突降，这表明随 a_{ij} 的减小出现了从 2P 到 DIS 的转变。需要指出的是：对于体系 $\boldsymbol{\Phi}_H=97.5\%$，此转变出现在 $a_{ij}=25\sim30$，而对于体系 $\boldsymbol{\Phi}_H=90\%$，转变点则为 $a_{ij}=30\sim35$，表明 2P 到 DIS 的相转变具有温度依赖

性，嵌段共聚物的添加使得此转变向高 a_{ij} 方向（低温方向）迁移。这一规律与 Bates 等人[3,29] 的实验结论一致。向列有序参数的表征也给出了相同的结论，如图 9-7(c) 所示。随着 a_{ij} 的增加，S 突然增大，突增点与 $S_D(q)$ 曲线表征一致。DIS 相中双嵌段共聚物分子无序分布，S 较小；而 2P 相中，嵌段共聚物分子吸附在界面上形成取向有序的高分子刷，S 较大。此外，在 2P 相中随 a_{ij} 的增大（相分离驱动力不断增加），双嵌段共聚物分子的取向有序度增大。从图 9-7(c) 中我们也可以观察到从 2P 到 DIS 的相转变存在温度依赖性。同时，对比体系 $\Phi_H=97.5\%$ 和 $\Phi_H=90\%$，由于后者具有更高的嵌段共聚物浓度，固定 a_{ij} 时其 S 值大于前者。

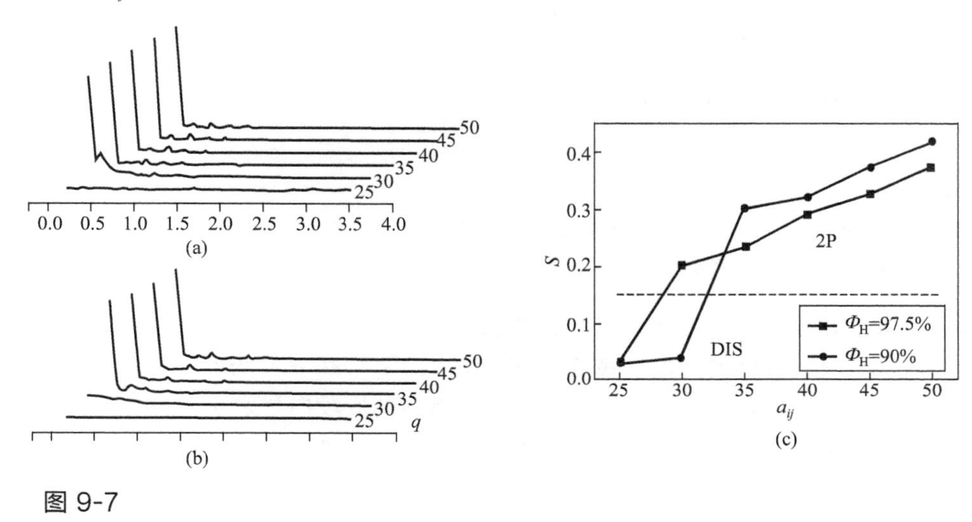

图 9-7

密度相关结构因子 $S_D(q)$ 和向列有序参数 S 的 a_{ij} 依赖性表征 2P-DIS 相转变

(a) $S_D(q)$ 曲线，$\Phi_H=97.5\%$；(b) $S_D(q)$ 曲线，$\Phi_H=90\%$；(c) 上述两个体系的向列有序参数 S

据我们所知，不管是实验还是理论，到目前为止人们还没有建立起从 DIS 相（宏观和微观皆无序）到 BμE 相（宏观无序而微观有序）转变的定量判据[32]。我们可以采用结构因子来定性区分这两种相结构，如图 9-8(a) 和 (b) 所示。BμE 相 $S_D(q)$ 曲线的特征是在有限的波矢范围内出现一个宽峰，存在特征波矢 q^*，并且此宽峰可与 T-S 模型[42] 进行拟合。而对于 DIS 相，在有限的波矢范围内不存在这样的宽峰。Bates 等人[3] 预测 BμE 通道随温度降低而变窄。除去 BμE-DIS 的转变，理论上在 BμE 通道边界附近我们还可以观察到 LAM-BμE-DIS 和 2P-BμE-DIS 的相转变。然而，模拟中我们只观察到了 BμE-DIS（$\Phi_H=80\%$）和 2P-BμE-DIS（$\Phi_H=85\%$）的相转变，如图 9-3 所示。这可能是因为模拟采用了较大的 a_{ij} 和 Φ_H 间隔。最终，我们确定了体系 $\Phi_H=80\%$ 从 BμE 到 DIS 的相转变点为 $a_{ij}=30\sim35$。而对于体系 $\Phi_H=85\%$ 则存在两个相转变点：2P-BμE，$a_{ij}=40\sim45$；BμE-DIS，$a_{ij}=30\sim35$。

如前所述，三元共混体系的相转变通常伴随着双嵌段共聚物分子取向有序度的改变，因此取向有序度可以作为分子尺度上判定相转变的直接证据。我们采用向列有序参数 S[46,47] 来表征从 LAM 到 BμE 再到 2P 的相转变，分别选取 $a_{ij}=40$ 和 45 为例，如图 9-8 (c) 所示。处于 LAM 相区（$0<\Phi_H\leqslant75\%$）的体系，S 值较高，表明层状相中的嵌段共

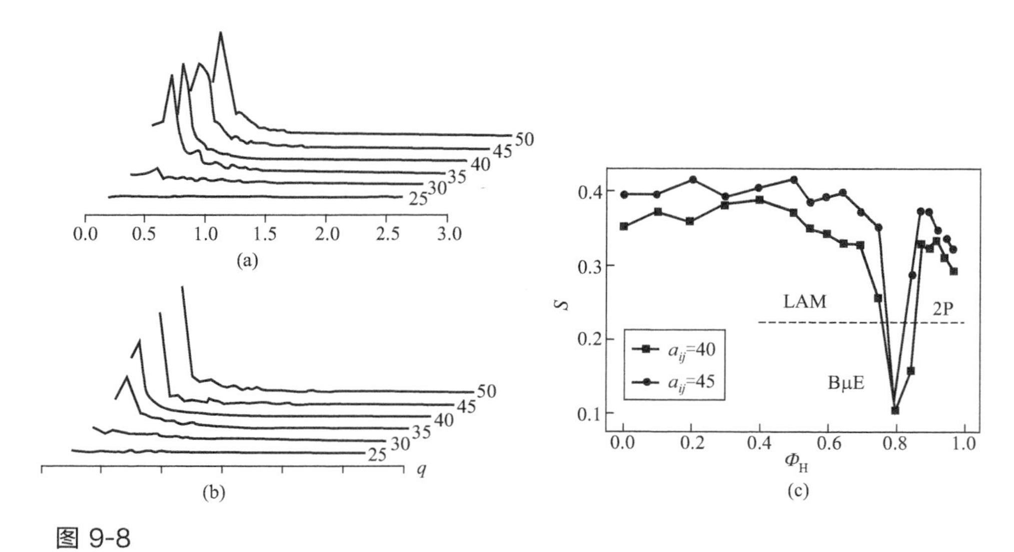

图 9-8

体系(a)Φ_H = 80%和(b)Φ_H = 85%密度相关结构因子 S_D(q)的 a_{ij} 依赖性;(c)a_{ij} = 40 和 45 时共混体系中双嵌段共聚物分子的向列有序参数 S

聚物分子是取向有序的。向三元共混体系中添加均聚物,LAM 相被均聚物不断溶胀,涨落增强,嵌段共聚物有序度降低(靠近 BμE 相区的 LAM 体系尤为明显)。2P 相中双嵌段共聚物分子被吸附在不相容均聚物间的界面上,不同的嵌段向与之对应的均聚物区域中伸展,S 也较高。此外,S 随($1-\Phi_H$)的增大而增大,这是因为 2P 相界面处的嵌段共聚物分子数越多它们之间的相互作用就越强。相反地,BμE 相由于完全无序的界面导致双嵌段共聚物分子的无序取向,S 值相对较低。需要指出的是不论在 LAM 相区还是 2P 相区,我们均观察到了 S 的 a_{ij} 依赖性。在固定的 Φ_H 下,$a_{ij}=45$ 的体系 S 值均大于 $a_{ij}=40$ 的体系,表明低温下双嵌段共聚物分子的取向有序度更高。另一点需要指出的是,体系 $\Phi_H=15\%$ 在 $a_{ij}=40$ 时为 BμE 相而在 $a_{ij}=45$ 时则为 2P 相,表明 BμE 通道随温度降低而变窄。总而言之,共混体系中双嵌段共聚物分子取向有序度的改变提供了 BμE 相弯曲界面的显著证据,并为从 LAM 到 BμE 再到 2P 的相转变提供了分子信息。

9.1.1.4 小结

在本小节的研究中,我们采用耗散粒子动力学方法[35,45,46] 研究了对称三元共混体系的相行为。通过结构因子和有序参数的表征,我们建立了对应于真实对称三元共混物的粗粒化模型体系的相图,发现存在四个相区:无序相(DIS)区、有序层状相(LAM)区、宏观无序而微观相分离的双连续微乳(BμE)相区以及宏观相分离(2P)区。相转变序列以及相区位置与相关实验和理论结果相符。此外,我们的工作进一步证明了耗散粒子动力学方法是研究多组分高分子共混体系相行为的有力工具。

9.1.2 高分子共混体系相转变与界面性质[17]

通常说来,高分子共混体系被认为是界面的集合体,了解并控制这些内部界面的性质对于调控材料性质至关重要。如上一小节所述，通过添加适量的共聚物，共混体系的宏观相分离能够得到有效抑制并形成新的无序或有序的微观相分离结构，例如微乳以及一系列有序介观相[3,36,38,39]。微乳通常表现为两种形态：滴状或者双连续。其中，双连续微乳（BμE）稳定存在的主要原因为内部界面受热涨落控制，导致体系存在大量弯曲且自发曲率为零的界面[3,29]。目前人们普遍认为 BμE 的形成显著依赖于其内部界面的性质[12,47-52]，并且添加足够多的共聚物还能够得到一系列具有许多内部界面的有序介观相[38,39]，因此了解这些相态的界面性质并建立界面性质变化与相转变间的对应关系对我们认识并进而调控高分子材料的结构和功能具有重要意义。然而，相比于当前对相行为的研究，界面性质［特别是作为介观相（对称三元共混体系中的 LAM 相）组成部分的界面］受到的关注却相对较少。大体说来，界面张力 γ 和弹性常数（包括弯曲模量 κ 和层间压缩模量 B）是界面性质的关键参数。γ 是衡量界面增加单位面积所引起能量损失的大小的量度[53]，κ 则描述平界面抵抗弯曲的能量损失[54]，而 B 则与 LAM 相中层间相互作用（水合作用力和范德华力）直接相关[55,56]。例如，BμE 相的特征是接近于零的界面张力 $\gamma=0$ 和较低的弯曲模量 $\kappa \leqslant K_{B}TI$[12]，这些特征不仅允许 BμE 相具有大量的内部界面，同时允许热涨落使之稳定存在[3,10,12,48,57]。从热力学上讲，人们假设[3] 从 2P 相到 BμE 相的相转变是因为 A-B 嵌段共聚物的添加使得 A/B 界面饱和，界面张力消失，而从 LAM 相到 BμE 相的转变则是因为嵌段共聚物界面的柔性超过一定的阈值（κ 值与 $K_{B}T$ 相当）。虽然已有大量文献[19,20,58-61] 报道嵌段共聚物降低共存均聚物相间的界面张力，但嵌段共聚物对界面柔性的影响却还不是完全清楚[12,47-52]，并且几乎没有文献报道过相转变和界面性质之间的联系。综上所述，人们对三元共混体系界面性质关注甚少，尤其是 LAM 相。考虑到三元共混体系的巨大应用背景，对 2P 和 LAM 相的界面性质及其与从 2P 到 BμE 和从 LAM 到 BμE 相转变之间的关系进行系统研究是非常必要的。

DPD 模拟中界面张力 γ 的计算与 MD 模拟相同，可通过沿界面的法向和切向压强张量的差值来计算[62,63]。如果体系中的界面并不非常弯曲，我们也可以通过界面波动模式的谱强度来统计 γ[54,64,65]。使用波动光谱暗示着界面表现出明显的长波长涨落行为，因而其自由能可通过基于界面张力和弯曲刚性的 Helfrich 曲率模型来描述[66]。需要注意的是，此模型只在界面涨落不是很剧烈的情况下才能使用。当 2P 相太靠近 BμE 相，或者涨落已超过热力学波动能达到的波长时，上述方法不再适用。一些研究发现通过涨落谱统计得到的界面张力的大小与通过压强张量计算得到的值基本一致[54,65]。同时，通过监测共存相间的双亲分子（表面活性剂或共聚物）单层[48,54,65,67,68] 或者磷脂双层膜[64,69] 中间层的高度涨落，单层或者双层的弯曲模量 κ 同样可直接从涨落谱求得。然而，尽管上述方法已被普遍用于计算 κ，人们对分子结构和双亲分子组成对单层或者磷脂双层弯曲模量影响的认识还远不深入[48,54,65,67]。例如，κ 对双亲分子界面覆盖量的依赖性就存在争议[48,54,65,67]。进一步研究当增加嵌段共聚物界面密度直至界面张力为零的过程中 2P 相单层膜的界面性质变化将有助于解决上述争议。对于多层膜例如有序的 LAM 相，若遵循上述方法来计算 κ 是极度困难的。因为层状相表现为双层膜的堆垛结构，区分特定的层并测量其涨落振幅是很困难的。此外，平衡的 LAM 相是无应力的，由于柔性导致介观尺度的热涨落，使得邻近单层膜之间存在熵排斥力，并且由于其他膜的存在，涨落受到限制。

然而实际上，至今为止还没有工作研究三元共混 LAM 相中层的波动以及厚度涨落。2003 年，Loison 等人[70,71] 发表文章指出，用于计算堆垛膜结构的弯曲模量 κ_c 和压缩模量 B 的介观离散-谐振模型（discrete harmonic model）可合理地描述二元双亲分子-溶剂混合体系中形成的层堆垛结构的涨落行为，且通过联立唯象参数 κ_c/B 及其他参数可分别确定弹性常数 κ_c 和 B。在本小节的研究中，我们将上述方法扩展至研究对称三元共混体系形成的 LAM 相的热涨落，计算其弹性常数并进一步探寻 LAM 到 BμE 相的转变机制。

9.1.2.1 计算 2P 相和 LAM 相界面性质的理论背景

首先，我们来介绍用于解析 2P 相和 LAM 相界面性质的理论背景。Helfrich 理论[66,72] 能够很好地描述介观尺度上共存相界面的性质，将 2P 相中的双亲分子单层膜当作单个平滑波动的表面来处理，其自由能为

$$f=\int \mathrm{d}A\left[\gamma+\frac{\kappa}{2}(c_1+c_2-2c_0)^2+\bar{\kappa}c_1c_2\right] \tag{9-5}$$

式中，c_1 和 c_2 为主曲率。四个参数 γ、c_0、κ 和 $\bar{\kappa}$，分别表示界面张力、自发曲率、弯曲模量和高斯模量。由于对称三元体系中双亲分子单层膜是对称的，$c_0=0$。2P 相的拓扑结构不会发生改变，$\bar{\kappa}$ 不会影响单层膜的能量涨落，因此式（9-5）中带有高斯模量的那一项可以忽略[54,65]。进一步假设界面涨落是温和的，式（9-5）可根据描述偏离平均位置的界面位移的高度涨落函数 $h(x,y)$ 进行改写[66]

$$f=\int_A \mathrm{d}x\,\mathrm{d}y\left[\frac{\gamma}{2}\left(\frac{\partial h}{\partial x}+\frac{\partial h}{\partial y}\right)^2+\frac{\kappa}{2}\left(\frac{\partial^2 h}{\partial x^2}+\frac{\partial^2 h}{\partial y^2}\right)^2\right] \tag{9-6}$$

需要注意的是自由能只展开至 h 的二次方项。经过傅里叶变换，$h(x,y)$ 可写为依赖于波长的涨落模式

$$\tilde{f}=\frac{\gamma}{2}q^2\tilde{h}(q)^2+\frac{\kappa}{2}q^4\tilde{h}(q)^2 \tag{9-7}$$

式中，$q=(q_x,q_y)$ 为横向波矢；$\tilde{h}(q)$ 是 $h(x,y)$ 的傅里叶变量。从上式可以看出，最后一项说明在 Helfrich 模型中由波动模式引起的弯曲自由能与弯曲模量 κ 和涨落振幅的平方成正比。基于均分定理，每一种波动模式的平均能量可与谱强度联系起来[54,64,65]

$$\left\langle|\tilde{h}(q)|^2\right\rangle=\frac{K_B T}{A}(\gamma q^2+\kappa q^4)^{-1} \tag{9-8}$$

式中，K_B 为玻尔兹曼常数；T 为温度；A 为单层膜的面积。在模拟中我们通过跟踪 $h(x,\ y)$ 可以得到界面结构因子 $S(q)=\left\langle|\tilde{h}(q)|^2A\right\rangle$，并按式（9-8）对小波矢范围内的涨落谱进行拟合来确定界面张力和弯曲模量[54,64,65]。

一般说来，通过添加额外变量例如膜厚和层间耦合作用，Helfrich 模型可作为研究层状堆垛结构的弹性理论的基础[73]。作为描述堆垛膜涨落的经典介观理论，离散-谐振模型（“discrete harmonic” model，DH)[74,75] 将层状相描述为一系列离散的二维涨落的层，在 z 方向上以平均层间距 d 进行堆垛而在（x,y）平面内连续延伸铺展。第 n 层的位置可通过唯一的高度函数 $Z_n(x,y)$ 表征，并且第 n 层相对于其平均位置的高度涨落可表示为

局部位移 $h_n(x,y)=Z_n(x,y)-nd$。平衡状态下的层状结构是无应力的（即：界面张力几乎为零），并且这类具有固定拓扑形态的堆垛结构其高斯曲率对自由能的贡献为常数[76,79]。进一步，针对最简单的情况，仅考虑邻近层之间的相互作用且自发曲率为零的层状堆垛结构，体系自由能为[70,77]

$$f=\sum_{n=0}^{N-1}\int_A \mathrm{d}x\,\mathrm{d}y\left\{\frac{K_c}{2}\left(\frac{\partial^2 h_n}{\partial x^2}+\frac{\partial^2 h_n}{\partial y^2}\right)^2+\frac{B}{2}(h_n-h_{n+1})^2\right\} \tag{9-9}$$

式中，N 为层的数目。上式右边的两项描述了由于层的局部形变和局部层间距偏离平均层间距所导致的能量损失，因此堆垛膜结构的弹性可通过弯曲模量 κ_c 和压缩模量 B 来表征。基于此，层状相热涨落的面内相关长度（in-plane correlation length）ξ 可定义为 $\xi=(\kappa_c/B)^{1/4}$。

类似 Loison 等人[70,71] 的做法，层状相双层堆垛结构的涨落分析在傅里叶空间和实空间中进行。我们首先进行两种形式的傅里叶变换，包括 z 方向上的离散变换与 x、y 方向上的连续变换

$$h(\boldsymbol{q}_\perp,q_z)=\sum_n h_n(\boldsymbol{q}_\perp)\mathrm{e}^{-iq_z nd} \tag{9-10}$$

$$h_n(\boldsymbol{q}_\perp)=\int_A \mathrm{d}r h_n(\boldsymbol{r})\mathrm{e}^{-I\boldsymbol{q}_\perp \mathbf{r}}=\frac{1}{N}\sum_{q_z}h(\boldsymbol{q}_\perp,q_z)\mathrm{e}^{+iq_z nd} \tag{9-11}$$

式中，$\boldsymbol{q}$ 为波矢；q_z 和 $\boldsymbol{q}_\perp$ 分别为其 z 方向上的分量和（x,y）面上的投影。在采用有限盒子尺寸 L 的模拟中，波矢的分量仅取其离散值 $q_\alpha=k_\alpha(2\pi)/L_\alpha$，其中 α 为笛卡尔坐标，$k_\perp=(k_x{}^2+k_y{}^2)^{1/2}$，$k_z$ 由双层数目 N 确定。依据均分定理，我们可以得到涨落的平均振幅[78]

$$\left\langle|h(\boldsymbol{q}_\perp,q_z)|^2\right\rangle=\frac{NL_xL_yK_BT}{2B[1-\cos(q_z d)]+\kappa_c q_\perp^4} \tag{9-12}$$

式中，〈 〉代表热力学平均。由于模拟结果 $\left\langle|h(\boldsymbol{q}_\perp,\ q_z)^2|\right\rangle$ 存在很大的统计误差，将其与式（9-12）直接比较而得到弹性常数 κ_c 和 B 是不可行的[73]。为此，我们考虑通过计算跨膜结构因子（trans-bilayer structure factor）来确定这两个弹性常数。跨膜结构因子描述了不同双层的位置相关性，定义为[70,71]

$$s_n(\boldsymbol{q}_\perp)\doteq\frac{1}{N^2}\sum_{q_z}\mathrm{e}^{iq_z nd}\left\langle|h(\boldsymbol{q}_\perp,q_z)|^2\right\rangle=\frac{1}{N}\sum_{j=0}^{N-1}\left\langle h_j(\boldsymbol{q}_\perp)\cdot h_{n+j}(\boldsymbol{q}_\perp)^*\right\rangle \tag{9-13}$$

由公式可知 s_0 为自相关涨落谱（auto-correlation fluctuation spectra），描述单个双层膜自身的相关性，而 $s_n(n>0)$ 为交叉相关涨落谱（cross-correlation fluctuation spectra），描述不同双层膜间的相关性。当 N 趋近于无穷大（厚度无限大的堆垛膜结构）并将式（9-12）代入，我们可以得到[70]

$$s_0(q_\perp)\overset{N\to\infty}{=}\frac{L_xL_yK_BT}{\kappa_c q_\perp^4}\left[1+\frac{4}{H}\right]^{-1/2} \tag{9-14}$$

$$s_n(q_\perp)\overset{N\to\infty}{=}s_0(q_\perp)\left[1+\frac{H}{2}-\frac{1}{2}\sqrt{H(H+4)}\right]^n \tag{9-15}$$

式中，H 为无量纲参数，$H=(\xi q_\perp)^4$，而且式（9-15）也表明比值 s_n/s_0 仅依赖于

H。通过统计双层膜的位置涨落，我们便可以计算跨膜结构因子及其比值 s_n/s_0。再通过比较模拟结果与式（9-14）和式（9-15），我们可求得面内相关长度 ξ（也就是唯象参数 κ_c/B）。此外，对于以 $q_\perp$ 为变量的 s_0 和 s_n/s_0 曲线，理论预测存在两个区域，分界点为 q_c-ξ^{-1}：当 $q_\perp$ 远大于 q_c 时，不同双层膜间的涨落是不相关的，自相关涨落谱 s_0 与 $q_\perp^{-4}$ 成正比，不同双层膜间的交叉相关比 s_n/s_0 以 H^{-n} 指数形式衰减；而在大波长区（$q_\perp \ll q_c$），不同双层膜间的涨落是相关的，s_0 与 $q_\perp^{-2}$ 成正比，在趋于波长无限大的极限时（$H=0$），s_n/s_0 趋近等于 1。

在实空间中，高度相关函数 $\langle \delta h_n(r)^2 \rangle$ 定义为[70,75,77]

$$\delta h_n(x,y)^2 \doteq \frac{1}{N}\sum_{j=0}^{N-1} \left| h_{n+j}(x,y) - h_j(0,0) \right|^2 \tag{9-16}$$

此外，高度相关函数还可通过将 $s_n(q_\perp)$ 逆变换回实空间 (x,y) 而计算得到[56,70,75,77]

$$\left\langle \delta h_n(r)^2 \right\rangle = \frac{2\eta_1}{q_1^2}\int_0^\infty \mathrm{d}\tau \, \frac{1 - J_0\left(\frac{r}{\xi}\sqrt{2\tau}\right)\left[\sqrt{1+\tau^2} - \tau\right]^{2n}}{\tau\sqrt{1+\tau^2}} \tag{9-17}$$

式中，$r=(x^2+y^2)^{1/2}$；J_0 为第一 Bessel 函数；q_1 为第一衍射峰的位置（$q_1=2\pi/d$）；η_1 为 Caillé 参数

$$\eta_1 = \frac{4\pi K_B T}{8d^2\sqrt{B\kappa_c}} \tag{9-18}$$

从式（9-17）可知，高度相关函数与 η_1 成正比，且 η_1 常用于表征 X 射线散射谱的峰宽度[74]。因此，拟合实空间实验数据与式（9-17）可求得 Caillé 参数 η_1。将式（9-18）与傅里叶空间分析得到的唯象参数 κ_c/B 联立求解就可计算得到弯曲模量 κ_c 和压缩模量 B。

9.1.2.2 LAM 相和 2P 相的弹性性质

本小节的主要目的是研究对称三元共混体系界面性质及其与相转变间的联系。采用的对称三元共混模型与上一小节一致，为 A2/B2/A4B4 体系。我们只考虑一个温度下的相行为，因此将异种 DPD 珠子间的排斥参数固定为 $a_{AB}=50$。所有的模型参数和模拟条件均与上一小节一致，或参阅文献［17］。我们采用实时图、密度曲线和结构因子来表征在 $a_{AB}=50$ 和 $a_{AA}=a_{BB}=25$ 时 A2/B2/A4B4 共混体系形成的各种相结构，并确定了相边界，如表 9-1 所示（为给出精确的相转变点，在 2P 到 BμE 和 BμE 到 LAM 相转变的边界附近，我们将 $\Delta\Phi_H$ 定为 2.5%）。

表 9-1　共混体系 A2/B2/A4B4（$a_{AB}=50$，$a_{AA}=a_{BB}=25$）的相区位置

Φ_H	0%～75%	77.5%～82.5%	85%～100%
相结构	LAM	BμE	2P

LAM 相的弹性性质：下面，我们以 $\Phi_H=40\%$ 的 LAM 体系为例来说明 LAM 相涨落的分析过程。通过等容单轴压缩和拉伸并跟踪对角压强张量和有序参数的变化[62,63]，我

们确定了此无应力 LAM 体系的平衡层间距为 $d=8.32r_c$。为考查模拟体系的层数是否为足够多并且模拟结果是否不受有限尺寸效应影响，我们准备了两个典型的平衡 LAM 构象[63]，其中 $L_x=L_y=30r_c$，而 z 方向上的尺寸为 $L_z=Nd$，N 分别等于 8 和 4。进行涨落分析时，任一层 n 的涨落由局部高度函数 $Z_n(x,y)$ 和厚度函数 $T_n(x,y)$ 表示。实际计算中，x 和 y 方向上仅考虑其离散值，$x=n_xL_x/N_x$，$y=n_yL_y/N_y$，其中 $N_x=N_y=30$。对于每一个位置 (x,y)，第 n 个双层的高度 $Z_n(x,y)$ 和厚度 $T_n(x,y)$ 定义为其上层和下层嵌段共聚物单层膜高度 $z(x,y)$ 值的平均值和差值，这里单层膜任意位置 (x,y) 处的 z 值定义为位于 $[(x_k-x)^2+(y_k-y)^2]^{1/2}<R$ 范围内的嵌段共聚物分子其两嵌段间连接点的 z 坐标的平均值[65]。注意，虽然对于不同体系 R 值大小的选择不相同，但需要保证至少有一个嵌段共聚物分子在每一个格点上，在我们的模拟中 $R=1\sim1.5r_c$。根据前面定义，第 n 个双层膜偏离其平均位置的局部高度涨落为 $h_n=Z_n(x,y)-\overline{Z}_n$，平均位置 $\overline{Z}_n=\sum_{x,y}Z_n(x,y)/(N_xN_y)$。

我们首先在实空间里分析层的涨落。图 9-9(a) 所示为含有 8 个双层的 LAM 堆垛结构的层间距分布。峰的周期分布表明双层膜在层的法向上为近晶有序，且第 n 个峰与被 n 个均聚物 A、B 富集区域分隔开的双层膜间的距离有关。依据第一个峰的宽度可以确定 Caillé 参数 $\eta_1=0.47$。将每一个峰与 Gaussian 函数拟合可得均值和方差，如图 9-9(b) 和 (c) 所示。层间平均距离与 n 成正比，$\langle|Z_n(x,y)-Z_0(x,y)|\rangle=nd$，斜率为层间距 $d=8.32r_c$。方差即为高度-高度涨落函数，因此可将其与式 (9-17) 进行拟合，如图 9-9(c) 所示。

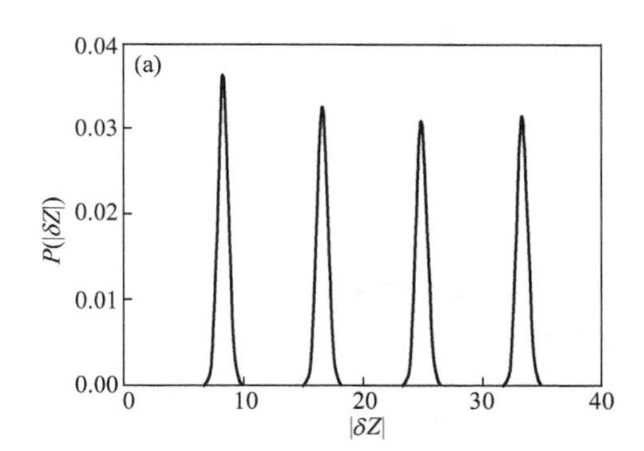

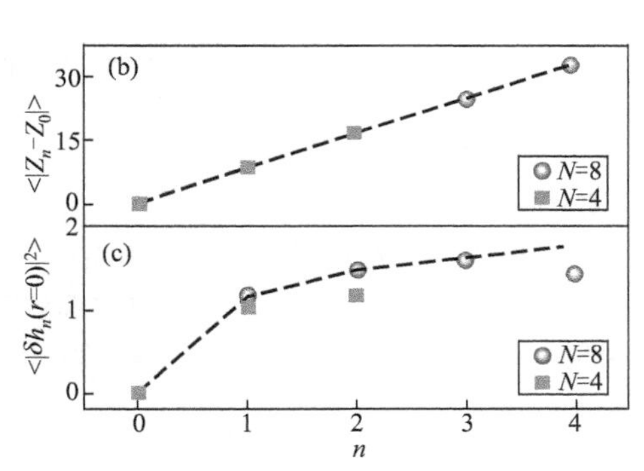

图 9-9

在实空间里分析层的涨落

(a) 含 8 个双层溶胀 LAM 相 ($\Phi_H=40\%$) 的层间距分布；(b) 含 8 个和 4 个双层溶胀 LAM 相 ($\Phi_H=40\%$) 的平均层间距与 n 的关系，虚线为线性拟合；(c) 上述两个体系层间距分布的方差与 n 的关系，虚线为式 (9-17) 的理论预测，Caillé 参数 $\eta_1=0.47$。

接着，我们在傅里叶空间中分析双层膜的位置涨落及相关性。图 9-10(a) 为跨膜结构因子 $s_n(q_\perp)$-$q_\perp$ $[q_\perp=(q_x{}^2+q_y{}^2)^{1/2}, n=0,1,2]$。需要指出的是当尺度小于分子尺度时，DH 理论不再成立。一般来说，$q_{\perp\min}$ 等于 $2\pi/L=0.20944r_c{}^{-1}$，而对于 $q_{\perp\max}$ 的选择，任何情况下 $2\pi/q_{\perp\max}$ 都必须保证大于分子尺度。在我们的体系中，分子尺度大约为 $3.2r_c$（A4B4 分子的根均方末端距），因此 $q_{\perp\max}$ 应小于 $2r_c{}^{-1}$。图 9-10(b) 为比值 $s_n/$

s_0-$q_\perp$（$n=1$，2），将其与式（9-15）拟合，拟合参数为面内相关长度 ξ。对于含有 8 个双层的 LAM 堆垛结构，理论预测与数据吻合较好，且两条拟合曲线均给出相同的面内相关长度值 $\xi \approx 2.05 \pm 0.06 r_c$。最终，通过两个拟合参数，Caillé 参数 η_1 和面内相关长度 ξ，我们可以计算得到溶胀 LAM 体系 $\Phi_H = 40\%$ 的弯曲模量 K_c 和压缩模量 B 分别为 $0.842 K_B T$ 和 $0.044 K_B T r_c^{-4}$。

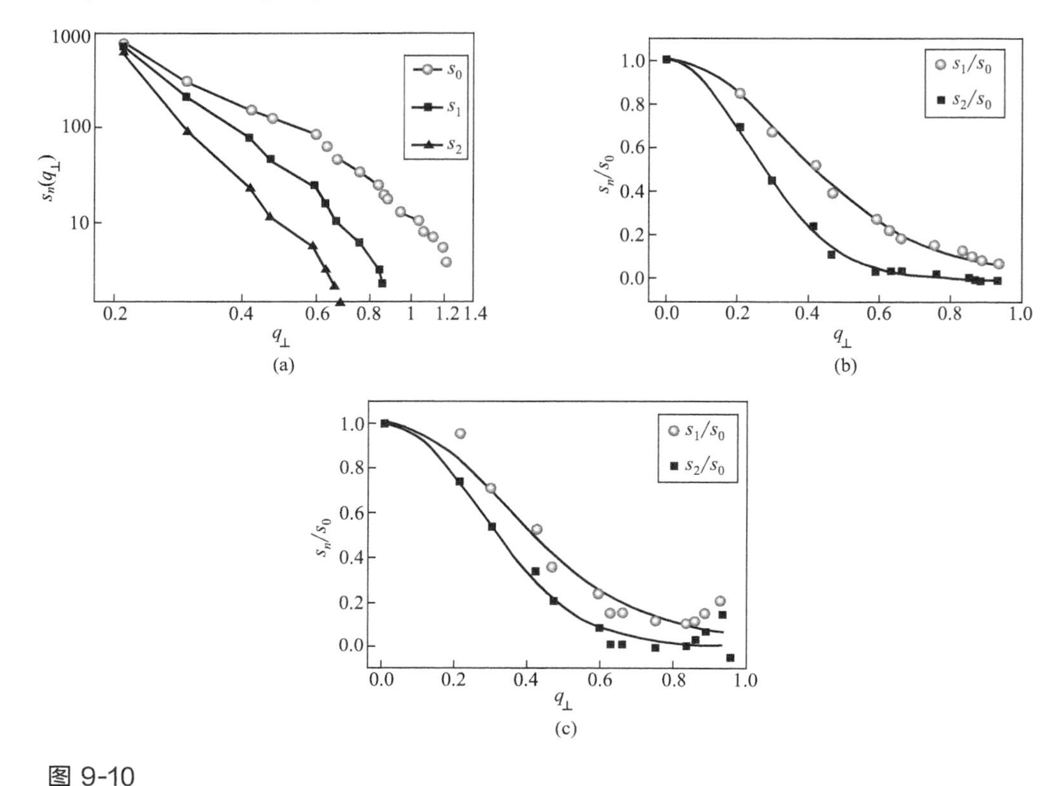

图 9-10

在傅里叶空间中分析双层膜的位置涨落及相关性

（a）含 8 个双层溶胀 LAM 体系（Φ_H= 40%）的跨膜结构因子；（b）上述体系的比值 s_n/s_0-$q_\perp$ 曲线（n= 1,2）；（c）上述体系的对比构象（N= 4）。（b）、（c）中的实线均为式（9-15）的拟合曲线。

为了解释可能的有限尺寸效应，我们同样对含有 4 个双层的 LAM 堆垛结构的实空间和傅里叶空间的位置涨落进行了分析，相关的结果分别如图 9-9(b)，(c) 和图 9-10(c) 所示。如图 9-9(b) 和 (c) 所示，层间距 d 并不显著依赖于体系尺寸，但由于有限尺寸效应的存在小体系的方差减小[70]。因此，小体系的 Caillé 参数被低估了。此外，图 9-10(c) 中小体系的 s_n/s_0（$n=1$，2）比值与理论预测存在较大偏离。这是因为相对于大体系，小体系中双层涨落的相关性更强，模拟体系沿层法向上的有限厚度会强烈影响层的热涨落。尽管式（9-15）是基于无限厚双层堆垛结构推导而来，但上述模拟结果说明含有 8 个双层的 LAM 结构已经足够大，能重复连续 DH 理论所预测的行为。基于此，后续研究不同组成的 LAM 相的弹性性质时三元共混体系形成的层状相均含有 8 个双层。

在给出不同组成 LAM 相的弹性常数之前，我们对自相关涨落谱的形状进行讨论，以此作为应用 DH 理论计算 LAM 相弹性性质合理性的最终验证。如前所述，DH 理论预测

s_0 曲线存在两个区域，相交于 q_c-ξ^{-1}：当 $q_\perp$ 远大于 q_c 时，不同双层间的涨落是不相关的，涨落谱 s_0 与 $q_\perp{}^{-4}$ 成正比；而在大波长区域（$q_\perp \ll q_c$），不同双层之间的涨落是相关的，s_0 与 $q_\perp{}^{-2}$ 成正比。下面我们检验不同 Φ_H 含量 LAM 相的自相关谱 $s_0(q_\perp)$，并将模拟数据和式（9-14）的理论预测进行对比。图 9-11 给出了 LAM 体系在 $\Phi_H=0\%$、55%和 75%时的自相关谱。$\Phi_H=0\%$ LAM 体系的模拟盒子切向尺寸（L_x 和 L_y）为 $30r_c$，而对于 $\Phi_H=55\%$ 和 $\Phi_H=75\%$ 体系，为了在大波长尺度上得到更多的数据点，我们将此切向尺寸增大至 $50r_c$。对于 $\Phi_H=0\%$ LAM 体系，面内相关长度 ξ 等于 $1.46\pm0.01r_c$。当波矢小于 $\xi^{-1}=0.68r_c{}^{-1}$ 时（即波长大于相关长度），我们发现 s_0 与 $q_\perp{}^{-2.05\pm0.05}$ 成正比，与 DH 理论预测的大波长（$q_\perp \ll q_c$）范围内的 $q_\perp{}^{-2.0}$ 标度行为吻合，表明对于 $\Phi_H=0\%$ LAM 体系大波长下的层间涨落是相关的。当 $q_\perp > \xi^{-1}$ 时，此体系的 s_0 曲线并没有表现出 DH 理论所预期的小波长范围（$q_\perp \gg q_c$）内的标度规律 s_0-$q_\perp{}^{-4}$。此体系的面内相关长度 ξ 较小，而 DH 理论在小于此相关长度尺度时不再成立，因此观察不到自由膜区域的标度规律 s_0-$q_\perp{}^{-4}$。对于 $\Phi_H=55\%$ 的 LAM 体系，面内相关长度增大至 $\xi=2.75\pm0.03r_c$。我们发现 DH 理论能够很好地描述此体系的涨落谱：$q_\perp < \xi^{-1}$ 时，s_0-$q_\perp{}^{-2.08\pm0.09}$；$q_\perp > \xi^{-1}$ 时，s_0-$q_\perp{}^{-4.03\pm0.08}$，这表明 $\Phi_H=55\%$ LAM 体系中层在小波长区域表现为自由波动、不受束缚的膜，而在大波长区域内则为受限的、层间相关的膜。当更多的均聚物添加入共混体系，面内相关长度进一步增大，例如 $\Phi_H=75\%$ 的 LAM 体系存在 $\xi=5.99\pm0.05r_c$。对于这样的体系，s_0 只在 $q_\perp > \xi^{-1}$ 范围内表现出 $q_\perp{}^{-3.95\pm0.06}$ 的标度行为，非常接近 DH 理论预期的自由膜的 $q_\perp{}^{-4}$ 标度规律。由于在模拟中沿（x，y）平面上的模拟盒子尺寸有限（尽管我们已经把盒子尺寸增大至 $L_x=L_y=50r_c$），我们在 $q_\perp < \xi^{-1}$ 区域得不到足够的数据点。如在更大的模拟盒子中，相关膜涨落的标度规律 s_0-$q_\perp{}^{-2}$ 在上述 $\Phi_H=75\%$ LAM 体系应该是能够观测到的。总而言之，图 9-11 的模拟结果与 DH 理论的预测吻合，再次证明采用这一理论计算对称三元共混体系形成的 LAM 相的弯曲刚性和压缩模量的可行性和有效性。此外，随着 Φ_H 的增加，面内相关长度 ξ 增大，相交点 q_c 向小波矢方向迁移，因此具有 s_0-$q_\perp{}^{-2}$ 标度行为的区域变窄而 s_0-$q_\perp{}^{-4}$ 的区域变宽，这也表明随着均聚物的添加，LAM 堆垛结构被不断地溶胀。LAM 相中的双层经历了从单一受限涨落模式向受限和非受限涨落共存模式的转变，并且非受限自由膜出现的波矢范围更大且其涨落更为显著。

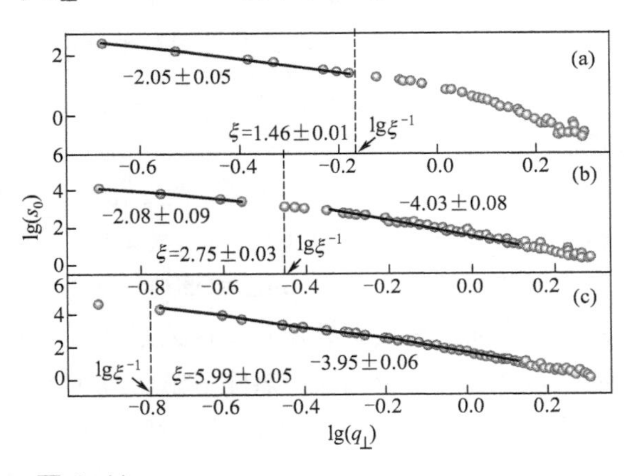

图 9-11

含 8 个双层 LAM 相的自相关涨落谱 $s_0(q_\perp)$

(a) $\Phi_H=0\%$，$L_x=L_y=30r_c$；(b) $\Phi_H=55\%$，$L_x=L_y=50r_c$；(c) $\Phi_H=75\%$，$L_x=L_y=50r_c$。

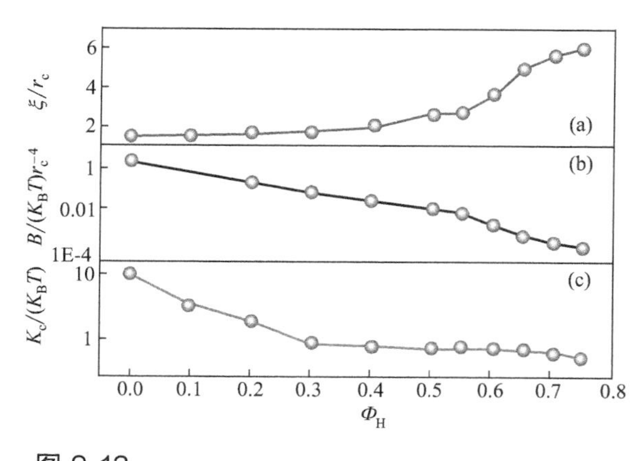

图 9-12

含 8 个双层 LAM 相的（a）面内相关长度 ξ、（b）压缩模量 B 和（c）弯曲模量 K_c 与 Φ_H 的关系

图 9-12 所示为不同 Φ_H 含量下 LAM 体系的面内相关长度 ξ、压缩模量 B 和弯曲模量 K_c。随着均聚物的添加，ξ 增大，而 B 和 K_c 减小。当均聚物分子长度小于或与双嵌段共聚物分子长度相当时，均聚物能够溶胀微观相。随 Φ_H 增大，LAM 层间距增大，邻近双层膜之间的相互作用减小，涨落的相关性降低，此时面内涨落变得更为重要，因而导致 B 的减小和 ξ 的增大。除此之外，随均聚物的添加 LAM 相的取向有序度降低，双层变得更加柔软，弯曲模量 K_c 随 Φ_H 的增加而减小，并且溶胀的 LAM 体系更容易受到热涨落的影响。需要指出的是基于简单模型 A4B4/A2/B2 计算得到的 K_c 和 B 的值均在实验数据[3] 和其他模拟研究[64,69,70,79,80] 计算值的范围之内。例如，LAM 体系 $\Phi_H=20\%$的弯曲模量和压缩模量分别为 $2.01K_BT$ 和 $0.26K_BTr_c^{-4}$，与 Loison 等人[70,71] 报道的基于二元双亲分子-溶剂混合物当溶剂体积分数为 20%时形成的层状堆垛结构计算得到的 $K_c=4.0K_BT$ 和 $B=0.13K_BTr_c^{-4}$ 非常接近。

进一步分析图 9-12(c) 中 K_c 的变化趋势以及表 9-1 的相边界数据，我们发现当接近相转变点（$\Phi_H=77.5\%$）时，弯曲模量应小于 K_BT，热涨落增大以至高度溶胀的 LAM 相无法保持层结构，此时 BμE 相形成。显然，双连续微乳的出现与溶胀 LAM 相的零界面张力和弯曲模量变得极低有直接关系。这样的结论虽有 Bates 等人[3] 已提出但没有给出证明，并且这一结论还与热涨落驱动 BμE 相形成的结论相吻合[5,6,49]。

2P 相的弹性性质：下面我们对 2P 相中的界面涨落进行分析。界面的高度涨落函数 $h(x,y)$ 定义为界面上任一 (x,y) 点的局部位置 $z(x,y)$ 与其平均位置的位移，$z(x,y)$ 定义为最邻近界面的 A 或者 B 珠子位置的权重平均。二元共混（$\Phi_H=100\%$）和 $\Phi_H=90\%$、85%的三元共混体系的界面结构因子 $S(q)$ 如图 9-13(a) 所示。作$[q^2S(q)]^{-1}$-q^2 曲线，如图 9-13(a) 中的插图所示，在小波矢范围内得到一条直线，表明式（9-8）能很好地描述大波长单层膜的涨落行为。将前四个点按 $y=\gamma+\kappa x$ 进行拟合，斜率为弯曲模量 κ，而外推至 $q=0$ 的截距则为界面张力 γ。

图 9-13(b) 给出不同 Φ_H 含量的 2P 相的界面张力 γ 和弯曲模量 κ。我们发现只含有不相容均聚物的二元共混（$\Phi_H=100\%$）体系的 γ 相对较高，向此二元共混体系中添加嵌段共聚物导致 γ 降低。例如：将均聚物含量降低至 $\Phi_H=85\%$时，γ 变得较低（$0.45\pm0.04K_BT/r_c^2$）。而当添加更多嵌段共聚物（$\Phi_H=82.5\%$），界面张力消失，表明此时更多界面的形成并不增加界面自由能。从表 9-1 可知在 $\Phi_H=82.5\%$时 A2/B2/A4B4 体系形成了热力学稳定的双连续微乳。这说明从 2P 到 BμE 的相转变发生时界面张力达到极低

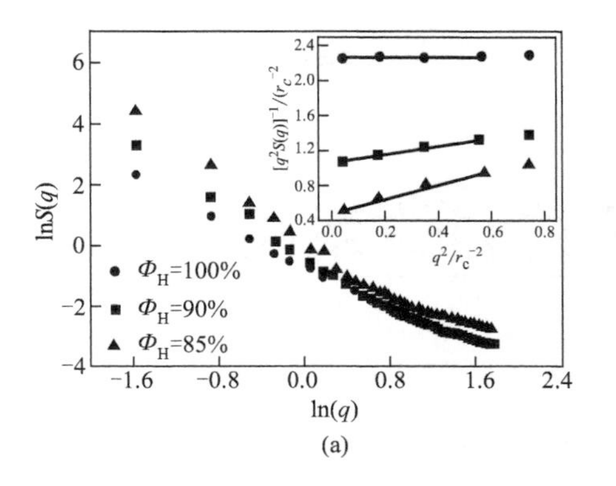

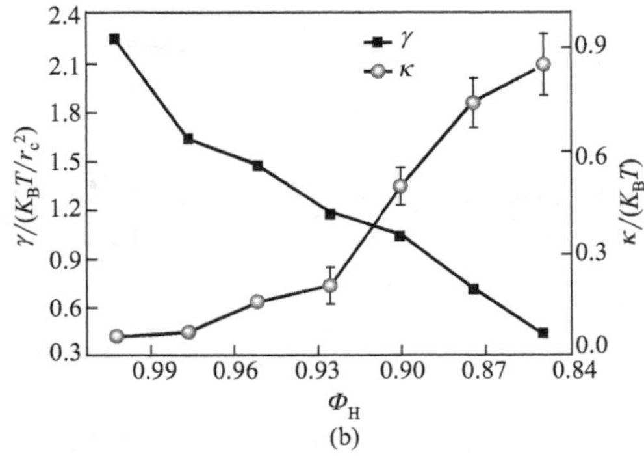

图 9-13

对 2P 相中的界面涨落进行分析

(a) 二元共混体系(Φ_H = 100%)和三元共混体系(Φ_H = 90%、85%)的界面结构因子 S(q)。插图显示 $[q^2S(q)]^{-1}$-q^2，实线表示前四个点的线性拟合，斜率为 κ，截距为 γ。(b) 2P 相界面张力 γ 和弯曲模量 κ 与 Φ_H 的关系。

值。同时，我们也发现随着嵌段共聚物的添加，如图 9-13(b) 所示 κ 几乎单调增加，说明由于嵌段共聚物在界面上的富集使得弯曲模量对界面自由能的贡献变得更为重要[51]。当 Φ_H=85%时，κ 增大至 0.85±0.09K_BT。继续添加双嵌段共聚物至从 2P 到 BμE 的相变点时（即：Φ_H=82.5%），κ 将增大至与 K_BT 相当。需要指出的是，当界面张力极低或者消失时，较低的弯曲模量意味着界面抵抗弯曲的能力较弱，界面更易受到热涨落的影响。热涨落使得邻近单层膜之间存在熵排斥力，因此当 Φ_H=82.5%时，单层膜失稳，2P 发生相变，形成稳定的均聚物相互穿插的双连续微乳相 BμE。综上所述，从 2P 到 BμE 的相转变不仅与相界面饱和（界面张力消失，使得 BμE 相存在大量的内部界面）相关[3,12,48,81]，而且与嵌段共聚物单层膜的弯曲模量 $\kappa \leqslant K_BT$ 相关（热涨落能够稳定 BμE 结构）[3,10,12,48,81]。

9.1.2.3 小结

本小节中我们研究了对称三元共混体系的界面性质及其与相转变间的联系。发现连续离散-谐振（discrete harmonic）理论[74,75] 能够准确描述 LAM 相的热涨落。随着均聚物的添加，LAM 相的溶胀程度增大，邻近双层间的涨落相关程度降低，层间的热涨落模式会从单一的相关模式向相关和不相关的共存模式转变。与此同时，面内相关长度增大，LAM 相的弯曲模量和压缩模量减小，双层柔性变大，因此高度溶胀的 LAM 相极易受热涨落的影响而失稳。当弯曲模量减小到与热能 K_BT 同数量级时，从 LAM 到 BμE 的相转变发生。对于 2P 相，我们发现 Helfrich 模型[66,72] 能够很好地描述大波长范围内嵌段共聚物单层膜的热涨落，且随着嵌段共聚物的添加，界面张力降低而弯曲模量增大。当不相容均聚物的界面饱和（界面张力趋近于零）时，从 2P 到 BμE 的相转变发生。上述研究结果表明，从 2P 和从 LAM 相到 BμE 相的相转变均与界面性质的变化密切相关，且热涨落是 BμE 相形成并稳定存在的关键因素。

9.2 添加纳米粒子的高分子共混体系相行为和分相动力学

高分子共混是一种制备高性能材料简单而有效的方法。然而在大多数情况下，不同的高分子之间的相容性比较差[82]，从而使高分子共混体系稳定性较低，容易发生宏观相分离。这种宏观相分离常常会弱化界面黏附性而使材料的力学性能下降。近期的实验和理论研究都表明加入纳米级的填充颗粒有可能提高不相容二元共混体系的相容性。对于球形全同纳米粒子，如果纳米粒子只与两组分中的某一组分亲和，那么纳米粒子可以通过增加该组分的黏度来减慢相分离过程，但体系的相分离规律并没有发生变化，最终还是会发生宏相分离[83]。然而，如果纳米粒子能够与两组分均具有亲和作用，这种全同两亲性的纳米粒子倾向吸附在界面上而不像上述的单亲纳米粒子局限在某一组分中，这不仅能够减慢相分离动力学，还能够有效地抑制宏相分离的发生，促使体系形成类双连续微乳结构[84,85]。双连续微乳，作为一种热力学稳定的相态，特征尺寸为10～100nm。由于两种均聚物在双连续微乳中相互贯穿交织，因此双连续微乳具有广泛的用途。近期，理论和计算机模拟开展研究了含全同单亲或两亲纳米球的二元共混体系的分相过程，并提出一些有价值的见解[86-88]。

最近几年，Janus纳米粒子由于具有广泛的潜在和实际的用途而受到越来越多的关注[89,90]。Janus纳米粒子概念是de Gennes[91]于1992年在诺贝尔奖获奖报告中提出来的，代表的是一类同时具有两种不同化学组成或表面性质的胶体粒子。通过适当地选择Janus纳米球两部分的表面性质，使得一部分亲水，另一部分疏水，这种双亲性的Janus纳米粒子就可以像表面活性剂分子一样吸附在界面上，因此双亲性的Janus纳米粒子又可被称为“表面活性剂颗粒”。这种由Janus纳米粒子固有本质决定的双亲性使得Janus纳米粒子在界面上的解吸附能要大于相同条件下的全同纳米粒子[92]、大分子表面活性剂[93]或者接枝无规共聚物的纳米粒子[94,95]。因此，可以预测Janus纳米粒子可以抑制不相容高分子共混体系中不希望发生的聚集和粗化，稳定微乳或泡沫[96,97]。尽管Janus纳米粒子在增容和稳定共混体系方面具有很重要的作用，但是其增容和稳定的机理还不太为人所知。另外，开展Janus纳米粒子对不相容共混体系的相行为和分相动力学的影响的实验和模拟研究还很少，但相关的相结构和动力学信息及形貌演化对于调控和设计多组分高分子共混体系的性能却是非常重要的。

正如前面提到的，纳米粒子合成技术的进步使得大量制造具有不同形状的纳米粒子成为可能。在众多不同的形状中，棒状的纳米粒子引起了广泛关注。这是由于纳米棒易实现取向和位置有序，在制造具有新型光学、电学和磁学性能的新材料方面有巨大潜力。此外，最近的研究发现全同单亲纳米棒在与之亲和的高分子相区中的组装、聚集和凝胶化，不仅可以减慢相区粗化，甚至可以形成动力学上稳定的共连续微/纳米尺度结构。对于全同双亲纳米棒，相关的工作则很少。而关于Janus纳米棒，我们课题组发现，当Janus纳米棒含量较高时，可以通过调节Janus纳米粒子和高分子的亲和程度以及Janus纳米棒的界面设计，在含有Janus纳米棒的三元高分子共混体系中可以得到不同的介观结构，比如双连续微乳和层状相。总之，纳米棒不仅可以用作有效的增容剂，还促进各种微相结构或者功能纳米材料的制备。然而，通过实验精确调节棒的表面性质或与基体高分子之间的相互作用不容易。迄今为止，对含有不同表面性质纳米棒的不相容高分子共混体系的系统研究还很缺乏，对于纳米棒的表面性质对相区粗化的抑制作用和相形貌影响的认识还十分有限。通过DPD模拟研究这三种纳米棒的增容能力和对高分子共混体系的形貌转变的影响，可以加深我们的理解，对于实际应用中调节优化纳米粒子的表面性质非常重要。此外，高分子在加工过程中会遇到剪切作用，尽管有越来越多的关于二元混合物对剪切作用响应的研究，但是关于剪切对含有纳米粒子的高分子共混体系影响的研究很少。因此，研究含有不同表面性质的纳米棒的三元共混体系对于剪切流的不同响应，对于设计制造有序的纳米结构和先进纳米材料将很有帮助。

9.2.1 纳米球表面性质对不相容高分子共混体系相分离动力学的影响[98]

本小节中我们主要考查了Janus纳米球含量和尺寸对不相容的高分子共混物相分离动力学的影响，并和全同两亲纳米球粒子进行了对比。体系中均聚物分别用A和B表示，全同两亲纳米球和Janus纳米球分别用HS和JS表示。均聚物A和B的体积分数以及聚合度都相等，即$\Phi_A=\Phi_B$，$N_A=N_B=10$，而且对于这样的对称共混物体系其相分离过程为旋节分解（SD）动力学。我们采用珠簧模型模拟高分子链，即在高分子主链上相邻珠子之间除了保守力、耗散力和随机力之外还引入了谐振弹簧力，$F_{ij}^{S}=C\boldsymbol{r}_{ij}$，其中$C$是弹簧力常数，$C=-4$。亲和DPD珠子对之间的作用参数设为$a_{AA}=a_{BB}=25$[99]，不亲和DPD珠子之间的相互作用参数设为$a_{AB}=a_{BA}=100$。这样参数的设置保证共混体系深度淬火进入两相区，体系相分离过程加速，将相分离动力学的研究控制在合理的时间内。

三元体系中的纳米球，如图9-14所示，是由DPD珠子按照面心立方（face-centered cubic，FCC）的排列方式堆砌而成的。为了防止体系中的高分子链穿插进入纳米球这种非物理现象的发生，我们将纳米球的晶格常数设为$0.73r_c$，则纳米球内DPD珠子数密度为$10r_c^{-3}$，远远大于高分子珠子在本体中的数密度$3r_c^{-3}$。刚性纳米球的运动可独立地分为两部分：平动和转动[100]。

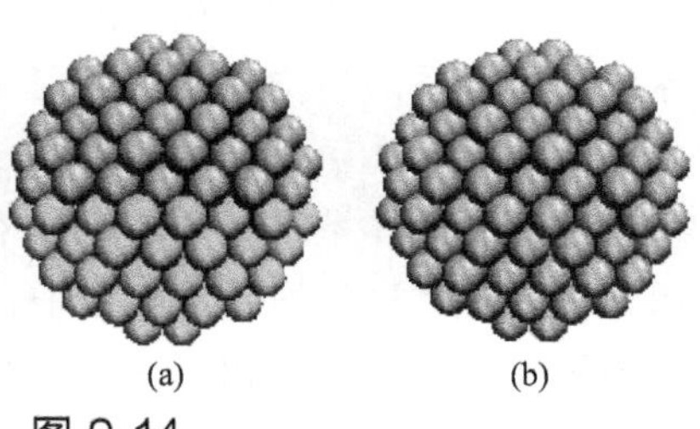

图 9-14

两种纳米球的结构示意

（a）由两个不同化学组成的半球构成的双亲Janus纳米球；（b）只有一种化学组成的全同两亲纳米球。

Janus纳米球（JS）的两个半球分别用p和q来表示，由于p和q的化学性质不同，两亲Janus纳米球可以作为颗粒表面活性剂。而全同两亲纳米球（HS）只有一种化学组成，但能够与共混体系中的两种不相容组分相亲和，因此也具有表面活性，但不具有双亲性。为了简单起见，我们设Janus纳米球的p部分与均聚物A的相互作用和q部分与均聚物B之间的相互作用参数相等。含有Janus纳米球的三元体系中各组分之间相互作用参数如下：

$$a_{ij}=\begin{array}{ccccc} & \mathrm{A} & \mathrm{B} & \mathrm{p} & \mathrm{q} \\ \mathrm{A} & 25 & 100 & 25 & 100 \\ \mathrm{B} & 100 & 25 & 100 & 25 \\ \mathrm{p} & 25 & 100 & 25 & 100 \\ \mathrm{q} & 100 & 25 & 100 & 25 \end{array} \tag{9-19}$$

作为参考体系，含有全同两亲纳米球体系中各组分之间的相互作用参数设置如下：

$$a_{ij}=\begin{array}{cccc} & \mathrm{A} & \mathrm{B} & \mathrm{H} \\ \mathrm{A} & 25 & 100 & 25 \\ \mathrm{B} & 100 & 25 & 25 \\ \mathrm{H} & 25 & 25 & 25 \end{array} \tag{9-20}$$

因体系中引入了刚性粒子，存在刚性约束，为了保证温度的稳定，时间步长设为$\Delta t=0.01\tau$。噪声参数设为$\sigma=3$，温度控制为$1.0k_BT$，根据耗散-涨落定理$\sigma^2=2\gamma k_BT$，摩擦系数固定为$\gamma=4.5$。

为了研究纳米球含量的影响，我们选择三个体系，其中纳米球半径均固定为$R_{NS}=2.0r_c$，纳米球体积分数分别为$\Phi_{NS}=20\%$、25%和30%；为了探究纳米球尺寸的影响，我们固定纳米球体积分数Φ_{NS}为20%，纳米球半径R_{NS}分别为$1.0r_c$、$1.5r_c$和$2.0r_c$。为简便起见，所有含有Janus纳米粒子（JS）和全同纳米粒子（HS）的高分子共混体系分别用mJSn和mHSn表示，其中m代表纳米球的体积分数，n代表纳米球的半径。

9.2.1.1 相区增长

对于上述体系，我们发现随着相分离的演化，亲和的高分子珠子相互聚集形成微相区并逐渐长大，同时Janus纳米球和全同两亲纳米球聚集在均聚物A和均聚物B富集相之间的相界面上，从而使体系形成微相分离的类双连续微乳结构。此外，在相分离后期，相区结构没有发生明显的变化。图9-15给出了含Janus纳米球的三元体系和含全同两亲纳米球的三元体系的平均相区尺寸随时间的变化。可以看出在相分离早期相区增长因子n近似等于1/3，对应于纯二元体系SD过程中扩散区的相区增长因子。在随后的过程中，含纳米球的三元体系的相区增长速率远远小于纯二元高分子共混体系，并且平均相区尺寸按照非代数形式进行增长，相区增长因子严重依赖相分离时间，说明Janus纳米球和全同两亲纳米球都能够抑制相区增长。在相分离后期，绝大部分纳米球都吸附在A/B界面上，随着相区的增长，相界面的收缩，纳米粒子在界面上的覆盖率非常大。因此，相区增长几乎停止，相区尺寸接近饱和并且相区增长因子接近于0。上述慢的非代数形式的相分离动力学也在Hore和Laradji研究的简单流体共混体系中曾被观察[85]。此外，从图9-15中，我们还发现在相分离后期平均相区尺寸随着纳米球含量的增加而减小，随着纳米球半径的减小而减小。特别值得关注的是，相比全同两亲纳米球，Janus纳米球能更有效地增容或稳定高分子共混体系，即在给定的纳米球体积分数 Φ_{NS} 和半径 R_{NS} 的情况下，含有全同两亲纳米球的三元体系在相分离中后期的平均相区尺寸大于含有 Janus 纳米球的三元共混体系。

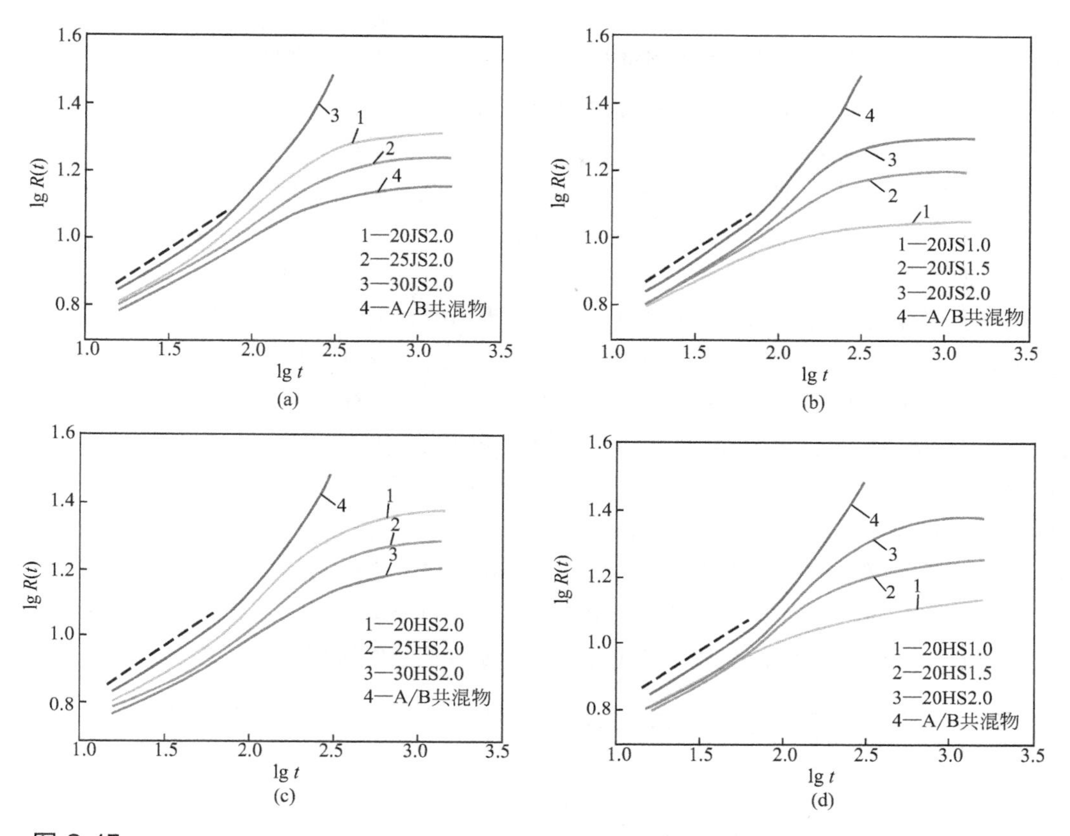

图 9-15

含纳米球的三元共混体系平均相区尺寸随时间的演化图

（a）和（b）为含 Janus 纳米球的三元体系，其中（a）图中的 Janus 纳米球半径固定为 $R_{JS}=2.0r_c$，纳米粒子体积分数 Φ_{JS} 分别为 0、20%、25%和 30%；（b）图中 Janus 纳米球含量固定为 $\Phi_{JS}=20\%$，半径 R_{JS} 分别为 $2.0r_c$、$1.5r_c$ 和 $1.0r_c$；（c）和（d）为含有全同两亲纳米球的三元体系，其中（c）图中全同两亲纳米粒子半径固定为 $R_{HS}=2.0r_c$，纳米球含量 Φ_{HS} 分别为 0、20%、25%和 30%，而（d）图中全同两亲纳米球含量固定为 $\Phi_{HS}=20\%$，半径 R_{HS} 分别为 $2.0r_c$、$1.5r_c$ 和 $1.0r_c$。为了方便比较，我们在图中还给出了纯二元高分子共混体系的平均相区尺寸。图中虚线的斜率为 0.33。

在模拟过程中，我们还发现含 Janus 纳米球的三元体系和含全同两亲纳米球的三元体系的相区增长动力学在定性上存在相似性。假设所有的全同两亲纳米球都按照赤道吸附方式聚集在二元流体混合体系的界面上，并且没有解吸附的发生，从 H 模型[101] 出发推导出了含全同两亲纳米球的二元流体混合物的相区增长与时间存在以下关系：

$$R(t)=\frac{\alpha R_{NS}}{\Phi_{NS}}-\left(\frac{\alpha R_{NS}}{\varphi_{NS}}-R_0\right)e^{-t/\tau} \tag{9-21}$$

式中，τ 是标度时间，$\tau=(\alpha\eta R_{NS})/(\gamma_{AB}\Phi_{NS})$，$\alpha$ 是 0～1 之间与相区结构和两流体体积分数有关的无量纲系数。R_0 是初始平均相区尺寸。式（9-21）表明当 $t\rightarrow\infty$ 时，平均相区尺寸达到饱和，饱和相区尺寸 R_{sat} 与纳米球半径和体积分数的比值成正比，即：

$$R_{\text{sat}}=\alpha \frac{R_{\text{NS}}}{\Phi_{\text{NS}}} \tag{9-22}$$

图 9-16(a) 清楚地说明了式（9-21）能够很好地描述含 Janus 纳米球或全同两亲纳米球的高分子共混体系在 $t>200\tau$ 时，即所有的纳米球均吸附到了相界面上时的平均相区尺寸随时间的变化关系。这说明在表面活性纳米球作用下，体系的界面张力随时间而减小。但是，在我们研究的体系中，发现含有全同两亲纳米球的三元体系的平均相区尺寸要大于用式（9-21）拟合的数据值。相反，与含有全同两亲纳米球体系相比，在 $t>200\tau$ 时，含 Janus 纳米球的三元体系的平均相区尺寸与用式（9-21）拟合的数据重合得很好。这说明在相分离后期在高分子共混体系中的 Janus 纳米球符合式（9-21）的前提条件，即所有纳米粒子按照赤道吸附的方式聚集在 A/B 的相界面上并且没有发生解吸附的现象。

在我们研究的含 Janus 纳米球和全同两亲纳米球的三元体系中，相分离后期平均相区尺寸接近饱和，并且随着纳米球体积分数的增加而减小，随着纳米球半径的减小而减小。图 9-16(b) 中的饱和相区尺寸是通过将 $R(t)$-$1/t$ 图中横坐标外推至 $1/t\to 0$ 估算得到的。图 9-16(b) 表明我们研究的含全同两亲纳米球的体系，如 30HS2.0、25HS2.0、20HS2.0、20HS1.5、20HS1.0 和含 Janus 纳米球的体系，如 30JS2.0、25JS2.0、20JS2.0、20JS1.5、20JS1.0 的饱和相区尺寸 R_{sat} 均与 $R_{\text{NS}}/\Phi_{\text{NS}}$ 呈线性关系，这与式（9-22）的预测一致。更有趣的是，在 $R_{\text{NS}}/\Phi_{\text{NS}}$ 相同时，含 Janus 纳米球体系的饱和相区尺寸要小于含全同两亲纳米球体系。这说明与 Janus 纳米球不同，全同两亲纳米球在高分子共混体系的界面上存在非赤道吸附或可能发生从界面上解吸附下来的现象。

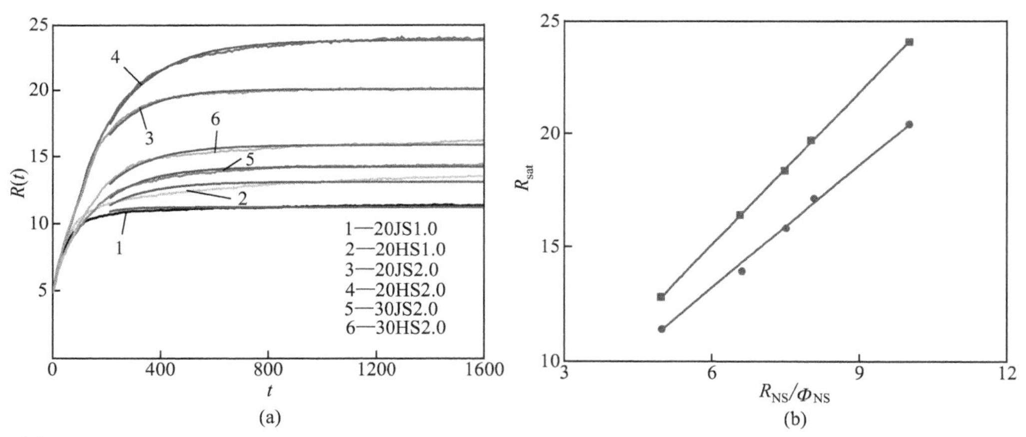

图 9-16

(a) 平均相区尺寸随时间的变化及 (b) 饱和相区尺寸与 $R_{\text{NS}}/\Phi_{\text{NS}}$ 的关系

(a) 为清楚起见，我们选择了六个代表性的体系，即 20JS1.0、20HS1.0、20JS2.0、20HS2.0、30JS2.0 和 30HS2.0。我们也对 $t>200\tau$ 的相区尺寸值用式（9-21）进行了拟合。(b) 图中上下两条线分别对应含全同两亲纳米球的三元共混体系和含 Janus 纳米球的三元共混体系的饱和相区尺寸。

实际上，正如图 9-17(a) 所示，我们能够清楚地观察到全同两亲纳米球并不总是按照赤道吸附方式聚集在界面上，特别是在曲率比较大的界面处（在图中用圆圈标识），这会使全同两亲纳米球占据的界面面积减小。相反 Janus 纳米球几乎都是按照赤道吸附方式聚集在界面上，如图 9-17(b) 所示。因为 Janus 纳米球的形状是按照其分界面对称的，当

Janus 纳米球过多地嵌入 A 或 B 的任意相都会导致体系能量的急剧上升，这从热力学上来讲是不稳定的。因此 Janus 纳米球能够更多地降低界面张力，从而降低更多的相分离驱动力。另外，Janus 纳米球的赤道吸附不仅能够抑制它们在界面上的转动，还能够阻碍它们沿着界面法向方向的平动。

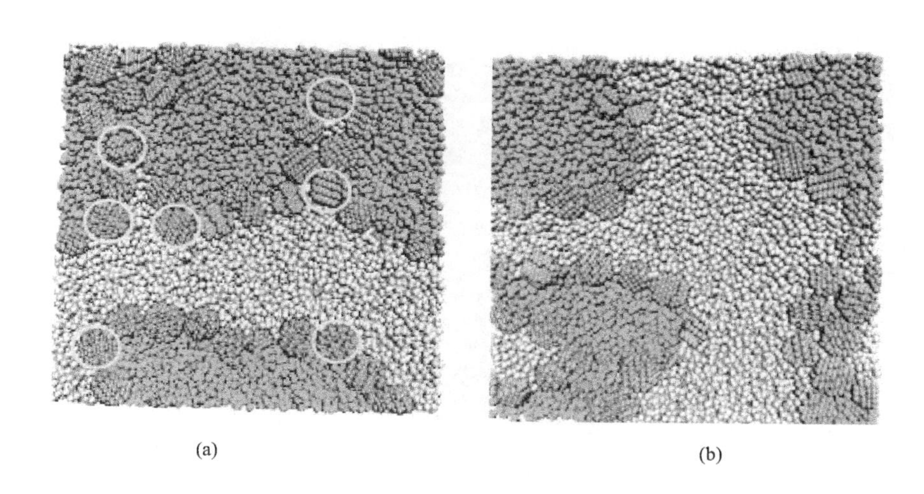

图 9-17

（a）和（b）分别为 25HS2.0 和 25JS2.0 体系在 $t=1600\tau$ 时形貌中的特定区域。圆圈用来标识在界面上非赤道吸附的纳米球

在分析 Janus 纳米球和全同两亲纳米球在稳定高分子共混体系能力上的差异时，我们发现含有全同两亲纳米球体系在相分离中后期的相分离动力学比较快，并且饱和相区尺寸也比较大，这不仅是由于全同纳米粒子界面上发生非赤道吸附，还有可能是全同两亲纳米球在界面上发生了解吸附现象。而上面分析的全同两亲纳米球比较快的扩散动力学也有可能与纳米球从界面上解吸附有关。从 Binks 和 Fletcher 的计算得知，解吸附能与纳米球半径的平方呈正比，并且在相同情况下，Janus 纳米球的解吸附能是相同尺寸的全同两亲纳米球的 3 倍。因此，我们预测全同两亲纳米球会更容易从界面上脱落下来，并且半径越小，解吸附的概率越大。从图 9-17(a) 可以看出，当全同两亲纳米球半径比较小或/和纳米球与高分子之间的排斥作用参数越小时，全同两亲纳米球从界面上解吸附的现象越明显，如 $R_{\mathrm{HS}}=1.0r_{\mathrm{c}}$ 且 $a_{\mathrm{AH}}=a_{\mathrm{BH}}=3.57$。相反，对于 Janus 纳米球，越小的相互作用参数 $a_{\mathrm{Ap}}=a_{\mathrm{Bq}}$，在界面上的吸附作用越强。如图 9-18 所示，小尺寸的全同纳米粒子在小相互作用参数 $a_{\mathrm{AH}}=a_{\mathrm{BH}}$ 时会均匀地分散在本体中，导致体系像纯二元共混体系一样发生宏观相分离，然而，Janus 纳米球在小尺寸和小相互作用参数 $a_{\mathrm{Ap}}=a_{\mathrm{Bq}}$ 下不会使体系发生宏观相分离；而且，形成的双连续微乳结构的平均相区尺寸随着作用参数 $a_{\mathrm{Ap}}=a_{\mathrm{Bq}}$ 的减小而减小。尽管全同两亲纳米球在界面上的吸附能够阻碍两种不相容均聚物的接触从而有效降低界面的焓，但同时也会因为运动受限而减小了熵。随着 $a_{\mathrm{AH}}=a_{\mathrm{BH}}$ 的减小，全同纳米粒子与两种均聚物之间的相互吸引作用逐渐增强，最终体系焓的减小不能抵消熵的消耗，全同两亲纳米粒子不再能稳定地吸附在界面上。所有的这些都说明 Janus 纳米球比全

同两亲纳米球更能稳定界面，抑制相区增长，从而促使体系发生微观相分离。综上所述，Janus 纳米球能够更为有效地乳化不相容高分子共混体系。

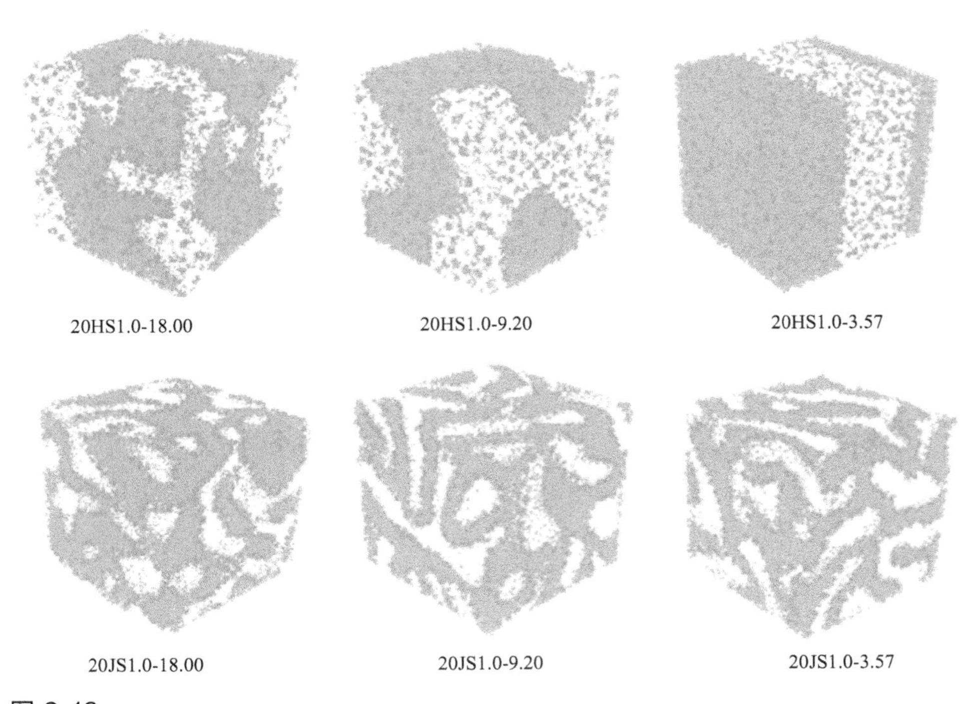

图 9-18

不同纳米球与均聚物相互作用参数下 20HS1. 0（上）和 20JS1. 0（下）体系的形貌

从左到右，$a_{AH}=a_{BH}$（上）和 $a_{Ap}=a_{Bq}$（下）分别为 18. 00、9. 20 和 3. 57。

9. 2. 1. 2　过渡函数标度律（crossover scaling）

当大部分 Janus 纳米球或全同两亲纳米球都吸附在 A/B 界面时，这种含界面活性纳米球的二元高分子共混体系的分相动力学比纯二元高分子共混体系的相分离动力学要慢很多。因此，我们预测存在一个过渡函数将这种慢的相分离动力学和纯二元体系的快的相分离动力学联系起来。这种过渡标度行为可以用下式描述：

$$R(t)=tf(t\Phi_{NS}/R_{NS}) \tag{9-23}$$

式中，$f(x)$ 是过渡标度函数，$x=t\Phi_{NS}/R_{NS}$ 是标度变量。当 $x\to\infty$ 有 $f(x)\to x^{-1}$。我们发现只有在相分离后期体系的分相演化很慢并且体系发生微相分离时，这种过渡标度律才会成立。正如图 9-19 所示，五个含 Janus 纳米粒子和五个全同两亲纳米粒子的三元共混体系的 $f(x)$ 曲线只有在标度时间 x 比较大才会与 $f(x)\to x^{-1}$ 曲线近似重合在一起。用 $f(x)=x^{-n}$ 来拟合图 9-19 中的约化平均相区尺寸，我们发现在 x 比较大的时候，含 Janus 纳米球和全同两亲纳米球的三元共混体系的过渡标度因子分别为 $n=0.975\pm0.020$ 和 $n=0.946\pm0.011$，都与 1 很接近。这从侧面说明我们考查的三元共混体系都没有发生完全相分离。另外因为 Janus 纳米球的赤道吸附和低解吸附率使得含 Janus 纳米球体系的相区增长缓慢，在相分离后期更接近饱和，所以含 Janus 纳米球的体系要比含全同两亲纳米球的体系的过渡标度因子更接近 1。

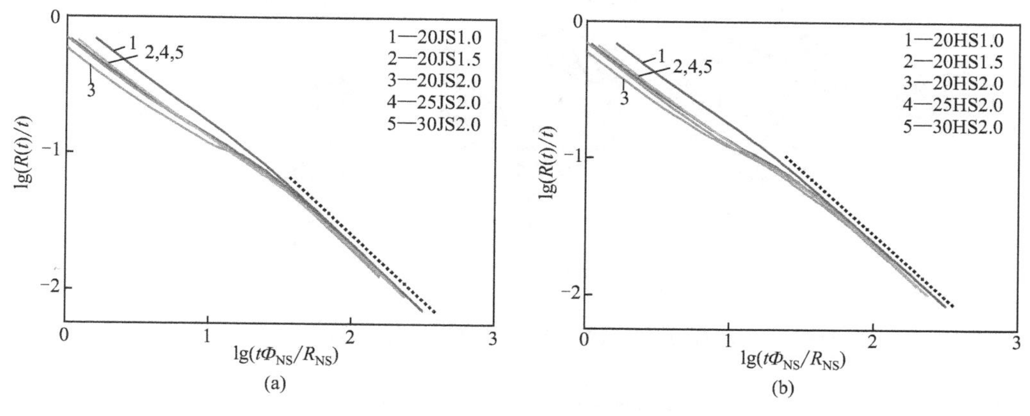

图 9-19

（a）和（b）分别是含 Janus 纳米球和全同两亲纳米球体系的过渡标度函数 $f(x)=R(t)/t$ 与自变量标度时间 $t\Phi_{NS}/R_{NS}$ 的双对数图

（a）和（b）图中的虚线斜率分别为 −0.975 和 −0.946。

9.2.1.3 小结

在本节中，我们采用 DPD 模拟方法研究了 Janus 纳米球对二元高分子共混体系相分离动力学的影响，并与全同两亲纳米球进行对比。通过比较这两种表面活性的纳米球在降低界面张力、提高不相容二元高分子共混体系相容性能力、相分离动力学和标度关系，我们揭示了 Janus 纳米球在稳定高分子共混体系和抑制宏观相分离发生等方面起到的重要作用及其内在机制，并发现 Janus 纳米球具有比全同两亲纳米球更好的乳化和稳定高分子共混体系的能力。

9.2.2 Janus 纳米粒子的形状和分界面设计对高分子共混体系相行为和相分离动力学的影响[102]

为了探究在不相容高分子共混体系中添加 Janus 纳米粒子制备纳米多功能材料的可能性以及通过添加纳米粒子促使体系形成类微乳结构的稳定性，我们系统研究了 Janus 纳米粒子形状和分界面设计对高分子共混体系的相行为和相分离动力学的影响。本节我们考查了 Janus 纳米球、Janus 纳米盘和 Janus 纳米棒。另外按照纳米粒子的分界面设计，Janus 纳米盘和 Janus 纳米棒又可以再细分为直立型纳米粒子和平躺型纳米粒子，其中直立型纳米粒子的长轴与分界面垂直，而平躺型纳米粒子的长轴与分界面平行。如图 9-20 所示。

本节中每个模拟体系都由三种组分构成，分别为均聚物 A、均聚物 B 及 Janus 纳米粒子。均聚物 A 和均聚物 B 的聚合度和体积分数都相等，即 $N_A=N_B$，$\Phi_A=\Phi_B$。每种 Janus 纳米粒子均由体积相等的两部分，p 和 q 构成。在我们体系中均聚物粗粒化为 10 个 DPD 珠子，为了公平地比较 Janus 粒子对高分子共混体系的影响，我们固定了纳米粒子的体积分数和总表面积（net areas），按照 $R_s=3R_{c(d)}\nu/(2\nu+1)$ 来确定各种纳米粒子的尺寸关系，式中

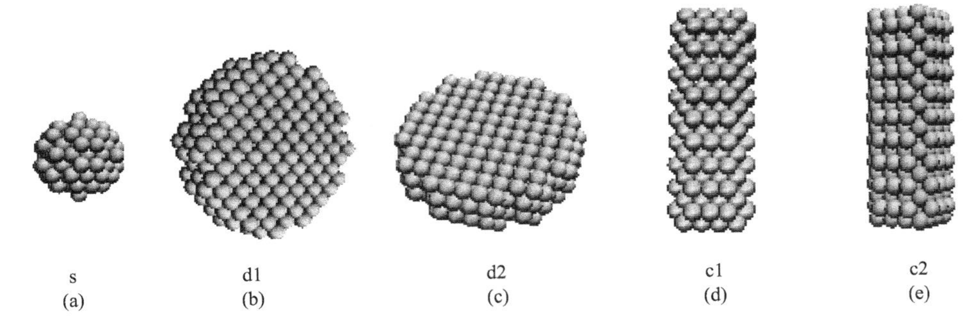

图 9-20

三种不同形状的纳米粒子，从左到右分别为 Janus 纳米球（a），纳米盘［（b），（c）］和纳米棒［（d），（e）］

按照 Janus 纳米粒子的分界面设计，纳米盘和纳米棒又可以分为直立型纳米粒子（d1，c1）和平躺型纳米粒子（d2，c2），其中直立型纳米粒子的长轴与分界面垂直，平躺型纳米粒子的长轴与分界面平行。

R_s 为纳米球的半径；$R_{c(d)}$ 为纳米棒或纳米盘底面半径；ν 为各向异性纳米粒子的长径比[103]。由于各向异性纳米粒子的相图显著依赖纳米粒子的形状和长径比，例如 Frenkel 等人[104] 发现长椭球形粒子形成近晶相的长径比 ν 要大于 2.75，而扁椭球形粒子则要小于 0.33，因此在本节中，我们选择纳米棒和纳米盘的长径比分别为 2.8 和 0.25。为了和上一节工作进行比较，我们选择纳米球的半径为 $R_s=1.474r_c$。具体尺寸细节参见表 9-2[102]。

表 9-2　本章使用的各种 Janus 纳米粒子的代表符号及尺寸参数

代表符号	尺寸/r_c①	代表符号	尺寸/r_c①
s	$R_s=1.474$	c1	$R_{c1}=1.164, L_{c1}=6.632$
d1	$R_{d1}=2.947, L_{d1}=1.474$	c2	$R_{c2}=1.164, L_{c2}=6.632$
d2	$R_{d2}=2.947, L_{d2}=1.474$		

① R 表示纳米粒子的半径，其下脚标表示纳米粒子的种类。L_{d1} 和 L_{d2} 分别表示直立型纳米盘和平躺型纳米盘的厚度；L_{c1} 和 L_{c2} 分别表示直立型纳米棒和平躺型纳米棒的长度。

一方面，Janus 纳米粒子在界面上的吸附能够有效地降低界面张力，提高共混体系中均聚物之间的相容性；另一方面，考虑到 Janus 纳米粒子的成本，我们控制体系中 Janus 纳米粒子的体积分数范围为 5%～30%。本节中，我们用 x-m-n 来代表所研究的共混体系，其中 x 分别为 s、d1、d2、c1 和 c2，代表体系含有的纳米粒子的种类，m 代表纳米粒子的体积分数，n 代表纳米粒子与高分子之间的相互吸引力 $a_{Ap}=a_{Bq}$。例如，c1-20-10 表示含 c1 纳米粒子的高分子共混体系，其中 c1 粒子的体积分数为 20%，c1 粒子与高分子之间相互吸引部分的排斥参数为 $a_{Ap}=a_{Bq}=10$。

9.2.2.1　相行为与相结构

在系统扫描纳米粒子体积分数 Φ_j（j=s，d1，d2，c1 或 c2）和 $a_{Ap}=a_{Bq}$ 的不同取值后，我们依据体系的相态构建了如图 9-21 所示的相图。显然含有不同形状和分界面设计的 Janus 纳米粒子的三元体系的相图之间存在一些相似之处。例如，在 Janus 纳米粒子

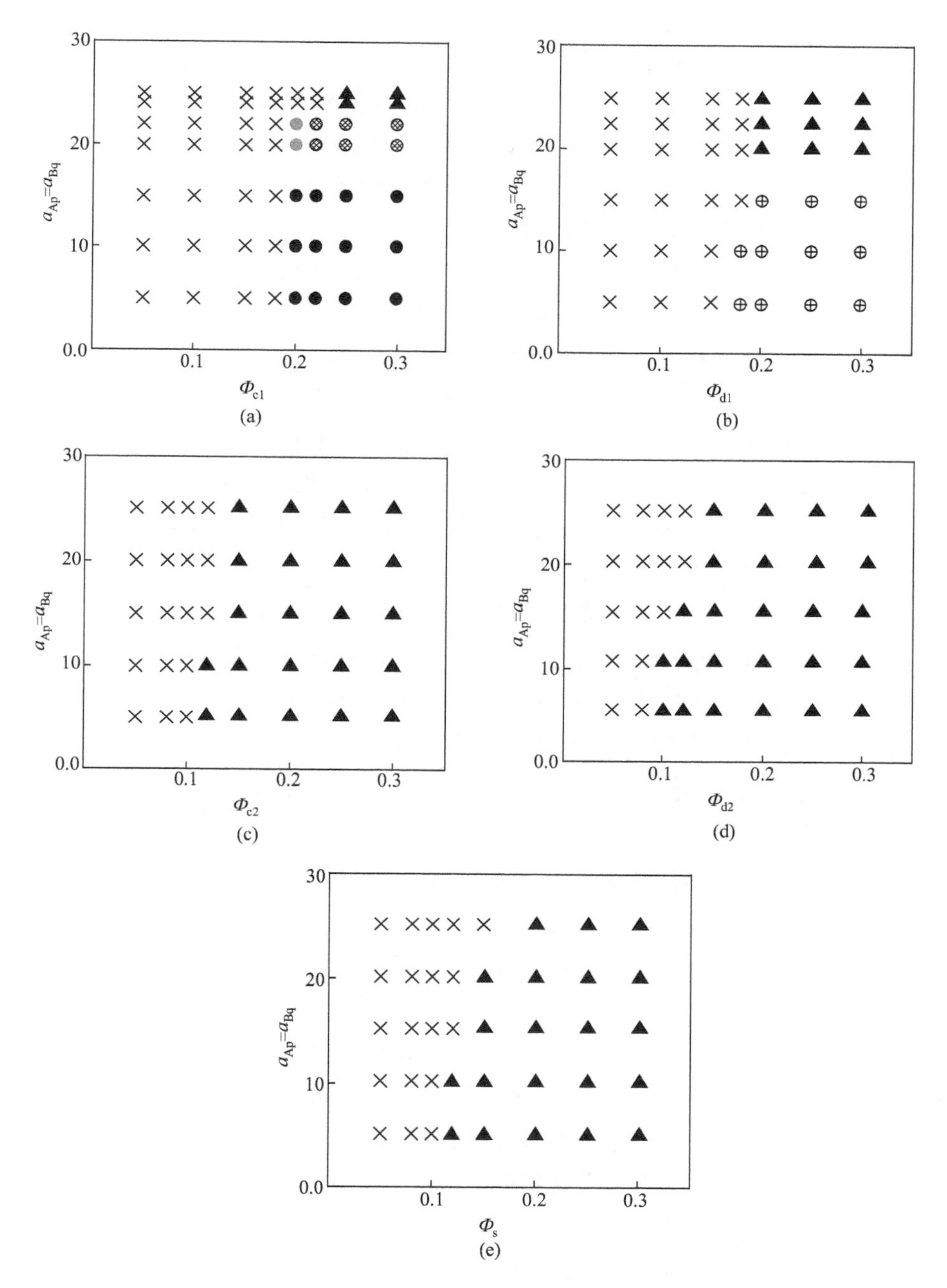

图 9-21

含有不同形状和分界面设计的 Janus 纳米粒子的三元体系相图

纵坐标为纳米粒子与均聚物之间的相互吸引作用 $a_{Ap}=a_{Bq}$，横坐标为纳米粒子的体积分数。（a），（b），（c），（d）和（e）分别是含有 c1，d1，c2，d2 和 s 纳米粒子的高分子共混体系。×、圆形和三角形分别代表体系中的宏观相分离相态（2P）、微观相分离的层状相（LAM）和微观相分离的双连续微乳相（BμE）。图中的●、●和⊗分别代表直立型纳米棒（c1）在层状相的界面上无序、六角和四角排列方式。⊗则代表直立型纳米盘（d1）在层状相界面上的面对面堆垛结构。

含量比较低时，纳米粒子不能有效抑制相区的粗化，体系最终形成宏观相分离相态（2P）。在纳米粒子含量比较高的时候，观察到了稳定的双连续微乳相（BμE）。并且2P相和BμE相在所有的相图中均存在。但是，在含有直立型纳米粒子的体系的相图中除了2P相和BμE相，我们还观察到了层状相（LAM），如图9-21(a)和(b)所示。到目前为止，我们第一次报道了纳米粒子驱使高分子共混体系形成微观有序相，证实了纳米粒子的形状和分界面设计对形成相态结构的影响。

纳米粒子的形状和分界面设计不仅影响到何种介观相的形成，还影响着纳米粒子在界面上的二维堆垛结构。例如：在LAM相区域，直立型纳米棒存在二维四角和六角排列；而纳米盘只有局部平行排列，形成短程的面对面（face-to-face）团簇，如图9-21(a)和(b)所示。这种面内有序的排列行为给LAM相额外增加了有序度，为多级调控（hierarchical control）纳米粒子位置提供了可能性。为了研究纳米粒子的面内有序性，我们考查了其质心的面内径向分布函数，$g_{\perp}(r_{\perp})$，其中$r_{\perp}$为面内两纳米粒子质心距离在面内的投影，如图9-22所示。如前所述，直立型纳米棒在LAM相中存在多种排列结构。首先，在纳米粒子与高分子之间相互吸引作用比较弱（$a_{\mathrm{Ap}}=a_{\mathrm{Bq}}$比较大），并且纳米粒子含量比较少时，纳米棒在LAM面内无序排列。如c1-20-20体系，从$g_{\perp}(r_{\perp})$中看不到明显的长程有序，并且纳米粒子的质心的面内投影图也证实了纳米粒子在此条件下的无序排列，但是仔细观察后我们发现纳米粒子在局部形成了四角排列的小团簇。随着纳米粒子体积分数的增加，这种四角排列的趋势变得越来越明显，如c1-25-20体系。图9-22(b)中的$g_{\perp}(r_{\perp})$的前四个峰位置的比值为$1:\sqrt{2}:2:\sqrt{5}$，说明纳米粒子在界面上以四角的方式排列在一起。然而，当我们增加纳米粒子与高分子共混体系的相互吸引作用时（减小$a_{\mathrm{Ap}}=a_{\mathrm{Bq}}$），纳米粒子在界面上从四角有序转变成完美的六角有序结构，如c1-25-15体系。图9-22(c)中$g_{\perp}(r_{\perp})$的前四个峰位置的比值则为$1:\sqrt{3}:2:\sqrt{7}$，结合纳米粒子在界面上的二维质点投影图，很好地证实了在纳米粒子与高分子相互吸引作用比较强时，纳米棒在LAM相界面上存在六角有序。

另外，观察图9-21(a)发现，随着$a_{\mathrm{Ap}}=a_{\mathrm{Bq}}$的减小纳米棒在界面上发生四角有序到六角有序的转变。这是因为当纳米粒子与均聚物的吸引作用增强，即$a_{\mathrm{Ap}}=a_{\mathrm{Bq}}$逐渐减小，在强焓作用下，纳米棒与共混界面的吸附作用增强，进而增强了纳米棒之间排除体积作用。在LAM相面内，纳米棒能感受到邻近纳米棒的相互作用，促使纳米棒在LAM界面上平行排列，增加了LAM体系的有序度。另外，$a_{\mathrm{Ap}}=a_{\mathrm{Bq}}$的减小增强了纳米棒的p和q两部分分别与均聚物A和均聚物B之间的吸引作用，促使纳米棒四周吸附的高分子数量增多，降低了纳米棒在界面处的浓度。前人的研究成果已经表明，随着浓度的增加，棒状液晶形成的近晶相中面内有序结构从四角排列逐渐过渡到六角排列。因此可以通过改变棒状液晶的浓度来调控近晶相的面内有序度。与棒状液晶类似，我们体系的直立型纳米棒在界面浓度比较大的时候形成四角有序排列，而在浓度比较小的时候，形成的是六角有序结构。通过观察图9-22中的面内径向分布函数，我们发现随着$a_{\mathrm{Ap}}=a_{\mathrm{Bq}}$的减小，$g_{\perp}(r_{\perp})$的第一个峰的强度逐渐减小，并且出峰位置也向右移。这说明在纳米棒浓度比较小时，纳米棒之间的局部堆积作用相对较弱。如图9-22(b)所示，在$a_{\mathrm{Ap}}=a_{\mathrm{Bq}}=20$时c1-

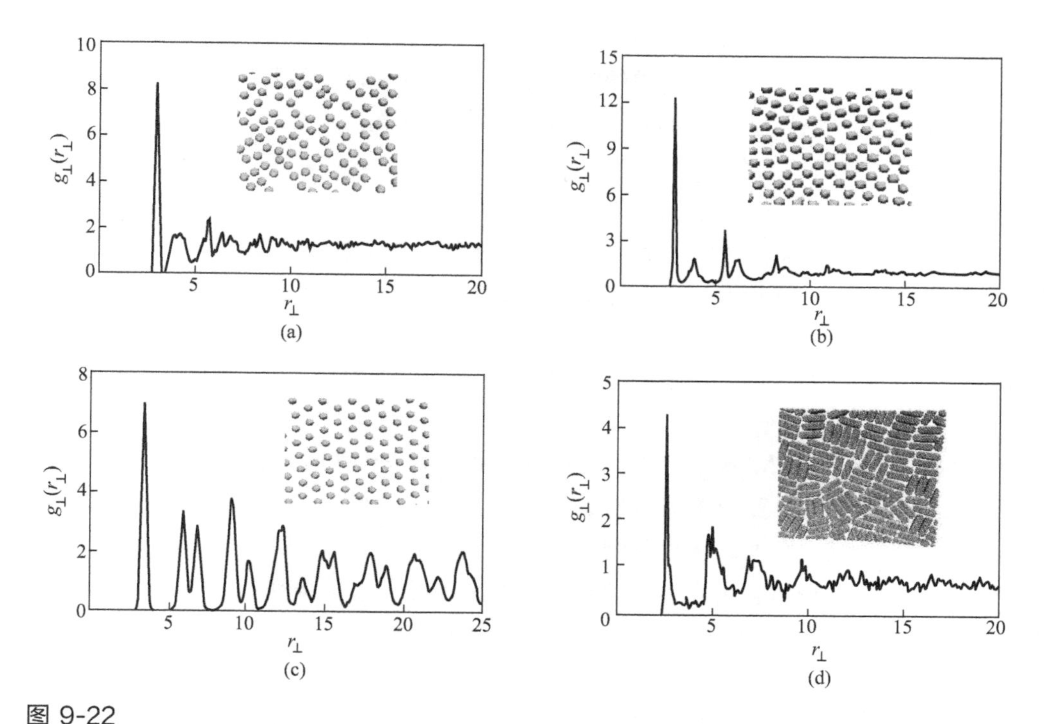

图 9-22

(a), (b) 和 (c) 分别是 c1-20-20, c1-25-20 和 c1-25-15 体系中纳米棒质心的 $g_{\perp}(r_{\perp})$ 函数和在 LAM 相界面上的二维投影图; (d) 为 d1-25-10 体系中纳米盘质心的 $g_{\perp}(r_{\perp})$ 函数和纳米盘在 A/B 相界面上的排布

25-20 体系的 $g_{\perp}(r_{\perp})$ 第一个峰的出峰位置为 $r_{\perp}=2.85r_c$，而当 $a_{\mathrm{Ap}}=a_{\mathrm{Bq}}=15$，c1-25-15 体系中六角排列的纳米粒子的面内径向分布函数 $g_{\perp}(r_{\perp})$ 的第一个峰的出峰位置则为 $r_{\perp}=3.45r_c$。因此，随着 $a_{\mathrm{Ap}}=a_{\mathrm{Bq}}$ 的逐渐减小，LAM 面内的纳米粒子之间的距离变大，降低了纳米粒子在界面上的密度，因此在高 $a_{\mathrm{Ap}}=a_{\mathrm{Bq}}$ 时，纳米棒倾向采用更有效的密堆积方式——四角堆积。另外随着纳米粒子面浓度的减小，我们预测相同体积分数的纳米粒子会产生更多的界面，因此 LAM 相的层间距可能随着 $a_{\mathrm{Ap}}=a_{\mathrm{Bq}}$ 的减小而减小。我们发现 c1-25-20 体系 LAM 相层间距约为 $28.4r_c$，而 c1-25-15 体系的则为 $24.0r_c$，证实了我们的猜测。

除了纳米棒与聚合物之间的相互作用 $a_{\mathrm{Ap}}=a_{\mathrm{Bq}}$，纳米棒的体积分数也对其在界面上有序排列和 LAM 相层间距有很重要的影响。如图 9-21(a) 所示，在 LAM 相界面上，随着纳米棒体积分数 Φ_{c1} 的增加纳米棒在强排除体积效应的作用下逐渐形成更加有序的密堆积排列方式，如形成面内四角或六角有序结构。基于同一原理，棒状液晶分子在高浓度强排除体积效应的作用下形成内部有序的近晶相[103,104]。此外，Φ_{c1} 的增加，也能促进直立型纳米棒在 LAM 相界面内的有序排列，表现在 $g_{\perp}(r_{\perp})$ 上，其第一个峰的出峰位置向左移。例如 c1-20-20 体系纳米粒子在 LAM 层内无序排列，并且在局部出现四角堆积的纳米团簇，其 $g_{\perp}(r_{\perp})$ 第一个峰的出峰位置为 $r_{\perp}=2.95r_c$，随着 Φ_{c1} 增加到 30%，c1-30-20 体系存在局部的四角排列，并且 $g_{\perp}(r_{\perp})$ 的出峰位置为 $r_{\perp}=2.85r_c$，此时直立型纳米棒排列得更加有序。同时 LAM 相层间距也随着 Φ_{c1} 的增加而减小。例如 c1-20-20 体系的层间距大约为 $28r_c$，而 c1-30-20 的层间距则减小到 $20r_c$。

相对于直立型纳米棒，直立型纳米盘在LAM层内更倾向于局部的面对面平行排列。如图9-22(d)所示，d1-25-10体系中纳米盘在LAM层内形成局域面对面排列团簇，但不存在长程平移有序。由于这种局部有序的存在，d1粒子的$g_{\perp}(r_{\perp})$中前三个振荡峰的出峰位置比值为1∶2∶3，但在$r_{\perp}$比较大时，$g_{\perp}(r_{\perp})$并没有显示其长程有序。此外，和直立型纳米棒的原因相同，直立型纳米盘在强焓作用下牢固地吸附在相界面上，并且随着纳米盘在LAM界面上的堆积密度增加，在强排除体积效应驱使下，纳米盘在界面上平行排列以提高其在界面上的堆积效率，具体堆积形貌请见图9-22(d)。直立型纳米盘的平行排列与盘状液晶类似。此外，与直立型纳米棒类似，我们可以通过改变纳米盘体积分数或纳米盘和高分子之间的相互吸引作用调控它们在LAM相界面上的排列紧密度或LAM层间距。

除了纳米粒子在LAM界面上的有序排列，我们在2P界面上也观察到了纳米粒子的有序排列。当纳米粒子体积分数非常小的时候，界面上的纳米粒子之间不存在相互作用，此时它们在界面上随机分布，无序排列。当纳米粒子几乎将2P界面全部覆盖，体系的界面张力接近为0时，纳米粒子在界面的排列存在有序并且这种排列有序度与纳米粒子的形状和分界面设计有关。如图9-23所示，直立型纳米棒在c1-18-20体系［图9-23(a)］和c1-15-10体系［图9-23(b)］分别存在局部四角和长程六角有序。又如图9-23(c)和(d)所示，直立型纳米盘在d1-10-10和平躺型纳米棒在c2-5-10分别以面对面(face-to-face)和肩并肩(side-by-side)的方式进行排列。最后，d2-5-10体系中平躺型纳米盘和s-6-10体系中纳米球在界面上都形成了六角排列图案，如图9-23(e)和(f)所示。与盘状液晶和棒状液晶类似，我们体系中纳米粒子在相界面上的有序度来自纳米粒子之间强的排除体积作用。在体系浓度比较大的时候，盘状液晶形成柱状相，并且在每个单独的圆柱中盘状液晶彼此之间按照面对面的方式进行排列[105]，这与我们体系直立型纳米盘在界面上的排列方式相同；而我们体系中平躺型纳米棒在界面上的肩并肩的排列方式与棒状液晶在形成的近晶相面内的排列[106,107]类似。据我们所知，这是到目前为止首次关于Janus纳米粒子在高分子共混体系的界面上的丰富的二维有序行为的报道。

Janus纳米粒子的形状不仅能够影响高分子共混体系的最终相态和纳米粒子在界面上的二维有序，还对相边界存在重要的影响，参见图9-21。我们都知道，双连续结构存在广泛的用途，而增容BμE的增容剂一般来说其制备成本都非常高，因此用最少量的增容剂制备BμE一直是人们关心的话题。研究2P到BμE的相边界为用最少量的Janus纳米粒子制备BμE提供了可能性。在此，我们仅以2P相和BμE相之间的相边界为例，简要介绍纳米粒子形状和相边界对相界面的影响。如图9-21(a)到(d)所示，对于形状相同的纳米粒子，如棒状或盘状纳米粒子，相对于直立型纳米粒子，加入平躺型纳米粒子能够使2P到BμE的相边界向低纳米粒子含量方向移动。这是因为当纳米粒子形状相同时，单个平躺型纳米粒子的分界面面积要远大于直立型纳米粒子的分界面面积。另外在强焓的作用下，Janus纳米粒子被吸附到界面上，其p、q两部分分别置于界面两侧中的高分子A相和高分子B相中，而其分界面正处于高分子A和B的富集相之间的相界面上。因此，平躺型纳米粒子与相界面的接触面积要远大于直立型纳米粒子，从而能够更有效地降低界面张力。其结果就是界面张力降至为零时需要的平躺型纳米粒子要远少于直立型纳米粒子，

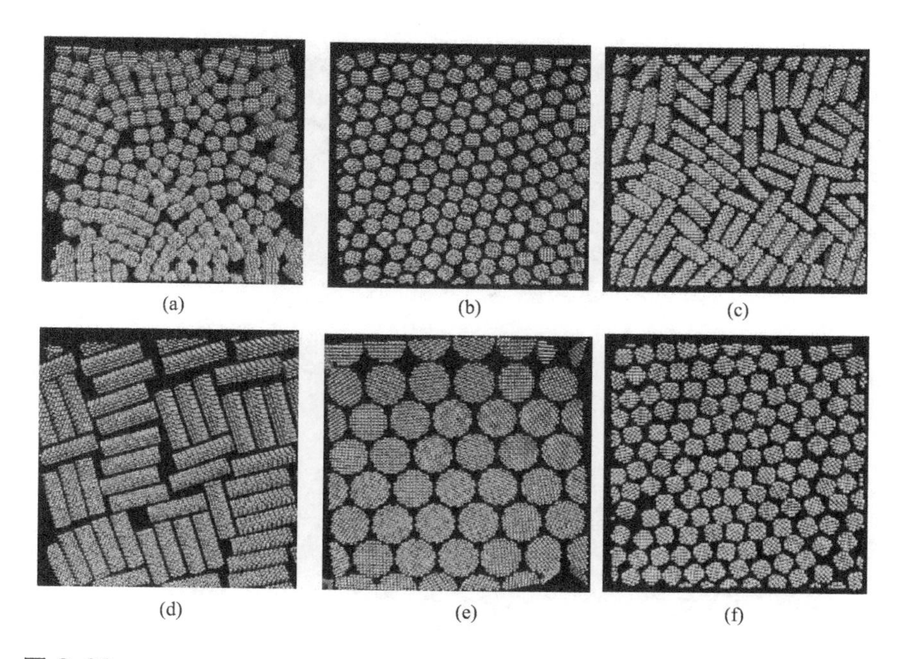

图 9-23

(a) c1-18-20，(b) c1-15-10，(c) d1-10-10，(d) c2-5-10，(e) d2-5-10 和 (f) s-6-10，体系中的 Janus 纳米粒子在 2P 界面上的排布

饱和界面上平躺型纳米粒子的堆垛相对松弛，界面弹性比较大。简而言之，高分子共混体系产生 BμE 结构所需要的平躺型纳米粒子含量要比直立型纳米粒子含量少。另外，低的弯曲模量意味着大的热涨落[17]，所以平躺型纳米粒子比直立型纳米粒子能带来更多的界面涨落，从而稳定 BμE 破坏 LAM 相。因此含有平躺型纳米粒子的三元体系的相图中 BμE 相区域要比含有直立型纳米粒子体系的大很多，如图 9-21(c) 和 (d) 所示。

最后，我们有必要强调纳米粒子的形状和分界面设计对 LAM 介观相形成有重要的影响。在我们体系中 LAM 相只在含有直立型纳米粒子的体系中被发现。如图 9-21(a) 和 (b) 所示，对于饱和的纳米单层，相界面面积随着纳米粒子含量的增加而增加，因此单层与单层之间的距离和单层之间的均聚物的含量随之减小。当单层之间的距离小到一定的时候，邻近单层内的 Janus 纳米粒子之间便会产生相互吸引作用，纳米单层将被迫压缩至一起形成层状相。据此，我们推断长的 Janus 纳米粒子更易导致邻近单层之间的纳米粒子产生相互吸引作用，从而使得具有相互吸引作用的单层形成 LAM 相。在我们的研究体系中，相界面上直立型纳米粒子的长轴沿界面法向取向，浸入均聚物 A 和 B 富集相中的 p 和 q 两部分的长度比平躺型纳米粒子或球形纳米粒子大（见图 9-24），使得邻近单层之间的相互吸引作用也比平躺型纳米粒子或球形纳米粒子的大。这种相互作用使得含有直立型纳米粒子的单层吸附在一起。另外随着直立型纳米粒子面内密度的增加或者/和由于直立型纳米粒子长的浸没深度，含有直立型纳米粒子的单层的刚性较强。这种界面弯曲刚性能够很好地起到稳定 LAM 相的作用。这就是为什么在纳米粒子含量比较大的时候，LAM 只在含有直立型粒子的高分子共混体系中形成的原因。

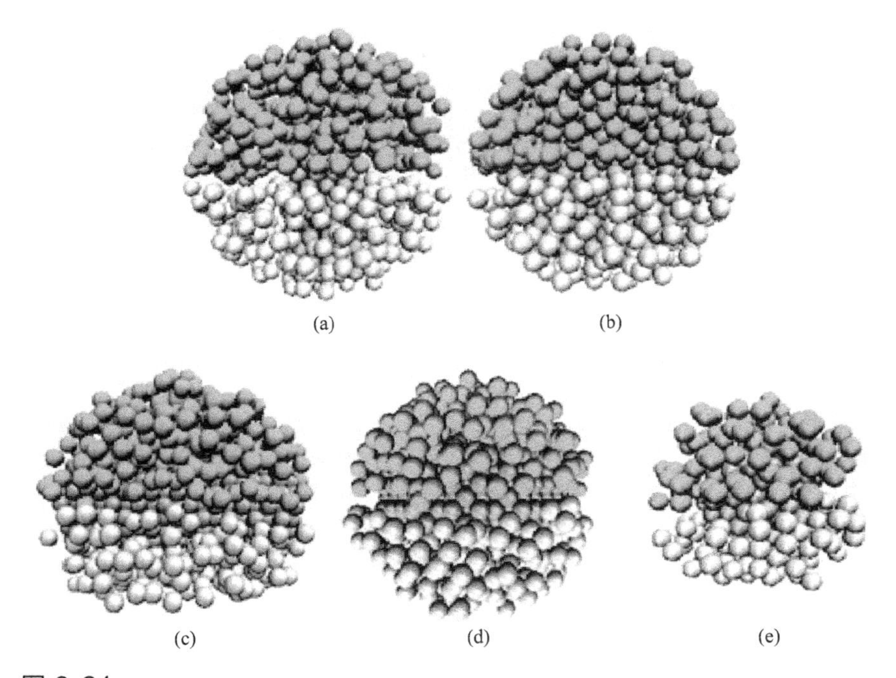

图 9-24
(a), (b), (c), (d) 和 (e) 分别为 c1-5-10, d1-5-10, c2-5-10, d2-5-10 和 s-5-10 体系中 A/B 相界面上的纳米粒子及其附近高分子的 DPD 珠子的形貌

9.2.2.2 相分离动力学

实际的高分子加工过程通常得不到热力学平衡态，因此高分子共混体系的分相动力学研究的重要性受到了越来越多的关注[41]。在我们先前的工作中发现，Janus 纳米球的加入明显减慢了高分子共混体系的分相动力学，并且阻止了体系宏相分离的发生[98]。最近，Xu 等人研究发现纳米棒在界面上的吸附导致高分子纳米复合物的结构演化显著减慢[108]。此外，我们已经发现无论什么形状和分界面设计的 Janus 纳米粒子都能够吸附在界面上增容高分子共混体系，形成 BμE 结构。为了深入探究作为增容剂的 Janus 纳米粒子的形状和界面设计对类双连续微乳形成的动力学的影响，我们主要探讨了不同种类的 Janus 纳米粒子与高分子共混体系相分离的相互作用。

图 9-25(a) 列示了所有体系的平均相区尺寸随时间的线性变化，同时为了检验体系是否存在幂律形式的相区增长，图 9-25(b) 还列出了平均相区尺寸随时间变化的双对数图。如图 9-25(b) 所示，在相分离早期，所有体系的相区增长因子 n 都接近 0.30 ± 0.01，与纯二元体系 SD 相分离早期的扩散区相同。在接下来的阶段[102]，伴随着强焓作用 Janus 纳米粒子向相界面上的迁移和相界面面积在相区粗化下发生收缩，平均相区尺寸增长变缓并且偏离了代数形式的幂律增长规律。在相分离后期，相界面被纳米粒子紧密覆盖达到饱和，从而使界面张力降至零左右。此时，相区增长近似停止，平均相区尺寸接近饱和，并且相区增长因子 n 逐渐降至 0。另外，仔细观察图 9-25(a) 和 (b)，我们发现对于相同形状的 Janus 纳米粒子，含有平躺型纳米粒子的三元体系后期的平均相区尺寸要比含有直立

型粒子体系的小很多；对于具有相同分界面设计的纳米粒子，含纳米盘的三元体系的后期平均相区尺寸要比含纳米棒的小。因此，对于给定的 $\Phi_j=25\%$ 和 $a_{Ap}=a_{Bq}=25$，后期平均相区尺寸按照 $R(t)_{d2}<R(t)_{c2}<R(t)_{s}<R(t)_{d1}<R(t)_{c1}$ 的顺序递增。实际上，作为增容剂的纳米粒子在相界面上占有的面积越多，阻止不相容均聚物 A 和 B 之间的接触对数越多，降低的相分离驱动力，即界面张力的量越多。在我们体系相分离过程的中后期，Janus 纳米粒子在强焓作用下吸附在界面上，其分界面锚定在相界面处，p 和 q 两部分则分别浸入均聚物 A 和均聚物 B 中。因此在给定的 Φ_j 和 $a_{Ap}=a_{Bq}$ 下，体系中后期的界面张力应与纳米粒子的总分界面面积（简写为 A_{tot}）呈反相关关系。而在纳米粒子总的表面面积（net areas）相同的情况下，纳米粒子的总分界面面积 A_{tot} 与纳米粒子的形状和分界面设计密切相关。在我们研究的 $\Phi_j=25\%$（j 分别为 s，d1，d2，c1 和 c2）和 $a_{Ap}=a_{Bp}=25$ 条件下，纳米粒子总的分界面面积列示于表 9-3 中。显然，c1-25-25，c2-25-25，d1-25-25，d2-25-25 和 s-25-25 体系中纳米粒子的总分界面面积按照 $A_{tot}^{d2}>A_{tot}^{c2}>A_{tot}^{s}>A_{tot}^{d1}>A_{tot}^{c1}$ 的顺序递减，与三元体系后期平均相区尺寸的变化呈反相关。

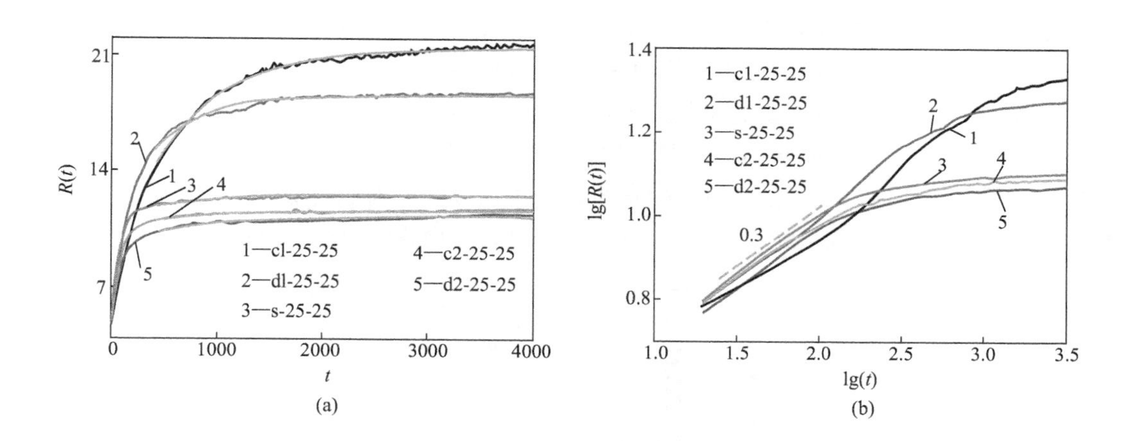

图 9-25

三元体系在 $\Phi_j=25\%$（j 分别为 s，d1，d2，c1 和 c2）和 $a_{Ap}=a_{Bq}=25$ 条件下平均相区尺寸随时间（a）线性变化图和（b）双对数变化图

实线为 $t>200\tau$，相区增长因子偏离 1/3 时用式（9-21）拟合预测的曲线。

表 9-3 c1-25-25，c2-25-25，d1-25-25，d2-25-25 和 s-25-25 体系中纳米粒子的数目，总的分界面面积和饱和相区尺寸

体系	c1-25-25	c2-25-25	d1-25-25	d2-25-25	s-25-25
JN 类型	c1	c2	d1	d2	s
JN 数量	570	570	398	398	1193
A_{tot}/r_c^2	2422.5	8800.8	3458.6	10853.5	8136.3
R_{sat}/r_c	21.72	12.21	18.87	11.69	12.63

上节工作已经表明高分子共混体系的SD相分离过程和Janus纳米球在界面上的吸附过程之间的耦合作用能够显著抑制相区增长，这种非代数的相区增长形式可以用一个指数函数很好地描述：

$$R(t)=R_{sat}-(R_{sat}-R_0)e^{-t/\tau} \tag{9-24}$$

式中，时间标度 $\tau=(R_{sat}\eta)/\gamma_{AB}$；$R_{sat}$ 和 R_0 分别为饱和相区尺寸和初始相区尺寸。式（9-24）表示，当 $t\to\infty$，平均相区尺寸接近常量，即饱和相区尺寸 R_{sat}。在这里我们通过绘制 $R(t)$-$1/t$ 图，通过外推横坐标获得的截距来估算饱和相区尺寸。有趣的是，图9-25(a)表明式（9-24）能够很好地描述含有非球形Janus纳米粒子的三元体系在相分离中后期的平均相区尺寸随时间的变化，再次证明了不管纳米粒子形状和分界面设计如何，含有纳米粒子的三元体系产生慢的指数增长率的原因只有一个，那就是纳米粒子在界面吸附显著降低界面张力，从而减小体系发生宏相分离的驱动力。正如表9-3所示，纳米粒子的总分界面面积越大，饱和相区尺寸越小。

同三元体系相行为相似，Janus纳米粒子的体积分数和纳米粒子与高分子之间的相互吸引作用对相分离动力学也有很显著的影响。正如前面所说，降低 $a_{Ap}=a_{Bq}$ 使得相界面上邻近纳米粒子之间的距离增大，单个纳米粒子占有的相界面面积增加。因此，固定纳米粒子含量，随着 $a_{Ap}=a_{Bq}$ 的减小，界面张力减少的量增多。所以我们观察到三元体系的平均相区尺寸在相分离中后期随着 $a_{Ap}=a_{Bq}$ 的减小而减小。相似地，饱和相区尺寸 R_{sat} 也随着 $a_{Ap}=a_{Bq}$ 的减小而减小，如图9-26(a)所示。另一方面，固定纳米粒子与高分子的相互作用，增加纳米粒子的含量促使纳米粒子总的分界面面积增加，因此相区增长随着 Φ_j 的增加而减慢并且饱和的相区尺寸与纳米粒子体积分数成反比，如图9-26(b)所示。

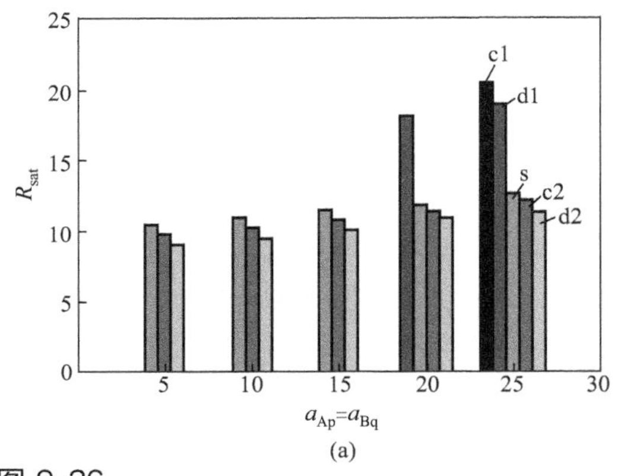

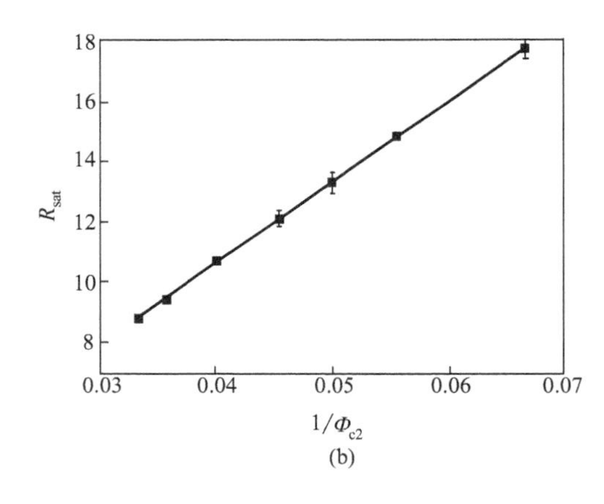

图 9-26

（a）含有不同形状和分界面设计的Janus纳米粒子的三元共混体系饱和相区尺寸，其中纳米粒子的体积分数固定为 Φ_j= 25%（j 分别为c1，c2，d1，d2和s），a_{Ap}= a_{Bq} 从25逐渐减小为5。（b）含有平躺型纳米棒c2的三元体系饱和相区尺寸在固定 a_{Ap}= a_{Bq}= 15时与纳米粒子体积分数的倒数 $1/\Phi_{c2}$ 的关系

9.2.2.3 小结

本小节内，我们系统讨论了Janus纳米粒子形状和分界面设计对高分子共混体系的相行为和相分离动力学的影响。通过构建含有不同种类的纳米粒子的三元共混体系的相图，我们发现Janus纳米粒子在高分子共混体系界面上可以存在丰富的有序行为。当纳米粒子

含量在5%～30%范围内，类双连续微乳结构可以在所有三元体系中形成，而有序的层状相只有在含有直立纳米粒子的三元体系中形成。与此同时，可以通过改变Janus纳米粒子的体积分数和纳米粒子与高分子之间的相互吸引作用来调控层内邻近粒子的局部排列和LAM层间距。另外，对于LAM相和接近饱和的2P相的界面，Janus纳米粒子出现了与形状和分界面设计密切相关的面内二维有序。此外，Janus纳米粒子的加入能显著地减慢三元体系的相分离。我们发现无论纳米粒子形状和分界面设计如何，所有Janus纳米粒子增容高分子共混体系的内在机制相同，即通过吸附在相界面上降低界面张力，从而降低宏相分离的驱动力，最终形成双连续微乳结构。总之，Janus粒子具有很好的界面活性作用，不仅抑制体系宏相分离，分相动力学具有自相似性，而且通过调控粒子几何外形和表面性质设计实现复合材料多层次结构有序。

9.2.3 纳米棒表面性质对静态及剪切场下高分子共混体系增容行为和相结构的影响[112]

众所周知，加入纳米粒子是稳定不相容高分子共混体系的有效方法，不仅可以降低分相速率、抑制宏观相分离，还能够提升界面吸附和力学性能，甚至将纳米粒子的电学、磁学或者光学性能引入复合材料，因此在功能纳米材料或者纳米设备制备领域有着广阔的应用前景。而在众多不同的形状中，纳米棒则因其在实现取向和位置有序方面潜力巨大而更为研究人员所广泛关注，有望在制造具有新型光学、电学和磁学性能的新材料领域取得突破。此外，最近的研究还发现纳米棒能够比同样表面性质的纳米球更有效地稳定微观结构、减慢相区增长。由此可知，纳米粒子不仅是一种有效的增容剂，还可以协助构建各种新型的微相结构。然而，由于实验研究中难以精确调节纳米棒表面与基体高分子之间的相互作用，因此纳米棒表面性质对聚合物共混体系影响的系统研究还很缺乏，特别是对于纳米棒表面性质对相区粗化的抑制作用和相形貌影响的认识非常有限。本小节中，我们将比较全同单亲纳米棒、全同双亲纳米棒和Janus纳米棒的增容能力以及其对高分子共混体系的形貌转变的影响。

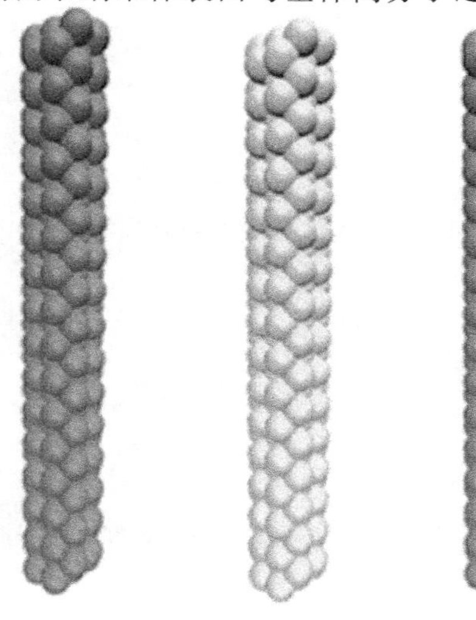

图 9-27

具有不同表面性质的三种纳米棒模型，从左到右分别是全同单亲纳米棒（C1）、全同双亲纳米棒（C2）和Janus纳米棒（CJ）

9.2.3.1 模型及模拟参数的选择

如图9-27所示，全同单亲纳米棒、全同双亲纳米棒和Janus纳米棒，分别用C1、C2、CJ来表示。其中，纳米棒C1的表面化学性质是均一的，并且只和高分子A有吸引作用，和高分子B是排斥的。纳米棒C2的表面化学性质也是均一的，和高分子A/B都有吸引作用。CJ是由两个化学性质不一样的部分组成，也就是p和q，其中 p 只和高分子 A 相互吸引而与 B 发生排斥，而 q 则反之。此外，CJ 的分界面平行于长轴，这是为了方便与 C2 比较，使纳米棒都是平躺在界面上。所有纳米棒的长径比均为 10，长度为 10，直径为 1，也就是 $L=20R=10r_c$。纳米棒的体积分数固定为 15%，而两种高分子组分的体积分数均为 42.5%。因此 Onsager 无量纲参数 $\varphi_{rod}v$ 较小，静态下纳米棒的空间排列为各向同性。

由于所研究的三元共混体系的参数空间 [$N_A=N_B=10$，$L=20R=10r_c$，$\Phi_A=\Phi_B=(1-\Phi_{rod})/2=42.5\%$] 很大，同时我们有三种纳米棒，因此至少有六个相互作用参数。所以，参考类似的三元共混体系的研究工作，我们将 A、B 高分子同种珠子之间的排斥参数都设为 $a_{AA}=a_{BB}=25$，而异种 A-B 之间的排斥参数则为 $a_{AB}=a_{BA}=80$。根据上一章提到的 a_{ij} 与 χ_{ij} 的映射公式 $\chi_{AB}=(0.306\pm0.003)(a_{AB}-a_{AA})$，可以得到 $\chi_{AB}=16.83$，即 A、B 高分子处于强相分离区。并且，较强的不相容性可以加速相分离速度，节约计算时间。对于 A、B 高分子与 CJ 上两腔室（p、q）的排斥部分相互作用参数设置为 $a_{Aq}=a_{Bp}=a_{pq}=a_{qp}=80$。由于 CJ 之间没有吸引作用，甚至有一定的排斥性，所以 CJ 上两腔室同种珠子之间相互作用参数设置为 $a_{pp}=a_{qq}=50$。为了优化 CJ 纳米粒子与高分子之间的相互作用，调控纳米粒子在高分子共混体系中的空间分布及位置，从而调节体系结构，我们系统地调节了纳米棒与亲和高分子之间的相互作用参数，即 $a_{Ap}=a_{Bq}=5\sim25$。此外，为了公平地比较不同表面性质的纳米棒对于体系造成的影响，A/B/C1 三元共混体系和 A/B/C2 三元共混体系，也按照相似的原则设置不同 DPD 珠子之间的相互作用参数。具体的 a_{ij} 如表 9-4～表 9-6。

表 9-4 A/B/CJ 体系中各种不同 DPD 珠子间的相互排斥作用参数 单位：k_BT/r_c

$a_{ij}=$	A	B	p	q
A	25	80	5～25	80
B	80	25	80	5～25
p	5～25	80	50	80
q	80	5～25	80	50

表 9-5 A/B/C1 体系中各种不同 DPD 珠子间的相互排斥作用参数 单位：k_BT/r_c

$a_{ij}=$	A	B	C1
A	25	80	5～25
B	80	25	80
C1	5～25	80	50

表 9-6 A/B/C2 体系中各种不同 DPD 珠子间的相互排斥作用参数 单位：k_BT/r_c

$a_{ij}=$	A	B	C2
A	25	5～25	5～25
B	80	25	80
C2	5～25	5～25	50

具体的模拟参数可参考文献 [112]。本节中，截断半径、珠子质量和能量都设置为约

化单位，也就是 $r_c=m=k_BT=1$。其中，约化的长度单位 r_c 可以映射到真实的长度单位。我们所研究的含纳米棒的三元共混体系类似于含嵌段共聚物的三元共混体系，如 PE/PEO/PE-PEO 体系。由于 PE 的特征比是 7，所以通常将 7 个 PE 单体粗粒化成一个 DPD 珠子。PE 的密度[33] 是 0.815g/cm^3，那么一个 PE 单体的体积就是 57Å^3，因此一个 DPD 珠子的体积是 57Å^3×7=399Å^3。我们 DPD 模拟中的数密度是 $\rho=3$，那么 DPD 的单位体积就是 $r_c{}^3=399\text{Å}^3\times3=1197\text{Å}^3=1.197\text{nm}^3$。所以，我们 DPD 中的单位长度为 $r_c=1.06\text{nm}$。此外，DPD 单位时间为 $\tau=\sqrt{mr_c^2/(k_BT)}$，也可以通过高分子链的扩散系数映射到真实的时间单位。在本节中，我们采用的高分子为 A10，其对应的真实体系为 PE70，DPD 模拟中 A10 的扩散系数应等于实验上 PE70 的扩散系数。从我们的模拟计算出 A10 的扩散系数为 $D_{A10}=0.0176r_c^2/\tau$。根据 Paul 的实验结果[109]，PE50 的扩散系数是 $D_{PE50}=1.8\times10^{-6}\text{cm}^2/\text{s}$。利用 Rouse 模型中扩散系数与链长的标度关系，我们可以估计出 PE70 的扩散系数为 $D_{PE70}=1.8\times10^{-6}\text{cm}^2/\text{s}\times\frac{70}{50}=2.52\times10^{-6}\text{cm}^2/\text{s}$。所以，DPD 模拟单位时间为 $\tau=\frac{D_{A10}r_c^2}{D_{PE70}}=\frac{0.0176/70r_c^2}{1.8\times10^{-6}/50\text{cm}^2/\text{s}}=15.38\text{ps}$。

此外，所有模拟都是在 NVT 下进行的，单位步长和噪声强度分别设置为，$\Delta t=0.01\tau$ 和 $\sigma=3$。本节中，所有模拟都是在尺寸为 40×40×40 的立方盒子下进行的，并且我们在 60×60×60 的盒子下也得到了相似的结果，表明我们的结果并不受有限尺寸效应影响。所有模拟的初态都是把 A、B 高分子以及纳米棒加入盒子中，并将所有 DPD 珠子的相互作用参数都设置为 $a_{ij}=25$，使各个组分均匀分散。然后再按照三个表中的 a_{ij} 来开始动力学分相过程。当热力学量（体系的总能量和压强）和结构性质（如高分子链的均方末端距，体系的结构因子等）达到稳定，我们就认为体系达到平衡了。

我们利用 Lees-Edwards 边界条件来施加剪切场，其中，x 是剪切方向，z 是速度梯度方向。对于我们所研究的体系而言，在 $\dot{\gamma}=0.001\sim0.08\tau^{-1}$ 剪切速率范围内得到了类似的结果，因此后续的研究中将剪切速率固定为 $\dot{\gamma}=0.03\tau^{-1}$。根据 DPD 模拟中单位时间与真实的时间之间的对应关系 $\tau=15.38\text{ps}$，$\dot{\gamma}=0.001\sim0.08\tau^{-1}$ 对应真实的剪切速率为 $0.65\times10^8\sim52\times10^8\text{s}^{-1}$。我们注意到实验中的剪切速率通常在 10^5s^{-1} 以内，远低于本节中模拟所采用的剪切速率。但是，本节采用的剪切速率对于 DPD 模拟并不罕见[110]。一方面，计算机模拟为了建立稳态速度分布，所使用的剪切速率不能太小。另一方面，如果我们采用实验的剪切速率，如 10^5s^{-1}（对应 $\dot{\gamma}\approx1.5\times10^{-6}\tau^{-1}$），模拟时间达到一个应变（对应 10μs）以上需要至少运行 6.5×10^7DPD 步。对于当前的计算机模拟来说，这是相当困难的。所以，计算机模拟很难采用实验剪切速率，而一般选在 $0.001\sim0.1\tau^{-1}$ 范围左右。此外，实际应用中通常采用 Weissenberg 数（Wi），即剪切速率与高分子链松弛时间的乘积，来表征剪切强弱。剪切开始对高分子链产生明显作用，对应于 $Wi\approx1$。如果我们选用实验剪切速率（10^5s^{-1}，$\dot{\gamma}=1.5\times10^{-6}\tau^{-1}$），此时我们模拟体系的 Wi 都明显小于 1，大概为 $Wi\cong9\times10^{-5}$，此时剪切对高分子链的构象影响很小。研究剪切对高分子共混体系结构形貌的影响，需要较大的剪切速率，使得 $Wi>1$。虽然在 DPD 模拟中采用了非常高的剪切速率，但是所对应的 Wi 并不大，在 0.06～4.97 之间。也即，对于我们

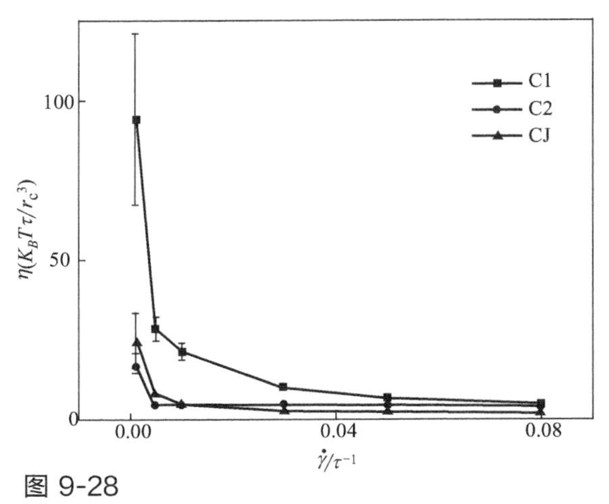

图 9-28
当 a_{ij}= 5时，含有不同纳米棒的三元体系的剪切黏度随剪切速率的变化图

模型中的高分子 A 和 B 来说，这个剪切速率范围正处在从黏度与剪切速率无关的牛顿区（$Wi<1$）进入到剪切变稀的非牛顿区（$Wi>1$）。此外，如图 9-28 的剪切黏度所示，含有纳米棒的三元体系在 $\dot{\gamma}=0.001\sim0.08\tau^{-1}$ 都处于剪切变稀区。因此，我们希望，实验研究人员在将他们的实验结果与我们的结果进行比较时，是在相同的 Wi 下，而不是相同的剪切速率（$\dot{\gamma}=0.001\tau^{-1}-0.08\tau^{-1}$，或 $\dot{\gamma}=0.65\times10^8\sim52\times10^8\text{s}^{-1}$）。由于实验研究者可以选择具有较大松弛时间的长链高分子，那么他们就可以在实验的剪切速率下，达到剪切变稀区，即 $Wi>1$。比如，$C_{1024}H_{2082}$[111] 的松弛时间大概是 10^{-4}s，那么当剪切速率为 10^4s^{-1} 时，就可以达到 $Wi\approx1$。

我们用 x-n-m 代表所研究的共混体系，其中 x 代表体系含有的纳米棒的种类，n 表示剪切速率，而 m 代表纳米棒与高分子之间的相互作用参数。例如，C1-0.03-5 表示剪切速率 0.03 下含有与高分子相互作用为 5 全同单亲纳米棒的共混体系。此外，我们用 x-n 表示含有某一种纳米棒的一系列三元体系，x 和 n 的含义与前面相同。

我们的研究结果表明纳米棒与亲和高分子之间的相互作用参数 a_{ij} 极大地影响了纳米棒在高分子共混体系中的空间分布，其中对于 C2 纳米棒影响最明显。例如，对于纳米棒和高分子之间存在强亲和作用时，也就是 $a_{ij}\leqslant15$，大多数的 C2 分散在均聚物相区中，而吸附在界面上的较少，增容效果较差；然而对于纳米棒和高分子之间亲和相互作用较弱时（$15<a_{ij}\leqslant25$），大多数的 C2 是吸附在界面上，增容效果较好。因此，我们可以根据 a_{ij} 的大小分为两部分来阐述纳米棒的表面性质和所对应的棒/高分子亲和性（浸润性）对相区粗化抑制以及共混体系分相结构和动力学的影响。由于篇幅所限，在此我们仅考虑 $a_{ij}\leqslant15$ 时纳米棒的表面性质对共混体系相容行为和形貌转变的影响，分析思路与 $15<a_{ij}\leqslant25$ 体系的一致，有兴趣的读者可参考文献［112］获取在 $15<a_{ij}\leqslant25$ 时的模拟结果。

9.2.3.2 $a_{ij}\leqslant15$ 时体系相分离动力学和形貌

静态场下的 A/B/C2 体系：尽管全同双亲纳米棒 C2 通常被当作表面活性的纳米粒子，用来抑制相区增长和稳定不相容高分子共混体系，但是在强纳米粒子-高分子亲和作用下，正如图 9-29(a) 显示的，在 $a_{ij}=5$ 时，含有 C2 的三元共混体系发生了完全的宏观相分离，并且 C2 纳米棒均匀分散在整个体系中。基于形貌演化的实时观察，我们发现一开始同种高分子的珠子是聚在很小的相区里，并且相互间是高度连接的。然后，相区发生不断的融合、增长。最终，高分子共混体系形成 2P 结构。因此，A/B/C2 体系在强纳米粒子-高分子亲和作用下表现出与对称的二元不相容高分子共混体系类似的相行为。

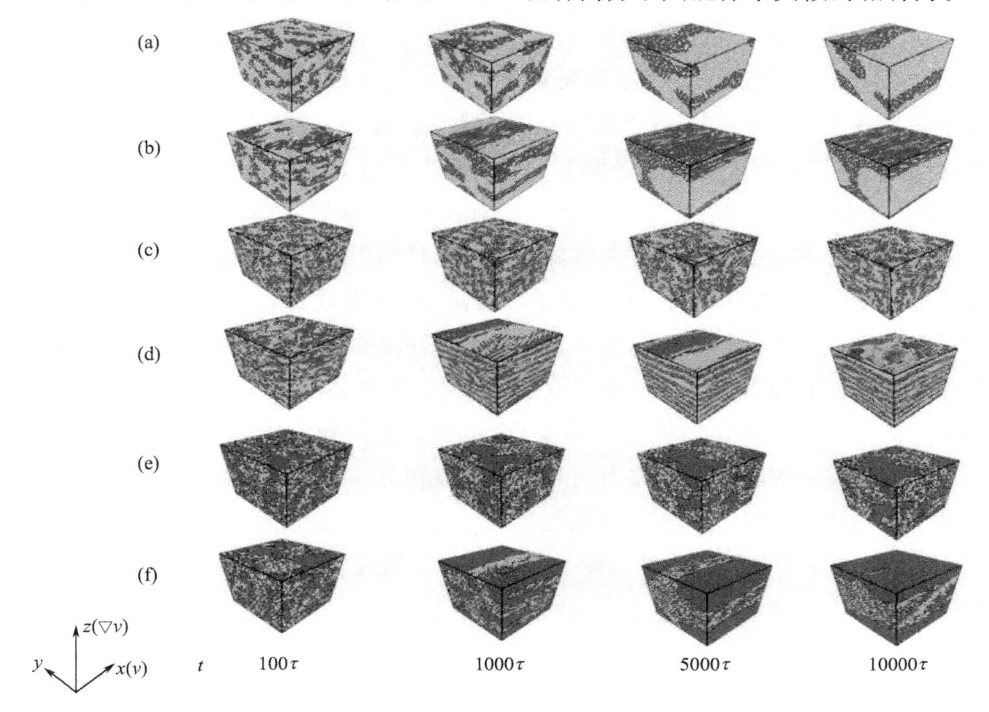

图 9-29

强焓作用下（$a_{ij}=5$）典型的静态与剪切体系的实时图（见彩插）

（a）C2-0.00-5；（b）C2-0.03-5；（c）CJ-0.00-5；（d）CJ-0.03-5；（e）C1-0.00-5；（f）C1-0.03-5。绿色代表的是高分子 A，蓝色代表的是高分子 B，红色表示的是 C1 以及 CJ 的 p 部分，另外黄色表示 C2 以及 CJ 的 q 部分。

然而，定量地分析分相动力学，如图 9-30 中的平均相区尺寸随时间变化曲线，我们可以发现包含 C2 体系的相区粗化速率要慢于纯二元体系。这是由于 C2 纳米棒的存在不仅提高了高分子相的黏度，还限制了高分子链的动力学。C2 在高分子 A/B 的界面上的吸附，一方面将减少不相容的 A/B 的作用对，从而降低体系的焓；另一方面，也将减少 C2 的平动熵。所以，C2 是否吸附在界面上主要取决于熵和焓之间复杂的相互作用和竞争。对于含有 C2 的体系，在纳米粒子-高分子强亲和作用（也就是 $a_{ij} \leqslant 15$）下，图 9-29(a) 的实时图表明大部分的

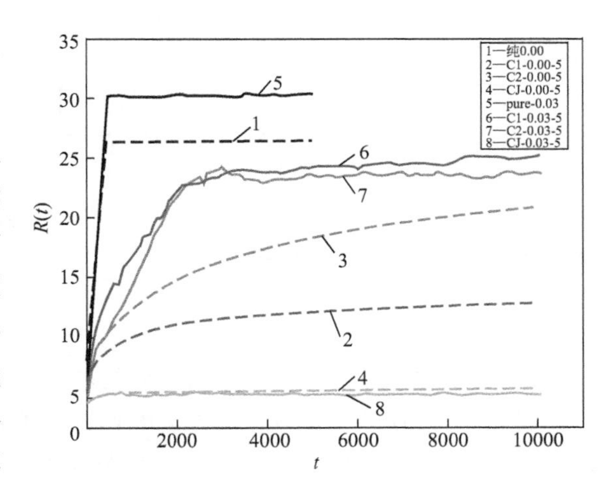

图 9-30

静态和剪切场下纯高分子 A/B 体系以及强相互作用（$a_{ij}=5$）下三元体系 A/B/C1、A/B/C2、A/B/CJ 相区尺寸随时间变化图

C2 都处于高分子相区中，而处于界面上的 C2 则很少。此外，我们还定量地统计了不同 a_{ij} 下，当体系达到稳定（相区尺寸接近饱和）时，C2 纳米棒在界面上的吸附量。如图 9-31 所示，对于静态下强亲和相互作用（$a_{ij}=5$）体系，仅有 410 个 C2 位于界面。换而言之，2/3 的 C2 无规地分散在高分子均聚物相区中。随着 a_{ij} 增大到 10 和 15，C2 在界面上的吸附量也逐步增加到 556 和 675，但是仍然有将近一半的 C2 处于高分子基体相中。这表明：当 $a_{ij}\leqslant 15$，纳米棒处于界面上平动熵减小所造成的影响要高于其焓的降低，因此 C2 更倾向于分散在均聚物相区中。然而，随着 a_{ij} 逐渐增大，C2 对于高分子的亲和作用逐渐减弱，平动熵损失的影响逐渐减弱，而焓降低的影响逐渐增强，所以其稳定在界面上的能力逐渐增强。我们从图 9-31 中发现，随着 a_{ij} 逐渐增加，C2 吸附在界面的趋势也是逐渐增强。因此，我们可以推测当 a_{ij} 大于 15，更多的 C2 会吸附在界面上，而不是处于均聚物相区中。总而言之，这些全同双亲纳米棒 C2 在共混体系中的位置分布，主要受到纳米棒与高分子的亲和作用控制，并且 C2 在界面上的吸附能力随着 a_{ij} 增大而增强。增强的界面吸附能力促进了界面张力的降低，所以相分离的驱动力减弱。因此随着 a_{ij} 增加，相区增长的速率变慢，并且最终的相区尺寸也减小，如图 9-32 所示。正如预期，由于 C2 体系 Onsager 参数较小，纳米棒分散在高分子相区中，呈现各向同性，没有发生整体的取向排列。

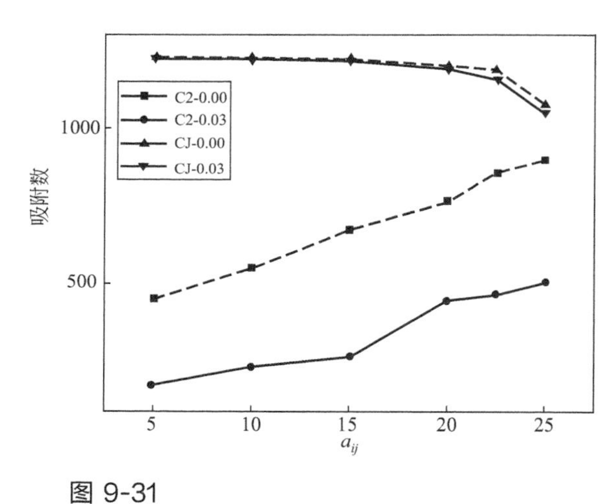

图 9-31

静态和剪切场下纳米棒在界面上吸附量随 a_{ij} 变化

纳米棒总数为 1222。

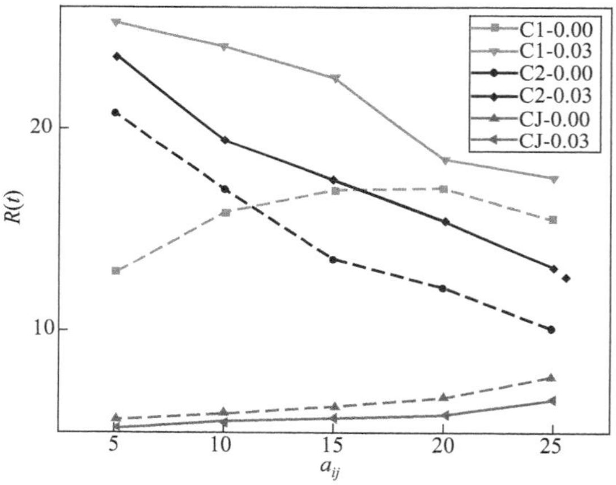

图 9-32

分别在静态和剪切场下，三元体系（分别含有 C1，C2 或 CJ 纳米棒）的终态相区尺寸随 a_{ij} 变化关系

剪切场下的 A/B/C2 体系：对于剪切场下相分离的体系，剪切作用通过与浓度涨落偶联，和相分离过程发生竞争，从而影响体系形貌和相区增长动力学，以至发生剪切诱导相转变。图 9-29(b) 中的实时图表明，当含有 C2 纳米棒的体系受到剪切作用，相区沿着流场方向被拉伸，形成了各向异性的形貌。对于 C2-0.03-5 在 1000τ 时（对应剪切应变是 30），高分子 A 和 B 的富集相区拉伸，同时纳米棒沿着剪切流取向。然而，静态场下 C2-0.00-5 体系的相区和纳米棒的排列在 1000τ 时都是各向同性的。因此，基于图 9-29 中随时间演化的相分离形貌和图 9-30 中随时间变化的相区尺寸，我们发现剪切确实促进了相

区增长。比如，虽然静态和剪切场下的 C2-0.03-5 都是发生了宏观相分离，但是剪切场下的相区尺寸要更大一些。

纳米棒-高分子存在强亲和相互作用（$a_{ij} \leqslant 15$）时，如图 9-31 表明，剪切流破坏了 C2 的吸附，造成了 C2 吸附在界面上的数量比静态下要更少。这说明当受到剪切作用的时候，C2 分散在均聚物相区中的倾向进一步提高。由于只有很少比例的 C2 可以吸附在高分子 A/B 的界面上，造成了界面覆盖更少以及更高的界面张力，导致剪切场下的相区增长比静态下更快。然而，与静态体系一样，随着 a_{ij} 的增加，剪切场下 C2 界面吸附能力也是增强的。因此如图 9-30 和图 9-31 所示，相区增长速率和相区尺寸都随着 a_{ij} 的增加变得更小。所有这些结果都表明，增大的界面张力和剪切诱导的形变作用，使得含有 C2 体系在 $a_{ij} \leqslant 15$ 时发生剪切促进分相和相区增长。

静态场下的 A/B/CJ 体系：与上面的表面活性纳米棒 C2 经历了宏观相分离不同，含有 CJ 体系在 $a_{ij} \leqslant 15$ 时发生了微相分离，并且形成了双连续微乳状的无序相结构，其结构因子符合 T-S 模型。如图 9-29(c) 所显示的，对于 CJ-0.00-5 体系，随着同种高分子链聚集成小的网络状的相区，这些平躺型 Janus 纳米棒从高分子相区中快速吸附到高分子 A/B 界面。与纯的二元高分子共混体系和含有 C2 的三元体系相比，加入 CJ 不仅极大地减慢了相区的粗化，还抑制了宏相分离。如图 9-30 所示，相区增长指数衰减到接近 0，并且平均相区尺寸在达到一个较小值时就接近饱和了。由于 CJ 纳米棒独特的双亲结构，所以当它吸附在界面上（相应的组分浸入到对应的高分子相区中）的时候，降低的焓可以克服熵的损失。从而，与 C2 不同，几乎所有的 CJ 都可以强烈地吸附在界面上。例如，正如图 9-31 所示，对于 CJ-0.00-5 体系，在 10000τ（平均相区尺寸已经接近饱和）时，体系中所有的 CJ 都是吸附在界面上。这极大地降低界面张力和相分离的驱动力。当界面张力非常小的时候，如图 9-30 所示，体系的相区增长曲线是呈现一个很慢的、渐近的饱和相区增长动力学，这表明体系发生了微相分离。图 9-31 中 CJ-0.00 在 $a_{ij} \leqslant 15$ 的数据表明，CJ 纳米棒吸附在界面上的数量随着 a_{ij} 的增加略微减小。这可能源于热能对于 Janus 纳米粒子赤道吸附的扰动，增加了 CJ 解吸附的概率。而且，随着 a_{ij} 增加，CJ 对于高分子的亲和程度减弱，CJ 吸附在界面上的驱动力变弱，而热涨落的影响则变强。因此，当 CJ 与高分子之间亲和作用很强，尽管绝大部分的 CJ 都是吸附在界面上，但是随着 a_{ij} 的增加 CJ 的吸附界面能力仍然减弱。这一规律与前面的 C2 体系完全相反。CJ 随着 a_{ij} 的增加界面吸附能力的轻微降低，导致了界面张力的增大，从而使早期相区随着 a_{ij} 的增加粗化更快。因此，正如图 9-32 所示，与前面的 C2 体系完全相反，当相区增长接近停滞的后期，相区尺寸是随着 a_{ij} 的增大而增大。

剪切场下的 A/B/CJ 体系：对于剪切场下 CJ 的体系，我们可以观察到，剪切诱导了体系从各向同性的微乳到层状相的有序转变。如图 9-29(d) 所示，剪切初期，初始均匀混合的无序结构转变成相互连接的网络。随着应变增加，相区沿着剪切方向被高度拉伸，但是垂直于剪切方向的相区尺寸只是略微增加。同时，由于剪切诱导融合，由高分子 A/Janus 纳米棒/高分子 B 组成的平行的层逐渐开始形成。例如，在 1000τ 时所形成的结构，类似于微相分离的嵌段共聚物的层状相。特别的是，如图 9-30 所示，这个结构似乎并没有进一步随着时间的演化而发生变化，层的宽度几乎不变。但是，层之间在梯度方向的通道逐渐消失，从而使得层状相的长程有序和取向进一步发展。据我们所知，这是首次通过模拟发现剪切可以诱导含有Janus纳米棒的高分子共混体系从静态下的双连续微乳变成剪切场下的层状相。其主要源于剪切抑制了浓度的涨落，从而形成有序结构。相似的剪切诱导有序的现象，只在嵌段共聚物熔体和含有表面活性剂的溶液中被发现。而且，刚性纳米棒在界面上的吸附，增加了高分子界面的刚性和它的持久长度，这增强了层与层在梯度方向的相关，促进长程有序层状相的形成。值得注意的是，剪切得到的层状相在我们所测试的剪切速率范围（$\dot{\gamma}=0.001\sim0.08\tau^{-1}$）内都是平行取向，如图9-29所示。一方面，剪切抑制了在速度梯度方向浓度涨落导致了平行取向的层状相。此外，棒的沿流场取向也促进了层状相的平行取向。

剪切诱导有序化的现象与初态无关，即不论初态是无序相还是双连续微乳，都可以得到同样的结果。对静态场下得到的双连续微乳施加剪切作用，我们也发现剪切诱导体系组装成平行的层状结构。如图9-33所示，对于CJ-0.03-5体系，在200τ的时候，各向同性的双连续微乳被破坏，涨落的界面沿着流场方向取向。同时，初始的2D结构因子变成各向异性，也就是从近圆形变成椭圆形。随着应变增加，伴随着相区的拉长和旋转，层与层之间在梯度方向的连接逐渐收缩或消失，层间有序加大，如在2000τ时的实时图。同时，2D结构因子变成细条形，宽度逐渐减小，但是梯度方向上的2个峰的散射强度增加，也表明平行取向的层状相结构的形成。然而，此时的层状结构并不完美，这里还存在一些滑移和位错，如图9-33中圆圈标注的。最终，随着时间的增加，这些滑移和位错消失，如10000τ实时图所示，高度有序的平行层状相形成。与此同时，对应的散射函数中两个峰变得更窄和更强。上面的剪切诱导有序化过程，再一次证明了对于含有CJ的高分子共混体系，剪切的主要作用是抑制浓度涨落和稳定有序相。

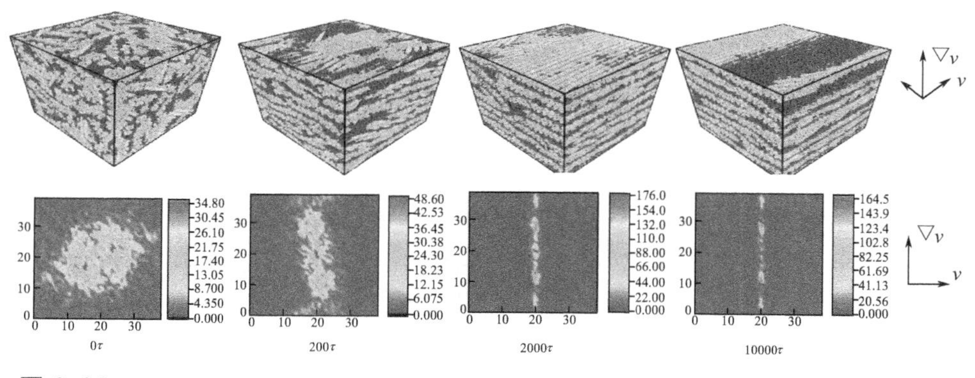

图9-33

对初态为CJ-0.00-5的双连续微乳体系进行剪切。上面一排是形貌的实时演化图，圆圈表示位错和旋转位移，下面一排是对应的2D结构因子图

实验上，有人研究了类似的含有嵌段共聚物作为增容剂的三元高分子共混体系，结果表明施加剪切作用会造成BμE发生宏观相分离，而不是形成有序的层状相。含有嵌段共聚物和Janus纳米棒体系对于剪切响应的差别，表明了Janus纳米棒在剪切场下具有更优异的增容性能。实际上，由于独特的表面双亲性，CJ纳米粒子可以强烈吸附在界面上，甚至是剪切场下也依然没有发生解吸附。例如，在$a_{ij}\leqslant15$绝大部分CJ都是吸附在界面上；而对于嵌段共聚物来说，

在高剪切下大部分嵌段共聚物都不能吸附在界面上，而是溶解在均聚物相区中。因此，添加了嵌段共聚物的体系在剪切场下的行为类似二元高分子体系。

通过比较图 9-31 中的两条实线，我们注意到，相比于 C2，CJ 在高剪切下依然有很强的吸附能力，这表明在剪切场下 CJ 是高分子共混体系更有效的稳定剂。另外，正如前面提到的，刚性的纳米粒子形成的界面具有弱的涨落效应，持久长度增加，相邻的层间关联程度增强，这些足以驱动相分离的 CJ 体系形成平行取向的层状相。与静态结果一致，当 CJ 与高分子有着很强的亲和作用 $a_{ij} \leqslant 15$，在剪切场下，尽管大部分 CJ 都是吸附在界面上，但是随着 a_{ij} 增加 CJ 的吸附数量还是略微降低，因此热涨落效应也会更加明显。所以，静态和剪切场下随着 CJ 与高分子之间亲和作用的增加，CJ 纳米棒吸附在界面上的能力都是略微减弱的，这与 C2 体系是正好相反的。此外，伴随着剪切诱导 CJ 沿流场方向取向，剪切流对 CJ 的界面吸附造成轻微破坏。如图 9-31 所示，这导致了 CJ 在剪切场下的界面吸附数量比静态时减少。

然而有意思的是，我们发现剪切场下的平均相区尺寸比静态下更小，如图 9-30 所示。对于 CJ 体系，在小应变下剪切场对于相区增长动力学的影响并不显著，因此在早期剪切场下和静态下的相区尺寸随时间变化的曲线几乎重合。随着应变增加，通过剪切抑制浓度涨落，CJ 体系在剪切场下相区粗化变慢，从而相区尺寸相比于静态下更小。显然，剪切抑制相区增长的 CJ 体系与剪切促进相区增长的 C2 体系很不一样。此外，与静态类似，如图 9-32 所示，随着 a_{ij} 的增加，剪切场下 CJ 体系的相区尺寸也是逐渐增加的，因此层状相中不同层之间的距离也增大。与静态下的情况一样，可以归于 CJ 在界面上的吸附能力随着与高分子亲和程度的减弱而减弱。

剪切诱导有序化还伴随着 CJ 在界面上有序排列。我们发现随着 a_{ij} 增加，界面上 CJ 聚集体的尺寸以及取向有序参数同时增加。所以，层内的有序排列行为也增加了层与层之间的有序。因此，可以通过施加剪切场，调节 CJ 纳米棒的空间位置，实现多级组装控制，为制造纳米功能材料提供新方法。

静态场下的 A/B/C1 体系：与上面的表面活性纳米棒 C2 或双亲纳米棒 CJ 均匀分散在整个高分子共混体系中或者吸附在界面上不同，在相同 $a_{ij} \leqslant 15$ 条件下，C1 是无规地选择性吸附在高分子 A 的富集相中，如图 9-29 中 C1-0.00-5 的实时图所示。我们已知，C2 加入高分子共混体系中，会由于提高高分子富集区的黏度和限制高分子链的动力学，减慢相分离过程。相似地，对于 C1 体积分数 15%的共混体系，C1 选择性地吸附在高分子 A 相区中，极大地提高了这一相的黏度。同时，当 $a_{ij} \leqslant 15$，如图 9-34 高分子 A 会在纳米棒的表面

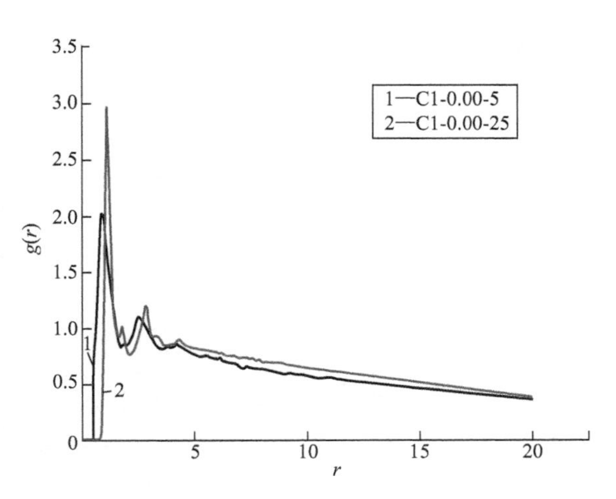

图 9-34

对于 C1-0. 00-5 和 C1-0. 00-25 两个典型的体系，高分子 A 珠子到纳米棒 C1 的中轴线距离的径向分布函数

上形成吸附层，限制或者阻碍高分子 A 链的运动。因此，我们发现，如图 9-30 所示，C1 体系的相区增长比纯的二元共混体系要更慢。

除了上面提到的效应，纳米棒选择性吸附在高分子 A 相区中，还会造成高分子 A 和 B 相区之间的黏弹反差，比如二者零切黏度比高达 32093.3。所以 C1 体系发生黏弹相分离，从而诱导黏度更大的一相，形成持久的逾渗网络结构。因此，C1 体系的相分离行为主要是由热力学和黏弹效应共同控制。根据体系实时演化，共混体系首先发生的是旋节相分离，形成高度相连的结构。在这个过程中，C1 纳米棒逐渐聚集到高分子 A 相中。随后的分相过程，动力学不对称的作用占据了主导，黏弹相分离控制着随后的粗化和形貌转变。在 $a_{ij} \leqslant 15$ 时，C1 体系形成的网络结构可以维持很长时间。比如，如图 9-29 所示，C1-0.00-5 体系在 10000τ 仍然保持着网络结构，而与之相对应的动力学对称的 C2 体系则形成了完全的两相结构。将模拟延长到 40000τ，这个 C1-0.00-5 体系仍然保持着黏弹的网络，再一次证明了 A/B/C1 体系相区粗化非常慢。一方面，黏度更大的相保持连续网络是黏弹相分离的一个特点；另一方面，加入 15% 的长度为 10、直径为 1.0 的刚性纳米棒到 42.5% 的 A 均聚物（r_g 是 $1.05r_c$）网络中，促进纳米棒 C1 的网络形成。从实时图可以观察到，均匀分散且无序取向的纳米棒形成了网络结构，并且贯穿整个高分子 A 相区。这种逾渗的粒子网络可以限制高分子 A 链的动力学，并且阻碍在相边界的运动。

我们发现，不光润湿层的存在限制纳米棒表面上高分子链的运动，抑制相区增长，C1 的网络还助于减慢体系的相分离过程。因此，如图 9-30 所示，尽管有 1/3 的 C2 处于界面上，但是 C1 体系比 C2 体系的相区粗化更慢。例如，如图 9-32 所示，C1 体系在 10000τ 时的相区尺寸比 C2 体系要小。单亲纳米棒可以诱导不相容的高分子共混体系形成长久稳定的网络结构。然而，如果与倾向于吸附在不相容高分子 A/B 界面上的 Janus 纳米棒比，如图 9-30 和图 9-32 所示，在一相中形成逾渗的 C1 网络结构抑制相区粗化效果要弱一些。尽管如此，与 C2 和 CJ 纳米棒一样，C1 对于共混体系的增容和相分离动力学的影响可以被纳米棒-高分子的亲和作用 a_{ij} 所调节。随着 a_{ij} 的增加，高分子 A 与纳米棒 C1 的相互亲和作用减弱，如图 9-34 所示，高分子 A 吸附在纳米棒 C1 表面的趋势减弱。因此，润湿层对相区粗化抑制作用是随着 a_{ij} 的增加减弱的。相反，a_{ij} 增加降低了纳米棒之间的距离，如图 9-35 的径向分布函数所示。这却促进了纳米棒网络的形成，其动力学抑制相区粗化的能力增强。因此，由于以上两种相反效应的存在，虽然黏弹相分离所形成的持久网络一直存在，但是相区粗化的抑制程度与 a_{ij} 的关系是非单调的。当 $a_{ij} \leqslant 15$ 时，相区增长速率主要取决于前者，随着 a_{ij} 的增加，相分离动力学更快。如图 9-32 所示，最终的相区尺寸也是随着 a_{ij} 增加而变大。然而，当 $15 < a_{ij} \leqslant 25$

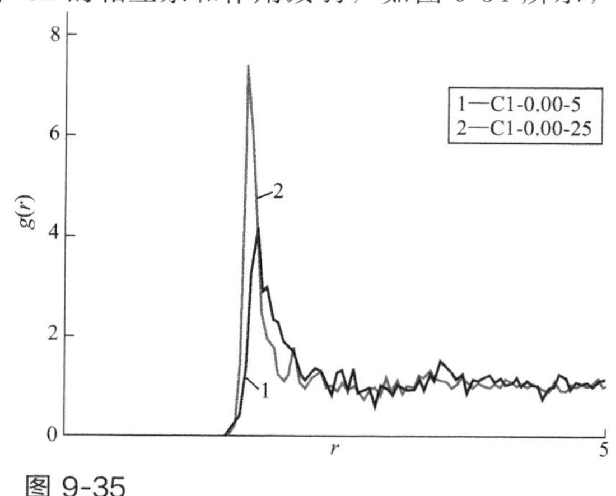

图 9-35

对于 C1-0.00-5 和 C1-0.00-25 两个典型的体系，纳米棒质心的径向分布函数

在大的 a_{ij} 体系中峰位左移。

时，相区粗化的速率主要由后面因素所主导，导致了更慢的相分离动力学。

剪切场下的 A/B/C1 体系：此外，同 C2 或者 CJ 填充的高分子共混体系一样，剪切可以强烈影响 C1 体系的相分离动力学的行为和形貌转变。在静态下，由于黏弹相分离、润湿层受限的高分子动力学、逾渗的粒子网络对于相界面运动及相区粗化的阻碍作用，A/B/C1 体系形成了持久的共连续网络形貌。启动剪切，C1 体系的相分离行为受到诸如动力学、热力学、流体力学和黏弹效应等作用，变得十分复杂。目前，还没有关于 C1 纳米棒添加的共混体系在剪切场下相分离动力学和结构演化的研究。我们的前期研究表明，加入 C1 后高分子熔体的零切黏度和剪切黏度（剪切速率是 $0.001\tau^{-1}\sim0.08\tau^{-1}$）是远高于纯高分子体系，并且高分子 A 与 C1 的混合物体系呈现剪切变稀的行为。因此，在 C1 共混体系中，高分子 A 富集的相区和高分子 B 富集的相区会表现出不同的剪切响应行为。

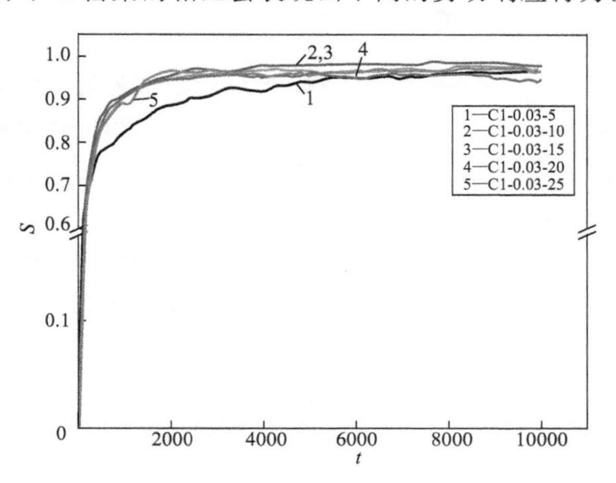

图 9-36
在剪切场下，不同 a_{ij} 的 A/B/C1 三元体系的取向有序参数随时间变化关系

实时图结果表明，剪切下，首先如静态，C1 共混体系形成了连续的网络结构，且 C1 纳米棒选择性吸附到高分子 A 相区中。更进一步，如图 9-29 所示的 C1-0.03-5 体系，随着剪切应变的增加，不仅这些 C1 纳米棒沿着剪切方向取向，稳态取向流动角接近 2.56°，这些增长的相区还沿着流场方向被拉伸，类似于 C2 和 CJ 体系。特别值得指出的是，在高分子 A、B 相区间的黏弹反差将会使得共连续网络结构更加易于受到剪切的拉伸和取向。因此，与静态下不同，虽然 Onsager 参数比较小，剪切流会驱使处于高分子 A 相中的各向异性的纳米棒形成向列相，如图 9-36 所示取向有序度高于 0.9。这种平行取向的棒会促使共连续的网络结构变成伸展的相区。而且，拉伸促进了相区碰撞和融合，剪切会加速动力学不对称的 C1 体系相区的粗化。因此，根据图 9-29 的实时图演化和图 9-30 中相应的相区尺寸的曲线，我们发现，虽然在静态下 C1-0.00-5 得到了相互连接的持久网络结构，但是剪切场下 C1-0.03-5 体系在 10000τ 时就已经失去了共连续的网络结构的特征，并且形成了完全的两相分离的结构。从而，剪切场下的相区尺寸明显大于静态下的相区尺寸。

相比于静态体系，剪切不仅通过诱导 C1 的取向和相区的拉伸增强了相区的粗化，外场还导致了动力学不对称的 C1 体系比动力学对称的 C2 体系分相更快一些。如图 9-29 中对应的形貌转变和图 9-30 中相应的相区尺寸随时间变化的曲线，C1-0.03-5 体系的相区增长速率和终态的相区尺寸，比动力学对称的 C2-0.03-5 都要更大一些，而在静态下我们观察到相应的 C1-0.00-5 的相区粗化却比 C2-0.00-5 更慢。显然，当施加剪切作用，C1 共混体系从相对慢的相区粗化变成相对快的相区粗化，主要源于黏弹反差。此外，相比于优先吸附在剪切体系界面上的 CJ，由于其优异界面吸附能力和降低界面张力或者相区增长的热力学驱动力的能力，CJ 体系在剪切场下发生了微相分离，而 C1 则是发生了宏观相分离。因此，与 CJ 体系相比，正如图 9-30 和图 9-32 所示，相分离动力学更快和相区尺寸更大。

至于纳米粒子-高分子相互作用 a_{ij} 对应剪切场下 C1 体系的相区增长动力学的影响，我们发现：与 C2 体系类似，随着 a_{ij} 的增大，相区增长速率降低，终态相区尺寸变小。值得注意的是，C2 体系的相区粗化变慢是由于 C2 在界面上吸附的能力随着 a_{ij} 的增加而变强，从而界面自由能或相分离驱动力降低。在 C1 体系中，增加 a_{ij} 降低了棒与棒之间的距离，增强棒和棒的相互作用，B 相和 A 相间的黏弹反差更大。虽然黏弹反差使得相区易于受到剪切作用而发生拉伸和取向，但是相邻软 B 相区的融合粗化需要排除高黏弹 A 相区，而高黏弹 A 相中的弹性应力阻碍了界面的运动。因此，在大 a_{ij} 下，纳米棒的聚集使得界面松弛更慢，最终造成更慢的相区粗化。

9.2.3.3 小结

在本节中我们系统地研究了静态下和剪切场下纳米棒的表面性质对高分子共混体系相结构和相分离动力学的影响。我们发现纳米棒的表面性质，尤其是纳米棒和高分子的亲和作用，通过改变纳米棒在体系中的位置分布，来调控它的增容行为和高分子共混体系的形貌转变。

静态下，全同双亲纳米棒 C2 仅在纳米棒-高分子亲和作用较弱时才可以作为表面活性粒子稳定吸附在界面上，有效抑制相区粗化，诱导共混体系微相分离形成介观 BμE 相。相反，在纳米棒-高分子亲和作用很强时，共混体系发生了宏观相分离。Janus 纳米棒 CJ 由于具有独特的表面双亲性利于界面吸附，共混体系宏相分离完全被抑制，形成微相分离的 BμE 相。全同单亲纳米棒 C1 因为其亲和高分子 A 而与高分子 B 排斥，会选择性分散在高分子 A 相区中，促使体系发生黏弹相分离，形成了动力学抑制的持久共连续网络结构。纳米棒-高分子亲和作用不仅影响相结构，也影响 C2 和 CJ 纳米棒的界面吸附能力和抑制相区粗化能力。随着纳米棒-高分子亲和作用逐渐减弱，CJ 吸附界面的能力略微减弱而 C2 则明显增强，所以含 CJ 体系的相区增长速率增加、相区尺寸略微增大，而含 C2 体系则与之相反。对于含 C1 的体系，随着 C1 与高分子 A 亲和作用减弱，一方面减弱的纳米棒表面润湿层作用会降低其抑制相区粗化能力，另一方面增强的纳米棒间吸引作用却强化了纳米棒网络并提高相区粗化抑制能力，二者的竞争则导致了含 C1 体系的相区尺寸则是先增加再减小。这些结果表明通过改变纳米棒的表面性质，可以调节纳米棒在共混体系的位置和空间分布，进而控制体系的相容行为及最终结构。

在静态结果的基础上，进一步考查这些共混体系在剪切场下相分离动力学和结构演化。剪切破坏了全同双亲纳米棒 C2 的界面吸附，加速相区增长，甚至诱导静态下稳定的介观 BμE 结构转变成宏观相分离（2P）相。因此，C2 纳米棒在剪切场下并不是有效的增容剂。相反，对于含有 Janus 纳米棒的不相容高分子共混体系，由于 CJ 吸附在界面上，存在剪切诱导有序现象，即剪切诱导静态下的 BμE 转变成有序 LAM。并且，LAM 采取平行取向，面内还存在有序排列。因此可以通过施加剪切流实现对 CJ 纳米棒空间位置的多级控制，这为制造纳米功能材料提供新思路。此外，对于含全同单亲纳米棒 C1 体系，剪切流可以破坏共连续网络结构，加速相区粗化，诱导体系宏观相分离。类似于静态的情况，相区增长速率和相区尺寸以及相形貌都与纳米棒-高分子间亲和作用紧密相关。

9.3 总结与展望

如何经济高效地制备高性能的高分子材料一直是材料开发的重点问题，而高分子共混技术是实现高分子材料高性能化、精细化、功能化和发展新品种的简单快速且经济可行的途径。遗憾的是，虽然多组分高分子材料有望获取单一组分材料所不具备的优异性能，但我们对其微观相结构和相界面形成的机理以及分相动力学认识尚浅，目前无法满足对指导新材料设计开发的需求，明显阻碍了这一领域的发展。而借助新型高效介观模拟技术，对复合体系的结构、动力学、性能加以研究预测，并对组成、制备工艺进行筛选，无疑能够大大加速新型材料的开发速度。甚至有可能走在实验研究之前，对具有更为复杂结构的材料性能加以评估，降低实验研究的工作量和开发成本。在本章中，我们主要介绍了耗散粒子动力学方法在高分子多相体系研究领域的应用，分别针对传统的嵌段共聚物和新兴的 Janus 纳米颗粒两种增容剂对共混体系相结构、相界面、分相动力学的影响加以研究，取得了令人满意的结果。综上所述，DPD 方法是一种高效的介观模拟手段，经过多年来研究人员对其不断的修正和扩展，已经成为可以广泛应用于聚合物及其复杂体系模拟研究的强大工具。但如何克服其粗粒化程度过高、过度忽略化学细节的不足，并在效率与精度之间寻找一个合适的平衡点，实现对真实体系的定量描述应是我们今后着重注意的问题。

参考文献

[1] Binder K. Phase-Transitions in Polymer Blends and Block-Copolymer Melts-Some Recent Developments. Berlin: Springer-Verlag，1994：181-299.

[2] Bates F S，Maurer W，Lodge T P，et al. Isotropic Lifshitz Behavior in Block Copolymer-homopolymer Blends. Physical Review Letters，1995，75（24）：4429-4432.

[3] Bates F S，Maurer W W，Lipic P M，Hillmyer M A，Almdal K，Mortensen K，Fredrickson G H，Lodge T P. Polymeric Bicontinuous Microemulsions. Physical Review Letters，1997，79（5）：849-852.

[4] de Gennes P G，Taupin C. Microemulsions and the Flexibility of Oil/water Interfaces. J Phys Chem，1982，86（13）：2294-2304.

[5] Düchs D，Venkat Ganesan，Fredrickson G H，Schmid F. Fluctuation Effects in Ternary AB + A + B Polymeric Emulsions. Macromolecules，2003，36（24）：9237-9248.

[6] Düchs D，Schmid F. Formation and Structure of the Microemulsion Phase in Two-dimensional Ternary AB+A+B Polymeric Emulsions. Journal of Chemical Physics，2004，121（6）：2798-2805.

[7] Fredrickson G H，Bates F S. Design of Bicontinuous Polymeric Microemulsions. Journal of Polymer Science Part B Polymer Physics，1997，35（17）：2775-2786.

[8] Kielhorn L，Muthukumar M. Fluctuation Theory of Diblock Copolymer/homopolymer Blends and Its Effects on the Lifshitz point. Journal of Chemical Physics，1997，107（14）：5588-5608.

[9] Kodama H，Komura S，Tamura K. Mean-field Approach to Polymeric Microemulsions. Epl，2001，53（1）：46.

[10] Komura S. Mesoscale Structures in Microemulsions. Journal of Physics Condensed Matter，2007，19（46）：463101.

[11] Komura S，Kodama H，Tamura K. Real-space Mean-field Approach to Polymeric Ternary Systems. Journal of Chemical Physics，2002，117（21）：9903-9919.

[12] Matsen M W. Elastic Properties of a Diblock Copolymer Monolayer and Their Relevance，to Bicontinuous Microe-

mulsion. Journal of Chemical Physics, 1999, 110 (9): 4658-4667.
[13] Pipich V, Schwahn D, Willner L. Ginzburg Number of a Homopolymer-Diblock Copolymer Mixture Covering the 3D-Ising, Isotropic Lifshitz, and Brasovskii Classes of Critical Universality. Physical Review Letters, 2005, 94: 117801.
[14] Tanaka H, Lovinger A J, Davis D D. Pattern Evolution Caused by Dynamic Coupling between Wetting and Phase Separation in Binary Liquid Mixture Containing Glass Particles. Physical Review Letters, 1994, 72 (16): 2581-2584.
[15] Chung H J, Ohno K, Fukuda T, et al. Self-regulated Structures in Nanocomposites by Directed Nanoparticle Assembly. Nano Letters, 2005, 5 (10): 1878.
[16] Walther A, Matussek K, Axel H E Müller. Engineering Nanostructured Polymer Blends with Controlled Nanoparticle Location using Janus Particles. ACS Nano, 2008, 2 (6): 1167-1178.
[17] Bai Z Q, Guo H X. Interfacial Properties and Phase Transitions in Ternary Symmetric Homopolymer-copolymer blends: A Dissipative Particle Dynamics Study. Polymer, 2013, 54 (8): 2146-2157.
[18] Anastasiadis S H. Interfacial Tension in Binary Polymer Blends and the Effects of Copolymers as Emulsifying Agents. Berlin: Springer-Verlag, 2011: 179-269.
[19] Hong K M, Noolandi J. Theory of Interfacial-Tension in Ternary Homopolymer-Solvent Systems. Macromolecules, 1981, 14 (3): 736-742.
[20] Noolandi J, Hong K M. Interfacial Properties of Immiscible Homopolymer Blends in the Presence of Block Copolymers. Macromolecules, 1982, 15 (2): 482-492.
[21] Fleury G, Bates F S. Hierarchically Structured Bicontinuous Polymeric Microemulsions. Soft Matter, 2010, 6 (12): 2751-2759.
[22] Gan L M, Chow P Y, Liu Z L, et al. The Zwitterion Effect in Proton Exchange Membranes as Synthesised by Polymerisation of Bicontinuous Microemulsions. Chem Commun, 2005 (35): 4459-4461.
[23] Gan L M, Liu J, Poon L P, et al. Microporous Polymeric Composites from Bicontinuous Microemulsion Polymerization Using a Polymerizable Nonionic Surfactant. Polymer, 1997, 38 (21): 5339-5345.
[24] Jones B H, Lodge T P. High-Temperature Nanoporous Ceramic Monolith Prepared from a Polymeric Bicontinuous Microemulsion Template. J Am Chem Soc, 2009, 131 (5): 1676-1677.
[25] Jones B H, Lodge T P. Nanoporous Materials Derived from Polymeric Bicontinuous Microemulsions. Chem Mater, 2010, 22 (4): 1279-1281.
[26] Wang L S, Chow P Y, Phan T T, et al. Fabrication and Characterization of Nanostructured and Thermosensitive Polymer Membranes for Wound Healing and Cell Grafting. Adv Funct Mater, 2006, 16 (9): 1171-1178.
[27] Zhou N, Bates F S, Lodge T P. Mesoporous Membrane Templated by a Polymeric Bicontinuous Microemulsion. Nano Lett, 2006, 6 (10): 2354-2357.
[28] 白志强，夏宇正，石淑先，郭洪霞. PE/PEO/PE-PEO 对称三元共混体系相行为的耗散粒子动力学模拟研究. 高分子学报，2011，5：532-538.
[29] Hillmyer M A, Maurer W W, Lodge T P, Bates F S Almdal K. Model Bicontinuous Microemulsions in Ternary Homopolymer Block Copolymer Blends. J Phys Chem B, 1999, 103 (23): 4814-4824.
[30] Liu G L, Stoykovich M P, Ji S X, et al. Phase Behavior and Dimensional Scaling of Symmetric Block Copolymer-Homopolymer Ternary Blends in Thin Films. Macromolecules, 2009, 42 (8): 3063-3072.
[31] Messe L, Corvazier L, Ryan A J. Effect of the Molecular Weight of the Homopolymers on the Morphology in Ternary Blends of Polystyrene, polyisoprene, polystyrene-blockpolyisoprene copolymer. Polymer, 2003, 44 (24): 7397-7403.
[32] Morkved T L, Stepanek P, Krishnan K, et al. Static and Dynamic Scattering from Ternary Polymer Blends: Bicontinuous Microemulsions, Lifshitz lines, and Amphiphilicity. J Chem Phys, 2001, 114 (16): 7247-7259.
[33] Liu X H, Bai Z Q, Yang K D, et al. Phase Behavior and Interfacial Properties of Symmetric Polymeric Ternary blends A/B/AB. Science China Chemistry, 2013, 56 (12): 1710-1721.
[34] 白志强. 聚合物共混体系相行为、界面性质及界面动力学的介观模拟研究. 北京：中国科学院化学研究所，2013.
[35] Groot R D, Warren P B. Dissipative Particle Dynamics: Bridging the Gap Between Atomistic and Mesoscopic Simulation. J Chem Phys, 1997, 107 (11): 4423-4435.
[36] Stoykovich M P, Edwards E W, Solak H H, et al. Phase Behavior of Symmetric Ternary Block Copolymer-homopolymer Blends in Thin Films and on Chemically Patterned Surfaces. Phys Rev Lett, 2006, 97 (14): 147802.
[37] Corvazier L, Messe L, Salou C L O, et al. Lamellar Phases and Microemulsions in Model Ternary Blends Containing Amphiphilic Block copolymers. J Mater Chem, 2001, 11 (11): 2864-2874.

[38] Tanaka H, Hasegawa H, Hashimoto T. Ordered Structure in Mixtures of a Block Copolymer and Homopolymers. 1. Solubilization of Low-Molecular-Weight Homopolymers. Macromolecules, 1991, 24 (1): 240-251.

[39] Tanaka H, Hashimoto T. Ordered Structures of Block Polymer Homopolymer Mixtures . 3. Temperature-Dependence. Macromolecules, 1991, 24 (20): 5713-5720.

[40] Wilson M R, Allen M P. Computer-Simulation Study of Liquid-Crystal Formation in a Semiflexible System of Linked Hard-Spheres. Mol Phys, 1993, 80 (2): 277-295.

[41] Jo W H, Kim S H. Monte Carlo Simulation of the Phase Separation Dynamics of Polymer Blends in the Presence of block copolymers . 1. Effect of the interaction energy and chain length of the block copolymers. Macromolecules, 1996, 29 (22): 7204-7211.

[42] Teubner M, Strey R. Origin of the Scattering Peak in Microemulsions. J Chem Phys, 1987, 87 (5): 3195-3200.

[43] Dadmun M D, Muthukumar M, Schwahn D, et al. Small-angle Neutron Scattering of Poly (gamma-benzyl L-glutamate) in Deuterated Benzyl Alcohol. Macromolecules, 1996, 29 (1): 207-211.

[44] de Gennes PG P J. The Physcis of Liquid Crystals. Oxford: Oxford University Press, 1987.

[45] Espanol P, Warren P. Statistical-Mechanics of Dissipative Particle Dynamics. Europhys Lett, 1995, 30 (4): 191-196.

[46] Hoogerbrugge P J, Koelman J. Simulating Microscopic Hydrodynamic Phenomena with Dissipative Particle Dynamics. Europhys Lett, 1992, 19 (3): 155-160.

[47] Chang K, Morse D C. Diblock Copolymer Surfactants in Immiscible Homopolymer Blends: Interfacial Bending Elasticity. Macromolecules, 2006, 39 (21): 7397-7406.

[48] Laradji M, Desai R C. Elastic Properties of Homopolymer-homopolymer Interfaces Containing Diblock Copolymers. J Chem Phys, 1998, 108 (11): 4662-4674.

[49] Muller M, Schick M. Bulk and Interfacial Thermodynamics of a Symmetric, Ternary Homopolymer-copolymer Mixture: A Monte Carlo study. J Chem Phys, 1996, 105 (19): 8885-8901.

[50] Wang Z G, Safran S A. Equilibrium Emulsification of Polymer Blends by Diblock Copolymers. Journal De Physique, 1990, 51 (2): 185-200.

[51] Wang Z G, Safran S A. Curvature Elasticity of Diblock Copolymer Monolayers. J Chem Phys, 1991, 94 (1): 679-687.

[52] Werner A, Schmid F, Muller M. Monte Carlo Simulations of Copolymers at Homopolymer Interfaces: Interfacial Structure as a Function of the Copolymer density. J Chem Phys, 1999, 110 (11): 5370-5379.

[53] Senapati S, Berkowitz M L. Computer Simulation Study of the Interface Width of the Liquid/liquid Interface. Phys Rev Lett, 2001, 87 (17): 176101.

[54] Rekvig L, Hafskjold B, Smit B. Chain Length Dependencies of the Bending Modulus of Surfactant Monolayers. Phys Rev Lett, 2004, 92 (11): 116101.

[55] Bouglet G, Ligoure C. Polymer-mediated Interactions of Fluid Membranes in a Lyotropic Lamellar Phase: a Small Angle X-ray and Neutron Scattering Study. European Physical Journal B, 1999, 9 (1): 137-147.

[56] Petrache H I, Gouliaev N, Tristram-Nagle S, et al. Interbilayer Interactions From High-resolution X-ray scattering. Phys Rev E, 1998, 57 (6): 7014-7024.

[57] Thompson R B, Matsen M W. Improving Polymeric Microemulsions with Block Copolymer Polydispersity. Phys Rev Lett, 2000, 85 (3): 670-673.

[58] Guo Hongxia, Olvera de la Cruz Monica. Compartmentalization and Delivery via Asymmetric Copolymer Monolayers with Swollen or Inverse Swollen Micelles. J Chem Phys, 2010, 132: 094902-1-7; Nunalee Michelle L, Guo Hongxia, Olvera de la Cruz Monica, Shull Kenneth R. An Interfacial Curvature Map for Homopolymer Interfaces in the Presence of Diblock Copolymers. Macromolecules, 2007, 40 (13): 4721-4723.

[59] Noolandi J, Hong K M. Effect of Block Copolymers at a Demixed Homopolymer Interface. Macromolecules, 1984, 17 (8): 1531-1537.

[60] Retsos H, Anastasiadis S H, Pispas S, et al. Interfacial Tension in Binary Polymer Blends in the Presence of Block Copolymers. 2. Effects of Additive Architecture and Composition. Macromolecules, 2004, 37 (2): 524-537.

[61] Retsos H, Margiolaki I, Messaritaki A, et al. Interfacial Tension in Binary Polymer Blends in the Presence of Block Copolymers: Effects of Additive MW. Macromolecules, 2001, 34 (15): 5295-5305.

[62] Guo H X, Kremer K. Amphiphilic lamellar Model Systems under Dilation and Compression: Molecular dynamics study. J Chem Phys, 2003, 118 (16): 7714-7723.

[63] Guo H X, Kremer K. Molecular Dynamics Simulation of the Phase Behavior of Lamellar Amphiphilic Model Systems. J Chem Phys, 2003, 119 (17): 9308-9320.

[64] Goetz R, Gompper G, Lipowsky R. Mobility and Elasticity of Self-assembled Membranes. Phys Rev Lett, 1999, 82 (1): 221-224.

[65] Rekvig L, Hafskjold B, Smit B. Simulating the Effect of Surfactant Structure on Bending Moduli of Monolayers. J Chem Phys, 2004, 120 (10): 4897-4905.

[66] Helfrich W. Elastic Properties of Lipid Bilayers - Theory and Possible Experiments. Z Naturforsch C: Biosci, 1973, C 28 (11-1): 693-703.

[67] Laradji M, Mouritsen O G. Elastic Properties of Surfactant Monolayers at Liquid-liquid Interfaces: A Molecular Dynamics study. J Chem Phys, 2000, 112 (19): 8621-8630.

[68] Shi W X, Guo H X. Structure, Interfacial Properties, and Dynamics of the Sodium Alkyl Sulfate Type Surfactant Monolayer at the Water/Trichloroethylene Interface: A Molecular Dynamics Simulation Study. J Phys Chem B, 2010, 114 (19): 6365-6376.

[69] Marrink S J, Mark A E. Effect of Undulations on Surface Tension in Simulated Bilayers. J Phys Chem B, 2001, 105 (26): 6122-6127.

[70] Loison C, Mareschal M, Kremer K, et al. Thermal Fluctuations in a Lamellar Phase of a Binary Amphiphile-solvent mixture: A Molecular-dynamics Study. J Chem Phys, 2003, 119 (24): 13138-13148.

[71] Loison C, Mareschal M, Schmid F. Fluctuations and Defects in Lamellar Stacks of Amphiphilic Bilayers. Comput Phys Commun, 2005, 169 (1-3): 99-103.

[72] Canham P B. Minimum Energy of Bending as a Possible Explanation of Biconcave Shape of Human Red Blood Cell. J Theor Biol, 1970, 26 (1): 61-81.

[73] Schmid F. Toy Amphiphiles on the Computer: What Can we Learn from Generic Models? Macromol Rapid Commun, 2009, 30 (9-10): 741-751.

[74] Caille A. X-Ray Scattering by Smectic-a Crystals. Comptes Rendus Hebdomadaires Des Seances De L Academie Des Sciences Serie B, 1972, 274 (14): 891-893.

[75] Lei N, Safinya C R, Bruinsma R F. Discrete Harmonic Model for Stacked Membranes - Theory and Experiment. J Phys II, 1995, 5 (8): 1155-1163.

[76] Brannigan G, Lin L C L, Brown F L H. Implicit Solvent Simulation Models for Biomembranes. European Biophysics Journal with Biophysics Letters, 2006, 35 (2): 104-124.

[77] Lyatskaya Y, Liu Y F, Tristram-Nagle S, et al. Method for Obtaining Structure and Interactions from Oriented Lipid Bilayers. Physical Review E, 2001, 63 (1): 011907.

[78] Safran S A. Statistical Thermodynamics of Surfaces, Interfaces, and Membranes. Boulder: Westview Press, 2003.

[79] Lindahl E, Edholm O. Mesoscopic Undulations and Thickness Fluctuations in Lipid Bilayers from Molecular Dynamics Simulations. Biophys J, 2000, 79 (1): 426-433.

[80] Rodgers J M, Sorensen J, de Meyer F J M, et al. Understanding the Phase Behavior of Coarse-Grained Model Lipid Bilayers through Computational Calorimetry. J Phys Chem B, 2012, 116 (5): 1551-1569.

[81] Degennes P G, Taupin C. Micro-Emulsions and the Flexibility of Oil-Water Interfaces. J Phys Chem, 1982, 86 (13): 2294-2304.

[82] Rubinstein M, Colby R H. Polymer Physics. Oxford: Oxford University Press, 2003: 137-140.

[83] Karim A, Liu D W, Douglas J F, et al. Modification of the Phase Stability of Polymer Blends by Filler. Polymer, 2000, 41 (23): 8455.

[84] Stratford K, Adhikari R, Pagonabarraga I, et al. Colloid Jamming at Interfaces: A Route to Fluid-Bicontinuous Gel. Science, 2005, 309 (5744): 2198.

[85] Hore M J A, Laradji M. Microphase Separation Induced by Interfacial Segregation of Isotropic, Spherical Nanoparticles. J Chem Phys, 2007, 126 (24): 244903.

[86] Qiu Feng, Ginzburg V V, Paniconi M, et al. Phase Separation under Shear of Binary Mixtures Containing Hard Particles. Langmuir, 1999, 15 (15): 4952.

[87] Laradji M, Hore M J A. Nanospheres in Phase-Separating Multi- component Fluids: A Three-Dimensional Dissipative Particle Dynamics Simulation. J Chem Phys, 2004, 121 (21): 10641.

[88] Huang S, Bai L, Trifkovic M, Cheng X, Macosko CW. Controlling the Morphology of Immiscible Cocontinuous Polymer Blends via Silica Nanoparticles Jammed at the Interface. Macromolecules, 2016, 49 (10): 3911.

[89] Nisisako T, Torii T, Takahashi T, et al. Synthesis of Monodispersed Bicolored Janus Particles with Electrical Anisotropy Using a Mcrofluidic Co-Flow System. Adv Mater, 2006, 18 (9): 1152.

[90] Howse J R, Jones R A L, Ryan A J, et al. Self-Motile Colloids Particles: From Directed Propulsion to Random Walk. Phys Rev Lett, 2007, 99 (4): 48102.

[91] De Gennes P G. Soft matter. Reviews of Modern Physics, 1992, 64 (3): 645.

[92] Binks B P, Fletcher P D I. Particles Adsorbed at the Oil-Water Interface: A Theoretical Comparison between Spheres of Uniform Wettability and "Janus" Particles. Langmuir, 2001, 17 (16): 4708.

[93] Walther A, Hoffmann M, Müller A H E. Emulsion Polymerization Using Janus Particles as Stabilizers. Angew Chem Int Ed, 2008, 120 (4): 711.

[94] Kim B J, Bang J, Hawker C J, et al. Creating Surfactant Nanoparticles for Block Copolymer Composites through Surface Chemistry. Langmuir, 2007, 23 (25): 12693.

[95] Kim J U, Matsen M W. Positioning Janus Nanoparticles in Block Copolymer Scaffolds. Phys Rev Lett, 2009, 102 (7): 078303.

[96] Bryson K C, Löbling, T I, Müller A H E, Russell, T P, Hayward R C. Using Janus Nanoparticles To Trap Polymer Blend Morphologies during Solvent-Evaporation-Induced Demixing. Macromolecules, 2015, 48 (12): 4220.

[97] Walther A, Matussek K, Müller A H E. Engineering Nanostructured Polymer Blends with Controlled Nanoparticle Location using Janus Particles. ACS Nano, 2008, 2 (6): 1167.

[98] Huang Manxia, Li Ziqi, Guo Hongxia. The Effect of Janus Nanospheres on the Phase Separation of Immiscible Polymer Blends via Dissipative Particle Dynamics Simulations. Soft Matter, 2012, 8 (25): 6834.

[99] Groot R, Madden T. Dynamic Simulation of Diblock Copolymer Microphase Separation. J Chem Phys, 1998, 108 (20): 8713.

[100] Rapaport D C. The Art of Molecular Dynamics Simulation. Cambridge: Cambridge University Press, 2004: 200-211.

[101] Hohenberg B I, Halperin P C. Theory of Dynamic Critical Phenomena. Rev Mod Phys, 1977, 49 (3): 435.

[102] Huang Manxia, Guo Hongxia. The Intriguing Phase Behavior and Dynamics of Ternary Systems of Immiscible Polymer Blends and Janus Particles with Various Architectures. Soft Matter, 2013, 9 (30): 7356.

[103] Hore M J A, Laradji M. Prospects of Nanorods as an Emulsifying Agent of Immiscible Blends. J Chem Phys, 2008, 128 (5): 054901.

[104] Frenkel D, Mulder B M, McTague J P. Phase Diagram of a System of Hard Ellipoids. Phys Rev Lett, 1984, 52 (4): 287.

[105] Berardi R, Orlandi S, Zannoni C. Monte Carlo Simulation of Discotic Gay-Berne Mesogens withAxial Dipole. J Chem Soc Faraday Trans, 1997, 93 (8): 1493.

[106] Berardi R, Emerson A P J, Zannoni C. Monte Carlo Investigation of a Gay-Berne Liquid Crystall. JChem Soc Faraday Trans, 1993, 89 (22): 4069.

[107] Gay J G, Berne B J. Modification of the Overlap Potential to Mimic a Linear Site-Site Potential. JChem Phys, 1981, 74 (6): 3316.

[108] Xu Kunlun, Guo Ruohai, Dong Bojun, et al. Directed Self-Assembly of Janus Nanorods in Binary Polymer Mixture: towards Precise Control of Nanorod Orientation Relative to Interface. Soft Matter, 2012, 8 (37): 9581.

[109] Paul W, Smith G, Yoon D Y, Farago B, Rathgeber S, Zirkel A, Willner L, Richter D. Chain motion in an unentangled polyethylene melt: A critical test of the rouse model by molecular dynamics simulations and neutron spin echo spectroscopy. Physical Review Letters, 1998, 80 (11): 2346.

[110] Lísal M, Brennan J K. Alignment of Lamellar Diblock Copolymer Phases under Shear: Insight from Dissipative Particle Dynamics Simulations. Langmuir, 2007, 23 (9): 4809-4818; You L Y, Chen L J, Qian H J, Lu Z Y. Microphase Transitions of Perforated Lamellae of Cyclic Diblock Copolymers under Steady Shear. Macromolecules, 2007, 40 (14): 5222-5227; Prhashanna A, Khan S A, Chen S B. Micelle Morphology and Chain Conformation of Triblock Copolymers under Shear: LADPD study. Colloids and Surfaces A: Physicochemical and Engineering Aspects, 2016, 506: 457-466.

[111] Sgouros A P, Megariotis G, Theodorou D N. Slip-Spring Model for the Linear and Nonlinear Viscoelastic Properties of Molten Polyethylene Derived from Atomistic Simulations. Macromolecules, 2017, 50 (11): 4524-4541.

[112] Zhou Yongxiang, Huang Manxia, Lu Teng, Guo Hongxia. Nanorods with Different Surface Properties in Directing the Compatibilization Behavior and the Morphological Transition of Immiscible Polymer Blends in Both Shear and Shear-Free Conditions. Macromolecules, 2018, 51: 3135-3148.

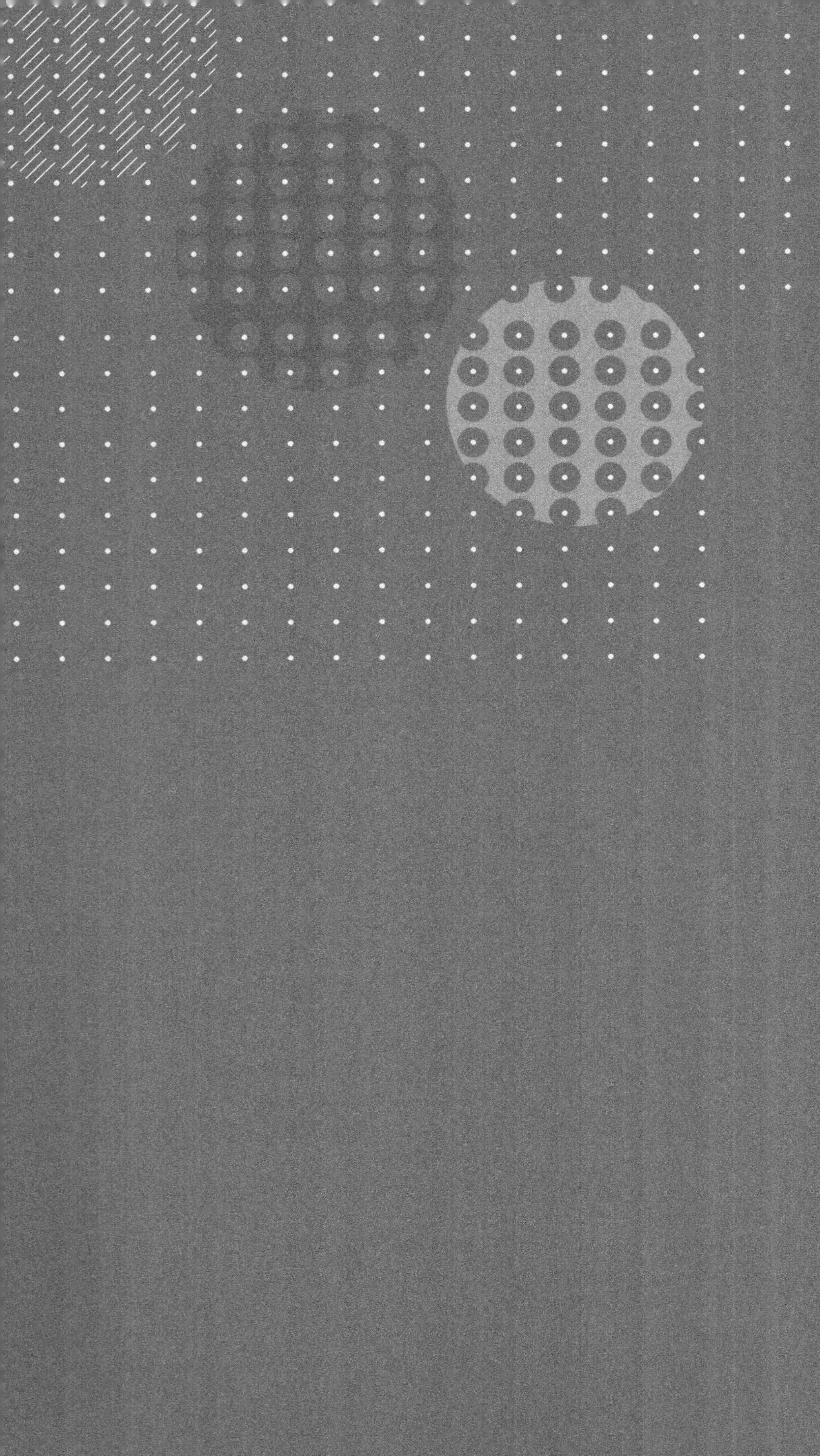

第10章

耗散粒子动力学模拟研究双亲分子及复杂高分子体系组装行为

陆腾[1, 2, 3]，刘晓晗[1, 2, 4]，伍绍贵[1, 2]，郭洪霞[1, 2]

1 中国科学院化学研究所
2 中国科学院大学
3 中国科学院计算机网络信息中心
4 内蒙古合成化工研究所

在前面的章节里，我们介绍了耗散粒子动力学方法在高分子共混体系相行为和相界面性质研究中的应用，证实了其在模拟研究介观尺度上复杂协同行为方面的巨大潜力。组装通常是指构筑基元通过非共价键弱作用形成有序结构的过程，也是创造新物质和产生新功能的重要手段。通过设计构筑基元，利用各种弱相互作用的协同效应，控制组装过程，可以形成功能特定或性能优异的结构与材料。因此，开展组装行为的耗散粒子动力学模拟研究，明晰组装结构的形成机制，解释和预测组装体的结构和性质，具有重要的理论意义和应用价值。在众多组装构筑基元中，一种新型的功能性非线性刚-柔双亲分子，即含有棒状液晶单元、不相容尾链和侧链的 T 形三组分双亲分子因其新型的自组装结构和潜在的工业用途，如显示器、可控激光、灵敏流体以及半导体吸引了广泛的关注。与此同时，生物膜作为细胞的天然屏障，起到维护细胞内微环境稳定，控制物质、能量及信息传输的重要作用，并参与蛋白质合成、折叠等一系列生命活动，具有很大的研究价值。此外，在最新的研究中研究人员已经成功开发了高分子复合 Janus 纳米片，这种新型材料由其良好的包覆性和特殊的表面、形状的不对称性也有望广泛应用于药物输运以及纳米微反应器等领域。上述体系，由于其自身的复杂性，尚有许多问题未能明晰。因此我们将在本章内论述采用耗散粒子动力学方法对其的研究，一方面加深我们对组装的本质和组装体的结构与功能关系等重要问题的认识，另一方面也验证耗散粒子动力学方法模拟复杂体系的能力。

鉴于此，我们将本章分为以下三个方面进行阐述：非线性刚-柔双亲分子体系的组装行为、生物膜体系的相行为和膜融动力学行为以及柔性高分子复合 Janus 纳米片形态的环境响应性形变行为。

10.1 耗散粒子动力学模拟研究 T 形及燕尾形三组分双亲分子相行为

刚性和柔性链段组成的双亲分子[1]，由于可以通过刚性和柔性链段之间的微相分离以及刚性链段的平行取向之间的耦合效应驱动自组装，能够形成更加新颖和复杂的结构，如箭头状、锯齿形（zigzag）以及波浪形层状相[2]，具有四角或六角点阵的穿孔层状相[3]，双连续网络（gyroid）[4]，六角堆积的柱状相以及球状或柱状的胶束[5,6] 等，不仅具有光电异性[7]，并且在纳米线[8]、纳米管[9] 及纳米孔[10] 的模板设计方面具有重要的应用价值，因此受到纳米科学领域广泛的关注。特别是对于具有非线性的拓扑结构刚-柔双亲分子，如 T 形[11]、H 形[12]、π 形[13]、X 形[14]、多嵌段棒-线（rod-coil）低聚物[15] 以及多侧链接枝刚棒共聚物（hairy rod copolymers）[16] 等则因为具有侧链的空间效应以及侧链与主链之间不相容性带来的双重影响，可以形成更为复杂多样化的介观尺度相结构。如 T 形三组分双亲分子（T-shaped ternary liquid crystals，TLCs）就因其新型的自组装结构[17] 和广泛的工业用途，如显示器[18]、可控激光、灵敏流体以及半导体[19] 吸引了广泛的关注。这种T形三组分双亲分子由一个刚棒状核心及分别接枝于两端和中心位置的不相容柔性侧链组成，其包含两种结构异构体，即波拉（bola）分子和表面型（facial）分子。如图 10-1(a) 所示，波拉分子由刚性三苯基基团、两个极性端基基团和一个烷基侧链[20] 或半氟代[21] 侧链三部分组成。与波拉分子类似，如图 10-1(b)，表面型分子由类似的化学组成部分构成，但末端基团与侧链的化学结构进行互换[22]。另一种有趣的结构则是π形/燕尾形双亲分子，前者的刚棒核心上接有两条线性侧链而后者则接有两条支化侧链［图 10-1(d)］，由于支化形式的侧链占据的空间增大，燕尾形分子刚棒基元倾向于形成聚集体，而侧链形成花冠将刚性柱包围起来，满足侧链的空间需求。事实上，实验上观察到燕尾形三组分双亲分子能够自发形成三维长程有序的刚性柱结构[23]。

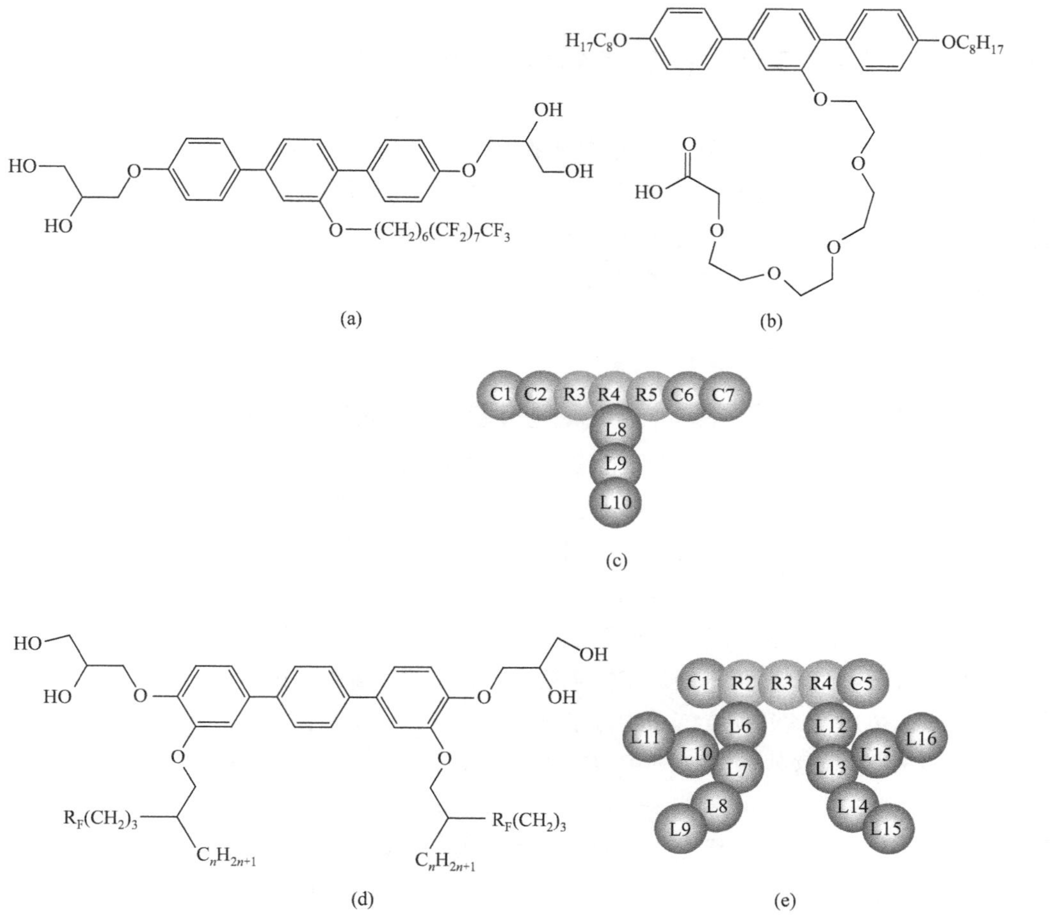

图 10-1

T形及燕尾形三组分双亲分子

（a）含有三苯基核、极性 1，2-二醇尾链和半氟代侧链的 T 形波拉分子[21]；（b）含有棒状三苯基单元、烷基尾链和极性侧链的 T 形表面型双亲分子[22]；（c） T 形粗粒化模型（模型组分 C2R3L3）；（d）含有三苯基核、极性 1，2-二醇尾链和支化侧链的燕尾形三组分双亲分子[23]；（e）燕尾形粗粒化模型（模型组分 C1R3L6）。其中棒状刚核由三个融球代表（R3～R5），尾链和侧链的长度为变量（C 代表尾链，L 代表侧链）。

在本节中我们将系统研究尾链和侧链长度对这两类双亲分子自组装最终结构的影响。由于所采用的耗散粒子动力学方法已在前文中得到了详细的介绍，因此这里不再赘述。模拟中所用到的排斥力参数，a_{ij} 列于表 10-1。

表 10-1 粗粒化模型中采用的排斥力参数

a_{ij}	刚棒	尾链	侧链
刚棒	15	40	40
尾链	40	20	40
侧链	40	40	20

而关于模拟体系的其他具体细节还请参考我们的工作[24-26]。

10.1.1 T 形三组分双亲分子的相行为[24]

本小节旨在理解 T 形三组分双亲分子的尾链和侧链尺寸变化对诱导目标有序结构以及扩展相结构形貌的协同作用，因此我们主要构建了三种尾链尺寸不同的粗粒化模型，分别为 $N_C=1$，2 和 3。并且，这三种模型的侧链长度 N_L 由 1 到 8，这样可以考查同时改变侧链和尾链的长度对复杂介观相结构形貌的协同影响。

10.1.1.1 相图及相结构简介

在刚棒长度一定的情况下（$N_R=3$），通过系统地搜索侧链长度 N_L 和温度 T，我们构建了三个不同尾链长度 $N_C=1$，2 和 3 模型的二维相图，如图 10-2 所示。其中对相图中液晶相形貌的确定不仅依靠肉眼观察，还通过计算和统计不同的结构物理量、热力学量以及动力学量来定量表征其结构特征。首先，我们简单介绍模型体系 C1R3L1～8 的相行为，值得注意的是，这个体系的许多相结构及相应的序列与之前的模拟结果十分相似[27,28]。如图 10-2(a) 所示，在相图的低温相区内发现了与实验一致的由近晶层状相、多边形柱状相到层状相的相序列。有趣的是，随着侧链长度的增长，柱状相的截面由四边形、五边形，变为六边形甚至是拉长六边形，这几种点阵结构分别被记作 Col_{squ}/p4mm、Col_{squ1}/p4gm、Col_{hex}/p6mm 和 Col_{hex}/c2mm。在这种标记方式中，Col 代表柱状相，下标代表柱的堆砌形式，squ 代表柱紧密堆砌成正四边形，squ1 代表畸变四边形的堆砌形状，hex 代表正六边形的堆砌方式。斜线后的平面点群代表平面堆垛点阵的类型及对称性。事实上，图 10-2(a) 中观察到的柱状液晶相的序列在实验上已有报道[20]。并且，这种柱截面形状与侧链长度的匹配性有效地支持了我们前面提到的观点：截面多边形点阵结构和柱内的空间必须与侧链所占的体积相匹配。因此，这些多样的柱状相结构被统称为多边形蜂窝状柱（polygonal honeycomb）[17]，这类结构的共同特征是具有多边形截面的广义柱结构在二维尺度上平行堆砌的周期性排列。当侧链尺寸进一步增大，T 形分子形成了一种刚性液晶单元和柔性尾链都平躺在层内的层状相。特别是，可以通过改变温度来调控刚性的各向异性液晶单元在层内的排列方式。在低温下，棒状液晶单元的无序排列转变为类似近晶相层状排列，这种面内有序地排列在实验上也能观察到[22]，被分别命名为 Lam_{iso} 和 Lam_{sm}，其中下标代表刚棒基团在层内的排布方式。总体来说，多数波拉分子实验上观察到的相结构在图 10-2 中都可以找到，这同时证明了我们采用普适模型的可行性。尽管缺少如氢键相互作用等真实体系的复杂信息，但它包含了可以调控 T 形三组分双亲分子液晶相行为的主要结构特征。

现在我们进一步说明尾链长度对有序结构形貌的影响。图 10-2(b) 和 (c) 分别代表 $N_C=2$ 和 3 的模型体系的相图。我们注意到组分 C2R3L1～8 和 C3R3L1～8 呈现的一些自组装结构，如近晶层状相、四角柱和六角柱，与体系 C1R3L1～8 是一致的。同时，这些结构随侧链尺寸变化出现的相序列与体系 C1R3L1～8 也是一致的。在我们的工作中，通过增大尾链组分的尺寸，可以在减小侧链尺寸单位间隔的同时增大 T 形分子相图的分

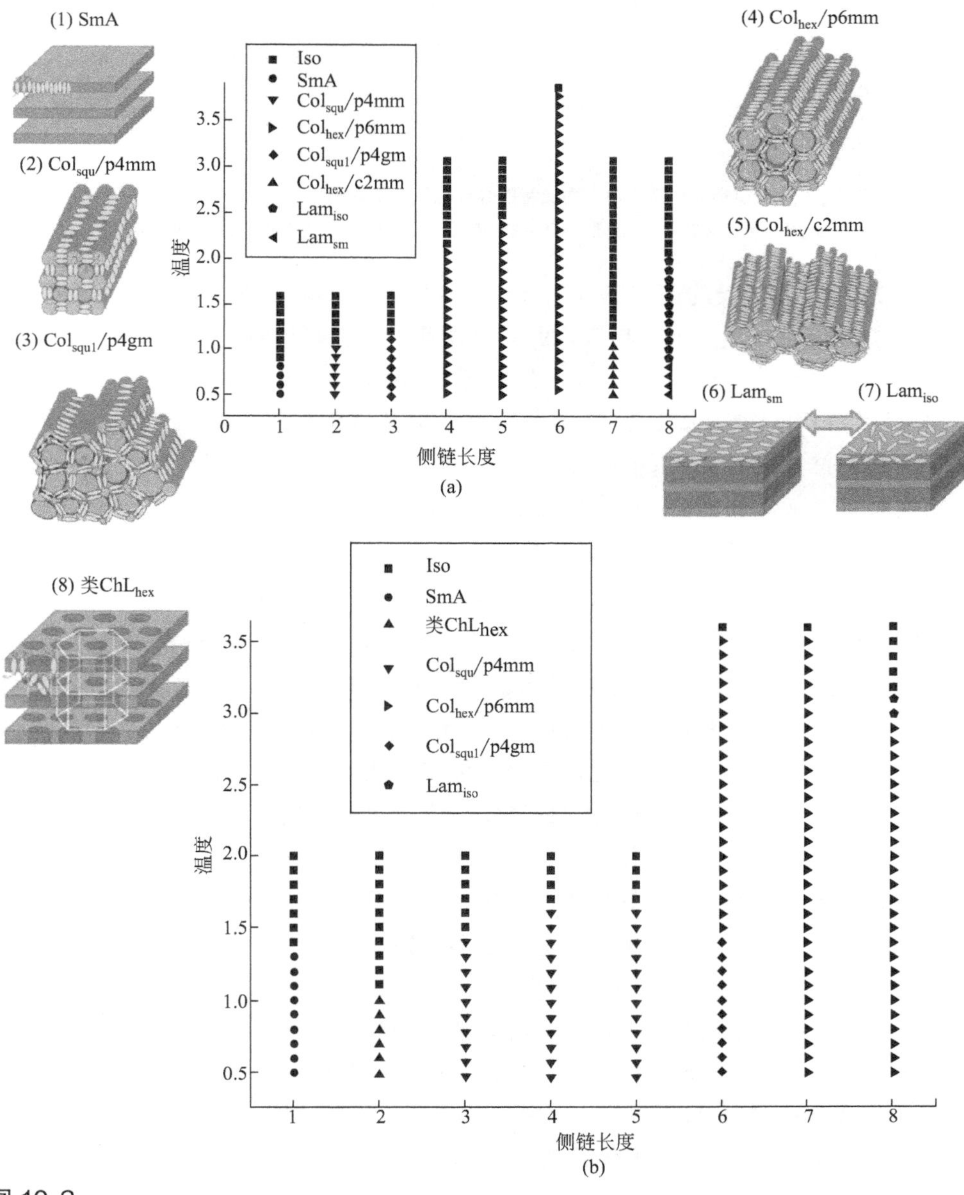

图 10-2

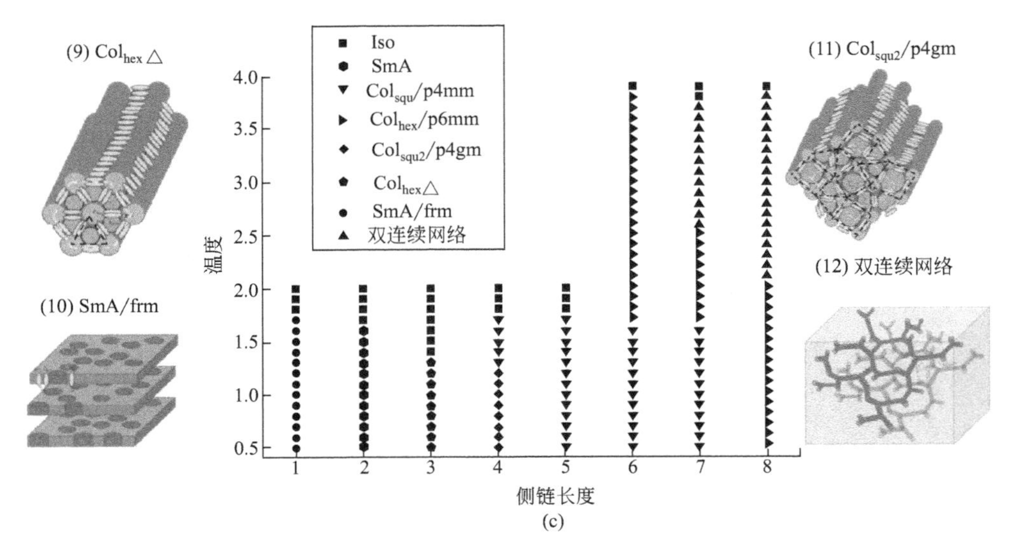

图 10-2

以温度和分子构型（改变侧链和尾链长度）为变量的介观相结构示意图

（a）到（c）中的相结构分别归属于尾链粒子数目为 1～3 的模型。（1）到（12）给出每个液晶相结构的基本特征。

辨率，以期获得更加复杂的新颖液晶结构。因此，模型体系 $N_C=2$ 和 3 相图与体系 C1R3L1～8 侧链较短的相图十分相似，但同时发现了许多在后者中未观察到的复杂结构。如图 10-2(b) 所示，模型 C2R3L1～8 在近晶相（SmA）和四角柱（Col_{squ}/p4mm）之间呈现一种新型的自组装结构。这种结构是面内孔洞呈六角有序排列的穿孔层，被称作类 ChL_{hex} 相。值得注意的是，Chen 等人[29] 在实验上已经观察到类似的穿孔层结构，而两者之间主要的不同点在于，后者层内的孔洞在层法向方向上贯通形成连续的柱结构，而类 ChL_{hex} 相中的侧链组分倾向于形成离散的球形聚集体。从侧链聚集体形态的角度来讲，类 ChL_{hex} 相又与实验上的另一个穿孔层结构 Rho 类似，在 Rho 结构中，侧链形成的离散球形聚集体自组装形成三维的斜方六面体点阵（3D rhombohedral symmetry）[29]。另外，类 ChL_{hex} 相出现在组分比为 $N_L/(N_L+N_R+N_C)=2/7$ 的情况，这与实验上观察到穿孔层结构的组分比范围十分接近。综上所述，类 ChL_{hex} 相在模型体系 C2R3L1～8 的相图中出现是非常合理的。在我们的粗粒化模型中，由于刚性棒状基团、尾链及侧链组分内部粒子之间约束力的不同，侧链与刚棒之间的真实长度比或者说是侧链的真实体积分数比实验中简单统计聚合单元数目得到的结果小很多。正因为侧链的真实尺寸较小，侧链无法聚集成连续体，T 形分子不能够形成蜂窝状柱的超分子自组装结构。相反地，侧链倾向于在刚棒组成的层内形成离散的球形聚集体，这些球形聚集体甚至具有长程相关性，最终形成类 ChL_{hex} 相。这个解释与我们的论点：T 形三组分双亲分子的复杂自组装结构很大程度上是由不同组分之间的有效长度比或侧链的有效体积分数决定不谋而合。

当尾链粒子数目进一步增大，也就是说，侧链体积分数的单位间隔变得更窄时，体系 C3R3L1～8 呈现出更加丰富的相行为。如图 10-2(c) 所示，在近晶相和四角柱之间不仅观察到了与真实表面型双亲分子体系观察结果一致的面内孔洞随机分布的穿孔层结构（SmA/frm）和三角柱（$Col_{hex\triangle}$），甚至在侧链长度为 $N_L=7$ 或 8 的高温条件下出现了一种未报道过的双连续网络结构。值得强调的是，与以前在 ABC 三嵌段共聚物中观察到的传统双连续结构有所不同[30]，这种双连续（bicontinuous）网络是由侧链组分相互交织而成的，尾链和刚棒组分形成母体（matrix）。这在以前报道的双连续结构中，不同组分相互编织、相互贯通，形成双联通的管状结构，而第三组分形成母体。然而，这种新型双连续网络结构的出现并不令人吃惊，这是由于高温条件下，熵的变化对体系自由能的贡献较大，进而主导甚至驱动体系形成了相互贯通的管状结构。在高温条件下，强烈的热扰动导致柱体起伏的表面变得更加模糊，这时一些柱之间会发生贯通，从而产生相互交织的四面体结构，而这种结构是双连续相结构的重要形貌特征。于是我们认为这种结构可能也存在于真实结构中，并且希望实验科学家们对这个推论进行进一步的验证。尽管图 10-2 中的三张相图具有许多共同特征，这些相图与真实体系实验相图的比较结果表明，尾链较长的组分相图与 T 形表面型液晶分子的实验相图具有惊人的一致性，而尾链只有一个 DPD 粒子的模型相图与波拉分子的实验相图具有很强的可比性。

总体来说，多数实验上观察到的相结构在图 10-2 中都可以找到，这证明了尽管我们采用的普适模型缺少了如氢键、静电相互作用等真实体系的复杂信息，但它仍包含了 T 形三组分双亲分子的主要特性，如分子的拓扑结构、排除体积效应及分相趋势、刚棒液晶基元的长径比和侧链的空间效应，可以用来有效研究该体系相行为机制和复杂相结构调控。

10.1.1.2 新型液晶相结构的表征

如图 10-2 所示，T 形液晶分子主要形成了三种基本的介观相结构，即穿孔层、多边形柱以及层状相，并且不同组分及不同条件下形成的基本结构有许多不同之处。在下文中，我们将重点介绍这些新型液晶态的结构和/或动力学方面的定量分析结果。同时，我们也会举例验证不同结构之间相区分界线的正确性。本章中涉及的相结构多数以前曾有报道，因此这些结构与实验或模拟结果的比较也会出现。

（1）SmA 结构：如图 10-2 所示，在尾链长度分别为 $N_C=1$，2 和 3 的所有模型体系中，当侧链只含有一个 DPD 粒子时，体系都形成近晶 A 相（SmA）。如图 10-3(a) 所示，在 SmA 相结构中，主链中的不相容组分——棒状刚性核以及半柔性（semi-flexible）尾链形成长程有序的周期性交替的层结构，侧链粒子分散在棒状单元形成的刚性层中。这种结构特征可以被沿层法向的密度分布及结构因子 $S_p(q)$ 证明。以模型 C1R3L1 在温度为 $T=0.5$ 的情况下的 SmA 相为例，在图 10-3(d) 和（e）中，密度曲线呈现完美的振荡形式，且 $S_p(q)$ 的散射峰位置为 1∶2。另外，在每个层内刚棒和尾链都沿层法向平行取向。例如，以模型 C1R3L1 处于温度 $T=0.5$ 的情况为例，刚性层的层厚为 2.053，与刚棒分子长度（1.94）十分接近，这表示棒状单元具有完美的平行取向。同时，尾链层的层间距为 1.16，几乎等于完全伸展的尾链组分的分子长度（0.63）的 2 倍，这暗示尾链之间采用头对头（end-to-end）的排布方式。为了进一步验证 SmA 相的层状排布，我们计算了刚棒片段的取向和位置有序参数以及体系的扩散各向异性特征。同样以模型 C1R3L1 处于温度 $T=0.5$ 的情况为例，取向和位置有序参数分别为 $S_2=0.758$ 和 $\tau_1=0.21$，这进一步证明了刚棒片段的高度取向有序。另外，组分 C1R3L1 在 $T=0.5$ 时的扩散各向异性 $D_{\perp}/D_{\parallel}\geqslant 2$ 证明了刚棒的平行取向导致该相中棒状链段在层间的运动被强烈地抑制了。

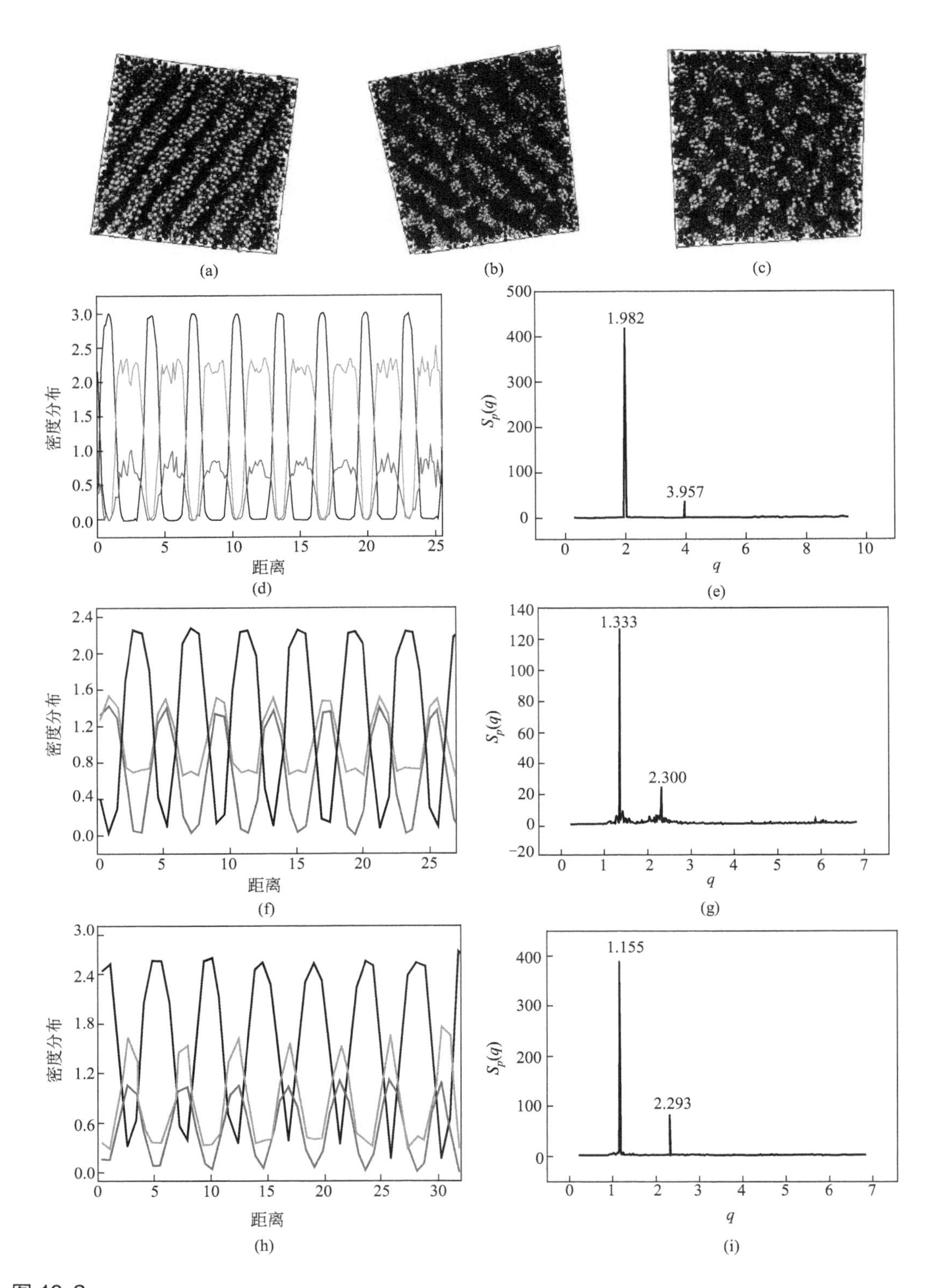

图 10-3

SmA 相（模型体系 C1R3L1， T= 0.5）、 SmA/frm 相（模型体系 C3R3L2， T= 1.0）和类 ChL_{hex} 相（模型体系 C2R3L2， T= 0.9）的定量表征结果

（a），（b），（c）分别是 SmA、 SmA/frm 和类 ChL_{hex} 相沿层法向观察到的平衡构型实时图。其中，黑色球代表侧链，浅灰色球代表刚性棒状单元，深灰色球代表侧链。（d），（f），（h）分别是 SmA、 SmA/frm 和类 ChL_{hex} 相沿层法向方向的密度分布。不同曲线代表对应的粒子种类与实时图一致。（e），（g），（i）分别是 SmA、 SmA/frm 和类 ChL_{hex} 相中侧链与主链间接枝位置处的结构因子。

(2) SmA/frm 结构：图 10-2 中只有组分 C3R3L2 在温度范围 $T=0.5\sim1.6$ 内自组装形成 SmA/frm 相，这种结构与实验上报道的层内孔洞无规分布的穿孔层结构基本一致。SmA/frm 这个命名来自于早期的实验报道[29]，其中 frm 是层内无规分布的孔洞结构（filled random-mesh）的缩写。SmA/frm 相与实验上在棒-线体系[31] 或亲水体系[32] 中观察到的穿孔层结构非常重要的一个不同点在于后者的孔洞中填充了两种不相容组分中过剩的一个，而前者孔洞中填充的则是第三组分。在后面的介绍中，我们以组分 C3R3L2 在温度条件 $T=1.0$ 的自组装结构为例介绍 SmA/frm 独特的结构特征。从图 10-3(f) 密度分布的规则振荡曲线和图 10-3(g) 中结构因子 $S_p(q)$ 两个等距分布的散射峰可以看出，该体系呈现的总体结构为近晶层结构。但是，与 SmA 结构相比，SmA/frm 相中棒状组分的取向和位置有序都大大降低，即 $S_2=0.381$ 和 $\tau_1=0.0855$。特别地，位置有序参数 τ_1 接近于 0，同时取向有序参数 S_2 大于 0，这表明体系很可能自组装形成类向列相（nematic-like）的结构。同样与 SmA 不同的是，在图 10-3(f) 中可以清楚地看到，在尾链形成的柔性层内同样可以观察到刚棒组分，而且其密度达到 0.7，这暗示着部分刚性核单元倾向于插入相邻的柔性子层中，使得刚性层的有序排布受到很大的干扰。事实上，相邻刚性层和柔性层之间的相互交错（interdigitation）也可以通过层间距与分子片段长度的比较结果证明。刚性层和柔性层的层间距分别为 1.442 和 3.199，比完全伸展的刚性核（1.96）和柔性尾链片段（4.07）长度小很多。这些数据无疑再次证明了在 SmA/frm 相中棒状片段具有向列有序（nematic ordering）的结构特征。

我们注意到在相同的温度区间内，组分 C3R3L1 自组装形成 SmA 相而组分 C3R3L2 则自组装形成 SmA/frm 相。明显地，相对较大尺寸的侧链组分的堆砌很大程度上阻碍了刚性层内棒的有序排列，甚至诱导邻层间一定程度的交叉互错。总体来说，影响自组装的驱动力主要来源于侧链的空间效应以及刚性核的平行取向趋势之间的竞争作用，同时不同组分的微相分离也对各向异性单元采取向列有序的自组装模式具有重要的贡献。我们相信这种自组装模式可以帮助释放多余的界面能，是能量最小化的最优排布。更准确地说，侧链的聚集作用以及不同片段之间的连接性约束（connectivity constraint）削弱了主链中不相容组分之间的微相分离以及刚棒的平行堆垛倾向，于是棒状刚性核在受限区域内倾向于采用随机分布的方式，形成了类似于向列相的液晶相结构。

(3) 类 ChL_{hex} 结构：通过对相图的观察不难发现，组分模型 C2R3L2 在温度范围 $T=0.5\sim1.0$ 内自组装形成一种新型的穿孔层结构类 ChL_{hex}。如上文提到，这种类 ChL_{hex} 相具有与实验上报道的穿孔层结构类似的结构特征。除此之外，图 10-3(h) 和 (i) 中的密度分布曲线和结构因子与 SmA/frm 相的表征结果定性一致。然而，除了这些相同点，类 ChL_{hex} 相还具有一些独特而有趣的结构特征，如贯通的孔洞（channel-like perforations）和侧链形成的具有三维有序的球形聚集体，见图 10-3(c) 和图 10-4(a)。这里我们用面内六角有序参数 $\Psi_6(\boldsymbol{r}_\perp)$ 和层间四角有序参数 $\Psi_4(\boldsymbol{r}_\parallel)$ 来表征这两种结构特征，其中 $\boldsymbol{r}_\perp$ 和 $\boldsymbol{r}_\parallel$ 分别代表垂直于和平行于层法向的面内及层间方向。我们选取典型的体系 C2R3L2 于温度 $T=0.9$ 条件下呈现的类 ChL_{hex} 相结构。有趣的是，我们计算得到 $\Psi_6(\boldsymbol{r}_\perp)=0.33$ 和 $\Psi_4(\boldsymbol{r}_\parallel)=0.28$，也就是说类 ChL_{hex} 相的侧链聚集体同时具有面内六角有序和层间四角有序。我们通过计算有序参数的相关性进一步表征这种面内六角有序是否具有长程性。如图 10-4 所示，我们可以清楚地看到空心圆组成的曲线代表类 ChL_{hex} 相的面内六角有序参数相关性函数 $g_6(\boldsymbol{r}_\perp)$ 呈现出规则的振荡形状，并且 5 个峰值均大于 0.12，这说明在该相中侧链聚集体在刚性层内自组装形成长程有序的二维六角点阵。相对来说，SmA/frm 相的 $g_6(\boldsymbol{r}_\perp)$，即图 10-4 中空心正方形组成的曲线，出现在纵坐标为 0 的直线附近，这证明该结构中侧链聚集体在层内的各向同性取向。最近，有报道称在棒-线体系中发现了类似的具有三维六角有序和 P63/mmc 空间群的穿孔层结构，但这种穿孔层结构中，相邻层内的六角孔洞并没有堆垛成四角点阵[33]。

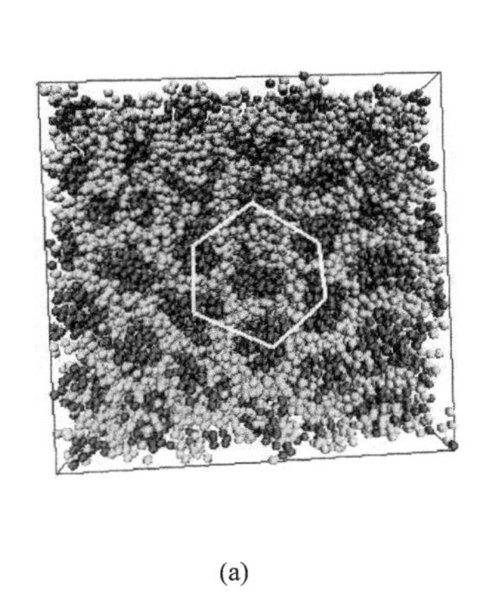

(a)

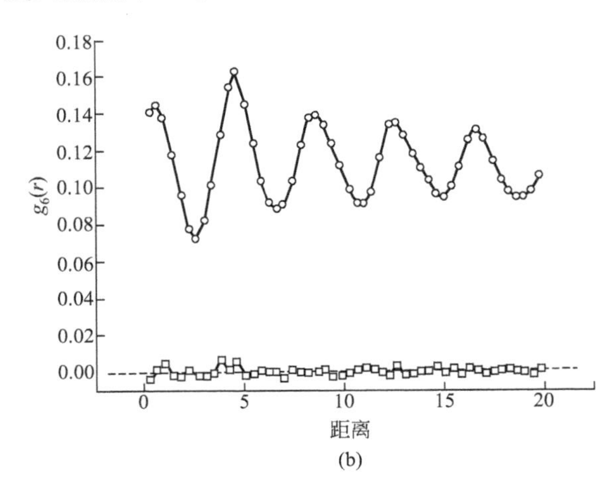

(b)

图 10-4

（a）模型体系 C2R3L2 于温度为 $T=0.9$ 的情况下的类 ChL_{hex} 相的实时图和（b）刚性层内侧链团簇（cluster）之间的六角长程有序函数 $g_6(r_\perp)$

（b）图中空心圆代表类 ChL_{hex} 相。作为参考体系，空心正方形代表模型组分 C3R3L2 在温度为 $T=1.0$ 的情况下的 SmA/frm 相。

如上文所述，侧链倾向于形成大尺寸聚集体的趋势严重干扰了刚棒的平行取向，这种失稳效应使穿孔层结构具有许多与 SmA 不同的地方。在这个背景下，与 SmA 相中刚棒的自由运动相比，我们预测穿孔层结构中刚棒组分的运动会随着侧链聚集体尺寸增大而受到愈发严重的抑制。为了验证该推断，我们分别统计了自发形成 SmA，SmA/frm 和类 ChL_{hex} 相的三个体系 C1R3L1 在 $T=0.5$，C3R3L2 在 $T=1.0$ 和 C2R3L2 在 $T=0.9$ 时的侧链聚集体尺寸分布以及棒状核的均方位移（mean-square-distance）。计算得到的结果如图 10-5 所示。

在图 10-5(a) 中，模型 C1R3L1 中侧链聚集体尺寸概率最高，这表示在 SmA 相中，侧链粒子的二聚体、三聚体甚至多聚体的数目非常有限，侧链粒子主要倾向于形成单粒子（unibead），分散在刚性层内。相反地，对于 SmA/frm 和类 ChL_{hex} 相来说，侧链粒子的分布都具有不均一性（inhomogeneous）。如图 10-5(a) 所示，两种穿孔层结构中，侧链聚集体尺寸具有多分散性，在 1～27 范围内都有分布，这种现象可能是由于刚棒平行取向与侧链的空间效应之间的妥协作用造成的。最后，我们还从图 10-5(a) 中发现当聚集体尺寸超过 10 时，类 ChL_{hex} 相的出现概率几乎是 SmA/frm 的两倍，这说明类 ChL_{hex} 相中侧链粒子具有较强的聚集倾向。随着这种聚集倾向强烈程度的提升，与侧链化学键合的棒状

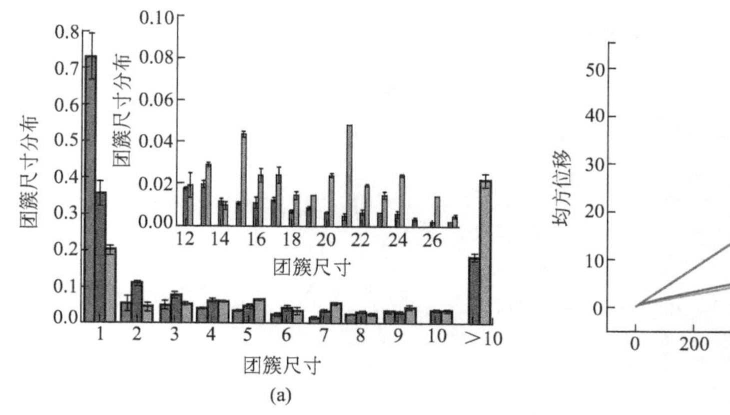

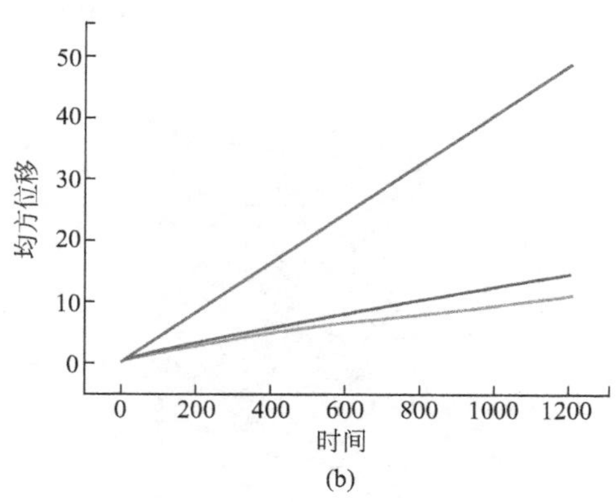

图 10-5

（a）层状结构中侧链聚集体尺寸分布及（b）三种层结构中刚棒随时间变化的均方位移

（a）在每组团簇尺寸上三个柱从左至右分别代表模型 C1R3L1 于 $T=0.5$ 的 SmA、模型 C3R3L2 于 $T=1.0$ 的 SmA/frm、模型 C2R3L2 于 $T=0.9$ 的类 ChL_{hex}。其中插图代表聚集体尺寸在 12~27 个 DPD 粒子范围内的概率分布，在插图中每组团簇尺寸上两个柱从左至右分别代表模型 C3R3L2 于 $T=1.0$ 的 SmA/frm、模型 C2R3L2 于 $T=0.9$ 的类 ChLhex。（b）其中三条均方位移曲线自上而下分别代表模型 C1R3L1 于 $T=0.5$ 的 SmA、模型 C3R3L2 于 $T=1.0$ 的 SmA/frm、模型 C2R3L2 于 $T=0.9$ 的类 ChLhex。

单元的自由运动必然受到约束。如图 10-5(b) 所示，我们可以看到两种穿孔层结构中刚棒均方位移要明显小于 SmA 相，这与实验上称穿孔层结构的黏度要大于 SmA 相的报道高度一致[29]。

（4）$Col_{hex\triangle}$ 结构：如图 10-2 所示，组分 C3R3L3 在温度范围为 $T=0.5\sim1.3$ 时形成 $Col_{hex\triangle}$ 相。为了进一步研究该结构，我们表征了模型体系 C3R3L3 于温度 $T=1.2$ 的情况下形成的三角柱中相邻刚棒形成的夹角分布 $f(\theta)$，其表征结果如图 10-6(b) 所示。从图中我们可以看到在横坐标大约为 60°，120° 和 180°处有三个明显的峰，这与图 10-6(a) 的实时图中观察到的微相结构保持一致。事实上，规则三角形柱的周期性堆垛模式是软物质体系自组装的普适策略[34]。例如，类似结构在 ABC 星形三组分嵌段共聚物自组装形成的几百纳米尺度上的介观形貌中也可以发现[35]；也有报道说三角形的铺陈方式与最近报道的 DNA 单链几十纳米尺度上自组装中的六角星形排列方式有异曲同工之妙[36]。

（5）Col_{squ1}/p4gm 和 Col_{squ2}/p4gm 相结构：通过观察图 10-2 我们可以发现一系列基本柱状相的衍生结构。Col_{squ1}/p4gm 和 Col_{squ2}/p4gm 相就是其中重要的两类新型柱结构。Col_{squ1}/p4gm 相是由组分 C1R3L3 在温度范围 0.5～1.1 或组分 C2R3L6 在温度范围 0.5～1.4 内自发形成的。另一种衍生柱状相 Col_{squ2}/p4gm 是由组分 C3R3L4 在温度范围 0.5～1.3 内自组装形成的。并且这两种有序结构被认为是拓扑等价的（topological dual），Col_{squ1}/p4gm 相是由变形五边形柱周期排列构成的，其结构见图 10-6(e)，而 Col_{squ2}/p4gm 相是由三角形和四边形以 2∶1 的比例铺陈而成的，具体结构见图 10-6(c)。拓扑等价性的概念被数学家们普遍认为是将类似截面铺装模式的多边形柱进行归类的有效方法[17]，这类多边形柱一般具有可以互换的节点数（nodes）和边数（tiles），其中，节点数的定义是多边形的每个顶点处共有多少条边交汇于此。另外，在我们的模拟结果中，

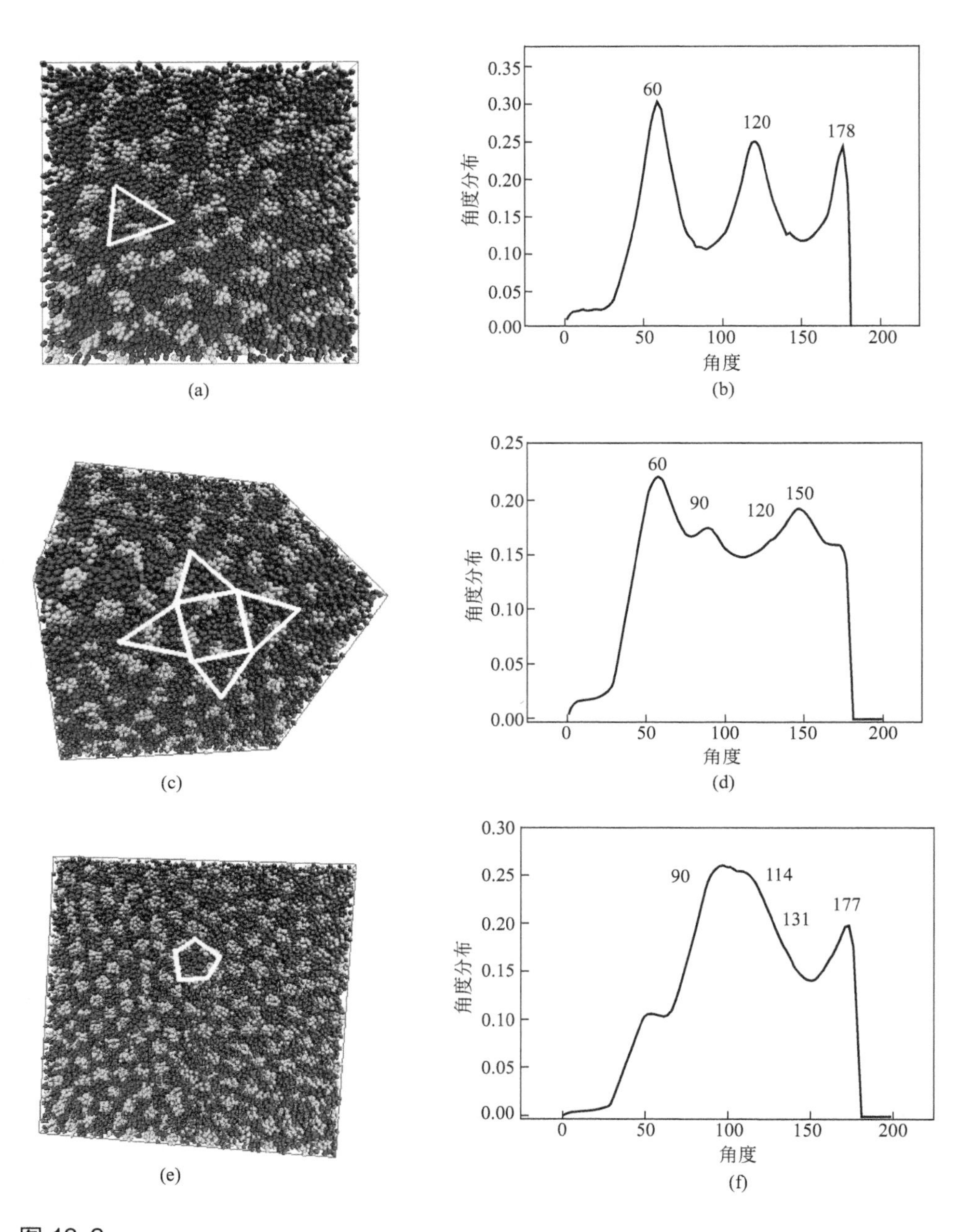

图 10-6

沿柱轴方向观察到的柱状相平衡构型实时图以及相邻棒形成的角度分布函数 f（θ）

（a）和（b）是模型组分 C3R3L3 于温度为 $T=1.2$ 形成的 $Col_{hex\triangle}$ 相，（c）和（d）是模型组分 C3R3L4 于温度为 $T=1.2$ 形成的 Col_{squ2}/p4gm 相，（e）和（f）是模型组分 C1R3L3 于温度为 $T=0.8$ 形成的 Col_{squ1}/p4gm 相。其中，（a），（c），（e）中的白线代表多边形堆垛单元的截面形状。

$Col_{hex\triangle}$和$Col_{hex}/p6mm$是另一对拓扑等价结构。为了进一步了解多边形柱的二维堆垛结构模式，Tschierske[17] 按照柱截面多边形的二维周期性排列方式，将其划分为 Laves 铺陈方式及其拓扑等价模式，Archimedean 铺陈方式。Laves 铺陈可以看作具有相同边数和不同节点数的多边形的周期性排布，而 Archimedean 铺陈则是具有相同节点数和不同边数的多边形的二维堆垛。从拓扑角度来看，$Col_{squ1}/p4gm$和$Col_{hex\triangle}$结构归属于前者，而$Col_{squ2}/p4gm$和$Col_{hex}/p6mm$则属于后者。为了更加详细地介绍$Col_{squ1}/p4gm$和$Col_{squ2}/p4gm$相的结构特征，我们将表征及分析结果列于下文。

文献报道[30] 具有 p4gm 对称性的五边形二维堆垛的典型样式是 90°翻转的鱼骨形图案（90°-turn herringbone-like）。在此背景下，对于$Col_{squ1}/p4gm$相，我们假设所有四折（fourfold）顶点处的夹角为 90°，则夹角分布函数$f(\theta)$的预测峰位应该大致为 90°、114.3°、131.4°和 180°[37]，这些预测结果与由组分 C1R3L3 在温度$T=0.8$时的模拟数据计算的角度分布曲线［图 10-6(f)］基本拟合。由于液晶相结构与盒子维度的不相容性，$Col_{squ1}/p4gm$相的部分截面图案变得不规则。另外，图中的宽峰以及大概 50°处的肩峰代表$Col_{squ1}/p4gm$相中微相分离的相区之间模糊的界面，这在一定程度上代表更加真实的核-壳柱状体（core-shell-in-cylinder）结构。

与五边形柱结构拓扑等价的是三角形和四边形混合的柱状相，在这个结构中，所有的顶点都是五折节点。如图 10-6(c) 所示，$Col_{squ2}/p4gm$相的三种分子组分在平面上的排布方式可以被描述为五边形、四边形和三角形的混合体：侧链组成的柱体堆砌形成五边形图案，尾链组成的柱聚集形成四边形和三角形的框架，将侧链的柱体单元包围起来。对于$Col_{squ2}/p4gm$相，预期的角度分布函数$f(\theta)$的峰位为 60°、90°、120°和 150°，与图 10-6(d) 中由模型 C3R3L4 于温度$T=1.2$的模拟数据重现的结果基本一致。然而，图 10-6(d) 中仍存在宽峰和在大约 175°处的肩峰，这是由于$Col_{squ2}/p4gm$相结构与模拟盒子的不匹配性造成的。值得一提的是，这种三角柱和四角柱混合出现的柱状相在以前的模拟工作中还没有报道过，是第一次在我们的研究结果中发现及进行表征。

（6）$Col_{squ}/p4mm$和$Col_{hex}/p6mm$相的结构：图 10-2 中随着侧链组分长度的进一步增长，经典的柱状相如四角柱（$Col_{squ}/p4mm$）和六角柱（$Col_{hex}/p6mm$）在三张相图中都能观察到。相似地，柱体的截面形状也用角度分布函数$f(\theta)$来表示。对于$Col_{squ}/p4mm$相，$f(\theta)$应该观察到的峰位是 90°和 180°，而对于$Col_{hex}/p6mm$相来说，$f(\theta)$只能在峰位 120°观察到一个强峰。这些推论与图 10-7(b) 和 (d) 中由组分 C2R3L4 和 C1R3L4 处于温度$T=1.0$处的数据拟合的结果基本一致。

（7）双连续网络和$Col_{hex}/c2mm$相：在图 10-2 中，模型组分 C3R3L7 和 C3R3L8 分别在温度范围为$T=2.6\sim3.7$和$T=2.1\sim3.8$自组装形成双连续网络结构，同时，在相同组分的低温相区还可以观察到六角柱结构。在本节开始部分介绍过，图 10-8(a) 展示的这种双连续网络结构是由侧链组分构成的，其他分子构成部分形成母体将侧链包裹起来。尽管我们认为双连续网络结构是由热扰动效应诱导形成的，这种解释并没有充分严谨的验证实验作为依据。但是，已有文献报道在通过自洽场理论（Self-Consistent-Field Theory，SCFT）计算得到的棒-线嵌段共聚物体系理论相图中，确实有类似结果证明六角柱出现在低温相区，而双连续网络结构出现在高温相区[38]。

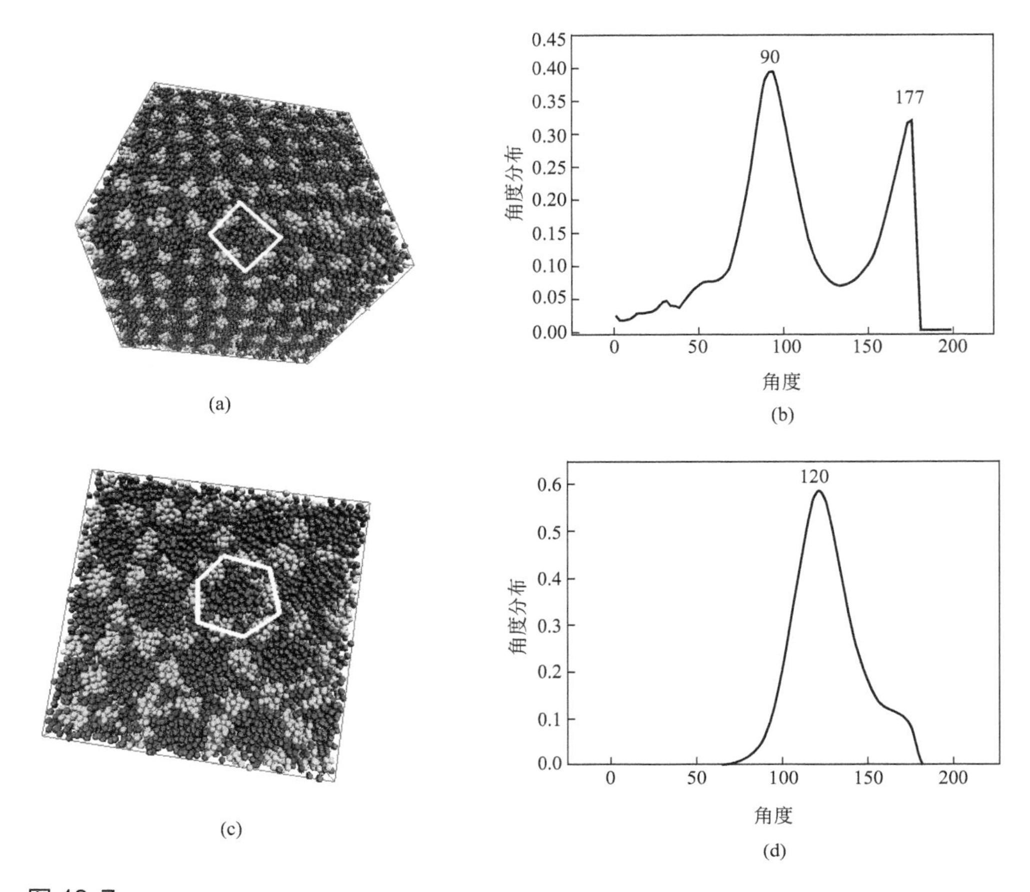

图 10-7

沿柱轴方向观察到的柱状相平衡构型实时图以及相邻刚棒（rod）形成的角度分布函数 f（θ）

（a）和（b）是模型组分 C2R3L4 于温度为 T= 1.0 形成的 Col_{squ}/p4mm 相，（c）和（d）是模型组分 C1R3L4 于温度为 T= 1.0 形成的 Col_{hex}/p6mm 相。其中，（a），（c）中的白线代表多边形堆垛单元的截面形状。

另外，Bates 等[39] 运用 SCFT 方法和高斯链模型（Gaussion chain model）系统研究了 gyroid 相在中等相分离区域（intermediate-segregation regime）的稳定性。结果发现，作为柱状相和层状相之间的过渡相态，双连续网络结构中相区厚度要更加均一，呈现平均曲率恒定（constant mean curvature，CMC）的形貌，高分子分子链伸展作用造成的组装不稳定性（packing frustration）下降，因此，gyroid 结构作为热力学稳定的过渡相态，出现在层与柱的中间相区是符合逻辑的。

Col_{hex}/c2mm 相是由规则六角柱和拉长六角柱混合而成的，由组分 C1R3L7 在温度范围 0.5～1.0 内自组装形成。如图 10-8(b) 所示，在拉长六角柱中两个相对的边棱被拉长，即六边形的两个对边是由刚棒的头对头（end-to-end）排列的二聚体（dimer）形成的。在以前的模拟报道中，Bates 也观察到了这种部分规则六边形截面被拉长的混合柱状相，它位于规则六角柱和层状相之间，这些结果与我们的结论十分吻合[40]。在柱状相和层状相之间，体系自发形成中间相 Col_{hex}/c2mm，这种现象可以通过体系倾向于形成截面曲率不均一的过渡结构来解释。主链中尾链与刚棒之间的微相分离使形成的介观相结构存

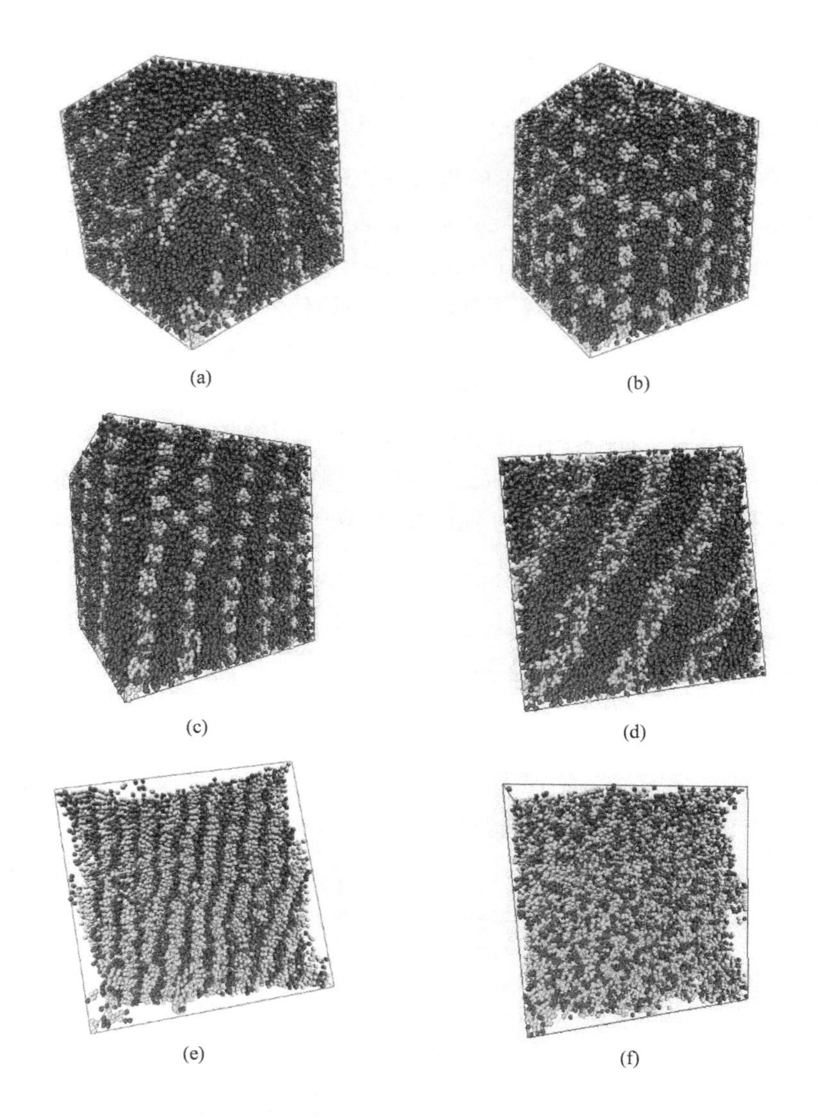

图 10-8

（a）模型 C3R3L8 于温度 $T=1.0$ 形成的双连续网络实时图；（b）模型 C1R3L7 于温度 $T=0.8$ 形成的 Col_{hex}/c2mm 实时图；（c）模型分子 C1R3L8 于温度 $T=0.8$ 时形成的 Lam_{sm} 相；（d）模型分子 C1R3L8 于温度 $T=2.0$ 时形成的 Lam_{iso} 相；（e）和（f）分别是 Lam_{sm} 相和 Lam_{iso} 相的俯视图，侧链粒子被省略

在一定的界面曲率。当侧链尺寸增大后，多余的界面能需要部分区域增大曲率来释放掉，此时界面曲率出现各向异性的现象，因此 Col_{hex}/c2mm 随之自发形成了。

（8）新型层状相结构：模型分子 C1R3L8 和 C2R3L8 分别在温度 $T=0.5\sim2.0$ 和 $T=3.0\sim3.1$ 范围内形成刚棒垂直于层法向分布的新型层状相。有趣的是，刚性棒状基团在层内的堆积方式很大程度上由温度决定。例如，在低温下（0.5～0.8），模型 C1R3L8 的刚棒片段采用肩并肩（side-by-side）的平行取向，并且如图 10-8(c) 和（e）所示，在刚性层内呈现长程的位置和取向有序的结构特征，这种结构通常被称为 Lam_{sm} 相。当温度升高至 0.9～2.0，一种刚棒在面内随机分布的 Lam_{iso} 结构在相图中出现，其实时图见图 10-8(d) 和（f）。事实上，这两种新型的层状相结构在波拉分子的自组装实验中已经被观察到[21]，但表面型分子在实验中只形成了 Lam_{iso} 相[22]。另外，Lam_{sm} 和 Lam_{iso} 相还可以在其他类似体系，如单取代（mono-）或多取代的纳米棒（multi-tethered nanorods）体系中被观察到[41,42]。

在观察实时图的基础上，刚棒的不同排布方式还可通过计算每个刚性层内的有序参数来表征。如图 10-9(a)，当 $T=0.7\sim0.8$ 时，取向有序参数为 $S_2=0.4\sim0.5$，而在其他温度下，取向有序参数减小为 $S_2=0.1\sim0.2$，这表明刚棒组分在 Lam_{sm} 相中的取向有序要远大于 Lam_{iso} 相。我们进一步计算了单层内刚棒的位置有序参数用以分辨两种层状相。如图 10-9(b)，温度为 $T=0.7$ 和 $T=0.8$ 的情况下，所有刚性层内的位置有序参数数值都比较高，即 $\tau_1=0.1\sim0.2$，而当温度较高的情况下，τ_1 接近于 0。另外，Lam_{sm} 相中不同子层内刚棒的取向具有相关性也可以用来描述该结构。在 $T=0.7$ 和 $T=0.8$ 的情况下，我们发现每个刚性层的指向矢与固定层内的指向矢之间的夹角非常小，如图 10-9(c) 所示，夹角要小于 10°，这表明不仅不同层的刚棒取向基本一致，而且 Lam_{sm} 层间具有一定的相关性。

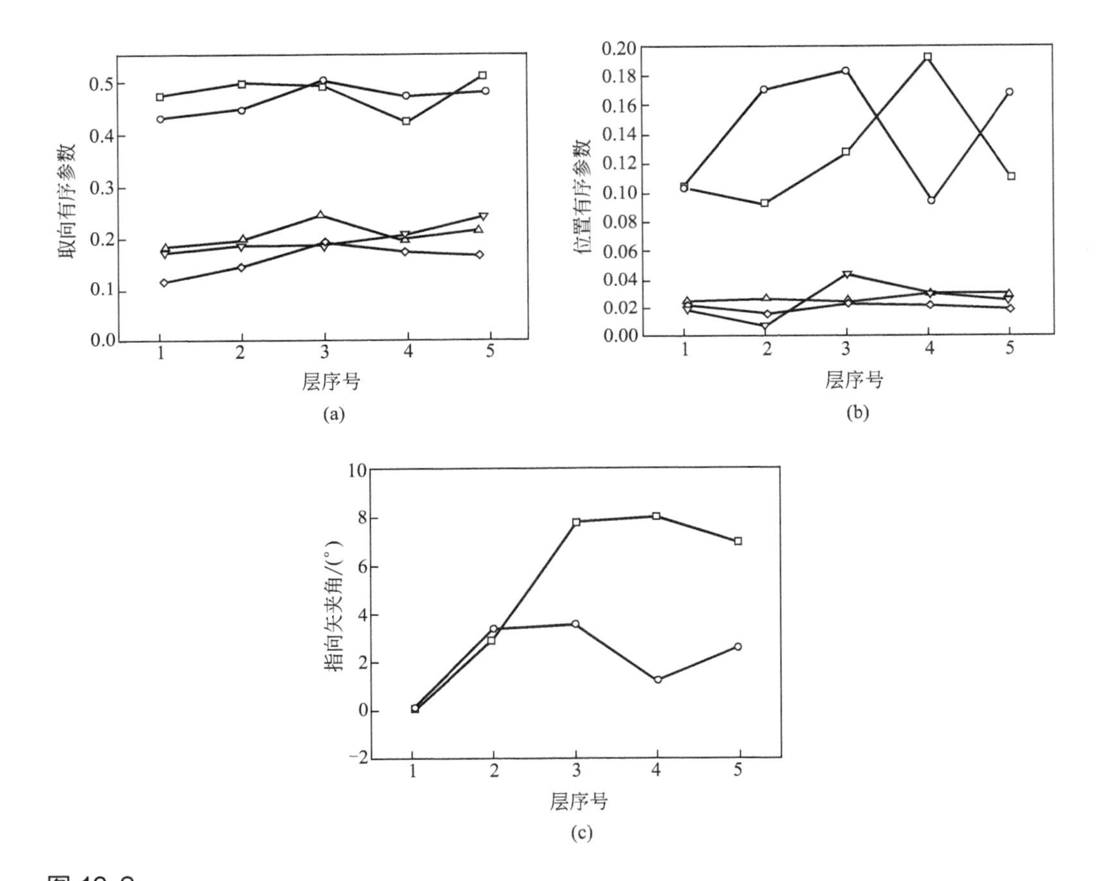

图 10-9

组分 C1R3L8 在温度范围 0.7~2.0 内形成的层状相中刚棒在单层内的排布

（a）取向有序参数 S_2；（b）位置有序参数 τ_1；（c）单层内的指向矢与层内的固定指向矢之间的夹角。正方形、圆形、向上和向下三角形以及菱形分别代表不同温度，即 T= 0.7， 0.8， 0.9， 1.0 和 2.0。

10.1.1.3 相边界的确定

上一节主要讲述利用结构和动力学量定量表征不同液晶相结构，接下来我们将陈述相边界是如何确定的。本节中主要利用热力学物理量，如本体压强 P 和取向有序参数 S_2 随温度的变化趋势来确定相转变温度。简便起见，在这里我们只展示了其中一个组分体系的热力学量随温度的演化过程。图 10-10 描绘的是组分 C1R3L1 的 P 和 S_2 随温度的变化。在上文中，通过检测体系 C1R3L1 的结构性质和实时构象图的变化，我们发现该体系在温度为 $T=0.5\sim0.8$ 呈现 SmA 相，在温度大于 0.8 后呈现无序相态。与该体系的相序列对应地，在图 10-10 中我们发现在温度为 $T=0.83$ 时体系的 P 和 S_2 两个热力学量都经历了不连续变化，这暗示着该温度为无序态和液晶相的转变温度。

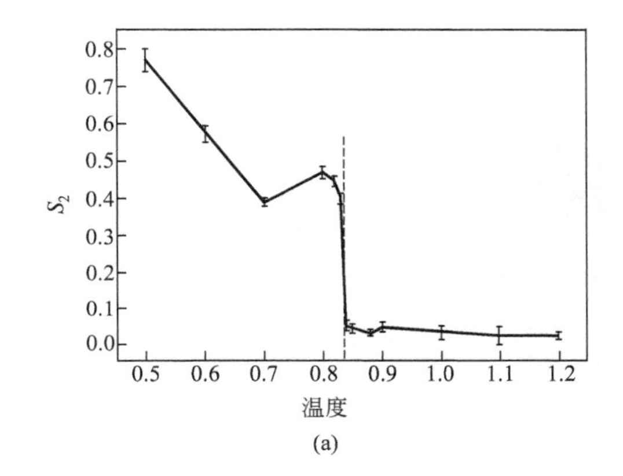

(a)

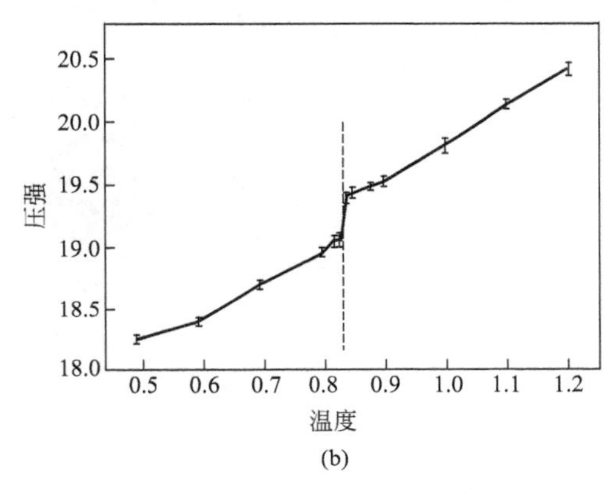

(b)

图 10-10

（a）体系 C1R3L1 沿层法向的取向有序参数 S_2 随温度的变化，（b）体系 C1R3L1 的本体压强随温度的变化

图中竖线标出有序-无序相转变处不连续变化的位置。

另外，如图 10-10(a) 所示，取向有序参数在低温相区 $T=0.5\sim0.8$ 内数值较高，即 $S_2=0.4\sim0.77$，当 $T\geqslant0.83$ 时，S_2 突然跌至接近于 0 的极小值，代表体系形成各向同性的相态。如图 10-10(b) 所示，尽管本体压强张量 P 随温度升高总体呈现增长趋势，我们仍能发现在 $T=0.83$ 处的竖线把曲线分为左右两个区域：右面的区域中，P 值明显大于 19.0；而在低温条件下，即左边区域中 P 值要相对较小，证明此时体系为凝聚态，与液晶相的物理特征相吻合。

10.1.1.4 T 形三组分双亲分子的相序列

上文中，我们考查了侧链粒子数目和温度的变化对 T 形三组分双亲分子的三个不同模型体系相行为的影响。图 10-2 中囊括了许多复杂的新型介观相结构，并且其结构和动力学性质与 T 形分子真实体系息息相关。作为另一种在普遍意义上比较三种模型体系相行为的方法，我们重新构建了以侧链有效体积分数 f_L 为自变量的归一化相图并将结果绘制为图 10-11。

我们之所以选择 f_L 为自变量是为了确定在我们的模型体系中自组装行为的主导因素

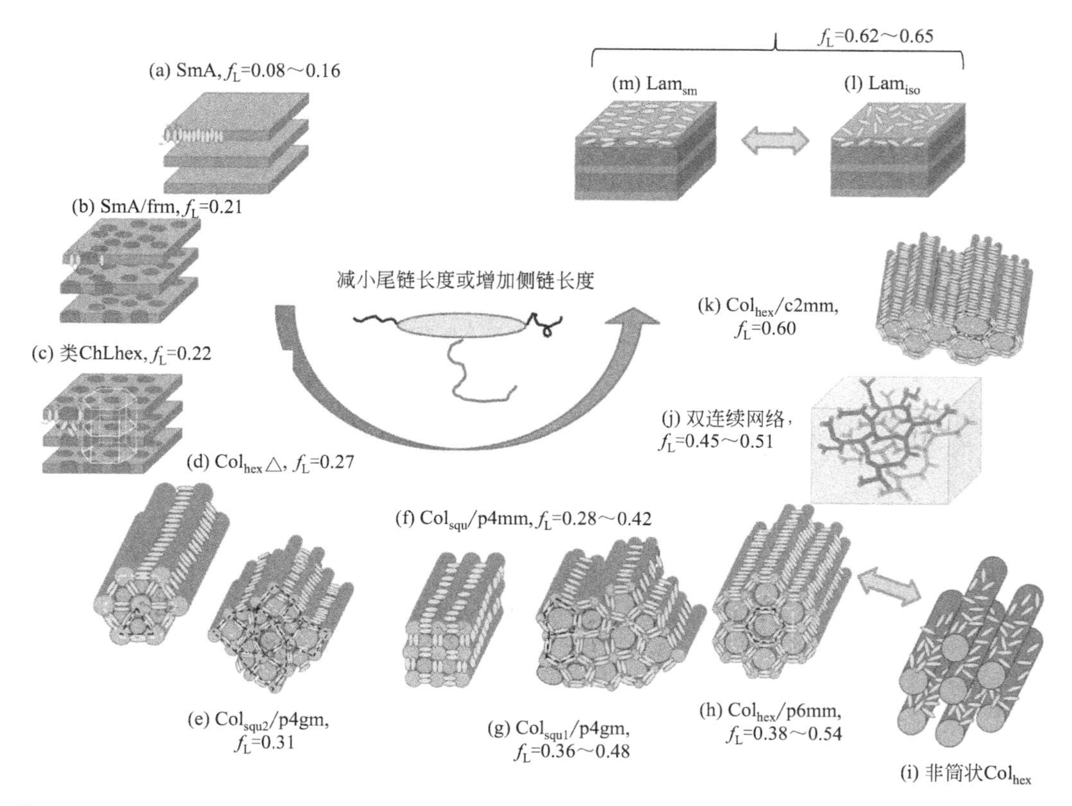

图 10-11

T 形三组分双亲分子随 f_L 增长相序列的变化

图中箭头代表通过温度调节实现对结构类型的控制。

与实验一致。另外，在表征部分我们提到，由于尾链和侧链在 TLC 分子中的位置和体积分数的不对称性，两者长度的变化对自组装最终形貌带来的影响必然是非等价的。因此，在本节中，我们计算了 f_L 作为第三变量，不仅融合了不同分子组分对自组装的影响，还提供了更加直观的 T 形体系相图。在前面提到，每个液晶相的 f_L 是由同种粒子质心之间的真实堆砌距离来计算得到。在 f_L 的考查范围内，三种模型组分之间进一步的比较说明图 10-2 中的三张相图之间具有惊人的相似性，也就是说在每张相图中都出现的介观结构的 f_L 范围基本一致。在这三种模型体系的模拟数据基础上，相结构的序列随 f_L 的变化包括 13 种在模拟中观察到的液晶相结构，详见图 10-11。因此，归一化的相图是一种更直观的考查分子组分如何影响相行为的视角。

我们计算得到的 T 形分子介观相结构类型与侧链有效体积分数 f_L 之间的关系与波拉分子真实体系的实验结果十分相似，实验中侧链有效体积分数 f_L 是在利用 Immirzi[43] 提出的晶体体积加合法求得侧链和整个单分子体积的基础上求得的。例如，图 10-11 中的 SmA 相是在侧链有效体积分数为 f_L=0.08～0.16 的范围内发现的，这对应于实验上报道的侧链体积分数范围 $f_L \leqslant 0.28$[21]。还有，实验结果说明四角柱结构应该在侧链体积分数大约为 0.36 时出现[21]，这与图 10-11 中观察到的侧链比例 0.28～

0.42 大抵符合。另外，五角柱、六角柱和层状相结构的侧链有效体积分数与实验值也十分接近[21]。但是，我们观察到长六角柱出现的侧链体积分数范围是 $f_L \approx 0.60$，要略大于实验报道范围 $f_L = 0.53 \sim 0.56$[21]。这种微小的数值差别可能是由于实验与模拟中侧链体积分数 f_L 的计算方法的差异造成的。除了这些可与实验结果定量比较的结构外，一些对应于表面型双亲分子的相结构，如穿孔层结构，也就是 SmA/frm 和类 ChL_{hex} 相，以及三角柱和四角柱混合的柱状相，实验上并没有计算对应的侧链体积分数。但是，这些液晶相的结构和序列与表面型分子实验报道的结果定性一致。由于本工作采用同时调节尾链和侧链长度的方法，我们能够更加系统地展示 T 形三组分双亲分子在更窄的 f_L 间隔单元以及更宽的变量空间内相形貌的变化，因此不仅能够发现一些新型的复杂相结构，还能发现一些之前的实验和模拟都没有确定的相序列结果，如 $Col_{hex\triangle}$ 和类 ChL_{hex} 出现的顺序以及双连续网络和 Col_{hex}/c2mm 的序列，这些结果都在图 10-11 中有所展示。综上所述，我们的 T 形分子简化模型展现了同时普适于波拉分子和表面型分子的液晶行为特征。这种通过构建相对简单的双亲分子粗粒化模型的方法还可以进一步用来设计和调控新型的复杂介观相结构。

10.1.1.5 小结

在本小节，我们研究了尾链和侧链长度对 T 形三组分双亲分子相行为的影响。在所构建的 DPD 模型中，为了确保刚棒液晶单元的排除体积形状，我们将尾链-尾链相互作用选定为中等排斥作用，并引入刚棒首尾约束以便液晶单元进一步保持刚性特征。通过在（侧链长度 1～8 个 DPD 粒子，温度 0.5～3.8）相空间系统考查刚棒含有 3 个 DPD 粒子的 R3 体系相结构形貌的变化规律，我们构建了三种尾链长度不同的 T 形三组分双亲分子体系的相图。结果表明，尾链最短（包含 1 个 DPD 粒子）的 T 形分子呈现与波拉分子相同的相结构和相序列，而对于尾链较长（包含 2 和 3 个 DPD 粒子）的 T 形分子则表现出类似表面型双亲分子的自组装结构，如穿孔层和混合柱结构。由于 T 形分子中尾链和侧链位置和体积分数的不对称性，T 形分子体系的热致液晶相结构对这两者尺寸的变化的响应显然是不等价的。因此，我们计算了以粒子真实堆积距离为基础的侧链有效体积分数，并以此为自变量构建了更加直观和完整的归一化相图，并且每个相结构对应的侧链有效体积分数计算值符合实验报道。在定量分析结构细节的基础上，我们能够从能量角度阐述自组装结构的形成机制以及驱动力。这些模拟和实验结果的一致性证明我们所采用的普适模型包含了真实体系的主要结构和物理讯息，为其他复杂流体体系的模拟研究提供了重要的指导意义。

这种普适模型的成功说明分子的主要特征，如拓扑结构、刚性、连接性、短程排斥力和不同组分之间的微相分离作用是重现 T 形真实液晶体系重要性质的不可或缺的元素。我们有理由相信该普适模型是探索其他相关软物质体系自组装结构及机理的重要基础，随着研究工作的深入，许多更复杂的分子拓扑结构和功能性组块的自组装研究工作变为可能，必然有一系列更加复杂新奇的超分子结构应运而生，从而促进功能性新材料、医药行业以及液晶智能材料的发展与应用。

10.1.2 π 形/燕尾形三组分双亲分子的相行为[26]

10.1.2.1 侧链为线性链的 π 形分子相结构随侧链长度的变化趋势

当侧链为线性链时，燕尾形分子实际上为含有刚性棒状液晶单元的 π 形分子。目前为止，多数模拟工作关注全柔性的 π 形分子在本体和溶液中的自组装结构或含有刚性主链的 π 形分子的溶致液晶行为。基于模拟研究方面的空白，我们发现对于半刚性 π 形分子本体中相行为的考查工作十分必要。

从图 10-12 中我们可以看到，在考查的温度和侧链长度范围内，π 形分子倾向于自组装形成双连续结构。另外还可看到，在侧链长度较短的情况下（两条侧链长度均为 2～4 个 DPD 粒子），π 形分子自发形成具有贯通的六角有序管道的双连续网络相，如图 10-13 (a)，(b)，(c)，(d) 所示。随着侧链长度的增长，体系进一步自组装形成不相关的双连续网络相。这说明该双连续结构的长程有序性仅限于侧链长度较短且温度较低的情况，当侧链进一步增长或温度进一步升高，侧链与主链尺寸的不匹配以及强烈的热扰动会造成体系很难形成长程有序结构。

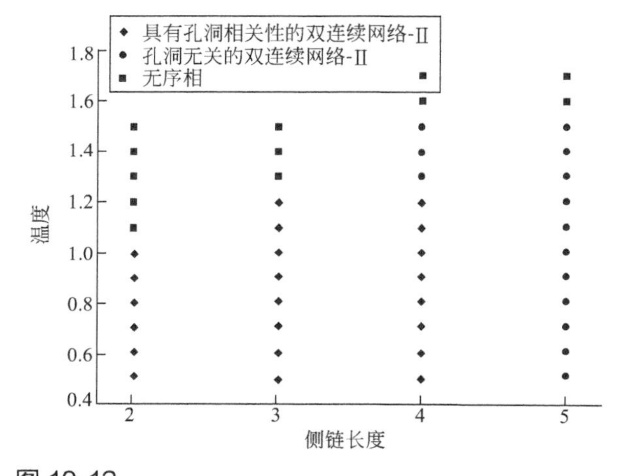

图 10-12
π 形分子的相结构随侧链长度和温度的变化趋势

文献报道[44] 全柔性 π 形分子在本体中的相行为类似于二组分嵌段共聚物，可以观察到层状相、柱状相、双连续网络相和球形聚集体等自发形成的超分子结构。若在体系中引入刚性主链（backbone），主链间的平行堆垛趋势增强，使相区尺寸的均一性遭到破坏，产生的堆垛不稳定性（packing frustration）导致体系不容易形成传统的有序相态。另外，Zhao 等人[45] 发现对于线性棒-线双亲分子，柔性链的弹性伸展在自组装中发挥主导作用，体系倾向于形成具有弯曲界面的柱或胶束。而对于 T 形棒-线嵌段分子，刚棒之间的平行取向作用是影响自组装结构最终形貌的重要因素，体系更倾向于形成层状或带状等界面曲率接近零的超分子结构。而我们所研究的 π 形三组分双亲分子兼具刚/柔不匹配性和

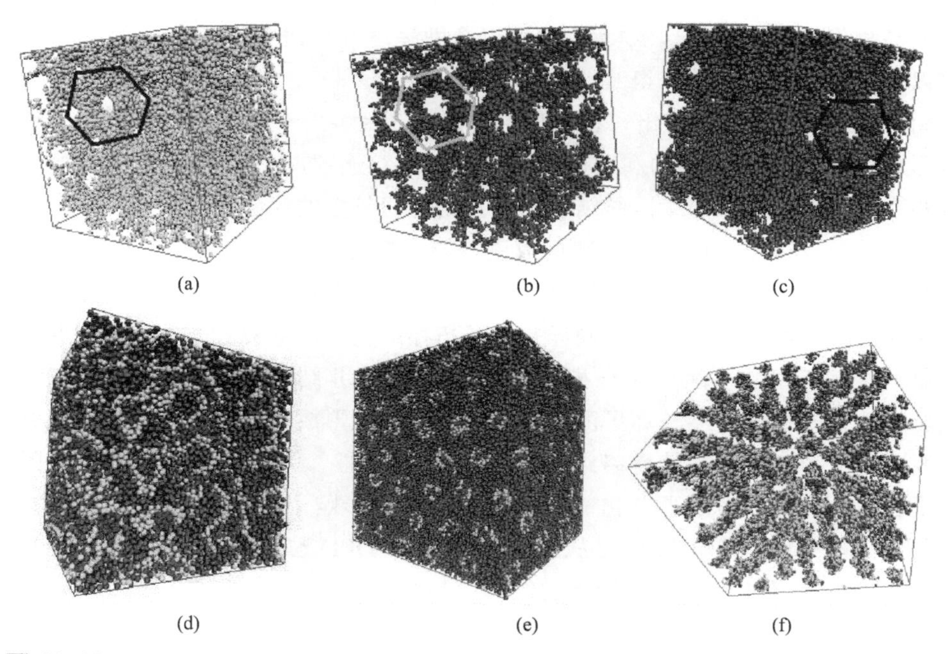

图 10-13

侧链为 2 的 π 形分子（C1R3L4）在 $T=0.8$ 时自组装形成具有孔洞相关性的双连续网络相（a），（b），（c），（d）以及侧链为 8 的燕尾形分子（C1R3L16）在 $T=0.8$ 时自组装形成的刚性柱结构（e），（f）实时图

其中，（a），（b），（c）分别为双连续网络相中刚棒、尾链和侧链组分的排布情况，图中六边形展示孔洞的六角有序贯通结构，（d）为包含刚棒、侧链、尾链组分的 gyriod 相平衡构型实时图，（e）为刚性柱结构沿柱轴法向方向的平衡构型实时图，（f）为同方向刚性柱结构去掉侧链组分的实时图。

非线性的分子构型，自组装的驱动力是由刚棒的平行取向、侧链的弹性伸展作用以及微相分离三方面的复杂竞争作用实现的。另外，他们还发现侧链数目的增多导致主链侧面的空间位阻增大，造成对相结构周期性的破坏和局部堆垛有序的降低。而根据 Bates 等的研究发现[39]，双连续网络相是平衡界面张力和链伸展作用及降低堆垛不稳定性的稳定相态，因此在半刚性 π 形分子体系观察到双连续网络相是合理的。此时，侧链有效体积分数（f_L）为 0.72，高于层状相对应的范围 0.62～0.65，这意味着层状相的堆垛方式无法满足侧链的空间要求。因此，侧链与主链更倾向于自发组装成相互编织的两个不相通管道，该相被命名为双连续网络-Ⅱ。

10.1.2.2 侧链为支化链的燕尾形分子相行为随侧链长度的变化趋势

在本工作中，我们重现了实验上发现的一种三维尺度上长程有序堆垛的刚性柱结构。在这种结构中，刚棒基元肩并肩聚集成柱结构，并且刚棒长轴与柱轴平行。侧链围绕在刚性柱周围形成母体。实际上，这种 π-π 共轭堆积作用驱动的刚棒平行取向与广泛用于电荷负载材料的盘状液晶所形成的柱状结构类似，但后者形成的刚性柱的轴向与液晶基元的长轴相互垂直。同时，由于刚棒基元取向平行于柱轴，本研究中发现的刚性柱结构作为电荷负载材料具有无颗粒边界（grain bondaries）和自我修复（self healing）等盘状材料无法具备的液晶相优点[46]。因此，本章内容可以帮助理解和改进具有负载电荷应用的 π 共轭低聚物以及高聚物等材料的自组装性质。

从图 10-14 中我们可以看出，在约化温度区间 $T=0.6\sim1.3$，燕尾形三组分双亲分子自组装形成双连续网络-Ⅲ结构和刚性柱结构。所谓双连续网络-Ⅲ结构，是指燕尾形分子的主链相互编织，形成双连续网络结构，而占据空间较多的侧链则倾向于形成母体。前文提到，半刚性 π 形分子倾向于自组装形成侧链与主链相互编织的双连续网络-Ⅱ结构，这是由于侧链数目的增多以及侧链靠近更一端的特殊分子拓扑结构引起的有序堆垛的不稳定性。对于燕尾形三组分双亲分子，同样是分子拓扑结构驱动的双连续网络自组装，但是引入支化链的侧链所占的空间进一步扩展，双连续网络-Ⅱ结构无法满足侧链的空间要求，此时熵驱动侧链进一步伸展破坏了网络结构，呈发散状形成母体将主链的双连续结构包裹起来，我们定义此时的双连续网络结构为双连续网络-Ⅲ。为了排除支化链长度因素对相结构的干扰，我们首先考查了支化链长度对自组装的影响。在固定侧链长度为 8 个 DPD 粒子的前提下，我们将支化链长度从 3 增长为 6 个 DPD 粒子，发现在温度范围为 $T=0.8\sim1.0$ 时，体系均自组装形成刚性柱结构，其结构如图 10-13（e）、（f）所示。这证明支化链的长度甚至支化链在侧链上接枝的位置对自组装结构的最终形貌影响甚微。在此基础上，我们可以推断，燕尾形三组分双亲分子的相结构的最终形貌很大程度上是由侧链长度以及温度决定的。

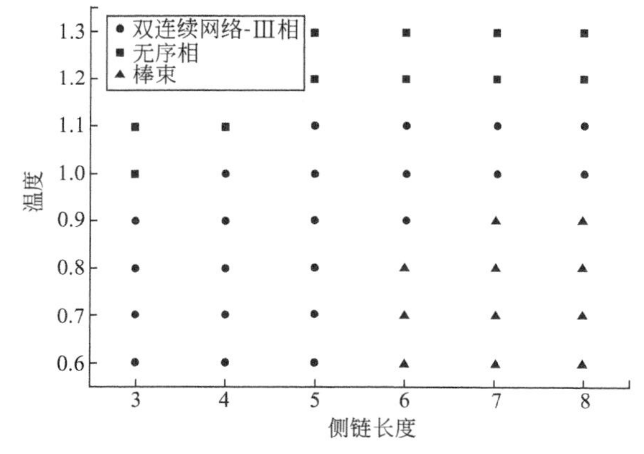

图 10-14

燕尾形分子的相结构随侧链长度和温度的变化趋势

在侧链较长的体系形成的刚性柱中，刚棒聚集形成的柱结构在第三维度上呈现六角堆垛的长程有序性，这种六角有序排布可以通过图 10-15 中结构因子的散射峰出现的位置之比 $1.12:1.91:2.23:2.95\approx1:\sqrt{3}:2:\sqrt{5}$ 证明。为了考查刚棒基元在柱内的排布方式，我们进一步统计了体系内所有刚棒长轴的取向有序参数 S_2。结果发现，取向有序参数为 $S_2=0.45$，这表明柱体内所有的刚棒倾向于肩并肩平行堆垛，并且刚棒指向矢与柱轴平行。

之前的实验报道了对两种支化链化学结构不同的燕尾形分子 1 和分子 2[46] 的热致相变行为的考查。分子 1 中，侧链的两个支化链分别为长度相等的烷基链和氟代链，而分子 2 的侧链中两个支化链是长度相等的氟代链。研究结果表明，由于两个支化链的刚性不匹

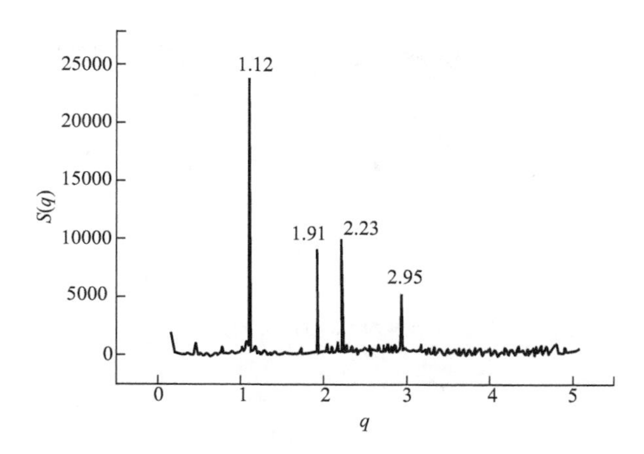

图 10-15

侧链为 8 的燕尾形分子（C1R3L16）在 $T=0.8$ 时自组装形成的刚性柱结构中侧链与主链间接枝位置处的结构因子

配，在实验中观察到侧链在刚性柱周围三种不同的排布方式。首先，分子 1 和分子 2 都能呈现类似于蜂窝状柱的结构。对于分子 2 中支化链长度较长的组分，氟代侧链构成连续母体，将刚性柱包围起来。更有意思的是，在低温条件下，分子 1 中的氟代部分还可以形成具有 $R\bar{3}m$ 对称性的左手/右手螺旋结构。但由于本研究中采用的 DPD 方法是一种粗粒化方法，实际体系的某些化学细节在建模过程中被忽略，因此观察到的刚性柱和侧链为更加真实的核-壳式（core-shell）排布。

值得一提的是，燕尾形分子形成的刚性柱结构与具有刚棒液晶单元的多侧链（hairy）主链型高分子形成的柱状相具有相同之处[46]。甚至不包含侧链的全柔性或半柔性高分子也会呈现这种由分子主链聚集而成的液晶柱结构，但不同的是，这些高聚物体系中，每个高分子链会形成一个单独的柱体。多侧链刚棒高分子可以用作荧光（fluorescent）和半导体有机材料，应用于分子电子学、有机发光二极管、有机晶体管以及光伏器件等[46]。因此，对低分子量的燕尾形分子自组装行为的研究可以通过实现分子器件的定向设计进一步探索重要功能性材料可控组装过程。更广泛来讲，这些研究工作可以帮助理解软物质自组装以及产生复杂新颖相结构的分子设计原则。

为了进一步直观并且系统地了解主/侧链连接的三组分双亲分子体系的液晶相行为，我们描绘了以侧链有效体积分数为自变量的归一化相图，如图 10-16 所示。由图我们可以推断，对于所研究的液晶体系而言，改变分子拓扑结构以及分子组分的长度均可以导致侧链有效体积分数的变化，从而引导新型介观相态的自发演化。尽管如此，两种影响因素对相结构的影响力不尽相同。由图中我们可以看到，π 形以及燕尾形三组分双亲分子的自组装结构出现在相图的末端，这种现象可以理解为分子拓扑结构的改变对相结构的影响要远大于分子组分对形貌的作用。由于两个侧链的存在，加剧了 π 形和燕尾形体系刚棒两侧的熵不对称性，因此不易形成在 T 形液晶分子体系内所观察到的有序结构，同时诱导新型相态的生成。另外，我们注意到，实验上观测到燕尾形分子形成刚性柱结构对应的侧链有效体积分数（f_L）范围是 0.64～0.84，而我们得到该结构对应的 f_L 范围是 0.76～0.81，与实验值基本吻合。

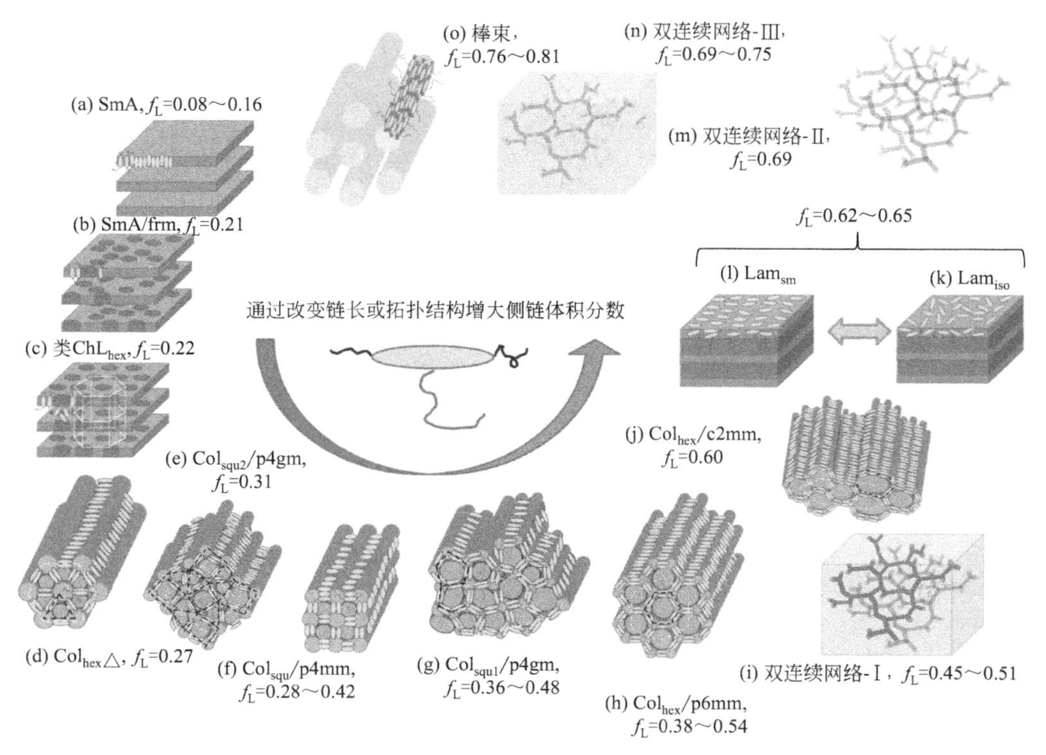

图 10-16

以侧链有效体积分数为自变量的归一化相图

更有趣的是，随着侧链有效体积分数的升高，在相图末端我们观察到三种不同的双连续网络相，分别是在 T 形、π 形以及燕尾形三组分双亲分子体系中观察到双连续网络-Ⅰ、双连续网络-Ⅱ和双连续网络-Ⅲ相，如图 10-17 所示。在双连续网络-Ⅰ相中，侧链相互贯穿形成双连续结构，主链构成连续体；双连续网络-Ⅱ相中，侧链和主链各自形成不同的网络结构，同时两者之间相互编织形成充满了整个空间的双连续结构，同时在低温条件下还可以观察到两种网络中的孔洞形成贯通的六角有序堆垛；双连续网络-Ⅲ相中，主链形成双连续网络，而侧链构成连续本体。为了深入了解双连续网络相的结构特征，我们采用位置相关的结构因子对 T 形分子 C3R3L8 在 $T=1.0$ 时形成双连续网络-Ⅰ相、侧链长度为 4 个粒子的 π 形分子在 $T=0.8$ 时形成的双连续网络-Ⅱ相以及侧链长度为 5 个粒子的燕尾形分子在 $T=1.0$ 时形成的双连续网络-Ⅲ相进行定量表征。文献报道[47] 双连续网络相对应的结构因子特征峰位之比应该是$\sqrt{6}:\sqrt{8}:\sqrt{14}:\sqrt{16}:\sqrt{20}:\sqrt{22}:\sqrt{24}:\sqrt{26}:\sqrt{30}:\sqrt{32}:\sqrt{38}:\sqrt{42}$，尽管实际观测到的散射峰强会较弱，并且多数情况下不会全部观测到。如图 10-17(b)，我们观察到对于双连续网络-Ⅰ相，结构因子的峰位之比大致为$\sqrt{6}:\sqrt{14}:\sqrt{20}:\sqrt{30}:\sqrt{42}$；对于双连续网络-Ⅱ相，结构因子的峰位之比大致为$\sqrt{6}:\sqrt{14}:\sqrt{24}:\sqrt{38}:\sqrt{42}$，如图 10-17(d) 所示；而对于双连续网络-Ⅲ相，如图 10-17(f) 所示，结构因子的峰位之比大致为$\sqrt{6}:\sqrt{8}:\sqrt{14}:\sqrt{16}:\sqrt{32}:\sqrt{42}$。

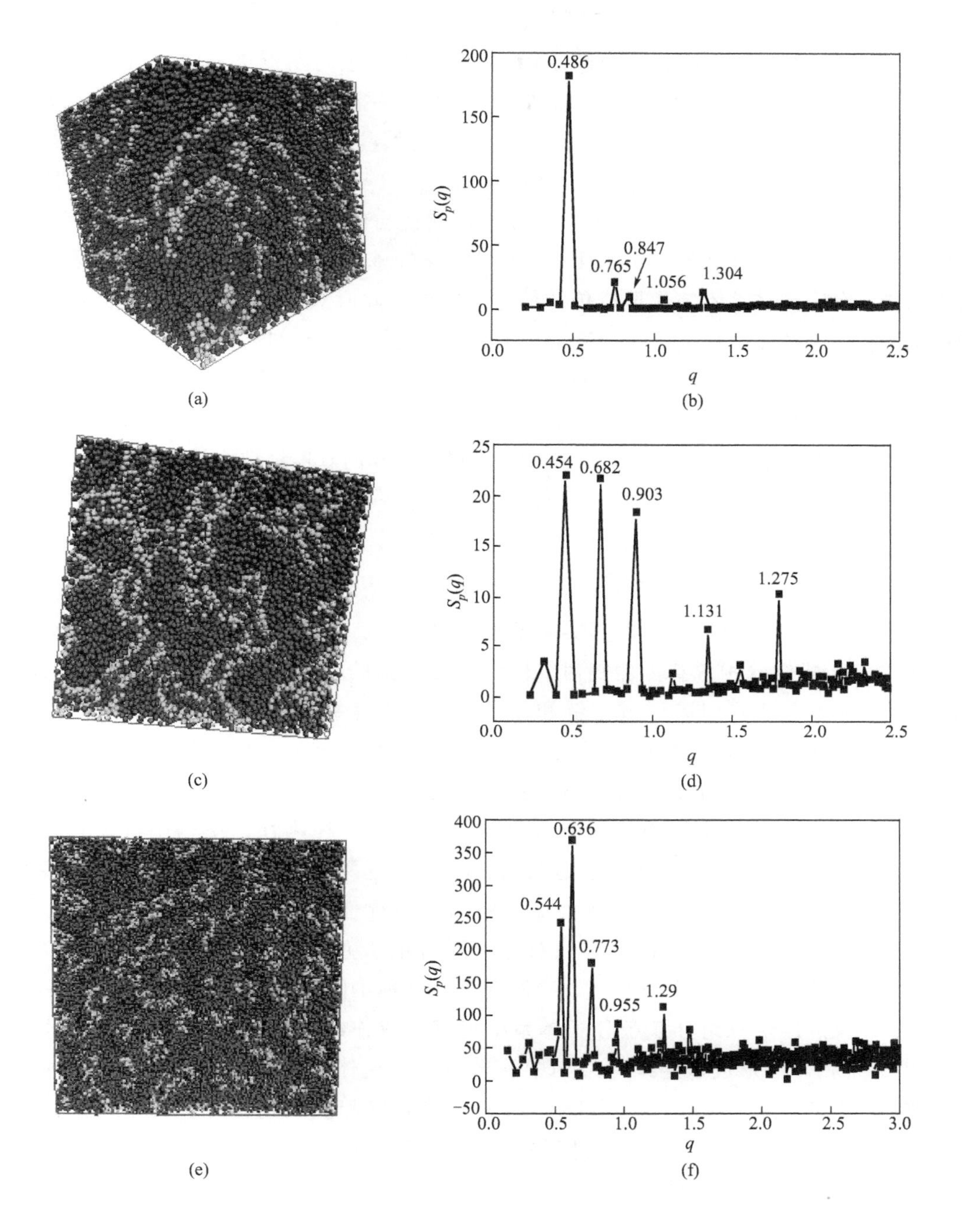

图 10-17

不同分子拓扑结构对双连续结构形貌的影响及定量表征结果

其中， T形分子 C3R3L8在 $T=1.0$ 时自发形成（a）双连续网络-Ⅰ结构，侧链长度为 4 个粒子的 π 形分子在 $T=0.8$ 时自发形成（b）双连续网络-Ⅱ结构，侧链长度为 5 个粒子的燕尾形分子在 $T=1.0$ 时自发形成（c）双连续网络-Ⅲ结构。（b），（d），（f）分别是双连续网络-Ⅰ、双连续网络-Ⅱ和双连续网络-Ⅲ的结构因子。

文献报道，在二组分嵌段共聚物中，界面张力最小化和分子链伸展之间的竞争作用是自组装的主要驱动力。在柱过渡到层的过程中，体系可能自发形成穿孔层、菱形（diamond）或双连续网络结构等。由于双连续网络相的三重周期极小界面分布形式（triply periodic minimal surface，TPMS），该结构的平均曲率接近零，因此被广泛认为是介于柱和层之间的稳定相态[39]。线性二嵌段分子中，双连续网络结构中的网络通常是含量/体积分数较小的组分形成，另一组分构成本体。相似地，T 形分子体系中，由于侧链体积分数较少，因此在该体系中的双连续网络-Ⅰ相中，侧链自组装形成相互编织的双连续结构。当体系中引入第二条侧链形成半刚性 π 形拓扑，刚性基团的平行取向作用严重削弱了平均曲率的均一分布，体系不容易形成传统的有序结构，此时双连续网络-Ⅱ相是降低界面能的最优结构。当体系拓扑变得更加复杂，引入含有支链的侧链时，由于侧链所占的体积分数的显著提高，侧链伸展作用驱使体系形成主链为网络的双连续网络-Ⅲ相。目前为止，双连续网络结构中构成网络和本体的组分内容变化通常是在溶致液晶结构中由改变溶剂极性实现的。这种由于分子拓扑结构的变化引导形态各异的双连续结构的现象在实验和模拟中均未曾报道。

10.1.2.3 小结

在本小节的研究中，我们以真实体系为原型构建了 π 形和燕尾形三组分双亲分子的粗粒化模型。我们分别考查了侧链为线性链和支化链的模型体系的相行为。结果发现，π 形模型体系倾向于自组装形成主链和侧链组分相互编织的双连续网络-Ⅱ相，并且在温度较低时，双连续结构中的孔洞倾向于长程六角有序堆垛。而燕尾形模型体系，则在侧链较短时主链间相互交织形成双连续网络-Ⅲ相，侧链较长时形成六角堆垛的刚性柱结构。我们通过表征取向有序参数和结构因子发现了在刚性柱结构中刚棒长轴与柱共轴以及相邻柱之间呈现六角有序的结构特征。在这两种体系中，侧链数目较多使主链一侧的空间位阻变大，这种主链两侧的空间不对称性抑制了刚棒的平行有序，体系更倾向于自发形成平均曲率接近零的双连续网络相。更有趣的是，随着侧链有效体积分数的升高或分子拓扑结构的变化，我们观察到三种不同的双连续网络相，分别是在 T 形、π 形以及燕尾形三组分双亲分子体系中观察到双连续网络-Ⅰ、双连续网络-Ⅱ和双连续网络-Ⅲ相。但形成双连续网络相中管道结构的具体组分并不相同，主要是通过侧链有效体积分数进行调控。为了深入了解双连续网络相的结构特征，我们采用位置相关的结构因子对三种形貌的双连续网络相进行定量表征，模拟数据得到的散射峰位之比与实验报道基本一致。目前为止，这种由于分子拓扑结构的变化引导形态各异的双连续结构的现象在模拟中尚属首例。

综上所述，我们的普适模型在重现实验上观察到的自组装结构方面的精确性证明了模型对真实体系物理特性的准确把握，因此我们构建的普适模型可以进一步为探索其他相关软物质体系自组装过程和机理做贡献。同时，这些研究成果也再次证明了，尽管采用的软排斥势能，耗散粒子动力学仍然是一个非常有效的、可用于液晶研究的介观模拟方法。

10.2
耗散粒子动力学模拟研究生物膜体系

众所周知，细胞是生命活动结构与功能的基本单元，而作为保证细胞内容物和组成成分的稳定的重要屏障，生物膜对维持正常的生命活性至关重要[48]。实际上，生物膜不仅能维护细胞内微环境的相对稳定，还参与同外界环境的物质交换以及能量和信息传递，并在细胞的生存、生长、分裂、分化中起重要作用，因此对生物膜的研究受到了广泛的关注[49]。从功能和组成上来看，生物膜多种多样，但就一般而言，生物膜在结构上都是由连续分布的磷脂分子、胆固醇和少量鞘脂构成的具有一定流动性的脂质双层骨架和镶嵌于其上的膜蛋白、糖类组成。因此生物膜的研究常采用一些简化系统：例如在一种或两种磷脂组成的双层膜中加入一些内嵌蛋白质或多肽等。了解这些简化膜的物理特性也可以帮助我们进一步了解其生物学功能。磷脂分子是一类天然的双亲分子，由亲水的头基团和一根或多根疏水碳氢链组成。与表面活性剂等双亲分子类似，根据浓度和分子形状的不同，磷脂分子能够在水中自组装成多种结构，如球状或棒状胶束、双层膜、囊泡或更加复杂的结构。这些结构的形成受到范德华力、静电相互作用及氢键等的影响，但其主要驱动力仍然是疏水效应，因此均保持极性基团与水接触，并将疏水的“尾巴”与水环境隔离。在上述结构中，囊泡作为一种闭合的双层膜结构，具有包裹封装的能力，可以应用于药物输运[50]、生物传感器[51]、微反应器[52] 等领域；更重要的是，其具有的封闭结构非常类似于细胞，可以作为研究细胞膜功能的天然模型系统[53]。因此，大量研究工作致力于从分子级别理解囊泡的形成、融合及分裂。此外，作为生物膜的结构骨架，对磷脂双层膜与其他分子（如高分子、蛋白质、DNA）相互作用的研究可以加深我们对其生物功能的理解，有助于揭示一些疾病的发病原因，并推动治疗手段的发展。而磷脂双层膜的相变行为也是生物膜研究中一个关键的问题，它不仅可以加深我们对生物膜结构与性能的认识，还有助于推动对二维相变的理论研究。上述课题都吸引了实验和理论研究人员的广泛关注[54-59]。

生物膜的运动由于涉及协同运动，跨越了很大的空间和时间尺度，从飞秒级的原子尺度直至实时的宏观行为[60,61]。对于生命活动的很多基本现象，如相转变、膜融合或分裂、局域结构的形成、膜与蛋白质的相互作用，都发生在介观尺度下，使得传统的实验或理论研究方法都存在无法直接观测等困难。虽然得益于计算机的飞速发展，分子动力学等模拟手段也取得了长足的进步，但处理如生物膜等协同效应复杂的体系还是会受制于计算能力的不足。因此，就需要我们采用更为有效的粗粒化分子模型进行相应的介观模拟[62]。由前文的讨论可知，耗散粒子动力学粒子间较软的相互作用势可以允许我们在模拟中选用较大的时间步长，这就能够大大地提高计算效率，帮助我们在更大的空间和时间尺度上对生物膜体系进行分子级别的模拟研究。本节中我们将采用这一模拟方法，对生物膜的相行为及膜融动力学行为分别进行研究。

10.2.1 生物膜的相行为[63, 64]

磷脂双层膜是磷脂分子自组装形成的双层结构，它是生物膜的一种简化模型系统，表现出极为丰富的相行为（见图 10-18），是研究二维相变行为的完美模型体系，对于其物理化学性质的研究有助于理解更复杂的生物系统。实验研究发现在极低温度下，磷脂双层膜倾向于形成亚胶相（sub-gel），也称为 L_c 相，此状态下磷脂分子的疏水尾链紧密倾斜排列，分子在层内的排布具有极高的有序度。随着温度的升高，磷脂膜会由亚胶相转变成凝胶相（gel），在这一状态下磷脂双层膜依分子特性的不同表现出丰富的结构。而当温度进一步升高，磷脂双层膜会熔化成流体相（fluid）L_α，疏水尾链和分子排布均变得无序，同时磷脂分子在膜内具有很高的流动性。

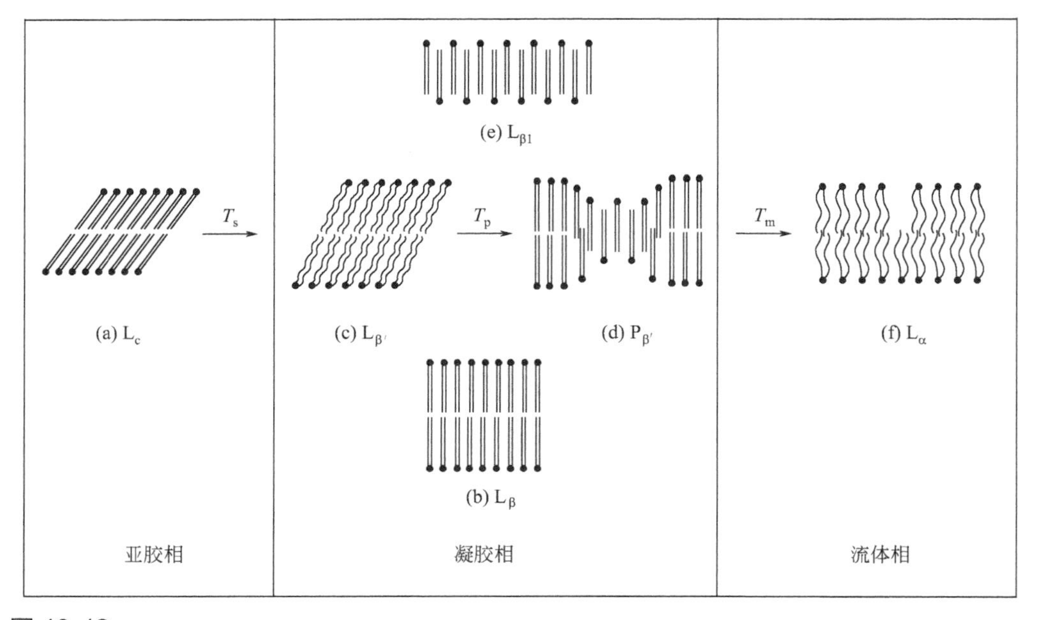

图 10-18

磷脂双层膜相态转变的示意图

鉴于在分子尺度上通过实验方法研究生物膜的相转变存在诸多困难，对这一问题的模拟研究就日益受到人们的重视。Smit 等人[65-69] 就采用了耗散粒子动力学方法对不同结构和组成的磷脂双层膜进行了一系列的研究（图 10-19）。与实验研究的结果类似，他们发现随着温度增高，磷脂双层膜会经历由亚胶相到凝胶相和凝胶相到流体相两次相转变。而增强的头基团间排斥作用对中间温度下的凝胶相结构有很大的影响，当头基团间作用接近中性时，稳定的凝胶相为尾链垂直膜平面排列的 L_β 结构；而在更大的相互排斥下，这一凝胶相是具有不对称锯齿状厚度波动的 $P_{\beta'}$ 相；而进一步研究表明，尾链长度的增大会明显增加凝胶相的稳定性，而对于链长大于 5 的体系，L_c 和 $P_{\beta'}$ 相之间还会出现一个尾链倾斜的凝胶相区 $L_{\beta'}$。

二肉豆蔻酰磷脂酰胆碱（DMPC，1，2-dimyristoyl-sn-glycero-3-phosphocholine）是

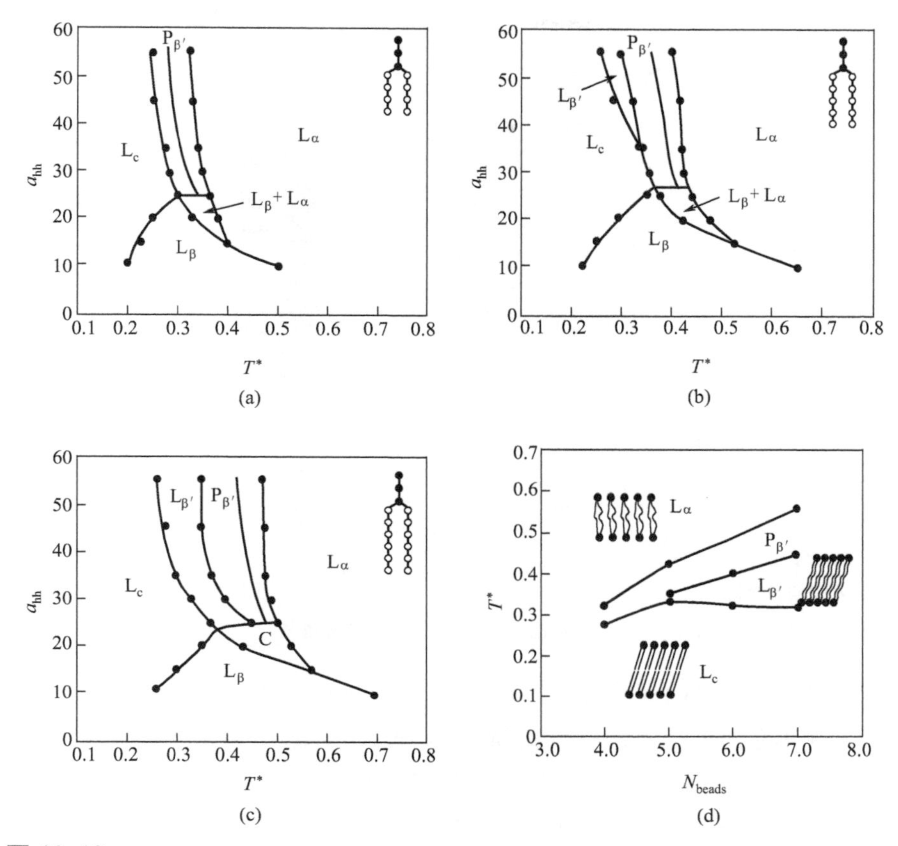

图 10-19

头基团间相互作用和温度对不同链长的磷脂分子双层膜相结构的影响 [68]

生物膜中常见的磷脂分子，在本小节的研究中，我们基于 DMPC 构建了粗粒化磷脂分子模型，如图 10-20 所示，模型分子由一个亲水的头基团（包含三个亲水粒子，h）和两条疏水的尾链（各包括 5 个疏水粒子，t）组成，这一模型为“π”形结构与 Smit 等人采用的“λ”形模型在头基团的拓扑结构上具有明显的区别。相应地我们将三个水分子粗粒化为一个水粒子（w），各种粒子间的相互作用设定如表 10-2。

表 10-2　模拟中的相互作用参数

a_{ij}	w	h	t
w	25	25	75
h	25	25～55	75
t	75	75	25

体系数密度设定为 3，截断距离、粒子质量和温度设定为约化单位，$r_c = m = k_B T = 1$，因此约化时间单位可定义为 $\tau = [m r_c^2 / (k_B T)]^{\frac{1}{2}}$。我们采用修正的 Velocity-Verlet 算法积分运动方程，步长 $\Delta t = 0.05\tau$，噪声强度 $\sigma = 3$。而考虑到天然磷脂双层膜处于无应力状态下，所有的模拟均在 $NV\gamma T$ 系综中进行（即在 NVT 系综下，依靠改变模拟盒子的

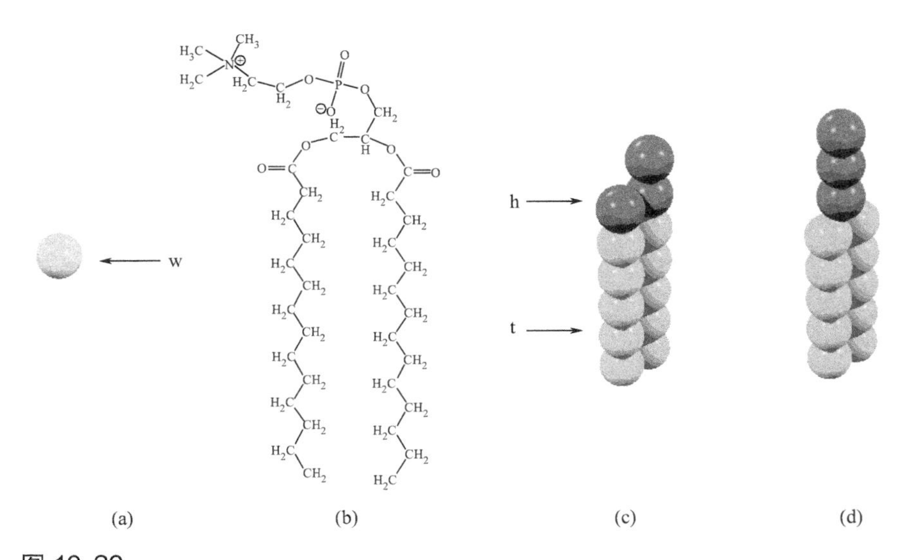

图 10-20

模型分子的示意图

（a）水；（b）磷脂分子结构；（c）π 形分子模型；（d）λ 形分子模型[64]。

长宽高比例，保持双层膜的界面张力始终为零），并采用周期边界条件。为了简化，我们始终定义双层膜所在的平面为 xy 平面。除了保守力、耗散力和随机力外，我们引入弹簧力 $\boldsymbol{F}^{\mathrm{S}}=-k_2(r_{i,i+1}-l_0)\hat{\boldsymbol{r}}_{i,i+1}$ 连接分子内的相邻粒子，$k_2=100$ 为弹簧常数，$l_0=0.7$ 为平衡键长。体系最终达到平衡的判据是体系总能量、界面张力、分子链和分子聚集体的整体性质以及密度曲线不随模拟时间改变。

在实验研究中发现，磷脂双层膜的相行为，尤其是位于中间温度区的凝胶相结构，与磷脂分子头基团的尺寸紧密相关。因此，我们主要考虑直接影响头基团尺寸的头基团间相互作用和温度对磷脂双层膜相行为的影响，并得到了相应的相图（见图 10-21）。从图中可以清晰地看到相区基本可以分成四部分：右部的高温区为 L_{α} 相；左部的低温区为 L_{c} 相；中温区则又分为下部的 L_{β} 相和中部由 $P_{\beta'}$ 相及共存相组成的过渡区。由于我们模拟选取的参数范围与 Smit 等人的非常接近，因此可以通过两者的比较来考查分子结构上的特性对相行为的影响。首先，在我们的模拟中很明显地出现了尾链互穿，而在 Smit 的模拟中即使在头基团排斥更为强烈时也未观察到这一特殊结构。这就说明，虽然头基团间相互作用可以直接影响头基团的有效尺寸，但是模拟中所采用的较近的截断半径和较软的排斥作用都会限制其能够实现的占据尺寸，因此对于需要表现更大的头基团尺寸的体系而言，仍需改变其拓扑结构来加以实现。其次，在我们的模拟中并未如 Smit 所预期，在 L_{c} 相和 $P_{\beta'}$ 相间发现 $L_{\beta'}$，这一方面可能是由于我们的链长仍不够长，另一方面也有可能是由于均具有倾斜的尾链 L_{c} 和 $L_{\beta'}$ 不易分辨。再次，虽然我们得到的凝胶相到流体相相转变温度和 Smit 非常接近，但亚胶相到凝胶相的转变温度却明显降低；这有可能是由于“π”状模型相对较大的头基团投影面积给尾链带来了相对更大的自由空间，使其更加难以“冻结”。

我们考查了头基团间相互作用参数对磷脂双层膜相态的影响，发现相互作用参数对相

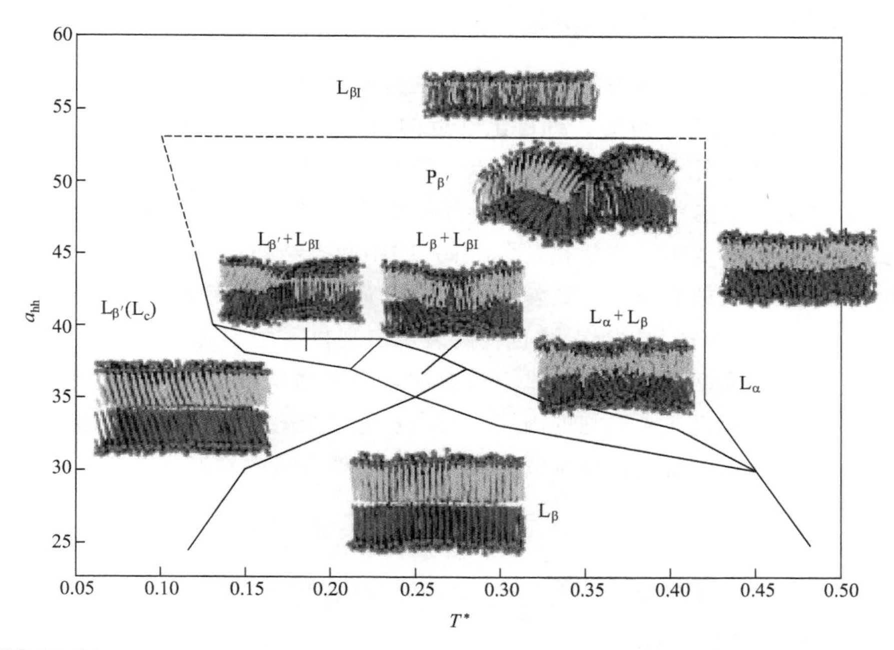

图 10-21

头基团间相互作用和温度对磷脂双层膜相结构的影响[64]

图的影响主要集中在中温的凝胶相区；温度较低时，磷脂双层膜通常处于 L_c 相，而高温下磷脂双层膜熔化形成 L_α 相。在中温区，增大头基团间排斥作用，磷脂双层膜由 L_β 相过渡到 $P_{\beta'}$ 相，并出现尾链穿插的现象。

小结：本小节内我们采用耗散粒子动力学方法对磷脂双层膜的相行为进行了系统研究。通过绘制重整温度 T^* 和头-头排斥参数相图，发现在高头-头排斥作用下双层膜出现了尾链互穿结构。同时对于 $P_{\beta'}$ 相，由于水合作用加大导致的头尾尺寸不匹配而使其稳定性大大增强，同时 $P_{\beta'}$ 相作为一种特殊的共存相，在对有序-无序转变研究中有很大的意义。我们发现无应力条件下磷脂双层膜的相结构对模型结构异常敏感，互穿结构、波浪状结构以及尾链倾斜结构等等有趣的相结构都相当依赖于不同头投影面积带来的头尾尺寸不匹配，这对我们深入认识细胞膜相关的生命活动具有重要意义。

10.2.2 生物膜的膜融动力学

生物膜的融合是生命体中一种普遍存在的现象，并在神经传递、胞吞胞吐、受精过程、病毒感染、膜运输等生命活动中扮演着非常重要的作用。因此，近年来科技工作者对包括囊泡、磷脂双层膜等不同结构的膜融合动力学行为进行了深入的研究。尤其是囊泡作为一种封闭的双层膜结构，不但可以作为细胞膜研究的天然模型，还体现出良好的封装性能，在药物输送、生物传感器、微反应器等应用领域存在巨大的潜力，因此吸引了研究人员广泛的关注。

10.2.2.1 囊泡的自发融合动力学[70]

我们首先采用耗散粒子动力学方法就囊泡的自发融合过程进行了模拟研究。如图 10-22 所示，当两个囊泡足够接近时，外层上邻近的磷脂会发生有效吸引，引起囊泡间磷脂分子的混合，在两囊泡外层形成初始接触点；随着混合继续，接触面积不断扩大，会有少数磷脂分子进入到对方囊泡层，囊泡间的界线越来越不明显，但这种磷脂分子的交换仍局限于囊泡外层，这就形成了“茎状相”（stalk）的中间态结构；下一步“茎状相”会逐渐扩张，并伴随着外层膜的破裂，导致囊泡的内层开始接触，逐渐衍化形成半融膜（hemi-fusion diaphragm，HD）；此后半融膜也会破裂，出现贯通两个囊泡内部的融孔；最后随着融孔的扩大，两个囊泡完全贯通形成一个囊泡，内部物质发生混合。在此融合过程中，只有极少量的外层磷脂进入了囊泡的内层，而当囊泡完全融合后，则不再出现内外层磷脂分子的跃迁，也观察不到囊泡内外水的交换。因此，融合后的囊泡仍保持长椭圆形，无法衍化成规整的球状。

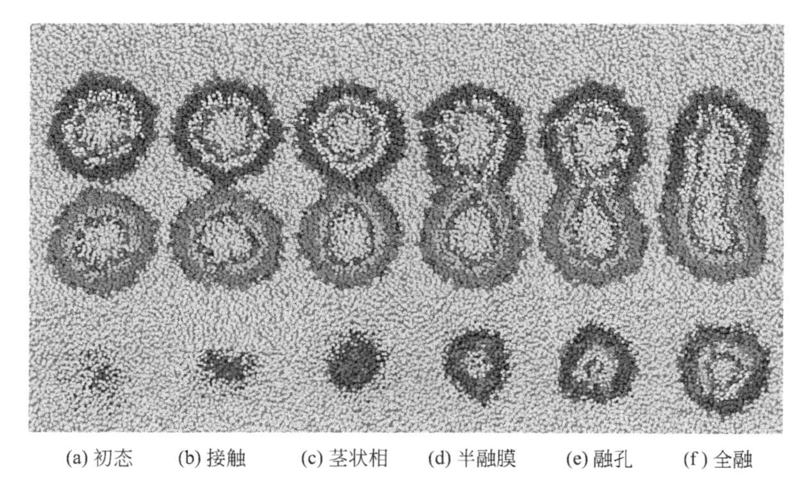

(a) 初态　(b) 接触　(c) 茎状相　(d) 半融膜　(e) 融孔　(f) 全融

图 10-22

囊泡融合动力学过程[70]

在进一步的模拟研究中，我们发现自发的膜融过程很难形成完全融合，这是一个受弯曲能控制的过程。为了研究囊泡尺寸对其融合的影响，我们分别对不同大小的囊泡进行了四组囊泡融合模拟，单个囊泡分别包含磷脂分子数为：(a) 369；(b) 492；(c) 673；(d) 1163。对每组分别进行了 10 次平行实验，模拟时间均为 $t_{tot}=5000t_0$。四组模拟中，建立有效接触的概率分别为 2/10，4/10，5/10，4/10。对于 (a) 组和 (b) 组，一旦建立有效的接触，囊泡融合均在 2500 t_0 内完成；但是对于 (c) 组和 (d) 组，只有一次囊泡融合成功完成，其余的有效接触均停留在 HD 阶段（见图 10-23）。即使延长模拟时间至 $t=10000\ t_0$，融孔仍未出现。这一结果表明由于小囊泡具有较大的曲率，表面弯曲能较大，融合有利于囊泡应力的释放；而具有较小曲率的大囊泡弯曲能较低，仅靠热涨落带来的密度波动很难诱发膜破裂而导致进一步融合。所以虽然大囊泡由于体积较大的关系，容易建立有效的接触，但完成

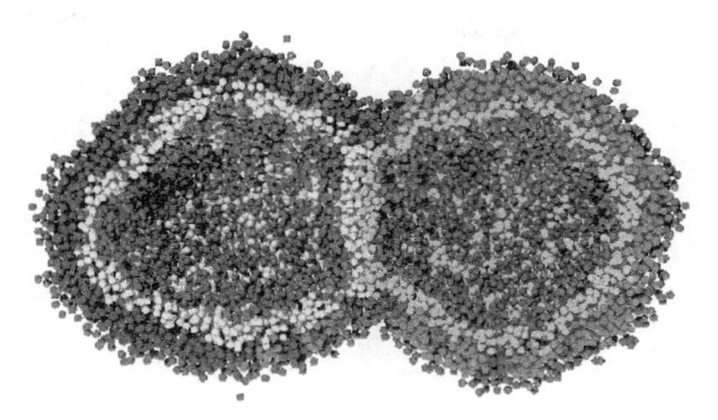

图 10-23

囊泡的半融膜结构示意图[70]

融合的概率反而小于不易接触的小囊泡。

10.2.2.2 蛋白质诱导下的囊泡融合动力学[63,71]

事实上，自然状态的纯磷脂囊泡由于尺寸较大，所以基本不融合。而生命体中无应力状态下生物膜的融合过程则是需要通过 SNARE 族（soluble *N*-ethylmaleimide-sensitive factor attachment protein receptors）蛋白质的调控来克服能垒完成融合的，这一调控作用对包括囊泡、磷脂双层膜等不同的膜结构同时有效。在 SNARE 诱导融合过程中，蛋白质首先通过分子识别结合成 SNARE 蛋白质复合体，将两个膜拉到靠近的位置，排除原本处于膜间的水层，进而促使邻近的磷脂分子重排融合，我们尝试对这一过程加以模拟。根据所处的膜位置不同，SNAREs 又可分为 t-蛋白质（target membrane SNARE）和 v-蛋白质（vesicle SNARE），两者相互缠绕结合形成 SNARE 复合物将膜拉近并导致膜融。蛋白质复合体的形成主要依赖于不同结合位点间特定的相互作用，如螺旋间氢键、带电残基间静电相互作用力等。由于这些相互作用以及蛋白质结合方式非常复杂，难于在模拟上直接映射，因此我们需要一种简化的作用力在 t-和 v-蛋白质之间相应的嵌段上引入简单吸引作用，达到使之相互偶合的目的。为此，我们选取了 Lennard-Jones 势，并针对 LJ 作用相比于耗散粒子动力学方法过硬的缺点，分别调节了其相互作用势的势阱深度和排斥力强度，使之软化以适用于耗散粒子动力学模拟。经软化的 LJ 势的最终形式为

$$u(r_{ij})=\begin{cases}4\varepsilon\left[\left(\dfrac{\sigma}{r_{ij}}\right)^{12}-\left(\dfrac{\sigma}{r_{ij}}\right)^{6}\right]+0.22\varepsilon & r_{ij}<r_c\\ 0 & r_{ij}\geqslant r_c\end{cases}$$

并固定相互作用参数 $\varepsilon=4.5k_BT$。蛋白质模型的构建则仿效了 Venturoli 的方法，用柱状的链束来表示蛋白质，如图 10-24(c) 和 (d) 所示。每个蛋白质模型呈多嵌段的柱状，且嵌段的长度不一致，采用不同的颜色标记不同的嵌段，粒子标号见侧面。其中每个蛋白质的顶部都附加一个“帽”粒子 h8（或 h14），可以作为设定蛋白质初始的偶合点；紧接着的亲水嵌段 h5～h7（或 h11～h13），相对较长，因此具有较大的构象柔性，便于将距离较远的囊泡锚定；跨膜嵌段 t4（或 t10），为疏水链段，其长度与囊泡膜的厚度相匹配；

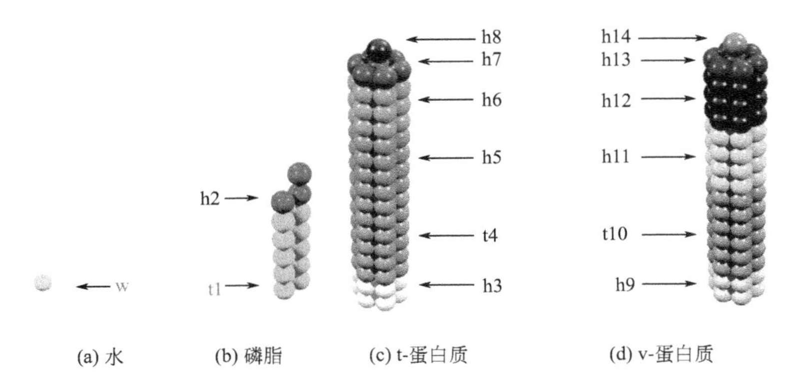

图 10-24

模型分子的示意图 [71]

蛋白质末端嵌段 h3（或 h9）比较短，由两层粒子组成，代表蛋白质延伸膜另一侧的一部分。

在蛋白质的嵌段上施加不同的“软”LJ 势，会诱导磷脂经过不同的途径融合。首先我们只在膜外侧蛋白质部分（h5～h11；h6～h12；h7～h13；h8～h14）施加“软”LJ 势，在跨膜部分不施加，使蛋白质对的结合只在外侧发生。最大模拟时间设为 $t=1000t_0$，进行了 5 次平行实验。模拟结果发现只有一次未观察到成功融合，其余 4 次成功进行了融合，融合过程如图 10-25 所示。

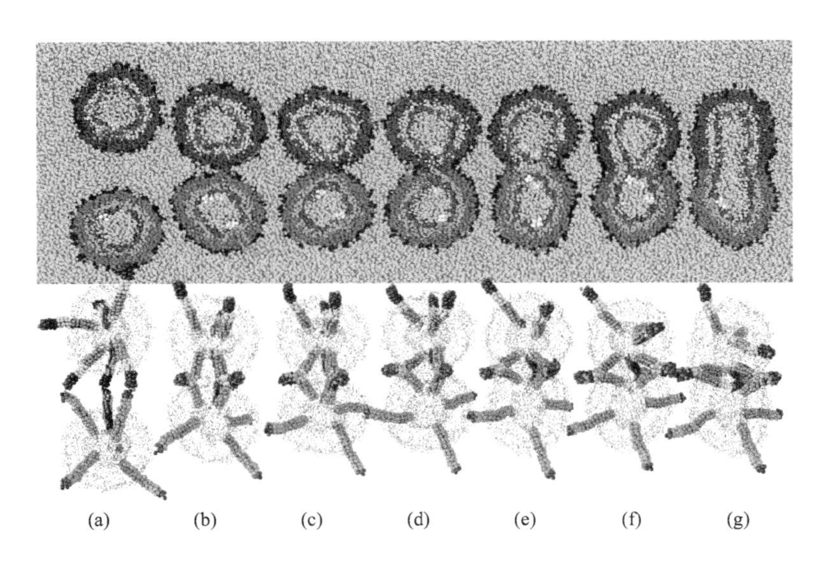

图 10-25

蛋白质诱导囊泡融合机理Ⅰ（脚手架模型 Scaffold）

（a） $0t_0$，初始态；（b） $355t_0$，外层接触；（c） $385t_0$，茎状相；（d） $400t_0$，内层接触；（e） $430t_0$，半融膜；（f） $495t_0$，融孔；（g） $565t_0$，完全融合。

从图 10-25 中可以看出，t-蛋白质和 v-蛋白质的结合从接触端开始，向跨膜部分方向进行延伸，形成平行的复合体，类似拉链的咬合。尽管两种蛋白质在体外实验中也观测到能形成反平行的结构，但是在体内只能形成顺平行结构。由于两种蛋白质的跨膜部分仍处于不同的膜内，此时，半结合的蛋白质复合体类似于桥梁一样将两个囊泡给连接起来，剩余部分的结合将两个囊泡的距离拉到更近，并且将其间的水给排挤出去。在生物膜融过程中，通常是在多对 SNARE 复合体的协同作用下辅助完成，因此在当前研究中，我们采用了多对蛋白质，以提供足够大的牵引力将囊泡拉近。和实验观测一样，蛋白质复合体一旦形成便非常稳定，囊泡融合后，蛋白质复合体由原来的跨越两个膜，变成只跨越一个膜。蛋白质诱导的囊泡融合典型的路径如图 10-25 所示，从图中可以看到，嵌段间的不断咬合，蛋白质复合体将两个囊泡逐渐拉近。一旦两个囊泡发生初始接触，接下的步骤和“茎状相-融孔”假说完全一致：开始两个囊泡的外层接触，形成所谓的“茎状”中间态。接着，“茎状”相逐渐扩张，中间部分开始破裂，导致囊泡的内层开始接触；随着内层接触面积的扩大逐渐衍化形成半融膜（hemifusion diaphragm，HD）；然后半融膜也破裂，中间出现了一个融孔将两个囊泡的内部贯通；随着融孔的扩大，最后两个囊泡完全贯通形成一个囊泡，囊泡内的物质发生混合，同时膜融蛋白质的跨膜部分也由跨越两膜到进入同一膜内。值得注意的是膜融过程中出现的接触点，“茎状”中间态，融孔均为纯磷脂的。在融合过程中，有内外层的磷脂发生了交换，但当囊泡内部融通后，内外层磷脂分子则不再发生跃迁，也没有观察到囊泡内外水交换，因此融合后的囊泡仍保持长椭圆形，即使经过更长的模拟时间也无法衍化成规整的球状。从以上研究可以看出，膜融蛋白质在囊泡融合过程中，只起到拉链或脚手架的作用将两个囊泡拉近并导致它们融合。事实上纯磷脂的囊泡自身也能发生融合，只是由于囊泡间存在水，因此膜融过程需要克服排除水分并将部分磷脂分子去水合的能垒，即膜融存在能垒。由上章可知，为了使两个纯磷脂的囊泡融合，通常是人为地将两个囊泡移得足够近，从而避免去水合能垒的影响；而膜融蛋白的参与，显然是通过膜融蛋白质的结合提供能量来克服膜融能垒来引发膜融，从而大大提高了囊泡融合的效率。

近来的实验研究发现膜融蛋白质跨膜部分可能参与了“茎状相-融孔”的转变，但详细机理不得而知。因此我们在模拟中，在蛋白质跨膜段和膜外侧段均施加“软”LJ 势，并平行进行了 5 次最大模拟时间为 $t=1000t_0$ 的膜融实验，并有 4 次完成了融合过程。与前组实验不同的是，此组中蛋白质跨膜部分参与了融合过程，它们的结合将在半融中间态中直接形成一个不稳定的蛋白质孔，如图 10-26（c）所示，这个孔部分由蛋白质组成，随着水分子的进入，融孔迅速扩大，导致膜融完成。我们将此融合机理称为蛋白质开孔模型（途径Ⅱ）。在没有蛋白质参与的情况下，囊泡融合的平均时间为 $150t_0$，接近途径Ⅰ的融合时间 $140t_0$。从融合的过程来看，这两者具有很多相似处，所经历的中间态均为纯磷脂的。而对于蛋白质开孔机理（途径Ⅱ），平均膜融时间为约 $25t_0$，远小于纯磷脂膜融途径，说明了蛋白质融孔的形成，促进了“茎状相-融孔”转变，从而加速了膜融过程。值得注意的是，由于当前模拟实施了一系列的简化，加之 DPD 模拟精度有限，这里模拟时间不能转化为真实时间。此外，目前实验研究中还没有报道过途径Ⅱ，因此期望此途径是蛋白质诱导的囊泡融合的一种新机理，但是需要实验现象的进一步证实。

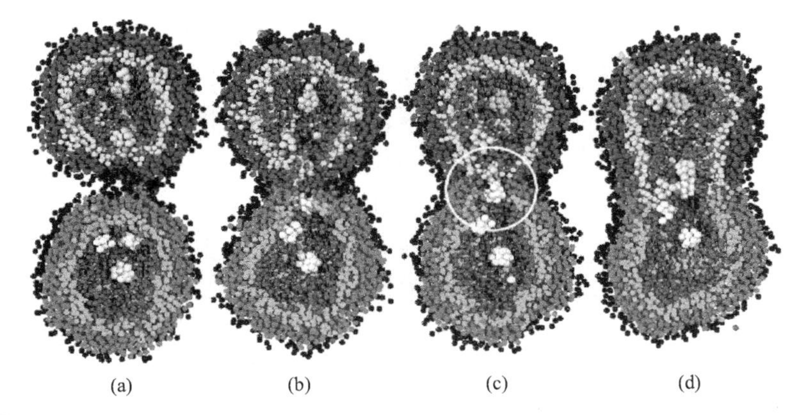

图 10-26

蛋白质诱导囊泡融合机理 II（蛋白质开孔途径）

蛋白质跨膜部分聚集到茎状（stalk）区域形成一个部分由蛋白质组成的融孔（白圈标记），磷脂和水可以进入融孔，并将其扩大以完成囊泡融合过程。（a） $225t_0$，外层接触；（b） $245t_0$，茎状（stalk）相；（c） $250t_0$，蛋白质融孔出现；（d） $275t_0$，全融。

10.2.2.3 小结

由于目前的实验研究手段的局限，无法为生物膜的动力学研究提供直观的动力学景象，因此我们采用计算机模拟弥补这一不足，对不同条件下的膜融过程的机理进行了全面的探讨。由于囊泡融合过程中，尤其是融孔的步骤中存在较大能垒，导致囊泡难以完全融合。而 SNARE 蛋白质相互咬合形成稳定的复合体的过程能够提供足够的能量来克服能垒，完成“茎状相-融孔”机理的膜融过程。此外，如果在跨膜部分施加较强的吸引力，蛋白质复合体将延伸至膜内，将膜拉近的同时，还将在膜融中间态中形成一个部分由蛋白质构成的融孔，有助于促进“茎状相-融孔”的转变从而加速囊泡融合过程。这些发现有望为实验和应用研究提供理论上的指导。

10.3 耗散粒子动力学模拟研究高分子复合 Janus 纳米材料

10.3.1 研究背景

de Gennes[72] 于 1992 年在诺贝尔奖获奖报告中首次提出 Janus 纳米粒子的概念，并预测 Janus 颗粒可以类似双亲分子在液/液界面自组装成膜，颗粒间的缝隙可为物质在两相间的传输提供通道。de Gennes 充满启发性的演说引发了 Janus 颗粒的研究热潮。Janus

颗粒是一种非常特殊的粒子，这种粒子的两个部分有着不同的结构或者化学组成，例如无机与有机、非金属与金属、非极性与极性、阴离子与阳离子、不带电荷与带电荷、疏水与亲水等。Janus 颗粒的形状也是多种多样的，如半草莓状、橡子状、雪人状、哑铃状、盘状、柱状等[73,74]。通过合适地选择 Janus 纳米粒子两部分的表面性质，使得一部分亲水，另一部分疏水，这种双亲性的 Janus 纳米粒子就可以像表面活性剂分子一样吸附在界面上，因此双亲性的 Janus 纳米粒子又可被称为“表面活性剂颗粒”。这种由 Janus 纳米粒子固有本质决定的双亲性使得 Janus 纳米粒子具有很高的界面解吸附能，因此可以预测 Janus 纳米粒子可以抑制不相容高分子共混体系中不希望发生的聚集和粗化，稳定微乳或泡沫表面。Janus 颗粒不仅具有分子表面活性剂的两亲性，还结合了粒子的 Pickering 效应，可以作为颗粒乳化剂获得稳定的乳液。而与球形 Janus 颗粒相比，具有化学组成及形状双重不对称的片状 Janus 材料在乳液界面的旋转受到更大的限制，因此更有利于乳液的稳定，并可以表现出多种独特的物理和化学特性，因此成为具有特殊微结构复合材料领域的研究热点。尤其是最近的研究中，杨振忠课题组成功地制备了具有多重环境响应性的柔性片状 Janus 材料，可以随 pH、温度等条件的改变发生可控的弯曲，因此又为这种特殊微结构复合材料引入了可控包覆的功能，大大拓展了其应用范围[75]。

10.3.2 环境响应性 Janus 纳米片形变的耗散粒子动力学研究

针对实验体系，首先我们构建了适合耗散粒子动力学方法模拟的 SiO_2 纳米片普适模型，SiO_2 纳米片由按立方晶格堆积的 DPD 粒子组成，并在相邻粒子间增加弹簧势来代表其交联结构，在这一模型中，可以通过调节交联度和弹簧势的强度控制 SiO_2 纳米片的弯曲强度，并保证其具有一定的柔性。与实验工作类似，我们通过在 SiO_2 纳米片表面接枝具有不同性质的高分子链来使其表面具有双重性质。综上所述，这一模型体系中包括大量的可调参数，如 SiO_2 纳米片的厚度、面积和弯曲强度（受交联度和弹簧势的强度控制），高分子链的长度和接枝密度，以及 SiO_2 和高分子链的溶剂相容性等。为了简化，我们在研究中固定 SiO_2 纳米片的厚度、面积、弯曲强度和与溶剂的相容性及高分子链的接枝密度，只考虑实验中最关注的控制因素：接枝高分子的链长及其与溶剂相容性（见表 10-3）。

表 10-3 模拟中的排斥参数

a_{ij}	高分子	SiO_2	溶剂
高分子	25		
SiO_2	25	25	
溶剂	5～45	25	25

首先我们研究了单面接枝高分子的柔性 Janus 纳米片的环境响应性。模拟在一个 $40\times40\times40$ 的立方盒子中进行，体系包含一个由 $50\times50\times3$ 个 SiO_2 粒子构成的正方形纳米片，其径厚比为 16.67，接枝率为 100%（即接枝表面的每一个 SiO_2 粒子都与一条

高分子链相连)，溶剂为 SiO_2 的中性溶剂，总粒子数为 192000。我们发现未接枝高分子链的 SiO_2 纳米片在溶剂中可以保持其平面结构［见图 10-27 (a)］。当我们选择亲溶剂的高分子链进行接枝改性时（排斥参数小于 25)，与预期结果一致，纳米片向 SiO_2 侧弯曲，将与溶剂相容性良好的高分子改性侧暴露在外形成筒状结构［见图 10-27 (b)］。我们发现曲率会随着接枝链长的增长迅速增加，并在卷状结构形成时达到极大值，而继续增加链长反而会导致曲率缓慢下降［见图 10-27 (c)、(d)］。这有可能是由于高分子链及其吸附溶剂量的增加使卷结构中高分子链层的厚度增大，导致纳米片卷曲率的下降。

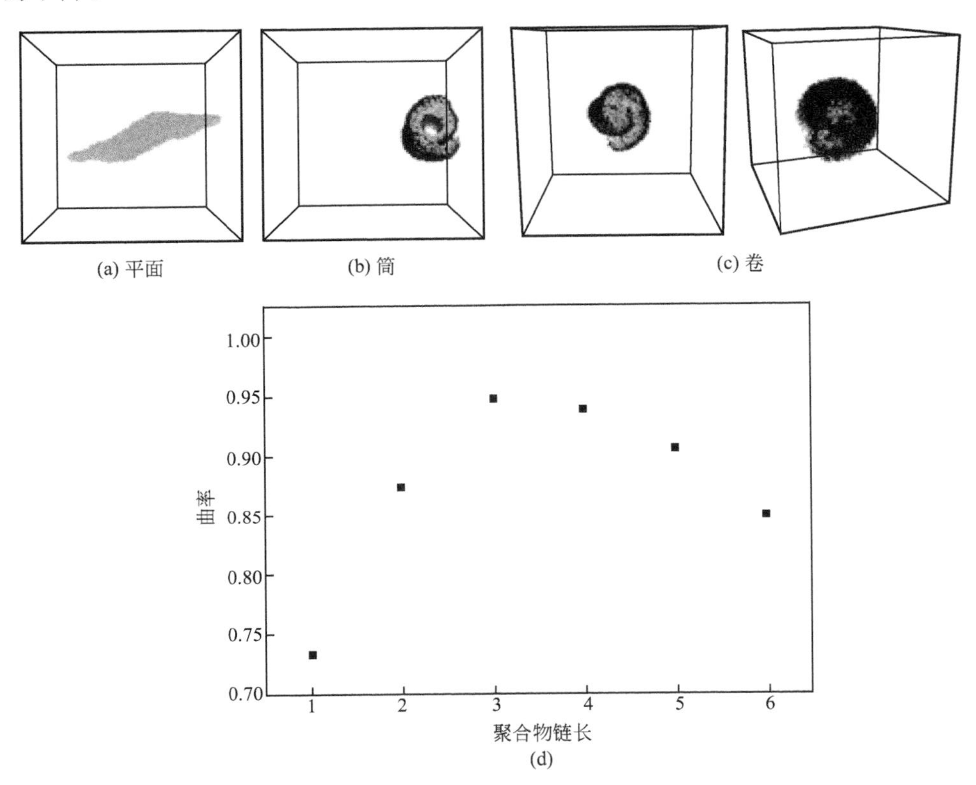

图 10-27

亲溶剂高分子接枝链长 N (a_{ij}= 15) 对复合 Janus 纳米片形变结构的影响

(a) 平面 (N= 0)、(b) 筒 (N= 2)、(c) 卷 (N= 4, 6)、(d) 链长对曲率的影响。图中灰色粒子代表 SiO_2，黑色粒子代表高分子，并对溶剂粒子做了隐含处理，下同。

此外，当我们在 SiO_2 纳米片的一侧表面接枝上与溶剂呈中性的高分子链时（排斥参数等于 25)，纳米片则将向 SiO_2 未接枝的一侧弯曲，其曲率并将随接枝链长增加而缓慢增大，依次出现弯曲、筒状和卷状等结构（见图 10-28)。而当接枝的高分子链与溶剂相容性较差时（排斥参数等于 45)，如图 10-29 所示，我们发现纳米片仍然向 SiO_2 未接枝的一侧弯曲，而其曲率也仍会随着链长的增加逐渐增加，但是其增长明显慢于亲溶剂链接枝体系且难以形成卷状结构。

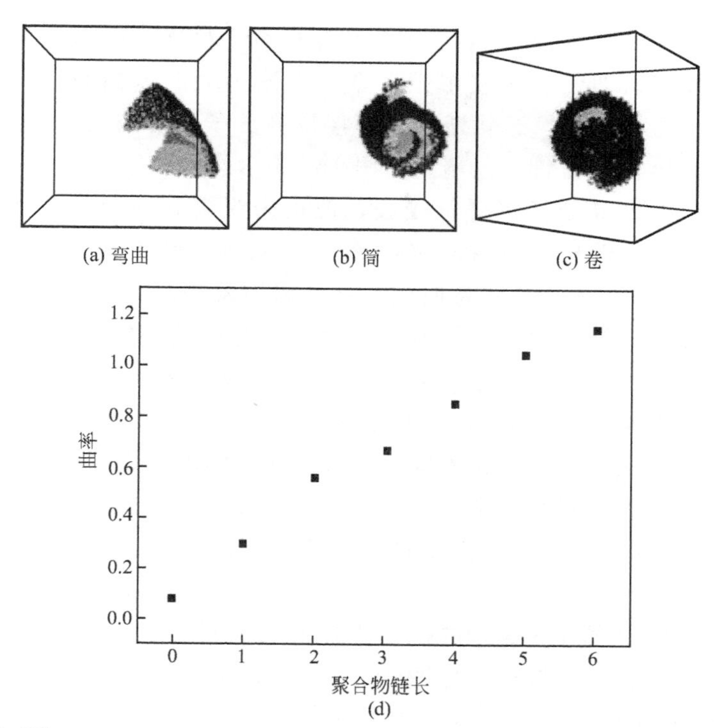

图 10-28

中性高分子接枝链长 N（a_{ij}= 25）对复合 Janus 纳米片形变结构的影响

（a）弯曲（N= 1）、（b）筒（N= 3）、（c）卷（N= 6）、（d）链长对曲率的影响。

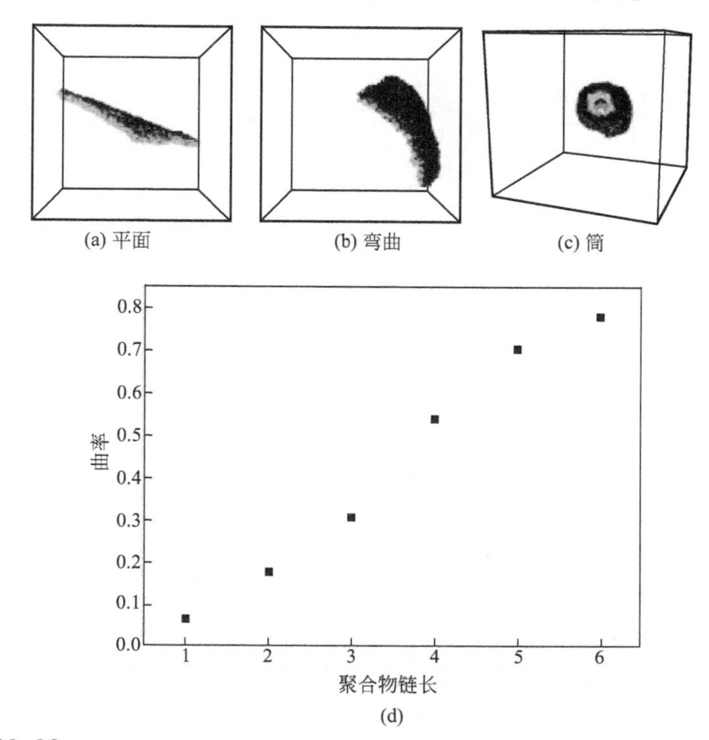

图 10-29

憎溶剂高分子接枝链长 N（a_{ij}= 45）对复合 Janus 纳米片形变结构的影响

（a）平面（N= 1）、（b）弯曲（N= 2）、（c）筒（N= 6）、（d）链长对曲率的影响。

综合上述结果，我们可以得到高分子溶剂相容性对链长的相图（图 10-30）。总结上述结果可以发现，即使对于全中性体系（见图 10-28），接枝链的出现也会导致纳米片出现明显的弯曲现象，这就证明表面接枝高分子链形成的复合 Janus 纳米片在溶剂中的形变受高分子链构象熵控制。而图 10-29 中的模拟结果显示，虽然我们选取了与溶剂相容性很差的高分子链进行接枝，但也未观察到纳米片出现向高分子侧的弯曲，反而只需很短的链长就使纳米片向 SiO_2 侧弯曲，这就说明在我们模拟选取的参数范围内，复合 Janus 纳米片的弯曲受混合焓和构象熵的共同控制，其中构象熵的控制占主导。这种反向弯曲的现象实现了一种憎溶剂相在外的反常封装结构［图 10-29(c)］，这一发现有望为我们提供一种跨相界面输运不相容物质的新途径。值得说明的是，前述实验中制备的 Janus 纳米片虽然厚度仅有几个纳米，但其径向的尺寸已经达到微米级，径厚比约在 10^3 的数量级。由于计算能力的限制，目前的模拟很难达到这一尺度，因此我们采用的模型径厚比只有 10^1 数量级，而为了能够在现有计算能力条件下对 Janus 纳米片环境响应形变进行模拟研究，我们纳米片模型的弯曲强度要小于实际体系。在对更大面积纳米片形变行为的探索中，我们在 $100\times100\times100$ 的盒子里对 $100\times100\times3$ 的 Janus 片进行了模拟研究（径厚比为 33.33），发现了水饺状、信封状、双卷等有趣的结构（见图 10-31）。进一步对双面接枝不同高分子的柔性 Janus 纳米片的研究还发现了更为复杂的环境响应性，具体结果可以参考笔者最近发表的研究成果[76]。

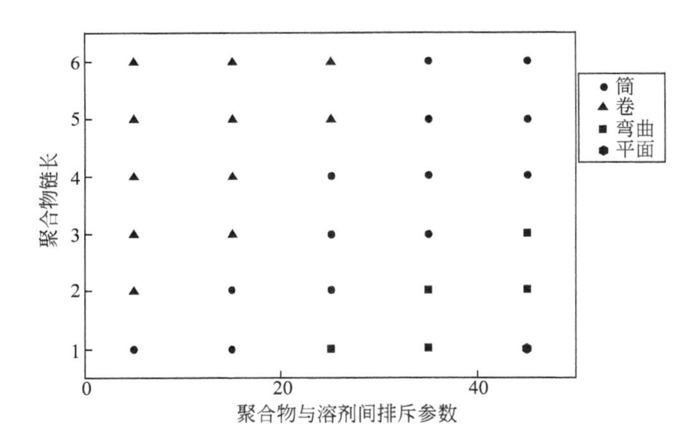

图 10-30

高分子与溶剂间相互作用和接枝链长对高分子/SiO_2 复合 Janus 纳米片形变结构的影响

小结：在本小节的工作中，我们采用了耗散粒子动力学方法对高分子复合 Janus 纳米片层材料在溶剂中的形变行为进行了系统的研究。主要探索了接枝长度和溶剂相容性的影响，并绘制了相图。我们发现可以通过改变溶剂的选择性、接枝链长等条件精确地控制高分子复合 Janus 纳米片的卷曲形变以形成不同的包覆结构，甚至可能出现反向包覆，这在可控输送、释放领域有很好的应用前景。

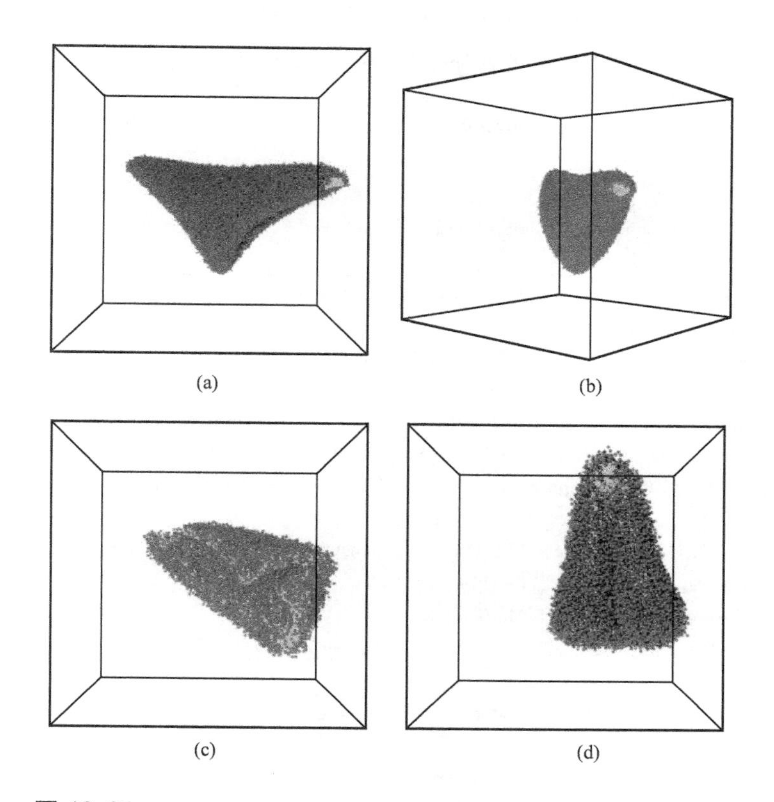

图 10-31

径厚比为 33.3 的 Janus 纳米片在相容性溶剂中的不同弯曲结构（水饺状）

（a）正视图和（b）侧视图，（c）信封状，（d）双卷曲状。

10.4 总结与展望

在本章中，我们主要介绍了耗散粒子动力学方法在非线性刚-柔双亲分子组装行为、生物膜体系的相行为、膜融动力学以及柔性 Janus 纳米粒子可控形变等多个领域的应用。不难看出，上述研究所涉及的分子以及体系多具有拓扑和组成复杂度，但借助于耗散粒子动力学的有效普适建模方式以及高效的模拟效率，我们仍能快速准确地完成对上述体系的模拟，并得到可与实验研究相比的结果，这更证实了 DPD 方法是一种高效、灵活、可靠的介观模拟手段，无论是具有复杂结构的分子还是复杂组成的体系都能很好描述其相行为和动力学行为。但值得注意的是，虽然得到了与实验研究定性一致的结果，但我们对目标体系的描述仍然是较粗糙的，尤其是采用的排斥参数只能定性地描述粒子间的相互作用，这显然无法满足精确预测体系性质的需要。因此，我们在后续的章节中将尝试对特定体系进行更为精确的建模，以实现对目标性质定量的描述。

参考文献

[1] Reenders M, Brinke G. Compositional and Orientational Ordering in Rod-Coil Diblock Copolymer Melts. Macromolecules, 2002 (35): 3266-3280.

[2] Horsch M A, Zhang Z L, Glotzer S C. Self-assembly of End-tethered Nanorods in a Neat System and Role of Block Fractions and Aspect Ratio. Soft Matter, 2010 (6): 945-954.

[3] Ryu J H, Oh N K, Zin W C, Lee M. Self-assembly of Rod-coil Molecules into Molecular Length-dependent Organization J Am Chem Soc, 2004 (126): 3551-3558.

[4] Iacovella C R, Horsch M A, Glotzer S C. Local Ordering of Polymer-tethered Nanospheres and Nanorods and the Stabilization of the Double Gyroid Phase. J Chem Phys, 2008 (129): 044902.

[5] Radzilowski L H, Stupp S I. Nanophase Separation in Monodisperse Rod-coil Diblock Polymers. Macromolecules, 1994 (27): 7747-7753.

[6] Radzilowski L H, Carragher B O, Stupp S I. Three-dimensional Self-assembly of Rod-coil Copolymer Nanostructures. Macromolecules, 1997 (30): 2110-2119.

[7] Lu W, Fadeev A G, Qi B, Smela E, Mattes B R, Ding J, Spinks G M, Mazurkiewicz J, Zhou D, Wallace G G, MacFarlane D R, Forsyth S A, Forsyth M. Use of Ionic Liquids for Pi-Conjugated Polymer Electrochemical Devices. Science, 2002 (297): 983-987.

[8] Fasolka M J, Mayes A M. Block Copolymer Thin Films: Physics and Applications. Annu Rev Mater Res, 2001 (31): 323-355.

[9] Lee D H, Shin D O, Lee W J, Kim S O. Hierarchically Organized Carbon Nanotube Arrays from Self-assembled Block Copolymer Nanotemplates. Adv Mater, 2008 (20): 2480-2485.

[10] Chan V Z -H, Hoffman J, Lee V Y, Iatrou H, Avgeropoulos A, Hadjichristidis N, Miller R D, Thomas E D. Ordered Bicontinuous Nanoporous and Nanorelief Ceramic Films from Self Assembling Polymer Precursors. Science, 1999 (286): 1716-1719.

[11] Hong D J, Lee E, Jeong H. Solid-State Scrolls from Hierarchical Self-Assembly of T-Shaped. Angew Chem Int Ed 2009, 48: 1664.

[12] Bae W S, Lee J W, Jin J I. Comparison of Liquid Crystalline Properties of Dimeric Compounds of Different Skeletal Shapes. Liq Cryst, 2001, 28 (1): 59.

[13] Guo Y, Ma Z, Ding Z, Li R K Y. Study of Hierarchical Microstructures Self-assembled by Pi-shaped ABC Block Copolymers in Dilute Solution Using Self-consistent Field Theory. J Colloid Interf Sci, 2012 (379): 48-55.

[14] Bates M A, Walker M. Dissipative Particle Dynamics Simulation of Quaternary Bolaamphiphiles: Multi-colour Tiling in Hexagonal Columnar Phases. Phys Chem Chem Phys, 2009 (11): 1893-1900.

[15] Lee M, Cho B K, Oh N K, Zin W C. Linear Rod—Coil Multiblock Oligomers with a Repeating Unit-Dependent Supramolecular Organization. Macromolecules, 2001 (34): 1987-1995.

[16] Cheung D L, Troisi A. Molecular Structure and Phase Behaviour of Hairy-rod Polymers. Phys Chem Chem Phys, 2009 (11): 2105-2112.

[17] Tschierske C. Liquid Crystal Engineering - new Complex Mesophase Structures and Their Relations to Polymer Morphologies, Nanoscale Patterning and Crystal Engineering. Chem Soc Rev, 2007 (36): 1930-1970.

[18] van Haaren J, Broer D. In Search of the Perfect Image. Chem Ind, 1998 (24): 1017-1021.

[19] Rey A D. Edge Dislocation Core Structure in Lamellar Smectic-A liquid Crystals. Soft Matter, 2010 (6): 3402-3429.

[20] Klbel M, Beyersdorff T, Cheng X H, Tschierske C, Kain J, Diele S. Design of Liquid Crystalline Block Molecules with Nonconventional Mesophase Morphologies: Calamitic Bolaamphiphiles with Lateral Alkyl Chains. J Am Chem Soc, 2001 (123): 6809-6818.

[21] Cheng X H, Prehm M, Das M K, Kain J, Baumeister U, Diele S, Leine D, Blume A, Tschierske C. Calamitic Bolaamphiphiles with (semi) Perfluorinated Lateral Chains: Polyphilic Block Molecules with New Liquid Crystalline Phase Structures. J Am Chem Soc, 2003 (125): 10977-10996.
[22] Chen B, Baumeister U, Pelzl G, Das M K, Zeng X B, Ungar G, Tschierske C. Carbohydrate Rod Conjugates: Ternary Rod-coil Molecules Forming Complex Liquid Crystal Structures. J Am Chem Soc, 2005 (127): 16578-16591.
[23] Prehm M, Liu F, Zeng X, Ungar G, Tschierske C. Axial-bundle Phases-new Modes of 2D, 3D, and Helical Columnar Self-assembly in Liquid Crystalline Phases of Bolaamphiphiles with Swallow Tail Lateral Chains. J Am Chem Soc, 2011 (133): 4906-4916.
[24] Liu X, Yang K, Guo H . Dissipative Particle Dynamics Simulation of the Phase Behavior of T-shaped Ternary Amphiphiles Possessing Rodlike Mesogens. J Phys Chem B, 2013, 117 (30): 9106.
[25] Liu X, Guo H . Dissipative Particle Dynamics Simulation of the Phase Behavior of T-shaped Ternary Amphiphiles Possessing Long Rod-like Mesogens. Chemical Journal of Chinese Universities, 2014, 35: 440.
[26] 刘晓晗. T形及燕尾形三组分双亲分子相行为的介观模拟研究. 北京：中国科学院化学研究所，2013.
[27] Crane A J, Martinez-Veracoechea F J, Escobedo F A, Muller E A. Molecular Dynamics Simulation of the Mesophase Behaviour of a Model Bolaamphiphilic Liquid Crystal with a Lateral Flexible Chain. Soft Matter, 2008 (4): 1820-1829.
[28] Bates M A, Walker M. Dissipative Particle Dynamics Simulation of Quaternary Bola-amphiphiles: Multi-colour Tiling in Hexagonal Columnar Phases. Phys Chem Chem Phys, 2009, 11 (12): 1893.
[29] Chen B, Zeng X B, Baumeister U, Diele S, Ungar G, Tschierske C. Liquid Crystals with Complex Superstructures. Angew Chem Int Ed, 2004 (43): 4621-4625.
[30] Chen B, Zeng X B, Baumeister U, Ungar G, Tschierske C. Liquid Crystalline Networks Composed of Pentagonal, Square, and Triangular Cylinders. Science, 2005 (307): 96-99.
[31] Ryu J H, Oh N K, Zin W C, Lee M. Self-assembly of Rod-coil Molecules into Molecular Length-dependent Organization. J Am Chem Soc, 2004 (126): 3551-3558.
[32] Holmes M C. Intermediate Phases of Surfactant-water Mixtures. Curr Opin Colloid Interface Sci, 1998 (3): 485-492.
[33] Qi S, Wang Z G. On the nature of the Perforated Layer Phase in Undiluted Diblock Copolymers. Macromolecules, 1997 (30): 4491-4497.
[34] Liu F, Chen Bin, Baumeister U, Zeng X, Ungar G, Tschierske C. The Triangular Cylinder phase: A New Mode of Self-assembly in Liquid-crystalline. J Am Chem Soc, 2007 (129): 9578-9579.
[35] Sioula S, Hadjichristidis N, Thomas E L. Direct Evidence for Confinement of Junctions to Lines in an 3 Miktoarm star Terpolymer Microdomain Structure. Macromolecules, 1998 (31): 8429-8432.
[36] He Y, Tian Y, Ribbe A E, Mao C. Highly Connected Two-dimensional Crystals of DNA Six-point-stars. J Am Chem Soc, 2006 (128): 15978-15979.
[37] Bates M A, Walker M. Computer Simulation of the Pentagonal Columnar Phase of Liquid Crystalline Bolaamphiphiles. Mol Cryst Liq Cryst, 2010 (525): 204-211.
[38] Chen J Z, Zhang C X, Sun Z Y, Zheng Y S, An L J. A Novel Self-consistent-field Lattice Model for Block Copolymers. J Chem Phys, 2006 (124): 104907.
[39] Matsen M W, Bates F S. Block Copolymer Microstructures in the Intermediate Segregation Regime. J Chem Phys, 1997 (106): 2436-2448.
[40] Bates M A, Walker M. Dissipative Particle Dynamics Simulation of T-and X-shaped Polyphilic Molecules Exhibiting Honeycomb Columnar Phases. Soft Matter, 2009 (5): 346-353.
[41] Nguyen T D, Glotzer S C. Reconfigurable Assemblies of Shape-changing Nanorods. ACS Nano, 2010 (4): 2585-2594.
[42] He L, Zhang L, Ye Y, Liang H. Solvent-induced Self-assembly of Polymer-tethered Nanorods. J Phys Chem B, 2010 (114): 7189-7200.
[43] Immirzi A, Perini B. Crystal Physics, Diffraction, Theoretical and General Crystallography. Acta Crystallogr Sect A, 1977 (33): 216-218.
[44] Huang C I, Yang L F, Lin C H, Yu H T. A Comparison of Y-, H-, and-shaped Diblock Copolymers via Dissipative Particle Dynamics. Macromol. Theory Simul. , 2008 (17): 198-207.
[45] L. Zhao, X. -G. Xue, Z. -Y. Lu and Z. -S. Li. The Influence of Tether Number and Location on the Self-assembly

of Polymer-tethered Nanorods. J. Mol. Model. , 2011 (17): 3005-3013.
[46] Prehm M, Liu F, Zeng X, Ungar G, Tschierske C. Axial-bundle Phases-new modes of 2D, 3D, and Helical Columnar Self-assembly in Liquid Crystalline Phases of Bolaamphiphiles with Swallow Tail Lateral Chains. J Am Chem Soc, 2011 (133): 4906-4916.
[47] Padmanabhan P, Martinez-Veracoechea F J, Araque J C, Escobedo F A. A Theoretical and Simulation Study of the Self-assembly of a Binary Blend of Diblock Copolymers. J Chem Phys, 2012 (136): 234905.
[48] Gennis R B. Biomembranes: Characterization and Structural Principles of Membrane Proteins. New York: Springer, 1989: 85.
[49] Sperotto M M, May S, Baumgaertner A. Modelling of Proteins in Membranes. Chem Phys Lipids, 2006, 141 (1): 2.
[50] Simões S, Moreira J N, Fonseca C, et al. On the Formulation of pH-sensitive Liposomes with Long Circulation times. Adv Drug Deliv Rev, 2004, 56 (7): 947.
[51] Lipowsky R, Gillessen T, Alzheimer C. Dendritic Na^+ Channels Amplify EPSPs in Hippocampal CA1 Pyramidal Cells. J Neurophysiol, 1996, 76 (4): 2181.
[52] Hitz T, Luisi P L. Liposome-assisted Selective Polycondensation of α-amino Acids and Peptides. Pept Sci, 2000, 55 (5): 381.
[53] Yamamoto S, Maruyama Y, Hyodo S. Dissipative Particle Dynamics Study of Spontaneous Vesicle Formation of Amphiphilic Molecules. J Chem Phys, 2002, 116 (13): 5842.
[54] Yang L, Huang H W. Observation of a Membrane Fusion Intermediate Structure. Science, 2002, 297 (5588): 1877.
[55] Jahn R, Grubmüller H. Membrane fusion. Curr Opin Cell Biol, 2002, 14 (4): 488.
[56] de Vries A H, Mark A E, Marrink S J. Molecular Dynamics Simulation of the Spontaneous Formation of a Small DPPC Vesicle in Water In Atomistic Detail. J Am Chem Soc, 2004, 126 (14): 4488.
[57] Knecht V, Marrink S J. Molecular Dynamics Simulations of Lipid Vesicle Fusion in Atomic Detail. Biophys J, 2007, 92: 4254.
[58] Shillcock J C, Lipowsky R. Tension-induced Fusion of Bilayer Membranes and Vesicles. Nat Mater, 2005, 4 (3): 225.
[59] Jackson M B, Chapman E R. Fusion Pores and Fusion Machines in Ca^{2+}-triggered Exocytosis. Annu Rev Biophys Biomol Struct, 2006, 35: 135.
[60] Lindahl E, Edholm O. Mesoscopic Undulations and Thickness Fluctuations in Lipid Bilayers from Molecular Dynamics Simulations. Biophys J, 2000, 79 (1): 426.
[61] Nielsen S O, Lopez C F, Srinivas G, et al. Coarse Grain Models and the Computer Simulation of Soft Materials. J Phys: Conden Matt, 2004, 16 (15): R481.
[62] Wu S G, Guo H X. Dissipative Particle Dynamics Simulation Study of the Bilayer-vesicle Transition. Sci China Seri B: Chem, 2008, 51 (8): 743.
[63] Wu S G, Lu T, Guo H X. Dissipative Particle Dynamic Simulation Study of Lipid Membrane. Frontiers of Chemistry in China, 2010, 5 (3): 288-298.
[64] Lu T, Guo H X. Phase Behavior of Lipid Bilayers: A Dissipative Particle Dynamics Simulation Study. Advanced Theory and Simulations, 2018, 1: 1800013.
[65] Venturoli M, Smit B. Simulating the Self-assembly of Model Membranes. Physchemcomm, 1999, 10 (10): 45.
[66] Kranenburg M, Laforge C, Smit B. Mesoscopic Simulations of Phase Transitions in Lipid Bilayers. Phys Chem Chem Phys, 2004, 6 (6): 4531.
[67] Kranenburg M, Smit B. Phase Behavior of Model Lipid Bilayers. J Phys Chem B, 2005, 109 (14): 6553.
[68] Venturoli M, Sperotto M M, Kranenburg M, et al. Mesoscopic Models of Biological Membranes. Phys Rep, 2006, 437 (1): 1-54.
[69] Kranenburg M, Vlaar M, Smit B. Simulating Induced Interdigitation in Membranes. Biophys J, 2004, 87 (3): 1596-1605.
[70] 伍绍贵. 双亲分子自组装行为研究. 北京: 中国科学院化学研究所, 2009.
[71] Wu S G, Guo H X. Simulation Study of Protein-mediated Vesicle Fusion. J Phys Chem B, 2008, 113 (3): 589.
[72] de Gennes P G. Soft matter. Reviews of Modern Physics, 1992, 64 (3): 645-648.
[73] Perro A, Reculusa S, Ravaine S, et al. Design and Synthesis of Janus Micro-and Nanoparticles. J Mater Chem,

2005，15（35-36）：3745-3760.

[74] Jiang S，Chen Q，Tripathy M，et al. Janus Particle Synthesis and Assembly. Adv Mater，2010，22（10）：1060-1071.

[75] Liu Y L，Liang F X，Wang Q，et al. Flexible Responsive Janus Nanosheets. Chem Commun，2015，51（17）：3562-3565.

[76] Lu T，Zhou Y X，Guo H X. Deformation of Polymer-Grafted Janus Nanosheet：A Dissipative Particle Dynamic Simulations Study. Acta Physico-Chimica Sinica，2018，34：1144-1150.

第11章

耗散粒子动力学模拟研究半刚性高分子的本体热致液晶相变和界面锚定取向行为

张遵民[1, 2, 3]，郭洪霞[1, 2]

1 中国科学院化学研究所
2 中国科学院大学
3 南京工业大学化工学院

在前面的章节里，我们介绍了耗散粒子动力学方法在高分子及其复杂体系研究中的应用。作为一种典型的软物质体系，液晶的许多重要现象如：液晶材料的相变性质和界面锚定行为都发生于介观时空尺度，而传统的计算模拟方法主要适用于微观尺度的研究，无法满足相关的科研需求。在本章中，我们将继续沿用耗散粒子动力学这一介观模拟方法，通过发展新型的半刚性棒状高分子模型，系统探索半刚性高分子本体热致液晶相变和界面锚定取向行为[1-3]，为液晶光电显示器件和传感器的开发与应用提供理论指导。

11.1 半刚性棒状高分子的本体热致液晶相变[1]

11.1.1 热致液晶模拟的研究现状

在过去的四十年里，计算机模拟作为实验和理论方法的有效补充，已经在液晶研究领域取得了卓越的成绩[4-6]。这期间，研究者们发展了众多液晶分子模型，为我们从分子尺度深入理解液晶相变行为提供了许多重要的信息。通常，在一项模拟研究中，模型的选取与研究的内容密切相关，或是特定液晶分子的特殊性质，或是液晶的普适行为。对于前者，模型的构建需尽量囊括分子的结构信息，从而定量地再现和预测体系的各种相关性质，但是，随之而来的巨大计算要求却限制了这类模型的发展。至于后者，模拟往往采用简化的或粗粒化的分子模型，模型中仅保留一些形成液晶相的必要的分子特性，计算需求相对不大，因此，这种类属模型（generic models）是当前液晶模拟研究的重点领域。

根据分子间相互作用的不同，类属模型又可分两大类，即硬粒子（hard particle）和软粒子（soft particle）模型。对于硬粒子模型[7-11]，液晶分子通常具有非球体（椭球和球柱）结构，粒子间相互作用采用硬核排斥势。因此，在相关模拟系统中，体系的温度无从统计，密度成为决定液晶相变的唯一因素，无法全面地描述真实的热致液晶相变行为。对于软粒子模型，软势的应用为系统引入了热效应，温度成为控制液晶相变的决定因素之一。其中，Gay-Berne（GB）势能模型[12-18]是最常见，也是最成功的一种软粒子模型，它既展现了各向异性的分子形状，又具有各向异性的吸引势能，能够表现出极其丰富的液晶相态，包括无序相（isotropic、I）、向列相（nematic、N）、近晶 A 相（smectic-A、SmA）、近晶 B 相（smectic-B、SmB）和固相（K）等。

尽管如此，上述类属液晶模型都过于简单，往往都是单位点模型，只适合于低分子量液晶的模拟研究，而分子的结构细节，如柔性等，对液晶相行为的影响难以通过这些模型来研究。实际上，大多数的液晶分子都具有一定的柔性，尤其是液晶高分子。因此，模型中分子柔性的引入会对液晶相的稳定性有显著的影响，而这种效应的研究也将是一个有趣的课题。为了更加真实地模拟液晶的相变行为，传统的单位点类属模型需要引入分子柔性的影响因素。但是，到目前为止，这方面的模拟研究鲜有出现。1993～1995 年，Wilson 等人[19-21] 用分子动力学模拟方法深入研究了半柔性硬球链分子的液晶相变行为。在这一系列的工作中，他们使用 RATTLE 约束方法构建了液晶分子模型，在研究的密度范围内，最刚性的分子链可形成无序相、向列相、近晶 A 相和固相；而最柔的分子链则无法形成液晶相。随后，Williamson 和 Jackson[22] 用恒温-恒压蒙特卡罗模拟方法研究了刚性的线状硬球链的液晶相变行为。对比这两组模拟结果，不难发现：分子柔性对向列相和近晶 A 相都具有很大程度的失稳效应，从而促使 I-N 和 N-SmA 相变出现在较高的密度。尽管这些工作使我们初步认识了分子柔性对液晶相变行为的影响，但相关的研究都是基于采用硬核排斥势的硬粒子模型，所获得结论具有十分明显的局限性，不能真实直观地反映液晶材料的热致液晶相变性质。

热致液晶相变通常发生在介观时空尺度上，而传统的分子动力学和蒙特卡罗模拟技术由于计算能力的限制往往难以满足这样的需求。因此，发展有效的介观模拟技术成为液晶模拟领域的新方向。到目前为止，已成功用于液晶性质研究的介观模拟方法有很多，包括格子玻尔兹曼（Lattice Boltzmann，LB）方法、平滑粒子动力学（smoothed particle dynamics，SPD）和耗散粒子动力学（dissipative particle dynamics，DPD）等。其中，耗散粒子动力学[23-25] 是近年来广受关注的一门新兴的介观模拟技术，已被广泛应用于各种复杂流体的研究[25-37]。2004 年，Alsunaidi 等人[36] 首次尝试使用 DPD 方法研究棒状液晶的相变行为。在他们的模拟体系中，刚性棒状液晶分子被构建成由融合球（fused sphere）组成的珠簧链，并利用 SHAKE 约束方法保持粒子等间距的线性排列，从而确保棒状结构的绝对刚性。模拟结果显示：随着体系温度的降低，由七个球组成的棒状液晶分子可以表现出了无序相、向列相、近晶 A 相和晶相。随后，Levine 等人[38] 于 2005 年用 DPD 方法探索了半柔性棒状液晶分子形成向列相和近晶 A 相的可能性。其中，液晶分子由一条标准的线性珠簧链来表示，首尾粒子间额外施加一个弹簧力用以保持分子链的棒状结构。研究发现：至少包含 8 个 DPD 粒子的分子链才足以能形成液晶相，并且仅有向列相被观测到。尽管上述两组研究在模型构建和模拟设置上存在一定的差异，但是，对比二者的模拟结果，我们不难发现：柔性的微小变化将削弱液晶分子的形状各向异性，从而显著影响液晶的相变行为。

鉴于分子柔性对液晶相形成的重要影响，同时，由于上述两组 DPD 模拟研究更侧重于各自模型的相变行为，分子柔性的影响未作系统的对比与阐述。因此，在本研究中，我们采用耗散粒子动力学这一介观模拟技术，发展和构建了刚性和半刚性两种棒状液晶分子模型，系统研究了相关体系的热致液晶相变行为，以及液晶分子在各个相态中的取向、结构排列和动力学性质，深入探讨了棒状分子的结构各向异性与分子柔性对上述各种性质的影响。

11.1.2 棒状液晶分子的模型构建及模拟细节

在我们的模拟体系中，棒状液晶分子被构建成一条融球珠簧链，包含约 4～7 个 DPD 粒子，可由 R4～R7 来表示。链内相邻粒子间的平衡键长设为 $r_{eq}=2/3$，这一数值近似等于密度为 $\rho=4$ 的简单 DPD 粒子模拟体系中径向分布函数的第一个峰位置，也即最邻近粒子间的最可几距离。因此，对于刚性棒状液晶模型 R4～R7 来说，其长径比约在 3.0～5.0 之间。

为了研究分子柔性对液晶相变的影响，我们发展了两种类型的棒状液晶分子模型，即(i) 刚性棒状约束模型和 (ii) 半刚性棒状珠簧模型。在刚性棒状约束模型中，我们结合了 RATTLE 方法[39] 和一种特殊的约束策略[40]，以确保链内粒子等间距、线性地排列成棒状结构。简而言之，作用于分子链上的合力被转化成两个作用于分子链末端粒子的分力，然后，链端粒子在这两个力作用下运动，并依靠 RATTLE 约束方法[39] 保持首尾粒子间距不变，最后，在每个积分时间步末期，链内其他粒子等间距、线性地添加到首尾粒子之间。

半刚性棒状珠簧模型则是对 Levine 等人[38] 的液晶模型一种扩展，采用了类似的建模方式：在分子链内，相邻粒子（i，j）间以一种弹簧力连接成键，其函数形式如下：

$$f_i = -k_{\mathrm{bond}}(r_{ij} - r_{\mathrm{eq}})\hat{\boldsymbol{r}}_{ij} = -f_j \tag{11-1}$$

式中，平衡键长 $r_{\mathrm{eq}}=2/3$，弹簧力常数 $k_{\mathrm{bond}}=100$。为保持分子链的棒状结构，首尾粒子（1，n）间施加额外的弹簧成键力：

$$f_1 = -k_{\mathrm{ex}}[r_{1n} - (n-1)r_{\mathrm{eq}}]\hat{\boldsymbol{r}}_{rn} = -f_n \tag{11-2}$$

式中，弹簧力常数 $k_{\mathrm{ex}}=500$。在 Levine 等人[38] 的 DPD 模拟研究中，这两种弹簧力足以确保半刚性切球（$r_{\mathrm{eq}}=1$）链的棒状结构，但液晶本体却仅能形成一种向列相。为了获得更加丰富的液晶相态序列，我们尝试进一步增加液晶分子模型的刚性，为此，额外的键弯曲势或键角势被应用于链内的任意三个连续粒子：

$$U_\phi = \frac{1}{2}k_\phi(\phi - \phi_0)^2 \tag{11-3}$$

式中，键角力常数 $k_\phi=0\sim60$，ϕ 是两个相邻成键之间的夹角，平衡键角 $\phi_0=\pi$ 为了确保相邻两键线性排列。在这样的模型参数下，当 $k_\phi=0$ 时，半刚性棒状模型类似于 Levine 的液晶模型[38]；而当 $k_\phi\to\infty$时，任意相邻两键绝对地线性排列，分子链笔直伸长，类似于刚性约束模型。因此，键角力常数 k_ϕ 可被视为是本模型体系中调控分子柔性的最重要的参数。

在研究中，我们系统探索了八种具有不同柔性的棒状液晶分子的热致相变行为，包括一种刚性模型（$k_\phi\to\infty$）和七种半刚性模型（$k_\phi=0$，10，20，30，40，50，60），并对比揭示了分子柔性对液晶相变性质的影响。

在研究中，所有的 DPD 模拟都是在恒温、恒容条件下进行（NVT 系综）的。为调节体系温度，根据涨落-耗散定理 $\sigma^2=2\gamma k_{\mathrm{B}}T$，摩擦因子 γ 固定为 $\gamma=2.66$，噪声系数 σ 的数值随温度的改变而变化。模拟系统可视为一个正方形盒子，包含了 6000 个液晶分子链，系统总的 DPD 粒子数目和盒子边长随分子链长的变化而改变，而体系的数密度 $\rho=4$ 和粒子间排斥参数 $a_{ii}=20$ 保持不变。模拟的时间步长为 $\Delta t=0.04$，一般运行约 3×10^5 步，在较低温度下体系运行延长至 1×10^6 步，以便在充足的时间内达到平衡构象。

在系统初态的构建中，6000 个分子链随机地置入正方形的模拟盒子中，并在高温（$T=1.5$）下松弛至稳定的无序构象，然后淬火至适宜的温度（一般约为 $T=0.5$ 或 0.6）获取平衡稳定的有序构象，最终，以此有序构象为初态，分别升温或降温研究棒状液晶在 $0.1<T<1.0$ 温度范围内的热致相变行为。为了检验相变过程中是否存在滞后（hysteresis）现象，我们各自以相变两侧的构象为初态，分别进行升温和降温模拟，对比两种过程所得的相转变

温度是否一致。此外，为排除有限尺寸效应的影响，我们也实施了双倍盒子尺寸和双倍运行时间的模拟，发现我们的模拟结果不依赖系统尺寸和模拟时间，是稳定可靠的。

在模拟过程中，体系的能量（E）、压力（P）和取向有序参数（S_2）用以检测系统的运行状态。其中，S_2 表征了系统中分子的取向有序程度，其数值等于对角化的序张量 Q 的最大特征值：

$$Q=\frac{1}{N}\sum_{i=1}^{N}\left[\frac{3}{2}(\hat{\boldsymbol{u}}_i)_\alpha(\hat{\boldsymbol{u}}_i)_\beta-\frac{1}{2}\delta_{\alpha\beta}\right],\qquad \alpha,\beta=x,y,z \tag{11-4}$$

式中，$\hat{\boldsymbol{u}}_i$ 是第 i 个分子链的长轴的单位矢量，在研究中，它通常近似为分子链首尾末端连线的单位矢量；最大特征值对应的特征矢量是系统的指向矢。在无序相中，$S_2\approx 0$；在完美取向的晶相中，$S_2\approx 1$；而在液晶相，如向列相和近晶相中，S_2 的数值介于 0 与 1 之间，并随温度的降低而升高。

为了确立和表征各个相态的结构排布性质，我们统计了模拟体系中液晶分子质心的径向分布函数：

$$g_{\mathrm{cm}}(\boldsymbol{r})=\frac{V}{N_{\mathrm{m}}^2}\langle\sum_i\sum_{j\neq i}\delta(\boldsymbol{r}-\boldsymbol{r}_{ij})\rangle \tag{11-5}$$

式中，V 与 N_{m} 分别是系统的体积和分子质心数量；$\boldsymbol{r}_{ij}$ 是分子质心 i 与 j 的连线矢量。此外，径向分布函数的两个分量，即平行于指向矢的径向分布函数 $g_{\parallel}(r_{\parallel})$ 和垂直于指向矢方向的径向分布函数 $g_{\perp}(r_{\perp})$，用以检验相态结构中是否存在平动或位置有序。

为了研究液晶系统的动力学性质，我们也测量了棒状分子在各个相态中的扩散系数 D 及它的两个分量，即平行于指向矢方向的扩散系数 $D_{\parallel}$ 和垂直于指向矢方向的扩散系数 $D_{\perp}$。通常，扩散系数可通过分子的均方位移计算而获得：

$$D=\lim_{t\to\infty}\frac{1}{6t}\langle|\boldsymbol{r}_i(t)-\boldsymbol{r}_i(0)|^2\rangle \tag{11-6}$$

在液晶相中，$D_{\parallel}$ 和 $D_{\perp}$ 的相对大小表征了系统的扩散各向异性。对于向列相，$D_{\parallel}$ 的大小约是 $D_{\perp}$ 的 1.2～4 倍[41-45]；而对于近晶 A 相，$D_{\parallel}$ 和 $D_{\perp}$ 的数值关系较为复杂，通常认为，近晶相中的层状结构可近似为一维冻结，严重阻碍了层间的分子扩散，从而导致 $D_{\perp}>D_{\parallel}$ 且 $D_{\parallel}\approx 0$[41-45]。

11.1.3 刚性棒状液晶分子的热致液晶相变

在设定的排斥参数下，液晶相的形成取决于温度和液晶分子长度的相互竞争效应。在 Alsunaidi 等人[36] 近期的模拟研究中，含七个 DPD 粒子的刚性棒状液晶分子是唯一做了详细研究的体系，也是能形成液晶相的最短的棒状液晶模型。为了与这一模拟结果作对比，我们首先系统研究了刚性 R7 模型的热致液晶相变性质。如图 11-1 所示，我们监测了体系的总能量（E）、压力（P）、取向有序参数 S_2 和平动扩散系数（D）随温度的变化规律。从中我们发现，在温度 $T=0.265\pm0.005$、$T=0.365\pm0.005$ 和 $T=0.855\pm0.005$ 处，四条曲线在相同的温度下分别出现了不连续的跳跃。这些现象表明，在这三个温度附近，模拟体系发生了相转变，形成了四个独立的相区，并且相应的三种相变都是一级相变。

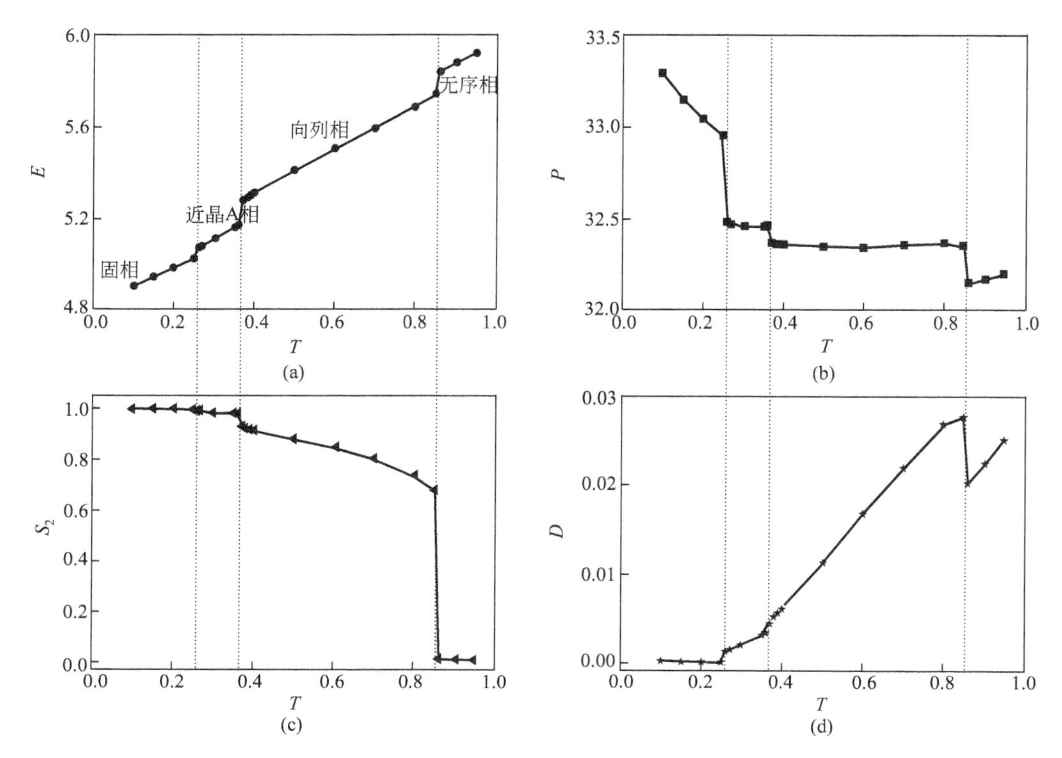

图 11-1

模拟系统的（a）总能量、（b）压力、（c）平均取向有序参数和（d）平均平动扩散系数随温度的变化曲线

图中的三条虚线设置在各个曲线的不连续点处，对应地将系统温度切分为四个相区，包括固相、近晶 A 相、向列相和无序相。

为了辨别这四个区间的相态种类，我们不仅计算了系统的取向有序参数 S_2，也统计了液晶分子质心的径向分布函数 $g_{cm}(r)$（见图 11-2）及其分量：平行于指向矢方向的 $g_{\parallel}(r_{\parallel})$ 和垂直于指向矢方向的 $g_{\perp}(r_{\perp})$（见图 11-3）。在温度区间 $0.36<T<0.86$，如图 11-1（c）所示，液晶分子取向有序参数 S_2 介于 0.68～0.93 之间。尽管如此，$g_{cm}(r)$、$g_{\parallel}(r_{\parallel})$ 和 $g_{\perp}(r_{\perp})$ 却显示模拟体系仅具有简单的流体结构。这种取向有序而结构无序的特性表明：向列相稳定形成于 $0.36<T<0.86$。逐步升温超过 $T=0.86$，本体的取向有序参数迅速地衰减到零，并且质心径向分布函数及其两个分量都与向列相结构类似。这种取向无序且结构无序的分子排列暗示着：$T>0.86$ 时，无序相形成。当温度介于 $0.26<T<0.37$ 时，液晶分子表现出比向列相更高的取向有序性，结构上 $g_{cm}(r)$ 曲线也发生了显著的变化。如图 11-2 所示，在 $r=0.63$ 处出现一个强峰，并且在 $r<2.0$ 的区间内出现了几条弱的宽峰，这表明，随着 S_2 的增大，体系的局部结构有序性也逐步增强。特别是在 $r\approx4.62$ 和 $r\approx9.24$ 处，我们清晰地观察到两个额外的弱峰，似乎代表着近晶相的一维位置有序结构。在图 11-3（a）的 $g_{\parallel}(r_{\parallel})$ 中，等间距交替出现的尖峰更明确地证明了近晶相中层状结构的存在。尽管如此，图 11-3（b）显示层内分子的堆砌依然是无序。鉴于层内液晶分子的取向与层的法线方向没有明显的倾斜，这些揭示的结构特性有助于我们进一步排除近晶 B 和近晶 C 相，从而确认近晶 A 相形成于 $0.26<T<0.37$。

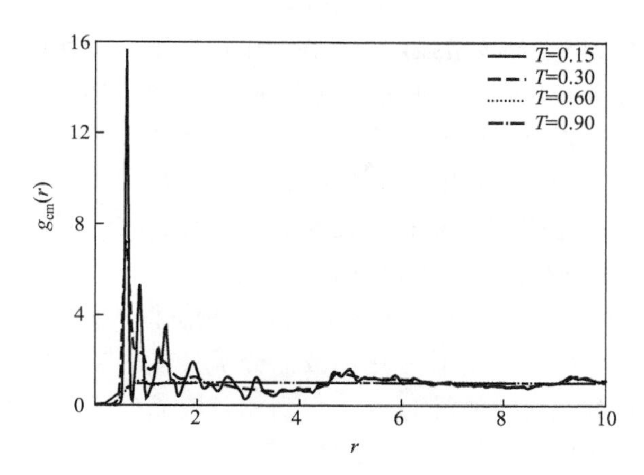

图 11-2

刚性棒状液晶分子（R7）在四种典型稳态构象中的质心径向分布函数 $g_{cm}(r)$

固相（T= 0.15）、近晶 A 相（T= 0.30）、向列相（T= 0.60）和无序相（T= 0.90）。

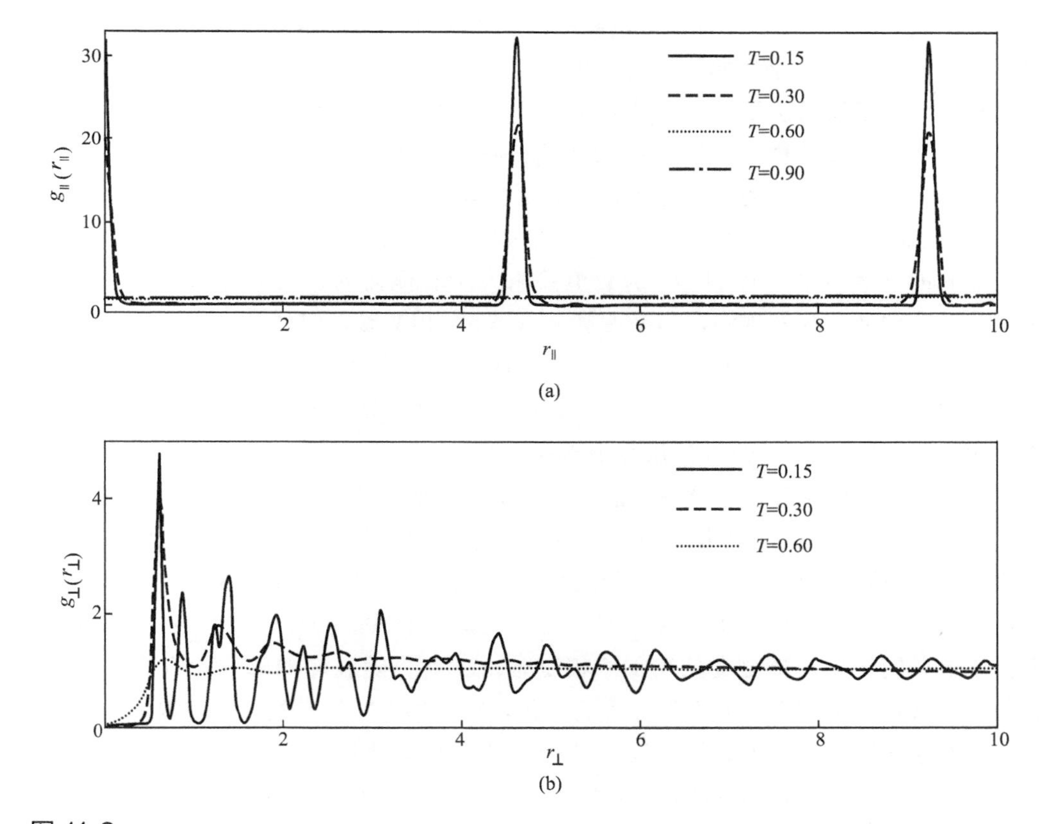

图 11-3

刚性棒状液晶分子（R7）在典型稳态构象中的质心径向分布函数的两个分量：平行于指向矢方向的 $g_{\parallel}(r_{\parallel})$ 和垂直于指向矢方向的 $g_{\perp}(r_{\perp})$

稳态构象的选取与图 11-2 一致。

当温度降至更低 $T<0.26$ 时，体系的取向有序参数 S_2 几乎等于 1。如图 11-2 所示，$g_{\mathrm{cm}}(r)$ 中第一个峰的强度也显著增强，并且在一个层间距内，其他峰的解析变得更加清晰。这些分子排列的显著变化暗示着近晶层内出现了一定的结构有序。此外，$g_{\mathrm{cm}}(r)$ 中远端的额外两个小峰也变得清晰可见，相应的 $g_{\parallel}(r_{\parallel})$ 中增强的交替峰和 $g_{\perp}(r_{\perp})$ 中规整的峰的排列都表明，一个结构有序的固相出现。图 11-1（d）中极其微弱的平动扩散系数（$D\approx 0$）进一步证明我们推断。值得一提的是，根据 $g_{\perp}(r_{\perp})$ 中峰位的排布，在 $\rho=4$ 的高密度下，所获得的固相具有层内四角堆砌结构。

平动扩散的各向异性能够进一步帮助我们区分和理解棒状分子在各个液晶相态中的取向与排列。当 $0.36<T<0.86$ 时，体系中的液晶分子具有一定的取向有序性，也必将导致体系扩散性质的各向异性化。如图 11-4（a）所示，液晶分子在沿着指向矢方向上的扩散系数要大于垂直方向的扩散系数，相应的扩散各向异性比率 $D_{\parallel}/D_{\perp}$ 数值大约介于 2.9～4.3 之间，类似于实验测量的向列相的扩散数据[41]。当 $0.26<T<0.37$ 时，液晶本体沿指向矢方向具有长程的位置有序性，即近晶相的层状结构。因此，在图 11-4（a）中，层间扩散 D 迅速地衰减至 0，但层内就如一个简单的两维流体，$D_{\perp}$ 几乎不受影响。此外，扩散系数在 N-SmA 相变处表现出强烈的不连续性，当体系温度降至近晶 A 相区时，D 迅速地减小，$D_{\parallel}$-T 函数曲线的斜率也发生显著的变化。这是由于近晶 A 相中存在的层状结构，阻碍了层间法线方向上的扩散行为。与之相反，$D_{\perp}$ 在 N-SmA 相变前后仅发生了微小的变化，尤其是 $D_{\perp}$-T 曲线的斜率在向列和近晶 A 相中几乎一致，这表明，垂直于指向矢方向的扩散运动在相变前后没有发生本质的改变。因此，从动力学角度来看，N-SmA 的液晶相变可近似为一维冻结；尽管如此，我们还发现，在 N-SmA 相变临界点附近，左侧的近晶 A 相区内的 $D_{\perp}$ 的数值要略大于右侧向列相区的数值，这一现象大大超出了我们的预期。我们推测，当温度接近 N-SmA 相变时，向列相中会出现局域的层状有序结构，相对于完美的近晶层状结构来说，这种局部结构更不利于垂直指向矢方向的扩散，因而导致 $D_{\perp}$ 在 N-SmA 相变时出现奇异的不连续现象。值得一提的是，类似的结果也曾在 Wilson 等人[19-21] 的 MD 研究中出现过。

鉴于扩散行为的温度依赖性是液晶相的一个重要的性质，接下来我们将深入讨论 $D_{\parallel}$ 和 $D_{\perp}$ 随温度的变化规律。如图 11-4 所示，在近晶 A 相中，$D_{\parallel}$、$D_{\perp}$ 以及比率 $D_{\parallel}/D_{\perp}$ 均随着温度的下降而单调地减小。由于层状结构的阻碍，平行于指向矢方向的扩散运动很弱，从而导致各向异性比率 $D_{\parallel}/D_{\perp}$ 非常小。在向列相中，$D_{\perp}$ 与近晶 A 相类似，而 D 则发生了显著的变化。当温度低于 I-N 相变时，D 首先随温度的降低而升高，当升高到最大值时，又随温度的下降而降低。我们推测，在紧邻 I-N 相变处，随着温度的降低，体系的取向有序度逐渐地增大，使得液晶分子间的平行运动将变得比较容易，从而导致 D 的增大。尽管如此，随着温度的进一步降低，温度效应越来越占据主导作用，扩散变得更加困难，从而导致 D 又随温度的下降而降低。因此，在温度和取向有序度双重因素的竞争下，D 对温度的依赖关系表现出一种抛物线形式，并拥有一个最大值。总而言之，在我们刚性棒状模型形成的向列相和近晶 A 相中，扩散性质的温度依赖性与前人的实验和模拟工作[42-45] 有着很好的吻合。此外，特别值得一提的是，在 I-N 相变温度附近，无序相的平均扩散系数略低于邻近的向列相的相关数值，如图 11-1（d）所示。虽然 Chu 和

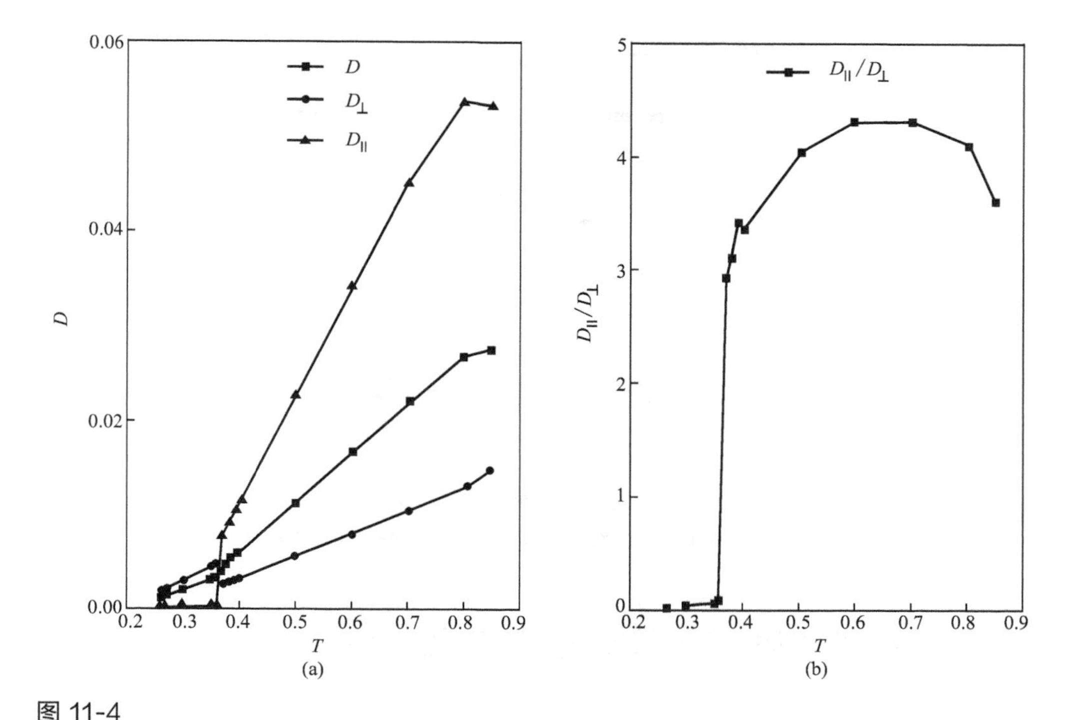

图 11-4

（a）刚性棒状液晶分子（R7）的本体扩散系数 D 及其平行 $D_{\parallel}$ 和垂直 $D_{\perp}$ 于指向矢方向的两个分量随系统温度的变化曲线；（b）向列相与近晶 A 相中扩散各向异性比率 $D_{\parallel}/D_{\perp}$ 的温度依赖性

Moroi 的理论研究[46] 曾预测，扩散系数随温度的变化在 I-N 相变处是连续的，并获得了一些实验和模拟研究的验证[42-45]。但是，这样的理论预测是基于本体 $S_2=0$ 这样一个假设，而在 DPD 模拟研究中，由于有限尺寸效应的影响，无序相的有序参数虽是很小但却不等于 0，这可能是扩散系数在 I-N 相变处不连续的根本原因。

为了进一步地研究棒状分子的长度对液晶相变的影响，我们也尝试改变分子链中粒子的数目（4～6），并以相同方法研究了各个模型的相变行为。图 11-5 描述了各种分子链长的刚性模型（$n=4$～7）的有序参数 S_2 随温度的变化规律。如图所示，随着棒状分子长度的减小，所有的相转变点都逐渐趋向于低温。这一规律不难理解，液晶相变的发生是棒状链的平动熵和相互作用能之间的竞争结果，增加棒状链的长度在很大程度上类似于降低温度的作用。此外，两种液晶相态（向列相和近晶 A 相）的温度区间都随链长的减小而减小，特别是当 $n=5$ 时，近晶 A 相几乎消失了，只存在相变序列 I-N-K。类似的现象也常出现在真实的热致液晶同系物序列中，如氰基联苯（n-cyanobiphenyl，nCB）系列的液晶化合物，其中，8CB 分子的相变序列为 I-N-SmA-K，而含较短烷基链的 5CB 分子则只能形成向列相，相变序列为 I-N-K[5]。此外，在 GB 势模型中，粒子长径比对液晶相变也有类似的影响[17]。进一步减小分子链长，当 $n=4$ 时，由于分子长径比过低，系统在研究的温度范围内无法形成液晶相。最后，在我们模拟结果中，虽然 $n=6$ 和 $n=7$ 的液晶分子都能形成稳定的向列相和近晶 A 相，但是，$n=7$ 的棒状分子所形成的液晶相具有更加宽广的温度区间，有利于我们研究分子柔性的影响。因此，在后续研究中，半柔性模型也采用七球链结构，以便与刚性模型的相变行为进行有效的对比。

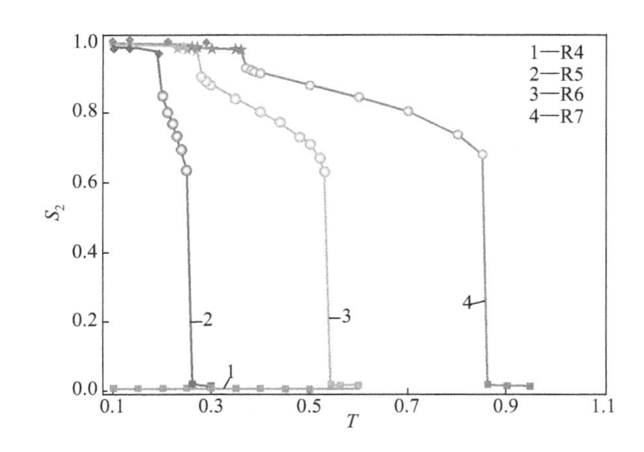

图 11-5

长度不同的刚性棒状液晶分子（R4、 R5、 R6 和 R7）的取向有序参数 S_2 随温度的变化曲线

本体处于无序相、向列相、近晶 A 相和固相的数据分别以正方形、球形、星形和菱形图标来表示。

11.1.4 半刚性棒状液晶分子的热致液晶相变

为了研究分子柔性的影响，半刚性珠簧模型也采用七球链模型，并在相同的密度 $\rho=4$ 下进行模拟研究，以便与刚性约束模型的热致相变行为进行对比。在半刚性珠簧模型的构建中，成键力常数是固定不变的，唯一可调的参数是键角力常数 k_ϕ，相应的键弯曲势能也就成为调控分子柔性的唯一因素。在本节，我们系统研究了一系列具有不同分子柔性的半刚性珠簧模型的液晶相变行为，包括 $k_\phi=0$、10、20、30、40、50、60。

在给定的分子柔性（k_ϕ）范围内，除了无序相和固相，所有的半刚性珠簧模型都能形成近晶 A 相和向列相两种液晶相。图 11-6 中描述了几种半刚性珠簧模型（$k_\phi=0$、10、30、50）的取向有序参数 S_2 随温度的变化规律。结果显示：S_2-T 曲线在相变温度处存在着明显的不连续跳跃，与对应的能量、压力和扩散系数曲线中的不连续点一致，表明所有的相转变都是一级的。如图 11-6 所示，随着 k_ϕ 的减小，在相同温度下，系统的取向有序参数 S_2 也在逐渐减小。在这种情况下，尽管半刚性链依然保持着棒状结构，但分子柔性的增加扰乱了链内粒子的线性排列，导致体系的取向有序度的下降。此外，I-N、N-SmA 和 SmA-K 的相转变温度也受 k_ϕ 的影响，随着 k_ϕ 的减小，分子柔性的增加会导致所有的相变温度趋向于低温，并且显著减小向列相的温度区间，而近晶 A 相的相空间只有小幅度的下降。

在我们的半刚性珠簧模型中，首尾粒子间的额外成键力能够确保分子链长在所研究的温度下约等于 5。虽然键角力的使用能够强化分子链的线性结构，但是链内仍然存在一定程度的柔性，并容许链内粒子的排列偏离棒状结构的主轴，因此，我们的半刚性珠簧棒状链将比刚性约束模型更“胖”。众所周知，分子形状的各向异性是决定液晶相形成的关键因素[10,11,17]。在模拟中，我们用长径比来表征分子形状各向异性的程度，其定义类似于硬球柱模型，即 L/D，其中 L 为分子的长度，D 为柱状结构的直径。由于半刚性珠簧模型的柱体直径是随温度和柔性而变化的，其分子的真实长径比可定义为：

$$5/(1+2\Delta r_{\max}) \tag{11-7}$$

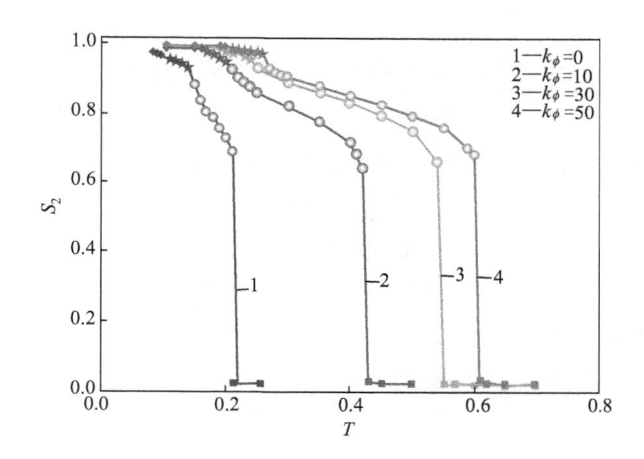

图 11-6

典型半刚性棒状液晶分子（k_ϕ= 0， 10， 30， 50）的取向有序参数 S_2随温度的变化曲线

本体处于无序相、向列相、近晶 A 相和固相的数据分别以正方形、球形、星形和菱形图标来表示。

式中，Δr_{max} 为链内粒子远离分子主轴的最远距离。图 11-7 描述了三种典型的半刚性珠簧模型（k_ϕ=0、10、30）的分子长径比随温度的变化规律。首先，在设定的参数空间下，半刚性珠簧模型的长径比介于 2.58～4.30 之间，与真实的液晶材料类似。尤其值得注意的是，在相转变温度附近，分子的长径比曲线也出现了不连续的跳跃，这表明，相态结构的变化也会影响分子的内部结构性质。其次，如图 11-7 所示，棒状液晶分子的长径比是分子柔性和温度的减函数。在相同的温度下，k_ϕ 值较小的模型拥有较小的长径比。我们认为：分子柔性的作用类似于上节讨论的缩小分子链长的影响，它的增加直观上降低了分子的形状各向异性，并导致相变温度趋向于低温（图 11-7）。综上所述，在我们的半刚性珠簧模型中，分子的长径比是随温度和柔性而变化的，与真实的液晶材料基本一致。因而，相比于那些固定长径比的分子模型，这种半刚性珠簧模型能够更真实地模拟热致液晶分子的结构性质和相变行为。

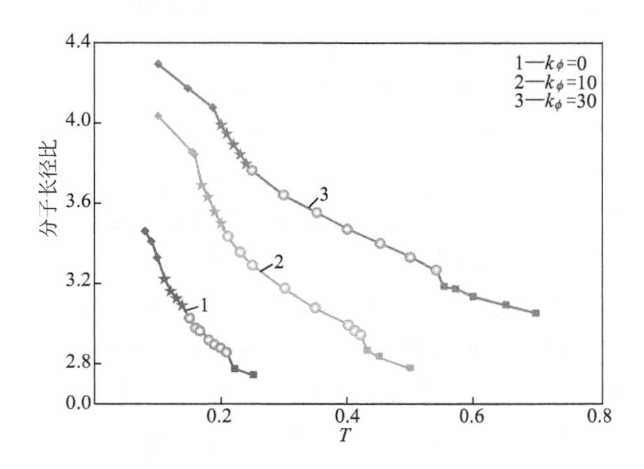

图 11-7

半刚性液晶模型（k_ϕ= 0， 10， 30）的分子长径比随温度的变化曲线

本体处于无序相、向列相、近晶 A 相和固相的数据分别以正方形、球形、星形和菱形图标来表示。

11.1.5 分子柔性对热致液晶相变和动力学行为的影响

在本节，我们将系统地对比刚性与半刚性模型的热致液晶相变行为，定性地揭示分子柔性的影响。尽管 Wilson 等人[19-21] 曾经使用半柔性硬球链做过类似的研究，但采用的约束方法无法将分子柔性量化为一个具体参数，不能获得以分子柔性为函数的液晶相图。在我们的 DPD 模拟中，半刚性珠簧模型的柔性可由键角力常数来 k_{ϕ} 代表，相应地，刚性约束模型近似于拥有无穷大的键角力常数 $k_{\phi}=\infty$。据此，根据各个模型的能量、压力、取向有序参数和扩散系数等函数的相变不连续点，我们可以确定固相、近晶 A 相、向列相和无序相的温度区间，并构建一个 k_{ϕ}-T 的液晶相图，如图 11-8 所示。

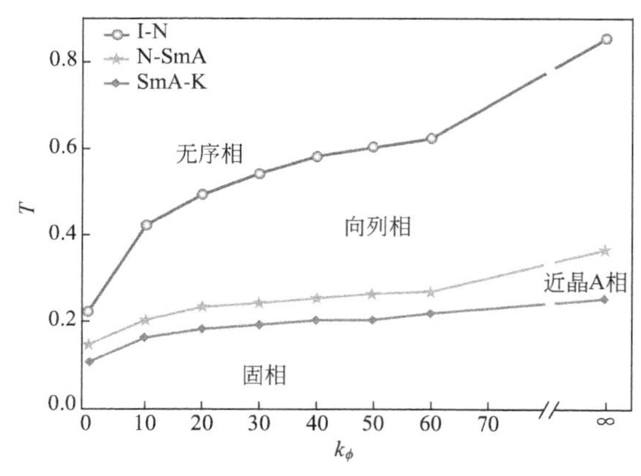

图 11-8

棒状液晶分子的热致相变 k_{ϕ}-T 相图

如图 11-8 所示，分子柔性对近晶 A 相和向列相的温度区间大小有着重要影响，并且随着 k_{ϕ} 的减小，I-N、N-SmA 和 SmA-K 的相变温度都逐渐趋向于低温。在这两种液晶相中，向列相对分子柔性非常敏感，如图 11-8 所示，I-N 相变温度曲线的斜率远大于 N-SmA 相变，而 N-SmA 相变温度曲线的斜率略大于 SmA-K 相变。因此，k_{ϕ} 的减小将急剧地缩小向列相的温度区间，而近晶 A 相的区间仅有略微的减小。尽管如此，我们依然认为：分子柔性对向列相和近晶 A 相都具有失稳效应，这一结论与 Wilson 等人[19-21] 和 Williamson 等人[22] 研究结果是一致的。就如上节的讨论，k_{ϕ} 的减小会增加分子链内的无序程度，进而削弱分子的有效形状各向异性和本体的取向有序性，最终促使液晶相变趋向于低温区。同时，分子的长径比随温度的降低而增大（见图 11-7），有利于形成和稳定液晶相，综合上述因素，提高分子柔性促使液晶相的形成温度变低。类似的效应也曾出现在刚性模型的模拟结果中，如图 11-5 所示，减小分子链长也即意味着减小分子的长径比，同样地推迟了液晶相变温度至低温，并缩减了液晶相的温度区间，甚至完全破坏了近晶 A 相的形成。此外，值得一提的是，图 11-8 显示近晶 A 相对分子柔性的依赖不似向列相那样强烈。相似的现象也曾出现在 McGrother 等人[10] 的硬球柱模拟研究中，他们发现，I-N 相变密度对各向异性比率的依赖性要远大于 N-SmA 的相变密度。McBride 等人[47] 关于硬融球链模型的研究也支持这一观点。总而言之，分子柔性的作用是增强链内的无序结构，从而降低分子形状的各向异性，并最终减小相转变温度和相区温度区间，破坏液晶相的稳定。

为了进一步研究分子柔性的影响，我们也简单分析了液晶相的扩散各向异性随分子柔性的变化。与刚性约束模型类似，我们的半刚性珠簧模型也表现出了类似的动力学行为。在近晶 A 相中，层状结构阻碍了平行于指向矢方向的扩散，但对垂直方向的扩散影响甚微，从而导致了 $D_{\perp} > D_{\parallel} \approx 0$ 的扩散行为。鉴于 $D_{\parallel}/D_{\perp}$ 的数值相当小，在近晶 A 相中，我们将不深入讨论分子柔性对扩散各向异性的影响。对于向列相，在整个相区间内始终 $D_{\parallel} > D_{\perp}$，并且 $D_{\parallel}$-T 曲线的斜率始终大于 $D_{\perp}$-T 曲线。在大部分的向列相区内，D 随温度的降低而减小，但是在略低于 I-N 相变温度时，D 异常地随温度的降低而升高。这个现象（参见图 11-4）已经在前文作了详尽的论述，它是体系温度和有序度之间相互竞争的结果。因而，如图 11-9 的内图所示，各向异性比率 $D_{\parallel}/D_{\perp}$ 是温度的抛物线型函数，并且有一最大值出现在靠近 I-N 相转变区。图 11-9 绘制了这个最大值随 k_{ϕ} 的变化曲线，从图中我们可以发现，随着 k_{ϕ} 从∞逐步减小到 0，比率 $D_{\parallel}/D_{\perp}$ 的最大值迅速地从 4.32 衰减到 2.79。众所周知，扩散的各向异性是与液晶分子的结构和相态紧密相关的。因此，k_{ϕ} 的减小会削弱分子形状的各向异性，降低体系的取向有序度，从而减小 $D_{\parallel}$ 和 $D_{\perp}$ 之间的差异，最终导致 $D_{\parallel}/D_{\perp}$ 随 k_{ϕ} 的减小而降低。

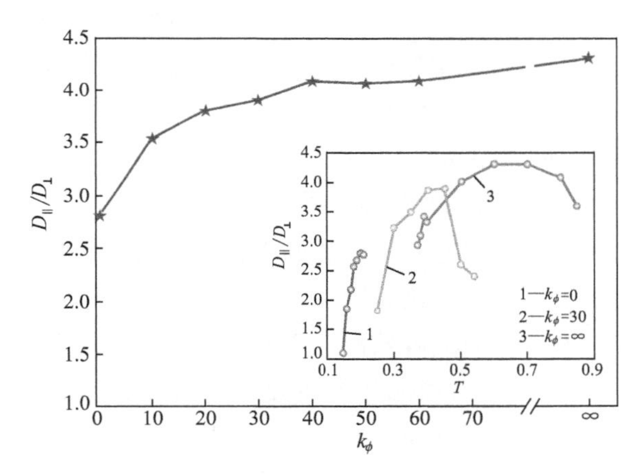

图 11-9

向列相中扩散各向异性比率 $D_{\parallel}/D_{\perp}$ 的最大值随分子柔性（k_{ϕ}）的变化曲线

内插图：典型的三种棒状液晶分子（k_{ϕ} = 0，30，∞）在向列相中的 $D_{\parallel}/D_{\perp}$ 随温度的变化曲线。

11.1.6 小结

在研究中，我们采用 DPD 模拟方法研究了棒状液晶的热致相变行为。模拟一共使用了两类模型：一种是刚性约束模型，它使用 RATTLE 约束方法保持分子链的绝对线性结构；另一种是半刚性珠簧模型，它的分子柔性受键角力常数 k_{ϕ} 控制。在所研究的参数空间内，由七个 DPD 粒子组成的液晶模型既能形成无序相和固相，也能形成近晶 A 相和向列相。在相变温度附近，体系的热力学、结构和动力学观测量都出现不连续跳跃，所有的三个相变（I-N、N-SmA 和 SmA-K）都具有一级性质。

对于刚性约束模型，我们将模拟结果与 Alsunaidi 等人[36] 的研究进行了详细的对比，发现，两种模型不仅结构类似，相行为上也无明显的差别。此外，我们也进一步研究了分子链长对液晶相行为的影响，模拟显示，缩减棒状分子的链长会促使相变温度趋向于低温，同时减小液晶相的温度区间，尤其是近晶 A 相会在 $n=5$ 时首先消失，而 $n=4$ 时体系无法形成液晶相。

对于半刚性珠簧模型，液晶分子的长径比不是固定不变的，而是 k_ϕ 和温度的减函数，因此，柔性的作用类似于刚性约束模型中缩短分子链长的影响。为了系统研究分子柔性的影响，我们详细对比了刚性和半刚性模型相行为之间的差异。随着分子柔性的增加，所有的相变温度都逐渐趋向于低温。尽管如此，I-N 相变温度对 k_ϕ 的依赖性要明显大于 N-SmA 和 SmA-K 相变，因此，k_ϕ 的降低会显著地减小向列相的相区，但近晶 A 相区只会有略微的缩减。这些结果表明，分子柔性的直接作用还是减小分子形状的各向异性，降低体系的取向有序度，从而最终破坏液晶相的稳定性。

为了更深入地探索模型的性质，我们也研究了液晶相的各向异性扩散行为，以及对温度和柔性的依赖关系。在近晶 A 相中，由于层状结构的形成，整个相区中都是 $D_\perp > D_\parallel$ 并且 $D_\parallel \approx 0$。$D_\parallel$ 和 $D_\perp$ 随温度的降低而减小，随 k_ϕ 的减小而增大，但是分子柔性对它们的温度依赖关系几乎没有任何影响。此外，各向异性比率 $D_\parallel/D_\perp$ 在整个近晶 A 相区都很小。在向列相中，$D_\parallel$ 始终大于 $D_\perp$，并且 $D_\perp$ 对温度和柔性的依赖关系与近晶 A 相类似。但是，$D_\parallel$ 对温度的依赖关系则比较复杂，随温度的降低而先增大后减小。因此，扩散各向异性比率 $D_\parallel/D_\perp$ 对温度的依赖关系则是抛物线型，并拥有一个最大值，并且随着 k_ϕ 的减小，这个最大值迅速地从 4.32 衰减到 2.79。总而言之，这种效应的产生是由于 k_ϕ 的降低会减小分子形状的各向异性和体系的取向有序度，从而导致扩散各向异性的减弱。我们的动力学模拟结果与某些真实液晶的实验数据定性地吻合[41,43,44]。

综上所述，在我们的研究中，无论是刚性约束模型还是半刚性珠簧模型都包含了形成液晶相的基本分子特性，并且，能够有效而真实地再现液晶相的静态和动力学性质。系统的 DPD 模拟初步揭示了分子柔性对液晶相的热力学、动力学和结构性质的影响。这些研究成果表明，耗散粒子动力学是一种非常有效的、可用于液晶研究的介观模拟方法，而我们的这两类模型则可以被广泛地应用于热致液晶相行为的研究。

11.2 棒状液晶分子在水-液晶界面上锚定取向行为[2, 3]

11.2.1 研究现状与应用

在最近的二十年间，热致液晶在水-液晶界面上的锚定取向行为逐渐成为热点研究课题，其奇特的界面性质和潜在的应用价值吸引了众多的实验、理论和模拟研究[48-51]。一系列的实验研究表明，伴随着双亲分子诸如表面活性剂[52-55]、高分子[56-58]、磷脂[55,59-63]、蛋白质[64-67]、DNA[68-70]、病毒[71-73] 等在水-液晶界面上的吸附和排布，原本平行于界面取向的本体液晶分子会转变为垂直取向，在交叉偏振光下，被观测的样本相应地逐渐由亮转暗。结合液晶的特殊光学性质，水-液晶界面的锚定取向行为可以直观地实时反映界面结构的变化，包括分子吸附、结构重排等，因而有望被开发成一种全新的、可目视检测的、具有高灵敏度、高分辨率、可现场快速检测的生物化学传感技术。

根据界面性质的不同，液晶分子的界面锚定可分为平行锚定（planar anchoring，液晶分子的取向平行于界面）、倾斜锚定（tilted anchoring，液晶分子的取向与界面法线方向成一定的角度）和垂直锚定（homeotropic anchoring，液晶分子的取向垂直于界面）。在水-液晶界面，双亲分子在界面的吸附与自组装是液晶分子锚定取向转变的主要驱动力。2002 年，Brake 和 Abbott[52] 首次开发了这种新型的界面实验系统，研究了表面活性剂十二烷基硫酸钠（sodium dodecyl sulfate，SDS）对向列型液晶 5CB 界面锚定行为的影响。实验发现，随着 SDS 水溶液浓度的增加，5CB 分子在水-5CB 界面的取向将逐渐由平行锚定转变为垂直锚定，并且 SDS 的界面吸附与 5CB 的锚定转变均是可逆的。Gupta 等人[60] 定量描述了这一过程，5CB 的取向随着 SDS 浓度的增大经历了一个连续的平行-倾斜-垂直的锚定转变序列。2003 年，Brake 等人[53] 系统研究了表面活性剂的分子结构对液晶锚定行为的影响，实验发现：表面活性剂的头部亲水基团对液晶的锚定影响不大，只决定了锚定转变的临界界面密度。但是，表面活性剂疏水尾链的长度与构象对液晶界面取向有着决定性的影响：尾链长度越长，越伸展，液晶分子在界面层的穿插程度越大，越容易诱导液晶分子采取垂直取向，反之，短尾链和环形构象则无法诱导本体液晶发生平行-垂直的锚定转变。据此作者提出，表面活性剂尾链与液晶分子的相互作用在很大程度上决定了液晶在界面的取向性质。为了进一步验证这一机制，Lockwood 等人[54] 研究了表面活性剂尾链的支化和界面组装结构对锚定转变的影响，实验发现，支化结构会扰乱表面活性剂尾链的界面堆垛，破坏液晶分子在界面层的穿插机制，从而影响尾链与液晶分子的相互作用，无法诱导产生垂直锚定构象。从本质上来说，疏水尾链的有序程度和取向方向最终决定着液晶的界面锚定性质：表面活性剂浓度增加的直接作用是提高界面层的堆砌密度和尾链的有序度，诱导液晶分子穿插到尾链间的空隙中，并采取平行于尾链的取向。伴随着这种取向耦合作用从界面扩展至本体，界面锚定将发生从平行-垂直的取向转变。Hiltrop 和 Stegemeyer[74] 在研究固体基质上的卵磷脂单层膜对液晶锚定性质的影响时，也提出了一个类似的机制，认为液晶分子穿插进入卵磷脂单层膜时，其锚定性质受卵磷脂尾链的有序度和取向方向的影响。Kim 等人[75] 的模拟研究发现，在磷脂双层膜中，层内的液晶分子优先地平行排列在磷脂尾链周围，并进一步提高磷脂尾链的有序度。Downton 和 Hanna[76] 的全原子模拟研究也显示，随着石墨基质上的接枝烷基链密度的增大，5CB 分子的界面锚定逐渐由平行转向垂直，柔性烷基链的构象也相应地从束缚于界面转变为完全的伸展，并且平行于液晶分子。Bahr[77,78] 在研究水-热致液晶界面的向列相润湿效应时，曾经提出，表面活性剂的界面组装结构可以近似为一个有序的界面取向场，而表面活性剂的界面吸附密度控制着取向场的强度，调节着界面润湿的程度。结合 Bahr 理论[77,78]

与 Abbott 等人[52-54] 的实验结果，我们推测，在水-液晶界面，双亲分子疏水尾链的作用也应近似为一个界面取向场，其尾链的界面密度、长度以及有序度和取向分别控制着界面场的强度和方向，从而决定着液晶界面锚定的性质。

尽管在过去二十年间，液晶分子在水-液晶界面的锚定现象吸引众多的实验和理论研究，但是，其分子尺度上的微观机制仍然不甚清楚，例如，表面活性剂在水-液晶界面的自组装结构以及它与液晶界面取向的耦合机制等[49]。然而，由于这一界面往往深埋于两个本体溶液之间，实验表征难以揭示其微观的界面结构以及锚定转变的动力学机制，而理论研究又过于抽象，无法提供直观且可靠的机理解释。因此，在研究中，我们沿用耗散粒子动力学模拟方法，以发展成熟的半刚性棒状分子模型为研究对象，系统探索了液晶分子在水-液晶界面的锚定取向行为。为了更有效地反映表面活性剂疏水尾链的界面取向场效应，我们在水-液晶界面吸附了一层刚-柔二嵌段型（rod-coil）双亲分子。其中，柔性嵌段与水互溶，而刚性嵌段与液晶分子相互作用。因此，刚性嵌段与液晶分子的相互作用参数、刚性嵌段的长度和双亲分子的界面密度可被用来调节界面取向场的强度与方向，控制液晶本体的锚定构象和转变序列，以及探究相关现象的微观物理机制。此外，我们还系统研究了这种新型界面系统的热稳定性，预测了一系列有趣的温度驱动的锚定转变序列。

11.2.2 模型构建与模拟设置

在研究中，模拟体系包含三种组分，即棒状液晶分子、双亲分子和水分子，如图 11-10（a）所示。其中，棒状液晶分子采用半刚性（$k_\phi=30$）的七球链模型（M7），具体的链内粒子间的连接方式及相互作用可参阅 11.1.2 节。前期的研究显示，这型液晶分子可形成向列相和近晶 A 相两种液晶相态，其向列相的温度区间处于 $0.30\leqslant T\leqslant 0.54$。双

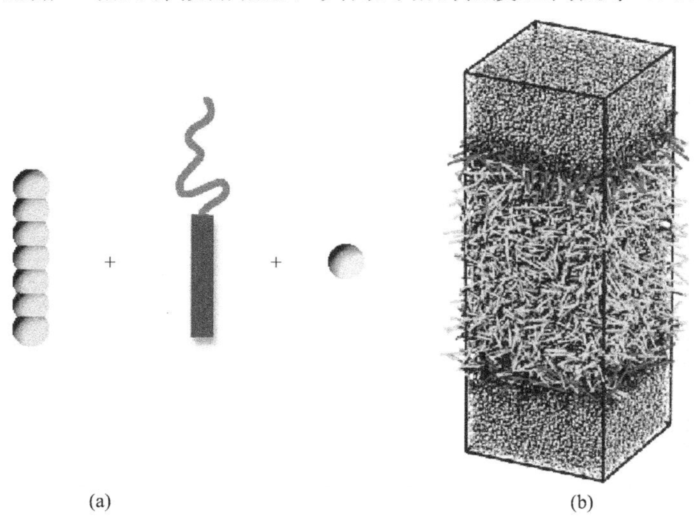

图 11-10

（a）棒状液晶分子 M7，刚-柔二嵌段型（rod-coil）双亲分子 R10C7 和水分子 W1 的结构示意图；（b）模拟系统的初始状态

亲分子（R10C7）采用刚-柔二嵌段结构，其中，刚性嵌段包含 10 个 DPD 粒子，与液晶分子采用相同的半刚性棒状结构；柔性嵌段包含 7 个 DPD 粒子，仅通过邻近粒子间的成键相互作用连接成柔性嵌段。相比于棒状液晶分子，刚性嵌段具有更大的长径比，可呈现出更高的取向有序度，有利于更多的液晶分子穿插进入界面层，从而强化刚性嵌段与液晶分子间的耦合作用。此外，为了简化计算，水分子由一个 DPD 粒子代表，其性质完全等同于柔性嵌段的单个 DPD 粒子（C1）。

因此，我们的模拟系统一共包含三种 DPD 粒子，即液晶分子（M）、柔性嵌段与水分子（C）以及刚性嵌段（R）。对于当前的模拟体系，为了增强局部的排除体积相互作用，获得较高数目的邻近相互作用对，模拟体系的数密度设定为 $\rho=4$。根据 Groot 和 Warren[25] 的计算公式，同种粒子间的排斥参数 a_{ii} 可近似为 $a_{ii}=20$。为了定性地描述棒状液晶分子和刚性嵌段的疏水相互作用，我们设置 $a_{RC}=a_{MC}=40$，以确保它们与水相的完全分离，并形成稳定的、平的水-液晶界面。此外，排斥参数 a_{MR} 决定了双亲分子的刚性嵌段与液晶分子间的排斥相互作用的大小，可用来控制刚性嵌段的取向方向，以及与液晶分子的耦合强度，是调节液晶锚定性质的重要参数。表 11-1 总结了各种 DPD 粒子间的排斥相互作用参数的大小。

表 11-1　水-液晶界面模拟系统中各类型 DPD 粒子间的排斥相互作用参数

a_{ij}	液晶分子(M)	刚性嵌段(R)	柔性嵌段(C)
液晶分子(M)	20	6～25	40
刚性嵌段(R)	6～25	20	40
柔性嵌段(C)	40	40	20

如图 11-10（b）所示，模拟系统可视为一个水平截面固定（$L_x=L_y=22$）的长方形盒子。42000 个水分子和 9000 个棒状液晶分子 M7 沿 z 轴方向分别均匀地分布在两个互相接触的独立相区，$n_s=776$ 个刚-柔二嵌段型双亲分子 R10C7 等份地随机分布在两个水-液晶界面上。在本节的所有研究中，双亲分子的界面密度固定于 $\rho_s=0.5n_s/(L_xL_y)\approx 0.80$，这个数值的选择既不会由于太大而导致界面弯曲甚至溶解破裂，也不会由于太小而无法形成垂直锚定构象。上述预置的模拟体系首先在 $T=1.0$ 和 $a_{MR}=20$ 条件下松弛至稳定的平衡构象，这时棒状液晶分子处于无序相中，形成的两个界面也是各向同性界面，如图 11-10（b）所示。而后，以此构象为初态，调整排斥参数 a_{MR} 和系统温度至设定值，经过 6×10^5 时间步（$\Delta t=0.04$）的模拟，获得稳定的锚定构象。需要强调的是，周期边界条件应用于系统的 x，y 和 z 轴三个方向，其中 z 轴平行于水-液晶界面的法线方向。

在模拟过程中，系统的能量（E）和压力（P）用以监控系统的运行状态，双亲分子刚性嵌段与棒状液晶分子的取向方向和取向有序参数用以检测系统的锚定性质。在本研究中，取向有序参数可分为两类，一种是绝对取向有序参数 $S_{absolute}$，它表征了系统中分子的绝对取向有序程度，其数值等于对角化的序张量的最大特征值，见公式（11-4）。在无序相中，$S_{absolute}\approx 0$；在完美取向的晶相中，$S_{absolute}\approx 1$；而在液晶相，如向列相和近晶相中，$S_{absolute}$ 的数值介于 0 与 1 之间。另一种是相对取向有序参数 $S_{relative}$，表征了系统中分子沿某一指定方向的相对取向有序程度，通常定义为：

$$S_{relative}=\frac{1}{2}\langle 3\cos^2\psi-1\rangle \tag{11-8}$$

式中，ψ 是分子长轴方向与某一指定方向的夹角，<>是对系统求平均。当分子长轴方向与指定方向平行时，$S_{relative}\approx 1$；当分子长轴方向与指定方向垂直时，$S_{relative}\approx -0.5$；当分子无规取向时，$S_{relative}\approx 0$。

11.2.3 双亲分子的刚性嵌段与液晶分子间的相互作用对锚定行为的影响

Abbott 等人[49] 的实验研究曾指出，在吸附了表面活性剂的水-液晶界面上，表面活性剂疏水尾链与液晶分子间的相互作用决定了液晶分子在界面的锚定取向性质。尽管如此，在实际研究过程中，这一相互作用包含了过多的分子结构信息，无法对其进行量化处理。因此，在该项模拟研究中，我们将双亲分子的刚性嵌段与液晶分子的相互作用抽象描述为排斥参数 a_{MR}。当 $a_{MR}=20$ 时，刚性嵌段与液晶分子由相同的 DPD 粒子组成；当 $a_{MR}<20$ 时，刚性嵌段与液晶分子间的排斥相互作用小于同种组分间的排斥相互作用，两组分互溶以增大接触面积；当 $a_{MR}>20$ 时，刚性嵌段与液晶分子间的排斥相互作用大于同种组分间的排斥相互作用，两组分相互排斥并分离。

系统的 DPD 模拟发现，液晶分子在水-液晶界面的锚定取向性质对排斥参数 a_{MR} 极端敏感。图 11-11 (a) 统计了液晶分子和双亲分子刚性嵌段的平均倾角$\langle\theta\rangle$随排斥参数 a_{MR} 的变化规律，其中，倾角 θ 定义为棒状分子链的首尾末端矢量 (end-to-end vector) 与界面法向方向的夹角。如图所示，液晶分子在水-液晶界面呈现出丰富的锚定取向行为，随着排斥参数从 $a_{MR}=24$ 逐渐降至 $a_{MR}=6$，液晶的锚定转变经历了从平行锚定到倾斜锚定，再到垂直锚定，并最后又回到平行锚定的转变过程。图 11-11 (b) 展示了四种典型的锚定构象，包括平行锚定 ($a_{MR}=24$)、倾斜锚定 ($a_{MR}=19$)、垂直锚定 ($a_{MR}=10$) 和平行锚定 ($a_{MR}=6$)。而对于这四种典型构象，图 11-12 也相应地分别测量了系统中各组分沿界面法线方向 (z 轴) 的密度分布曲线。

1976 年，Parsons[79] 的理论研究表明，向列相液晶在自由界面 (free surface) 上的表面张力是系统有序度的函数，并且，采取垂直界面取向的液晶始终比平行取向的拥有更大的表面张力。因此，在我们的研究体系中，由于强烈的疏水相互作用 ($a_{RC}=a_{MC}=40$)，刚性嵌段和棒状液晶分子都优先倾向于平行界面取向，以减小系统的界面张力。当排斥参数 a_{MR} 较大时 ($a_{MR}\geqslant 20$)，刚性嵌段和液晶分子互相排斥，倾向于相互分离，并都沿平行界面方向取向。如图 11-12 (a) 所示，双亲分子的刚性嵌段集中分布在水界面和液晶本体之间，其密度分布呈尖峰状，峰宽明显小于刚性嵌段的长度，这些结构性质证明了刚性嵌段采取平行界面取向，并与液晶分子发生明显的相分离。Brake 等人[53] 的实验研究也曾观测到类似的构象：当 bola 型表面活性剂吸附到水-5CB 液晶界面时，呈现环形构象的烷基尾链倾向于平躺在界面上，无法诱导产生平行-垂直锚定转变。

当 $a_{MR}<20$ 时，随着排斥参数 a_{MR} 的减小，双亲分子的刚性嵌段与液晶分子的相亲性逐步增加，两组分倾向于相互混合以增大接触面积，因此，刚性嵌段的取向逐渐转向界

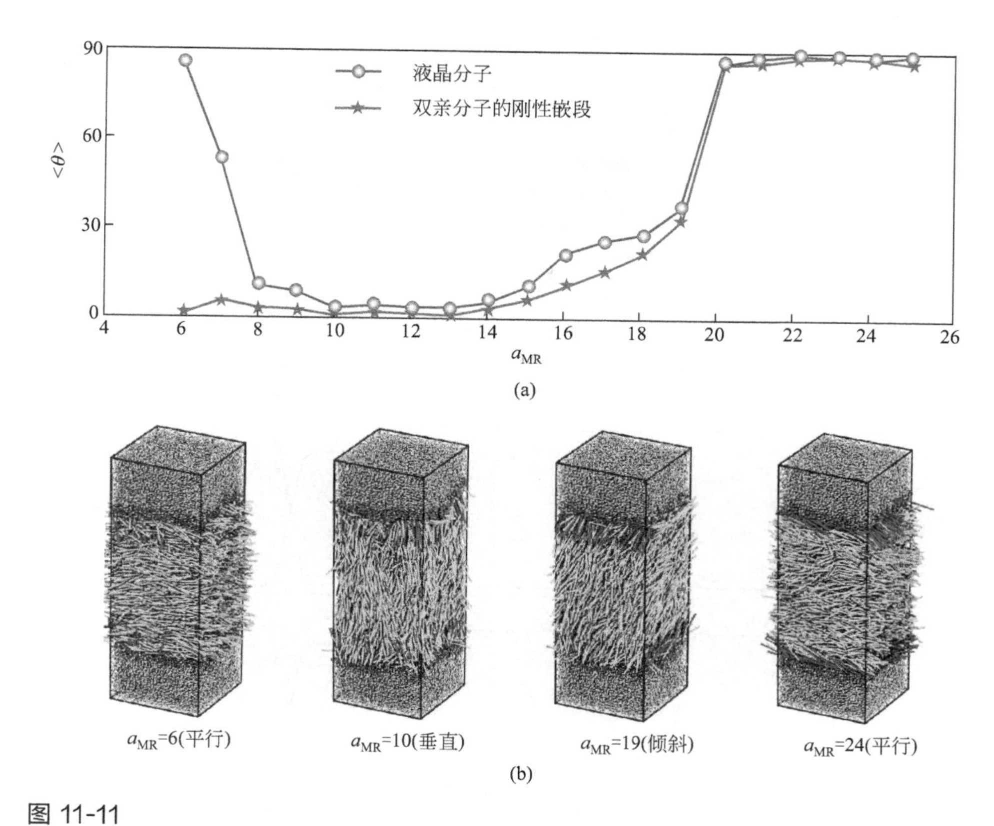

图 11-11

（a）液晶分子和双亲分子刚性嵌段的平均倾角< θ >随排斥参数 a_{MR} 的变化曲线；（b）四种典型锚定构象的形貌快照

面法线方向，从而诱导棒状液晶分子平行地穿插在刚性嵌段之间，以便实现两组分之间的最大程度的接触。于是，如图 11-11 所示，随着 a_{MR} 的减小，液晶的界面取向性质逐渐由平行锚定（$a_{MR} \geqslant 20$）经倾斜锚定（$14 < a_{MR} < 20$）转变为垂直锚定（$10 \leqslant a_{MR} \leqslant 14$）。相应地，体系的结构也发生了显著的变化，如图 11-12（b）、（c）所示，在倾斜锚定和垂直锚定中，棒状液晶分子与刚性嵌段全交叠，刚性嵌段的密度分布也由尖峰形（peak-like）逐渐转变为平台形（platform-like），并且分布宽度也随 a_{MR} 的减小逐渐增加，直至稳定于垂直锚定构象。尽管如此，我们发现仍有一些插入的液晶分子平躺界面处，以便更有效地降低界面张力，如图 11-13 所示。此外，特别值得一提的是，在这一锚定转变过程中，液晶分子的倾角总是随着刚性嵌段的倾角同步变化，都随 a_{MR} 的降低而减小。在这样的变化规律下，我们推测，双亲分子刚性嵌段的作用应该类似于 Bahr[77,78] 的界面有序取向场，它的取向方向也即取向场的方向，决定了液晶分子在界面的锚定取向性质。

尽管如此，双亲分子刚性嵌段的界面取向场效应不同于常见的电场、磁场等外场相互作用，它的形成和强度来源于刚性嵌段与棒状液晶分子间的相互作用。因此，适当强度的 a_{MR} 值是激发刚性嵌段的界面取向场效应的必要条件，换句话说，只有当刚性嵌段与棒状液晶分子间的有效排斥作用足够大时，刚性嵌段的有序取向才能诱导插入的液晶分子平

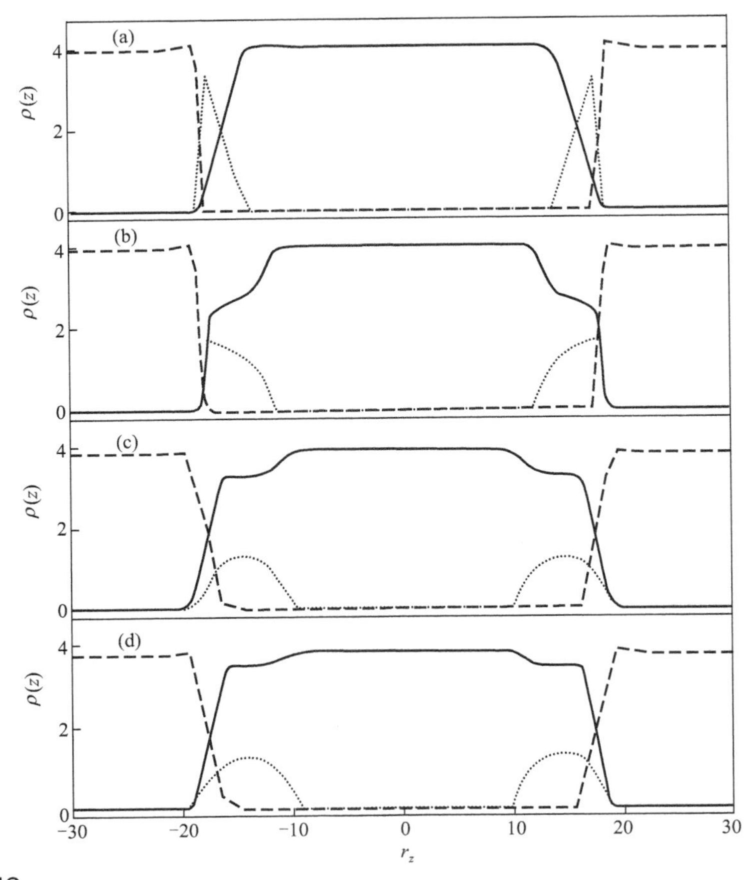

图 11-12

液晶分子（实线）、双亲分子的刚性嵌段（点线）和双亲分子的柔性嵌段+ 水分子（虚线）中的DPD 粒子在各种锚定构象中沿界面法线方向（z 轴）的密度分布曲线

（a）平行锚定 a_{MR}= 24；（b）倾斜锚定 a_{MR}= 19；（c）垂直锚定 a_{MR}= 10；（d）平行锚定 a_{MR}= 6。

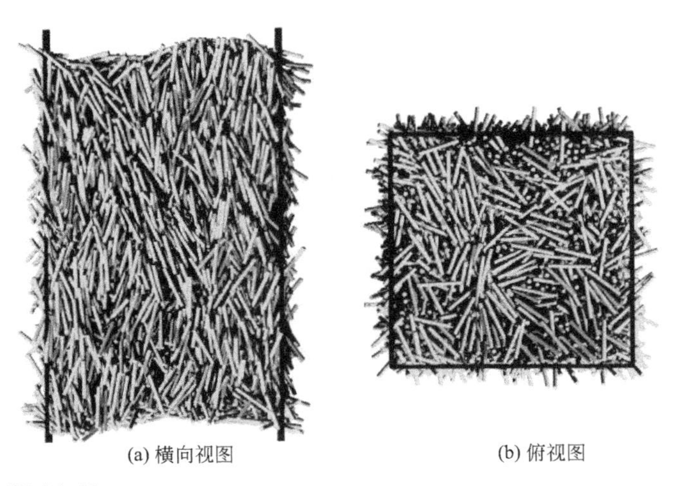

图 11-13

垂直锚定构象（a_{MR}= 10）中液晶分子的排列取向形貌

行于刚性嵌段取向，并传导至液晶本体。正如我们所料，当进一步降低 a_{MR} 值时，原本的垂直锚定取向反而逐渐倾斜，并在 $a_{MR}=6$ 时再次转变为平行锚定，这时刚性嵌段的取向依旧垂直于水-液晶界面。对比图 11-12（c）和（d）可以发现，两种迥异的锚定构象竟然具有极其相似的密度分布曲线，而唯一的差别仅在于，在弱排斥相互作用的平行锚定（$a_{MR}=6$）中，穿插于刚性嵌段间的液晶分子的密度要比垂直锚定（$a_{MR}=10$）构象中的略大。其原因在于 a_{MR} 的降低不仅增强了刚性嵌段与液晶分子间的相亲性，减弱的排斥相互作用将促进更多的分子穿插和交叠。

如前文所述，在亲水界面上，双亲分子的刚性嵌段和棒状液晶分子本质上倾向于平行界面取向，以减小界面张力。当 a_{MR} 足够低时，尽管刚性嵌段由于相亲性而沿界面法线方向垂直插入液晶本体，但是，排除体积相互作用的过度减弱破坏了刚性嵌段对邻近液晶分子的取向诱导效应，无法扰动液晶分子的平行锚定这一优先取向。因此，作为界面张力最小化和两组分接触面积最大化的竞争与妥协，在 a_{MR} 足够低时，液晶分子采取平行界面取向以减小界面自由能，而刚性嵌段依旧垂直地插入液晶本体中以便获得与液晶分子的最大程度接触。从液晶锚定的形成机制来考虑，DPD 模拟发现的低 a_{MR} 值的平行锚定非常类似于实验观测到的低表面活性剂浓度下的液晶平行锚定，其形成的原因都是由于表面活性剂尾链的界面取向场效应的失效。尽管如此，取向场效应失效的原因不尽相同。在我们的纯排斥系统中，a_{MR} 的过度减小极大地削弱了双亲分子的刚性嵌段与液晶分子的排除体积相互作用，虽然刚性嵌段依然保持着取向有序，但它的取向诱导效应已然被破坏。而在实验中，当双亲分子浓度较低时，界面吸附密度也偏小，稀疏的烷基尾链分散地分布在水-液晶界面上，其链内构象和界面排布松散而无序，与液晶分子的取向耦合作用也相对较弱。因此，在低浓度下，无序而稀少的尾链无法形成有效的界面取向场。

液晶界面取向的动力学过程是认识和理解液晶锚定及锚定转变机制的重要途径，因此，我们系统研究了液晶分子的取向对刚性嵌段与液晶分子间相互作用（a_{MR}）的响应。如图 11-14 所示，我们监测了三种典型锚定构象的形成过程中，刚性嵌段和六个液晶片层（22×22×2）的相对取向有序参数 $S_{relative}$ 随时间的演化规律。其中，液晶片层沿界面法向划置，中心分别位于 $R_z=0$、4、8、12、14 和 16，$R_z=0$ 的片层位于液晶本体的中心，而 $R_z=16$ 最接近于水-液晶界面。对于刚性嵌段，$S_{relative}$ 描述了刚性嵌段相对于界面法线方向的取向有序度；而对于液晶分子，$S_{relative}$ 则描述了液晶分子相对刚性嵌段的取向有序度。在平行锚定（$a_{MR}=24$）和垂直锚定（$a_{MR}=10$）形成的过程中，如图 11-14（a）、（b）所示，刚性嵌段总是迅速地在 2000 步之内形成高度有序的取向结构，而后液晶分子缓慢地沿着刚性嵌段的方向平行取向，最终稳定于较高的取向有序状态。最重要的是，这样的取向有序过程总是沿着界面法线方向层层递进（layer-by-layer），起始于界面处，逐步传导至液晶本体中心，最终形成特定的平衡锚定结构。尽管如此，取向有序的传导速度却存在明显的差别。对比图 11-14（a）、（b）可以发现，在平行锚定（$a_{MR}=24$）的形成中，液晶本体中心的取向有序过程始于 1.5×10^5 步，而在垂直锚定（$a_{MR}=10$）中，仅需 1.0×10^5 步就能迅速地完成整个取向过程。我们认为，在垂直锚定构象的形成过程中，刚性嵌段与液晶分子间的相互穿插增强了二者间的耦合作用，有利于加速液晶分子的取向有序过程。综合上述结果，我们相信，这样的动态取向过程进一步论证了前文所

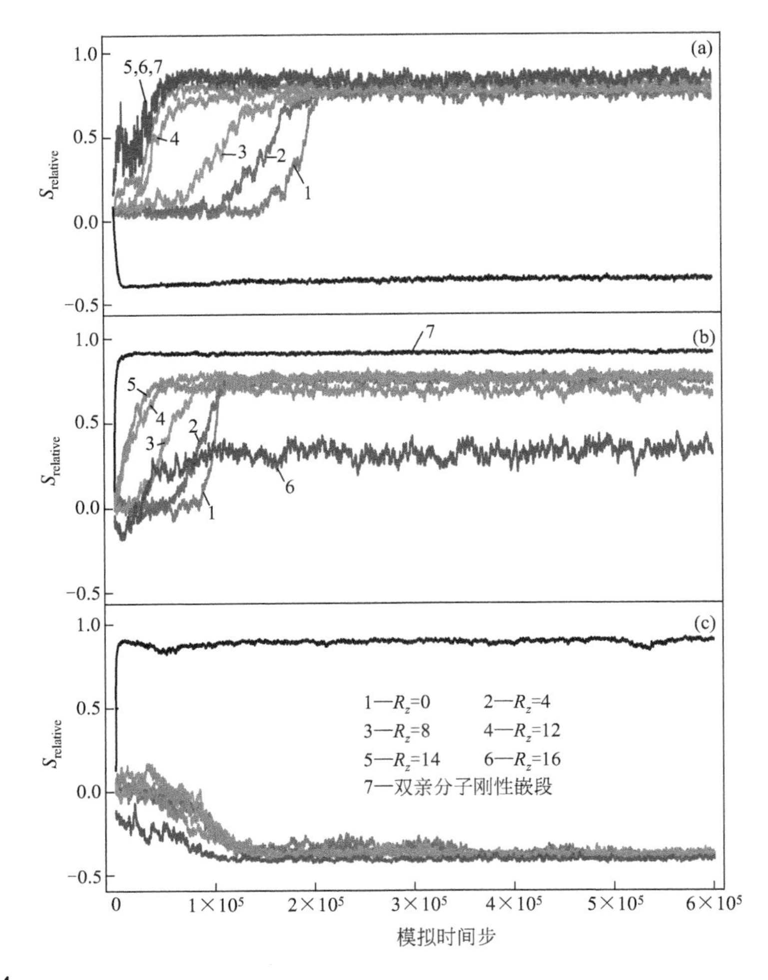

图 11-14

液晶分子和双亲分子的刚性嵌段在各个分层中的相对取向有序参数 $S_{relative}$ 随时间的演化曲线

其中，各个分层沿 z 轴方向划置，尺寸为 22×22×2，中心位于 R_z= 0，4，8，12，14，16。这个动力学过程以 T= 1.0时的无序构象为初态，迅速冷却至 T= 0.5，以形成稳定的锚定构象：（a）平行锚定 a_{MR}= 24，（b）垂直锚定 a_{MR}= 10 和（c）平行锚定 a_{MR}= 6。

提出的界面取向场机制：双亲分子的刚性嵌段快速地形成高度取向有序的界面场，然后诱导穿插的液晶分子与之平行排列，并将这一效应逐步传导至液晶本体，最终形成稳定的锚定取向结构。此外，值得一提的是，在 a_{MR}=10 的垂直锚定中，最邻近界面的液晶片层（R_z=16）的取向较为缓慢，平衡的有序参数也较低，其原因可能在于界面处吸附了一薄层的平行界面取向的液晶分子，见图 11-13。在 a_{MR}=6 的平行锚定中，如图 11-14（c）所示，双亲分子的刚性嵌段依旧快速地沿界面法线方向取向，而所有液晶片层中的分子有序度则几乎同步地逐渐衰减至−0.4，采取平行界面取向。这个特殊的动态过程再次证明了在极低 a_{MR} 值下，刚性嵌段的界面取向场效应会失效。

需要强调的是，在我们的 DPD 模拟中，不同 a_{MR} 参数下的各种锚定结构都是平衡态构象，不依赖于系统的初态和尺寸，并且，各个稳态构象间可通过调节 a_{MR} 来实现可逆的转变。如图 11-15 和图 11-16 所示，以 a_{MR}=20 时的稳定平行锚定构象为初态，通过改

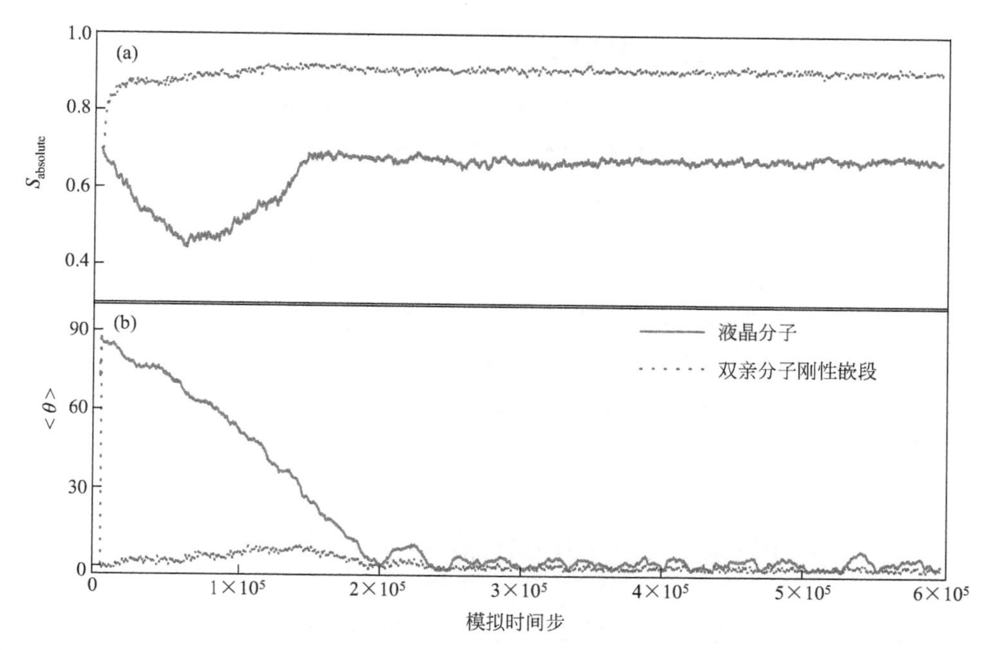

图 11-15

液晶分子和双亲分子刚性嵌段的（a）绝对取向有序参数 $S_{absolute}$ 与（b）平均倾角 < θ > 在平行（a_{MR}= 20）-垂直（a_{MR}= 10）锚定转变过程中的时间演化曲线

模拟系统保持恒温 T= 0.5。

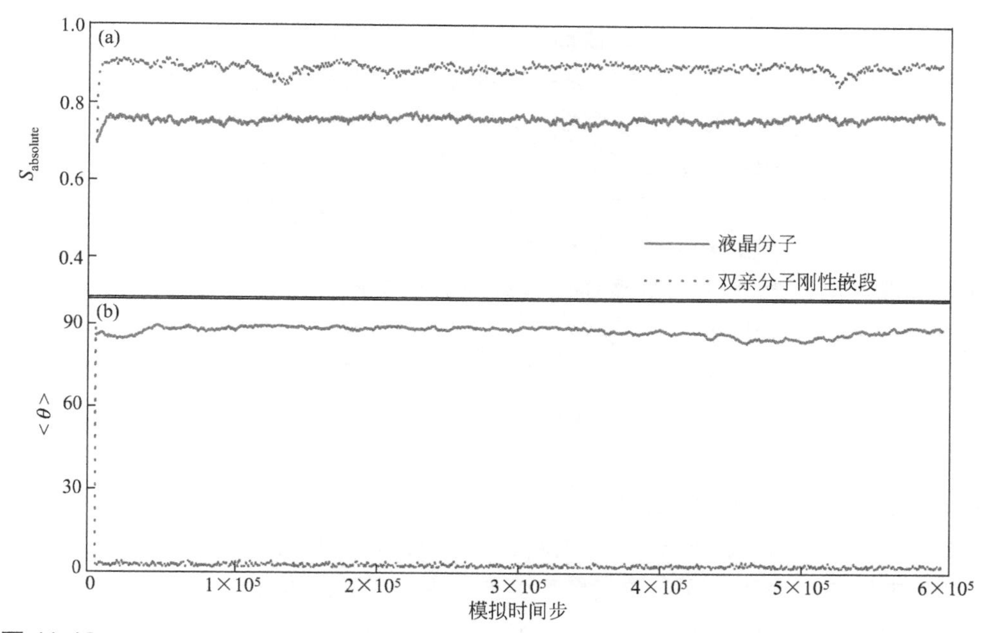

图 11-16

液晶分子和双亲分子刚性嵌段的（a）绝对取向有序参数 $S_{absolute}$ 与（b）平均倾角 < θ > 在平行（a_{MR}= 20）-平行（a_{MR}= 6）锚定转变过程中的时间演化曲线

模拟系统保持恒温 T= 0.5。

变 a_{MR} 至 10 和 6，我们检测了两个典型锚定转变中液晶分子和双亲分子刚性嵌段的动态取向过程。在平行-垂直锚定转变中，见图 11-15，刚性嵌段的取向迅速地偏转至界面法线方向，同时获得更高的取向有序度。其原因在于 a_{MR} 值的减小促进了刚性嵌段与液晶分子的溶合，有助于进一步提高刚性嵌段的有序性。伴随着刚性嵌段的快速取向变化，液晶分子缓慢地调整取向，最终与刚性嵌段平行并垂直于界面。与此同时，液晶的有序参数也随之相应调整，先降低再升高，稳定于一个恒定值，并且，数值在锚定转变前后无明显改变。据此，我们再次论证了，双亲分子刚性嵌段的界面取向场效应是控制液晶锚定性质的决定性因素。而在平行-平行锚定转变中，如图 11-16 所示，刚性嵌段的取向依然是快速地转向界面法线法向，有序度也有小幅的提升。但是，液晶分子的取向几乎未作任何响应，依旧平行界面取向，这也再次表明，过度减弱的排斥相互作用破坏了刚性嵌段的界面取向场效应。

11.2.4 温度对锚定行为的影响

如上所述，双亲分子在水-液晶界面的吸附与自组装能够影响液晶分子的界面取向，并引发一系列丰富而有趣的锚定转变行为[49]。不仅如此，近期的研究表明，取向有序的液晶相也会反过来影响双亲分子在界面的自组装结构[60,80-85]。例如，在包覆了表面活性剂的液晶纳米液滴上，取向有序的液晶相能够诱导表面活性剂层形成更加丰富的相态结构，根据表面活性剂的浓度和系统温度的不同，可以观测到圆形、条带状等多种新型微观形貌[83-85]。有鉴于热致液晶分子的取向有序与表面活性剂吸附层内的结构有序都与温度密切相关，我们预期，系统温度也应对水-液晶界面的锚定取向行为产生重要的影响，并诱发新型的锚定转变序列。因此，在本节，我们将借助前期成功发展的水-液晶界面模型系统，在固定双亲分子界面密度 $\rho_s=0.8$ 和排斥参数 $a_{MR}=10$ 的条件下，以 $T=0.50$ 时的垂直锚定构象为初始状态，分别进行升温和降温以遍历液晶分子的整个相态空间，系统探索温度驱动的液晶锚定取向行为。这项研究将提供一个初步的理论检视，定性地评估水-液晶界面系统的热稳定性，为新型生化传感器的开发与应用寻找最优化的工作温度。

图 11-17 描述了液晶本体的取向有序参数和平均倾角随温度的变化规律，展示了一个丰富的热致锚定转变序列，以及四种典型的平衡锚定构象。从图 11-17（a）可以看出，随着温度从 $T=0.50$ 降低至 $T=0.38$，本体液晶分子的平均倾角逐步由 2.72°升高到 24.5°，揭示了一个连续的垂直-倾斜锚定转变。需要强调的是，这个取向转变是可逆的，且不存在任何的滞后现象。据我们所知，这种温度驱动的锚定转变还未见报道于水-液晶界面。尽管如此，类似的连续垂直-平行锚定转变曾被实验发现于固体表面[86,87]，其转变机制被定性地解释为四种竞争相互作用（色散、空间位阻、极化和静电）的不同温度依赖性[86]。

为了深入了解内在的微观作用机制，我们在垂直-倾斜锚定转变的温度区间内依次选取四组稳态构象，细致地分析和对比了其中分子排布变化。如图 11-18（a）、（b）所示，当系统温度由 $T=0.50$ 逐步降低至 $T=0.38$ 时，液晶本体的取向有序参数从 0.758 ± 0.003 增加到 0.844 ± 0.003，同时伴随着液晶分子的取向由界面法线方向逐渐

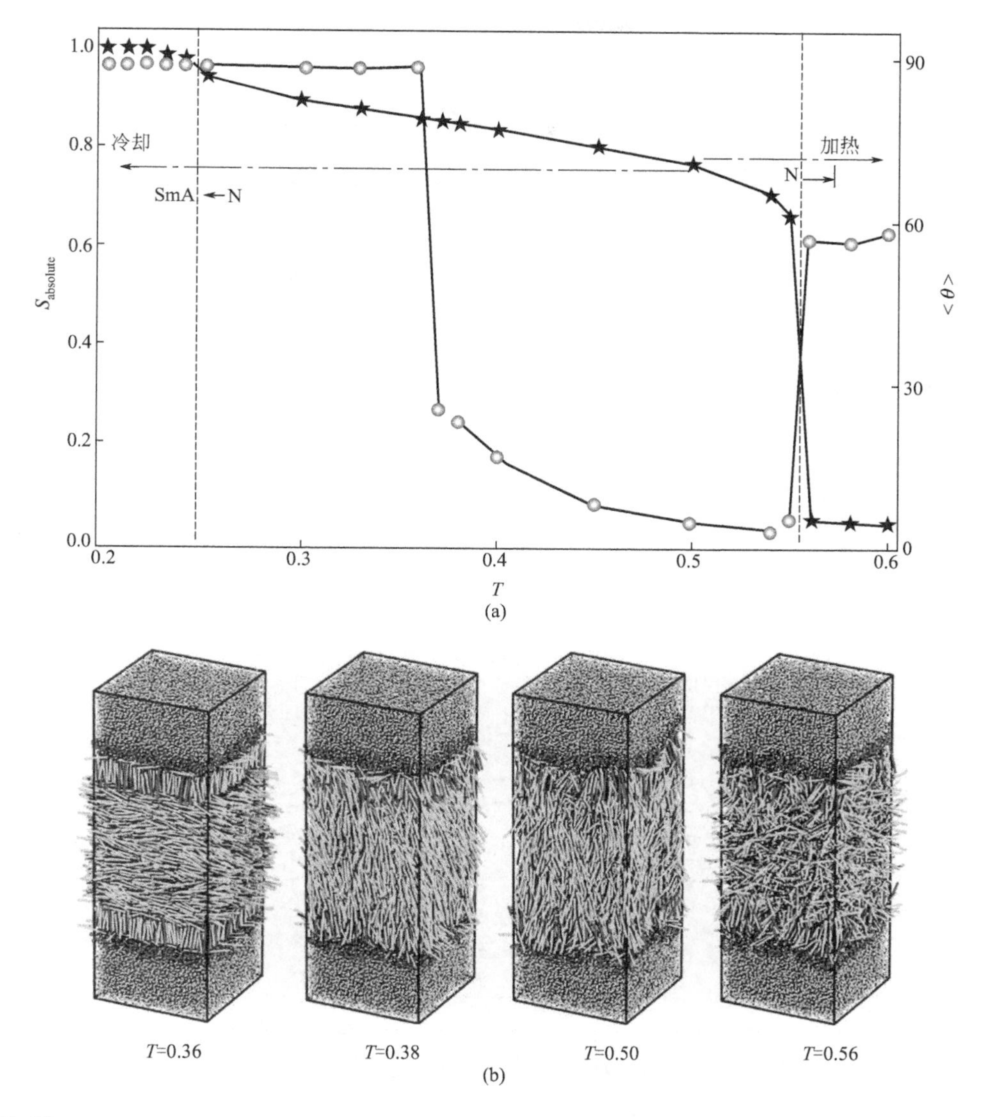

图 11-17

（a）液晶本体（$-4.0< R_z< 4.0$）的绝对取向有序参数 $S_{absolute}$ 与平均倾角〈θ〉随温度的变化曲线；（b）四种典型锚定构象的形貌快照，包括 $T=0.36$（平行）、0.38（倾斜）、0.50（垂直）和 0.56（无序）

偏离至倾角 23.65°。更重要的是，如图 11-18（c）所示，在液晶分子的质心密度分布曲线上，沿着界面法线方向我们观测到了周期性的振荡峰。它起始于界面处，逐步衰减至液晶本体；它开始微弱地出现在高温 $T=0.50$ 的垂直锚定构象中，随着温度的降低而逐渐增强，并且峰间距大致满足公式 $d=d_{SmA}\cos(\langle\theta\rangle)$，其中 $d_{SmA}=4.62$ 是该液晶模型近晶 A 相的层间距。根据上述的结构特性，我们可以合理地推断，在连续的垂直-倾斜锚定转变中，随着系统温度的降低，本体向列相中产生并逐渐增强一种由界面诱导的近晶有序性（smectic order）或层状有序性，而且，这种局部有序结构逐渐由近晶 A 型转变为近晶 C 型。

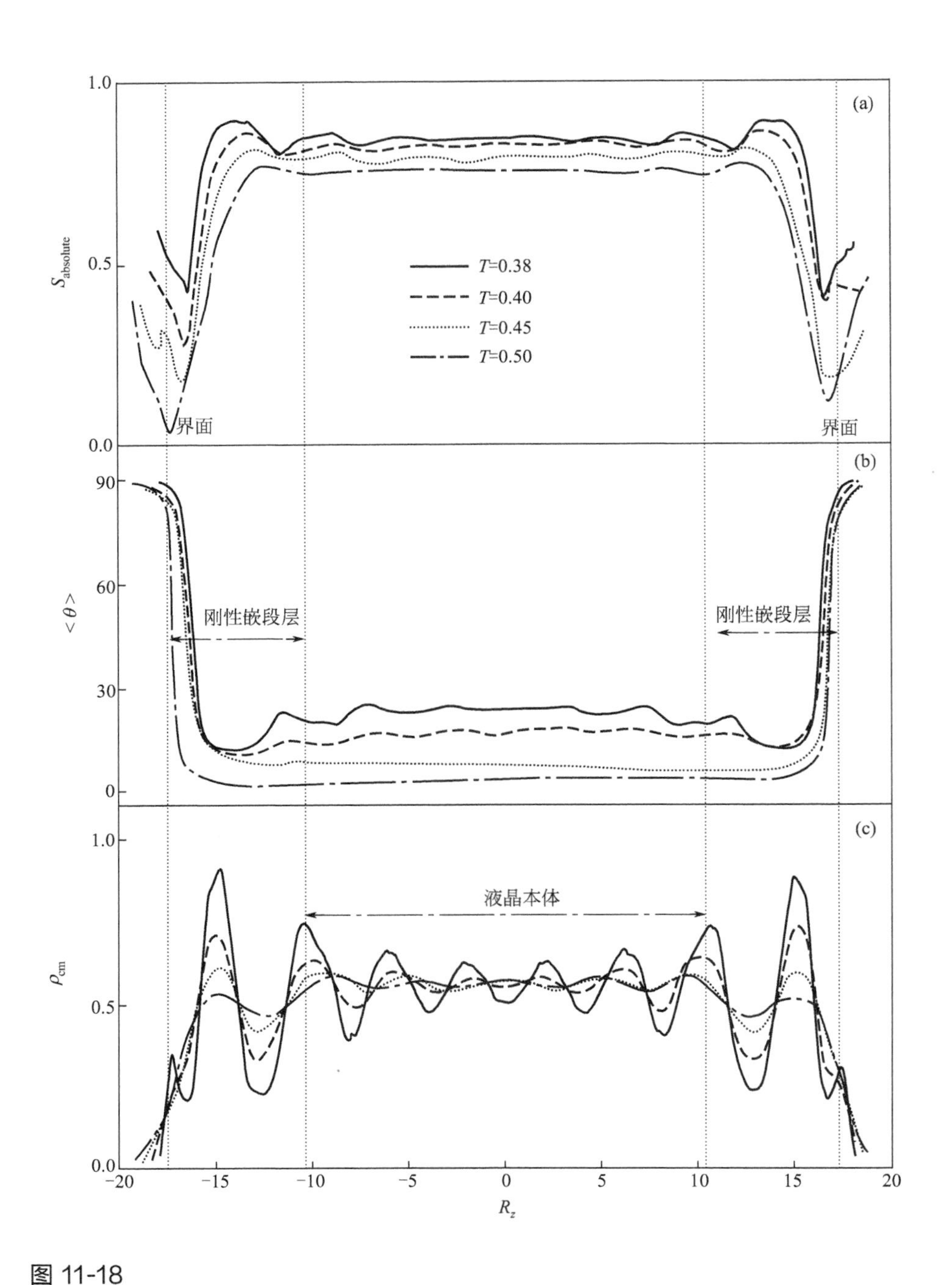

图 11-18

液晶分子的（a）绝对取向有序参数 $S_{absolute}$、（b）平均倾角 〈θ〉 和（c）质心密度在不同温度下的锚定构象中沿着界面法线方向（z 轴）上的分布曲线

其中，四种构象依次选取于垂直-倾斜锚定转变的温度区间（T= 0.38， 0.40， 0.45 和 0.50）。

事实上，这种近晶短程有序结构对锚定转变的影响已在固体界面做过相关的研究[88-91]。尽管多数结果显示，这种向列相中的特殊有序结构倾向于驱动一个平行-倾斜-垂直的取向转变序列，但 Barbero 和 Komitov[88] 却发现了一个反向的转变序列，并将其归因于一种界面诱导的近晶 C 型局部有序结构，类似于我们的模拟结果。鉴于我们使用的半刚性棒状液晶分子（M7）无法自发地形成近晶 C 相，这种近晶 C 型的局部有序结构可能来源于受限液晶层的约束特性。直观上来说，模拟系统的 z 轴尺寸与液晶分子的长度可能存在一定程度的不匹配，因而沿着界面法线方向液晶分子无法形成完美的近晶 A 相结构。随着近晶局部有序结构的增强，为了更有效地排列堆垛，液晶分子不得不偏转取向方向，从而导致垂直-倾斜的锚定转变。考虑到真实体系中液晶层的厚度大约是单个分子长度的几千倍，这样的尺寸不匹配效应应该可以忽略不计，因此，上述的锚定取向转变可能不会在实验系统被观测到。

进一步冷却系统至本体的 N-SmA 相变温度，如图 11-17（a）所示，液晶分子的平均倾角由 $T=0.38$ 时的 24.5°突然升高到 $T=0.36$ 时的 88.5°，暗示了一个不连续的倾斜-平行锚定转变。图 11-17（b）中的这个低温平行锚定构象显示，刚性嵌段依旧沿着界面法线方向取向，大部分的液晶分子则平行于界面，唯一特别的是，在双亲分子的刚性嵌段单层膜中，部分插入的液晶分子形成一个垂直取向的分子层。如图 11-19 所示，质心密度曲

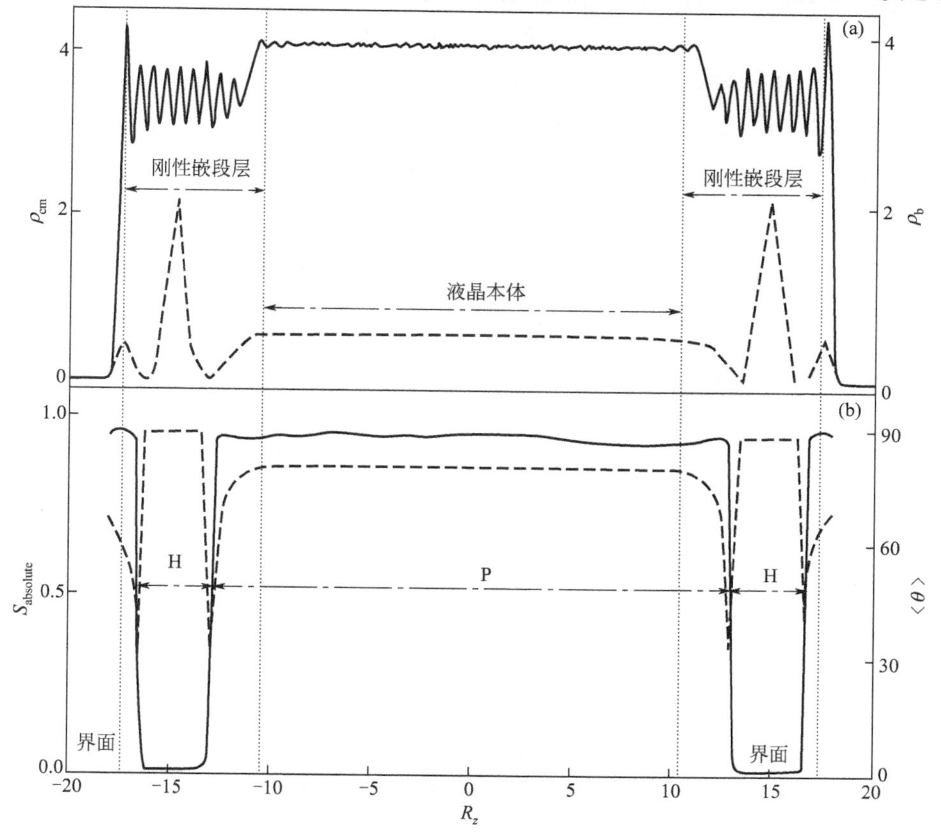

图 11-19

液晶分子的（a）质心密度 ρ_{cm} 和链内 DPD 粒子密度 ρ_b 以及（b）绝对取向有序参数 $S_{absolute}$ 和平均倾角 〈θ〉 在平行锚定构象（$T=0.36$）中沿界面法线方向（z 轴）上的分布曲线

其中，“H”和“P”分别代表着垂直和平行两种分子取向。

线中的单个尖峰、链内粒子密度曲线中的七个等间距尖峰、极高的取向有序度和极小的倾角，都进一步定量证实了上述锚定构象中的这个垂直取向的液晶分子层。除此之外，我们还发现层内液晶分子的堆砌依旧是无序的。这些结构特性表明，一个完整的近晶 A 相液晶分子层形成于刚性嵌段单层膜中，而本体液晶依然处于向列相区间。其原因可能有两方面，一是较低的排斥相互作用促使更多的液晶分子穿插进入刚性嵌段层中，提高了局部的粒子密度；二是较长的刚性嵌段可以表现出更高的取向有序度，从而诱导穿插的液晶分子取向；这两种效应的叠加将有助于提高局部液晶的 N-SmA 转变温度，导致这个近晶 A 相分子层的提早形成。尽管如此，由于刚性嵌段的长度约是液晶分子的 1.5 倍，双亲分子的刚性嵌段层无法提供足够的空间给第二个液晶分子层，而其余的液晶分子及本体不得不采取平行于界面的取向。

倾斜-平行锚定转变的动力学过程监测将有助于我们深入理解低温平行锚定构象形成的机制。如图 11-20 所示，在系统冷却过程中，中心位于 $R_z=14$ 的液晶分子层表现出与其他层完全相反的取向行为。大约在 4.5×10^5 模拟时间步时，一个完整的近晶层快速形成于 $R_z=14$，而其他分层中液晶分子则开始调整取向到平行于界面方向，而且这个调整过程依旧是始于界面处，然后传导至液晶本体。有鉴于近晶 A 相内较弱的层间扩散特性，我们认为，刚性嵌段中出现的近晶层就像一堵硬墙，它的形成会阻碍其他液晶分子的插入，从而削弱和破坏刚性嵌段的界面取向场效应，导致其他液晶分子采取平行界面取向。这个微观机制类似于超高表面活性剂覆盖下的固体表面所诱导的平行锚定构象[92]。实验中也曾在水-液晶界面[82] 和空气-液晶界面[93] 观测到类似的温度驱动的表面活性剂凝聚相以及由此导致的平行锚定构象。

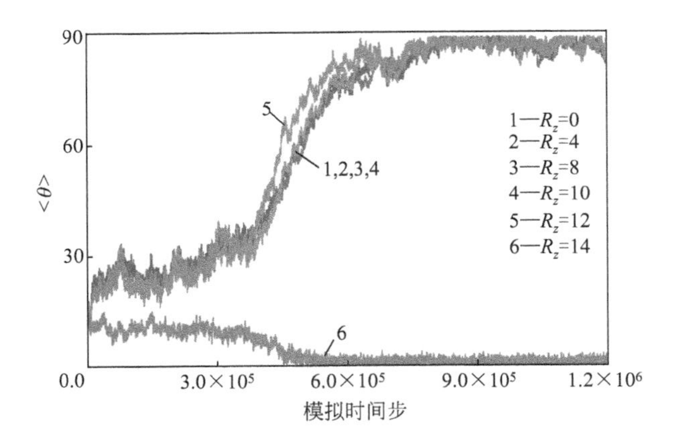

图 11-20

液晶分子在各个分层中的平均倾角 〈θ〉 随时间的演化曲线

其中，液晶分层沿 z 轴方向划置，尺寸为 22×22×2，中心位于 R_z= 0， 4， 8， 10， 12， 14。这个动力学过程是以 T= 0.38 时的倾斜锚定构象为初态，快速降温至 T= 0.36 时的平行锚定构象。

当温度降低至 N-SmA 相变之下时，模拟系统保持上述的平行锚定构象不变，但是本体液晶从向列相转变为近晶相。图 11-21 显示，液晶分子的指向明显偏离了近晶层的层间法线方向，说明形成的是近晶 C 相而非近晶 A 相。直观上来说，这种新型相态的出现也应该主要归因于液晶层的受限状态。

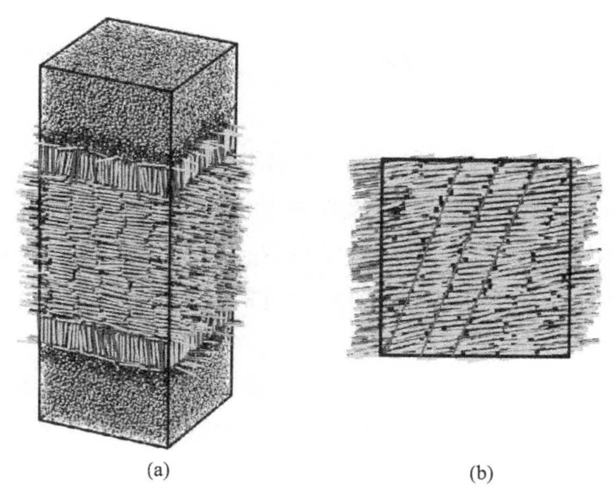

图 11-21
（a）低温（T= 0.21）平行锚定构象的形貌快照和（b）液晶本体结构（－10.5< R_z< 10.5）的俯视图

此外，当加热系统至 N-I 相变温度时，如图 11-17 所示，液晶分子的取向有序度逐渐降低，垂直锚定取向保持不变直至无序相形成于 $T=0.56$. 对比纯液晶系统（$T_{N\to I}^{B}=0.55\pm0.005$），由于存在双亲分子覆盖的界面[94,95]，受限液晶层的 N-I 相转变被发现偏移至更高的温度。当温度高于 N-I 相变时，尽管本体液晶处于无序相，具有更大长径比的刚性嵌段依旧表现出很高的取向有序度，并且指向界面法线方向。于是，在水-液晶界面形成了一个垂直取向的液晶浸润层。如图 11-22 所示，浸润层的取向有序参数沿界面法线方向的曲线呈现出一种尖峰状分布的形式，最大值 $S_{absolute}=0.65$ 出现在刚性嵌段单层膜的中心位置。靠近水相，垂直取向的穿插液晶分子会被倾向平行取向的界面所干扰，导致有序度的下降。深入液晶本体，浸润层的取向有序度会快速地减小至 0。此外，进一步地加热模拟系统，双亲分子单层膜将变得越来越不稳定，并在 $T=0.61$ 时破裂。

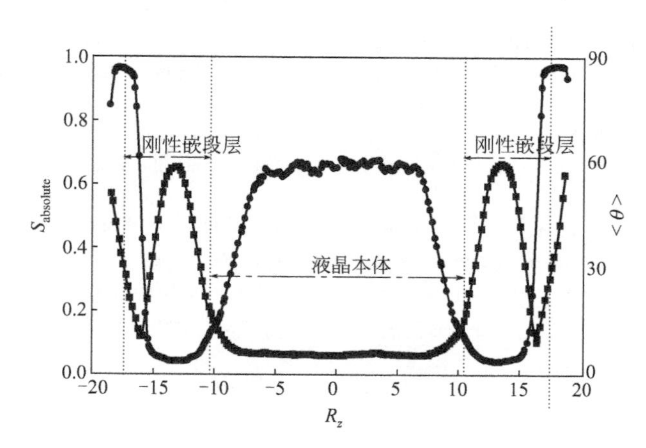

图 11-22
液晶分子的绝对取向有序参数 $S_{absolute}$ 和平均倾角 〈θ〉 在无序构象（T= 0.56）中沿界面法线方向上的分布曲线

11.2.5 小结

综上所述，在该项研究中，我们沿用 DPD 模拟方法研究了棒状液晶分子在吸附了刚-柔二嵌段型（rod-coil）双亲分子的水-液晶界面上的锚定及锚定转变行为。研究发现，双亲分子的刚性嵌段在水-液晶界面会自组装形成取向有序的单层膜，其作用类似于一个有序的界面取向场，诱导插入的液晶分子平行于刚性嵌段取向，并传导至液晶本体中，从而影响液晶的界面锚定性质。

影响液晶界面取向的因素有很多，在本节，我们重点研究了双亲分子的刚性嵌段与液晶分子间的相互作用和温度的影响。首先，在适当的双亲分子界面密度下，随着刚性嵌段与液晶分子间的排斥参数 a_{MR} 依次从 25 减小至 6，液晶分子的界面锚定存在一个连续的平行-倾斜-垂直-倾斜-平行的转变序列。在这一过程中，刚性嵌段的界面取向场效应逐渐由平行界面取向转向垂直界面取向，并最终在过低 a_{MR} 值下失效。其次，温度的调节也能带来丰富的热致锚定转变行为。当在向列相温度区间中逐步冷却模拟系统时，我们观测到一个新型的垂直-倾斜-平行锚定转变序列。系统的结构分析和动力学过程检视发现，在向列相液晶层中，一种近晶有序结构的生长与传导是驱动这种新型转变序列的微观机制。当加热系统至无序相时，受限液晶层的 N-I 相转变被发现偏移至更高的温度，同时，在界面处观测到一个垂直取向的向列相浸润层。

作为实验和理论手段的有益补充，该项 DPD 模拟工作能够定性地再现和探索棒状液晶分子在水-液晶界面上的各种锚定构象，而细致的结构和动力学分析可以帮助我们初步地揭示界面自组装结构与液晶锚定取向之间的微观相互作用机制，为这种新型传感器系统的开发和应用提供有益的理论指导。

参考文献

[1] Zhang Z M，Guo H X. The Phase Behavior，Structure，and Dynamics of Rodlike Mesogens with Various Flexibility Using Dissipative Particle Dynamics Simulation. J Chem Phys，2010，133：144911.

[2] Zhang Z，Guo H. A Computer Simulation Study of the Anchoring Transitions Driven by Rod-Coil Amphiphiles at Aqueous-Liquid Crystal Interfaces. Soft Matter，2012，8：5168-5174.

[3] Zhang Z，Guo H，Nies E. Mesoscopic Simulations of Temperature-Dependent Anchoring and Wetting Behavior at Aqueous-Liquid Crystal Interfaces in the Presence of a Rod-Coil Amphiphilic Monolayer. RSC Advances，2018，8：42060-42067.

[4] Wilson M R. Progress in Computer Simulations of Liquid Crystals. Int Rev Phys Chem，2005，24：421-455.

[5] Care C M，Cleaver D J. Computer Simulation of Liquid Crystals. Rep Prog Phys，2005，68：2665-2700.

[6] Singh S，Phase Transitions in Liquid Crystals. Phys Rep-Rev Sec Phys Lett，2000，324：108-269.

[7] Frenkel D，Mulder B M. The Hard Ellipsoid-of-Revolution Fluid . 1. Monte-Carlo Simulations. Mol Phys，1985，55：1171-1192.

[8] Talbot J，Kivelson D，Allen M P，Evans G T，Frenkel D. Structure of the Hard Ellipsoid Fluid. J Chem Phys，1990，92：3048-3057.

[9] Veerman J A C，Frenkel D. Phase-Diagram of a System of Hard Spherocylinders by Computer-Simulation. Phys Rev A，1990，41：3237-3244.

[10] McGrother S C，Williamson D C，Jackson G. A Re-Examination of the Phase Diagram of Hard Spherocylinders. J Chem Phys，1996，104：6755-6771.

[11] Bolhuis P，Frenkel D. Tracing the Phase Boundaries of Hard Spherocylinders. J Chem Phys，1997，106：666-687.

[12] Gay J G, Berne B J. Modification of the Overlap Potential to Mimic a Linear Site-Site Potential. J Chem Phys, 1981, 74: 3316-3319.
[13] Luckhurst G R, Stephens R A, Phippen R W. Computer-Simulation Studies of Anisotropic Systems . XIX. Mesophases Formed by the Gay-Berne Model Mesogen. Liq Cryst, 1990, 8: 451-464.
[14] de Miguel E, Rull L F, Chalam M K, Gubbins K E. Liquid-Crystal Phase-Diagram of the Gay-Berne Fluid. Mol Phys, 1991, 74: 405-424.
[15] de Miguel E, Rio E M, Brown J T, Allen M P. Effect of the Attractive Interactions on the Phase Behavior of the Gay-Berne Liquid Crystal Model. J Chem Phys, 1996, 105: 4234-4249.
[16] de Miguel E, Vega C. The Global Phase Diagram of the Gay-Berne Model. J Chem Phys, 2002, 117: 6313-6322.
[17] Brown J T, Allen M P, del Rio E M, de Miguel E. Effects of Elongation on the Phase Behavior of the Gay-Berne Fluid. Phys Rev E, 1998, 57: 6685-6699.
[18] Bates M A, Luckhurst G R. Computer Simulation Studies of Anisotropic Systems. XXX. The Phase Behavior and Structure of a Gay-Berne Mesogen. J Chem Phys, 1999, 110: 7087-7108.
[19] Wilson M R, Allen M P. Computer-Simulation Study of Liquid-Crystal Formation in a Semiflexible System of Linked Hard-Spheres. Mol Phys, 1993, 80: 277-295.
[20] Wilson M R. Molecular-Dynamics Simulation of Semiflexible Mesogens. Mol Phys, 1994, 81: 675-690.
[21] Wilson M R. The Phase-Behavior of Short-Chain Molecules -a Computer-Simulation Study. Mol Phys, 1995, 85: 193-205.
[22] Williamson D C, Jackson G. Liquid Crystalline Phase Behavior in Systems of Hard-Sphere Chains. J Chem Phys, 1998, 108: 10294-10302.
[23] Hoogerbrugge P J, Koelman J. Simulating Microscopic Hydrodynamic Phenomena with Dissipative Particle Dynamics. Europhys Lett, 1992, 19: 155-160.
[24] Espanol P, Warren P. Statistical-Mechanics of Dissipative Particle Dynamics. Europhys Lett, 1995, 30: 191-196.
[25] Groot R D, Warren P B. Dissipative Particle Dynamics: Bridging the Gap between Atomistic and Mesoscopic Simulation. J Chem Phys, 1997, 107: 4423-4435.
[26] Schlijper A G, Hoogerbrugge P J, Manke C W. Computer-Simulation of Dilute Polymer-Solutions with the Dissipative Particle Dynamics Method. J Rheol, 1995, 39: 567-579.
[27] Boek E S, Coveney P V, Lekkerkerker H N W. Computer Simulation of Rheological Phenomena in Dense Colloidal Suspensions with Dissipative Particle Dynamics. J Phys-Condes Matter, 1996, 8: 9509-9512.
[28] Boek E S, Coveney P V, Lekkerkerker H N W, vanderSchoot P. Simulating the Rheology of Dense Colloidal Suspensions Using Dissipative Particle Dynamics. Phys Rev E, 1997, 55: 3124-3133.
[29] Wu S G, Guo H X. Dissipative Particle Dynamics Simulation Study of the Bilayer-Vesicle Transition. Sci China Ser B, 2008, 51: 743-750.
[30] Wu S G, Guo H X. Simulation Study of Protein-Mediated Vesicle Fusion. J Phys Chem B, 2009, 113: 589-591.
[31] Zhang Z, Li T, Nies E. Mesoscale Simulations of Cylindrical Nanoparticle-Driven Assembly of Diblock Copolymers in Concentrated Solutions. Macromolecules, 2014, 47: 5416-5423.
[32] Shillcock J C, Lipowsky R. Equilibrium Structure and Lateral Stress Distribution of Amphiphilic Bilayers from Dissipative Particle Dynamics Simulations. J Chem Phys, 2002, 117: 5048-5061.
[33] Yamamoto S, Maruyama Y, Hyodo S. Dissipative Particle Dynamics Study of Spontaneous Vesicle Formation of Amphiphilic Molecules. J Chem Phys, 2002, 116: 5842-5849.
[34] Zhang Z, Henry E, Gompper G, Fedosov D A, Behavior of Rigid and Deformable Particles in Deterministic Lateral Displacement Devices with Different Post Shapes. J Chem Phys, 2015, 143: 243145.
[35] Holm S H, Zhang Z, Beech J P, Gompper G, Fedosov D A, Tegenfeldt J O. Microfluidic Particle Sorting in Concentrated Erythrocyte Suspensions. Phys Rev Appl, 2019, 12: 014051.
[36] Alsunaidi A, Den Otter W K, Clarke J H R. Liquid-Crystalline Ordering in Rod-Coil Diblock Copolymers Studied by Mesoscale Simulations. Philos Trans R Soc Lond Ser A-Math Phys Eng Sci, 2004, 362: 1773-1781.
[37] Zhang Z, Chien W, Henry E, Fedosov D A, Gompper G. Sharp-Edged Geometric Obstacles in Microfluidics Promote Deformability-Based Sorting of Cells. Phys Rev Fluids, 2019, 4: 024201.
[38] Levine Y K, Gomes A E, Martins A F, Polimeno A. A Dissipative Particle Dynamics Description of Liquid-Crystalline Phases. I. Methodology and Applications. J Chem Phys, 2005, 122: 144902.
[39] Andersen H C. Rattle -a Velocity Version of the Shake Algorithm for Molecular-Dynamics Calculations. J Comput Phys, 1983, 52: 24-34.
[40] Ciccotti G, Ferrario M, Ryckaert J P. Molecular-Dynamics of Rigid Systems in Cartesian Coordinates a General Formulation. Mol Phys, 1982, 47: 1253-1264.

[41] Kruger G J. Diffusion in Thermotropic Liquid-Crystals. Phys Rep, 1982, 82: 229-269.
[42] De Miguel E, Rull L F, Gubbins K E. Dynamics of the Gay-Berne Fluid. Phys Rev A, 1992, 45: 3813-3822.
[43] Dvinskikh S V, Furo I. Anisotropic Self-Diffusion in the Nematic Phase of a Thermotropic Liquid Crystal by ^{1}H-Spin-Echo Nuclear Magnetic Resonance. J Chem Phys, 2001, 115: 1946-1950.
[44] Dvinskikh S V, Fur, oacute I, Zimmermann H, Maliniak A. Anisotropic Self-Diffusion in Thermotropic Liquid Crystals Studied by ^{1}H and ^{2}H Pulse-Field-Gradient Spin-Echo NMR. Phys Rev E, 2002, 65: 061701.
[45] Bates M A, Luckhurst G R. Studies of Translational Diffusion in the Smectic a Phase of a Gay-Berne Mesogen Using Molecular Dynamics Computer Simulation. J Chem Phys, 2004, 120: 394-403.
[46] Chu K S, Moroi D S. Self-Diffusion in Nematic Liquid Crystals. J Phys Colloques, 1975, 36: C1-99.
[47] McBride C, Vega C, MacDowell L G. Isotropic-Nematic Phase Transition: Influence of Intramolecular Flexibility Using a Fused Hard Sphere Model. Phys Rev E, 2001, 64: 011703.
[48] Woltman S J, Jay G D, Crawford G P. Liquid-Crystal Materials Find a New Order in Biomedical Applications. Nat Mater, 2007, 6: 929-938.
[49] Lockwood N A, Gupta J K, Abbott N L. Self-Assembly of Amphiphiles, Polymers and Proteins at Interfaces between Thermotropic Liquid Crystals and Aqueous Phases. Surf Sci Rep, 2008, 63: 255-293.
[50] Bai Y, Abbott N L. Recent Advances in Colloidal and Interfacial Phenomena Involving Liquid Crystals. Langmuir, 2010, 27: 5719-5738.
[51] Lowe A M, Abbott N L. Liquid Crystalline Materials for Biological Applications. Chem Mater, 2012, 24: 746-758.
[52] Brake J M, Abbott N L. An Experimental System for Imaging the Reversible Adsorption of Amphiphiles at Aqueous-Liquid Crystal Interfaces. Langmuir, 2002, 18: 6101-6109.
[53] Brake J M, Mezera A D, Abbott N L. Effect of Surfactant Structure on the Orientation of Liquid Crystals at Aqueous-Liquid Crystal Interfaces. Langmuir, 2003, 19: 6436-6442.
[54] Lockwood N A, de Pablo J J, Abbott N L. Influence of Surfactant Tail Branching and Organization on the Orientation of Liquid Crystals at Aqueous-Liquid Crystal Interfaces. Langmuir, 2005, 21: 6805-6814.
[55] Lockwood N A, Abbott N L, Self-Assembly of Surfactants and Phospholipids at Interfaces between Aqueous Phases and Thermotropic Liquid Crystals. Curr Opin Colloid In, 2005, 10: 111-120.
[56] Kinsinger M L, Sun B, Abbott N L, Lynn D M. Reversible Control of Ordering Transitions at Aqueous/Liquid Crystal Interfaces Using Functional Amphiphilic Polymers. Adv Mater, 2007, 19: 4208-4212.
[57] Kinsinger M I, Buck M E, Campos F, Lynn D M, Abbott N L. Dynamic Ordering Transitions of Liquid Crystals Driven by Interfacial Complexes Formed between Polyanions and Amphiphilic Polyamines. Langmuir, 2008, 24: 13231-13236.
[58] Kinsinger M I, Buck M E, Meli M V, Abbott N L, Lynn D M. Langmuir Films of Flexible Polymers Transferred to Aqueous/Liquid Crystal Interfaces Induce Uniform Azimuthal Alignment of the Liquid Crystal. J Colloid Interf Sci, 2010, 341: 124-135.
[59] Brake J M, Daschner M K, Luk Y Y, Abbott N L. Biomolecular Interactions at Phospholipid-Decorated Surfaces of Liquid Crystals. Science, 2003, 302: 2094-2097.
[60] Gupta J K, Meli M V, Teren S, Abbott N L. Elastic Energy-Driven Phase Separation of Phospholipid Monolayers at the Nematic Liquid-Crystal-Aqueous Interface. Phys Rev Lett, 2008, 100: 048301.
[61] Meli M V, Lin I H, Abbott N L. Preparation of Microscopic and Planar Oil-Water Interfaces That Are Decorated with Prescribed Densities of Insoluble Amphiphiles. J Am Chem Soc, 2008, 130: 4326-4333.
[62] Hartono D, Bi X Y, Yang K L, Yung L Y L. An Air-Supported Liquid Crystal System for Real-Time and Label-Free Characterization of Phospholipases and Their Inhibitors. Adv Funct Mater, 2008, 18: 2938-2945.
[63] Hartono D, Lai S L, Yang K L, Yung L Y L. A Liquid Crystal-Based Sensor for Real-Time and Label-Free Identification of Phospholipase-Like Toxins and Their Inhibitors. Biosens Bioelectron, 2009, 24: 2289-2293.
[64] Jang C H, Tingey M L, Korpi N L, Wiepz G J, Schiller J H, Bertics P J, Abbott N L. Using Liquid Crystals to Report Membrane Proteins Captured by Affinity Microcontact Printing from Cell Lysates and Membrane Extracts. J Am Chem Soc, 2005, 127: 8912-8913.
[65] Brake J M, Abbott N L. Coupling of the Orientations of Thermotropic Liquid Crystals to Protein Binding Events at Lipid-Decorated Interfaces. Langmuir, 2007, 23: 8497-8507.
[66] Hartono D, Xue C Y, Yang K L, Yung L Y L. Decorating Liquid Crystal Surfaces with Proteins for Real-Time Detection of Specific Protein-Protein Binding. Adv Funct Mater, 2009, 19: 3574-3579.
[67] Tan L N, Abbott N L. Dynamic Anchoring Transitions at Aqueous-Liquid Crystal Interfaces Induced by Specific and Non-Specific Binding of Vesicles to Proteins. J Colloid Interf Sci, 2015, 449: 452-461.
[68] Price A D, Schwartz D K. DNA Hybridization-Induced Reorientation of Liquid Crystal Anchoring at the Nematic

Liquid Crystal/Aqueous Interface. J Am Chem Soc, 2008, 130: 8188-8194.
[69] Noonan P S, Roberts R H, Schwartz D K. Liquid Crystal Reorientation Induced by Aptamer Conformational Changes. J Am Chem Soc, 2013, 135: 5183-5189.
[70] Tan H, Li X, Liao S, Yu R, Wu Z. Highly-Sensitive Liquid Crystal Biosensor Based on DNA Dendrimers-Mediated Optical Reorientation. Biosens Bioelectron, 2014, 62: 84-89.
[71] Jang C H, Cheng L L, Olsen C W, Abbott N L. Anchoring of Nematic Liquid Crystals on Viruses with Different Envelope Structures. Nano Lett, 2006, 6: 1053-1058.
[72] Sivakumar S, Wark K L, Gupta J K, Abbott N L, Caruso F. Liquid Crystal Emulsions as the Basis of Biological Sensors for the Optical Detection of Bacteria and Viruses. Adv Funct Mater, 2009, 19: 2260-2265.
[73] Han G R, Song Y J, Jang C H. Label-Free Detection of Viruses on a Polymeric Surface Using Liquid Crystals. Colloid. Surface B, 2014, 116: 147-152.
[74] Hiltrop K, Stegemeyer H. On the Orientation of Liquid-Crystals by Monolayers of Amphiphilic Molecules. Ber Bunsen Phys Chem, 1981, 85: 582-588.
[75] Kim E B, Lockwood N, Chopra M, Guzman O, Abbott N L, de Pablo J J. Interactions of Liquid Crystal-Forming Molecules with Phospholipid Bilayers Studied by Molecular Dynamics Simulations. Biophys J, 2005, 89: 3141-3158.
[76] Downton M T, Hanna S. Atomistic Modelling of Liquid-Crystal Surface Modification. Europhys Lett, 2006, 74: 69-75.
[77] Bahr C. Surfactant-Induced Nematic Wetting Layer at a Thermotropic Liquid Crystal/Water Interface. Phys Rev E, 2006, 73: 030702 (R).
[78] Bahr C, Surface Triple Points and Multiple-Layer Transitions Observed by Tuning the Surface Field at Smectic Liquid-Crystal-Water Interfaces. Phys Rev Lett, 2007, 99: 057801.
[79] Parsons J D. Molecular Theory of Surface-Tension in Nematic Liquid-Crystals. Journal de Physique, 1976, 37: 1187-1195.
[80] Gupta J K, Abbott N L. Principles for Manipulation of the Lateral Organization of Aqueous-Soluble Surface-Active Molecules at the Liquid Crystal-Aqueous Interface. Langmuir, 2009, 25: 2026-2033.
[81] Ouyang Y T, Guo H X. Phase Behavior of Amphiphiles at Liquid Crystals/Water Interface: A Coarse-Grained Molecular Dynamics Study. Chin J Polym Sci, 2014, 32: 1298-1310.
[82] Price A D, Ignes-Mullol J, Angels Vallve M, Furtak T E, Lo Y A, Malone S M, Schwartz D K. Liquid Crystal Anchoring Transformations Induced by Phase Transitions of a Photoisomerizable Surfactant at the Nematic/Aqueous Interface. Soft Matter, 2009, 5: 2252-2260.
[83] Moreno-Razo J A, Sambriski E J, Abbott N L, Hernández-Ortiz J P, de Pablo J J. Liquid-Crystal-Mediated Self-Assembly at Nanodroplet Interfaces. Nature, 2012, 485: 86.
[84] Tomar V, Hernandez S I, Abbott N L, Hernandez-Ortiz J P, de Pablo J J. Morphological Transitions in Liquid Crystal Nanodroplets. Soft Matter, 2012, 8: 8679-8689.
[85] Inokuchi T, Arai N. Liquid-Crystal Ordering Mediated by Self-Assembly of Surfactant Solution Confined in Nanodroplet: A Dissipative Particle Dynamics Study. Mol Simulat, 2017, 43: 1218-1226.
[86] Dhara S, Kim J K, Jeong S M, Kogo R, Araoka F, Ishikawa K, Takezoe H. Anchoring Transitions of Transversely Polar Liquid-Crystal Molecules on Perfluoropolymer Surfaces. Phys Rev E, 2009, 79: 060701.
[87] Patel J S, Yokoyama H. Continuous Anchoring Transition in Liquid Crystals. Nature, 1993, 362: 525-527.
[88] Barbero G, Komitov L. Temperature-Induced Tilt Transition in the Nematic Phase of Liquid Crystal Possessing Smectic C-Nematic Phase Sequence. J Appl Phys, 2009, 105: 064516.
[89] Känel H V, Litster J D, Melngailis J, Smith H I. Alignment of Nematic Butoxybenzilidene Octylaniline by Surface-Relief Gratings. Phys Rev A, 1981, 24: 2713-2719.
[90] Sai D V, Kumar T A, Haase W, Roy A, Dhara S. Effect of Smectic Short-Range Order on the Discontinuous Anchoring Transition in Nematic Liquid Crystals. J Chem Phys, 2014, 141: 044706.
[91] Shioda T, Wen B, Rosenblatt C. Continuous Nematic Anchoring Transition Due to Surface-Induced Smectic Order. Phys Rev E, 2003, 67: 041706.
[92] Uline M J, Meng S, Szleifer I. Surfactant Driven Surface Anchoring Transitions in Liquid Crystal Thin Films. Soft Matter, 2010, 6: 5482-5490.
[93] Feng X, Mourran A, Moller M, Bahr C. Surface Ordering and Anchoring Behaviour at Liquid Crystal Surfaces Laden with Semifluorinated Alkane Molecules Soft Matter, 2012, 8: 9661-9668.
[94] Cañeda-Guzmán E, Moreno-Razo J A, Díaz-Herrera E, Sambriski E J. Molecular Aspect Ratio and Anchoring Strength Effects in a Confined Gay-Berne Liquid Crystal. Mol Phys, 2013, 112: 1149-1159.
[95] Yokoyama H. Nematic-Isotropic Transition in Bounded Thin Films. J Chem Soc Faraday Trans 2 1988, 84: 1023-1040.

第12章

耗散粒子动力学模拟研究磺化聚酰亚胺质子交换膜

胡辰辰[1,2,3]，郭洪霞[1,2]

1 中国科学院化学研究所
2 中国科学院大学
3 江苏警官学院

前面三章已证实耗散粒子动力学模拟方法不仅可以成功运用于研究高分子复合材料的多重结构和相行为，而且适用于双亲分子和复杂高分子组装的研究，也同样可用于研究半刚性高分子本体热致液晶相变和界面锚定取向行为。但是，对这些协同行为的探索基于普适模型，粒子之间的相互作用参数只能定性描述其分子片段的亲/疏水性，这显然不能满足我们对预测材料性质、揭示构效关系以及设计新型材料的需求。为了实现对高分子体系结构与性能关系的定量描述，需要我们在模拟研究和真实高分子体系之间建立更为精确的联系。本章的研究着眼于真实高分子体系——磺化聚酰亚胺质子交换膜，选用耗散粒子动力学模拟研究亲疏水片段的序列分布对质子交换膜形貌和相关性能的影响。为了能与真实体系进行定量的对比，我们通过分子动力学模拟计算获取 DPD 珠子之间的相互作用参数，以期定量地研究化学结构对材料结构和性质的影响，建立微观分子结构与宏观性能间的联系，为设计新型材料提供指导。

12.1 磺化聚酰亚胺质子交换膜的研究现状简述

与传统的化石燃料相比，聚电解质膜燃料电池（PEMFCs）具有能量转换效率高、环境污染小等优势，因此在移动电源、家用电源以及便携式电子设备等领域具有广泛的应用前景[1-2]。在众多聚电解质膜燃料电池中，质子交换膜燃料电池由于其功率密度高、运行可靠等优势受到了广泛关注[3]。质子交换膜（PEM）作为阳极、阴极之间的质子传导分离器，是聚电解质膜燃料电池的重要组成部分，通过选择性传输质子，对燃料电池的效率起关键作用[4]。其中，质子交换膜的质子传导率直接受到膜形貌的影响[5]。此外，为使质子交换膜能够实际应用于燃料电池，它还应具备低尺寸溶胀[6] 以及一定的力学性能强度[7]。最为常见的质子交换膜是全氟磺酸型质子交换膜（PFSA）[例如：Nafion（全氟磺酸)]。虽然全氟磺酸型质子交换膜具有优异的化学稳定性和出众的质子传导率[8]，但也存在一些不足之处，例如：制备成本高、所含的氟会造成环境污染、甲醇穿透率高等[9,10]。正是这些缺陷的存在，促使研究人员专注于研发成本低、环境友好的质子交换膜[9,11-14]，并开发出具有高化学和热稳定性、高机械强度、低燃料透过率以及良好成膜能力的磺化聚酰亚胺质子交换膜，这些性能使其有望在聚电解质膜燃料电池中作为质子交换膜使用[15-19]。Watanabe 等人[20] 合成了一系列在主链和侧链具有脂肪族基团的磺化聚酰亚胺高分子。尽管这些磺化聚酰亚胺质子交换膜的质子传导率在低于 100℃的环境下略低于 Nafion（全氟磺酸）膜，但是在高温环境条件下，它们的质子传导率可以和 Nafion（全氟磺酸）相媲美。此外，它们还具有比 Nafion（全氟磺酸）膜更强的力学性能。更为重要的一点是，它们的气体（氢气和氧气）透过率要比 Nafion（全氟磺酸）膜低一个数量级，使其非常适合作为燃料电池中的质子交换膜使用。

在质子交换膜中，亲水通道是由嵌段共聚物中的亲疏水片段之间形成的微相分离结构形成的，并为质子的传输提供了路径，因此质子传输效率与微相分离结构密切相关[21-23]。目前已有小角X射线散射[24-26]、透射电子显微镜法[27-30]、原子力显微镜技术[30,31] 等多种实验方法用于研究化学结构对于亲水通道形状和尺寸的影响。同时，人们还采用上述实验技术研究了化学结构对于质子交换膜的尺寸稳定性、热学性质和力学性能的影响，并取得了一些极有价值的结果[32-36]。另一方面，在过去几年中，随着计算机技术的不断发展和模拟算法的不断改进，多尺度模拟模型方法已被成功用于系统研究质子交换膜中的微观结构与宏观性质之间的关系。例如，传统的全原子分子动力学（AAMD）[37,38] 就通过研究化学结构对于磺酸基团聚集行为的影响，揭示了质子交换膜的化学结构与其传输性质之间的关系。然而，由于计算效率的限制，全原子分子动力学模拟通常只能模拟5nm左右的体系，而质子交换膜的微相结构尺寸通常大于5nm，因此全原子分子动力学模拟很难对质子交换膜体系纳米尺度的形貌进行追踪分析[5,39]。如前两章所述，与全原子分子动力学模拟相比，基于介观模型的数值计算方法则适用于更大时间和空间尺度上的模拟。为了深入理解化学结构和水含量对质子交换膜组装结构的影响，同时也知晓质子交换膜的相形貌与其最终的物理性质和力学性能之间的联系，各种介观模型的场基和粒子基数值计算方法近来已被广泛用于模拟研究质子交换膜体系。例如Li等人[40] 用各向异性的粗粒化模型模拟研究了Nafion（全氟磺酸）体系干膜和湿膜的自组装，并得到了与实验结果高度吻合的最终形貌。自洽场理论也被成功用于研究不同水含量下全氟磺酸型质子交换膜体系的形貌特征[41]。此外，作为一种有效的介观尺度粒子基模拟方法[42]，耗散粒子动力学模拟（DPD）[43] 已被广泛用于研究软物质体系的大尺度协同行为[44-52]，目前也在质子交换膜形貌的分子机理以及质子交换膜形貌与质子传导率间相互关系等研究领域取得越来越多的关注[5,39,53-77]。例如，Yamamoto 和 Hyodo[60] 采用DPD模拟研究了含水Nafion（全氟磺酸）膜随水含量的增加体系结构的变化，得到了与实验结果吻合的水团簇尺寸。Wang 和 Paddison[5] 则运用DPD模拟方法探讨了几种质子交换膜体系［磺化聚亚苯基砜离子聚合物（$sPSO_2$）和典型的全氟磺酸型离子聚合物（PFSA）］中，主链和侧链的化学结构对体系形貌的影响，其模拟结果表明实验中观察到的磺化聚亚苯基砜离子聚合物（$sPSO_2$）体系的质子传导率比全氟磺酸型质子交换膜的高的原因是由于磺化聚亚苯基砜离子聚合物（$sPSO_2$）体系具有更高的亲水通道连通性。

众所周知，双亲嵌段共聚物的序列分布或片段的拓扑排列会影响熔体的微相分离结构，进而影响物理性质（例如：玻璃化转变温度）和力学性能等[78-82]。基于此，除了上述提到的化学结构会直接影响质子交换膜的性质以外，调整质子交换膜分子中的亲疏水片段空间分布或者嵌段长度也会通过对质子交换膜的相形貌的调整而影响其最终性能[83]。近期，已有一些实验和理论研究证实上述猜测。例如：Hansen 等人 [30]合成了一系列基于磺化聚酰亚胺［由以下三种单体合成：1,4,5,8-萘四羧酸二酐［1,4,5,8-naphthalene-tetracarboxylic dianhydride（NTDA)］，4,4′-对氨基二苯醚-2,2′-二磺酸［4,4′-oxydianiline-2,2′-disulfonic acid（ODADS)］，2,2-双对氨基苯六氟丙烷［2,2-bis（4-aminophenyl）hexa-fluoropropane（BAHF)］的多嵌段共聚物，研究了在固定离子交换量下，嵌段长度对质子交换膜形貌和材料性质的影响。他们发现质子交换膜的吸水能力与磺化聚酰亚胺的嵌段长度密切相关，且嵌段长度的变化也会导致质子传导率和膜溶胀程度的不同。此外，Dorenbos[59] 采用耗散粒子动力学模拟研究了两嵌段 Nafion（全氟磺酸）膜（亲水片段-疏水片段）和三嵌段 Nafion（全氟磺酸）膜（疏水片段-亲水片段-疏水片段）在固定离子交换能力和水含量时的自组装行为，发现两嵌段和三嵌段共聚体系具有不同的形貌和水扩散行为。这些研究提示我们对于由固定化学结构分子组成的质子交换膜，可以通过调整亲疏水片段的序列分布或者改变嵌段长度对其性能加以调控，这有望成为控制形貌和优化性能的有效方法。

磺化聚酰亚胺是一种具有潜在应用价值的新型质子交换膜材料[15-17]。然而，关于磺化聚酰亚胺分子中亲疏水片段的序列分布如何影响其形貌和相关物理性质（例如：质子传导率、膜尺寸稳定性）以及力学性能的系统研究却相对匮乏。特别是对于主链和侧链都含有脂肪族基团的磺化聚酰亚胺，由于可以长时间保持性能而引起了极大关注[20]。这类体系的典型化学结构如图 12-1 所示。深入认识磺化聚酰亚胺分子的亲疏水片段的序列分布与其微观结构和相形貌之间的关系，以及其对质子交换膜性能的影响，可以指导我们通过调整亲疏水片段的分布优化磺化聚酰亚胺的性能，使其能够更好地应用于聚电解质膜燃料电池，因此具有非常重要的意义。考虑到计算机模拟在精确阐述机理和系统评估不同参数对体系的影响方面的巨大优势，以及 DPD 方法在介观的时间和空间尺度下模拟所需相对合理的计算需求，因此我们选用 DPD 方法对主链和侧链都含有脂肪族基团的磺化聚酰亚胺体系进行了模拟研究。为了揭示磺化聚酰亚胺分子中亲疏水片段的序列分布对微相分离结构的影响机制，以及进一步对其相关的性质（质子传导率、膜尺寸稳定性和力学性能）的控制机理，我们在本章中主要考虑了两嵌段（由一段亲水片段和一段疏水片段构成）、交替型（亲水重复单元和疏水重复单元交替呈现）和多嵌段［亲水片段（由多个亲水重复单元构成）和疏水片段（由多个疏水重复单元构成）交替呈现］三种典型序列分布的磺化聚酰亚胺共聚物。其中两嵌段共聚物和交替型共聚物可以看作是共聚物序列分布的两种极端情况，而多嵌段共聚物则是介于两者之间的中间序列分布状态。在保持聚合度一致的情况下，我们比较了相同水含量下序列分布不同所带来的膜形貌和性能的区别。这样的研究策略有助于我们了解序列分布对质子交换膜的结构和性能的影响，不仅为系统研究磺化聚酰亚胺共聚物中亲疏水片段的序列分布提供了一个有用的切入点，也为了解实际磺化聚酰亚胺体系中不同序列分布所带来的影响打下基础。

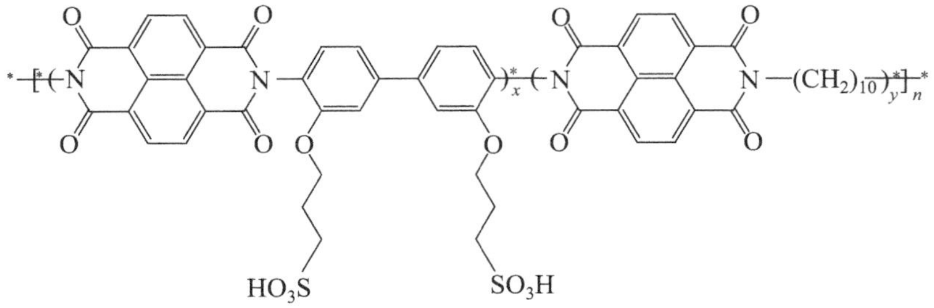

图 12-1

本章中使用的磺化聚酰亚胺分子的化学结构

12.2 磺化聚酰亚胺质子交换膜体系的模型构建和模拟细节[84]

本章所使用的典型磺化聚酰亚胺的化学结构式如图 12-2(a) 所示。我们主要研究在相同聚合度下，磺化聚酰亚胺共聚物中亲疏水片段的序列分布不同所带来的影响。研究的模型体系由对称型共聚物组成，每条模型链都包括亲水和疏水重复单元各 30 个。这里，选用符号 $(A_xB_y)_n$ 来命名序列分布不同的磺化聚酰亚胺体系：其中 A 代表亲水重复单元，由 1,4,5,8-萘四羧酸二酐［1,4,5,8-naphthalene tetracarboxylic dianhydride (NTDA)］单体和 3,3′-双丙氧基磺酸-4,4′-联苯胺［3,3′-bis (sulfopropoxy)-4,4′-diaminobiphenyl (BSPA)］单体组成；B 代表疏水重复单元，由 NTDA 单体和 1,10-二氨基癸烷［1,10-decamethylenediamine (DMDA)］单体组成；下标 x、y 和 n 分别代表每个亲水片段中的亲水重复单元的个数、每个疏水片段中的疏水重复单元的个数以及亲疏水片段的个数。因此，研究中使用的两嵌段、多嵌段和交替型三种典型序列可分别表示为 $A_{30}B_{30}$，$(A_6B_6)_5$ 和 $(AB)_{30}$。为了进一步研究不同水含量下序列分布对质子交换膜形貌的影响，我们参考之前研究工作[5,61,66]中的水含量范围，选取了 $\lambda=0$，3，9 和 15（λ 为水分子数目与磺酸基数目的比值）四种不同的水含量体系，对应体系中水的体积分数分别为 0，10.0%，25.0%和 35.7%。

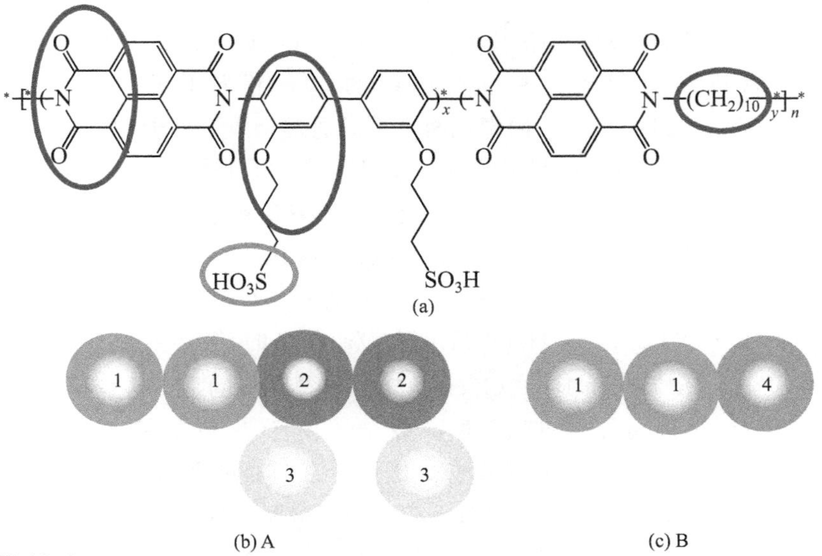

(a)

(b) A

(c) B

图 12-2

（a）磺化聚酰亚胺的化学结构，参数 x、 y 和 n 决定高分子的序列结构；（b）亲水重复单元 A 的粗粒化珠子示意图；（c）疏水重复单元 B 的粗粒化珠子示意图

基于上文所述的磺化聚酰亚胺化学结构，我们采用四种不同的耗散粒子粗粒化珠子来描述磺化聚酰亚胺分子，同时将六个水分子粗粒化成一个珠子以保证粗粒化珠子的质量相近。构成体系的五种粗粒化珠子如表 12-1 所示，亲、疏水重复单元 A、B 的粗粒化模型如图 12-2(b)、(c) 所示。

表 12-1 模型体系中包含的五种粗粒化珠子，其所对应的化学结构以及相应的溶度参数，粗粒化珠子 1 和 2 的溶度参数由分子动力学模拟计算得到，其余三种珠子的溶度参数从文献中获得

粗粒化珠子类型	1	2	3	4	5
分子结构	O, N, O	O	—CH_2SO_3H—	—$(CH_2)_{10}$—	$6H_2O$
$\delta/(J/cm^3)^{1/2}$	22.48	18.74	45.5[85]	15.8[86]	47.9[87]

由于体系中含有不同的 5 种粗粒化珠子，所以它们之间共有 15 组排斥相互作用参数，依照文献 [5]，同种粗粒化珠子间的排斥相互作用参数可设为 25，即 $a_{ii}=25$。为了更好地和真实体系匹配，异种粗粒化珠子之间的排斥相互作用参数则由以下公式[5] 计算得到：

$$a_{ij}=\chi_{ij}/0.286+a_{ii} \tag{12-1}$$

式中，异种珠子之间的 Flory-Huggins 参数，即 χ_{ij}，可以通过以下公式由纯组分的溶度参数（δ_i）计算获得：

$$\chi_{ij}=\frac{V}{k_B T}(\delta_i-\delta_j)^2 \tag{12-2}$$

式中，V 代表单个珠子的体积，而溶度参数 δ_i 和 δ_j 可以通过公式 $\delta=(CED)^{1/2}$ 由组分 i 和 j 的内聚能密度计算得到。本章所选用的 5 种粗粒化珠子中，组分 NTDA、$C_6H_6OCH_2CH_3$ 和—$(CH_2)_{10}$—的内聚能密度可以通过全原子分子动力学（MD）模拟计算得到。为此我们首先在周期边界的盒子中分别放置 20 个相应的分子，并采用 COMPASS 力场以 1fs 的时间步长进行 100ps 等温等压（*NPT* 系综）的分子动力学模拟，所选择的压强是 1atm，并用 Nose-Hove 热浴和 Berendsen 压浴控制 $T=298K$，$P=0$。模拟中每 2500fs 保存一帧轨迹，最后取所得 40 个构象的内聚能密度的平均值用于溶度参数的计算，得到的组分 NTDA、$C_6H_6OCH_2CH_3$ 和癸烷的溶度参数分别是 22.48 $(J/cm^3)^{1/2}$、18.74 $(J/cm^3)^{1/2}$ 和 16.1 $(J/cm^3)^{1/2}$。值得注意的是，这里我们通过计算得到了与实验值[86] 十分接近的癸烷溶度参数值。由于存在氢键相互作用，对应的—CH_2SO_3H 和 H_2O 粗粒化珠子的溶度参数值不能直接通过全原子分子动力学模拟计算得到，因此我们参考了文献 [85] 和手册 [87] 中的溶度参数值。值得指出的是，该组溶度参数值已被 Zhang 等人[85] 成功用于油-水界面上的聚合过程的模拟研究。本章所使用的所有溶度参数值全都列于表 12-1 中。就此，我们可以通过公式(12-2) 计算得到 Flory-Huggins 参数 χ_{ij}，并进一步由公式(12-1) 计算出异种珠子间的排斥相互作用参数。同时，仍是由于基团间氢键的存在，因此珠子 3 和 5 之间的 Flory-Huggins 参数不能由公式（12-2）计算得到。因此，我们参照文献［5］使用 Materials Studio 软件中的“Blends”模块来计算珠子 3 和 5 之间的排斥相互作用参数。至此，我们得到了所有珠子对间的排斥相互作用参数，并将其列于表 12-2 中。

表 12-2　所有粗粒化珠子间的排斥相互作用参数

a_{ij}	1	2	3	4	5
1	25.00				
2	27.01	25.00			
3	100.80	127.48	25.00		
4	31.32	26.21	150.92	25.00	
5	107.12	134.81	23.78	159.02	25.00

考虑到计算效率，我们在 $40r_c \times 40r_c \times 40r_c$ 的周期性盒子内进行耗散粒子动力学模拟，体系的数密度固定为 3.0。因此，水含量为 $\lambda=0$、3、9 和 15 的体系中分别含有 711、640、533 和 457 条高分子链。盒子的长度超过共聚物链的四倍回转半径，因此可以有效避免因周期镜像所导致的相邻分子间相互作用。由于等温等压（NPT）系综相比较微正则（NVE）系综需要更多的计算资源且更难操控，因此我们采用 LAMMPS 软件在微正则（NVE）系综下进行 DPD 模拟，时间步长为 0.03τ。我们以体系的热力学量（如体系的温度和压强）和高分子的链尺寸不再明显变化作为体系达到平衡状态的标志，并进行三次平行模拟，以保证结果的可信度。为了建立约化单位和真实单位之间的联系，相互作用半径 r_c 和时间 τ 可以用以下公式来与实际真实单位相对照[88]：

$$r_c = 3.107(\rho N_m)^{1/3} \tag{12-3}$$

$$\tau = (14.1 \pm 0.1) N_m^{5/3} \tag{12-4}$$

式中，N_m 是每个 DPD 珠子中含有的水分子个数，在本章中，选用 $N_m=6$，模拟的数密度为 3.0($\rho=3.0$)，因此就得到了约化长度和时间与真实单位的对应关系 $r_c=8.143$Å，$\tau=279$ps。

12.3 序列分布对磺化聚酰亚胺质子交换膜形貌和性能的影响[84]

本章的主要目标在于研究磺化聚酰亚胺聚合物的序列分布对质子交换膜微相分离结构的影响，并揭示微相分离结构与质子交换膜性质（如：质子传导率、膜的尺寸稳定性和力学性能）之间的关系。首先我们关注了相同离子交换能力下，三种序列分布的磺化聚酰亚胺聚合物在不同水含量情况下的平衡态形貌。为了详细描述水通道的形状和尺寸，我们计算分析了不同体系中亲水通道的连通率、水珠子之间的径向分布函数（RDF）以及水通道的孔径分布图。此外，为了表征磺化聚酰亚胺聚合物的序列分布对其质子传导率、膜尺寸稳定性以及力学性质的影响，还分别计算了水珠子的均方位移、磺化聚酰亚胺聚合物分子链的末端距和体系的杨氏模量。

12.3.1 相态结构

12.3.1.1 相分离形貌

三种不同序列分布的磺化聚酰亚胺共聚物在不同的水含量（$\lambda=0$、3、9 和 15H_2O/SO_3H）下的平衡态形貌如图 12-3 所示。我们发现由于亲、疏水嵌段间以及亲水嵌段中的亲/疏水基团间均不相容，所以所有的磺化聚酰亚胺体系都产生多重微相分离结构，特别是亲水嵌段上的亲水侧链基团能够自组装形成明显的亲水通道。此外，嵌段长度越短，微相分离强度越强。如图 12-3(a) 所示，对于不含水的 $A_{30}B_{30}$ 体系，疏水嵌段易于形成大的聚集体，而亲水嵌段上的疏水主链和亲水侧链则自组装形成多层结构且遍布整个体系，这就形成了图中疏水嵌段聚集体被垂直于界面的亲水嵌段多层结构所包裹的形态。而对于不含水的 $(A_6B_6)_5$ 体系，亲水嵌段上的疏水主链珠子和亲水侧链基团形成核（侧链基团）-壳（主链基团）的柱状结构并相互连通形成网络，而疏水嵌段形成的相对较小聚集体则被亲水嵌段上的疏水珠子所包裹，较为均匀地分散在整个磺化聚酰亚胺体系中。对于不含水的

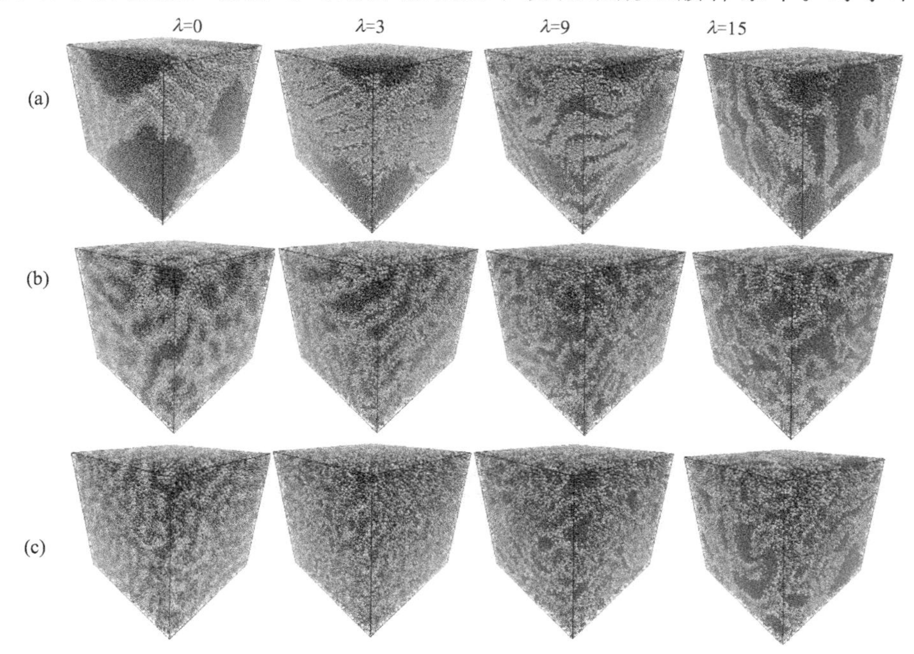

图 12-3

三种典型序列分布的磺化聚酰亚胺体系在不同水含量（$\lambda=0$、3、9 和 15）条件下的平衡态形貌（a）$A_{30}B_{30}$，（b）$(A_6B_6)_5$ 和（c）$(AB)_{30}$ 的示意图

$(AB)_{30}$ 体系，由于体系中的相分离强度弱，且具有亲、疏水重复单元交替出现的结构，亲水嵌段和疏水嵌段组装形成具有较大的热涨落的双连续微乳网络结构，因此 $(AB)_{30}$ 网络中的连接点数目远多于 $(A_6B_6)_5$ 体系。从图中可以看到，少量加入的水分子主要分散在亲水通道中，并不会改变干膜下得到的平衡态相分离结构。而随着水含量的进一步增加，即水含量增加到 $\lambda=9$ 或者 15 时，亲水通道会因部分融合而加宽，这与其他类型质子交换膜的模拟结果一致[5,59,60]。

此外，我们还表征了亲水通道的连通率以及含水磺化聚酰亚胺体系中水通道的连通率，发现所有体系的连通率值都接近 100%。因此在我们的研究中，可以忽略亲水通道和水通道的连通率对质子传输的影响。之前的研究表明质子在通道中的传输受到水通道的形状和孔径分布的重要影响[59]，因此我们将在下一小节研究磺化聚酰亚胺体系中不同序列分布对水通道形状和孔径分布的影响。

12.3.1.2 水通道的形状

为了研究水通道的三维空间分布，进一步得到磺化聚酰亚胺体系中水通道的形状特征，我们在图 12-4 中给出了水通道结构的实时图，并计算了水珠子之间的径向分布函数（如图 12-5 所示）。在径向分布函数中有两点需要特别注意：第一点是 $g(r)$ 函数首次降为 1.0 的位置对应于水团簇的平均尺寸大小；另外一点则是 $g(r)$ 函数首次降为 1.0 与其再次升回 1.0 之间的距离代表连接最邻近两个水团簇之间的通道长度。总体来看，随着水含量的增加，水团簇在三维空间中显著增大，与图 12-3 中观察到的亲水通道变大的结果一致。同时所有径向分布函数的第一个峰均随含水量增加逐渐向右加宽，也进一步证明了水团簇的平均尺寸随着水含量的增加显著增加。

此外，从图 12-4 和图 12-5 中可以看到，在不同序列分布的磺化聚酰亚胺［$A_{30}B_{30}$、$(A_6B_6)_5$ 和 $(AB)_{30}$］体系中，水珠子形成的形貌有所不同。如图 12-4(a) 所示，两嵌段共聚物 $A_{30}B_{30}$ 体系中的水通道呈现片层结构，且层与层之间由小通道相连；随着体系中水含量的增加，水珠子形成的层状结构增厚增大。由径向分布函数可知水含量为 $\lambda=3$ 时的水团簇平均尺寸为 $3.07r_c$；而当水含量增加到 $\lambda=9$ 或 $\lambda=15$ 时，水团簇平均尺寸显著增加到 $10.0r_c$ 左右。此外，低水含量时径向分布函数出现的多峰结构，会随着水含量的增加显著变弱，这也表明随着水含量增加，水珠子形成的片层结构增厚增大，同时片层间通道数量减少、长度缩短。在多嵌段共聚物 $(A_6B_6)_5$ 体系中，水珠子自组装形成如图 12-4(b) 所示的相互连接圆柱状网络结构，并随着水含量的增加增粗。此外，与 $A_{30}B_{30}$ 和 $(AB)_{30}$ 体系在水含量低时（$\lambda=3$）径向分布函数具有多峰结构不同，该体系中水珠子之间的径向分布函数即使在水含量低（$\lambda=3$）的情况下，也只出现单峰，这表明 $(A_6B_6)_5$ 体系中的水通道形状相对均一。交替型共聚物 $(AB)_{30}$ 体系中，水珠子则聚集生成如图 12-4(c) 所示的串珠形状的网络结构。而该体系水珠子之间的径向分布函数的多峰结构，也从侧面证实了串珠形状网络结构的存在。例如：对于 $\lambda=3$ 的体系，我们可以从最邻近峰之间的距离为 $5.0r_c$，以及水团簇的平均距离为 $2.37r_c$，计算出连接最邻近两个水团簇的通道平均长度为 $2.63r_c$，明显大于 $A_{30}B_{30}$ 体系中相邻片层间 $0.78r_c$ 的平均通道

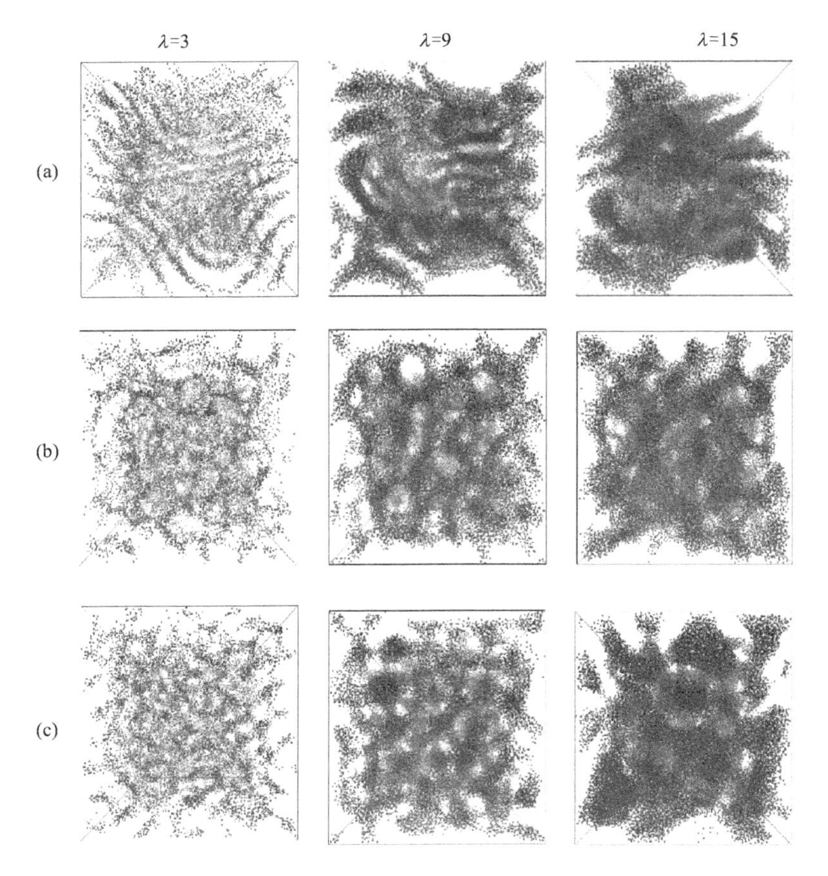

图 12-4

三种典型序列分布（a） $A_{30}B_{30}$，（b） $(A_6B_6)_5$ 和（c） $(AB)_{30}$ 的磺化聚酰亚胺体系在不同水含量（λ = 3、 9和 15）条件下的水通道形貌的示意图

此图中只显示水珠子。

长度。此外，$(AB)_{30}$ 体系的径向分布函数具有明显低于 $A_{30}B_{30}$ 和 $(A_6B_6)_5$ 体系的峰谷，这表明 $(AB)_{30}$ 体系具有最低的水通道尺寸的均一性。而随着水含量的增加，水团簇变大，连接相邻水团簇的通道则变粗变短。在水含量为 $\lambda=9$ 和 $\lambda=15$ 时，水团簇的平均尺寸分布为 $3.4r_c$ 和 $4.3r_c$。此外，$(AB)_{30}$ 体系径向分布函数的多峰结构随着水含量的增加而减弱，也可证明上述结论。由此可知，从径向分布函数得到的结果与从水通道的实时形貌图观察到的结构相互印证，表明多嵌段共聚物 $(A_6B_6)_5$ 体系中水通道的形状最为均匀，而 $(AB)_{30}$ 体系中水通道的形状均一性最差。

12. 3. 1. 3 水通道的孔径分布

为了研究在相同水含量下，磺化聚酰亚胺高分子的序列分布对体系中水通道孔径分布的影响，我们采用了 Bhattacharya 和 Gubbins[89] 提出的计算方法来定量表征各体系中水通道的孔径分布，得到的结果如图 12-6 所示。发现对于三种序列分布体系都存在水通道

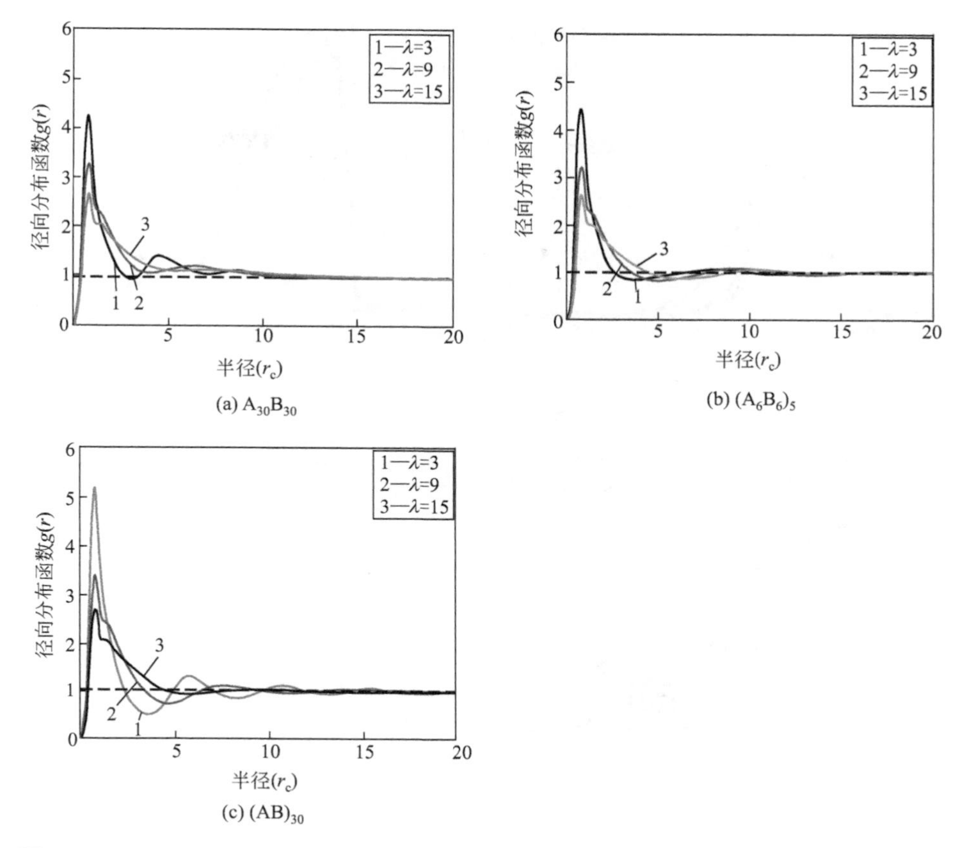

图 12-5

三种典型序列分布（a） $A_{30}B_{30}$，（b） $(A_6B_6)_5$ 和（c） $(AB)_{30}$ 的磺化聚酰亚胺体系在水珠子含量（λ = 3、 9 和 15）不同的情况下，体系中水珠子之间的径向分布函数（RDFs）

的孔径分布随着水含量增加向右变宽的现象，同时出现大孔的概率也明显增加。这一结果与图 12-4 中观察到的水通道随水含量增加变粗的结果一致。当水含量为 $\lambda=3$ 时，比较这三种不同序列分布的磺化聚酰亚胺体系中水通道孔径分布的区别，可以看到两嵌段高分子 $A_{30}B_{30}$ 和多嵌段共聚物 $(A_6B_6)_5$ 体系中，水通道的孔径分布几乎一致，且它们的分布比交替型高分子 $(AB)_{30}$ 体系中的分布窄，如图 12-6(a) 所示。$A_{30}B_{30}$、$(A_6B_6)_5$ 和 $(AB)_{30}$ 体系中出现的最大水通道孔径分别为 $1.1r_c$、$1.1r_c$ 和 $1.4r_c$。随着水含量的进一步增加，多嵌段共聚物 $(A_6B_6)_5$ 体系则表现出相对最窄的水通道的孔径分布。例如，当水含量为 $\lambda=15$ 时，$(A_6B_6)_5$、$A_{30}B_{30}$ 和 $(AB)_{30}$ 体系中水通道的孔径分布范围分别是 $0.4\sim3.5r_c$、$0.4\sim4.6r_c$ 和 $0.4\sim5.3r_c$。这一现象表明在相同水含量下，$(A_6B_6)_5$ 体系具有最为均匀的水通道的孔径分布，这一结果与图 12-4(b) 中观察到的水通道呈现相互连接的柱状网络结构一致，同时也和图 12-5(b) 中的径向分布函数只出现一个峰的现象相吻合。根据上述讨论，我们可以总结三种体系中水通道的孔径分布均一性差异：当水含量较低时，孔径分布均一性的排序为 $(A_6B_6)_5=A_{30}B_{30}>(AB)_{30}$；当水含量较高时，孔径分布均一性的排序则变为 $(A_6B_6)_5>A_{30}B_{30}>(AB)_{30}$。

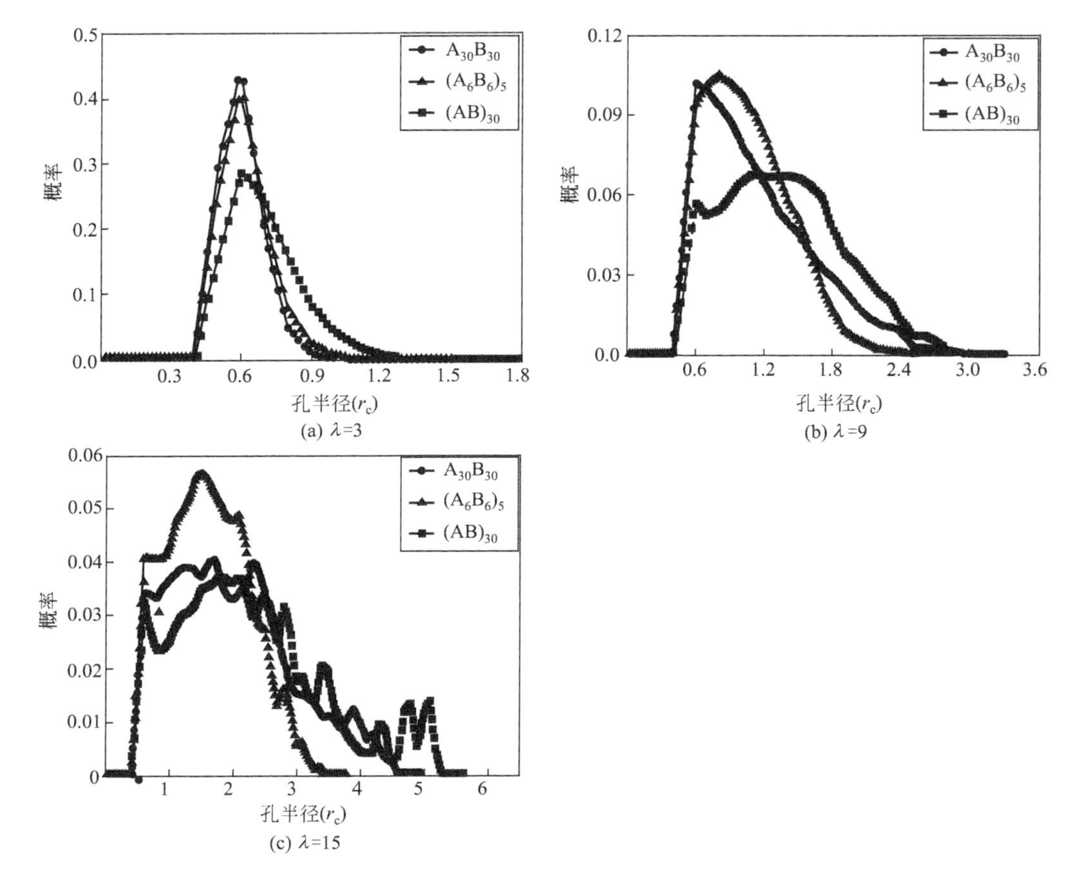

图 12-6

三种典型序列分布 [$A_{30}B_{30}$、$(A_6B_6)_5$ 和 $(AB)_{30}$] 的磺化聚酰亚胺体系在水珠子含量为(a)$\lambda=3$，(b)$\lambda=9$ 和(c)$\lambda=15$ 时，体系中水通道的孔径分布图

所有从这三种不同序列分布磺化聚酰亚胺体系的实时形貌图、水珠子径向分布函数和水通道的孔径分布图中得到的结果，都表明磺化聚酰亚胺高分子的序列分布不仅会影响体系中亲疏水片段间的微相分离形貌，同时会影响由微相分离所引起生成的水通道的形状和尺寸。根据上文讨论，我们总结归纳了这三种典型磺化聚酰亚胺共聚物体系中水通道的主要特征，并绘制了如图 12-7 所示的示意图。在 $(A_6B_6)_5$ 体系中，水通道形成相互连接且形状相对均匀的柱状网络结构；在 $A_{30}B_{30}$ 体系中，水通道表现为由短小的通道相连的片层结构；在 $(AB)_{30}$ 体系中，水通道则呈串珠状结构。因此，通常情况下，$A_{30}B_{30}$ 和 $(AB)_{30}$ 体系中水通道的孔径分布均一性要比 $(A_6B_6)_5$ 体系中的差。处于孔径较大的通道中的水分子通常具有相对高的位置熵和相对低的自由能，因此水分子需要克服相应的能垒才能从孔径较大的通道扩散进入孔径较小的通道。所以，水通道的孔径分布均一性越差，水分子在其中的扩散所需克服的能垒就越大，也就会阻碍其扩散。因此我们可以根据三种体系中水通道的孔径分布均一性的不同，推测水在其中扩散速度的排序：当水含量较低时($\lambda=3$)，水在这三种体系中扩散的快慢排序为 $(A_6B_6)_5=A_{30}B_{30}>(AB)_{30}$；当水含量较高时($\lambda=9$ 或 $\lambda=15$)，水在这三种体系中扩散的快慢排序为 $(A_6B_6)_5>A_{30}B_{30}>(AB)_{30}$。

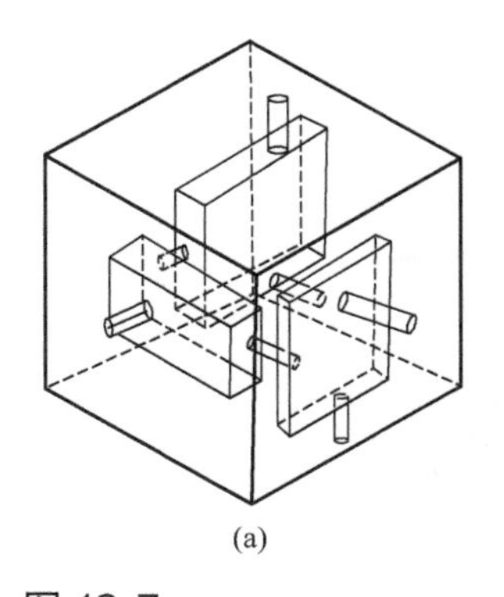
(a)

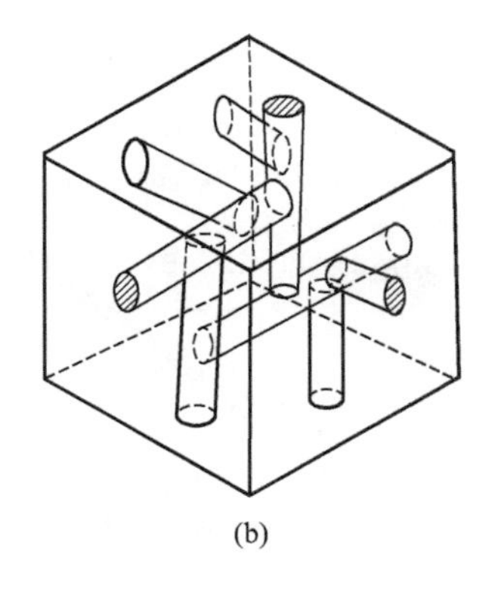
(b)

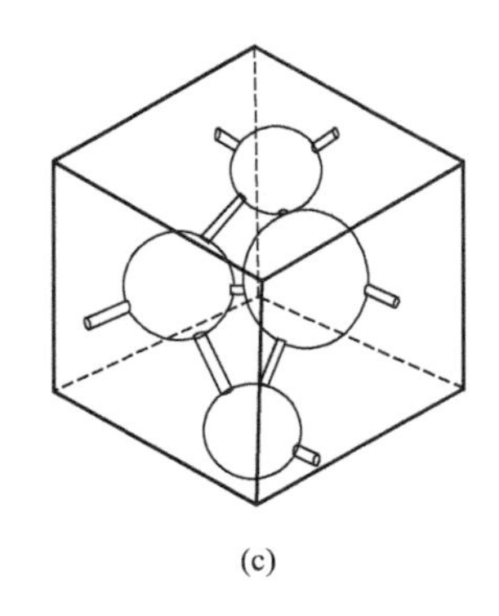
(c)

图 12-7
三种典型序列分布（a） $A_{30}B_{30}$，（b） $(A_6B_6)_5$ 和（c） $(AB)_{30}$ 的磺化聚酰亚胺体系中水通道主要特征的示意图

12.3.2 质子传导率

为了明晰磺化聚酰亚胺体系中高分子链的序列分布对质子传导率的影响，我们计算了DPD模拟中水珠子的均方位移，结果如图12-8所示。可以看出同一序列分布的磺化聚酰亚胺体系中，水珠子的扩散会随着体系中水含量的增加而加快，这一结果与水通道随水含量增加而加粗的变化密切相关。实际上，对于三种序列分布的磺化聚酰亚胺体系，水扩散随着水含量增加而加快的程度各不相同。交替型磺化聚酰亚胺 $(AB)_{30}$ 体系具有三种序列体系中最差的水通道形状均一性，因此水扩散随着水含量的增加而加快的程度很小，不同水含量的均方位移曲线几乎完全重合，由此计算得到的水扩散系数间的差别也很小，水含量从 $\lambda=3$ 增加到 $\lambda=15$ 时，扩散系数只增加了大约 $0.009r_c^2/\tau$。而对于多嵌段磺化聚酰亚胺 $(A_6B_6)_5$ 体系，水通道的形状均一性却是三种体系中最好的，水扩散也表现出最为显著的增速效果，水含量从 $\lambda=3$ 增加到 $\lambda=15$ 时，扩散系数增加了大约 $0.05r_c^2/\tau$。两嵌段磺化聚酰亚胺 $A_{30}B_{30}$ 体系水通道的形状均一性介于前两者之间，相应的扩散程度也介于上述两个体系之间，对应相同的水含量变化时，扩散系数增加了大约 $0.014r_c^2/\tau$。

此外，我们还研究了相同水含量下，序列分布对水扩散的影响。当水含量为 $\lambda=3$ 时，多嵌段体系得到了与两嵌段体系几乎完全重合的水扩散的均方位移曲线，这两个体系中水的扩散系数几乎一样（$0.108r_c^2/\tau$），明显快于交替型体系中的水扩散（$0.0683r_c^2/\tau$）。这一结果与我们在前文中根据水通道孔径分布推测的扩散速度排序是一致的。与此类似，当水含量为 $\lambda=9$ 时的水分子的扩散系数大小排序为 $(A_6B_6)_5$（$0.138r_c^2/\tau$）$>$ $A_{30}B_{30}$（$0.115r_c^2/\tau$）$>$ $(AB)_{30}$（$7.73\times10^{-2}r_c^2/\tau$），也与根据水通道孔径尺寸均一性排序的结果相吻合。当水含量为 $\lambda=15$ 时，可以得到相同的结果。

此外，我们还比较了水珠子在纯水体系以及磺化聚酰亚胺体系中的均方位移，由于通道对水的运动具有束缚作用，使得水在本体中的扩散系数（$0.3107r_c^2/\tau$）明显高于磺化聚酰亚胺体系，这也得到了文献结果的印证。

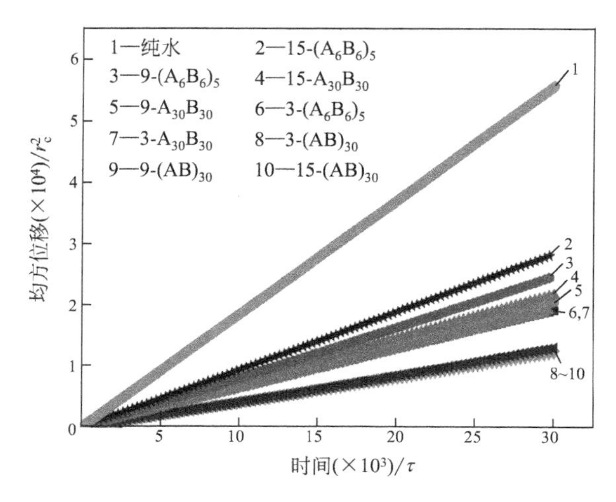

图 12-8

纯水体系和三种典型序列磺化聚酰亚胺体系在水含量为 λ = 3、 9 和 15 时，体系中水珠子的均方位移

其中 $(A_xB_y)_n$ 前面的数字表示体系中水分子与磺酸基团之间的比值，即 λ 值。

由上述结果可知，高分子链的序列分布不仅直接影响体系中水分子的扩散，还会通过调控水通道形状以及孔径尺寸均一性来影响扩散对水含量改变的响应。总体而言，水通道的形状均一性越高，水分子的扩散系数随水含量增加的增幅越大；与此同时，水通道的孔径尺寸均一性越高，水在体系中的扩散越快，即越有利于质子在水通道中的传输。

12.3.3 膜尺寸稳定性

为了研究序列对磺化聚酰亚胺质子交换膜尺寸稳定性的影响，我们计算了三种典型高分子体系在不同水含量的情况下，高分子链末端距（R_{ee}）的变化。由于所有体系中的主链链长一致，因此高分子链末端距的变化只与序列分布以及水含量相关。图 12-9(a) 显示了三种不同序列的磺化聚酰亚胺体系在水含量增加时，链末端距的变化，其中的插图显示了以干膜中链末端距进行归一化后的数据，即 R_{ee}/R_{ee0}（其中 R_{ee0} 是 $\lambda=0$ 时高分子链的末端距）。对于干膜，两嵌段磺化聚酰亚胺链较为伸展（$R_{ee}=15.58r_c$），交替型磺化聚酰亚胺链相对收缩（$11.13r_c$），而多嵌段链则居于两者之间（$11.73r_c$）。当水含量改变时，三种序列体系表现出了不同的变化趋势：$A_{30}B_{30}$ 链（$15.21\sim15.70r_c$）以及 $(AB)_{30}$ 链（$10.67\sim11.13r_c$）的链末端距基本保持不变。而与之明显相反，在 $(A_6B_6)_5$ 体系中的高分子链末端距尺寸则随着水含量的增加而明显减小，当水含量从 $\lambda=0$ 增加到 $\lambda=15$ 时，链末端距从 $11.73r_c$ 减小到 $9.62r_c$，对应的比值 R_{ee}/R_{ee0} 降到了 0.82。这意味着在实际运用中，多嵌段共聚物膜有可能通过高分子链回缩现象在一定程度上抵抗质子交换膜吸水导致的膜溶胀效应，进而保持吸水过程中的尺寸稳定。同时我们还发现即便在高水含量下，R_{ee}/R_{ee0} 仍只有相对较小的下降。因此，我们推测这一链回缩现象不足以引起膜的收缩。由以上分析可以得出以下结论，多嵌段共聚物体系保持膜尺寸稳定性的性能应强于其他两种体系。

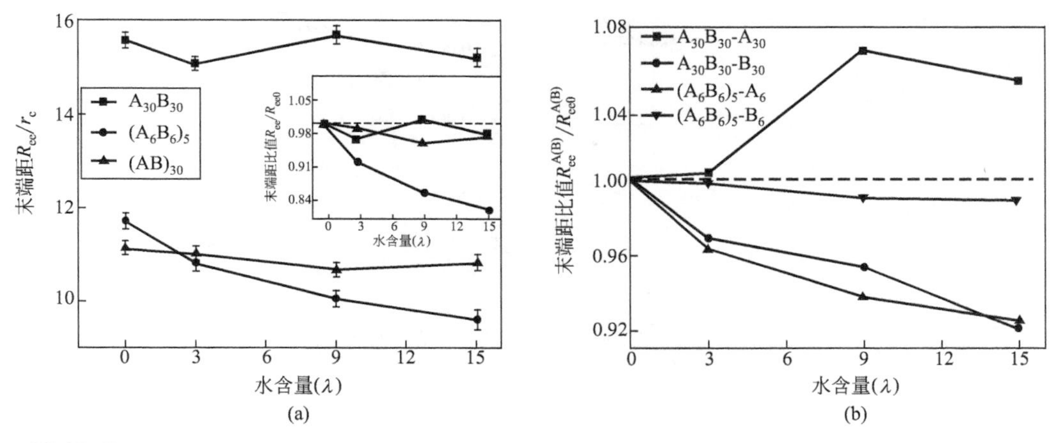

图 12-9

(a) 三种典型序列磺化聚酰亚胺体系中高分子链末端距(R_{ee})随水含量的变化，插图是 R_{ee}/R_{ee0} 的值，

(b) $A_{30}B_{30}$ 和 $(A_6B_6)_5$ 体系中，亲疏水嵌段 $R_{ee}^{A(B)}/R_{ee0}^{A(B)}$ 的值随水含量的变化

为了明确 $(A_6B_6)_5$ 体系中高分子链随水含量增加而收缩的原因，我们分别计算了高分子链中亲水嵌段尺寸和疏水嵌段尺寸（R_{ee}^{A} 和 R_{ee}^{B}）以及末端距比值 R_{ee}^{A}/R_{ee0}^{A} 和 R_{ee}^{B}/R_{ee0}^{B} 随水含量增加的变化，其中 R_{ee0}^{A} 和 R_{ee0}^{B} 分别是膜不含水时亲水嵌段和疏水嵌段的末端距，并将所得的相关结果呈现在图 12-9(b) 中。此外，我们还比较了 $A_{30}B_{30}$ 和 $(A_6B_6)_5$ 体系中的 R_{ee}^{A}/R_{ee0}^{A} 和 R_{ee}^{B}/R_{ee0}^{B} 随水含量增加的变化。通常，亲水嵌段会随着体系中水含量的增加而伸展，而疏水嵌段则收缩。如图 12-9(b) 所示，$A_{30}B_{30}$ 体系的亲疏水嵌段随水含量增加变化的趋势明显符合上述规律，并由于亲水嵌段伸展与疏水嵌段收缩作用相抵消，使整链尺寸随水含量的增加保持稳定。然而对于 $(A_6B_6)_5$ 体系，我们则观察到了与上述规律不符的现象：亲、疏水嵌段均随水含量的增加而收缩，并使整链尺寸随着水含量的增加而下降。从前文对该体系微相分离结构的分析可知，亲、疏水嵌段之间的微相分离使得体系中形成连续的亲水网络以及被网络包围的小疏水聚集体结构，尤其是水珠子主要分布于亲水嵌段的外围［图 12-3(b)］。因此外围的水珠子会随着水含量的增加而对亲水嵌段产生挤压作用，进而导致其收缩。我们通过对亲水嵌段中主链珠子之间的分子内径向分布函数的计算来验证这一结论。如图 12-10(a) 所示，随着水含量的增加，我们观察到径向分布函数的主峰强度的增加以及肩膀峰和峰尾强度的减弱，这反映了水含量增加使亲水嵌段主链珠子的排列变得紧密，因而亲水嵌段尺寸减小。此外，亲水嵌段的收缩还会进一步引起与之相连的疏水片段的收缩，如图 12-10(b) 中疏水嵌段中珠子之间的分子内径向分布函数所示，疏水嵌段珠子之间的排列也随着水含量增加而变得紧密，并导致疏水嵌段尺寸的减小。因此，$(A_6B_6)_5$ 体系中的整链尺寸会随水含量的增加而收缩。

至此，我们探讨了磺化聚酰亚胺的序列分布对高分子链尺寸随水含量增加变化趋势的影响，并进一步分析了不同体系质子交换膜的尺寸稳定性。在这三种典型序列分布的磺化聚酰亚胺体系中，多嵌段共聚物 $(A_6B_6)_5$ 不仅拥有优异的质子传输性能，同时还具备最强的抗溶胀能力。

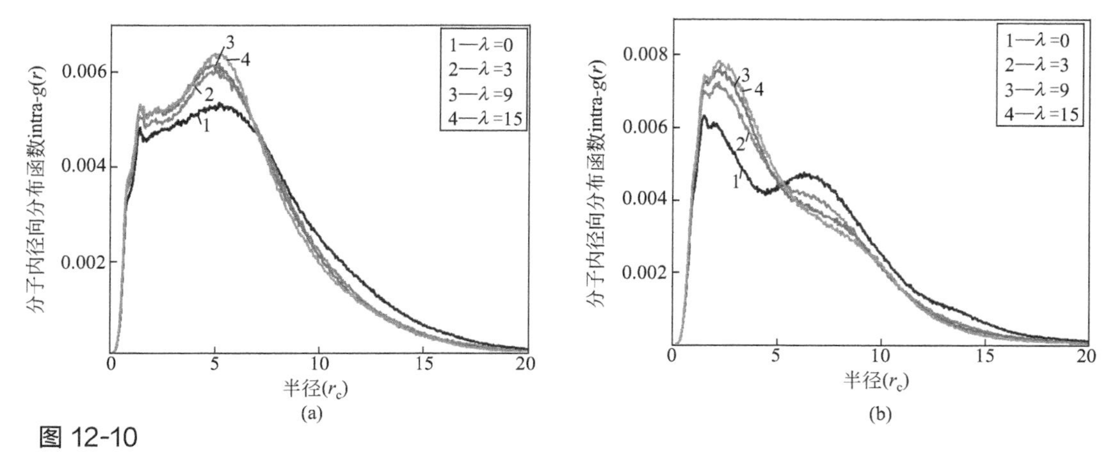

图 12-10

不同水含量 λ = 0、 3、 9 和 15 时， $(A_6B_6)_5$ 体系中（a）亲水嵌段上的主链珠子之间的分子内径向分布函数，（b）疏水嵌段上珠子之间的分子内径向分布函数

12.3.4 膜的力学性质

最后，我们通过计算具有不同序列分布磺化聚酰亚胺体系在不同水含量下的杨氏模量，来研究序列分布对质子交换膜力学性质的影响，所得结果显示于图 12-11。可以观察到，在相同水含量下，体系的杨氏模量随着嵌段长度的减小而下降。这是由于体系的力学性质与体系中的微相分离结构密切相关。$A_{30}B_{30}$ 链的嵌段长度较长，因此具有较强的分相能力，疏水嵌段易于形成破坏体系力学稳定性的大聚集体[90]。而 $(A_6B_6)_5$ 和 $(AB)_{30}$ 体系的嵌段长度相对较短，导致其分相能力较弱，疏水嵌段形成的聚集体也相对较小。因此，两嵌段共聚物体系的杨氏模量比其余两个体系的小。另一方面，如前文中所描述，尽管 $(A_6B_6)_5$ 和 $(AB)_{30}$ 体系中的亲水嵌段都形成相互连接的网络，然而在 $(AB)_{30}$ 体系中，亲水重复单元直接与相邻的疏水重复单元相连，因此所形成的连接点数目较多。因为

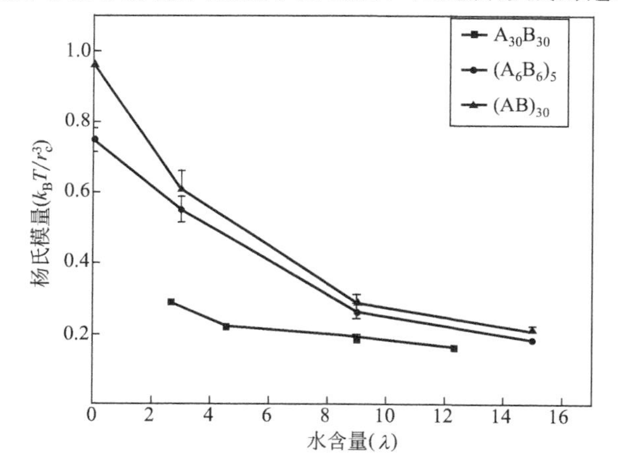

图 12-11

三种典型序列磺化聚酰亚胺体系中的杨氏模量随水含量的变化

体系的弹性性质是随着网络结构中单位体积内连接点数目的增加而加强的[91-93]，所以 $(AB)_{30}$ 体系具有最高的杨氏模量。

随着水含量的增加，水团簇变大且亲水网络通道中的水珠子含量增加。由于单个珠子承受外力形变的能力明显弱于高分子分子链，因此三种体系的杨氏模量及其差值均随着体系水含量的增加而显著减小。上述现象表明，体系水含量的增加会弱化序列分布对体系杨氏模量的影响。总体而言，多嵌段 $(A_6B_6)_5$ 体系的杨氏模量值介于两嵌段和交替型共聚物体系之间，随着体系水含量的增加，越来越接近 $(AB)_{30}$ 体系的杨氏模量。

12.4 总结与展望

为了在相对合理的机时消耗上定量研究化学结构对材料结构和性质的影响，需要我们在一定程度上建立粗粒化模型与真实高分子体系之间的精确联系。为此，我们针对磺化聚酰亚胺分子建立了能够定量研究化学结构对材料结构和性质的影响的粗粒化模型，其粒子间相互作用参数由分子动力学模拟计算获得。进一步，我们使用该模型并结合耗散粒子动力学模拟技术系统研究了不同水含量下，磺化聚酰亚胺质子交换膜体系中亲疏水片段的序列分布对体系微相分离结构和相关性质（质子传导率、膜尺寸稳定性和力学性质）的影响。

我们发现序列分布不仅会影响体系的相分离结构，也会影响体系中水通道的形状和孔径尺寸。在 $A_{30}B_{30}$ 体系中，疏水嵌段聚集形成大的聚集体，而亲水嵌段形成交替的层状结构。在 $(A_6B_6)_5$ 体系中，疏水嵌段形成较小的聚集体，而亲水嵌段聚集形成连通的柱状网络结构。在 $(AB)_{30}$ 体系中，亲水嵌段和疏水嵌段都聚集形成双连续网络结构，且网络结构中具有较多的连接点。比较这三个体系，可以发现 $(A_6B_6)_5$ 体系中水通道的形状和孔径尺寸通常最为均匀，而 $(AB)_{30}$ 体系中水通道的形状和孔径尺寸均一性最差。

此外，磺化聚酰亚胺共聚物的序列分布还通过调控体系微相分离结构来影响质子交换膜的物理性质（如质子传导率和膜尺寸稳定性）和力学性质。例如，水分子在体系中扩散的快慢以及随水含量增加水扩散加快的幅度与水通道的形状和孔径尺寸均一性密切相关。水通道均一性越好，水分子扩散越快。因此，多嵌段体系中的质子传导率在这三种共聚物体系中最高。而对于膜尺寸稳定性的研究发现，与 $A_{30}B_{30}$ 和 $(AB)_{30}$ 体系中高分子链随水含量增加变化不明显不同，$(A_6B_6)_5$ 体系中随水含量增加高分子链出现明显的链回缩现象。这种抗溶胀现象有利于体系保持尺寸稳定性。此外，体系的抗形变能力与体系中疏水聚集体的大小以及亲水网络中连接点的数目密切相关。发现嵌段长度越短，体系的杨氏模量越大。然而，随着体系中水含量的增加，三种序列磺化聚酰亚胺体系的杨氏模量均减小，且序列分布对体系杨氏模量的影响减弱。

比较这三种典型的共聚物 [$A_{30}B_{30}$、$(A_6B_6)_5$ 和 $(AB)_{30}$]，$(A_6B_6)_5$ 体系的质子传导率高，抗溶胀能力强，且拥有相对高的杨氏模量，表明多嵌段磺化聚酰亚胺共聚物有望在聚电解质膜燃料电池中作为质子交换膜材料得到应用。这也证明了 DPD 模拟方法不仅有助于我们明晰微观分子结构与宏观性能间的联系，还有望建立从单分子设计到材料设计、加工的桥梁。我们期望在今后的研究中能够通过我们所建立的上述关联，更为有效地对材料的分子结构和微观相结构加以设计，以期加速材料的设计周期并降低其开发成本，更好地服务人们的生产、生活。

参考文献

[1] Steele B C H, Heinzel A. Materials for Fuel-cell Technologies. Nature, 2001, 414 (6861): 345-352.

[2] Hogarth W H J, Diniz da Costa J C, Lu G Q. Solid Acid Membranes for High Temperature (>140℃) Proton Exchange Membrane Fuel Cells. J Power Sources, 2005, 142 (1-2): 223-237.

[3] Costamagna P, Srinivasan S. Quantum Jumps in the PEMFC Science and Technology from the 1960s to the Year 2000: Part I. Fundamental Scientific Aspects. J Power Sources, 2001, 102 (1-2): 242-252.

[4] Li N, Guiver M D. Ion Transport by Nanochannels in Ion-Containing Aromatic Copolymers. Macromolecules, 2014, 47 (7): 2175-2198.

[5] Wang C, Paddison S J. Mesoscale Modeling of Hydrated Morphologies of Sulfonated Polysulfone Ionomers. Soft Matter, 2014, 10 (6): 819-830.

[6] He G W, Chang C Y, Xu M Z, Hu S, Li L Q, Zhao J, Li Z, Li Z Y, Yin Y H, Gang M Y, Wu H, Yang X L, Guiver M D, Jiang Z Y. Tunable Nanochannels along Graphene Oxide/Polymer Core-Shell Nanosheets to Enhance Proton Conductivity. Adv Funct Mater, 2015, 25 (48): 7502-7511.

[7] Schulze M W, McIntosh L D, Hillmyer M A, Lodge T P. High-Modulus, High-Conductivity Nanostructured Polymer Electrolyte Membranes via Polymerization-Induced Phase Separation. Nano Lett, 2014, 14 (1): 122-126.

[8] Heitner-Wirguin C. Recent Advances in Perfluorinated Ionomer Membranes: Structure, Properties and Applications. Journal of Membrane Science, 1996, 120 (1): 1-33.

[9] Park C H, Lee C H, Guiver M D, Lee Y M. Sulfonated Hydrocarbon Membranes for Medium-temperature and Low-humidity Proton Exchange Membrane Fuel Cells (PEMFCs). Prog Polym Sci, 2011, 36 (11): 1443-1498.

[10] Bose S, Kuila T, Thi Xuan Lien N, Kim N H, Lau K T, Lee J H. Polymer Membranes for High Temperature Proton Exchange Membrane Fuel Cell: Recent Advances and Challenges. Prog Polym Sci, 2011, 36 (6): 813-843.

[11] Brush D, Danilczuk M, Schlick S. Phase Separation in Sulfonated Poly (ether ether ketone) (SPEEK) Ionomers by Spin Probe ESR: Effect of the Degree of Sulfonation and Water Content. Macromolecules, 2015, 48 (3): 637-644.

[12] Chang Y, Mohanty A D, Smedley S B, Abu-Hakmeh K, Lee Y H, Morgan J E, Hickner M A, Jang S S, Ryu C Y, Bae C. Effect of Superacidic Side Chain Structures on High Conductivity Aromatic Polymer Fuel Cell Membranes. Macromolecules, 2015, 48 (19): 7117-7126.

[13] Yao Z, Zhang Z, Hu M, Hou J, Wu L, Xu T. Perylene-based Sulfonated Aliphatic Polyimides for Fuel Cell Applications: Performance Enhancement by Stacking of Polymer Chains. Journal of Membrane Science, 2018, 547: 43-50.

[14] Zhang H, Shen P K, Recent Development of Polymer Electrolyte Membranes for Fuel Cells. Chem Rev, 2012, 112 (5): 2780-2832.

[15] Ghosh A, Banerjee S. Sulfonated fluorinated-an aromatic polymers as proton exchange membranes. E-Polymers, 2014, 14 (4): 31.

[16] Yao H Y, Song N N, Shi K X, Feng S A, Zhu S Y, Zhang Y H, Guan S W. Highly Sulfonated Co-polyimides Containing Hydrophobic Cross-linked Networks as Proton Exchange Membranes. Polymer Chemistry, 2016, 7 (29): 4728-4735.

[17] Zhang Y P, Zhang S, Huang X D, Zhou Y Q, Pu Y, Zhang H P. Synthesis and Properties of Branched Sulfonated Polyimides for Membranes in Vanadium Redox Flow Battery Application. Electrochim Acta, 2016, 210: 308-320.

[18] Wang T, Sun F, Wang H, Yang S, Fan L. Preparation and Properties of Pore-filling Membranes Based on Sulfonated Copolyimides and Porous Polyimide Matrix. Polymer, 2012, 53 (15): 3154-3162.

[19] Li W, Guo X, Aili D, Martin S, Li Q, Fang J. Sulfonated Copolyimide Membranes Derived from a Novel Diamine Monomer with Pendant Benzimidazole Groups for Fuel Cells. Journal of Membrane Science, 2015, 481: 44-53.

[20] Asano N, Aoki M, Suzuki S, Miyatake K, Uchida H, Watanabe M. Aliphatic/Aromatic Polyimide Ionomers as a Proton Conductive Membrane for Fuel Cell Applications. J Am Chem Soc, 2006, 128 (5): 1762-1769.

[21] Peckham T J, Holdcroft S. Structure-Morphology-Property Relationships of Non-Perfluorinated Proton-Conducting Membranes. Adv Mater, 2010, 22 (42): 4667-4690.

[22] Schmidt-Rohr K, Chen Q. Parallel Cylindrical Water Nanochannels in Nafion Fuel-cell Membranes. Nat Mater, 2008, 7 (1): 75-83.

[23] Mauritz K A, Moore R B. State of Understanding of Nafion. Chem Rev, 2004, 104 (10): 4535-4586.

[24] Elabd Y A, Napadensky E, Walker C W, Winey K I, Transport Properties of Sulfonated Poly (styrene-b-isobutylene-b-styrene) Triblock Copolymers at High Ion-exchange Capacities. Macromolecules, 2006, 39 (1): 399-407.

[25] Kreuer K D. On the Development of Proton Conducting Polymer Membranes for Hydrogen and Methanol Fuel Cells. Journal of Membrane Science, 2001, 185 (1): 29-39.

[26] Jutemar E P, Jannasch P. Locating Sulfonic Acid Groups on Various Side Chains to Poly (arylene ether sulfone) s: Effects on the Ionic Clustering and Properties of Proton-exchange Membranes. Journal of Membrane Science, 2010, 351 (1-2): 87-95.

[27] Asano N, Miyatake K, Watanabe M. Sulfonated Block Polyimide Copolymers as a Proton-conductive Membrane. Journal of Polymer Science Part a-Polymer Chemistry, 2006, 44 (8): 2744-2748.

[28] Bae B, Miyatake K, Watanabe M. Effect of the Hydrophobic Component on the Properties of Sulfonated Poly (arylene ether sulfone) s. Macromolecules, 2009, 42 (6): 1873-1880.

[29] Chen L, Hallinan D T Jr, Elabd Y A, Hillmyer M A. Highly Selective Polymer Electrolyte Membranes from Reactive Block Polymers. Macromolecules, 2009, 42 (16): 6075-6085.

[30] Kins C F, Sengupta E, Kaltbeitzel A, Wagner M, Lieberwirth I, Spiess H W, Hansen M R. Morphological Anisotropy and Proton Conduction in Multiblock Copolyimide Electrolyte Membranes. Macromolecules, 2014, 47 (8): 2645-2658.

[31] Badami A S, Lane O, Lee H S, Roy A, McGrath J E. Fundamental Investigations of the Effect of the Linkage Group on the Behavior of Hydrophilic-hydrophobic Poly (arylene ether sulfone) Multiblock Copolymers for Proton Exchange Membrane Fuel Cells. Journal of Membrane Science, 2009, 333 (1-2): 1-11.

[32] Kreuer K D, Portale G. A Critical Revision of the Nano-Morphology of Proton Conducting Ionomers and Polyelectrolytes for Fuel Cell Applications. Adv Funct Mater, 2013, 23 (43): 5390-5397.

[33] Hsu W Y, Gierke T D. Ion-Transport and Clustering in Nafion Perfluorinated Membranes. Journal of Membrane Science, 1983, 13 (3): 307-326.

[34] Hsu W Y, Gierke T D. Elastic Theory for Ionic Clustering in Perfluorinated Ionomers. Macromolecules, 1982, 15 (1): 101-105.

[35] Rubatat L, Rollet A L, Gebel G, Diat O. Evidence of Elongated Polymeric Aggregates in Nafion. Macromolecules, 2002, 35 (10): 4050-4055.

[36] Rubatat L, Gebel G, Diat O. Fibrillar structure of Nafion: Matching Fourier and Real Space Studies of Corresponding Films and Solutions. Macromolecules, 2004, 37 (20): 7772-7783.

[37] Urata S, Irisawa J, Takada A, Shinoda W, Tsuzuki S, Mikami M, Molecular Dynamics Simulation of Swollen Membrane of Perfluorinated Ionomer. J Phys Chem B, 2005, 109 (9): 4269-4278.

[38] Zhang X, Dong T, Pu Y, Higashihara T, Ueda M, Wang L. Polymer Electrolyte Membranes Based on Multiblock Poly (phenylene ether ketone) s with Pendant Alkylsulfonic Acids: Effects on the Isomeric Configuration and Ion Transport Mechanism. The Journal of Physical Chemistry C, 2015, 119 (34): 19596-19606.

[39] Dorenbos G. Water Diffusion Dependence on Amphiphilic Block Design in (Amphiphilic-Hydrophobic) Diblock Copolymer Membranes. The Journal of Physical Chemistry B, 2016, 120 (25): 5634-5645.

[40] Chen W, Cui F, Liu L, Li Y. Assembled Structures of Perfluorosulfonic Acid Ionomers Investigated by Anisotropic Modeling and Simulations. J Phys Chem B, 2017, 121 (41): 9718-9724.

[41] Wescott J T, Qi Y, Subramanian L, Capehart T W. Mesoscale Simulation of Morphology in Hydrated Perfluorosulfonic Acid Membranes. J Chem Phys, 2006, 124 (13).

[42] Sandhu P, Zong J, Yang D, Wang Q. On the Comparisons between Dissipative Particle Dynamics Simulations and Self-consistent Field Calculations of Diblock Copolymer Microphase Separation. J Chem Phys, 2013, 138 (19): 194904.

[43] Hoogerbrugge P J, Koelman J. Simulating Microscopic Hydrodynamic Phenomena with Dissipative Particle Dy-

namics. Europhys Lett, 1992, 19 (3): 155-160.
[44] He L, Pan Z, Zhang L, Liang H. Microphase Transitions of Block Copolymer/nanorod Composites under Shear Flow. Soft Matter, 2011, 7 (3): 1147-1160.
[45] Zhang Z, Guo H. The Phase Behavior, Structure, and Dynamics of Rodlike Mesogens with Various Flexibility Using Dissipative Particle Dynamics Simulation. J Chem Phys, 2010, 133 (14): 144911.
[46] Bai Z, Xia Y, Shi S, Guo H. Dissipative Particle Dynamics Simulation Study on the Phase Behavior of PE/PEO/PE-PEO Symmetric Ternary Blends. Acta Polymerica Sinica, 2011, (5): 530-536.
[47] Huang M, Li Z, Guo H. The Effect of Janus Nanospheres on the Phase Separation of Immiscible Polymer Blends via Dissipative Particle Dynamics Simulations. Soft Matter, 2012, 8 (25): 6834-6845.
[48] Bai Z, Guo H. Interfacial Properties and Phase Transitions in Ternary Symmetric Homopolymer-copolymer Blends: A Dissipative Particle Dynamics Study. Polymer, 2013, 54 (8): 2146-2157.
[49] Huang M, Guo H. The Intriguing Ordering and Compatibilizing Performance of Janus Nanoparticles with Various Shapes and Different Dividing Surface Designs in Immiscible Polymer Blends. Soft Matter, 2013, 9 (30): 7356-7368.
[50] Liu X, Bai Z, Yang K, Su J, Guo H. Phase Behavior and Interfacial Properties of Symmetric Polymeric Ternary Blends A/B/AB. Science China-Chemistry, 2013, 56 (12): 1710-1721.
[51] Liu X, Yang K, Guo H. Dissipative Particle Dynamics Simulation of the Phase Behavior of T-Shaped Ternary Amphiphiles Possessing Rodlike Mesogens. J Phys Chem B, 2013, 117 (30): 9106-9120.
[52] Du C, Ji Y, Xue J, Hou T, Tang J, Lee S T, Li Y. Morphology and Performance of Polymer Solar Cell Characterized by DPD Simulation and Graph Theory. Scientific Reports, 2015, 5: 16854.
[53] Dorenbos G. Competition between Side Chain Length and Side Chain Distribution: Searching for Optimal Polymeric Architectures for Application in Fuel Cell Membranes. J Power Sources, 2015, 276: 328-339.
[54] Dorenbos G. Water Diffusion within Hydrated Model Grafted Polymeric Membranes with Bimodal Side Chain Length Distributions. Soft Matter, 2015, 11 (14): 2794-2805.
[55] Dorenbos G. Searching for Low Percolation Thresholds within Amphiphilic Polymer Membranes: The Effect of Side Chain Branching. The Journal of Chemical Physics, 2015, 142 (22): 224902.
[56] Dorenbos G. Morphology and Diffusion within Model Membranes: Application of Bond Counting Method to Architectures with Bimodal Side Chain Length Distributions. Eur Polym J, 2015, 69: 64-84.
[57] Dorenbos G. Modelling Linear and Branched Amphiphilic Star Polymer Electrolyte Membranes and Verification of the Bond Counting Method. RSC Advances, 2016, 6 (13): 10419-10429.
[58] Iype E, Esteves A C C, de With G. Mesoscopic Simulations of Hydrophilic Cross-linked Polycarbonate Polyurethane Networks: Structure and Morphology. Soft Matter, 2016, 12 (22): 5029-5040.
[59] Dorenbos G. Improving Proton Conduction Pathways in Di-and Triblock Copolymer Membranes: Branched versus Linear Side Chains. J Chem Phys, 2017, 146 (24): 244909.
[60] Yamamoto S, Hyodo S A. A Computer Simulation Study of the Mesoscopic Structure of the Polyelectrolyte Membrane Nafion. Polym J, 2003, 35 (6): 519-527.
[61] Wu D S, Paddison S J, Elliott J A. A Comparative Study of the Hydrated Morphologies of Perfluorosulfonic Acid Fuel Cell Membranes with Mesoscopic Simulations. Energy & Environmental Science, 2008, 1 (2): 284-293.
[62] Dorenbos G, Suga Y. Simulation of Equivalent Weight Dependence of Nafion Morphologies and Predicted Trends Regarding Water Diffusion. Journal of Membrane Science, 2009, 330 (1-2): 5-20.
[63] Wu D S, Paddison S J, Elliott J A. Effect of Molecular Weight on Hydrated Morphologies of the Short-Side-Chain Perfluorosulfonic Acid Membrane. Macromolecules, 2009, 42 (9): 3358-3367.
[64] Dorenbos G, Morohoshi K. Chain Architecture Dependence of Pore Morphologies and Water Diffusion in Grafted and Block Polymer Electrolyte Fuel Cell Membranes. Energy & Environmental Science, 2010, 3 (9): 1326-1338.
[65] Dorenbos G, Pomogaev V A, Takigawa M, Morohoshi K. Prediction of Anisotropic Transport in Nafion Containing Catalyst Layers. Electrochem Commun, 2010, 12 (1): 125-128.
[66] Wu D S, Paddison S J, Elliott J A, Hamrock S J, Mesoscale Modeling of Hydrated Morphologies of 3M Perfluorosulfonic Acid-Based Fuel Cell Electrolytes. Langmuir, 2010, 26 (17): 14308-14315.
[67] Dorenbos G, Morohoshi K. Modeling Gas Permeation through Membranes by Kinetic Monte Carlo: Applications to H-2, O-2, and N-2 in Hydrated Nafion (R). J Chem Phys, 2011, 134 (4): 044133.
[68] Dorenbos G, Morohoshi K. Percolation Thresholds in Hydrated Amphiphilic Polymer Membranes. J Mater Chem, 2011, 21 (35): 13503-13515.
[69] Elliott J A, Wu D S, Paddison S J, Moore R B. A Unified Morphological Description of Nafion Membranes from

SAXS and Mesoscale Simulations. Soft Matter, 2011, 7 (15): 6820-6827.
[70] Dorenbos G. Dependence of Pore Morphology and Diffusion on Hydrophilic Site Distribution within Hydrated Amphiphilic Multi Block Co-polymer Membranes. Polymer, 2013, 54 (18): 5024-5034.
[71] Dorenbos G. Dependence of Percolation Threshold on Side Chain Distribution within Amphiphilic Polyelectrolyte Membranes. Rsc Advances, 2013, 3 (40): 18630-18642.
[72] Dorenbos G. Morohoshi K. Pore Morphologies and Diffusion within Hydrated Polyelectrolyte Membranes: Homogeneous vs Heterogeneous and Random Side Chain Attachment. J Chem Phys, 2013, 138 (6): 064902.
[73] Metatla N, Palato S, Soldera A. Change in Morphology of Fuel Cell Membranes under Shearing. Soft Matter 2013, 9 (46): 11093-11097.
[74] Wang C, Krishnan V, Wu D S, Bledsoe R, Paddison S J, Duscher G. Evaluation of the Microstructure of Dry and Hydrated Perfluorosulfonic Acid Ionomers: Microscopy and Simulations. Journal of Materials Chemistry A, 2013, 1 (3): 938-944.
[75] Dorenbos G. Pore network design: DPD-Monte Carlo Study of Solvent Diffusion Dependence on Side Chain Location. J Power Sources, 2014, 270: 536-546.
[76] Dorenbos G. Pore Design within Amphiphilic Polymer Membranes: Linear versus Y-shaped Side Chain Architectures. Rsc Advances, 2014, 4 (92): 51038-51046.
[77] Sethuraman V, Nguyen B H, Ganesan V. Coarse-graining in Simulations of Multicomponent Polymer Systems. The Journal of Chemical Physics, 2014, 141 (24): 244904.
[78] Spontak R J, Smith S D. Perfectly-alternating Linear (AB)(n) Multiblock Copolymers: Effect of Molecular Design on Morphology and Properties. Journal of Polymer Science Part B-Polymer Physics, 2001, 39 (9): 947-955.
[79] Zhang J, Deubler R, Hartlieb M, Martin L, Tanaka J, Patyukova E, Topham P D, Schacher F H, Perrier S. Evolution of Microphase Separation with Variations of Segments of Sequence-Controlled Multiblock Copolymers. Macromolecules, 2017, 50 (18): 7380-7387.
[80] Sun D, Guo H. Monte Carlo Simulations on Interfacial Properties of Bidisperse Gradient Copolymers. Polymer, 2015, 63: 82-90.
[81] Sun D, Guo H. Monte Carlo Studies on the Interfacial Properties and Interfacial Structures of Ternary Symmetric Blends with Gradient Copolymers. J Phys Chem B, 2012, 116 (31): 9512-9522.
[82] Sun D, Guo H. Influence of Compositional Gradient on the Phase Behavior of Ternary Symmetric Homopolymer-copolymer Blends: A Monte Carlo study. Polymer, 2011, 52 (25): 5922-5932.
[83] He G W, Li Z, Zhao J, Wang S F, Wu H, Guiver M D, Jiang Z Y. Nanostructured Ion-Exchange Membranes for Fuel Cells: Recent Advances and Perspectives. Adv Mater, 2015, 27 (36): 5280-5295.
[84] Hu C, Lu T, Guo H. Mesoscale Modeling of Sulfonated Polyimides Copolymer Membranes: Effect of Sequence Distributions. Journal of Membrane Science, 2018, 564: 146-158.
[85] Hu J, Lv Z, Xu Y, Zhang X, Wang L. Fabrication of a High-flux Sulfonated Polyamide Nanofiltration Membrane: Experimental and Dissipative Particle Dynamics Studies. Journal of Membrane Science, 2016, 505: 119-129.
[86] Rackovsky S, Scheraga H A. Influence of Ordered Backbone Structure on Protein Folding. A Study of Some Simple Models. Macromolecules, 1978, 11 (1): 1-8.
[87] Hansen C M. Hansen Solubility Parameters A User's Handbook. second ed. Boca Raton: Taylor and Francis, 2007.
[88] Groot R D, Rabone K L. Mesoscopic Simulation of Cell Membrane Damage, Morphology Change and Rupture by Nonionic Surfactants. Biophys J, 2001, 81 (2): 725-736.
[89] Bhattacharya S, Gubbins K E. Fast Method for Computing Pore size Distributions of Model Materials. Langmuir, 2006, 22 (18): 7726-7731.
[90] Guo H, Mussault C, Brulet A, Marcellan A, Hourdet D, Sanson N. Thermoresponsive Toughening in LCST-Type Hydrogels with Opposite Topology: From Structure to Fracture Properties. Macromolecules, 2016, 49 (11): 4295-4306.
[91] Gardel M L, Shin J H, MacKintosh F C, Mahadevan L, Matsudaira P, Weitz D A. Elastic Behavior of Cross-linked and Bundled Actin Networks. Science, 2004, 304 (5675): 1301-1305.
[92] Wu X Y, Sallach R, Haller C A, Caves J A, Nagapudi K, Conticello V P, Levenston M E, Chaikof E L. Alterations in Physical Cross-linking Modulate Mechanical Properties of Two-phase Protein Polymer Networks. Biomacromolecules, 2005, 6 (6): 3037-3044.
[93] Khademzadeh Yeganeh J, Goharpey F, Foudazi R. Rheology and Morphology of Dynamically Asymmetric LCST Blends: Polystyrene/Poly (vinyl methyl ether). Macromolecules, 2010, 43 (20): 8670-8685.

第13章

耗散粒子动力学模拟研究熔体静电纺丝

宋庆松[1]，王欣[1]，刘勇[2]
1 北京化工大学
2 通讯作者

13.1 静电纺丝计算机模拟研究现状

静电纺丝（简称电纺）作为一种简单、高效、直接制备纳米级纤维的方法，随纳米科技的蓬勃发展而日益受到国内外科学界及工业界的广泛关注[1-5]。静电纺丝与传统纺丝方法不同，它是通过静电力作为牵引力来制备微米、纳米级超细纤维的一种方法。它通过在高分子溶液或熔体上施加几千到几万伏的高压静电，使处于喷丝头末端的高分子溶液或熔体发生极化并通过与电源相连导出部分电荷，从而在液体表面产生净电荷，因处于强电场中，液体表面会受到与表面张力相反的电场力作用，当电场力足够大时，高分子液滴克服表面张力形成喷射细流。细流在喷射过程中固化，落在接收装置上，形成超细纤维[1,5,6]。

静电纺丝分为溶液电纺和熔体电纺两类。其中溶液电纺因为设备简单、溶液配制容易、方便添加多种成分、室温下即可纺丝等众多优点而受到广泛关注。目前大多数的电纺研究都是利用溶液电纺进行的[2,6-8]。熔体电纺诞生较晚，关注和使用该法的人也相对较少，这主要是因为：①熔体电纺设备包含加热及控制装置，比溶液电纺设备复杂；②熔体黏度比溶液的大很多，实现电纺所要求的电压要高很多，容易产生空气放电（击穿）现象；③熔体电纺所要求的温度不仅高于高分子的熔点，而且一般比普通加工温度还要高，容易使高分子原料产生热降解；④熔体电纺所得纳米纤维的直径一般比溶液电纺的要高一个数量级。但熔体电纺不需要溶剂，比溶液电纺环境友好、成本低、效率高，越来越受到国际科学界的重视，国内也有越来越多的科学家开始关注和研究熔体电纺[9,10]。虽然溶液电纺和熔体电纺这两种纺丝方式的基本原理是一样的，但下落过程中纤维的形成有明显区别：溶液电纺纤维是靠大量溶剂蒸发，剩下的溶质固化形成的；熔体电纺纤维是靠热量散失，高分子逐渐冷凝固化形成的。因此这两种纺丝过程中纤维超分子结构（又称聚集态结构，是指大分子在空间的位置和排列的规整性，比如结晶和取向）的变化规律、环境因素对纤维运动规律的影响、纤维中高分子链的运动规律等都应该有明显不同[11-14]。

对熔体电纺这一物理现象的理论研究，能够有效揭示纺丝过程中高分子成纤机理、高分子链取向规律、熔体流动规律、纤维行走路线分布规律、温度散失对纤维直径的影响等基本科学问题，但对电纺的理论分析涉及静电学、电流体动力学、高分子流变学、空气动力学、湍流、固-液表面的电荷输运、质量输运和热量传递等方面的知识，十分复杂，因此这一部分的基础研究还比较落后[10]。

本节对当前不同纺丝设备或类型的电纺过程的模拟情况进行了分析和整理，并指出了电纺过程模拟研究中存在的问题及将来深入发展的方向，希望能为下一步的电纺模拟研究提供有益参考。

单喷头电纺的模拟：单喷头电纺装置是指只用一个喷头或针头来进行电纺的装置。该装置结构简单，使用方便，成为长期以来人们普遍使用的一种电纺形式[14]。

针对单喷头电纺过程的模拟研究开展得也比较多。谢胜等[15]模拟了单喷头与接收平板间的电场，以及加辅助板后它们之间的电场变化，并用 MATLAB 软件画出了其在接收平板平行方向及垂直方向的电场分布三维立体图，发现采用辅助板时电场分布较为均匀，对纤维的拉伸作用更加有利。贾琳[16] 应用 POLYFLOW 软件模拟了在不同拉伸力条件下，电纺稳定段射流的拉伸形态。笔者进行了两种条件的模拟，一种是只模拟射流从泰勒锥喷出后形成的稳定直线段部分，一种是模拟溶液从针管内到形成稳定射流全过程的模拟。在拉伸力增大过程中纤维逐渐变细，当拉伸力再增大时出现了流动不稳定现象，加深了人们对射流拉伸过程及原理的理解。电纺所纺的纤维质量与电场的分布有密切关系，张健宗[17] 研究了不同电场力牵伸条件下，纺程中稳定段射流的运动状态，且应用 Fluent 软件模拟了电纺的不稳定段以及整体的纤维形态变化，观察了场强的分布及对射流形态的影响，而后通过高速拍摄技术截取了射流运动的静态图，从而将模拟与实验对比来解释射流运动中的现象和规律。得出电纺在相同流量条件下，电荷密度也相同，在不稳定段，纤维所受的拉伸力大，得到纤维更细[14]。

另外，不少人员应用有限元分析软件 ANSYS 对单喷头条件下的电纺过程进行了模拟。郝明凤[18] 研究了温度、纺丝距离、电场分布对纺丝的影响。研究结果显示，在喷头与接收板的边缘处电场值比中间部分要大，这是由于金属设备边缘或尖端有电场集中的缘故，随接收板面积的减小，电场线逐渐收敛。该模拟将电场分布和各个参数引起的变化都表示出来，对于找到最佳纺丝条件和参数十分重要。L. S. Carnell 等[19] 除实验外，模拟了喷头与收集板不同间距时的电场线分布情况，其中喷头和收集板电压分别取＋10kV 和－10kV。他们的研究结果可以与其他研究人员收集板接地的电场模拟结果进行对比，为进一步寻找最优电场提供依据。G. H. Kim 等[20] 引入了电场浓度因素 EFCF，对未加入辅助电极喷丝板及加辅助电极喷丝板情况下的电纺的电场浓度分布进行了模拟，并提出了用多喷头加辅助电极的方法来提高产量。由于电场浓度系数的引入，单喷头和多喷头的模拟结果差异不大，虽然电场浓度系数使电场的表示量化了，但对于更加直观地表示电场反而不利了。Ying Yang 等[21] 研究了非均匀电场、微不均匀电场和均匀电场对电纺过程中纤维形态的影响。研究结果表明，减少电极下的喷头长度时，电场更加均匀。并采用不同的参数来表示其影响结果，如鞭动不稳定发展对射流长度、锥形角度的影响等。他们将喷头长度的影响用多个参数指标来表示，考虑问题更加全面[14]。

为了使模拟更加精确，王欣等[22] 将模拟深入到介观尺度，提出了 DPD（耗散粒子动力学）模拟熔体电纺，研究了电场力、高分子黏度和高分子链长对纤维下落速度的影响，考查了纺丝过程中纤维不同阶段的速度变化，以及黏度与纤维不同阶段的下落速度的关系，弹簧系数对分子链的均方末端距的影响等内容。将宏观的黏度、下落速度与介观的分子链等情况结合起来，从介观尺度上分析这个物理过程和现象，能给人更深入的理解和认识[14]。

单喷头电纺作为较早出现且最经典的纺丝方法，得到了众多科研人员的关注，对其电场分布、各因素对电场的影响等从不同方面做了深入的模拟分析，尤其是一部分研究采用了介观模拟方法，对电纺过程的分子链运动规律进行了研究，这些模拟对于深刻理解电纺过程的物理规律提供了有益分析，将对获得高性能的纳米纤维提供强有力的指导[23]。

双喷头或多喷头电纺的模拟：双喷头或多喷头电纺是在一套电纺装置中，使用同一个高压发生器、同一个供料系统和纤维接收系统，纺丝喷头有两个或多个[14]。

提高电纺的生产效率一直是亟待解决的问题，采用双喷头或多喷头电纺装置成为一些科研人员关注的解决方案之一，但是采用双喷头或多喷头进行电纺所得产量并不是单喷头产量的线性相加，由于静电场的干扰，喷头之间、喷头与收集板间的电场情况都有所改变。很多研究人员从此入手，做了很多有价值的模拟研究。严宏军[19] 用 ANSYS 模拟了电场强度与纺丝电压、纺丝距离的关系并在模拟中引入其他喷丝管，发现其对原电场的影响较大。再在最佳纺丝电压下，用 Maxwell 模拟电纺的电场，得出单排多喷头系统最佳喷丝管数为 6 的结论，如要求各喷丝管纺出的纤维直径均匀，则最佳喷丝管数为 4。该研究对多喷头的实际应用很有意义。张泽茹等[24] 利用 ANSYS 对规模化多喷头电纺的工作场强进行了模拟。发现随喷头数的增加，场强峰值减小，同一排针中，边缘针附近场强最大，中间针周围场强最小，边缘场强受库仑力向两侧倾斜，这对射流鞭动角度和射流长度都有影响，并得出多喷头电纺的最佳针间距。该模拟对多喷头情况下电场的分布情况表达得更加清楚，最佳针间距的得出也对实际喷头的排列和安装起到了指导作用。郭岭岭等[25] 根据 ANSYS 分析的电场分布来寻找减小或消除喷头间互相干扰的办法。有：在纺针上套 PTFE 塑胶管，起到屏蔽阻隔作用；将各喷头单独加不同的电压值；采用不等针长，缩短外侧针的长度；改变喷头之间的间距，采用不均等间距的方法等。再用模拟来验证结果，得到了高效实用的方法[14]。

双喷头条件下的电场模拟及其他影响因素研究也有重要意义。朱文斌等[26] 应用 Ansoft Maxwell 3-D 电磁场分析软件对电纺电场进行了模拟，阐明了辅助电极屏蔽电场的作用，证明加辅助电极的两喷头电场的相互影响大大减小，对增大纤维的连续性和获得更加均匀的纤维都有很好的作用。严宏军等[27] 研究了双喷头系统喷丝管的局部电场，模拟结果表明当有其他喷丝管引入时，喷丝口处的局部电场明显减弱，一定范围内随两喷丝管间距增大，电场强度没有明显的变化趋势[14]。

E. Jentzsch 等[28] 利用 FEMM 分析软件对多喷头发射器和杆式收集器组成的电纺系统的等势线、电场分布进行了模拟，其中喷头电压为 20kV，收集电压分别为接地和 −5kV，从而得出结论：纳米材料受电场力影响是在离开喷头之后，在纤维收集器上加负压更加有利于收集。模拟结果显示了多喷丝口上应用杆式收集器的结果，找到了合适的收集器电压[14]。

多喷头纺丝是在单喷头纺丝的基础上发展起来的，它是一种直观地提高纺丝产量的方法，但多喷头纺丝装置的喷丝喷口端各喷头之间的相互影响又降低了它的应用效果。许多研究人员为解决喷头排布、排列间距、喷头最佳数目、最优纺丝电压进行了模拟研究，其中为减小喷头间相互干扰而做的多个模拟研究和方法，思路更加开阔，将为解决电纺产量低问题提供新的指导[14]。

无喷头电纺的模拟：随着对电纺研究的不断深入，研究人员发现传统的喷头电纺容易出现难以清洗、喷头堵塞等问题，而研究发现喷头对泰勒锥的形成并不是必需的，所以科研人员对无喷头电纺进行了探索。即纤维不是从喷头中产生，而是在一个面或线状液面上产生。无喷头电纺喷头有多种式样，如线盘式、伞状、滚筒式、小孔式、平板式、鼓泡式等[11-14]。

刘学凯等[29-30] 将均匀电场与多射流的思想结合起来，设计了一种平面三孔电纺装置代替传统三喷头电纺装置，其电场强度分布比较均匀且平均电场强度值大；他们又增加喷丝孔的数量，同时改变喷丝板厚度、喷丝孔孔距及电极直径，对以上不同结构参数的电场进行模拟并与实验相比较。模拟结果说明，喷丝板厚度和电极直径对纺丝区域中的电场强度影响较大，而喷丝孔孔距对纺丝区域中的电场强度值影响很小；喷丝板厚度和喷丝孔孔距对电场强度沿 z 轴方向一致性影响很小，而电极直径对电场强度沿 z 轴方向一致性影响较大。刘菁等[31] 用多物理场有限元分析软件 Comsol Multiphysics 对喷丝头的电场进行了系统模拟和分析，发现较大电场集中在喷头处，滚筒的静电场较大处则分布于两端，且滚筒式能激发更强的静电场，高电势部分占的体积也大，对纺丝原理和无喷头纺丝的优化设计都有更深的理解[11-14]。

对于无喷头电纺装置，Xin Wang 等[32-33] 提出了 2 种新的装置：一种是应用旋转的螺旋线圈作为喷丝板，发现可以产生更细的纤维，且直径分布均匀，产量有所提高，并用有限元分析了线圈表面和电纺区域的电场，发现高电场强度集中在线圈表面；另外一种是线盘式无喷头纺丝喷头，为了更清楚地了解它的纺丝过程，笔者应用 ANSYS 软件对纺丝喷头处的电场进行了模拟，发现该线盘喷头处的电场更大，高分子受到的电场力也更大，从而有利于获得更细的纤维[11-14]。

无喷头电纺形式突破了传统喷头式电纺的局限，可以让泰勒锥[34] 自由分配，大大提高了纺丝效率，并避免了喷头难加工、易堵塞、效率低等缺点，具有很好的发展前景。

现有问题及发展方向：众多研究者采用多种模拟软件从不同角度对电纺过程进行了模拟，模拟采用的模型往往都是被简化了的，但简化的都是相对不重要的部分，且简化后的模型能够正确地反映电纺过程或物理场的基本特点。经过试验与模拟相互验证，模拟能充分发挥计算机建模简单、条件变换容易、模拟结果可重复且可靠的特点，同时我们也应该认识到模拟还不能完全表达现实的纺丝过程，每种软件和方法都有其优缺点，目前，电纺模拟存在的问题如下：

(1) 从理论研究方面，仍然存在理论黑箱，电场对纺丝溶液的流量和拉伸作用之间的制衡分界点仍待解决。针对溶液电纺的模拟大多忽略了溶剂挥发的影响，对熔融电纺则忽略了热量散失对射流的影响，因此还需要更深入的研究来解决这些问题[14]。

(2) 从模拟的精度方面，虽然目前主流的有限元模拟能在宏观尺度上给出电场分布、流场梯度等情况，但对材料性能有重要影响的材料在介观和微观尺度上的运动规律掌握得还不够，随着人们对电纺过程中材料运动更本质规律的追寻，介观模拟和微观模拟将会得到更多关注[14]。

(3) 从优化模拟角度，目前的模拟基本都是研究某个时刻的纺丝情况，但纺丝过程是连续的、动态的，从溶液或熔体进入喷头一直到纤维落到收集板上整个过程的模拟还没有[14]。

随着社会对纳米技术的关注，人们对高效制造纳米纤维的电纺技术的研究也日益深入。目前模拟方法有可信度较高、稳定性强、实验风险小、需要的人力和物力少等方面的优势，但有些问题还未解决，针对电纺的模拟研究会得到越来越多的关注[14]。

13.2 熔体静电纺丝耗散粒子动力学模拟体系

本章[22] 所用模拟体系与我们前期研究中的体系基本相同[35-37]，时间步长是 0.02，体系密度是 6，在具有周期性边界的 10×10×40 立方体盒子中含有 24000 个粒子，立方体中有三种粒子，有模拟空气的蓝色粒子、模拟高分子熔体的红色粒子和模拟纺丝喷头的黄色粒子。只有黄色粒子不会随着计算步数的增加而产生位移。三种粒子之间的保守力参数 a_{ij}，如表 13-1 所示。三种粒子在耗散力、随机力上没有区别。模拟熔体的红色粒子之间用 Fraenkel 弹簧键连接起来[38]，由 4 个红色粒子组成一个高分子链。通常，电纺纤维因直径小、质量轻，重力是可以忽略的，电场力是主要作用力，所以在模拟体系中除了有保守力、耗散力和随机力之外，还需对红色粒子施加电场力。因为电纺所用电场一般都是不均匀电场，电场力只存在于纺丝喷头底端和纤维接收板之间，在文献［39，40］中已经给出描述电场力的公式，现在只需要将电场力公式引入 DPD 体系中即可[11]。

表 13-1 三种粒子的保守力参数

a_{ij}	红	蓝	黄
红	12.5	30	80
蓝		40	80
黄			12.5

纤维的下落轨迹是静电纺丝中的重要特征。研究者发现，在溶液电纺中接收板附近纤维的下落轨迹变得很不稳定，如图 13-1(c)，不稳定的原因可能是纤维直径很小，容易受

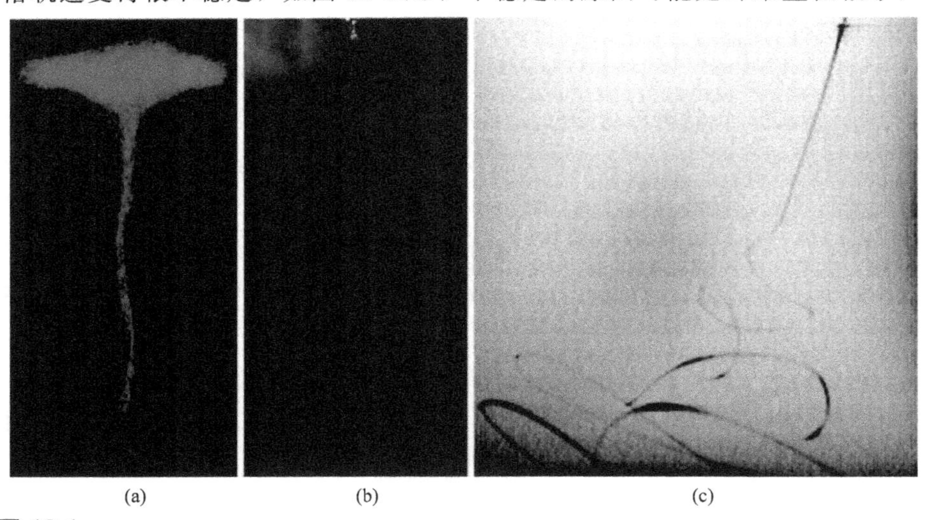

图 13-1

模拟和实验下落轨迹的比较[40]

（a）模拟出的纤维轨迹；（b）熔体静电纺丝轨迹的快照；（c）溶液静电纺丝轨迹的快照。

到空气和电场的扰动。相反，熔体电纺的纤维轨迹就稳定得多。熔体电纺纤维直径比较大时，肉眼可以直接观察到，如图 13-1(b)。通过调整 DPD 模拟体系中的相互作用参数，模拟出熔体电纺轨迹，如图 13-1(a)，和实验结果比较，可以看出模拟体系是适合熔体电纺过程的。模拟出的下落轨迹与熔体电纺实验纤维下落轨迹［图 13-1(b)］以及溶液电纺实验纤维下落前半段轨迹［图 13-1(c)］相似[11]。

13.3 纺丝纤维下落速度

13.3.1 电场力对纺丝纤维下落速度的影响

静电力是电纺中拉伸纤维的驱动力，在电纺实验中可以通过改变金属接收板的电压来研究电压和纺丝纤维下落速度的关系，在实验中的纤维很细且多数透明，很难测量施加的电压与纤维下落速度的关系，因此，本书尝试建立了合适的 DPD 电纺模拟体系来研究电压对纤维下落速度的影响[11]。

在其他条件不变的情况下，电场力系数越大，粒子受到的电场力越大。图 13-2 是不同电场力系数、纤维下落 3000 步时的下落情况。图 13-3 是下落 3000 步内，不同电场力系数下，纤维的平均下落速度（3000 步内纤维沿 z 轴的下落长度除以步数）[11]。

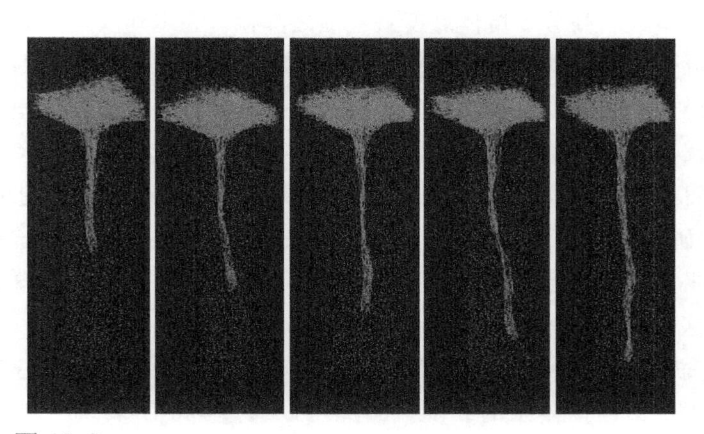

图 13-2

电场力系数由小变大纤维的下落速度[11]

熔体电纺过程中，针形喷头末端的高分子熔体液滴在高压电场下发生分子极化，绝缘的高分子溶液或熔体就会带上电荷。当某一高分子液滴所受向下的电场力大于高分子向上的表面张力时，高分子熔体就会从泰勒锥末端喷射出，飞向接收装置[11]。从图 13-2 中观察到，同样步数内，纤维的下落长度随电场力系数的增加而不断增加。在图 13-3 纤维下

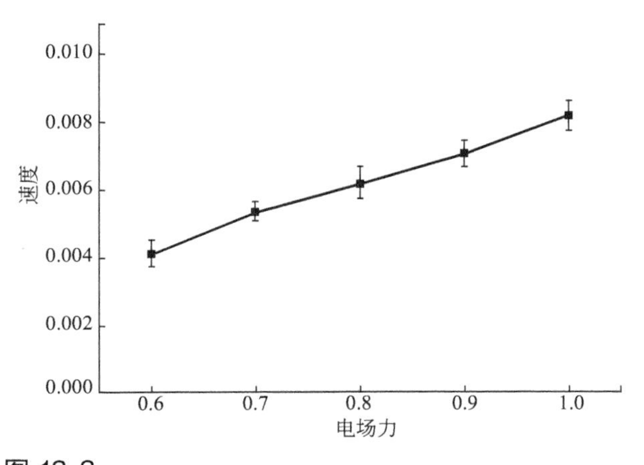

图 13-3

电场力和纤维的下落速度的关系[11]

落速度和电场力的关系曲线中，可以直观地看到，随着电场力增大，纤维下落速度逐渐增大。这是因为，电场强度越大，高分子被极化的程度越大，高分子表面所带电荷越多，偶极矩越大，所以受电场力会越大，因而下落越快。在实验中，同样观察到纺丝距离不变时，随着纺丝电压的增大，纺丝纤维直径逐渐减小，这是因为高的电压，带电熔体的喷射速度增加使得纤维直径减小[41]。

13.3.2 高分子熔体黏度对纺丝纤维下落速度的影响

一般来说，对于同一种高分子，温度升高，高分子链的活动就会增强。温度的升高使得熔体流动性逐渐增大，高分子熔体黏度就会随之降低。在电纺实验中，高的环境温度使高分子的黏度降低，有利于得到更细的纤维。如果环境温度比较低，高温纤维在冷空气中迅速散失热量，继而纤维温度快速降低，黏度增加，流动性降低甚至凝固，这些都会导致产生粗纤维。相反的，在高的环境温度下，高分子分子的动量和能量传递要慢得多，熔融状态下的熔体更容易被电场力拉伸成细纤维。所以，温度对纺丝的影响可以用黏度来表示。Zhou 等[42] 研究了纺丝针头和纺丝温度对 PLA 纤维直径的影响。随着纺丝针头和纺丝温度的增加，平均纤维直径和标准偏差都减小了。在我们自行设计的电纺装置的实验中同样也观察到了这个现象[11]。

DPD 方法中的耗散力 FD，或称黏滞阻力正比于一对粒子之间的相对速度，减低了它们的相对动量，表征了模拟体系的黏度。因此可以通过给 FD 乘以不同的系数（黏度系数）来变化 FD 数值，以定性模拟不同黏度下的高分子体系纺丝的变化趋势，观察电纺纤维的下落情况[11]。通过大量计算，得到相同下落步数、不同黏度下（黏度系数越大表示黏度越大）纤维的下落情况，如图 13-4 所示[11]。统计 3000 步内，不同黏度的熔体与纤维的平均下落速度（3000 步内纤维沿 z 轴的下落长度除以步数），如图 13-5 所示[11]。

从图 13-4、图 13-5 中可以看出，聚合物黏度越低，流动性越好，纤维下落越快，并且从图 13-5 可以看出纤维直径随黏度增加有所增大。此模拟结果和实验得到的温度越高

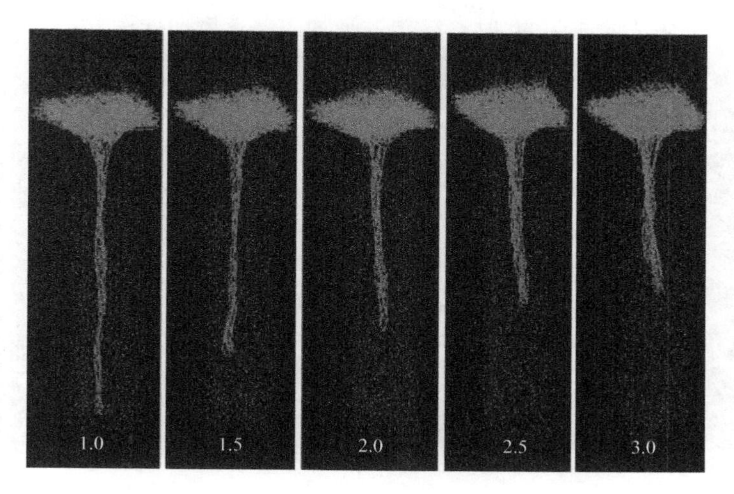

图 13-4

不同黏度下纤维下落的形态[11]

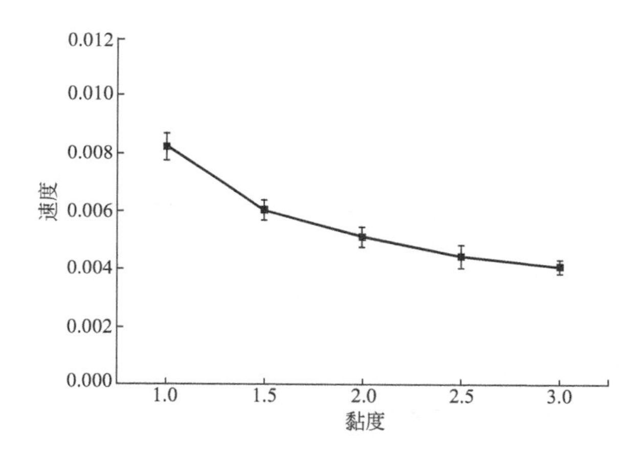

图 13-5

纤维的黏度和下落速度的关系[11]

纤维直径一般越小的结果是一致的[43]。

13.3.3 高分子链长对纺丝纤维下落的影响

高分子分子量增大，分子间作用力随着也增强，黏度也会增加，加工就变得比较困难。本书在 DPD 电纺模拟体系中，将红色粒子连接成链，链长代表高分子分子链（或聚集体）的长度，来研究链长对纤维下落的影响[11]。

为了研究不同链长对纤维下落的影响，将充当熔体的红色粒子用 Fraenkel 弹簧连接起来，链长为 2 表示将三个红色粒子连接起来，即存在两个弹簧键，依次类推[11]。图 13-6[11]

中显示的是，不同链长的情况下，纤维下落到 3000 步时的下落情况。图 13-7[11] 是下落到 3000 步时，链长从 2 增加到 60 时，纤维的平均下落速度曲线图。

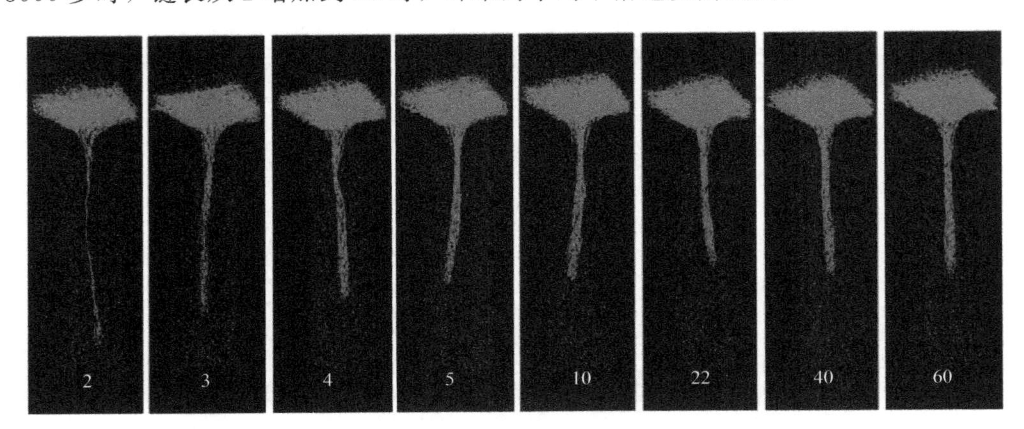

图 13-6

链长对纤维下落速度的影响[11]

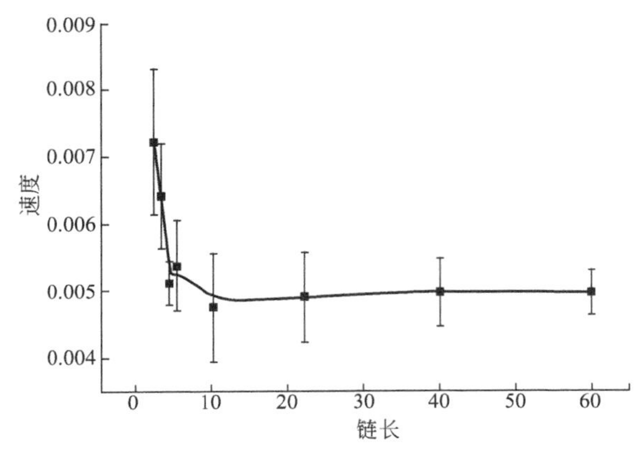

图 13-7

不同链长时纤维的平均下落速度[11]

由图 13-7 可以看出，当链长小于 10 时，随着链长增加，纤维下落速度逐渐减慢。链长大于 10 时，纤维下落速度基本趋于一个稳定的值，但有一定的波动。这说明随高分子链长增加，高分子的黏度也增大，导致纺丝速度减慢。但当链长增加到一定值时，对纺丝速度的影响不再明显。此特点可能与实验结果不符，应该是由模拟体系的局限性造成的[11]。

L Jason 等[44] 也提出，在实验中观察到分子量对电纺的可行性有明显影响。当高分子的分子量大到一定程度时，弱的电场力甚至不能产生纤维，因为高分子大的 Mn 会导致很大程度的链缠结，分子链的滑移也困难，所以电场力对链的拉伸变得很困难，实验中就形成了大直径纤维。从图 13-7 的模拟结果可以看出，当链长从 2 增加到 10 时，下落速度越来越慢，说明纺丝变得困难；另外纤维直径也在增加，这两点与实验结果一致[11]。

13.4 下落过程中纤维微观结构

13.4.1 下落过程中纺丝纤维不同阶段的速度变化

在电纺实验中，由于纺丝速度很快，纤维几乎透明，很难研究在纺丝过程中纤维下落速度的变化情况。然而，在DPD电纺模拟体系中，可以记录每一个粒子三维坐标的变化，因此能够得到整个下落过程不同阶段纤维下落速度的变化[11]。

在整个下落过程中，选定熔体底端的一个粒子，间隔一定的步数，用间隔步数内粒子的下落距离除以间隔步数得到粒子下落的平均速度。为了获得不同电场强度下，纤维下落速度的情况，本书将电场力系数分别设为0.6、0.8和1.0，进行大量计算和统计，得到了纤维在不同电场、不同阶段的下落速度，绘制成图13-8所示的曲线[11]。

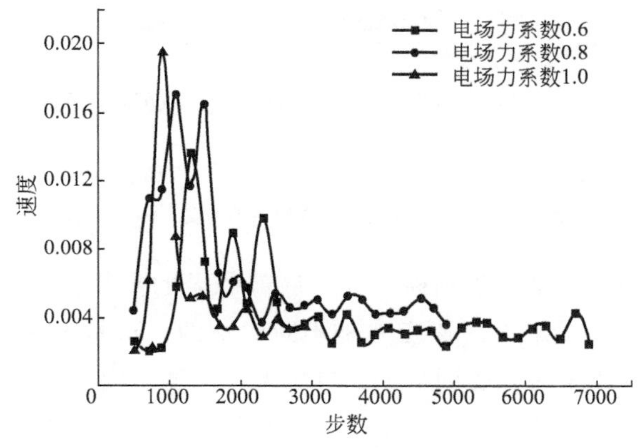

图 13-8

不同下落阶段纤维的下落速度[11]

由于电场力不同，纤维下落到模拟体系底部所需的步数也不同。从图13-8中可以看出，在纺丝过程中，纤维下落速度先是不断增加，这是因为，根据设置的电场力作用形式，纤维刚从纺丝喷头中喷射出来时，所受的电场力很大，因而速度急剧增大，并且随着电场强度增大，纤维下落速度的最大值也依次增大[11]。但是，当下落速度增加到一个最大值时，速度又变小了，后来达到一个平稳的值。这一方面是因为，随着纤维下落，靠接收板越近受到的电场力越小；另一方面可能是因为DPD方法中有耗散力，或称黏滞阻力，它随速度增加而增大，迫使粒子运动速度减小；另外DPD方法中还有随机力，当纤维下落到距底面较近的一个位置时，电场力比随机力小得多，这时，纤维受到其他方向的随机力起主导作用，导致纤维垂直下落的速度减慢。在实际纺丝过程中，纤维下落速度也是先快后慢，并且靠近接收板时会有较大的扰动[45]，因此模拟结果与实验现象是相符的[11]。

13.4.2 熔体黏度与不同阶段的纤维下落速度的关系

DPD 方法中的耗散力 FD，或称黏滞阻力，正比于一对粒子之间的相对速度，该力降低了粒子间的相对动量，表征了模拟体系中熔体的黏度。因此可以通过设置黏度系数（黏度系数越大表示黏度越大）来改变此参数数值，以模拟不同黏度的高分子熔体。为了获得不同黏度下，纤维下落速度的变化情况，将黏度系数分别设为 1.0、2.0 和 3.0[11]。在纤维整个下落过程中，选定熔体中的一个粒子，间隔一定的步数，用间隔步数内粒子的下落距离除以间隔步数得到粒子下落的平均速度。经过大量计算和统计，得到了纤维在不同黏度、不同阶段的下落速度，绘制成图 13-9 所示的曲线[11]。

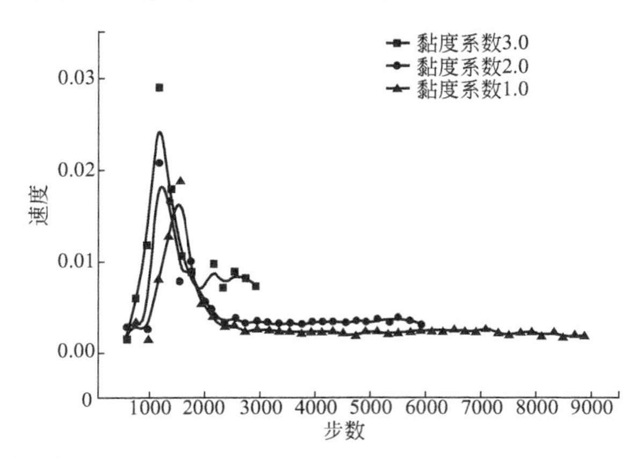

图 13-9

不同黏度系数时熔体静电纺丝纤维的下落速度[11]

由于黏度系数不同，纤维下落到模拟体系底部所需的步数也不相同。从图 13-9 中看出，在纤维下落过程中，纤维下落速度先是不断增加的，这是因为，根据电场力作用公式，纤维从喷头中喷射出来时，受到很大的电场力，速度急剧增大。但随着熔体黏度的增大，纤维下落速度的最大值依次减小。在速度上升阶段，随着熔体黏度增加，纤维下落速度曲线整体向下移动，说明模拟体系中聚合物黏度越高，流动性越差，纤维下落得越慢。我们在实验中发现，低黏度的熔体聚合物，流动性好，纺丝效率高，与模拟结果一致[11]。

图 13-9 曲线中，当速度增加到一个最大值时，下落速度又都开始减小。这是因为随着纤维下落，越靠近接收板电场力越小，粒子下落速度也随之减小；另外 DPD 体系中的耗散力随着粒子速度的增加而增大，也迫使粒子速度减小[11]。

13.4.3 下落过程中弹簧系数对纤维中分子链的均方末端距的影响

高分子链的均方末端距 $\langle r^2 \rangle$ 可以表征高分子链的柔顺性，一般柔性链卷曲程度高，$\langle r^2 \rangle$ 较小，刚性链卷曲程度低，$\langle r^2 \rangle$ 较大。均方末端距 $\langle r^2 \rangle$ 也可以用来表征分子尺寸[11]。

在熔体电纺实验中，无法考证一直受到强电场力的高分子熔体向接收板飞行过程中分子链的变化情况，本书通过模拟方法研究了高分子链在下落过程中末端距 $\langle r^2 \rangle$ 的变化。当变化弹簧系数分别为 2、3 和 4 时，在熔体下落 3000 步的过程中，选取红色熔体中的一个链，统计这个分子链的末端距 $\langle r^2 \rangle$ 的变化情况如图 13-10 所示[11]。

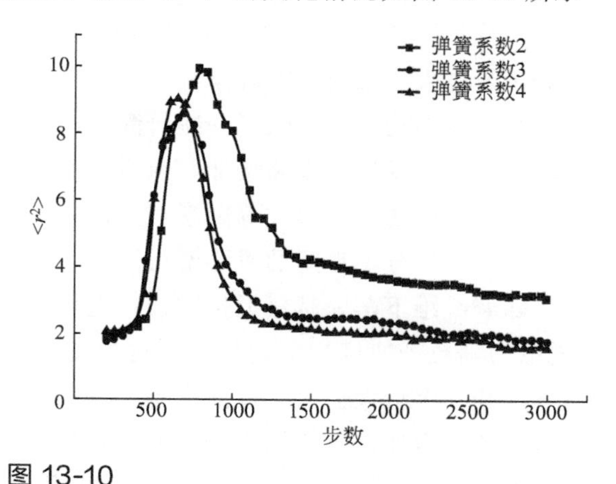

图 13-10

不同弹簧系数时分子链末端距 $< r^2 >$ 的变化[11]

从图 13-10 曲线中看出，开始时，高分子 $\langle r^2 \rangle$ 随着下落而增加，说明在电场力作用下，纤维获得加速度，从纺丝喷头到接收板的飞行过程中分子链被拉伸使其越来越长。$\langle r^2 \rangle$ 在 750 步左右达到一个峰值，然后是下降的趋势，这一方面是因为，随着纤维的下落，离接收板越近受到的电场力越小，使得 $\langle r^2 \rangle$ 变小；另外 DPD 方法中有耗散力，或称黏滞阻力，它随速度增加而增大，迫使粒子运动速度减小，两者共同作用使高分子 $\langle r^2 \rangle$ 减小[11]。

在图 13-10 中还可看出，高分子 $\langle r^2 \rangle$ 在弹簧系数为 2 时比弹簧系数为 3 和 4 时要大，这与前面提到的弹簧系数小，分子链是柔性的，高分子 $\langle r^2 \rangle$ 应该较小有差异。这个现象可以解释为，当弹簧系数小时，高分子链的弹性好，此时，高分子链在电场力作用下很容易被拉伸成长链，而当弹簧系数大时，高分子链呈刚性，受电场力作用时，不容易被拉长伸展。因此，在模拟过程中，弹簧系数小的柔性链在电场力作用下，拉长伸展后的 $\langle r^2 \rangle$ 要比弹簧系数大的刚性链的 $\langle r^2 \rangle$ 大[11]。

13.5 总结与展望

本章用介观模拟方法对熔体电纺下落过程、纤维变化、分子链取向等进行了研究，较真实地反映了纺丝现象的本质，对高分子链解缠和取向变化、纤维成纤和运动规律等进行了归纳和总结。得出以下结论[11]：

（1）从纤维下落速度和电场力的关系曲线中可以看到，随着电场力增大，纤维下落速度逐渐增大；

（2）高分子黏度越小，流动性越好，纤维下落越快，并且纤维直径随黏度降低而明显减小；

（3）模拟结果发现，当高分子链长小于 10 时，随着链长增加，纤维下落速度逐渐减慢，与实验发现的高分子分子量越大越难纺丝的现象一致。

本章还对下落过程中纤维微观结构的变化做了一些研究，得出以下结论[11]：

（1）在纺丝过程中，纤维下落速度先是不断增加，当增加到一个最大值时，速度又变小了，这可能与耗散力、随机力、电场作用形式等因素有关。

（2）随着纺丝熔体黏度的增大，分子链间的滑移变得困难，纤维下落速度的最大值依次减小，与实验结果一致；随着纤维下落，越靠近接收板，电场力越小，下落速度也会减慢；另外 DPD 体系中的耗散力随粒子速度增加而增大，也迫使粒子速度减小；两者共同作用，使得纤维下落速度增加到一个最大值时，逐渐变小，与实验现象相吻合。

（3）高分子 $\langle r^2 \rangle$ 随着下落而增加，当增加到一个最大值时，$\langle r^2 \rangle$ 又逐渐变小，这与纤维下落过程中受力的变化有关；另外，在纺丝过程中，因受电场拉力，分子链越柔软，$\langle r^2 \rangle$ 越大。预示着直链脂肪烃类高分子要比含苯环、极性基团、大侧基等分子链难以运动的高分子更容易纺丝。

值得指出，本章所介绍的笔者课题组在熔体电纺领域的 DPD 模拟研究工作，还比较粗浅，尚有大量问题有待解决，比如纺丝过程中高分子链取向变化、纤维内部超分子结构的形成与分布、纤维在不规则电场中的运动规律等，需要相关领域的各位科技工作者继续努力，为深刻理解电纺过程中一些基础科学问题提供解答。

参考文献

[1] Service R F. Engineering Nanogenerators Tap Waste Energy To Power Ultrasmall Electronics. Science，2010，328：304.

[2] Zhang Feng，Zuo Baoqi，Fan Zhihai，et al. Mechanisms and Control of Silk-Based Electrospinning. Biomacromolecules，2012，13：798.

[3] Cho Daehwan，Zhou Huajun，Cho Youngjin，et al. Structural Properties and Super Hydrophobicity of Electrospun Polypropylene Fibers from Solution and Melt. Polymer，2010，51：6005.

[4] Liu Dahuan，Wang Wenjie，Mi Jiangguo，et al. Quantum Sieving in Metal-Organic Frameworks：A Computational Study. Ind Eng Chem Res，2012，51：434.

[5] Huang Zhengming，Zhang Yanzhong，Kotaki M，et al. A Review on Polymer Nanofibers by Electrospinning and Their Applications in Nanocomposites. Compos Sci Technol，2003，63：2223.

[6] Zhou Huajun. Electrospun Fibers from Both Solution and Melt：Processing，Structure and Property. Ithaca：Cornell University，2007.

[7] Dzenis Y. Spinning Continuous Fibers for Nanotechnology. Science，2004，304：1917.

[8] Chen Xing，Unruh Karl M，Ni Chaoying，et al. Fabrication，Formation Mechanism and Magnetic Properties of Metal Oxide Nanotubes via Electrospinning and Thermal Treatment. J Phys Chem C，2011，115：373.

[9] Brown T D，Dalton P D，Hutmacher D W. Direct Writing By Way of Melt Electrospinning. Adv Mater，2011，23：5651.

[10] Larrondo L，Manley R S J. Electrostatic Fiber Spinning from Polymer Melts. Ⅰ. Experimental Observations on Fiber Formation and Properties. J Polym Sci，1981，19：909.

[11] 王颀.熔体静电纺丝的计算机模拟和实验验证.北京：北京化工大学，2012.

[12] 宋庆松.变化电场中熔体静电纺丝过程的介观模拟和实验研究.北京：北京化工大学，2016.

[13] Song Qingsong，Zhang Jingnan，Liu Yong. Mesoscale Simulation of a Melt Electrospinning Jet in a Periodically Changing Electric Field. Chem. J. Chinese. U. 2017，38 (6)：966-974.

[14] 宋庆松，谢概，邓德鹏，等.静电纺丝的计算机模拟.计算机与应用化学，2014，31 (6)：683-686.

[15] 谢胜，曾泳春.电场分布对静电纺丝纤维直径的影响.东华大学学报：自然科学版，2011，37：677.

[16] 贾琳.静电纺 PVA 纳米纤维射流的拉伸研究与模拟初探.上海：东华大学，2009.

[17] 张健宗.静电纺丝射流纺程形态的数值模拟及实验拟合.上海：东华大学，2012.

[18] 郝明凤.熔体静电纺丝影响因素的实验和模拟研究.北京：北京化工大学，2011.

[19] Carnell L S，Siochi E J，Wincheski R A，et al. Electric field effects on fiber alignment using an auxiliary electrode during electrospinning. Scripta Mater，2009，60：359.

[20] Kim G H，Cho Y S，Kim W D. Stability analysis for multi-jets electrospinning process modified with a cylindrical electrode. Eur Polym J，2006，42：2031.

[21] Yang Ying，Jia Zhidong，Liu Jianan，et al. Effect of electric field distribution uniformity on electrospinning. J Appl Phys，2008，103：104307.

[22] 王欣，刘勇，阎华，等.溶体静电纺丝纤维下落过程的 DPD 探索模拟.化工学报，2012，63：320.

[23] 严宏军.多喷头静电纺丝的实验与模拟.苏州：苏州大学，2012.

[24] 张泽茹，刘延波，马营.多针头静电纺场强分布的研究.现代纺织技术，2012：9.

[25] 郭岭岭，刘延波，张泽茹，等.均衡多针头静电纺丝场强的有限元模拟.天津工业大学学报，2012，31：23.

[26] 朱文斌，史晶晶，杨恩龙.辅助电极作用下双喷头静电纺丝电场及射流受力分析.纺织学报，2012，33：6.

[27] 严宏军，张峰，林红，等.双喷头系统静电纺丝实验模拟.纺织导报，2012，2012：97.

[28] Jentzsch E，Gül Ö，Öznergiz E. A comprehensive electric field analysis of a multifunctional electrospinning platform. J Electrostat，2013，71：294.

[29] 刘学凯.电场分布对多射流静电纺丝的影响.上海：东华大学，2013.

[30] 刘学凯，曾泳春.电场均匀性对三孔和三针头静电纺丝的影响.东华大学学报：自然科学版，2013，39：565.

[31] 刘菁，王鑫.影响静电纺丝电场强度的因素分析.纺织学报，2013，34：6.

[32] Wang Xin，Niu Haitao，Wang Xungai，et al. Needleless electrospinning of uniform nanofibers using spiral coil spinnerets. J Nanomater，2012：785920.

[33] Wang Xin，Niu Haitao，Lin Tong，et al. Needleless electrospinning of nanofibers with a conical wire coil. Polym Eng Sci，2009，49：1582.

[34] 王欣，邓亮，刘勇，等.泰勒锥的形成及应用.计算机与应用化学，2011，28：1388.

[35] Liu Yong，Yang Xiaozhen，Yang Mingjun，et al. Mesoscale simulation on the shape evolution of polymer drop and initial geometry influence. Polymer，2004，45：6985.

[36] Li Songnian，Liu Yong，Tuo Xinlao，et al. Mesoscale Simulation on Phase Separation of Plasticizer and Binder in Solid Propellants. Polymer，2008，49：2775.

[37] Liu Yong，Kong Bin，Yang Xiaozhen. Studies on Some Factors Influencing the Interfacial Tension Measurement of Polymers. Polymer，2005，46：2811.

[38] Liu Yong，An Ying，Yan Hua，et al. Influences of three kinds of spring on the retraction of a polymer ellipsoid in dissipative particle dynamics simulation. J Polym Sci Polym Phys，2010，48：2484.

[39] Liu Yong，Wang Xin，Yan Hua，et al. Dissipative Particle Dynamics Simulation on the Fiber Dropping Process of Melt Electrospinning. J Mater Sci，2011，46：7877-7882.

[40] Wang Xin，Liu Yong，Zhang Chi，et al. Simulation on electrical field distribution and fiber falls in melt electrospinning. J anoscience Nanotechnology，2013，13：4680-4685.

[41] Deng Rongjian，Liu Yong，Ding Yumei，et al. Melt Electrospinning of Low-Density Polyethylene Having a Low-Melt Flow Index. J Appl Polym Sci，2009，114：166.

[42] Zhou Huajun，Green T B，Joo Y L. The thermal effects on electrospinning of polylactic acid melts. Polymer，2006，47：7497.

[43] Liu Yong，Deng Rongjian，Hao Mingfeng，et al. Orthogonal design study on factors effecting on fibers diameter of melt electrospinning. Polym Eng Sci，2010，50：2074.

[44] Jason L，Christopher L，Frank K. Melt electrospinning part I. processing parameters and geometric properties. Polymer，2004，45：7597.

[45] Han T，Reneker D H，Yarin A L. Buckling of jets in electrospinning. Polymer，2007，48：6064.

第14章

相场方法的原理、进展及在多组分多相高分子体系研究中的应用

杨科大[1,2]，郭洪霞[1,2]

1 中国科学院化学研究所
2 中国科学院大学

前面几章我们介绍了粒子基的数值模拟方法，而基于金兹堡-朗道（Ginzburg-Landau）理论的相场方法由于直接以状态参量作为研究对象来表征体系的组织演化，一方面可以有效地耦合外场作用，另一方面避开了描述突变界面的难题，提高了模拟的精度和尺度。尤为一提的是，相场法对复杂、非连续结构的描述具有独特的优点，因此被广泛应用于材料微结构演化的研究，如晶体生长、熔融/凝固、固态相变等。高分子共混物是典型的多相多组分体系，广泛应用于汽车、家电、土木建材、电线电缆、医疗以及其他诸多领域。在当今高分子材料科学趋向于精细化和可控化的背景下，人们希望能正确掌握高分子材料结构、性能及其相互关系，正确设计、合成、加工和调制高分子材料。由于高分子材料的力学性能、物理性质和流变特性与体系的相行为与组分黏弹性有着密切的联系，研究高分子共混物的相行为可以丰富高分子体系相区演化的认识，达到通过控制相区形貌来控制获得具有优良性能的高分子材料的目的。从 20 世纪 70 年代开始，由于高分子共混物的重要性，人们从理论和实验角度对其展开了广泛而深入的研究。然而，由于聚合物具有长链结构、复杂的拓扑结构与相互作用，因而具备了很多小分子共混体系不具有的特点，如：高分子的黏弹性对于高分子体系的相形貌演化和动力学有着重要的影响，高分子的松弛时间长，结构特征松弛时间多，可以导致其复杂的相区演化行为与非线性流变行为。虽然高分子共混物在静态条件下的相行为得到了广泛的理论关注与实验研究，但在外场作用下，尤其是剪切场中，其相行为、共混物结构、流变行为和流场之间的关系，仍然是一个非常具有挑战性的问题。理论上，通过相场方法研究共混体系的相行为及其在外场下的行为是一条十分有效的途径。本章里，我们将首先介绍相场方法的基本原理，再简要总结相场方法在近年来取得的进展，然后详细介绍图像处理器（GPU）加速的适用于研究高分子动力学不对称体系分相的相场方法，以及相场方法在高分子共混物分相研究中的应用实例。最后，我们将对本章内容进行总结与展望。

14.1 相场方法原理

为了描述高分子共混体系的相分离热力学，Flory[1] 和 Huggins[2] 提出了应用于不可压缩体系的高分子共混体系的热力学模型，即 Flory-Huggins 格子模型。假设体系由高分子 A 和 B 组成，则每个格点的混合自由能为：

$$\Delta f_{\text{mix}}=k_{\text{b}}T\left[\frac{\phi}{N_{\text{A}}}\ln\phi+\frac{1-\phi}{N_{\text{B}}}\ln(1-\phi)+\chi\phi(1-\phi)\right] \tag{14-1}$$

式中，ϕ 为组分 A 的体积分数；N_{A}、N_{B} 分别为 A 和 B 组分的聚合度；χ 是弗洛里-哈金斯相互作用能参数。在这里假设 χ 是温度的函数，与组分的体积分数无关，但是实验中发现 χ 不仅与体积分数相关，并且与温度的函数关系还十分复杂[3]。k_{b} 是玻尔兹曼常数；T 是体系温度。在式(14-1) 的右边两项描述了混合熵的贡献，第三项描述了混合焓的贡献。由式(14-1) 可以看出，虽然高分子的混合熵有利于混合，但是由于 N_{A}、N_{B}

都很大，因此熵对自由能的贡献很小，而且通常高分子混合为吸热过程。因此 Δf_{mix} 通常大于零，故而大多数高分子共混物都是不相容的。

通过自由能对温度的依赖性，可以建立高分子体系的相图，讨论高分子的相行为。处于两相平衡时的高分子共混体系化学势相同。假设两相平衡浓度分别为 $\phi=\phi'$ 和 $\phi=\phi''$，则有

$$\left(\frac{\partial\Delta f_{\text{mix}}}{\partial\phi}\right)_{\phi=\phi'}=\left(\frac{\partial\Delta f_{\text{mix}}}{\partial\phi}\right)_{\phi=\phi''} \tag{14-2}$$

对于相边界有

$$\frac{\partial\Delta f_{\text{mix}}}{\partial\phi}=k_{\text{b}}T\left[\frac{\ln\phi}{N_{\text{A}}}+\frac{1}{N_{\text{A}}}-\frac{\ln(1-\phi)}{N_{\text{B}}}-\frac{1}{N_{\text{B}}}+\chi(1-2\phi)\right]=0 \tag{14-3}$$

当 $N_{\text{A}}=N_{\text{B}}=N$ 时，

$$\frac{\partial\Delta f_{\text{mix}}}{\partial\phi}=k_{\text{b}}T\left[\frac{\ln\phi}{N}-\frac{\ln(1-\phi)}{N}+\chi(1-2\phi)\right]=0 \tag{14-4}$$

对应双节（binodal）线的相互作用参数：

$$\chi_{\text{b}}=\frac{\ln(\phi(1-\phi))}{N(1-2\phi)} \tag{14-5}$$

对于旋节（spinodal）线自由能的拐点，其自由能的二阶导数为零有：

$$\frac{\partial^2\Delta f_{\text{mix}}}{\partial\phi^2}=k_{\text{b}}T\left[\frac{1}{N_{\text{A}}\phi}+\frac{1}{N_{\text{B}}(1-\phi)}-2\chi\right]=0 \tag{14-6}$$

对应旋节（spinodal）线的相互作用参数为

$$\chi_{\text{s}}=\frac{1}{2}\left[\frac{1}{N_{\text{A}}\phi}+\frac{1}{N_{\text{B}}(1-\phi)}\right] \tag{14-7}$$

对于对称的高分子有：

$$\chi_{\text{s}}=\frac{1}{2N\phi(1-\phi)} \tag{14-8}$$

对于临界点有：

$$\frac{\partial\chi_{\text{s}}}{\partial\phi}=\frac{1}{2}\left[-\frac{1}{N_{\text{A}}\phi^2}+\frac{1}{N_{\text{B}}(1-\phi)^2}\right]=0 \tag{14-9}$$

所以可得临界点的 A 组分体积分数为：

$$\phi_{\text{c}}=\frac{\sqrt{N_{\text{B}}}}{\sqrt{N_{\text{A}}}+\sqrt{N_{\text{B}}}} \tag{14-10}$$

相互作用参数为：

$$\chi_{\text{c}}=\frac{1}{2}\left(\frac{1}{\sqrt{N_{\text{A}}}}+\frac{1}{\sqrt{N_{\text{B}}}}\right)^2 \tag{14-11}$$

对于对称高分子有：

$$\phi_{\text{c}}=\frac{1}{2}\chi_{\text{c}}=\frac{2}{N} \tag{14-12}$$

对于高分子共混体系，反映其相容性对于组成温度依赖性的相图可以分为三种类型：高临界共熔温度型（upper critical solution temperature，UCST）、低临界共熔温度型（lower critical solution temperature，LCST）和同时具有 UCST 和 LCST 的类型。图

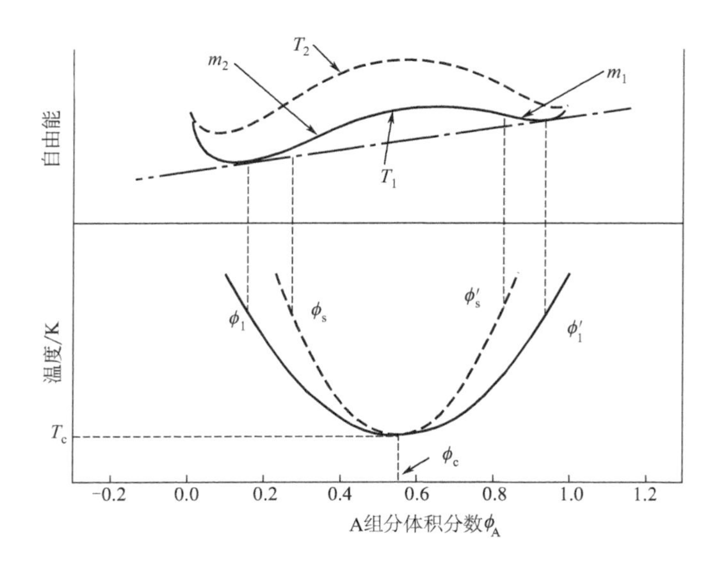

图 14-1

不同温度下的自由能曲线及其对应的双节线和旋节线

14-1 给出了典型的共混物体系的 LCST 型相图，其中实线代表双节线（binodal line），虚线代表旋节线（spinodal line）。相图可以分为三个区域：均相区（stable region），亚稳态（metastable region）和不稳定区（unstable line）。双节线以外的区域是均相区；旋节线内部是不稳定区，即使很小的涨落也能使自由能降低，使相分离自发进行，即旋节相分离（spinodal decomposition）；双节线与旋节线之间的区域是亚稳区，只有发生的浓度涨落足够大，克服一定的成核能垒才能发生成核相分离，即成核生长（nucleation and growth）。

Flory-Huggins 理论成功地解释了 UCST 体系的相容性，但对于普遍存在的 LCST 体系则存在较大偏差，即无法解释体系在温度上升时发生的相分离现象。这是由于没有考虑自由体积随温度和压力变化，也没有考虑体系中的特殊相互作用的影响[4]。后来研究者对 Flory-Huggins 理论引入自由体积进行修正，从而成功预测了 LCST 体系的相分离现象[5]。

当高分子共混体系从均相区淬火到亚稳区时，相分离通过成核增长（NG）机理进行［如图 14-2(a)］。在亚稳区，由于$\frac{\partial^2 \Delta f_{\text{mix}}}{\partial \phi^2}>0$，相分离需要有外界的干扰和活化越过能垒才能发生。活化可以由振动、杂质或冷却等作用产生。在体系越过能垒、出现大幅度浓度涨落之后，体系将会分成两相，即相分离和自动生长扩大。在整个浓度范围内，通过 NG 相分离形成的相形态为液滴/基体型，即一相形成分散的球状颗粒，另一相则为连续相，如图 14-2(a) 所示。NG 相分离过程如图 14-2(b) 所示。在其相分离早期首先形成很小的核，其中相的

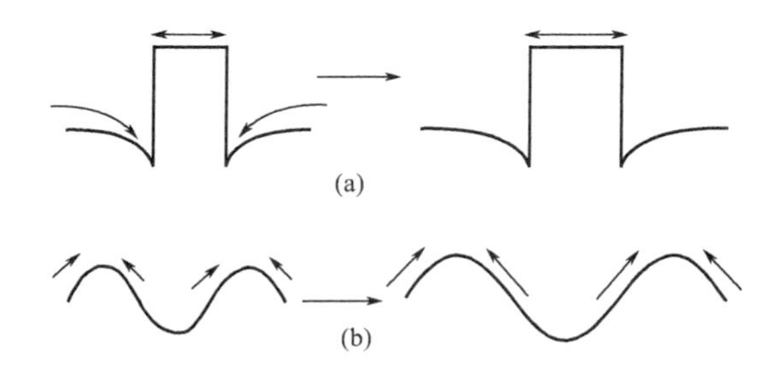

图 14-2

相分离机理：（a）成核分相机理；（b）旋节相分离机理

浓度达到饱和。在相分离的中后期，核不断增长，相区浓度保持不变。

当淬火到稳定区时，相分离通过旋节线相分离机理（SD）进行。根据初始组成的不同可能形成液滴/基体相区或双连续相区。在不稳定区，由于$\frac{\partial^2 \Delta f_{mix}}{\partial \phi^2}<0$，任意小的浓度涨落都会引起体系相分离过程的发生。在该相分离过程中，分子会自动向其富集相扩散，使两个相区的组分差越来越大。SD 相分离是渐进的，初始时相界面不清晰，相分离到中后期出现清晰的界面。SD 期初期行为可以用 Cahn-Hilliard 线性理论描述[6]，后期行为可以用标度理论描述[7,8]。

14.1.1 固溶体模型

经典的高分子共混体系的相分离动力学可以用 Cahn-Hilliard 理论描述[9,10]。这个模型首先由 Cahn 和 Hilliard 提出用于研究二元合金的相分离，然后由 Cook 引入了热噪声[11]。最近由 de Gennes[12] 和 Pincus[13] 引入用于描述高分子共混物。

当每种高分子组分的总量守恒，其浓度涨落的连续方程可表示如下：

$$\frac{\partial \phi_A}{\partial t}=-\nabla \cdot (\boldsymbol{J}_A) \tag{14-13}$$

式(14-13）中，ϕ_A 为组分 A 的局部浓度；$\boldsymbol{J}_A$ 为内部扩散通量。在固溶体情形（model B）下

$$\boldsymbol{J}_A=-M\nabla\mu \tag{14-14}$$

式中，M 是迁移率，定义为扩散通量与化学势 μ 梯度的比。局部化学势 μ 定义为

$$\mu=\frac{\delta F}{\delta \phi} \tag{14-15}$$

式(14-15）中 F 为体系自由能函数，在二元共混体系中可以写为

$$F=\int (f_{mix}+\kappa|\nabla\phi_A|^2)\,\mathrm{d}\boldsymbol{r} \tag{14-16}$$

式中，κ 为正常数，$f_{grad}=\kappa|\nabla\phi_A|^2$ 表示由于存在浓度梯度而产生的附加自由能密度。f_{mix} 为共混物混合自由能。将式(14-16）代入式(14-15）得到

$$\begin{aligned}\mu &=\frac{\delta F}{\delta \phi_A}\\ &=\lim_{\varepsilon\to 0}\frac{F[\phi_A+\varepsilon\delta(\boldsymbol{r}-\boldsymbol{r}')]-F[\phi_A]}{\varepsilon}\\ &=\left(\frac{\partial f_{mix}}{\partial \phi_A}-2\kappa\nabla^2\phi_A\right)\end{aligned} \tag{14-17}$$

由式(14-13)、式(14-14）和式(14-17）得到了浓度 ϕ_A 演化的非线性方程：

$$\frac{\partial \phi_A}{\partial t}=M\nabla\cdot\left(\nabla\left(\frac{\partial f_{mix}}{\partial \phi_A}-2\kappa\nabla^2\phi_A\right)\right) \tag{14-18}$$

14.1.2 流体模型

对于以上固溶体的相分离动力学中只考虑了浓度场对于扩散的影响，忽略了流体动力学效应。但是，对于流体中的相分离动力学流体动力学因素不能忽略，必须考虑体系的内流场 $\boldsymbol{v}$。由此人们进一步发展了流体模型[14]（model H），其浓度演化方程变为：

$$\frac{\partial \phi_A}{\partial t}=-\nabla \cdot (\phi_A \boldsymbol{v})+M \nabla \cdot \nabla \mu \tag{14-19}$$

速度场计算方程：

$$\rho \frac{\partial \boldsymbol{v}}{\partial t}=-\phi_A \nabla \mu-\nabla p+\eta \nabla^2 \boldsymbol{v} \tag{14-20}$$

式中，ρ 为流体密度；p 是各向同性压力；η 为流体黏度。

14.1.3 双流模型

虽然固溶体模型和流体模型理论很好地预测了一些实验现象，但是其是建立在组分动力学对称的假设之上的。尽管目前有大量基于经典模型二组分共混物相分离的模拟研究被报道，但是这些研究只是解决了扩散和流场的耦合，没有考虑应力和扩散流的耦合。实验表明，应力和扩散之间的耦合对于相分离有着重要的作用，所以这些研究结果的应用受到限制，这些结果的应用只限制在了黏弹性比较小或者差异可以忽略的体系中。对于组分动力学不对称体系，如高分子溶液，一组分接近 T_g，另一组分远离 T_g 的高分子共混物，固溶体模型和流体模型理论就不再适用，所以需要引入考虑组分动力学不对称的黏弹性模型。

黏弹模型的基础是双流模型，双流模型由 Doi 和 Onuki 发展[15]。它主要用于描述组分动力学不对称的二元体系，在体系自由能的驱动下，每个组分如何运动。下面我们将展示如何推导高分子溶液的双流模型（two-fluid model）。

假定 $\boldsymbol{v}_p(\boldsymbol{r}, t)$ 和 $\boldsymbol{v}_s(\boldsymbol{r}, t)$ 分别为高分子与溶剂在位置 $\boldsymbol{r}$ 和时间 t 时的宏观速度，$\phi(\boldsymbol{r}, t)$ 为高分子的体积分数，则体系在位置 $\boldsymbol{r}$ 和时间 t 时的宏观速度 $\boldsymbol{v}(\boldsymbol{r}, t)$ 可以由下式得到

$$\boldsymbol{v}(\boldsymbol{r},t)=\phi \boldsymbol{v}_p(\boldsymbol{r},t)+(1-\phi)\boldsymbol{v}_s(\boldsymbol{r},t) \tag{14-21}$$

假定溶液是不可压缩的，则有

$$\nabla \cdot \boldsymbol{v}=0 \tag{14-22}$$

再假定每一组分的摩尔体积是一个常数。结合以上三个假设，可以写出高分子质量守恒方程

$$\frac{\partial \phi}{\partial t}=-\nabla \cdot (\phi \boldsymbol{v}_p)=-\nabla \cdot (\phi \boldsymbol{v})-\nabla \cdot [\phi(1-\phi)(\boldsymbol{v}_p-\boldsymbol{v}_s)] \tag{14-23}$$

为了得到以上方程的 $\boldsymbol{v}_p(\boldsymbol{r}, t)$ 和 $\boldsymbol{v}_s(\boldsymbol{r}, t)$，需要使用瑞利变分原理（the variational principle of Rayleigh）。这个原理被广泛应用于高分子溶液和悬浮液的动力学中。

瑞利变分原理为：考虑变量集合 $\{x_i\}=x_1, x_2, \cdots$，可以得到其对时间求导 $\{\dot{x}_i\}=\dot{x}_1, \dot{x}_2, \cdots$。变分原理可以说明变量集合的时间导数 $\{\dot{x}_i\}$ 由以下方程决定

$$K=\frac{1}{2}W+\dot{A} \tag{14-24}$$

对于任意时刻能使式(14-24) 取得最小的值的变量集合的时间导数集$\{\dot{x}_i\}$即为所求。式(14-24) 中W为系统的能量耗散值；$\dot{A}$为自由能的时间变分。它们的具体形式由 (14-25) 和式(14-26) 两式给出。

$$W=\sum_{ij}\zeta_{i,j}\dot{x}_i\dot{x}_j \tag{14-25}$$

$$\dot{A}=-\sum_{i}F_i\dot{x}_i \tag{14-26}$$

式中

$$F_i=-\sum_{j}z_{i,j}\dot{x}_j \tag{14-27}$$

这一项导致了$\{\dot{x}_i\}$的时间演化。

把以上原理推广到我们处理的高分子溶液问题中。集合$\{\dot{x}_i\}$可以认为是$\boldsymbol{v}_{\mathrm{p}}(\boldsymbol{r},t)$，$\boldsymbol{v}_{\mathrm{s}}(\boldsymbol{r},t)$ 和$\boldsymbol{v}(\boldsymbol{r},t)$。在双流模型中，我们假定系统的能量耗散为

$$W=\int \mathrm{d}\boldsymbol{r}\,\{\zeta(\phi)(\boldsymbol{v}_{\mathrm{p}}(\boldsymbol{r},t)-\boldsymbol{v}_{\mathrm{s}}(\boldsymbol{r},t))^2+\eta_{\mathrm{s}}(\nabla\boldsymbol{v}:\nabla\boldsymbol{v})\} \tag{14-28}$$

式(14-28) 右边第一项代表高分子和溶剂的相对运动导致的能量耗散。ζ为每个单元体积的摩擦系数。第二项表示宏观流动的速度梯度带来的能量耗散。在临界液体动力学中，η_{s}表示常态部分的黏度，在高分子溶液中η_{s}表示溶剂的黏度［严格地说，这个部分应该写作$\eta_{\mathrm{s}}(\nabla\boldsymbol{v}_{\mathrm{s}}:\nabla\boldsymbol{v}_{\mathrm{s}})$或$\eta_{\mathrm{s}}(1-\phi)(\nabla_{\boldsymbol{v}_{\mathrm{s}}}:\nabla\boldsymbol{v}_{\mathrm{s}})$，但在这里我们暂时忽略这个区别，因为在拉伸高分子体系中这个值可以忽略］。

设作用在单位体积高分子和溶剂上的力$\boldsymbol{F}_{\mathrm{p}}$和$\boldsymbol{F}_{\mathrm{s}}$，则$\dot{A}$可写为

$$\dot{A}=-\int \mathrm{d}\boldsymbol{r}\,(\boldsymbol{v}_{\mathrm{p}}\cdot\boldsymbol{F}_{\mathrm{p}}+\boldsymbol{v}_{\mathrm{s}}\cdot\boldsymbol{F}_{\mathrm{s}}) \tag{14-29}$$

假如自由能的具体形式已经知道，那么$\boldsymbol{F}_{\mathrm{p}}$和$\boldsymbol{F}_{\mathrm{s}}$也可以得到。这部分在下面讨论。

$K=\frac{1}{2}W+\dot{A}$可以认为是$\boldsymbol{v}_{\mathrm{p}}$和$\boldsymbol{v}$的泛函。因为体系不可压缩，所以有$\nabla\cdot\boldsymbol{v}=0$。在这个限制条件下可以使用未知常数的拉格朗日方法。需要最小化的函数

$$\begin{aligned}\widetilde{K}&=\frac{1}{2}W+\dot{A}-\int \mathrm{d}\,\boldsymbol{r}p(\boldsymbol{r},t)\nabla\cdot\boldsymbol{v}\\&=\int \mathrm{d}\boldsymbol{r}\left\{\frac{\zeta}{2(1-\phi)^2}(\boldsymbol{v}_{\mathrm{p}}-\boldsymbol{v})^2+\frac{\eta_{\mathrm{s}}}{2}(\nabla\boldsymbol{v}:\nabla\boldsymbol{v})-\left[\boldsymbol{F}_{\mathrm{p}}-\frac{\phi}{1-\phi}\boldsymbol{F}_{\mathrm{s}}\right]\cdot\boldsymbol{v}_{\mathrm{p}}-\frac{\boldsymbol{F}_{\mathrm{s}}}{1-\phi}\cdot\boldsymbol{v}-p\,\nabla\cdot\boldsymbol{v}\right\}\end{aligned} \tag{14-30}$$

式(14-30) 中，$\boldsymbol{v}_{\mathrm{p}}$和$\boldsymbol{v}$可视为独立变量。要$K$取到最小值，则有$\partial\widetilde{K}/\partial\boldsymbol{v}_{\mathrm{p}}=0$和$\partial\widetilde{K}/\partial\boldsymbol{v}=0$。所以可得以下双流模型的基本方程

$$\begin{cases}\dfrac{\zeta}{(1-\phi)^2}(\boldsymbol{v}_{\mathrm{p}}-\boldsymbol{v})=\boldsymbol{F}_{\mathrm{p}}-\dfrac{\phi\boldsymbol{F}_{\mathrm{s}}}{1-\phi}\\-\dfrac{\zeta}{(1-\phi)^2}(\boldsymbol{v}_{\mathrm{p}}-\boldsymbol{v})-\eta_{\mathrm{s}}\nabla^2\boldsymbol{v}=\dfrac{\boldsymbol{F}_{\mathrm{s}}}{1-\phi}-\nabla p\end{cases} \tag{14-31}$$

p决定于不可压缩条件。以上便是双流模型的推导过程。

Tanaka 等人[16-18] 从双流模型出发发展了黏弹模型 (viscoelastic model)。黏弹模型

除了考虑两个组分动力学不对称对于相分离过程的影响外，还引入了本体松弛模量的贡献。黏弹模型更具有普适性，它可以描述从溶液到本体共混体系的所有情况。Tanaka 的黏弹模型的基本方程组[17]：

$$\begin{cases}\dfrac{\partial \phi}{\partial t}=-\nabla\cdot(\phi \boldsymbol{v})-\nabla\cdot[\phi(1-\phi)(\boldsymbol{v}_1-\boldsymbol{v}_2)] \\ \boldsymbol{v}_1-\boldsymbol{v}_2=-\dfrac{1-\phi}{\zeta}\left[\nabla\cdot\boldsymbol{\Pi}-\nabla\cdot\boldsymbol{\sigma}^{(1)}+\dfrac{\phi}{1-\phi}\nabla\cdot\boldsymbol{\sigma}^{(2)}\right] \\ \rho\dfrac{\partial \boldsymbol{v}}{\partial t}=-\nabla\cdot\boldsymbol{\Pi}+\nabla\cdot\boldsymbol{\sigma}^{(1)}+\nabla\cdot\boldsymbol{\sigma}^{(2)}+\nabla p\end{cases} \tag{14-32}$$

式中，$\boldsymbol{\Pi}$ 是热力学渗透压张量，它和混合自由能 F_{mix} 有如下关系：

$$\nabla\cdot\boldsymbol{\Pi}=\phi\nabla\frac{\delta F_{\text{mix}}}{\delta\phi}=\phi\nabla\left(\frac{\delta f_{\text{FH}}}{\delta\phi}-C\nabla^2\phi\right) \tag{14-33}$$

这里，C 是表面张力系数。f_{FH} 是 Flory-Huggins 自由能函数。$\boldsymbol{\sigma}^{(k)}$ 是 k 组分的黏弹应力张量，$\boldsymbol{\sigma}^{(i)}$ 可以由组分的本构方程给出：

$$\sigma_{ij}^{(k)}=\int_{-\infty}^{t}\mathrm{d}t'\left\{G^{(k)}(t-t')\left(\frac{\partial v_k^j}{\partial x_i}+\frac{\partial v_k^i}{\partial x_j}-\frac{2}{d}(\nabla\cdot\boldsymbol{v}_k)\delta_{ij}\right)+K^{(k)}(t-t')[\nabla\cdot\boldsymbol{v}_k(t')]\delta_{ij}\right\} \tag{14-34}$$

式中，d 是空间维度；$G^{(k)}(t)$ 和 $K^{(k)}(t)$ 是包含了 k 组分所有时空历史信息的材料函数，分别被称为剪切松弛模量和本体松弛模量。为简单起见，$G^{(k)}(t)$ 和 $K^{(k)}(t)$ 都被设定为 Maxwell 类型的松弛方程

$$G^{(k)}(t)=M_{\text{s}}^{(k)}\exp(-t/\tau_{\text{s}}^{(k)}),\ K^{(k)}(t)=M_{\text{b}}^{(k)}\exp(-t/\tau_{\text{b}}^{(k)}) \tag{14-35}$$

式中，$M_{\text{s}}^{(k)}$ 和 $M_{\text{b}}^{(k)}$ 是剪切和本体的松弛模量。$\tau_{\text{s}}^{(k)}$ 和 $\tau_{\text{b}}^{(k)}$ 分别是剪切和本体应力的松弛时间。它们都是组分积分数 ϕ_k 的函数：$M_{\text{s}}^{(k)}=M_{\text{s}}^0\phi_k^2$，$M_{\text{b}}^{(k)}=M_{\text{b}}^0\theta(\phi_k-\phi_{k0})$，$\tau_{\text{s}}^{(k)}=\tau_{\text{s}}^0\phi_k^2$ 和 $\tau_{\text{b}}^{(k)}=\tau_{\text{b}}^0\phi_k^2$，其中 ϕ_{k0} 是组分 k 平均体积分数。$\theta(\phi_k-\phi_{k0})$ 是一个阶跃函数。当 $\phi_k>\phi_{k0}$ 时为 1.0，当 $\phi_k<\phi_{k0}$ 时为 0。在以上 G 和 K 的假设下式(14-34) 中的应力张量可表示为：

$$\begin{aligned}\boldsymbol{\sigma}_{\text{s}}^{(k)}(\boldsymbol{r},t+\Delta t)&=\boldsymbol{\sigma}_{\text{s}}^{(k)}(\boldsymbol{r},t)\exp\left(-\frac{\Delta t}{\tau_{\text{s}}^{(k)}}\right)+[-\boldsymbol{v}_k\cdot\nabla\boldsymbol{\sigma}_{\text{s}}^{(k)}+\boldsymbol{\sigma}_{\text{s}}^{(k)}\cdot\nabla\boldsymbol{v}_k+ \\ &\quad(\nabla\boldsymbol{v}_k)^{\text{T}}\cdot\boldsymbol{\sigma}_{\text{s}}^{(k)}+G_{\text{s}}^{(k)}(\nabla\boldsymbol{v}_k+(\nabla\boldsymbol{v}_k)^{\text{T}})]\Delta t\ \sigma_{\text{b}}^{(k)}(\boldsymbol{r},t+\Delta t) \\ &=\sigma_{\text{b}}^{(k)}(\boldsymbol{r},t)\exp\left(-\frac{\Delta t}{\tau_{\text{b}}^{(k)}}\right)+[-\boldsymbol{v}_k\cdot\nabla\sigma_{\text{b}}^{(k)}+G_{\text{b}}^{(k)}\nabla\cdot\boldsymbol{v}_k]\Delta t\end{aligned} \tag{14-36}$$

Δt 是模拟步长。最后，应力张量可表示为 $\boldsymbol{\sigma}^{(k)}=\boldsymbol{\sigma}_{\text{s}}^{(k)}+\sigma_{\text{b}}^{(k)}\boldsymbol{I}$。

在简单假设下，它可以还原为各种相分离模型。当我们假设黏弹应力张量 $\boldsymbol{\sigma}=0$，黏弹模型就还原为流体模型。流体模型是研究流体相互作用下，胶体悬浮液的聚集和凝胶化的有力工具[19-21]。当假设剪切模量 $G(t)=\mu(\phi)$ 本体模量 $K(t)=K_{\text{b}}(\phi)$ 时（μ 和 K_{b} 是决定于体积分数 ϕ 的函数），黏弹模型就变成了弹性凝胶模型[18]。在弹性凝胶模型上进一步假设 $\boldsymbol{v}=0$，它就成为弹性固体模型[22]。弹性固体模型可以描述非均一弹性材料的

相分离[23]。假设 $G(t)=0$，$K(t)=0$ 和 $\boldsymbol{v}=0$，黏弹模型变为固溶体模型，它可以研究二元合金固化时树突的形成[24,25]。总之，对黏弹模型非常简单的扩展就可以处理大量的物理化学问题。所以，黏弹模型的数值模拟实现的应用十分广泛，而不是仅限制在动力学对称的体系。

14.2 相场方法研究进展

14.2.1 旋节相分离初期的线性理论研究

考虑高分子体系的旋节（spinodal）相分离，将 Flory-Huggins 自由能引入共混物混合自由能。对化学势 μ 线性化：

$$\mu=\text{const.}+\frac{\partial\mu}{\partial\phi_{\mathrm{A}}}\delta\phi_{\mathrm{A}}+\cdots\approx\text{const.}+2k_{\mathrm{b}}T[(\chi-\chi_{\mathrm{s}})-\kappa\nabla^2]\delta\phi_{\mathrm{A}} \tag{14-37}$$

式中，$\chi_{\mathrm{s}}=\frac{1}{2}\left(\frac{1}{N_{\mathrm{A}}\phi_{\mathrm{A}}}+\frac{1}{N_{\mathrm{B}}\phi_{\mathrm{B}}}\right)$，是静态下 Spinodal 点的相互作用参数。代入式(14-18）变为：

$$\frac{\partial\delta\phi_{\mathrm{A}}}{\partial t}=\frac{M}{k_{\mathrm{b}}T}\nabla\cdot(\nabla\mu)=2M\nabla^2[(\chi-\chi_{\mathrm{s}})-\kappa\nabla^2]\delta\phi_{\mathrm{A}} \tag{14-38}$$

傅里叶变换之后变为：

$$\frac{\partial\delta\phi_{\mathrm{A}}(\boldsymbol{q},t)}{\partial t}=\frac{M}{k_{\mathrm{b}}T}\nabla\cdot(\nabla\mu)=-2Mq^2[(\chi-\chi_{\mathrm{s}})+\kappa q^2]\delta\phi_{\mathrm{A}}(\boldsymbol{q},t) \tag{14-39}$$

式的解为：

$$\delta\phi_{\mathrm{A}}(\boldsymbol{q},t)=\delta\phi_{\mathrm{A}}(\boldsymbol{q},0)\exp\{-2Mq^2[(\chi-\chi_{\mathrm{s}})+\kappa q^2]t\} \tag{14-40}$$

通过式(14-40）分析相分离的早期行为，可以得到以下结论。①在淬冷到两相区之后，有 $\chi-\chi_{\mathrm{s}}<0$，当 $q<\sqrt{(\chi_{\mathrm{s}}-\chi)/\kappa}$ 时，即相区尺寸超过一定值，相区开始指数增长。②当 $q>\sqrt{(\chi_{\mathrm{s}}-\chi)/\kappa}$ 即相区小于一定尺寸时，相区开始衰减。③相区增长速度最快的波矢量为 $q_{\mathrm{m}}^2=(\chi_{\mathrm{s}}-\chi)/(2\kappa)$，其相区增长速度为 $R(q_{\mathrm{m}})=M(\chi_{\mathrm{s}}-\chi)^2/(2\kappa)$。这些浓度涨落可以通过光散射测结构因子而得到验证。

结构因子的定义为：$S(q,t)=\langle|\delta\phi_{\mathrm{A}}(\boldsymbol{q},t)|^2\rangle$。在均相区，以上理论［式(14-40)］预测：当 $t\rightarrow\infty$，$S(q,t)\rightarrow0$，但这个结果与实验结果明显不符。在实验中，由于热运动导致的浓度涨落，结构因子是一个有限的值。

由此 Cook[11] 将热噪声项引入 Cahn-Hilliard 理论，用于修正这个问题。热噪声定义为：

$$\langle\theta(\boldsymbol{r},t)\rangle=0,\ \langle\theta(\boldsymbol{r},t)\theta(\boldsymbol{r}',t')\rangle=-2M\nabla^2\delta(\boldsymbol{r}-\boldsymbol{r}')\delta(t-t') \tag{14-41}$$

在复空间中有：

$$\langle\theta(\boldsymbol{q},t)\rangle=0,\ \langle\theta(q,t)\theta(q,t')\rangle=2Mq^2\delta(t-t') \tag{14-42}$$

$$\frac{\partial\delta\phi_{\mathrm{A}}}{\partial t}=2M\nabla^2[(\chi-\chi_{\mathrm{s}})-\kappa\nabla^2]\delta\phi_{\mathrm{A}}+\theta(\boldsymbol{r},t) \tag{14-43}$$

根据式(14-43) 得：

$$\frac{\partial S(q,t)}{\partial t}=-4Mq^2[(\chi-\chi_{\mathrm{s}})+\kappa q^2]S(q,t)+2Mq^2 \tag{14-44}$$

故在均相区有$\frac{\partial S(q,\ t)}{\partial t}=0$，其在均相区的静态结构因子为$S(q,\ t)=\frac{1}{2[(\chi-\chi_{\mathrm{s}})\ +\kappa q^2]}$。

14.2.2 旋节相分离后期的标度理论研究

在旋节（spinodal）相分离的后期，由于相区浓度涨落达到平衡值，两相之间的浓度差异不再变化，只有相区尺寸发生变化，因而具有自相似性，可以由标度理论描述。以下面几种机理可以描述相分离后期的相区增长过程。

（1）oswald 熟化机理。Lifshitz、Slyozov[26] 根据实验中普遍存在的蒸发-凝聚（evaporation-condensation）机理，发展了 Oswald 熟化机理。在这个理论中，Oswald 熟化的驱动力是化学势的界面曲率依赖性，组分将从高曲率的相区向低曲率的相区发展。所以分散相区中，曲率高的小相区会逐渐消失，而曲率低的大相区会逐渐长大。这个过程中相区尺寸呈指数增长[27]：$R=t^{\alpha}$，增长指数$\alpha=\frac{1}{3}$。

（2）凝聚机理（coalescence）。在 Spinodal 相分离后期，Binder 和 Stauffer[28] 在研究了相分离过程中液滴间的分裂和融合现象后，提出了凝聚机理。这个理论的相区增长指数为：

$$\alpha=\begin{cases}\dfrac{1}{3} & \text{液体混合物(fluid mixture)}\\[2ex] \dfrac{1}{6} & \text{固体混合物(solid mixture)}\end{cases} \tag{14-45}$$

在流体中其增长指数与 Oswald 熟化机理的增长指数完全相同，因此在流体混合物中严格区分这两种情况比较困难。

（3）流体力学机理（hydrodynamic flow）。Siggia[27] 考虑了当相分离过程中形成双连续相区时，相界面存在压力梯度，这个压力梯度会使流体从窄的相区域向宽的区域流动，即不同曲率的相界面引起的流体流动。这种情况下，相区增长指数$\alpha=1$。

Kawasaki 和 Ohta[29,30]（KO 理论）等人在时间依赖的 TDGL 方程中加入了流体力学项来解释相分离过程中的粗粒化情况。他们的理论指出，R 对 t 并没有一个简单的标度关系，α 会随时间的变化而变化。尽管 KO 理论不适用于相分离非常后期的分相，但是如果仅对时间 t 取极大值可得$\alpha=1$。Furukawa[31,32] 用标度理论发展了 KO 理论，在更广阔的时间范围内，他的预测也表明相区尺寸和时间并没有统一的标度关系，α 取决于微观增长机理，其会随时间 t 的发展，从 0.2 变化到 1。在流体力学区域得到 $\alpha=2/3$。

综上所述，在流体相分离后期的标度仍然存在较大的争议，有大量相关的数值模拟研究展开。最近比较一致的看法是流体相分离后期主要存在三个增长阶段[33]：

$$R\propto\begin{cases}t^{1/3} & \text{扩散区}\\ t & \text{黏性流体力学区}\\ t^{2/3} & \text{惯性流体力学区}\end{cases}\tag{14-46}$$

特别需要指出的是体系越是偏离临界组成，增长指数就越接近 1/3。

14.2.3 计算机模拟研究

目前已有工作研究黏弹性差异对相分离过程的影响。Tanaka 等人一方面通过实验方法研究了 PS 溶液的相分离过程[34]，另一方面进一步发展了以上普适双流/含时金兹堡-朗道（time-dependent Ginzberg-Landau model，TDGL）方法[18]，使之可以研究组分黏弹性反差对相分离过程的影响。通过对 TDGL 的数值模拟计算他们得到了很多丰富的结果。如：在高分子溶液体系的相分离模拟中，他们观察到了相反转，并且认为组分之间的本体模量差别是导致这一现象的必要因素[16]；他们还对三维下的黏弹性相分离进行了研究，对其结构形成进行了分析。最近他们发展了流体粒子动力学方法（fluid particle dynamics）[35]，使之能适用模拟凝胶体系。Luo 等[36] 模拟了高分子共混物中的黏弹性差异对于高分子共混体系的动力学和相形态的影响，他们发现在临界状态下，组分大的剪切模量差异会形成分散相，而本体模量差异会形成网络结构，最终的相图形态是二者竞争的结果；在非临界状态下，他们发现小的剪切模量差异有助于保持网络结构，但大的剪切模量差异不会形成网状结构。

Onuki 对流场下的相分离进行了详细研究[37]，不仅发展了外场下对剪切的计算方法[38]，还采用了上随体 Maxwell 本构方程，通过 TDGL 方法研究了剪切场对高分子溶液相分离的形态、动力学和内应力的影响[39,40]。他们发现在共存线以上的单相区，涨落增强的动力学稳定状态。在更大的剪切速度下拉长的高分子聚集相形成了一个瞬态网络结构，支持了大部分应力。他们还观察到了实验上可以验证的现象：剪切应力和法向应力呈现大的涨落。这是因为在剪切流中，网络结构被连续地变形造成的。以上结果只能通过数值模拟得到，因为在线性分析中假设剪切引起的涨落尺度和法向应力在一旦给出浓度涨落后就确定了。在共存线以下，随着淬冷深度的增加界面出现溶剂区起到了润滑剂的作用，组分的不均匀性加强了黏弹性的不对称，在剪切下宏观应力减小。他们发现了由高分子富集相和溶剂富集相组成的稳定两相区，相区特征尺寸与不同剪切速率引起的平均剪切应力成反比，而偏应力会呈现大的时间波动。同时，Yuan 和 Jupp 等对通过双流模型对剪切场下的高分子相分离进行了一系列的模拟[41-43]。他们采用了 Clarke 和 McLeish[44]（CM 本构方程）介绍的本构方程，得到了剪切场下高分子共混体系的相图，重现了剪切诱导溶合和分相现象。他们建立了流变响应与相行为之间的联系。当剪切速率对剪切应力的影响由非线性变为线性时可以认为发生了分相。最后他们还通过自恰场方法来得到体系的自由能，以建立起更符合实际的相分离模型。复旦大学杨玉良课题组也对流场下的黏弹差异体系进行了研究，并在流场对相分离的形态和结构影响上取得了大量有益结果。在二维下，Okuzono[45] 对处于单相区高分子溶液在剪切流下动力学进行了数值模拟。他们通过具有黏弹历史记忆的粒子对体系引入黏弹性。他们发现剪切诱导相分离会导致流变响应的定性改变。Dwivedi 等人[46] 也研究不同模量、不同初始结构下剪切对动力学不对称混合物相分离过程的影响。

14.3 GPU 加速相场方法的数值模拟[47]

当前，GPU 已经发展成为可以用于大规模计算的强大并行处理器。例如，NVIDIA Tesla C2050 GPU 的单精度浮点计算峰值能力为 1.03 Tflops，而英特尔的 Q9500 CPU 只有 45.28 Gflops。在科学计算中，由于 GPU 强大的数据并行计算能力，其计算速度有可能比 CPU 计算快几十倍。这为我们突破 CPU 计算能力的瓶颈提供了新的可能。同时一系列软件工具的出现，如：CUDA[48]，Brook[49]，Cg[50] 等，为我们将 GPU 应用于科学计算提供了便利。

近几年，由于 GPU 计算相比于基于 CPU 的超级计算机或集群具有更好的性价比，发展基于 GPU 的科学计算软件已成为一个引人瞩目的课题。在这些工作中，针对 GPU 加速 MD 这一课题，已经有深入的研究，并得到了许多令人鼓舞的成果[51-60]。例如，Anderson 等人[59] 发展了基于单 GPU 的通用的 MD 实现，并发现其计算速度与 30 个 CPU 核的集群相同。但是，与大量 GPU 加速的 MD 研究工作相比，人们对基于 GPU 设备或者 GPU 加速的 DPD 与基于场的黏弹模型数值模拟算法的关注仍然较少。

相比于 GPU 加速的 MD 模拟，基于场的黏弹模型数值模拟被认为更容易充分发挥 GPU 强大的计算能力。这是因为黏弹模型的数值模拟包含了大量标量矩阵、矢量矩阵和张量矩阵的计算，而这些计算具有很高的数据并行性，非常适合 GPU 并行计算。

14.3.1 GPU 加速的算法实现

在黏弹模型二维（2D）和三维（3D）数值模拟中，黏弹模型的动力学方程分别在 $N \cdot N$ 和 $N \cdot N \cdot N$ 的格点上求解。式(14-32)的积分通过欧拉差分法（有限差分）实现。因为 GPU 和传统的 CPU 存在内在硬件构架不同，基于 GPU 的黏弹模型数值模拟需要在以下三方面做一些特别处理。①为了避免数据交换带来的延时，提高 GPU 程序效率，内存和显存之间的数据通信应尽量少[48]。在本部分中，模拟参数的初始化、输出计算结果和控制程序中内核（kernels）执行顺序在 CPU 上完成；而黏弹模型计算中计算量最大的部分在 GPU 上执行，包括张量计算，两组分间速度差计算，动量守恒方程的求解和更新高分子的体积分数，以减少内存和显存之间的数据通信。下文中我们将详细讨论这些步骤的实现方法。②在积分计算中，使用共享内存避免对显存的分散访问的延时[48]。在每个内核（kernel）里，共享内存的使用通过如下三步实现：第一步，初始数据通过合并访问，由显存传输到共享内存；然后，直接访问共享内存获取数值积分中需要的数据；最后，计算结果通过合并访问的方式，由共享内存传输到显存。在我们的模拟中，相比不使用共享内存的情形，通过以上步骤黏弹模型的计算速度可以提升一个数量级左右。③黏弹模型并行计算的基本原则是每个格点性质由一个线程完成。

按照以上考虑，图 14-3 给出了基于 GPU 的黏弹模型实现步骤。实现细节如下。

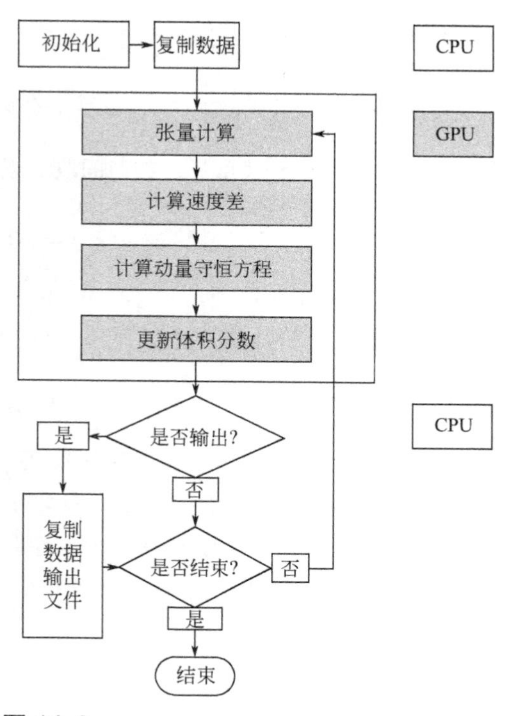

图 14-3

基于 GPU 的黏弹模型实现步骤流程图

14.3.1.1 初始化

初始化过程包括为以下量设置初始值：高分子初始体积分数（ϕ_{ini}），组分张量（$\boldsymbol{\sigma}$），体系性质参数 M_{s}、M_{b}、τ_{s}、τ_{b}、C、ζ、N_{A}、$k_{\text{B}}T$、Δt，以及格点数 N。这些初始化都在 CPU 上完成。为了简单起见，每个格点上的初始体积分数是一个高斯随机数 $\phi_{\text{ini}} \in N(\bar{\phi}, \sigma^2)$，其中 $\bar{\phi}$ 是高分子的平均体积分数；σ^2 是高斯噪声强度。所有的初始张量场都设为 0。最后，所有这些数据都从内存复制到显存。

14.3.1.2 计算组分的应力张量

高分子的本体和剪切应力在 GPU 上按式(14-36) 计算。两个方程都由欧拉方法求解。因为剪切应力张量是一个无迹张量，最后我们得到的剪切应力张量为 $\boldsymbol{\sigma}_{\text{s}}^{\text{f}}=\boldsymbol{\sigma}_{\text{s}}-\dfrac{1}{d}\text{Tr}(\boldsymbol{\sigma}_{\text{s}})\boldsymbol{I}$，其中 $\boldsymbol{I}$ 是单位张量。本体应力张量是一个各向同性张量，因此最后的本体张量为 $\boldsymbol{\sigma}_{\text{b}}^{\text{f}}=\sigma_{\text{b}}\boldsymbol{I}$。高分子的总应力张量为 $\boldsymbol{\sigma}=\boldsymbol{\sigma}_{\text{s}}^{\text{f}}+\boldsymbol{\sigma}_{\text{b}}^{\text{f}}$。

14.3.1.3 组分之间速度差计算

在得到应力张量 $\boldsymbol{\sigma}$ 之后，渗透张量 $\boldsymbol{\Pi}$ 可以通过式(14-33) 计算，随后组分速度差 $\boldsymbol{v}_{\text{p}}-\boldsymbol{v}_{\text{s}}$ 可按式(14-32) 计算。

14.3.1.4 动量守恒方程的计算

因为动量守恒方程在实空间中计算十分困难，Koga 和 Kawasaki[61] 发展了一种傅里叶空间的求解方法。考虑到速度场 $\boldsymbol{v}$ 的时间改变很小，他们假设体系处于准静态，即 $\rho\dfrac{\partial \boldsymbol{v}}{\partial t}=0$。所以式(14-32) 第三式可以改写成 $\boldsymbol{v}(\boldsymbol{r})=\int \boldsymbol{T}(\boldsymbol{r}-\boldsymbol{r}')\cdot\{-\nabla\cdot\boldsymbol{\Pi}(\boldsymbol{r}')+\nabla\cdot\boldsymbol{\sigma}(\boldsymbol{r}')\}\mathrm{d}\boldsymbol{r}'$，其中 $\boldsymbol{T}(\boldsymbol{r})=(1/8\pi\eta_s r)[\boldsymbol{I}+\boldsymbol{rr}/r^2]$，为 Oseen 张量，$\boldsymbol{I}$ 是单位张量。因为是空间的直接计算，需要消耗大量的计算资源，速度场的计算在傅里叶空间中完成。在傅里叶空间中，式(14-32) 第三式变为 $\boldsymbol{v}(\boldsymbol{k})=\boldsymbol{T}_k\cdot\boldsymbol{F}_k$。这里 $\boldsymbol{T}_k=\dfrac{1}{\eta_s k^2}(\boldsymbol{I}-\boldsymbol{kk}/k^2)$是傅里叶空间中的奥森(Oseen) 张量，$\boldsymbol{F}_k$ 是 $\boldsymbol{F}=-\nabla\cdot\boldsymbol{\Pi}(\boldsymbol{r})+\nabla\cdot\boldsymbol{\sigma}(\boldsymbol{r})$ 的傅里叶变换。其实现细节如下：首先，我们计算实空间中的，并把它变化到傅里叶空间；然后，我们在傅里叶空间计算 $\boldsymbol{v}(\boldsymbol{k})$，通过傅里叶逆变化进而都得到 $\boldsymbol{v}(\boldsymbol{r})$。这里需要指出的是，快速傅里叶变化（FFT）明显地减少了傅里叶变换的计算时间。在我们的计算中，FFT 通过直接调用 CUFFT 库实现。

14.3.1.5 更新和输出

完成以上步骤之后，高分子每一步的体积变化 $\Delta\phi$ 可按式(14-32) 第一式直接得到，并完成更新。最后，为了记录相分离过程的演化，间隔一定时间步相关的体积分数场，应力场和速度场将从显存传输到主存进行保存。

不断迭代执行以上步骤，直到系统达到稳定或长时间存在的亚稳态。

14.3.2 GPU 加速的验证

为了测试基于 GPU 的黏弹模型实现的加速比和精度，我们在两个 GPU 平台上进行了一系列的测试。一个测试平台安装了 Tesla C2050，另外一个则安装了 GeForce GTX 295。C2050 GPU 的双精度和单精度浮点计算峰值分别为 515 Gflops 和 1.03 Tflops。C2050 的理论带宽为 144 GB/s，拥有 448 个流处理器（SP）。GTX295 有两个 GTX 200 GPU 核心，但是在我们的计算中只使用其中一个。单个 GTX 200 GPU 核心有 240 个 SPs。它的单精度浮点计算峰值为 0.983 Tflops，理论带宽为 112GB/s。特别需要指出，在数据的分散访问上，C2050 有比 GTX295 更好的表现。这两个平台上的测试结果会与 Q9500 CPU 上单核运行的结果作对比。单核 Q9500CPU 的峰值双精度计算能力为 5.66 Gflops。在 CPU 上运行的双精度二维黏弹模型程序已经经过测试，计算结果与先前文献报道一致[16,34,62]。所以我们将 CPU 程序计算结果作为参照。

测试模拟的初始条件设置为：高分子初始体积分数设定为 $\phi_{\mathrm{ini}}\in N(0.35,\ 0.001)$，其中平均体积分数为 $\bar{\phi}=0.35$，高斯噪声强度为 $\sigma^2=0.001$。其他参数设置见表 14-1。与先前的黏弹模型模拟工作相同[16,18,35,62-67]，为了计算方便和结果的普适性，我们使用了无量纲参数。

表 14-1　模拟参数

系统参数						高分子黏弹性参数			
C	ζ	η_s	N_A	$k_B T$	Δt	M_s^0	τ_s^0	M_b^0	τ_b^0
1	0.1	0.1	1	1.3	0.02	0.5	50	2.5	10

程序在不同处理器上运行得到的高分子溶液的形貌结果，如图 14-4 所示。其中图 14-4(a) 显示的图案演化是在 Q9500 CPU 通过 C 代码计算所得，而图 14-4(b) 和 (c) 的图案演化是在 C2050 GPU 分别通过单精度和双精度的 CUDA 代码计算所得。CPU 结果和 GPU 结果的完美重合证明黏弹性模型的 CUDA 实现结果是可信的。

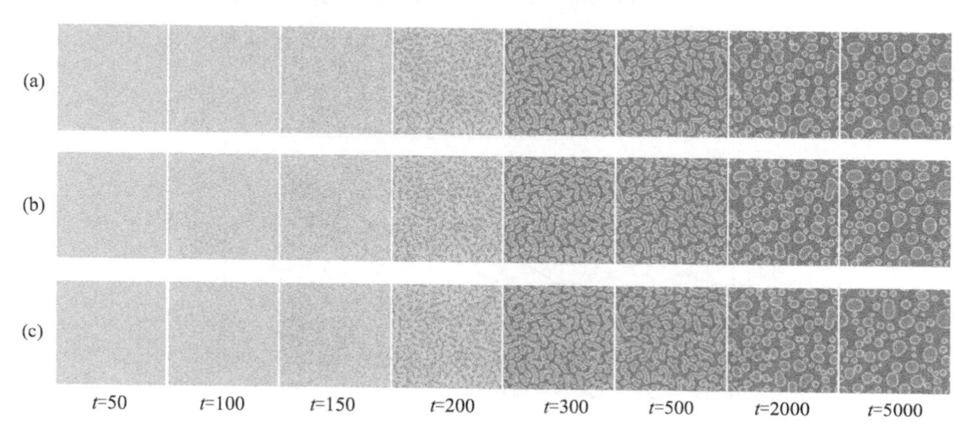

图 14-4

不同处理器上计算所得的形貌演化结果

(a) 双精度 CPU 计算结果，(b) 和 (c) 分别为 GPU 的单精度和双精度结果。

在不同尺度的 2D 黏弹模型的数值模拟，每个时间步的计算在不同处理器上的耗时如图 14-5 所示。在 Q9500 CPU 上，每一时间步计算消耗的时间随格点数目线性增长。由于 GPU 上的 SPs 在小尺度下无法充分利用，而随着格点数的增加，GPU 的硬

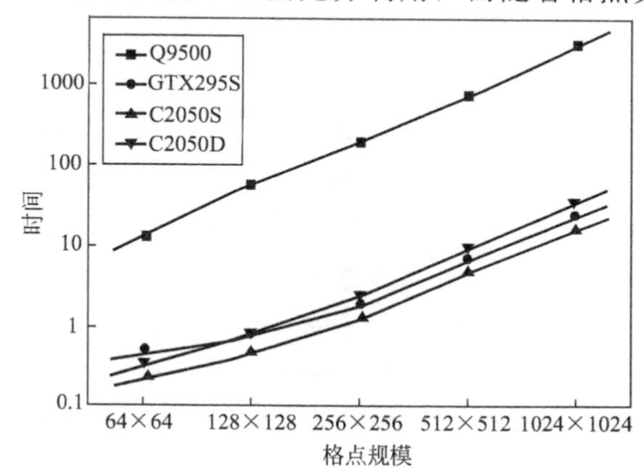

图 14-5

不同处理器上每步计算耗时

Q9500 表示 CPU Q9500 使用双精度算法耗时，GTX295S 表示 GTX295 使用单精度算法的耗时，C2050S 和 C2050D 分别为 C2050 的单精度和双精度耗时。

件资源开始被更有效地使用，所以在 GPU 上，只有当格点数大于 256×256 时，每一时间步计算消耗的时间才随格点数目线性增长。这个线性关系说明 GPU 上黏弹模型的计算复杂度为 $O(n)$。

另外图 14-5 显示 GPU 上每一时间步的平均耗时总是小于 CPU 上的耗时。为了量化对比 CPU 和 GPU 上程序运行的性能，我们计算了两者的加速比。加速比定义为 CPU 耗时/GPU 耗时，结果如图 14-6 所示。当格点数由 64×64 增加到 256×256 时，单精度算法 C2050 上的加速比由低于 60 上升到 160 左右。格点数目为 1024×1024，它比前人工作中格点数目大一个数量级[2,5,10,12-14]。在这个格点规模下，使用单精度算法在 C2050 上运行获得的加速比为 190。另一方面，因为 C2050 有着更好的计算能力和带宽，它的单精度算法加速比要优于 GTX295 的加速比。另外，C2050GPU 上，双精度的加速比是单精度的一半，这与其双精度和单精度硬件计算能力一致。

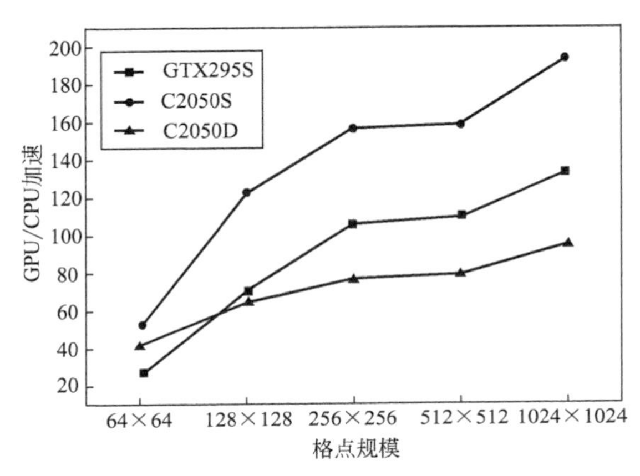

图 14-6

加速比测试结果

14.3.3 小结

黏弹模型的数值模拟主要用于研究动力学不对称体系（如高分子共混物、聚合溶液）的相分离动力学。基于 GPU 硬件架构的特点，我们设计了黏弹模型的 GPU 加速算法。同时，为了充分发挥 GPU 的性能，我们引入了优化方法。通过对高分子溶液的模拟研究，我们发现基于 GPU 的计算不仅能得到精确的结果，还能获得相对于单核 CPU 最大约 190 倍的加速。总之，基于 GPU 的黏弹模型模拟对研究实验和理论上感兴趣的发生在大的时空尺度的相分离现象具有巨大前景。因为这些现象很难通过当今普遍使用的 CPU 计算来完成。当然我们的工作也可以为基于格点计算的模型（如：点阵玻尔兹曼方法、自恰场方法）提供参考。当前，我们已拓展我们的 GPU 程序，用于研究三维剪切情况下，动力学不对称体系的形貌和流变行为。目前，这些问题的计算尽管在高分子材料加工中有重要意义，但对当今基于 CPU 的数值计算仍然是一个巨大的挑战。

14.4 高分子共混物的分相研究

14.4.1 高分子共混物的黏弹相分离[68]

相分离现象在高分子体系（如：高分子溶液、共混物）中普遍存在。由于高分子材料的物理性质、力学性能与体系中相分离微区形态密切相关[34,69,70]，因此高分子体系相分离的机理和动力学在实验与理论上都受到极大的关注[34,71,72]。理论上，建立在动力学对称假设上的经典的固溶体（model B）和流体模型（model H）[14] 可以很好地描述由扩散控制的固溶体中的和由扩散及流体力学流动控制的简单流体中的相分离动力学。然而，由于高分子具有黏弹性，其黏弹效应对高分子分相形态演化和动力学有着复杂的影响，经典模型无法很好地解释高分子体系相分离实验中观察到的许多现象。如：Tanaka 等人[16,62] 在实验中发现中等浓度高分子溶液在深度淬冷下会出现相反转现象（即含量高的组分形成分散相而含量低的组分反而形成连续相）。同时，相反转现象也出现在玻璃化温度 T_g 差异较大的体系中[17]。这些体系共同的特征是组分间存在较大的动力学不对称，相分离过程中，除了相分离初期扩散区域与后期的流体力学区域之外，还存在黏弹性区域。

为了研究动力学不对称对相分离的影响，de Gennes 和 Brochard[12,73] 在研究高分子溶液的浓度涨落时，考虑了体系中应力和扩散的动态耦合，提出了双流模型的雏形。之后，Helfand 和 Fredrickson[74] 将扩散和应力的耦合机理用于研究剪切场下高分子溶液。Doi、Onuki[15] 和 Milner[75]，通过考虑两组分的不同速度，进一步发展了双流模型。总之，双流模型通过引入浓度涨落与应力的动态耦合，直接考虑了组分黏弹性带来的动力学不对称，成功克服了经典模型的局限性。Tanaka 等人在双流模型的基础上，又进一步考虑了本体应力作用，通过引入本体松弛模量的方法，将动力学不对称合理地引入到非牛顿流体的本构方程中，发展了黏弹模型（viscoelastic model）[16,34,62]，观察到了与实验结果高度一致的相反转。

目前，静态下基于黏弹性相分离的数值模拟已有文献报道[16,34-36,65-67]。但是由于黏弹模型的数值求解需要在复空间进行傅里叶变换，数值模拟的计算量大。受限于计算能力，黏弹模型的模拟研究大都集中于二维情形，对于三维情形下高分子黏弹性相分离过程的模拟还罕有报道。二维下，Tanaka 等[16,17,34] 人首先考查了本体松弛模量和/或剪切松弛模量存在与否时高分子溶液的相分离；之后，Zhang 等[65] 系统研究了本体和剪切松弛模量、模量松弛时间、体系的初始组成和淬冷深度等因素对于高分子溶液黏弹性相分离过程的影响；Luo 等[36] 则研究了二元高分子共混物在两组分都存在黏弹性时，黏弹性差异对于相分离过程的影响。最近，Araki 等人首次在三维情形下对高分子溶液黏弹性相分离过程进行了模拟，发现了三维空间中特有的互穿网络结构。但他们的模拟时间较短，没有观察到黏弹性相分离后期高分子富集区由互穿网络结构演化为分散的规则液滴相。此外，他们只考查了本体松弛模量和/或剪切松弛模量存在与否时高分子溶液的相分离，并未系统研究在三维下动力学不对称或黏弹性反差对黏弹性相分离的形貌和分相动力学的影响。另一方面，真实高分子体系中的相分离过程都发生在三维空间下，空间维度对于相分离的形貌和动力学有着重要的影响，所以研究三维下的黏弹性相分离过程，对于控制高分子体系的形态演化获取性能优越的高分子材料有着非常重要的意义。利用 GPU 加速黏弹模型代码，我们模拟了三维空间下中等浓度高分子溶液的黏弹性相分离过程。

14.4.1.1 动力学不对称对高分子相分离的影响

图 14-7 给出了以上四种情况下相形貌的演化过程。对于非临界组成的二元流体，相分离开始之后初始体积分数较少的组分形成大量离散的珠状液滴结构［如图 14-7(a) $t=200$ 所示］；随后小的珠状液滴结构逐渐消失，大的珠状结构逐渐长大［如图 14-7(a) $t=600$ 与 1600 所示］。在情形（b）中，黏弹性模型仅考虑剪切松弛模量，且我们选定的剪切模量值较小，相形态演化与流体模型类似，含量少的高分子形成了分散的高分子富集相液滴结构。在情形（c）中，黏弹性模型仅考虑了高分子溶液组分的本体松弛模量，但其相区形态演化与经典的流体模型（a）和仅存在剪切松弛模量的黏弹性模型（b）有很大区别。首先，本体模量小的溶剂富集相形成分散的溶剂孔洞［如图 14-7(c) $t=500$ 所示］，而高分子富集相却形成连续相；随后离散溶剂孔合并长大，压迫周围的高分子富集相，使其体积不断收缩，形成高分子富集相的网络结构［如图 14-7(c) $t=800$ 所示］；最后，由于溶剂富集相的不断增大，高分子富集相的网络结构被压破断裂，压断的高分子网络在表面张力作用下开始回缩，高分子富集相就由最初的连续相经历相反转变成了最终的离散相［如图 14-7(c) $t=2000$ 所示］。在情形（d）中，黏弹性模型同时考虑了高分子溶液组分的剪切松弛模量和本体松弛模量，类似于上述情形（c）高分子溶液的相分离形貌演化过程同样发生相反转现象，高分子富集相经历了由最初的连续相到网络结构压断变成最终的分散液滴相［如图 14-7(d) $t=2000$ 所示］，这与实验观察结果一致[16]。显然，比较上述四种情形，我们可以明确正是由于本体松弛模量的不对称，高分子富集相在体积分数较小时形成瞬态网络结构，发生相反转，这与不包含黏弹效应的经典流体模型和仅存在剪切松弛模量的黏弹性模型给出的相分离动力学路径有很大区别。

14.4.1.2 本体松弛模量对黏弹性相分离过程的影响

三维下，本体松弛模量对高分子溶液相分离过程的影响目前尚未有完整研究报道。为了系统考查本体松弛模量的作用，我们又研究了三组具有不同本体模量的黏弹性高分子溶液，其中高分子组分的黏弹性参数为：$\tau_{\mathrm{b}}^{0}=10$，$\tau_{\mathrm{s}}^{0}=10$，$M_{\mathrm{s}}^{0}=0.2$，(a) $M_{\mathrm{b}}^{0}=1$，(b) $M_{\mathrm{b}}^{0}=2.5$，(c) $M_{\mathrm{b}}^{0}=6$。首先，图 14-8 给出了这三种高分子溶液的相区演化实时图。我们发现由于本体应力对相分离过程的抑制作用，相反转发生的时间随着本体松弛模量的

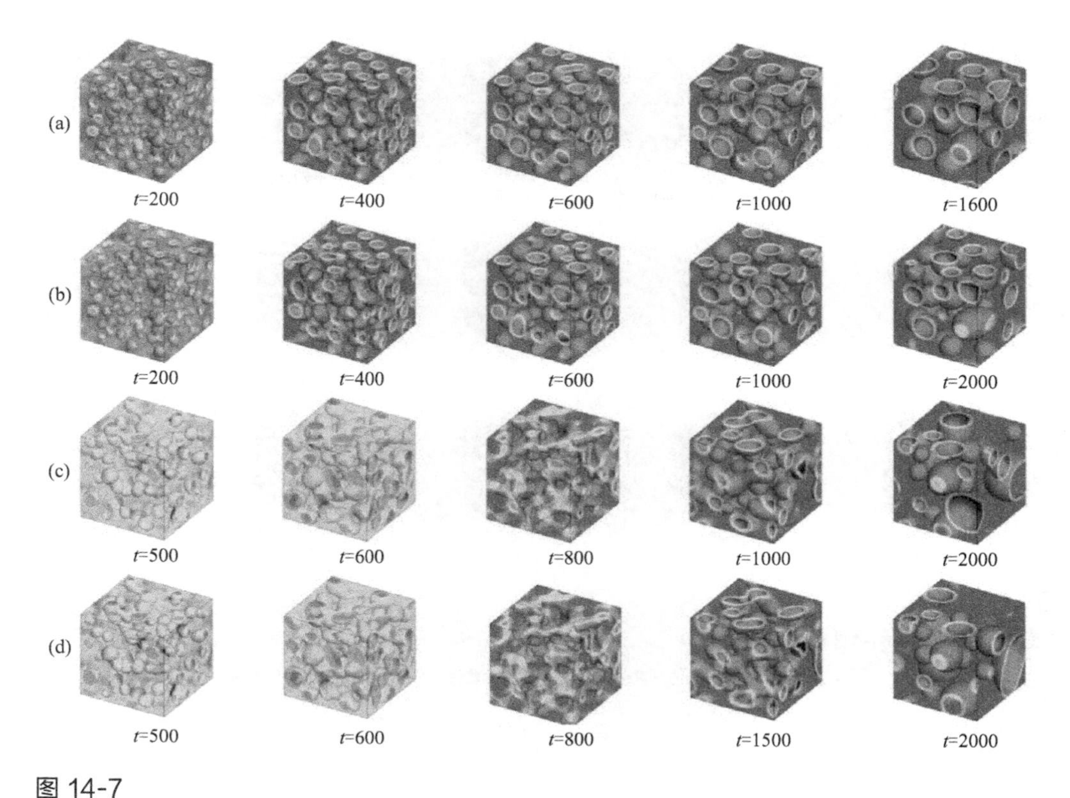

图 14-7

四种情形下的相区演化图

（a）流体模型（model H）；（b）仅包含剪切模量的黏弹模型；（c）仅包含本体模量的黏弹模型；（d）剪切和本体模量都包含的黏弹模型。

增加而延迟，并且本体松弛模量大的体系更容易形成大的不规则相区。例如：在 $M_b^0=1$ 时，相反转在 $t=400$ 已经完成［如图 14-8(a) $t=400$ 所示］，高分子富集相在 $t=2000$ 时具有离散的尺寸不一的球形结构［如图 14-8(a) $t=2000$ 所示］；在 $M_b^0=2.5$ 时，相反转在$t=500$ 到 600 之间完成，高分子富集相在 $t=2000$ 时同样形成了离散的尺寸不一的球形结构［如图 14-8(b) $t=2000$ 所示］；当本体松弛模量增大到 $M_b^0=6$，相反转在 $t=900$ 到 1100 之间完成，在 $t=2000$ 时相分离形貌为高分子富集相的球状和不规则长条柱的并存结构。

14. 4. 1. 3　剪切松弛模量对黏弹性相分离过程的影响

由于剪切松弛模量对黏弹性相分离后期的相形貌有重要的影响，我们主要考查以下黏弹性高分子溶液，其中高分子组分的黏弹性参数设定如下：$\tau_b^0=10$，$\tau_s^0=10$，$M_b^0=5$（a）$M_s^0=0$（b）$M_s^0=0.1$，（c）$M_s^0=0.2$，（d）$M_s^0=0.5$，（e）$M_s^0=1$。通过考查高分子溶液相区形貌图变化，我们发现在 $t<800$ 时以上五种情形下相分离形态演化规律基本与图 14-7(d) 类似，并在 $t=800$ 时都形成了高分子富集相的网络结构。但随着相分离进行，剪切松弛模量小的体系（$M_s^0<0.5$），发生了相反转，网络结构断裂形成离散的高分子富集相区（如图 14-9 $M_s^0=0.1$ 所示）。而剪切松弛模量较大的体系，$M_s^0\geqslant 0.5$，高分子富集

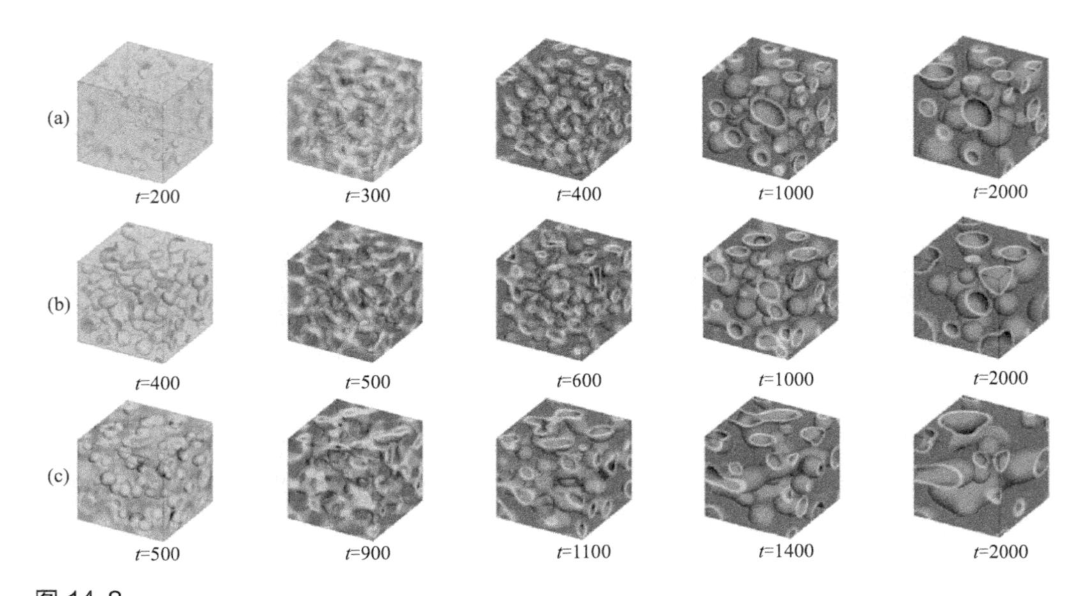

图 14-8

不同本体模量下的黏弹性相分离

（a） $M_b^0=1$，（b） $M_b^0=2.5$，（c） $M_b^0=6$。其他松弛模量参数设置为： $\tau_b^0=10$， $\tau_s^0=10$ 和 $M_s^0=0.2$。

相区的网络结构在我们的模拟时间内没有发生相反转，在 $t=2500$ 时高分子富集相网络结构仍存在（如图 14-9 $M_s^0=1$ 所示）。显然，剪切模量的增加有助于高分子富集相保持网络结构，也即剪切应力越大对相区结构松弛的抑制作用越强，这与前人在二维下观察到的结果一致[16,65]。此外，在我们所研究的剪切松弛模量参数下没有发现剪切松弛模量对于特征波数和高分子富集相体积分数有显著影响。

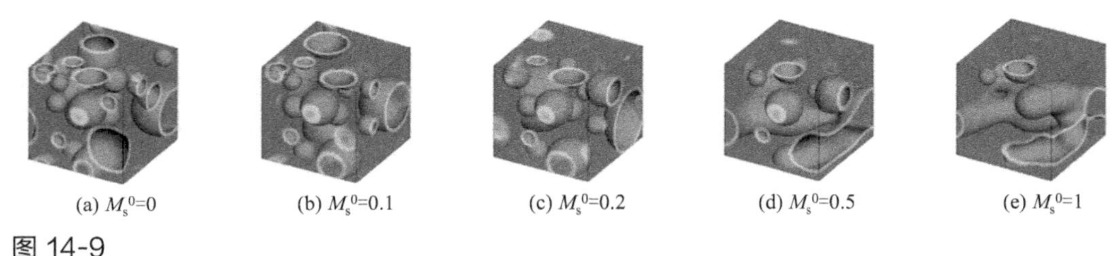

图 14-9

时间 $t=2500$ 时，不同剪切模量下的黏弹性相分离实时图

利用基于 GPU 的软件包模拟了三维空间下中等浓度高分子溶液的黏弹性相分离过程。通过系统研究本体松弛模量和剪切松弛模量对于黏弹性相分离形貌演化、相分离微区特征尺寸、高分子富集相体积分数和内应力的演化的影响，明晰了反转相结构形成的主要原因并揭示出动力学不对称或黏弹性反差对相分离过程的影响。结果表明：(i) 与经典的流体模型不同，在包含本体模量的黏弹模型 中，高分子富集相首先形成网络结构，然后网络收缩断开，最后变为离散的液滴相。本体应力的不对称是体系出现相反转的重要原因。(ii) 本体松弛模量的增加，一方面会抑制相分离初期的浓度涨落，导致相反转发生时间延迟；另一方面在相分离后期有助于形成大的高分子富集液滴相，加速相区增长。(iii) 剪切松弛模量的增加只有助于高分子富集相保持网络结构，并在剪切松弛模量较大

的情况下，不规则相结构的缓慢松弛导致了剪切应力在相分离后期长期存在。(iv) 对于非临界组成的高分子溶液，三维模拟可以重现实验观察到的相互穿插空间网络结构。并且，在相分离后期，由于三维下的相区增长模式接近于流体力学流动的生长机理，其相区生长速度大于由扩散与碰撞控制的二维情形。这些结果无疑为深入认识黏弹相分离、控制高分子混合体系的形态和性能提供了重要的参考。

14.4.2 剪切场下高分子材料分相研究

高分子共混物的相形态对材料的力学性质有直接影响，对于部分相容的共混物其相形态受到外加流场的影响。通过考查外场对相形态的影响，一方面可以了解外加流场对相分离动力学的影响，另一方面可以建立形态结构和流变学的定量关系，以期达到通过控制高分子共混体系的形态演化来获取性能优越的新型高分子材料的目的。实验上，对流场中相形态演变的研究主要是利用光学显微镜、动态光散射等方法在线研究相尺寸、界面取向、相形态等问题[76,77]。理论上，TDGL 是介观水平上的场论方法，其通常采用的相分离动力学模型是基于分相后期的动力学普适性，对研究相分离后期动力学行为十分有效。在 TDGL 方法中，双流模型由于耦合了应力、扩散和流场的相互作用，常被用于研究高分子体系在流场下的相分离过程。然而，由于双流模型微分方程是非线性的，直接解析非常困难，因此需要通过数值模拟的方法研究高分子体系相分离形貌演化与动力学[39,46,66]。在双流模型的基础上，剪切场下的相分离过程已有相关文献报道。Onuki 基于双流模型对流场下的相分离进行了详细研究[37]，他发展了外场下对剪切的计算方法[38]，还采用了 Maxwell 本构方程，通过 TDGL 方法研究了剪切场对高分子溶液相分离的形态、动力学和内应力的影响[39,40]。他发现在共存线以上的单相区存在涨落增强的动力学稳定状态。在更大的剪切速度下拉长的高分子聚集相形成了一个瞬态网络结构，支持了大部分应力。在共存线以下，随着淬冷深度的增加界面出现溶剂区起到了润滑剂的作用，组分的不均匀性加强了黏弹性的不对称，在剪切下宏观应力减小。Yuan 和 Jupp 等通过双流模型对剪切场下的高分子相分离进行了一系列的模拟[41-43]。他们采用了 CM 本构方程[44]，得到了剪切场下高分子共混体系的相图，重现了剪切诱导溶合和分相现象，并建立了流变响应与相行为之间的联系。在双流模型的基础上，Tanaka 等人进一步发展了包含本体松弛模量不对称的黏弹模型[16,34,62]。相比于原始的双流模型，黏弹模型由于能够完美地重现实验中观察到的高分子黏弹性相分离过程中的瞬态网络结构和相反转[18,62]，因而得到了广泛的关注。

但是，基于黏弹模型研究剪切下的黏弹性相分离研究还很少有报道。二维下，Dwivedi 等人[46] 仅研究了剪切场下组分黏弹性变化的几种极端情况，没有包含剪切场变化对相分离过程的影响。此外，由于维度对于体系在剪切场下的相分离的形貌演化有重要的影响，如：一定条件下，剪切场下黏弹性相分离在二维下形成条带结构，然而在三维下可能是形成柱状结构，也可能形成层状结构。这些结构差别，对高分子体系的流变性质、输运性质有重要影响。然而，由于黏弹模型计算量巨大，三维剪切场下使用黏弹模型研究高分子体系的相分离过程中的相行为与流变响应的工作尚未开展。

在先前的工作中，我们发展了 GPU 加速的黏弹模型数值计算软件包[47]，凭借 GPU 强大的并行处理能力，其计算速度最快能达到 CPU 单核计算的 190 倍，这使三维下黏弹模型的计算成为现实。在本节中我们期望通过黏弹模型的三维数值模拟，系统研究剪切场下的黏弹性相分离，并对组分黏弹性、剪切场和初始组成对于黏弹相分离动力学、相行为和流变性质的影响进行详细讨论。

由于动量守恒方程［式(14-32) 第三式］在傅里叶空间中的求解，要求体系符合周期性边界条件，为了保持剪切场下体系的周期性边界条件，我们采用了具有周期性边界条件的剪切流场，其定义为：

$$\boldsymbol{v}_{\text{shear}}=\dot{\gamma}\left|y-y_0\right|\vec{i} \tag{14-47}$$

式中，$y_0=\dfrac{Ly}{2}$，速度场是沿 y 方向，并且关于 y_0 对称。$\dot{\gamma}$ 为剪切速率。因此，混合物的平均速度场可表示为：

$$\boldsymbol{v}=\boldsymbol{v}_{\text{in}}+\boldsymbol{v}_{\text{shear}} \tag{14-48}$$

$\boldsymbol{v}_{\text{in}}$ 为内流场速度。特别指出，Ounki[38] 等人提出了一种变坐标系的方法来加入剪切流场，但是由于黏弹模型中应力的存在，其变坐标系处理非常复杂，所以本书采用了以上简单方法处理流场。我们的模拟中采用 Tanaka 和 Araki 提出的高分子溶液的黏弹模型[16,34]。在剪切场下高分子溶液的黏弹性相分离的动力学方程可以改写为：

$$\begin{cases}\dfrac{\partial \phi}{\partial t}=-\nabla\cdot(\phi\boldsymbol{v})-\nabla\cdot\left[\phi(1-\phi)(\boldsymbol{v}_{\text{p}}-\boldsymbol{v}_{\text{s}})\right]\\ \boldsymbol{v}_{\text{p}}-\boldsymbol{v}_{\text{s}}=-\dfrac{1-\phi}{\zeta}\left[\nabla\cdot\boldsymbol{\Pi}-\nabla\cdot\boldsymbol{\sigma}\right]\\ \rho\dfrac{\partial \boldsymbol{v}_{\text{in}}}{\partial t}=-\nabla\cdot\boldsymbol{\Pi}+\nabla\cdot\boldsymbol{\sigma}+\nabla p+\eta_{\text{s}}\nabla^2\boldsymbol{v}_{\text{in}}\end{cases} \tag{14-49}$$

14.4.2.1 不同黏弹性对形貌和流变学特性的影响

基于以上方法我们研究了剪切下组分黏弹性不对称对于体系相分离过程与流变的影响，剪切速率 $\dot{\gamma}=0.02$，$\phi_0=0.28$ 高分子组分的黏弹性参数设定如下：(a) $\tau_{\text{b}}^0=0$，$\tau_{\text{s}}^0=0$，$M_{\text{b}}^0=0$，$M_{\text{s}}^0=0$；(b) $\tau_{\text{b}}^0=0$，$\tau_{\text{s}}^0=10$，$M_{\text{b}}^0=0$，$M_{\text{s}}^0=0.2$；(c) $\tau_{\text{b}}^0=10$，$\tau_{\text{s}}^0=0$，$M_{\text{b}}^0=5$，$M_{\text{s}}^0=0$；(d) $\tau_{\text{b}}^0=10$，$\tau_{\text{s}}^0=10$，$M_{\text{b}}^0=5$，$M_{\text{s}}^0=0.2$；在剪切发生后，形态的演化可以分为如下几种情况，如图 14-10 所示，在图 (a) 情形下，首先相区形成椭球结构［如图 14-10(a) $t=200$ 所示］，然后椭球结构进一步粗化生长，由于表面张力导致的扩散，小的椭球结构消失，大的椭球生成更大的椭球结构［如图 14-10(a) $t=1600$ 所示］；在图 (b) 情形下，相分离开始阶段只包含剪切松弛模量的相区演化过程与图 (a) 情形下类似，但是加入了松弛剪切模量之后更容易形成柱状结构，在相分离的后期［如图 14-10(b) $t=2000$ 所示］观察到了椭球结构与柱状结构的共存结构；在图 (c)，图 (d) 情形下，剪切发生后，相区首先由黏弹性小的溶剂富集相形成的离散的细长椭球结构［如图 14-10(c) $t=500$ 所示］，接着这个结构逐渐生长粗化，最后溶剂富集相连接在一起，高分子富集相形成离散的柱状和椭球的混合结构［如图 14-10(c) $t=2000$ 所示］。这说明剪切场下的黏弹性相分离过程，由于组分本体松弛模量不对称的存在，体系也会发生相反转现象。这与未剪切时的黏弹性相分离过程类似［如图 14-7(c) 所示］。同时，我们发现本体松弛模量的存在有助于体系生成更小的柱状结构，这可能与体系存在黏弹性，更不容易在剪切场下碰撞融合引起的。

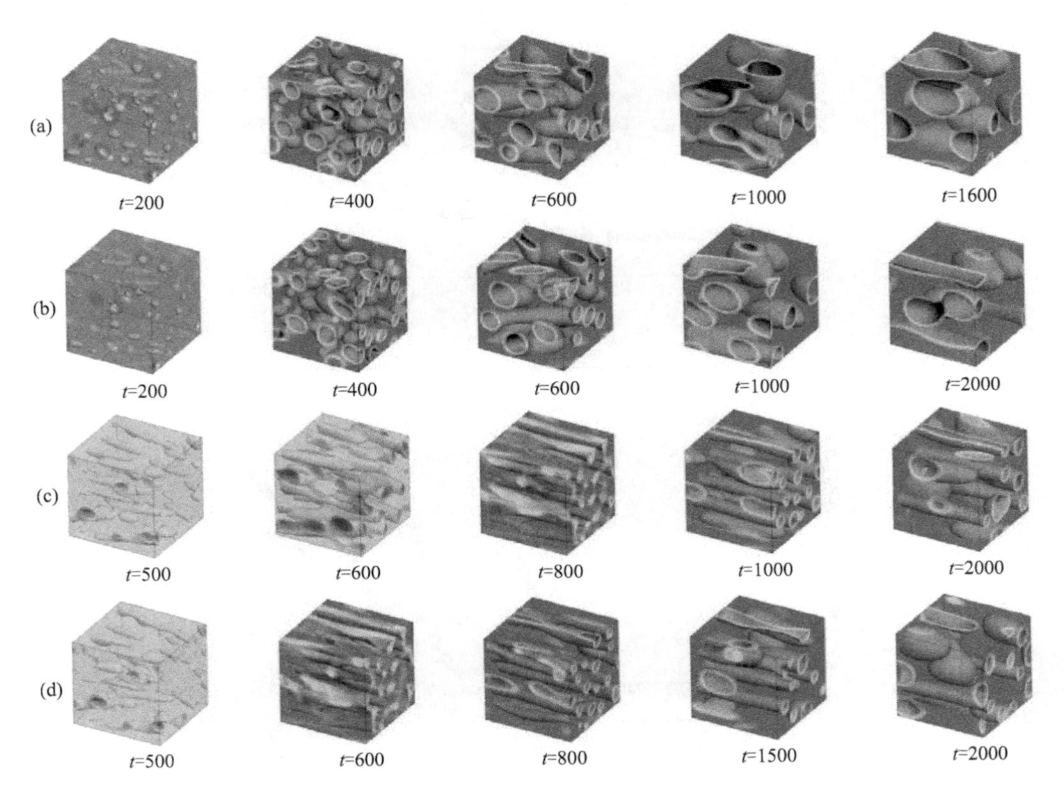

图 14-10

剪切速率 $\dot{\gamma}$ = 0.02 时，四种情形下的相区演化图

（a）流体模型（model H）；（b）仅包含剪切模量的黏弹模型；（c）仅包含本体模量的黏弹模型；（d）剪切和本体模量都包含的黏弹模型。

14.4.2.2 不同剪切速率下剪切应力响应

体系参数设定如下：$\phi_0=0.28$，$\tau_b^0=10$，$\tau_s^0=10$，$M_b^0=5$，$M_s^0=0.2$。图 14-11 显示了不同剪切速率下，总剪切应力、剪切应力表面贡献和本体贡献随剪切时间的演化。我们发现与实验中高分子在剪切下表现出的剪切应力大小一致，总剪切应力随相分离的开始而增加，剪切速率较大时，由于形成稳定条柱结构，所以其后期总剪切应力保持在一个平衡值。然而在剪切速率较小时，由于相区由椭球和条状结构混合组成，所以其在相分离后期的剪切应力表现出一定的涨落。另一方面，我们研究了表面和本体两个因素对于剪切应力的贡献。在黏弹性相分离中，由于体系中存在黏弹性，本体部分对于总剪切应力的贡献是开始变得重要，随着剪切速度的增加，其成为剪切应力的主要贡献因素。表面应力贡献在相分离后期下降是因为在剪切下形成了层或条柱状结构，相区表面开始平行于剪切方向引

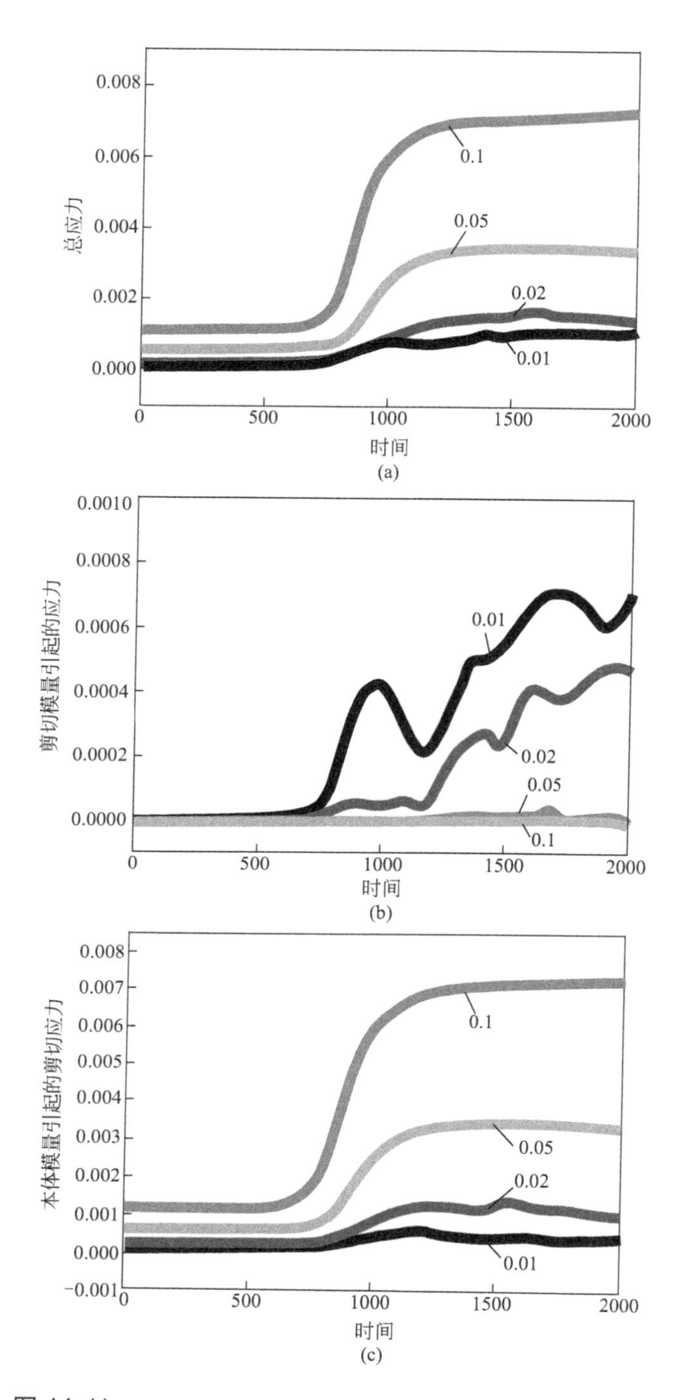

图 14-11

不同剪切速率下的（a）总剪切应力，（b）界面贡献的剪切应力，（c）本体贡献的剪切应力随剪切时间的演化

起的，这与经典模型下的结果一致。界面对于剪切应力的贡献主要是由相界面的形成和相界面的取向造成的。在小的剪切下（0.01，0.02），相界面形成和取向共同主导了第一阶段剪切应力界面贡献的上升。但是在第二阶段（t=1100）剪切应力的界面贡献开始下降，这是由于相区生长，导致模拟盒子中总的界面的面积减小造成的。在更大的剪切速率下（0.05，0.1），由于其相区结构很快形成了平行于剪切方向的柱状结构，因此剪切应力的界面贡献在剪切速度较大时贡献较小。

14.5 总结与展望

在本章中我们梳理了共混体系的分相的热力学理论和动力学模型如：固溶体模型、流体模型和双流模型，阐明了相场方法的基本原理，并简要介绍了相场模型在科学研究中的进展。针对适用于研究动力学不对称的高分子共混体系的基于双流模型发展的黏弹模型，我们详细讨论了其 GPU 加速的实现算法，获得超过 190 倍的加速。最后，我们采用基于 GPU 加速的相场模拟程序计算静态和剪切场下的三维黏弹性相分离过程，得到的形貌与结构演化与实验结果一致。虽然在上述数值模拟中我们忽略了链构象等微观信息，但是仍能够在介观甚至宏观尺度上获得与实验研究一致的结果。也正是由于对微观细节的忽略，使得基于场论的方法有能力在前面介绍的粒子基方法所无法企及的空间和时间尺度上开展研究，因此在相分离机理研究及多相共混体系的结构演化跟踪方面有着天然的优势。由此可以预见，相场方法将会在未来的高分子共混材料的形貌控制与预测方面发挥越来越重要的作用，为设计及加工性能优异且具有使用价值的高分子共混材料提供理论指导。

参考文献

[1] Flory P J. Principles of Polymer Chemistry. New York：Cornell University Press，1953.
[2] Huggins M L. Solutions of Long Chain Compounds. J Chem Phys，1941，9（5）：440.
[3] Han C C，Bauer B J，Clark J C，et al. Temperature，Composition and Molecular-Weight Dependence of the Binary Interaction Parameter of Polystyrene Polyvinyl Methyl-Ether Blends. Polymer，1988，29（11）：2002-2014.
[4] Patterso D. Free Volume and Polymer Solubility. a Qualitative View. Macromolecules，1969，2（6）：672.
[5] Sanchez I C，Lacombe R H. Statistical Thermodynamics of Polymer-Solutions. Macromolecules，1978，11（6）：1145-1156.
[6] Cahn J W. Phase Separation by Spinodal Decomposition in Isotropic Systems. J Chem Phys，1965，42（1）：93.
[7] Hashimoto T，Itakura M，Hasegawa H. Late Stage Spinodal Decomposition of a Binary Polymer Mixture . 1. Critical Test of Dynamic Scaling on Scattering Function. J Chem Phys，1986，85（10）：6118-6128.
[8] Hashimoto T，Itakura M，Shimidzu N. Late Stage Spinodal Decomposition of a Binary Polymer Mixture. 2. Scaling Analyses on QM（TAU）and IM（TAU）. J Chem Phys，1986，85（11）：6773-6786.
[9] Cahn J W，Hilliard J E. Free Energy of a Nonuniform System . 1. Interfacial Free Energy. J Chem Phys，1958，28（2）：258-267.
[10] Cahn J W，Hilliard J E. Free Energy of a Nonuniform System . 3. Nucleation in a 2-Component Incompressible Fluid. J Chem Phys，1959，31（3）：688-699.

[11] Cook H E. Brownian Motion in Spinodal Decomposition. Acta Metallurgica，1970，18 (3)：297.
[12] de Gennes P G. Dynamics of Fluctuations and Spinodal Decomposition in Polymer Blends. J Chem Phys，1980，72 (9)：4756-4763.
[13] Pincus P. Dynamics of Fluctuations and Spinodal Decomposition in Polymer Blends. 2. J Chem Phys，1981，75 (4)：1996-2000.
[14] Hohenberg P C，Halperin B I. Theory of Dynamic Critical Phenomena. Reviews of Modern Physics，1977，49 (3)：435-479.
[15] Doi M，Onuki A. Dynamic Coupling between Stress and Composition in Polymer-Solutions and Blends. J Phys Ⅱ，1992，2 (8)：1631-1656.
[16] Tanaka H，Araki T. Phase Inversion during Viscoelastic Phase Separation：Roles of Bulk and Shear Relaxation Moduli. Phys Rev Lett，1997，78 (26)：4966-4969.
[17] Tanaka H. Universality of Viscoelastic Phase Separation in Dynamically Asymmetric Fluid Mixtures. Phys Rev Lett，1996，76 (5)：787-790.
[18] Tanaka H. Viscoelastic Model of Phase Separation. Physical Review E，1997，56 (4)：4451-4462.
[19] Tanaka H，Araki T. Simulation Method of Colloidal Suspensions with Hydrodynamic Interactions：Fluid Particle Dynamics. Phys Rev Lett，2000，85 (6)：1338-1341.
[20] Whitmer J K，Luijten E. Influence of Hydrodynamics on Cluster Formation in Colloid-Polymer Mixtures. J Phys Chem B，2011，115 (22)：7294-7300.
[21] Cao X J，Cummins H Z，Morris J F. Hydrodynamic and Interparticle Potential Effects on Aggregation of Colloidal Particles. J Collid Interf Sci，2012，368：86-96.
[22] Sagui C，Somoza A M，Desai R C. Spinodal Decomposition in an Order-Disorder Phase-Transition with Elastic Fields. Phys Rev E，1994，50 (6)：4865-4879.
[23] Zhu J Z，Chen L Q，Shen J. Morphological Evolution during Phase Separation and Coarsening with Strong Inhomogeneous Elasticity. Model Simul Mater Sci Eng，2001，9 (6)：499-511.
[24] Chen L Q. Phase-field Models for Microstructure Evolution. Annu Rev Mater Res，2002，32：113-140.
[25] Steinbach I，Pezzolla F，Nestler B，et al. A Phase Field Concept for Multiphase Systems. Physica D，1996，94 (3)：135-147.
[26] Lifshitz I M，Slyozov V V. The Kinetics of Precipitation From Supersaturated Solid Solutions. Journal of Physics and Chemistry of Solids，1961，19 (1-2)：35-50.
[27] Siggia E D. Late Stages of Spinodal Decomposition in Binary-Mixtures. Phys Rev A，1979，20 (2)：595-605.
[28] Binder K，Stauffer D. Theory for Slowing Down of Relaxation and Spinodal Decomposition of Binary-Mixtures. Phys Rev Lett，1974，33 (17)：1006-1009.
[29] Ohta T，Kawasaki K. Renormalization Group Approach to Interfacial Order Parameter Profile near Critical-Point. Progress of Theoretical Physics，1977，58 (2)：467-481.
[30] Kawasaki K. Theory of Early Stage Spinodal Decomposition in Fluids near Critical-Point . 1. Progress of Theoretical Physics，1977，57 (3)：826-839.
[31] Furukawa H. Structure Functions of Quenched Off-Critical Binary-Mixtures and Re-Normalizations of Mobilities. Phys Rev Lett，1979，43 (2)：136-139.
[32] Furukawa H. Time Evolution of Quenched Binary Alloy at Low-Temperatures. Progress of Theoretical Physics，1978，59 (4)：1072-1084.
[33] Bray A J. Theory of Phase-ordering Kinetics. Adv Phys，1994，43 (3)：357-459.
[34] Tanaka H，Araki T. Viscoelastic Phase Separation in Soft Matter：Numerical-simulation Study on Its Physical Mechanism. Chem Eng Sci，2006，61 (7)：2108-2141.
[35] Araki T，Tanaka H. Three-dimensional Numerical Simulations of Viscoelastic Phase Separation：Morphological Characteristics. Macromolecules，2001，34 (6)：1953-1963.
[36] Luo K，Gronski W，Friedrich C. Viscoelastic Phase Separation in Polymer Blends. Eur Phys J E，2004，15 (2)：177-187.
[37] Onuki A. Phase Transitions of Fluids in Shear Flow. Journal of Physics-Condensed Matter，1997，9 (29)：6119-6157.
[38] Onuki A. A New Computer Method of Solving Dynamic Equations under Externally Applied Deformations. Journal of the Physical Society of Japan，1997，66 (6)：1836-1837.
[39] Imaeda T，Furukawa A，Onuki A. Viscoelastic Phase Separation in Shear Flow [J]. Physical Review E，2004，70 (5).

[40] Onuki A, Yamamoto R, Taniguchi T. Phase Separation in Polymer Solutions Induced by Shear. J Phys Ⅱ, 1997, 7 (2): 295-304.
[41] Yuan X F, Jupp L. Interplay of Flow-induced Phase Separations and Rheological Behavior. Europhysics Letters, 2002, 60 (5): 691-697.
[42] Jupp L, Yuan X F. Dynamic Phase Separation of a Binary Polymer Liquid with Asymmetric Composition under Rheometric Flow. Journal of Non-Newtonian Fluid Mechanics, 2004, 124 (1-3): 93-101.
[43] Jupp L, Kawakatsu T, Yuan X F. Modeling Shear-induced Phase Transitions of Binary Polymer Mixtures. Journal of Chemical Physics, 2003, 119 (12): 6361-6372.
[44] Clarke N, McLeish T C B. Shear Flow Effects on Phase Separation of Entangled Polymer Blends. Phys Rev E, 1998, 57 (4): R3731-R3734.
[45] Okuzono T. Computer Simulation of Shear-induced Phase Separation and Rheology in Two-component Viscoelastic Fluid. Modern Physics Letters B, 1997, 11 (9-10): 379-389.
[46] Dwivedi V, Ahluwalia R, Lookman T, et al. Viscoelastic Properties of Dynamically Asymmetric Binary Fluids under Shear Flow. Physical Review E, 2004, 70 (1).
[47] Yang K, Su J, Guo H. GPU Accelerated Numerical Simulations of Viscoelastic Phase Separation Model. J Comput Chem, 2012, 33 (18): 1564-1571.
[48] Nvidia. CUDA Zone. HTTP: //WWW. NVIDIA. COM/OBJECT/CUDA _ HOME. HTML. 2010.
[49] Buck I, Foley T, Horn D, et al. Brook for GPUs: Stream Computing on Graphics Hardware. ACM Trans Graph, 2004, 23 (3): 777-786.
[50] Mark W R, Glanville R S, Akeley K, et al. Cg: A System for Programming Graphics Hardware in a C-like Language. ACM Trans Graph, 2003, 22 (3): 896-907.
[51] Bauer B A, Davis J E, Taufer M, et al. Molecular Dynamics Simulations of Aqueous Ions at the Liquid-Vapor Interface Accelerated Using Graphics Processors. J Comput Chem, 2011, 32 (3): 375-385.
[52] Eastman P, Pande V S. Efficient Nonbonded Interactions for Molecular Dynamics on a Graphics Processing Unit. J Comput Chem, 2010, 31 (6): 1268-1272.
[53] Friedrichs M S, Eastman P, Vaidyanathan V, et al. Accelerating Molecular Dynamic Simulation on Graphics Processing Units. J Comput Chem, 2009, 30 (6): 864-872.
[54] Nguyen T D, Phillips C L, Anderson J A, et al. Rigid Body Constraints Realized in Massively-parallel Molecular Dynamics on Graphics Processing Units. Comput Phys Commun, 2011, 182 (11): 2307-2313.
[55] Sainio J. CUDAEASY -a GPU Accelerated Cosmological Lattice Program. Comput Phys Commun, 2010, 181 (5): 906-912.
[56] Stone J E, Phillips J C, Freddolino P L, et al. Accelerating Molecular Modeling Applications with Graphics Processors. J Comput Chem, 2007, 28: 2618-2640.
[57] Xu J, Ren Y, Ge W, et al. Molecular Dynamics Simulation of Macromolecules Using Graphics Processing Unit. Mol Simul, 2010, 36 (14): 1131-1140.
[58] Van Meel J A, Arnold A, Frenkel D, et al. Harvesting Graphics Power for MD Simulations. Mol Simul, 2008, 34 (3): 259-266.
[59] Anderson J A, Lorenz C D, Travesset A. General Purpose Molecular Dynamics Simulations Fully Implemented on Graphics Processing Units. J Comput Phys, 2008, 227 (10): 5342-5359.
[60] Jha P K, Sknepnek R, Guerrero-Garcia G I, et al. A Graphics Processing Unit Implementation of Coulomb Interaction in Molecular Dynamics. J Chem Theory Comput, 2010, 6 (10): 3058-3065.
[61] Koga T, Kawasaki K. Spinodal Decomposition in Binary Fluids -Effects of Hydrodynamic Interactions. Phys Rev A, 1991, 44 (2): R817-R820.
[62] Tanaka H. Viscoelastic Phase Separation. J Phys-Condes Matter, 2000, 12 (15): R207-R264.
[63] Cao Y, Zhang H D, Xiong Z, et al. Viscoelastic Effects on the Dynamics of Spinodal Decomposition in Binary Polymer Mixtures. Macromol Theory Simul, 2001, 10 (4): 314-324.
[64] Huo Y L, Zhang H D, Yang Y L. The Morphology and Dynamics of the Viscoelastic Microphase Separation of Diblock Copolymers. Macromolecules, 2003, 36 (14): 5383-5391.
[65] Zhang J N, Zhang Z L, Zhang H D, et al. Kinetics and Morphologies of Viscoelastic Phase Separation. Phys Rev E, 2001, 64 (5): 051510.
[66] Zhang Z L, Zhang H D, Yang Y L, et al. Rheology and Morphology of Phase-separating Polymer Blends. Macromolecules, 2001, 34 (5): 1416-1429.

[67] Zhou D, Zhang P W, E W N. Modified Models of Polymer Phase Separation. Phys Rev E, 2006, 73 (6): 061801.
[68] 杨科大，郭洪霞. 基于黏弹模型的聚合物溶液相分离的三维数值模拟. 高分子学报，2014 (1): 88-98.
[69] Yu W, Li R M, Zho C X. Rheology and Phase Separation of Polymer Blends with Weak Dynamic Asymmetry. Polymer, 2011, 52 (12): 2693-2700.
[70] Yu W, Zhou W, Zhou C X. Linear Viscoelasticity of Polymer Blends with Co-continuous Morphology. Polymer, 2010, 51 (9): 2091-2098.
[71] Onuki A. Phase Transition Dynamics. New York: Cambridge University Press, 2002.
[72] Bai Z, Xia Y, Shi S, et al. Dissipative Particle Dynamics Simulation Study on the Phase Behavior of PE/PEO/PE-PEO Symmetric Ternary Blends. Acta Polymerica Sinica, 2011 (5): 530-536.
[73] Brochard F, de Gennes P G. Dynamical Scaling for Polymers in Theta-Solvents. Macromolecules, 1977, 10 (5): 1157-1161.
[74] Helfand E, Fredrickson G H. Large Fluctuations in Polymer-Solutions under Shear. Phys Rev Lett, 1989, 62 (21): 2468-2471.
[75] Milner S T. Dynamical Theory of Concentration Fluctuations in Polymer-Solutions under Shear. Phys Rev E, 1993, 48 (5): 3674-3691.
[76] Kielhorn L, Colby R H, Han C C. Relaxation Behavior of Polymer Blends after the Cessation of Shear. Macromolecules, 2000, 33 (7): 2486-2496.
[77] Hobbie E K, Jeon H S, Wang H, et al. Shear-induced Structure in Polymer Blends with Viscoelastic Asymmetry. J Chem Phys, 2002, 117 (13): 6350-6359.

索　引

B

C

D

F

G

H

J

K

L

M

N

P

Z

其他

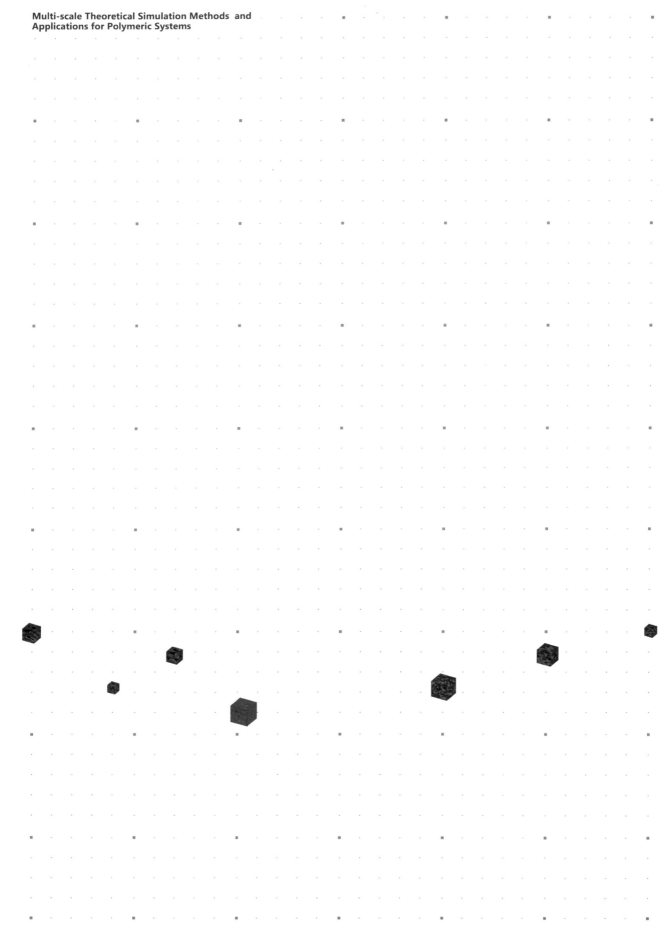